Nr. 29
S. 10337—10716

1962
18. Juli

Chemisches Zentralblatt

Vollständiges Repertorium für alle Zweige der reinen und angewandten Chemie

1830 gegründet. 1897—1945 von der Deutschen Chemischen Gesellschaft fortgeführt. Im Auftrage der Deutschen Akademie der Wissenschaften zu Berlin, der Chemischen Gesellschaft in der DDR, der Akademie der Wissenschaften zu Göttingen und der Gesellschaft Deutscher Chemiker (in der BRD)

herausgegeben von Prof. Dr. Heinrich Bertsch und Prof. Dr. Dr. h. c. Wilhelm Klemm

133. Jahrgang

1962

Chefredakteure: Dr. Eugen Klever und Dr. Willi Barz

Akademie-Verlag GmbH., Berlin — Verlag Chemie, GmbH., Weinheim/Bergstr.

Inhalt

Chemisches Zentralblatt

1962 **Bibliographien** Nr. 29

Neue Bücher

B. Allgemeine und theoretische organische Chemie

Ernest Alexander Braude, ed.; Determination of organic structures by physical methods. Vol. 2. New York: Academic. 1962. (771 S. m. Abb.) $ 16,—.

A. I. Kitaigorodskii, Organic chemical crystallography. New York: Consultants Bur. 1961. (541 S. m. Abb.) $ 17,50.

Andrew Streitwieser, Molecular orbital theory for organic chemists. New York: Wiley. 1961. (489 S. m. Abb.) $ 14,50.

C. Präparative organische Chemie. Naturstoffe

W. W. Filippow, Das Biotin in pflanzlichen und tierischen Organismen. Moskau: Verl. der Akad. der Wiss. der UdSSR. 1962. (232 S. m. graph. Darst.) 1 Rbl. 10 Kop. [Russ.]

G. W. Lasurewski, I. W. Terentjewa und **A. A. Schamschurin**, Praktikum der Chemie der natürlichen. Verbindungen. Heft 1. Methoden der Trennung und des Nachweises. Lehrbuch für Hochschulen. Moskau: Verl. der Hochschule. 1961. (192 S.) 28 Kop. [Russ.]

Melville L. Wolfrom, ed., Advances in carbohydrate. chemistry. Vol. 16. New York: Academic. 1961. (XI + 409 S. m. Abb.) $ 14,50.

F. Pharmazeutische Chemie. Desinfektion

Zdenek Budesinský und **Miroslav Protiva**, Synthetische Arzneimittel. Neubearb. Berlin: Akademie-Verlag; Stuttgart: Bieber. 1961. (XI + 740 S. m. 14 Tab.) 8⁰. DM 60,—.

H. v. Czetsch-Lindenwald und **W. Fahrig**, Arzneikapseln. Möglichkeiten — Herstellung — Verwendung. Aulendorf: Editio Cantor. 1962. (108 S. m. 56 Abb.) = Der Pharmazeutische Betrieb. Bd. 5. DM 19,80.

W. A. Gurow, Handbuch für Endokrin-, Ferment- und Spezialrohstoffe und für die Herstellung von Organopräparaten. Moskau: Pischtschepromisdat. 1961. (308 S. m. Abb.) 88 Kop. [Russ.]

B. Helwig, Moderne Arzneimittel. Eine Spezialitätenkunde nach Indikationsgebieten für Ärzte und Apotheker. 2., vollkommen neubearb. u. wesentlich erw. Aufl. Stuttgart: Wissenschaftliche Verlagsgesellschaft. 1961. (XX + 1312 S.) 8⁰. DM 148,—.

Otto Moritz, Einführung in die Pharmakognosie. Pharmazeutische Biologie. 3., überarb. Aufl. Jena: Gustav Fischer Verl. 1961. (Etwa 448 S. m. 10 Abb.) Etwa DM 26,—.

I. A. Murawjew, Lehrbuch der Technologie von Arzneimitteln und Galenpräparaten. Moskau: Medgis. 1961. (783 S.) 1 Rbl. 98 Kop. [Russ.]

Martin Negwer, Organisch-chemische Arzneimittel und ihre Synonyma. 2., durchgesehene u. erw. Aufl. Berlin: Akademie-Verl. 1961. (VIII + 731 S.) 8⁰. DM 55,—.

George Edward Trease, A textbook of pharmacognosy. 8th edit. London: Baillière, Tindall & Cox. 1961. (VIII + 808 S. m. Abb., Tab. u. Diagr.) 45 s.

Francis Geoffrey Wood-Smith and **Harold Charles Stewart**, Drugs in anaesthetic practice. London: Butterworths. 1961. (VII + 464 S. m. Tab. u. Diagr.) 63 s.

—, Rote Liste. 1961. Verzeichnis pharmazeutischer Spezialpräparate d. Mitgl. d. Bundesverb. der Pharmazeutischen Industrie. Herausgeg. vom Bundesverb. der Pharmazeutischen Industrie, Frankfurt/M. Aulendorf/Württ.: Editio Cantor. 1961. (1124 S.) 8⁰. DM 18,—.

G. Analyse. Laboratorium

Joseph Rosin, Reagent chemicals and standards. 4th edit. Princeton (New Jersey), London: VanNostrand. 1962. (VIII + 557 S. m. Diagr. u. Tab.) 5 £. 12 s. 6 d.

XVI. Nahrungs-, Genuß- und Futtermittel

J.-A. Gautier, J. Renault et **F. Pellerin**, Fiches techniques d'analyse bromatologique. Paris: Société d'Édition d'Enseignement Supérieur. 1961. (394 S.) 52 NF.

I. F. Krjuk, Biochemie und Warenkunde der Leguminosensamen und ihrer Verarbeitungsprodukte. Minsk: Verl. des Minist. für höhere, mittlere, fachl. und Berufsausbildung der BelorussSSR. 1961. (275 S. m. Abb.) 66 Kop. [Russ.]

XIX. Brennstoffe. Erdöl. Mineralöle

Thomas C. Frick, ed., Petroleum production handbook. 2 vols. New York: McGraw-Hill. 1962. set $ 39,50.

Ausgewertete Bibliographie-Fachzeitschriften

Belgien	Bibliographie de Belgique — Belgische Bibliographie
ČSSR	Bulletin — Die Neuesten Forschungsergebnisse der Tschechoslowakischen Wissenschaft
	Nové Knihy (Neue Bücher)
	Novinky (Neuheiten)
Dänemark	Danske Bogmarked
Deutschland	Börsenblatt für den Deutschen Buchhandel — Frankfurter Ausgabe
	Börsenblatt für den Deutschen Buchhandel — Leipziger Ausgabe
	Deutsche Bibliographie. Wöchentliches Verzeichnis. Ausgabe II. [Frankfurt/Main]
	Deutsche Nationalbibliographie. Reihe A: Neuerscheinungen des Buchhandels [Leipzig]
England	British Books (Incorporating the Publishers Circular & Booksellers Record)
	British National Bibliography
Frankreich	Bibliographie de la France
Holland	Nieuwsblad voor de Boekhandel
Italien	Bibliografia Nazionale Italiana
Japan	Nōhon Shūhō (Current Publications)
Österreich	Österreichische Bibliographie
Schweiz	Schweizer Buch. Serie A und Serie B
UdSSR	Bücherverzeichnis des Jahres (Книжная летопись)
	Neue Bücher (Новые книги)
USA	Publishers' Weekly

Namenregister

Patentregister

Chemisches Zentralblatt

1962 Nr. 29 18. Juli

Geschichte. Unterricht

Traian Tr. Negrescu. Anonym. (J. Iron Steel Inst. **198.** 418—19. Aug. 1961.) (Engl.)

Nachruf für den am 23/12. 1960 verstorbenen rumän. Professor für Metallurgie Dr.-Ing. NEGRESCU am Polytechn. Inst. in Bukarest. H. HOCHSTEIN. 1□

Ein hervorragender Forscher auf dem Gebiet der Kohlenwasserstoffchemie (zum 100. Geburtstag von N. D. Zelinsky). Ja. T. Eiduss. (Природа [Natur] **50.** Nr. 3. 34—37. März 1961.) (Russ.)

Überblick über die 70jährige wissenschaftliche Arbeit von NIKOLAI DMITRIJEWITSCH ZELINSKY, der auf dem Gebiet der KW-Stoffe, bes. des Erdöls, tätig war. Er befaßte sich mit dem Problem der Entstehung u. untersuchte chem. Zus. des Erdöls, die Analyse der einzelnen Fraktionen u. ihre Reinigung von S-Verbb. mittels Ni- bzw. Pt-Katalysatoren, die Bedeutung der Alumosilicate im Crack-Prozeß u. die Dimerisation von C_2H_2 zu C_4H_4. Bild. J. LEHMBERG. 1□

Pioniere auf dem Gebiete der Boranchemie. Virginia Bartow. (Advances Chem. Ser. Nr. **32.** 5—12. 1961. Urbana, Ill., Univ. of Illionis.) (Engl.)

Kurzer Überblick über die Forscher, die sich mit der Boranchemie befaßten. Bes. werden hervorgehoben HUMPHRY DAVY (B-Darst.), ALFRED STOCK (Borane) u. H. J. SCHLESINGER. CH. WEISKE. 1□

Die deutschen Pharmakopöen des 16. Jahrhunderts und Paracelsus. Wolfgang Schneider. (Pharmaz. Ztg. verein. Apotheker-Ztg. **106.** 1141—45. 21/9. 1961. Braunschweig, TH, Pharmaziegeschichtliches Seminar.) (Dt.)

Vf. zeigt an den Nürnberger, Augsburger u. Kölner Pharmakopöen den im 16. Jahrhundert noch vorhandenen Einfl. der Antiparacelsisten im Medizinalwesen. P. NEULAND. 2□

Beitrag zur Geschichte der Hamburger Pharmakopöen. Georg Edmund Dann. (Pharmaz. Ztg. verein. Apotheker-Ztg. **106.** 1129—37. 21/9. 1961. Kiel, Univ., Bibl. für Geschichte der Med., der Pharmazie u. der Naturwiss.) (Dt.)

Überblick über die erste Hamburger Pharmakopöe von 1818 u. deren Ausgaben von 1820, 1824, 1835, 1845 u. 1852. P. NEULAND. 2□

Dispensatorium Pragense. Jaroslav Hladík. (Acta Fac. pharmac. Brunensis Bratislavensis **2.** 213—53. 1959. Brünn, CSR, Inst. für Geschichte der Pharmazie.) (Tschech.)

Ausführliche Besprechung des „Dispensatorium medicopharmaceuticum Pragense" [1739] von JOH. JAKOB GEELHAUSEN u. JOH. ANTON GRONER sowie des „Dispensatorium pharmaceuticum Pragense renovatum" [1750] von FRANZ FERDINAND KIRCHMAYR VON REICHWITZ. Beide Werke fußen auf früheren Vorlagen, sind aber von bes. Interesse wegen zahlreicher für böhm. bzw. Prager Verhältnisse eigentümlicher Vorschriften. F. v. GIZYCKI. 2□

Arzneimittelprüfung einst und jetzt. Otto Zekert. (Österr. Apotheker-Ztg. **15.** 468—72. 16/9. 1961. Wien.) (Dt.)

Überblick über die histor. Entw. der Arzneimittelprüfung von der Sinnesprüfung (Farbe, Geruch, Geschmack u. Gestalt) bis zu der von der Weltgesundheitsorganisation angestrebten Koordinierung der Prüfung der Heilmittel. P. NEULAND. 2□

Die Entwicklung der Arzneimittelprüfung im Spiegel der österreichischen Pharmakopöen zwischen 1855 und 1906. Kurt Ganzinger. (Österr. Apotheker-Ztg. **15.** 472—77. 16/9. 1961. Wien.) (Dt.)

Vf. zeigt an Hand der Pharmacopoea Austriaca V—VIII die zeitgenöss. Verhältnisse der pharmazeut. Praxis. P. NEULAND. 2□

Symbole in Medizin und Pharmazie. Hans Schadewaldt. (Dtsch. Apotheker-Ztg. **101.** 1161—68. 21/9. 1961. Wehr/Baden.) (Dt.)

Vf. gibt eine Deutung verschiedener Symbole aus Pharmazie u. Medizin in histor. Sicht (Äskulapstab, Kreuz, Merkurstab, Hahn, Flügelstier, Pentagramm, Rotes Kreuz u. a.). — 111 Literaturangaben. P. NEULAND. 2□

Die Bedeutung der Entzifferung des Linear B für die Arzneimittelgeschichte. Wolfgang-Hagen Hein. (Pharmaz. Ztg. verein. Apotheker-Ztg. **106.** 1145—48. 21/9. 1961. Kelkheim/Taunus.) (Dt.)

Vf. gibt einen Überblick über die von VENTIS u. CHADWICK entzifferten Linear-B-Täfelchen von Knossos (1450— ca. 1400 v. Chr.) u. Pylos u. Mykene (1400—1200 v. Chr.) unter Berücksichtigung der Heilkunde u. Arzneimittel. Die meist in Ideogrammen charakterist. beschriebenen 14 Drogen stellen vermutlich nur einen kleinen Teil des myken. Drogenschatzes dar. P. NEULAND. 2☐

Ausführung von Experimenten durch graphische Darstellung. R. Leclercq. (Ind. chim. belge **24.** 475—82. 1959.) (Franz.)

Um die Zahl der im Unterricht ausgeführten Verss. zu verringern, wird ein Verf. zur graph. Darst. vorgeschlagen, wobei das Gesetz der Erscheinungen berücksichtigt wird („Feed-bach"-Verf.). Ein Schnellverf. zur Best. der größtmöglichen Ausbeute einer Synth. Gratlinien-Verf.) wird erläutert. W. WESLY. 6☐

A. Allgemeine, physikalische und anorganische Chemie

Variationsmethode für die Streulänge. Takashi Ohmura. (Physic. Rev. [2] **124.** 130—34. 1/10. 1961. St. Louis, Mo., Washington Univ., Dep. of Phys.) (Engl.)

Es werden die Eigg. der Streulänge, wie sie mittels KOHNS Meth. erhalten wird, untersucht u. eine Ausgangsfunktion mit n veränderlichen Parametern angenommen. Die Streulänge $A^{(n)}$ nimmt monoton ab für wachsendes n, falls es in dem Syst. keinen gebundenen Zustand gibt. Wenn das Syst. m gebundene Zustände hat, nimmt die Streulänge nur m Mal zu, aber sonst monoton ab. Deshalb gibt die Rechnung eine obere Schranke für die Streulänge, nachdem man festgestellt hat, daß $A^{(n)}$ genau m Mal wächst. Obiges Ergebnis wird mit der Bedingung von ROSENBERG, SPRUCH u. O'MALLEY verglichen. Im Anhang wird die Original-Meth. von HULTHÉN mit der von KOHN für m gebundene Zustände verglichen. H. LAUE. 10☐

Abnormes Verhalten des verdünnten Fermi-Gases für negative Zweikörper-Streulänge. Léon van Hove. (Physica [Utrecht] **25.** 849—58. Sept. 1959. Utrecht, Niederlande, Rijks-Univ., Inst. für theoret. Phys.) (Engl.)

Theoret. Unters. des Grundzustandes in einem stark verd. FERMI-Gas mit Kräften. Die Bewegung zweier Teilchen mit den Impulsen $\vec{k}_0$ u. $\vec{k}_0'$ außerhalb der voll besetzten FERMI-Kugel mit dem Radius p_F wird unter Berücksichtigung ihrer Wechselwrkg. miteinander, aber unter Vernachlässigung der Wechselwrkg. mit den Teilchen innerhalb der FERMI-Kugel behandelt. Die Zweikörperkraft wird durch ihre Singulett-Streulänge a beschrieben. Ein für kleine p_0, $\vec{k}_0$ u. $\vec{k}_0'$ gültiger geschlossener Ausdruck für die Streumatrix in Abhängigkeit von der Streulänge a wird abgeleitet. Negative Werte von a führen auf gebundene Zustände vom COOPERschen Typ für die beiden Teilchen. Die Bedingungen für die Anwendbarkeit der Störungstheorie sind im Fall negativer a nicht erfüllt. F. LENZ. 10☐

A_1. Kernphysik und Kernchemie

Sekundäre Höhenstrahlphotonen unterhalb der Kaskadenenergie. Kinsey A. Anderson. (Physic. Rev. [2] **123.** 1435—39. 15/8. 1961. Berkeley, Calif., Univ. of California, Dep. of Phys.) (Engl.)

Unterss. mit kleinen unabgeschirmten Scintillationskristallen in der Atmosphäre mittels Ballonen zeigen große Flüsse von Photonen im Energiebereich von 30—100 keV im Gleichgewicht mit dem prim. Höhenstrahlbündel. In 90 g/cm² Tiefe ist der Fluß ca. 22 Photonen/cm²s im Vgl. zu einem mit GEIGER-Zählrohr gemessenen Fluß geladener Teilchen von 1,9/cm²s auf gleicher Tiefe. Der Photonenfluß auf Tiefe Null ergibt sich durch Extrapolation zu 8 Photonen/cm²s bei Energien $>$ 30 keV. GERHARD SCHMIDT. 85☐

Asymmetrie der Winkelverteilung der Elektronen aus dem μ-e-Zerfall in Magnetfeldern bis 35000 Oe. Ss. A. Ali-Sade, I. I. Gurewitsch und B. A. Nikolski. (Журнал Экспериментальной и Теоретической Физики [J. exp. theoret. Physik] **40.** 452—56. Febr. 1961.) (Russ., Auszug: Engl.)

Es wurden 177850 π-μ-e-Zerfälle in Emulsionen beobachtet, dabei betrug das Magnetfeld 405—35000 Oe. Ferner wurden bei 27000 Oe in gelatinereichen Emulsionen 58639 Zerfälle untersucht. Die Asymmetrie der Zerfallselektronen wurde bestimmt. Der Maximalwert des Koeff. a in der Winkelverteilung (1/3) wurde nicht erreicht. Das Magnetfeld hebt also die depolarisierende Wrkg. der Emulsion nicht vollkommen auf. M. WIEDEMANN. 90☐

Photopionenerzeugung und (γ, 3π)-Wechselwirkung. Masaaki Kato. (Progr. theoret. Physics [Kyoto] **25.** 493—507. März 1961. Tokyo, Univ., Coll. of Gen. Educat., Dep. of Phys.) (Engl.)

Die Winkelverteilung der Photopionenerzeugung aus dem Proton wird untersucht, um Aufschluß über die (γ, 3π)-Rk. oder die Rk. $\gamma + \pi \rightarrow \pi + \pi$ zu erhalten. Ein Vgl. mit den Experimenten gibt Grenzwerte für die Kopplungskonstanten.

M. WIEDEMANN. 90□

P-Wellen-Pion-Pion-Resonanz. A. N. Kamal. (Proc. physic. Soc. **77.** 917—21. 1/4. 1961. Liverpool, Univ., Dep. of Theoret. Phys.) (Engl.)

Es wird gezeigt, daß durch Einführung eines Terms in die Wechselwrkg.-LAGRANGE-Funktion mit neuer Kopplungs-Konst. eine Resonanz im $T = 1, J = 1$-Zustand erzeugt werden kann. Die Resonanzbreite ist durch den cut-off definiert u. die Kopplungs-Konst. durch die Lage der Resonanz u. den cut-off. M. WIEDEMANN. 90□

Die Wirkung der Pion-Pion-Wechselwirkung auf die kleinen P-Wellen-Pion-Nucleon-Phasenverschiebungen. Kin-ichi Ishida. (Progr. theoret. Physics [Kyoto] **25.** 294—96. Febr. 1961. Kyoto, Univ., Res. Inst. for Fundament. Phys.) (Engl.) — Vgl. C. **1962.** 2979.

Es wird gezeigt, daß die Beiträge der S- u. P-Wellen-Pion-Pion-Wechselwrkg. das Verh. sämtlicher P-Wellen-Phasenverschiebungen deuten können.

M. WIEDEMANN. 90□

Pion-Pion-Wechselwirkung und Kernkräfte. Yasunori Fujii. (Progr. theoret. Physics [Kyoto] **25.** 441—60. März 1961. Tokyo, Nihon Univ., Coll. of Sci. and Engng., Dep. of Phys.) (Engl.)

Die Kernpotentiale, die sich aus der Pion-Pion-Resonanz im $I=J=1$-Zustand ergeben, werden berechnet, dabei wird nur der ττ proportionale Teil berücksichtigt. Die Potentiale sind vom Typ der Zweipion-Austauschpotentiale. Die Resultate würden gestatten, die Annahme der Pion-Pion-Resonanz zu prüfen. M. WIEDEMANN. 90□

Unelastische Wechselwirkungen von π-Mesonen mit Nucleonen bei 6,8 GeV. V. S. Barashenkov. (Nuclear Physics [Amsterdam] **22.** 71—77. Jan. 1961. Dubna, Joint Inst. for Nucl. Res., Labor. of Theoret. Phys.) (Engl.)

Die mit π-Mesonen erhaltenen experimentellen Ergebnisse werden mit den Berechnungen nach der statist. Theorie verglichen, wobei Übereinstimmung bei der Verteilung der Sterne mit der Anzahl der Zacken u. mit dem Impuls der Teilchen erreicht wird. Zur Erklärung der Winkelverteilungen werden die peripheren Stöße herangezogen. Weitere Übereinstimmung zwischen Experiment u. Theorie kann erreicht werden, wenn angenommen wird, daß der Querschnitt der peripheren Stöße für mehr als die Hälfte des totalen Querschnitts sämtlicher unelast. Prozesse verantwortlich ist.

GERHARD SCHMIDT. 90□

Über die elastische Streuung von Pionen an Deuteronen. B. H. Bransden und R. G. Moorhouse. (Nuclear Physics [Amsterdam] **6.** 310—18. März 1958. Glasgow, Univ., Dep. of Natural Philos.) (Engl.)

Nach einer Variations-Meth. wird die elast. Streuung von Pionen mit 85—378 MeV an Deuteronen berechnet u. befriedigende Übereinstimmung mit den experimentellen Werten erhalten. Das Verf. erlaubt, die multiple Streuung zu berücksichtigen, die jedoch in diesem Fall nur zu kleinen Korrekturen führt. M. WIEDEMANN. 90□

Pion-Hyperon-Streuung. M. M. Islam. (Nuovo Cimento [10] **20.** 161—71. 1/4. 1961. London, Imp. Coll., Dep. of Phys.) (Engl.)

Für die Pion-Hyperon-Streuung werden die stat. Gleichungen mittels einer Dispersionstechnik aufgestellt. Es wird gezeigt, daß die Schlüsse über die $J=3/2$, $I=1$-p-Wellenresonanz durch den Einschluß des $\overline{K}$N-Kanals nicht geändert werden.

M. WIEDEMANN. 90□

Abgetrenntes Bündel von 1,17-GeV/c-K⁻-Mesonen. Phillippe Eberhard, Myron L. Good und Harold K. Ticho. (Rev. sci. Instruments **31.** 1054—63. Okt. 1960. Berkeley, Calif., Univ. of California, Lawrence Radiat. Labor.) (Engl.)

Im Rahmen eines Experimentes mit einer H_2-Blasenkammer (15 in. Ø) wurde ein Bündel von 1,17-GeV/c-K^--Mesonen beobachtet. Die Unters. ergab ein Verhältnis von 1 : 140 für K^-/π^- am Target. Die Blasenkammer befand sich 4,0 K^--Mesonen-Zerfallslängen vom Target entfernt, zwischen Target u. Kammer waren 2 elektromagnet. Trennstufen aufgebaut. Das K^-/π^--Verhältnis in der Kammer betrug 12,5, der Fluß 0,87 K^--Mesonen pro 10^{10} einfallende Protonen. H. SCHROEDER. 90□

Die nichtleptonischen Zerfälle von Hyperonen. Ziro Maki und Yoshio Ohnuki. (Progr. theoret. Physics [Kyoto] **25.** 353—60. März 1961. Nagoya, Nagoya Univ., Inst. for Theor. Phys.) (Engl.)

Auf der Basis des Sakata-Modells u. unter der Annahme der V–A-Theorie der schwachen Wechselwrkg. werden die nichtlepton. Zerfälle der Hyperonen Λ u. Σ theoret. behandelt. M. Wiedemann. 90□

Verschiedenartige Erzeugung von Teilchen bei Stößen von Nucleonen höchster Energie. Jerzy Bartke und Roman Holyński. (Postępy Fizyki **10.** 309–39. 1959. Kraków, Inst. Badań Ladr., Zakł. VI.) (Pol.)

Übersicht: Meth. der Kernemulsionen; experimentelle Ergebnisse; Theorien. — 39 Literaturangaben. R. K. Müller. 90□

Über die Polarisation von Teilchen mit Spin 1 bei elastischer Streuung. Ju. A. Popow. (Вестник Московского Университета, Серия III [Nachr. Moskauer Univ., Ser. III] **16.** Nr. 2. 26–33. März/April 1961. Lehrstuhl für statist. Phys. u. Mechan.) (Russ.)

Die elast. Streuung von longitudinal polarisierten Teilchen mit dem Spin 1 wird untersucht u. der Wrkg.-Querschnitt ermittelt. Im Gegensatz zu den Fermionen bleibt bei den Bosonen die Längspolarisation nicht erhalten, im Falle der V- u. A-Wechselwrkg. tritt bei hohen Energien eine Transversalpolarisation auf. M. Wiedemann. 90□

Rayleigh-Streuung polarisierter Photonen. D. Brini, E. Fuschini, D. S. R. Murty und P. Veronesi. (Nuovo Cimento [10] **11.** 533–44. 16/2. 1959. Bologna, Univ., Ist. di Fis., Ist. Naz. di Fis. Nucl.) (Engl.) — Vgl. C. **1959.** 5356.

Die Theorie der Rayleigh-Streuung kann durch Unters. der elast. Streuung polarisierter Photonen u. durch Best. der Polarisationseffekte bei der elast. Streuung unpolarisierter Photonen geprüft werden. Durch Compton-Streuung der ^{60}Co-Strahlen unter 50° wurden Photonen mit einem Absolutwert des Polarisationsgrades von 0,322 u. mit 1,28 mc^2 Energie gewonnen. Sie wurden an *Hg* unter 65, 90 u. 110° gestreut u. das Asymmetrieverhältnis bestimmt. Die Ergebnisse passen besser zur Theorie von Brown u. Mayers (C. **1959.** 8030) als zu der von Franz [1936]. M. Wiedemann. 90□

Messung der zeitlichen Verteilung der γ-Strahlung in Holz nach der Methode der verzögerten Koinzidenzen. A. I. Weretennikow, W. Ja. Awertschenkow und M. W. Ssawin. (Атомная Энергия [Atomenergie] **11.** 177–80. Aug. 1961.) (Russ.)

Eine ^{60}Co-Quelle befand sich in Holz der mittleren Dichte 0,41 g/cm³. Die zeitliche u. Energieverteilung der Strahlung wurde durch Messung verzögerter Koinzidenzen zwischen Scintillatoren bestimmt. Hierzu wurde die Paarerzeugung in Pb benutzt. Im Abstand von 200 cm von der Quelle entsprach die Halbbreite der zeitlichen Verteilung 7 ns bei einer mittleren Energie von 0,8 MeV. M. Wiedemann. 90□

Schwächung der γ-Strahlung von ^{60}Co, ^{137}Cs und ^{198}Au durch einen Bleischutz zylindrischer Geometrie. S. Ss. Arefjewa, W. W. Botschkarew, L. M. Michailow und L. W. Timofejew. (Атомная Энергия [Atomenergie] **11.** 186–87. Aug. 1961.) (Russ.)

Die Schwächung von Quellen von ^{60}Co, ^{137}Cs u. ^{198}Au mit 1000–10000 mc durch Pb wurde in zylindr. Geometrie mit Kammern von 0,6 Liter Luftäquivalent bestimmt. Die Schichtdicke betrug bis zu 10 cm Pb. Der zylindr. Schutz erwies sich dem Flächenschutz überlegen. Das Verhältnis zwischen beiden ist energieunabhängig. M. Wiedemann. 90□

Universaltabelle zur Berechnung des Wolfram- und Uranschutzes für γ-Strahlen. L. M. Michailow und S. Ss. Arefjewa. (Атомная Энергия [Atomenergie] **11.** 187 bis 189. Aug. 1961.) (Russ.) — Vgl. vorst. Referat.

Die zur Schwächung von γ-Strahlung mit 0,1–10 MeV um einen bestimmten Faktor von 1,5–10^7 notwendige Dicke des W- u. U-Absorbers in cm ist tabelliert. M. Wiedemann. 90□

Über die Größe des Flusses schneller Neutronen, die Strahlungsschäden verursachen. N. N. Ponomarew-Stepnoi. (Атомная Энергия [Atomenergie] **11.** 184–85. Aug. 1961.) (Russ.)

Die gesamte in der Vol.-Einheit des zu untersuchenden Materials vom Fluß schneller Neutronen übertragene Energie wird berechnet. Auf diese Weise kann der effektive Strom schneller Neutronen erhalten werden, der die Strahlungsschäden im Material bedingt. M. Wiedemann. 90□

Physikalische Grundlagen von thermischen Reaktoren. 1. Mitt. R. Berndt. (Technik **12.** 503–11. Juli 1957. Leipzig.) (Dt.)

Übersicht bis zur krit. Gleichung. Gerhard Schmidt. 90□

Kritikalitätsmessungen an nahezu homogenen Systemen mit angereichertem Uran als Brennstoff und BeO als Moderator. Fred A. Kloverstrom, Richard M. R. Deck und Arnold J. Reyenga. (Nuclear Sci. Engng. **8.** 221–25. Sept. 1960. Livermore, Calif., Univ. of California, Lawrence Radiat. Labor.) (Engl.)

Für eine Übersicht über die Kritikalitätsbedingungen für Reaktoren mit ^{235}U als Brennstoff u. BeO als Moderator wurden in Sandwichart Folien aus ^{235}U von 5,25 in^2. Fläche u. 0,001—0,002 in. Stärke abwechselnd mit BeO-Blöcken von 6×6×1 in. aufeinander geschichtet u. mit den Neutronen einer Po/Be-Quelle beaufschlagt. Gemessen wird die reziproke Neutronenvervielfachung als Funktion der Dicke der Schichtung, durch Extrapolation der gefundenen Abhängigkeit wird die krit. Größe ermittelt. Dabei wird das atomare Verhältnis BeO/^{235}U zwischen 246 u. 7660 variiert. Für einen Homogenreaktor BeO/^{235}U wird die krit. Größe abgeschätzt. W. Reusse. 90□

Kritikalitätsberechnungen von Reaktorsystemen mit angereichertem Uran und BeO als Moderator. Richard E. Lingenfelter. (Nuclear Sci. Engng. **8.** 226—32. Sept. 1960.) (Engl.) — Vgl. vorst. Referat.

Die das Kritischwerden eines Reaktors bestimmenden physikal. Größen werden rechner. behandelt: Streuquerschnitte, Übergangs-Koeff. u. Selbstabsorption der Neutronen. Zugrunde gelegt ist ein homogenes Reaktor-Syst. mit angereichertem ^{235}U (93,2%) als Brennstoff u. BeO als Moderator. Zahlenmäßige Auswertung der aufgestellten Beziehungen ergibt gute Übereinstimmung mit experimentellen Befunden. W. Reusse. 90□

Einige Methoden der neutronenphysikalischen Berechnung bei der physikalischen Auslegung von Leistungsreaktoren. N. N. Ponomarew-Stepnoi und Je. Ss. Gluschkow. (Атомная Энергия [Atomenergie] **11.** 19—25. Juli 1961.) (Russ.)

Die Auslegung von Reaktoren wird bei einem gegebenen Gesetz der Verteilung der wärmeentwickelnden Elemente je Vol.-Einheit der akt. Zone bzw. je Masseneinheit des spaltbaren Materials für therm. Neutronen u. für solche mittlerer Energie mit verschiedenen Reflektoren u. ohne solche berechnet. M. Wiedemann. 90□

Flußänderungen mit Langzeitbestrahlung in einem Reaktor vom Calder-Hall-Typ. A. Hitchcock, V. E. Price und Y. Shenton. (J. nuclear Energy **6.** 66—78. 1957. Risley, Warrington, U.K.A.E.A.) (Engl.)

Entw. einer Meth. zur Best. der Fluß- u. Reaktivitätsänderungen in einem Reaktor vom Calder-Hall-Typ u. Wiedergabe einiger Beispiele für maximal zulässige Wärmebelastung während der Lebensdauer einer Coreladung. Gerhard Schmidt. 90□

Anwendung von spaltbaren Absorbern in Kernreaktoren. W. Ss. Wolkow, A. Ss. Lukjanow, W. W. Tschepkunow, W. P. Schewjakow und W. Ss. Jamnikow. (Атомная Энергия [Atomenergie] **11.** 109—21. Aug. 1961.) (Russ.)

Als spaltbare Absorber kämen B, Graphit, Eu, Gd, Sm, Cd u. Hg in Frage, deren Eigg. zusammengestellt sind. Es werden die Eigg. von Legg. von B mit Stahl u. von B mit Ti behandelt, ferner Zr mit B. Das Verh. eines Reaktors mit spaltbaren u. damit ausbrennenden Absorbern wird diskutiert. M. Wiedemann. 90□

Der Einfluß der Potentialmuldenparameter auf die Polarisation elastisch gestreuter Protonen. Keiichi Nishimura. (Progr. theoret. Physics [Kyoto] **22.** 465—66. Sept. 1959. New Brunswick, N.J., Rutgers Univ., Dep. of Phys.) (Engl.)

Die von Sternheimer (C. **1959.** 12115) mittels des WKB-Verf. berechnete Abhängigkeit der Polarisation von an Ag- bzw. Br-Kernen gestreuten 150-MeV-Protonen vom Imaginärteil V_{si} des einen der beiden komplexen Parameter V_c u. V_s, welche die Tiefe der Potentialmulde in einem opt. Modell-Potential kennzeichnen, wird nach einem vom Vf. entwickelten Verf. nachgeprüft. Die Beispiele zeigen, daß der Schluß von Sternheimer, demzufolge die maximale Polarisation P_{max} innerhalb des ersten Beugungsmaximums mit zunehmendem V_{si} anwächst, keine allg. Gültigkeit hat. Vielmehr hängt der Verlauf der Polarisationskurven in so komplizierter Weise auch von den übrigen Parametern ab, daß es nicht möglich ist, eine allg. gültige Beziehung zwischen P_{max} u. V_{si} oder einem der anderen Einzelparameter anzugeben. F. Lenz. 90□

Photozertrümmerung des Deuterons im mittleren Energiebereich und die pionentheoretischen Kernkräfte. Junji Iwadare und Masahiko Matsumoto. (Progr. theoret. Physics [Kyoto] **24.** 797—816. Okt. 1960. Kyoto, Kyoto Univ., Res. Inst. of Fundament. Phys.) (Engl.) — Vgl. C. **1961.** 7104.

Vff. wenden das stat. Pionenpotential bei der Berechnung der Photozertrümmerung des Deuterons im Energiebereich von 20—80 MeV an. Die Polarisation des entstehenden Protons u. Neutrons wurde berechnet. Die allg. Beziehungen für die Berechnung der Winkelverteilung u. der Polarisation mit den numer. Koeff. der tieferen multipolaren Übergänge werden mitgeteilt. Die errechneten Winkelverteilungen stimmen mit den beobachteten Werten überein. H. Schroeder. 90□

Genauigkeit der Supraleitfähigkeits-Approximation für Paarungskräfte in Kernen. A. K. Kerman, R. D. Lawson und M. H. MacFarlane. (Physic. Rev. [2] **124.** 162—67.

1/10. 1961. Argonne, Ill., Argonne Nat. Labor.; Rochester, N.Y., Univ. of Rochester.) (Engl.)

Unters. der Genauigkeit der Behandlung des Hamilton-Operators der Paarung.
Herbert Weber. 95□

Einteilchenanregung und Superfluidität in Systemen aus Fermi-Teilchen mit beliebiger Wechselwirkung. Anwendung auf den Kern. A. B. Migdal. (Журнал Экспериментальной и Теоретической Физики [J. exp. theoret. Physik] **40.** 684—97. Febr. 1961. Moskau, Ingenieur-Physik. Inst.) (Russ.; Auszug: Engl.)

Aus den analyt. Eigg. der Green-Funktion kann unter Beachtung der Paarkorrelation ein Satz von Gleichungen für die Einteilchenanregung eines Syst. von Fermi-Teilchen mit beliebiger Wechselwrkg. unter der Bedingung erhalten werden, daß die Anregungsenergie klein ist gegenüber dem chem. Potential des Systems. Die Gleichungen werden für den Fall eines Syst. mit einer endlichen Teilchenzahl spezifiziert u. auf Kerne angewandt. Es kann u. a. das Trägheitsmoment nichtsphär. Kerne ermittelt werden.
M. Wiedemann. 95□

Über kollektive Anregungen in suprafluider Kernmaterie. B. B. Dotzenko. (Известия Академии Наук СССР, Серия Физическая [Nachr. Akad. Wiss. UdSSR, physik. Ser.] **25.** 145—51. Jan. 1961.) (Russ.) — Vgl. C. **1962.** 1492.

Zur Best. der energet. Charakteristik des Grundzustandes u. der angeregten Zustände der Kernmaterie verwendet man die Meth. von Bogoljubow. Es ergibt sich, daß kollektive Anregungen nach zwei Typen auftreten. Die normale Phase stellt Anregungen im üblichen entarteten Syst. von Fermi-Teilchen dar, die Energie liegt bei ca. 30 MeV. Die suprafluide Phase stellt Anregungen von ca. 1 MeV dar. M. Wiedemann. 95□

Über die Berechnung des Trägheitsmoments des Kerns. S. T. Beliaev. (Nuclear Physics [Amsterdam] **24.** 322—25. April 1961. Moscow, USSR Acad. of Sci., Kurchatov Atom. Energy Inst.) (Engl.)

Vf. entwickelt einen Ausdruck für das Trägheitsmoment des Kerns, wobei Nuclonenpaar-Bldg. zugelassen ist, unter Verw. der verallgemeinerten Meth. kanon. Transformation. Herbert Weber. 95□

Ein halbempirisches Atommassengesetz. Philip A. Seeger. (Nuclear Physics [Amsterdam] **25.** 1—135. Mai 1961. Pasadena, Calif., California Inst. of Technol.; Los Alamos, N. Mex., Univ. of California, Los Alamos Scient. Labor.) (Engl.)

Für das Atommassengesetz wird ein verbesserter Ausdruck vorgeschlagen, der die Wrkg. der Kerndeformation u. der Schalenstruktur einschließlich der Interferenzeffekte zwischen nichtaufgefüllten Neutronen- u. Protonenschalen erfaßt. Massenüberschuß, n-, p- u. α-Bindungsenergien sowie β-Zerfalls-Übergangsenergien werden tabellar. wiedergegeben. Gerhard Schmidt. 95□

Bestimmung der relativen Nuclidmassen. 1. Mitt. **A $\leqq$ 70.** F. Everling, L. A. König, J. H. E. Mattauch und A. H. Wapstra. (Nuclear Physics [Amsterdam] **25.** 177—215. Mai 1961. Mainz, MPI für Chem. (Otto-Hahn-Inst.); Amsterdam, Inst. voor Kernphys. Onderz.) (Engl.) — Vgl. C. **1962.** 5177.

Die grundsätzliche Beschreibung des Verf. zur Berechnung der Massen auf Grund aller einschlägigen Messungen nach der Meth. der kleinsten Quadrate wird dargestellt. Die verfügbaren Daten für den Massenbereich $1 \leqq A \leqq 70$ wurden tabelliert.
H. Schroeder. 95□

Masse von schweren Atomen und die Bindungsenergien der Kerne im Gebiet 174 $\leq$ M $\leq$ 239. R. A. Demirchanow, T. I. Gutkin und W. W. Dorochow. (Известия Академии Наук СССР, Серия Физическая [Nachr. Akad. Wiss. UdSSR, physik. Ser.] **25.** 124—29. Jan. 1961.) (Russ.)

Mittels eines doppelfokussierenden Massenspektrographen mit einem Auflösungsvermögen von 50000—80000 wurden nach der Dublett-Meth. die Massen von 42 stabilen Kernen im Bereich der Massen 174—239 gemessen. Als Standards dienten organ. Verbb. der Zus. C_nH_m, $C_n{}^{13}CH_m$, $C_nN_mH_k$ u. $C_nO_mN_kH_p$. Aus diesen Daten u. solchen über 66 Radionuclide wurden die Bindungsenergien der letzten Neutronen u. Protonen sowie auch der Neutronen- u. Protonenpaare für *Hf*-, *Ta*-, *W*- u. *Re*-Isotope berechnet, wobei die ersteren stets höher liegen. M. Wiedemann. 95□

Vergleich und Systematik der Bindungsenergien schwerer Kerne von Hafnium bis zum Francium. W. A. Krawzow. (Известия Академии Наук СССР, Серия Физическая [Nachr. Akad. Wiss. UdSSR, physik. Ser.] **25.** 130—38. Jan. 1961. Leningrad, Polytechn. Inst.) (Russ.)

Die experimentellen Daten über Massen u. Bindungsenergien von Kernen, wie sie sich aus Messungen der Massendubletts, aus Kern-Rkk. u. radioakt. Zerfällen ergeben, werden zusammengestellt u. verglichen. Die Energieflächen in Abhängigkeit von Z u. N, die Bindungsenergien der letzten Neutronen u. Protonen sowie die Neutronen- u. Protonenpaarenergien sind graph. wiedergegeben. M. WIEDEMANN. 95□

Schalenmodelltheorie von ^{205}Pb. William W. True. (Nuclear Physics [Amsterdam] **25.** 155–68. Mai 1961. Princeton, Princeton Univ., Palmer Phys. Labor.) (Engl.) — Vgl. PRICE, Proc. physic. Soc. **65.** [1952.] 773.

In Erweiterung der Berechnungen von PRICE (l. c.) über die Energieniveaus von ^{205}Pb ermittelt Vf. die Energieeigenwerte u. -eigenfunktionen für die unteren Niveaus von ^{205}Pb u. a. für eine Zweikörperkraft zwischen den Nucleonen. Die theoret. Berechnungen werden mit den experimentellen Daten verglichen, die Übergangsraten u. ein konsistentes Zerfallsschema für ^{205}Pb werden diskutiert. GERHARD SCHMIDT. 95□

Polarisation bei (d, p)-Reaktionen. D. Robson. (Nuclear Physics [Amsterdam] **22.** 34–46. Jan. 1961. Melbourne, Univ., Phys. Dep.) (Engl.)

Frühere Behandlungen der Theorie der verzerrten Welle bei der Stripping-Rk. werden in der Weise ausgedehnt, daß sie die Wrkg. der Spin–Bahn-Kräfte sowohl in den Anfangs- als auch in den Endkanälen einschließen. Numer. Berechnungen der Grundzustands-Rk. ^{12}C(d, p)^{13}C bei einer Einfallsenergie von 8,9 MeV unter Verw. abgerundeter Potentiale nach dem opt. Modell liefern das korrekte Vorzeichen für die Polarisation der emittierten Protonen. GERHARD SCHMIDT. 103□

Spin–Bahn-Effekte bei der Stripping-Reaktion mit polarisierten Teilchen. D. Robson. (Nuclear Physics [Amsterdam] **22.** 47–56. Jan. 1961.) (Engl.) — Vgl. vorst. Referat.

Vf. bestimmt theoret. die Winkelverteilung u. Polarisation des Prod. der Stripping-Rk., die durch polarisierte Teilchen in unpolarisierten Kernen induziert worden ist, nach der Meth. der verzerrten Welle unter Einschluß der Spin–Bahn-Kopplung. GERHARD SCHMIDT. 103□

Bemerkung über den Zweinucleonen-Strippingprozeß. M. L. Rustgi. (Nuclear Physics [Amsterdam] **25.** 169–74. Mai 1961. Ottawa, Nat. Res. Council, Div. of Pure Phys.) (Engl.)

Vf. entwickelt eine einfache Formel für den (^{3}He, p)-Strippingprozeß, bei dem das abgestreifte Proton eine besondere Einheit des Drehimpulses zum Syst. (Targetkern) + (eingefangenes Neutron u. Proton) liefern kann. Ein Ausdruck für den Querschnitt des Zweinucleonen-Strippingprozesses in der Nullbereichsapproximation wird abgeleitet. GERHARD SCHMIDT. 103□

Einige (t, p)-Reaktionen in leichten Kernen. A. A. Jaffe, F. de S. Barros, P. D. Forsyth, J. Muto, I. J. Taylor und S. Ramavataram. (Proc. physic. Soc. **76.** 914–28. 1/12. 1960. Manchester, Univ., Physic. Labor.) (Engl.)

(t, p)-Rkk. der Targetsubstanzen ^{10}B, ^{12}C, ^{16}O u. ^{27}Al wurden mit 5,5-MeV-^{3}H-Teilchen erzeugt. Die Winkelverteilungen (graph. Darst.) der beobachteten Protonengruppen wurden mit den nach der Theorie des doppelten Stripping zu erwartenden verglichen u. gute Übereinstimmung mit den theoret. Voraussagen für Übergänge von 1, 2 u. 3 Einheiten des Bahndrehimpulses erhalten. Im Niveauschema von ^{12}B wurde ein neues angeregtes Niveau bei 4,297 MeV beobachtet. Spin- u. Paritäts-Best. wurden für die angeregten Zustände von ^{14}C bei 6,582 MeV (1^-), 6,725 MeV (vermutlich 3^-), 7,009 MeV (0^+) (bisher unbekannt) u. bei 7,335 MeV (vermutlich 2^-) durchgeführt. Die Existenz angeregter Zustände von ^{18}O bei 3,634 u. 4,448 MeV wurde bestätigt u. die Spins u. Paritäten zu 0^+ bzw. 3^- bestimmt. Spin u. Parität für den angeregten Zustand von ^{18}O bei 3,915 MeV wurde zu 2^+ gefunden. Die bei der Rk. ^{16}O(t, p)^{18}O erhaltenen Werte für den Grundzustand u. die 4 tiefsten angeregten Zustände wurden als in Übereinstimmung mit der nach der intermediären Kopplungstheorie vorhergesagten ^{18}O-Struktur stehend festgestellt. Der atomare Massenüberschuß von ^{29}Al wurde zu $-9{,}647 \pm 0{,}015$ MeV gefunden. 42 neue angeregte Zustände von ^{29}Al wurden gemessen (Tabelle). H. SCHROEDER. 103□

Anregungskurven und Wirkungsquerschnitte der Li(t, n)-Reaktionen von 100 bis 300 keV. Raymond Seltz und Denise Magnac-Valette. (C. R. hebd. Séances Acad. Sci. **251.** 2006–08. 7/11. 1960.) (Franz.)

Mit Hilfe eines 300-kV-Beschleunigers bestimmen Vff. die Ausbeuten der Li(t, n)-Rkk. bei niedriger Energie zwischen 100 u. 300 keV. Die Änderung des Querschnitts der ^{6}Li(t, n)-Rk. ist stetig, während bei der ^{7}Li(t, n)-Rk. eine Resonanz bei 240 keV auftritt. GERHARD SCHMIDT. 103□

Der Querschnitt der Reaktion ^{13}C(p, n)^{13}N von der Schwellenenergie bis zu 13 MeV. P. Dagley, W. Haeberli und J. X. Saladin. (Nuclear Physics [Amsterdam] **24.** 353–71. Mai 1961. Madison, Wis., Univ. of Wisconsin.) (Engl.)

Vff. messen den Querschnitt der Rk. $^{13}C(p, n)^{13}N$ bei Winkeln von 0° (E_p von Schwellenenergie = 3,2372 ± 0,0016 MeV bis 13,1 MeV) u. 90° (E_p von Schwellenenergie bis 5,3 MeV). Die Energien der beobachteten Resonanzen konnten bekannten Niveaus in ^{14}N zugeordnet werden. Oberhalb 8 MeV wurden Neutronen gemessen, die einen 2. oder 3. angeregten Zustand von ^{13}N anzeigten. Im Energiebereich der Protonen zwischen der Schwellenenergie u. 13 MeV wurden 50 Winkelverteilungen der Neutronen, die zum Grundzustand des ^{13}N führen, bestimmt. In Energieintervallen von 2 oder 3 MeV ähnelt sich der Verlauf der Winkelverteilungen stark, um sich dann plötzlich zu ändern. Fast im ganzen Energiebereich wird eine starke Rückwärtsverteilung mit einem 2. Maximum bei 50°, aber keine Vorwärtsverteilung gefunden. Oberhalb 11,4 MeV besteht eine qual. Übereinstimmung der Winkelverteilung mit der Berechnung einer einfachen direkten Wechselwirkung. Die experimentelle Anordnung wird beschrieben.
H. SCHROEDER. 103□

Resonanzen in ^{12}C bei Kohlenstoffreaktionen. E. Almqvist, D. A. Bromley und J. A. Kuehner. (Physic. Rev. Letters 4. 515—17. Mai 1960. Chalk River, Atomic Energy of Canada Ltd., Chalk River Labor.) (Engl.)

Die Anregungskurven für $^{12}C + {}^{12}C$-Rkk. wurden aufgenommen. Sie zeigten in der p-, γ-, α- u. n-Strahlung Resonanzen bei 5,68, 6,00 u. 6,32 MeV (Schwerpunkts-Syst.). Hingegen verlaufen die Anregungskurven für $^{16}O + {}^{16}O$-Rkk. eben ohne Anzeichen von Resonanz.
M. WIEDEMANN. 103□

(d, α)-Reaktionen an ^{12}C, ^{16}O und ^{24}Mg. F. Pellegrini. (Nuclear Physics [Amsterdam] **24.** 372—87. Mai 1961. Pittsburgh, Pa., Univ.) (Engl.)

Vf. bestimmt die Energiespektren der beim Beschuß von ^{12}C, ^{16}O u. ^{24}Mg mit 15-MeV-Deuteronen auftretenden α-Strahlen bei verschiedenen Winkeln zwischen 10 u. 90° (Labor.-Syst.). Als Detektor wird eine Ionisationskammer mit einem Energieauflösungsvermögen von ca. 1,2% verwendet (Abb.). Es wurden keine α-Gruppen gefunden, die zum 1,74-MeV-Zustand ($T = 1$, 0^+) von ^{10}B u. zum 2,31-MeV-Zustand ($T = 1$, 0^+) von ^{14}N führen. Eine leichte Anregung des 2,22-MeV-Zustandes von ^{22}Na wurde bei Winkeln < 40° festgestellt, während bei größeren Winkeln eine Anregung mit vergleichbarer Intensität anderer Niveaus ($T = 0$) von ^{22}Na erfolgt. Graph. dargestellt sind die Winkelverteilungen u. Wrkg.-Querschnitte, die den ^{10}B-Zuständen bei 0, 0,72, 2,15 u. 3,58 MeV, dem ^{14}N-Grundzustand u. den ^{22}Na-Zuständen bei 0, 0,58, 0,89, 1,53 u. 2,58 MeV entsprechen. Aus den Ergebnissen wird auf eine direkte Oberflächen-Rk. bei (d, α)-Rkk., die zu tiefliegenden Zuständen der Restkerne führen, geschlossen.
H. SCHROEDER. 103□

Das Spektrum der energiereichen Protonen aus der Reaktion $^{16}O(\gamma, p)^{15}N$. U. Hegel und E. Finckh. (Z. Physik **162.** 142—53. 1961. Heidelberg, Univ., I. Physikal. Inst.) (Dt.)

O_2-Gas wurde mit 34,5-MeV-γ-Strahlen bestrahlt. Das Protonenspektrum zwischen 6 u. 22 MeV wurde mittels eines NaJ(Tl)-Scintillationsspektrometers gemessen. Die Energieauflösung war mit derjenigen von Kernspurplatten vergleichbar. Der differentielle Wrkg.-Querschnitt der (γ, p)-Rk. wurde zu 0,13 mbarn/sterad bei 30 MeV γ-Energie u. einem Winkel von 90° zum einfallenden Bündel bestimmt. Bestrahlungsanordnung, Targetkammer u. Detektor sind abgebildet.
H. SCHROEDER. 103□

Messung der Photoprotonen aus Argon und Sauerstoff. E. Finckh und U. Hegel. (Z. Physik **162.** 154—59. 1961.) (Dt.) — Vgl. vorst. Referat.

Zur Messung der Ausbeuten von Photoprotonen, die bei der Bestrahlung von Ar u. O mit 34,5-MeV-γ-Quanten auftreten, wurde die Brauchbarkeit von CsJ(Tl)-Kristallen untersucht. Relativ zur Ausbeute der Rk. $^{12}C(\gamma, n)^{11}C$ wurden folgende Werte erhalten: für Ar 2,45 ± 0,35 u. für O 2,06 ± 0,28.
H. SCHROEDER. 103□

Dem Protonenresonanzeinfang durch Chlor folgende γ-Strahlung. J. C. Lislex und P. F. D. Shaw. (Proc. physic. Soc. **76.** 929—38. 1/12. 1960. Oxford, Clarendon Labor.) (Engl.)

Bei dem Beschuß von Cl ($BaCl_2$-Target) durch Protonen mit Energien von 500 bis 1000 keV wurden auf Grund der γ-Strahlung 11 Resonanzen beobachtet. Diese wurden den bestrahlten Isotopen auf Grund von Bestrahlungen angereicherten Cl oder der emittierten γ-Quanten zugeordnet. Die Übergangswahrscheinlichkeiten der Resonanzen bei 736, 819, 861, 883, 890 u. 896 keV von ^{36}Ar wurden untersucht u. in Termen gebundener Zustände bei 1,97, 4,17, 4,45, 4,94, 5,85 u. 6,85 MeV dargestellt. Messungen der Winkelverteilungen bestätigten den Wert 3 für den Spin des angeregten Zustandes bei 4,17 MeV.
H. SCHROEDER. 103□

Beim Beschuß von ^{58}Ni mit 14,8-MeV-Neutronen auftretende Protonen und Deuteronen. R. N. Glover und K. H. Purser. (Nuclear Physics [Amsterdam] **24.** 431—42. Mai 1961. Canberra, Australian Nat. Univ., Dep. of Nucl. Phys.) (Engl.)

Die Energiespektren u. Winkelverteilungen der Protonen, die beim Beschuß von ^{58}Ni mit 14,8-MeV-Neutronen auftreten, wurden gemessen. Die Winkelverteilungen ergeben für den direkten Wechselwrkg.-Beitrag $l = 0$- u. $l = 2$-Übergänge zu nichtaufgelösten Zuständen nahe dem Grundzustand des entstehenden ^{58}Co. Ungerade Paritätszustände zeigen Übergänge mit $l = 1$ zu höher angeregten Zuständen. Unterhalb einer Protonenenergie von 6 MeV wird eine isotrope Verteilung festgestellt. Für die Rkk. (n, pγ) + (n, pn) u. (n, np) wurden Kern-Temp. von 1,35 ± 0,03 bzw. 0,50 ± 0,03 MeV gefunden. Der totale Wrkg.-Querschnitt für die Protonenemission beträgt 830 ± 70 mbarn. Die partiellen Wrkg.-Querschnitte sind für (n, pγ) + (n, p n) 430 mbarn, direkte Wechselwrkg. 60 mbarn, (n, pn) 340 mbarn. Der totale Wrkg.-Querschnitt der (n, d)-Rk. beträgt 25 ± 6 mbarn. Die Winkelverteilung der Haupt-Deuteronengruppe zeigt nichtaufgelöste Übergänge zum ^{57}Co-Grundzustand ($7/2^-$) u. einen neuen Zustand bei ca. 0,5 MeV. Die Ggw. eines $l = 1$-Überganges schließt angenähert 13% p-Wellenbeimischung in der Grundzustandskonfiguration von ^{58}Ni ein. H. SCHROEDER. 103□

Die Reaktionen ^{58}Ni(d, p)^{59}Ni und ^{60}Ni(d, p)^{61}Ni. A. W. Dalton, G. Parry, H. D. Scott und S. Swierszczewski. (Proc. physic. Soc. **77.** 682—90. 1/3. 1961. Liverpool, Univ., Phys. Dep.) (Engl.)

Natürliches Ni u. isotopenreines ^{60}Ni wurden mit 8,9- u. 8,6-MeV-Deuteronen bestrahlt. Auf Grund der erhaltenen Protonenenergiespektren wurde eine Reihe von Winkelverteilungsmessungen für die Rkk. ^{58}Ni(d, p)^{59}Ni (**I**) u. ^{60}Ni(d, p)^{61}Ni (**II**) durchgeführt (graph. Darst.). In Tabellen wurden die Anregungsenergien der Niveaus (**I**: 20 Niveaus, **II**: 19 Niveaus bzw. Gruppen), die l-Werte der eingehenden Neutronen, die Spin- u. Paritäts-Best. auf Grund der Auswahlregel, der für die BUTLER-Strippingkurven gewählte Radius, der Wert für den Wrkg.-Querschnitt (μbarn·sterad^{-1}) im Maximum der Winkelverteilung, die red. Breiten $(2 J_f + 1)\,\gamma$ (keV) u. die red. Breiten $(2 J_f + 1)\,\Theta^2$ (dimensionslos) zusammengefaßt. Die Ergebnisse wurden mit den von SCHIFFER, LEE u. ZEIDMAN (C. **1960.** 6035) bei Grobstruktur-Unterss. der Protonenspektren erhaltenen Werten verglichen. H. SCHROEDER. 103□

Zerfall von ^{159}Dy. Je. I. Birjukow, O. I. Grigorjew, B. Ss. Kusnetzow und N. Ss. Schimanskaja. (Известия Академии Наук СССР, Серия Физическая [Nachr. Akad. Wiss. UdSSR, physik. Ser.] **25.** 109—10. Jan. 1961. Chlopin-Strahlungsinst. der Akad. der Wiss. der UdSSR.) (Russ.)

^{159}Dy (144 Tage) wurde durch Beschuß von *Ta* mit 660-MeV-Protonen erhalten u. die elektromagnet. Strahlung mittels eines Spektrometers mit Proportionalzähler u. eines Scintillations-γ-Spektrometers untersucht. Neben der γ-Linie von 58 keV wurde eine schwache Linie von 350 keV beobachtet, ferner K-Röntgenstrahlung von 44,5 u. 50,4 keV. Für das 58-keV-Niveau von ^{159}Tb ergibt sich $L_1/K_1 = 0{,}56$ u. eine Verzweigung von 0,32. M. WIEDEMANN. 103□

Rückstoßfreie Emission und Absorption des 26-keV-γ-Strahls von ^{161}Dy. S. Jha, R. K. Gupta, H. G. Devare, G. C. Pramila und R. Srinivasa Raghavan. (Nuovo Cimento [10] **19.** 682—86. 16/2. 1961. Bombay, Tata Inst. of Fundament. Res.) (Engl.)

Vff. beobachteten beim β-Zerfall von ^{161}*Tb* rückstoßfreie Emission u. Absorption von 26-keV-γ-Quanten u. bewiesen damit die Existenz des 1. angeregten Zustandes von ^{161}Dy bei 26 keV. Aus Messungen der Abhängigkeit der Durchdringungsfähigkeit dieser γ-Quanten von der Dicke des Dy_2O_3-Absorbers wurden die Anteile der rückstoßfreien Emission u. Absorption zu (10 ± 2) bzw. (6,5 ± 2)% bestimmt. Die Linienbreite des 26-keV-Zustandes wurde bei einer Absorberdicke von 19,65 mg/cm² zu $1{,}04 \cdot 10^{-6}$ eV gefunden; dieser Wert ist 70fach größer als der aus der gemessenen Halbwertszeit ($t_{1/2} = 2{,}7 \cdot 10^{-8}$ s) errechnete ($7{,}9 \cdot 10^{-9}$ eV). H. SCHROEDER. 103□

Niveaus in ^{162}Ho und ^{162}Dy. M. Jørgensen, O. B. Nielsen und O. Skilbreid. (Nuclear Physics [Amsterdam] **24.** 443—55. Mai 1961. Copenhagen, Univ., Inst. of Theoret. Phys.) (Engl.)

Vff. konnten eine Aktivität mit $t_{1/2} = 11{,}8 \pm 1{,}0$ min, die dem Grundzustand von ^{162}Ho zugeschrieben wird, durch eine Rückstoß-Meth. von der ^{162}Ho-Aktivität mit $t_{1/2} = 68$ min, die von einem iomeren Zustand (ca. 90 keV) herrührt, abtrennen. Es wird ein Zerfallsschema vorgeschlagen. Die Zustände sind in ^{162}Ho: Grundzustand $(K, I^\pi) = (1, 1^+)$; 38,5 keV $(1, 2^+)$; 86,5 keV $(1, 3^+)$; ≈ 90 keV $(6, 6^-)$; in ^{162}Dy: 81 keV $(0, 2^+)$; 266 keV 0, $4^+)$; 549 keV $(0, 6^+)$; 1485 keV $(5, 5^-)$. Zuordnungen einzelner Teilchen im NILSSON-MOTTELSON-Schema können für die ungepaarten Teilchen des Grundzustandes u. des 90-keV-Zustandes von ^{162}Ho u. des 1485-keV-Zustandes von ^{162}Dy auf Grund der angegebenen Spins u. der Tatsache, daß die K-Einfangübergänge von ^{162}Ho erlaubt sind, vorgeschlagen werden. H. SCHROEDER. 103□

γ-γ-Winkelkorrelationen beim ^{169}Tm. Stevan D. Koički, Jovan M. Simić und Ante H. Kukoč. (Bull. Inst. nuclear Sci. „Boris Kidrich" **9.** 29—37. März 1959.) (Engl.)

Vff. bestimmten die γ-γ-Winkelkorrelationen bei ^{169}Tm unter Winkeln von 90, 135, 180, 225 u. 270°. Die K-verbotenen Übergänge 177—131 keV u. 198—111 keV sind Multipolaritätsmischungen von M1 u. E2; für 177 keV M1 + (6,1 $\pm$ 1,1)% E 2; für 198 keV M 1 + (6,2 $\pm$ 0,26)% E2. Die Multipolaritäten sind positiv. Die Wahrscheinlichkeiten partieller M1- u. E2-Komponenten beim Übergang des 7/2-Zustandes zu Zuständen der Rotationsfamilie mit K = 1/2 sind tabelliert. H. Schroeder. 103□

Der β-Zerfall von ^{171}Tm. B. L. Sharma. (Nuclear Physics [Amsterdam] **25.** 175—76. Mai 1961. Delhi, Defence Sci. Labor.) (Engl.)

In ^{170}Er (87,3%) angereichertes Er_2O_3 wird einem therm. Neutronenfluß von 10^{12} cm^{-2} s^{-1} ausgesetzt. Zur Unters. des β-Zerfalls von ^{171}Tm (1,9 a) wird der Er-Fraktion, die eine starke 7,5-h-Aktivität von ^{171}Er zeigt, eingeräumt, über eine beträchtliche Zeit zu zerfallen. Die Messungen erfolgen mit einem Hohlkristall. Neben den *Yb*-K-Röntgenstrahlen zeigen die Messungen einen hoch inneren konvertierten Photopeak bei 67 keV. Das vorgeschlagene Zerfallsschema von ^{171}Tm zusammen mit den Spinzuordnungen mehrerer Zustände wird diskutiert. Gerhard Schmidt. 103□

Spaltung von Gold mit 112-MeV-^{12}C-Ionen. Eine Untersuchung über Ausbeute-Massen- und Ladungsverteilung. H. Marshall Blann. (Physic. Rev. [2] **123.** 1356—64. 15/8. 1961. Berkeley, Calif., Univ. of California, Lawrence Radiat. Labor.) (Engl.)

Vf. bestimmt die Spalt-Prod.-Querschnitte radiochem. u. massenspektroskop. für Au, das mit 112-MeV–^{12}C-Ionen beschossen worden ist. Gemessen werden die Querschnitte für 43 Nuclide für Elemente von Ni bis Ba. 36 Ausbeuten sind entweder prim. Spaltprod.-Ausbeuten (unabhängige Ausbeuten) oder sind in der Weise korr. (mit $<$ 25% Korrektur), daß sie unabhängige Ausbeuten darstellen. Nach Systematisierung der unabhängigen Ausbeuten wird eine Ausbeute-Massenkurve aufgestellt. Diese Kurve wird mit den Ausbeute-Massenkurven verglichen, die aus der Spaltung von Bi mit 22- u. 190-MeV-Deuteronen erhalten worden sind. Die Ausbeutesystematik zeigt an, daß die Summe der Massenzahlen komplementärer Spaltprodd. um 13 $\pm$ 1 Masseneinheiten kleiner ist als diejenige des Compoundkerns, u. daß die Summe der Ladungen komplementärer Spaltprodd. um 2 Einheiten geringer ist als diejenige des Compoundkerns. Thermodynam. Argumente besagen, daß der Ladungsverlust durch ein α-Teilchen u. nicht durch Protonen fortgeführt wird. Die wahrscheinlichste Ladung der Spaltprodd. als eine Funktion der Massenzahl wird empir. bestimmt u. mit der theoret. Vorhersage verglichen. Gerhard Schmidt. 103□

α-Teilchen und Protonen aus dem Beschuß von ^{197}Au und ^{209}Bi mit ^{12}C-, ^{14}N- und ^{16}O-Projektilen. Harold C. Britt und Arthur R. Quinton. (Physic. Rev. [2] **124.** 877—87. 1/11. 1961. New Haven, Conn., Yale Univ.) (Engl.) — Vgl. C. **1961.** **8544.**

Vff. messen die Winkelverteilungen, Energiespektren u. abs. Querschnitte für α-Teilchen, die beim Beschuß von ^{197}Au u. ^{209}Bi durch ^{12}C-, ^{14}N- u. ^{16}O-Projektile bei Beschußenergien von 10,5 MeV/Nucleon emittiert werden. Für die C + Bi-Rk. betragen die Energien 8,7 u. 7,1 MeV/Nucleon. Die Winkelverteilungen u. abs. Querschnitte werden auch für Protonen aus den Rkk. C + Bi u. O + Bi bei Beschußenergien von 10,5 MeV/Nucleon bestimmt. Die Verss. werden mit einem Detektor durchgeführt, der aus einem Proportionalzähler u. einem CsJ-Scintillationszähler besteht. Aus den Winkelverteilungen u. Energiespektren lassen sich die Beiträge aus direkten u. Verdampfungsprozessen trennen. Die direkten α-Ergebnisse lassen vermuten, daß der hauptsächlich beteiligte direkte Prozeß das Breakup des einfallenden Projektils bei einer Wechselwrkg. mit der Oberfläche des Targetkerns ist. Bei den Beschußenergien von 10,5 MeV/Nucleon betragen die Querschnitte für die Emission direkter α-Teilchen u. direkter Protonen ca. 25—35 bzw. 10% der berechneten totalen Rk.-Querschnitte. Die Verdampfungsquerschnitte hängen stark von der im Compound-Syst. verfügbaren Anregungsenergie ab. Die Verdampfungsenergiespektren können formelmäßig dargestellt werden, die Ergebnisse liefern einen mittleren Niveaudichteparameter von 22 $\pm$ 2 MeV^{-1} für diese Reaktionen. Gerhard Schmidt. 103□

Spallationsreaktionen von Thorium beim Beschuß mit Protonen der Energien 150 und 82 MeV. M. Lefort, G. N. Simonoff und X. Tarrago. (Nuclear Physics [Amsterdam] **25.** 216—47. Mai 1961. Orsay, Univ. de Paris, Labor. Joliot-Curie de Phys. Nucl.) (Franz.)

Vff. untersuchten durch Beschuß mit Protonen der Energien 150 u. 82 MeV eingetretene Spallations-Rkk. des Th durch radiochem. Abtrennung der Pa-, Th-, Ac- u. Ra-Nuclide u. durch Messung der abs. Wrkg.-Querschnitte. Es wurden Vergleichsberechnungen unter der Annahme zweier Modelle durchgeführt: Direkte Wechselwrkg. u. Neutronenverdampfung (GERBER-JACKSON). Konkurrenz zwischen Spallation u. Verdampfung wurde für jede Verdampfungsstufe angenommen. Die Übereinstimmung ist sehr befriedigend für (p, pxn)-Rkk., die experimentellen Werte sind jedoch für Ra u. Ac fast doppelt so hoch wie die berechneten. Einfangquerschnitte für d- u. t-Erzeugung wurden bei verschiedenen Energien gemessen. H. SCHROEDER. 103□

Die Winkelkorrelation der prompten Neutronen und Spaltfragmente bei der Spaltung von ^{235}U mit thermischen Neutronen. R. Ramanna, R. Chaudhry, S. S. Kapoor, K. Mikke, S. R. S. Murthy und P. N. Rama Rao. (Nuclear Physics [Amsterdam] **25.** 136—51. Mai 1961. Bombay, Trombay, Atom. Energy Establ.) (Engl.)

Vff. bestimmen die Winkelverteilungen der prompten Neutronen, die bei der Spaltung von ^{235}U durch therm. Neutronen emittiert werden, in bezug auf die Bewegungsrichtung der leichten Fragmente. Eine Kombination von Gitterionisationskammer u. Gas-Scintillationszähler-Syst. unter Verw. von Xe-Gas dient zur Messung der Energie der Spaltprodd. sowie ihrer Bewegungsrichtung relativ zur Richtung des elektr. Feldes der Ionisationskammer. Ein Detektor für schnelle Neutronen dient zur Messung der Energie der prompten Neutronen nach der Flugzeittechnik. Die erhaltenen Verteilungen werden mit den Verteilungen verglichen, die unter der Annahme isotroper Emission von Neutronen mit einem MAXWELLschen Emissionsspektrum berechnet worden sind. Es zeigt sich, daß die Anisotropie N (0^0)/N (90^0) eine zunehmende Funktion der Neutronenenergie im Labor.-Syst. ist. Eine Anisotropie der Form $(a + b \cos^2 \Theta)$ wird für prompte Neutronen mit Emissionsenergien > 1 MeV angezeigt.
GERHARD SCHMIDT. 103□

(n, α)-Reaktion durch thermische Neutronen in ^{239}Pu. W. N. Andrejew. (Известия Академии Наук СССР, Серия Физическая [Nachr. Akad. Wiss. UdSSR, physik. Ser.] **25.** 121—23. Jan. 1961.) (Russ.)

Mittels therm. Neutronen wurde die Rk. $^{239}Pu(n, \alpha)^{236}U$ durchgeführt u. mittels eines ringförmigen Proportionalzählers u. Al-Folien die erzeugten α nach der Reichweite analysiert. Der Wrkg.-Querschnitt für Emission von α-Teilchen mit 11,4 MeV (13,3 cm Luft) ergab sich zu ca. 20 mbarn. Das Termschema von ^{240}Pu u. ^{236}U sowie das Verhältnis der Zerfalls-Konst. von $^{240}Pu^*$ u. ^{240}Pu werden diskutiert. M. WIEDEMANN. 103□

Untersuchung von verbrauchten Brennelementen des Ersten Atomkraftwerks. A. P. Smirnow-Awerin, W. I. Galkow, W. I. Iwanow, W. P. Meschtscherjakow, I. G. Scheinker, L. A. Stabenowa, N. N. Krot und A. G. Koslow. (Атомная Энергия [Atomenergie] **11.** 122—25. Aug. 1961.) (Russ.) — Vgl. C. **1961.** 8188.

An einem Reaktor, der 445 Tage in Betrieb war, wurden die verbrauchten Brennelemente untersucht. Die Änderung der Durchmesser über die Länge, ferner die Änderung der α-, β- u. γ-Aktivität wurden bestimmt. Weiterhin wurde massenspektrometr. die Isotopen-Zus. der Transurane ermittelt u. für je 1 Tonne U gefunden: ^{239}Pu, 4,10 kg, ^{240}Pu 1,53; ^{241}Pu 0,64; ^{242}Pu 0,20; ^{242}Cm $2{,}73 \cdot 10^{-3}$ kg. M. WIEDEMANN. 110□

Latente Energie im Graphit der Belegung des IR-Reaktors. W. I. Klimenkow und A. Ja. Sawgorodni. (Атомная Энергия [Atomenergie] **11.** 126—32. Aug. 1961.) (Russ.)

Graphitziegel wurden aus dem Reaktor herausgeschnitten, sie hatten z. T. insgesamt $2{,}2 \cdot 10^{21}$ Neutronen/cm² erhalten. Die durch die Bestrahlung angehäufte WIGNER-Energie wurde bestimmt. Bis 600° wurden 125 cal/g frei, insgesamt 540 cal/g. Die mittlere Geschw. der Energie-Entw. 0,33—0,25 cal/g Grad ist niedriger als die mittlere Wärmekapazität von 0,36 cal/g. M. WIEDEMANN. 110□

Wärmeabgabe bei turbulentem Fluß von flüssigen Metallen in Röhren. W. I. Ssubbotin, M. Ch. Ibragimow, M. N. Iwanowski, M. N. Arnoldow und Je. W. Nomofilow. (Атомная Энергия [Atomenergie] **11.** 133—39. Aug. 1961.) (Russ.)

Die Wärmeabgabe bei der turbulenten Strömung von Alkali- u. Schwermetallen durch Röhren von ca. 30 mm Innendurchmesser aus Stahl wurde nach 2 verschiedenen Verff. bestimmt. M. WIEDEMANN. 110□

Injektion schneller neutraler Bündel in einen Dreistufen-Tandembeschleuniger. P. H. Rose, R. P. Bastide, A. B. Wittkower, D. L. Webb, C. H. Goldie und J. Shaw. (Rev. sci. Instruments **31.** 1052—53. Okt. 1960. Burlington, Mass., High Voltage Engng. Corp.) (Engl.)

Die Injektion schneller neutraler Bündel in einen Tandembeschleuniger, bei dem 3 Stufen hintereinander geschaltet waren, wird beschrieben. Es wird eine Beschleunigung auf 15 MeV erreicht. H. SCHROEDER. 112□

Über das Problem eines Cyclotrons für Teilchen mit relativistischer Massenzunahme. L. Krlín. (Czechoslov. J. Physics **11.** 244—52. 1961. Prague, Czechoslov. Acad. Sci., Res. Inst. of Vacuum Electron.) (Engl.) — Vgl. C. **1961.** 8914.

Im Anschluß an C. **1961.** 8914 wird die lineare Theorie für einen ebenen Zirkularbeschleuniger mit zeitkonst. Magnetfeld u. konst. Frequenz der Beschleunigungsspannung behandelt. Die Möglichkeit wird untersucht, die zeitliche Änderung des Umlaufs durch gleichzeitige axiale u. radiale Versetzung der Gleichgewichtsbahn zu kompensieren. Dieses Problem kann durch Näherungen gelöst werden. H. Schibilla. 112□

Austritt eines Bündels und Energieregulierung im Cyclotron mit azimutaler Variation des Magnetfeldes. A. A. Arsumanow, R. A. Meschtscherow, Je. Ss. Mironow, L. M. Nemenow, Ss. N. Rybin und Ju. A. Cholmowski. (Атомная Энергия [Atomenergie] **10.** 501—02. Mai 1961.) (Russ.)

Die Verss. wurden bei Spannungen am Magnetfeld von 5, 10, 13,6, 14,7 u. 17 kV durchgeführt. Beschleunigt wurden Protonen bis 5 MeV u. H_2^+-Ionen bis 10, 21, 24 u. 31,5 MeV. Der Austritt des Bündels wurde mittels eines inhomogenen elektr. Feldes bewirkt. Der Austritts-Koeff. lag zwischen 25—60%, die Stromstärke der Ionen variierte von 50—400 μA. Die Divergenz des austretenden Bündels kann sehr klein gehalten werden. M. Wiedemann. 112□

Einige Probleme der Theorie des Cyclotrons mit azimutaler Variation des magnetischen Feldes. Ju. A. Sawenjagin, R. A. Meschtscherow und Je. Ss. Mironow. (Атомная Энергия [Atomenergie] **11.** 26—33. Juli 1961.) (Russ.)

Behandelt wird die Ionenbewegung in einem Cyclotron mit azimutaler Variation des magnet. Feldes vom Sektortyp. Die Umlaufperiode der Ionen wird berechnet, die Stabilität der Bewegung u. die Frequenz der vertikalen sowie horizontalen Schwingungen werden ermittelt. Ferner wird durch ein graph. Verf. die notwendige Minimalspannung an den Dees bestimmt. M. Wiedemann. 112□

Durchgehen durch eine quadratische Resonanz im Synchrotron mit harter Fokussierung. Ch. A. Ssimonjan. (Известия Академии Наук Армянской ССР, Серия Физико-Математических Наук [Nachr. Akad. Wiss. ArmenSSR, Ser. physik.-math. Wiss.] **14.** Nr. 2. 71—78. 1961. Physik. Inst. der Akad. der Wiss. der ArmenSSR.) (Russ.; Auszug: Armen.)

In Ergänzung zur Gleichung der Betatronschwingungen um einige ebene period. Bahnen im Synchrotron mit harter Fokkusierung wird der Einfl. der gleichzeitigen Wrkg. einer Störung aus der Fluktuation der quadrat. Nichtlinearität u. der Asymmetrie des Feldes relativ zur Bahnebene behandelt. Die Resonanzbedingung u. das Anwachsen der Amplitude werden ermittelt. Durch geeignete Wahl der Arbeitsfrequenz muß der Durchgang durch die quadrat. Resonanz vermieden werden. M. Wiedemann. 112□

Der Cambridge-Elektronenbeschleuniger (CEA). M. Stanley Livingston und William A. Shurcliff. (Science [Washington] **134.** 1186—93. 20/11. 1961. Cambridge, Mass., MIT.) (Engl.)

Beschreibung der AG-Magnetfokussierung, des Hochfrequenz-Syst. u. anderen Einzelheiten des 6-GeV-Elektronensynchrotrons. Herbert Weber. 112□

Photoritron. B. Ss. Dshelepow und Ju. W. Cholnow. (Известия Академии Наук СССР, Серия Физическая [Nachr. Akad. Wiss. UdSSR, physik. Ser.] **25.** 98—105. Jan. 1961. Chlopin-Strahlungsinst. der Akad. der Wiss. der UdSSR.) (Russ.)

Der Arbeitsbereich des Ritrons wurde erweitert, so daß dieses magnet. γ-Spektrometer jetzt Energien bis herab zu ca. 60 keV erfaßt; das Auflösungsvermögen wurde ebenfalls verbessert. Verwendet werden bei kleinen Energien Photoelektronen aus *Pb* oder *Bi*, die Dicke des Konverters wurde bei Bi im Bereich um 350 keV gleich wie für Compton-Elektronen gewählt. Zur Eichung diente die γ-Strahlung von $^{152-154}$Eu, daneben andere mit 100—660 keV. Das Spektrum von ^{160}*Tb* wurde mit dem Photoritron untersucht, folgende Linien wurden festgestellt: L86, K196, K214, K298 u. L298 (keV). M. Wiedemann. 112□

Ein stabiler Gasscintillator mit Argon ohne Änderung der Wellenlänge. A. Perrin und R. Chéry. (J. Physique Radium, Physique appl., Suppl. zu: J. Physique Radium **20.** Nr. 7. 92A—94A. Juli 1959.) (Franz.)

Es wurde ein Ar-Scintillator aus einem Zylinder von 2 cm ∅ u. 2 cm Höhe, gefüllt bis zu 6 at, mit Photomultiplier konstruiert. Der Zylinder war innen mit MgO bedeckt. Das Auflösungsvermögen lag bei 20%, der Multiplikationsfaktor bei $7 \cdot 10^6$. Die Scintillationen hatten eine Wellenlänge von 2500 Å. Bei *Xe* wäre eine Auflösung von 8% zu erwarten. Das Gerät wurde mit 5,3-MeV-α-Teilchen geprüft. M. Wiedemann. 112

Standard-Borlösungen für Neutronen-Absorptionsmessungen. S. Wexler. (Nuclear Sci. Engng. **8.** 270—73. Sept. 1960. Argonne, Ill., Argonne Nat. Labor.) (Engl.)

Es wird die Präparierung von D_2O-Lsgg. von B_2O_3 beschrieben, die als Bezugsstandards für die Messung der Absorption therm. Neutronen verwendet werden sollen. Die durch das um 3,3% schwankende Isotopenverhältnis von $^{11}B/^{10}B$ (Mittelwert 4,35) bedingten Variationen der Neutronenabsorption werden erörtert, ihre meßtechn. Eliminierung wird besprochen. Die im analysenreinen Ausgangs-Prod. B_2O_3 vorhandenen Verunreinigungen beeinflussen das Absorptionsvermögen nicht merklich. Meth. zur Prüfung dieser Reinheit werden beschrieben. W. Reusse. 112□

A_2. Optisches Verhalten der Materie

Die Intensitätsänderungen der Linie 6300 Å der nächtlichen Luminescenz. D. Barbier. (Ann. Géophysique **17.** 3—15. Jan./März 1961.) (Franz.)

Vf. diskutiert zunächst die täglichen u. jährlichen Intensitätsschwankungen des verbotenen roten Dubletts 6300—6364 des [*OI*] u. die verschiedenen Erscheinungen der Emission der 6300-Strahlung. Auf Grund eigener Beobachtungen bringt Vf. eine noch unvollständige graph. Darst. der Intensität der Strahlung für den nördlichen Winter. C. Gottfried. 113

Spektren der Morgendämmerung im fernen Ultraviolett mittels eines in einer Rakete eingebauten Ebertschen Spektrophotometer. Wm. G. Fastie, Henry M. Crosswhite und Thomas P. Markham. (Ann. Géophysique **17.** 109—15. Jan./März 1961. Johns Hopkins Univ.; Air Force Cambridge Res. Center.) (Engl.)

Vff. untersuchten mit einem in einer Rakete untergebrachten abtastenden Ebertschen Spektrophotometer in einer Höhe von 125km das Spektrum der Morgendämmerung zwischen 1200 u. 3500 Å. Beobachtet wurden Banden von N_2 u. eine *O*-Linie. Nicht registriert wurden NO-Banden oder die Lyman-α-Linie von H. C. Gottfried. 113

Natrium in der oberen Atmosphäre. T. M. Donahue und J. E. Blamont. (Ann. Géophysique **17.** 116—33. Jan./März 1961. Pittsburgh, Pa., Univ.; Mendon, Observatoire.) (Engl.)

Vff. berichten über in den Jahren 1958 u. 1959 in dem Observatorium der Haute-Provence u. in Tamanrasset durchgeführte Beobachtungen der Dämmerungsemission des Na in der oberen Atmosphäre. Die Vers.-Ergebnisse sind graph. wiedergegeben. C. Gottfried. 113

Atomstrahluntersuchungen der Elektronen- und Kern-Grundzustände im Bereich der Seltenen Erden. Amado Y. Cabezas, Ingvar Lindgren und Richard Marrus. (Physic. Rev. [2] **122.** 1796—1802. 15/6. 1961. Berkeley, Calif., Univ., Lawrence Radiat. Labor. and Dep. of Phys.) (Engl.)

Nach der Meth. der magnet. Atomstrahlresonanz wurden folgende Isotope im Bereich der Seltenen Erden (SE) untersucht: ^{149}Pm; ^{151}Pm; ^{159}Gd; ^{160}Tb; ^{165}Dy; ^{166}Dy; ^{166}Ho; ^{169}Er; ^{171}Er u. ^{171}Tm. Für einige tiefliegende Niveaus in Pm, Dy, Ho u. Er wurden der Gesamtdrehimpuls der Elektronen J u. der g-Tensor g(J) bestimmt u. folgende Elektronen-Grundzustände erhalten: PmI $-(4f)^5(6s)^2, {}^6H_{5/2}$; Dy I $-(4f)^{10}(6s)^2$, $^5J_8$; HoI $-(4f)^{11}(6s)^2, {}^4J_{15/2}$, u. ErI $-(4f)^{12}(6s)^2$, $^3H_6$, die mit den Werten nach der Hundschen Regel, die g-Werte mit denen nach Landé gut übereinstimmen. Die erhaltenen Werte für den Kernspin sind: ^{149}Pm 7/2; ^{151}Pm 5/2; ^{159}Gd 3/2; ^{160}Tb 3; ^{165} Dy 7/2; ^{166}Dy 0; ^{166}Ho 0; ^{169}Er 1/2; ^{171}Er 5/2 u. ^{171}Tm 1/2, die mit den Ergebnissen aus β-Zerfalls-Unterss. verglichen werden. Die meisten dieser Isotope zeigen starke Kerndeformationen. W. Sobieski. 114□

Theorie des Zeeman-Effektes im Grundmultiplett der Atome der Seltenen Erden. B. R. Judd und I. Lindgren. (Physic. Rev. [2] **122.** 1802—12. 15/6. 1961. Berkeley, Calif., Univ., Lawrence Radiat. Labor.) (Engl.)

Die einfache Landé-Formel für g-Werte von Niveaus, die sich aus $4f_n$-Grundkonfigurationen ableiten, gibt mit einer Schwinger-Korrektur (a) genaue Werte der gyromagnet. Größe des Elektronenspins, mit einer weiteren (b) die Erfassung der Abweichungen von vollständiger RS-Kopplung, mit einer relativist. (c) die direkte Beziehung zu der kinet. Energie der Elektronen u. mit einer diamagnet. (d) eine Beziehung zur Elektronendichte am Kern. Zur Berechnung von (b) werden die Spin-Bahn-Kopplungs-Konst. u. Coulomb-Integrale F_K aus spektroskop. Werten oder durch Interpolation (bzw. Extrapolation) erhalten. Ein Argument für die Verhältnisse der F_K-Integrale an einer Wasserstoff-Eigenfunktion wird aufgestellt; die verschiedenen Kreisintegrale zur Berechnung von (c) u. (d) können aus einer modifizierten Wasserstoff-Eigenfunktion der Form $r^n e^{-ar} \cos h[\varkappa(ar-n)]$ erhalten werden, wobei durch Vgl. mit Hartree-Feldeigenfunktionen $\varkappa = 0{,}42$ (für die Reihe der Seltenen Erden) gesetzt wird u. der zweite Parameter α zum Angleich an die Spin-Bahn-Kopplungs-Konst. dient. Das Ergebnis der Berechnung von (a), (b), (c) u. (d) gibt g-Werte, die gut mit den experimentell bestimmten übereinstimmen. Das alles bestätigt, daß die Grundkonfigurationen von PrI, NdI, PmI, SmI, EuI, DyI, HoI, ErI u. TmI vom 4 f^n-Typ sind. Tabellen der Spin–Bahn-Kopplungs-Konst. werden für neutrale Atome u. für dreifach geladene Ionen der Seltenen Erden gegeben. W. Sobieski. 114□

Über die Herkunft des Satelliten Kβ' in den Spektren der Elemente der Eisengruppe. I. A. Owssjannikowa. (Известия Сибирского Отделения Академии Наук СССР [Nachr. sibir. Abt. Akad. Wiss. UdSSR] **1961.** Nr. 6. 57—66.) (Russ.)

Bei den Elementen *V, Cr, Fe, Co* u. *Ni* u. den Verbb. *NiBi, NiS* wurde die Linie Kβ', die gegenüber dem $K\beta_1$-Übergang $K—M_{II, III}$ nach der Seite der längeren Wellen verschoben ist, mittels eines Spektrographen mit Quarzkristall. u. photograph. Registrierung untersucht. Die Berechnungen bestätigen die Theorie von Bloch-Blochin über den Ursprung infolge eines doppelten Überganges. M. Wiedemann. 118□

Messungen der „optischen“ Übergangswahrscheinlichkeiten im Silberatom. J. Terpstra und J. A. Smit. (Physica [Utrecht] **24.** 937—58. Dez. 1958. Utrecht, Univ., Fys. Labor.) (Engl.)

Es werden die Intensitäten von 22 Ag-Linien eines in Luft brennenden Bogens mit einer Ag- bzw. Ag enthaltenden Elektrode (5 A, 30 V/cm, Bogen-Temp. 5000—6000 °K) gemessen. Aus der relativen Besetzung der oberen Niveaus der Ag–Linien (abgeleitet aus den Temp.) sowie aus den gemessenen Linienintensitäten werden die relativen Übergangswahrscheinlichkeiten berechnet u. tabellar. zusammengestellt; die abs. Werte können wegen unzureichender Kenntnis der Ag-Konz. im Bogen nur roh abgeschätzt werden. Es wurden weder Störungseffekte der Ionisation im Bogen noch Selbstabsorptionseffekte festgestellt. J. Rudolph. 118□

Das Rayleigh-Verhältnis und die Trübung in realen Gasen. S. Kielich. (Acta physica polon. **19.** 711—30. 1960. Poznan, Polish Acad. of Sci., Inst. of Phys.) (Engl.) — Vgl. C. **1961.** 13079.

Aus der Divergenz in der Lichtstreuung in einem komprimierten u. einem idealen Gas können Rückschlüsse auf die Natur der Wechselwrkg.-Kräfte zwischen den Moll. gezogen werden. Vf. entwickelt eine Theorie der Virial-Koeff. für das Rayleigh-Verhältnis u die Trübung in realen Gasen. Die Ausdrücke für beide Daten enthalten als wichtigste Größen Mol.-Konst. der isotropen u. der anisotropen Lichtstreuung. Für reale Gase können diese Konst. in Form einer Virial-Entw. in reziproken Potenzen des Mol.-Vol. dargestellt werden. Für verschiedene Modelle von Dipol- u. Quadrupol-Moll. werden die zweiten Virial-Koeff. der isotropen u. der anisotropen Lichtstreuung berechnet. Die entsprechenden Größen werden abschließend numer. für die realen Gase CO_2, NH_3, CH_3F, CH_3CN u. *COS* ermittelt. Wolfgang Wagner. 119□

Die Fluorescenz röntgenstrahlerregter Diamanten. I. G. Matthews. (Proc. physic. Soc. **72.** 1074—80. 1/12. 1958. Reading Univ., Dep. of Phys.) (Engl.)

Diamanten des Typs I u. II zeigen bei Röntgenstrahlerregung eine Fluorescenz in Form zweier breiter Banden zwischen 400 u. 500 mμ u. zwischen 500 u. 600 mμ; letztere tritt nach Elektronenbestrahlung oder nach Wärmebehandlung verstärkt auf. Den breiten Banden sind schwache Maxima u. Minima bei Wellenlängen überlagert, bei denen UV-erregbare Fluorescenzlinien liegen. Die Unterschiede der röntgenstrahlerregten kontinuierlichen u. der UV-erregten Fluorescenz mit Feinstruktur werden diskutiert. J. Rudolph. 119□

Die optischen Eigenschaften der Edelmetalle. M. Suffczynski. (Proc. physic. Soc. **73.** 671—74. 1/4. 1959.) (Engl.)

Entsprechend der für die Alkalimetalle angewandten Theorie der Zwischenband-Absorption wird eine Theorie für die opt. Konst., bes. den Absorptions-Koeff. k der Edelmetalle, unter Benutzung der Freielektronen-Näherung u. unter Berücksichtigung der Verbiegung der Energieflächen an den Grenzen der Brillouin-Zone mitgeteilt. Der experimentelle Verlauf von k/λ mit der Wellenlänge λ (0,2—3 μ) wird für die Metalle *Cu* u. *Ag* mit dem sich aus dem Modell ergebenden Verlauf verglichen. J. Rudolph. 119□

Graphische Bestimmung der optischen Konstanten aus zwei Durchlässigkeiten. A. Vasko und M. Miler. (Czechoslov. J. Physics, Sect. B **11.** 283—85. 1961. Prag, Labor. für Optik der Tschechosl. Akad. der Wiss.) (Dt.)

Um die Größen R u. K aus der Gleichung für die Durchlässigkeit D einer dicken Schicht explicit bestimmen zu können, wird ein Transparent-Nomogramm beschrieben. H. Schibilla. 119□

Untersuchungen über die Lichtabsorption von Wasser–Alkohol-Gemischen im Bereich des nahen Infrarotspektrums. G. L. Szepesy, J. Császár und L. Lehotai. (Acta Univ. Szegediensis, Acta physica chem. **2.** 149—58. 1956. Szeged, Univ., Inst. of Gen. and Phys. Chem.) (Engl.)

Der Einfl. von A., LiCl, CsCl u. $Ni(ClO_4)_2$ auf das IR-Spektrum (0,9—1,3 μ) von W. wird untersucht. Die Spektren von A.–W.-Gemischen lassen erkennen: Die 1,2 μ-Bande des W. kann Moll.-Assoziaten zugeordnet werden; die 0,99 μ-Bande wird durch OH-Grundschwingungen verursacht; die quasikristalline Struktur des W. wird durch A. verändert, es bilden sich A.–W.-Assoziate (Mol-Verhältnis 1 : 4). LiCl u. CsCl erhöhen die Absorption des W. (LiCl > CsCl), obwohl beide Verbb. in diesem Bereich keine Eigenabsorption besitzen. Die Absorptionserhöhung wird auf die Bldg. von Moll.-Assoziaten unter dem Einfl. der Li^+ u. Cs^+-Ionen zurückgeführt. Die Änderung der Lichtabsorption des W. durch $Ni(ClO_4)_2$ erfolgt durch Ni^{2+} u. ClO_4^--Ionen. Ni^{2+}-Ionen zeigen Eigenabsorptionen elektron. Ursprungs. Die geringen Änderungen durch ClO_4^--Ionen werden durch Bldg. von H_3O^+-Ionen erklärt. J. BLANK. 120□

Die Frequenzen infrarotaktiver Metall-Chlorid-Valenzschwingungen. D. M. Adams. (Proc. chem. Soc. [London] **1961.** 335. Sept. Welwyn, Herts, Frythe, Akers Res. Labor.) (Engl.)

Vf. bestimmt bei Zimmer-Temp. die Metall-Chlorid-Valenzschwingungen folgender Chloridkomplexe im Bereich von 20—50 μ: K_2ReCl_6 = 331,5 vs u. 319 vs, K_2OsCl_6 340 vs u. 319 vs, K_2IrCl_6 342 vs u. 332 sh, K_2PtCl_6 345 vs, K_2PdCl_6 357,6 vs, K_2PtCl_4 328 sh u. 320,5 vs u. $PtCl_2$ 313 vs [cm^{-1}]. In fast allen Fällen sind die erwarteten infrarotakt. ν_{M-Cl}-Schwingungen entartet, was durch Verw. der festen Komplexe teilweise aufgehoben werden konnte. Die Aufspaltung der Banden führt Vf. zum größten Teil auf das ^{37}Cl-Isotop zurück. Durch Vgl. der Valenzschwingungen von $PtCl_2$, K_2PtCl_4 u. K_2PtCl_6 wird für $PtCl_2$ die gleiche durch Cl^--Brücken bedingte unendliche Kettenstruktur wie für $PdCl_2$ angenommen. A. NEBELUNG. 120□

Infrarotspektroskopische Untersuchung über die Koordinationsbindung. 1. Mitt. **Infrarotspektren von Kobalthexammin-, -pentammin- und trans-tetrammin-Komplexen.** Takehiko Shimanouchi und Ichiro Nakagawa. (Spectrochim. Acta [London] **18.** 89—100. 1962. Hongo, Tokyo, Tokyo Univ., Fac. of Sci., Dep. of Chem.) (Engl.)

Vff. nahmen die IR-Spektren von $[Co(NH_3)_6]^{3+}$, $[Co(NH_3)_5X]^{2+}$ (X = F, Cl, Br u. J) u. *trans*-$[Co(NH_3)_4X_2]^+$ (X = Cl, Br) im Bereich zwischen 4000 u. 250 cm^{-1} auf. Außer den charakterist. NH-Streck- u. NH_3-Deformationsschwingungen wurden Co–Ligand-Streck- u. Skelettdeformationsschwingungen bei 500 bzw. 300 cm^{-1} beobachtet. Eine Behandlung in Normalkoordinaten wurde durchgeführt u. für die beobachteten Frequenzen eine quant. Zuordnung auf der Grundlage der Potentialenergieverteilung u. L-Matrix vorgenommen. Die Kraft-Konst. der Co–Ligand-Streckschwingung zeigt, daß diese Koordinationsbindung merklich kovalenten Charakter besitzt.

GERHARD SCHULZE. 120□

Infrarotspektroskopische Untersuchung über die Koordinationsbindung. 2. Mitt. **Infrarotspektren der oktaedrischen Metall-Cyanid-Komplexe.** Ichiro Nakagawa und Takehiko Shimanouchi. (Spectrochim. Acta [London] **18.** 101—13. Jan. 1962. (Engl.) — 1. vgl. vorst. Referat.

Im Bereich zwischen 4000 u. 250 cm^{-1} nahmen Vff. die IR-Spektren folgender Verbb. auf: $[Fe(CN)_6]^{4-}$, $[Fe(CN)_6]^{3-}$, $[Co(CN)_6]^{3-}$, $[Ru(CN)_6]^{4-}$, $[Os(CN)_6]^{4-}$, $[Co(NH_3)_6]\cdot[Co(CN)_6]$ u. $[Co(NH_3)_6][Fe(CN)_6]$. Im CsBr-Bereich wurden neben den charakterist. C≡N-Streckschwingungen die Metall–Ligand-Streck- u. die Metall–C≡N-Spreizschwingungen beobachtet. Eine Behandlung in Normalkoordinaten wurde durchgeführt u. für die beobachteten Frequenzen eine quant. Zuordnung auf der Grundlage der Potentialenergieverteilung u. L-Matrix vorgenommen. Zwischen der Kraft-Konst. der Metall–Ligand- (K_1) u. der der C≡N-Streckschwingung (K_2) wurde die interessante Beziehung gefunden, daß der K_2-Wert abnimmt, wenn der K_1-Wert zunimmt. Der K_1-Wert ist für $[Os(CN)_6]_4^-$ am größten u. sinkt in der Reihenfolge Ru > Fe(II) > Co > Fe(III), während der K_2-Wert für Os am kleinsten ist u. in der gleichen Reihenfolge ansteigt. Andererseits läßt sich zwischen der Metall–Ligand-(ν_7) u. C≡N-Streckfrequenz (ν_6) keine definierte Beziehung finden. Auf der Grundlage der Strukturvorstellungen von PAULING mit teilweisem Doppelbindungscharakter der Metall–C-Bindung für die anion. Cyanokomplexe ist die obige Beziehung zwischen den Kraft-Konst. verständlich. Die Os–C-Bindung weist danach den stärksten Doppelbindungscharakter auf.

GERHARD SCHULZE. 120□

Infrarotspektren von Metallchelatverbindungen. 4. Mitt. **Infrarotspektren der Additionsverbindungen von Metall-Acetylacetonaten.** Kazuo Nakamoto, Yukiyoshi Morimoto und Arthur E. Martell. (J. Amer. chem. Soc. **83.** 4533—36. 20/11. 1961. Worcester, Mass., Clark Univ., Jeppson Labor. of Chem.) (Engl.) — 3. vgl. C. **1962. 3347.**

Von den Acetylacetonaten mit Ni^{2+}, VO^{2+} u. UO_2^{2+} u. ihren Additions-Verbb. mit *Pyridin* werden mit Hilfe der KBr-Preßtechnik die IR-Absorptionsspektren zwischen 4000 u. 400 cm^{-1} (NaCl-bzw. KBr-Optik) aufgenommen. Die Zuordnung der Banden wird bei gleichzeitiger Verw. der Normalkoordinatenrechnung (C. **1961.** 16003) u. der Frequenzzahlen der Absorptionsbanden für die reinen Komplexe erhalten; die beobachteten Banden sind im wesentlichen C=C-, C=O- u. M—O-Streckschwingungen (M = Metall) u. Verformungsschwingungen des Acetylacetonringes zuzuschreiben. Die Kraft-Konst. K der M-O-Streckschwingung wird bei der Addukt-Bldg. für Ni^{2+} auf 1,78·10^5 (dyn/cm), VO^{2+} auf 2,37·10^5 u. UO_2^{2+} lediglich auf 1,62·10^5 erniedrigt, während für das Monohydrat der UO_2^{2+}-Verb. K_{M-O} auf 1,48·10^5 erniedrigt wird. Die Verminderung von K_{M-O} bei der Addukt-Bldg. zeigt, daß zwischen dem Zentralion u. O bzw. N des zugesetzten Liganden direkt eine Bindung besteht. Die Werte für $K_{C=C}$ u. $K_{C=O}$ des Chelatringes werden bei der Addukt-Bldg. nur unwesentlich verändert.

Herbert Müller. 120□

Infrarotspektren von Komplexen des 2-Pyridinaldoxims. Ronald A. Krause, Norman B. Colthup und Daryle H. Busch. (J. physic. Chem. **65.** 2216—19. Dez. 1961. Columbus, Ohio, Ohio State Univ., McPherson Chem. Labor.; Amer. Cyanamid Co., Central Res. Div., Chem. Res. Dep., Res. Serv. Dep.) (Engl.) — Vgl. C. **1961.** 12387.

Vff. bestimmten die IR-Spektren von *2-Pyridinaldoxim* (*HPOX*), *HPOX·HCl* u. *KPOX* sowie von folgenden Ni(II)-, Pd(II)-, Pd(IV)-, Pt(II)- u. Pt(IV)-Komplexen: $Ni(HPOX)_3J_2$; $Ni(HPOX)_2Cl_2$; $Ni(HPOX)_2(OAc)_2$; $Pd(POX—Ac)Cl_2$; $Pt(POX—Ac)_2·Cl_2$; $Ni(POX)(HPOX)(OAc)(H_2O)$; $Ni(POX)(HPOX)(Py)_2J$; $Ni(POX)(HPOX)J$; $Pd(POX)(HPOX)Cl$; $Ni(POX)_2$; $Pd(POX)_2$; $[Pd(POX)Cl]_2$; $Pt(POX)_2$; $Pd(POX)_2Br_2$; $Pt(POX)_2Br_2$ u. ordneten der acycl. C=N-, der N—O-Streck- u. den 4 Pyridinringfrequenzen Banden zu. Das Spektrum von HPOX unterscheidet sich von dem der anderen Oxime, da die breite OH-Bande bei ca. 3250 cm^{-1} durch zahlreiche Banden zwischen 3194 u. 2791 cm^{-1}, die stärkste bei 2791 cm^{-1}, ersetzt ist. Die acycl. C=N-Bande bei 1520 cm^{-1} liegt beträchtlich niedriger als normalerweise, vermutlich, weil das Oximproton teilweise ionisiert ist. Die Banden der Pyridinringschwingungen erscheinen in dem für 2-substituierte Pyridine erwarteten Bereich (1616—1590 cm^{-1}; 1588—1553 cm^{-1}; 1491—1475 cm^{-1} u. 1443—1424 cm^{-1}). Die C=N-Streckfrequenzen sind sehr vom Komplextyp abhängig; Komplexe mit nichtionisierten Oximgruppen haben eine —C=N-Absorption im Bereich von 1654—1614 cm^{-1}, bei Komplexen mit der —C=N—O^--Gruppe verschiebt sich diese nach 1519—1505 cm^{-1}. Die N—O-Absorptionsfrequenzen verschieben sich umgekehrt nach oben von 1069—1036 nach 1191 bis 1120 cm^{-1}. Die Meßwerte werden tabellar. aufgeführt. P. Scharner. 120□

Die Infrarotspektren der oktaedrischen Komplexe von Eisen(II), Kobalt(II) und Nickel(II) mit Diacetyl-bis-methylimin und Pyridinalmethyliminen. Paul E. Figgins und Daryle H. Busch. (J. physic. Chem. **65.** 2236—40. Dez. 1961. Columbus, Ohio, Ohio State Univ., McPherson Chem. Labor.) (Engl.) — Vgl. vorst. Referat.

Vff. bestimmten die IR-Spektren von Pyridin-2-ald-N-methylimin (PMI); Pyridin-2.6-bis-[ald-N-methylimin (PDMI) u. den Metallkomplexen $[Fe(PMI)_3]J_2$; $[Co(PMI)_3]·(BF_4)_2$; $[Ni(PMI)_3](BF_4)$; $[Cu(PMI)Cl_2]$; $[Hg(PMI)Cl_2]$; $[Fe(PDMI)_2]J_2·H_2O$; $[Co·(PDMI)_2]J_2·2\,H_2O$; $[Ni(PDMI)_2]J_2·H_2O$; $[Fe(DMI)_3]J_2$ (DMI = Diacetyl-bis-[methylimin]); $[Co(DMI)_3]J_2$ u. $[Ni(DMI)_3]J_2$. Im Bereich von 650—4000 cm^{-1} u. diskutieren die Lage u. Zuordnung der Banden im Zusammenhang mit dem Ausmaß der Metall–Ligand-π-Bindung. P. Scharner. 120□

Infrarotspektren von Phenylderivaten der Elemente der Gruppen IVb, Vb und VIIb. L. A. Harrah, M. T. Ryan und C. Tamborski. (Spectrochim. Acta [London] **18.** 21—37. Jan. 1962. Ohio, Wright-Patterson Air Force Base, Deputy of Technol., Directorate of Materials and Processes.) (Engl.)

Vff. analysieren die IR-Spektren zwischen 2 u. 35 μ von Phenyl-Verbb. der Elemente aus den Gruppen IVb, Vb u. VIIb des Period. Syst., um empir. Beziehungen abzuleiten, die sich zur Identifizierung neuer Verbb. eignen. Für folgende Verbb. werden die Spektren zwischen 15 u. 35 μ mitgeteilt: *Tetraphenylmethan, -silan, -german* u. *-stannan, Triphenylphosphin, -stibin* u. *-bismutin, Chlor-, Brom-, Jodbenzol* sowie *Diphenyl, Hexaphenyldisilan, -german, -stannan* u. *-blei, Triphenylmethyltriphenylsilan* u. *-german, Triphenylsilyltriphenylgerman, -stannan, Triphenylgermyltriphenylstannan, Triphenylchlormethan-, -stannan, Diphenyldichlorstannan* u. *Triphenyldichlorstibin* sowie für *Tetraphenylstannan, Triphenylchlorstannan* u. *Diphenyldichlorstannan* im Bereich zwischen 2 u. 15 μ. Eigg. der Spektren, die für die qual. u. quant. Analyse von Interesse sind, werden diskutiert, empir. Beziehungen zwischen den Spektren u. den Eigg. des Zentralatoms werden aufgestellt. Die Spektren oberhalb 15 μ sind für den qual. Nachw. dieser Gruppe von Substanzen bes. geeignet. Gerhard Schulze. 120□

Das Verhalten einiger Phosphore bei der Bestrahlung im Vakuumultraviolett. Richard L. Conklin. (J. opt. Soc. America **49.** 669—72. Juli 1959. Boulder, Colo., Univ. of Colorado.) (Engl.)

Die *Phosphore* $Zn_2SiO_4(Mn)$(I), $CaSiO_3(Pb, Mn)$(II), $Zn_3(PO_4)_2(Mn)$, $Mg_6As_2O_{11}(Mn)$, $ZnO(Zn)$ (III), $CaWO_4$, $CaWO_4(Pb)$, $CaMgSiO_3(Ti)$, $BaSi_2O_5(Pb)$ u. $ZnS(Ag)$ wurden mit UV der Wellenlänge 500—1700 Å angeregt. Die Emissionsspektren erweisen sich von der Energie des anregenden Lichtes unabhängig. Unterhalb von Wellenlängen von 1000 Å nehmen die Quantenausbeuten von I, II u. III relativ zu Na-Salicylat mit abnehmender Wellenlänge zu. Es wird angenommen, daß dieser Anstieg innerer Elektronenemission zuzuschreiben ist. Die Emissionsspektren der Wolframat- u. Titanatphosphore zeigen bei 1100 Å Minima, die bei längeren oder kürzeren Wellenlängen zunehmen. Anomale Ergebnisse werden für Zns(Ag), $BaSi_2O_5$(Pb) u. $Mg_6As_2O_{11}$(Mn) mitgeteilt.
G. M. NEUMANN. 125□

Untersuchung des Einflusses des Flußmittels auf die Aktivatorkonzentration im Phosphor durch paramagnetische Absorption. W. G. Dubinin. (Оптика и Спектроскопия [Optik u. Spektroskopie] **11.** 518—22. Okt. 1961.) (Russ.)

Analog zu den Unterss. über den Einbau 2wertiger Aktivatoren (Eu^{2+}) in SrS-Phosphore in Abhängigkeit vom Flußmittel (FL; vgl. DUBININ, C. **1962.** 4434) wurde der Einfl. von LiF u. $SrCl_2$ auf den Einbau 3wertiger Ionen (Gd^{3+}) untersucht. Es ergab sich, daß das FL nicht nur das SrS-Gitter auflockert, sondern auch einwertige Ionen zur Kompensation des beim Einbau von Gd^{3+} auftretenden Ladungsüberschusses liefert. Es sind deshalb nur FL, die einwertige Ionen enthalten (z. B. auch Na_2CO_3) geeignet.
R. GERBATSCH. 125□

A₃. Elektrizität. Magnetismus. Elektrochemie

Über die Berechnung des Ionisationsgrades in einem schwach ionisierten Gas in Gegenwart eines elektrischen Feldes. Jacques Papet-Lépine. (Ark. Fysik **19.** 33—46. 1961.) (Franz.)

An einem tern. Gasgemisch aus Elektronengas, Ionengas u. Mol.-Gas wird die Berechnung des Ionisationsgrades behandelt, wobei nur die elast. Zusammenstöße gewertet werden. Unter Berücksichtigung der Temp.-Differenz zwischen Elektronengas u. Mol.-Gas, die eine Funktion des angelegten Feldes ist, wird der Ionisationsgrad für die verschiedenen Temp.-Zustände bestimmt.
H. SCHIBILLA. 131 □

Über die Bewegung eines geladenen Teilchens in einem nahezu homogenen magnetischen Feld. L. J. F. Broer und L. van Wijngaarden. (Appl. sci. Res. B **8.** 159—76. 1960. Delft, TH, Labor. voor Aero-en Hydrodynam.) (Engl.)

Vff. untersuchen die Bewegung eines geladenen Teilchens in einem sich langsam ändernden homogenen magnet. Feld u. geben eine Erweiterung für den vorherrschenden spiralförmigen Teil der Bewegung. Es zeigt sich, daß das Zentrum dieser Bewegung sich ebenfalls langsam bewegt. Die Berechnung dieser Bewegung läuft auf die Best. der Reflexion in einem Syst. gleichmäßig fortschreitender Wellen hinaus. Ferner wird die Bewegung des Teilchens in einem konst. nahezu homogenen Magnetfeld mit derselben Meth. behandelt. Für einige Fälle wird gezeigt, daß in der 1. Näherung die Ergebnisse von ALFVÉN u. SPITZER erhalten werden.
G. M. NEUMANN. 131□

Ein mechanischer Hall-Effekt. L. J. F. Broer, L. A. Peletier und L. van Wijngaarden. (Appl. sci. Res. B **8.** 259—60. 1960.) (Engl.) — Vgl. vorst. Referat.

Vff. berichten über ein mechan. Analogon zum HALL-Effekt auf dem Gebiet der Plasmaphysik. Es wird angenommen, daß dieser Effekt auf der Massendifferenz zwischen Elektronen u. Ionen beruht.
G. M. NEUMANN. 131 □

Inkohärente Mikrowellenstrahlung von einem Plasma in einem Magnetfeld. Jay L. Hirshfield und Sanborn C. Brown. (Physic. Rev. [2] **122.** 719—25. 1/5. 1961. Cambridge, Mass., MIT, Dep. of Phys. and Res. Labor. of Electron.) (Engl.)

Die theoret. Berechnung der Mikrowellenemission von einem Plasma in einem Magnetfeld wird nach dem KIRCHHOFFschen Strahlungsgesetz für die Fälle berechnet, wo charakterist. Wellen nicht im Plasma miteinander koppeln. Messungen der Strahlungs-Temp. an einem transparenten, stehenden Plasma als Funktion der Elektronen-Geschw.-Verteilung, der Emission mit einem 3000 MHz-Dicke-Radiometer u. der Linienbreite u. -gestalt der Cyclotronstrahlung geben anschauliche Anwendungen der Theorie.
W. SOBIESKI. 131□

Erhitzung einer ionisierten Gasschicht durch Mikrowellen. Mahendra Singh Sodha. (Appl. sci. Res. B **8.** 208—12. 1960. Chicago, Ill., Phys. Div., Armour Res. Found.) (Engl.)

Vf. diskutiert die Erwärmung einer isothermen ionisierten Gasschicht durch einfallende Mikrowellen. Danach nimmt die Temp. der Gasschicht infolge der Absorption der Mikrowellen zu, wodurch wiederum die Elektronendichte erhöht u. die Absorption beeinflußt wird. Dieser Mechanismus setzt sich fort, bis die absorbierte Mikrowellenenergie den Energieverlust durch Strahlung kompensiert. G. M. Neumann. 131 □

Eine Untersuchung von Stoßentladungen bei großer Stromstärke. L. A. Artsimovich, A. M. Andrianov, O. A. Bazilevskaya, Yu. G. Prokhorov und N. V. Filippov. (J. nuclear Energy **4**. 203—08. Febr. 1957.) (Engl.)

Es wurden Stoßentladungen in H_2, D_2, *He*, *Ar* u. *Xe* bei Drücken von 0,005 bis zu einigen mm Hg u. Stromspitzen von der Größenordnung 10^{-5} bis 10^{-6} A in Porzellanentladungsrohren von 60—100 cm Länge u. 20—40 cm ∅ untersucht. Ein Kondensatorenblock (bis 400 μF; 20—50 kV) diente als Energiequelle. — Der Strom wächst in der Anfangsphase der Entladung mit $3 \cdot 10^{10}$—$1{,}5 \cdot 10^{11}$ A s^{-1} in 8—17 μs bis zu einem Maximum an. Der Zustand des Plasmas während der Entladungen wurde oscillograph. aufgezeichnet. Die Strom–Spannungs-Oscillogramme der 1. Halbschwingung einer Entladung in D_2 bei 0,03 u. 0,02 mm Hg sind wiedergegeben. Es wird in beiden Fällen ein Strommaximum von 500 kA erreicht. Die Zeit vom Durchschlag bis zum 1. Spannungsabfall beträgt einige μs, sie nimmt mit der Masse pro Längeneinheit im Entladungsrohr u. mit dessen Radius zu u. bei einer Zunahme des zeitlichen Stromzuwachses ab. Bei Entladungen mit schnellem Stromzuwachs übertrifft die Induktivität beträchtlich den Widerstand. Im Anfangsstadium der Entladung ist der Ionisationsgrad des Gases gering (5—10%). Nach dem Durchschlag nimmt der Strom zunächst eine dünne, zylindr. Schicht nahe der Wand des Entladungsrohres ein, deren innere Grenze sich aber mit zunehmender Geschw. auf die Achse zu bewegt, bis der Stromfluß das ganze Rohr ausfüllt. Mit der Bewegung der Stromgrenze längs der Rohrachse während der 1. Kontraktionsphase geht eine Druckwelle einher. Der Mechanismus des Entladungsprozesses wird diskutiert. W. Betcke. 131 □

Eine Strahlung hoher Energie von Entladungsstößen. L. A. Artsimovich, A. M. Andrianov, E. I. Dobrokhotov, S. Yu. Lukyanov, I. M. Podgornyi, V. I. Sinitsyn und N. V. Filippov. (J. nuclear Energy **4**. 213—15. Febr. 1957.) (Engl.) — Vgl. vorst. Referat.

Bei Entladungen von hoher Energie (200—400 kA bei 20—40 V) in D_2 entsteht ein Neutronenstrom, der in Porzellanentladungsrohren (40 cm ∅, 1 m Länge) bei Drücken von 0,01—0,3 mm, in Metallrohren bis 10 mm Hg beobachtet werden kann. Bei Stromstößen von 250—500 kA im Maximum u. einem Anfangsdruck von ca. 0,1 mm werden pro Stromstoß 10^7—10^8-Neutronen emittiert. Schon 0,02% Fremdgas (O_2, Ar, Xe) verhindern die Neutronenemission vollständig. Die Neutronenausbeute steigt mit wachsendem Maximalstrom zwischen 200 u. 300 kA rasch an, ab 400 kA nur noch sehr langsam. Streng quantitative Beziehungen lassen sich nicht ableiten. Auf Oscillogrammen erscheinen die Neutronenstöße in Wellen mit steilen Fronten, die bei bestimmten Entladungsphasen auftreten u. deren Zeitdauer 0,3—0,5 μs beträgt. Bei niedrigem Gasdruck werden in Entladungsrohren von großem Durchmesser drei aufeinanderfolgende Kontraktions–Expansions-Phasen des Plasmafadens beobachtet. Die Neutronenemission ist stets der 2. u. 3. Kontraktionsphase zugeordnet. — Eine Stoßentladung mit hoher Geschw. des Stromanwachsens ist eine Quelle von Röntgenstrahlung hoher Energie. W. Betcke. 131 □

Spektroskopische Untersuchungen von Stoßentladungen hoher Energie in Wasserstoff. S. Yu. Lukyanov und V. I. Sinitsyn. (J. nuclear Energy **4**. 216—23. Febr. 1957.) (Engl.) — Vgl. C. **1959**. 6704 u. C. **1960**. 12915.

Entladungen von 270—300 kA, 30—40 kV in H_2 von 0,04—5 mm Hg in Entladungsrohren aus Glas von 185 mm ∅ u. 450 mm Länge (Elektrodenabstand) wurden spektrograph. verfolgt. Den Entladungskreis bildete ein Kondensatorensatz von einer Gesamtkapazität von 30 μ-Farad. Die Spektrogramme der Entladungen zeigen neben den H-Linien noch solche von fremden Atomen, deren relative u. abs. Intensität mit zunehmendem H_2-Druck abnimmt, während gleichzeitig die der Linien des atomaren H zunimmt. Je höher die Stromstärke ist, desto eher erscheinen diese Verunreinigungen im Entladungsraum. Mit zunehmendem Anfangspotential u. Druck wächst die Gesamt-Lichtstärke der Entladung sehr schnell an. Die Verteilung der Emissionsenergie auf die Balmer-Linien wurde ermittelt. Die radiale Verteilung der $H\beta$-Emission zu verschiedenen Zeitpunkten über den Querschnitt des Entladungsrohres wurde bei 0,04—1 mm Hg untersucht. Aus den spektrograph. Messungen konnte der Ionisierungsgrad des H_2 errechnet werden: Er ist im Anfangsstadium der Entladung (nach ca. 3 μs) nur gering (ca. 5%) u. nimmt dann zu. Die Verteilung der Stromstärke, der Stärke des Luminescenzlichts u. der Konz. der geladenen Teilchen über den Querschnitt des Entladungsrohres ändert sich zeitlich schnell. Das Luminescenzlicht bildet anfangs einen Hohlzylinder an der Rohrwandung, der sich schnell auf die Achse hin zusammenzieht. Die Fortpflanzungs-Geschw. der Leuchtfront während der Kontraktionsphase beträgt $6-8\cdot 10^6$ cm s^{-1}. W. BETCKE. 131 □

Die Zündspannung von Quecksilberdampf-Entladungsgefäßen. Theodor Wasserrab. (Z. angew. Physik **13.** 194—201. April 1961. Baden, Schweiz, Brown, Boveri & Cie.) (Dt.)

Es wird nachgewiesen, daß die Form der Zündkennlinie im Bereich $pd > 1$ (p = Druck in Torr, d = Säulenlänge) durch Wand-Einfl. nicht verändert wird. Für den Koeff. der Sekundäremission γ wird eine lineare Abhängigkeit von der Elektrodenspannung eingeführt. Damit wird eine Gleichung für die Zündkennlinie im Nahdurchschlagbereich ($pd < 1$) erhalten. Sie ergibt gute Übereinstimmung mit den Meßwerten für Hg. Aus dem Kurvenverlauf der Zündkennlinie werden die Größen U_{min} u. pd_{min} bestimmt. Die Werte für A (Wrkg.-Querschnitt der Gasatome gegenüber Elektronen bei $p = 1$) u. B (mittlere Energieabgabe eines Elektrons pro ionisierenden Stoß) werden ermittelt. Es wird gezeigt, daß die Zündwahrscheinlichkeit mit der POISSONschen Gleichung beschrieben werden kann u. daß für techn. Entladungsgefäße (Hg-Dampf-Stromrichter) die zulässige Nennsperrspannung aus der Zündspannungskennlinie zu ermitteln ist. H. SCHIBILLA. 131 □

Neues Material über die Entwicklung des Kanals eines langen Funkens. I. Ss. Stekolnikow und A. W. Schkilew. (Доклады Академии Наук СССР [Ber. Akad. Wiss. UdSSR] **136.** 803—06. 1/2. 1961. Energet. Inst. der Akad. der Wiss. der UdSSR.) (Russ.)

Vff. untersuchen die Entw. eines Funkenkanals im Raum zwischen einem Stab (—) u. einer Platte (+) bei einem Abstand S_0 von 3,0—5,75 m. Verwendet wurde ein elektronen-opt. Umwandler u. ein Elektronenstrahloscillograph. Es wurde erstmalig eine sprunghafte Verlängerung des „leader"Kanals nachgewiesen, die größer als die mittlere Verlängerung des Kanals auf dem vorherigen Weg ist. Die Verlängerung beträgt 30 cm in 10^{-8} s. Gleichzeitig weist das Oscillogramm einen Stromstoß von 10^{-7} s Dauer auf. Vor dem Hauptstadium tritt eine weitere sprunghafte Veränderung ein. Die von Vff. entdeckten „Sprünge" haben bei $S_0 = 3$ m die Länge von 10—28 cm sowie 15—56 cm (2. „Finalsprung") u. bei $S_0 \approx 5$ m entsprechend 10—60 sowie 15—125 cm. Vff. nehmen an, daß eine gleichzeitige Ionisation in der gesamten Länge der Entladungsstrecke eintritt. Es wird die Abhängigkeit der Amplitude des „Finalsprunges" von seiner Länge untersucht. Für die Berechnung der Länge dieses Sprunges wird eine Formel abgeleitet. G. EWALD. 131 □

Aufrechterhaltung eines Bogens auf einer isolierten, dem Plasma ausgesetzten Metallplatte. A. E. Robson und P. S. Thonemann. (Proc. physic. Soc. **73.** 508—12. 1/3. 1959. Harwell, Atom. Energy Res. Establ.) (Engl.)

Es wird theoret. gezeigt, daß auf einer isolierten Metallplatte, die in das Plasma einer Gasentladung taucht, ein Kathodenfleck aufrechterhalten werden kann. Die Gleichgewichtspotentiale der isolierten Platte sowohl mit als auch ohne Kathodenfleck werden behandelt. Bei zwei Verss. wurden derartige unipolare Bogen, d. h. solche, die nur eine Elektrode verlangen u. durch die therm. Energie der Plasmaelektronen betrieben werden, auf einer Hg-Oberfläche durch eine elektrodenlose hochfrequente Entladung erzeugt. M. WIEDEMANN. 131 □

Dielektrische Eigenschaften von Barium-Strontiumtitanat-Mischkristallen. Shunkichi Kisaka, Seiji Ikegami und Hiromu Sasaki. (J. physic. Soc. Japan **14.** 1680—85. Dez. 1959. Kadoma, Osaka, Matsushita Electric Ind. Co. Ltd., Radio Dep.) (Engl.)

Vff. züchteten $(Ba-Sr)TiO_3$-Mischkristalle mit bis zu ca. 10 Mol-% Sr in derselben dreieckigen Gestalt wie $BaTiO_3$-Einkristalle u. fanden folgende dielektr. Eigg.: Die therm. Hysterese beträgt im allg. 2—4°. Unterhalb 2,25 Mol-% Sr hat die Temp.-Kurve der DK in der Nähe des kub.-tetragonalen Übergangs die gleiche Gestalt wie die von reinem $BaTiO_3$ u. zeigt dort eine Diskontinuität; das Maximum der DK nimmt mit steigendem Sr-Geh. zu. Oberhalb 5,64 Mol-% Sr jedoch rundet sich das spitze Maximum u. nimmt stark ab. Die Übergangs-Temp. nimmt mit zunehmendem Sr-Geh. trotz dieser Gestaltänderung der Temp.-Kurve der DK linear mit einer Steigung von 2,9° Mol-% ab. Die CURIE-WEISS-Temp. nimmt in etwa der gleichen Weise wie die Übergangs-Temp. ab, u. der Unterschied zwischen diesen beiden Temp. liegt bei 20°. Die CURIE-Konst. scheint leicht mit steigendem Sr-Geh. abzunehmen. Ein Vgl. des Effekts einer Ersetzung von Ba durch Sr mit der Wrkg. des hydrostat. Druckes auf die Übergangs-Temp. u. die

Gitter-Konst. läßt vermuten, daß die Übergangs-Temp. hauptsächlich von der Gitter-Konst. der tetragonalen c-Achse abhängt. D. Jörchel. 132□

Piezoelektrisches Verhalten von Quarz bei Stoßeinwirkung. R. A. Graham. (J. appl. Physics **32.** 555. März 1961. Albuquerque, N. Mex., Sandia Corp.) (Engl.)

Vf. untersucht am Quarz die zwischen dem Druck durch Stoß u. dem Auftreten der elektr. Ladung bestehende Beziehung, indem er einen flachen Zylinder eines bekannten elast. Materials mit hoher Geschw. (100—3000 fps) auf eine feststehende zylindr. Platte von synthet. Quarz, dessen Schnittfläche in der x-Richtung verläuft, auftreffen läßt. Das Auftreten der elektr. Ladung ist im Bereich von 0—25 kbar linear von den durch Stoß verursachten Drücken abhängig, während für Drücke > 25 kbar Abweichung von der Linearität beobachtet wird. U. Skurnia. 133□

Über den Anfangsabfall der thermischen Emission von Oxidkathoden. Kazuo Ishikawa. (Sci. Rep. Res. Inst. Tôhoku Univ., Ser. A **8.** 421—40. Okt. 1956. Res. Inst. for Sci. Measurements.) (Engl.)

Der Anfangsabfall der Emission von Röhren-Dioden mit u. ohne separatem Getterkolben wurde in Abhängigkeit von der Kathoden-Temp., der Getter-Temp. u. der Anodenspannung untersucht. Die Strom–Zeit-Charakteristiken wurden an einem Elektronenstrahl-Oscillographen photographiert, wobei die Zeit für die Horizontalablenkung 0,1 sec betrug. Bei normaler Getteranordnung zeigte sich, daß der anfängliche Abfall des Sättigungsstromes nach Überheizen der Kathode langsamer vor sich ging als vor dem Tempern. Die Charakteristik vor dem Tempern ließ sich aber durch Erhöhen der Anodenspannung wiederherstellen. Den gleichen Effekt erzielte man durch Erhitzen des Getters. Bei niedrigen Anodenspannungen fiel der Raumladungsstrom schneller ab als der Sättigungsstrom. Als Hauptursache für den Abfall des Sättigungsstromes wird die Vergiftung der Kathode durch Restgase festgestellt. Für das Abfallen des Stromes bei niedrigen Anodenspannungen ist in erster Linie das Absinken des Anodenpotentials durch Aufladen von Verunreinigungen im Anodenmaterial verantwortlich.

P. Brumm. 134□

Zeitliche Veränderungen der absoluten und spektralen Empfindlichkeit von Photozellen und Photoelementen. L. Foitzik und H. Zschaeck. (Exp. Techn. Physik **4.** 111—23. 1956. Berlin, Inst. für Optik u. Feinmechanik der Akad. der Wiss.) (Dt.)

Verschiedene industriell gefertigte Photoempfänger wurden einer Dauerbestrahlung ausgesetzt und die Photoströme in Abständen von ca. 10 Tagen gemessen. Die Untersuchung erstreckte sich auf 380 Tage. Die Photoströme lagen im allg. weit unterhalb des krit. Wertes, bei dem Beschädigungen der Kathodenschicht eintreten. Es zeigte sich, daß die abs. Empfindlichkeit im Laufe der Zeit sich stark änderte, wobei erhebliche Unterschiede zwischen den Zellen auftraten. Meist sank die Empfindlichkeit mit der Zeit, jedoch wurden auch Steigerungen beobachtet. Gewisse Spektralbereiche zeigten Empfindlichkeitsverluste, während andere Gebiete empfindlicher wurden (bis zu 250%). Einige Zellen waren konstant. Alles in allem sind die Empfindlichkeitsänderungen viel größer als bisher angenommen wurde. Die extremen Änderungen traten in den Spektralbereichen auf, in denen die abs. Empfindlichkeit gering ist. P. Brumm. 134□

Ein neues Phänomen der Elektronenemission aus dünnen Quecksilberschichten. H. von Bertele. (Nature [London] **182.** 1148—49. 25/10. 1958. Purley, Surrey, Riseholme.) (Engl.) — Vgl. C. **1959.** 3030.

Bei der Unters. eines Hg-Dampf-Gleichrichters wurde beobachtet, daß bei geringer Belastung parallel zum Lichtbogen an Stellen, wo eine dünne Kondens.-Schicht haftete, kurzzeitig leuchtende Flecken auftraten. Zur Unters. wurde eine Mo-Kathode in ein Entladungsgefäß gebracht. Die Mo-Oberfläche u. die Wände des Gefäßes konnten auf unterschiedlichen Temp. gehalten werden. Neben den 3 bekannten Entladungserscheinungen zeigte sich eine „Film-Emission“, ein gleichmäßiges glimmähnliches schwaches Leuchten, das die Mo-Oberfläche bedeckte. Die Beobachtungen scheinen sich gleich gut erklären zu lassen durch einen Strom an der Kathode, der vorwiegend aus Elektronen besteht, wie auch durch einen Strom, der halb aus Elektronen u. halb aus Ionen besteht. Da die Film-Emission auf bestimmte Flächen beschränkt ist, wird erwartet, daß weitere Unterss. zur Entscheidung zwischen den gegenwärtigen Theorien über die Flächen-Emission beitragen werden. P. Brumm. 134□

Die Analyse der Charakteristiken der spektralen Ausbeute und des Beschleunigungsfeldes bei der photoelektrischen Emission von Halbleitern. D. Haneman und E. W. J. Mitchell. (Physics Chem. Solids **15.** 82—85. Aug. 1960. Reading, Univ., Phys. Res. Labor.) (Engl.)

Vff. diskutieren die Beziehung zwischen den Charakteristiken der Ausbeute u. des beschleunigenden Feldes bei der photoelektr. Emission von Halbleitern. Die aus diesen beiden Charakteristiken abgeleiteten photoelektr. Schwellenwerte von *Ge*, *GaAs* u. *InSb* werden miteinander verglichen. G. Ruban. 135□

Grundlegende Untersuchung der Atombatterie. Chiyoe Yamanaka, Hiroshi Wada und Yutaka Yamamura. (Technol. Rep. Osaka Univ. **8.** 233—41. Okt. 1958. Electric. Engng.) (Engl.)

Vff. messen den Elektronen-Spannungs-Effekt (β-Strahlung von 50 mc ^{90}Sr-^{90}Y) an durch Diffusion von As erzeugten p-n-Übergängen auf In-dotiertem p-Ge im Temp.-Bereich von 25—78° u. untersuchen die auftretenden Strahlungsschäden u. deren Ausheilung durch Messung des spezif. elektr. Widerstands. Bei 25° scheinen die Übergänge fast keine Strahlungsschäden aufzuweisen. Bei Temp. $< 0°$ verläuft die Ausheilung sehr viel langsamer. Bei der Ausheilung werden 2 Zeit-Konst. mit Aktivierungsenergien von 0,55 eV für den schnelleren u. von 0,65 eV für den langsameren Vorgang festgestellt. Vergleichsweise untersuchen Vff. Strahlungsschäden u. Ausheilungsvorgänge an kompaktem Si u. Ge. In Ge treten die Schäden wahrscheinlich auf Grund der höheren Schwellenenergie für die Verschiebung der Gitteratome langsamer als in Si auf (Schwellenenergie von 0,63 bzw. 0,3 MeV). Die entstehende EMK ist in Si größer als in Ge. Im Bereich der β-Strahlung, bzgl. der Vervielfachung der Ladungsträger u. der Schwellenenergie für Strahlungsschäden sind jedoch Ge-Übergänge den Si-Übergängen überlegen. Hinsichtlich der Verw. in einer Atombatterie werden keine befriedigenden Werte erhalten, jedoch ergeben sich einige Anhaltspunkte für ihre Konstruktion. P. Frenzel. 135□

Sonnenbatterien. Über die direkte Umwandlung von Strahlung in elektrische Energie mit Hilfe von Photoelementen. V. S. Vavilov. (J. nuclear Energy **4.** 235—46. Febr. 1957.) (Engl.)

Nach einem kurzen Überblick über die Theorie der n-p-Halbleiter wird die Möglichkeit der Umwandlung von Sonnenstrahlung in Elektrizität mit Hilfe von *Ge*- u. *Si*-Halbleiter-Photozellen untersucht. Der Mechanismus der Umsetzung von Photoenergie in elektr. in der n-p-Übergangsschicht eines B-dotierten Si-Kristalls wird theoret. rechner. untersucht. Die für die spektrale Empfindlichkeit u. Energieausbeute maßgebenden Faktoren werden diskutiert. Die Leistung einer Vers.-Sonnenbatterie unter verschiedenen Bedingungen ist angegeben. W. Betcke. 135□

Über Photoionisation durch schnelle Elektronen in Germanium und Silicium. Victor S. Vavilov. (Physics Chem. Solids **8.** 223—26. Jan. 1959. Moscow, P. N. Lebedev Phys. Inst.) (Engl.)

Vf. teilt experimentelle Ergebnisse an Ge u. Si über die Quantenausbeute bei Photonenenergien, die im Vgl. zur Energielücke groß sind, mit u. berichtet über die Ionisation durch schnelle Elektronen. G. Ruban. 135□

Die Effektive-Massen-Näherung für Excitonen. G. Dresselhaus. (Physics Chem. Solids **1.** 14—22. Sept./Okt. 1956. Chicago Ill., Univ., Inst. for Study of Metals.) (Engl.)

Im Rahmen einer Behandlung des Excitonenproblems im Sinne des Wannier-Modells unter Benutzung der Effektiven-Massen-Näherung wird die Hamilton-Gleichung für das Excitonenspektrum abgeleitet. Das Kriterium für die Gültigkeit des Näherungs-Verf. ist eine Bindungsenergie im Grundzustand des Excitons von $< 0{,}2$ eV. Excitonenbandstrukturen, Auswahlregeln u. Linienbreite für opt. Anregungen von Excitonen werden diskutiert. Schemat. Excitonenbandstrukturen werden an einigen Beispielen (*CdS*, *Si*, *Ge*) abgeleitet. J. Rudolph. 135□

Einflüsse der Elektron-Elektron-Streuung auf die elektrischen Eigenschaften von Halbleitern. Robert W. Keyes. (Physics Chem. Solids **6.** 1—5. Juli 1958. Pittsburgh, Pa., Westinghouse Res. Labor.) (Engl.)

Die gewöhnl. Relaxationszeit-Theorie zur Beschreibung von Halbleiter-Eigg. weist gewisse Diskrepanzen zur experimentellen Erfahrung auf. Deshalb wird der — gewöhnlich vernachlässigte — Elektron-Elektron-Stoß durch ein zusätzliches Glied in der Boltzmann-Gleichung berücksichtigt. Diese modifizierte Gleichung wird gelöst. Für sphär. u. Ge-Bandstruktur werden die Resultate angegeben. Beim Ge-Bändemodell zeigen sich einige Effekte, die vergleichbar mit beobachteten Effekten im Bereich der Störstellen-Streuung sind. Auch diese erweiterte Theorie gibt keine vollständige oder einheitliche Erklärung der Erscheinungen. P. Brumm. 135□

Abhängigkeit der Faraday-Elliptizität von freien Ladungsträgern in Halbleitern von Streumechanismen. J. K. Furdyna und M. E. Brodwin. (Physic. Rev. [2] **124.** 740—44. 1/11. 1961. Evanston, Ill., Northwestern Univ., Dep. of Electr. Engng.) (Engl.)

Es wird die Theorie der FARADAY-Elliptizität in Halbleitern über die BOLTZMANNsche Transportgleichung entwickelt unter der Annahme einer isotropen energieabhängigen Relaxationszeit. Es werden Gleichungen abgeleitet, die die Elliptizität zu Halbleiterparametern in Beziehung setzen. Die FARADAY-Elliptizität hängt stark von der Art des Streumechanismus ab u. von der Verteilungsfunktion. H. LAUE. 135□

Gitterbeweglichkeit von heißen Trägern. E. Conwell. (Physics Chem. Solids **8.** 234—39. Jan. 1959. Bayside, N.Y., Sylvania Electr. Prod., Inc., Res. Labor.) (Engl.)

Vf. behandelt die Gitterbeweglichkeit in Abhängigkeit von der Temp., z. B. bei n- u. p-*Ge* u. für Gitter-Temp. von 78 u. 300° K. Die Geschw. des Energieverlustes in Abhängigkeit von dem Verhältnis Gitter-Temp./Träger-Temp. zeigt stetigen Verlauf, ebenso das Verhältnis der Beweglichkeiten als Funktion der elektr. Feldstärke (10^2 bis 10^5 V/cm). G. RUBAN. 135□

Elektronenstoßionisation in Halbleitern. Jan Tauc. (Physics Chem. Solids **8.** 219—23. Jan. 1959. Prague, Czechoslov. Acad. of Sci., Inst. of Techn. Phys.) (Engl.)

Vf. behandelt die Ergebnisse einiger Verss., denen zufolge die Quantenausbeute des inneren photoelektr. Effekts anwächst, wenn die Photonenenergie einen bestimmten Wert überschreitet. Die Beobachtungen lassen sich durch innere Elektronenstoßionisation deuten; die Theorie dieses Effektes wird diskutiert. Vf. zeigt die Beziehung zwischen der Quantenausbeute hoher Energie zu den Parametern niedriger Energie u. erwähnt einige andere Effekte, die mit der inneren Stoßionisation im Zusammenhang stehen. G. RUBAN. 135□

Endothermer Charakter und positive Überschußentropie von festen Lösungen in Germanium und Silicium. R. A. Oriani und R. N. Hall. (Physics Chem. Solids **6.** 97—98. Juli 1958. Schenectady, N.Y., General Electric Res. Labor.) (Engl.)

Eine Übersicht der Verteilungs-Koeff. von Stoffen, die in festem Ge oder Si gelöst sind, zeigt starke Abweichungen von einer einfachen theoret. Formel. Es wird eine allg. Ableitung für den Fall des nichtidealen Zweiphasen-Syst. fest–fl. angegeben. Es zeigt sich, daß die Änderung der molaren Entropie für den glösten Stoff eine positive Größe ist. Die Differenz zwischen den spezif. Wärmen des fl. u. des festen Zustands wird berücksichtigt u. der Einfl. der Temp.-Abhängigkeit der bestimmenden Größen diskutiert. P. BRUMM. 135□

Absorptionsspektren von Störstellen im Silicium. 1. Mitt. **Acceptoren der Gruppe III.** E. Burstein, C. Picus, B. Henvis und R. Wallis. (Physics Chem. Solids **1.** 65—74. Sept./Okt. 1956. Washington, D. C., U. S. Naval Res. Labor.) (Engl.)

Die Messungen der Absorptionsspektren bei tiefer Temp. (4,2° K) im Gebiet 2—40 μ ergeben für B- bzw. In-dotiertes Si (ca. 10^{16}/cm³) Störstellenionisationsenergien (0,046 bzw. 0,154 eV) in guter Übereinstimmung mit den therm. bestimmten Werten, für Al- bzw. Ga-dotiertes Si dagegen etwas zu hohe Werte (0,067 bzw. 0,071 eV). Es werden überdies für die Störzentren je 3 Anregungsbanden (beim Si–In nur 2) gefunden, die den (1 s—2 p)-, (1 s—3 p)- u. (1 s—4 p)-Übergägen eines wasserstoffähnlichen Zentrum s entprechen. Aus der Lage der p-Niveaus leitet sich eine effektive Löchermasse von 0,045 ab. Aus den opt. Daten werden schließlich die Oscillatorenstärken für die Anregungsbanden der verschiedenen Störzentren abgeschätzt. J. RUDOLPH. 135□

Absorptionsspektren von Störstellen in Silicium. 2. Mitt. **Donatoren der Gruppe V.** G. Picus, E. Burstein und B. Henvis. (Physics Chem. Solids **1.** 75—81. Sept./Okt. 1956.) (Engl.)

Aus den IR-Spektren bei der Temp. des fl. He ergeben sich für *P*-, *As*- bzw. *Sb*-dotiertes *Si* (ca. 10^{16}/cm³) die Störstellenionisationsenergien 0,0503, 0,0533 bzw. 0,0426 eV, die ca. 10% höher als die therm. bestimmten Werte sind. Die Ursache der Unterschiede kann der FRANK-CONDON-Effekt oder die Ggw. niedriger Anregungszustände sein. Die ebenfalls aus den Absorptionsbanden folgenden Anregungsterme ergeben ein Termschema, das mit dem theoret. Termschema der p-Anregungszustände übereinstimmt. Die energet. Abstände der Anregungsbanden sind unabhängig vom Donatorelement. Für kleinere Abweichungen können Unterschiede im Potentialverlauf in unmittelbarer Nachbarschaft der Störatome die Ursache sein. J. RUDOLPH. 135□

p-leitende Schichten auf im Vakuum erhitztem Silicium. F. G. Allen, T. M. Buck und J. T. Law. (J. appl. Physics **31.** 979—85. Juni 1960. Murray Hill, N.J., Bell Telephone Labor., Inc.) (Engl.)

Vff. zeigen, daß beim Erhitzen von Si auf Temp. > 1300° K in einem Vakuum-Syst. aus *Borosilicat*-Glas 10^{11}—10^{15} Akzeptoren pro cm² normal an die Si-Oberfläche addiert werden, obwohl die äußere Glaswandung Zimmer-Temp. beibehält. Die Akzeptoren diffundieren beim Erhitzen in die Oberfläche, u. zwar unter Bldg. einer p-leitenden Schicht, die einige μ tief ist. Es wird angenommen, daß als Akzeptor *B* aus dem umhüllenden Borosilicatglas in Frage kommt; der Übergang vom Glas zum Si erfolgt offenbar durch Verflüchtigung der *Boroxide* durch Wasserdampf. G. RUBAN. 135□

Oberflächen-Strahlungseffekte bei Germanium. Jacques I. Pankove. (Physics Chem. Solids **6.** 100—01. Juli 1958. Paris, Ecole Norm. Supér., Labor. de Phys.) (Engl.)

2 eng benachbarte Kontakte wurden auf n-Ge aufgebracht, so daß der eine Kontakt ohmisch war, während der andere einen p–n-Übergang darstellte. Zur Erhöhung der Rekombinationsrate war die Oberfläche mit dem Sandstrahlgebläse aufgerauht worden. Ein Magnetfeld quer zur Stromrichtung trieb die injizierten Löcher an die Oberfläche. Bei Raum-Temp. zeigte sich neben der zu erwartenden Strahlung bei 1,9 μ noch ein breites Band mit einem Maximum bei 4,6 μ. Diese Strahlung ist stark vom Magnetfeld abhängig, was darauf hinweist, daß sie auf einen Oberflächeneffekt zurückzuführen ist. Als Ursache wird ein Mechanismus angenommen, bei dem Löcher in dem elektr. Feld der Oberflächenschicht angeregt werden. Die Strahlung steigt linear mit dem Strom an und erhöht sich mit der Temperatur. P. BRUMM. 135□

Einfluß der Elektronen- und Verunreinigungsdichte auf die Feldabhängigkeit der Beweglichkeit im Germanium. J. B. Gunn. (Physics Chem. Solids **8.** 239—41. Jan. 1959. Vancouver, Univ. of Brit. Columbia, Dep. of Phys.) (Engl.)

Vf. ermittelt für Ge die Abhängigkeit der Beweglichkeiten μ bzw. des empir. Parameters β (aus der Beziehung $\mu/\mu_0 = 1 + \beta \cdot E^2$) von der Trägerdichte N_L (10^{13}—10^{17} cm^{-3}), ebenso die Abhängigkeit der Drift-Geschw. v_d ($3 \cdot 10^5$—10^7 cm/sec) von der elektr. Feldstärke E (10—10^{-3}V/cm). G. RUBAN. 135□

Die Beweglichkeit von durch Mikrowellenfelder erhitzten Elektronen in n-Germanium. T. N. Morgan. (Physics Chem. Solids **8.** 245—49. 1 Tafel. Jan. 1959. New York, N.Y., IBM Watson Labor.) (Engl.)

Mit Hilfe einer selbstkonstruierten Vorr. zur Einw. von Mikrowellen auf Einkristalle untersucht Vf. n-Ge bei Temp. von 220 bzw. 110° K u. Mikrowellenfrequenzen von 26 bzw. 9 kMHz. Hierbei wird bes. die Verteilung der Elektronen im Energieraum behandelt. Die experimentell gefundene Abhängigkeit der Elektronenbeweglichkeit von der elektr. Feldstärke wird mit der Theorie verglichen. G. RUBAN. 135□

Durch Elektronenbeschuß hervorgerufene Rekombinationszentren in Germanium. J. J. Loferski und P. Rappaport. (J. appl. Physics **30.** 1181—83. Aug. 1959. Princeton, N.J., RCA Labor.) (Engl.)

Die Änderungs-Geschw der Lebensdauer von Minoritätsträgern in Ge-Kristallen wird nach Beschuß mit 1 MeV-Elektronen experimentell als Funktion des Anfangswiderstandes des Materials bestimmt. Die Auswertung der Meßergebnisse führt zu dem Schluß, daß ein einziges Rekombinationszentrum die Lebensdauer bereits beeinflußt, sowohl in n- als auch p-Ge, daß das Niveau entweder 0,21 $\pm$ 0,005 eV vom Leitungsband oder 0,26 $\pm$ 0,005 eV vom Valenzband entfernt liegt u. daß der Querschnitt für den Einfang von Minoritätslöchern 18mal so groß ist wie der Querschnitt für den Einfang von Minoritätselektronen. Der abs. Wert für den Locheinfangquerschnitt beträgt $4,5 \cdot 10^{-15}$ cm^2, wenn die besten zugänglichen Daten für die Wahrscheinlichkeit der Erzeugung eines FRENKEL-Defekts durch ein Elektron von 1 MeV verwendet werden. Dieser große Wert wird mit den Resultaten anderer Autoren verglichen. G. RUBAN. 135□

Zur Defektelektronenleitung in aufgedampften Germaniumschichten. Herbert Pagnia. (Z. Naturforsch. **16a.** 1261—62. Nov. 1961. Darmstadt, TH, Physik. Inst.) (Dt.)

Vf. untersucht 400—2000 Å starke Schichten aus durch Zonenschmelzen gereinigtem Ge, die im Vakuum bei ca. 10^{-5} Torr auf beheizte Quarzglasträger mit Temp. zwischen 410 u. 450° K aus einer W-Wendel aufgedampft wurden, u. bestimmt die spezif. elektr. Leitfähigkeit u. die HALL-Konstanten. Elektronenbeugungsaufnahmen von Vgl.-Schichten zeigen scharfe Ge-Ringe, elektronenmkr. sind mittlere Kristallitabmessungen von ca. 500 Å festzustellen. Der spezif. elektr. Widerstand ϱ der Schicht liegt um über 2 Zehnerpotenzen unter dem Wert des Ausgangsmaterials, was bei sicherlich verkleinerter Beweglichkeit μ auf eine wesentlich höhere Träger-Konz. hinweist. Entsprechend sind die HALL-Konst. R_H kleiner. Die Schichtdicke α u. die Unterlagen-Temp. haben nur geringen Einfl. auf R_H (im Vakuum gemessen). Die mittlere Defektelektronen-Konz. p beträgt ca. $3,5 \cdot 10^{18}/cm^3$, sie nimmt mit wachsendem α nur schwach ab. Die mit wachsendem α stärkere Abnahme von ϱ wird durch den abnehmenden Einfl. der Korngrenzen u. den abnehmenden Anteil der Oberflächenstörungen an der Trägerstreuung erklärt. Die Abnahme von R_H mit zunehmender Kraftflußdichte B_Z, die auch bei p-leitenden Einkristallen u. polykristallinen Massivproben festzustellen ist, deutet Vf. durch die Annahme von 2 Defektelektronenarten, deren Konz. p_1 u. p_2 beträgt. Das sich aus $p_1 = 3,4 \cdot 10^{18}/cm^3$ u. $p_2 = 1,5 \cdot 10^{17}/cm^3$ ergebende Konz.-Verhältnis (KV) $p_2/p_1 = 0,045$ stimmt annähernd mit Ergebnissen an Einkristallen u. größenordnungsmäßig mit dem aus dem Verhältnis der effektiven Massen berechneten KV von 0,062 überein. Die Verschiebung des steilen Abfalls von $R_H/R_{H\infty}$ ($R_{H\infty}$ angenähert durch die Meßwerte bei maximaler B_z) mit B_z bei Änderung der Meß-Temp. (120 bzw. 290° K) entspricht ebenfalls qual. den Ergebnissen an Ge-Einkristallen. P. Frenzel. 135□

Chemische Verschiebung der Donatorzustände in Germanium. Gabriel Weinreich. (Physics Chem. Solids **8.** 216—18. Jan. 1959. Murray Hill, N.J., Bell Telephone Labor., Inc.) (Engl.)

Fortschrittsbericht 1957—1958 über die Theorie der Verunreinigungszustände in Halbleitern. Vf. untersucht bes. theoret. den Einfl. von Donatorverunreinigungen auf die Eigg. von Ge. G. Ruban. 135□

Spezifischer Widerstand und Hall-Konstante von antimondotiertem Germanium bei tiefen Temperaturen. H. Fritzsche. (Physics Chem. Solids **6.** 69—80. Juli 1958. Lafayette, Ind., Purdue Univ., Dep. of Phys.) (Engl.)

Ge-Einkristalle mit einem Sb-Geh. zwischen $5 \cdot 10^{14}$ u. $1 \cdot 10^{18}$ Atomen/cm³ werden bei Temp. zwischen 1,3° K u. 300° K untersucht. Bei tiefen Temp. tritt ein steiles Maximum in der Kurve $\log R = f(1/T)$ auf u. es zeigt sich eine Änderung des Anstiegs der Kurven $\log \varrho = f(1/T)$, wobei R die Hall-Konst. u. ϱ den spezif. Widerstand bedeutet. Diese Anomalien werden mit der Störstellen-Leitfähigkeit erklärt. Es werden kompensierende p-Verunreinigungen dem n-Ge hinzugegeben u. die Änderungen von ϱ untersucht. Dabei werden 2 Prozesse der Störstellen-Leitfähigkeit unterschieden: Bei kleinen Störstellen-Konz. ist eine Leitfähigkeit nur möglich, wenn kompensierende Verunreinigungen leere Majoritätszentren hervorrufen. Bei hohen Störstellen-Konz. können sich Ladungsträger ohne Anwesenheit von Kompensatoren durch den Kristall bewegen. Zwischen dem Sb-dotierten u. dem früher untersuchten Ga-dotierten Ge besteht eine qual. Übereinstimmung. Ein quant. Vgl. ist nicht möglich, da der Grad der Kompensation nicht mit der erforderlichen Genauigkeit bestimmt werden kann. P. Brumm. 135□

Speicherungserscheinungen in p–n-Übergängen von gekühltem Germanium. François Desvignes und Marcelo Robert. (C. R. hebd. Séances Acad. Sci. **252.** 2693—95. 3/5. 1961. Paris, Labor. d'Electron. et de Phys. appl.) (Franz.)

Ein Ge-Plättchen mit einem p–n-Übergang unter einer 0,8 mm dicken, n-leitenden Ge-Schicht wird zwischen 78 u. 300° K mit einem modulierten Elektronenstrahl beschossen u. die Form der Stromimpulse am p–n-Übergang oscillograph. registriert. Der Entladungsstrom ist die Summe von Dunkelstrom u. einem photoelektr. Strom; im untersuchten Temp.-Bereich ist der Dunkelstrom genügend klein, so daß die Entladungszeiten einige Min. erreichen. Die beobachteten Werte für die Zeiten des Ladungsabfalls liegen bei ca. 100 s. Herbert Müller. 135□

Halbleiter vom Typ $A^{III}Be^{VI}$. P. Fielding, G. Fischer und E. Mooser. (Physics Chem. Solids **8.** 434—37. Jan. 1959. Ottawa, Nat. Res. Council, Div. of Pure Chem., and Div. of Pure Phys.) (Engl.)

Auf der Suche nach neuen Halbleitersubstanzen untersuchen Vff. Verbb. vom Typ A^{III} B^{IV}: An *GaSe* u. *GaTe* wurden Messungen des Widerstandes, Hall-Koeff., opt. Absorptions-Koeff. u. des photoelektr. Verh. durchgeführt, an *InSe* nur Messungen des opt. Absorptions-Koeff. u. an *TlSe* Widerstandsmessungen. Alle 4 Verbb. (nicht aber *InTe*;) zeigen Halbleitereigenschaften. G. Ruban. 135□

Wirkungen hoher elektrischer Felder in n-Indiumantimonid. M. C. Steele und M. Glicksman. (Physics Chem. Solids **8.** 242—44. Jan. 1959. Princeton, N.J., RCA Labor.) (Engl.)

Vff. behandeln den Einfl. der elektr. Feldstärke E auf n-InSb, bes. für große E bis zu 10^3 V/cm. Die Charakteristiken der Stromdichten ($10-10^4$ A/cm²) u. die Hall-Koeff. ($-R_H = 10^3-10^5$ cm³/Coulomb) werden bei 77° K für magnet. Feldstärken H = 0, 3500 (transversales Feld) u. 350 bzw. 3500 Oe (longitudinal) in Abhängigkeit von E graph. wiedergegeben. G. Ruban. 135□

Alkalimetalle enthaltende intermetallische Halbleiter. W. E. Spicer und A. H. Sommer. (Physics Chem. Solids **8.** 437—39. Jan. 1959. Princeton, N.J., RCA Labor.) (Engl.)

Durch Messung der Photoemission, Photoleitfähigkeit u. opt. Absorption als Funktion der Energie der einfallenden Strahlung untersuchen Vff. einige *Alkaliantimonide* vom Typ M_3Sb u. bestimmen den Leitungstyp (p oder n) sowie die Breite der verbotenen Zone u. die Elektronenaffinität (E_G; E_A[eV]): n-Na_3Sb (1,1; 2,0—2,4), n-K_3Sb (1,1; 1,1—1,8), Rb_3Sb (1,0; 1,2), p-Cs_3Sb (1,6; 0,45), p-$(Na, K)_3Sb$ (1,0; 1,0), [*Rb*]$(Na, K)_3Sb$ (1,0; 0,70), [*Cs*]$(Na, K)_3Sb$ (1,0; 0,55). G. Ruban. 135□

Analyse der gemischt-ambipolaren und Excitonendiffusion in CdS-Kristallen. G. Diemer, G. J. van Gurp und W. Hoogenstraaten. (Philips Res. Rep. **13.** 458—84. Okt. 1958.) (Engl.)

Messungen der Photoleitfähigkeit für verschiedene Abstände zwischen Belichtungsort u. (abgeschatteten) Elektroden werden an CdS-Kristallen verschiedenen Störstellen-Geh. für die Best. der Photodiffusionslängen benutzt. Verschiedene zu beachtende Effekte wie bes. der Einfl. des Fluorescenzlichtes u. die notwendige Berücksichtigung der für die Unterdrückung der Störeffekte geeigneten Kristall-Eigg. werden eingehend behandelt. Für geeignete Kristalle, bes. solche mit möglichst geringer Erregbarkeit der Photoleitung im Spektralgebiet der Luminescenz, ergibt sich eine vorwiegende Excitonendiffusion mit einer Diffusionslänge von ca. 3 mm bei Zimmer-Temp. als sehr wahrscheinlich. J. RUDOLPH. 135□

Nichtstationäre Vorgänge in Photoleitern. 2. Mitt. Langzeitiges Anklingen der Photoleitung von CdS-Einkristallen bei schwachen Anregungsintensitäten. K. W. Böer und H. Wantosch. (Ann. Physik [7] **2.** 406—12. 1959. Berlin, Humboldt-Univ., II. Phys. Inst. u. Deutsche Akad. Wiss., Labor. Phys. des elektr. Durchschlags.) (Dt.) — 1. vgl. C. **1957.** 3182.

Messungen des Anklingens der Photoleitfähigkeit nichtaktivierter sowie dotierter (Fe, Co) CdS-Einkristalle zeigen bei schwacher opt. Anregung einen zeitlichen Anklingverlauf mit Stufen u. Wendepunkten, aus denen die Haftstellen-Konzz. bestimmter Hafttermgruppen sowie die Anhaft-Koeff. berechnet werden können. J. RUDOLPH. 135□

Neuere Fortschritte in den optischen und elektronischen Eigenschaften von PbS, PbSe, PbTe und ihren Legierungen. W. W. Scanlon. (Physics Chem. Solids **8.** 423—28. Jan. 1959. White Oak, Md., U. S. Naval Ordnance Labor.) (Engl.)

Übersicht über die opt. u. elektr. Eigg. von PbS, PbSe u. PbTe, wodurch ein Beitrag für das Verständnis der Bandstruktur in diesen Verbb. geleistet wird. Die opt. Absorptionsdaten sprechen allg. für ein Modell, bei dem das Maximum des Valenzbandes u. das Minimum des Leitungsbandes etwa bei demselben Wert des Wellenvektors k auftreten. Die Werte des magnet. Widerstandes sind für n- u. p-Kirstalle ähnlich, aber die longitudinalen magnet. Widerstände sind im allg. größer (in einigen Fällen 4- bis 5mal) als die transversalen, u. zwar bei 77 u. 4,2° K. Die magnet. Widerstände lassen darauf schließen, daß beide Bandkanten dieselbe Struktur haben u. daß die Oberflächen konst. Energie Rotationsellipsoide um [111] sind, deren Zentren von $k = 0$ entfernt liegen. Für PbTe wird als Verhältnis der longitudinalen zur transversalen effektiven Masse ca. 4—6 angenommen. G. RUBAN. 135□

Transporteigenschaften des pseudobinären Legierungssystems $Bi_2Te_{3-y}Se_y$. N. Fuschillo, J. N. Bierley und F. J. Donahoe. (Physics Chem. Solids **8.** 430—33. Jan. 1959. Philadelphia, Pa., Franklin Inst.) (Engl.)

Vff. bestimmen einige Eigg. von $Bi_2Te_{3-y}Se_y$ durch elektr. Messungen an 10 Proben verschiedener Zus. ($y = 0$; 0,72; 0,9; 1,2; 1,5; 1,8; 2,1; 2,4; 2,7; 3,0). Die spezif. elektr. Leitfähigkeit u. die Thermokraft werden in Abhängigkeit von der Temp. sowie als Isothermen in Abhängigkeit von der Zus. (y) aufgenommen. Durch Kombination der beiden Isothermen bei 300° K folgt die Abhängigkeit der Thermokraft von der Leitfähigkeit. Ferner wird die gesamte therm. Leitfähigkeit bei 300° K als Funktion der Zus. aufgenommen. Die Ergebnisse werden im Hinblick auf die Gitterstruktur diskutiert, bes. wird die Bedeutung des period. Aufbaus aus Schichten ($B_1AB_2AB_1$ mit $A = Bi$, $B_{1,2} = Te, Se$) eingehend erörtert. G. RUBAN. 135□

Eingefrorene Fehler in Zinn und die Supraleitungs-Übergangstemperatur. W. Desorbo. (Physics Chem. Solids **15.** 7—12. Aug. 1960. Schenectady, N.Y., Gen. Electr. Res. Labor.) (Engl.)

Sn-Drahtproben, die von einer Temp. T_Q abgeschreckt wurden (370° K $< T_Q <$ F.), zeigen eine Widerstandskomponente $\Delta\varrho_0$, die beim Anlassen auf mittlere Temp. verschwindet. Vf. nimmt an, daß dieses Anwachsen des Widerstandes eine Folge eingefrorener Fehlstellen ist. Die Aktivierungsenergie der Bewegung der Fehlstellen ist $E_m = 0{,}68 \pm 0{,}06$ eV, die ihrer Bldg. $E_f = 0{,}51 \pm 0{,}05$ eV; die Summe $E_f + E_m = Q$ stimmt überein mit dem gemessenen Wert für Q, der Aktivierungsenergie der Diffusion, wenn man annimmt, daß die Fehlstellen Leerstellen sind. Diese Fehlstellen erniedrigen die Übergangs-Temp. der Supraleitung um einen meßbaren Betrag. Der Effekt ist von der chem. Reinheit der Proben abhängig. G. RUBAN. 136□

Elementarbereiche und Extremwert-Statistiken. William Fuller Brown jun. (J. appl. Physics, Suppl. zu **32.** Nr. 3. 278 S—279 S. März 1961. Minneapolis, Minn., Univ. of Minnesota, Dep. of Electr. Engng.) (Engl.)

In einem ferromagnet. Kristall mit i-Arten von Elementarbereichen, wobei die spontane Magnetisierung in der i-Richtung liegt, die Dichte der freien Energie E_i, bezogen auf ein äußeres Feld, den Wert d_i besitzt u. die spontane Magnetisierung inneren Kräften ε_i ausgesetzt ist, läßt sich bei der Magnetisierung in kleineren Feldern die Wahrscheinlichkeit berechnen, daß ein willkürlich gewählter Punkt in einem Bereich der Art i liegt. Das führt zu einer BOLTZMANN-Verteilung, die aber nur beschränkte Gültigkeit besitzt u. durch eine strenger gültige Verteilungsfunktion ersetzt werden muß.
H. FAHLENBRACH. 137 □

Spiralwände bei dünnen magnetischen Schichten. Harrison W. Fuller, Harvey Rubinstein und Donald L. Sullivan. (J. appl. Physics, Suppl. zu **32**. Nr. 3. 286 S—287 S. März 1961. Boston, Mass., Computer Prod. Comp., Labor. for Electron.) (Engl.) — Vgl. C. **1962**. 4815.

Es werden bes. klare Aufnahmen von BITTER-Bildern mit anomalen Wänden von den dünnen Enden von Permalloy-Aufdampfschichten gezeigt. Solche Gebilde waren schon früher als BLOCH-Wand-Konzz. oder als konzentr. Wände um Fehlstellen bekannt. Die jetzt gewonnenen Bilder lassen die saubere Analyse der Magnetisierungsverteilung in den Elementarbereichen zu, wobei sich jeweils Paare von antiparallel zu einander ausgerichteten Elementarbereichen spiralförmig um die zentrale Fehlstelle anordnen. Für die Entstehung solcher spiralförmigen Wände wird ein Mechanismus vorgeschlagen, der auch experimentell geprüft wird. Dabei zeigt sich, daß die zentrale Fehlstelle ein Gebiet anomal großer einachsiger Anisotropie ist u. die Richtung der spontanen Magnetisierung in einer Richtung leichter Magnetisierbarkeit festhält, während sich in den Nachbarbereichen die Magnetisierung um ein angelegtes Feld dreht. H. FAHLENBRACH. 137 □

Anisotrope Curie-Temperatur. Earl R. Callen. (J. appl. Physics, Suppl. zu **32**. Nr. 3. 221 S—222 S. März 1961. White Oak, Silver Spring, Md., U. S. Naval Ordnance Labor.) (Engl.)

Mit dem Modell eines quantenmechan. inneren Feldes, wobei die HAMILTON-Funktion einen Anisotropie-Term mit einachsiger Anisotropie enthält, wird gezeigt, daß die CURIE-Temp. eine Funktion der Richtung der Magnetisierung ist. Dabei muß die CURIE-Temp. in der Richtung der leichtesten Magnetisierbarkeit groß sein. Sie fällt dann zu Richtungen schwerer Magnetisierbarkeit auf kleine Werte ab, wenn das Verhältnis der Anisotropie-Energie zur Austauschenergie sehr groß ist. Auch die Temp.-Magnetisierungs-Kurven müssen von der Orientierung abhängen. Bei genügend schweren Magnetisierungsrichtungen muß die Magnetisierung von großen Werten am CURIE-Punkt steil auf Null abfallen. H. FAHLENBRACH. 137 □

Kohärente und inkohärente Magnetisierungsprozesse bei Pulvern. S. Shtrikman und E. P. Wohlfarth. (J. appl. Physics, Suppl. zu **32**. Nr. 3. 241 S—242 S. März 1961. London, Imp. Coll., Dep. of Math.) (Engl.)

Auf der Basis der beiden Ummagnetisierungsmodelle für vollständig kohärente u. inkohärente Drehungen werden die magnet. Eigg. von wahllos verteilten magnet. Pulvern mit einachsiger Anisotropie aber ohne gegenseitige Wechselwrkg. berechnet. Die magnet. Eigg. werden durch Mittelwerte bestimmt, wobei die Gew.-Faktoren $f(H_0)$ durch die unterschiedliche krit. Feldstärke H_0 gegeben sind. Die vorgenommenen Integrationen sind allerdings von $f(H_0)$ unabhängig u. können daher benutzt werden, um Aussagen über die beiden Ummagnetisierungsprozesse (kohärente oder inkohärente Drehprozesse) zu gewinnen. Aus der Feldabhängigkeit der magnet. Eigg. lassen sich die Faktoren $f(H_0)$ bestimmen. Bei dieser Analyse läßt sich auch ein Kriterium für die Vernachlässigung der Teilchen-Wechselwrkg. finden. H. FAHLENBRACH. 137 □

Theoretische Magnetisierungskurven für Teilchen mit kubischer Anisotropie. Clark E. Johnson jun. und William Fuller Brown jun. (J. appl. Physics, Suppl. zu **32**. Nr. 3. 243 S—244 S. März 1961. St. Paul, Minn., Minnesota Mining & Mfg. Co., Centr. Res. Dep.; Minneapolis, Minn., Univ. of Minnesota, Dep. of Electr. Engng.) (Engl.)

Für ein ferromagnet. Einkristallteilchen mit nur kub. Kristallanisotropie werden die Hystereseschleifen berechnet, wobei die Rechnungen für die Magnetisierungen in verschiedenen Kristallrichtungen durchgeführt werden. Das Rechen-Verf. besteht in der Ermittlung der magnetostat. Energie über die Einheitskugel. Die Magnetisierungskurven ähneln denen mit der Formanisotropie nach STONER-WOHLFARTH berechneten. Nur bei bestimmten Orientierungen erscheinen im Gegensatz zur Formanisotropie Zustände stabiler Magnetisierung. Mittelungen der Koerzitivkraftwerte über alle Orientierungen sowohl mit positiver als auch mit negativer Kristallenergie werden für die Feldstärkebereiche durchgeführt, bei denen keine Sprünge der Magnetisierung auftreten. Die Berechnung enthält gewisse Unsicherheiten in der Ermittlung der stabilen Zustände für einige Kristallorientierungen u. kann daher nichts über den Weg aussagen, den die Magnetisierung bei der Umkehr des Vorzeichens einschlägt. H. FAHLENBRACH. 137 □

Zum Problem der Inhomogenität des Entmagnetisierungsfeldes bei ferromagnetischer Resonanz. Zdeněk Frait. (Českoslov. Časopis Fysiku 8. 62—66. [Tschech.]; Czechoslov. J. Physics 8. 113—18. 1958. [Russ.]. Praha, Českoslov. Akad. Ved, Fysik. ústav.)

Vf. beschreibt eine Meth. zur quant. Berechnung des Einfl. der Inhomogenität der Entmagnetisierungsfelder auf die Form der Resonanzkurven. Für ein Vers.-Gerät wird eine Näherungsberechnung gegeben. An Beispielen wird gezeigt, daß die Resonanzkurven der Ferromagnetica durch diese Inhomogenität stark beeinflußt werden.
R. K. MÜLLER. 137□

Untersuchungen an Elektro-Niederschlägen hoher Koerzitivkraft mit einer lamellaren Struktur. J. S. Allo und K. H. Olsen. (J. appl. Physics, Suppl. zu 32. Nr. 3. 203 S—204 S. März 1961. Hopkins, Minn., Minneapolis-Honeywell Res. Center.) (Engl.)

An elektrolyt. Ndd. von Co–Ni–P-Leg. mit großen Koerzitivkraftwerten um 1000 Oe (bei Frequenzen von 60 Hz) werden elektronenmkr. Aufnahmen der Oberfläche gemacht, die eine lamellare Struktur zeigen. Die Lamellen treten dabei in orientierten Zusammenballungen auf. Durch magnet. u. Elektronenbeugungs-Verss. wird gezeigt, daß diese Ndd. hexagonal kristallisieren, wobei die hexagonale c-Achse die Richtung leichtester Magnetisierbarkeit ist u. in der Schichtebene liegt. Mit elektronenmkr. Aufnahmen von BITTERschen Streifen zeigt sich für den pauschal unmagnet. Zustand, daß die inneren Streufelder an den Stellen der Oberfläche auftreten, wo verschiedene Pulverzusammenballungen aufeinanderstoßen. Im magnetisierten Zustand tritt kein Magnetfeld aus der Schichtebene aus. Die Existenz der Lamellarstruktur wird auch im Querschnitt der Schichten bewiesen. Die Ergebnisse werden verständlich, wenn man jede Lamelle als Ein-Elementarbereich ansieht. H. FAHLENBRACH. 137□

Die Änderung der magnetischen Eigenschaften von Alnico-5-Magneten beim Erwärmen auf 300—500° C. Yasuo Kimura. (Nippon Kinzoku Gakkai-Si [J. Japan Inst. Metals] 25. 191—94. 1961.) (Jap.; Auszug: Engl.) — Vgl. C. **1961.** 748.

Die magnet. Eigg. von vollwärmebehandelten Alnico-5-Magneten ändern sich durch Erwärmen auf 300—500° nicht. Während der Erwärmung eines unvollständig gealterten Magneten sinkt die Koerzitivkraft (KK) um ca. 10%, die Restinduktion steigt um ca. 3%. Es wird angenommen, daß die Senkung der KK bei $<450°$ auf der Umwandlung der Rest-γ-Phase in die α-Phase beruht; ihr Anstieg ist die Folge einer Zers. der α- in die $\alpha_1 + \alpha_2$-Phase. W. WESLY. 137□

Der Einfluß der Alterungsbehandlung auf die Magnetostriktion von Alnico 5. Tatsuo Fujiwara und Tetsuo Kato. (Nippon Kinzoku Gakkai-Si [J. Japan Inst. Metals] 25. 216—20. 1961.) (Jap.; Auszug: Engl.) — Vgl. C. **1962.** 740. 7420.

Unterss. über den Einfl. der Alterungsbehandlung auf die Magnetostriktion von Alnico 5 zeigen, daß die Alterung bei ca. 600° die besten magnet. Eigg. u. einen Mindestwert der Sättigungsmagnetostriktion (SM) verursacht. Es wird gefolgert, daß die Alterung bei ca. 600° stabile Verhältnisse schafft. Alterung bei > ca. 650° steigert die Ausscheidung; bei 725° wird ein Höchstwert der SM hervorgerufen. W. WESLY. 137□

Ferromagnetische Domänenstrukturen auf Ni–Co-Legierungen und reinen Kobaltkristallen. 1. Mitt. Ferromagnetische Domänenstrukturen auf flächenzentrierten, kubischen Kristallen von Nickel–Kobalt-Legierungen. Mikio Yamamoto und Satoshi Taniguchi. (Nippon Kinzoku Gakkai-Si [J. Japan Inst. Metals] 25. 225—29. 1961.) (Jap.; Auszug: Engl.)

Auf Einkristallen von Ni-Legg. mit 4—68% Co werden ferromagnet. Domänenstrukturen beobachtet. Angelassene Einkristalle mit 4—20% Co zeigen verworrene Strukturen nach leichtem u. richtige Domänenstrukturen nach sorgfältigem, elektrolyt. Polieren. Einkristalle mit 68% Co zeigen Domänenstrukturen, die für flächenzentrierte, kub. Kristalle mit $K_1 < 0$ kennzeichnend sind. K_1 (1. magnetokrist. Anisotropie-Konst.) ist positiv für Proben mit 4—18 (%) Co u. negativ für 20 Co. W. WESLY. 137□

Ferromagnetische Domänenstrukturen auf Ni–Co-Legierungen und reinen Kobaltkristallen. 2. Mitt. **Ferromagnetische Domänenstrukturen auf Zweiphasen-Nickel–Kobalt-Legierungen und reinen Kobaltkristallen.** Mikio Yamamoto und Satoshi Taniguchi. (Nippon Kinzoku Gakkai-Si [J. Japan Inst. Metals] 25. 229—33. 1961.) (Jap.; Auszug: Engl.) — 1. vgl. vorst. Referat.

Auf Einkristallen von Ni-Legg. mit 69 u. 70% Co u. Co-Barren (langsam erstarrt u. verschieden wärmebehandelt) werden ferromagnet. Domänenstrukturen beobachtet, die im einzelnen beschrieben werden. In Proben mit 69% Co treten Kristalle der ε-Phase auf mit Schichten parallel zu den {111}-Flächen. Die Grundmasse weist Kristalle der γ-Phase auf. Langsam abkühlende Co-Proben sind von vielen Banden von ε-Phasenkristallen durchzogen, zwischen denen Bereiche von Kristallen der γ-Phase in 3eckiger oder parallelogrammartiger Form auftreten. W. WESLY. 137□

Eine notwendige Bedingung für die Wärmebehandlung von Permalloys im Magnetfeld. E. A. Nesbitt, R. D. Heidenreich und A. J. Williams. (J. appl. Physics, Suppl. zu **31.** Nr. 5. 228 S—229 S. Mai 1960. Murray Hill., N.J., Bell Telephone Labor., Inc.) (Engl.)

Im Anschluß an frühere Unterss. der gleichen Vff. an Perminvar-Legg. (vgl. C. **1960.** 7751) wird jetzt auch an anderen weichmagnet. Fe–Ni-Legg. der Einfl. geringer O_2-Geh. auf die Möglichkeit der Permeabilitätsverbesserung durch Wärmebehandlung im Magnetfeld u. auf die Ausbildung von Kristallgitterfehler gezeigt. Die Verss. wurden an Einkristallen einer Leg. der Zus. 63% Ni, 35% Fe, 2% Mo mit u. ohne Magnetfeldbehandlung durchgeführt. Drehmoment-Unterss. zeigten dabei die Ausbildung einer einachsigen Anisotropie durch die Magnetfeldbehandlung. Durch eine Reinigungsglühung bei 1100° im H_2 wird die Möglichkeit einer Anisotropie durch anschließende Magnetfeldbehandlung zerstört. Eine leicht oxydierende Glühung (Topfglühung bei 1000°) schafft andererseits wieder die Möglichkeit eines Erfolges für die Magnetfeldbehandlung. An Einkristallen der Zus. 68% Ni, 31,9% Fe, 0,1% Mg wird ferner auch der Zusammenhang der Gitterfehler durch Verunreinigungen mit der Möglichkeit einer erfolgreichen Magnetfeldbehandlung erhärtet. Dabei zeigte sich, daß die magnetfeldinduzierte einachsige Anisotropieenergie mit der Anzahl dieser Fehler zunimmt. Bei einem Kristall mit starken Fehlern wurde eine Energie von 3000 erg/cm³, bei geringeren Fehlern von nur 1000 erg/cm³ mit dem Drehmagneten gemessen. H. FAHLENBRACH. 137□

Die Beziehung zwischen der Rechtwinkligkeit der Hysteresisschleife von Mangan-Magnesiumferriten und dem inneren Entmagnetisierungsfaktor. Jaromír Brož und Jiří Šternberk. (Českoslov. Časopis Fysiku **9.** 664—65. 1959. Praha, ČSAV, Ust. techn. fysiky.) (Tschech.)

Das Verhältnis $k = B_r/B_{max}$ von Rest- u. Maximalinduktion wird an Mn–Mg-Ferriten folgender Zus. bestimmt: $Mn_{0,88}Mg_{0,27}Fe_{1,85}O_4$, $Mn_{0,63}Mg_{0,52}Fe_{1,85}O_{4,08}$ u. $Mn_{0,36}Mg_{0,79}\cdot Fe_{1,85}O_{4,08}$. Die Ergebnisse sprechen dafür, daß die Rechtwinkligkeit der Hysteresisschleife 100%ig ist, wenn der von der Porosität abhängige innere Entmagnetisierungsfaktor dem Wert 0 zustrebt. R. K. MÜLLER. 137□

Die spezifischen Wärmen von zwei polymorphen Formen von Mangansulfid und die daraus gefolgerte Möglichkeit einer antiferromagnetischen Ordnung in Stapeldefekten. W. S. Carter. (Proc. physic. Soc. **76.** 969—78. 1/12. 1960. London, Central Electricity Generating Board, Res. and Dev. Dep.) (Engl.) — Vgl. C. **1957.** 10397.

Von den l. c. für Messungen der Susceptibilität benutzten zwei Modifikationen von Mangansulfid (vom Zinkblende- u. vom Wurtzit-Typ) wurden die spezif. Wärmen zwischen 76 u. 250°K bestimmt. Die Zinkblendemodifikation zeigt eine starke Anomalie bei 100°K, die dem Beginn einer antiferromagnet. Ordnung zuzuordnen ist. Beim Wurtzittyp tritt eine ähnliche starke Anomalie oberhalb 76°K nicht auf, hier bleibt also die ursprüngliche Struktur erhalten. Eine kleinere Anomalie tritt dagegen bei 110°K auf. Eine Analyse von röntgenograph. Pulveraufnahmen sowie die Berechnung der MADELUNG-Konst. für verschiedene mögliche Typen von Stapeldefekten zeigen, daß die beobachtete Anomalie mit einer magnet. Ordnung innerhalb der Stapeldefekte ident. ist. Für das Ausbleiben einer ähnlichen Anomalie beim Wurtzit-Typ wird eine Erklärung gegeben. WOLFGANG WAGNER. 137□

Innere Magnetfelder in Mangan–Zinn-Legierungen. Luise Meyer-Schützmeister, R. S. Preston und S. S. Hanna. (Physic. Rev. [2] **122.** 1717—20. 15/6. 1961. Argonne, Ill., Nat. Labor.) (Engl.)

Die Hyperfeinfelder am Sn-Kern von zwei ferromagnet. *Mn–Sn*-Legg. wurden als Funktion der Temp. oberhalb des CURIE-Punktes untersucht. Zu den ZEEMAN-Aufspaltungen wurde in Mn_2Sn bei 27 MHz eine Vierpol-Wechselwrkg. festgestellt. Das innere Feld in Mn_2Sn ist klein u. negativ (ca. —45 KOe), in Mn_2Sn groß u. positiv (ca. 200 KOe). Wie bei den reinen ferromagnet. Übergangselementen, so ist auch hier zur Deutung der Ergebnisse die Einführung eines positiven Terms in Verbindung mit der Polarisation der Leitungselektronen u. eines negativen Terms in Verbindung mit einer Kernpolarisation notwendig. W. SOBIESKI. 137□

Temperaturabhängigkeit der Magnetostriktion und der Anisotropie von MnBi. P. A. Albert und W. J. Carr jun. (J. appl. Physics, Suppl. zu **32.** Nr. 3. 201 S—202 S. März 1961. Pittsburg, Pa., Westinghouse Res. Labor.) (Engl.)

Bei Temp. zwischen 77 u. 300°K werden bei magnetfeldorientierten, polykristallinen Proben der intermetall. Verb. MnBi die Magnetostriktion u. die Kristallanisotropie gemessen. Dabei gelingt es, die Temp.-Abhängigkeit der Magnetostriktions-Konst. in einem Ausdruck mit 4 Konst. zu beschreiben. Ebenso läßt sich die Kristallanisotropie durch den bekannten Ausdruck mit 3 Gliedern abschätzen. Es wird dazu gezeigt, daß wenigstens bei den tieferen Temp. die Kenntnis aller 3 Konst. erforderlich ist, um die Energie der Kristallanisotropie genügend genau zu erhalten. H. Fahlenbrach. 137☐

Über die magnetischen Eigenschaften von MnAu$_3$. André J. P. Meyer und Marie-Jeanne Besnus. (C. R. hebd. Séances Acad. Sci. **253.** 2651—53. 4/12. 1961. Strasbourg, Inst. de phys., Labor. Pierre Weiss.) (Franz.) — Vgl. C. **1957.** 7853, 8718, 9576 u. C. **1960.** 4424.

Im Anschluß an eine frühere Unters. von Meyer (C. **1958.** 6159) wird durch genauere Unterss. bestätigt, daß die geordnete orthorhomb. Phase des $MnAu_3$ antiferromagnet. mit einem Néel-Punkt von 145°K ist, u. daß die ungeordnete kub. Phase ferromagnet. mit einem Curie-Punkt von 120°K ist. Im letzteren Fall wird nur eine sehr schwache spontane Magnetisierung beobachtet, der sich eine sehr starke paramagnet. Magnetisierung überlagert. Die ungeordnete kub. Phase ist nur oberhalb 625° stabil, läßt sich aber durch Abschrecken als instabile Phase bei tiefen Temp. beobachten.

H. Fahlenbrach. 137☐

Gleichfeldeffekte in Hyperfeinspektren der elektronenparamagnetischen Resonanz. John A. Weil. (J. chem. Physics **35.** 1410—17. Okt. 1961. Argonne, Ill., Argonne Nat. Labor.; Pittsburgh, Pa., Univ. of Pittsburgh, Dep. of Phys.) (Engl.)

Vff. diskutieren das elektronenparamagnet. Resonanzspektrum, das von einem Kern herrührende Hyperfeineffekte aufweist, für den Fall, daß der Kernspin nicht nur mit dem elektronenmagnet. Moment, sondern auch direkt mit dem angelegten Magnetfeld merklich in Wechselwrkg. steht. Die vorausgesagte Feinstruktur besteht im allg. aus $2\,S(2\,I+1)^2$-Linien. Die Winkelabhängigkeit der Intensitäten u. Aufspaltungen wird untersucht. Es zeigt sich, daß Knoten in den Aufspaltungen selbst dann möglich sind, wenn die Eigenwerte des Tensors der Hyperfeinaufspaltung von Null verschieden sind. Wenn die Gleichfeld-Wechselwrkg. groß ist, treten $2\,I+1$-Haupthyperfeinlinien auf, welche von schwächeren Linien flankiert sind. Derartige begleitende Linien können auch durch eine Kernquadrupol-Wechselwrkg. mit einem elektr. Feldgradienten in hohen Gleichfeldern erzeugt werden. Einige der diskutierten Effekte werden an Hand von experimentellen Unterss. der magnet. Resonanz an Farbzentren in *Ge*-dotiertem *Quarz* veranschaulicht. D. Jörchel. 137☐

Paramagnetische Resonanzabsorption eines V-Zentrums in LiF. Truman O. Woodruff und Werner Känzig. (Physics Chem. Solids **5.** 268—87. 1958. Schenectady, N.Y., Gen. Electr. Res. Labor.) (Engl.)

Durch Röntgenbestrahlung von LiF bei der Temp. des fl. N_2 entsteht ein V-Zentrum, das als Fe_2^--Ion beschrieben werden kann. Vff. untersuchen ausführlich das paramagnet. Resonanzabsorptionsspektrum dieses V-Zentrums. Die auf der Hamiltonschen Spinfunktion basierende Spin-Energie-Matrix wird diagonal angesetzt. Wie Vff. zeigen, sind die erlaubten u. verbotenen Übergänge zwischen den resultierenden Energieniveaus in guter Übereinstimmung mit den beobachteten paramagnet. Resonanzlinien, bei beliebiger Orientierung des Kristalls im homogenen Magnetfeld. G. Ruban. 137☐

Paramagnetische Resonanz des Chroms an einem Rutil-Einkristall. J. Sierro, K. A. Muller und R. Lacroix. (Arch. Sci. [Genève] **12 (164).** 122—23. 1959.) (Franz.)

Bei Temp. von 4,2, 77 u. 295°K wird die paramagnet. Resonanz des Cr^{3+} im Rutilkristall (*TiO_2*), bei dem Cr^{3+} nur sehr verd. vorliegt, untersucht. Die Messungen wurden bei verschiedenen Gleichfeldorientierungen zu den kristallograph. Hauptachsen durchgeführt. Cr^{3+} besitzt im Kristallfeld des Rutils einen Zustand niedrigster Energie für das Bahnmoment, der nicht entartet ist u. den vierfach entarteten Zustand für den Spin $S = 3/2$. Unter dem Einfl. einer Spin–Bahn Momentkopplung wird diese Entartung teilweise aufgehoben, da zwei Dublettzustände entstehen, die aber im Magnetfeld noch weiter beeinflußt werden. Alle diese Einfl. werden durch eine Hamilton-Gleichung beschrieben, deren Koeff. durch die Resonanzmessungen bei 9203 MHz bestimmt werden.

H. Fahlenbrach. 137☐

Das Phänomen der magnetischen Resonanz. Charles P. Slichter. (Ann. New York Acad. Sci. **70.** 769—79. 16/6. 1958. Urbana, Ill., Univ. of Illinois, Dep. of Phys.) (Engl.)

Übersicht. Kurze Einführung in die physikal. Grundlagen der kernmagnet. Resonanz, bes. der „chem. Verschiebung". Quantenmechan. Darst. der Kernspin–Elektronenspin- u. Kernspin–Kernspin-Wechselwirkung. — 14 Literaturangaben.

W. Haberditzl. 137☐

Instrumentelle Technik der kernmagnetischen Resonanz: Anforderungen und Fortschritte. Richard H. Sands. (Ann. New York Acad. Sci. **70.** 780—85. 16/6. 1958. Ann Arbor, Mich., Univ. of Michigan, Dep. of Phys.) (Engl.)

Übersicht über die strukturellen Grundlagen der kernmagnet. Resonanzspektroskopie. — 21 Literaturangaben. W. HABERDITZL. 137□

^{11}B-kernmagnetische chemische Verschiebungen. 2. Mitt. **Aminborat-Ester-Komplexe, Alkoxydifluorborantrimere und Tetrahalogenoborationen.** Herbert Landesman und Robert E. Williams. (J. Amer. chem. Soc. **83.** 2663—66. 20/6. 1961. Pasadena, Calif., Nat. Engng. Sci. Co., Res. Labor.) (Engl.) — 1. vgl. C. **1960.** 6050.

1. In kernmagnet. Resonanzspektren von ^{11}B in BF_2Cl u. $BClF_2$ beobachteten Vff. keine $^{11}B-^{19}F$-Spinkopplung; mögliche Ursachen dafür werden diskutiert. 2. Die chem. Verschiebungen einer Reihe weiterer B-Verbb. werden angegeben; auffällig ist die große Verschiebung nach höheren Feldern beim Übergang der sp^2-Bindung in *B-Triäthyl* zur sp^3-Bindung in *B-Triäthyldimethylamin*-Komplexen, ferner der Resonanzeffekt der Phenylgruppen in *B-Triphenyl*, der wegen der größeren Abschirmung eine größere Verschiebung nach höheren Feldern als in B-Triäthyl bewirkt; die Verschiebungen für *B-Trijodid*-Komplexe liegen beim größten bisher an B-Verbb. beobachteten Feld. 3. Die Verschiebungen bei *Amintriäthyl*- u. *-triallyl–Borat*-Komplexen erwiesen sich als von der relativen Konz. der Amine u. Boratester abhängig, woraus auf einen Borat–Amin-Austausch geschlossen wird. 4. Es wird gezeigt, daß bei der Rk. von 1 Mol eines Boratesters u. 2 Molen *B-Trifluorid Alkoxydifluorboran*-Trimere gebildet werden u. keine Koordinationskomplexe, wie früher angenommen. 5. Die chem. Verschiebungen von planaren u. tetraedr. B-Verbb. (Tetrahalogeno- u. Tetrapseudohalogenoborationen, die in Nitrobenzol dargestellt wurden) werden graph. angegeben. D. JÖRCHEL. 137□

Impulsapparat zur Messung des Debye-Effektes. Filippo Accascina und Mario de Rossi. (Sci. e Tecn. [N. S.] **3.** 124—27. April/Juni 1959.) (Ital.)

Vff. beschreiben eine apparative Anordnung zur Messung des DEBYE-Effekts, die auf der von YAGER u. Mitarbeitern (Proc. physic. Soc., Sect. B **64.** [1951.] 83) beschriebenen Impuls-Meth. beruht. Messungen an einer 10^{-3}n KCl-Lsg. bei 75° stimmten mit den Ergebnissen von YAGER u. Mitarbeitern (l. c.) überein. C. GOTTFRIED. 138

Ein Beitrag zur anomalen Beweglichkeit des Wasserstoffions. 1. Mitt. **Die Leitfähigkeit von Chlorwasserstoffsäure in Wasser–Methanol-Mischungen.** A. R. Tourky und S. Z. Mikhail. (Egypt. J. Chem. **1.** 1—12. 1958. Dokki, Cairo, Univ. of Cairo, Fac. of Sci., Chem. Dep. and Nat. Res. Centre.) (Engl.)

Vff. berichten über Messungen der Leitfähigkeit von HCl in H_2O/CH_3OH-Mischungen zwischen 25 u. 50°. Bis zu Mischungen mit 70% CH_3OH verhält sich HCl wie ein starker Elektrolyt. Die Äquivalentleitfähigkeiten bei unendlicher Verdünnung wurden bis zu Mischungen mit 50% CH_3OH durch Extrapolation, bei höher konz. Lsgg. nach der Meth. von SHEDLOVSKY bestimmt. Die Überführungszahlen des H^+-Ions wurden nach der Meth. der bewegten Grenzflächen bestimmt. Es zeigt sich, daß sie mit steigendem CH_3OH-Geh. kleiner werden. Ein Vgl. der experimentellen H^+-Ionenbeweglichkeiten mit theoret. nach der HÜCKELschen Gleichung berechneten Werten zeigt nur bei Lsgg. mit ca. 10% CH_3OH gute Übereinstimmung; bei höheren CH_3OH-Konzz. liegen die theoret. Werte jedoch zu hoch. G. M. NEUMANN. 138□

Ein Beitrag zur anomalen Beweglichkeit des Wasserstoffions. 2. Mitt. **Die Leitfähigkeit von Chlorwasserstoffsäure in Wasser–Äthanol-Mischungen.** A. R. Tourky und S. Z. Mikhail. (Egypt. J. Chem. **1.** 13—21. 1958.) (Engl.) — 1. vgl. vorst. Referat.

Vff. berichten über Messungen der Leitfähigkeit von HCl in H_2O/C_2H_5OH-Mischungen zwischen 25 u. 50°. Bis zu Mischungen mit 70% C_2H_5OH verhält sich HCl wie ein starker Elektrolyt. Die Überführungszahlen des H^+-Ions zeigen das gleiche Verh. wie in CH_3OH-Mischungen u. nehmen mit steigendem C_2H_5OH-Geh. ab. Die theoret. berechneten H^+-Ionenbeweglichkeiten sind bis zu einem C_2H_5OH-Geh. von 35% kleiner als die experimentellen Daten, darüber hinaus steigen sie progressiv an. Die Übereinstimmung beider Werte bei einem Geh. von 10% CH_3OH bzw. 35% C_2H_5OH wird auf einen störenden Einfl. des Alkohols auf die H_2O-Assoziationsaggregate zurückgeführt, wodurch eine Annäherung an die HÜCKELsche Voraussetzung nichtassoziierter H_2O-Moll. erreicht wird. G. M. NEUMANN. 138□

Mehrschichtmembranelektroden. 3. Mitt. **Aktivität von Erdalkalisalzen in gemischten Elektrolyten.** Harold Schonhorn und Harry P. Gregor. (J. Amer. chem. Soc. **83.** 3576—79. 5/9. 1961. Brooklyn, N.Y., Polytechnic Inst. of Brooklyn, Dep. of Chem.) (Engl.) — 2. vgl. C. **1961.** 5699.

Geschützte Mehrschichtmembranelektroden aus Erdalkalisalzen der Hexadecylschwefel- oder Stearinsäure wurden wie früher die ungeschützten hergestellt, jedoch wurde die Oberfläche der Objektträger nach mechan. Entfernung der Filmschicht mit $2 \cdot 2\,cm^2$ großen kationdurchlässigen Membranen (Polystyrol : Dynel = 1 : 3, aus Dimethylformamid-Lsg. gegossen) bedeckt. Darauf kommen $2 \cdot 2 \cdot 0{,}3\,cm^3$-Stücke aus porösem Glas (40 Å mittlerer Porendurchmesser) oder unglasiertem Porzellan (4 μ mittlerer Porendurchmesser). Dieser Stapel wird zwischen zwei mit Öffnungen für Lsg.-Eintritt versehenen plast. Polymethacrylatblöcken mittels Klammern fest zusammengepreßt. Die Peripherie wurde durch Epoxidharz verkittet, so daß man eine Vol.-Änderung durch Quellung weitgehend vermeidet. Der Widerstand der Zellen beträgt 10^7—10^8 Ω, die Zeit zur Gleichgewichtseinstellung 1 Std. (trockene Zelle) bis 10 Min. (bei geringer Konz.-Änderung). Potentialmessungen an $CaCl_2$- bzw. $BaCl_2$-Lsgg. mit Überschuß an NaCl bzw. KCl ergeben, daß die Membranen als reversible Elektroden für Ca oder Ba arbeiten, wenn das Molverhältnis Alkali- : Erdalkalisalz $\geqq$ 100 : 1 beträgt. Im untersuchten Bereich, Ionenstärke von Ca bzw. Ba μ_B = 0,0003—1,5, wird die HARNEDsche Regel erfüllt, wobei die Steigung der entsprechenden Geraden bei $\mu_B < 1{,}0$ Null beträgt, bei μ_B = 1,5 — 0,08. Die so direkt gemessenen thermodynam. Aktivitäts-Koeff. stimmen mit bekannten Werten gut überein. R. JUNGE. 140□

Bewegung von Elektrolyten unter der gleichzeitigen Wirkung von elektrischen und magnetischen Wechselfeldern. M. G. B. Rao. (J. sci. ind. Res. [New Delhi], Sect. B **20 B.** 606—07. Dez. 1961. Karaikudi, Central Electrochem. Res. Inst.) (Engl.)

Unter der Wrkg. von senkrecht zueinander stehenden elektr. u. magnet. Wechselfeldern wird eine kräftige Bewegung der elektrolyt. Lsg. beobachtet. Die Bewegung wurde sichtbar gemacht durch dünnes Bepudern der Fl.-Oberfläche mit Talkum. Die Bewegung des Elektrolyten erfolgt kreisförmig um die Achse des magnet. Feldes. Die Richtung der Bewegung hängt von der Phasendifferenz zwischen dem elektr. u. magnet. Feld ab. M. GUERLIN. 141□

Über die Rolle der Benetzung bei der Elektrofällung von Metallen. D. N. Gritzan und D. Ss. Schun. (Доповіді Академії Наук Української РСР [Ber. Akad. Wiss. UkrainSSR] **1960.** 64—68.) (Ukrain.; Auszug: Engl.)

Durch Zusatz der Benetzungsmittel *DB* (Hydroxyäthyldiisobutylphenol), *NB* (Butylnaphthalinsulfonat) *OP-10* (Polyäthylenglykoläther) zu der Elektrolyt-Lsg. konnte die Struktur der Ndd. von *Pb*, *Cu*, *Sn* u. *Zn* stark verbessert werden. Bes. wirksam waren DB u. NB bei der Elektrofällung von Pb aus $Pb(NO_3)_2$. Die positive Wrkg. der Benetzungsmittel wird damit erklärt, daß sie auf der Metalloberfläche hydrophile Adsorptionsschichten bilden, wodurch eine gleichmäßige u. lückenlose Benetzung der Oberfläche eintritt. Durch den idealen Kontakt zwischen Kathode u. Lsg. wird ein besseres u. tieferes Eindringen des Elektrolyten in die Poren, Risse u. Mikrounebenheiten des Metalls bewirkt. Durch den Zusatz geringer Mengen Benetzungsmittel wird der Benetzungswinkel stark vermindert. O. LEBTAG. 141□

Eine Untersuchung über die Isotopenzusammensetzung entladener Wasserstoffmoleküle mit besonderer Berücksichtigung des Mechanismus an der Nickelkathode. Kozo Hirota und Takeo Hisano. (Bull. chem. Soc. Japan **33.** 1019—20. Juli 1960. Nakanoshima, Osaka, Univ., Fac. of Sci., Dep. of Chem.) (Engl.)

Die Isotopen-Zus. von Wasserstoff, der bei der Elektrolyse von W. (D-Geh. 65,2 Atom-%) an einer Ni-Blechkathode entwickelt wird, wurde massenspektrometr. bestimmt. Der Trennfaktor $\alpha = (H/D)_{Gas} : (H/D)_{Lsg.}$ nimmt bei Erhöhung der Stromdichte von 25,3 auf 190 mA/cm^2 von 4,3 auf 7,4 zu. Die Gleichgewichts-Konst. der Austausch-Rk. $H_2 + D_2 \rightleftharpoons 2\,HD$ wurde unverändert zu 2,7—2,8 gefunden. Die Ergebnisse werden im Zusammenhang mit früher erörterten Rk.-Mechanismen diskutiert. W. BETCKE. 141□

Polarographische Untersuchung der Biuret-Reaktion von Malonsäurediamid. A. Azizkhan und Wahid U. Malik. (Current Sci. **28.** 364—65. Sept. 1959. Aligarh, Muslim Univ., Dep. of Chem.) (Engl.)

Vff. untersuchten den Komplex von Cu mit Malonsäurediamid (I, Konz. von 0,2 bis 0,04 m) polarograph. in einem Phosphatpuffer von pH 11—12 u. bei einer Temp. von 35 $\pm$ 0,1° an der Hg-Tropfelektrode in einer inerten N_2-Atmosphäre. Die Messungen ergaben, daß die Red. des Cu-Komplexes reversibel verläuft u. ein Einelektronenvorgang ist. Aus der Abhängigkeit des Halbstufenpotentials von der Konz. von I wurde geschlossen, daß 2 Mol I mit einem Atom Cu einen Komplex mit Chelatstruktur bilden. E. WIEHR. 142□

A₄. Thermodynamik. Thermochemie

Ein neuer Ansatz für die Behandlung gasdynamischer Probleme bei starken Abweichungen vom thermodynamischen Gleichgewicht. Fritz Weitzsch. (Ann. Physik [7] **7.** 403—17. 1961. Hannover, TH, Inst. für Theoret. Phys.) (Dt.)

Der neue Ansatz zur Ermittlung von Näherungs-Lsgg. der BOLTZMANN-Gleichung bietet gegenüber den aus der Literatur bekannten einige Vorteile. Die verwendete Geschw.-Verteilung ermöglicht in erster Linie eine bessere Angleichung an das jeweils vorliegende gasdynam. Problem bzw. an die jeweils vorauszusehende Abweichung der tatsächlichen Geschw.-Verteilung von der Gleichgewichtsverteilung. Am Beispiel des stationären Verdichtungsstoßes wird die Brauchbarkeit des neuen Ansatzes nachgewiesen.

WOLFGANG WAGNER. 148□

Die thermische Ausdehnung von Aluminium bei niedrigen Temperaturen. P. G. Klemens. (Physic. Rev. [2] **120.** 843—44. 1/11. 1960. Pittsburgh, Pa., Westinghouse Res. Labor.) (Engl.)

Der Druck eines Elektronengases trägt zur therm. Ausdehnung eines Metalls proportional zur Dilatationsspannungsableitung der elektron. spezif. Wärme bei. Aus der Spannungsabhängigkeit der Begrenzung der supraleitenden Phase ist zu vermuten, daß die elektron. spezif. Wärme von *Al* extrem empfindlich gegenüber Dilatation ist. Dies würde erklären, warum die therm. Ausdehnung von Al zwischen 20 u. 30°K viel größer ist, als sich nach der GRÜNEISEN-Theorie ergibt. H. LAUE. 148□

Einfluß der γ-Strahlung auf die linearen Dimensionen von geschmolzenen Quarz- und Seignettesalzproben. Ss. Asisow und Ss. W. Starodubzew. (Известия Академии Наук УзССР, Серия Физико-Математических Наук [Nachr. Akad. Wiss. UsbekSSR, Ser. physik.-math. Wiss.] **1961.** Nr. 3. 83—85. Physik.-techn. Inst. der Akad. der Wiss. der UsbekSSR.) (Russ.)

Mittels einer ^{60}Co-Quelle von 2000 c u. einer Strahlungsdosis von ca. 10^6 r/h wurden an Röhren aus geschmolzenem Quarz von 15—20 cm Länge u. 4 mm ∅ sowie an Seignettesalzkristallen von $40 \times 20 \times 3$ mm die Längenänderung in Abhängigkeit von der gesamten Strahlendosis bestimmt. Bei Quarz wurde bei $90 \cdot 10^6$ r ein Maximum von dl/l $= 6 \cdot 10^{-3}$ erzielt, dann sank die Änderung wieder auf Null bei $180 \cdot 10^6$ r. Bei Seignettesalz nahm die relative Längenänderung u. die Gas-Entw. mit steigender Dosis zu, der F. monoton ab. M. WIEDEMANN. 148□

Das Gleichgewicht zwischen α-Silber-Zink-Cadmium-Legierungen und Zink- und Cadmium-Dämpfen. George Scatchard und Tung-Po Lin. (J. Amer. chem. Soc. **84.** 28—34. 5/1. 1962. Cambridge, Mass., MIT, Dep. of Chem.) (Engl.)

Mit einer verbesserten Hohlkathodenentladungsröhre werden die Spektren von Zn u. Cd so intensiv erhalten, daß sie ohne weitere Verstärkung mit einem Photomultiplier ausgemessen werden können. Die Dampfdrücke von Zn u. Cd wurden für 4α-Ag-Zn-Cd-Legg. bei verschiedenen Temp. durch Messung der Absorption ihrer Resonanzlinien bestimmt. Die Ergebnisse werden zusammen mit früheren für bin. α-Ag-Zn- u. α-Ag-Cd-Legg. zur Best. der thermodynam. Eigg. der tern. Legg. herangezogen.

P. KURZMANN. 150□

Phasensystem Calcium-Calciumhydrid. D. T. Peterson und V. G. Fattore. (J. physic. Chem. **65.** 2062—64. Nov. 1961. Ames, Iowa, Iowa State Univ., Inst. for Atom. Res.; Mailand, Centro Studio e Ricerche Bollate.) (Engl.)

Durch therm. Analyse u. chem. Analysen der Gleichgew.-Phasen wurde das Phasendiagramm des CaH_2 untersucht. Die Unters. zeigte die Bedeutung von H_2 für die Allotropieerscheinungen des Ca; feinstes Ca hat nur einen allotropen Punkt bei $448 \pm 2°$ u. schmilzt bei $839 \pm 2°$. Schon kleine Mengen H_2 in Form von CaH_2 lassen eine γ-Phase entstehen, die von 320—600° stabil ist u. für frühere, abweichende Ergebnisse verantwortlich sein dürfte. Die maximale Löslichkeit von CaH_2 in Ca-Metall beträgt 24 Mol.-% bei der peritekt. Temp. von 890°. CaH_2 hat einen allotropen Umwandlungspunkt bei 780°. W. D. KRÜGER/Berlin. 150□

Phasengleichgewicht in geschmolzenen Salzsystemen: Binäre Systeme von Plutonium(III)-chlorid mit den Chloriden von Magnesium, Calcium, Strontium und Barium. K. W. R. Johnson, Milton Kahn und J. A. Leary. (J. physic. Chem. **65.** 2226—29. Dez. 1961. Albuquerque, N.Mex., Univ. of New Mexico; Los Alamos, N.Mex., Sci. Labor.) (Engl.)

An den Syst. $PuCl_3$-$MgCl_2$, $PuCl_3$-$CaCl_2$, $PuCl_3$-$BaCl_2$ u. $PuCl_3$-$SrCl_2$ wurden zur Best. der Phasendiagramme therm. Analysen, DTA- u. mkr. Unterss. ausgeführt. Die Syst. $PuCl_3$-$MgCl_2$ u. $PuCl_3$-$CaCl_2$ haben einen einzigen eutekt. Punkt. Die Syst. $PuCl_3$-$SrCl_2$ u. $PuCl_3$-$BaCl_2$ sind durch peritekt. Übergänge u. feste Lsgg. charakterisiert. Verbb. des Typs M_3PuCl_9 (Me = Sr oder Ba) treten während der peritekt. Umwandlung u. in festen Lsgg. auf, in Zus., die reich an $SrCl_2$ u. $BaCl_2$ sind. ERNST SCHULTE. 150□

Bestimmung der spezifischen Wärme des Natrium- und Kaliumamalgams. J. Balej und J. Vondrák. (Collect. czechoslov. chem. Commun. **26.** 881—83. März 1961. Prag, Tschech. Akad. der Wiss., Inst. für anorg. Chem.) (Dt.)

Die spezif. Wärmen der fl. Na- (I) u. K-Amalgame (II) wurden bei 20, 35 u. 50° in einem Calorimeter unter O_2-freiem N_2 ermittelt. Im Temp.-Bereich 20—50° gilt für **I**: $c_{NaHg_x} = c_{Hg} + 0{,}0002386\,x \pm 0{,}00004_7$ u. für **II**: $c_{KHg_x} = c_{Hg} + 0{,}00112\,x + 0{,}00014$ cal/g·Grad, wo c_{Hg} die spezif. Wärme von Hg bei der betreffenden Temp. u. x die Konz. des Na oder K in Gew.-% bedeutet. Der Beitrag der Na- bzw. K-Atome zur gesamten spezif. Wärme von I bzw. II entspricht dem Wert 5,50 ± 0,5 bzw. 5,67 ± 0,55 cal/Mol·Grad, was in genügender Übereinstimmung mit der Regel von DULONG u. PETIT steht. Für II wurden die Werte nur für eine einzige Konz. ermittelt, die sich bereits der Konz. des gesätt. II nähert, jedoch wird angenommen, daß die angeführte Gleichung für den gesamten Konz.-Bereich gut erfüllt ist. Die in den Gleichungen angegebenen Fehlergrenzen beziehen sich auf eine statist. Sicherheit von 95% u. entsprechen einem relativen Fehler von ± 0,14 bzw. ± 0,42% für **I** bzw. **II**. I. FRIČ/Prag. 151

Bestimmung des Sättigungsdampfdruckes von Indiumoxid. Ss. A. Schtschukarew, G. A. Ssemenow, I. A. Ratkowski und W. A. Perewoschtschikow. (Журнал Общей Химии [J. allg. Chem.] **31** (**93**). 2090—92. Juli 1961. Leningrad, Shdanow-Univ.) (Russ.)

Vff. bestimmen mit der Überführungs-Meth. den Dampfdruck (D) von In_2O_3 im Bereich von 1290—1490°. Als Überführungsgas wurde Luft benutzt, die In_2O_3-Aktivität wurde mit ^{114}In ermittelt: log p = —27791/T ± 14,353 (Fehlergrenze ± 6%). Die Sublimationsenthalpie ergibt sich im Bereich von 1290—1490° zu (118 ± 2) kcal/Mol, die Sublimationsentropie (unter Verw. eines C_p-Wertes für den Temp.-Bereich von 0—100°) zu ΔS^0_{298} = (42 ± 1) kcal/Mol·Grad. D. HOENE. 155□

Thermodynamik der Ionenassoziation. 7. Mitt. **Einige Übergangsmetalloxalate.** A. McAuley und G. H. Nancollas. (J. chem. Soc. [London] **1961.** 2215—21. Mai. Glasgow, Univ.) (Engl.) — 6. vgl. J. chem. Soc. [London] **1959.** 3934; 5. vgl. C. **1959.** 5711.

Mit Hilfe sehr genauer EMK-Messungen wurden die thermodynam. Gleichgew.-Konst. für die Assoziation von Ni-, Co- u. Mn-Ionen in wss. Lsg. mit Oxalationen im Temp.-Bereich von 0—45° bestimmt. Für die Rk. $Me^{2+} + C_2O_4^{2-} \rightleftharpoons MeC_2O_4$ ergeben sich für die genannten Metalle ΔH-Werte von 0,15; 0,59 bzw. 1,42 kcal·Mol^{-1}, ΔG_{298}-Werte von —7,05; —6,54 bzw. —5,41 kcal·Mol^{-1} u. ΔS-Werte von 24,2; 23,9 bzw. 22,9 cal·$Grad^{-1}$·Mol^{-1}. Die ΔC_p-Werte werden zu 35; 20 bzw. 65 cal·$Grad^{-1}$ geschätzt. Die Bedeutung der Werte wird diskutiert. W. NIEMITZ. 156□

Die Dissoziationsenergie von Aluminiummonobromid. R. F. Barrow. (Nature [London] **189.** 480. 11/2. 1961. Oxford, Univ., Phys. Chem. Labor.) (Engl.)

Vf. stellt fest, daß der auf Grund thermochem. Messungen von SSEMENKOWITSCH (C. **1958.** 12339) berechnete Wert von 102,2 kcal/Mol für die Dissoziationsenergie von AlBr kleiner ist als der vom Vf. auf Grund spektroskop. Messungen bestimmte Wert von 105 kcal/Mol. Es ist daher eine Prädissoziation anzunehmen, die zu Werten ≪105 kcal/Mol führt. J. KRAETSCH. 156□

Dissoziationswärme des Borphosphids BP (fest). Clifford E. Myers. (J. physic. Chem. **65.** 2111—12. Nov. 1961. Alfred, N.Y., State Univ. of New York, Coll. of Ceramics at Alfred Univ.) (Engl.)

Vf. berechnete die abs. Dissoziationswärme des BP (fest) aus nach der Gassättigungs-Meth. erhaltenen Dissoziationsdrücken von P_2 zu $\Delta H_{298,16}$ = 73,2 kcal·Mol^{-1}. Die Dissoziations-Rk. verläuft vermutlich nach der Rk.-Gleichung 26/11 BP (fest) → 2/11 $B_{13}P_2$ (fest) + P_2 (gas). WOLFGANG KRÜGER. 156□

Ein höchstempfindliches Thermistormikrocalorimeter und die Lösungswärmen von Neptunium, Uran und Urantetrachlorid. G. R. Argue, E. E. Mercer und J. W. Cobble. (J. physic. Chem. **65.** 2041—48. Nov. 1961. Lafayette, Ind., Purdue Univ., Dep. of Chem.) (Engl.)

Es wird ein höchstempfindliches Mikrocalorimeter beschrieben, bei dem die Messung der Temp.-Differenzen mittels einer Thermistorverstärkerbrücke erfolgt. Die Empfindlichkeit des Gerätes beträgt $1 \cdot 10^{-5}$ Grad. Die Überprüfung der App. erfolgte durch Best. der Lsg.-Wärmen von Mg in 1 m HCl u. von wasserfreiem KCl in H_2O. Der Meßfehler betrug ± 0,2%. Die Lsg.-Wärmen von U in HCl, von UCl_4 in HCl u. $HClO_4$ sowie von Np in HCl wurden mittels der beschriebenen App. gemessen u. aus diesen Werten die Bldg.-Wärmen verschiedener Ionen u. Verbb. von U u. Np bei 25° sowie die Freien Energien berechnet. U_4^+ (aq.): ΔH^0 = —157,1 ± 1,0 (kcal/Mol), ΔF^0 = —148,2 ± 1,0.

$U(OH)^{3+}$ (aq.): $\Delta H^0 = -213{,}7 \pm 1{,}0$, $\Delta F^0 = -203{,}9 \pm 1{,}0$. U(IV) in 1 m HCl: $\Delta H^0 = -149{,}8 \pm 0{,}4$, U(IV) in 1 m $HClO_4$: $\Delta H^0 = -153{,}8 \pm 0{,}4$. UCl_4 (fest): $\Delta H^0 = -251{,}2 \pm 0{,}4$, $\Delta F^0 = -230{,}0 \pm 0{,}4$. Np^{4+} (aq.): $\Delta H^0 = -138{,}2 \pm 1{,}0$, $\Delta F^0 = -128{,}1 \pm 1{,}0$. Np(IV) in 1 m HCl: $\Delta H^0 = -130{,}9 \pm 0{,}3$. Np(IV) in 1 m $HClO_4$: $\Delta H^0 = -134{,}9 \pm 0{,}3$. Np(III) in 1 m HCl: $\Delta H^0 = -125{,}6 \pm 0{,}3$. Np^{3+}(aq.): $\Delta H^0 = -127{,}4 \pm 0{,}4$, $\Delta F^0 = -126{,}8 \pm 0{,}4$. $NpCl_4$ (fest): $\Delta H^0 = -232{,}3 \pm 0{,}4$, $\Delta F^0 = -211{,}1 \pm 0{,}6$. Aus den Freien Energien wurde das Potential des Np^{3+}/Np^{4+}-Elements bei unendlicher Verdünnung zu 0,056 V berechnet. WOLFGANG KRÜGER. 156□

Thermodynamische Betrachtungen über Elektrolyte, aus denen Aluminium gewonnen wird. W. B. Frank. (J. physic. Chem. **65.** 2081—87. Nov. 1961. New Kensington, Pa., Aluminum Co. of America, Alcoa Res. Labor., Phys. Chem. Div.) (Engl.)

Die bisher in der Literatur veröffentlichten thermodynam. Werte für *Na_3AlF_6*, *NaF* u. *AlF_3* wurden einer Korrektur unterzogen, da augenscheinlich ein Fehler bei der Temp.-Messung die Ursache der erheblichen Abweichungen in den bisherigen Veröffentlichungen bildet. NaF (fest): $H_T - H_{298} = 8{,}412\,T + 3{,}115 \cdot 10^{-3}\,T^2 - 1{,}963 \cdot 10^5/T - 21{,}44$ (cal/Mol), $C_p = 8{,}412 + 6{,}23 \cdot 10^{-3}\,T + 1{,}963 \cdot 10^5/T^2$ (cal/Mol·Grad); $S_T - S_{298} = 19{,}373 \log T - 9{,}815 \cdot 10^4/T^2 + 6{,}23 \cdot 10^{-3}\,T - 48{,}69$ (cal/Mol·Grad); $F_T - H_{298} = 44{,}842\,T - 3{,}115 \cdot 10^{-3}T^2 - 9{,}815 \cdot 10^4/T - 19{,}373\,T \log T - 2144$ (cal/Mol); F. 1264,3° K; $\Delta H_{Schm.} = 7{,}92$ (kcal); $\Delta_{Schm.} = 6{,}26$ (cal·Grad^{-1}·Mol^{-1}). NaF (fl.): $H_T - H_{298} = 16{,}866\,T - 89$; $C_p = 16{,}866$; $S_T - S_{289} = 38{,}842 \log T - 95{,}00$; $F_T - H_{298} = 99{,}601\,T - 38{,}842 \log T - 89$. AlF_3 (fest, α): $H_T - H_{298} = 17{,}152\,T + 5{,}945 \cdot 10^{-3}\,T^2 + 1{,}953 \cdot 10^5/T - 6299$; $C_p = 17{,}152 + 1{,}189 \cdot 10^{-2}\,T - 1{,}953 \cdot 10^5/T^2$; $S_T - S_{298} = 39{,}501 \log T + 1{,}189 \cdot 10^{-2}\,T + 9{,}765 \cdot 10^4/T^2 - 102{,}386$; $F_T - H_{298} = 103{,}648\,T - 5{,}945 \cdot 10^{-3}\,T^2 + 9{,}765 \cdot 10^4/T - 39{,}501\,T \log T - 6299$; Phasenumwandlung $\alpha \rightarrow \beta = 718^0$ K; $\Delta H_{Um.} = 0{,}16$; $\Delta S_{Um.} = 0{,}23$. AlF_3 (fest, β): $H_T - H_{298} = 21{,}222\,T + 1{,}63 \cdot 10^{-3}\,T^2 - 6562$; $C_p = 21{,}222 + 3{,}26 \cdot 10^{-3}\,T$; $S_T - S_{298} = 48{,}874 \log T + 3{,}26 \cdot 10^{-3}\,T - 122{,}541$; $F_T - H_{298} = 127{,}883\,T - 1{,}63 \cdot 10^{-3}\,T^2 - 48{,}874\,T \log T - 6562$. Na_3AlF_6 (fest, α): $H_T - H_{298} = 45{,}51\,T + 1{,}603 \cdot 10^{-2}\,T^2 + 1{,}755 \cdot 10^5/T - 15580$; $C_p = 45{,}51 + 3{,}206 \cdot 10^{-2}\,T - 1{,}755 \cdot 10^5/T^2$; $S_T - S_{298} = 104{,}81 \log T + 3{,}206 \cdot 10^{-2}\,T + 8{,}775 \cdot 10^4/T^2 - 269{,}891$; $F_T - H_{298} = 258{,}491\,T - 1{,}603 \cdot 10^{-2}\,T^2 + 8{,}775 \cdot 10^4/T + 104{,}81\,T \log T - 15580$; Phasenumwandlung $\alpha \rightarrow \beta = 833{,}5^0$ K; $\Delta H_{Um.} = 2{,}22$; $\Delta S_{Um.} = 2{,}66$. Na_3AlF_6 (fest, β): $H_T - H_{298} = 36{,}40\,T + 0{,}01714\,T^2 - 6331$; $C_p = 36{,}4 + 0{,}03428\,T$; $S_T - S_{298} = 83{,}829 \log T + 0{,}03428\,T - 207{,}673$; $F_T - H_{298} = 187{,}073\,T - 0{,}01714\,T^2 - 83{,}829\,T \log T - 6331$. Die bei 1279° K stattfindende Phasenumwandlung ist kein Schmelzen im eigentlichen Sinne, sondern eine Umwandlung des β-Na_3AlF_6 in eine fl. Lsg. von Na_3AlF_6 u. seine Dissoziations-Prodd.: $\Delta H_{Um.} = 26{,}71$; $\Delta S_{Um.} = 20{,}88$. Für diese Lsg. werden ebenfalls die korr. thermodynam. Funktionen angegeben u. für 1300° K $F = -131{,}90$ kcal berechnet. Die Werte für unzersetzt geschmolzenen Kryolith wurden aus theoret. Überlegungen erhalten: $C_p = 76{,}12$ cal/Grad·Mol; $\Delta H_{Schm.} = 18{,}76$; $\Delta S_{Schm.} = 14{,}67$; $H_T - H_{298} = 76{,}12\,T - 10330$ u. $F_T - H_{298} = 452{,}478\,T - 175{,}304\,T \log T - 10330$. Der theoret. F. des undissoziierten Na_3AlF_6 wurde aus der SCHRODER-VAN LAARschen Gleichung zu $T = 1472^0$ K erhalten. Die Dissoziation des Kryoliths verläuft aber nur zu ca. 4% nach der Rk. $Na_3AlF_6 \rightleftharpoons 3\,NaF + AlF_3$, sondern zum überwiegenden Teil nach $Na_3AlF_6 \rightleftharpoons 2\,NaF + NaAlF_4$. Für $NaAlF_4$ im geschmolzenen Zustand wurde C_p zu 42,4 berechnet. Die Möglichkeit der Bldg. von $NaAlO_2$ durch Lsg. von Al_2O_3 in geschmolzenem Kryolith wird betrachtet. Bei einem Al-Geh. von 4—5 Gew.-% ist bei 1300° K die Rk. $2\,Na_3AlF_6 + 2\,Al_2O_3 \rightarrow 3\,NaAlO_2 + 3\,Na_3AlF_6$ thermodynam. möglich. Weiteres Al_2O_3 wird anscheinend durch einen anderen Mechanismus in Lsg. gebracht. WOLFGANG KRÜGER. 156□

Die Stabilität von Siliciumdioxid. C. N. Cochran und L. M. Foster. (J. physic. Chem. **66.** 380. Febr. 1962. New Kensington, Pa., Aluminum Co. of America, Alcoa Res. Labor., Phys. Chem. Div.) (Engl.)

Auf Grund von Effusionsmessungen der Rkk. zwischen Ga u. Quarz sowie Ga u. MgO in einer Al_2O_3-Zelle berechnen Vff. die Bldg.-Wärme von kristallinem Quarz zu $\Delta H_{f\,298}^0 = -215{,}8 \pm 2{,}2$ kcal/Mol. Der Wert wird mit Literaturdaten, die auf anderen Wegen erhalten wurden, verglichen (vgl. nachst. Ref.). Die Unterss. bestätigen die Annahme von CHIPMAN (vgl. C. **1962.** 5199), daß der bisher angenommene Wert von $-209{,}9$ kcal/Mol um mindestens 5 kcal/Mol zu hoch liegt. GERHARD SCHULZE. 156□

Die Bildungswärme von Siliciumdioxid. W. D. Good. (J. physic. Chem. **66.** 380—81. Febr. 1962. Bartlesville, Okla., U. S. Dep. of Interior, Bur. of Mines, Bartlesville Petroleum Res. Center, Thermodynamics Labor.) (Engl.)

Aus dem Wert der Bldg.-Wärme wss. Fluorokieselsäure, die in einem rotierenden Bombencalorimeter durch Verbrennung von Si u. polymerem Vinylidenfluorid mit O_2 in

Ggw. wss. HF-Lsg. bestimmt wurde, berechnet Vf. die Bldg.-Wärme von SiO_2 zu $-217,5 \pm 0,5$ kcal/Mol. Der bisher angenommene Wert ist somit in Übereinstimmung mit den Unterss. von Chipman (C. **1962**. 5199) um ca. 8 kcal/Mol zu positiv.

Gerhard Schulze. 156□

Die Bildungswärme von Siliciumdioxid und Siliciumtetrafluorid. S. S. Wise, J. L. Margrave, H. M. Feder und W. N. Hubbard. (J. physic. Chem. **66**. 381. Febr. 1962. Madison, Wis., Univ. of Wisconsin; Argonne, Ill., Argonne Nat. Labor.) (Engl.)

Mit Hilfe der Fluorbombencalorimetrie bestimmen Vff. die Bldg.-Wärmen der Rkk. Si(krist.) + 2 F_2 (gasförmig) $\rightleftharpoons$ SiF_4 (gasförmig) (ΔH_1) u. SiO_2 (α-Quarz) + 2 F_2 (gasförmig) $\rightleftharpoons$ SiF_4 (gasförmig) + O_2 (ΔH_2) zu $\Delta H_1 = -386,02 \pm 0,24$ u. $\Delta H_2 = -168,27 \pm 0,24$ kcal/Mol bei 25°. Daraus errechnet sich für α-Quarz die Bldg.-Wärme $\Delta H/^0_{f298,15} = -217,75 \pm 0,34$ kcal/Mol. Der Wert stimmt gut mit den Ergebnissen von Good (vgl. vorst. Ref.) überein u. bestätigt die Schlußfolgerungen von Chipman (vgl. C. **1962**. 5199).

Gerhard Schulze. 156□

Thermochemische Untersuchungen. 4. Mitt. **Wärmen und Entropien der Reaktion von Übergangsmetallionen mit Diäthylentriamin.** M. Ciampolini, P. Paoletti und L. Sacconi. (J. chem. Soc. [London] **1961**. 2994—99. Juli. Palermo, Univ. Inst. of Gen. Chem.) (Engl.) — 3. vgl. C. **1961**. 13823; 5. vgl. C. **1962**. 3044.

Die Bldg.-Wärmen für die schrittweise Bldg. der Komplexe zwischen *Diäthylentriamin* (den; n_D^{25} 1,4815; $D._4^{25}$ 0,9456) u. den Metall(Me)-Ionen Mn^{2+}, Fe^{2+}, Co^{2+}, Ni^{2+}, Cu^{2+} u. Zn^{2+} (als Sulfate) in 0,1 m KCl-Lsg. bei 25° wurden calorimetr. bestimmt u. daraus die entsprechenden Entropieänderungen berechnet. Die Enthalpieänderungen bei der Bldg. der $[Me(den)_2]^{2+}$-Komplexe sind im allg. um 3—4 kcal/Mol weniger negativ als die der entsprechenden *Trisäthylendiamin*-Komplexe, jedoch bewirkt der günstigere Entropiefaktor, daß die $[Me(den)_2]^{2+}$-Komplexe prakt. die gleiche Stabilität wie die $[Me(en)_3]^{2+}$-Komplexe aufweisen. Mit Ausnahme von Cu^{2+} ist bei allen anderen Me^{2+} der ΔH_2-Wert negativer als der ΔH_1-Wert. Die Spektren der $[Me(den)_2]^{2+}$-Komplexe ähneln denen der $[Me(en)_3]^{2+}$- bzw. $[Me(NH_3)_6]^{2+}$-Komplexe, woraus auf eine oktaedr. Symmetrie des Ligandenfeldes geschlossen wird. Der ΔH_1-Wert für den Zn-Komplex ist anomal niedrig. Dies u. der bes. hohe ΔS_1-Wert von 18,5 (cal/Grad·Mol) wird darauf zurückgeführt, daß im 1. Schritt der Komplex-Bldg. mehr als 3 Wasser-Moll. substituiert werden, wahrscheinlich unter Bldg. eines tetraedr. $[Zn(H_2O)den]^{2+}$-Komplexions.

G. Pötzscher. 156□

Über die Gesetzmäßigkeiten der Temperaturstrahlung einer Flamme. B. I. Pljuchin. (Доклады Академии Наук СССР [Ber. Akad. Wiss. UdSSR] **131**. 68—71. 1/3. 1960. Inst. für chem. Phys. der Akad. der Wiss. der UdSSR.) (Russ.)

Vf. leitet Ausdrücke für die Funktionen $\lambda_m \cdot \overline{T}$ (λ_m = Wellenlänge maximaler Intensität, $\overline{T}$ = mittlere Temp.) u. H (H = Energie der monochromat. Strahlung der Flamme) für opt. dichte u. verd. Flammen ab. Für opt. dichte Flammen ergeben sich als Sonderfälle das Wiensche Gesetz u. das Stefan-Boltzmannsche Gesetz. D. Hoene. 157□

Vorausberechnung der Verbrennungszeiten von Feststoffteilchen in einer idealisierten Staubflamme. R. H. Essenhigh. (J. Inst. Fuel **34**. 239—44. Juni 1961. Dep. of Fuel Technol. and Chem. Engng.) (Engl.)

Bisher wurden die Verbrennungszeiten von ideal kugelförmigen Staubteilchen entweder unter Annahme eines Diffusionsfilmes oder einer chem. Oberflächen-Rk. berechnet. Die 1. Annahme wurde von Nusselt eingeführt u. ergibt eine quadrat. Abhängigkeit der Verbrennungszeit vom Teilchendurchmesser, die 2. Annahme ergibt ein lineares Gesetz. Beide Lsgg. werden als einander ergänzend betrachtet u. unter Berücksichtigung verschiedener Faktoren kombiniert. I. Bramer. 157□

Erhöhung der Strahlungsintensität von Metallen in Flammen bei Unterdrückung der Ionisation. N. Ss. Poluektow und R. A. Witkun. (Журнал Аналитической Химии [J. analyt. Chem.] **16**. 260—67. Mai/Juni 1961. Odessa, Inst. für allg. u. anorg. Chem. der Akad. der Wiss. der UkrainSSR.) (Russ.; Auszug: Engl.)

In Ggw. eines anderen Metalls in der Flamme wird der Ionisationsgrad des zu untersuchenden Metalls erniedrigt, unter Umständen werden die Ionen vollkommen in Atome zurückverwandelt, u. die Strahlungsintensität wird erhöht. Es werden quant. Beziehungen für diese Effekte aufgestellt. Vor allem wird der Einfl. anderer Alkalimetalle auf ein Alkalimetall untersucht. Geprüft wurden Zusätze von bis zu 1 Mol/Liter *Li*, *Na*, *K* u. *Rb* auf die *Cs*-Strahlung (0,001 oder 0,0001 M) in der Acetylen–Luft-Flamme. Die Intensität kann fast um den Faktor 20 gesteigert werden. Die Übereinstimmung zwischen Berechnung u. Experiment ist befriedigend. M. Wiedemann. 157□

Eindimensionale laminare Flammenausbreitung mit einem Enthalpiegradienten. J. Adler und D. B. Spalding. (Proc. Roy. Soc. [London], Ser. A **261.** 53—78. 11/4. 1961. London, Imp. Coll.) (Engl.)

An Hand exakter numer. Lsgg. der Flammengleichung für die Temp.- u. Konz.-Verteilungen sowie die Brenn-Geschw. eindimensionaler, vorgemischter, stationärer Flammen, die sich in Ggw. eines Enthalpiegradienten ausbreiten, zeigen Vff., daß ein positiver Enthalpiegradient die Flammen-Geschw. stark erhöht, wogegen sie durch einen negativen Gradienten noch bei endlichen Werten gegen Null abnimmt. Die exakte Beziehung zwischen der Brenn-Geschw. u. dem Parameter des Enthalpiegradienten hängt wahrscheinlich fast ausschließlich von der Aktivierungsenergie der Rk. ab. Die Theorie kann zur Vorhersage von zwei möglichen Brenn-Geschw. jeder brennbaren Mischung verwendet werden: Einmal der Geschw. beim freien Brennen, wobei der Wärmeverlust auf der Übertragung durch die Verbrennungs-Prodd. zur kälteren Umgebung beruht, zum anderen beim Brennen zwischen zwei gekühlten porösen Platten („Sandwich-Brenner"). Weiterhin können aus der Theorie quant. Aussagen über das Brenn-Verh. eines Brennstoffs in kondensierter Phase abgeleitet werden, dessen Oberfläche von einem Gas überstrichen wird, das in der Temp. u. in der Zus. von den adiabat. Verbrennungs-Prodd. verschieden ist. Alle wichtigen Ergebnisse können auch mit Hilfe einer vereinfachten analyt. Näherungstheorie mit guter Genauigkeit erhalten werden.

Wolfgang Wagner. 157□

Temperaturleitfähigkeit von Natrium und Lithium. I. I. Rudnew, W. Ss. Ljaschenko und M. D. Abramowitsch. (Атомная Энергия [Atomenergie] **11.** 230—32. Sept. 1961.) (Russ.)

Nach der Meth. der Temp.-Wellen können mittels eines Impulserhitzers im Bereich bis 1000° die Temp.-Leitfähigkeiten von Metallen im fl. wie festen Zustand gemessen werden. Li u. Na, deren Reinheit genau geprüft wurde (die Verunreinigungen sind angeführt), wurden im Bereich 350—1000 bzw. 350—880° untersucht. Aus den Meßwerten u. den Daten in der Literatur über Wärmekapazität u. Dichte wurden die Wärmeleitfähigkeiten errechnet: $\lambda_{Na} = 0{,}224 - 0{,}0159 \cdot 10^{-2}\, T + 0{,}00058 \cdot 10^{-4}\, T^2$ kcal/cm·s·Grad u. $\lambda_{Li} = 0{,}072 + 0{,}01271 \cdot 10^{-2}\, T - 0{,}00039 \cdot 10^{-4}\, T^2$ kcal/cm·s·Grad.

M. Wiedemann. 158□

A$_5$. Kolloidchemie. Grenzschichtforschung

Über die direkte Beobachtung des Autoklavierungsprozesses. Tominosuke Katsurai, Tadatsune Okubo und Hiroshi Mikawa. (Kolloid-Z. **154.** 56—58. Sept. 1957. Hiratsuka-Kangawa, Japan, Pilot Labor.) (Dt.) — Vgl. C. **1960.** 10834.

Ein Einschmelzrohr aus Hartglas, das durch eine durch den Ofen geführte Bohrung hindurch beleuchtet wird, ermöglicht die Sichtbarmachung von Autoklavierungsprozessen. Die Beobachtung geschieht bei hinreichendem Explosionschutz über einen Spiegel. Beobachtet wurde die Koagulierung von *FeS-Sol* bei 190°. Der Nd., der sich innerhalb 20 Min. absetzte, war ferromagnetisch. Die Koagulierung verschiedener Fe(II)–Fe(III)-Salzmischungen bei 170° lieferte stets dichte, braune, nicht ferromagnet. Niederschläge.

W. Betcke. 162□

Gas- und Dampfströmung in mikroporösen Hindernissen. Karl Kammermeyer und Lenard O. Rutz. (Chem. Engng. Progr., Sympos. Ser. **55.** Nr. 24. 163—69. 1959. Iowa City, Iowa, State Univ. of Iowa.) (Engl.) — Vgl. C. **1961.** 8562.

Bei 25° wurde bei Druckdifferenzen von mittlerem Vakuum bis 115 lb./sq.in. abs. die Permeabilität von porösem Glas (PGT-84, 40—50 Å Poren-∅) gegenüber H_2, He, N_2, O_2, Ar u. CO_2 bestimmt, u. zwar bei Strömungen von 1. Überdruck/Atmosphärendruck, 2. Atmosphärenduck/Vakuum u. 3. Vakuum/Vakuum. In den beschriebenen App. für Messungen nach Meth. 2 u. 3 erfolgt die Best. der Gasströmungs-Geschw. jeweils auf der Seite höheren Druckes von Zeit zu Zeit durch Messung der Fortbewegungs-Geschw. eines im Rohr (Nebenschluß) befindlichen Hg-Pfropfens. Die Gesamtpermeabilität (Per) bleibt bei Meth. 1 mit wachsendem mittlerem Druck konst., wobei die Per für CO_2, N_2, O_2 u. Ar höher ist als die für reine Molekularströmung (Knudsensche Strömung) im Vgl. zu den errechneten Strömungswerten von He. Die daraus zu folgernde Strömung in kondensierter Phase bleibt mit wachsendem Druck also konst. u. wächst nicht mit wachsender Adsorption. Die Gründe dafür werden diskutiert. Der gemessene Bedeckungsgrad von porösem Glas durch Ar, N_2, O_2 u. CO_2 beträgt 0,013, 0,010, 0,008 u. 0,29 bei 25° u. 1 atm. Die gemessenen konst. Per liegen mit bekannten Daten der Per von CH_4, C_2H_4, C_2H_6, C_3H_6 u. C_3H_8, die ebenfalls bis 3 atm. bei 25° an Glas konst. Per aufweisen, auf gemeinsamen Kurven Per·$\sqrt{\text{Molgew.}}$ gegen Kp. oder krit. Temperatur. Die Ergebnisse der Meth. 2 u. 3 sind weniger verläßlich, jedoch ist auch hier die Per für N_2 mit wachsendem

Druck konst.,während sie für He zu wachsen scheint. Danach u. nach der aus der 1. Meth. gemachten Beobachtung, daß die in bezug auf He errechnete Per für H_2 etwas höher liegt, als die tatsächliche für H_2, scheint es so, als ob ein geringer Teil He in kondensierter (adsorbierter) Phase strömt. R. JUNGE. 165□

Widerstandsfaktoren für die turbulente Strömung in offenen Kanälen. A. Kumar und V. J. Pandey. (J. sci. ind. Res. [New Delhi], Sect. B **20.** 559—68. Dez. 1961. Ranchi, Birla Inst. of Technol.) (Engl.)

Der Anwendungsbereich der klass. Theorie der turbulenten Strömung wird unter Zugrundelegung bekannter u. experimentell neu gefundener Daten auf die Strömung in offenen Kanälen erweitert, wobei die maßgebenden Parameter bestimmt, die charakterist. Koeff. errechnet u. mit Hilfe neuer krit. Parameter zusätzliche empir. Ausdrücke zur Anwendung bei Bewässerungsanlagen entwickelt werden. Es wurde gefunden, daß das Gesetz von KARMAN für die Geschw.-Verteilung u. das davon abgeleitete Widerstandsgesetz auch auf die Strömung über glatte u. rauhe Oberflächen in offenen Kanälen angewendet werden kann. Der Widerstand kann durch das Verhältnis der charakterist. Länge zur Oberflächenrauhheit bzw. zur Grenzschichtdicke für rauhe bzw. glatte Oberflächen ausgedrückt werden. Beziehungen zwischen dem hydraul. Radius u. der relativen Rauheit bzw. dem Widerstand u. dem Verhältnis zwischen Kanalweite u. Grenzschichtdicke werden abgeleitet. Die Kräfteverhältnisse werden untersucht. W. BETCKE. 173□

Über Fließen und Festigkeit von strukturierten Flüssigkeiten. N. W. Michailow. (Коллоидный Журнал [Kolloid-J.] **17.** 68—75. Jan./Febr. 1955. Allunions-Forsch.-Inst. für Bauwesen.) (Russ.)

In der Polemik gegen TRAPESNIKOW (vgl. C. **1952.** 4576) wird auf Grund von Verss. gezeigt, daß die Vorstellung von der Zerstörung der Struktur im Gebiet der Abnahme der Schubspannung P vom Maximum bis zum Gleichgewichtswert nicht den Tatsachen entspricht. Eine Zerstörung der Struktur erfolgt am aufsteigenden Ast von P (ε), also bis zur Erreichung eines bestimmten Gradienten der Deformations-Geschw. ε. Der Abstieg der Kurve P (ε) u. das Auftreten eines Maximums sind die Folgen eines reinen Relaxationsprozesses. Die Kurven P (ε) mit u. ohne Maxima sind nicht grundsätzlich verschieden. Die Behauptung, daß die hochelast. Oleogele eine umkehrbare Deformation von 9000% aufweisen, ist irrig. Die Strukturzerstörung nimmt mit steigenden ε-Werten bis zu einem bestimmten krit. Wert zu u. bleibt dann konstant. Die rheolog. Gesamtkurve der strukturierten Syst. besitzt eine S-Form. Bei der Deformierung des strukturierten Syst. entspricht jedem ε-Gradienten (auch dem kleinsten) eine bestimmte Zerstörung der Struktur. O. LEBTAG. 173□

Annäherung einer festen Kugel an eine starre ebene Oberfläche. G. D. M. MacKay und S. G. Mason. (J. Colloid Sci. **16.** 632—35. Dez. 1961. Montreal, Pulp and Paper Res. Inst. of Canada; Montreal, Canada, McGill Univ., Dep. of Chem.) (Engl.)

Vff. berichten über eine experimentelle Nachprüfung der Beziehung von CHARLES u. MASON durch Messung der Sedimentations-Geschw. einer Kugel in einer NEWTONschen Fl. in Richtung auf eine stark horizontale Oberfläche. Im Rahmen der Vereinfachungen zeigt sich eine gute Übereinstimmung. G. M. NEUMANN. 174□

Untersuchungen auf dem Gebiete der Adsorptionserscheinungen. E. Pungor und E. Schulek. (Ann. Univ. Sci. Budapestinensis Rolando Eötvös Nominatae, Sect. Chim. **1.** 109—26. 1959. Budapest, Eötvös Lorand Univ., Inst. für Anorg. u. Analyt. Chem.) (Dt.)

Übersicht über die Bldg. von Kristallen, die Adsorption an Kristallen u. über die Theorie der Adsorptionsindicatoren. — 22 Literaturhinweise. P. GOLINSKE. 176□

Adsorptionsgleichgewichte. Donald Graham. (Chem. Engng. Progr., Sympos. Ser. **55.** Nr. 24. 17—23. 1959. Wilmington, Del., E. I. du Pont de Nemours & Co., Inc.) (Engl.)

Für die Adsorption von Fll. oder Gasen an Feststoffen wird eine Übersicht gegeben über experimentelle Meth. zum Messen von Adsorptionsisothermen, deren analyt. Auswertung u. Deutung. Besprechung allg. Grundsätze für die Auswahl u. Anwendungsweise von Adsorbentien. R. JUNGE. 176□

Lehrbuchirrtümer. 29. Mitt. **Die Existenz einer endothermen Adsorption.** John M. Thomas. (J. chem. Educat. **38.** 138—39. März 1961. Bangor, U.K., Univ. Coll. of North Wales.) (Engl.) — Vgl. C. **1960. 3433.**

Das Auftreten endothermer Adsorptions-Rkk. beweist Vf. an Hand einiger Beispiele (Dissoziationschemisorption von mol. H_2 auf Glas, auf mit S-Ionen verunreinigten Fe-Oberflächen, auf reinen aufgedampften Cu-, Ag-, Au-, Cd-Filmen bis 0°; Chemisorption von mol. O_2 auf Au, von CO auf Zn bis 0°, von H_2 auf stark dehydratisiertem Al_2O_3-Katalysator bei der Austausch-Rk. $H_2 + D_2 \rightleftharpoons 2\,HD$). Endotherme Adsorption liegt dann vor, wenn die Summe der Entropieänderungen des Adsorbenden u. des Adsorbats positiv ist. Das kann bei der Chemisorption durchaus der Fall sein. Sie tritt selten u.

dann nur unbedeutend bei der physikal. Adsorption auf (Adsorption von nichtpolaren Gasen, Ar, Kr, O_2 auf porösem Quarzglas bei fl. Luft-Temp. bewirkt eine Ausdehnung u. damit Entropiezunahme des Adsorbenten). D. HOENE. 176□

Die Abscheidung von ^{65}Zn und ^{32}P-Phosphat auf verschiedenen metallischen und nichtmetallischen Oberflächen. E. Herczynska. (Z. physik. Chem. **217.** 139—58. 1961. Warsaw, Dep. of Radiochem., Inst. of Nucl. Res.) (Engl.)

Die Abscheidung von ^{32}P-Phosphat (I) u. ^{65}Zn aus Tracer-Lsgg. auf Pt, Stahl, Sn, Cu, Al, Zn, Pb, Glas, Perspex u. Fluon sowie die Adsorption von I auf Pt-Folien u. Fluonscheiben, die 24 Std. lang in gesätt. inakt. Phosphat-Lsg. lagen u. auf Cu-Scheiben, die auf 100, 200 u. 300° erhitzt worden waren, wurden in Abhängigkeit vom pH-Wert der Tracer-Lsgg. untersucht. Stets tritt eine starke Abscheidung der Anionen im niederen pH-Bereich u. der Kationen im hohen pH-Bereich auf. Im mittleren pH-Bereich tritt ein zweites Maximum auf, das gewöhnlich niedrig, in einigen Fällen (I auf Al, Cu u. Stahl, ^{65}Zn auf Zn, Pb u. Fluon) jedoch beträchtlich ist. Vf. schließt daraus, daß in allen Fällen der Mechanismus der Adsorption derselbe ist u. die Adsorption sich hauptsächlich in der dünnen Oxidschicht der Oberfläche abspielt, die in saurer Lsg. als Anionenaustauscher, in bas. Lsg. als Kationenaustauscher wirkt u. bei mittlerem pH Anionen u. Kationen austauscht. D. AUMANN. 176□

Ähnlichkeiten von Adsorption, Dialyse und Ionenaustausch. G. P. Monet. (Chem. Engng. Progr., Sympos. Ser. **55.** Nr. 24. 1—16. 1959. Wilmington, Del., E. I. du Pont de Nemours & Co., Inc.) (Engl.)

Eingeteilt nach der Form der verwendeten Feststoffe (Granulat oder Membran) wird ein Überblick gegeben über gemeinsame Gesetzmäßigkeiten, über Stand der Erforschung physikochem. u. verfahrenstechn. Probleme bei Adsorption fest–fl. u. fest–gasförmig, Dialyse (einschließlich Elektrodialyse) u. Ionenaustausch sowie über neuere techn. Entwicklungen. — 92 Literaturangaben. R. JUNGE. 177□

Bestimmung des molekularen Diffusionsvermögens mit Hilfe gaschromatographischer Methoden. James J. Carberry und Randolph H. Bretton. (J. chem. Physics **35.** 2241—42. Dez. 1961. Notre Dame, Ind., Univ. of Notre Dame, Dep. of Chem. Engng.; New Haven, Conn., Yale Univ., Dep. of Chem. Engng.) (Engl.)

Vff. nehmen Bezug auf eine Arbeit von GIDDINGS u. SEAGER (C. **1961.** 12572) u. verweisen auf eigene Arbeiten (CARBERRY u. BRETTON, A. I. Ch. E. Journal **4.** [1958.] 367), deren Ergebnisse nochmals zusammengefaßt werden. W. HEIN. 177□

Schnelle Diffusionsanalyse mit Hilfe chromatographischer Methoden. J. Calvin Giddings und Spencer L. Seager. (J. chem. Physics **35.** 2242—43. Dez. 1961. Salt Lake City, Utah, Univ. of Utah, Dep. of Chem.) (Engl.)

Stellungnahme zu vorst. referierter Arbeit. W. HEIN. 177□

Eine vergleichende Untersuchung der Ionenaustauschgleichgewichte in Triphosphat- und Kupfertriphosphatlösungen. Carla Heitner-Wirguin. (Bull. Res. Council Israel, Sect. A **9.** 37—42. April 1960. Jerusalem, Hebrew Univ., Dep. of Inorg. and Analyt. Chem.) (Engl.)

Die Ergebnisse einer früheren Arbeit (C. **1961.** 758) werden mit den Unters.-Ergebnissen der Ionenaustausch-Gleichgew. in Triphosphat- u. Cu-Triphosphat-Lsgg. unter Verw. eines Anionenaustauschers mit hohem Wasser-Geh. (Deacidite FF) verglichen. Die durchschnittliche Ladung der von der Cl^--Form des Austauschers sorbierten Triphosphationen beträgt hier 4,4, u. die der von der NO_3^--Form sorbierten 3,8. Unter verschiedenen Vers.-Bedingungen scheinen $[Cu(HP_3O_{10})]^{2-}$-, $[CuCl(P_3O_{10})]^{4-}$- u. $[Cu(HP_3O_{10})_2]^{6-}$-Komplexformen aufzutreten. W. HEIN. 177□

Molekularsiebe. G. J. Griesmer, R. A. Jones und Harry Lautensack. (Chem. Engng. Progr., Sympos. Ser. **55.** Nr. 24. 45—50. 1959. Tonawanda, N.Y., Linde Co., Div. of Union Carbide Corp.) (Engl.)

An Hand von Diagrammen werden die charakterist. Eigg. der LINDE-Molekularsiebe aus synthet. krist. Zeolithen vom Typ 4 A (Na-Form, effektiver Poren-Ø 4 Å) u. 5 A (Ca-Form Ø 5 Å) besprochen u. mit Kieselgel, Al_2O_3 oder Aktivkohle verglichen. Neben der ausgezeichneten Selektivität für Verbb., deren Mol.-Größe dem effektiven Poren-Ø entspricht, sind sie als Adsorbentien für schwierige Trocknungs- u. Reinigungsprobleme wegen folgender Eigg. bes. geeignet: hohe Kapazität über einen weiten Bereich von Konz., Massenströmungs-Geschw., Schütthöhe u. Temp. sowie wegen der Fähigkeit, Verunreinigungen bis auf minimale Reste zu entfernen. Die Lebensdauer ist relativ hoch u. kann z. B. für Lufttrocknung (16std. Betrieb täglich) 10 Jahre betragen.
R. JUNGE. 177□

Ähnlichkeitsbetrachtungen für das Teilchengrößenspektrum eines koagulierenden und sedimentierenden Aerosols. S. K. Friedlander. (J. Meteorol. **17.** 479—83. Okt. 1960. Johns Hopkins Univ.) (Engl.)

Vf. bringt eine theoret. Erklärung für die von zu verschiedenen Zeiten u. an verschiedenen Orten experimentell beobachteten Regelmäßigkeiten in den Teilchengrößenspektren atmosphär. Aerosole. C. GOTTFRIED. 180

A_6. Strukturforschung

Röntgenographische Methode zur gleichzeitigen Bestimmung der gegenseitigen Neigung und Größe von Mosaikblöcken. Julian Auleytner. (Fortschr. Mineralog. **38.** 46—53. Mai 1960. Warschau.) (Dt.) — Vgl. C. **1961.** 7855.

Vf. beschreibt weitere Anwendungsmöglichkeiten der früher (C. **1959.** 10485) beschriebenen röntgenograph. Methode. Danach kann man gleichzeitig die Neigung u. Dimensionen von Mosaikblöcken mit 50 μ u. 30″ u. weniger bestimmen. Die Meth. kann zur Prüfung von Versetzungsstrukturen eingesetzt werden. C. GOTTFRIED. 181

Extinktion in der Röntgenkristallographie. S. Chandrasekhar. (Advances Physics **9.** 363—86. Okt. 1960. London, Royal Inst., Davy Faraday Res. Labor.) (Engl.)

Zusammenfassender Überblick. Prim. u. sek. Extinktion, Abhängigkeit von der Wellenlänge, Bedeutung der Extinktion bei der Kristallanalyse. — 44 Literaturhinweise. C. GOTTFRIED. 181

Ein photoelektrischer Indicator zur Ausmessung von Interferenzstreifen. W. Boguth und F. Habermalz. (Z. wiss. Mikroskop. mikroskop. Tech. **64.** 395—97. Okt. 1960. Gießen, Justus-Liebig-Univ., Veterinär-Physiolog. Inst., Chem.-Physiolog. Abt.) (Dt.)

Beschreibung der Meßanordnung. C. GOTTFRIED. 181

Auflicht-Elektronenmikroskopie. L. Wegmann. (Chem. Rdsch. [Solothurn] **14.** 499—501. 15/9. 1961. Zürich.) (Dt.)

Übersicht über Grundzüge, Ausführung u. Anwendung der Auflicht-Elektronenmikroskopie. — 8 Literaturhinweise. W. WESLY. 181□

Koeffizient der sphärischen Aberration von asymmetrischen magnetischen Elektronenlinsen. Josette Barthère, Jacques Dugas und Pierre Durandeau. (C. R. hebd. Séances Acad. Sci. **250.** 3461—63. 23/5. 1960. Toulouse, Centre Nat. de Rech. Sci., Labor. d'Opt. Electron.) (Franz.)

Berechnung der Öffnungsfehler-Koeff. von magnet. Polschuhlinsen, deren objektseitige u. bildseitige Bohrungen verschiedene Durchmesser D_1 u. D_2 haben. Den Rechnungen werden die von DURANDEAU, FAGOT u. FERT gemessenen axialen Feldverteilungen mit den Bohrungsverhältnissen $D_1:D_2 = 3, 2, 1, {}^1/_2$ u. ${}^1/_3$ zugrunde gelegt, u. es wird der Grenzfall hoher Vergrößerung behandelt. Bei gegebener Polschuhspaltbreite S, gegebenem Verhältnis $(D_1 + D_2)/S$ aus mittlerem Bohrungsdurchmesser u. Spaltbreite u. gegebener Brennweite nimmt der Öffnungsfehler-Koeff. zu, wenn man die objektseitige Polschuhbohrung vergrößert, etwa um mehr Platz für das Objekt zu schaffen. F. LENZ. 181□

Die Bedeutung der Kraftkonstanten für den Chemiker. J. Goubeau. (Angew. Chem. **73.** 305—09. 21/5. 1961. Stuttgart, TH, Labor. für anorg. Chem.) (Dt.)

An Hand ausgewählter Beispiele werden Ermittlung u. allg. gesetzmäßige Eigg. der Kraft-Konst. dargestellt u. ihre Bedeutung für die Beurteilung von Bindungsfragen erläutert. A. BLASCHETTE. 182□

π-Bindung und gehemmte Rotation in anorganischen Systemen. P. A. Barfield, M. L. Lappert und J. Lee. (Proc. chem. Soc. [London] **1961.** 421—22. Nov. Manchester, Univ., Fac. of Technol., Chem. Dep.) (Engl.)

Das protonenmagnet. Resonanzspektrum von $C_6H_5B(Cl)N(CH_3)_2$ (I) u. $C_6H_5B \cdot [N(CH_3)_2]_2$ (II) wurde bei 40 bzw. 60 MHz im Bereich 20—150° aufgenommen. I liefert bei $\tau = 7{,}2$ (23°) ein Methyldublett, entsprechend zwei gleich häufigen, chem. verschiedenen H-Atomen (in cis- u. trans-Stellung zum Phenyl). Mit steigender Temp. tritt Bandenverbreiterung u. Verringerung des Peakabstands ein, die bei 118° zu vollständiger „Koalaescenz" führen. Dieses Verh. entspricht einer von der Temp. abhängigen Isomerisierungsgeschwindigkeit. Für die Rotationsbarriere der B—N-Bindung ergibt sich nach vier verschiedenen Näherungs-Meth. 18 ± 2 kcal/Mol. Für II ist die Koalescenz-Temp. $<20°$, die Barriere <10 kcal/Mol. Hieraus folgt, daß die gehinderte Rotation auf elektron. (π-Bindungsanteil) u. weniger auf ster. Faktoren beruht. A. BLASCHETTE. 182□

π-Bindung im Uranylion. R. Linn Belford und Geneva Belford. (J. chem. Physics **34.** 1330—32. April 1961. Urbana, Ill., Univ. of Illinois, Noyes Chem. Labor.) (Engl.)

Für die möglichen Hauptvalenzen in UO_2^{2+} werden unter Berücksichtigung der 6d- u. 5f-Orbitals des U u. der 2p-Orbitals des O die Überlappungsintegrale berechnet, wobei angenommen wird, daß Wechselwrkg. der O-Orbitals mit inneren Orbitals des U ($n = 1-4$) u. mit den 5s-, 5p-, 6s- u. 6p-Elektronen keinen wesentlichen Einfl. auf die Ergebnisse hat. Die 6dσ- u. 6dπ-Überlappungsintegrale sind ungefähr gleich u. weisen (auf Grund ihrer Größe) darauf hin, daß beträchtliche σd- u. πd-Bindungsanteile vorliegen. Die 5fσ- u. 5fπ-Überlappungsintegrale sind ungefähr gleich u. ziemlich klein, doch kann starke σf-Bindung nicht ausgeschlossen werden. Die Überlappungsdichten werden graph. mitgeteilt. F. Huber. 182□

Periodisches Potential in Ionenkristallen. Yasuo Siota. (Sci. Rep. Tohoku Univ., Ser. I **43.** 137–42. Okt. 1959. Sendai, Tohoku Univ., Fac. of Educ., Coll. of Arts and Sci.) (Engl.)

Es werden die Fourier-Koeff. des period. Potentials in verschiedenen Ionenkristallen berechnet u. in einer Tabelle zusammengestellt. Als Anwendung wird das Potential für 3 Richtungen eines *Sylvin*-Gitters berechnet. H. Schirrwitz. 190□

Wachstumsformen von Ammoniumtetrathiomolybdat. H. K. Hofmeister und G. Gattow. (Naturwissenschaften **47.** 466. 2. Okt.-H. 1960. Göttingen, Univ., Anorg.-chem. Inst.) (Dt.)

Bei der Unters. der Wachstumsformen des von Gattow (C. **1960.** 5746) dargestellten blutroten $(NH_4)_2MoS_4$ beobachteten Vff. neben gut ausgebildeten Nadeln auch Hohlsäulen mit rechteckigem Querschnitt. Die röntgenograph. Unters. der Hohlsäulen ergab, daß die „Wände“ dieser Säulen winkelmäßig nicht gegeneinander versetzt sind, so daß also das Wachsen auf der (0 0 1)-Fläche des $(NH_4)_2MoS_4$ störungsfrei verlaufen sein muß. Die Gitter-Konst. stimmten mit den von Gattow an Nadeln erhaltenen Werten überein. Nimmt man an, daß die Diffusion zur Kristallfläche (0 0 1) der geschwindigkeitsbestimmende Schritt des Wachstums ist (Wachstumsrichtung parallel zur c-Achse), dann treten mit der Zeit Unterschiede der Konz. an verschiedenen Stellen der Kristalloberfläche auf. Der Gradient der Konz. verändert sich zunächst in Abhängigkeit von der Zeit u. wird schließlich stationär, d. h. die Konz.-Verteilung u. damit auch der Kristall ändern ihre geometr. Formen mit der Zeit nicht mehr. C. Gottfried. 190

Eine lamellare Verbindung von Natrium und Graphit. R. C. Asher. (J. inorg. nuclear Chem. **10.** 238–49. Mai 1959. Harwell, Didcot, A.E.R.E.) (Engl.)

Röntgenaufnahmen, magnet. Susceptibilitätsmessungen u. die Messung der Dilatation verschiedener Graphitsorten in geschmolzenem, vorher gereinigtem Na ergeben die Existenz der Verb. $C_{64}Na$. Analog den K-, Rb- u. Cs-Graphiten besitzt sie eine lamellare Struktur, worin nach jeweils 8 C-Ebenen die Na-Atome eingeschoben sind. F. M. Friedrich-Anderseck. 190□

Elektronenmikroskopische Beobachtungen von verschiedenen, in der Keramik verwendeten Tonmineralien. Anonym. (Ind. céram. **1960.** 279–80. Sept.) (Franz.)

Es wird kurz über elektronenmkr. Unterss. an *Kaolinit, Halloysit, Montmorillonit* u. *Sepiolith* berichtet. C. Gottfried. 190

Elektronenmikroskopische Beobachtung der Ausfällungen auf in MgO eingewachsenen Versetzungen. J. D. Venables. (Physic. Rev. [2] **122.** 1388–89. 1/6. 1961. Parma, Ohio, Union Carbide Corp., Res. Labor.) (Engl.)

Elektronenmkr. Durchstrahlungsaufnahmen dienten zur Unters. der Defektstruktur von nicht deformierten *MgO*-Einkristallen. Längs der Versetzungslinien werden eine große Anzahl von kugel- (0,2 μ ∅) u. stäbchenförmigen Partikeln beobachtet. Durch besondere Ätztechnik u. opt. Unters.-Meth. kann die Konz. der Partikel im Mittel zu ca. $10^9/cm^3$ (ca. 10^5 cm Versetzungen/cm^3 u. ca. 10^4 Nd.-Teile/cm^3) bestimmt werden. Die bei starker Lichtbestrahlung von MgO-Kristallen beobachtete Tyndall-Streuung wird auf die Anwesenheit solcher Ausfällungen auf eingewachsenen Versetzungen zurückgeführt. W. Sobieski. 190□

Reibungsspannung auf eine sich in einem sonst vollkommenen Kristall bewegende Versetzung. Doris Kuhlmann-Wilsdorf. (Physic. Rev. [2] **120.** 773–81. 1/11. 1960. Philadelphia, Pa., Univ. of Pennsylvania, School of Metallurg. Engng.) (Engl.)

Es werden Spannungen u. Drücke auf die Gleitfläche betrachtet. Damit ergeben sich größere Reibungsspannungen als früher mitgeteilt. Es wurde ein neuer Mechanismus zur Verringerung der Reibungsspannungen gefunden. Er beruht darauf, daß die Lagen der Versetzungsachsen nur innerhalb einer mehrfachen Verschiebung der oscillierenden Atome definiert sind. Das Ergebnis ist eine Erniedrigung der Reibungsspannung für dichtest gepackte Metalle auch bei sehr tiefen Temp., fast keine Wrkg. auf Versetzungen in Kristallen von Diamantstruktur u. bei tiefen Temp. eine Abhängigkeit nach exp(−const T/T_M) für Kristalle wie NaCl u. wahrscheinlich für kub.-raumzentrierte Kristalle. H. LAUE. 190□

Wanderungsschranken für Kationen und Anionen in Alkalihalogenidkristallen. R. Guccione, M. P. Tosi und M. Asdente. (Physics Chem. Solids **10.** 162—68. Juli 1959. Palermo, Univ., Ist. di Fis.; Milano, Labor. CISE.) (Engl.)

Zur Berechnung der Schranken für die Leerstellenwanderung von Kationen u. Anionen entlang der kub. Flächendiagonalen in *NaCl*- u. *KCl*-Kristallen wurde das BORN-MAYER-Modell angewandt. Die Größe der sich überschneidenden Wechselwrkg. zwischen Ionen mit kleinen Abständen wurde unter Anwendung zweier verschiedener Formen für das Abstoßungspotential quant. untersucht. Für NaCl-Kristalle wurden die Werte für die Bewegungsenergien mit den erhaltbaren experimentellen Daten verglichen. Die Größe des Abstoßungspotentials scheint ein bedeutender Faktor zur Best. der Höhe der Wanderungsschranken in Kristallen zu sein. Die Schranken für die Leerstellenwanderung von Kationen u. Anionen in NaCl u. KCl sind tabellar. angegeben. ERNST SCHULTE. 190□

Kupfer als Aktivator in Natriumchloridkristallen. Jaroslav Trnka. (Czechoslov. J. Physics **7.** 359—64. 1957. Praha, Ustav techn. fys. Českoslov. akad. věd.) — C. **1958.** 8848.) (Dt.) J. TŮMOVÁ. 190□

Kationendiffusion in Cr_2O_3. W. C. Hagel und A. U. Seybolt. (J. electrochem. Soc. **108.** 1146—52. Dez. 1961. Schenectady, N.Y., Gen. Electric Co., Res. Labor.) (Engl.)

Die Diffusion von Cr-Ionen in mit N_2 im Gleichgewicht befindlichen Cr_2O_3 wurde unter Verw. von ^{51}Cr als Tracer im Temp.-Bereich von 1045—1550° ermittelt. Vol.-Diffusions-Koeff. in heiß gepreßten Probekörpern dreier unterschiedlicher Reinheitsgrade lassen sich durch den Ausdruck $D = 0{,}137 \exp(-61100/RT)$ cm²/s darstellen. Zusätze von 1,8 Mol-% CeO_2 u. 0,67 Mol-% Y_2O_3 verursachen keine erkennbare Änderung. Weniger dicht gesinterte Proben führten zu fehlerhaften Ergebnissen. Leitfähigkeitsmessungen wurden in N_2, Ar u. Luft innerhalb eines größeren Temp.-Bereichs vorgenommen. Eine Abhängigkeit vom O_2-Partialdruck wurde nicht beobachtet. Die berechneten Kationenüberführungszahlen schwankten zwischen 10^{-3} bis 10^{-6}. Unter der Annahme eines vereinfachten Modells für die Defektstruktur des Cr_2O_3 beträgt die Aktivierungsenthalpie für die Lochbewegung 8,4 (kcal/Mol), die Defekt-Bldg.-Enthalpie 91 u. die Aktivierungsenthalpie für die Kationenbewegung ca. 31. Es wird vermutet, daß die diffundierenden Kationen die Oxydationsstufe 3+ besitzen; es gab aber keine Möglichkeiten, nachzuweisen, ob an der Diffusion auch Ionen anderer Wertigkeitsstufen beteiligt sind. Die Diffusion der Anionen in Cr_2O_3 wurde nicht gemessen. Es wurde jedoch festgestellt, daß die Anionen weitaus weniger beweglich sind als Kationen, u. daß die Vol.-Diffusion der Kationen durch Cr_2O_3 der geschwindigkeitsbestimmende Schritt für die Hochtemp.-Oxydation des Cr ist. WOLFGANG KRÜGER. 190□

Parameter der Sauerstofflagen von tetragonalem Mn_3O_4. Keniti Satomi. (J. physic. Soc. Japan **16.** 258—66. Febr. 1961. Oh-okayama, Tokyo, Tokyo Inst. of Technol.) (Engl.)

Aus DEBYE-SCHERRER-Aufnahmen, durch Erweiterung der BERTAUTschen Meth. u. durch Verfeinerung nach der Meth. der kleinsten Quadrate wurden die O-Lagen im tetragonalen Mn_3O_4 neu bestimmt. Danach gilt für die O-Parameter (Raumgruppe D_{4h}^{19}) $\varepsilon = 0{,}0320 \pm 0{,}0027$ u. $\delta = 0{,}0083 \pm 0{,}0015$. Die Oktaederplätze sind tetragonal deformiert; die Tetraederplätze bleiben unverändert. G. TALSKY. 195□

Die Kristallstruktur von $KCuF_3$. Atsushi Okazaki und Yasutaka Suemune. (J. physic. Soc. Japan **16.** 176—83. Febr. 1961. Fukuoka, Kyusyu Univ., Fac. of Sci., Dep. of Phys.) (Engl.)

Nach Röntgen-Unterss. u. Verfeinerung mit Hilfe der FOURIER-Meth. hat $KCuF_3$ tetragonale Struktur mit $a = 5{,}855$ u. $c = 7{,}852$ Å; Raumgruppe D_{4h}^{18} — I 4/m c m u. $Z = 4$. Ein Cu^{2+}-Ion ist jeweils von einem verzerrten Oktaeder von F^--Ionen mit Cu–F^--Abständen von 2,25, 1,96 u. 1,89 Å umgeben. G. TALSKY. 195□

Die Kristallstruktur von Tetracarbonylacrylnitrileisen. A. R. Luxmoore und Mary R. Truter. (Proc. chem. Soc. [London] **1961.** 466—67. Dez. Leeds, Univ., Dep. of Inorg. and Structural Chem.) (Engl.)

Vff. führten an Tetracarbonylacrylnitrileisen eine 3dimensionale Röntgenstruktur-Unters. mit Co–K_α-Strahlung in verschlossenen Röhrchen bei 120° K durch. Es ergab sich eine monokline Elementarzelle mit $a = 12{,}09$; $b = 11{,}45$; $c = 6{,}585$ Å, $\beta = 110{,}4°$; $Z = 4$; Raumgruppe $P\,2_1/a$. Das monomere Mol. ist im wesentlichen eine trigonale Doppelpyramide, in der Äquatorebene liegen 2 Carbonylgruppen u. das Zentrum der Doppelbindung des Acrylnitrils, längs der Normale zu dieser Ebene liegen die anderen beiden Carbonylgruppen. Die Cyanidgruppe ist nicht an das Fe gebunden. Die Fe—C—O- sowie C—C—N-Bindungen sind gestreckt. Die Fe—C-Abstände längs der Normalen sind wesentlich größer (2,00 Å) als die axialen (1,78 Å); der Doppelbindungsabstand in der Acrylnitrilbaugruppe ist bedeutend länger (1,40 Å) als der im gasförmigen Acrylnitril (1,339 Å). D. PAPENFUSZ. 195□

Die Struktur von Dipyridyl-[1-acetylacetonyl]-trimethylplatin(IV). A. G. Swallow und Mary R. Truter. (Proc. chem. Soc. [London] **1961.** 166—67. Mai. Leeds, Univ., Dep. of Inorg. and Struct. Chem.) (Engl.)

Die aus Dipyridyl u. dimerem Acetylacetontrimethylplatin in Bzl. erhaltene gelbe Verb. $(CH_3)_3Pt[CH(COCH_3)_2](C_{10}H_8N_2)$ (I) ist nach 3dimensionalen Röntgenaufnahmen monomer; jedes Pt-Atom ist oktaedr. von drei CH_3-Gruppen, zwei N-Atomen u. dem C-Atom der „akt. CH_2-Gruppe" des Acetylacetons (II) umgeben. II ist dabei nicht planar, u. die CO-Gruppen befinden sich in recht unterschiedlicher Koordination bzgl. der Pt—CH-Bindung. I ist monoklin mit a = 14,863, b = 8,480, c = 13,749 Å, β = 99°24', Z = 4, Raumgruppe P 2_1/c. A. BLASCHETTE. 195□

Stereochemie einer fünffach koordinierten Platinverbindung. G. A. Mair, H. M. Powell und L. M. Venanzi. (Proc. chem. Soc. [London] **1961.** 170. Mai. Oxford, Univ., Chem. Crystallogr. Labor., Inorg. Chem. Labor.) (Engl.)

Tris-[o-diphenylarsinophenyl]-arsin (QAS) reagiert mit Pt(II)-Salzen zu 5fach koordinierten Komplexen vom Typ $[PtX(QAS)]Y$, wobei $X = Cl, Br, J, SCN$ u. $Y = X$, ClO_4, $B(C_6H_5)_4$, deren Struktur an $[PtJ(QAS)]B(C_6H_5)_4$ (I) näher untersucht wurde. I ist triklin-pinakoidal mit a = 10,1, b = 18,1, c = 19,0 Å, α = 73,5°, β = 90°, γ = 91°, D. (gemessen) 1,63, Z = 2, D. (berechnet) 1,625; Raumgruppe C_i^1 — P $\bar{1}$ (aus Einkristallaufnahmen mit Cu-Kα-Strahlung). Die Strukturaufklärung wurde durch 3dimensionale PATTERSON-Synth. mit 5000 unabhängigen F^2_{hkl} als Koeff. durchgeführt. Das Mol. besitzt eine nahezu reguläre trigonal-bipyramidale Struktur mit Pt im Zentrum, J u. dem zentralen As-Atom des QAS an den beiden Spitzen u. den übrigen As-Atomen in äquatorialer Lage. Die Bindungslängen entsprechen annähernd Einfachbindungen.
A. BLASCHETTE. 195□

Ein Oxid des dreiwertigen Nickels. P. S. Aggarwal und A. Goswami. (J. physic. Chem. **65.** 2105. Nov. 1961. Poona, India, Nat. Chem. Labor.) (Engl.)

Bei Elektronenbeugungs-Unterss. an auf heiße Steinsalzsubstrate aufgedampften *Ni*-Filmen wurden Ringe im Beugungsbild beobachtet, die einem bislang unbekannten Oxid mit hexagonaler Struktur zugeschrieben werden. Dazu wurde Ni von einem Heizdraht bei einem Druck von 10^{-1} bis 10^{-2} mm Hg auf die Spaltflächen von 400° heißen Steinsalzkristallen aufgedampft. Die Filme wurden auf ihre Beugungserscheinungen untersucht. Dabei wurde neben Ni u. *NiO* ein weiteres Oxid erkennbar. Aus der Ähnlichkeit der Strukturdaten mit denen des Co_2O_3, der allg. Ähnlichkeit von Co- u. Ni-Verbb. u. ihrer isomorphen Natur wird geschlossen, daß es sich um Ni_2O_3 handele.
W. D. KRÜGER/Berlin. 196□

Beugung von Elektronen nach ihrem Durchgang durch eine dünne Metallschicht. L. Brú, R. Márquez und F. Ramos. (An. Real Soc. españ. Física Quím., Ser. A **55.** 229—32. Sept./Okt. 1959. Madrid, Inst. de Optica Daza de Valdés, Cons. sup. de Invest. cient., Patronato Juan de la Cierva.) (Span.)

Auf ein frisch gebrochenes Glimmerblatt wird bei 270° eine dünne Ag-Schicht aufgedampft, auf diese, ebenfalls bei 270°, in paralleler Orientierung eine dünne Au-Schicht, die nach Herauslösen des Ag mit HNO_3 ohne Träger erhalten wird. Bei Durchgang eines Elektronenbündels von 60 kV durch die 1 μ starke Au-Schicht dient das Au als absorbierendes Material u. als beugendes Material. Zwischen den normalen Elektronenbeugungsbildern u. den nach Absorption im Au erhaltenen besteht kein wesentlicher Unterschied. Eine Reihe von „Extraspots" könnte nach einem ähnlichen Mechanismus entstanden sein wie die Rotations-MOIRÉ-Diagramme. R. K. MÜLLER. 196□

Über die Fermi-Oberfläche von Kupfer. F. Garcia Moliner. (Philos. Mag. [8] **3.** 207. Febr. 1958. Cambridge, Cavendish Labor.) (Engl.)

Vf. teilt mit, daß die von PIPPARD (Philos. Trans. Roy. Soc. London, Ser. A **250.** [1957.] 325) auf Grund experimenteller Messungen gegebene Beschreibung der FERMI-Oberfläche von *Cu* durch eine einfache analyt. Funktion mit einer Genauigkeit von 1% bestätigt werden konnte. C. GOTTFRIED. 197

Auswertung des Volumens eines „fission spike" in Uran. Y. Quéré und F. Nakache. (J. nuclear Mater. [Amsterdam] **1.** 203—09. 1959. Gif-sur-Yvette, Seine-et-Oise, Centre d'Etud. Nucl. de Saclay.) (Franz.)

Die Anzahl der durch Neutronenbestrahlung in U erzeugten Gitterstörungen erreicht rasch einen Sättigungswert, der durch elektr. Leitfähigkeitsmessungen ermittelt werden kann. Die Sättigung ist auf das Entstehen einer Zone intensiver Wärmebewegungen für jede Spaltung zurückzuführen. In dieser „fission spike" oder „fission peak" genannten Zone werden bestehende Gitterstörungen eliminiert. Die Erscheinung ist durch Störungen überlagert, die bei der Temp. der Bestrahlung (Zimmer-Temp.) entstehen. Beide Effekte können näherungsweise getrennt analysiert werden. Das Vol. des „fission spike" wird auf $2{,}10 \pm 0{,}2 \cdot 10^{-16}$ cm³ geschätzt. W. KARCHER. 197□

Einfluß von Molybdän-, Zirkonium- und Niobzusätzen auf die Selbstdiffusion von Uran in der γ-Phase. Yves Adda, Alexis Kirianenko und Michel Bendazzoli. (C. R. hebd. Séances Acad. Sci. **253.** 653—55. 24/7. 1961.) (Franz.)

Die Selbstdiffusion von U in γ-U mit Zusätzen von 10 Atom-% Mo, Zr bzw. Nb wird mit Hilfe von ^{234}U zwischen 800 u. 1040°, 24 u. 100 Std. u. bei $5 \cdot 10^{-6}$ Torr untersucht. Aus der Abhängigkeit der Eindringtiefen von der Temp. werden für Selbstdiffusions-Koeff. von U folgende Gleichungen erhalten: Legierung U–Mo D. $2{,}5 \cdot 10^{-3}$exp·(—33000/RT; cm²/s), U–Zr D. $1{,}26 \cdot 10^{-4}$ exp(—22000/RT), U–Nb D. $1{,}66 \cdot 10^{-4}$ exp·(—28200/RT) u. reines U D. $1{,}8 \cdot 10^{-3}$ exp(—27500/RT). Da die Frequenzfaktoren u. Aktivierungsenergien (in cal/g-Atom) keine beträchtlichen Unterschiede zeigen, kann für γ-U u. die Legg. der gleiche Diffusionsmechanismus angenommen werden. Die Legg. zeigen einen KIRKENDALL-Effekt. HERBERT MÜLLER. 197□

Einfluß der Spaltrate und des Lamellenabstandes auf den strahlungsinduzierten Phasenübergang von Uran/Molybdänlegierungen mit 9 Gewichtsprozent Molybdän. M. L. Bleiberg. (J. nuclear Mater. [Amsterdam] **1.** 182—90. 1959. Pittsburgh, Pa., Westinghouse Electr. Corp., Bettis Plant.) (Engl.) — Vgl. C. **1960.** 2115.

Proben einer U/Mo-Leg. mit 9 Gew.-% Mo mit verschiedener Anreicherung an ^{235}U u. verschiedenem Lamellenabstand wurden bei niedrigen Temp. (zwischen —90 u. +200°) mit Neutronen bestrahlt u. die Kinetik der durch die Bestrahlung hervorgerufenen Phasenumwandlung mit Hilfe von Widerstandsmessungen bestimmt. Die Kinetik dieser Rk. kann mittels einer makroskop. Diffusion innerhalb eines „displacement" bzw. „thermal spike" beschrieben werden; der Diffusions-Koeff. wurde zu $1{,}4 \pm 0{,}6 \cdot 10^{-18}$ cm²/s bestimmt, er ist direkt proportional der Spalthäufigkeit, jedoch temperaturunabhängig zwischen —90 u. +200° u. auch unabhängig von der Intensität des Neutronenflusses. W. KARCHER. 197□

Einfluß der inneren Spannungen auf die Zusammensetzung der durch Diffusion gebildeten Phasen in den Systemen Uran–Kupfer und Uran–Aluminium. Michel Beyeler und Yves Adda. (C. R. hebd. Séances Acad. Sci. **253.** 2967—69. 18/12. 1961.) (Franz.)

Bei der Bldg. der intermetall. Verbb. von U u. Cu oder U u. Al durch Diffusion im festen Zustand, treten große innere Spannungen auf, die von Vff. untersucht wurden. Sie scheinen teilweise verantwortlich zu sein für die früher (vgl. C. **1960.** 16021) von Vff. beobachteten Unterschiede bei Einstellung des thermodynam. Gleichgewichtes.
A. DE MONTIGNY. 197□

Nachweis einer beträchtlichen plastischen Verformung bei der Polygonisation in zonengeschmolzenem Eisen nach einer Oxydation in der Wärme. Jacques Maldy. (C. R. hebd. Séances Acad. Sci. **253.** 656—58. 24/7. 1961.) (Franz.)

Stäbe aus zonengeschmolzenem Fe werden nach dem Walzen (relative Querschnittsverminderung 70%) 3 Tage bei 950° unter gereinigtem H_2 angelassen. Die Proben werden 10—60 Min. in einem H_2–H_2O-Gemisch (p_{H_2O}/p_{H_2} = 2,2) oxydiert, langsam abgekühlt u. die Oberflächenstruktur nach chem. Entfernung des FeO (Schichtdicke 20—30 μ) mit Hilfe der Verbreiterung der LAUE-Interferenzen u. mkr. untersucht. Die Fe-Kristallite zeigen eine starke plast. Verformung u. sind polygonisiert. Die Verformung ist bes. an den Korngrenzen ausgeprägt u. erstreckt sich über die gesamte Probe. Die Verformung u. die Bldg. von Unterkorngrenzen tritt auch in der FeO-Schicht auf.
HERBERT MÜLLER. 197□

Untersuchung der ungleichmäßigen Entgasung des im Eisen enthaltenen Wasserstoffs mit dem Massenspektrometer. R. W. Lee, D. E. Swets und R. C. Frank. (Mém. sci. Rev. Métallurgie **58.** 36—42. Jan. 1961. Warren, Mich., Gen. Motors Res. Labor.) (Franz.)

Mit einer App., die einen besonderen Massenspektrographen für die Unters. der H-Diffusion in Stahl enthält, wird eine Abweichung vom Grundgesetz der Diffusion festgestellt, woraus gefolgert wird, daß diese Abweichung von der Art der Diffusionserscheinung selbst, u. nicht von einer Nebenursache herrührt. Hypothesen zur Erklärung dieser Abweichung werden aufgestellt. Eine doppelte Diffusionsart, bedingt durch das Verbleiben der eingefangenen H-Atome in unterschiedlichen Einlagerungsformen, wird beobachtet u. es werden verschiedene Einfangsmechanismen erörtert.
H. HOCHSTEIN. 197□

Die Stickstofflöslichkeit in flüssigen Eisen–Vanadin- und Eisen–Titan-Legierungen und das Gleichgewicht der Reaktion xTi + N = $Ti_xN(\delta)$. M. Mohan Rao und N. Parlee. (Mém. sci. Rev. Métallurgie **58.** 52—60. Jan. 1961. Lafayette, Ind., Purdue Univ., Sect. Metallurg. Engng.) (Franz.)

Gasabsorptionsmessungen bei verschiedenen Partialdrucken wurden nach dem SIEVERTschen Verf. durchgeführt. Dabei zeigte sich, daß die Löslichkeiten der Fe–V-Legg. mit 10% V bei 1687° u. mit 20% V bei 1760° bis zu einem Druck von 1 atm dem Gesetz von SIEVERT folgen. Eine Fe-Leg. mit 0,2% Ti scheint bei 1600° dem Gesetz von SIEVERT bis zu einem Druck von 1 atm zu gehorchen. Legg. mit 0,5—0,77% Ti bei 1600° folgen dem gleichen Gesetz bis zu einem bestimmten Partialdruck, von dem ab eine deutliche Abweichung auf Grund der Ausscheidung der δ-Phase des Syst. Ti–N eintritt. Die Zus. dieser N-haltigen Phase entspricht annähernd $Ti_{1,7}N$. Das Verh. im Vers. bei 1600° läßt sich ausreichend genau durch die folgenden Gleichungen ausdrücken: $Ti_{1,7}N(\delta) = 1{,}7\ Ti + N$, $K = (f_{Ti} \cdot \%\ Ti)^{1,7}(f_N \cdot \%\ N) = 0{,}0020$ sowie $\frac{1}{2} N_2(g) = N$, $K = f_N \cdot \%\ N/\sqrt{P_{N_2}} = 0{,}042$. Die Aktivitätswerte u. das Phasendiagramm Fe–Ti–N werden angegeben. H. HOCHSTEIN. 197□

Strahlungsschäden in Eisen und Stahl. 1. Mitt. D. R. Harries. (Nuclear Power **5.** Nr. 47. 97—99. März 1960. Harwell, Berks., A.E.R.E., Metallurg. Div.) (Engl.)

Übersicht über den Mechanismus der Strahlungsschädigung u. den Einfl. der Neutronenbestrahlung verschiedener Dosis auf die Festigkeits-Eigg. (bes. Zug- u. Bruchfestigkeit u. Übergangs-Temp. duktil–spröde) von reinem Fe u. verschiedenen Stahlsorten bei verschiedenen Temperaturen. W. KARCHER. 200□

Strahlungsschäden in Eisen und Stahl. 2. Mitt. D. R. Harries. (Nuclear Power **5.** Nr. 48. 142—45. April 1960.) (Engl.) — 1. vgl. vorst. Referat.

Es werden die Übergangs-Temp. duktil–brüchig für verschiedene Stahlsorten, die nach Neutronenbestrahlung verschiedener Dosis erhalten wurden, mit den nach der Beziehung von COTTRELL theoret. abgeleiteten Werten verglichen u. der Einfl. der Bestrahlungs-Temp. auf die Übergangs-Temp. duktil–brüchig von Schweißstählen dargestellt. Aus den Ergebnissen wird geschlossen, daß die Strahlungsschäden an ferrit. Stählen viel größer als an austenit. Stählen sind. — 35 Literaturzitate.

W. KARCHER. 200□

Der zweite Versetzungsrelaxations-Peak in Aluminium bei niedrigen Temperaturen. G. S. Verma. (Proc. physic. Soc. **76.** 412—14. 1/9. 1960. Allahabad, Univ., Dep. of Phys.) (Engl.)

Relaxationskurven von Al wurden aus experimentellen Daten bestimmt u. mit den Kurven der Theorie von ZENER verglichen. Bei 51 kHz verlaufen die experimentellen, bei 414 kHz die theoret. breiter. Aus der Frequenz-Temp.-Abhängigkeit des 2. Relaxationspeaks ergibt sich eine Aktivierungsenergie von 550 cal/Mol (= 0,024 eV). Mit diesem Wert wird eine Berechnung der PEIERL-Spannung durchgeführt. W. BETCKE. 200□

Elastizitätskonstanten von In zwischen 1,4° und 300°K. B. S. Chandrasekhar und J. A. Rayne. (Physic. Rev. [2] **124.** 1011—14. 15/11. 1961. Pittsburgh, Pa., Westinghouse Res. Labor.) (Engl.)

Die adiabat. Elastizitäts-Konst. (EK) von In wurden zwischen 1,4 u. 300° K mit Hilfe von Ultraschall gemessen. Bei 1,4° K wurde innerhalb der Meßgenauigkeit ($1 : 10^4$) kein Unterschied zwischen den EK der supraleitenden u. der normalen Zustände festgestellt. Die EK wurden nach 0° K extrapoliert u. daraus die DEBYE-Temp. von In zu 111,3° K berechnet (Ungenauigkeit 1%). Es wurde eine sehr starke Abhängigkeit der Scherkonst. $(C_{11}-C_{12})/2$ von der Temp. beobachtet. H. LAUE. 200□

Gitterdynamik von α-Uran. D. O. Van Ostenburg. (Physic. Rev. [2] **123.** 1157—62. 15/8. 1961. Argonne, Ill., Argonne Nat. Labor.) (Engl.)

Unter Verw. der Meth. von BEGBIE u. BORN wurden die makroskop. Elastizitäts-Konst. durch die mkr. Kraft-Konst. ausgedrückt. Wechselwrkg. eines Atoms mit den erst- bis viertnächsten Nachbarn (12 Atome) werden berücksichtigt. Infolge Symmetriebeziehungen ergeben sich 19 atomare Kraft-Konst. für dieses Kräftesystem. Eine unabhängige Best. der Kraft-Konst. ist erforderlich, um die Verwirklichung echter Lsgg. zu ermöglichen. Mittels der Meßwerte von 9 Elastizitäts-Konst. konnten 2 Serien von Kraft-Konst. errechnet werden, einerseits durch Annahme von Quasi-Zentralkräften, andererseits durch Vernachlässigung der viertnächsten Nachbarn. H. NEWESELY. 200□

Tiefe der Einkerbung auf einem einschlagenden Projektil. R. A. Graham. (J. appl. Physics **31.** 619—20. März 1960. Albuquerque, N.Mex., Sandia Corp., Dep. of Phys. Res.) (Engl.)

Vf. berichtet über Verss., bei denen ein 1018-Stahlprojektil mit großer Geschw. (bis zu ca. 400 ft./s) auf eine $BaTiO_3$-Probe geschossen wurde. Hauptzweck der Verss.

war es, die ferroelektr. Ladungsfreilassung von dem $BaTiO_3$ durch den Durchgang der durch den Aufschlag erzeugten Spannungswelle zu untersuchen. Es wurde beobachtet, daß die flache Oberfläche des Projektils durch die flache Oberfläche des $BaTiO_3$-Körpers eingedrückt wurde. Trägt man die Eindringtiefe gegen die Aufschlags-Geschw. graph. auf, dann erhält man eine Kurve, die bei ca. 270 ft./s einen Knick enthält. Dieser Knick entspricht offensichtlich einer Änderung des Eindringmechanismus, was auch aus den verschiedenen Eindruckoberflächen ersichtlich war. Die beobachteten Eindringtiefen standen nicht in Übereinstimmung mit den nach der Theorie von Backman (C. **1961.** 2542) berechneten Werten. C. Gottfried. 200

Kriech- und unelastisches Verhalten in polykristallinen hitzebeständigen Oxiden bei hohen Temperaturen. Roger Chang. (J. nuclear Mater. [Amsterdam] **1.** 174 bis 181. 1959. Canoga Park, Calif., Div. of North Amer. Aviat., Inc., Atom. Internat.) (Engl.) — Vgl. C. **1962.** 1151.

An polykristallinem Al_2O_3 u. BeO wurde das Kriech-Verh. bei hohen Temp. u. unelast. Effekte untersucht. Die Aktivierungsenergien für das „steady-state"-Kriechen u. für das Korngrenzgleiten betragen jeweils ca. 2,0 bzw. $1{,}2 \cdot 10^5$ cal/Mol für Al_2O_3 bzw. BeO. Zusätze von geringen Mengen von Cr_2O_3 bzw. La_2O_3 zu Al_2O_3 u. MgO zu BeO haben zusätzliche Maxima bei niedrigen Temp. zur Folge u. verringern die Korngrenzviscosität, gleichzeitig verbessern sie die Verformbarkeit der hitzebeständigen Oxide bei hohen Temperaturen. Zwischen den experimentell beobachteten „steady-state"-Kriech-Geschw. u. den nach dem Mechanismus von Nabarro-Herring unter Verw. der Selbstdiffusionswerte von BeO berechneten wurde Übereinstimmung gefunden, woraus geschlossen wird, daß beim Kriechen von polykristallinem BeO u. möglicherweise auch bei anderen Oxiden der Nabarro-Herring-Mechanismus bei hohen Temp. vorherrschend ist. W. Karcher. 200□

Über die Messung der elastischen Eigenschaften von geschmolzenem Quarz unter Einwirkung von ^{60}Co-γ-Strahlen. P. F. Kromer und L. P. Posstupilo. (Известия Академии Наук УзССР, Серия Физико-Математических Наук [Nachr. Akad. Wiss. UsbekSSR, Ser. physik.-math. Wiss.] **1961.** Nr. 3. 87—88.) (Russ.)

Die erhaltenen Meßergebnisse werden durch Formeln ausgedrückt, in die die verschiedenen Moduln, Debye-Temp. u. Zahl der Defekte, eingehen. Die letztere scheint der Strahlungsdosis proportional zu sein. M. Wiedemann. 200□

A_7. Gleichgewichte. Kinetik

Kritische Betrachtungen über die Ermittlung der Komplex-Stabilität nach Jatkar und Mattoo. J. P. Balog und G. L. Szepesy. (J. Indian chem. Soc. **33.** 753—59. Okt. 1956. Szeged, Hungary, Univ., Inst. of Gen. and Phys. Chem.) (Engl.)

Die potentiometr. Titration eines Metalls gegen einen Komplexbildner zur Ermittelung der Zus. u. Stabilität intermediärer Komplexe nach Jatkar u. Mattoo (vgl. C. **1956.** 10415) wurde auf Cu(II)-Komplexe angewendet. $Cu(ClO_4)_2$ wurde gegen H_3PO_4, Citronensäure, Sulfanilsäure u. HNO_3 titriert. Die Ergebnisse waren unbefriedigend im Vgl. zu den beschriebenen Titrationen mit Fe(III). Es wird festgestellt, daß das Verf. nur bei solchen komplexbildenden Metallen mit Erfolg angewendet werden kann, deren Redoxpotential genügend hoch ist. W. Betcke. 223□

Enthalpie-Titrationen bei Citrat- und Tartrat-Chelaten. Joseph Jordan und M. P. Ben-Yair. (Ark. Kemi **11.** Nr. 25. 239—49. 6/5. 1957. University Park, Pa., Pennsylvania State Univ., Dep. of Chem.; Göteborg, Inst. of Silica Res.) (Engl.) — Vgl. C. **1960.** 16195.

Es wird eine Titrations-Meth. beschrieben, bei der die Wärmetönung der Rk. zwischen dem vorgelegten Rk.-Partner u. dem Titriermittel in Abhängigkeit von den zugesetzten ml Titriermittel bestimmt wird (Enthalpietitration). Die Chelat-Bldg. zwischen Tartrat (I) bzw. Citrat (II) u. Zn^{2+}, Cu^{2+} oder Cd^{2+} wurde durch Titration von 0,01 bis 0,05m **I**- bzw. **II**-Lsg. gegen eine 1,00m Lsg. des Kations in einem Dewar-Gefäß mit eintauchendem Beckmann-Thermometer verfolgt. Die Zn^{2+}/I-Titrationskurve weist 2 Knickpunkte auf, die der Bldg. von [Zn I] bzw. $[Zn\,I_2)^{2-}$ entsprechen, die anderen Titrationskurven zeigen dagegen nur 1 Knick, entsprechend der Bldg. von 1:1-Chelaten. Im Auslauf verlaufen die Kurven parallel zu den bei der Blindtitration (gegen W.) erhaltenen Geraden. Die **I**- u. **II**-Chelate von Cu^{2+}, Cd^{2+} u. Zn^{2+} wurden in Ggw. eines Überschusses des Alkalisalzes der betreffenden Säuren in W. oder 50%ig. A. gegen 1n NaOH- bzw. 1n Ammoniak-Lsg. titriert. Es ergaben sich typ. Enthalpietitrationskurven, die das Vorhandensein von 2 (bei Cu-**I** u. Zn-**I**) bzw. 1 (bei den übrigen) ionisierbaren H beweisen. Die Komplexstrukturen werden diskutiert. Mit Hilfe der Enthalpietitration ist auch die Best. von Cu^{2+}, Zn^{2+} u. Cd^{2+} gegen I bzw. II als Maß-Lsgg. möglich. Analysenergebnisse sind angeführt. W. BETCKE. 223 □

Die Komplexe von Nickel mit Nitridotrisacetat. B. Kirson und R. Bornstein. (Bull. Soc. chim. France **1961**. 1081—84. Juni. Jérusalem, Univ. Hébr., Dép. de Chim. inorg. et anal.) (Franz.)

Die Stabilität der Komplexe von Ni(II) mit Nitridotrisacetat (NTA^{3-}) wurde potentiometr. u. spektrophotometr. in Abhängigkeit vom pH-Wert untersucht. Bei einem Äquivalentverhältnis 1:1 liegt bei pH 3,5—11 das stabile Ion $NiNTA^-$ (I) vor. Enthält die Lsg. 2 oder mehr Val NTA^{3-} je Val Ni(II), so ist das Ion I lediglich bei pH 3,5—6,5 stabil. Bei pH 9 wird $Ni(NTA)_2^{4-}$ (II) gebildet, wenn die Lsg. 2 oder mehr Val NTA^{3-} je Val Ni(II) enthält. Die Stabilitäts-Konst. von II ist ca. $2{,}2 \cdot 10^{-4}$.
A. BLASCHETTE. 223 □

Die Kobalt-Nitridotrisacetat-Komplexe. B. Kirson und R. Bornstein. (Bull. Soc. chim. France **1961**. 1101—05. Juni.) (Franz.) — Vgl. vorst. Referat.

Die Komplex-Bldg. zwischen Co(II) u. Nitridotrisacetat (NTA^{3-}) wurde potentiometr. u. spektrophotometr. untersucht. Prim. entsteht bei pH 4—8,5 stabiles $CoNTA^-$, mol. Extinktion $\varepsilon = 24{,}75$, λ_{max} 510 mμ. In Ggw. größerer Mengen NTA^{3-} entsteht bei pH 9 $Co(NTA)_2^{4-}$ (I), $\varepsilon = 16{,}25$, dessen opt. Absorption bei 510 mμ im pH-Bereich 8—10,5 stabil ist. Für I berechnet sich nach der JOBschen Meth. eine Stabilitäts-Konst. K = $1{,}16 \cdot 10^{-3}$, nach der Meth. von SCHEAPPI u. TREADWELL K = $0{,}58 \cdot 10^{-3}$. Bei pH 12 entsteht nach I + n OH^- → $CoNTA(OH)_n^{(n+1)-}$ (II) + NTA^{3-} ein Hydroxokomplex, dessen wss. Lsg. zwei Absorptionsmaxima zeigt (λ_{max} 480 u. 620 mμ; ε_{620} = 39). Bei großem NTA^{3-}-Überschuß wird die Bldg. von II verhindert. Für II ist K = $4{,}85 \cdot 10^{-3}$.
A. BLASCHETTE. 223 □

Eine spektrophotometrische Untersuchung der Chelatbildung von Molybdän(VI) und Acetobrenzcatechin. Jaakko Halmekoski. (Suomen Kemistilehti B **34**. 169—71. 1961. Helsinki, Univ. of Helsinki, Dep. of Chem.) (Engl.)

Na-Molybdat u. Acetobrenzcatechin (I) bilden zwischen pH 4,5 u. 8,2 einen gefärbten Chelatkomplex im Mol-Verhältnis 1:2. Das Optimum der Bldg. liegt bei pH 6,2 bis 7,2. Das UV-Spektrum des Komplexes zeigt im Gegensatz zu I eine starke Adsorption bei λ = 465 mμ. Durch Messungen an Lsgg. steigender Konz. an Molybdat bei konst. Konz. von I ließ sich die Komplex-Bldg.-Konst. zu K = $(0{,}548 \pm 0{,}074) \cdot 10^7$ berechnen.
K. HUSTE. 223 □

Die Stabilitätskonstanten der Silberkomplexe einiger N.N-substituierter 2-Hydroxyäthylamine. D. J. Alner und R. C. Lansbury. (J. chem. Soc. [London] **1961**. 3169—72. Aug. London, Northampton Coll.) (Engl.)

Vff. bestimmten die Stabilitäts-Konst. (β) für die Ag-Komplexe der N.N-Dimethyl- (I), N.N-Diäthyl- (II) u. N.N-Diisopropyl-Derivv. (III) von 2-Hydroxyäthylamin bei $20 \pm 0{,}1^0$ mit Hilfe von Messungen der Löslichkeiten von AgOH in I, II bzw. III u. durch potentiometr. Titrationen von I, II bzw. III mit $AgNO_3$ in Ggw. von HNO_3. Für das Gleichgewicht $AgB_2^+ \rightleftharpoons Ag^+ + 2\,B$ (B = I, II oder III) erhielten Vff. die Werte $\log \beta_I$ = 3,83; 3,84; 3,75; $\log \beta_{II}$ = 4,62; 4,70; 4,63; $\log \beta_{III}$ = 3,84; 4,09 u. 4,03. Für die Dissoziations-Konst. pK bei 20⁰ ergaben sich aus potentiometr. Titrationen von I, II bzw. III mit HCl die Werte pK_I = 4,86 u. 4,87; pK_{II} = 4,29 u. 4,31; pK_{III} = 4,08 u. 4,10. J. KRAETSCH. 223 □

Löslichkeit von Bortrifluorid in flüssigem Fluorwasserstoff. R. J. Mikovsky, S. D. Levy und A. L. Hensley jun. (J. chem. Engng. Data **6**. 603—04. Okt. 1961. Whiting, Ind., Amer. Oil Co., Res. and Dev. Dep.) (Engl.)

Die Löslichkeit von BF_3 in H_2O-freiem, fl. HF wird bei 24, 49 u. 98⁰ u. zwischen 0 u. 1000 lbs./sq.in. BF_3 durch chem. Analyse der fl. Phase bestimmt. Der molare Anteil x von BF_3 steht bei den untersuchten Temp. in linearem Zusammenhang mit dem BF_3-Partialdruck P: $x^{24} = 9{,}07 \cdot 10^{-3} + 2{,}36 \cdot 10^{-4} \cdot P$; $x^{49} = 7{,}02 \cdot 10^{-3} + 1{,}70 \cdot 10^{-4} \cdot P$; $x^{78} = 1{,}77 \cdot 10^{-3} + 1{,}11 \cdot 10^{-4} \cdot P$. Die Ergebnisse werden in Form von Löslichkeitsisothermen u. -isobaren graph. mitgeteilt u. mit Werten aus der Literatur verglichen. Die differentielle Lsg.-Wärme wird aus der 1000 lbs./sq.in.-Isobaren zu —2,3 kcal/Mol, die Verdampfungswärme des BF_3 bei einem molaren Anteil von 0,2 (0,05) zu 2,2 (2,5) kcal/Mol bestimmt. F. HUBER. 224 □

Die Löslichkeit von Quarz in überkritischem Wasser als Funktion des Druckes. G. J. Wasserburg. (J. Geology **66**. 559—78. Sept. 1958. California Inst. of Technol., Div. of Earth Sci.) (Engl.)

Diskussion der Löslichkeit von SiO_2 in überkrit. H_2O in Abhängigkeit vom Druck. Es wird gezeigt, daß die Rk. $SiO_2 + 2\,H_2O = Si(OH)_4$ mit den vorliegenden experimentellen Werten von 0,3—2 kbar vereinbar ist. In der Nähe des krit. Punktes ist eine einfache Abhängigkeit $x_l = f(T)\beta^n$ im allg. nicht zu erhalten (x_l = Molenbruch des Stof-

fes i im Dampf). Für die Fugacität wird eine Beziehung als Funktion des Druckes unter Berücksichtigung bestimmter Strukturparameter u. dem Lsgm.-Zustand angegeben.
H.-J. BAUTSCH. 224□

Untersuchung der Extraktion der Komplexe von Uran(VI) mit Dibenzoylmethan. V. Moučka und J. Starý. (Collect. czechoslov. chem. Commun. **26**. 763—71. März 1961. Prag, TH, Fak. für techn. Phys. u. Kernphys., Inst. für Kernchem.) (Dt.)

Es wurden die pK, Verteilungs-Koeff. u. Löslichkeiten von Dibenzoylmethan (I) in W., Tetrachlorkohlenstoff, Bzl. u. Chlf. bestimmt. Ferner wurde die Extraktion von U(VI) durch I-Lsgg. in den genannten Lsgm. in Abhängigkeit vom pH-Wert u. von der Uran- bzw. I-Konz. untersucht. Aus diesen Verss. erwies sich, daß in wss. Phase ein Komplex vom Typus $UO_2A_n(OH)_p(HA)_r$ entsteht u. daß die Extraktion gemäß dem Schema $UO_2^{2+} + 3(HA)_{org} = (UO_2A_2HA)_{org} + 2\,H^+$ verläuft. Der Wert der Gleichgewichts-Konst. dieser Rk. beträgt $3{,}30 \cdot 10^{-5}$ für CCl_4 bzw. $7{,}57 \cdot 10^{-5}$ für Bzl. u. $9{,}55 \cdot 10^{-5}$ für $CHCl_3$. Es wurde der angenäherte Wert des Verteilungs-Koeff. des neutralen Komplexes UO_2A_2HA berechnet u. ein direkter Zusammenhang zwischen diesem Wert u. dem Verteilungs-Koeff. für I allein gefunden.
V. RŮŽIČKA/Prag. 224

Der Austauschmechanismus von Chrom(III) und Chrom(VI) in saurer Lösung. Carl Altman und Edward L. King. (J. Amer. chem. Soc. **83**. 2825—30. 5/7. 1961. Madison, Wis., Univ. of Wisconsin, Dep. of Chem.) (Engl.)

Vff. stellen mit Hilfe des ^{51}Cr-Isotopes fest, daß die Austausch-Geschw. zwischen Cr(III) u. Cr(IV) in saurer, wss. Lsg. bei 94,8° durch das Geschw.-Gesetz: Geschw. = $[Cr(OH_2)_6{}^{3+}]^{4/3}\,[H_2CrO_4]^{2/3}\,\{K[H^+]^{-2} + K'\}$ regiert wird. Auf Grund dieses Geschw.-Gesetzes schließen Vff., daß der geschwindigkeitsbestimmende Schritt des Austausches in dem Rk.-Verh. von Cr(III) u. Cr(V) zu suchen ist. Unter der Voraussetzung, daß Cr(V) im chem. Gleichgewicht mit Cr(III) u. Cr(VI) steht, werden folgende Rkk. einer eingehenden Diskussion unterzogen: $\overset{\otimes}{Cr}{}^{III} + Cr^{V} \rightleftharpoons \overset{\otimes}{Cr}{}^{V} + Cr^{III}$, $\overset{\otimes}{Cr}{}^{III} + Cr^{V} \rightleftharpoons \overset{\otimes}{Cr}{}^{IV} + Cr^{IV}$, $\overset{\otimes}{Cr}{}^{V} + Cr^{VI} \rightleftharpoons \overset{\otimes}{Cr}{}^{VI} + Cr^{V}$ u. $\overset{\otimes}{Cr}{}^{III} + Cr^{VI} \rightleftharpoons \overset{\otimes}{Cr}{}^{IV} + Cr^{V}$. Der Cr(III)–Cr(VI)-Austausch wird somit durch den relativ schnellen Cr(V)–Cr(VI)-Austausch vollendet. Die Werte für K u. K′ für Lsgg. der Ionenstärke = 0,92m werden mit $6{,}6 \cdot 10^{-7}$ (Mol · Liter^{-1} · s^{-1}) u. $1{,}4 \cdot 10^{-5}$ angegeben. Diese Ergebnisse wurden unter Verw. eines relativ unsicheren Wertes der ersten Dissoziations-Konst. der monomeren Chromsäure u. unter der Voraussetzung erhalten, daß die Anwesenheit schätzbarer Mengen von dimerem Cr(V) in den Rk.-Lsgg. vernachlässigt werden kann.
A. NEBELUNG. 225□

Kinetik der Oxydation von Molybdän(V) durch Hydroxylamin. G. P. Haight jun. und Alice Carroll Swift. (J. physic. Chem. **65**. 1921—24. Nov. 1961. Swarthmore, Pa., Swarthmore Coll., Dep. of Chem.) (Engl.)

Bei durch Molybdat katalysierten Redd. mit NH_2OH (I) galt bislang die direkte Oxydation von Mo(V) durch I als bestimmender Schritt. Deshalb wurde die Kinetik dieses Vorganges in HCl-saurer Lsg. untersucht. Dabei erwies sich die Geschw. der Rk. als zu gering u. ihre Aktivierungsenergie (AE) als zu hoch, um direkt am katalyt. Effekt beteiligt zu sein. In 12m Säure erfolgt keine Rk., während in 3m HCl völlige Oxydation eintritt. I liegt dabei vollständig protonisiert vor, während man für Mo(V) ein dimeres Mol. mit O- oder OH-Brückenbindungen annimmt. Es gilt die Gleichung $2\,Mo(V) + NH_3OH^+ + 2\,H^+ = 2\,Mo(VI) + NH_4{}^+ + H_2O$. Das Geschw.-Gesetz für die Rk. ist $d[Mo(V)]/dt = k \cdot [Mo(V)] \cdot [NH_3OH^+] \cdot [H^+]^2$ für Lsgg., die 3m an Cl^- waren. Die Geschw.-Konst. k_1 ist $4{,}0 \cdot 10^{-5}$ bei 25° u. $k_2 = 1{,}2 \cdot 10^{-4}$ Mol/Liter · s bei 35°. AE = 23 kcal/Mol; Aktivierungsentropie = 4,8 Entropieeinheiten. Da jedoch die Bindungsenergie N—O über 30 kcal/Mol beträgt, wird angenommen, daß sich in einem vorgelagerten Gleichgewicht ein Komplex zwischen Mo(V) u. I bildet, in dem diese Bindung geschwächt wird. Bei den Arbeiten wurde eine Neben-Rk. beobachtet, die die colorimetr. Mo-Best. störte. Eine farbbildende Rk. zwischen Mo(VI) u. I wurde untersucht, stellte jedoch nicht die betreffende Neben-Rk. dar. Diese besteht wahrscheinlich in einer Komplex-Bldg. zwischen I u. Mo(V).
W. D. KRÜGER/Berlin. 225□

Die Hydrolyse oktaedrischer Komplexe von Arsen(V): Die Kinetik der Hydrolyse des Brenzcatechin-Komplexes. John H. Craddock und Mark M. Jones. (J. Amer. chem. Soc. **83**. 2839—43. 5/7. 1961. Nashville, Tenn., Vanderbilt Univ., Dep. of Chem.) (Engl.)

Vff. führen eine Unters. über die Kinetik der Hydrolyse des As(V)-Brenzcatechin-Komplexes der Zus. $HAs(C_6H_4O_2)_3 \cdot 5\,H_2O$ durch, um das Verh. eines typ. „inert outer-orbital"-Komplexes eines Nichtübergangselementes festzustellen. Ferner wird die Geschw. der Abnahme der opt. Aktivität in Abhängigkeit von der Temp. (25—35°) in HCl–KCl-gepufferten wss. Lsgg. von $Ba[As(C_6H_4O_2)_2 \cdot (C_6H_5O_2) \cdot (H_2O)]_2$ in einem Konz.-

Bereich von $2{,}25 \cdot 10^{-3}$ bis $5{,}0 \cdot 10^{-3}$m verfolgt. Eingehende Unterss. des Anionenkomplexes zeigen, daß er selbst bei hoher Temp. in stark bas. Lsgg. weder racemisiert wird noch der Hydrolyse unterliegt. Mit fallendem pH-Wert wird die Geschw. der Hydrolyse meßbar, sie ist bei pH 3 langsam u. bei pH 1,2 ziemlich schnell. Für pH 1,2 gilt für die Geschw. der Hydrolyse der Ausdruck 2. Ordnung $-d[l(-)\text{-Komplex}]/dt = K_2[H^+] \cdot [l(-)\text{-Komplex}]$. In wss. Lsg. bei pH 1,2—2,2 verliert der Anionkomplex seine opt. Aktivität, was auf die Hydrolyse des Komplexes zurückgeführt wird. Hat sich bei der Hydrolyse ein Gleichgewicht eingestellt, so befinden sich nur noch geringe Mengen gleicher Teile der d- u. *l*-Form in der Lsg., u. der größere Teil des As liegt nicht mehr in komplexer Form vor, da der Racemisierung eine Dissoziation des Komplexes als Konkurrenz-Rk. parallel verläuft. Die Geschw., mit der der Komplex seine opt. Aktivität verliert, erweist sich als unabhängig von der Zugabe von Arsenit oder Arsenat, während durch Zugabe von Brenzcatechin die Geschw. der Hydrolyse einen schwachen Anstieg zeigt. Vff. berechnen die Aktivierungsenthalpie zu 24 kcal, -entropie zu 15 Entropieeinheiten u. die Freie Energie der Aktivierung zu 20,5 kcal. Sie bestätigen die von REIHLEN u. Mitarbeitern [1925] aufgestellte Strukturformel u. kommen zu dem Schluß, daß der Mechanismus der Hydrolyse der Nichtübergangselemente sich im wesentlichen nicht von dem einiger anderer komplexer Übergangselemente unterscheidet.
A. NEBELUNG. 225□

Relative Geschwindigkeiten der alkalischen Hydrolyse einiger ringsubstituierter cis- und trans-Dibenzoato-bis-[äthylendiamin]-kobalt(III)-Ionen. F. Aprile, V. Caglioti und G. Illuminati. (J. inorg. nuclear Chem. **21.** 325—33. Dez. 1961. Roma e Trieste, Univ., Inst. di Chim. Gen.; C.N.R., Centro di Chim. Gen.) (Engl.) — Vgl. C. **1962. 10390.**

Vff. berichten über die Kinetik der alkal. Hydrolyse in W. u. wss. Methanol bei 25° für eine Reihe ringsubstituierter cis- u. trans-Dibenzoato-bis-[äthylendiamin]-kobalt(III)-komplexe. Die Hydrolyse erfolgt in zwei Stufen u. wurde durch potentiometr. Titration verfolgt. Die Geschw. der Hydrolyse bei den trans-Komplexen hängt von der Natur des ausgetauschten Benzoatliganden ab u. folgt der HAMMET-Gleichung mit einer kleinen Rk.-Konst. (0,745). In der cis-Serie ist der Struktur-Einfl. der Liganden nicht so regelmäßig, u. die Geschw.-Konst. werden wahrscheinlich von den benachbarten nichtreagierenden Benzoatliganden durch Feld- u. Lsgm.-Effekte beeinflußt. Rk.-Geschw.-Konst. 2. Ordnung für *cis-* u. *trans-*$[Co\,en_2(OOCC_6H_4X)_2]^+$-Ionen bei 25°: in H_2O *cis-Isomere*: $X = p\text{-}CH_3O$, $5{,}18 \cdot 10^2$; $p\text{-}CH_3$, $4{,}60 \cdot 10^2$; $m\text{-}CH_3$, $4{,}75 \cdot 10^2$; *H*, $4{,}12 \cdot 10^2$; *p-Cl*, $8{,}38 \cdot 10^2$; *m-F*, $8{,}95 \cdot 10^2$; *m-Cl*, $9{,}77 \cdot 10^2$; $m\text{-}NO_2$, $27{,}6 \cdot 10^2$; in 40%ig. wss. Methanol $k \cdot 10^2$: $p\text{-}CH_3O$, 3,75; *H*, 3,17; $m\text{-}NO_2$, 26,3; *trans-Isomere* in W. bei 25° $k \cdot 10^2 =$ $p\text{-}CH_3O$, 2,10; $p\text{-}CH_3$, 2,38; $m\text{-}CH_3$, 2,43; *H*, 3,20; *m-F*, 5.32; in 40%ig. wss. Methanol $k \cdot 10^2$: $p\text{-}CH_3O$, 1,85; $p\text{-}CH_3$, 2,38; $m\text{-}CH_3$, 2,58; *H*, 3,30; *p-Cl*, 4,93; *m-F*, 5,43; *m-Cl* 5,70; $m\text{-}NO_2$, 10,2.
K.-H. BIRR. 225□

Radiochemische Untersuchungen an Quecksilber-Kohlenstoff-Verbindungen. Klaus Brodersen und Ulrich Schlenker. (Chem. Ber. **94.** 3304—09. 28/12. 1961. Tübingen, Univ., Chem. Inst., Anorg. Abt.) (Dt.)

Unsymm. aliphat. bzw. aromat. Verbb. des Typs R—Hg—R' wurden bei —20° in Ae. bzw. THF über GRIGNARD- bzw. Li-organ. Verbb. dargestellt u. mit festem $^{203}HgBr_2$ (Mol-Verhältnis 1:1) umgesetzt. Die beiden Rk.-Prodd. R—Hg—Br u. R'—Hg—Br wurden gas- bzw. papierchromatograph. getrennt u. auf den Geh. an ^{203}Hg hin vermessen. Für den Hg-Austausch, der bei der Gaschromatographie, nicht aber bei +20° in Ae. (3 Wochen) zwischen den interessierenden Verbb. eintritt, wurde eine Korrektur der Aktivitätswerte durchgeführt. Im einzelnen wurden nachst. Ergebnisse erhalten (relative Aktivitäten in Klammern): $CH_3HgCH_2CH_3 + HgBr_2$ (100%) $\rightarrow$ CH_3HgBr (71%) + CH_3CH_2HgBr (29%); analog: $CH_3CH_2HgCH_2CH_2CH_3 \rightarrow CH_3CH_2HgBr$ (68) + $CH_3CH_2CH_2HgBr$ (32); $CH_3HgCH_2CH_2CH_3 \rightarrow CH_3HgBr$ (69) + $CH_3CH_2CH_2HgBr$ (31); $CH_3CH_2CH_2CH_2HgC_6H_5 \rightarrow CH_3CH_2CH_2CH_2HgBr$ (99) + C_6H_5HgBr (1); $p\text{-}CH_3O\text{-}C_6H_4HgC_6H_5 \rightarrow C_6H_5HgBr$ (69) + $p\text{-}CH_3O\text{-}C_6H_4HgBr$ (31); $p\text{-}Br\text{-}C_6H_4HgC_6H_5 \rightarrow C_6H_5HgBr$ (75) + $p\text{-}Br\text{-}C_6H_4HgBr$ (25). Die ^{203}Hg-Verteilung zeigt, daß bei aliphat. Verbb. mit wachsender Kettenlänge des organ. Restes die Polarität der Hg—C-Bindung ab- u. die Haftfestigkeit des Restes am Hg-Atom zunimmt. Bei den aromat. Verbb. ist die Spaltung derjenigen Hg—C-Bindung erschwert, die durch Doppelbindungsanteile (π-Bindungsanteil) stabilisiert werden kann.
A. BLASCHETTE. 225□

Das Wasserstoffdichlorid-Ion HCl_2^- als reagierender Bestandteil in Alkohol-Chlorwasserstoff-Systemen. W. Gerrard und H. R. Hudson. (Proc. chem. Soc. [London] **1961.** 467. Dez. London, Northern Polytechn.) (Engl.)

Die Absorption eines zweiten Mol. HCl durch einige Ammoniumchloride führt zu Verbb. des Typs $R_4N^+HCl_2^-$. Vff. berichten, daß Pyridin, Dimethylamin u. Trimethylamin, die diese Wasserstoffdichloride bilden, die sonst langsame Rk. zwischen Butan-1-ol u. HCl katalysieren, während Methylamin diesen Effekt nicht zeigt, da es kein Wasserstoffdichlorid bildet. Bei Verw. der angegebenen Wasserstoffdichloride als Katalysatoren treten keine sek.-Butylchloride auf, wie sie bei Benutzung von $ZnCl_2$ gebildet werden. D. PAPENFUSZ. 225□

Der Einfluß von Katalysatorengiften auf die Kinetik der heterogenen Rekombination von Wasserstoffatomen. W. Palczewska. (Bull. Acad. polon. Sci., Sér. Sci. chim., géol. géogr. **7.** 743—50. 1959. Warszawa, Polish Acad. of Sci., Inst. of Phys. Chem., Labor. of Phys. Chem. of Electrode Processes.) (Engl.)

Durch Messung des Temp.-Abfalls von Folien aus *Ag*, *Ni* u. *Armco-Fe* bestimmt Vf. den Rekombinationsgrad von atomarem H in Ggw. von H_2S u. AsH_3 bei Temp. zwischen 510 u. 580°. Bei Fe u. Ni wird bereits durch extrem niedrige H_2S-Konzz. eine bleibende Oberflächenveränderung bewirkt. Die Verringerung des Rekombinationsgrades nimmt mit steigender Temp., nicht aber bei Erhöhung der H_2S-Konz. (2—5%) zu. AsH_3 hat den stärksten Einfl. auf Ag. — Die Kinetik der Rekombination wird diskutiert. F. M. FRIEDRICH-ANDERSECK. 227□

A_8. Präparative anorganische Chemie. Komplexverbindungen. Metallorganische Verbindungen

Die Heterocyclen in der anorganischen Chemie. Henri Garcia-Fernandez. (Bull. Soc. chim. France **1961.** 2453—75. Dez. Bellevue, Seine-et-Oise, C.N.R.S., Serv. de Chim., Labor. d'Electrolyse.) (Franz.)

Ausführliche Übersicht. — 115 Literaturangaben. A. BLASCHETTE. 228□

Ammoniumozonid. Irvine J. Solomon, Kiyo Hattori, Andrew J. Kacmarek, Gerald M. Platz und Morton J. Klein. (J. Amer. chem. Soc. **84.** 34—36. 5/1. 1962. Chicago, Ill., Technol. Center, Armour Res. Found. of Illinois Inst. of Technol., Chem. Res. Div.) (Engl.)

NH_4O_3 wurde durch Rk. zwischen NH_3 u. verd. O_3 bei —100 oder —105° in 10 bis 15 Min. dargestellt. Die Ausbeute beträgt je nach Anwendung von festem, fl. oder gelöstem NH_3 0,12—5,1%. Die höchste Ausbeute wurde mit auf Glaswolle verteiltem festem NH_3 erzielt. Das Absorptionsspektrum der roten Verb. besitzt ein Maximum bei 450 nm, wo auch die Absorptionsmaxima von NaO_3, KO_3, RbO_3, CsO_3 u. $(CH_3)_4NO_3$ liegen. NH_4O_3 ist oberhalb —126° instabil u. zerfällt in NH_4NO_3, O_2 u. H_2O. Die sich aus der quant. Verfolgung der Zers. ergebende empir. Formel lautet $NH_{4,38}O_{3,08}$. P. KURZMANN. 239□

Salze der Perjodsäure. 3. Mitt. **Lithium- und Lithiumammoniumperjodate.** M. Drátovský. (Collect. czechoslov. chem. Commun. **26.** 636—44. März 1961. Prag, Karlsuniv., Inst. für anorg. Chem.) (Dt.) — 2. vgl. C. **1962.** 770.

Durch Löslichkeitsmessungen im tern. Syst. $Li_2H_3JO_6$–$(NH_4)_2H_3JO_6$–H_2O wurde bestätigt, daß die schon früher hergestellte Substanz $(NH_4)_2Li_2J_2O_9 \cdot 7\,H_2O$ (I) tatsächlich homogen ist. Es wurde der Verlauf der therm. Zers. des $LiJO_4 \cdot 3\,H_2O$ (II), $Li_2H_3 \cdot JO_6$ (III) u. von I im Temp.-Bereich von 20—200° untersucht. Die Zers.-Prodd. wurden analysiert u. einer röntgenograph. Unters. unterzogen. Die Entwässerung von II entspricht dem Schema: $3\,\mathbf{II} = Li_3H_4J_3O_{14}$ (IV) $+ 7\,H_2O$. Die röntgenograph. Ergebnisse bestätigen, daß es sich bei **IV** (**IV** = auch $3\,LiJO_4 \cdot 2\,H_2O$), nicht um ein Gemisch von Hydrat u. wasserfreiem Salz handelt. **III** zersetzt sich bei Temp. $>160°$ nach der Gleichung: $\mathbf{III} = Li_2JO_4 + 1{,}5\,H_2O + 0{,}25\,O_2$. **I** zersetzt sich in Übereinstimmung mit folgenden Gleichungen: In der 1. Stufe (40—65°) $\mathbf{I} = 2\,LiNH_4HJO_5$ (V) $+ 6\,H_2O$ u. in der 2. Stufe (70—110°) $3\,\mathbf{I} = 2\,Li_3(NH_4)_2H_2J_3O_{14}$ (VI) $+ 2\,NH_3 + 20\,H_2O$. Bei Temp. $>160°$ tritt weitere Zers. ein, bei der der Rest von NH_3 u. H_2O u. auch ein Teil von O u. J frei wird. Die gemessenen Gew.-Abnahmen u. die Röntgendiagramme beweisen, daß **V** u. **VI** homogen sind. Die Substanzen **IV** u. **VI** sind die ersten bisher hergestellten Stoffe, die die Summenformel von Salzen der Triperjodsäure aufweisen. I. FRIČ/Prag. 249

Eine neue Synthese des Triborhydridanions, $B_3H_8^-$. Bruce M. Graybill, John K. Ruff und M. Frederick Hawthorne. (J. Amer. chem. Soc. **83.** 2669—70. 20/6. 1961. Huntsville, Ala., Rohm & Haas Co., Redstone Arsenal Res. Div.) (Engl.)

Gemäß $B_{10}H_{14} + 2\,(C_2H_5)_2S \rightarrow [(C_2H_5)_2S]_2B_{10}H_{12}$ (I) $+ H_2$; $\mathbf{I} + 3\,CH_3OH \rightarrow (C_2H_5)_2SB_9H_{13}$ (II) $+ H_2 + (C_2H_5)_2S + (CH_3O)_3B$; $\mathbf{II} + (CH_3)_4NOH \rightarrow (CH_3)_4NB_9H_{12}$ (III) $+ (C_2H_5)_2S + H_2O$; $\mathbf{III} + 18\,CH_3OH \rightarrow (CH_3)_4NB_3H_8$ (IV) $+ 6\,(CH_3O)_3B + 11\,H_2$

wurde *Tetramethylammoniumtriborhydrid* (**IV**) in einer Gesamtausbeute von ca. 35% erhalten. Die Zwischenprodd. **I**, **II** u. **III** müssen dabei jeweils isoliert werden. **IV** ist eine stabile, weiße, aus heißem Methanol umkristallisierbare Verb., F. >275°. Im IR-Spektrum treten B—H-Frequenzen bei 4,1 u. 4,7 μ auf. Das ^{11}B—KMR-Spektrum zeigt ein mit theoret. Überlegungen übereinstimmendes Nonett (drei gleiche B-Atome). In heißem THF erfolgt Rk. nach **IV** + $(CH_3)_3NHCl$ → $(CH_3)_3NB_3H_7$ (**V**) + H_2 + $(CH_3)_4NCl$.

Versuche: *Bis-[diäthylsulfid]-dekaboran-(12)* (**I**), $C_8H_{32}B_{10}S_2$, F. 90—91°, durch 3std. Kochen von 45 g sublimiertem $B_{10}H_{14}$, 120 ml $(C_2H_5)_2S$ u. 100 ml abs. Bzl. unter trockenem N_2, Kühlen, Versetzen mit Ae./Pentan; 83% (Ausbeute). — *Diäthylsulfidnonaboran-(13)* (**II**), $C_4H_{23}B_9S$, F. 50—51°, durch 1std. Kochen von 25 g **I** in 100 ml Methanol, Eindampfen bei 20° im Vakuum u. Umkristallisieren aus Ae./Pentan; 72%. — *Tetramethylammoniumnonaborhydrid-(12)* (**III**), $C_4H_{24}B_9N$, durch Versetzen einer Lsg. von 17 g rohem **II** in 200 ml A. mit einer 10%ig. wss. Lsg. von $(CH_3)_4NOH$, bis pH >9 erreicht ist, Kühlen auf 0° u. Abfiltrieren des Nd.; 74%. — *Tetramethylammoniumtriborhydrid* (**IV**), $C_4H_{20}B_3N$, durch 12std. Rühren einer Suspension von 11 g **III** in 150 ml Methanol bei 25° (Kühlwasser) u. Abfiltrieren des Nd. von **IV**; 79%. — *Trimethylamintriboran* (**V**), $C_3H_{16}B_3N$, F. 119—120°, durch 2—2½ std. Rk. von 3,5 g **IV** mit 2,7 g $(CH_3)_3NHCl$ in 100 ml sd. THF, Kühlen, Filtrieren, Abdampfen des Lsgm. im Vakuum, Sublimieren bei 70—75° im Hochvakuum; 64%. A. BLASCHETTE. 258□

Darstellung von Chlorpolysilan bei der durch Kupfer katalysierten Reaktion von metallischem Silicium und Chlorwasserstoff. Isao Shiihara und Jun Iyoda. (Bull. chem. Soc. Japan **32.** 636—45. Juni 1959. Oyodo-ku, Osaka, Ind. Res. Inst.) (Engl.)

Vff. untersuchten die durch Cu katalysierte Rk. von Si-Pulver mit HCl-Gas unter variablen Bedingungen (Si–Cu-Pulvergemische, Rk.-Temp., Strömungs-Geschw. von HCl), um eine brauchbare Meth. zur Darst. von Chlorpolysilanen (**I**) aufzufinden u. um den Rk.-Mechanismus aufzuklären. Bei optimalen Bedingungen (170°) erreicht die Ausbeute an **I** 30 Gew.-% (bezogen auf HCl); am besten ist mit Al verunreinigtes Si geeignet. Die 1. Rk.-Stufe scheint ein HCl-Angriff auf Al im Si zu sein. Die 2. Rk.-Stufe ist die Rk. zwischen Si-Hydrid (Zwischenprod. bei der 1. Stufe) u. metall. Cu unter Bldg. der Si—Cu-Bindung. Die 3. Stufe ist die Spalt-Rk. von Cu-aktiviertem Si durch HCl unter Bldg. von **I** in Ggw. von $AlCl_3$ ($AlCl_3$ wurde bei der 1. Stufe gebildet). Cu wird in die metall. Form zurückverwandelt u. beteiligt sich wieder in der 2. u. 3. Stufe, solange Si vorhanden ist. R. SCHÄFF. 261□

Zur Chemie der kondensierten Phosphate und Arsenate. 31. Mitt. **Über die Umsetzung von Phosphorsäure und phosphorsauren Salzen mit Acetylchlorid und Acetanhydrid.** Ingrid Grunze, Erich Thilo und Herbert Grunze. (Chem. Ber. **93.** 2631—38. 3/11. 1960. Berlin-Adlershof, Dt. Akad. der Wiss., Inst. für Anorg. Chem.) (Dt.) — 30. vgl. C. **1962.** 9638; 32. vgl. C. **1961.** 17504.

Bei der Einw. von Acetylchlorid (**I**) bzw. Acetanhydrid (**II**) auf krist. H_3PO_4 (**III**) werden durch Kondens. der prim. gebildeten Mono-, Di- u. Triacetylphosphorsäure *Acetylpolyphosphorsäuren* (**A**) als zähfl., gelbe Öle erhalten, deren mittlere Kettenlänge (**L**) durch Hydrolyse mit $NaHCO_3$-Lsg., papierchromatograph. Trennung des erhaltenen Polyphosphatgemisches u. Ermittlung des P-Geh. der einzelnen Polyphosphatflecke bestimmt wurde. Durch Vgl. der aus **L** berechneten Endgruppenzahl mit der Anzahl der Acetylgruppen geht hervor, daß die aus **I** u. **III** erhaltenen **A**-Gemische *Acetylpolyphosphorsäuren* der Zus. AcO—P(O)(OH)—[O—P(O)(OH)]$_n$—O—P(O)(OH)—OAc sind, während die aus **II** u. **III** erhaltenen **A**-Gemische ein Acetyl/P-Verhältnis von ca. 1:1 haben, woraus auf eine Acetylierung der mittelständigen P—OH-Gruppen geschlossen werden kann. Erwartungsgemäß wurden bei gleichzeitiger Einw. von **I** u. **II** auf **III** ein Gemisch vollständig acetylierter Polyphosphorsäuren erhalten. Analog **III** wird auch ein bereits durch Erhitzen von H_3PO_4 vorgebildetes Polyphosphorsäuregemisch (**P**) durch **I** u. **II** auf verschiedene Weise partiell u. durch ein **I**–**II**-Gemisch vollständig acetyliert. Allerdings trat bei der Rk. eines **P** der **L** $\bar{n}$ = 3 mit **I** eine Erhöhung auf $\bar{n}$ = 4,16, dagegen bei Rk. mit **II** eine Senkung auf $\bar{n}$ = 2,53 ein. $NaH_2PO_4 \cdot H_2O$ u. KH_2PO_4 werden durch überschüssiges **II** oder leichter durch ein **II**–Eisessig-Gemisch in 3—4 Tagen quant. in die entsprechenden *Trimetaphosphate* (**T**) übergeführt. Die **T** werden analog auch aus den sek. u. tert. Na- u. K-Phosphaten neben geringen Mengen Polyphosphaten gebildet. Läßt man statt **II**/Eisessig ein **I**–**II**-Gemisch auf $NaH_2PO_4 \cdot H_2O$ einwirken, so entstehen **A** u. NaCl, jedoch kein **T**; die Abscheidung der Na-Ionen als NaCl ist aber nicht quant.; ein Teil bleibt in Form von Na-Acetylpolyphosphaten im Rk.-Produkt. Bei Umsetzung von $Na_2HPO_4 \cdot 2\,H_2O$ mit einem **I**–**II**-Gemisch entsteht ebenfalls kein **T**, sondern es bilden sich neben NaCl endständig acetylierte Natriumpolyphosphate der Zus. AcO—P(O)(ONa)—[OP(O)(ONa)]$_n$—O—P(O)(ONa)—OAc. L. LAMZA. 264□

Liquiduskurven für geschmolzene Alkalimetaphosphat-Sulfat-Systeme. S. W Mayer, T. H. Mills, R. C. Alden und B. B. Owens. (J. physic. Chem. **65.** 822–25. Mai 1961. Canoga Park, Calif., Div. of North American Aviation, Atomics Internat., Res. Dep.) (Engl.)

Vff. bestimmten die Liquiduskurven für die Syst. $NaPO_3$–Na_2SO_4 (I), $RbPO_3$–Rb_2SO_4 (II) u. $RbPO_3$–Na_2SO_4 (III) u. erhielten für die Syst. I u. II Diagramme mit einem einzigen Eutektikum bei 11 ± 1 Mol-% Na_2SO_4 bzw. Rb_2SO_4 u. bei Temp. von 548 bzw. 709°. Bei beiden Syst. war die Aktivierungsenergie für das viscose Fließen konstant. Im Syst. III wurden 3 intermediäre feste Verbb. gebildet, von denen eine Verb. wahrscheinlich die Zus. $RbNaSO_4$ oder $Rb_2Na_2(PO_3)_2SO_4$ hat. Die Aktivierungsenergie steigt hier mit sinkender Temp. an. Ergebnisse von Messungen der Kettenlänge der Phosphate entlang der $NaPO_3$—Na_2SO_4-Liquiduskurve mit Hilfe der Endgruppentitration stimmten qual. mit Best. auf Grund von Gefrierpunktserniedrigungen von Na_2SO_4 überein. Weiterhin werden die Kurven der untersuchten Syst. mit denen der Syst. $LiPO_3$–Li_2SO_4, KPO_3–K_2SO_4 u. KPO_3–Li_2SO_4 verglichen. J. KRAETSCH. 272□

Über die Phosphate des Berylliums. André Boullé und Armelle de Sallier Dupin. (C. R. hebd. Séances Acad. Sci. **253.** 2984–85. 18/12. 1961. Paris, École des Mines, Labor. de Chim.) (Franz.)

Es wurde versucht, *$BeHPO_4$* durch Zugabe von organ. Lsgm. zu *$Be(H_2PO_4)_2$* herzustellen. Bei der Zugabe von *Aceton, Dioxan* usw. zu konz. Lsgg. von $Be(H_2PO_4)_2$, (P_2O_5 = 55 g/Liter) bildet sich eine viscose Masse, die bei der Trocknung ihre Plastizität verliert u. $Be(H_2PO_4)_2$ enthält. Das Verhältnis BeO/P_2O_5 beläuft sich oft auf 1,8 anstatt auf 2 bei $BeHPO_4$. Das Prod. ist amorph. Bei 600° entsteht krist. $Be_2P_2O_7$. In Ggw. von verd. Lsgg. von $Be(H_2PO_4)_2$, (P_2O_5 = 18 g/Liter) wird ein Prod. erhalten, das, nachdem es gewaschen u. getrocknet wurde, amorph ist u. ein Verhältnis $BeO/P_2O_5 = 2$ aufweist. Bei 600° entsteht krist. $Be_2P_2O_7$. Ein Wasserverlust von p = 26% weist auf die Zus. $BeHPO_4 \cdot 1{,}3\ H_2O$ hin. Weiter wurde bei der therm. Zers. von *$BeNH_4PO_4 \cdot H_2O$* bei 580 bis 600° eine amorphe Phase festgestellt, die dem Auftreten von krist. *$Be_2P_2O_7$* vorangeht. Vff. konnten ebenfalls feststellen, daß BeP_2O_7 in zwei verschiedenen krist. Formen vorkommt. Tabelle mit Netzabständen der beiden Formen. A. DE MONTIGNY. 281□

Beitrag zur Chemie innerer Komplexsalze des Berylliums mit organischen Säuren des Typs $Be_4O(R-CO_2)_6$. L'. Krasnec, J. Krätsmár-Šmogrovič und A. Pivoda. (Chem. Zvesti **11.** 575–78. 1957. Bratislava, Univ. Komensk., Farm. fak., Kat. chém.) (Slowak.)

Mit α- u. β-Naphthoesäure (I) bildet frisch zubereitetes $Be(OH)_2$ in benzol. Lsg. Innerkomplexsalze [$Be_4O(C_{10}H_7CO_2)_6$]. Das mit α-I erhaltene Salz hat F. 246,5°, das mit β-I erhaltene u. aus Toluol umkrist. Salz (mit oder ohne 3 Moll. Kristalltoluol) F. 335,5–336,5°. R. K. MÜLLER. 281□

Untersuchungen über Aluminiumhydroxide und -oxide. 5. Mitt. **Darstellung von reinstem α-Aluminiumoxid und Diaspor.** K. Torkar (unter Mitarbeit von H. Krischner). (Mh. Chem. **91.** 757–63. 1960. Graz, TH, Inst. für Anorg. u. Phys. Chem.) (Dt.) – 4. vgl. Mh. Chem. **91.** [1960.] 658; 2. vgl. C. **1961.** 16035.

Für die Darst. von reinem kristallinem u. stabilem α-Al_2O_3 eignen sich die folgenden Verff.: 1. Erhitzen von reinstem Bayerit u. Böhmit auf 1200°. Bei extrem reinem Bayerit sind 880° ausreichend. 2. Erhitzen von Diaspor auf 420°. 3. Erhitzen beliebiger Al-Hydroxide u. -Oxide auf ca. 430° unter Wasserdampf von über 30 atm. 4. Zers. von metall. Al bei über 400° u. in Wasserdampf über 100 atm. Die Zers. von metall. Al zwischen 320 u. 400–450° mit Wasserdampf von 15–100 atm liefert ein akt. α*-Al_2O_3 mit 0,14–0,17 Mol H_2O/Al_2O_3, 3,6–3,7 g/cm, das in heißer H_2SO_4 (1:1) u. kochender HF lösl. ist. α*-Al_2O_3 entsteht außerdem bei der Hydrolyse von Al-Fluorid. α*-Al_2O_3 läßt sich bei 300° u. 87 atm Wasserdampf sowohl zu Böhmit als auch zu Diaspor bewässern. Außerdem wurde Diaspor neben Böhmit bei der Rk. von metall. Al u. Wasserdampf bei 340° u. über 100 atm erhalten. K. ROSS. 294□

Zur Kenntnis der Lithiumaluminate. 1. Mitt. **Über eine neue Modifikation des $LiAlO_2$.** Hans-Albert Lehmann und Heinz Hesselbarth. (Z. anorg. allg. Chem. **313.** 117–20. 1961. Merseburg, TH für Chem., Inst. für Anorg. Chem.; Dresden, TH, Inst. für anorg. u. anorg.-techn. Chem.) (Dt.)

Vff. stellen durch Tempern bei 600° aus Li_2CO_3 u. α-Al_2O_3 im Mol-Verhältnis 1:1 eine Tieftemp.-Form des $LiAlO_2$ (Tief-$LiAlO_2$ = I) her; der Umsetzungsgrad betrug bei häufigerem Homogenisieren nach 86 Std. 93%. Das Röntgeninterferenzmuster von I stimmt in keiner Weise mit demjenigen überein, das HUMMEL (C. **1952.** 2966) für das bei hoher Temp. hergestellte $LiAlO_2$ (Hoch-$LiAlO_2$ = II) angibt. Die Erhitzungskurve von I zeigt bis auf 1100° keinen auf eine Umwandlung deutenden therm. Effekt, obgleich das Erhitzungs-Prod. röntgenograph. nur das Interferenzmuster von II aufweist, was durch einen nur langsam erfolgenden Umbau des Gitters von I in dasjenige von II erklärt wird. Die Umwandlung von I in II wird bei 600—900° unter Verw. von nickelgefilterter Cu–K_α-Strahlung röntgenograph. verfolgt, sie erweist sich als irreversibel. Die pyknometr. Dichte bei 25° beträgt für I 3,3 g ($g \cdot cm^{-3}$) u. für II 2,6. Vff. nehmen für I eine 6fache u. für II eine tetraedr. Sauerstoffkoordination um das Al^{3+} an u. vermuten, daß I u. II im gleichen Verhältnis wie α- u. β-$NaFeO_2$ zueinander stehen. A. NEBELUNG. 294 □

Gleichgewichts-Diagramm des Systems La_2O_3–Y_2O_3. Jeannine Cassedanne und Hubert Forestier. (C. R. hebd. Séances Acad. Sci. **253.** 2953—55. 18/12. 1961. Strasbourg, Fac. de Sci., Labor. de Chim. gén.) (Franz.)

Die röntgenograph. Unters. des bin. Syst. La_2O_3—Y_2O_3, die diejenige des tern. Syst. Fe_2O_3—Y_2O_3—La_2O_3 vervollständigt (vgl. auch C. **1960.** 16681 u. C. **1961.** 16039) zeigt neben festen Lsgg. α (La_2O_3-Struktur) u. β (Y_2O_3-Struktur) die schon bekannte Verb. $La_2O_3 \cdot Y_2O_3$ sowie die bisher unbekannte Verb. $3 La_2O_3 \cdot Y_2O_3$, die oberhalb 1350° stabil ist. Gitter-Konst.: a = 12,33 (Å); c = 17,80. Raumgruppe D_4^2 — P_42_12, F. 1750 ± 30°. A. DE MONTIGNY. 301 □

Ein höheres Ytterbiumhydrid. James C. Warf und Kenneth Hardcastle. (J. Amer. chem. Soc. **83.** 2206—07. 5/5. 1961. Los Angeles, Calif., Univ. of Southern California, Dep. of Chem.) (Engl.)

Bei der Unters. des Syst. Yb–H in einer Hochdruck-App. aus rostfreiem Stahl wurde aus Yb-Metall u. H_2 bei höheren Temp. u. Drücken eine schwarze, luftbeständige, kub.-flächenzentrierte (a = 5,192 ± 0,002 Å) Hydridphase der Zus. $YbH_{2,55 \pm 0,05}$ (I) erhalten. Daneben trat rhomb. Dihydrid auf. Der Zus. $YbH_{2,4}$ entspricht ein Zers.-Druck von 20,9 atm bei 312°. Zur chem. Analyse von I wurde die Verbrennung im O_2-Strom, die therm. Zers. u. die Auflösung in Säure benutzt. Die therm. Zers. bei ca. 1 atm führt zum rhomb. Dihydrid der Zus. $YbH_{1,95 \pm 0,05}$; schnelles Abschrecken nach der therm. Zers. liefert eine metastabile, kub.-flächenzentrierte (a = 5,26 A) Modifikation des Dihydrids. Die mol. magnet. Susceptibilität von I beträgt $5040 \cdot 10^{-6}$ cgs-Einheiten bei 20°. Die erhaltenen Präpp. entsprechen einer Phase vom BF_3-Typ u. der theoret. Zus. YbH_3. Analoge Verss. im Syst. Eu–H lieferten in jedem Fall nur rhomb. $EuH_{1,8-1,9}$. A. BLASCHETTE. 316 □

Herstellung und Untersuchung von Phosphiten. 6. Mitt. Chrom(III)-phosphite. M. Ebert und J. Podlaha. (Collect. czechoslov. chem. Commun. **26.** 753—62. März 1961. Prag, Karls-Univ., Inst. für anorg. Chem.) (Dt.) — 5. vgl. C. **1962.** 773.

Es wurde die Rk. von Chrom(III)- u. Phosphitionen in wss. Lsgg. untersucht u. festgestellt, daß sich Verbb. im Verhältnis Cr : P = 1 : 1, 2 : 3, 1 : 2 u. 1 : 3 bilden. Es wurden die Temp.- u. Konz.-Bereiche, in denen diese Verbb. existieren, ermittelt; hierbei wurde festgestellt, daß die Existenz der einzelnen Chrom(III)-phosphittypen vom pH abhängig ist. Es wurden folgende bisher nicht beschriebene Verbb. mit den angeführten Verhältnissen hergestellt: $CrHPO_3Cl \cdot 10\,H_2O$, $CrHPO_3NO_3 \cdot 3\,H_2O$, $Cr_2(HPO_3)_3 \cdot 14\,H_2O$, $Cr_2(HPO_3)_3 \cdot 7\,H_2O$, $Cr_2(HPO_3)_3 \cdot 4\,NH_3$, $Cr_2(HPO_3)_3 \cdot 2\,NH_3$, $Li[Cr(HPO_3)_2] \cdot 8\,H_2O$, $(NH_4)_3[Cr(HPO_3)_3] \cdot 6\,H_2O$. $Na_3[Cr(HPO_3)_3] \cdot 4\,H_2O$ u. $Ba_3[Cr(HPO_3)_3]_2 \cdot 8\,H_2O$. Bei in W. lösl. Substanzen wurde deren Löslichkeit bei 15° bestimmt. Bei allen Substanzen wurde die Entwässerung bei höheren Temp. untersucht. V. RŮŽIČKA/Prag. 335

Über die verschiedenen Formen von hydratisiertem und wasserfreiem Eisenphosphat $FePO_4$. Pierre Rémy und André Boullé. (C.R. hebd. Séances. Acad. Sci. **253.** 2699—2701. 4/12. 1961. Paris, École des Mines, Labor. de Chim.) (Franz.) — Vgl. C. **1962.** 10387.

Ausgehend von $Fe(H_2PO_4)_3$ gewannen Vff. durch Hydrolyse in wss. Lsg. bei 100° je nach der Konz. c_0: den Strengit (I; c_0 < 1 g/Liter), den Metastrengit (II; c_0 > 85 g/Liter) u. ein Gemisch beider Formen (1 < c_0 < 85 g/Liter). Das Röntgendiagramm von I war dem des natürlichen Strengit sehr ähnlich; II lag nach dem Trocknen bei Zimmer-Temp. als Hydrat mit 2,3—2,5 H_2O vor, das zwischen 40 u. 140° in das Dihydrat (III) überging, u. zeigte ein dem natürlichen Metastrengit (IV) ähnliches Röntgendiagramm. Auch durch Eindampfen von H_3PO_4 mit $Fe(NO_3)_3$ wurde III dargestellt; es zeigte ein mit IV ident. Röntgendiagramm. Die Entwässerung von II führte über amorphes $FePO_4$ (V) (bei 140—210° unter Normaldruck u. bei 20° im Vakuum) u. $FePO_4$ in der Tridymitform (bei 210—255°), ab 650° zu $FePO_4$ in der Quarzform. III bildete bei gleicher Behandlung als erste Stufe $FePO_4$ (VI) u. ging ohne Bldg. der Tridymitform gleich in die Quarzform über. I bildete als erste Stufe $FePO_4$ (VII), verhielt sich jedoch sonst wie II. Die unterschiedlichen Formen von $FePO_4$ wurden röntgenograph. untersucht. An feuchter Luft bei 20° nahm V bis zu 1,6 H_2O ohne Strukturänderung wieder auf. VI rehydratisierte unter diesen Bedingungen nicht u. VII ging in I über, wobei H_2O zeolith. gebunden wurde. Die Vers.-Ergebnisse wurden mit den von $AlPO_4 \cdot 2\,H_2O$ bekannten verglichen. H. FRIES. 354 □

Untersuchungen über Metallazide. 1. Mitt. Die Natur und die Absorptionseigenschaften des Eisen(III)-azidkomplexes in wäßrigen Lösungen. H. K. El-Shami und F. G. Sherif. (Egypt. J. Chem. **1.** 35—46. 1958. Alexandria, Fac. of Sci.) (Engl.)

Spektrophotometr. Unterss. an verd. Lsgg. von Fe(III)-Azid zeigen, daß in den Lsgg. nur eine farbige Mol.-Art mit einem Absorptionsmaximum bei 452,5 mμ vorliegt. Bei höher konz. Lsgg. deutet eine Verschiebung des Absorptionsmaximums auf die Bldg. mehrerer farbiger Teilchenarten. Die relativen Mengen der verschiedenen höheren Fe(III)-Azid-Komplexe hängen dabei völlig von der Azid-Konz. ab u. sind, solange der Azidüberschuß aufrechterhalten wird, von der Fe-Konz. unabhängig. Ferner wurde der Einfl. von HCl, $HgCl_2$ sowie der Temp. auf die opt. Eigg. der Azid-Lsgg. untersucht.
G. M. Neumann. 354□

Bildung von Ferrat(VI) durch Wasserstoffperoxid in Gegenwart von Äthylendiamintetraacetat. G. L. Kochanny jun. und A. Timnick. (J. Amer. chem. Soc. **83.** 2777—78. 20/6. 1961. Oak Ridge, Tenn., Oak Ridge Nat. Labor., Electronucl. Res. Div.; East Lansing, Mich., Michigan State Univ., Chem. Dep.) (Engl.)

Durch Zugabe von überschüssigem 30%ig. H_2O_2 zu einer eiskalten wss. Lsg. von KOH (2—7m), EDTA (>0,02m) u. $Fe(OH)_3$ ($>2\cdot10^{-3}$m) wird eine purpurrote Lsg. erhalten, deren Absorptionsspektrum nach Abfiltrieren des restlichen $Fe(OH)_3$ (λ_{max} 5180, λ_{min} 4070 u. 7750 Å) dem einer Lsg. von K_2FeO_4 in 9m KOH nach Zugabe von EDTA (λ_{max} 5500, λ_{min} 4000; vor Zugabe von EDTA: λ_{max} 5000, λ_{min} 3900) entspricht. In Abwesenheit von EDTA wird aus H_2O_2 u. $Fe(NO_3)_3\cdot9\,H_2O$ in KOH kein FeO_4^{2-}-Komplex gebildet. Bei der Einw. von H_2O_2 auf K_2FeO_4 in stark alkal. Lsg. erfolgt Red. zu $Fe(OH)_3$; EDTA beschleunigt die therm. Zers. von FeO_4^{2-} in alkal. Medium.
A. Blaschette. 354□

Untersuchung des Systems $LiFe_5O_8$–$Li_4Ti_5O_{12}$. Michel Lenglet und Maurice Lensen. (C. R. hebd. Séances Acad. Sci. **253.** 2982—83. 18/12. 1961. Lille, École Nat. Sup. de Chim.) (Franz.)

Vff. stellten fest, daß $Li_4Ti_5O_{12}$ eine kontinuierliche Reihe fester Lsgg. mit $LiFe_5O_8$ zu bilden vermag. Der von Kordes u. Rottig beschriebene Spinell $LiFeTiO_4$ (vgl. C. **1951.** II. 19) besteht aus einer festen Lsg. zwischen $LiFe_5O_8$ u. $Li_4Ti_5O_{12}$. Die Prodd. wurden bei 1000° aus Fe_2O_3, TiO_2 u. Li_2CO_3 hergestellt u. röntgenograph. sowie durch thermomagnet. Analyse untersucht. Tabelle der Curie-Punkte. A. de Montigny. 354□

Synthese von Cyanoferraten. M. M. Kuschnir. (Химическая Промышленность [Chem. Ind.] **1960.** 601. Okt./Nov.) (Russ.)

Man gibt eine Lsg. von 5,5 (Gew.-Teilen) $Pb(NO_3)_2$ in 8 W. einer 80° warmen Lsg. von 3,5 $K_3[Fe(CN)_6]$ in 12 W. zu, kühlt auf 0° ab, läßt den Nd. von $Pb_3[Fe(CN)_6]_2\cdot 6\,H_2O$ (I) 18 Std. lang ohne Rühren absitzen, trennt durch Zentrifugieren ab u. wäscht mit 4 Wasser. **I** wird mit 2 $CaCO_3$ u. 5 W. sorgfältig gemahlen u. 5 Std. lang stark gerührt. $Ca_3[Fe(CN)_6]_2$ (**II**) geht in Lsg., der Nd. von $PbCO_3$ wird durch Zentrifugieren abgetrennt, mit 1—2 W. gewaschen, Lsg. + Waschwasser filtriert, bei 75—80° bis zur Bldg. einer Kristallhaut eingedampft, weiter bis zu breiiger Konsistenz unter starkem Rühren zentrifugiert; der Feststoff wird bei 30° getrocknet u. in brauner Flasche mit Schliffstopfen aufbewahrt. Das Prod. enthält 97,5—98,8% **II**. Das Verf. eignet sich auch zur Darst. der Ba- u. Na-Salze, die aber auch aus **II** mit $Ba(OH)_2$ bzw. Na_2CO_3 erhalten werden können. R. K. Müller. 354□

Phosphinsubstituierte Kobalt(I)-carbonylhalogenide. 118. Mitt. **über Metallcarbonyle.** Walter Hieber und Ekkehard Lindner. (Chem. Ber. **95.** 273—76. 25/1. 1962. München, TH, Anorg.-Chem. Labor.) (Dt.) — 117. vgl. C. **1962.** 5224; 119. vgl. C. **1962.** 7080.

Durch milde Halogenierung phosphinsubstituierter Carbonylcobaltate erhielten Vff. Halogenotricarbonyltriphenylphosphinkobalt(I)-Verbindungen. So reagiert Tricarbonyltriphenylphosphincobaltat(I) mit Trifluorjodmethan in Tetrahydrofuran (THF) unter Bldg. von $Co(CO)_3P(C_6H_5)_3J$ u. mit N-Bromsuccinimid in analoger Weise zu $Co(CO)_3P(C_6H_5)_3Br$. Beide Verbb. sind unpolar, diamagnet., licht- u. luftempfindlich, in THF gut u. in anderen unpolaren Lsgm. im allg. sehr wenig löslich. Die Br-Verb. zersetzt sich langsam oberhalb 160°, die J-Verb. oberhalb 150°; bei genügend schnellem Erhitzen schmelzen die Verbb. unscharf bei 170—175°. Aus Bzl. krist. die Substanzen leicht mit je 2 Moll. Kristallbenzol; in Aceton, in dem sie schwerlösl. sind, zeigen sie auch in großer Verdünnung nur geringe Leitfähigkeit. Mit Na-Amalgam erfolgt Rück-Bldg. des entsprechenden Na-Salzes. Bei der Umsetzung der Br-Verb. mit C_6H_5Li entsteht die blaßgelbe Phenyl-Verb. $C_6H_5Co(CO)_3P(C_6H_5)_3$, die ebenfalls recht stabil u. außerdem nur mäßig luftempfindlich ist. Oberhalb 120° wird CO_2 frei; bei schnellem Erhitzen schmilzt sie scharf bei 140° unter Zersetzung. Die IR-Spektren der Halogeno-

Verbb. zeigen jeweils zwei CO-Valenzschwingungen, u. zwar bei 1982 u. 1919 cm^{-1} in KBr bzw. bei 1990 u. 1928 cm^{-1} in CCl_4 für die J-Verb. u. bei 1982 u. 1919 cm^{-1} in KBr für die Br-Verbindung. Vff. schließen daraus auf eine trigonal-bipyramidale Struktur (dsp^3-Konfiguration). Die gleiche Struktur dürfte der Phenyl-Verb. zukommen (2035, 1969 u. 1957 cm^{-1} in Nujol). Die Absorptionen bei 1561, 1003 u. 994 cm^{-1} sind für den Phenylrest am Co charakterist.; ferner treten 4 intensive γ_{C-H}-Frequenzen bei 748, 724, 709 u. 692 cm^{-1} gegenüber nur drei C—H-Deformationsschwingungen beim $Co(CO_3)P(C_6H_5)_3J$ (745, 704 u. 691 cm^{-1}) auf.

Versuche: Die Rkk. müssen unter Ausschluß von Luft–O_2 durchgeführt werden. *Jodotricarbonyltriphenylphosphinkobalt(I)-2-Benzol,* $Co(CO)_3P(C_6H_5)_3J \cdot 2\,C_6H_6$, durch Red. von 1200 mg Bis-[kobalttricarbonyltriphenylphosphin] mit Na-Amalgam in THF, Einengen der Lsg. im Vakuum auf ca. 40 ml, Einfrieren mit fl. Luft, Evakuieren, Einkondensieren von Trifluorjodmethan (Kp. —22°), Auftauen der Rk.-Mischung, wobei Hexafluoräthan entweicht, Abziehen des THF nach 1 Std., Aufnehmen des Rückstandes in 50 ml Bzl., Filtrieren (G4-Fritte), Eindunsten des Bzl., Waschen mit Ae. u. PAe.; rotbraune Substanz. — *Bromotricarbonyltriphenylphosphinkobalt(I)-2-Benzol,* $Co(CO)_3P(C_6H_5)_3Br \cdot 2\,C_6H_6$, durch Red. von 1,08 Bis-[kobalttricarbonyltriphenylphosphin] mit Na-Amalgam in 200 ml THF, Versetzen der auf ca. 50 ml eingeengten Lsg. unter Kühlung auf —80° mit 380 mg N-Bromsuccinimid in 20 ml THF, Abziehen des Lsgm. nach 2 Std. im Vakuum, Lösen des Rückstandes in 50 ml Bzl., Filtrieren (G4-Fritte), Eindunsten des Bzl. u. Waschen mit W., Ae. u. PAe.; heller gefärbt als die J-Verbindung. — *Phenyltricarbonyltriphenylphosphinkobalt(I),* $C_6H_5Co(CO)_3P(C_6H_5)_3$, F. 140° (Zers.), durch tropfenweise Zugabe von 100 mg C_6H_5Li in 120 ml Ae. zu 800 mg vorst. Verb. in 80 ml THF bei Raum-Temp., 2std. Sieden unter Rückfluß, Abziehen des Lsgm., wiederholtes Extrahieren des Rückstandes mit Ae. u. Digerieren des Rückstandes der Extrakte nach Entfernen des Ae. mit Hexan u. PAe., um die Verb. kristallin zu erhalten; blaßgelbe Substanz; 5—10% (Ausbeute). — *Phenylpentacarbonylmangan,* $C_6H_5Mn(CO)_5$, F. 54°, durch Umsetzung von 2,75 g $Mn(CO)_5Br$ mit 840 mg C_6H_5Li in 200 ml Ae., 2std. Sieden unter Rückfluß, Abziehen des Ae. u. wiederholtes Sublimieren im Hochvakuum neben $Mn_2(CO)_{10}$ u. Biphenyl, F. 70,5°; ca. 10%.

GERHARD SCHULZE. 355 □

Die Darstellung und Eigenschaften von Sulfato-bis-[äthylendiamin]-kobalt(III)-Salzen mit Chelatbindung. C. G. Barraclough und M. L. Tobe. (J. chem. Soc. [London] **1961.** 1993—96. Mai. London, Univ. Coll., William Ramsay and Ralph Forster Labor.) (Engl.)

Vff. beschreiben die Darst. der Aquokomplexe $[Co(SO_4)(H_2O)en_2]Br$ u. $[Co(SO_4) \cdot (H_2O)en_2]ClO_4$ (en = Äthylendiamin), in denen die SO_4^{2-}-Gruppe eine Koordinationsstelle einnimmt. Beim Erhitzen verlieren diese Salze W. u. die Sulfatgruppe wirkt als Chelatbildner. Die charakterist. IR-Frequenzen der chelatgebundenen SO_4^{2-}-Gruppe werden mitgeteilt.

Versuche: *Sulfatoaquo-bis-[äthylendiamin]-kobalt(III)-bromid,* $[Co(SO_4)(H_2O) \cdot (C_2H_8N_2)_2]Br \cdot H_2O$, durch Zugabe von 10 g trans-Dichloro-bis-[äthylendiamin]-kobalt(III)-chlorid zu 20 ml konz. H_2SO_4, schwaches Erwärmen nach der ersten heftigen Rk., Temp.-Erhöhung auf 120° bis zur Beendigung der Gas-Entw., Eingießen des abgekühlten Öls in 1 Liter A. unter Rühren, Abfiltrieren des Nd., Waschen mit A. u. Ae., Trocknen im Vakuum, Lösen in 20 ml W., Zugabe von 5 g LiBr in 5 ml W., nach 3tägigem Stehen bei 0° Abfiltrieren des Nd., Waschen mit A. u. Ae. u. Trocknen an der Luft; purpurfarbene Kristalle; 1,6 g (Ausbeute); ein zweiter Teil (1,8 g) wurde nach weiterem 3tägigem Stehen erhalten. Bei noch längerem Stehen tritt das Br^- in die Koordinationssphäre ein, Kristalle von *cis-* u. *trans-[CoBr₂en₂]Br* scheiden sich ab. — *Sulfatoaquo-bis-[äthylendiamin]-kobalt(III)-perchlorat,* $[Co(SO_4)(H_2O)(C_2H_8N_2)_2]ClO_4$, analog vorst. Verb. unter Verw. von 10 g $LiClO_4 \cdot 3\,H_2O$; weniger lösl. in W. als das Bromid; 7 g. — *Sulfato-bis-[äthylendiamin]-kobalt(III)-bromid,* $[Co(SO_4)(C_2H_8N_2)_2]Br$, durch 24std. Erhitzen auf 110° von gepulverten Proben vorvorst. Verb. u. Umkristallisieren aus möglichst wenig kaltem W. durch Zusatz von festem NaBr; kurze, purpurrote Nadeln. — *Sulfato-bis-[äthylendiamin]-kobalt(III)-perchlorat,* $[Co(SO_4)(C_2H_8N_2)_2]ClO_4$, a) analog vorst. Verb.; läßt sich jedoch wegen seiner Unlöslichkeit in W. ohne Zers. nicht umkrist.; b) aus einer gesätt. wss. Lsg. vorst. Verb. durch vorsichtige Zugabe von $LiClO_4$-Lsg.; kurze, purpurrote Nadeln.

GERHARD SCHULZE. 355 □

Darstellung und Eigenschaften einiger ringsubstituierter cis- und trans-Dibenzoato-bis-[äthylendiamin]-kobalt(III)-Ionen. F. Aprile, V. Caglioti und G. Illuminati. (J. inorg. Nuclear Chem. **21.** 300—06. Dez. 1961. Roma e Trieste, Univ., Ist. di Chim. Gen.; C.N.R., Centro di Chim. Gen.) — Vgl. C. **1962.** 10384.

Acht m- u. p-substituierte oktaedr. Komplexe der Serie *cis-[Co en$_2$(OOCC$_6$H$_4$X)$_2$]ClO$_4$* u. ihre entsprechenden trans-Isomeren wurden dargestellt u. durch die Absorptionsspektren charakterisiert; Verbb. mit folgenden Substituenten im Ring wurden erstmalig gewonnen: H, p-CH_3O, m- u. p-CH_3, m- u. p-Cl, m-F u. m-NO_2. Die Spektren wurden in Methanol zwischen 220 u. 580 mμ aufgenommen u. tabellar. aufgeführt. Die Bande bei 507 mμ wurde zur Unterscheidung der cis- u. trans-Form benutzt, da auf Grund der Liganden die trans-Isomeren eine ausgeprägte Aufspaltung der Bande zeigen, wobei die Komponente bei längeren Wellenlängen eine größere Intensität zeigt als die Komponente bei kürzeren Wellenlängen. Die Gesamtfläche unter der aufgespaltenen Bande bei den trans-Isomeren ist kleiner als die Fläche der Bande bei den cis-Isomeren. Alle Dibenzoatokomplexe schmelzen zwischen 210 u. 240° unter Zersetzung. Die rosafarbenen bis violetten cis-Isomeren lösen sich in W. u. A. rot bzw. violett, die Löslichkeit ist gering u. liegt zwischen 10^{-2} u. 10^{-1} Mol/Liter; die trans-Isomeren sind noch schlechter löslich.

Versuche: *cis-Dibenzoato-bis-[äthylendiamin]-kobalt(III)-perchlorat,* a) aus 0,015 Mol cis-[Coen$_2$Cl$_2$]ClO$_4$ u. 0,030 Mol Silberbenzoat in 250—350 ml CH_3OH unter Licht- u. Feuchtigkeitsausschluß. Nach 24 Std. langem heftigem Rühren wurde die tiefrote Lsg. durch eine Fritte filtriert u. konz.; Rückstand umkrist. aus A.; 78% (Ausbeute); b) analog Meth. a) durch Rk. von trans-[Co en$_2$Cl$_2$]ClO$_4$ mit Silberbenzoat bei Raum-Temp.; 0,75 g. — Analog wurden die Verbb. *cis-[Co en$_2$(OOCC$_6$H$_4$X)$_2$]ClO$_4$* mit X = *p-CH$_3$O-* (50% Ausbeute), *p-CH$_3$-* (88%), *m-CH$_3$-* (74%), *p-Chlor-* (89%), *m-Chlor-* (38%) u. *m-Fluor-* (32%) dargestellt. — *cis-Bis-[m-nitrobenzoato]-bis-[äthylendiamin]-kobalt(III)-m-nitrobenzoat,* aus 0,0161 Mol cis-[Co en$_2$Cl$_2$]Cl u. 0,0483 Mol m-Nitrobenzoat in 350 ml CH_3OH; 47%. — *trans-Bis-[benzoato]-bis-[äthylendiamin]-kobalt(III)-perchlorat,* durch Erhitzen von 2,8—3,7·10^{-3}m Lsgg. von cis-[Co en$_2$(OOCC$_6$H$_4$X)$_2$]ClO$_4$ in abs. CH_3OH auf 60° unter Licht- u. Feuchtigkeitsausschluß; die Rk. wurde spektroskop. verfolgt u. abgebrochen, wenn die Bande des trans-Isomeren bei 545 mμ einen log ε-Wert von 1,9 erreicht hatte. Analog wurden die Verbb. *trans-[Co en$_2$(OOCC$_6$H$_4$X)$_2$]ClO$_4$* mit X = *p-CH$_3$O-* (72%), *p-CH$_3$-* (92%), *m-CH$_3$-* (91%), *p-Chlor-* (89%), *m-Chlor-* (68%) u. *m-Fluor-* (60%) dargestellt. — *trans-Bis-[m-nitrobenzoato]-bis-[äthylendiamin]-kobalt(III)-m-nitrobenzoat,* aus cis-[Co en$_2$(OOCC$_6$H$_4$NO$_2$)$_2$]OOCC$_6$H$_4$NO$_2$, analog vorst. Angaben; 87%.

K.-H. BIRR. 355□

Nitrosyl-bis-[8-aminochinolin]-Komplexe von Kobalt. Reinhard Nast, Helmut Bier und Joachim Gremm. (Chem. Ber. **94.** 1185—90. 18/5. 1961. Heidelberg, Univ., Anorgan.-chem. Inst.) (Dt.) — Vgl. C. **1962.** 4848.

In methanol. Lsgg. wurde durch Rk. von Diacido-bis-[8-aminochinolin]-kobalt(II)-Komplexen mit NO nach $[Co(C_9H_8N_2)_2X_2] + NO \rightarrow [Co(C_9H_8N_2)_2NO]X_2$ (X = Cl, NO_3) blaues *Nitrosyl-bis-[8-aminochinolin]-kobalt(III)-dichlorid* bzw. *-dinitrat* dargestellt. Beide Verbb. zeigen in wss. Lsg. sofort die molaren Leitfähigkeiten 3-ioniger Elektrolyte. Durch salzkryoskop. Messungen im schm. KNO_3/Eis-Eutektikum konnte die monomere Struktur u. damit die Koordinationszahl 5 des Co bewiesen werden. Die Komplexe sind stabil u. völlig luftbeständig; von verd. Mineralsäuren werden sie quant. in Co^{2+}, $[C_9H_9N_2]^+$ u. ein Gasgemisch aus N_2 (Hauptmenge), NO u. N_2O zersetzt. Wss. Lsgg. des Dichlorids ergeben mit Br^-, J^-, CN^-, SCN^-, ClO_3^-, ClO_4^-, CO_3^{2-}, $C_2O_4^{2-}$ u. $[Cr(NCS)_4 \cdot (NH_3)_2]^-$ dunkel gefärbte Niederschläge. Magnet. Messungen ergaben für beide Verbb. im untersuchten Temp.-Bereich (90—293° K) die Gültigkeit des CURIE-WEISSschen Gesetzes u. einen Paramagnetismus von 3,45 B.M. für das Dichlorid bzw. 2,94 B.M. für das Dinitrat. Für das Reineckat wurde ein Gesamtmoment von 5,85 B.M. erhalten. Die magnet. Messungen u. IR-spektroskop. Unterss. führen zu der Ansicht, daß in beiden Komplexen das NO als Acidoligand NO^- koordinativ gebunden ist u. somit dem zentralen Co-Atom die Oxydationszahl +3 zukommt, womit sich die Stabilität u. Luftbeständigkeit der Verbb. erklären läßt. Die Struktur der Komplexe wird erörtert.

Versuche: *Nitrosyl-bis-[8-aminochinolin]-kobalt(III)-dichlorid,* $[Co(C_9H_8N_2)_2NO]Cl_2$, Zers. >200°, durch 30 Min. langes Einleiten von NO_2-freiem NO unter Luftausschluß in 100 ml einer bei Raum-Temp. unter N_2 bereiteten gesätt. methanol. Lsg. von Bis-[8-aminochinolin]-kobaltdichlorid, Eindampfen im Vakuum bei 30° auf ca. $^1/_3$ des Vol., Zugabe des gleichen Vol. 96%ig. A., Eindrücken der Lsg. unter N_2 in 750 ml PAe. (Kp. 40°) durch eine Fritte, Absaugen des Nd. unter N_2 u. 2—3std. Trocknen an der Ölpumpe; tiefblaue, feinkristalline Substanz, leicht lösl. in W. u. Methanol mit rotvioletter, in A. mit blauer Farbe, unlösl. in Ae. u. PAe.; 70—80% (Ausbeute). — *Nitrosyl-bis-[8-aminochinolin]-kobalt(III)-dinitrat,* $[Co(C_9H_8N_2)_2NO](NO_3)_2$, Zers. >200°, durch Versetzen von 2 g festem Bis-[8-aminochinolin]-kobalt(II)-nitrat im N_2-Gegenstrom mit 120 ml Methanol, Durchspülen der Suspension mit NO bis zur Violettfärbung der Lsg. u. Rotbraunfärbung des festen Anteils, Verdrängen des NO durch N_2, Erwärmen

auf 50°, Filtrieren in ein zweites Frittengefäß, Einengen der Lsg. bei 40—45° unter NO-Atmosphäre bis zur beginnenden Fällung, Spülen mit N_2, Zugabe des gleichen Vol. A., Eindrücken der Lsg. in eine mindestens 5fache PAe.-Menge, 2std. Stehen unter N_2, Filtrieren u. 2—3std. Trocknen an der Ölpumpe; schwarzblaue, kristalline Substanz, Eigg. analog vorst. Verb.; 75—80%. — *Nitrosyl-bis-[8-aminochinolin]-kobalt(III)-bis-[tetraisothiocyanatodiamminchromat(III)]*, $[Co(C_9H_8N_2)_2NO][Cr(NCS)_4(NH_3)_2]_2$, durch tropfenweise Zugabe von 0,4 g $NH_4[Cr(NCS)_4(NH_3)_2]\cdot H_2O$ in 10—15 ml W. zu einer bei Raum-Temp. gesätt. wss. Lsg. von 0,2 g $[Co(C_9H_8N_2)_2NO]Cl_2$, Absaugen des Nd. unter N_2, 3maliges Waschen mit je 5 ml W. u. 5—6std. Trocknen an der Ölpumpe; dunkelblaue, fast schwarze Substanz, luftbeständig, in allen gebräuchlichen Lsgm. prakt. unlösl.; 60%.
GERHARD SCHULZE. 355□

Über die Komplexsalze des Formaldoxims. 2. Mitt. **Isolierung von Nickel-, Mangan- und Kobaltkomplexen.** M. Bartušek und A. Okáč. (Collect. czechoslov. chem. Commun. **26.** 883—87. März 1961. Brno, Purkyně-Univ., Inst. für analyt. Chem.) (Dt.) — 1. vgl. C. **1962.** 3002.

Die bereits polarograph. (l. c.) ermittelte Zus. von *Ni(II, IV)-*, *Mn(II, IV)-* u. *Co(II, III)-Komplexen* (I) mit Formaldoxim (HR; R = CH_2NO^-) wurde auf Grund der bei der Oxydation der niedrigeren Valenzstufen der I mittels Luftsauerstoff verbrauchten Oxydationsäquivalente (OAe) sowie mit magnetochem. Messungen untersucht u. es wurden Na_2NiR_6 u. Na_2MnR_6 hergestellt. Bei der Oxydation wss. Na_2NiR_6-Lsgg. zu N_2O u. HCHO nach RASCHIG bzw. zu HNO_3 u. HCHO nach KURTENACKER bestätigen die entsprechenden OAe die HR-Form von I u. weisen darauf hin, daß bei der I-Bldg. keine Umlagerung von HR zu Formamid stattfindet. Die angesäuerten Na_2NiR_6-Lsgg. oxydieren KJ, die Rk. verläuft jedoch nur langsam. Zum Nachw. der Valenzstufen von Ni, Mn bzw. Co in I wurden die schwach alkalisierten Ni^{2+}-(Mn^{2+}-, Co^{2+}-) Lsgg. mit einem HR-Geh. im Verhältnis 1 Me^{2+} : 6 HR in N_2-Atmosphäre gegen 0,1n $K_3Fe(CN)_6$-Lsg. potentiometr. titriert; weniger geeignet ist die Titration gegen 0,1n JO^--Lösung. Aus den so ermittelten OAe ergeben sich die bereits angeführten höheren Metallvalenzstufen in I in Übereinstimmung mit den polarograph. Versuchen. Zu denselben Ergebnissen führten die magnetochem. Messungen, bei denen die effektiven magnet. Momente alkal. Me(II)-I-Lsgg. vor u. nach der Oxydation durch O_2 ermittelt wurden; in dieser Weise wurde auch erwiesen, daß I mit der niederen Me-Valenzstufe zu den „Ionenkomplexen", mit den höheren Stufen zu den „Kovalentkomplexen" gehören. Die Analogie von Na_2NiR_6 mit Tris-[dimethylglyoximato]-nickel(IV), die im Diamagnetismus sowie im Lichtabsorptionsmaximum beider Verbb. um 470 mμ besteht, läßt darauf schließen, daß Na_2NiR_6 eine Oktaederstruktur besitzt, in dessen Spitzen sich die 6 N-Atome der HR-Gruppen befinden.

Versuche: *Natriumhexakis-[formaldoximato]-nickel(IV)*, der Lsg. von 8 ml 1,2n CH_3ONa (II) + 10 ml W. werden 0,25 g $(HR)_3\cdot HCl$ zugegeben, die Fl. wird mit einer Lsg. von 0,1 g $Ni(CH_3COO)_2\cdot 4\,H_2O$ in 5 ml W. u. 20 ml CH_3OH versetzt, gut durchgemischt u. mit CH_3OH auf 400 ml verdünnt. Durch die Luftoxydation färbt sich die Lsg. braun u. nach 48 Std. scheidet sich ein aus dunkelblauen hexagonalen Plättchen bestehender Nd. von Na_2NiR_6 aus, der abgesaugt u. ohne Waschen im Vakuum über Silicagel getrocknet wird; das Präp. ist hygroskopisch. Die Herst. ist nur dann erfolgreich, wenn die verwendete Menge von II der Rk.: $(HR)_3\cdot HCl + 4\,CH_3O^- = R_3^{3-} + Cl^- + 4\,CH_3OH$ entspricht. — *Natriumhexakis-[formaldoximato]-mangan(IV)*, analog vorst. Verb. aus $Mn(CH_3COO)_2\cdot 4\,H_2O$, II u. $(HR)_3\cdot HCl$. K. KÁMEN/Prag. 356

Kristallstruktur und mittlere Manganwertigkeit von einigen Verbindungen im System $CuO_x\cdot FeO_y\cdot MnO_z$. A. Bergstein. (Collect. czechoslov. chem. Commun. **26.** 740—46. März 1961. Prague, Czech. Acad. of Sci., Inst. of Technic. Phys.) (Engl.)

Im Syst. $CuO_x\cdot FeO_y\cdot MnO_z$ wurde die Änderung der chem. u. der Phasen-Zus. in Abhängigkeit von der Glühtemp. untersucht. Werden Gemische aus 1 CuO_x + 1 FeO_y + a MnO_z bis zu einem bestimmten Wert von a an Luft erhitzt, so entstehen bei niedrigeren Temp. Verbb. mit Kupferferritstruktur. Bei a = 0,34 u. bei 900° wurde die Struktur des kub. Spinells gefunden. Wenn a einen bestimmten Wert überschreitet, entstehen Verbb. mit Hausmanitstruktur. Im bin. Syst. CuO–Mn_2O_3 entsteht der $CuMn_2O_4$-Spinell; der CuO-Überschuß reagiert nicht. Die mittlere Oxydationsstufe der Mn-Ionen scheint Werte anzunehmen, die die Bldg. der Spinell- bzw. Hausmanitphase begünstigt, u. zwar sogar bei Temp. außerhalb des Stabilitätsbereiches dieser Oxydationsstufe in den reinen Mn-Oxiden. V. RŮŽIČKA/Prag. 358

Zur Kenntnis von Bis-[acrylnitril]-nickel(0). 6. Mitt. **Über Komplexe von Kupfer(I)-halogeniden mit ungesättigten Nitrilen und einigen Olefinen. Modellversuche zum Bindungsproblem in Bis-[acrylnitril]-nickel(0).** Gerhard N. Schrauzer und

Siegfried Eichler. (Chem. Ber. **95.** 260—67. 25/1. 1962. München, Univ., Inst. für anorgan. Chem.) (Dt.) — 5. vgl. Chem. Ber. **94.** [1961.] 1403; 3. vgl. C. **1961.** 16777.

Vff. berichten über Darst., Eigg. u. Konstit. von Komplexen des CuCl u. CuBr mit folgenden Derivv. des 1.1-Dicyanäthylens: 1.1-Dicyan-2-phenyläthylen, α.α-Diphenylen-β.β-dicyanäthylen u. 1.1-Dicyan-4-phenylbutadien-(1.3). Auf Grund der IR-analyt. festgestellten Verschiebung einer Bande im C=C-Bereich um bis zu 35 cm^{-1} nach niedrigeren Frequenzen bei der Komplex-Bldg. bei unveränderter Lage, Feinstruktur u. Intensität der CN-Bande aller Komplexliganden schließen Vff. auf das Vorliegen von π-Komplexen, in denen analog den Verhältnissen im Bis-[acrylnitril]-nickel(0) das Cu^+ mit der olefin. Doppelbindung des ungesätt. Nitrils in Wechselwrkg. tritt. Die totalsymm. Zustände der Liganden überlappen dabei offenbar mit einer unbesetzten 4 p_z 4 s-Mischfunktion des Cu^+, was mit einem Ladungsübergang zum Metallion verbunden ist. Durch Elektronenrückgabebindung einer 3 d 4 p-Zwitterfunktion des Cu^+ mit einem niedrigliegenden, unbesetzten Mol.-Zustand des Liganden kann dieser Ladungsübergang wieder ausgeglichen werden. Die Komplexe sind in allen Lsgm. prakt. unlösl., was auf das Vorliegen von Gitterstrukturen mit Cu–Halogen–Cu-Brücken deutet. Die Einführung von elektronenanziehenden Substituenten in die Olefine schwächt die Donatorstärke der C=C-Bindung u. erhöht deren Elektroaffinität, so daß bei der Umsetzung mit Tetracyanäthylen oder Phenyltricyanäthylen keine Cu(I)-Komplexe mehr erhalten wurden. Bei der Unters. der Komplex-Bldg. von CuCl u. CuBr mit chelatisierenden Olefinen konnte bei Norbornadien ein 1 : 1-Komplex mit CuCl u. ein 1 : 2-Komplex mit CuBr erhalten werden. In beiden Komplexen ist das Cu^+ in der „exo"-Stellung an das Ring-Syst. gebunden. Mit Dicyclopentadien wurden 1 : 1-Komplexe mit beiden Cu-Halogeniden isoliert, deren IR-Spektren einander sehr ähnlich sind. Auch vom Cyclooctadien-(1.5) wurden zwei 1 : 1-Komplexe dargestellt, in denen das Cu^+ mit beiden C=C-Bindungen des Diens in Wechselwrkg. tritt u. ein weitgehend symm. Bau des Mol. vorliegt. Mit Cyclooctatetraen bildet CuCl einen 1 : 2- u. CuBr einen 1 : 1-Komplex. Die Stabilität aller dieser Olefinkomplexe ist nicht sehr groß, an der Luft tritt langsame Zers. unter Olefinabspaltung u. Oxydation des Cu^+ ein.

Versuche: Komplexe des CuCl u. CuBr mit Aryl-1.1-dicyanäthylen-Derivv.: Durch Zugabe des Nitrils zu einer unter Luftausschluß mit frisch dest. Acrylnitril bereiteten Lsg. des Cu-Halogenids bei Raum-Temp. bzw. in der Wärme u. langsames Abdestillieren des Lsgm.; die Verbb. lassen sich wegen ihrer Schwerlöslichkeit aus keinem Lsgm. umkristallisieren. Es wurden dargestellt: *1.1-Dicyan-2-phenyläthylenkupfer(I)-chlorid*, $C_{10}H_6ClCuN_2$, Zers. bei 185°, rote Kristalle. — *1.1-Dicyan-2-phenyläthylenkupfer(I)-bromid*, $C_{10}H_6BrCuN_2$, Zers. bei 183°, rote Kristalle. — *α.α-Diphenylen-β.β-dicyanäthylenkupfer(I)-chlorid*, $C_{16}H_8ClCuN_2$, Zers. bei 240°, schwarze Kristalle. — *α.α-Diphenylen-β.β-dicyanäthylenkupfer(I)-bromid*, $C_{16}H_8BrCuN_2$, Zers. bei 290°, schwarze Kristalle. — *1.1-Dicyan-4-phenylbutadien-bis-[kupfer(I)-chlorid]*, $C_{12}H_8Cl_2Cu_2N_2$, Zers. bei 223°, rote Kristalle. — *1.1-Dicyan-4-phenylbutadien-bis-[kupfer(I)-bromid]*, $C_{12}H_8 \cdot Br_2Cu_2N_2$, Zers. bei 235°, hellrote Kristalle. — Komplexe des CuCl u. CuBr mit chelatisierenden Olefinen: Durch direkte Umsetzung der Cu(I)-Halogenide mit dem Olefin (ggf. unter Verreiben in einer Reibschale) oder durch Versetzen einer Lsg. des Halogenids in Acetonitril unter Luftausschluß mit überschüssigem Olefin, Absaugen des abgeschiedenen Komplexes, Waschen mit der Olefinkomponente u. ggf. mit wenig kaltem Aceton u. Abziehen des Lsgm. bei Raum-Temp.; die Verbb. lassen sich wegen ihrer Unlöslichkeit nicht umkristallisieren. Es wurden dargestellt: *Norbornadienkupfer(I)-chlorid*, C_7H_8ClCu, Zers. bei 142°. — *Norbornadien-bis-[kupfer(I)-bromid]*, $C_7H_8(CuBr)_2$, Zers. bei 140°. — *Dicyclopentadienkupfer(I)-chlorid*, $C_{10}H_{12}ClCu$, Zers. bei 115°. — *Dicyclopentadienkupfer(I)-bromid*, $C_{10}H_{12}BrCu$, Zers. bei 105°. — *Cyclooctadien-(1.5)-kupfer(I)-chlorid*, $C_8H_{12}ClCu$, Zers. bei 125°. — *Cyclooctadien-(1.5)-kupfer(I)-bromid*, $C_8H_{12}BrCu$, Zers. bei 120°. — *Cyclooctatetraenkupfer(I)-bromid*, C_8H_8BrCu, Zers. bei 150°. — *Cyclooctatetraen-bis-[kupfer(I)-chlorid]*, $C_8H_8Cl_2Cu_2$, Zers. bei 155°.

GERHARD SCHULZE. 358□

Die Wirkung von $NaClO_4$ bei der Bildung von Zink- und Kupfer-Komplexen von 1.2-Diaminopropan in wäßrigen Lösungen. Reino Näsänen und Paavo Meriläinen. (Suomen Kemistilehti B **34.** 127—29. 1961. Helsinki, Univ. of Helsinki, Dep. of Chem.) (Engl.)

Zn bildet mit 1.2-Diaminopropan (I) 3 Komplexe: $Zn^{2+} + H_2L^{2+} \rightleftharpoons ZnL^{2+} + 2\,H^+$ (1), $ZnL^{2+} + H_2L^{2+} \rightleftharpoons ZnL_2^{2+} + 2\,H^+$ (2) u. $ZnL_2^{2+} + H_2L^{2+} \rightleftharpoons ZnL_3^{2+} + 2\,H^+$ (3), wobei die Existenz des dritten noch nicht gesichert ist. I liegt als Perchlorat vor. Die freien H^+ wurden potentiometr. mit NaOH bestimmt. Die Gleichgewichts-Konst. der Rkk. (1) u. (2) schwanken bei veränderlicher Konz. $pK_1 = 10{,}96-11{,}60$ u. $pK_2 = 11{,}66-11{,}99$. Die Beständigkeits-Konst. $\beta_1 = [ML]/[M]\cdot[L]$ u. $\beta_2 = [ML_2]/$

[M]·$[L]^2$ werden in 0,5m $NaClO_4$-Lsg. für Zn zu log $\beta_1 = 5{,}90$ (log $\beta_1{}^0 = 5{,}64$) u. log $\beta_2 = 11{,}20$ (log $\beta_2{}^0 = 10{,}58$) berechnet; log $k_2 = \beta_2/\beta_1$ des Zn wurde zu 5,01—5,87 bestimmt. Der log $\beta_1{}^0$-Wert für Cu beträgt 10,56, der log $\beta_2{}^0$-Wert 19,64. K. HUSTE. 358□

Die Identifikation von neutralen Ruthenium(III)-chlorid-Komplexen: Gleichgewichte zwischen neutralen und kationischen Verbindungen. Robert E. Connick und Dwight A. Fine. (J. Amer. chem. Soc. **83.** 3414—16. 20/8. 1961. Berkeley, Calif., Univ., Dep. of Chem.) (Engl.)

Vff. isolieren aus wss. Lsg. in reiner Form zwei ungeladene Ru-Komplexe u. bestimmen ihre Formeln mit Hilfe der Gefrierpunktserniedrigung u. der direkten Analyse zu $RuCl_3$. Vff. nehmen an, daß die beiden Verbb. zwei Isomere des oktaedr. Komplexes $Ru(H_2O)_3Cl_3$ sind u. trennen sie durch Ionenaustauschersäulen in $RuCl_{3(A)}$ (**I**) u. $RuCl_{3(B)}$ (**II**). Nach erfolgter Gleichgewichtseinstellung wurde in wss. Lsg. eine durchschnittliche Zus. von 75% **I** u. 25% **II** gefunden. An den tieforangefarbenen, wss. Lsgg. von **I** u. **II** werden die molaren Extinktions-Koeff. bestimmt; das bei der Auftragung der Extinktions-Koeff. gegen die Wellenlängen erhaltene Diagramm wird eingehend diskutiert. Durch Herst. einer wss. Lsg. von $K_2RuCl_5 \cdot H_2O$ stellen Vff. Gleichgewichtsbetrachtungen an dem Syst. $RuCl_3$, $RuCl_2{}^+$ (**III**) u. $RuCl^{2+}$ (**IV**) an. In einer 0,1m HCl-Lsg. befanden sich 16% $RuCl_3$, 61% **III** u. 23% **IV** u. in einer 0,5m HCl-Lsg. 8% $RuCl_3$, 57% **III** u. 23% **IV**. Für die beiden Gleichgewichte werden die Gleichgewichts-Konst. wie folgt angegeben: $Q_{12} = [RuCl^{2+}][Cl^-]/[RuCl_2{}^+] = 0{,}038$ u. 0,031 u. $Q_{23} = [RuCl_2{}^+]\cdot[Cl^-]/[RuCl_3] = 0{,}38$ u. 0,36. A. NEBELUNG. 363□

A₉. Mineralogische und geologische Chemie

Strukturschema für sulfidische Mineralien. E. Hellner. (J. Geology **66.** 503—25. Sept. 1958. Marburg/Lahn, Univ., Mineralog. Inst.) (Engl.)

Vorschlag einer strukturellen Klassifikation der sulfid. Mineralien. Einbezogen sind die komplexen Sulfide u. einige neue Ergebnisse von Strukturuntersuchungen. Diese Ergebnisse werden bes. als Hilfe zur Ableitung aller bekannten Strukturen der komplexen Sulfide aus dem Bleiglanzgitter verwendet. Weiter wird versucht, die Sulfide zu klassifizieren, die eine hexagonale, kub. oder irgendeine andere, dicht gepackte Anordnung ihrer S-Atome besitzen. Die Strukturen werden nach der Besetzung von oktaedr. u. tetraedr. Plätzen durch ihre Metallatome unterschieden. Der eingeführte „Formelfaktor" $f = [Fe + Pb + Ag + Sb(As, Bi)]/S$ kontrolliert die Anzahl u. die Art der besetzten Plätze. Ein für die komplexen Sulfide definiertes „Strukturkriterium" (Anteil des Bleiglanztyps in der Elementarzelle: Vol. der Elementarzelle) gibt einen Wert für die Größe des Anteils jeder Struktur, der einem mehr oder weniger verzerrten Bleiglanztyp ähnlich ist. Die Beziehungen zwischen Formelfaktor u. Strukturkriterium werden graph. dargestellt. H.-J. BAUTSCH. 372□

Eine geochronologische Untersuchung der metamorphen Komplexe des Schottischen Hochlands. B. J. Giletti, S. Moorbath und R. St. J. Lambert. (Quart. J. geol. Soc. London **117.** 233—72. 1 Tafel. 1961.) (Engl.)

Radioakt. Alters-Best. (Rb–Sr-Meth.) von Mineralien u. Gesteinen aus dem metamorphen Grundgebirge Schottlands u. West-Irlands (Lewisian-, Maine-Serien, Dalradian, Connemara-Schiefer). — Diskussion. H. MOENKE. 378□

Beryllium in granitischen Gesteinen Tanganjikas. B. J. Rushton. (Geochim. cosmochim. Acta [London] **20.** 154—55. Okt. 1960. Dodoma, Tanganjika, Dep. of Geol. Surv.) (Engl.)

284 Granite u. Granodiorite aus Tanganjika wurden auf ihren Be-Geh. untersucht. 42 enthielten mehr als 0,5—1 ppm Bei 2 enthielten mehr als 5, einer weniger als 10 ppm. Be ist viel häufiger in den Graniten als in den Granodioriten. Meist findet es sich in den spätorogenen Graniten, weniger in den postorogenen u. am seltensten in den synorogenen. J.-E. HILLER. 378□

Über die Bakal-Siderite. S. M. Starosstina. (Известия Академии Наук СССР, Серия Геологическая [Nachr. Akad. Wiss. UdSSR, geol. Ser.] **25.** Nr. 9. 117—21. Sept. 1960.) (Russ.)

Vf. weist die Vorwürfe von GRINSTEIN u. Mitarbeitern (C. **1962.** 10021) bzgl. seiner Veröffentlichung über die Sideriterze der Bakal-Lagerstätte im Südural (vgl. C. **1961.** 11264) als unbegründet zurück. M. HÄHNERT. 378□

Fersmit: ein seltenes Calciumniobit-Mineral aus Montana. H. D. Hess. (U.S. Dep. Interior, Bur. Mines Rep. Invest. **1960.** Nr. 5693. 1—9. Jan. Albany, Ore., Bur. of Mines, Metallurgy Res. Center.) (Engl.)

Ein bisher einmalig (vgl. Bohnstedt-Kupletskaya u. Burova (C. R. [Doklady] Acad. Sci. URSS [N. S.] **52.** [1946.] 69) erwähntes Calciumniobit-Mineral, Fersmit, ist nunmehr auch in einem einzigartigen Vork. an einer Fundstätte in den USA entdeckt worden. Ein Vgl. der verschiedenen chem. u. kristallograph. Daten, ergänzt durch Schlüsse aus dem Röntgenpulverdiagramm sowie der physikal. u. opt. Beobachtungen zeigt hinreichende Übereinstimmung der beiden Vorkommen. Die Gitter-Konst. betragen $a_0 = 5{,}764$, $b_0 = 15{,}09$ u. $c_0 = 5{,}232$ Å, Raumgruppe D_{2h}^{14}–Pbcn. Die chem. Analyse des untersuchten Fersmits, dem sonst die allg. Formel AB_2O_6 mit A = (Ca, Ce, Na), B = (Nb, Ti, Fe, Al), O = (O, OH, F) zukommt, zeigt das Fehlen von Na u. F, während Ce durch La ersetzt ist. Die prakt. Ta-Freiheit empfiehlt bes. metallurg. Interesse. W. Gottwald. 380□

Eine Untersuchung von Phasengleichgewichten innerhalb einer metamorphen Eisenerzformation. Svante Hakan Kranck. (J. Petrology **2.** 137—84. Juni 1961. Cambridge, Mass., MIT, Dep. of Geol. and Geophys.) (Engl.)

Ausführliche Charakterisierung der Mineralparagenesen innerhalb der metamorphen Eisensilicat-Vork. vom Mount Reed Gebiet in Nord-Quebec durch photometr. Verfahren. Die Quarz–Eisensilicat-Fazies umfaßt: *Quarz, Ferrohypersthen, Ferroaugit, Cummingtonit* u. *Kalkspat.* In Magnetit-reichen Gesteinen wurden *Arfvedsonit* sowie *Aegirin-Hedenbergit* nachgewiesen. Unterschieden wird ferner eine Quarz-Specularit- u. eine Quarz-Magnetit-Fazies. Analyt. berücksichtigt wurden sowohl die Paragenesen I der Erzkörper als auch die der überlagernden bas. Eruptiva. Die I Ferrohypersthen–Ferroaugit–Cummingtonit, Ferrohypersthen–Ferroaugit, Cummingtonit–Ferroaugit, Diopsid–Hornblende, Anthophyllit–Hornblende, Hypersthen–Diopsid–Hornblende–Granat u. Olivin–Hypersthen–Chlorit werden besprochen. Berücksichtigung findet die Bedeutung leichtflüchtiger Komponenten bei der Lagerstättenmetamorphose u-. die Metamorphose der Eisenvorkommen. H. Moenke. 380□

Jadeit-Vorkommen im Clear-Creek-Gebiet, New-Idria-Distrikt, San-Benito-County, Californien. R. G. Coleman. (J. Petrology **2.** 209—47. 1 Tafel. Juni 1961. Menlo Park, Calif., U. S. Geol. Surv.) (Engl.) — Vgl. C. **1961.** 8596.

Im New Idria-Serpentin-Massiv findet man 1. linsenförmige Einschlüsse mit Jadeit als Kern, umgeben von einem Ca-Silicat-Band; 2. Jadeit-Adern mit Tiefalbit, die Albit-Crossit-Schiefereinschlüsse durchsetzen. Die Metamorphose von Keratophysen wird als wesentlicher Faktor für die Albit-Schiefer- u. Jadeit-Bldg. angesehen. H. Moenke. 380□

Vorkommen von Monazit in Granit-Gneisen des Kondapalle-Gebiets. Ch. Leelanandam. (Current Sci. **29.** 225—26. Juni 1960. Hyderabad, India Osmania Univ., Geol. Dep.) (Engl.)

Beobachtung von idiomorphem u. gerundetem Monazit als accessor. Bestandteil in Granitgneisen, die mit den bekannten Charnockit-Vork. des Ost-Ghats verknüpft sind. Es wird die Meinung vertreten, daß der Monazit wegen der unterschiedlichen Kornausbildung keine Bedeutung für die petrogenet. Fragen hat. H.-J. Bautsch. 380□

Gehalt von Kupfer, Zink und Blei in einigen Sulfidlagerstätten. R. L. Stanton. (J. Geology **66.** 484—502. Sept. 1958. Canada, Queen's Univ.) (Engl.)

Unterss. der Geh. an Cu, Zn u. Pb u. ihrer gegenseitigen Verhältnisse an 14 Proben von Sulfidlagerstätten sedimentären Ursprungs aus Australien, Canada u. Irland. Die Lagerstätten sind in mineralog. u. chem. Hinsicht nahe verwandt. Von den einzelnen Proben wurden 100—300 Analysen ausgeführt. Die niedrigsten u. höchsten Werte liegen bei 0,37% u. 1,57% für Cu (Durchschnitt 0,84%), 0,50 u. 15,42 für Zn (5,70) u. 0,09 u. 8,69 für Pb (2,71). Die Geh. an den drei Metallen u. ihre gegenseitigen Verhältnisse zeigen einige charakterist. allg. Merkmale: Die Verteilungsfrequenz der Geh. der einzelnen Elemente ist in allen Typen regulär. Die Verteilungskurven sind überwiegend positiv gekrümmt. Die einzelnen Elemente sind nicht durch einen bestimmten Verteilungstyp charakterisiert. Alle Metalle zeigen in jeweils einer Lagerstätte die gleiche Verteilung, die nicht von den abs. Geh. abhängt. Sie ist allg. ähnlich für Lagerstätten des gleichen Gebietes. In den untersuchten Beispielen ist der Cu-Geh. klein u. konst., während die Pb- u. Zn-Geh. allg. höher sind u. stärker schwanken. Der Variations-Koeff. für Cu, Zn u. Pb ist 1:1,12:1,61. In der Dreiecks-Darst. der mol. Anteile ist die Häufung auf der Cu–Zn-Seite u. bei hohen Zn-Geh. charakteristisch. Diese Darst. zeigt mit gewissen Abweichungen große Ähnlichkeit mit den bekannten Cu–Zn–Pb-Verhältnissen aus magmat. Gesteinen, woraus sich eine Möglichkeit zur Diskussion der genet. Ableitung der untersuchten Lagerstättentypen ergibt. H.-J. Bautsch. 380□

Genese von Tonmineralien aus von der Zersetzung verschiedener Gesteine herrührenden amorphen Materialien. Georges Pedro. (C.R. hebd. Séances Acad. Sci. **250.** 1697—99. 29/2. 1960. Versailles, Labor. des sols.) (Franz.)

Vf. analysierte zunächst die früher (Bull. Groupe Fr. Argilles **10.** [1958.] 45) beim Auslaugen einesBiotitgranites (**I**) u. einer Lava von Volovic (**II**) im Soxleth mit W. erhaltene Rückstände. Für **I** wurde gefunden: SiO_2 78,2 (%), Al_2O_3 8,2; MgO 1,5; CaO 3,2; Fe_2O_3 in Spuren; für **II** SiO_2 69,2; Al_2O_3 15,8; MgO 3,2 u. CaO 5,7; Fe_2O_3 in Spuren. Suspensionen dieser beiden Rückstände wurden mit einer konz. Lsg. von Mg-Acetat u. etwas NaCl versetzt u. bei 70° mehrere Monate aufbewahrt; der pH-Wert bei Beginn der Verss. lag bei ca. 7. Nach 4 Monaten wurden die Prodd. röntgenograph. u. analyt. untersucht. Die Röntgendiagramme waren bei **I** vom montmorillonit., bei **II** vom antigorit. Typ. Die chem. Analyse ergab: **I** SiO_2 63,46 (%); Al_2O_3 6,5; MgO 27,3; CaO 2,8; **II** SiO_2 51,0; M_2O_3 11,6; MgO 33,6 u. CaO 4,2. C. GOTTFRIED. 380

Zeitbeziehungen zwischen Faltung, Metamorphose und Platznahme von Granit in Rosguill, Donegal-County. D. C. Knill und J. L. Knill. (Quart. J. geol. Soc. London **117.** 273—306. 1961.) (Engl.)

Regionalgeolog. Untersuchung. H. MOENKE. 382☐

Basische und ultrabasische Xenolithe aus vulkanischen Gesteinen von New South Wales. H. G. Wilshire und R. A. Binns. (J. Petrology **2.** 185—208. Juni 1961. Sydney, Univ., Dep. of Geol. and Geophys.; Cambridge, Dep. of Miner. and Petrology.) (Engl.)

Vor allem Peridotite wurden als Xenolithe in tert. Basalten u. Lamprophyren **I** von New South Wales nachgewiesen. Es werden die petrograph. Unterschiede zwischen den Einschlüssen II u. anstehenden benachbarten Pyroxeniten u. Gabbros beschrieben. Auch über die randlichen Umwandlungen der II, die innerhalb ihrer Wirtsgesteine instabil sind, wird berichtet. Diskussion von Entstehungsmöglichkeiten. Chem. Analysen von **I**, II u. Klinopyroxenen aus II. H. MOENKE. 385☐

Zonare ultrabasische und basische Gneismassen im metamorphen frühen Lewisian-Komplex bei Scourie im Sutherland. M. J. O'Hara. (J. Petrology **2.** 248—76. Juni 1961. Edinburgh, Univ., Grant Inst. of Geol.) (Engl.)

Geolog. u. petrograph. Beschreibung geringmächtiger Gneis-Vork., die neben Granuliten kartiert wurden. H. MOENKE. 385☐

Ursprung von Ignimbriten. F. J. Fitch. (Nature [London] **190.** 995—96. 10/6. 1961. London, Birkbeck Coll., Geol. Dep.) (Engl.) — Vgl. C. **1960.** 12285.

Vf. untersuchte krit. die von mehreren Seiten aufgestellten Hypothesen über den Ursprung der Ignimbrite, wobei er bes. betont, daß die Ansicht von STEINER (New Zealand Geol. Surv. Bull. **1960.** 68) als nicht richtig angesehen werden muß. C. GOTTFRIED. 386

Die Beziehung zwischen Fraktionierungsgrad eines basaltischen Magmas und der Temperatur seines Kristallisationsbeginnes. L. R. Wager. (Geochim. cosmochim. Acta [London] **20.** 158—60. Okt. 1960. Oxford, Univ. Museum, Dep. of Geol. and Miner.) (Engl.)

Der Grad der Fraktionierung eines bas. Magmas, aus dem sich *Olivin*, *Plagioklas* u. *Pyroxen* ausscheiden, wird durch 2 chem. Faktoren, das Verhältnis Fe^{2+} + Mn/Mg + Fe^{2+} + Mn u. das Verhältnis normativer Albit/normativer Albit + Anorthit, bestimmt. Außerdem läßt sich der Fraktionierungsgrad durch die Wiederaufschmelzungs-Temp. eines Basaltes bestimmen. Vf. berechnet für eine Reihe Hebriden-Basalte die beiden chem. Quotienten u. findet dadurch verschiedene Fraktionierungsgrade. Diese sind in guter Übereinstimmung mit in der Literatur angegebenen Schmelztemp.-Best. von Hawai-Laven. J.-E. HILLER. 386☐

Häufigkeit und Verteilung von Alkalielementen in Australiten. S. R. Taylor. (Geochim. cosmochim. Acta [London] **20.** 85—100. Okt. 1960. Kapstadt, Univ., Dep. of Geochem.) (Engl.)

Flammenphotometr. u. spektrograph. wurden an 14 Australiten aus Australien die Alkali-Geh. bestimmt. Die gefundenen Mittelwerte sind: Li 42 ppm, Na 0,95%, K 1,89%, Rb 84 ppm, Cs 2,7 ppm. Diese Werte sind in der Größenordnung ird. Materials u. passen besser zu den Zahlen von Sedimentgesteinen als von magmat. Gestein. Die Konz.-Dispersion ist viel kleiner als in ird. Gesteinen, aber größer als in Chondriten. Die Korrelations-Koeff. liegen zwischen +0,730 für Li–Rb u. +0,962 für Na–K. Es wird angenommen, daß dies eher durch Mischung als auf chem. Wege zustande kommen kann.

J.-E. HILLER. 388☐

Edelgase in Tektiten. J. H. Reynolds. (Geochim. cosmochim. Acta [London] **20.** 101—14. Okt. 1960. Berkeley, Calif., Univ. of California, Dep. of Phys.) (Engl.)
9 Tektite verschiedener Herkunft wurden auf den Geh. an K, atmosphär. Ar, radiogenem Ar, atmosphär. Ne u. kosmogenem Ne untersucht. Der Diffusions-Koeff. von He beträgt in tektit. Glas von Kalgoorlie $4 \cdot 10^{-10}$ cm²/s, die Aktivierungsenergie für seine Diffusion 0,27 eV. Die He-Löslichkeits-Konst. ist 0,005. Die entsprechenden Werte für Ne sind: $2 \cdot 10^{-15}$ cm²/s, 0,61 eV u. 0,005. Infolge der hohen Diffusion enthalten die Tektite kein radio- oder kosmogenes He. Ein Überschuß von ^{21}Ne wurde nicht entdeckt. Aus der oberen Grenze des ^{21}Ne-Geh. wurde die maximale Flugzeit seit dem letzten Schmelzen berechnet; sie beträgt für den Tektit von Kalgoorlie 28000 Jahre. Die K–Ar-Alters-Best. liegen zwischen 0 u. 32 Millionen Jahren u. stimmen mit dem stratigraph. Alter überein. J.-E. Hiller. 388□

Selen und Tellur in Meteoriten. Ann Du Fresne. (Geochim. cosmochim. Acta [London] **20.** 141—48. Okt. 1960. Chicago, Ill., Univ. of Chicago, Enrico Fermi Inst.) (Engl.)
22 Meteorite wurden auf ihren Geh. an Se u. Te untersucht. Die Se-Geh. sind zuverlässiger u. schwanken zwischen 5,3 u. 15,1 ppm mit einem Durchschnittswert von 7,90 bei den beobachteten Fällen. Bei den 4 Fundstücken streuen die Werte für Se zwischen 0,96 u. 2,92 ppm. Diese niedrigen Werte lassen sich nicht erklären. Die Te-Best. liegen zwischen 0,24 u. 3,17 mit einem Durchschnittwert von 1,34 ppm. Offensichtlich sind diese beiden Elemente durch einen Fraktionierungsprozeß getrennt worden. J.-E. Hiller. 388□

Bestimmung der Konzentration schwerer Elemente in Meteoriten durch Aktivierungsanalyse. G. W. Reed, K. Kigoshi und A. Turkevich. (Geochim. cosmochim. Acta [London] **20.** 122—40. Okt. 1960. Lemont, Ill., Argonne Nat. Labor.; Chicago, Ill., Univ. of Chicago, Enrico Fermi Inst. for Nucl. Stud.) (Engl.)
Durch Neutronenaktivierungsanalyse wurden in Steinmeteoriten u. der Troilitphase von Eisenmeteoriten die Geh. von Ba, Hg, Tl, Pb, Bi u. U bestimmt. Die eine Gruppe von Chondriten, die *Enstatit* u. C-haltige Chondrite umfaßt, besitzt Geh. an den chalkophilen Elementen, die um Größenordnungen höher sind als die der anderen Chondrite. Bei Ba u. U zeigt sich dieser Unterschied nicht. Nach seiner 208/204-Isotopen-Zus. ist das Pb Urblei. J.-E. Hiller. 388□

Cohenit als ein Druckindicator in Eisenmeteoriten. A. E. Ringwood. (Geochim. cosmochim. Acta [London] **20.** 155—58. Okt. 1960. Canberra, Australian Nat. Univ.) (Engl.)
Vf. weist darauf hin, daß der Cementit bei längerem Erhitzen im Stahl in Graphit u. Fe zerfällt. In Meteoriten ist der Cohenit die entsprechende Phase. Von ihm gibt es aber 8 mm lange Kristalle; er muß also bei lang andauernder hoher Temp. im thermodynam. Gleichgewicht gewachsen sein. Dies kann nur bei einem Druck von 25000 atm gesehen sein. Daraus geht hervor, daß die Eisenmeteorite in einem Mutterkörper von ungefähr Mondgröße entstanden sind. J.-E. Hiller. 388□

Spektrometrische Messung natürlicher und durch kosmische Strahlen induzierter Radioaktivität in Meteoriten. M. A. Van Dilla, J. R. Arnold und E. C. Anderson. (Geochim. cosmochim. Acta [London] **20.** 115—21. Okt. 1960. Los Alamos, N.Mex., Univ. of California, Los Alamos Sci. Labor.; La Jolla, Calif., Univ. of California, Inst. of Techn. and Engng.) (Engl.)
Es wird eine Meth. beschrieben, die die natürliche u. durch kosm. Strahlung induzierte Radioaktivität in Meteoriten zu bestimmen gestattet. Die Ergebnisse sind vorwiegend qual., aber in Übereinstimmung mit früheren chem. Messungen von K u. ^{26}Al in Chondriten u. Achondriten. ^{60}Co fand sich im Eisenmeteoriten von Ussuri, Sikhota-Alin, aber nicht in älteren Fällen, wie in denen von Odessa u. Canyon Diablo.
J.-E. Hiller. 388□

Limnologische Untersuchungen an chilenischen und peruanischen Binnengewässern. 1. Mitt. **Die physikalisch-chemischen Verhältnisse.** Heinz Löffler. (Ark. Geofysik **3.** Nr. 10. 155—254. 1961.) (Dt.)
Umfangreicher Überblick über bisher limnolog. kaum bearbeitete andiner u. subandiner Binnengewässer. Angabe der hydrograph. u. chem.-physikal. Daten, welche bei der limnolog. Chile/Peru-Expedition unter Leitung von Brundin [1953/54] sowie der Andenrundfahrt des Österreich. Alpenvereins [1954], Leitung Kinzl, erhalten wurden. Bei den großen südchilen. Seen handelt es sich u. a. um Kryptodepressionen. Transmissionsschwerpunkt liegt im Grün- oder im Blaubereich. Im Sommer erreichen die warm monomikten Typen hohe Stabilitäten. Die Lage innerhalb eines vulkan. Bereiches bewirkt Elektrolytarmut u. orthograde O_2- u. CO_2-Verteilung. Die Konz. an freier „Kieselsäure“ erscheint in Abhängigkeit von der Größe des jeweiligen Einzugsgebietes.

Außerdem wurden junge Gletscherseen in den Hochanden Perus untersucht. Die trop. Hochgebirgsseen Perus werden als kalt polymikt bezeichnet; sie sind durch häufige Vollzirkulation charakterisiert. Angabe chem. Eigg. der peruan. Seen: Die Seen im Hochland enthalten die höheren Salzgehalte. Aus dem Salz-Geh. des Poopō — ein Endsee des Titicaca — wird eine Altersschätzung versucht. H. Moenke. 393□

Die als Folge von Versuchskernexplosionen entstandene künstliche Radioaktivität der Atmosphäre. Vilém Santholzer. (Jaderná Energie **5.** 378—82. Nov. 1959. Hradec Králové, Karlovy. univ., lék. fak. kat. fysiky.) (Tschech.)

In Diagrammen werden die Änderungen der Radioaktivität der Atmosphäre nach Kernexplosions-Verss. dargestellt u. erörtert. Auch auf die biolog. Folgen der radioakt. Ndd. aus der Troposphäre u. der Stratosphäre wird hingewiesen. R. K. Müller. 396□

Ein Verfahren zur Untersuchung von atmosphärischen Eiskristallen durch optische Peilung. Jean Dessens. (C.R. hebd. Séances Acad. Sci. **253.** 2735—37. 4/12. 1961. Puy-de-Dôme, Centre Nat. de la Rech. Sci.. Observat.) (Franz.)

Es wurde gezeigt daß die Reflektion von Licht an den horizontalen, planen Flächen der Eiskristalle, den Nachw. dieser Kristalle in Wolken erlaubt, wenn eine genügend starke Lichtquelle auf der Erde zur Verfügung steht. Eine derartige Lichtquelle bildete in der Sahara eine 140 m hohe u. 30 m im Durchmesser betragende Erdgasflamme, mit deren Hilfe die Reflexionserscheinungen untersucht wurden. Es stellte sich heraus, daß das reflektierte Licht vollständig polarisiert war. Durch eingehendere Unters. der Erscheinung hofft Vf. die Größe von Wolken-Bldg., Erscheinen u. Entw. von Cirrus-Wolken usw. ermitteln zu können. H. Fries. 396□

B. Allgemeine und theoretische organische Chemie

Berechnungen von niedrigen angeregten Energieniveaus von cyclischen Polyenen, Radikalen und Ionen. Nicolaas Bouman. (J. chem. Physics **35.** 1661—64. Nov. 1961. Amsterdam, Netherlands, Van-der-Waals-Lyceum, Sect. of Chem.) (Engl.)

Die niedriger angeregten Energieniveaus von *cycl. Polyenen, Radikalen* u. *Ionen* mit 3—8 C-Atomen werden unter Einbeziehung aller interelektron. Integrale u. ohne empir. Daten (außer dem C—C-Abstand) berechnet. Ch. Weiske. B 114□

Absorptionsspektren im fernen Ultraviolett von Methanol mit Wasserstoffbindungen. Wilbur Kaye und Richard Poulson. (Nature [London] **193.** 675—76. 17/2. 1962. Fullerton, Calif., Beckman Instruments, Inc.) (Engl.)

Der mol. Extinktions-Koeff. von *Methanol* (I) bei 1950 Å (UV) sinkt von 38,2 (Liter/Mol·cm) bei 0,0247 m Lsgg. in n-Hexan auf 2,86 bei 1,86 m Lsgg. u. auf 0,33 in reinem I. Da das Verhältnis des Extinktions-Koeff. bei 1950 Å u. bei 1,405 μ (1. Oberton der IR-OH-Valenzbande) unabhängig von der Konz. konst. bleibt, folgt, daß dieser Abfall auf die Ausbildung von H-Brücken zurückzuführen ist u. daß in 0,0247 m Lsgg. ca. 30% der Moll. zu Dimeren assoziiert sind. Monomerer I besitzt bei 18000 einen Extinktions-Koeff. von ca. 240. Ähnliche Änderungen sind an *n-Propanol, W.* u. *n-Amylalkohol* (Gleichgewichts-Konst. der Dimeren-Bldg. 2,7 in n-Hexan, 0,86 in CCl_4) zu beobachten. G. Pötzscher. B 118□

Untersuchungen des Lösungsmitteleinflusses auf die Ultraviolettabsorptionsspektren von aromatischen Azomethinen mit OH-Gruppen. J. Hîres und L. Hackl. (Acta Univ. Szegediensis, Acta physica chem. [N. S.] **5.** 19—27. 1959.) (Engl.)

In den UV-Spektren der Schiffschen Basen (**S**; Darst. aus Salicylaldehyd mit dem entsprechenden Amin) *N-Salicylidenbenzylamin* (F. 30—31° [A.]), *-p-toluidin* (F. 99,5° [A.]), *-isopropylamin* ($Kp._{1-2}$ 80°) u. *N.N'-Bis-[salicyliden]-äthylendiamin* (F. 124,5° [A.]) in A., Methanol, Propanol, Butanol oder Ae. tritt eine Bande mit niedriger Intensität bei 400—450 (mμ) auf, die in n-Hexan nicht zu beobachten ist. Die Bande wird der Bldg. von Komplexen der **S** mit Lsgm. mit freien Elektronenpaaren durch intermol. H-Brücken zugeschrieben. Aus der Intensitätsänderung der Bande mit der Zus. eines A.–n-Hexan-Gemisches werden die Assoziations-Konst. für die Gleichgewichte **S** + m A. → **S**$(A.)_m$ bestimmt. Die Konst. betragen (in gleicher Reihenfolge der Verbb.) $4{,}4\cdot10^{-2}$ (m = 1,500), $1{,}10\cdot10^{-1}$ (m = 1,120), $(3{,}19-5{,}13)\cdot10^{-2}$ (m = 1,426) u. $(1{,}21-1{,}40)\cdot10^{-1}$ (m = 1,164). Die Intensität der Bande in den verschiedenen Lsgm. steigt mit deren DK. G. Pötzscher. B 118□

Ultraviolettabsorptionsspektren von Isoflavonen. R. Bognár, V. Szabó und R. E. Dávid. (Acta Univ. Szegediensis, Acta physica chem. **5.** 6—18. 1959. Debrecen, L. Kossuth Univ., Inst. für Org. Chem.) (Dt.)

Die UV-Spektren von *Isoflavon* u. folgenden Isoflavonen (**A**) in A., Cyclohexan, alkohol. C_2H_5ONa-, KOH- oder HCl- u. H_2SO_4-Lsgg. werden aufgenommen: *7-Hydroxy-*,

7-Methoxy-, 7.4'-Dihydroxy- (Daidzein), 7-Hydroxy-4'-methoxy- (Formononetin), 7-Methoxy-4'-amino-, 7-Methoxy-4'-hydroxy- (Isoformononetin), 7-Hydroxy-4'-amino-, 5-Hydroxy-7.4'-dimethoxy-, 5.7.4'-Trimethoxy-, 7-Hydroxy-4'-nitroisoflavon, Sophoricosid, Genistein (5.7.4'-Trihydroxyisoflavon), 2-Methyl-, 2-Äthyl-, 2-Carboxy- u. *2-Carbäthoxygenistein.* Die **A** zeigen in A. 2 Maxima bei ca. 300 u. ca. 250 mμ, deren Lage u. Intensität von der Art u. Stellung der Substituenten beeinflußt wird. In alkal. oder sauren Lsgg. verschieben sich z. T. die Banden, bei einigen Verbb. tritt im alkal. Medium eine 3. Bande bei 270 mμ bzw. im sauren Medium bei 300 mμ (unter Verschiebung der 1. Bande auf 350 mμ) auf. Aus dem Vgl. der Spektren von *Flavon* u. *5.7.4'-Trihydroxyflavon* mit denen der entsprechenden **A**, bes. bei Änderung des Lsgm., geht hervor, daß die Spektren zur Unterscheidung der **A** von den Flavonen herangezogen werden können. G. PÖTZSCHER. B 118□

Anomale Ultraviolett-Absorption einiger heterocyclischer Systeme. V. Georgian. (Chem. and Ind. **1957.** 1480—81. 9/11. Evanston, Ill., Northwestern Univ., Dep. of Chem.) (Engl.)

Die früher (vgl. C. **1950/54.** 8893 S) an Ketoisochinolinen gemachte Beobachtung einer anomalen hypsochromen Verschiebung von 10 mμ beim Übergang eines Syst., in dem Chromophor u. Auxochrom konjugiert sind, in ein Syst. mit nichtkonjugiertem Chromophor u. Auxochrom, die der bei carbocycl. Verbb. beobachteten Verschiebung entgegengesetzt ist, tritt auch auf im Syst. *Thebainon-A-Dihydrothebainon-A* u. bei den Verbb. *2-Thia-9-carbomethoxy-* u. *2-Thia-$\Delta^{5,10}$-oktalon-(6)* [u. sein *S.S-Dioxid* ($C_9H_{12}O_3S$, F. 219,0—220,5°) u. *S-Methojodid* ($C_{10}H_{14}JOS$, F. 106—108° [Zers.])].

Versuche: *3-Carbomethoxy-3-[3-oxobutyl]-thiacyclohexanon-(4)*, $C_{11}H_{16}O_4S$, F. 87 bis 88°, durch Cyclisierung von β.β'-Thiodipropionsäuredimethylester zum 3-Carbomethoxythiacyclohexanon-(4) u. dessen Rk. mit Methylvinylketon. — *2-Thia-9-carbomethoxy-$\Delta^{5,10}$-oktalon-(6)*, F. 103—104°, aus vorst. Verb. durch Behandlung mit starker Säure. — *2-Thia-$\Delta^{5,10}$-oktalon-(6)*, $C_9H_{12}OS$, F. 90,5—91,5°, durch scharfe Behandlung von vorvorst. Verb. mit HCl-Essigsäure. M. SCHÜLE. B 118□

Die Konfigurationen von Lävopimarsäure und α-Phellandren. Deutung ihrer Rotationsdispersionen. Albert W. Burgstahler, Herman Ziffer und Ulrich Weiss. (J. Amer. chem. Soc. **83.** 4660—61. 20/11. 1961. Bethesda, Md., Nat. Inst. of Arthrit. and Metabol. Dis.) (Engl.)

Vff. nahmen die Rotationsdispersionen von *Lävopimarsäure* (I; *$\Delta^{6.8,14}$-Abietadiensäure*) u. *$\Delta^{2.4}$-Cholestadien* (II) zwischen 200 u. 600 mμ auf. Es ergab sich, daß sich nach den Rotationsdispersionskurven I u. II wie opt. Antipoden verhalten. Auf Grund der Ansicht von MOSCOWITZ u. Mitarbeitern (vgl. nachst. Ref.), daß die Richtung des COTTON-Effekts vom Drehsinn der Dienhelix abhängt, ergibt sich in Übereinstimmung mit den chem. Befunden, daß I 13α-Konfiguration im Gegensatz zur Annahme von KLYNE (C. **1955.** 775) besitzt. Der ähnlich auch bei (—)-*α-Phellandren* (III) beobachtete negative COTTON-Effekt führt zum Schluß, daß eine analoge Konfiguration auch bei dieser Verb. vorliegt, u. zwar eine quasi-axiale Anordnung der Isopropylgruppe. In I u. III befinden sich die Protonen einer Alkylgruppe in räumlicher Nähe des Zentrums des ungesätt. Syst.; daher vermuten Vff., daß eine Art Wechselwrkg. eintritt, welche die sonst ungünstige Konformation stabilisiert. B. GNAUCK. B 119□

Optische Aktivität von räumlich unsymmetrischen Dienen. Albert Moscowitz, Elliot Charney, Ulrich Weiss und Herman Ziffer. (J. Amer. chem. Soc. **83.** 4661—63. 20/11. 1961. Minneapolis, Minn., Univ. of Minnesota, Dep. of Chem.; Murray Hill, N.J., Bell Telephone Labors.; Bethesda, Md., Nat. Inst. of Arthritis and Metabol. Dis.) (Engl.)

Vff. nahmen die Rotationsdispersionskurve von (+)-*trans-9-Methyl-1.4.9.10-tetrahydronaphthalin*, dessen abs. Konfiguration bekannt ist, zwischen 200 u. 550 mμ in Cyclohexan auf. Außerdem wurde die partielle Rotationsdispersionskurve des niedrigsten Singulett—Dien-Übergangs unter der Annahme berechnet, daß das Mol. einfach als cis-Butadien behandelt werden kann, dessen konjugierte Bindungen nicht koplanar, sondern in einem Winkel von 17,5° zueinander angeordnet sind (DREIDING-Modell, vgl. C. **1962.** 68). Die Übereinstimmung zwischen den berechneten u. experimentellen Daten ist so zufriedenstellend, daß Vff. folgende Regel geben: Ein stark positiver COTTON-Effekt hängt mit der langwelligsten Absorptionsbande des cis-artigen Diens (bei ca. 260 bis 280 mμ für polycycl. Verbb.) zusammen u. bedeutet, daß im Mol. ein cis-artiger Dien-Chromophor vorhanden ist, der im Sinne einer rechtsläufigen Spirale verdrillt ist. Ein stark negativer COTTON-Effekt zeigt entsprechend eine linksläufige Verdrehung an. In Übereinstimmung hiermit fanden Vff. die COTTON-Effekte von *Ergosterin*, *Lumisterin$_3$*,

Pyrocalciferol u. *Isopyrocalciferol*. Die klass. Deutung der Rotationsdispersionskurven führt dagegen zu unlösbaren Widersprüchen. Auch die COTTON-Effekte von *Thebainonmethylenolat* u. (—)-*Kodein* sind mit der obigen Regel in Einklang.

B. GNAUCK. B 119□

Über die Natur des Lösungsmitteleffektes auf die IR-Spektren von Carbonylverbindungen. M. Horák, J. Jonáš und J. Plíva. (Tetrahedron Letters [London] **1959.** Nr. 3. 19—22. April. Prague, Czechoslovak. Acad. of Sci., Inst. of Chem.) (Engl.)

Für die Frequenzverschiebungen $\Delta\nu_{CO}$ der CO-Bande, die bei Carbonsäure-Derivv. des Typs R—CO—X (X = Halogen, —OR', —NR'R'') zwischen 2 verschiedenen Lsgm. (n-Hexan u. Chlf.) auftreten, sind nicht nur die Eigg. des Lsgm. maßgebend, sondern es müssen die Eigg. des Lsgm. u. des gelösten Stoffes u. ihre spezif. Beeinflussung untereinander berücksichtig werden. Die Abhängigkeit zwischen $\Delta\nu_{CO}$ u. ν_{CO} für verschiedene Derivv. der gleichen Carbonsäure ist linear. Die Beziehung zwischen $\Delta\nu_{CO}$ u. den polaren Eigg. der Substituenten, die direkt an der für die betreffende Frequenz charakterist. Bindung angreifen, kann ebenfalls durch eine lineare Gleichung wiedergegeben werden. Diese ist jedoch im Gegensatz zu der vorst. für $\Delta\nu_{CO}/\nu_{CO}$ genannten im allg. auch für Ketone u. Aldehyde gültig. Das Verhältnis $\Delta\nu_{CO} : \nu_{CO}$ ist graph. dargestellt für *Essigsäure, N.N-Dimethylacetamid, Essigsäuremethylester, -äthylester, -phenylester, -isopropenylester* u. *Acetylchlorid* sowie für *Benzoesäure, N.N-Dimethyl-, N-Methyl-, N-Methyl-N-phenylbenzamid, Benzamid, Benzoesäuremethylester, -äthylester, -phenylester, Benzoylchlorid* u. *-bromid*.

G. TEEGE. B 120□

Infrarotspektren der Lösungen von Jod, Brom und Jodchlorid in aromatischen Kohlenwasserstoffen. J. Morcillo und E. Gallego. (An. Real Soc. españ. Física Quím., Ser. B **55.** 629—44. Sept./Okt. 1959. Madrid, Inst. de Quím. Fís. „Rocasolano".) (Span.; Auszug: Engl.)

Der Einfl. von J_2, Br_2, *JCl* auf die IR-Spektren einer Reihe von aromat. KW-Stoffen (z. T. auch in Lsgg. von CS_2) wird untersucht. Die Änderung der Spektren von *Bzl., Toluol, Äthyl-, Isopropyl-, tert.-Butylbenzol, m-* u. *p-Xylol, 1-Methyl-4-isopropyl-, 1.4-Diisopropyl-, 1.3.5-* u. *1.2.4-Trimethyl-, 1.2.4-* u. *1.3.5-Triisopropyl-, 1.2.4.5-Tetramethyl-* u. *Hexamethylbenzol* infolge Komplex-Bldg. bei Zusatz von J_2 sowie die Zuordnungen der meisten Banden sind angegeben. Die symm. Ringatmungs- u. C—C-Valenzfrequenzen sind in beinahe allen Fällen verstärkt u. besitzen die größte Intensität von allen Banden. Die Donatorstärke des Benzolrings steigt mit steigender Methylsubstitution, fällt jedoch in der Reihe $C_2H_5 > i\text{-}C_3H_7 > t\text{-}C_4H_9$ wieder ab. Das deutet darauf hin, daß der Einfl. des induktiven Effekts durch den Hyperkonjugationseffekt wieder abgeschwächt wird. Bei Br_2 in Bzl. treten die gleichen verstärkten Banden wie mit J_2 auf. In den Spektren der Lsgg. von Br_2 u. JCl in den anderen KW-Stoffen entsteht eine große Zahl neuer Banden, die beweisen, daß eine elektrophile Substitution am Ring in solchen Lsgg. erfolgt.

G. PÖTZSCHER. B 120□

Über die ω-CO-Schwingung in O- und N-Acetylverbindungen und ihre Anwendung zum differenzierten Nachweis von OH- und NH-Gruppen. J. Derkosch und E. Rieger. (Mh. Chem. **90.** 389—95. 30/6. 1959. Wien, Univ., II. Chem. Inst.) (Dt.)

Es wird durch Vgl. bekannter Daten mit den IR-Spektren von *N-Acetylsuccinimid* ($Kp._9$ 167°), *-phthalimid, -indol, -pyrrol, -saccharin, -benzolsulfanilid, -carbazol, 1-* u. *2-Acetylindazol* u. *O-Acetylacetessigsäureäthylester* gezeigt, daß mit Hilfe der CO-Valenzfrequenz der durch Acetylieren von OH-, NH- u. NH_2-Gruppen gebildeten O- u. N-Acetylverbb. eine Unterscheidung dieser Gruppen möglich ist. Auf die Bedeutung einer solchen IR-Analyse bei unlösl. Verbb. wird hingewiesen.

G. PÖTZSCHER. B 120□

Dipolmoment und Struktur von fünf- und sechsgliedrigen Lactamen. Calvin M. Lee und W. D. Kumler. (J. Amer. chem. Soc. **83.** 4593—96. 20/11. 1961. San Francisco, Calif., San Francisco Med. Center, Univ. of California, School of Pharm., Dep. of Pharmaceut. Chem.) (Engl.)

Vff. bestimmten die Dipolmomente μ folgender Pyrrolidone u. Piperidone in Dioxan bei 30° sowie die IR-Carbonylfrequenzen u. UV-Maxima: *Pyrrolidon-*(*2*) (**I**) μ = 3,79 (D), ν(C=O) 1684 (cm^{-1}); *5-Methyl-* (**V**) 4,08, 1678; *5.5-Dimethylpyrrolidon-*(*2*) 4,05, 1681; *Cyclohexan-*[*1-spiro-5*]*-pyrrolidon-*(*2*) 4,56, 1684; *N-Methylpyrrolidon-*(*2*) (**II**) 4,06, 1770(?); *3-Aminocyclohexancarbonsäurelactam* 3,73, 1669; *N-Acetyl-3-aminocyclohexancarbonsäurelactam* (**III**) 2,88, 1736 u. 1686; *4-Aminocyclohexancarbonsäurelactam* 4,24, 1669; *N-Acetyl-4-aminocyclohexancarbonsäurelactam* (**IV**) 3,63, 1712 u. 1686. Keines der Lactame außer **II** weisen eine UV-Absorptionsbande oberhalb 200 mμ auf, anscheinend liegt aber eine solche dicht unterhalb 200 mμ. **III** besitzt eine Spitze bei 217 u. **IV** bei 218 mμ. Im Gegensatz zu dem Verh. von N-Acetyl- u. N-Benzoyllactamen konnte kein Zusammenhang zwischen den maximalen Extinktionen u. den Dipolmomenten festgestellt werden.

Das Dipolmoment von **I** entspricht dem eines offenkettigen Amids. Die Zunahme des Dipolmoments beim Übergang in **V** wird durch die Stabilisierung der positiven Ladung am N-Atom der Ionenform verursacht. Für **III** wird ebenso wie für N-Acetylpyrrolidon (μ = 3,00 D) eine cis–trans-Konformation angenommen (die Carbonylgruppen besitzen den weitesten Abstand). Die geringere Abnahme des Dipolmoments 6gliedriger Lactame bei Einführung einer N-Acetylgruppe im Vgl. mit dem Verh. 5gliedriger Lactame wird auf den geringeren Winkel zwischen den Carbonylgruppen im 6-Ring-Syst. zurückgeführt. Vff. vergleichen ferner die Wrkg. einer N-Methylgruppe auf die Dipolmomente von Lactamen u. Imiden. B. GNAUCK. B 120□

Dipolmoment und Struktur der Carbamatgruppe. Calvin M. Lee und W. D. Kumler. (J. Amer. chem. Soc. **83.** 4596—4600. 20/11. 1961.) (Engl.) — Vgl. vorst. Referat.

Die Dipolmomente μ sowie die IR-Carbonylfrequenzen folgender Verbb. in Dioxan bei 30° wurden ermittelt: *Carbaminsäureäthylester* μ = 2,59 (D), ν(C=O) 1689 (cm^{-1}); *-α-äthyl-α-methylpropylester* (*Emylcalmat, Striatran*) 2,64, 1681; *Oxazolidon-(2)* (**IV**) 5,07, 1274; *N.O-Trimethylencarbamat* 5,10, 1684; *N.O-Cyclohexylen-(1.3)-* (**V**) 5,64, 1681; u. *-(1.4)-carbamat* (**VI**) 5,60, 1681; *N-Acetyloxazolidon* (**I**) 2,81, 1779 u. 1698; *3.5-Dimethyl-5-äthyloxazolidindion-(2.4)* (**II**, *Paramethadion, Paradion*, $Kp._{11}$ 101—102°, F. ca. 0°) 1,69, 1812 u. 1733; *3.5.5-Trimethyloxazolidindion-(2.4)* (**III**, *Trimethadion, Tridion*, F. 46°, $Kp._5$ 78—80°) 1,74, 1812 u. 1733. Von vorst. Verbb. wurden ferner die UV-Spektren untersucht. Die ersten 6 Verbb. besitzen keine Maxima oberhalb 200 mμ, **I** dagegen ein solches bei 204 mμ, **II** u. **III** schwache Maxima bei 227 mμ. Bei den cycl. Carbamaten mit 5- bis 7gliedrigem Ring-Syst. kann nur die trans-Konfiguration auftreten. Die beiden offenkettigen Verbb. liegen dagegen nach den theoret. Berechnungen in der cis-Konformation vor. Die höhere Carbonylfrequenz von **IV** wird mit einer Wrkg. des verstärkten s-Charakters der exocycl. Bindung der ion. Form erklärt. Die höheren Dipolmomente von **V** u. **VI** werden auf eine Rehybridisierung der Ringbindungen zurückgeführt. Wegen des geringen Dipolmoments wird für **I** cis-trans-Konfiguration (weitester Abstand zwischen den C=O-Gruppen) angenommen. Aus den Daten für **II** u. **III** wird abgeleitet, daß in diesen Verbb. nur eine geringe Resonanz wirksam ist. Im Gegensatz zu HALL u. ZBINDEN (C. **1959.** 10841) wird die längerwellige Carbonylbande der Ring- u. die kürzerwellige der Seitenkettencarbonylgruppe zugeordnet. B. GNAUCK. B 120□

Das Dipolmoment und die Struktur der Imidgruppe. 1. Mitt. **Fünf- und sechsgliedrige cyclische Imide.** Calvin M. Lee und W. D. Kumler. (J. Amer. chem. Soc. **83.** 4586—90. 20/11. 1961.) (Engl.) — Vgl. vorst. Referate.

Vff. bestimmen die Dipolmomente μ folgender cycl. Imide bei 30° in Dioxan, nahmen die UV-Spektren in A. auf u. ermittelten die Lage der IR-Carbonylbande (in KBr): *Cyclohexan* μ = 2,89 (D), λ_{max} 206 (mμ), ν(C=O) 1701 (cm^{-1}); *N-Methylcyclohexan-1.3-dicarbonsäureimid* 2,88, 212, 1724 u. 1672; *Glutar*-2,58, 204, 1695 u. 1661 (Schulter, s); *N-Methylglutarsäureimid* 2,70, 210, 1721 u. 1667; *Bemegrid* (*Megimid, β-Methyl-β-äthylglutarsäureimid*) 2,92, 203 (?), 1718 u. 1667; *Glutäthimid* (*Doriden, α-Äthyl-α-phenylglutarsäureimid*) 2,83, 206 (sowie 252, 258 u. 263), 1718 u. 1691; *Aminoglutäthimid* (*Elipten, α-Äthyl-α-[p-aminophenyl]-glutarimid*) 3,64, 244 (sowie 292, 206 u. 260), 1689 u. 1715s; *Succinimid* 1,47, 194 (?), 1770 u. 1689; *N-Methylsuccinimid* 1,61, 204 u. 242, 1757 (sowie 1686 u. 1718s); *3.6-Methanocyclohexan-1.2-dicarbonsäureimid* 1,74, 223 u. 248, 1754 u. 1695; *Cyclohexan-1.2-dicarbonsäureimid* 2,24, 255, 1748 u. 1692. Aus den Daten der sechsgliedrigen Imide ergibt sich, daß Imide in der cis.cis-Konformation Dipolmomente (beide Carbonylgruppen in cis-Stellung zur NH-Gruppe) zwischen 2,6—2,9 D besitzen. Dagegen weisen die fünfgliedrigen Imide kleinere Dipolmomente (1,5—2,2 D) auf, weil der Winkel zwischen den beiden Carbonylgruppen größer ist u. die Resultierende der N^+O^--Beiträge derjenigen der Carbonyldipole entgegengesetzt gerichtet ist. Vff. diskutieren die Wrkg. des Ersatzes der NH- durch die NCH_3-Gruppe auf die Dipolmomente sowie UV- u. IR-Spektren u. nehmen an, daß der Ersatz des H→N- durch einen C→N-Dipol geringere Auswirkungen hat als der induktive Effekt der eingeführten CH_3-Gruppe. Dieser bewirkt eine Stabilisierung ion. Formen u. die elektronenabstoßende Eig. der CH_3-Gruppe erleichtert den Elektronenübergang, wodurch das UV-Maximum langwellig verschoben wird u. höhere Extinktionen aufweist. Ähnliche Effekte wurden auch bei den IR-Spektren beobachtet. Vff. nehmen ferner auf Grund von Berechnungen an, daß die Dipolmomente der freien Imidgruppe gemäß den nachst. Konformationen zunehmen cis.cis < cis–trans < trans.trans. B. GNAUCK. B 120□

Synthese und Eigenschaften von 5-substituierten Mercaptotetrazolen. Eugene Lieber und Takashi Enkoji. (J. org. Chemistry **26.** 4472—79. Nov. 1961. Chicago, Ill., Roosevelt Univ., Dep. of Chem.) (Engl.) — Vgl. FINNEGAN u. Mitarbeiter, C. **1959.** 1118.

Vff. untersuchten die Darst.-Bedingungen für 5-substituierte Mercaptotetrazole aus den entsprechenden Thiocyanaten u. NaN_3, die IR- u. UV-Spektren u. ermittelten die

pK_a-Werte der Tetrazole. Bei der Darst. von *5-Benzylmercaptotetrazol* [I, $C_8H_8N_4S$, F. 134—135°, Toluol; λ_{max} 243 mμ (Schulter = s), pK_a 4,08] ergab sich, daß die besten Ausbeuten (26,6%) in 80% ig. wss. Dioxan (Dx.) in Ggw. von NH_4Cl (6 Std. bei 89°) erhalten werden. Erhöhung des Wasser-Geh., Anwendung von reinem W. oder Arbeiten ohne NH_4Cl vermindert die Ausbeuten. Auch in Dimethylformamid (DMF) werden höhere Ausbeuten (22,0%) erzielt, wenn die Rk.-Temp. unterhalb des F. des zersetzlichen I (6 Std. bei 95°) gewählt wird. Die Zers. des I u. anderer 5-substituierter Mercaptotetrazole führt zur Bldg. von NH_3 u. Thiocyanat sowie in Chlf. unlösl. Teeren. Einige 5-alkylsubstituierte Verbb. weisen UV-Spektren ohne Maxima auf mit Ausnahme von *5-Äthyl-* [$C_3H_6N_4S$, F. 86—88° (Toluol); Rk.-Temp. 89° in wss. Dx.; 15% Ausbeute nach 6std. Rk.-Zeit; λ_{max} 237; pK_a 4,28] u. *5-Isopropylmercaptotetrazol* ($C_4H_8N_4S$, F. 61—63°, CCl_4; 125° in DMF; 25%; λ_{max} 237; pK_a 4,27), deren allerdings wenig ausgeprägte Maxima einer Hyperkonjugations-Wrkg. der Alkylmercaptogruppe auf den Tetrazolring zugeschrieben werden. Der saure Charakter der 5-alkylmercaptosubstituierten Tetrazole ist auf eine Resonanzstabilisierung des entsprechenden Anions zurückzuführen. Die Aryl-Verbb. weisen definierte Absorptionsmaxima bei 234—275 mμ auf, die dem Bzl.-Ring zugeordnet werden müssen. Durch Vgl. dieser Spektren mit denen der entsprechend monosubstituierten Benzole konnten die E-Banden identifiziert werden. Hieraus ergab sich eine gute Beziehung zwischen den $\Delta\lambda$-Werten (vgl. DOUB u. VANDENBELT, J. Amer. chem. Soc. **71.** [1949.] 2414 u. früher) u. den HAMMETTschen σ-Konst., soweit sie elektronenanziehende Gruppen betrifft. Für Verbb. mit elektronenabstoßenden Substituenten konnte keine solche Beziehung gefunden werden. Hieraus wird abgeleitet, daß die Mercaptotetrazol-Gruppe selbst einen elektronenabgebenden Charakter besitzt, der stärker als derjenige der Thiocyangruppe ist. Für die 5-Alkylmercaptotetrazole wurden folgende IR-Hauptbanden beobachtet: cycl. N—N=N-Bande 1299—1319 (cm^{-1}) Gerüstschwingungen bei 1064—1085, 1033—1050 u. 978—987, C—S—C-Valenzschwingung bei 667—702, weitere Banden bei 1488—1534, 1344—1368 u. 714—773; für die 5-Alkylmercaptotetrazole: cycl. N—N—N-Schwingung bei 1277—1355, Gerüstschwingungen bei 1068—1085, 1019—1041 u. 977—981, Phenylbanden bei 1529—1623 u. 1473 bis 1522, Bande des disubstituierten Phenylrings bei 990—1016, C—S—C-Bande bei 670—694. Die UV-Spektren von **II—V** (s. Vers.-Teil) in Methanol sind zwischen 210 u. 340 mμ angegeben. Untersucht wurde ferner die Darst. von Arylthiocyanaten nach GATTERMANN u. HAUSKNECHT [1890] sowie die direkte Einführung der Thiocyangruppe nach RIEMSCHNEIDER u. Mitarbeitern (C. **1953.** 6662).

Versuche: 5-substituierte Mercaptotetrazole wurden dargestellt: *5-Methyl-* (II), $C_2H_4N_4S$, F. 144—146° (Dx.), 95° in DMF; 71%; λ_{max} 228 s, pK_a 4,27. — *5-Allyl-*, $C_4H_6N_4S$, F. 65—67° (Cyclohexan), 95° in DMF; 4%; λ_{max} 247; pK_a 3,77. — *5-n-Butyl-*, $C_5H_{10}N_4S$, F. 96—97° (cremefarbige Nadeln aus Toluol), 125° in DMF; 33%; λ_{max} 228s; pK_a 4,33. — *5-p-Aminophenyl-*, $C_7H_7N_5S$, F. 199—200° (gelbbraunes Pulver aus n-Propylalkohol), in sd. DMF; 25%; λ_{max} 260; pK_a 4,43. — *5-p-Dimethylaminophenyl-*(**IV**), $C_9H_{11}N_5S$, F. 192—193° (Äthylacetat), in sd. DMF; 15%; λ_{max} 275; pK_a 4,53. — *5-p-Methoxyphenyl-*, $C_8H_8N_4OS$, F. 163—164° (Toluol), in sd. DMF; 62%; λ_{max} 234; pK_a 4,00. — *5-p-Tolyl-*, $C_8H_8N_4S$, F. 172—173° (Äthylacetat), in sd. DMF; 70%; λ_{max} 241; pK_a 3,83.— *5-Phenyl-* (**III**), $C_7H_6N_4S$, F. 92—93° (Toluol), in sd. DMF; 25%; λ_{max} 248; pK_a 3,79. — *5-p-Fluorphenyl-*, $C_7H_5FN_4S$, F. 142—143° (Toluol), in sd. DMF; 32%; λ_{max} 235, 220, 240; pK_a 3,69. — *5-m-Methoxyphenyl-*, $C_8H_8N_4OS$, F. 158—159° (A.-Toluol), in sd. DMF; 14%; λ_{max} 283, 290; pK_a 3,48. — *5-p-Chlorphenyl-*, $C_7H_5ClN_4S$, F. 157—158° (Toluol), in sd. DMF; 38%; λ_{max} 222, 244; pK_a 3,54. — *5-p-Bromphenyl-*, $C_7H_5BrN_4S$, F. 176—177° (Äthylacetat), in sd. DMF; 56%; λ_{max} 233, 247; pK_a 3,64. — *5-p-Jodphenyl-*, $C_7H_5JN_4S$, F. 190,5—191° ($C_2H_4Cl_2$), in sd. DMF; 38%; λ_{max} 257; pK_a 3,56. — *5-m-Trifluormethylphenyl-*, $C_8H_5F_3N_4S$, F. 105—106° (Toluol), in sd. DMF; 31%; λ_{max} 240, 250; pK_a 3,43; — *5-p-Carbäthoxyphenyl-*, $C_{10}H_{10}N_4O_2S$, F. 103—104° (Toluol), in sd. DMF; 27%; λ_{max} 224, 315; pK_a 3,36. — *5-p-Nitrophenylmercaptotetrazol* (**V**), $C_7H_5N_5O_2S$, F. 189 bis 191° (gelbe Nadeln aus Äthylacetat), in sd. DMF, 68%; λ_{max} 315; pK_a 3,08. — Thiocyanate: *p-Fluorphenyl-*, C_7H_4FNS, Kp.$_{14}$ 101—103°, durch Zugabe von p-Fluoranilin zu wss. H_2SO_4, Diazotierung mit $NaNO_2$ bei 5—10°, Gießen zu CuSCN u. W. (30 Min. bei 5—10°) u. Stehen (1 Nacht) bei Raum-Temp.; 32%. — *p-Aminophenyl-*, F. 58—59°, gelbe Prismen; 70%. — *p-Dimethylaminophenyl-*, F. 72—74°, gelbe Nadeln; 65%. — *p-Methoxyphenyl-*, F. 35—36°; 9%. — *p-Tolyl-*, Kp.$_{19}$ 130—132°; 25%. — *Phenyl-*, Kp.$_5$ 82—82,5°; 27%. — *p-Chlorphenyl-*, F. 36—38°; 48%. — *p-Bromphenyl-*, F. 53—54°; 13%. — *m-Trifluormethylphenyl-*, $C_8H_4F_3NS$, Kp.$_9$ 92—93°; 42%. — *p-Carbäthoxyphenyl-*, $C_{10}H_9NO_2S$, F. 77—78°, gelbe Nadeln; 16%. — *p-Nitrophenyl-*, F. 131 bis 132°; 66%. — *m-Methoxyphenyl-*, Öl; 27%. B. GNAUCK. B 120□

Propargylfluorid und sein Mikrowellenspektrum. B. E. Job und J. Sheridan. (Nature [London] **193.** 677. 17/2. 1962. Birmingham, Univ., Dep. of Chem.) (Engl.)

Von *Propargylfluorid* ($Kp._{760}$ 15°) wurden das kernmagnet. Resonanzspektrum u. das Mikrowellenspektrum aufgenommen. Beide bestätigen die Struktur der Verb.; im Resonanzspektrum ist eine Kopplung zwischen dem F-Kern u. den Acetylen-Protonen (Kopplungs-Konst. 6,5 Hz) zu beobachten. Aus dem Mikrowellenspektrum ergeben sich die Rotations-Konst. A = 35637,79, B = 4608,79 u. C = 4183,60 (Hz), die Zentrifugalverdrehungs-Konst. $D_{JK} = -0,072$, die C—F-Bindungslänge 1,385 Å u. der Winkel FCC zu ca. 111°. G. PÖTZSCHER. B 121□

Das Mikrowellenspektrum von Methylcyanid und die l-Typverdopplung bei CH_3CN, CH_3NC, CH_3CCH und CF_3CCH. T. S. Jaseja. (Proc. Indian Acad. Sci., Sect. A **50.** 108—29. Aug. 1959. Aligarh, Muslim Univ., Dep. of Phys.) (Engl.)

Das Mikrowellenspektrum für die Übergänge J = 0 → 1, J = 1 → 2 u. J = 2 → 3 im Grundzustand u. in den angeregten entarteten Schwingungszuständen $v_8 = 1$ u. $v_8 = 2$ wird aufgenommen. Die Schwingungs–Rotations–Wechselwrkg.-Konst. a_8 ergibt sich zu $-27,3 \pm 0,4$ MHz. Das Spektrum für die Übergänge J = 1 → 2 u. J = 2 → 3 mit $v_8 = 1$ läßt sich an Hand der NIELSENschen Theorie (vgl. Physic. Rev. [2] **79.** [1950.] 224) der Verdopplung vom l-Typ für symm. Kreiselmoll. deuten. Aus den Zuordnungen ergibt sich für die CORIOLIS-Wechselwrkg.-Konst. ζ ein Wert von 0,94. In Arbeiten anderer Autoren beobachtete Unstimmigkeiten in einigen Parameterwerten einiger symm. Kreiselmoll. werden durch Neuzuordnungen beseitigt u. für diese Moll. folgende ζ-Werte abgeleitet: ζ_8 für CH_3NC 0,93, ζ_{10} 1,00 u. ζ_9 0,95 für $CH_3C{\equiv}CH$ u. ζ_{10} für $CF_3C{=}CH$ 0,6. G. PÖTZSCHER. B 121□

Beziehung zwischen der relativen Impulshöhe organischer Scintillatoren und der Polarität sowie den Resonanzeffekten. Stanley R. Sandler, Paul J. Mc Gonigal und K. C. Tsou. (J. physic. Chem. **66.** 166—71. Jan. 1962. Philadelphia, Pa., Borden Chem. Co., Central Res. Labor.) (Engl.)

Es wird eine lineare Beziehung zwischen der relativen Impulshöhe der Kunststoff-Scintillatoren u. dem Ionisationspotential sowie den HAMMETT- oder TAFT-Substituenten-Konst. (σ bzw. σ_J) der aromat. Substituenten des Lsgm. (des Kunststoffes) bzw. des fluorescierenden Stoffes festgestellt. Der Zusammenhang zwischen den σ-Größen u. der relativen Impulshöhe sowie zwischen der relativen Impulshöhe u. den Ionisationspotentialen der Scintillations-Lsgm. wird an folgenden Syst. untersucht: 1. *Polyvinyltoluol* (*PVT*)-*Scintillatoren,* die *p-Terphenyl* (**II**, F. 212—213°), *4-Methyl-p-terphenyl, 4-Brom-p-terphenyl* u. *4-Jod-p-terphenyl* verschiedener Konzz. in Ggw. von jeweils 0,05 Gew.-% *1.4-Bis-[5-phenyloxazolyl-(2)]-benzol* (I) als Wellenlängenverschieber enthalten. 2. an *2.5-Dimethyl-, p-Methoxystyrol, Chlorstyrol, 3.4-Dimethylstyrol, Vinyltoluol, Styrol,* denen als fluorescierende Stoffe 3 Gew.-% *Naphthalin* (F. 80—81°), oder *1-Methoxynaphthalin* (Kp. 122°, n_D^{23} 1,6222) sowie **I** (0,05%) zugesetzt wird. 3. an PVT-Scintillatoren mit *4-Phenylstilben* (**III**) bzw. *4.4'-Diphenylstilben* verschiedener Konz. als fluorescierender Stoff. Die Wirksamkeit von **I** u. **III** als Wellenlängenverschieber wurde in Ggw. von **II** untersucht. In einer graph. Darst. werden die relativen Impulshöhen einiger Kunststoff-Scintillatoren u. die Ionisationspotentiale ähnlich substituierter Bzl.-Derivv. verglichen. Die Scintillationsmechanismen werden diskutiert.

Versuche: *4-Brom-p-terphenyl,* F. 229—230°, aus **II** durch Bromierung in Eisessig (EE) in Ggw. von J_2-Spuren. — *4-Jod-p-terphenyl,* F. 245—247°, aus **II** durch Behandlung mit J_2, KJ u. H_2SO_4 in EE. bei 80°; 50% (Ausbeute.) — *4-Methyl-p-terphenyl,* F. 206 bis 208°, aus vorvorst. Verb. durch Umsetzung mit n-Butyl-Li u. nachfolgende Rk. mit Dimethylsulfat; 38%. — *4-Phenylstilben,* F. 221—222°, aus 2-Phenyl-1-[biphenylyl-(**4**)]-äthanol-(1) durch Dehydratisierung über Al_2O_3 bei 300° im Vakuum. Der Alkohol wurde aus Phenylacetaldehyd u. der aus 4-Bromdiphenyl erhaltenen GRIGNARD-Verb. dargestellt. H. SCHIBILLA. B 125□

Massenspektrum von Trimethylboroxin. W. J. Lehmann, C. O. Wilson jun. und I. Shapiro. (J. inorg. nuclear Chem. **21.** 25—32. Dez. 1961. Culver City, Calif., Hughes Tool Comp., Aircraft Div., Chem. Dep.; Pasadena, Calif., Olin Mathieson Chem. Corp., Res. Labor.) (Engl.)

Vff. identifizieren durch Vgl. der Massenspektren von isotop. normalem u. ^{10}B-angereichertem *Trimethylboroxin* die verschiedenen Mol.-Bruchstücke. Nach den Spektren weisen die Verbb. einen beträchtlichen aromat. Charakter auf. Durch Intensitäts-Vgl. der Hauptpeaks kann gleichzeitig das Isotopenverhältnis in der normalen Verb. zu $^{10}B/^{11}B = 0,251$ angegeben werden. Betrachtungen der Mol.-Schwingungen beim

Bruch des Mol. lassen einen Isotopieeffekt in bezug auf das angegebene Isotopenverhältnis nahezu ausschließen. H. D. FREYER. B 131□

Dielektrizitätskonstanten von Aceton–Dioxan und Aceton–Tetrahydrofuran-Mischungen. J. Johan Lindberg. (Suomen Kemistilehti B **32.** 12–14. 1959. Helsinki, Univ., Inst. of Chem.) (Engl.)

Bei 25° u. einer Frequenz von 500 kHz werden die DK von Mischungen von *Aceton* (**I**) mit *Dioxan* (**II**) bzw. *Tetrahydrofuran* (**III**) von 10 zu 10 Vol.-% gemessen. Zwischen den Anfangswerten von **II** (2,212) bzw. **III** (7,32) steigt die DK mit zunehmendem Geh. an **I** monoton zum DK-Wert von **I** (20,2). K. L. WOLF. B 132□

Ladungsverteilung, Dipolmoment und Molekülstruktur von aliphatischen Aldehyden, Ketonen, Nitrilen mit Säurederivaten. Sundaresa Soundararajan und R. Raman. (Indian Inst. Sci., golden Jubilee Res. Vol. **1909–1959.** 1–18. Juli/Aug. 1959. Dep. of Inorgan. and physic. Chem.) (Engl.)

Nach SMITH, REE, MAGEE u. EYRING werden die Ladungsverteilung u. daraus die Dipolmomente von aliphat. Verbb. berechnet, wobei Polarisierbarkeiten, innermol. Atomabstände u. Valenzwinkelwerte der Literatur entnommen werden. Aus den Unterschieden zwischen dem so errechneten u. dem gemessenen Wert des Dipolmoments wird das Mesomeriemoment erhalten, dessen Vorzeichen eine Diskussion des Mesomerieeffektes ermöglicht. Die Ladungsverteilung wurde für nachst. Verbb. errechnet: *ClCN, Acetonitril, Chlor-, Dichlor-, Trichloracetonitril, Acetylchlorid, Chlor-, Dichlor-* (**I**), *Trichloracetylchlorid, Acetylbromid, Acetyljodid, Acetaldehyd, Chlor-* (**II**), *Dichloracetaldehyd* (**III**), *Chloral, Bromal, Aceton, Chlor-, Bromaceton, Formamid, Acetamid, Harnstoff, Oxalyldichlorid* u. *Malonyldichlorid.* Aus den erhaltenen Werten wurden, ausgenommen für **I**, **II** u. **III**, die Dipolmomente ermittelt. K. L. WOLF. B 132□

Eine Näherungsmethode für die dielektrische Messung im Bereich der Zentimeter-Wellen. Hideo Seno. (J. sci. Hiroshima Univ., Ser. A **23.** 123–32. April 1959. Kyoto, Univ., Fac. of Sci., Dep. of Phys., Takahashi Labor.) (Engl.)

Auf der Grundlage der von TAKAHASHI u. Mitarbeitern (vgl. C. **1957.** 6662) entwickelten Gleichung beschreibt Vf. eine Näherungs-Meth. zur Messung der dielektr. Eigg. von Stoffen mit relativ hohem Verlustwinkel. Messungen nach der Meth. wurden durchgeführt an *Chlorbenzol, Brombenzol, Hexadecylalkohol* u. *Octadecylalkohol* bei den Wellenlängen 3,392 u. 3,411 cm. Die erhaltenen Werte von ε' u. ε'' stimmen mit Werten aus der Literatur gut überein. C. GOTTFRIED. B 132

Dipolmomentbestimmungen an assoziierten o-Halogenbenzoesäuren und Benzoesäure in Benzol. K. Palm und H. Dunken. (Z. physik. Chem. **217.** 248–62. 1961. Jena, Univ., Inst. für physik. Chem.) (Dt.)

Vff. ermitteln von *Benzoesäure* (**I**) sowie den *o-Halogenbenzoesäuren* in Bzl. die DK u. Dichten bei den Temp. 15, 25, 35 u. 45° im Konz.-Bereich von 0,002–0,2 Mol/kg. Die zu diesem Zwecke verwendete Meßanlage, bei der Umlaufapparatur, Lsg.-Bereitungsanlage u. Meßkondensator in einem abgeschlossenen Umdruck-Syst. vereint waren, gestattet dielektr. Präzisionsbestimmungen mit einer Meßgenauigkeit von $\Delta\varepsilon/\varepsilon_{max} = 3\cdot10^{-5}$. Eine Auswertung der Messungen sowohl nach den DEBYE-CLAUSIUS-MOSOTTIschen Beziehungen als auch nach der ONSAGER-Theorie hat konz.- u. temp.-abhängige Dipolmomente zum Ergebnis. Unter Zugrundelegung eines thermodynam. Gleichgewichts zwischen den Einfach- u. den Doppelmoll. wurden mit Hilfe von Reaktionsisobaren die Dipolmomente der monomeren u. dimeren Säuremoll. ermittelt. Ergebnisse: **I**, Assoziations-Konst. $\log K_{ass} = 1906/T - 3{,}62$ (K_{ass} bezogen auf Mol/kg); $\overline{\mu_1}$ (Moment des Monomeren) 2,12 ± 0,04 (nach ONSAGER); $\overline{\mu_2}$ (Moment des Dimeren) 0,97 ± 0,03; *o-Fluor-*, $\log K_{ass} = 2419/T - 5{,}70$; 2,46 ± 0,04; 2,21 ± 0,03; *o-Chlor-*, $\log K_{ass} = 1832/T - 3{,}84$; 2,49 ± 0,06; 2,03 ± 0,03; *o-Brom-*, $\log K_{ass} = 1801/T - 3{,}60$; 2,73 ± 0,02; 1,91 ± 0,03; *o-Jodbenzoesäure*, $\log K_{ass} = 2046/T - 4{,}42$; 2,27 ± 0,03; 1,83 ± 0,04. G. JORDAN. B 132□

Diffusion von Excitonen in Naphthalinkristallen. A. A. Kazzaz und A. B. Zahlan. (Physic. Rev. [2] **124.** 90–95. 1/10. 1961. Beirut, Libanon, Amer. Univ. of Beirut, Phys. Dep.) (Engl.)

Es wird der Einfang von Excitonen durch *Anthracen* in *Naphthalin*-Kristallen untersucht in Abhängigkeit von der Konz. der Verunreinigungen ($4\cdot10^{-8}$ bis $4{,}8\cdot10^{-3}$), von Temp., Ausglühen u. der Wellenlänge der anregenden Strahlung. Es wird gezeigt, daß inkohärente u. evtl. auch kohärente Oberflächenexcitonen an diesen Excitonenprozessen teilnehmen. Es wird eine Meth. zum Ausglühen von Mol.-Kristallen beschrieben. Es wird über einige Messungen der Temp.-Abhängigkeit dieser Prozesse berichtet. HANS LAUE. B 134□

Elektronenleitung in Komplexen aromatischer Kohlenwasserstoffe mit Jod. J. Kommandeur und Frances R. Hall. (J. chem. Physics **34.** 129—33. Jan. 1961. Parma, Ohio, Union Carbid Corp., Parma Res. Labor.) (Engl.)

Die Mol.-Komplexe *Pyren* (I)–*Jod* (**A**) u. *Perylen–Jod* (**B**) zeigen eine Elektronenleitfähigkeit, die um 10—12 Größenordnungen höher liegt als die der Aromaten. Der spezif. Widerstand bei 300 °K beträgt (in Ohm·cm) für **A** 75 u. **B** 8. Die Verbb. zeigen die Eigg. von Halbleitern. Aus der Beziehung log σ gegen 1/T ergeben sich die Aktivierungsenergien: **A** 0,14 eV, **B** 0,019 eV. Ein Hall-Effekt wurde nicht gefunden, doch konnte eine obere Grenze für die Beweglichkeit von $\mu \leqq 0{,}01$ [$cm^2 v^{-1} s^{-1}$] für beide Komplexe festgelegt werden. Für die Zahl der Ladungsträger/g ergab sich: **A** $\geq 3 \cdot 10^{18}$; **B** $\geq 3 \cdot 10^{19}$. Von **B** wurden Einkristalle erhalten. Die Darst. u. Identifizierung der Komplexe werden diskutiert u. das Phasendiagramm des Syst. **A** untersucht. Es zeigt die Existenz eines metastabilen Komplexes 2 I·J_2 u. eines stabilen Komplexes I·2 J_2. Dichtemessungen der I–J_2-Mischung zeigen in guter Übereinstimmung damit 2 Diskontinua bei 33 u. 67% J_2. H. G. Henkel. B 135□

Elektronenspinresonanz in Komplexen aromatischer Kohlenwasserstoffe mit Jod. L. S. Singer und J. Kommandeur. (J. chem. Physics **34.** 133—40. Jan. 1961.) (Engl.) – Vgl. vorst. Referat.

Sorgfältige Messungen der Elektronenspin-Konz. in halbleitenden Mol.-Komplexen von *Perylen* u. *Pyren* mit J_2 ergeben eine exponentielle Temp.-Abhängigkeit in guter Übereinstimmung mit der Aktivierungsenergie der Elektronenleitung. Die Übereinstimmung der Werte der Spin-Konzz. mit der aus elektr. Messungen durch Schätzungen erhaltenen Ladungsträger-Konz. bestätigt ebenfalls die Ermittlung der ungepaarten Spins als Ladungsträger. Bei niederen Temp. wurden kleine temperaturunabhängige Konzz. von eingefangenen Spins oder freien Radikalen beobachtet. Es wurden ferner die Formen der Spinresonanzlinien, die Spingitterrelaxationszeiten u. die g-Faktoranisotropien bestimmt. H. G. Henkel. B 137□

Der Einfluß der Sättigung paramagnetischer Resonanzabsorption auf den Faraday-Effekt. H. Wesemeyer und J. M. Daniels. (Z. Physik **152.** 591—98. 16/10. 1958. Univ. of Brit. Columbia, Dep. of Phys.) (Dt.)

Der Faraday-Effekt (FE) am $Nd(C_2H_5SO_4)_3 \cdot 9\,H_2O$ wurde bei gleichzeitiger Sättigung der paramagnet. Resonanz der Nd^{3+}-Ionen bei 1,4 °K untersucht ($s' = 1/2$, $g_{//} = 3{,}6$, $\nu = 9060$ MHz, H = 1,8 kOe) u. eine 50-, 88- u. 10%ig. Verminderung des FE erhalten. Die relative Änderung des FE kann zur Berechnung von Relaxationszeiten benutzt werden. Eine entsprechende Formel wird angegeben. H.-P. Rettig. B 137□

Strukturuntersuchungen an Harnstoff und Hexamethylentetramin mittels protonenmagnetischer Resonanz. Masashi Yagi. (Sci. Rep. Tôhoku Univ., Ser. I. **42.** 182—89. Dez. 1958. Tôhoku Univ., Fac. of Sci., Phys. Inst.) (Engl.)

Aus dem 2. Moment der protonenmagnet. Absorptionslinie getrockneter Pulver von *Harnstoff* (I) u. *Hexamethylentetramin* (*Urotropin*, II) wurde unter Verw. von Ergebnissen der Röntgenkristallstrukturanalyse für I der N—H-Abstand zu 1,02 ± 0,01 Å bestimmt (angenommener H—N—H-Valenzwinkel 120°). Für II wird auf Grund des erwarteten C—H-Abstandes von 1,09—1,10 Å gefolgert, daß der H—C—H-Bindungswinkel kleiner ist als der normale Tetraederwinkel. H.-P. Rettig. B 137□

Effekt der Cyclisierung von Siloxanen auf die diamagnetische Susceptibilität. R. M. Mathur. (Chem. and Ind. **1957.** 1125. 17/8. Bombay, Indien, Inst. of Science, Chem. Labor.) (Engl.)

Während der Ringschluß offenkettiger KW-Stoffe von einer starken Änderung der diamagnet. Susceptibilität (**A**) begleitet wird, ist die Cyclisierung offenkettiger Siloxane nur mit geringen Änderungen der **A** verbunden. Es werden die χa- u. χm-Werte für *Hexamethyldisiloxan*, *Hexadekamethylheptasiloxan*, *Hexamethylcyclotrisiloxan*, *Oktamethylcyclotetrasiloxan*, *Diphenylsilandiol*, *Hexaphenylcyclotrisiloxan* u. *Oktaphenyltetrasiloxan* angegeben u. daraus die χR_2SiO berechnet. Die geringen Unterschiede der Werte für ring- u. kettenförmige Siloxane läßt auf nur geringe Veränderungen der Elektronenwolken schließen. K. Rühlmann. B 137□

Magnetismus und Molekularstruktur: Nah-Effekt bei ortho-substituierten Benzoesäuren. D. D. Khanolkar. (Current Sci. **27.** 296—97. Aug. 1958. Bombay, Inst. of Sci., Chem. Dep.) (Engl.) — Vgl. C. **1961.** 12032.

Vf. schließt aus der Differenz ($\chi_{COOH} - \chi_H$) der mol. Susceptibilitäten o-substituierter Benzoesäuren (χ_{COOH}-Werte gemessen von *o-Nitro-*, *o-Chlor-*, *o-Amino-*, *o-Hydroxybenzoesäure*, *Toluylsäure*, *Phthalsäure* u. *Benzoesäure*) gegenüber den entsprechenden Bzl.-Derivv. ohne Carboxylgruppe (χ_H-Werte der Literatur entnommen) zurück auf den Einfl. von o-Substituenten. Er findet, daß dieser Einfl. in der Reihe $NO_2 >$ COOH $>$ Cl $>$

OH > NH_2 > CH_3 abnimmt, was in Übereinstimmung mit dem abnehmenden Grad der Elektronegativität oder des induktiven Effektes steht. Daraus wird gefolgert, daß der induktive Effekt im untersuchten Zusammenhang größere Bedeutung besitzt als der Resonanzeffekt, soweit es sich um benachbarte Substituenten handelt. Die beobachtete Änderung des Wertes von $\chi_{COOH}-\chi_H$ wird nach LANGEVIN mit einer Abnahme der Elektronendichte in der Nähe der COOH-Gruppe erklärt.

H. FAHLENBRACH. B 137□

Praktische Proton-Ligand-Stabilitätskonstanten einiger Nitrobrenzcatechine. K. S. Math, K. A. Venkatachalam und M. B. Kabadi. (J. Indian chem. Soc. **36.** 65—66. Jan. 1959. Bombay, Inst. of Sci., Phys. Chem. Labors.) (Engl.)

Von folgenden Nitro-Derivv. des *Brenzcatechins* (I) wurden die Proton–Ligand-Stabilitäts-Konst. bei $\mu \sim 0{,}1$ m u. 30° bestimmt: I (pK_1 =) 11,74; (pK_2 =) 9,28. — *3-Nitro-* 11,48; 6,50. — *4-Nitro-* 10,59; 6,63. — *3.4-Dinitro-* 8,24; 4,02. — *3.5-Dinitrobrenzcatechin* 9,86; 3,32. — Zu einer halbquant. Abschätzung der induktiven u. mesomeren Effekte der NO_2-Gruppe auf die Dissoziation wurden die pK_1- u. pK_2-Werte aus den Konst. von I nach PAULING berechnet u. mit den gefundenen verglichen, die Übereinstimmung ist gut. Der Einfl. der Stellung der NO_2-Gruppen auf die Dissoziation der beiden OH-Gruppen wird diskutiert.

P. SCHARNER. B 139□

Die Substituentenwirkung der NH_3^+-Gruppe auf die Ionisationskonstante einer aromatischen Base. A. V. Willi. (Z. physik. Chem. [Frankfurt/M.] [N. F.] **27.** **233—38.** Febr. 1961. Bern, Schweiz, Forschungsinst. der Dr. A. Wander AG.) (Dt.)

Die thermodynam. Aciditäts-Konst. der konjugierten Säuren von *m-* u. *p-Phenylendiamin* bzw. von *m-* u. *p-Bis-[trimethylammonio]-benzoldihydroxyd* in H_2O bei 25° werden auf spektrophotometr. Wege bestimmt. Sie betragen bei einer Ionenstärke von 0,1 N(KCl) m-NH_3^+ 2,41, m-$N(CH_3)_3^+$ 2,22; p-NH_3^+ 2,89, p-$N(CH_3)_3^+$ 2,44; m-NH_2 4,98; p-NH_2 6,16 Diese Werte zeigen, daß die aciditätserhöhende Wrkg. der NH_3^+-Gruppe wesentlich schwächer ist als diejenige der $N(CH_3)_3^+$-Gruppe. Diese Erscheinung wird auf die bessere Abschirmung der positiven Ladung durch die Hydrathülle der NH_3^+-Gruppe zurückgeführt.

HERBERT HOFFMANN. B 139□

Spektrales Verhalten und Acidität der Krokonsäure und ihrer verwandten Derivate. Pierre Souchay und Maurice Fleury. (C. R. hebd. Séances Acad. Sci. **252.** 737—39. 30/1. 1961. Paris, Fac. des Sci., Labor. de Chim. P.C.B. IV.) (Franz.)

Es wurden die UV-Spektren folgender Verbb. aufgenommen: *Krokonsäure* (**I**), *Dihydro-* (**II**), *Dihydrocarboxy-* (**III**), *Tetrahydro-* (**IV**) u. *Tetrahydrocarboxykrokonsäure-* (**V**). Aus den Spektren wurden die pK-Werte berechnet: **I** [pK_1] 0,68; [pK_2] 1,97; **II** 2,9; 7,4; **IV** 3,70; 11,35; **III** [pK_2] 2,9; [pK_3] 7,8; **V** 3,70; 11,95.

H. G. HENKEL. B 139□

Über scheinbare Dissoziationskonstanten von Carbonsäuren mit äquatorialer und axialer Lage der Carboxylgruppe. P. F. Sommer, V. P. Arya und W. Simon. (Tetrahedron Letters [London] **1960.** Nr. 20. 18—22. Aug. Zürich, ETH, Organ.-chem. Labor.) (Dt.)

Vff. geben eine Gleichung zur Abschätzung der scheinbaren Dissoziations-Konst. alicycl. Monocarbonsäuren an (Lsgm. 80 Gew.-% Methylcellosolve/20 Gew.-% W.): $pK^*_{MCS} = 7{,}44 + 0{,}25\,a + 0{,}22\,b$ mit a = Anzahl der 1.3-Wechselwrkg. mit axialen Substituenten in γ-Stellung, b = 1 bei α-Methyl oder Ringverknüpfung in α-Stellung, b = 0 bei α-H. Die Gleichung ist anwendbar, wenn die Carboxylgruppe Substituent eines in Sessel-Konstellation vorliegenden Cyclohexan- bzw. Dekalingerüstes ist. Zusätzliche Ringe stören, wenn sie die 1.3-Wechselwrkg. beeinflussen. Polare Gruppen stören durch Beeinflussung der sauren Funktion. Die größte beobachtete Abweichung beträgt 0,16 pK^*_{MCS}-Einheiten. Untersuchte Säuren: *cis-* (gemessen pK^*_{MCS} 8,17; berechnet 8,16) *trans-Dekalin-9-carbonsäure* (8,58; 8,66), *5.5.9-Trimethyl-trans-dekalin-1-carbonsäure* (7,80; 7,69), *Abietin-*, *Dehydroabietin-*, *Desoxypodocarp-*, *Dextropimar-*, *Isodextropimar-*, *Lävopimar-*, *Dihydrodextropimar-*, *Neoabietin-*, *Podocarp-*, *Vinhaticoe-*, *Vouacapensäure*, *Agathendicarbonsäuremonomethylester*, *Cyclohexan-*, *trans-4-Methyl-*, *cis-* u. *trans-4-tert.-Butyl-*, *cis-* u. *trans-3-tert.-Butylcyclohexancarbonsäure*.

B. KREBS. B 139□

Potentiometrische und spektrophotometrische Untersuchungen über die Ionisation von Violur-, Barbitur- und 5.5-Diäthylbarbitursäure. Reino Näsänen und Tapio Heikkilä. (Suomen Kemistilehti B **32.** 163—70. 1959. Helsinki, Univ., Dep. of Chem.) (Engl.)

Die UV-Spektren von *Barbitur-* (**I**), *5.5-Diäthylbarbitur-* (**II**) u. *Violursäure* (**III**) sowie ihren Mono- u. Dianionen u. die Ionisations-Konst. der 3 Säuren werden durch potentiometr. (die 2. Konst. von **II** auch durch spektrophotometr.) Messung bestimmt. Die pK_1^0- u. pK_2^0-Werte bei 25° u. der Ionenstärke I = 0 betragen für **I** 4,08; 12,28; **II** 8,00; 12,8; **III** 4,58; 10,06. Der Einfl. der Tautomerie auf Spektren u. pK-Werte wird diskutiert.

G. PÖTZSCHER. B 139□

Polarographische Reduktion einiger Acridinderivate. 2. Mitt. L. B. Radina, S. W. Puschkarewa, N. M. Woronina und N. M. Chworowa. (Журнал Общей Химии [J. allg. Chem.] **30 (92)**. 3480—86. Okt. 1960. Swerdlowsk, Forschungsinst. für die Poliomyelitis-Prophylaxe.) (Russ.) — 1. vgl. WORONINA u. Mitarbeiter, C. **1962. 10461.**

Es wurde die polarograph. Red. verschiedener Acridin-Derivv. untersucht. Für die 1. u. 2. Stufe der Polarogramme werden die Potentiale u. Grenzdiffusionsströme tabellar. angegeben. Folgende Acridine wurden untersucht: *9-Chlor-, 6.9-Dichlor-, 2-Methoxy-9-chlor-, 2-Methoxy-6.9-dichlor-, 2-Äthoxy-6-nitro-9-chlor-, 9-Chlor-N-oxid, 2-Methoxy-9-chlor-N-oxid, 2-Methoxy-6.9-dichlor-N-oxid, 2-Äthoxy-6-nitro-9-chlor-N-oxid, 9-Äthoxy-, 6-Chlor-9-äthoxy-, 2-Methoxy-9-äthoxy-, 2-Methoxy-6-chlor-9-äthoxy-, 9-Äthoxy-N-oxid, 6-Chlor-9-äthoxy-N-oxid, 2-Methoxy-9-äthoxy-N-oxid, 2-Methoxy-6-chlor-9-äthoxy-N-oxid, 2.9-Diäthoxy-6-nitro-N-oxid,* ferner *9-[3-Diäthylamino-2-hydroxypropylamino]-acridin* (als *Dihydrochlorid*) u. seine nachst. Derivv.: *6-Chlor-, 2-Methoxy-, 2-Methoxy-6-chlor-, N-Oxid, 6-Chlor-N-oxid, 2-Methoxy-N-oxid* u. *2-Methoxy-6-chlor-N-oxid,* sowie *Acridin* u. sein *N-Oxid.* — Für die Red. der Verbb. werden 2 Stufen angenommen: In der 1. lagert sich ein Elektron unter Bldg. einer Semichinonstruktur an, in der 2. ein weiteres Elektron unter Bldg. von 9.10-Dihydroacridin. Die Oxid-Bindung der N-Oxide wird in der ersten Stufe mit reduziert, weshalb letztere bei den N-Oxiden infolge Aufnahme von 3 Elektronen relativ hoch ist. Bei den 9-Chloracridinen erfolgt die Abspaltung von Chlor u. Red. zum Semichinon ebenfalls prakt. in einer (der 1.) Stufe unter Aufnahme von 3 Elektronen. Bei den 9-Äthoxy- u. 9-Aminoacridinen erfolgt die Aufnahme von 3 Elektronen in der 2., relativ hoch liegenden Stufe unter Abspaltung der Äthoxy- bzw Aminogruppe. Das Potential der 1. Stufe ist pH-abhängig, das der 2. Stufe nicht. Es läßt sich ein gewisser Zusammenhang zwischen der Reduzierbarkeit der Verbb. u. ihrer biol. Aktivität feststellen. HELMUT SCHÄFER B 142□

Das Überschußvolumen von Mischungen von Cyclohexan und einigen normalen Alkanen. José Gómez-Ibáñez und Chia-Tsun Liu. (J. physic. Chem. **65.** 2148—51. Dez. 1961. Middletown, Conn., Wesleyan Univ., Hall Labor. of Chem.) (Engl.)

Die Überschußvolumina von bin. Mischungen von *Cyclohexan* (I) mit *n-Hexan* (II) u. mit *n-Dodecan* wurden bei 15, 25 u. 35° bestimmt In dem gemessenen Bereich ist das Überschußvolumen dieser Syst. von der Temp. unabhängig, u. die Größe des beobachteten Effektes scheint mit der Länge des n-Alkans in Beziehung zu stehen, wenn man noch einige Daten für bekannte I–Paraffin (n-Heptan, n-Hexadecan)-Syst. berücksichtigt. Für I u. II wurden die vorhandenen Daten mit Vorhersagen moderner Theorien über Lsgg. verglichen. Die Übereinstimmung war qual. aber nicht quantitativ. Die Übereinstimmung mit einfacheren Theorien ist besser. HANS LAUE. B 148□

Die Bestimmung von Aktivitätskoeffizienten bei unendlicher Verdünnung aus gaschromatographischen Messungen. C. J. Hardy. (J. Chromatogr. [Amsterdam] 2. 490—98. Sept. 1959. Bristol, Great Britain, Univ.) (Engl.)

Vf. ermittelte aus gaschromatograph. Messungen die Aktivitäts-Koeff. γ^0 für CH_3Cl, CH_2Cl_2, $CHCl_3$, CCl_4, CH_2BrCl, CH_2Br_2, *cis-, trans-Dichloräthylen, Trichlor-, Tetrachloräthylen,* CH_2ClCH_2Cl, CHF_3, $CClF_3$, CCl_2F_2, CCl_3F, $CHCl_2F$, $CHClF_2$, in Dinonylphthalat (I), Siliconöl 702 (II), u. Glycerin bei Temp. von 20—100° für CH_2Cl_2, $CHCl_3$ u. CCl_4 sowie für CH_3OH auch in W., für *W.,* CH_3OH, *A., Isopropanol, Aceton,* in I bzw. Dibutylphthalat sowie für *n-Pentan, Isopentan, 2-Methyl-, 3-Methyl-, 2.4-Dimethylenpentan* u. *n-Hexan* in II. Die γ^0-Werte der halogenierten KW-Stoffe (HKS) werden mit denen anderer Verbb. in polaren u. nicht-polaren Lsgm. verglichen u. im Hinblick auf den Transport von gelösten Stoffen durch Gas–Fl.-Säulen diskutiert. Merkliche Abweichungen vom idealen Verh. zeigen die KHS in stark polaren Lsgm., während die Temp.-Abhängigkeit von γ^0 sowohl vom gelösten Stoff als auch vom Lsgm. bestimmt wird. Es wird ein Überblick über die experimentellen Voraussetzungen der Meth. gegeben. F. M. FRIEDRICH-ANDERSECK. B 150□

Kryoskopische Bestimmung der Aktivitätskoeffizienten von Nichtelektrolytmischungen. R. J. Munn und F. Kohler. (Mh. Chem. **91.** 381—95. 1960. Wien, Univ., Anorg. u. Phys.-Chem. Inst.) (Dt.)

Vff. beschreiben eine Meth., welche die Aufnahme von Schmelzkurven bin. Nichtelektrolytmischungen mit einer Genauigkeit von 0,001° (mittels Thermistor) gestattet. Die Anwendung auf die Syst. *1.2.4-Trichlorbenzol–n-Hexan* (I) u. *Anilin–Cyclohexan* (II) ergab gute Übereinstimmung der Werte für Aktivitäts-Koeff. f_1 u. f_2 in den Bereichen $1 > x_1 > 0{,}65$ (I) u. $1 > x_1 = 0{,}90$, $0{,}62 > x_1 > 0$ (II) mit bekannten Werten. Die $\ln f_1/x_2{}^2$-Kurven zeigen beim Übergang von verd. zu konz. Lsgg. eine plötzliche Änderung, was einer Änderung der Mol.-Struktur der Lsg. bei Erhöhung der I- bzw. II-Konz. zugeschrieben wird. B. KREBS. B 150□

Verbrennungs- und Bildungswärmen von niederen Gliedern von Methyl- und Äthylmethoxypolysiloxanen. Toshio Tanaka. (Bull. chem. Soc. Japan **32.** 1258–61. Nov. 1959. Osaka, Miyakojima-ku, Osaka Univ., Fac. of Engng., Dep. of appl. Chem.) (Engl.)

Vf. bestimmt bei 20° die Verbrennungs- u. Bldg.-Wärmen der Verbb. $CH_3O-[Si(CH_3)(OCH_3)O]_n-CH_3$, n = 1, 2, 3 (**I, II, III**) u. $CH_3O-[Si(C_2H_5)(OCH_3)O]_2-CH_3$ (**IV**). Verbrennungswärmen $-\Delta H_c$ isobar, bei 1 atm, in kcal/Mol): **I** 767; **II** 1183; **III** 1608; **IV** 1488; Bldg.-Wärmen $-\Delta H_f$ unter Standardbedingungen (gasförmiger H_2 u. O_2, Graphit-C u. metall. Si, Bldg. fl. Verbb.; in kcal/Mol): **I** 227; **II** 412; **III** 589; **IV** 422; atomare Bldg.-Wärme $-\Sigma E$ (kcal/Mol) **I** 1799; **II** 2847; **III** 3887; **IV** 3408; Bindungsenergien für die Gruppierung **A** (kcal/Mol) **I** 364; **II** 368; **III** 370; **IV** 368. Die berechneten Werte für die Bindungsenergien sind ungleich größer als die experimentell gefundenen. Vf. ordnet auf Grund dieser Tatsache u. des verkürzten Bindungsabstandes der Si—O-Bindung der Bindung einen teilweisen Doppelbindungscharakter zu.

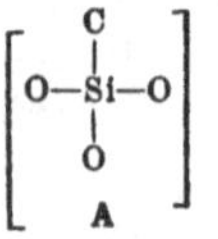

A

K.-H. Birr. 156□

Verbrennungswärmen: sek.-Propanol, 1.4-Dioxan, 1.3-Dioxan und Tetrahydropyran. A. Snelson und H. A. Skinner. (Trans. Faraday Soc. **57.** 2125. Dez. 1961. Manchester, Univ., Chem. Dep.) (Engl.)

Es wurden die Verbrennungswärmen ΔH obiger Verbb. bei 25° mittels eines Bombencalorimeters gemessen u. die Atom-Bldg.-Wärmen ΔH_f^0 abgeleitet. Daten für die Verbb. in obiger Reihenfolge: $-\Delta H_c^0$ 479, 39 ± 0,10 [kcal/Mol], ΔH_f^0 (fl.) −76,04 ± 0,17 [kcal/Mol], ΔH_f^0 (g) −65,07 ± 0,22 [kcal/Mol], $\Delta H_{(Verdampf.)}$ 10,97 ± 0,05 [kcal/Mol); 564,99 ± 0,12, −84,50 ± 0,20, −75,95 ± 0,4, 855, ± 0,2; 559,47 ± 0,14, −90,01 ± 0,20, −81,5 ± 0,4, 8,5 ± 0,2; 750,94 ± 0,31, −60,91 ± 0,4, −52,56 ± 0,6, 8,35 ± 0,2. Die Verbrennungswärme von fl. *n-Propanol* wurde auch gemessen, aber das Ergebnis ist unzuverlässig wegen ungenügender Reinheit des Stoffes. Daten in der Reihenfolge wie oben: 483,12 ± 0,18, −72,31 ± 1,0, −60,87 ± 1,05, 11,44 ± 0,05. Die Bldg.-Wärmen der Gase wurden aus den Verdampfungswärmen berechnet. Aus den ΔH_f^0 (g)-Werten wurden die Wärmen der Isomerisierungsprozesse: n-Propanol (g) → sek.-Propanol (g) u. 1.4-Dioxan (g) → 1.3-Dioxan (g) berechnet zu −4,20 ± 1,27 kcal/Mol u. −5,55 ± 0,8 kcal/Mol. Hans Laue. B 156□

Capillare Aktivität und die Abhängigkeit der Parachore der Lösungen von der Konzentration. Marian Puchalik. (Bull. Soc. Amis Sci. Lettres Poznań, Sér. B **14.** 209–14. 1958. Zabrze-Rokotnica, Inst. für Med. Phys. der Schles. Med. Akad.) (Dt.)

Die nach Gibbs mit capillarer Aktivität G bezeichnete Differentation der Oberflächenspannung σ_{12} einer Lsg. nach dem Molenbruch f_2 der gelösten Substanz vergleicht Vf. mit der Größe H, der Differentiation (ebenfalls nach f_2) des Parachors. Aus den Zahlenwerten der Lsg. *A.* in *W.* u. *Ae.* in *Bzl.*, jeweils bei 20°, folgt, daß 1. der Parachor der Lsg. mit wachsender Konz. zunimmt, wenn $G < H$, u. umgekehrt abnimmt für $G = H$, 2. der Parachor, wenn $G = H$ nur für einen Wert f_2 gilt, für diese Konz. ein Minimum erreicht, 3. der Parachor der Lsg. eine additive Funktion der Konz. ist, wenn $G = -4\,\sigma_{12}\,d\ln \varrho_{12}/df_2$ ist, wenn ϱ_{12} die Dichte der Lsg. bedeutet. S. v. Schieszl. B 166□

Die Verteilung von Essigsäure zwischen Lösungsmittel und Seifenmicellen in Benzollösungen. W. D. Bascom und C. R. Singleterry. (J. Colloid. Sci. **13.** 569–75. Dez. 1958. Washington, D.C., U.S. Naval Res. Lab.) (Engl.) — Vgl. C. **1958.** 2652.

Vff. untersuchen den Säure-Geh. der dampfförmigen Phase, die im Gleichgewicht mit der fl. Phase steht, u. bestimmen daraus die Verteilung von *Essigsäure* (**I**) zwischen Bzl. u. Micellen von Na-Dinonylnaphthalinsulfonat, Mg-Dinonylnaphthalinsulfonat u. Mg-Phenylstearat. Die Mg-Salze binden **I** stärker als die Na-Salze. Der Verteilungs-Koeff. ist abhängig von der Anionenart in der Micelle. W. setzt die Bindungsfähigkeit der Mg-Salze für die Säure herab. **I** ist z. T. fest an öllösl. Seifenmicellen gebunden, z. T. aber auch mehr lose an das organ. Anion. S. v. Schieszl. B 166□

Verhalten von oberflächenaktiven Molekülen an einer Grenzfläche. 2. Mitt. Statistische Thermodynamik von monomolekularen Schichten stabähnlicher Moleküle. Masayuki Nakagaki. (Bull. chem. Soc. Japan **32.** 1231–37. Nov. 1959. Osaka, Nishi-ku, Osaka City Univ., Fac. of Living Sci.) (Engl.) — 1. vgl. C. **1957.** 13605.

Vff. berechnet die der van-der-Waals-Konst. b entsprechende Konst. $A_0 = (\pi/2)\,d^2$ (d = Durchmesser des Mol.) für monomol. Schichten starrer, stabähnlicher Moleküle. Grundlage der Berechnungen ist das zweidimensionale Analogon zur Meth. von McMillan u. Mayer. Folgende vier Fälle werden betrachtet: alle Moll. sind 1. vertikal zur Grenzfläche ($\Theta = \delta$), 2. liegen flach auf der Grenzfläche ($\Theta = 90°$), 3. sind mit einem konst. Winkel Θ gegen die Grenzfläche verdreht u. 4. frei orientiert. Die so erhaltenen theoret. Gleichungen werden für die Diskussion der Orientierung gasförmiger Filme von *Myristinsäure* (I), *Tridecylsäure* (II) u. *Laurinsäure* (III) benutzt. I u. II liegen flach auf als gasförmiger Film, u. zwar solange, bis der Phasenübergang zum kondensierten Film erfolgt. Auf der anderen Seite sind die Moll. von III frei orientiert, wenn die pro Mol. zur Verfügung stehende Fläche groß ist; die Orientierung wird vertikal, je mehr die monomol. Schicht zusammengedrückt wird. VAN-DER-WAALS-Konst. A_0 (für gasförmigen Film) I bei $\Theta = 0^0$: 39,3 Å²; $\Theta = 71,8^0$: 270 Å²; bei $\Theta = 90^0$: 320 Å²; II bei $\Theta = 0^0$: 39,3 Å²; $\Theta = 71,8^0$: 258 Å²; $\Theta = 90^0$: 294 Å²; III bei $\Theta = 0^0$: 39.3 Å²; $\Theta = 71,8^0$: 247 Å²; O = 90⁰: 267 Å². K.-H. BIRR. B 166□

Konstitution und physikalische Eigenschaften von Äthern. 6. Mitt. Über die Viscositäts-Temperatur-Abhängigkeit von Glykoläthern. R. Riemschneider und P. Gross. (Mh. Chem. **91.** 48—56. 29/2. 1960. Berlin-Dahlem, FU.) (Dt.) — 5. vgl. Mh. Chem. **91.** [1960.] 41; 4. vgl. C. **1962.** 8580.

Am Viscositäts (ν)-Temp.-Verh. von 45 gemischten Äthern des Glykols, Diglykols, Triglykols u. Butandiols-(1.4) wird gezeigt, daß innerhalb der homologen Reihen die Temp.-Abhängigkeit stärker abnimmt als bei Paraffinen vergleichbarer Kettenlänge (Tabelle). Ausgehend von der UMSTÄTTER-Gleichung wird eine Form entwickelt, die die Berechnung der „Steilheit" n vereinfacht: $\log \text{tg} (90^0 + \text{arc tg} \ln \nu)/2 = n \log T_1/T$. Als zweite Kennzahl wird die Temp. T_1 benutzt, für die $\nu = 1$ cSt wird. Untersuchte Verbb.: *n-C_7···n-C_{12}-Äther* des *Äthylenglykolmono-n-butyl-, -isobutyläthers* u. *Diäthylenglykolmono-n-butyl-, -isobutyläthers* (außer C_7); *n-C_8-, -C_{10}-, -C_{12}-, -C_{14}-, -C_{16}-, -C_{18}-* u. *Benzyläther* des *Äthylenglykol-, Diäthylenglykol-* u. *Triäthylenglykolmono-n-propyläthers* (außer C_{10} u. C_{18}); *n-C_{10}-, n-C_{16}-* u. *Benzyläther* des *Butandiol-(1.4)-mono-n-propyläthers*.
B. KREBS. B 172□

Die Chemisorption von Äthylen an Nickel-Siliciumdioxid. P. W. Selwood. (J. Amer. chem. Soc. **83.** 2853—57. 5/7. 1961. Evanston, Ill., Northwestern Univ., Chem. Labor.) (Engl.)

Vf. untersucht durch Best. der Änderung der Magnetisierung des Ni u. Analyse der Hydrierungs-Prodd. die Sorption von C_2H_4 (I) an einem Ni-SiO_2-Katalysator im Temp.-Bereich von 0—130⁰. Im Bereich niedriger Temp. erfolgt „assoziative" Adsorption von I. Bei Erhöhung der Temp. gewinnen Dissoziation u. Bruch der C—C-Bindung an Bedeutung, ebenso die Selbsthydrierung, die bei niedriger Temp. zu vernachlässigen ist. Entfernt man das durch Selbsthydrierung gebildete C_2H_6, so nimmt Ni zusätzlich ein größeres Vol. an I auf. Bei ca. 130⁰ wird das gesamte Ni in ein nichtmagnet. Carbid (II) übergeführt. Behandelt man II bei 130⁰ mit H_2, so tritt unter Freisetzung von im wesentlichen reinem CH_4 erneut Magnetisierung ein. Beim 3std. Überleiten von D_2 bei 135⁰ über II entsteht CD_4, das nur Spuren von höheren KW-Stoffen enthält. P. FRENZEL. B 176□

Eine quantitative Untersuchung der Beziehung zwischen Molekülstruktur und Adsorptionsaffinität an Kieselsäure-Celite-Säulen. A. H. Sporer und K. N. Trueblood. (J. Chromatogr. [Amsterdam] **2.** 499—512. Sept. 1959. Los Angeles, Calif., Univ. of California, Dep. of Chem.) (Engl.)

Unter Gleichgewichtsbedingungen bestimmen Vff. die Wanderungs-Geschw. von *Acetophenon, Anilin, Anisol, Benzaldehyd, Benzoesäure, Benzylamin, -alkohol, m-, p-Dimethoxybenzol, m-, p-Dinitrobenzol, Hydrochinon, m-, p-Hydroxybenzaldehyd, m-, p-Methoxybenzaldehyd, p-Methoxybiphenyl, m-, p-Nitroanilin, m-, p-Nitrobenzaldehyd, Nitrobenzol, p-Nitrobiphenyl, p-Nitrodiphenylamin, Phenol, Resorcin, symm.-Trimethoxybenzol* u. *symm.-Trinitrobenzol* in benzol. Lsg. durch mit aktivierter Kieselsäure-Celite-503 (1,75 : 1) gefüllte Säulen. Die Gleichgewichts-Konst. des Adsorptionsvorganges („Adsorptionsaffinitäten") AA werden berechnet. Die aus den Messungen an monofunktionellen Verbb. bestimmten individuellen AA gestatten mit hinreichender Genauigkeit die Voraussage der AA polyfunktioneller Verbindungen. F. M. FRIEDRICH-ANDERSECK. B 176□

Das Auffüllen von antibindenden Bahnen. 1. Mitt. Doppelbindung in gesättigten Verbindungen. J. F. A. Williams. (Trans. Faraday Soc. **57.** 2089—98. Dez. 1961. Kampala, Uganda, Makerere Univ. Coll.) (Engl.)

LUCKENS (vgl. J. chem. Soc. [London] **1959.** 2954) Beschreibung der Doppelbindung in Moll. wie CF_4 vermeidet eine bestreitbare Resonanztheorie. Eine neue Abschätzung der Abhängigkeit mol. Eigg. (Dipolmoment, polare Substituenten-Konst., kernmagnet. Abschirmung, Flüchtigkeit) von einer Ladungswanderung im Mol. zeigt, daß Doppelbindungen dieser Art in vielen anderen gesättigten C-Verbb. vorhanden sind, die F-, O- u. N-Atome enthalten. So wird die Verringerung des Dipolmoments beim Übergang von NH_3 zu den Methylaminen auf die Wanderung der einsamen Elektronen am N in die antibindenden Bahnen der C—H-Bindungen zurückgeführt. Gesättigte N-Atome nehmen auch Doppelbindungen an. Dies trägt zur Stabilität der Ammine der Metalle der B-Klasse (vgl. IRVING u. COX, C. **1960.** 13628) bei u. ist für die anscheinend hohe Ligandenfeldstärke von NH_3 verantwortlich. Es erklärt auch die Fähigkeit von NH_3-Liganden, die Bindung trans-ständiger Atome in ebenen Platinkomplexen zu labilisieren. Weiterhin wird gezeigt, daß aus LUCKENS Modell folgt, daß das C-Atom in CF_4 die 2.8.8-Elektronenkonfiguration annimmt. HANS LAUE. B 182□

Geometrische Struktur der Molekülkomplexe von Halogenen mit aromatischen Kohlenwasserstoffen. J. Morcillo und E. Gallego. (An. Real Soc. españ. Física Quím., Ser. B **55.** 645—54. Sept./Okt. 1959. Madrid, Inst. de Quím. Fís. „Rocasolano".) (Span.; Auszug: Engl.) — Vgl. C. **1962.** 10400.

Unter Anwendung der Gruppentheorie werden die Normalschwingungen der aromat. KW-Stoffe berechnet, die infolge Komplex-Bldg. mit Halogenen IR-akt. werden. Die von MULLIKEN (C. **1954.** 4102) aufgestellten Modelle für die Geometrie der Halogen-Komplexe werden unter Verw. der l. c. bestimmten IR-Spektren der Komplexe theoret. untersucht. Danach sind die Argumente von FERGUSON (vgl. C. **1957.** 11821 u. früher) zugunsten eines axialen Modells nicht stichhaltig. Das Auftreten der Halogenvalenzschwingung in den Spektren der Komplexe ist mit jedem Modell vereinbar; selbst im symm. R-Modell (mit der Halogen-Mol.-Achse parallel zur Ringebene) ist diese Schwingung IR-aktiv. Am wahrscheinlichsten ist ein unsymm. R-Modell. G. PÖTZSCHER. B 182□

Elektronenaffinitäten von Chinonen; Beziehung der Einelektronen-Redoxpotentiale zur quantenmechanischen Berechnung. M. E. Peover. (Nature [London] **193.** 475—76. 3/2. 1962. Teddington, Middx., Dep. of Sci. and Ind. Res., Nat. Chem. Labor.) (Engl.)

Zwischen den von KUBOYAMA (Bull. chem. Soc. Japan **33.** [1960.] 917) nach einem MO-Verf. berechneten Energien der niedrigsten unbesetzten Mol.-Zustände (Elektronenaffinitäten) u. den $E_{1/2}$-Werten (gegen gesätt. Kalomelelektrode) der reversiblen Einelektronen-Red. von *o-* u. *p-Benzo-*, *Anthra-9.10-*, *Phenanthren-9.10-*, *Naphtho-1.2-* u. *-1.4-chinon* zu den entsprechenden Semichinonen in Acetonitril besteht eine lineare Beziehung. *Diphenochinon* folgt dieser Beziehung nicht. Eine solche Beziehung besteht auch nicht zwischen dem 2. $E_{1/2}$-Wert (Überführung zum Hydrochinon-Diion) u. den Energien des 2. unbesetzten Zustands, woraus hervorgeht, daß das 2. Elektron in die gleiche Mol.-Bahn eintritt wie das erste. G. PÖTZSCHER. B 182□

Bindungslängenwechsel im Pentalen. P. C. den Boer-Veenendaal und D. H. W. den Boer. (Molecular Physics **4.** 33—38. Jan. 1961. Utrecht, Univ., Organ.-Chem. Labor.) (Engl.)

Vff. berichten über Berechnungen des unbekannten KW-Stoffes *Pentalen* mit Hilfe der LCAO–MO-Meth. unter Annahme von C_{2h}-Symmetrie des Moleküls. C. GOTTFRIED. B 182

Veränderung der Wachstumsgeschwindigkeit und der Beschaffenheit von Adipinsäurekristallen durch oberflächenaktive Stoffe. Alan S. Michaels und Frederick W. Tausch jun. (J. physic. Chem. **65.** 1730—37. Okt. 1961. Cambridge, Mass., Massachusetts Inst. of Technol., Dep. of Chem. Engng.) (Engl.) — Vgl. C. **1961.** 4296.

Es wurde das isotherme Wachstum von *Adipinsäurekristallen* (AK) aus wss. Lsg. unter sorgfältig kontrollierten Bedingungen bei 32,7° untersucht, wobei die Übersättigung 1—13% u. die Konz. verschiedener anion. u. kation. oberflächenakt. Substanzen 0 bis 360 mg/Liter betrug. Die Netzmittel erhöhen die Übersättigungsgrenze, bis zu der die Kristalle aus Impfkristallen gezüchtet werden können, ohne daß dreidimensionale Keim-Bldg. eintritt. *Na-Dodecyltetrapropylbenzolsulfonat* u. *Na-Nonyltripropylbenzolsulfonat* [anion. Netzmittel (AN)] werden stärker an den (1 1 0) u. (0 1 0)-Flächen als auf der hexagonalen (0 0 1)-Fläche adsorbiert, *Trimethyloctadecylammoniumchlorid* [kation. Netzmittel (KN)] dagegen vor allem auf der (0 0 1)-Fläche des AK. AN in Konzz. unter 25 mg/Liter haben geringen Einfl. auf die Wachstums-Geschw.; dagegen bewirken höhere Konzz. von AN bis zu 5fache Steigerung der Wachstums-Geschw. der (0 0 1)-Fläche. KN unterdrücken das Wachstum an der (0 0 1)-Fläche u. hemmen es stark an den (1 1 0)- u. (0 1 0)-Flächen. Vff. diskutieren den Mechanismus des Kristallwachstums sowie den der Verzögerung u. Beschleunigung. — Diskussionsbeiträge von ZETTLEMOYER, Lehigh Univ., SHEDLOVSKY, Colgate-Palmolive Co. u. ZISMAN, Naval Res. Labor. G. TALSKY. B 190□

Dimensionen der Elementarzelle von Calciumsuccinattrihydrat. Bruce Linder und Edwin H. Shaw jun. (Proc. South Dakota Acad. Sci. **38.** 178—80. 1959, herausgeg. 1/1. 1960. Vermillion, S.Dak., State Univ.) (Engl.)

Drehkristallaufnahmen an *Calciumsuccinattrihydrat* ergaben eine monokline Zelle mit den Abmessungen a = 30,75 (Å); b = 9,37; c = 6,68; β = 74,15° u. Z = 8.
C. GOTTFRIED. B 195

Röntgenographische Untersuchung der Konfiguration von Cevin. W. T. Eeles. (Tetrahedron Letters [London] **1960**. Nr. 7. 24—26. April. Cardiff, Univ. Coll., Viriamu Jones Labor. (Engl.)

Vf. berichtet kurz über eine röntgenograph. Unters. von *Cevinhydrojodid*. Die Verb. krist. monoklin mit den Zellendimensionen a = 7,7 (Å); b = 10,8; c = 17,4; β = 97°; Raumgruppe ist $P\,2_1$; Z = 2; die Verb. enthält 2 Mol Kristallwasser. Aus Elektronendichteprojektionen konnte Vf. schließen, daß das Hydrojodid die gleiche Konfiguration besitzt wie sie KUPCHAN, JOHNSON u. RAJAGOPALAN (vgl. C. **1960**. 16438) für Cevin gefunden hatten. C. GOTTFRIED. B 195

Untersuchung der halbquantitativen Theorie der wechselseitigen Beeinflussung von Atomen in organischen Verbindungen. 3. Mitt. Elektronenladungen der Bindungen und chemische Eigenschaften der Moleküle. Mechanismus der wechselseitigen Beeinflussung der Atome. G. W. Bykow. (Известия Академии Наук СССР, Отделение Химических Наук [Nachr. Akad. Wiss. UdSSR, Abt. chem. Wiss.] **1957**. 554—62. Mai. Inst. für Geschichte der Naturwiss. u. Technik der Akad. der Wiss. der UdSSR.) (Russ.) — 2. vgl. C. **1958**. 9727; 1. vgl. C. **1959**. 8820.

Es wird eine Beziehung zwischen thermodynam. (energet.) u. kinet. Faktoren chem. Rkk. einerseits u. den Elektronenladungen der Bindungen andererseits festgestellt. Von den Isomeren, die in einer Rk. entstehen können, wird die Bldg. derjenigen Isomeren begünstigt, deren Gesamt-σ-Elektronenladung der C—H-Bindungen am größten ist. Die Rk.-Geschw. miteinander konkurrierender Rkk. ist bei Substitutionen, die an C—H-Bindungen mit geringster σ-Elektronenladung verlaufen, am größten. Dieses gilt für die elektrophile Substitution u. für radikal. verlaufende Rkk.; für nucleophile Substitutions-Rkk. ist es umgekehrt. Die Abspaltung von H-Atomen aus KW-Stoffen erfolgt bei C—H-Bindungen mit geringster σ-Elektronenladung am leichtesten. Es wird ferner eine Beziehung zwischen der Aktivierungsenergie u. den Elektronenladungen der Bindungen aufgezeigt. Am Beispiel der Essig- u. Chloressigsäure wird eine qualitative Theorie des Mechanismus der gegenseitigen Beeinflussung der Atome diskutiert. W. KURTZMANN. B 220

Refraktometrie als Methode der physikalisch-chemischen Analyse organischer Systeme. B. W. Ioffe. (Успехи Химии [Fortschr. Chem.] **29**. 137—61. Febr. 1960. Leningrad, Staatl. Univ., Chem. Inst.) (Russ.)

Zusammenfassende Übersicht über die Anwendung der refraktometr. Meth. auf organ. bin. Syst.; die grundlegenden Gesetzmäßigkeiten lassen sich jedoch auch auf tern. Syst. anwenden. — 99 Literaturangaben. E. KLEVER. B 221 □

Komplexe von Aminosäuren mit Sauerstoff. M. A. Slifkin. (Nature [London] **193**. 464—65. 3/2. 1962. Manchester, Univ., Phys. Labor.) (Engl.)

Zusatz von O_2 (2000 lbs./sq.in^2.) zu konz. wss. Lsgg. von *Glycin, Prolin, Alanin* u. *Tryptophan* (**I**) erhöht die UV-Absorption beträchtlich gegenüber der von O_2-gesätt. W., was auf die Bldg. von O_2-Aminosäuren-Komplexe zurückgeführt wird. Das von den Spektren der anderen Aminosäuren verschiedene Spektrum von O_2–I-Mischungen mit einem Maximum bei 380 mμ wird einem Übergang vom Grund- in den 1. Triplettzustand zugeschrieben. G. PÖTZSCHER. B 223 □

Komplexverbindungen von Zinntetrajodid mit Aminen. 1. Mitt. Sarju Prasad, K. N. Chatterjee und M. H. Rao. (J. Indian chem. Soc. **35**. 811—13. Nov. 1958. Varanasi, Banaras Hindu Univ., Chem. Labor.) (Engl.)

Durch Umsetzung von SnJ_4 mit prim. Monoaminen werden Komplexe der Zus. *$SnJ_4 \cdot 4$ Amin*, mit prim. Diaminen Komplexe der Zus. *$SnJ_4 \cdot 2$ Diamin* erhalten. Die Komplexe sind mit einer Ausnahme semikristallines Pulver u. an trockner Luft beständig. Sie sind unlösl. in Bzl., Ae., Chlf. u. Aceton, lösl. in verd. HCl u. werden durch wss. NaOH zu $Sn(OH)_4$, NaJ u. Amin versetzt. $SnJ_4 \cdot 4$ Amin-Komplexe: *Anilin*-F. 150°, bräunlich. — *o-Toluidin*-, F. 214°, braun. — *m-Toluidin*-, F. 175°, gelb. — *p-Toluidin*-, F. 180°, gelb. — *α-Naphthylamin*-, F. 220°, gelbbraun. — *β-Naphthylamin*-, F. 214°, gelbgrün. — *o-Anisidin*-, F. 151°, gelb. — *p-Anisidin*-, F. 148°, aschefarben. — *Butylamin*-, Kp. 250°, gelb. — *Benzylamin*-, F. 174°, gelb. — *o-Phenetidin*-, F. 165°, gelb. — *p-Phenetidin*-, F. 164°, hellgelb. — $SnJ_4 \cdot 2$ Diamin-Komplexe: *Äthylendiamin*-, F. 158°, weiß. *Dianisidin*-, F. 195°, aschefarben. — *o-Tolidin*-, F. 198°, weiß. — *Diaminonaphthalin*-, F. 169,8°, rotbraun. — *p-Phenylendiamin*-, F. 240°, rosa. — *Benzidin*-, F. 182°, braun. L. LAMZA. B 223

Die Löslichkeit von Äthylendiamintetraessigsäure in einigen wässerigen Medien. Akira Iguchi, Yukichi Yoshino und Yoshikazu Tsunoda. (Sci. Pap. Coll. gen. Educat., Univ. Tokyo **9.** 23—30. Juni 1959. Tokyo, Univ. Coll. of Gen. Educ., Chem. Inst.) (Engl.)

Angegeben werden die Löslichkeiten von 10^{-3}m *Äthylendiamintetraessigsäure* (I)/ Liter W. in Abhängigkeit von der Temp. (2,7°: 0,566; 20,0°: 0,9719; 25,0°: 1,153; 30,0°: 1,372; 35,0°: 1,660; 40,0°: 1,990; 45,0°: 2,350; 100°: 32,1). Aus der linearen Abhängigkeit zwischen 20 u. 45° wurde für diesen Bereich die Lsg.-Wärme zu 6,76 kcal/Mol berechnet. Die Löslichkeit nimmt zu bei Zusatz von KCl, NH_4Cl, NaCl, LiCl u. $MgCl_2$ u. $MgSO_4$. Beim Zusatz von HCl durchläuft die Löslichkeitskurve ein Minimum bei pH-Werten zwischen 1,5 u. 1,8. Ein Zusatz organ. Stoffe zum Lsgm. (Methanol, A., Propanol, Aceton, Essigsäure) senkt die Löslichkeit beträchtlich. S. v. SCHIESZL. B 224□

Zur Isomerisierung von alicyclischen Kohlenwasserstoffen. (Ein Beispiel zur Anwendung der Gaschromatographie zur Bestimmung physikalisch-chemischer Konstanten.) H.-G. Könnecke, H. Schmiers und G. Gawalek. (Z. physik. Chem. [Leipzig] **218.** 233—49. 1961. Leipzig, Inst. für Verf.-Techn. der org. Chem.) (Dt.)

Vff. berichten über die Anwendbarkeit der quant. Gas–Fl.-Chromatographie als Analysen-Meth. zur Ermittlung thermodynam. Konst. an Hand der durch $AlCl_3$ katalysierten Isomerisierung alicycl. KW-Stoffe. Es werden die reversiblen Isomerisierungen von 1. *Cyclohexan* zu *Methylcyclopentan*, 2. *Methylcyclohexan* (I) zu *Dimethylcyclopentan* (Isomere) u. 3. die irreversible Isomerisierung von *Cycloheptan* zu I u. Dimethylcyclopentan (Isomere) untersucht. Die durch Konz.-Messungen der jeweiligen Komponenten ermittelten Gleichgewichts-(K) u. Geschw.-Konst. sowie die Aktivierungsenergien E_a ergeben Werte, die mit denen durch Massen- u. IR-Spektroskopie erhaltenen gut übereinstimmen. Ergebnisse: Rk. 1: $\log K = 2{,}512 - 1050/T$ (bei 60—75°), E_a 34,3 (kcal/Mol); Rk.2: $\log K = 1{,}725 - 1003/T$ (bei 80—90°); E_a 29,4; Rk. 3: E_a 34,4.

H. D. FREYER. B 225□

Die Quasi-Faworski-Umlagerung. 2. Mitt. **Stereochemie und Mechanismus.** Edward E. Smissman und Gilbert Hite. (J. Amer. chem. Soc. **82.** 3375—81. 5/7. 1960. Madison, Wis., Univ. of Wisconsin, School of Pharm., Dep. of Pharmaceut. Chem.) (Engl.) — 1. vgl. C. **1960.** 2174.

Durch Kochen von (—)-1-Methyl-3-benzoyl-3-chlorpiperidin (I) mit NaOH-Pulver in abs. Xylol (Xy) oder hochsd. PAe. (Skelly E, Kp. 125°) erhält man (±)-*1-Methyl-3-carboxy-3-phenylpiperidin* (II, F. 250—250,5° Zers., Chlf.; *Hydrochlorid*, $C_{13}H_{18}ClNO_2$, F. 274,5—275,5°, Essigsäure–Bzl.; *Äthylesterhydrochlorid*, F. 177,5—178,5° Zers., Äthylacetat), 85—90% ig. rac. (+)-*1-Methyl-3-benzoyl-3-hydroxypiperidin* [(+)-III], *Benzoesäure* sowie ein nicht identifiziertes Amin. Bei Verw. von Ae. oder Skelly A als Lsgm. wurde die Bldg. der umgelagerten Verb. II nicht beobachtet. Durch ½std. Kochen von I in abs. Xy tritt 10% ig. Racemisierung ein, III ist gegenüber ½std. Kochen mit NaOH-Pulver in abs. Xy opt. stabil. Die Umlagerung von 1-Methyl-4-benzoyl-4-chlorpiperidin (vgl. l. c.) erwies sich als empfindlich gegenüber Konz.-Änderungen u. dem NaOH-Geh., es bildeten sich unterschiedliche Mengen an *1-Methyl-4-carboxy-4-phenylpiperidin.* Bei der 4std. Einw. von NaOH auf I in wss. Aceton bei Raum-Temp. trat vollständige Dehalogenierung ein unter Bldg. von 87% (±)-III. Auch durch Kochen von I oder II mit 5- oder 30% ig. NaOH in wss. Dioxan konnte kein II erhalten werden. Durch Einw. von $NaOCH_3$ in Methanol auf (+)-I bildeten sich 91% *2-Methoxy-2-phenyl-5-methyl-1-oxa-5-azaspiro-[2.5]-octan* (IV), durch ½std. Kochen von I mit methanolfreiem $NaOCH_3$ in abs. Xy eine nach dem IR-Spektrum IV ähnliche Carbonylverbindung. Vff. nahmen die opt. Rotationsdispersionskurven von I u. III in 0,1n HCl u. Octan (Oc) zwischen 300 u. 600 mμ auf. Auf Grund der beobachteten COTTON-Effekte können die abs. Konfigurationen von I u. III angegeben werden. I weist in HCl einen negativen, in Oc aber einen positiven COTTON-Effekt auf. Dies wird mit dem Auftreten einer elektrostat. Anziehung zwischen dem kationoiden N-Atom u. den Carbonyl-O-Elektronen in HCl-Lsg, u. einer Abstoßung zwischen dem freien Elektronenpaar am N-Atom u. den Carbonyl-O-Elektronen in Oc erklärt. Zum Mechanismus der Gerüstumlagerung α-halogenierter Ketone ohne α-H-Atom („Quasi-FAWORSKI-Umlagerung") wird ein einheitlicher Ablauf vorgeschlagen. Es wird eine Zwischenstufe in Form eines rac. äußeren Ionenpaares, Teilnahme der Carbonylgruppe u. Bldg. eines instabilen, rac. inneren Halbketals bei S_N2i-Ablauf an der ion. Oberfläche des festen NaOH angenommen. — Spaltung von rac. III mit (+)-Camphersulfonsäure-(10) [(+)-V] [→ (+)(+)-*Salz*, $C_{23}H_{33}NO_6S$, F. 145 bis 146° (Zers., Äthylacetat), α_D^{25} +28,4° (abs. A.)] bzw. mit (—)-V [→ (—)(—)-*Salz*, F. 145—146° (Zers.), α_D^{25} —28,3°]. Daraus (+)-III, $C_{13}H_{17}NO_2$, F. 72,5—73°, α_D^{25} —11,6° (abs. A.) bzw. (—)-III, F. 72,5—73° (Skelly A), α_D^{25} —11,6° (abs. A.). — Spaltung von rac.-I mit (+)-V in abs. A. unter Zugabe von heißem Äthylacetat (→ (+)(—)-*Salz*,

$C_{23}H_{32}ClNO_5S$, F. 182—183° Zers., α_D^{25} +11,6°, W.); (—)-I, $C_{13}H_{16}ClNO$, F. 25—26°, α_D^{27} —4,2° (abs. A.). B. GNAUCK. B 225□

Kritische Erscheinungen bei der Einwirkung von Inhibitoren auf entartet-verzweigte Kettenreaktionen. A. B. Gagarina, S. K. Maisuss u. N. M. Emanuel. (Доклады Академии Наук СССР [Ber. Akad. Wiss. UdSSR] **135.** 354—56. 11/11. 1960. Inst. für chem. Phys. der Akad. der Wiss. der UdSSR.) (Russ.)

Bei der Oxydation von *n-Decan* bei 130° in fl. Phase in Ggw. von α-Naphthol als Inhibitor tritt eine sprunghafte Änderung des Rk.-Mechanismus bei geringfügiger Änderung der Inhibitor-Konz. auf. Die Verringerung der α-Naphthol-Konz. von $3{,}3 \cdot 10^{-7}$ auf $3{,}1 \cdot 10^{-7}$ Mol/ml führt zum plötzlichen Auftreten eines autokatalyt., nicht inhibierten Rk.-Verlaufes. H. JÄGER. B 225□

Austauschreaktion zwischen Methan und Deuterium. Koshiro Miyahara. (J. Res. Inst. Catalysis, Hokkaido Univ. **4.** Nr. 3. 177—84. März 1957. Hokkaido, Univ., Fac. of Sci., Dep. of Chem.) (Engl.) — Vgl. C. **1958.** 6794 u. nachst. Referat.

Vf. erklärt die relativen Bldg.-Geschw. der verschiedenen Deuteromethane in der Anfangsstufe der von KEMBALL (C. **1954.** 1216 u. früher) beschriebenen Austausch-Rk. zwischen CH_4 u. D_2 durch ein Rk.-Schema, dem Chemisorption von H_2 bzw. D_2 u. schrittweise dissoziative Chemisorption von CH_4, im vorliegenden Fall an einen Ni-Film, zugrunde liegt. Die Aktivierungsenergien der Rkk. $H_2 \rightleftharpoons 2$ H (a), $CH_4 \rightleftharpoons CH_3$ (a) + H (a), u. CH_3 (a) $\rightleftharpoons CH_2$ (a) + H (a) (a = absorbiert an Ni) werden zu 31, 30 u. 37 kcal/Mol berechnet. J. WINKLER. B 225□

Die Austauschreaktion zwischen Äthan und Deuterium an aufgedampften Metallfilmen. Bemerkungen zu Miyaharas Theorie. Charles Kemball. (J. Res. Inst. Catalysis, Hokkaido Univ. **4.** 222—27. März 1957. Belfast, Univ., Dep. of Chem.) (Engl.) — Vgl. C. **1961.** 3965 u. vorst. Referat.

Vf. bestreitet, daß die von MIYAHARA (l. c. u. früher) angenommene Absorption von C_2H_3-Radikalen u. C_2H_2-Moll. am Metallfilm bei der Rk. eine Rolle spielt u. daß die dissoziative Absorption von H_2 bzw. D_2 der langsamste Schritt der Rk. sei. J. WINKLER. B 225□

Über den Mechanismus der Reaktion von Phosphorpentachlorid mit Ketonen. Melvin S. Newman und Louis L. Wood jun. (J. Amer. chem. Soc. **81.** 4300—03. 20/8. 1959. Columbus, Ohio, Ohio State Univ., McPherson Chem. Labor.) (Engl.)

Der Mechanismus der Rk. von *Ketonen* mit *PCl_5* wurde untersucht. PCl_5 scheint in Lsg. PCl_4^+-Ionen aufzuweisen. Diese wirken in elektrophiler Rk. auf den Carbonyl-O oder dieser in nucleophiler Rk. auf den P ein. Dabei entsteht ein Ion mit Elektronenmangel, das entweder mit einem Cl^--Ion ein Additions-Prod. (I) bildet oder direkt unter $POCl_3$-Abspaltung in ein Chlorcarbonium-Ion (II) übergeht. I geht vermutlich über ein cycl. Zwischenprod. mit 6-Ring unter $POCl_3$- u. HCl-Abspaltung in ein Chlorolefin (III) über, das bei zahlreichen Ketonen nach Rk. mit PCl_5 isoliert werden konnte; oder es bildet sich aus I durch ion. Zers. II, das sich mit Hilfe des π-Elektrons des Cl durch Resonanz stabilisiert. III entsteht dann durch Verlust eines Protons aus II. Schließlich reagiert II auch mit Cl^--Ionen (z. B. aus dem PCl_6^--Ion) unter Bldg. des Dichlorids (IV). Weniger wahrscheinlich scheint die Bldg. von IV aus einem aus I entstandenen Ionenpaar zu sein. Der Mechanismus wird an zahlreichen Beispielen aus der Literatur diskutiert. G. MARQUARD. B 225□

Kinetik der basenkatalysierten Solvolyse von Acetanhydrid in Methanol-Wasser-Mischungen. Jouko Koskikallio. (Suomen Kemistilehti B **32.** 41—46. 1959. Helsinki, Finland, Univ. of Helsinki, Dep. of Chem.) (Engl.) — Vgl. C. **1960.** 1458.

Die Geschw.-Konst. 3. Ordnung k_3 (Liter·Mol^{-2}·s^{-2}) der durch K-Acetat katalysierten Hydrolyse u. Methanolyse von *Acetanhydrid* (I) zwischen 0 u. 40° ändern sich nicht wesentlich mit der Zus. des H_2O–CH_3OH-Gemisches. Die Geschw.-Konst. der Rk. zwischen I u. dem CH_3O^--Ion nehmen dagegen etwas mit steigender CH_3OH-Menge im Lsgm.-Gemisch ab. Die von Pyridin katalysierte Methanolyse von I in CH_3OH andererseits wird durch Zusatz von H_2O beschleunigt. Die Mechanismen der Rkk. werden diskutiert. Folgende k_3-Werte (bei 20°), Aktivierungsenergien E (kcal·Mol^{-1}) u. log A-Werte wurden bestimmt: Rk. in CH_3OH in Ggw. von K-Acetat $k_3 = 6{,}78 \cdot 10^{-7}$; E = 12,08; log A = 5,81; in Ggw. von Pyridin $9{,}9 \cdot 10^{-4}$; 8,34; 3,23; in Ggw. von CH_3O^- $2{,}7 \cdot 10^3$ (Liter·Mol^{-1}·s^{-1}); 3,83; 6,30; Rk. in H_2O in Ggw. von K-Acetat $4{,}8 \cdot 10^{-5}$; 12,28; 4,78. G. PÖTZSCHER. B 225□

Mechanismus und Katalyse von Reaktionen von Acylphosphaten. 1. Mitt. Nucleophile Reaktionen. Giovanni Di Sabato und William P. Jencks. (J. Amer. chem.

Soc. **83.** 4393—4400. 5/11. 1961. Waltham, Mass., Brandeis Univ., Grad. Dep. of Biochem.) (Engl.)

Nach dem Verf. von LIPMAN u. TUTTLE (J. biol. Chemistry **159.** [1945.] 21) verfolgten Vff. die Acylübertragungs-Rkk. von *Acetylphosphat* (**I**, $AcPH_2$) bei 39,0° unter Anwendung der Rk.-Partner in großem Überschuß. Die Geschw. v der Rk. von **I** mit NH_3 bei pH 9,5 ist offenbar einer allg. Basenkatalyse unterworfen; es gilt die kinet. Beziehung $v = k_2[AcP^{2-}][NH_3] + k_3[AcP^{2-}][NH_3]^2$, die Ionenstärke (KCl) hat keinen Einfl. auf v. Analog laufen die Rkk. von **I** mit *n-Butylamin* (**II**) u. *Glycin* (**III**) ab, dagegen wurde keine Katalyse bei den Rkk. von **I** mit *Piperidin* (**IV**), *Trimethylamin* (**V**), *Morpholin* (**VI**) u. *Triäthylendiamin* (**VII**, *1.4-Diazabicyclo-[2.2.2]-octan*) festgestellt. Die Rk. mit NH_2OH weist ein pH-Geschw.-Maximum sowie eine Katalyse durch $AcPH^-$ auf, zwischen pH 6,5 u. 7,0 gilt $v = k_2'[AcPH^-][NH_2OH] + k_3'[AcPH^-][NH_2OH]^2$. Die Geschw. der Rk. von **I** mit *Anilin* (**VIII**) zeigt ein Maximum bei pH 4,7, bei pH 7 verläuft die Rk. sehr langsam, es gilt anscheinend $v = k_2'[AcPH^-][VIII]$; offenbar tritt die allg. Basenkatalyse bei **VIII** kaum auf. Die Rkk. von **VI**, *N-Methylimidazol* (**IX**) u. *Glycylglycin* (**X**) verhalten sich ebenso. Die Rk. von **I** mit *Pyridin* (**XI**) besitzt ein Geschw.-Maximum bei pH 5—5,5, **XI** reagiert offenbar sowohl mit $AcPH^-$ als auch mit AcP^{2-}. Sowohl die Hydrolyse als auch die Aminolyse von **I** werden durch Ca^{2+} katalysiert. Untersucht wurde die Hydrolyse von **I** zwischen pH 5,72 u. 8,94 sowie die Rk. mit **III** bei pH 9,80 in Ggw. von $CaCl_2$. Bei diesen Hydrolysen-Rkk. tritt eine pH-unabhängige Rk. neben einer Rk. auf, deren v mit steigendem pH zunimmt. Für diese zweite Rk. wird ein durch Ca^{2+} katalysierter Angriff des OH^--Ions angenommen. Die Aminolysen-Geschw. wächst linear mit der Konz. an **III**, Prod. ist Acetylglycin. Die Acetylierung der SH-Gruppe von *Mercaptoessigsäure* (**XV**) wird ebenfalls durch Ca^{2+} katalysiert. Bei der Unters. der Prodd. der Rkk. von **I** mit NH_3, **II**—**IV** u. **VI** nach der Meth. von KATZ u. Mitarbeitern ergab sich, daß diese Rkk. unter C—O-Bindungsbruch ablaufen. Die Rkk. der tert. Amine [**XI**, *4-Methylpyridin* (**XII**), **VII** u. **V**] wurden in 85—90%ig. Methanol untersucht; aus der Prod.-Zus. wird geschlossen, daß die Rkk. dieser Verbb. überwiegend unter P—O-Bindungsbruch erfolgen. Analog wurde die Rk. von *Acetylphenylphosphat* (**XIII**, AcPhPH) untersucht. Die Hydrolyse von **XIII** sowie dessen Rkk. mit **XI**, *Imidazol* (**XIV**), **IX** u. **VII** führen zu C—O-Bindungsbruch. Daß ein Bruch der P—O-Bindung bei der Rk. von **XI** mit **I**, nicht aber bei der mit **XIII** auftritt, konnte auch durch Unters. der Katalyse der Acylübertragung von **I** bzw. **XIII** auf die SH-Gruppe von **XV** nachgewiesen werden. **XI** katalysiert die Rk. mit **I**, die vermutlich über das Acetylpyridiniumion führt, nicht aber die Rk. von **XIII** bei pH 5,3 u. 7,3. Ein Lsgm.-D-Isotopeneffekt war nicht zu verzeichnen. Die Solvolyse von $AcPH^-$ bei pH 3,5 in Ggw. von F^- (KF) lieferte Fluorphosphat (**XVI**), dessen Ausbeute mit wachsendem pH abnimmt. Es reagiert nur $AcPH^-$, nicht dagegen AcP^{2-}. Wegen der hohen Ausbeute in Säure-Lsg. ist anzunehmen, daß auch die ungeladene Säure **I** selbst mit F^- reagiert. Ein Gemisch aus AcP^{2-} u. **VII** reagiert jedoch mit F^- unter Bldg. von **XVI**, dessen Bldg. mit steigender $[F^-]$ zunimmt. **XVI** bildet sich auch bei Zusatz von F^- zu Hydrolyse-Lsgg. von $AcPH^-$ u. AcP^{2-} in Ggw. von **XI**, **XII** oder **V**. F^- reagiert auch mit $AcPhP^-$ in 50%ig. Methanol (k $4{,}9 \cdot 10^{-3}$ Liter/Mol·min bei 39°), die Rk. greift wohl an der Carbonylgruppe an, da eine Ausbeute von 67% Methylacetat erzielt wurde. Der k-Wert der Hydrolyse des P-haltigen Prod. der Rk. von AcP^- mit F^- betrug 0,038 min^{-1} (bei 39° in 0,4 m HCl). Folgende k-Werte wurden ferner für die Beziehung $v = k_2'[AcPH^-][Amin] + k_2[AcP^{2-}][Amin] + k_3[AcP^{2-}]Amin]^2$ bestimmt: für die Rk. von **I** bei 39° u. $\mu = 0{,}6$ 1. k_2'-Werte: **III** 876, $NH_3 < 1$, **VI** 1,65, **VII** 55, **X** 51,9, **IX** 1,8 (in Ggw. von 0,1 m Na_3AsO_4 zur Vermeidung der Rück-Rk.), **XII** 0,1, **XI** 0,046, **VIII** 0,54 u. NH_2OH 41,8 (bei 25° in Ggw. von $2 \cdot 10^{-4}$ m Äthylendiamintetraessigsäure [EDTA]); 2. k_2-Werte: **IV** 2,1, **II** 0,91, **V** 0,008, **X** 0,08, NH_3 0,052, **VI** 0,15, **VII** 0,028, **X** 0,047, **IX** 0,0034 (Ggw. von Na_3AsO_4), **XII** 0,013 u. **XI** 0,0087; 3. k_3-Werte: **II** 0,85, **X** 0,19, NH_3 0,15 u. NH_2OH (bei 25° in Ggw. von EDTA); für die Rk. von **XIII** bei 39° u. $\mu = 0{,}6$ **V** $[k_2]$ 3,6, **X** 2440, NH_3 82, **VI** 2470, **VII** 2,6, **X** 460, **IX** 58 (Ggw. von Na_3AsO_4), **XIV** 20 (Ggw. von Na_3AsO_4), **XII** 5,3, **XI** 1,2 u. **VIII** 0,31. Die Geschw. der Rkk. von **XIII** mit den Aminen nimmt mit steigender Basizität des Amins zu; beim Auftragen der log k-Werte gegen die Basizitäten ergibt sich eine Gerade mit der Steigung 0,85. B. GNAUCK. B 225□

Der π-Weg zu einem nicht-klassischen Bicyclooctylkation. S. Winstein und Peter Carter. (J. Amer. chem Soc. **83.** 4485—86. 5/11. 1961. Los Angeles, Calif., Univ. of California.) (Engl.)

Die Acetolyse von 2-[Cyclohexen-(3)-yl]-äthyl-p-brombenzolsulfonat (**I**, F. 25—26°) in Na-Acetat-haltiger Essigsäure verläuft nach der 1. Ordnung, k $7{,}4 \cdot 10^{-6}$ s^{-1} bei 75,1°. **I** solvolysiert etwa viermal so schnell wie 2-Cyclohexyläthyl-p-brombenzolsulfonat (**II**, F. 37—38°). Durch Acetolyse von **I** bei 100° u. Einw. von $LiAlH_4$ auf das Prod. wurde ein auf gaschromatograph. Wege analysiertes Gemisch aus 20% *2-[Cyclohexen-(3)-yl]-äthanol* (**V**, auch aus 4-Vinylcyclohexen durch Hydroborierung u. Oxydation; n_D^{25} 1,4809. *3.5-Dinitrobenzoat*, F. 63—64°) sowie 80% eines 54:46-Gemisches von *Bicyclo-[2.2.2]-octanol-(2)* (**III**; F. 208—210°; *p-Brombenzolsulfonat*, F. 79—80°) u. axialem *Bicyclo-[2.3.1]-octanol-(2)* (**IV**, F. 197—198°; *p-Brombenzolsulfonat*, F. 62—63°; *p-Nitrobenzoat*, F. 94—95°) erhalten. Die Solvolyse von **I** läuft in Na-Formiat-haltiger Ameisensäure bei 75,1° (k $4{,}0\cdot10^{-4}\,s^{-1}$) sogar etwa 10mal schneller ab als die von **II**. Isoliert wurde wiederum ein 54:46-Gemisch aus **III** u. **IV**, der Geh. an **V** war sehr gering. Die Solvolyse von **I** läuft also überwiegend über eine anchimer unterstützte Ionisation u. ein nichtklass. Bicyclo-[2.2.2]-octyl-Kation ab, für dessen Bldg. benachbarte Gruppen π-Elektronen liefern. B. GNAUCK. B 225□

Acetylübertragungsreaktionen von 1-Acetyl-3-methylimidazoliumchlorid. Richard Wolfenden und William P. Jencks. (J. Amer. chem. Soc. **83.** 4390—93. 5/11. 1961. Waltham, Mass., Brandeis Univ., Grad. Dep. of Biochem.) (Engl.) — Vgl. JENCKS u. CARRIUOLO, C. **1960.** 3178 u. früher.

Die Kinetik der Rk. von *1-Acetyl-3-methylimidazoliumchlorid* [**I**, F. 110°, durch Zugabe von Acetylchlorid in abs. Ae. zu N-Methylimidazol (**IV**) in Ae. bei Raum-Temp.] mit W., CH_3COO^-, Bernsteinsäuredianion (**II**), HPO_4^{2-} u. NH_3 bei 25° u. Ionenstärken 0,2 (NaCl) wurde UV-spektroskop. verfolgt. Die Hydrolysen-Geschw. von **I** ist im pH-Bereich 1—6 konstant, bei weiterer Annäherung an den Neutralpunkt nimmt sie jedoch proportional $[OH^-]$ zu. Es gilt die Beziehung für die Rk.-Geschw. $v = 2{,}8\,[I^+] + 9{,}0\cdot10^6\,[I^+][OH^-]$. Aus Messungen in 0,10m DCl in D_2O ergab sich $k_{H_2O}/k_{D_2O} = 2{,}6$. Die Solvolyse von **I** in wss. Dioxan (Dx) in Ggw. von HCl läuft wie die l. c. untersuchte des Acetylimidazols (**III**) ab: Mit steigendem Dx-Geh. verringert sich v etwa propotional zur Wasserkonzentration. Bei der in wss. A. bei 25 u. 0,6° untersuchten Solvolyse von **I** nimmt v dagegen erst bei hoher A.-Konz. ab u. weist ein schwaches Maximum bei mittlerem A.-Geh. auf. Hieraus wird abgeleitet, daß die Rk. in diesem Medium nach zwei Mechanismen abläuft. Bei konst. pH u. μ nimmt die Hydrolysen-Geschw. mit der Konz. an **IV**-Puffer zu u. zwar am stärksten im alkal. Bereich. Die Rk. unterliegt also einer allg. Basenkatalyse, u. es gilt $v = k_1\,[I^+] + k_2\,[I^+]\,[OH^-] + [I^+]\,\Sigma_i k_{Bi}\,[B_i]$, mit $k_B = 18$ Liter/Mol·min für die Katalyse durch **IV**. Die Geschw. der katalysierten Rk. war in D_2O-Lsg. für eine kinet. Messung zu gering, k_B wird für die Rk. in D_2O zu 4,5 abgeschätzt. Folgende k-Werte (in Liter/Mol·min) wurden für die nucleophilen Rkk. von **I** bei 25° ermittelt (pH-Bereich 4,24—6,72): W. 0,051, CH_3COO^- 17, **II** 42, HPO_4^{2-} 2230, NH_3 62000. Aus den Hydrolysendaten schließen Vff., daß die Protonierung von **III** am freien Ring-N-Atom erfolgt u. I^+ als Modell für $III\cdot H^+$ verwendet werden kann. Aus diesem Vgl. ergibt sich, daß die nucleophilen Rkk. von **III** mit obigen Agentien (HY) unter säurekatalysiertem Angriff von Y^- u. nach dem Geschw.-Gesetz $v = k_{Y^-}\,[III\cdot H^+][Y^-]$ ablaufen. Auch die pH-unabhängige Hydrolyse von **III** läuft teilweise oder vollständig nach diesem Mechanismus ab (Rk. von OH^- mit $III\cdot H^+$). Für die Rk. von **III** mit W. wurden berechnet: k_{H_2O} $9{,}0\cdot10^{-5}$ [Liter/Mol·min] u. k_{OH^-} $12{,}5\cdot10^7$; für diese Rk. von **I** beträgt k_{OH^-} nur $0{,}9\cdot10^7$. Der k-Wert für die allg. Basenkatalyse der Hydrolyse von **III** durch Imidazol beträgt 0,14. Die Mechanismen der Rkk. werden diskutiert.

B. GNAUCK. B 225□

Hydrolyse von 2-substituierten Δ^2-Thiazolinen. R. Bruce Martin und Alice Parcell. (J. Amer. chem. Soc. **83.** 4830—34. 5/12. 1961. Charlottesville, Va., Univ. of Virginia, Cobb Chem. Labor.) (Engl.) — Vgl. C. **1960.** 8475.

Vff. untersuchten auf UV-spektroskop. Wege die Kinetik der Hydrolyse von *2-Methyl-* (**I**), *2-Äthyl-* (**II**) u. *2-[1-Acetamido-2-methylpropyl]-Δ^2-thiazolin* (**III**) sowie *Bacitracin* (**IV**), *2-Methyl-Δ^2-thiazolin-N-methoperchlorat* (**V**, F. 168°, Methanol), *2-Methyl-Δ^2-dihydrothiazin* (**VI**, Kp. 173—175°) u. *2-Methyl-Δ^2-imidazolin* (**VII**) bei 25° u. der Ionenstärke $\mu = 0{,}10$ (KCl). Wie l. c. wird folgender Mechanismus angenommen (T = Thiazolin, D = Hydroxythiazolidin-Zwischenstufe, N = N- bzw. S = S-Acyl-β-mercaptoäthylamin): $TH^+ \rightleftharpoons T + H^+$ (K_1), $TH^+ + H_2O \underset{k_2}{\overset{k_1}{\rightleftharpoons}} H^+ + D$, $N \underset{k_4}{\overset{k_3}{\rightleftharpoons}} D \underset{k_6}{\overset{k_5}{\rightleftharpoons}} S$, $SH^+ \rightleftharpoons S + H^+$ (K_2), $TH^+ + OH^- \underset{k_8}{\overset{k_7}{\rightleftharpoons}} D$. Folgende Daten wurden ermittelt: pK_1-Werte für **I** 5,22, **III** 3,64, **VI** 7,6; $10^4\,k_1$-Werte (in min^{-1}) **I** 10,5, **III** 5,0, **V** 1,7, **VI** 0,6; k_4-Werte **I** $1{,}0\cdot10^{-4}$, **III** $0{,}2\cdot10^{-4}$, **V** $1\cdot10^4$, **VI** $1{,}5\cdot10^{-6}$; k_7-Werte (in Liter/Mol·min) **V** $13\cdot10^3$, **VI** $0{,}76\cdot10^3$; k_6-Wert **I** $6\cdot10^3$; pK_2 **I** 9,1, sowie eine Reihe von k-Wertverhältnissen. Die l. c. für **I** erhaltenen Ergebnisse konnten bestätigt werden; bei pH 3 verläuft die Hydrolyse von **I** am schnellsten. Ähnlich verhält sich **II** (k_1 $12{,}5\cdot10^{-4}$; pK_1 etwa wie der von **I**). Das Maximum der Hydrolysen-Geschw. von **III** tritt bei pH 1,8 auf, d. h. auch bei **III** erfolgt eine Inhibierung der Rk. in stärker saurem Medium. Für **IV** wurde die Dissoziations-Konst. des Thiazolinrings UV-spektroskop. bestimmt (bei 278 mμ); pK_a ca. $-1,8$. Die Hydrolyse von **IV** läuft mit maximaler Geschw. in 4m Säure ab (k_1' ca. 0,035 min^{-1}). Die in stärker saurer Lsg. zu verzeichnende Verlangsamung der Hydrolyse wird im Falle des **IV** auf eine Abnahme der Aktivität des W. zurückgeführt. Ähnlich wie **IV** verhält sich auch dessen Zn-Verbindung. Es gilt $k_1' = k_1 \cdot a^p_{H_2O} \cdot h_0/(h_0 + K)$, mit h_0 = Säurefunktion; K = Dissoziations-Konst. des Ringes. Für H_2SO_4-Lsg. erfüllt vorst. Gleichung mit K = 35 u. p = 3,0 (bzw. p = 3,5 in HCl-Lsg.) die experimentellen Daten. k_1 beträgt für **IV** in H_2SO_4-Lsg. ca. 0,15. Während für **V** die k_1'-Werte oberhalb pH 6 stetig stark ansteigen (10^4 k_1' 119 bzw. 131 bei pH 7,95 bzw. 8,00) nimmt die Rk.-Geschw. von **VI** oberhalb pH 10 nicht weiter zu. Im pH-Bereich von ca. 2—5 sind die k_1'-Werte von **V** unabhängig vom pH, woraus geschlossen wird, daß H_2O-Moll. das kation. Thiazolin-Mol. angreifen. Verss. in D_2O unter diesen Bedingungen führten zu einer 50%ig. Verminderung der Hydrolysengeschwindigkeit. In stark gepufferten Lsgg. tritt ferner in diesem pH-Bereich eine Geschw.-Erhöhung auf, was auf eine allg. Basenkatalyse zurückgeführt wird. Auch bei der **VI**-Rk. tritt eine Inhibierung der Hydrolyse bei geringen pH-Werten auf. Die Geschw. der Acetylgruppenübertragung von S-Acetyl-γ-mercaptopropylamin (aus **VI**) ist 60mal geringer als die von S-Acetyl-β-mercaptoäthylamin (aus **I**, vgl. WIELAND u. HORNIG, C. **1957.** 1146). Bei **VII** läuft die erste Rk.-Stufe (k_1) sehr langsam ab, k_7 beträgt zwischen pH 9,16 u. 12,74 2,6 (Liter/Mol·min). Es ergibt sich, daß die anteilmäßige Bldg. von N- u. S-Acetyl-Derivv. unabhängig von der Ringgröße ist, jedoch von Substituenten erheblich beeinflußt wird. Während **VI** thermodynam. weniger stabil als **I** ist, hydratisiert **VI** 17mal langsamer als **I**. Ferner wurde festgestellt, daß die Bldg. einer 5gliedrigen cycl. Zwischenstufe aus den Acetyl-Derivv. 70mal schneller erfolgt als die Bldg. der entsprechenden 6-Ring-Verbindungen.

B. GNAUCK. B 225□

Die durch Alkali katalysierte Phenol–Formaldehyd-Reaktion. 1. Mitt. **Bildung der Monomethylolphenole.** L. M. Yeddanapalli und V. V. Gopalakrishna. (Makromolekulare Chem. **32.** 112—23. Aug. 1959. Madras, India, Univ., Loyola Coll.) (Engl.)

Die Kinetik der durch NaOH ($3 \cdot 10^{-3}$ bis $1 \cdot 10^{-1}$ m) katalysierte Kondens. von *Phenol* (I) mit *CH_2O* bei 60—90° wurde mittels aufsteigender Papierchromatographie untersucht, wobei in den Primärschritten der Rk. o- (II, *o-Hydroxybenzylalkohol*, F. 86°, durch Red. von Salicyclaldehyd mit Na-Amalgam bei 0°) u. *p-Methylolphenol* (III, *p-Hydroxybenzylalkohol*, F. 108°, aus p-Hydroxybenzaldehyd analog II) gebildet werden. Die Rkk. sind je 1. Ordnung bzgl. der Phenolat- u. CH_2O-Konz., bei großem I-Überschuß u. gegebener Katalysator-Konz. jedoch nur 1. bzgl. CH_2O. Die Geschw.-Konst. k_1 1. Ordnung bei 80° betragen für die Bldg. von II bzw. III (2,68 bzw. 2,84) $\cdot 10^{-5}$ (s^{-1}), wobei die Aktivierungsenergie in beiden Fällen ca. 19,77 kcal/Mol ist. Im untersuchten pH-Bereich von 7—9 ist die Geschw. der Alkali-Konz. direkt proportional, es gilt mithin $k_2 = k_1$/[Alkali]. Aus den Ergebnissen folgt, daß die p-Stellung von I etwa doppelt so reaktiv wie die o-Stellung ist. Als geschwindigkeitsbestimmender Schritt der Rk. wird die Bldg. des Addukts aus dem Phenolat u. CH_2O angenommen, auf den eine schnelle H^+-Wanderung von der Anlagerungsstelle an das O^--Atom der $-CH_2O^-$-Gruppe erfolgt.

G. PÖTZSCHER. B 225□

Die durch Alkali katalysierte Phenol–Formaldehyd-Reaktion. 2. Mitt. **Bildung der Dimethylolphenole.** V. V. Gopalakrishna und L. M. Yeddanapalli. (Makromolekulare Chem. **32.** 124—29. Aug. 1959.) (Engl.) — 1. vgl. vorst. Referat.

Die Kinetik der durch NaOH katalysierten Kondens. von o- (I) u. *p-Methylolphenol* (II) mit *CH_2O* bei 70—80° wurde untersucht. In 0,006mNaOH u. bei <10%ig. Umsatz ist die Rk. 1. Ordnung. Die Geschw.-Konst. bei 80° für die Bldg. von *2.4-Dimethylolphenol* (III) aus II beträgt $1,17 \cdot 10^{-5}$ (s^{-1}) u. die Aktivierungsenergie 23,92 (kcal/Mol), für die Bldg. von III aus I $1,11 \cdot 10^{-5}$ u. 23,37 u. für die Bldg. von *2.6-Dimethylolphenol* aus I $0,55 \cdot 10^{-5}$ u. 25,10. In Verbindung mit den Daten der 1. Mitt. ergibt sich wie beim Phenol bei I eine ca. doppelt so große Reaktivität der p- gegenüber der o-Stellung (zur phenol. OH-Gruppe); bei II ist die o-Stellung etwas reaktiver als bei I. Diese Ergebnisse sind im Einklang mit theoret. Erwägungen, jedoch nicht mit denen von FREEMAN u. LEWIS (vgl. C. **1954.** 10915). G. PÖTZSCHER. B 225□

Die durch Alkali katalysierte Phenol–Formaldehyd-Reaktion. 3. Mitt. **Reaktionsprodukte äquimolarer Mengen von Phenol und Formaldehyd.** V. V. Gopalakrishna und L. M. Yeddanapalli. (Makromolekulare Chem. **32.** 130—38. Aug. 1959.) (Engl.) — 2. vgl. vorst. Referat.

Im Falle der Rk. zwischen äquimol. Mengen von *Phenol* u. *CH_2O* treten bereits in den Anfangsstadien neben o- u. *p-Methylolphenol* auch *2.4-, 2.6-Di-* u. *2.4.6-Trimethylolphenol* als Prodd. auf. Es wird versucht, die Änderung der Mengen an Mono-, Di- u. Trimethylolen mit der Zeit mit Hilfe der l. c. angegebenen Geschw.-Konst. u. Aktivierungs-

energien zu erklären, ebenso auch die sich widersprechenden kinet. Beobachtungen früherer Unterss., die hauptsächlich auf der Geschw. des Verbrauchs an CH_2O basieren.
G. PÖTZSCHER. B 225 □

Die Stereochemie der Addition von Silicochloroform an Acetylene. Ein Vergleich von Katalysatorsystemen. Robert A. Benkeser, Merwyn L. Burrous, Lee E. Nelson und Joseph V. Swisher. (J. Amer. chem. Soc. **83.** 4385—89. 5/11. 1961. Lafayette, Ind., Purdue Univ., Chem. Labors.) (Engl.) — Vgl. C. **1959.** 10523.

Wie l. c. untersuchten Vff. die Addition von *Trichlorsilan* (**I**) an *Pentin-(1)* (**VIII**, Kp. 40°, n_D^{20} 1,3850), *Hexin-(1)* (**IX**, Kp. 71°, n_D^{20} 1,3987), *Heptin-(1)* (**X**, Kp. 99°, n_D^{20} 1,4090), *3-Methylbutin-(1)* (**XI**, Kp. 28°, n_D^{20} 1,3725) u. *3.3-Dimethylbutin-(1)* (**II**; Kp. 39°, n_D^{20} 1,3742) in Ggw. von Benzoylperoxid (**IV**). Die erhaltenen 1-Trichlorsilyl-alkene-(1) wurden dann durch Kochen mit CH_3MgBr oder CH_3MgJ methyliert u. das Prod.-Gemisch durch Gas–Fl.-Chromatographie analysiert. Hierbei lieferten die Alkine, mit Ausnahme von **II**, ein Gemisch von cis/trans-Isomeren im Verhältnis von ca. 3:1. Aus **II** entstand prakt. nur das trans-Addukt [trans-1-Trimethylsilyl-3.3-dimethylbuten-(1) (trans-**VI**)], außerdem bildete sich ein Diaddukt (**III**), das offenbar durch Addition eines weiteren **I**-Mol. an das intermediär gebildete Olefin entsteht. Die exakte Struktur von **III** wurde nicht ermittelt, der Verb. kommt aber wohl die Struktur eines 1.1- oder 1.2-Bis-trichlorsilyl-3.3-dimethylbutans zu. Bei der Einw. von **I** u. **IV** auf trans-1-Trichlorsilyl-3.3-dimethylbuten-(1) (trans-**V**) trat keine Rk. auf, die analoge cis-Verb. ergab unter diesen Bedingungen jedoch erhebliche Mengen an trans-**V** u. **III**. Offenbar weist cis-**V** im Vgl. zu trans-**V** eine ster. Spannung auf. In Übereinstimmung hiermit lieferte die katalyt. Hydrierung von 1-Trimethylsilyl-3.3-dimethylbutin-(1) in Ggw. von Ni in Methanol bei Raum-Temp. unter teilweiser Hydrogenolyse der Si—C-Bindung nur 44% cis- u. 20% trans-**VI**. Vff. nehmen an, daß nur die cis-Verb. die Si—C-Spaltung erleidet. Bei der Einw. von **I** auf **II** im Mol.-Verhältnis 1:1 war nur eine geringere Ausbeute an **III** (u. Weiterrk. mit CH_3MgBr) zu verzeichnen; außerdem bildete sich auch hier vorwiegend trans-**VI** (83%). Dieses Isomerenverhältnis ändert sich während der Rk. nicht. Zur Best. der Stabilität der aus den Alkinen erhaltenen cis-Verbb. der Formel $RCH{=}CHSi(CH_3)_3$ wurde ein Gemisch von 79% cis- u. 21% trans-1-Trimethylsilyl-penten-(1) längere Zeit mit J_2 + Mg bzw. J_2 + **IV** bzw. CH_3J + **IV** behandelt. Die höchste Isomerisierung der cis-Verb. bewirkten dabei J_2 + **IV**. Auch cis-**V** u. cis-**VI** konnten durch Kochen mit **IV** + **I** in Cyclohexan in die trans-Isomeren umgelagert werden. Unter diesen Bedingungen bewirkte die Einw. von **I** bzw. nur von **IV** lediglich eine geringe Isomerisierung. Als wirksame Isomerisierungsagentien werden das J-Atom bzw. das Cl_3Si-Radikal angesehen. Aus cis-**VI** entstand jedoch hierbei kein **III**. Vff. untersuchten erneut (vgl. l. c.) die Addition von **I** an **VIII**–**X** in Ggw. von Pt-Kohle, wobei ausschließlich cis-Addition (Bldg. von trans-Prodd.) auftrat. Das gleiche wurde bei dieser Rk. in Ggw. von $H_2PtCl_6 \cdot 6\,H_2O$ (**VII**) festgestellt, die auch bei **II** u. **XI** durchgeführt wurde. Es konnte sichergestellt werden, daß die Bldg. der trans-Prodd. nicht durch Isomerisierung von cis-Verbb. erfolgt. Ferner konnte durch 8std. Kochen eines 90:10-Gemisches von cis- u. trans-**V** mit **I** u. **VII** keine Änderung des Isomerenverhältnisses erzielt werden. Ebenso blieb bei Zugabe eines 81:19-Gemisches von cis- u. trans-1-Trichlorsilylhexen-(1) zu **X** + **I** in Ggw. von **VII** u. 8std. Kochen dieses Verältnisses ungeändert. Zum stereochem. Verlauf der Rkk. in Ggw. von Pt-Kohle wird angenommen, daß **I** an der Katalysatoroberfläche adsorbiert wird u. sich nur von einer Seite her an das Alkin addiert. Ein ähnlicher Mechanismus ist auch für die Rk. in Ggw. von **VII** anzunehmen. Bei Anwendung dieses Katalysators ist eine Induktionsperiode zu beobachten, während der sich kleine weiße Siliconteilchen mit einem schwarzen Film überziehen, der vermutlich durch Red. von **VII** durch **I** entstandenes Pt darstellt.

Versuche: *1-Trimethylsilyl-3-methylbuten-(1)*, $C_8H_{18}Si$, a) Kp. 124—126° (78% cis- u. 16% trans-Isomeres sowie 6% Ausgangsstoff), durch ½ std. Red. von 1-Trimethylsilyl-3-methylbutin-(1) in Ggw. von RANEY-Ni; 79%; b) Kp. 122—124° (72% cis- u. 28% trans-Verb.), analog trans-**VI** über 1-Trichlorsilyl-3-methylbuten-(1) ($Kp._{20}$ 56 bis 57°; 37%); n_D^{20} 1,4179; 61%; c) *trans-Verb.*, $C_8H_{18}Si$, Kp. 124—125°, analog b) in Ggw. von 10%ig. **VII**; n_D^{20} 1,4180; 63%. — *cis-1-Trimethylsilyl-3.3-dimethylbuten-(1)* (*cis*-**VI**), $C_9H_{20}Si$, Kp. 149,5—150°, analog vorst. Verb. (2—3 Std.); n_D^{20} 1,4328. *trans-Isomeres* (*trans*-**VI**), $C_9H_{20}Si$, $Kp._{60}$ 62—63°, a) durch 20std. Kochen von **II** mit **I** u. **IV** in Cyclohexan [→ 39% *trans-1-Trichlorsilyl-3.3-dimethylbuten-(1)* (**V**), $Kp._{35}$ 79—81°] u. Einw. von CH_3MgBr; n_D^{20} 1,4216; 73%; b) durch 8std. Kochen von **I** mit **II** in Ggw. von 10%ig. **VII** [→ 50% **V**, $Kp._{20}$ 67—69°] u. Einw. von CH_3MgBr in Ae.; 64%. Neben **V** entstanden 29% *Diaddukt*, $C_6H_{12}Cl_6Si_2$, das mit CH_3MgBr 79% *Diaddukt* ($C_{12}H_{30}Si_2$, $Kp._{23}$ 108—109°, n_D^{20} 1,4541) lieferte. — *1-Trimethylsilyl-3-methylbutin-(1)*, $C_8H_{16}Si$, $Kp._{73}$ 59°, nach l. c.; n_D^{20} 1,4203; 60%. — Analog *1-Trimethylsilyl-3.3-dimethylbutin-(1)*, $C_9H_{18}Si$, $Kp._{60}$ 57°, n_D^{20} 1,4161; 53%. B. GNAUCK. B 225 □

Die Reaktion von 2.6-Dimethylnaphthalin mit Diazoessigester. Rolf Huisgen und Gottfried Juppe. (Tetrahedron [London] **15.** 7—17. Dez. 1961. München, Univ., Inst. für Organ. Chem.) (Dt.) — Vgl. C. **1962.** 4158—4160 u. 7883.

Durch Thermolyse von Diazoessigsäureäthylester in 6 Mol-Äquivalenten 2.6-Dimethylnaphthalin (**XV**) bei 140—145° unter N_2 erhielten Vff. 58% eines Carbäthoxy-Monoaddukts, das aus 74% *2.6-Dimethyl-1a.7b-dihydro-1H-cyclopropa-[a]-naphthalincarbonsäure-(1)-äthylester* (**I**, $C_{16}H_{18}O_2$, F. 73—74°, PAe.), 15% der isomeren Verb., *1a.5-Dimethyl-1a.7b-dihydro-1H-cyclopropa-[a]-naphthalincarbonsäure-(1)-äthylester* (**II**, $C_{16}H_{18}O_2$, F. 74—75°, PAe.) u. 9% *2.7-Dimethyl-5H-benzocycloheptatriencarbonsäure-(6)-äthylester* (**III**) bestand, sowie 11% des Diaddukts *1a.4-Dimethyl-1a.1b.2a.6b-tetrahydro-1.2H-bis-cyclopropa-[a.c]-naphthalindicarbonsäure-(1.2)-diäthylester* (**IV**). Die aus **I** gewonnene *freie Säure* (**V**, $C_{14}H_{14}O_2$, F. 195—197°, Methanol) läßt sich nicht katalyt. hydrieren. Durch Einw. von Perbenzoesäure (**VI**) entsteht aus **V** das *2.3-Epoxid*. Das *Dibromid* von **V** verliert bereits bei 100° HBr u. ergibt *2.6-Dimethyl-3-brom-1a.7b-dihydro-1H-cyclopropa-[a]-naphthalincarbonsäure-(1)*. Mit $KMnO_4$ entstanden aus **V** 49% *2-Hydroxy-2.6-dimethyl-3-oxo-1a.2.3.7b-tetrahydro-1H-cyclopropa-[a]-naphthalincarbonsäure-(1)* u. 15% *2-[2-Carboxy-5-methylphenyl]-3-acetylcyclopropancarbonsäure-(1)* (**VIII**). Die Ozonisation von **V** ergab 79% **VIII**, die durch alkal. Oxydation mit J_2 82% *1-[2-Carboxy-5-methylphenyl]-cyclopropandicarbonsäure-(2.3)* lieferte. Mit NaOCl konnte aus **VIII** *1-[2-Carboxy-5-methylphenyl]-2-chlorcyclopropandicarbonsäure-(2.3)* dargestellt werden. In sd. Acetanhydrid (Aa) in Ggw. von H_2SO_4 erleidet **V** Umlagerungen in *2.6-Dimethylnaphthyl-(4)-essigsäure* (**IX**). Die alkal. Hydrolyse von **II** erfolgt langsamer als die von **I**, die freie Säure (**X** $C_{14}H_{14}O_2$, F. 170—171°, Methanol) von **II** konnte daher durch fraktionierte Verseifung des **I**—**III**-Rk.-Gemisches erhalten werden. **X** ist im Gegensatz zu **V** hydrierbar u. das Dibromid von **X** ist stabiler. Durch Einw. von O_3 u. anschließend von H_2O_2 konnte **X** in *1-[2-Carboxy-4-methylphenyl]-2-methylcyclopropandicarbonsäure-(2.3)* umgewandelt werden. In Aa–H_2SO_4 entstand aus **X** *2.6-Dimethylnaphthyl-(1)-essigsäure* (**XI**). Die Epoxydierung von **X** mit **VI** erfolgt langsamer als die von **V**. Bei 0° in Chlf. sind nach 5 Std. bei **V** 44 bzw. bei **X** 27% Umsatz zu verzeichnen. Während **I** bei 250° stabil ist, erleidet **II** eine Umlagerung zu **III**; Vff. vermuten daher, daß **III** kein Prim.-Prod. der Thermolyse ist, sondern aus der therm. Isomerisierung von **II** bei der Aufarbeitung hervorgeht. Die katalyt. Hydrierung der freien Säure (**XII**, $C_{14}H_{14}O_2$, F. 190—191°, Methanol) von **III** lieferte *2.7-Dimethylbenzocycloheptencarbonsäure-(6)* (**XIII**). Die aus **IV** erhaltene *freie Säure* (**XIV**, $C_{16}H_{16}O_4$, F. 250—251, Methanol–Bzl.) wird als trans-Verb. angesehen. **XIV** ist gegenüber $KMnO_4$ bzw. Br_2 beständig, die durchgreifende Ozonisierung führt zu *1-Methyldicyclopropyltetracarbonsäure-(2.3.2'.3')*. Aus den Ausbeuten an **I** u. **II** schließen Vff., daß das Carbäthoxycarben die 1.2- u. die 3.4-Bindung des **XV** im Verhältnis 1:3,1 angreift. Ein Konkurrenz-Vers. mit einem äquimol. Gemisch von **XV** mit Naphthalin (**VII**) ergab eine um den Faktor 2,8 bevorzugte Anlagerung des Carboxycarbens an **XV**. Folgende partiellen Geschw.-Konst. (k_p' bezogen auf eine **VII**-Bindung = 1,0) wurden berechnet: 1.2-Bindung von **XV** [k_p] 1,4; 3.4-Bindnng 4,2. Diese Unterschiede werden auf ster. Faktoren zurückgeführt. — Die UV-Spektren zwischen 200 u. 350 mμ sind für **IX**, **XI**, *α-Naphthylessigsäure*, **XV**, *5H-Benzocycloheptatriencarbonsäure-(6)*, **XII**, *Benzocycloheptencarbonsäure-(6)* u. **XIII** in 96%ig. A. angegeben.

Versuche: *2.6-Dimethyl-3-brom-1a.7b-dihydro-1H-cyclopropa-[a]-naphthalincarbonsäure-(1)*, $C_{14}H_{13}BrO_2$, F. 208—209° (Cyclohexan–Essigester), durch Einw. von Br_2 auf **V** in $CHCl_3$. — *2.3-Oxido-2.6-dimethyl-1a.2.3.7b-tetrahydro-1H-cyclopropa-[a]-naphthalincarbonsäure-(1)-äthylester*, $C_{16}H_{18}O_3$, F. 112—113° (Cyclohexan), durch 6tägige Einw. von 110 Mol-% **VI** auf **I** in Chlf. bei —12°. — *2-Hydroxy-2.6-dimethyl-3-oxo-1a.2.3.7b-tetrahydro-1H-cyclopropa-[a]-naphthalincarbonsäure-(1)*, $C_{14}H_{14}O_4$, F. 202—203° (Bzl.), durch Zusatz von festem $KMnO_4$ zu **V** in sd. Aceton; 49% (Ausbeute, daneben 15% **VIII**). *2.4-Dinitrophenylhydrazon*, Zers. bei 245—246° (orangerote feine Nadeln aus A.). *Semicarbazon*, Zers. bei 194—195° (wss. A.). — *2-[2-Carboxy-5-methylphenyl]-3-acetylcyclopropancarbonsäure-(1)* (**VIII**), $C_{14}H_{14}O_5$, F. 252—253° (Bzl.–Methanol), durch Einleiten eines 4% O_3-Stromes (30%ig. Überschuß) in eine Essigester-Lsg. von **V** bei Raum-Temp., Aufnahme in W. u. 1std. Erwärmen auf 90°; 79%. *2.4-Dinitrophenylhydrazon*, Zers. bei 282—283° (Dioxan–A.). *Semicarbazon*, $C_{15}H_{17}N_3O_5$, F. 198—199° (Essigester–Cyclohexan). — *1-[2-Carboxy-5-methylphenyl]-cyclopropandicarbonsäure-(2.3)*, $C_{13}H_{12}O_6$, Zers. bei 285 bis 286° (Methanol–Bzl.), durch 15std. Einw. von KJ_3 u. 10%ig. NaOH auf **VIII** in Dioxan bei Raum-Temp.; 82%. — *1-[2-Carboxy-5-methylphenyl]-2-chlorcyclopropandicarbonsäure-(2.3)*, $C_{13}H_{11}ClO_6$, F. 258—259° (Essigester), durch Zugabe von NaOH u. **VIII** zu alkal. NaOCl-Lsg. in $W._2$ je 1std. Erwärmen bei 60 u. 80°; 58%. — *2.6-Dimethyl-*

naphthyl-(4)-essigsäure (**IX**), F. 158—160° (wss. A.), durch 4std. Kochen von **V** mit Aa-konz. H_2SO_4; 85%. *Äthylester*, $C_{16}H_{18}O_2$, F. 72—73° (PAe.). — *1a.5-Dimethyl-1a.2.3.7b-tetrahydro-1H-cyclopropa-[a]-naphthalincarbonsäure-(1)*, $C_{14}H_{16}O_2$, F. 181—181,5° (Methanol), durch 4std. Hydrieren von **X** in Ggw. von Pt (aus PtO_2) in Methanol; 80%. — *1a.5-Dimethyl-2.3-dibrom-1a.2.3.7b-tetrahydro-1H-cyclopropa-[a]-naphthalincarbonsäure-(1)*, $C_{14}H_{14}Br_2O_2$, F. 143—144° (Ae.–PAe.), durch Zutropfen von 20% ig. Br_2 in Chlf. zu **X** in Chlf.; 95%. — *1-[2-Carboxy-4-methylphenyl]-2-methylcyclopropandicarbonsäure-(2.3)*, $C_{14}H_{14}O_6$, F. 246—247° (Essigester), analog **VIII** u. 3std. Erwärmen mit 30% ig. H_2O_2 auf 90°; 17%. — *2.6-Dimethylnaphthyl-(1)-essigsäure* (**XI**), $C_{14}H_{14}O_2$, F. 172—173° (wss. A.), a) analog **IX** aus **X**; 68%; b) durch 5std. Kochen von **XV** mit Paraformaldehyd, Eisessig, konz. HCl u. sirupöser H_3PO_4, Gießen in W., Einw. von KCN in sd. A. u. Hydrolyse mit 24% ig. KOH. *Äthylester*, $C_{16}H_{18}O_2$, F. 74—75° (PAe.). — *2.7-Dimethyl-5H-benzocycloheptatriencarbonsäure-(6)-äthylester* (**III**), Kp.$_{0,01}$ 125—128° (Bad-Temp.), durch 5std. Erhitzen von **II** auf 250°. — *2.7-Dimethylbenzocycloheptencarbonsäure-(6)* (**XIII**), $C_{14}H_{18}O_2$, F. 106—107° (wss. Methanol), durch ½std. Hydrieren von **XII** in Ggw. von Pt in Methanol. — *Trimellitsäure*, Zers. bei 209—210°, durch Oxydation von **XII** mit $KMnO_4$ in sd. Aceton. *Trimethylester*, Kp.$_{12}$ 192—193°. — *1-Methylbicyclopropyltetracarbonsäure-(2.3.2'.3')*, $C_{11}H_{12}O_8$, Zers. bei 291—292° (Ae.), aus **XIV** mit CH_2N_2 u. 15std. Ozonisierung analog **VIII** u. 3std. Erwärmen mit 30% ig. H_2O_2. B. GNAUCK. B 225□

Thermogravimetrische Analyse von Kaliumhydrogenphthalat. A. E. Newkirk und Renette Laware. (Talanta [London] **9.** 169—73. Febr. 1962. Schenectady, N.Y., General Electric Res. Labor.) (Engl.)

Bei der Zers. von *K-Hydrogenphthalat* unter N_2 in einer Thermowaage bei einer Heiz-Geschw. von 300°/h werden bei 800° K_2CO_3 u. Kohle gebildet, während bei der Zers. in Luft nur K_2CO_3 erhalten wird. Die Zers.-Geschw. in CO_2 beträgt bei 235° ca. 15 mg/g·h. Die Vers.-Ergebnisse werden mit früheren Unterss. verglichen. J. KRAETSCH. B 225□

Kinetik der Decarboxylierung von p-Aminobenzoesäure in saurer wässeriger Lösung. A. V. Willi. (Z. physik. Chem. [Frankfurt/M.] [N. F.] **27.** 221—32. Febr. 1961. Bern, Schweiz, Forschungsinst. der Dr. Wander A.G.) (Dt.)

Die Decarboxylierung der *p-Aminobenzoesäure* (HA) in verd. wss. Lsg. bei 70—85° wurde durch UV-spektrophotometr. Messungen verfolgt. Bei konst. pH-Wert verläuft sie als eine Rk. 1. Ordnung. Die pH-Abhängigkeit der Geschw.-Konst. bei konst. Ionenstärke 0,1 n (sowie bei 70° u. 85°) wird durch folgende Gleichung wiedergegeben: $k_1 = (k_{H_2A}[H_3O^+]^2 + k_{HA}\cdot K_0\cdot[H_2O^+]/([H_3O^+]^2 + K_0[H_3O^+] + K_0\cdot K_1)$. Diese Gleichung entspricht formal einer Rk. 1. Ordnung von H_2A^+ u. einer parallel dazu ablaufenden Rk. 1. Ordnung von HA. Bei beiden Vorgängen kann es sich auch um Rkk. 2. Ordnung zwischen den korrespondierenden Basen u. H_3O^+-Ionen handeln: $v = k_{H_2A}[H_2A^+] + k_{HA}[HA] = k_H^{HA}[HA][H_3O] + k_H^A[A^-][H_3O^+]$ mit den Aktivierungsparametern log A 13,2; E_a 29,5 kcal/Mol (für k_{H_2A}); 10,3; 21,7 (k_H^{HA}); 8,2; 23,5 (k_{HA}); 12,5; 22,8 (k_H^A). Bei Verw. von D_2O als Lsgm. ($k_H^{HA}/k_H^{DA} > 1$) tritt eine Erniedrigung der Geschw.-Konst. auf, die als Beweis für das Auftreten einer (bimol.) H^+-Ionenübertragung im geschwindigkeitsbestimmenden Schritt der ersten Parallel-Rk. herangezogen werden kann. Diese Parallel-Rk. konnte bei den meisten Salicylsäuren (C. **1962.** 6366) nicht beobachtet werden. Im Falle von HA ist k_H^A 25 mal so groß wie k_H^{HA}. Das Verhältnis der Aktions-Konst. der ARRHENIUS-Gleichung beträgt sogar ca. 150. Der Wert des Isotopeneffektes beträgt $k_H^{HA}/k_D^{DA} \cong 1{,}7$; er liegt innerhalb der Grenzen, die sich aus der Berechnung der Theorie des Übergangszustandes ergeben. HERBERT HOFFMANN. B 225□

Thermischer Abbau von O-Hexadecyl-(1)-N-naphthyl-(1)-carbamaten und verwandten Verbindungen. Elizabeth Dyer und Robert E. Read. (J. org. Chemistry **26.** 4388—94. Nov. 1961. Newark, Del., Univ. of Delaware, Dep. of Chem.) (Engl.) — Vgl. C. **1959.** 16596.

Für die Pyrolyse von *O-Hexadecyl-(1)-N-naphthyl-(1)-carbamat* (**I**), die durch Best. der Bldg.-Geschw. des CO_2 u. der Prodd. untersucht wurde, zwischen 255 u. 275° betrugen die Aktivierungsparameter $\Delta H^{\ddagger}$ 34 [kcal/Mol] u. $\Delta S^{\ddagger}$ —3,1 (cal/Grad·Mol). An Prodd. wurden nach 48 (bzw. 110) std. Rk.-Zeit bei 275° gefunden 45 (41)% CO_2, 22 (39)% N-Hexadecyl-(1)-naphthylamin-(1) (**III**), 31 (51) % Cetylalkohol [Hexadecanol-(1), **IV**], 17 (9) % trimeres (**Va**) Naphthyl-(1)-isocyanat (**V**) u. 0 (0,5) % 1.3-Bis-naphthyl-(1)-harnstoff (**VI**) sowie Spuren von Bis-hexadecyl-(1)-äther. Bei höheren Umsätzen verlangsamt sich die Geschw. der CO_2-Entwicklung. Durch Zusatz von **III** konnte die Geschw. der Pyrolyse von **I** nicht erhöht werden, was auf einen ster. Effekt der Substituenten am N-Atom von **III** zurückgeführt wird. Zum Mechanismus der Zers. von **I** wird angenommen, daß CO_2 durch eine 4-Zentren-„concerted"-Verdrängungs-Rk. abgespalten wird. Ferner wurde die Pyrolyse von **V** selbst bei 255—275° kinet. verfolgt; $\Delta H^{\ddagger}$ 49,

$\Delta S^{\neq}$ −23. Diese Zers. verläuft bis zu 6% ig. Umsatz nach der 2. Ordnung u. dann offenbar autokatalytisch. Dies wird durch die Bldg. von Bis-naphthyl-(1)-carbodiimid (**VII**) verursacht, das vermutlich mit **V** einen Komplex bildet. Auch **VI** wirkt katalyt. auf die Zers. von **V**. Ferner wurde festgestellt, daß **IV** mit **VII** bei 265° in hoher Ausbeute 1.3-Dinaphthyl-(1)-2-hexadecylpseudoharnstoff (**VIII**) liefert. Durch 6—48std. Erhitzen von **VIII** auf 133—275° wurden bis zu 50% CO_2, ca. 17% **IV**, Spuren von **VI** u. Hexadecen-(1) (**XII**) sowie ein leuchtendgelber, N-haltiger Rückstand erhalten. Ähnliche Ergebnisse erzielte man beim Erhitzen von **VIII** mit äquivalenten Mengen **IV** oder Naphthylamin-(1) (**XI**). Die Pyrolyse von ^{18}O-**I** lieferte 3,4% $C^{18}OO$ u. 0,3% $C^{18}O_2$. Die Bldg. des doppelt markierten CO_2 wird mit der Rk. ^{18}O-**VIII** → ^{18}O-**V** + andere Prodd., 2 ^{18}O-**V** → $C^{18}O_2$ + **VII** erklärt. Hieraus ergibt sich, daß die Pyrolyse von **I** nicht nur intramol. unter Bldg. von CO_2 u. **III** verläuft, sondern außerdem noch eine Neben-Rk. abläuft, die über **VII** zur Bldg. von weiterem CO_2 führt. In Übereinstimmung hiermit ergab die Pyrolyse von **I** in Ggw. von Mn-Naphthenat (**IX**, 6 Std. bei 275°) eine höhere Menge an CO_2 als die unkatalysierte Rk. bei gleicher Ausbeute an **III**. Bei der Pyrolyse von *^{18}O-O-Hexadecyl-(1)-N-naphthyl-(1)-N-propyl-(1)-carbamat* (^{18}*O*-**II**) bildeten sich nur 7,9% $C^{18}OO$ u. kein $C^{18}O_2$. Die therm. Zers. von **I** unter milden Bedingungen lieferte bei 137° (54 Std. in Ggw. von **IX**) oder bei 255° (2—8 Std.) Dihexadecyl-(1)-carbonat (**X**) u. **VI**. Die Bldg. von **X** ist auf die Dissoziation von **I** in **IV** u. **V** u. den folgenden Angriff von **IV** auf **I** zurückzuführen, wobei sich **X** u. **XI** bilden. Entsprechend konnte beim Erhitzen (118 Std. bei 137°) von **I** in Ggw. von **VII** in Xylol **VIII** erhalten werden. **VIII** konnte unter ähnlichen Bedingungen aus **I** in Ggw. von **V** u. **IX** in reversibler Rk. gewonnen werden. Schließlich wurde die Pyrolyse von **II** zwischen 265 u. 280° kinet. untersucht; $\Delta H^{\neq}$ 62, $\Delta S^{\neq}$ −45. Bis zu mindestens 30% ig. Umsatz folgt die CO_2-Entw. der Kinetik 1. Ordnung, weitere Prodd. sind **XIII** u. N-Propyl-(1)-naphthylamin in etwa gleichen Mengen; tert.-Amine wurden nicht gefunden.

Versuche: *O-Hexadecyl-(1)-N-naphthyl-(1)-carbamat* (**I**), aus äquivalenten Mengen **V** u. **IV** in Ggw. von 1.4-Diaza-[2.2.2]-bicyclooctan in abs. Ae.; 82% (Ausbeute). — Analog: *O-Äthyl-N-naphthyl-(1)-carbamat*, 86%. — *O-Hexadecyl-(1)-N-propyl-(1)-N-naphthyl-(1)-carbamat* (**II**), $C_{30}H_{47}NO_2$, Kp.$_{2-3}$ 240—242°, durch Alkylierung von **I** mit n-Propylbromid u. NaH u. Chromatographie; 91%. — Analog: *O-Äthyl-N-propyl-(1)-N-naphthyl-(1)-carbamat*, $C_{16}H_{19}NO_2$, F 47,5—48° (n-Hexan), Kp.$_{0,6}$ 143—144°; 81%; Pyrolyse bei 265° k 2,02·10^{-6} [s^{-1}]. — *N-Hexadecyl-(1)-naphthylamin-(1)* (**III**), $C_{26}H_{41}N$, F. 55 bis 57° (nach Chromatographie), aus **XI** u. 1-Bromhexadecan (**XIII**) in Xylol u. Ggw. von NaH; 72%. Keine Alkylierungs-Rk. mit CH_3J oder **XIII**. — *Dihexadecyl-(1)-carbonat* (**X**), $C_{33}H_{66}O_3$, F. 43° (Isopropanol), durch Erhitzen von Diphenylcarbonat u. **IV** in Ggw. von Al-Isopropylat auf 230° bei Normaldruck, dann unter vermindertem Druck; 81%. — *N.N'.N''-Trinaphthyl-(1)-guanidin*, $C_{31}H_{23}N_3$, aus **VII** u. **XI** in sd. Xylol; 98%. — *Dimeres Bis-naphthyl-(1)-carbodiimid* (?), $C_{42}H_{28}N_4$, F. 167—169° (chromatographiert), durch 90% ig. Pyrolyse von **V** bei 255—280° aus den gelben Rückständen; ca. 40%. Kochen mit Methanol lieferte *Trimeres*, $C_{63}H_{42}N_6$, F. 218—219°; bildet beim Chromatographieren das Dimere zurück. — *1.3-Bis-naphthyl-(1)-2-hexadecylpseudoharnstoff* (**VIII**), $C_{37}H_{48}\cdot N_2O$, F. 65—66° (Methanol), a) aus **VII**, **IV** u. Na in Xylol–Dimethylformamid nach KHORANA (C. **1956.** 5536 u. früher), 97%; b) analog a) ohne Katalysator bzw. Lsgm. bei 265°; 88%. — *1.3-Dinaphthyl-(1)-propyl-(1)-harnstoff*, $C_{24}H_{22}N_2O$, F. 142—143° (Ae.), aus **VI** u. 1-Brompropan in Ggw. von NaH; 60%. — *1.3-Bis-[naphthyl-(1)]-2-propylpseudoharnstoff*, $C_{24}H_{22}N_2O$, F. 113—113,5° (Isopropanol), durch ½ std. Kochen von **VII** in Na-n-Propylat in n-Propylalkohol u. Zugabe von wss. Methanol; 98%. — *^{18}O-Hexadecanol* (^{18}*O*-**IV**), F. 49—50°, durch Einw. von Hexadecyl-(1)-p-toluolsulfonat [$C_{23}H_{40}O_3S$, F. 48 bis 49° (Ae.), nach DRAHOWZAL u. KLAMANN (C. **1954.** 11174); 83,4%] auf ^{18}O-Na-Acetat nach BOSCHAN (C. **1961.** 14600); 55,2%. B. GNAUCK. B 225□

Die Photolyse von 1.2-Dichloräthan. Wm. F. Yates und L. J. Hughes. (J. physic. Chem. **64.** 672—73. Mai 1960. Texas City, Tex., Monsanto Chemical Comp., Plastics Div., Res. Dep.) (Engl.)

Die Photolyse (200 W Xe-Lampe) von *1.2-Dichloräthan* wurde im Bereich von 110—360° in einer Strömungs-App. (He als Trägergas) bis zu ca. 1% Umsatz durchgeführt u. für die Gesamt-Rk. eine Aktivierungsenergie E_A von 12,5 kcal gefunden. Für die Teil-Rk. $C_2H_3Cl_2\cdot \xrightarrow{k_2} C_2H_3Cl + Cl\cdot$ ergibt sich daraus E_{A_2} zu 23 kcal, woraus geschlossen werden kann, daß die C—Cl-Bindungsenergie näher bei 80 als bei 70 kcal liegt (vgl. HOWLETT, C. **1952.** 7153). A. MASCHKE. B 226□

Photochemische Reaktionen einiger aromatischer Halogenverbindungen. Zbigniew Ryszard Grabowski. (Z. physik. Chem. [Frankfurt/M.] [N.F.] **27.** 239—52. Febr. 1961. Stuttgart, TH, Labor. für phys. Chem.) (Dt.)

Werden wss. Lsgg. aromat. Halogen-Verbb. mit UV-Licht bestrahlt, so bilden sich Halogenionen u. Polyphenole sowie H_2O_2. Untersucht wurden die Absorptions- u. Fluorescenzspektren von *6-Chlornaphthol-(2)*, *m-*, *p-* u. *o-Chlorphenol* sowie *p-Bromphenol* u. ihre Anionen; die Prodd. der Photo-Rkk. wurden polarograph. bestimmt. Es konnte festgestellt werden, daß der Cl-Substituent die Polarität im angeregten Zustand nicht stärker beeinflußt als im Grundzustand. Aus den photochem. Quantenausbeuten einzelner Prodd. geht hervor, daß die Primär-Rk. in der homolyt. Spaltung der C-Halogenbindung besteht. Die Kinetik der Primärvorgänge u. die wahrscheinlichen Sekundär-Rkk. werden diskutiert. HERBERT HOFFMANN. B 226□

Die Radiolyse JCN-haltiger organischer Flüssigkeiten. Gordon Hughes und Warren M. Garrison. (J. physic. Chem. **64.** 695—96. Mai 1960. Berkeley, Calif., Univ. of California, Lawrence Radiation Labor., Crocker Labor.) (Engl.) — Vgl. HUGHES u. GARRISON, Abstr., Amer. Chem. Paper No. 90. (133rd Meeting, San Francisco, Calif., April 1958, Div. of Phys. and Inorgan. Chem.)

Methanol. JCN-Lsgg. verschiedener Konz. wurden bestrahlt (1500 c ^{60}Co-γ-Strahlung) u. die J_2-Bldg. proportional zur Bestrahlungsdauer gefunden. Folgender Rk.-Mechanismus wird angenommen: 1. $H + JCN \rightarrow HCN + J$. 2. $CH_2OH + JCN \rightarrow HCN + J + CH_2O$. 3. $2\,J \rightarrow J_2$. 4. $H + J_2 \rightarrow HJ + J$. 5. $CH_2OH + J \rightarrow HJ + CH_2O$. 6. $HJ + JCN \rightarrow J_2 + HCN$. Für G ($J_2$) wurde 3,4 erhalten. Die Bestrahlung von *JCN/Cyclohexanol-Lsgg.* lieferte wesentlich andere u. weniger eindeutige Ergebnisse. Bei Zugabe von JCN zu γ-bestrahlten Lsgg. von J_2 in *Cyclohexan* entstand $J_2(HJ + JCN \rightarrow J_2 + HCN)$ in Mengen, die G(HJ) ca. 2 entsprachen. A. MASCHKE. B 226□

Strahleninduzierte Radikale in Wasser, Deuteriumoxid und wässerigen Lösungen von Glycin bei tiefen Temperaturen. Thormod Henriksen. (Nature [London] **193.** 371—72. 27/1. 1962. Oslo, Norwegian, Radium Hospital, Norsk Hydro's Inst. for Cancer Res.) (Engl.)

Es werden H_2O, D_2O u. wss. 1 m Lsg. von *Glycin* (I) bei 77° K einer 220 kV-Röntgenstrahlung ausgesetzt. Die bei den tiefen Temp. stabilisierten OH- bzw. OD-Radikale werden in Elektronenresonanzspektren nachgewiesen (vgl. SIEGEL u. Mitarbeiter, J. chem. Physics **32.** [1960.] 1249). Die Spektren des bestrahlten H_2O (bzw. D_2O) zeigen das Dublett (bzw. Triplett) des OH- (bzw. OD)-Radikals mit einer Aufspaltung von 41,5 (bzw. 6,5 Gauss). Bestrahlte 1 m I-Lsg. zeigen bei 77° K das OH-Dublett. Beim Erwärmen wird die OH-Resonanz jedoch teilweise gelöscht u. bei längerem Aufbewahren bei 193° K ähnelt das Resonanzspektrum dem des bestrahlten krist. I bei Raum-Temp., was dem $\cdot CH_2CO_2^-$- bzw. $NH_3^+\dot{C}HCO_2^-$-Radikal zugeschrieben wird. H. D. FREYER. B 226□

Radiolyse von Cyclohexan. 2. Mitt. Cyclohexan–Cyclohexen-Lösungen und reines Cyclohexen. G. R. Freeman. (Canad. J. Chem. **38.** 1043—52. Juli 1960. Edmonton, Alberta, Univ. of Alberta, Dep. of Chem.) (Engl.) — 1. vgl. C. **1961.** 2581.

Vf. untersucht den Einfl. von *Cyclohexen* (I) auf die Radiolyse von *Cyclohexan* (II). Die Proben wurden mit $2{,}7 \pm 0{,}5 \cdot 10^{20}$ eV/ml ^{60}Co-γ-Strahlen (Dosisrate $5{,}9$—$10{,}4 \cdot 10^{17}$ eV/ml·h) bestrahlt. Die l. c. bestimmten Ausbeuten an aktivierten Formen von **II** (für c-C_6H_{12}'' G = 3,0 ± 0,3, für c-C_6H_{12} G = 2,4 ± 0,3) konnten bestätigt werden. Die G-Werte bei der Bestrahlung von **I**, extrapoliert auf die Dosis 0, betragen für H_2 1,2, für Äthylen 0,16, für Acetylen 0,022, für C_4-KW-Stoff (wahrscheinlich Butadien), 0,10, für **II** 1,0, für Dicyclohexenyl (**III**) 1,36, für Cyclohexylcyclohexen (**IV**) 0,22, für Dicyclohexyl (**V**) 0,11, für C_{12}-KW-Stoffe insgesamt 1,96 u. für Polymere insgesamt ca. 4. Für die Teil-Rkk. 1. 2 c-$C_6H_9 \rightarrow$ **III**, 2. c—C_6H_9 + c-$C_6H_{11} \rightarrow$ **IV** u. 3. 2 c-$C_6H_{11} \rightarrow$ **V** des vorgeschlagenen Rk.-Mechanismus wurde der Wert $k_2/(k_3\,k_1)^{0,5}$ zu $0{,}45 \pm 0{,}08$ (Mittelwert) bestimmt. Der Rk.-Mechanismus der Radiolyse von **I**–**II**-Lsgg. ist dem der Radiolyse von **II**–Bzl.-Lsgg. (vgl. l. c.) ähnlich, abgesehen davon, daß **I** selbst während der Bestrahlung in erheblichem Maße zersetzt wird. W. FIEDLER. B 226□

Hydrierung von Bis-[Δ^2-cyclopentenyl]-acetylen an Pd-, Pt- und Ni-Katalysatoren. A. F. Plate und W. I. Stanko. (Известия Академии Наук СССР, Отделение Химических Наук [Nachr. Akad. Wiss. UdSSR, Abt. chem. Wiss.] **1960.** 1481—89. Aug. Zelinsky-Inst. für organ. Chem. der Akad. der Wiss. der UdSSR.) (Russ.)

Es wurde die Hydrierung von Bis-[cyclopenten-(2)-yl]-acetylen (I) an Pt-,Pd-Schwarz u. RANEY-Ni in A. bei 20° untersucht. Die Hydrierungs-Geschw. wird in Abhängigkeit von der aufgenommenen H_2-Menge graph. dargestellt. Sie bleibt bei Pt bis zur Aufnahme von 3 Mol H_2 prakt. konst., um dann schnell abzunehmen. An Ni bleibt sie bis zur Aufnahme von ca. 2,3 Mol H_2 fast konst. u. sinkt dann ab. An Pd steigt sie bis zur Aufnahme von ca. 2,2 Mol H_2 an. Die Katalysate wurden aufgearbeitet u. RAMAN-analyt. untersucht. — An Pd wird die Dreifachbindung zuerst selektiv hydriert; nach Aufnahme von 3 Mol H_2 entsteht infolge der isomerisierenden Wrkg. von Pd ein Gemisch von ungesätt.

KW-Stoffen, in dem *1.2-Dicyclopentyläthylen* (II) u. *1-[Cyclopenten-(1)-yl]-2-cyclopentyläthan* überwiegen. An Pt werden bei Aufnahme von 3 Mol H_2 hauptsächlich die cycl. Doppelbindungen unter Bldg. von **II** hydriert. Auch bei der gemeinsamen Hydrierung von 3-Methylcyclopenten-(1) u. Octen-(2) an Pt-Schwarz wird die cycl. Doppelbindung bevorzugt hydriert. HELMUT SCHÄFER. B 227□

Demethylierung von Methylcyclohexan an Nickelkatalysatoren unter Wasserstoffdruck. N. I. Schuikin und Ssin-chua Tjan. (Известия Академии Наук СССР, Отделение Химических Наук [Nachr. Akad. Wiss. UdSSR, Abt. chem. Wiss.] **1960.** 2014—18. Nov. Zelinsky-Inst. für org. Chem. der Akad. der Wiss. der UdSSR.) (Russ.)

Es wird die Demethylierung von Methylcyclohexan (I) an Ni auf Al_2O_3, SiO_2 u. Alumosilicat bei 330—360° u. 20 at H_2-Druck untersucht. An Ni/Al_2O_3 (wobei der Träger vorher mit HF behandelt wird) entsteht *Cyclohexan* (II) in 30% ig. Ausbeute, bezogen auf umgesetztes I. Als Nebenprodd. entstehen *Methylcyclopentan* (III) u. Alkane. Die Vers.-Ergebnisse (Siedebereiche, Ausbeuten, D. u. n_D der Katalysate) sind tabellar. angegeben. Der Aromaten-Geh. des Katalysats (*Bzl.* u. *Toluol*) beträgt in Abhängigkeit von Katalysator u. Temp. 6—20%. Die Naphthen–Paraffin-Fraktion (Kp. 40—80°) besteht aus wechselnden Mengen *Isopentan*, *n-Pentan*, *2-Methyl-*, *3-Methylpentan*, *n-Hexan*, II u. III. HELMUT SCHÄFER. B 227□

Dehydratation von Cyclohexen-(1)-ol-(3) am γ-Aluminiumoxid oder katalytische Dampfphasengewinnung von Cyclohexadien-(1.3). 1. Mitt. N. P. Jemjaljanaw und M. W. Saretzki. (Известия Академии Наук Белорусской ССР, Серия Физико-Технических Наук [Nachr. Akad. Wiss. BelorussSSR, Ser. physik.-techn. Wiss.] **1961.** Nr. 1. 88—97.) (Beloruss.)

Vff. zeigen erstmalig die Möglichkeit einer Gewinnung von *Cyclohexadien*-(1.3) (**I**; Kp. 80—81°; $D._4^{20}$ 0,8439; n_D^{20} 1,4746) durch Dehydratation von Cyclohexen-(1)-ol-(3) (**II**) an γ-Al_2O_3 bei tiefer Temperatur. Aus Unterss. über den Einfl. der therm. Behandlung des Katalysators u. seiner Wirksamkeit bei der **II**-Dehydratation zu **I** u. über den Einfl. der Temp. u. der Vol.-Verhältnisse auf die Reinheit u. Ausbeute von **I** geht hervor, daß die Kinetik der **II**-Dehydratation an γ-Al_2O_3 durch folgende Gleichung beschrieben wird: $v_0 \ln(1/1-y) = \alpha + \beta\, v_0\, y$; v_0 = Vol.-Geschw., y = Umwandlungsgrad, α u. β = Konst., abhängig von den Vers.-Bedingungen, der Katalysatorart u. der Art der reagierenden Stoffe. Die Unterss. bei 250, 270 u. 290° zeigen, daß zwischen $1/(1-y)$ u. $v_0\, y$ eine lineare Beziehnng besteht. Hohe Ausbeute u. Reinheit von **I** erfordern folgende Bedingungen: 250—270°, Vol.-Geschw. ($v_{Dampf}/v_{Kat.}$) 180—200, entsprechend einer Kontaktzeit von 18—20 Sekunden. Die Ausbeute an **I** beträgt 85%. O. LEBTAG. B 227□

Ernest Alexander Braude, ed.; Determination of organic structures by physical methods. Vol. 2. New York: Academic. 1962. (771 S. m. Abb.) $ 16.—.

A. I. Kitaigorodskii, Organic chemical crystallography. New York: Consultants Bur. 1961. (541 S. m. Abb.) $ 17.50.

Andrew Streitwieser, Molecular orbital theory for organic chemists. New York: Wiley. 1961. (489 S. m. Abb.) $ 14,50.

C. Präparative organische Chemie. Naturstoffe

Mit Sekundär-Reaktionen gekoppelte α-Additionen von Immonium-Ionen und Anionen an Isonitrile. I. Ugi. (Angew. Chem. **74.** 9—22. 7/1. 1962. München, Univ., Inst. für Organ. Chem.) (Dt.)

Übersicht über mit Umlagerungen gekoppelte α-Addition an Isonitrile, Synth. von α-Aminosäure-Derivv., Synth. von Hydrazin-Derivv., u. einige Arbeitsvorschriften. — 35 Literaturangaben. P. GOLINSKE. 460

Die Diensynthese in Wissenschaft und Technik. Hans Krieger. (Teknillisen Kem. Aikakauslehti [Z. techn. Chem.] **17.** 750—59. 31/12. 1960.) (Dt.)

Vortrag. — 26 Literaturhinweise. P. GOLINSKE. 470

Verbesserte Darstellung von Phosphoryläthanolamin und Phosphorylcholin. John H. Weisburger und Walter C. Schneider. (J. org. Chemistry **26.** 1658—60. 17/5. 1961. Bethesda, Md., Nat. Cancer Inst.) (Engl.)

12std. Erhitzen von $^{14}C_{2(1.2)}$-Äthanolamin (I) oder von $^{14}C_{2(1.2)}$-Cholin (II) bzw. deren Hydrochloriden mit dem 1,5—2fachen H_3PO_4-Überschuß im Vakuum auf 135—160° bzw. 155—160° u. Binden des entstehenden W. an P_2O_5 bzw. des entstehenden HCl an festem

NaOH führt in über 60% ig. Ausbeuten zu $^{14}C_{2(1.2)}$-*Phosphoryläthanolamin* bzw. $^{14}C_{2(1.2)}$-*Phosphorylcholin.* Die Prodd. werden durch Ionenaustauschchromatographie isoliert.

Versuche: $^{14}C_{2(1.2)}$-*Phosphoryläthanolamin,* F. 236—237°, a) durch Zugabe von 2m H_3PO_4 zu einer eiskalten wss. Lsg. von I-Hydrochlorid, Entfernen des W. im Vakuum über P_2O_5 u. 12std. Erhitzen auf 138 ± 2°/3—5 Torr, Binden von HCl an festes NaOH u. Chromatographie an Dowex-1; 58% (Ausbeute); b) durch Dest. eines Gemisches aus I u. H_3PO_4 mit n-KOH im Vakuum bei 90° u. Wiederholung der Phosphorylierung mit dem Destillat unter Zugabe von H_3PO_4. — $^{14}C_{2(1.2)}$-*Phosphorylcholin,* $C_5H_{16}NO_5P$, F. 235 bis 240° (Zers.), durch Eindampfen einer wss. Lsg. von II-Chlorid u. 2m H_3PO_4 im Vakuum zur Trockne, 12std. Erhitzen auf 160 ± 2° im Vakuum unter Verw. von P_2O_5 u. NaOH wie vorst. u. Chromatographie; 66%. — $^{14}C_{2(1.2)}$-*Phosphorylcholinchlorid,* $C_5H_{15}ClNO_4P$, F. 108—111° (Zers.), durch Zugabe von wss. HCl zu vorst. Verb. in Wasser.

G. KOWOLLIK. 480□

Äthylverzweigung bei der Fischer-Tropsch-Synthese. Bernard D. Blaustein, Irving Wender und Robert B. Anderson. (Nature [London] **189.** 224—25. 21/1. 1961. Pittsburgh, Pa., O. S. Dep. of the Interior, Bureau of Mines.) (Engl.)

Bei Verss. zur FISCHER-TROPSCH-Synth. wurde erstmals *3-Äthylpentan* (I) neben *2.3-Dimethylpentan* im Verhältnis 2:3 gefunden. CO u. H_2 wurden bei 260° u. 21,4 at im Verhältnis 1:1 an ferrum reductum als Katalysator zur Rk. gebracht. Das Prod.-Gemisch wurde dest. (Kp. 60—170°), an PtO_2 hydriert u. gaschromatograph. an Trikresylphosphat aufgetrennt u. identifiziert. Die Fraktionen wurden mit fl. N_2 ausgefroren u. im Massenspektrometer untersucht. Mögliche Bldg.-Wege für I werden diskutiert.

G. v. WALDEYER-HARTZ. 510□

Eine neue Methode zur Darstellung von gemischten Diestern der Orthophosphorsäure. Jean Cheymol, Pierre Chabrier, Mohamed Selim und Pierre Leduc. (C. R. hebd. Séances Acad. Sci. **247.** 1014—16. 6/10. 1958. Paris, Fac. de Med.) (Franz.) — Vgl. C. **1959.** 765 u. C. **1962.** 9675.

Durch Rk. von O.O-Dimethylphosphorsäurechlorid mit Alkoholen in Pyridin oder den Na-Derivv. von Alkoholen oder Phenolen erhält man in 60—90% ig. Ausbeute *Dimethylalkyl-* (oder *aryl*)-*orthophosphorsäureester* $(CH_3O)_2POOR$ (**A**): Dimethylphosphorsäureester: *Äthyl-*, $Kp._{15}$ 87°. — *n-Propyl-*, $Kp._{14}$ 98°. — *n-Butyl-*, $Kp._{15}$ 107°. — *n-Butyl-(2)-*, $Kp._{0,05}$ 62°. — *tert.-Butyl-*, $Kp._{0,07}$ 60°. — *n-Pentyl-*, $Kp._{0,05}$ 68°. — *Phenyl-*, $Kp._{0,05}$ 88°. — *p-Nitrophenyl-*, $Kp._{0,05}$ 134°. — *α-Naphthyl-*, $Kp._{0,05}$ 138°. — *β-Naphthyl-*, $Kp._{0,05}$ 135°. — *n-Octyl-*, $Kp._{0,05}$ 94°. — *n-Decyl-*, $Kp._{0,07}$ 108°. — *n-Dodecyl-*, $Kp._{0,03}$ 129°. — *Benzyl-*, $Kp._{0,05}$ 100°. — *β-Phenyläthyl-*, $Kp._{0,08}$ 122°. — *Tetrahydrofurfuryl-*, $Kp._{0,03}$ 94°. — *Allyl-*, $Kp._{15}$ 99°. — *Cinnamyl-*, $Kp._{0,05}$ 124°. — *Propargyl-*, $Kp._{0,03}$ 68°. — Bei der Rk. der **A** mit $(CH_3)_3N$ in Aceton entstehen die *quart. Salze*, die *Tetramethylammoniomethylalkylorthophosphate,* $(CH_3O)(RO)PO_2N(CH_3)_4$ (**B**): Tetramethylammoniomethylphosphorsäureester: *Äthyl-*, F. 190°. — *n-Propyl-*, F. 157°. — *n-Butyl-*, F. 141°. — *n-Butyl-(2)-*, F. 136°. — *tert.-Butyl-*, F. 204°. — *n-Pentyl-*, F. 156°. — *n-Octyl-*, F. 164°. — *n-Decyl-*, F. 202°. — *n-Dodecyl-*, F. 202°. — *Benzyl-*, F. 186°. — *β-Phenyläthyl-*, F. 151°. — *Tetrahydrofurfuryl-*, F. 128°. — *Allyl-*, F. 151°. — *Cinnamyl-*, F. 153° — *Propargyl-*, F. 109° — *Phenyl-*, F. 130° — *p-Nitrophenyl-*, F. 196°. — *α-Naphthyl-*, F. 167°. — *β-Naphthyl-*, F. 147. — Behandelt man die **B** mit einem Kationenaustauscher vom Typ Amberlite IR 120, so erhält man die gemischten *Diester der Orthophosphorsäure* $(CH_3O)(RO)PO_2H$. WALTER SIMON. 590

Synthese von potentiellen Antikrebsmitteln. 21. Mitt. Von Myleran abgeleitete nitrosierte Sulfonamide. Thomas P. Johnston, Conrad L. Kussner und Lee B. Holum (J. org. Chemistry **25.** 399—402. März 1960. Birmingham, Ala., Southern Res. Inst., Kettering-Meyer Labor.) (Engl.) — 20. vgl. C. **1961.** 487.

Es werden aus Alkan-ω.ω'-disulfonylhalogeniden mit Methylamin (I) *N.N'-Dimethylalkan-ω.ω'-disulfonamide* (**A**) oder mit CH_3ONa *Alkan-ω.ω'-disulfonsäuredimethylester* hergestellt. Aus Polymethylendiaminen werden mit Methansulfonylchlorid (**II**) *N.N'-Polymethylen-bis-[methansulfonamide]* (**B**) erhalten. Die **A** u. **B** werden in HCOOH mit wss. $NaNO_2$ in die entsprechenden *N.N'-Dinitroso-Verbb.* übergeführt. Methansulfonamid (**III**) wird mit α.p-Dichlortoluol (**IV**) in Dimethylformamid (**V**) zu *N.N-Bis-[p-chlorbenzyl]-methansulfonamid* umgesetzt. Mit Bis-[β-chloräthyl]sulfid (**VI**) bildet **III** *4-[Methylsulfonyl]-thiamorpholin.* Die Nitrosierung einfach N-substituierter Methansulfonamide liefert instabile Produkte.

Versuche: *Pentan-1.5-disulfonylchlorid* (**VII**), F. 66°, aus 1.5-Dibrompentan durch 7std. Kochen mit Na_2S u. Erhitzen des Rk.-Prod. mit PCl_5; Nadeln; 85% (Ausbeute.) — Analog: *Propan-1.3-disulfonylchlorid,* F. 46,5—47° (Ae./PAe.), Nadeln; 82%. — *N.N'-Dimethylpentan-1.5-disulfonamid* (**VIII**), $C_7H_{18}N_2O_4S_2$, F. 148° (W.), aus **VII** in Bzl. durch

Umsetzung mit I bei 6°; Nadeln; 77%. — Analog: *N.N'-Dimethylpropan-1.3-disulfonamid*, $C_5H_{14}N_2O_4S_2$, F. 120° (W.); 67%. — *N.N'-Dimethylbutan-1.4-disulfonamid*, $C_6H_{16}N_2O_4S_2$, F. 177° (W.), 70%. — Bis-[methansulfonamide]: *N.N'-Tetramethylen-*, $C_6H_{16}N_2O_4S_2$, F. 134° (CH_3OH), aus **II** in Bzl. durch Eintropfen in eine Lsg. von K_2CO_3 in Tetramethylendiamin < 45° u. 1std. Kochen; Nadeln; 40%. — Analog: *N.N'-Trimethylen-*, $C_5H_{14}N_2O_4S_2$, F. 115° (CH_3OH); 32%. — *N.N'-Pentamethylen-*, $C_7H_{18}N_2O_4S_2$, F. 110° (W.); 44%. — *N.N'-Dimethyl-N.N'-dinitrosopentan-1.5-disulfonamid*, $C_7H_{16}N_4O_6S_2$, F. 87° (Zers.; Tetrahydrofuran/PAe.), aus **VIII** in HCOOH durch 1std. Verrühren mit wss. $NaNO_2$-Lsg. bei 4°; gelbe Kristalle; 69%. — Analog: *N.N'-Dimethyl-N.N'-dinitrosopropan-1.3-disulfonamid*, $C_5H_{12}N_4O_6S_2$, F. 108° (Zers.; Tetrahydrofuran/PAe.); 52%. — *N.N'-Dimethyl-N.N'-dinitrosobutan-1.4-disulfonamid*, $C_6H_{14}N_4 \cdot O_6S_2$, F. 142° (Zers.; Tetrahydrofuran); 76%. — Bis-[N-nitrosomethansulfonamide]: *N.N'-Trimethylen-*, $C_5H_{12}N_4O_6S_2$, F. 77° (Zers.; CH_3OH); 52%. — *N.N'-Tetramethylen-*, $C_6H_{14}N_4O_6S_2$, F. 114° (Zers.; CH_3OH); 65%. — *N.N'-Pentamethylen-*, $C_7H_{16}N_4O_6S_2$, F. 94° (Zers.; Tetrahydrofuran/PAe.); 49%. — *Butan-1.4-disulfonsäuredimethylester*, $C_6H_{14}O_6S_2$, F. 90° (CH_3OH), aus Butan-1.4-disulfonylchlorid (F. 86°) in CH_3OH durch 1std. Verrühren mit einer Lsg. von Na in CH_3OH bei Raum-Temp.; Plättchen; 54%. — Analog: *Propan-1.3-disulfonsäuredimethylester*, $C_5H_{12}O_6S_2$, F. 46 bis 47° (Ae.); 46%. — *Pentan-1.5-disulfonsäuredimethylester*, $C_7H_{16}O_6S_2$, F. 51—52° (CH_3OH), 52%. — Methansulfonamide: *N-Benzyl-*, $C_8H_{11}NO_2S$, F. 65° (Bzl./PAe.), aus **II** in Bzl. durch 2½std. Verrühren mit Benzylamin < 37°, Stehen über Nacht u. 1std. Kochen; Plättchen; 84%. — Analog: *N-p-Chlorbenzyl-*, $C_8H_{10}ClNO_2S$, F. 134° (W.); 70%. — *N.N-Bis-[p-chlorbenzyl]-*, $C_{15}H_{15}Cl_2NO_2S$, F. 124° (Isopropanol), aus **IV** durch 1std. Erhitzen mit **III** u. K_2CO_3 in **V** auf 100°; Nadeln; 61%. — *4-[Methylsulfonyl]-thiamorpholin*, $C_5H_{11}NO_2S_2$, F. 136° (Isopropanol), aus **III** u. **VI** durch 2std. Erhitzen mit K_2CO_3 in **V** auf 100—110°; Plättchen; 25%. EBERHARD RIEDEL. 600□

Untersuchungen in der Reihe der organischen Schwefelverbindungen. 5. Mitt. **Synthese und einige Eigenschaften von Halogenäthinsulfochlorid.** B. M. Gladstein und L. S. Ssoborowski. (Журнал Общей Химии [J. allg. Chem.] **30** **(92)**. 1574—77. Mai 1960.) (Russ.) — 4. vgl. C. **1959**. 15964.

Acetylen wird mit C_2H_5MgBr zu *Äthindimagnesiumbromid* umgesetzt, das mit SO_2Cl_2 nach Zers. mit W. *Chloräthinsulfochloridhydrat* (**I**) gibt. **I** reagiert mit Anilin zu *Anilinoäthinsulfanilid* u. mit dem Reagens von ILOSVAY ($NH_4OH + Cu^+$) zu *Cu-Chloracetylenid*. Weder mit ZnF_2 noch mit KF wurde aus **I** reines Chloräthinylsulfofluorid erhalten.

Versuche: *Chloräthinsulfochloridhydrat* (**I**), $C_2H_2Cl_2O_3S$, Kp.$_{10}$ 90—92°, durch 16std. Einleiten von Acetylen in eine Lsg. von C_2H_5MgBr (aus 1 Mol C_2H_5Br), Zutropfen von 135 g SO_2Cl_2 unter Kühlung, 1std. Stehen bei Raum-Temp., Vermischen mit Eis u. Dest. der äther. Schicht; $D._4^{20}$ 1,8781; n_D^{20} 1,5330. Gibt nach 5 Min. langer Einw. von wss. NH_3 mit $BaCl_2$ einen Nd., der sich in HNO_3 (1:1) löst. — *Anilinoäthinsulfanilid-dihydrochlorid*, $C_{14}H_{14}Cl_2N_2O_2S$, F. 130—131° (A.), aus 2 g **I** u. Anilin in 8 ml Ae. u. Aufarbeiten mit 10%ig. HCl; hellgelb. — *Cu-Chloracetylenid*, aus 1 g **I** in 10 ml Aceton, 20 ml W. u. 50 ml ILOSVAY-Reagens (enthaltend 0,46 g Cu^+), Verdünnen mit 50 ml W. u. Stehen über Nacht; rot. — *Gemisch* aus *Chloräthinsulfofluorid* u. *Chloräthinsulfochlorid* (55:45), Kp.$_{15}$ 51—55°, aus 24,8 g **I** u. 33 g KF bei 80° (Bad-Temp.); $D._4^{20}$ 2,0501; n_D^{20} 1,4985; wahrscheinlich azeotrop. — **I** gibt mit ZnF_2 bei 150° eine Fl. vom Kp.$_4$ 55,5—57° ($D._4^{20}$ 2,1896; n_D^{20} 1,5560), die kein F enthält. K. HUMMEL. 600□

Enamine. 3. Mitt. **Alkylierung von Aldehyden abgeleiteter Enamine.** Günther Opitz und Hilmar Mildenberger. (Liebigs Ann. Chem. **649**. 26—35. Nov. 1961. Tübingen, Univ., Chem. Inst.) (Dt.) — 2. vgl. C. **1959**. 16582.

Bei Raum-Temp. oder —70° liefert 1-Piperidinopropen-(1) mit CH_3J in PAe. die aus Piperidin u. CH_3J entstehenden Salze (*N.N-Dimethylpiperidiniumjodid* [**VI**], F. 346 bis 349° [A.]), analog verläuft die Umsetzung mit CH_3J, C_2H_5J, Butylbromid bzw. $C_2H_4 \cdot Br_2$ in Ae., PAe. oder Dioxan, auch bei Anwendung von N-Vinyldiäthylamin u. 1-Morpholinohepten mit oder ohne Zusatz von Äthyldicyclohexylamin (**III**). In allen Fällen wurden Ammoniumsalzgemische u. hochsd. komplizierte Basengemische erhalten. Alkylhalogenide bewirken also bei Enaminen aus Acetaldehyd u. monosubstituierten Acetaldehyden Selbstkondens., die zu Dienaminen, Trienaminen u. höhermol. ungesätt. Basen führt, während das abgespaltene sek. Amin alkyliert wird. Aus äquimol. Mengen 1-Piperidinobuten-(1) (**I**), Allylbromid (**II**) u. **III** in Acetonitril (An.) entstand nach Hydrolyse *Äthylallylacetaldehyd*; *1-Morpholinobuten-(1)* (**VII**) lieferte mit Crotylbromid (**IV**) analog ein Gemisch aus viel *Äthyl-[α-methylallyl]-* u. wenig *-[γ-methylallyl]-acetaldehyd*, dessen Zus. auf IR-spektroskop. Wege, durch Messung der magnet. Kernresonanz, durch

Hydrierung u. Ozonisierung ermittelt wurde. Daneben traten aber auch Neben-Rkk. in erheblichem Umfang ein. 1-Pyrrolidinoisobuten (**V**) ergab mit CH_3J in Ae. das N-Methojodid von **V**, dessen Struktur durch oxydativen Abbau mit $KMnO_4$ sowie HOFMANNschen Abbau bewiesen wurde. Ähnliche Salze entstanden aus **V** mit C_2H_5J oder 1.4-Dibrombuten-(2) sowie aus 1-Piperidinoisobuten u. CH_3J oder C_2H_5J in Ae. oder Acetonitril. Auch mit Triäthyloxoniumtetrafluoroborat u. p-Toluolsulfonsäuremethylester lassen sich bei **V** u. 1-Piperidino-2-äthylhexen-(1) keine C-Alkylierungen erzielen. Vff. untersuchten ferner die von ELKIK (C. **1962**. 3442) beschriebene Rk. zwischen **I** u. CH_3J; hierbei entsteht **VI** u. kein **I**-Methojodid. Wenn **I** aber noch Piperidin enthält, bildet sich neben **VI** *Piperidinhydrojodid* als farbloser Nd., den ELKIK irrtümlich als **I**-Methojodid bezeichnete.

Versuche: *N-Vinyldiäthylamin*, $Kp._{100}$ 47—52°, durch Zutropfen von Paraldehyd zu Diäthylamin u. K_2CO_3 in abs. Ae. zwischen 0 u. 5°, 14std. Einw. bei Raum-Temp. u. Zers.-Dest. des 1.1-Bis-[diäthylamino]-äthans; 36% (Ausbeute). — *1-Piperidinopropen-(1)*, $Kp._{15}$ 61—63°, vgl. l. c.; 72%. — *1-Piperidinobuten-(1)* (**I**), $Kp._{14}$ 73,5°, nach MANNICH u. DAVIDSEN [1936]; 80%. — *1-Morpholinobuten-(1)* (**VII**), $Kp._{12}$ 73—74°; 78%. — *1-Morpholinohepten-(1)*, $Kp._{14}$ 120°, vgl. l. c.; 85%. — *Äthylallylacetaldehyd*, Kp. 142 bis 144°, durch Zutropfen von **II** in An. zu **I** u. **III** in An. unter Eiskühlung, Rühren der Suspension des Nd. bei 0° (1 Std.), bei 14° (30 Min.) u. bei 50° (10 Min.) u. Hydrolyse mit kalter verd. HCl; 23%. *2.4-Dinitrophenylhydrazon*, $C_{13}H_{16}N_4O_4$, F. 111° (orangegelbe Nadeln aus Methanol). — *Äthyl-[α-methylallyl]-acetaldehyd* (mit 10% γ-Methyl-Verb.), $Kp._{120}$ 96—99°, durch Zugabe von **VII** zu **IV** (85% γ- u. 15% α-Methylallylbromid) in An. unter Eiskühlung, 1std. Einw. u. Hydrolyse; 17%. *2.4-Dinitrophenylhydrazon*, $C_{14}H_{18}N_4O_4$, F. 96° (gelbe Nadeln aus Methanol). — *1-Pyrrolidinoisobuten-N-methojodid* (**V**-*Methojodid*), $C_9H_{18}JN$, Zers. an der Luft, durch 48std. Einw. von CH_3J auf **V** in Ae. oder An.; 95%; sehr hygroskop. liefert in An. mit $AgNO_3$ das ölige *N-Methonitrat*. Analog *N-Äthojodid*, $C_{10}H_{20}JN$, Zers. an der Luft; 20%; liefert öliges *Äthonitrat*. — *1-Piperidinoisobuten-N-methojodid* (**I**-*Methojodid*), $C_{10}H_{20}JN$, Zers. an der Luft, durch 24std. Einw. von CH_3J auf **I** in Ae. u. 6std. Kochen; 20%. Analog N-*Äthojodid*, $C_{11}H_{22}$·JN, Zers. an der Luft; 11%. B. GNAUCK. 670□

Enamine. 4. Mitt. **Synthese trisubstituierter Acetaldehyde.** Günter Opitz, Heinrich Hellmann, Hilmar Mildenberger und Harald Suhr. (Liebigs Ann. Chem. **649**. 36—47. Nov. 1961.) (Dt.) — 3. vgl. vorst. Referat.

1-Pyrrolidinoisobuten (**I**) u. Allylbromid (**II**) in Ae. ergeben nach der Hydrolyse des gebildeten Immoniumsalzes *Dimethylallylacetaldehyd* (**XVIII**), wobei die Ausbeuten in Lsgm. hoher DK (Acetonitril [An.]) höher liegen. Zur C-Alkylierung eignen sich auch Propargylbromid (**IV**), α-Halogenäther, α-Halogenimide u. Bromessigester, die durch Erhitzen mit von disubstituierten Acetaldehyden abgeleiteten Enaminen in wenig An. u. folgende Hydrolyse zur Darst. einer Reihe von *trisubstituierten Acetaldehyden* benutzt werden, wobei als Ausgangsstoffe Isobutyraldehyd (**V**), 2-Äthylbutanal (**VIII**) u. -hexanal (**IX**) sowie Hydratropaaldehyd (**X**) dienen. Bei der Alkylierung mit Crotylbromid (**III**) tritt fast vollständige Allylumlagerung ein. **III**, das aus 85% γ- u. 15% α-Methylallylbromid besteht, liefert nahezu reine *α-Methylallyl-Verbb.*, wie durch Aufnahme von IR- u. Kernresonanzspektren bewiesen wird. Mit **IV** erhält man ein durch Dest. nicht, aber durch Gaschromatographie trennbares Gemisch von *Propargyl-* u. *Allenylaldehyd.* Die mit **II** u. **III** erhaltenen ungesätt. Aldehyde lassen sich in A. in Ggw. von RANEY-Ni glatt zu den gesätt. Aldehyden mit quartärem α-C-Atom hydrieren. Diese Aldehyde erleiden durch Licht leicht eine CO-Abspaltung, deren Radikalcharakter durch Polymerisation von Acrylnitril u. Entfärbung der blauen Bzl.-Lsg. von Diphenylpikrylhydrazyl gezeigt wird.

Versuche: *1-Pyrrolidinoisobuten* (**I**), $Kp._{12}$ 43—44° durch 4std. Erhitzen von **V** u. Pyrrolidin (**VI**) in Bzl. in Ggw. von p-Toluolsulfonsäure; 78% (Ausbeute). — Analog: *1-Piperidinoisobuten*, $Kp._{12}$ 54—55°, aus **V** u. Piperidin (**VII**); 87%. — *1-Pyrrolidino-2-äthylbuten-(1)* (**XI**), $C_{10}H_{19}N$, $Kp._{10}$ 75—77°, aus **VIII** u. **VI**; n_D^{23} 1,4765; 87%. — *1-Pyrrolidino-2-äthylhexen-(1)* (**XVI**), $C_{12}H_{23}N$, $Kp._{10}$ 98—99°, aus **IX** u. **VI**; n_D^{22} 1,4736; 86%. — *1-Piperidino-2-phenylpropen-(1)* (**XVII**), $Kp._3$ 124—125°, aus **X** u. **VII**; 71%. — *Dimethylallylacetaldehyd*, (**XVIII**), Kp. 120—122° a) durch 40std. Einw. von **II** auf **I** in Ae. (→ 37% gelbes Salz) u. 4std. Erhitzen mit 2 n HCl; 14%; b) aus **I** u. **II** in An. durch 10std. Rk. bei Raum-Temp. u. 5std. Kochen; 51%. *2.4-Dinitrophenylhydrazon* [*DNPH*], $C_{13}H_{16}N_4O_4$, F. 117—118° (gelbe Nadeln aus A.). — *Dimethyl-[β-methylallyl]-acetaldehyd*, Kp. 146—148°, analog **XVIII** nach b) aus **I** u. β-Methylallylchlorid; 10%. DNPH, $C_{14}H_{18}N_4O_4$, F. 134—135° (gelbe Nadeln aus A.). — Analog: *Dimethyl-[α-methylallyl]-acetaldehyd* (**XIX**), Kp. 142—144°, aus **I** u. **III**; 55%, riecht terpenartig. *DNPH*

$C_{14}H_{18}N_4O_4$, F. 130—131° (gelbe Nadeln aus A.). — *Dimethylbenzylacetaldehyd*, Kp.$_{10}$ 103—105°, aus **I** u. Benzylbromid (**XII**), 19%. *DNPH*, $C_{17}H_{18}N_4O_4$, F. 154—155° (gelbe Nadeln aus A.). — *Dimethylpropargylacetaldehyd* (*DNPH*, F. 117—118° [gelbe Nadeln aus A.]) u. *Dimethylallenylacetaldehyd* (*DNPH*, $C_{13}H_{14}N_4O_4$, F. 123° [orangefarbene Blättchen aus A.]) [15:85-Gemisch], Kp. 129—130°, aus **I** u. **IV** u. Trennung durch Gaschromatographie an Polyäthylenglykol/$AgNO_3$; 30%. Trennung der *DNPH* durch Papierchromatographie aus Dekalin/N-Methylformanilid. — *Dimethyläthoxymethylacetaldehyd*, Kp. 139—140°, aus **I** u. Chlormethyläthyläther (**XIII**); 39%. *DNPH*, $C_{13}H_{18}$·N_4O_5, F. 129—130° (gelbe Blättchen aus A.). — *Dimethylcarbäthoxymethylacetaldehyd*, Kp.$_{10}$ 72—74°, aus **I** u. Bromessigsäureäthylester (**XIV**); 8%. *DNPH*, $C_{14}H_{18}N_4O_6$, F. 123—124° (orangefarbene Nadeln aus A.). — *Dimethylphthalimidomethylacetaldehyd*, F. 107—108° (Ligroin), aus **I** u. N-Brommethylphthalimid (**XV**); 43%. *DNPH*, $C_{19}H_{17}$·N_5O_6, F. 207—208° (orangegelb aus A.). — *Diäthylallylacetaldehyd* (**XX**), Kp.$_{10}$ 55—56° (riecht terpenartig), aus **XI** u. **II**; 78%. *DNPH*, $C_{15}H_{20}N_4O_4$, F. 153—154° (orangegelbe Nadeln aus A.). — *Diäthyl-[α-methylallyl]-acetaldehyd* (**XXI**), Kp.$_{10}$ 68—69°, aus **XI** u. **III**; 56% (riecht terpenartig). *DNPH*, $C_{16}H_{22}N_4O_4$, F. 134—135° (gelbe Nadeln aus A.). — *Diäthylbenzylacetaldehyd*, Kp.$_{10}$ 124—126°, aus **XI** u. **XII**; 31%. *DNPH*, $C_{19}H_{22}N_4O_4$, F. 122—123° (gelbe Nadeln aus A.). — *Diäthylpropargylacetaldehyd* (*DNPH*, F. 145° [orangegelbe Nadeln aus A.]) u. *Diäthylallenylacetaldehyd* (*DNPH*, $C_{15}H_{18}N_4O_4$, F. 121 bis 122° [goldglänzende Blättchen aus A.]) [23:77-Gemisch], Kp.$_{10}$ 60—61°, aus **XI** u. **IV** u. Trennung durch Gaschromatographie; 23%. — *Diäthyläthoxymethylacetaldehyd*, Kp.$_7$ 64—65°, aus **XI** u. **XIII**; 46%. *DNPH*, $C_{15}H_{22}N_4O_5$, F. 143—144° (gelbe Nadeln aus A.). — *Diäthylcarbäthoxymethylacetaldehyd*, Kp.$_{10}$ 99—101°, aus **XI** u. **XIV**; 25%. *DNPH*, $C_{16}H_{22}N_4O_6$, F. 134° (gelbe Nadeln aus A.). — *Diäthylphthalimidomethylacetaldehyd*, F. 87—90° (W.), aus **XI** u. **XV**; 68% (daneben N.N'-Methylen-bis-phthalimid, F. 222°). *DNPH*, $C_{21}H_{21}N_5O_6$, F. 189—190° (gelbe Kristalle aus A.). — *Äthylbutylallylacetaldehyd* (**XXII**), Kp.$_{10}$ 83—85°, aus **XVI** u. **II**; 75%. *DNPH*, $C_{17}H_{24}N_4O_4$, F. 138 bis 139° (gelbe Nadeln aus A.). — *Äthylbutyl-[α-methylallyl]-acetaldehyd* (**XXIII**), Kp.$_{10}$ 95—96° (riecht terpenartig), aus **XVI** u. **III**; 66%. *DNPH*, $C_{18}H_{26}N_4O_4$, F. 114—115° (gelbe Kristalle aus A.). — *Äthylbutylbenzylacetaldehyd*, Kp.$_{10}$ 149—150°, aus **XVI** u. **XII**; 25%. *DNPH*, $C_{21}H_{26}N_4O_4$, F. 129—130° (gelbe Kristalle aus A.). — *Äthylbutylpropargylacetaldehyd* u. *-allenylacetaldehyd* (47:53-Gemisch), Kp.$_8$ 86—87°, aus **XVI** u. **IV**, Analyse durch Gaschromatographie; *DNPH*, $C_{17}H_{22}N_4O_4$, F. 126—128° (orangegelbe Nadeln aus A.). — *Äthylbutylcarbäthoxymethylacetaldehyd*, Kp.$_{10}$ 120—122°, aus **XVI** u. **XIV**; 18%. *DNPH*, $C_{18}H_{26}N_4O_6$, F. 123—124° (orangegelbe Nadeln aus A.). — *Methylphenyl-[α-methylallyl]-acetaldehyd*, Kp.$_{10}$ 119—120°, aus **XVII** u. **III**; 85%. *DNPH*, $C_{19}H_{20}N_4O_4$, F. 147—148° (gelbe Kristalle aus A.). — *Methylphenyläthoxymethylacetaldehyd*, Kp.$_{10}$ 120—121°, aus **XVII** u. **XIII**; 83%. *DNPH*, $C_{18}H_{20}N_4O_5$, F. 85—86° (orangegelbe Nadeln aus A.). — *Dimethylpropylacetaldehyd*, Kp. 114—116°, durch 2std. Hydrierung von **XVIII** in Ggw. von Raney-Ni bei Normaldruck u. Raum-Temp. in A.; 81%. *DNPH*, $C_{13}H_{18}N_4O_4$, F. 118—119° (orangegelbe Nadeln aus A.). — Analog: *Dimethyl-sek.-butylacetaldehyd*, Kp. 147—148°, aus **XIX**; 84%. *DNPH*, $C_{14}H_{20}N_4O_4$, F. 117—118° (gelbe Nadeln aus A.). — *Diäthylpropylacetaldehyd*, Kp.$_{10}$ 55—57°, aus **XX**; 90%. *DNPH*, $C_{15}H_{22}N_4O_4$, F. 161—162° (gelbe Nadeln aus A.). — *Diäthyl-sek.-butylacetaldehyd*, Kp.$_{10}$ 71—72°, aus **XXI**; 92%. *DNPH*, $C_{16}H_{24}N_4O_4$, F. 158—159° (orangegelbe Nadeln aus A.). — *Äthylpropylbutylacetaldehyd*, Kp.$_{10}$ 83—85°, aus **XXII**; 91%. *DNPH*, $C_{17}H_{26}N_4O_4$, F. 136—137° (gelbe Nadeln aus A.). — *Äthylbutyl-sek.-butylacetaldehyd*, Kp.$_{10}$ 97—99° (riecht nach Orangenschalen), aus **XXIII**; 90%. *DNPH*, $C_{18}H_{28}$·N_4O_4, F. 107—108° (gelbe Nadeln aus A.). — Von den substituierten Acetaldehyden sind die Haupt-IR-Banden angegeben. B. Gnauck. 670□

Untersuchungen über Äthylenketone. 7. Mitt. Ketone des Typs RCH = CR'COR": Stereoisomerie und intramolekulare Umlagerung. René Heilmann, Paul Arnaud und Günter Scheuerbrandt. (Bull. Soc. chim. France **1961**. 1337—40. Juli. Grenoble, Fac. des Sci., Labor. de Chimie Organ.; Freiburg, Univ., Chem. Labor.) (Franz.) — 6. vgl. C. **1958**. 1259.

Vff. untersuchen Anzahl u. Art der isomeren *Äthylenketone* (**A**), die bei der Dehydratisierung von *3-Äthylpentanol-(3)-on-(2)* (**I**) u. *3-[n-Propyl]-hexanol-(3)-on-(2)* (**II**) mit 20%ig. Oleum entstehen. Das zur Rk. benötigte **II** erhält man durch Addition von C_2H_2 an Dipropylketon u. Anlagerung von W. an das intermediäre *3-[n-Propyl]-hexin-(1)-ol-(3)*. Auf analogem Wege entsteht **I** aus Diäthylketon. Die Dehydratisierung von **I** u. **II** verläuft z. T. unter Bldg. von Stereoisomeren, z. T. auch unter Umlagerung des C-Skelettes. So erhält man aus **I** neben *3-Äthylpenten-(3)-on-(2)* (**III**) *4-Methylhexen-(4)-on-(3)* (**IV**) u. aus **II** neben *3-[n-Propyl]-hexen-(3)-on-(2)* (**V**), das in einer *cis-s-cis-* u. in einer *trans.s-trans-Form* anfällt, auch *5-Methylocten-(5)-on-(4)* (**VI**). Die Trennung von **III** u. **IV** einerseits u. von **V** u. **VI** andererseits erfolgt durch fraktionierte Destillation. Die Struktur der **A** wird UV- u. IR-spektrograph. bewiesen, ferner durch ihre Synth. auf unabhängigem Wege oder ihre Hydrierung zu gesätt. Ketonen. Für die Umlagerungs-Rkk. wird ein Mechanismus diskutiert.

Versuche: *Dipropyläthinylcarbinol* {*3-[n-Propyl]-hexin-(1)-ol-(3)*}, $Kp._{12}$ 69—71°, durch Zutropfen von Dipropylketon in Ae. zu einer sd. Suspension von $NaNH_2$ in Ae. innerhalb 6—7 Std., Vertreiben von NH_3 u. einem Teil des Ae., Einpressen von C_2H_2 bei 0°, Zers. mit Eis, Ausäthern, Sättigen mit CO_2 u. Dest.; n_D^{20} 1,4392; 71% (Ausbeute). — *3-[n-Propyl]-hexanol-(3)-on-(2)* (**II**), $Kp._{12}$ 80—90°, durch Zutropfen vorst. Verb. zu einer sd. Lsg. von HgO in 20%ig. H_2SO_4 innerhalb von 2 Std. unter Rühren, 1 Std. Kochen u. Ausäthern; n_D^{20} 1,4321; 82%. — *3-[n-Propyl]-hexen-(3)-on-(2)* (**V**), $Kp._{15}$ 70—80°, aus **II** durch Einrühren in 20%ig. Oleum bei —15°, Gießen auf Eis u. Neutralisation; n_D^{20} 1,4461; 55%. *cis.s-cis*-**V**, $Kp._{50}$ 94,2°, durch fraktionierte Dest. von **V**; n_D^{20} 1,4423; 30% *trans.s-trans*-**V**, $Kp._{50}$ 103°, wie vorst. als 2. Fraktion; n_D^{20} 1,4526; 60%; daneben *5-Methylocten-(5)-on-(4)* (**VI**), $Kp._{50}$ 107,9°; n_D^{20} 1,4538; 10%. — *3-Äthylpenten-(3)-on-(2)* (**III**), $Kp._{50}$ 73,4°, a) analog **V** aus **I** u. Oleum u. fraktionierte Dest.; n_D^{20} 1,4478; 60%; b) analog **IV** aus Methylpropylketon, Acetaldehyd u. Alkali u. Abspaltung von W. aus dem intermediären Ketol. — *4-Methylhexen-(4)-on-(3)* (**IV**), $Kp._{45}$ 75,5—76°, a) aus **I** u. Oleum u. fraktionierte Dest. neben **III**; n_D^{20} 1,4519; 40%; b) durch Dest. von 4-Methylhexanol-(5)-on-(3) bei 50 Torr in Ggw. von wenig J_2, bis die Temp. 75° erreicht. *Semicarbazon*, F. 160°. *2.4-Dinitrophenylhydrazon*, F. 171°. — *4-Methylhexanol-(5)-on-(3)*, $Kp._{14}$ 83—87°, durch Zugabe der Lsg. von Acetaldehyd in Diäthylketon zu dem Gemisch von Diäthylketon, KOH u. A. bei 15° innerhalb 3 Std., Neutralisation mit Oxalsäure u. Dest. im Vakuum; 64%. — *Propanal*, durch Ozonolyse von *cis.s-cis-* bzw. *trans.s-trans*-**V** oder **VI** [*Dinitrophenylhydrazon*, F. 152°]; daneben *Hexandion-(2.3)* (?). *Phenylhydrazon*, F. 133°. — *5-Methyloctanol-(4)*, $Kp._{15}$ 75—82°, aus 2-Brompentan und Butyraldehyd durch GRIGNARD-Synth.; n_D^{25} 1,4259; 31%. — *5-Methyloctanon-(4)* $Kp._{12}$ 64—66°, a) durch Oxydation vorst. Verb. mit CrO_3 u. H_2SO_4 in Aceton bei —15°; n_D^{25} 1,4140; 80%; b) durch katalyt. Hydrierung von **VI** in A. an PtO_2; n_D^{25} 1,4139. B. FÖHLISCH. 710□

Einwirkung von Organocadmiumderivaten auf zweibasige Säurechloride. 2. Mitt. Adipylchlorid. M. Renson und J. Bonhomme. (Bull. Soc. chim. belges **68.** 667—73. Nov./Dez. 1959. Liège, Univ., Serv. de Chim. Organ.) (Franz.) — 1. vgl. Bull. Soc. chim. belges **68.** [1959.] 437.

Die Umsetzung von organ. Cd-Verbb., die aus $CdCl_2$ u. GRIGNARD-Verbb. gewonnen werden, mit Adipinsäuredichlorid (**I**) führt mit guter Ausbeute zu *ε-Diketonen*, die durch ihre *Dioxime* charakterisiert werden.

Versuche: *Adipinsäuredichlorid* (**I**), $Kp._{15}$ 128°, durch 4std. Erhitzen von Adipinsäure mit $SOCl_2$ auf dem Wasserbad u. Dest.; 85% (Ausbeute). — *Decandion-(3.8)* (**II**) $C_{10}H_{18}O_2$, F. 62°, $Kp._{12}$ 130°, a) durch Darst. der GRIGNARD-Verb. aus Mg u. 0,13 Mol C_2H_5Br in Ae., Zugabe von 0,065 Mol wasserfreiem $CdCl_2$ in kleinen Anteilen unter Rühren, 4std. Erhitzen auf dem Wasesrbad, Zutropfen von 0,054 Mol **I** in Ae., 10 Min. langes Stehen bei Raum-Temp., Zers. mit 10%ig. H_2SO_4 u. Aufarbeitung der Ae.-Phase; 68%; b) analog a), jedoch Abdest. des Ae. von der organ. Cd-Verb., Ersatz durch Bzl. u. Zutropfen von **I** ebenfalls in Bzl., 2std. Kochen u. Aufarbeitung analog a); 55%. *Dioxim*, $C_{10}H_{20}N_2O_2$, F. 98° (wss. A.), durch 2std. Kochen von **I**, $H_2NON \cdot HCl$ u. K_2CO_3 in wss. A., Abdest. des A. u. Abkühlen der wss. Phase. — *Dodecandion-(4.9)*, $C_{12}H_{22}O_2$, F. 58°, $Kp._{15}$ 151°, a) aus n-C_3H_7Br u. **I** analog **II** nach a); 79%; b) analog **II** nach b); 70%. *Dioxim*, $C_{12}H_{24}N_2O_2$, F. 112°. — *Tetradecandion-(5.10)*, $C_{14}H_{26}O_2$, F. 65°, $Kp._{0,5}$ 128°, a) aus n-C_4H_9Br u. **I** analog **II** nach a); 90%; b) analog **II** nach b); 88%. *Dioxim*, $C_{14}H_{28}N_2O_2$, F. 116°. — *Hexadecandion-(6.11)*, $C_{16}H_{30}O_2$, F. 74°, $Kp._{0,5}$ 147°, a) aus n-C_5H_{11} Br u. **I** analog **II** nach a); 90%; b) analog **II** nach b); 91%. *Dioxim*, $C_{16}H_{32}N_2O_2$, F. 97°. — *Octandion-(2.7)*, a) analog **II** nach a); 15%; b) analog **II** nach b); 38%.

C. GOTTFRIED. 720

Die Additionsverbindung von N.N-Dimethylformamid und Chlorwasserstoff. M. Halmos und T. Mohácsi. (Acta Univ. Szegediensis, Acta physica chem. **6.** 99 bis 101. 1960. Szeged, Univ., Inst. of Organ. Chem.) (Engl.)

N.N-Dimethylformamid (Kp. 152—154°; n_D^{25} 1,4270) gibt beim mehrstd. Einleiten von trockenem HCl in die eiskalte wss. Lsg. eine *N.N-Dimethylformamid-HCl-Additions-Verb.* ($Kp._{40}$ 76°; 72% Ausbeute), die beim Stehen mit wasserfreiem Na_2CO_3 wieder die Ausgangssubstanz liefert. P. GOLINSKE. 810□

Über einige als Monoaminoxydase-Inhibitoren wirkende, aus physiologisch aktiven Säuren synthetisierte neue Isopropylhydrazide. David Libermann und Jean-

Claude Denis. (Bull. Soc. chim. France **1961**. 1952—54. Okt. Issy-les-Moulineaux, Labor. de Carbo-Synth.; Paris, Labor. Coirre.) (Franz.)

Es werden die *Isopropylhydrazide* der *p-Chlorphenoxyessigsäure* u. *-propionsäure* (**III**), der *α-Naphthoxy-* u. der *β-Indolylessigsäure* aus den entsprechenden Säureestern über die *Säurehydrazide, Acetonhydrazone* u. deren Red. hergestellt. *γ-Hydroxybuttersäure-isopropylhydrazid* entsteht in ähnlicher Folge ausgehend vom γ-Butyrolacton (**I**), auf die Darst. des Säureesters als Zwischenprod. kann in diesem Falle verzichtet werden. — Der Vers., *β-Indolylacetamid* in das Hydrazid umzuwandeln, gelang nicht.

Versuche: *p-Chlorphenoxyessigsäure, Äthylester* (**II**), F. 45°, durch Eintragen von Chloressigsäureäthylester in eine sd. äthanol. Lsg. von Na-Äthylat u. p-Chlorphenol u. 3std. Kochen; 70% (Ausbeute). *Hydrazid*, F. 159°, durch 2std. Kochen von **II** mit $N_2H_4 \cdot H_2O$ in A.; 86,8%. — *Aceton-p-chlorphenoxyacetylhydrazon*, F. 146—147°, durch Extraktion vorst. Verb. im Soxhlet mit sd. Aceton (**IV**); 100%. — *p-Chlorphenoxyessigsäureisopropylhydrazid*, $C_{11}H_{15}ClN_2O_2$, F. 93—94°, durch 2½std. Hydrieren von 500 g vorst. Verb. in 3 Liter CH_3OH an PtO_2, Eingießen der filtrierten u. eingeengten Lsg. in verd. HCl u. Neutralisieren mit Na_2CO_3; 430 g. — *α-[p-Chlorphenoxy]-propionsäure*, F. 108°, durch 5std. Erhitzen der wss. Lsgg. von Na-p-Chlorphenolat u. Na-α-Brompropionat auf dem Wasserbad u. Ansäuern; 52,4%. *Methylester*, durch 8std. Kochen der Säure mit Methanol-H_2SO_4; Öl; 92,3%. *Hydrazid*, F. 136°, durch 2std. Erhitzen des Esters mit $N_2H_4 \cdot H_2O$. — *Aceton-α-[p-chlorphenoxy]-propionylhydrazon* (**V**), F. 165—166° (A.), durch 4std. Kochen vorst. Hydrazids mit **IV**; 76%. — *α-[p-Chlorphenoxy]-propionsäureisopropylhydrazid* (**III**), $C_{12}H_{17}ClN_2O_2$, F. 110—111°, durch ¾std. Hydrieren von **V** in CH_3OH an PtO_2; 92%. — *α-Naphthoxyessigsäure, Äthylester*, F. 55° (A.), analog **II** aus α-Naphthol; 74,2%. *Hydrazid*, F. 159°; 95,6%. — *Aceton-α-naphthoxyacetylhydrazon* (**VI**), F. 126—127°, durch 4std. Kochen des Hydrazids mit der 10fachen Menge **IV**; ca. 100%. — *α-Naphthoxyessigsäureisopropylhydrazid*, $C_{15}H_{18}N_2O_2$, F. 106—107°, durch 1½std. Hydrieren von **VI** in CH_3OH an PtO_2; 94%. — *γ-Hydroxybuttersäurehydrazid*, F. 91—92°, durch 2std. Kochen von **I** mit $N_2H_4 \cdot H_2O$ in A. u. Einengen im Vakuum; 73,4%. — *Aceton-γ-hydroxybutyrylhydrazon*, F. 78—79°, durch 4std. Kochen vorst. Verb. mit **IV**; 60,5%. — *γ-Hydroxybuttersäureisopropylhydrazid*, $C_7H_{16}N_2O_2$, F. 72—72,5°, durch Hydrieren vorst. Verb. an PtO_2 in CH_3OH; 85%. — *β-Indolylessigsäure, Äthylester*, F. 32°, $Kp._{0,8}$ 158—159°, durch 6std. Kochen von 20 g **III** in 100 ml 2%ig. äthanol. HCl; 16 g. *Hydrazid*, F. 138°, durch 1½std. Erhitzen von 18,2 g des Esters mit 90 ml $N_2H_4 \cdot H_2O$ auf 135°; 13,9 g. — *Aceton-β-indolylacetylhydrazon*, F. 163°, analog **VI**; ca. 100%. — *β-Indolylessigsäureisopropylhydrazid*, $C_{13}H_{17}N_3O$, F. 130° (Ae.), durch Einrühren von 3,3 g KBH_4 in eine 40° warme Lsg. von 6,8 g vorst. Verb. in wss. CH_3OH, Zers. mit Eisessig u. Extraktion mit Ae.; 2,5 g. — *β-Indolylacetamid*, F. 151° (Essigester-Cyclohexan), a) durch Eintragen von 5,73 g PCl_5 in die Lsg. von 4,38 g **III** in 100 ml Ae. bei —10°, ¼std. Rühren, Einengen auf 40 ml, Zugabe von 400 ml PAe., Abfiltrieren, 4std. Aufbewahren bei 5°, lösen der ausgeschiedenen 1,1 g *β-Indolylacetylchlorid* (F. 61—64°) in 25 ml Tetrahydrofuran u. ½std. Einleiten von NH_3 unterhalb von 5°; 0,55 g; b) durch 4std. Erhitzen des fein gepulverten Gemisches von 5,6 g **III** u. 7 g Harnstoff auf 180—185° u. Verreiben mit 150 ml Essigester; 2,1 g. G. Schreiber. 850□

Die Darstellung einiger Derivate von D-Ribono-1→4-lacton und D-Ribit. L. Hough, J. K. N. Jones und D. L. Mitchell. (Canad. J. Chem. **36**. 1720—28. Dez. 1958. Kingston, Ontario, Queen's Univ., Dep. of Chem.; Bristol, Univ., Dep. of Organ. Chem.) (Engl.)

Die Rk. von D-Ribono-1→4-lacton (**I**) mit Aceton in Ggw. von konz. oder verd. Mineralsäuren oder $CuSO_4$ ergibt das *2.3-O-Isopropylidenderiv.* (**II**), das durch Tosylierung bei —20° quant. das *5-O-Tosylderiv.* liefert. Die Red. dieser Verb. mit $LiAlH_4$ in Tetrahydrofuran (THF) ergibt durch Abspaltung der Tosyloxygruppe u. Red. der Lactonfunktion zur prim. Alkoholgruppe *2.3-O-Isopropyliden-5-desoxy-D-ribit*, dessen Hydrolyse zu *5-Desoxy-D-ribit* führt. Gleichfalls werden *5-O-Methyl-D-ribono-1→4-lacton* u. **II** mit $LiAlH_4$ red., wobei *5-O-Methyl-D-ribit* u. *2.3-O-Isopropyliden-D-ribit* erhalten werden. Die Strukturen werden durch Perjodatoxydation bestätigt.

Versuche: *2.3-O-Isopropyliden-D-ribono-1→4-lacton* (**II**), $C_8H_{12}O_5$, F. 138—139°, a) durch 18std. Schütteln von **I** mit Aceton in Ggw. von konz. HCl; 73,5% (Ausbeute); b) durch 190std. Kochen von **I** in Aceton in Ggw. von $CuSO_4$; 67%; $[\alpha]_D^{25}$ —77° (W.). 5std. Erwärmen von **II** mit $NaBH_4$ in A. auf 50°, Ansäuern, Reinigen an Amberlite IR 120 (H), Eindampfen, Hydrolyse durch 3std. Erwärmen mit 0,01 n H_2SO_4 auf 95° → papierchromatograph. wenig *D-Ribit*. — *2.3-Isopropyliden-5-O-methyl-D-ribono-1→4-lacton*, $C_9H_{14}O_5$, $Kp._{10^{-4}}$ 90—100° (Bad-Temp.), durch 3malige Rk. von **II** mit CH_3J u

akt. Ag_2O; n_D^{23} 1,4490 (90°), n_D^{23} 1,4500 (100°), $[\alpha]_D^{27}$ −56,8° (c = 3; A.), $[\alpha]_D^{26}$ −44,1° (c = 2,5; W.); 84%. — *5-O-Methyl-D-ribono-1→4-lacton* (**III**), $C_6H_{10}O_5$, F. 110 bis 111° (Äthylacetat), durch Hydrolyse vorst. Verb. in 40% ig. Aceton in Ggw. von Amberlite IR-120 (H) bei 50°; $[\alpha]_D^{25}$ +26° (nach 0,08 Std.) → 19° (nach 168 Std.; c = 0,94; W.); 63,5%. — *5-O-Methyl-D-ribit* (**IV**), $C_6H_{14}O_5$, durch 4std. Red. von **III** mit $LiAlH_4$ in sd. THF; $[\alpha]_D^{25}$ 10° (c = 1; W.), n_D^{20} 1,4802; 76%. — *2.3-O-Isopropyliden-5-O-[p-toluolsulfonyl]-D-ribono-1→4-lacton*, $C_{15}H_{18}O_7S$, F. 117,5—118°, durch 10std. Rk. von **II** u. p-Toluolsulfochlorid bei −20° in Pyridin; Prismen aus Methanol, $[\alpha]_D^{24}$ −15,8° (c = 2,4; Aceton); 100%. — *2.3-O-Isopropyliden-5-desoxy-D-ribit*, $C_8H_{16}O_4$, durch 5std. Kochen vorst. Verb. mit $LiAlH_4$ in THF; n_D^{20} 1,4510, $[\alpha]_D^{27}$ −15,5° (c = 2,7; A.); 84%. — *5-Desoxy-D-ribit*, $C_5H_{12}O_4$, F. 65—69° (Äthylacetat-Methanol), aus vorst. Verb. analog **III**; $[\alpha]_D^{23}$ −10,6° (c = 1,7; W.); 93%. — *2.3-O-Isopropyliden-D-ribit*, $C_8H_{16}O_5$, aus 1,5 g **II** mit $LiAlH_4$ analog **IV**; n_D^{20} 1,4730, $[\alpha]_D^{26}$ −4,3° (c = 2,8; A.); 1,6 g.
W. HAMPEL. 850□

Tetrafluorhydrazin. Ein vielseitiges Zwischenprodukt zur Synthese von N-Fluorverbindungen. Robert C. Petry und Jeremiah P. Freeman. (J. Amer. chem. Soc. **83**. 3912. 20/9. 1961. Huntsville, Ala., Rohm and Haas Co., Redstone Arsenal Res. Div.) (Engl.)

Tetrafluorhydrazin (**I**) eignet sich zur Einführung von NF_2-Gruppen in organ. u. anorgan. Verbindungen. **I** u. Thiophenol liefern HNF_2. Photolyse von Diketonen in Ggw. von **I** in Pyrexgefäßen ergibt *N.N-Difluoramide* (**D**) in guter Ausbeute, so entsteht z. B. aus Diacetyl in 16 Std. *N.N-Difluoracetamid* [$C_2H_3F_2NO$, Kp. 45—47°; 80% (Ausbeute)]. **D** entstehen auch aus Aldehyden u. **I** beim Erhitzen auf 150°. Die Alkylradikale aus Azoisobutyronitril, Azoisobutan u. Hexaphenyläthan reagieren mit **I** unter Bldg. der entsprechenden *N.N-Difluoramine*: *α-[Difluoramino]-isobutyronitril* ($Kp._{150}$ 71—72°), *tert.-Butyl-N.N-difluoramin* (Kp. 54—55°) bzw. *Triphenylmethyl-N.N-difluoramin* (F. 81—82°). Auf die Gefährlichkeit von **I** (Ausschluß von O_2) u. Difluoramino-Verbb. wird hingewiesen.
P. SARTORI. 910□

Verwendung von Dipropinylketon zur Charakterisierung von Aminosäuren Micheline Broust-Bournazel. (Ann. Chimie [13] **5**. 1409—57. Nov./Dez. 1960. Paris. Fac. des Sci., Labor. de Chim. organ.) (Franz.)

Aminosäuren, ihre Na- oder Ca-Salze oder Amide sowie Peptide bilden mit Dipropinylketon (**I**) Addukte der Zus. $CH_3-C{\equiv}C-C(OH) = CH-C(CH_3) = N-CH(R)-CO-X$ (X = ONa, $OCa_{0,5}$ oder Peptidrest), die vorzugsweise in alkal. Medium, bes. in Ggw. von Triton B (Benzyltrimethylammoniumhydroxid) in Dimethylformamid (**II**) zu entsprechenden N-substituierten *Lutidonen* cyclisiert werden können. Es werden die Bedingungen der Lutidon-Bldg. untersucht. Lutidonamide werden in entsprechende Lutidonsäuren (**A**) übergeführt, Lutidonpeptide zu den entsprechenden **A** hydrolysiert. Die **A** können decarboxyliert werden unter Bldg. von N-Alkyllutidonen, die auch z. B. aus Isopropylamin (**III**) u. **I** über die entsprechenden Addukte gebildet werden.

Versuche: 2-Imino-4-hydroxyhepten-(3)-ine-(5): *N-α-Carboxyäthyl-*, $C_{10}H_{13}NO_3$, F. 159—160°, aus α-Alanin in 22,4% ig. NaOH u. **I** in wenig A.; 65% (Ausbeute). *Amid* (**IV**), $C_{10}H_{14}N_2O_2$, F. 202° (Zers.; W.), aus DL-Alaninamid u. **I** in A.; 48%. *Carbäthoxymethylamid* (**V**), $C_{14}H_{20}N_2O_4$, F. 139° (A./W.), aus Alanylglycinäthylester u. **I** in A.; 42%. — *N-α-Carboxy-β-phenyläthyl-*, $C_{16}H_{17}NO_3$, F. 148—151°, aus Phenylalanin, NaOH u. **I** in W.; 67%. *Amid* (**VI**), $C_{16}H_{18}N_2O_2$, F. 198° (CH_3OH), aus Phenylalaninamid u. **I** in CH_3OH; 60%. — *N-α-Carboxy-β-methyl-n-propyl-*, $C_{12}H_{17}NO_3$, F. 159—161°, aus Valin u. **I**; 70%. — *N-α-Carboxy-β-hydroxyäthyl-*, $C_{10}H_{13}NO_4$, F. 167—169°, aus Serin u. **I**; 33%. — *N-α-Carboxy-γ-methylmercaptopropyl-*, $C_{12}H_{17}NO_3S$, F. 110—115° (Zers.), aus Methionin u. **I**. — *N-ω-Carboxy-n-pentyl-*, $C_{13}H_{19}NO_3$, F. 86°, aus ε-Aminocapronsäure u. **I**; 51%. — *N-β-Carboxyäthyl-*, $C_{10}H_{13}NO_3$, F. 148—149°, aus β-Alanin u. **I**; 50%. — *N-Äthyl-* (**VII**), $C_9H_{13}NO$, F. 59° (Ae./PAe.), aus Äthylamin u. **I** in A.; 80%. — *N-Carboxymethyl-*, *Amid* (**VIII**), $C_9H_{12}N_2O_2$, F. 215° (A.), aus Glycinamid u. **I** in A.; 55%. *Carboxymethylamid* (**IX**), $C_{11}H_{14}N_2O_4$, F. 188—189°, aus Glycylglycin u. **I** in A. mit NaOH; 55%. *α-Carboxy-γ-methyl-n-butylamid* (**X**), $C_{15}H_{22}N_2O_4$, F. 169—172°, aus Glycylleucin mit NaOH u. **I** in A.; 62%. — *N-α-Carbamoyl-γ-methyl-n-butyl-* (**XI**), $C_{13}H_{20}N_2O_2$, F. 188—190° (A.), aus Leucinamid in CH_3OH u. **I** in A.; 83%. — *N-Isopropyl-* (**XII**), F. 39°, aus **I** u. **III** in Alkohol. — Lutidone: *N-Carboxymethyl-* (**XIII**), F. 297° (W.), aus dem Na-Salz des Addukts aus Glykokoll u. **I** durch 4std. Kochen in W.; 30—35%. *Amid*, $C_9H_{12}N_2O_2$, F. > 320°, a) aus **VIII** in Anisol durch 3std. Kochen in Ggw. von Triton B; 100%; b) aus Glycinäthylester u. **I** durch Rk. zur Lutidon-Verb. u. Umsetzung mit NH_3 in CH_3OH; 83%. *Carboxymethylamid*, $C_{11}H_{14}N_2O_4$, F. 300—310° (Zers.), aus **IX** durch 4std. Kochen in W.; 30%; wird durch 8std. Kochen in 6 n HCl unter Bldg. von XIII u. Glycin hydrolysiert. *α-Carboxy-γ-methyl-n-butylamid*, $C_{15}H_{22}N_2$·O_4, F. 305—310° (Zers.; Wasser/A.), aus X; 35%; Hydrolyse → XIII u. Leucin. — Analog: *N-β-Carboxyäthyl-*, $C_{10}H_{13}NO_3$. — *N-ω-Carboxy-n-pentyl-, Hydrochlorid*, $C_{13}H_{20}$·$ClNO_3$, F. 180—184° (W.); 33%. — *N-α-Carboxyäthyl-, Amid*, $C_{10}H_{14}N_2O_2$, F. > 320°, aus IV durch 3std. Erhitzen in II mit Triton B auf 150°; 55—70%. *Freie Säure*, $C_{10}H_{13}$·NO_3, F. 284—300° (Zers.; W.), aus dem Amid durch 7std. Kochen in konz. HCl; 80%. *Carbäthoxymethylamid*, $C_{14}H_{20}N_2O_4$, F. 209°, aus V durch 3std. Kochen mit Triton B in II; 30%; Hydrolyse → *freie Säure* u. Glycin. — *N-Äthyl-*, F. 80—85° u. nach Wiederverfestigung F. 164—165°, a) aus vorst. Verb. durch Erhitzen auf 230°/15 mm; b) aus VII durch 3std. Kochen in Xylol; 65%. — *N-α-Carboxy-β-phenyläthyl-, Amid*, $C_{16}H_{18}N_2O_2$, F. > 320° (W./A.), aus VI in II durch 3std. Erhitzen mit Triton B auf 150°; 50%. *Freie Säure*, $C_{16}H_{17}NO_3$, F. 229—231° (W./CH_3OH), durch 7std. Kochen des Amids in konz. HCl. — *N-α-Carboxy-γ-methyl-n-butyl-, Amid*, $C_{13}H_{20}N_2O_2$, F. 286—290° (Zers.; wss. A.), aus XI analog vorst. Verb.; 40%. *Freie Säure*, $C_{13}H_{19}NO_3$, F. 250—253° (CH_3·OH). — *N-Isopropyl-*, $C_{10}H_{15}NO$, F. 49—52° u. nach Verfestigung F. 133°, aus XII analog vorst. Verb., 63%. EBERHARD RIEDEL. 950□

Darstellung und Reaktionen einiger n-Amylborane. Kurt Niedenzu, Dwight H. Harrelson, Walter George und John W. Dawson. (J. org. Chemistry **26.** 3037 bis 3038. Aug. 1961. Durham, N.C., Duke Univ., Dep. of Chem.) (Engl.)

Di-n-amylchlorboran (I; $Kp._{10}$ 79—81°) entsteht durch Mischen von Tri-n-amylboran u. Trichlorboran, Sammeln der Fraktion vom Kp. 180—220° u. Vakuum-Dest. in 87%ig. Ausbeute. *Tetra-n-amylaminoboran* ($C_{20}H_{44}BN$, $Kp._8$ 124°) wird aus I u. Di-n-amylamin in Bzl. durch Kochen bis zur Beendigung der HCl-Entw., Filtrieren, Einengen u. Vakuum-Dest. in 69%ig. Ausbeute gewonnen. *Di-n-amylaminodichlorboran* ($C_{10}H_{22}$·BCl_2N, $Kp._{10}$ 121°) wird durch 10std. Kochen von Di-n-amylamin u. Trichlorboran, Entfernung des Lsgm. u. Vakuum-Dest. (84%) gebildet. *Di-n-amylmethoxyboran* ($C_{11}H_{25}$·BO, $Kp._8$ 114—116°) entsteht aus I u. Methanol unter N_2, Einengen bei Raum-Temp. u. Vakuum-Dest. (78%). *n-Amyldihydroxyboran* (vgl. SNYDER u. Mitarbeiter [1938], F. 92—93° [Ligroin]) wird aus vorst. Verb. durch Zutropfen von W. erhalten, Molgew.-Best. zeigt das Vorliegen des dehydratisierten trimeren *Prod.* ($(C_5H_{11}BO)_3$) an.

H. KRAUSE. 980□

Die Reduktion von Phenolen zu aromatischen Kohlenwasserstoffen. W. N. Moulton und C. G. Wade. (J. org. Chemistry **26.** 2528—29. Juli 1961. Carbondale, Ill., Univ., Dep. of Chem.) (Engl.)

Beim Erhitzen von Phenolen mit einem aus 31 g P u. 48 g S dargestellten, stöchiometr. nicht genau definierten Phosphortrisulfid auf 250—400° findet bei gleichzeitiger starker Verharzung unter H_2S-Entw. Red. zum *KW-Stoff* statt; setzt man aliphat. Alkohole ein, so wird daneben (oder ausschließlich) die Bldg. von *Olefinen* beobachtet. Bei Verw. von Phenolgemischen können die Ausbeuten z. T. verbessert werden. Die Rk. verläuft möglicherweise über intermediäre Phosphorsäureester.

Versuche: *Benzol*, Kp. 80, a) durch Erhitzen von 60 g Phenol (I) mit 60 g P_2S_3 auf 150°, später auf 300° u. Abdest.; n_D^{25} 1,4976; 18%; b) analog aus 2-Hydroxydiphenyl-I-Gemisch (1:3); 21%. — *Naphthalin*, a) wie vorst. aus β-Naphthol (II); 20%; b) aus α-Naphthol (III); 11%; c) aus I-II-Gemisch (1:1); 33%; d) aus I-II-Gemisch (3:1); 67%; c) aus I-II-Gemisch (7:1); 53%; daneben Bzl.; 14%; b) aus I-III-Gemisch (1:1); 18%. — *Diphenyl*, aus 2-Hydroxydiphenyl; 18%. — *Octan*, aus Octanol-(1); 10%; daneben *Octen*; 26%. — *Cyclohexen*, aus Cyclohexanol; 65%. H. ALTHOFF. 990

Oxydation durch Persulfat. 2. Mitt. Oxydationseffekte mit einer Methylgruppe und einigen substituierten Methylgruppen an einem Benzolkern. R. G. R. Bacon und J. R. Doggart. (J. chem. Soc. [London] **1960.** 1332—38. März. Belfast, Queen's Univ.) (Engl.) — 1. vgl. C. **1955.** 1938.

Bei der Rk. von Toluol (I) u. ω-substituierten Toluolen mit wss. $S_2O_8^{2-}$-Lsg. in Ggw. von Ag^+-Ionen wurden Oxydationen, C—C-Kupplungen u. C—C-Spaltungen festgestellt. Bei einer 2std. Oxydation von 0,75 Mol I mit 1,5 Mol $Na_2S_2O_8$ in wss 0,01 m $AgNO_3$-Lsg. bei 60° unter starkem Rühren entstanden 51% *Benzaldehyd* (II), 9% *Benzoesäure* (III), 3% *Dibenzyl* (IV) sowie andere *KW-Stoffe*. IV wird unter diesen Oxydationsbedingungen nicht angegriffen. Nach einer analogen Oxydation bei 90° ohne Ag^+ wurden 70% unverändertes I, 2% II, 12% III, 14% IV im Gemisch mit neutralen Prodd., Harz u. eine Spur eines Phenols festgestellt. Oxydation von 0,125 Mol Benzylalkohol (V) mit 0,25 Mol $Na_2S_2O_8$ u. 0,001 Mol $AgNO_3$ in W., 2 Std. bei 30°, gab 83% II, 8% III u. Harz. Gleiche Behandlung von II bei 60° gab 29% III; 24% des II waren verharzt u. 42% II unverändert. Unter diesen Rk.-Bedingungen wird III teilweise verharzt. Weitere Oxydationen: Phenylessigsäure → 97% *CO_2*, 48% II, 4% III, 24% IV u. Harz; Na-Benzylsulfat (F. 183,5—184,5° [A.], aus **V** in Chlf./Triäthylamin mit $ClSO_3H$) → 17% **II**, 3% **III** u. Harz; Na-ω-Toluolsulfonat → 1,5% **II** neben dem Ag-Sulfonat, bei 90° ohne Ag^+ → 3% **III**; Benzylchlorid → 4% **II**, ohne Ag^+ bei 90° → *Cl_2*, *Cl^-*, 20% **III**, ca. 3% *2.4-Dichlorphenol*, 6% **II**, 35% *Benzylchlorid* u. höher sd. Produkte. Chlorierung von 0,125 Mol **I** mit 0,25 Mol $Na_2S_2O_8$ in W. bei 90° (2 Std.) unter Zufügen von 0,5 Mol HCl ergab 8—9 g *chlorierte KW-Stoffe*, 2—4% **II**, 0,2 g *p-Chlorbenzoesäure* u. *phenol. Prodd.*; Kern- u. Seitenkettenchlorierung wurden nachgewiesen. Chlorierung von 0,6 Mol Acetanilid mit 1,25 Mol $Na_2S_2O_8$, a) in konz. HCl bei 10° (40 Min.) → 73% *2.4-Dichloracetanilid*, F. 144° (A.); b) in 5,5n HCl bei 35—40° (15 Min.) → 48% *p-Chloracetanilid*, F. 178° (A.). Mischen von wss. Lsgg. von S-Benzylisothiuroniumchlorid u. $Na_2S_2O_8$ → Nd. von 88% *S-Benzylisothiuroniumpersulfat*, $(C_8H_{11}N_2S)_2S_2O_8$, F. 166—168° (Zers.), umkristallisierbar aus wss. Aceton unterhalb 40°; aus sd. wss. A. krist. das *Sulfat*, $(C_8H_{11}N_2S)_2SO_4$, F. 185—187° (Zers.). GERHARD CLEVE. 990□

Oxydation durch Persulfat. 3. Mitt. Silberkatalysierte Oxydation der sechs Dimethylphenole und des 2.4.6-Trimethylphenols. R. G. R. Bacon und D. J. Munro. (J. chem. Soc. [London] **1960.** 1339—44. März.) (Engl.) — 2. vgl. vorst. Referat.

Die Dimethylphenole u. 2.4.6-Trimethylphenol (**I**) wurden in 0,01—0,05 m wss. Lsg. mit $Na_2S_2O_8$ u. $AgNO_3$ im mol. Verhältnis 1 : 1 : 0,1 bei 40° oxydiert, wobei das $S_2O_8^{2-}$ nach ca. 1 Tag verbraucht war. Neben Harzen wurden bei 2.6- (**II**), 2.4- (**III**) u. 3.4-Dimethylphenol (**IV**) u. **I** krist. Prodd. in Ausbeuten von 70, 18, 12 bzw. 35% isoliert. Wie in der vorst. Mitt. wird ein radikal. Verlauf über Ag^{2+}, $SO_4\cdot^-$ u. OH· angenommen. Oxydationen: 24,4 g **II** → wenig *3.3'.5.5'-Tetramethyldiphenochinon* (**V**), das *Chinhydron von* **V** [$C_{32}H_{34}O_4$, F. 200—210° (Zers.), dunkelblaugrün glänzende Platten aus Essigsäure; hieraus mit wss. NaOH 6,3 g **V**, $C_{16}H_{16}O_2$. F. 211° (Zers.), rote Nadeln aus Essigsäure], 0,1 g **II**, 1,9 g *4.4'-Dihydroxy-3.3'.5.5'-tetramethyldiphenyl* ($C_{16}H_{18}O_2$, F. 221,5—223° [Xylol], zum Vgl. dargestellt durch Red. von **V** mit Zn; *Diacetat*, $C_{20}H_{22}O_4$, F. 177,5 bis 178°), 2,4 g neutrale Polymere u. 1,3 g *2.6-Dimethyl-p-benzochinon* (F. 71—72°). — 12,2 g **III** → 2,1 g *2.2'-Dihydroxy-3.3'.5.5'-tetramethylbiphenyl* ($C_{16}H_{18}O_2$, F. 136—136,5° [Sublimation]; *Diacetat*, $C_{20}H_{22}O_4$, F. 110—110,5°) u. nichtkrist. saure u. neutrale Polymere, wahrscheinlich Trimere. — **IV** → 75% alkalilösl. Prodd. (Dimere) u. 12% eines *Tetrahydrotetramethyloxodibenzofurans* ($C_{16}H_{18}O_2$, F. 157—158° [Sublimation], λ_{max} 223 u. 300 mμ [log ε = 4,40 bzw. 3,72 in Cyclohexan]); *Oxim*, F. 209—211° [CH_3OH]). — 2.3-, 2.5- (**VI**) u. 3.5-Dimethylphenol → überwiegend alkalilösl. Harze (Di-, Tri- u. Polymere); **VI** → 1% *2.5-Dimethyl-p-benzochinon* (F. 123,5—124°). — **I** → 13% *4.4'-Dihydroxy-3.3'.5.5'-tetramethyldiphenylmethan* ($C_{17}H_{20}O_2$, F. 175,5—176° [A.]; *Diacetat*, F. 146°), 7% **I**, 22% *4-Hydroxy-3.5-dimethylbenzylalkohol* ($C_9H_{12}O_2$, F. 104—104,5° [PAe.]) u. <0,1 g *4-Hydroxy-3.5-dimethylbenzaldehyd* ($C_9H_{10}O_2$, F. 112—113,5° [A.]). — Die Ergebnisse werden mit denen ähnlicher Oxydationen verglichen.

GERHARD CLEVE. 990□

Nitrierung mit dem Urannitrat–Distickstofftetroxid–Wasser-Komplex in Gegenwart von Acetanhydrid. John R. Lacher, Jean Schwarz und J. D. Park. (J. org. Chemistry **26.** 2536—37. Juli 1961. Boulder, Colo., Univ., Dep. of Chem.) (Engl.)

Untersucht wird die Nitrierung von Bzl. u. o-Xylol zu den entsprechenden *Mononitro-Verbb.* (**N**) mit dem *Urannitrat–Distickstofftetroxid–Wasser-Komplex* (**K**) u. mit *Urannitrathexahydrat* (**I**) in Abhängigkeit von der zugesetzten Menge Acetanhydrid (**II**), **II** wird 0,02—0,40 m u. **K** 0,02 m in der überschüssig. aromat. Verb. als Lsgm. eingesetzt. Die Ausbeute an **N** steigt im Bereich von 0,02—0,12 m **II** nahezu linear an, erreicht eine Konz. von 0,04 m **N** u. wird von der **II**-Konz. unabhängig. Bei Verw. von **I** steigt die Ausbeute an **N** langsam in einem Bereich von 0,06—0,18 m **II**. H. ALTHOFF. 1010□

Über die Einwirkung von Phosphorpentachlorid auf o-Chinolacetate. A. Siegel und Helene Clodi. (Mh. Chem. **92.** 914—20. 1961. Wien, Univ., Organ.-Chem. Inst.) (Dt.)

Durch Einw. von PCl_5 auf *2-Methyl-* (**I**), *2.4-Dimethyl-* (**II**), *2.4.6-Trimethyl-* (**III**) u. *2.6-Dimethyl-o-chinolacetat* (**IV**) erhaltene Rk.-Prodd. ergaben durch Hydrolyse die entsprechenden *Phosphorsäuremono-m-chlorphenylester*. Diese lieferten durch therm. Spaltung oder weitere Hydrolyse die entsprechenden *m-Chlorphenole*. Als Zwischenprodd. werden Quasiphosphonium-Verbb. der Formel $ROPCl_4$ diskutiert.

Versuche: *Phosphorsäuremono-[5-chlor-2-methylphenyl]-ester* (**V**), $C_7H_8ClO_4P$, F. 184° ($CHCl_3$–Ae. oder W.), a) aus 10 g PCl_5 u. 4 g **I** durch leichtes Erwärmen, Aufnehmen in gesätt. wss. $NaHCO_3$-Lsg. oder 2n NaOH unter Kühlung, Ausfällen mit konz. HCl u. Ausäthern; 60% (Rohausbeute); b) aus 5 g $POCl_3$ u. 1 g 5-Chlor-2-methylphenol (**VI**) durch 8std. Erhitzen unter Rückfluß u. Verseifen des Rk.-Prod. mit 2n NaOH. — *5-Chlor-2-methylphenol* (**VI**), C_7H_7ClO, F. 73° (Ae.–PAe.), a) durch mehrstd. Erwärmen von **V** mit 2n NaOH auf dem Wasserbad; b) durch Dest. von **V** im Kugelrohr bei 120° (Bad-Temp.)/0,1 Torr neben einer *Verb. vom F. 133°*. — *Phosphorsäuremono-[3-chlor-2.4.6-trimethylphenyl]-ester*, $C_9H_{12}ClO_4P$, F. 195° (Ae.–$CHCl_3$), wie **V** aus 4 g **III** u. 8,6 g PCl_5; 70% (roh). — *3-Chlor-2.4.6-trimethylphenol*, $C_9H_{11}ClO$, F. 84° (PAe.), wie **VI** durch therm. Zers. vorst. Verbindung. — *5-Chlor-2.4-dimethylphenol*, C_8H_9ClO, F. 90° (Ligroin), wie **VI** aus **II**, PCl_5 u. therm. Zers. des nichtkrist. *Phosphorsäuremono-[5-chlor-2.4-dimethylphenyl]-esters*. — *3-Chlor-2.6-dimethylphenol*, C_8H_9ClO, F. 58—60°, a) aus **IV** u. PCl_5, mehrstd. Kochen des bicarbonatlösl. Anteils des Rk.-Prod. in konz. HCl, Wasserdampf-Dest. u. therm. Zers. der wasserdampfflüchtigen Substanz (140°/0,1 Torr); b) durch mehrstd. Erhitzen des bicarbonatunlösl. Anteils des Rk.-Prod. in NaOH.

G. ZANKL. 1060□

Katalytische Synthese von 2.4-Di-tert.-amylphenol. Je. A. Wiktorowa, N. I. Schuikin und G. Ss. Korosstelewa. (Известия Академии Наук СССР, Отделение Химических Наук [Nachr. Akad. Wiss. UdSSR, Abt. chem. Wiss.] **1960**. 1510. Aug. Moskau, Univ.) (Russ.)

Durch Alkylierung von Phenol (**I**) mit Trimethyläthylen (**II**) in Ggw. des Kationenaustauschers KU-1 (sulfoniertes Phenolformaldehydharz) wird in 30%ig. Ausbeute *2.4-Bis-[tert.-amyl]-phenol* (**III**) erhalten. **III** wird in *2.4-Bis-[tert.-amyl]-phenoxyessigsäure* übergeführt.

Versuche: *2.4-Bis-[tert.-amyl]-phenol* (**III**), $C_{16}H_{26}O$, Kp.$_{22}$ 169—170°, F. 26—27°, man gibt zu 47 g **I** u. 3 g KU-1 in der H-Form bei 60° tropfenweise 70 g **II**, rührt 8 Std. bei 60° u. erhitzt dann auf 90°, bis **II** umgesetzt ist; 30% (Ausbeute). Daneben *o-* u. *p-tert.-Amylphenol*. — *2.4-Bis-[tert.-amyl]-phenoxyessigsäure*, aus 2,34 g **III** u. 1 g Chloressigsäure in 12 ml A. in Ggw. von 1,7 g KOH; 30—35%. HELMUT SCHÄFER. 1060□

Reaktion von Dimethylsulfoxid mit Grignard-Reagentien. Ryohei Oda und Keiji Yamamoto. (J. org. Chemistry **26**. 4679—81. Nov. 1961. Kyoto, Univ., Fac. of Engng., Dep. of Ind. Chem.) (Engl.)

Dimethylsulfoxid (**I**) u. GRIGNARD-Reagentien (**A**) setzen sich zu *gemischten Sulfiden* (**B**) um, indem die Halogen-Mg-Gruppierung der **A** substituiert wird. Nur bei Verw. von Benzyl-MgCl (**II**) wird an Stelle des erwarteten Methyl-β-phenyläthylsulfids ein Umlagerungs-Prod., nämlich *Methyl-[o-methylbenzyl]-sulfid*, isoliert. Aliphat. **A** liefern neben den **B** beträchtliche Mengen *Olefine*. Die **B** werden durch Oxydation mit H_2O_2 in die entsprechenden *Sulfone* oder *Sulfoniumbromide* übergeführt.

Versuche: Methylsulfide durch 1std. Einrühren der Ae.-Lsg. von 0,35—0,4 Mol **I** unterhalb 10° in die Lsg. der aus 0,5 g Alkyl- oder Arylhalogenid u. Mg dargestellten **A** in Ae., 3std. Kochen, 12std. Aufbewahren bei 20° u. Zers. mit Eiswasser u. HCl: *Benzyl-*, Kp.$_{18}$ 91—92°, aus Phenyl-MgBr; n_D^{23} 1,5603; 31% (Ausbeute). — *o-Methylbenzyl-*, Kp.$_{19}$ 114—115°; n_D^{23} 1,5607, a) aus **II**; 36%; b) aus o-Tolyl-MgBr; 31%. — *p-Methylbenzyl-*, Kp.$_{22}$ 114—115°, aus p-Tolyl-MgBr; n_D^{25} 1,5480; 32%. — *p-Methoxybenzyl-*, Kp.$_2$ 92—93°, aus p-Methoxyphenyl-MgBr; n_D^{23} 1,5598; 21%. — *ω-Phenylpropyl-*, Kp.$_{3,5}$ 74—76°, aus β-Phenyläthyl-MgBr; n_D^{27} 1,5420; 17%. — *p-Brombenzyl-*, aus p-Bromphenyl-MgBr; geringe Ausbeute. — *n-Propyl-*, Kp. 94—95°, aus Äthyl-MgBr; n_D^{20} 1,4440; 10%. — *n-Butyl-*, Kp. 123—124°, aus n-Propyl-MgBr; n_D^{16} 1,4530; 26%. — *n-Amyl-*, Kp. 156—157°, aus n-Butyl-MgCl; n_D^{16} 1,4552; 30%. — Methylsulfone: *Benzyl-*, F. 124—125° (wss. CH_3OH); 65%. — *o-Methylbenzyl-*, F. 76—77° (Bzl.–Hexan); 66%. — *p-Methylbenzyl-*, F. 131—131,5° (wss. CH_3OH); 73%. — *p-Methoxybenzyl-*, F. 110,5—111° (wss. CH_3OH); 65%. — *ω-Phenylpropyl-*, F. 64—65° (Ae.); 45%. — *p-Brombenzyl-*, F. 132—133° (wss. CH_3OH). — *p-Bromphenacylmethyl-n-butylsulfoniumbromid*, F. 101—102° (Ae.); 23%. — *p-Bromphenacylmethyl-n-amylsulfoniumbromid*, F. 98—99° (Ae.); 30%. GISELA SCHREIBER. 1090□

Die Suche nach chemotherapeutischen Amidinen. 17. Mitt. α.ω-Bis-[p-amidinoanilino]-alkane. S. S. Berg. (J. chem. Soc. [London] **1960**. 5172—76. Dez. Dagenham, Essex, May & Baker Ltd., Res. Labor.) (Engl.) — 16. vgl. C. **1961**. 17571.

Es wird die Darst. von *α.ω-Bis-[p-guanylanilino]-alkanen* der allg. Formel $H_2N(NH)\cdot CC_6H_4NH(CH_2)_nNHC_6H_4C(NH)NH_2$ beschrieben, in denen n = 1, 2, 3 oder 6 ist. *Bis-[p-guanylanilino]-methan* entsteht in Form seines *Dihydrochlorids* aus Formaldehyd u. p-Aminobenzamidinhydrochlorid (**V**). Zur Darst. der höheren Homologen eignet sich die Meth. nicht, es werden vielmehr entsprechende *Dinitrile* synthetisiert, die auf dem üblichen Wege über die *Diimidoester* in die *Diamidine* umgewandelt werden. *1.2-Bis-[p-cyananilino]-äthan* (**III**) wird aus p-Aminobenzonitril (**I**) u. Äthylendibromid (**II**) erhalten; **III** kann auch aus 1.2-Bis-[p-bromanilino]-äthan u. CuCN-Pyridin gewonnen werden. Als Nebenprod. von **III** entsteht *1.4-Bis-[p-cyanphenyl]-piperazin* (**VIII**). Die Darst. des *1.3-Bis-[p-cyananilino]-propans* gelingt mit wenig befriedigender Ausbeute aus **I** u. 1.3-Dibrompropan (**VI**) oder durch katalyt. Red. von *1-[p-Cyananilino]-3-[p-*

cyanphenylimino]-propen-(1), das selbst aus I u. 1.1.3.3-Tetraäthoxypropan (IV) gewonnen wird. Bei dem Vers., das aus I u. Glutacondialdehyd (Mono-Na-Salz) erhältliche *1-[p-Cyananilino]-5-[p-cyanphenylimino]-pentadien-(1.3)* zum entsprechenden Pentan-Deriv. zu reduzieren, tritt Spaltung des Mol. ein. *1.6-Bis-[p-cyananilino]-hexan* entsteht leicht aus I u. 1.6-Dibromhexan (VII).

Versuche: *Bis-[p-guanylanilino]-methan, Dihydrochlorid*, $C_{15}H_{18}N_6 \cdot 2\,HCl$, F. 236 bis 238° ($CH_3OH$–Aceton; Nadeln); durch ½std. Kochen von V u. wss. Formaldehyd in A.; 49% (Ausbeute). — *1.2-Bis-[p-cyananilino]-äthan* (III), $C_{16}H_{14}N_4$, F. 205—206° (Essigsäure; hellgelbe Nadeln), a) durch Zugabe von 1.2-Bis-[p-bromanilino]-äthan zu CuCN in Pyridin bei 120—130°, 3std. Erwärmen auf 195—200° unter Rühren, Eingießen in kalte KCN-Lsg., Verreiben des abfiltrierten Nd. mit 2n HCl u. Sublimation des abgesaugten u. getrockneten Prod. bei 300—310°/0,1 mm; 5%; b) durch 18std. Erhitzen von I, II u. $NaHCO_3$ in 2-Äthoxyäthanol, Abkühlen auf 10°, Abfiltrieren des unlösl. Anteils, Verdünnen des Filtrats mit W. u. Abfiltrieren des entstandenen Nd.; 8,3%. — *1.4-Bis-[p-cyanphenyl]-piperazin* (VIII), $C_{18}H_{16}N_4$, F. 259—269° (Anisol), a) als Nebenprod. von III als bei 10° unlösl. Anteil; 5,5%; b) durch 3std. Kochen u. Rühren von I, II u. Na_2CO_3, Kühlen mit Eis, Abfiltrieren u. Kochen des Nd. mit 2-Äthoxyäthanol; 23%. — *1.2-Bis-[p-guanylanilino]-äthan, Dihydrochlorid* (IX), $C_{16}H_{20}N_6 \cdot 2\,HCl \cdot 1{,}5\,H_2O$, F. 353° (Zers.; W.; Tafeln), durch Sättigen einer Suspension von 27,5 g III in 2-Äthoxyäthanol mit HCl bei 0—5°, 10tägiges Aufbewahren u. Behandlung des ausgeschiedenen *Diimidoesterdihydrochlorids* (18 g) mit gesätt. äthanol. NH_3 bei 55—60°; 7,5 g. *Dimethylsulfonat*, $C_{16}H_{20}N_6 \cdot 2\,CH_4O_3S$, F. 301—302° ($CH_3OH$; hellgelbe Prismen), durch Freisetzen der *Base* aus dem Dihydrochlorid mit NaOH bei 10—15°, Absaugen, Suspendieren in CH_3OH u. Versetzen mit Methansulfonsäure; 53,5%. — *1.4-Bis-[p-guanylphenyl]-piperazin, Diisäthionat*, $C_{18}H_{22}N_6 \cdot 2\,C_2H_6O_4S \cdot H_2O$, F. 328° (Zers.; CH_3OH; Nadeln), analog vorst. Verb., Verwandlung des *Diamidindihydrochlorids* in die *Base*, Behandeln mit Isäthionsäure u. Absaugen; 43,5%. — *1-[p-Cyananilino]-3-[p-cyanphenylimino]-propen-(1)*, $C_{17}H_{12}N_4$, F. 227—229° (Piridin + W.; hellgelbe Kristalle), durch Behandeln von I mit IV, verd. HCl u. W. auf dem Wasserbad, Rühren, Abkühlen auf 0° u. Filtrieren; 58%. — *1.3-Bis-[p-cyananilino]-propan*, $C_{17}H_{16}N_4$ F. 159—161° (wss. A.; hellgelbe Nadeln), a) durch Hydrierung vorst. Verb. an PtO_2 in Dimethylformamid (DMF), Filtrieren u. Verdünnen mit W.; 38%; b) durch 24std. Kochen von I, VI, $NaHCO_3$ u. 2-Äthoxyäthanol u. Verdünnen mit W.; 21,6%. — *1.3-Bis-[p-guanylanilino]-propan, Dihydrochlorid*, $C_{17}H_{22}N_6 \cdot 2\,HCl \cdot 2\,H_2O$, F. 316—318° (Zers.), aus vorst. Verb. analog IX; 38%. — *1-[p-Cyananilino]-5-[p-cyanphenylimino]-pentadien-(1.3)*, $C_{19}H_{14}N_4 \cdot 4\,H_2O$, F. 140—144° (Zers.), durch Zugabe von Na-Glutacondialdehyddihydrat in W. zu der Lsg. von I in 2n H_2SO_4 u. W. bei 80—90° unter Rühren u. Filtrieren nach ca. ¼ Std.; 84%. — *p-Aminobenzonitril* (I), F. 83—86° (W.), durch Hydrierung von 2,4 g vorst. Verb. in DMF an PtO_2 bei 30—35°; 0,2 g. — *1.6-Bis-[p-cyananilino]-hexan*, $C_{20}H_{22}N_4$, F. 165 bis 167° (Essigsäure; braune prismat. Nadeln), durch 24std. Kochen von I, VII, $NaHCO_3$ u. wenig KJ in 2-Äthoxyäthanol unter Rühren, Filtration, Einengen im Vakuum, Rühren des Rückstandes mit 2n HCl u. Chlf.-Extraktion; 12,6%. — *1.6-Bis-[p-guanylanilino]-hexan, Diisäthionat*, $C_{20}H_{28}N_6 \cdot 2\,C_2H_6O_4S$, F. 238—240° ($CH_3OH$, W.), aus vorst. Verb. analog IX u. Fällung mit Isäthionsäure; 18,3%. W. HAMPEL. 1350□

Beiträge zur Synthese von DL-p-Nitrophenylalanin. M. Halmos. (Acta Univ. Szegediensis, Acta physica chem. 6. 87—91. 1960. Szeged, Univ., Inst. of Organ. Chem.) (Engl.)

DL-p-Nitrophenylalanin (I) wird gebildet durch Kondens. von Acetylaminomalonsäuredimethylester (III) mit p-Nitrobenzylchlorid (IV). Die Synth. verläuft über die nachst. angegebenen Stufen. Die Dicarbonsäurestufe kann durch alkal. Hydrolyse des Kondensats isoliert werden, die durch therm. Decarboxylierung *N-Acetyl-DL-p-nitrophenylalanin* (II) gibt. II liefert durch saure Hydrolyse I. Die Struktur der Zwischenprodd. wird geprüft.

Versuche: *α-[p-Nitrobenzyl]-α-acetylaminomalonsäuredimethylester* (V), $C_{14}H_{16}N_2O_7$, F. 164—165° (abs. A.), durch Zugabe von III zu abs. Methanol, Zugabe von IV zu der sd. Lsg. (¼ Std.) u. 8std. Kochen; 64% (Ausbeute). — *α-[p-Nitrobenzyl]-α-acetylaminomalonsäure* (VI), $C_{12}H_{12}N_2O_7$, FF. 152—153° u. 194—196°, durch 2std. Kochen von V in 10%ig. NaOH u. Ansäuern mit konz. HCl; gelbe Kristalle; 74%. — *N-Acetyl-DL-p-nitrophenylalanin* (II), $C_{11}H_{12}N_2O_5$, F. 194—196°, a) durch 3std. Kochen von VI in W.; gelbe Kristalle; 72%; b) durch Erhitzen vorst. Verb. auf 165° (10 Min.); 86%. — *DL-p-Nitrophenylalanin, Hydrochlorid*, $C_9H_{11}ClN_2O_4$, F. 227—230° (Zers.), a) durch 6std. Kochen von V mit konz. HCl; aus 50%ig. wss. A. oder aus abs. A./abs. Ae. (1 : 1) Nadeln; 93%; b) durch Hydrolysieren von VI mit konz. HCl analog a); 78%; c) analog a) aus vorst. Verb.; 69%. *Freie Base*, $C_9H_{10}N_2O_4$, F. 242—244° (Zers.), durch Zugabe von Na-

Acetat zu dem Hydrochlorid in heißem W.; 80%. *Hydrat*, $C_9H_{12}N_2O_5$, F. 227—238° (Zers.), durch Zugabe einer gesätt. Na-Acetat-Lsg. zu dem Hydrochlorid in W. u. zweitägiges Stehen; Plättchen u. Nadeln; 83%. P. GOLINSKE. 1350□

Aminoditolylboran und die Darstellung von Diarylborinsäuren. G. E. Coates und J. G. Livingstone. (J. chem. Soc. [London] **1961.** 4909—11. Nov. Durham, Durham Coll., Chem. Dep.) (Engl.)

Substitution von einem oder beiden o-H-Atomen der Arylgruppen in Aminodiarylboranen (**A**) durch CH_3-Gruppen verhindert die Dimerisation der **A**. Aminodi-o-tolylboran u. Aminodimesitylboran sind in benzol. Lsg. monomerer u. haben kleine Dipolmomente von 1,7 bzw. 1.1 D. Das Dipolmoment von Fluordimesitylboran (I; 1,7 D) ist auf Grund ster. Effekte der Mesitylgruppen kleiner als das von Chlordiphenylboran (2,0 D). Die durch Einw. von GRIGNARD-Verbb. auf Dialkyl- oder Diarylaminodichlorborane darstellbaren *Dialkyl(aryl)aminodiarylborane* lassen sich über die *Diarylborinsäure-2-aminoäthylester* leicht in *Diarylborinsäuren* umwandeln. Analog wird *o.o'-Biphenylenborinsäure-2-aminoäthylester* dargestellt.

Versuche: Diarylborinsäure-2-aminoäthylester: *Diphenyl-* (**II**), F. 188 bis 189° (A.), durch langsame Zugabe von Phenyl-MgBr in Ae. zu Diphenylaminodichlorboran (**III**) in Bzl., ½std. Erhitzen unter Rückfluß, Hydrolyse mit verd. HCl u. Einstellen auf pH 6—7, Einengen der organ. Phase, Lösen der rohen *Diphenylborinsäure* in Ae. u. Zugabe von 2-Aminoäthanol (**IV**) in W. unter Rühren; 93% (Ausbeute). — Analog: *Di-o-tolyl-*, F. 184°; 80%. — *Di-p-tolyl-*, F. 186°; 80%. — *Bis-[o-methoxyphenyl]-*, F. 164 bis 165°; 58%. — *Bis-[p-bromphenyl]-*, F. 236—237°; 56%. — *Bis-[p-chlorphenyl]-*, F. 226—227°; 82%. — *Bis-[p-diphenyl]-*, F. 219°; 57%. — *Di-α-naphthyl-*, F. 204°; 51%. — *Bis-[phenyläthinyl]-*, F. 172—174°; 58%. — *Bis-[3.4-dimethylphenyl]-*, F. 204 bis 206°; 72%. — Diarylborinsäuren: *Diphenyl-*, Kp. 210—213°, durch Zugabe von wss. HCl (W./konz. HCl 8 : 1) zu **II** in einem Gemisch aus Aceton u. Methanol; 88%. *Anhydrid*, F. 116° (Hexan). — Analog: *Di-o-tolyl-*, F. 78—79°; 75%. — *Di-p-tolyl-*, F. 105°; 71%. — *Bis-[p-bromphenyl]-*, F. 84—86°; 50%. — *Bis-[p-chlorphenyl]-*, F. 77°; 75%. — *Di-α-naphthyl-*, F. 117°; 45%. — *Bis-[phenyläthinyl]-*, F. 98—100°; 52%. — *Aminodi-o-tolylboran*, $C_{14}H_{16}BN$, $Kp._{<10^{-3}}$ 86—88°, durch allmähliche Zugabe von 4,5 g Di-o-tolylchlorboran ($Kp._{00,1}$ 100—102°; aus Di-o-tolylborinsäure u. BCl_3) in Ae. zu einer Lsg. von ca. 0,5 g NH_3 u. 2,1 g Triäthylamin in Ae. bei —40° u. ½std. Erhitzen unter Rückfluß; 2,93 g. — *Aminodimesitylboran*, $C_{18}H_{24}BN$, F. 118—120° (Bzn.), durch allmähliche Zugabe von **I** in Ae. zu überschüssigem wasserfreiem NH_3 in Ae. u. 48std. Erhitzen unter Rückfluß; 93%. — *o.o'-Biphenylenborinsäure-2-aminoäthylester*, F. 170 bis 171° (A.), durch Zugabe von n-Butyl-Li in Ae. zu 2.2'-Dibromdiphenyl in Ae., 4std. Rühren, allmähliche Zugabe von **III** in Bzl., Zugabe von W. u. dann von wss. **IV** zur organ. Schicht; 61%. G. KOWOLLIK. 1380□

Dephenylierungsreaktionen von Phenylboronsäuren und ihren Estern. E. W. Abel, W. Gerrard und M. F. Lappert. (J. chem. Soc. [London] **1958.** 1451—53. April. London, Northern Polytechn.) (Engl.) — Vgl. C. **1961.** 13159 u. früher.

Vff. beschreiben die Dephenylierung von Phenylboronsäure (**I**) u. *Diphenylborinsäure* (**II**) u. ihren Estern. **I** zerfällt beim Erhitzen auf 200° in *Metaborsäure* u. *Bzl.*, **II** in *Bzl.* u. *Phenylboronsäureanhydrid* (**IV**). Eine vollständige Dephenylierung findet beim Erwärmen von **II** mit W. statt, wobei neben *Bzl. Borsäure* (**III**) erhalten wird. Die Ester von **II** liefern beim Erhitzen mit demjenigen Alkohol, der auch im Ester gebunden ist, je nach Rk.-Bedingungen *Ester* von **I** oder *Ester* von **III**; verwendet man einen anderen Alkohol, entstehen *Estergemische.* Ohne Zusatz von Alkoholen sind die Ester von **II** therm. ziemlich stabil. Der Dimethylester von **I** disproportioniert sich dagegen in geringer Menge zum *Trimethylester* von **III** u. dem *Methylester* von **II**. Pyrolyse des **II**-n-Octylesters bei 340° führt zu **IV**, *Bzl.* u. einem Gemisch aus *Octenen.*

Versuche: *Metaborsäure*, HBO_2, durch 25std. Erhitzen von **I** auf 200° u. Abdestillieren von *Bzl.* (Kp. 80°; n_D^{20} 1,4992; 100%) im Vakuum als glasig erstarrte Masse; 98% (Ausbeute). — *Phenylboronsäureanhydrid* (**IV**), C_6H_5BO, F. 216°, a) durch 8std. Erhitzen von **II** auf 175° u. Abdestillieren von *Bzl.* (96%; → *Dinitrobenzol*, F. 90°); 97%; liefert mit heißem W. **I**; b) durch 130std. Erhitzen von 16,28 g Diphenylborinsäure-n-octylester auf 340° unter Abdestillieren der flüchtigen Anteile (*Bzl.* u. *Octen* im Verhältnis 1 : 1), Wasserextraktion des harzigen Rückstandes, Filtration über A.-Kohle u. Dehydratisieren der ausgeschiedenen **I** durch 10std. Erhitzen auf 110°; 4,2 g. — *Phenylboronsäure-bis-[(+)-1-methylheptylester]*, $C_{22}H_{39}BO_2$, $Kp._{0,05}$ 130°, durch 12std. Erhitzen von Diphenylborinsäure-1-methylheptylester (**V**) mit (+)-1-Methylheptanol (**VI**) auf 200°; n_D^{20} 1,4680, $[\alpha]_D^{20}$ + 11,50°; 90%; daneben *Bzl.*, 95%. — *Borsäure* (**III**), H_3BO_3, durch 20std. Erhitzen von **II** mit W. auf 175° nach Abdestillieren von *Bzl.* (98%); 100%. *Trimethylester*, durch 50std. Erhitzen von Diphenylborinsäuremethylester mit Methanol

auf 200° neben *Bzl.* u. gaschromatograph. Trennung. *Tris-[n-butylester]* (**X**), $C_{12}H_{27}BO_3$, Kp.$_8$ 106°, a) wie vorst. aus Diphenylborinsäure-n-butylester (**XI**) u. Butanol-(1) (**VII**); n_D^{20} 1,4097; 94%; daneben *Bzl.*; 100%; b) durch 50std. Erhitzen von Diphenylborinsäure-n-octylester mit **VII** auf 200°; 96%; daneben *Tris-[n-octylester]* (Kp.$_{0,01}$ 164°; n_D^{20} 1,4361; 90%) u. *Bzl.*; 100%. *Tris-[(+)-1-methylheptylester]*, $C_{24}H_{51}BO_3$, Kp.$_{0,05}$ 140°, durch 100std. Erhitzen von **V** mit **VI** auf 200°; n_D^{20} 1,4297; $[\alpha]_D^{20}$ +19,86°; 80%; daneben *Bzl.*; 95%. — *Triphenylbor*, $C_{18}H_{15}B$, Kp.$_{0,05}$ 154°, durch 100std. Erhitzen von 7,04 g Diphenylborinsäureäthylester (**VIII**) auf 200°; 2,00 g; daneben nichtumgesetztes **VIII** ($C_{14}H_{15}BO$, Kp.$_{0,05}$ 92°; n_D^{20} 1,5540; 3,37 g); daneben *Phenylboronsäurediäthylester*, $C_{10}H_{15}BO_2$ (Kp.$_{0,05}$ 43°; n_D^{20} 1,4800; 1,07 g); daneben *Bzl.*; 0,22 g u. wenig *Borsäuretriäthylester*. — *Diphenylborinsäuremethylester*, $C_{13}H_{13}BO$, durch 100std. Erhitzen von 4,61 g Phenylboronsäuredimethylester (**IX**) auf 200°; n_D^{20} 1,5691; 0,49 g; daneben nichtumgesetztes **IX** ($C_8H_{11}BO_2$; n_D^{20} 1,4953; 3,66 g); daneben *Borsäuretrimethylester*, $C_3H_9 \cdot BO_3$; 0,21 g. — *Phenylboronsäuredi-n-butylester*, $C_{14}H_{23}BO_2$, Kp.$_{10}$ 126°, durch 100std. Erhitzen von 5,36 g **X** mit 5,53 g **XI** auf 200°; n_D^{20} 1,4773; 3,51 g; daneben nichtumgesetztes **X** (3,71 g) u. nichtumgesetztes **XI** ($C_{14}H_{19}BO$; Kp.$_9$ 156°; n_D^{20} 1,5374; 3,21 g).
H. HENZE. 1380□

Reaktion von Triarylsilanen mit Allylchlorid, Chlor- und p-Dichlorbenzol bei hohen Temperaturen. E. Fischer und A. D. Petrow. (Доклады Академии Наук СССР [Ber. Akad. Wiss. UdSSR] **138.** 136—38. 1/5. 1961. Moskau, Chem.-Technol. Medelejew-Inst.) (Russ.)

Die Rk. von Hydridsilanen (z. B. $HSiCl_3$) mit Alkyl(aryl)halogeniden kann unter Bldg. von Si–C- (**A**; Kondens.) oder Si–Cl-Bindungen (**B**; Chlorierung) erfolgen. Triäthylsilan reagiert nach **A** überhaupt nicht, dagegen ist **A** bei Trichlorsilan die Hauptreaktion. Die Triarylsilane nehmen eine Mittelstellung ein. Es wurde die Hochtemp.-Rk. von Tris-[p-chlorphenyl]-silan (**I**) u. Tri-p-tolylsilan (**II**) mit Allylchlorid (**III**), Chlorbenzol (**IV**) u. p-Dichlorbenzol (**V**) untersucht. Die Verbb. reagieren nach **A** u. **B**, wobei das Verhältnis der Rk.-Richtung stark von der Natur der Rk.-Teilnehmer abhängt. Diese Mittelstellung der Triarylsilane steht wahrscheinlich im Zusammenhang mit der Elektronegativität des Silylrestes, die in der Reihe Triäthylsilyl < Triarylsilyl < Trichlorsilyl größer wird. Bei Änderung der Arylreste wird die Rk. nach **A** in der Reihenfolge **II** < Triphenylsilan < **I** begünstigt. — Die Rk. von **I** mit **III** bei 580° liefert 42% *Allyl-tris-[p-chlorphenyl]-silan* ($C_{21}H_{17}Cl_3Si$, F. 112°), neben 6% *Tris-[p-chlorphenyl]-chlorsilan* (**VII**). Aus **II** u. **III** werden bei 580° erhalten: 32% *Tris-[p-tolyl]-chlorsilan* (**VI**; $C_{21}H_{21}ClSi$, F. 116—117°) u. ca. 5% *Allyltri-p-tolylsilan* ($C_{24}H_{26}Si$, F. 114°; Oktaeder). — **II** u. **IV** liefern bei 630° 2% *Phenyltri-p-tolylsilan* u. 42% **VI**. — **I** u. **IV** liefern 14% **VII** (F. 108—112°) u. 19% *Phenyl-tris-[p-chlorphenyl]-silan* (F. 134°) neben einer *Verb.* $C_{42}H_{30}Cl_4Si_2$ (F. 258—262° aus Bzl.). — Aus **I** u. **V** werden erhalten: 12% **VII** (F. 110—112°), 17% *Tetrakis-[p-chlorphenyl]-silan* (F. 180°) u. >20% *Bis-[tris-p-chlorphenylsilyl]-benzol* ($C_{42}H_{28}Cl_6Si_2$, F. 263 bis 269°).
HELMUT SCHÄFER. 1380□

Phosphinoarylborane. G. E. Coates und J. G. Livingstone. (J. chem. Soc. [London] **1961.** 5053—55. Nov. Durham, Durham Coll., Chem. Dep.) (Engl.)

Durch Erhitzen von Chlordiphenylboran (**I**) mit Phenylphosphin (**II**) entsteht *Phenylphosphiniden-bis-[diphenylboran]* (**III**). Analog wird durch Rk. von Dichlorphenylboran (**IV**) u. Diphenylphosphin (**V**) *Phenyl-bis-[diphenylphosphino]-boran* (**VI**) erhalten. **VI** ist wie **III** sauerstoffempfindlich, in benzol. Lsg. monomer u. wird durch wss.alkal. H_2O_2 leicht in *Diphenylphosphinsäure* u. *Phenylboronsäure* umgewandelt; durch Erhitzen in Bzl. unter Inertgas wird es in ein gelbes *Polymeres* übergeführt. **II** u. **IV** bilden ein *1:1-Komplex*, der in sd. Xylol unter HCl-Entw. in *Chlor-[phenylphosphino]-phenylboran, Tetraphenyl-1.3-diphospha-2.4-diboretan* (**VII**) u. ein gelbes *Polymeres* (**VIII**) der wahrscheinlichen Struktur $C_6H_5BCl-[P(C_6H_5)-B(C_6H_5)]_n-P(C_6H_5)H$ mit n ~ 13 übergeht. **VII** u. **VIII** gehen durch Oxydation in *Phenylboron-* u. *Phenylphosphonsäure* über.

Versuche: *Phenylphosphiniden-bis-[diphenylboran]* (**III**), $C_{30}H_{25}B_2P$, F. 148—150° (Bzl./Hexan), durch allmähliche Zugabe von **I** in Xylol zu einem Gemisch aus Triäthylamin u. **II** in Xylol u. 24std. Erhitzen unter Rückfluß. — *Phenyl-bis-[diphenylphosphino]-boran* (**VI**), $C_{30}H_{25}BP_2$, F. 143—144° (Bzl./Hexan), durch Zugabe von **IV** (F. 5,1 bis 5,5°) in Bzl. zu Triäthylamin u. **V** in Bzl. bei Raum-Temp. u. 24std. Erhitzen unter Rückfluß; 78% (Ausbeute); durch dauerndes Erhitzen in Bzl. entsteht ein gelbes *Polymeres* vom F. 120—132°. — **II/IV**-*Komplex* (1 : 1), $C_{12}H_{12}BCl_2P$, F. 62—64° (in verschlossener Capillare), durch allmähliche Zugabe von **IV** in Hexan zu **II** in Hexan im Schlenkrohr; 75%. — *[Phenylphosphino]-phenylchlorboran*, $C_{12}H_{11}BClP$, Kp.$_{ca. 10^{-3}}$ 98—100°, durch 16std. Erhitzen von 11 g **II** mit 15,9 g **IV** in Xylol; 10,5 g. — *Tetraphenyl-1.3-diphospha-2.4-diboretan* (**VII**), $C_{24}H_{20}B_2P_2$, F. 89—91°, aus dem Dest.-Rückstand vorst. Ansatzes durch Extraktion mit heißem Bzl.; 3,6 g; als Rückstand 11,5 g einer *polymeren*

Verb. (VIII), F. 168—175°. — *Dimesityl-[di-m-tolylphosphino]-boran*, $C_{32}H_{36}BP$, F. 264 bis 265°, durch allmähliche Zugabe des Na-Deriv. von Di-m-tolylphosphin in Tetrahydrofuran zu Fluordimesitylboran im gleichen Lsgm. bei —30°, langsames Erwärmen auf Raum-Temp. u. 1 std. Erhitzen unter Rückfluß (IR-Spektrum); 47%. — *Bis-[biphenylyl-(4)]-[di-m-tolylphosphino]-boran*, $C_{38}H_{32}BP$, F. 77—78°, aus Di-m-tolylphosphin, Chlor-bis-[biphenyl-(4)]-boran u. Triäthylamin in sd. Bzl. (IR-Spektrum); 46%. G. KOWOLLIK. 1380□

Alkalische Zersetzung einiger sauerstoffhaltiger quaternärer Phosphoniumverbindungen. Gunnar Aksnes. (Acta chem. scand. **15.** 438—40. 1961. Bergen, Norway, Univ., Chem. Inst.) (Engl.)

Triphenyl-β-hydroxyäthylphosphoniumchlorid wird durch konz. NaOH zu *Diphenyl-β-hydroxyäthylphosphinoxid* u. *Bzl.* zersetzt. Triphenyl-β-acetoxyäthylphosphoniumchlorid geht mit konz. NaOH in *Triphenylphosphin* (I) u. *Vinylacetat* über. Vf. findet entgegen den Angaben von MICHAELIS u. GIMBORN [1894], daß bei Einw. von konz. NaOH auf Triphenylcarbäthoxymethylphosphoniumbromid (II) kein Triphenylcarboxymethylphosphoniumbetain, sondern *Triphenylphosphincarbäthoxymethylen* entsteht. Mit verd. NaOH oder Ag_2O in W. bildet II *Triphenylphosphinoxid* (III) u. *Na-Acetat.* Bei Einw. von Bromessigsäure (IV) auf I entstehen III u. *Acetylbromid.* Triphenyl-β-carbäthoxyäthylphosphoniumbromid (aus β-Brompropionsäureäthylester (V) u. I) bildet mit feuchtem Ag_2O oder verd. Alkali *Triphenyl-β-carboxyäthylphosphoniumbetain*, mit konz. NaOH I u. *Acrylsäureäthylester.*

Versuche: *Triphenyl-β-hydroxyäthylphosphoniumchlorid*, $C_{20}H_{20}ClOP$, F. 233° (abs. A.), durch Zugabe von 10 g I zu 10 ml β-Chloräthanol u. 2 std. Erhitzen; 10 g (Ausbeute); liefert durch Behandeln mit wss. NaOH (4 ml W. u. 5 ml konz. NaOH) u. Dest. 87% *Bzl.* (*m-Dinitrobenzol*, F. 89°). — *Triphenyl-β-acetoxyäthylphosphoniumchlorid*, $C_{22}H_{22}ClO_2P$, F. 287° (Aceton/A.), durch 4 std. Erhitzen von 10 g I mit 6 g β-Chloräthylacetat; gibt durch Zers. mit konz. NaOH 95% I (F. 79—80°). — *Triphenylcarbäthoxymethylphosphoniumbromid* (II), $C_{22}H_{22}BrO_2P$, F. 157° (A./Ae.), durch Zugabe des IV-Äthylesters zu I u. 5 Min. langes Erhitzen auf 80°. — *Triphenylphosphincarbäthoxymethylen*, $C_{22}H_{21}O_2P$, F. 126—127° (Ae.), durch Zugabe von 5 ml kalter konz. NaOH zu 4 g II in 4 ml W. u. Ae.-Extraktion; gibt durch Behandeln mit HBr in Ae. II. — *Triphenyl-β.β-diäthoxyvinylphosphoniumjodid* (?), $C_{24}H_{26}JO_2P$, F. 162°, durch Behandeln vorst. Verb. mit überschüssigem Äthyljodid in Alkohol. — *Triphenyl-β-carbäthoxyäthylphosphoniumbromid*, $C_{23}H_{24}BrO_2P$, F. 126° (W./A. 1 : 1), durch Zugabe von V zu I u. 5 Min. langes Erhitzen auf 100°; gibt durch Behandeln mit konz. NaOH I. — *Triphenyl-β-carboxyäthylphosphoniumbetain*, $C_{21}H_{19}O_2P$, F. 186° (W.), a) durch Schütteln vorst. Verb. in W. mit feuchtem Ag_2O; b) durch Hydrolyse vorst. Verb. mit HBr u. Behandeln mit feuchtem Ag_2O. — *Triphenylphosphinoxid* (III), F. 152°, durch allmähliches Erhitzen von IV mit I auf 80°; 100%. G. KOWOLLIK. 1380□

Über eine neue Methode zur stereospezifischen Synthese einiger cis-1-Chlor-2-arylmercaptoäthylene. L. Maioli und G. Modena. (Boll. sci. Fac. Chim. ind. Bologna **16.** 86—88. 1958. Bologna, Univ., Ist. di Chim. ind.) (Ital.)

Durch Addition von Thio-p-kresol an Chloracetylen in Ggw. von Morpholin wird *cis-1-Chlor-2-[p-tolylmercapto]-äthylen* (*cis*-I) neben sehr wenig *1.2-Bis-[p-tolylmercapto]-äthylen* erhalten. Die Abwesenheit von trans-I wird durch chromatograph. Unters. erwiesen. Durch Oxydation von cis-I mit H_2O_2/Eisessig wird *cis-1-Chlor-2-[p-tolylsulfonyl]-äthylen* dargestellt. Analog I werden Verbb. mit substituierten Arylestern dargestellt.

Versuche: cis-1-Chloräthylene: *2-[p-Tolylmercapto-* (*cis*-I), Kp.$_6$ 105—106°, durch Einleiten von Chloracetylen/N_2 in eine Lsg. von 0,08 Mol Thio-p-kresol u. 2 g Morpholin in 200 cm³ CH_3OH/Ae. (1 : 1) unter N_2 bei 60—70°, 12 std. Stehen u. Gießen in NaCl-Lsg.; 65% (Ausbeute). — Analog: *2-[p-Chlorphenylmercapto]-*, $C_8H_6Cl_2S$, Kp.$_7$ 121—122°; 62%. — *2-[p-Nitrophenylmercapto]-*, F. 92—93° (Bzn.), Reinigung durch Chromatographie in Bzl./Bzn. (3 : 1) an Al_2O_3; 65%. — *2-[p-Tolylsulfonyl]-*, F. 45—46° (Bzn.), aus cis-I u. H_2O_2/Eisessig u. Chromatographie des Prod. an Al_2O_3. — Analog: *2-[p-Chlorphenylsulfonyl]-*, $C_8H_6Cl_2O_2S$, F. 37—38° (Bzl./PAe.). — *2-[p-Nitrophenylsulfonyl]-*, F. 92—93° (Bzl./PAe.). F. HELLER. 1490□

Anlagerung von Chlorwasserstoff und Essigsäure an isomere Cyclododecatriene-(1.5.9). L. I. Sacharkin, W. W. Kornewa und A. W. Iogansseen. (Доклады Академии Наук СССР [Ber. Akad. Wiss. UdSSR] **138.** 373—76. 11/5. 1961. Inst. für Metallorg. Verbb. der Akad. der Wiss. der UdSSR.) (Russ.)

trans.trans.trans- (I) u. cis–trans.trans-Cyclododecatrien-(1.5.9) (II) verhalten sich bei der Anlagerung von Essigsäure u. HCl verschieden: I liefert mit Essigsäure glatt *trans.trans-1-Acetoxycyclododecadien-(5.9)* (III), das zu *trans.trans-1-Hydroxycyclododecadien-(5.9)* (IV) verseift wird. IV wird zu *Cyclododecanol* (V) hydriert. I addiert 1 Mol

HCl zu *trans.trans-1-Chlorcyclododecadien-(5.9)* u. 2 Mol HCl zu *trans-1.5(6)-Dichlorcyclododecen-(9)*. **II** lagert Essigsäure unter Bldg. eines Gemisches von *Monoacetoxy-Derivv.* (**VI**) an, das nach der gaschromatograph. u. IR-Analyse mindestens 4 Komponenten, neben Monocyclen auch Bi- u. Tricyclen u. 0,4 cis- je 1 trans-Doppelbindung enthält. Nach Verseifung von **VI** wird aus dem erhaltenen Gemisch **IV** als *Phenylurethan* isoliert, das sich zu **V**-*Phenylurethan* hydrieren läßt. Bei den in **VI** enthaltenen bicycl. Verbb. mit cis-Doppelbindungen handelt es sich möglicherweise um *Bicyclo-[0.4.6]-* u. *Bicyclo-[0.3.7]-dodecanderivate.* Die Anlagerung von HCl an **II** liefert ein Gemisch von *Monochlor-Deriv.* (**VII**), das an Pd 1,1 Mol H_2 aufnimmt, mindestens 2 Komponenten u. je Mol 0,5 trans- u. 0,4 cis-Doppelbindungen enthält (IR-Spektrum). **VII** enthält ein *Chlorcyclododecadien*, wie die Dehydrochlorierung u. anschließende Hydrierung zu *Cyclodocecan* zeigt.

Versuche: *trans.trans-1-Acetoxycyclododecadien-(5.9)* (**III**), $C_{14}H_{22}O_2$, Kp.$_{2,5}$ 110 bis 113°, durch ½ std. Erhitzen von 50 g **I** in 200 ml Eisessig in Ggw. von 2,5 g BF_3-Ätherat auf 100°; $D._4^{20}$ 0,9902; n_D^{20} 1,4877. — *trans.trans-1-Hydroxycyclododecadien-(5.9)* (**IV**), $C_{12}H_{20}O$, F. 66,5—67° (PAe.), durch Hydrolyse von **III** mit alkohol. NaOH. *Phenylurethan,* $C_{19}H_{25}NO_2$, F. 131—132°. — *Cyclododecanol* (**V**), F. 79—80° (PAe.), durch Hydrierung von 6 g **IV** in 25 ml A. an Raney-Ni; 5,8 g (Ausbeute). *Phenylurethan,* $C_{19}H_{29}NO_2$, F. 128—129°. — Bei der Anlagerung von Essigsäure an 60 g **II** erhält man 28,3 g eines Gemisches von *Monoacetoxy-Derivv.* (**VI**; Kp.$_1$ 101—105°) u. daraus durch 10 std. Kochen mit alkohol. KOH ein Gemisch von *Hydroxy-Derivv.* (Kp.$_2$ 107—110°), aus dem **IV**-*Phenylurethan* (F. 131—132°) isoliert wird. Die Hydrierung von **IV**-Phenylurethan an Pd/$BaSO_4$ liefert **V**-*Phenylurethan* (F. 128—129°). — *trans.trans-1-Chlorcyclodecadien-(5.9)*, $C_{12}H_{19}Cl$, Kp.$_0$ 101—103°, man leitet in 20 g **II** in 150 ml Methylenchlorid bei —40° in Ggw. von 0,5 g $FeCl_3$ 15 g HCl ein u. läßt über Nacht bei —60° stehen; $D._4^{20}$ 1,0118; n_D^{20} 1,5130; 2,4 g. — *trans-1.5(6)-Dichlorcyclododecen-(9)*, $C_{12}H_{20}Cl_2$, Kp.$_{1,5}$ 113—114°, neben vorst. Verb.; $D._4^{20}$ 1,1117; n_D^{20} 1,5188; 5,7 g. — Bei der Anlagerung von HCl an 40 g **II** erhält man 18,9 g eines Gemisches von *Monochlor-Derivv.* (**VII**), $C_{12}H_{19}Cl$, Kp.$_{2,5}$ 105—110°. — *Cyclododecan,* F. 60—61°, man erhitzt 15 g **VII** u. 15 g Dimethylamin in 80 ml A. 18 Std. im Autoklaven auf 200° u. hydriert das erhaltene Prod. (Kp.$_{10}$ 90—94°) an Raney-Ni. Helmut Schäfer. 1860□

Cyclisierung von Δ^5-Alkensäuren mittels Polyphosphorsäure. Olivier Riobé. (C. R. hebd. Séances Acad. Sci. **247.** 1016—18. 6/10. 1958. Angers, Univ. Cathol. de l'Ouest.) (Franz.)

Ausgehend vom 1-Hydroxypenten-(4) wird über *1-Chlorpenten-(4)*, C_5H_9Cl, Kp.$_{754}$ 104°; n_D^{19} 1,4305; $D._4^{19}$ 0,916, u. *Hexen-(5)-nitril*, C_6H_9N, Kp.$_{752}$ 166°; n_D^{14} 1,4298; $D._4^{14}$ 0,863, *Hexen-(5)-säure*, $C_6H_{10}O_2$, Kp.$_{11}$ 100°; n_D^{18} 1,4353; $D._4^{18}$ 0,960, dargestellt. Deren 2 std. Rk. mit Polyphosphorsäure (**I**) bei 100°, Zusatz von W. u. Ae.-Extraktion liefern in 60%ig. Ausbeute *2-Methylcyclopenten-(2)-on-(1)* (**II**), C_6H_8O, Kp.$_{15}$ 54°; $D._4^{19}$ 0,984; n_D^{19} 1,4782; *Semicarbazon*, F. 220° (Zers.); *Oxim*, F. 128°. Aus **II** erhält man durch Hydrierung an Raney-Ni *2-Methylcyclopentanon*, $C_6H_{10}O$, Kp. 141—143°; $D._4^{23}$ 0,920; n_D^{23} 1,4365; *Dinitrophenylhydrazon*, F. 158°. — In analoger Weise erhält man *1-Chlorhexen-(4)*, $C_6H_{11}Cl$, Kp. 134°; n_D^{13} 1,4442; $D._4^{13}$ 0,901. — *Hepten-(5)-nitril*, $C_7H_{11}N$, Kp. 184°; n_D^{17} 1,4373; $D._4^{17}$ 0,848. — *trans-Hepten-(5)-säure*, $C_7H_{12}O_2$, Kp.$_{14}$ 117°; n_D^{20} 1,4426; $D._4^{20}$ 0,947. — *Gemisch* [Kp.$_7$ 57—59°, aus vorst. Säure u. **I**; n_D^{11} 1,4850; $D._4^{11}$ 0,974] aus *2-Äthylcyclopenten-(2)-on-(1)* [*Dinitrophenylhydrazon*, $C_{13}H_{14}N_4O_4$, F. 192°] u. *2-Methylcyclohexen-(2)-on-(1)* [*Dinitrophenylhydrazon*, $C_{13}H_{14}N_4O_4$, F. 208°]. — *Gemisch* [Kp. 162—164°, durch Red. vorst. Gemisches; $D._4^{17}$ 0,919; n_D^{17} 1,4454] aus *Methylcyclohexanon* [*Dinitrophenylhydrazon*, $C_{13}H_{16}N_4O_4$, F. 137°] u. *Äthylcyclopentanon* [*Dinitrophenylhydrazon*, F. 154°; *Semicarbazon*, $C_8H_{15}N_3O$, F. 184°]. — *1-Chlorhepten-(4)*, $C_7H_{13}Cl$, Kp. 157°; n_D^{17} 1,4441; $D._4^{17}$ 0,901. — *Octen-(5)-nitril*, $C_8H_{13}N$, Kp.$_{16}$ 95°; n_D^{18} 1,4425; $D._4^{18}$ 0,842. — *trans-Octen-(5)-säure*, $C_8H_{14}O_2$, Kp.$_{16}$ 132°; n_D^{20} 1,4449; $D._4^{20}$ 0,931. — *Gemisch* [Kp.$_{15}$ 90—93°, aus vorst. Säure u. **I**; $D._4^{17}$ 0,949; n_D^{17} 1,4795] aus *2-Propylcyclopenten-(2)-on-(1)* u. *2-Äthylcyclohexen-(2)-on-(1)*; *Semicarbazon*, F. 175°. — *2-Propylcyclopentanonsemicarbazon*, $C_9H_{17}N_3O$, F. 212° (60% Ausbeute). — *2-Äthylcyclohexanonsemicarbazon*, $C_9H_{17}N_3O$, F. 165° (40%). — Führt man die Cyclisierung bei nur 70° durch, so erhält man neben wenig Cyclenonen in ca. 50%ig. Ausbeute γ-Lactone: *γ-Äthylbutyrolacton*, $C_6H_{10}O_2$, Kp.$_{14}$ 103°; n_D^{15} 1,4433; $D._4^{15}$ 1,031; *Hydrazon*, $C_6H_{14}N_2O_2$, F. 75°. — *γ-Propylbutyrolacton*, $C_7H_{12}O_2$, Kp.$_{15}$ 120°; n_D^{11} 1,4505; $D._4^{11}$ 1,009; *Hydrazon*, $C_7H_{16}N_2O_2$, F. 89°. — *γ-Butylbutyrolacton*, $C_8H_{14}O_2$, Kp.$_{15}$ 139°; n_D^{17} 1,452; $D._4^{17}$ 0,986; *Hydrazon*, $C_8H_{18}N_2O_2$, F. 79°. Walter Simon. 1960

Einige Reaktionen von Phenolen. J. R. Merchant und V. B. Desai. (Current Sci. **29.** 476. Dez. 1960. Bombay, Inst. of Sci.) (Engl.)

p-Kresol reagiert mit CBr_4 in Ggw. von $AlBr_3$ unter Bldg. von *4-Methyl-4-tribrommethylcyclohexadien-(2.5)-on* (**I**; $C_8H_7Br_3O$, F. 146—147°. *2.4-Dinitrophenylhydrazon*,

$C_{14}H_{11}Br_3N_4O_4$, F. 167°). In ähnlicher Weise entstehen aus 2.6-Dibrom-p-kresol u. 3.4-Dimethylphenol mit CBr_4 *2.6-Dibrom-4-methyl-4-tribrommethylcyclohexadien-(2.5)-on* ($C_8H_5 \cdot Br_5O$, F. 99—100°) bzw. *3.4-Dimethyl-4-tribrommethylcyclohexadien-(2.5)-on* ($C_9H_9Br_3O$, F. 124—125°), die als 2.4-Dinitrophenylhydrazone charakterisiert werden. Aus **I** kann durch eine GRIGNARD-Rk. *1-Hydroxy-1-phenyl-4-methyl-4-tribrommethylcyclohexadien-(2.5)* ($C_{14}H_{13}Br_3O$, F. 177—178°) erhalten werden, das beim Versetzen mit HCOOH *4-Methyldiphenyl* (F. 45—46°) u. *2-Methyl-4-phenylbenzoesäure* (F. 169—170°) liefert. p-Äthylphenol u. 2.4-Dimethylphenol geben durch ähnliche Rkk. mit CCl_4 ölige Prodd., die als *2.4-Dinitrophenylhydrazone* ($C_{15}H_{13}Cl_3N_4O_4$, F. 169—170° bzw. $C_{15}H_{13}Cl_3N_4O_4$, F. 166—167°) isoliert werden. P. GOLINSKE. 1960□

Enamine. 5. Mitt. **Alkylierung von Enaminen aus cyclischen Ketonen.** Günter Opitz, Hilmar Mildenberger und Harald Suhr. (Liebigs Ann. Chem. **649.** 47—57. Nov. 1961.) (Dt.) — 4. vgl. C. **1962.** 10425.

Bei der Alkylierung von 1-Pyrrolidinocyclohexen (**I**) durch Erhitzen mit Äthyl- (**II**) bzw. Propyljodid (**III**) in Dioxan (Dx.), die schon durch STORK u. Mitarbeiter (C. **1957.** 5253 u. früher) untersucht worden ist, kann durch Zusatz von N-Äthyl-N.N-dicyclohexylamin (**IV**) die Ausbeute auf 47% *2-Äthyl-* bzw. 43% *2-Propylcyclohexanon* [neben 11% *2.6-Dipropylcyclohexanon* (**XVII**)] gesteigert werden. Offenbar verhindert **IV** als Protonenfänger das Auftreten von Neben-Rkk. sowie einen Austausch der Salzstufe zwischen **I** u. dem Immoniumsalz, das durch **IV** in das alkylierte Enamin übergeführt wird. Allerdings fördert die Ggw. von **IV** dessen Weiteralkylierung. So liefert **I** in Ggw. von **IV** mit 1 Mol Allylbromid (**V**) neben 55% *2-Allyl-* (**VI**) auch 21% *2.6-Diallylcyclohexanon* (**VII**) bzw. mit 2 Mol **V** 95% **VII** u. nur 4% **VI**. Zur Einführung von zwei verschiedenen Resten führt man die Disubstitution stufenweise durch. Zum Beweis der 2.6-Stellung der Allylsubstituenten wurde **VII** hydriert u. dann zu *Dipropylcyclohexanol* reduziert. Weitere C-Alkylierungen finden auch mit überschüssigem Alkylierungsmittel nicht statt. Während bei der Rk. von **I** mit **II** die Polarität des Lsgm. keine Rolle spielt, erhöht sich die Ausbeute an *2-Isopropylcyclohexanon* aus **I** u. Isopropyljodid (**VIII**) bei Ersatz des Dx. durch Acetonitril (An.) auf das Dreifache. Mit tert.-Butylbromid waren auch in An. keine C-Alkylierungen zu erreichen, da HBr-Abspaltung unter *Isobutylen*-Bldg. eintritt. Der Verlauf der Alkylierung hängt ferner erheblich von der Ringgröße des $\alpha.\beta$-ungesätt. Amins ab. So liefert 1-Pyrrolidinocyclohepten (**IX**) mit **II** 41% *2-Äthylcycloheptanon* u. 53% des *N-Äthojodids* von **IX**; aus 1-Pyrrolidinocycloocten (**X**) u. -cyclononen (**XI**) entstehen fast nur die *N-Äthojodide*. Diese können weder in Ggw. von RANEY-Ni in A. noch in Ggw. von Pd in Dimethylformamid hydriert werden. **X** u. **XI** ergeben mit **V** in Ggw. von **IV** in An. *2-Allylcyclooctanon* bzw. *-cyclononanon*. Crotylbromid (**XII**) führt überwiegend zu C-Alkylierung, aus 1-Pyrrolidino-(**XIII**) oder 1-Morpholinocyclopenten (**XIV**) u. **XII** wurde ein Gemisch von über 80% *2-[γ-Methyl-* u. unter 20% *2-[α-Methylallyl]-cyclopentanon* erhalten (IR-spektroskop. ermittelt). **I** ergab mit **XII** in An. *2-[γ-Methyl-* u. *2.6-Bis-[γ-methylallyl]-cyclohexanon*, in Chlf. oder Dx. trat jedoch neben der Monoalkylierung noch zu 40 bzw. 10% Allylumlagerung ein. Dagegen bildete sich aus 1-Pyrrolidino-2-äthylcyclohexen (**XV**) u. **XII** reines *2-Äthyl-6-[γ-methylallyl]-cyclohexanon*. Auch **IX** u. **X** reagieren mit **XII** ohne Umlagerung. Die neu dargestellten Enamine wurden IR- u. UV-spektroskop. charakterisiert u. mit Ameisensäure zu den entsprechenden Aminen reduziert.

Versuche: *1-Pyrrolidinocyclopenten-(1)* (**XIII**), $Kp._{12}$ 88—89°, nach STORK u. Mitarbeitern (l. c.); 91% (Ausbeute). — Analog *1-Pyrrolidinocyclohexen-(1)* (**I**), $Kp._{12}$ 110 bis 112°; 94%. — *1-Morpholinocyclopenten-(1)* (**XIV**), $Kp._{12}$ 107—108°, nach HÜNIG u. LENDLE (C. **1960.** 11627); 83%. — *1-Pyrrolidino-6*(oder *2*)*-äthylcyclohexen-(1)* (**XV**), $C_{12}H_{21}N$, $Kp._{10}$ 113—115°, durch 4std. Erhitzen von 2-Äthylcyclohexanon mit Pyrrolidin (**XVI**) in Bzl.; n_D^{21} 1,5050; 71%. — *1-Pyrrolidino-2-äthylcyclohexan*, $Kp._{10}$ 108 bis 109°, durch 2std. Erhitzen von **XV** mit abs. HCOOH auf 140°; 79%. *Pikrat*, $C_{18}H_{26} \cdot N_4O_7$, F. 147° (gelbe Nadeln aus A.). — *1-Pyrrolidino-6*(oder *2*)*-propylcyclohexen-(1)*, $C_{13}H_{23}N$, $Kp._{10}$ 118—121°, durch 4std. Erhitzen von 2-Propylcyclohexanon mit **XVI** in Bzl.; 79%. — *1-Pyrrolidinocyclohepten* (**IX**), $Kp._{10}$ 112—113°; 69%. — *Pyrrolidinocycloheptan*, $Kp._{10}$ 103°, aus **IX** u. HCOOH (1 Std. bei 120°); 87%. *Pikrat*, $C_{17}H_{24}N_4O_7$, F. 139—140° (gelbe Nadeln aus A.). — *1-Pyrrolidinocycloocten-(1)* (**X**), $Kp._{10}$ 124—127°, aus Cyclooctanon u. **XVI**; 87%. — *Pyrrolidinocyclooctan*, $Kp._{10}$ 122—123°, aus **X** u. HCOOH (2 Std. bei 120°); 93%. *Pikrat*, $C_{18}H_{26}N_4O_7$, F. 138—139° (gelbe Nadeln aus A.). — *1-Pyrrolidinocyclononen-(1)* (**XI**), $Kp._{12}$ 143—145°, aus Cyclononanon u. **XVI**; 87%. — *Pyrrolidinocyclononan*, $Kp._{10}$ 136—137°, aus **XI** u. HCOOH (2 Std. bei 140°); 96%. *Pikrat*, $C_{19}H_{28}N_4O_7$, F. 166—167° (gelbe Nadeln aus A.). — Durch Zutropfen des Enamins zum entsprechenden Halogenid u. **IV** in Dx., Chlf. oder An., ca. 12std. Kochen u. 1—2std. Kochen mit verd. HCl: *2-Äthylcyclohexanon*, $Kp._{12}$ 67—68°, mit **II** ohne bzw. mit **IV** in Dx., An. oder Chlf.; 24—32 bzw. 47—54%. *2.4-Dinitrophenylhydrazon* (DNPH), F. 154—155°. *Semicarbazon* (SC), F. 162—163°. — *2-Propylcyclohexanon*, Kp.$_{12}$ 80—82°, mit **III** in bzw. ohne Ggw. von **IV** in Dx.; 36 bzw. 43% u. 11% **XVII**. *SC*, F. 133 bis 134°. — *2-Isopropylcyclohexanon*, Kp.$_{12}$ 82—84°, mit **VIII** in Dx. bzw. Chlf. bzw. An.; 10 bzw. 4 bzw. 30%. *SC*, F. 186—187°. — *2-Allylcyclohexanon* (**VI**), Kp.$_{12}$ 79—80°, mit **V** in Chlf. in Ggw. von **IV**; 61% (daneben 21% **VII**). *Oxim*, F. 74—75°. *DNPH*, $C_{15}H_{18}N_4O_4$, F. 149—150° (orangefarbene Nadeln aus A.). — *2.6-Diallylcyclohexanon* (**VII**), Kp.$_{10}$ 108—110°, analog **VI** (3fache Konz. der Reaktanten); 95% (daneben 4% **VI**). *DNPH*, $C_{18}H_{22}N_4O_4$, F. 113—115° (gelbe Kristalle aus A.). — *2.6-Dipropylcyclohexanon* (**XVII**), Kp.$_{12}$ 112—114°, durch Hydrieren von **VII** in Ggw. von RANEY-Ni in A. bei Normaldruck u. -temp.; 95%. *SC*, F. 170—171°. — *2.6-Dipropylcyclohexanol*, Kp.$_{10}$ 115—120°, durch 6std. Red. von **XVII** mit $LiAlH_4$ in sd. Ae.; 90%. *Phenylurethan*, F. 151—152° (PAe.). — *2-Propyl-6-allylcyclohexanon*, Kp.$_{10}$ 108—110°, mit **V** in Chlf.; 69%. *DNPH*, $C_{18}H_{24}N_4O_4$, F. 74—75° (orangegelbe Blättchen aus A.). Liefert durch Hydrierung in Ggw. von RANEY-Ni **XVII**. — *2-Äthylcycloheptanon*, Kp.$_{10}$ 75—77°, in Dx.; 41%; daneben 53% *1-Pyrrolidinocyclohepten-N-äthojodid*, $C_{13}H_{24}JN$. *DNPH*, $C_{15}H_{20}N_4O_4$, F. 120—121° (orangefarbene Kristalle aus A.). — *2-Allylcycloheptanon*, Kp.$_{10}$ 88,5—90°, in Ggw. von 1 Mol **IV** in An.; 78% (daneben 6% nachst. Verb.). *DNPH*, $C_{16}H_{20}N_4O_4$, F. 109° (orangefarbene Nadeln aus A.). — *2.7-Diallylcycloheptanon*, $C_{13}H_{20}O$, Kp.$_{10}$ 108—109°, analog vorst. Verb. in Ggw. von 2 Mol **IV**; 69% (daneben 7% vorst. Verb.). *DNPH*, F. 123—124° (gelbe Kristalle aus A.). — *1-Pyrrolidinocycloocten-N-äthojodid*, $C_{14}H_{26}JN$, aus **X** u. **II** ohne **IV** in Dx.; 95%. Liefert mit $AgNO_3$ das *N-Äthonitrat*. — *2-Allylcyclooctanon*, Kp.$_{10}$ 101—102°, in An. in Ggw. von **IV**; 57%. *DNPH*, $C_{17}H_{22}N_4O_4$, F. 123—124° (orangefarbene Nadeln aus A.). — *1-Pyrrolidinocyclononan-N-äthojodid*, F. 180—181° (A.), in An. ohne **IV**; 88%. — *2-Allylcyclononanon*, Kp.$_{10}$ 115 bis 117°, in An. in Ggw. von **IV**; 56%. *DNPH*, $C_{18}H_{24}N_4O_4$, F. 113—114° (orangegelbe Blättchen aus A.). — *2-[γ-* u. *2-[α-Methylallyl]-cyclopentanon* (ca. 80 : 20), Kp.$_{12}$ 81—82°, a) durch 2½ std. Einw. von **XII** auf **XIII** in Ggw. von **IV** in sd. An.; 23%; b) analog aus **XIV**; 28%. *DNPH*, $C_{15}H_{18}N_4O_4$, F. 137—138° (gelbe Nadeln aus Methanol). — *2-[γ-* u. *2-[α-Methylallyl]-cyclohexanon* (60 : 40), $C_{10}H_{16}O$, Kp.$_{10}$ 99—101°, durch 6std. Kochen von **I** mit **XII** u. **IV** in Chlf.; 58% (daneben 17% Dialkylierungs-Prod.). — *2.6-Bis-[γ-methylallyl]-cyclohexanon*, $C_{14}H_{22}O$, Kp.$_{10}$ 141—143°, analog vorst. Gemisch in An.; daneben Monomethylallylprodukt. — *2-Äthyl-6-[γ-methylallyl]-cyclohexanon*, $C_{12}H_{20}O$, Kp.$_{10}$ 111—112°, durch 10std. Kochen von **XV** mit **XII** u. **IV** in An.; 43%. — *2-[γ-Methylallyl]-cycloheptanon*, Kp.$_{12}$ 110—112°, durch 6std. Kochen von **IX** mit **XII** u. **IV** in An.; 50%. *DNPH*, $C_{17}H_{22}N_4O_4$, F. 75—77° (gelbe Nadeln aus A.). — *2-[γ-Methylallyl]-cyclooctanon*, Kp.$_{10}$ 116—117°, durch 8std. Kochen von **X** mit **XII** in An. oder Chlf.; 49%. *DNPH*, $C_{18}H_{24}N_4O_4$, F. 112—113° (orangegelbe Blättchen aus A.). B. GNAUCK. 1960□

Chemie des Dihydroresorcins. 4. Mitt. **Synthese und bakteriostatische Aktivität von Dihydroresorcinderivaten mit langen aliphatischen Ketten.** Ss. I. Sawjalow, W. I. Gunar, G. N. Perschin und Ss. N. Milowanowa. (Известия Академии Наук СССР, Отделение Химических Наук [Nachr. Akad. Wiss. UdSSR, Abt. chem. Wiss.] **1960**. 1241—45. Juli. Zelinsky-Inst. für organ. Chem. der Akad. der Wiss. der UdSSR; Chem.-Pharmazeut. Allunions-Ordshonikidse-Forschungsinst.) (Russ.) — 3. vgl. C. **1961**. 10916.

Die Kondens. von Dihydroresorcin (**I**) mit 3-Methyl-1-bromdodecen-(2) (**II**) liefert *2-[3-Methyldodecen-(2)-yl-(1)]-cyclohexandion-(1.3)* (**III**), das durch Rk. mit Acetanhydrid in das *Enolacetat* übergeführt wird. Das K(Ag)-Salz von **I** reagiert mit Undecansäure (**IV**)-chlorid zu *O-Undecanoyldihydroresorcin*. Aus Resorcin (**V**) u. **IV** wird in Ggw. von $ZnCl_2$ *4-Undecanoylresorcin* erhalten, das zu *4-Undecylresorcin* (**VI**) red. wird. **VI** wird in den *Dimethyläther* übergeführt u. an Ni zu *4-Undecylcyclohexandion-(1.3)* (**VII**) hydriert. **VII** liefert ein *Enolacetat* u. läßt sich zu *2-Brom-4-undecylcyclohexandion-(1.3)* (**VIII**) bromieren. — **III**, **VII** u. **VIII** wirken in vitro gegen Stäbchen der menschlichen u. Geflügel-Tbc stark bakteriostatisch. Von den erhaltenen Verbb. u. anderen **I**-Derivv. wird tabellar. die Wirksamkeit gegenüber einer ganzen Anzahl verschiedener Bakterien angegeben.

Versuche: *2-[3-Methyldodecen-(2)-yl-(1)]-cyclohexandion-(1.3)* (**III**), $C_{19}H_{32}O_2$, F. 95 bis 96° (80%ig. Methanol), man gibt zu Na-Methylat (12,5 g Na, 30 ml Methanol) 60 g **I** u. **II** (durch Zugabe von 53 g $POBr_3$ in 60 ml Isooctan bei —10° zu 105,5 g Nonylmethylvinylcarbinol in 150 ml Isooctan u. 10 ml Pyridin, Erwärmen auf 10° u. Eindampfen im Vakuum), kocht 2 Std. lang, dampft ein, behandelt den Rückstand mit 3%ig. NaOH, extrahiert mit Ae. u. säuert an; 23,4 g (Ausbeute). *Enolacetat*, $C_{21}H_{34}O_3$, Kp.$_{0,05}$ 162 bis 164°, durch Kochen von **III** mit Acetanhydrid; n_D^{20} 1,4860; 93%. *Enolacetat-2.4-dinitro-*

phenylhydrazon, F. 108—109° (Methanol–Dioxan), $C_{27}H_{38}N_4O_6$. — *O-Undecanoyldihydroresorcin*, $C_{17}H_{28}O_3$, Kp.$_2$ 168—172°; n_D^{20} 1,4685, a) durch 2std. Kochen von 10 g **IV**-Chlorid mit **I**-K-Salz (aus 6 g **I**) in 50 ml Bzl.; 3 g; b) analog aus 5 g **IV**-Chlorid u. dem Ag-Salz von **I**; 3,3 g. *2.4-Dinitrophenylhydrazon*, $C_{23}H_{32}N_4O_6$, F. 90—91° (Methanol). — *4-Undecanoylresorcin*, $C_{17}H_{26}O_3$, F. 68—70° (Isooctan–Bzl.), durch 2std. Erhitzen von 10 g **V**, 10 g **IV** u. 10 g $ZnCl_2$ auf 150—160°; 5 g. — *4-Undecylresorcin* (**VI**), $C_{17}H_{28}O_2$, F. 74—75° (Isooctan). Man kocht 10 g vorst. Verb., 20 g Zn-Amalgam, 10 ml Essigsäure u. 100 ml verd. HCl (1:1) bis zur negativen Rk. mit $FeCl_3$ (3—4 Std.); 8 g. *Dimethyläther*, $C_{19}H_{32}O_2$, Kp.$_2$ 182—185°, aus 8 g **VI** in 50 ml W. mit Dimethylsulfat bei 65—70°; n_D^{19} 1,4962; 6,5 g. — *4-Undecylcyclohexandion-(1.3)* (**VII**), $C_{17}H_{30}O_2$, F. 60—61° (Isooctan), a) durch Hydrierung von 5,8 g **VI** in 25 ml W. u. 15 ml A. in Ggw. von 1,3 g NaOH an 6 g RANEY-Ni (ca. 6 Std.); 2 g; b) durch Red. mit Na/NH_3; sehr geringe Ausbeute. *Enolacetat*, $C_{19}H_{32}O_3$, Kp.$_3$ 196—201°, F. 39—41° (Isooctan), aus 2,8 g **VII** u. 15 ml Acetanhydrid (1 Std. Kochen); 0,5 g. — *2-Brom-4-undecylcyclohexandion-(1.3)* (**VIII**), $C_{17}H_{29}BrO_2$, F. 87—89° (Isooctan), aus 1 g **VII** u. 0,4 g N-Bromsuccinimid in 10 ml CCl_4 ½ Std. Kochen); 0,8 g. HELMUT SCHÄFER. 1970□

Chemie des Dihydroresorcins. 5. Mitt. Über die chemischen Eigenschaften der Enoläther von Dihydroresorcin und seinen Derivaten. Ss. I. Sawjalow und G. W. Kondratjewa. (Известия Академии Наук СССР, Отделение Химических Наук [Nachr. Akad. Wiss. UdSSR, Abt. chem. Wiss.] **1960**. 1429—34. Aug.) (Russ.) — 4. vgl. vorst. Referat.

Dihydroresorcinmethyläther (**I**), 2-Methyldihydroresorcin (**II**) u. 2-Methyldihydroresorcinmethyläther (**III**) werden der Bromierung, Red. mit Li u. Kondens. mit Äthylformiat (**IV**), Diäthyloxalat (**V**) u. 2-Methoxynaphthyl-(6)-magnesiumbromid (**VI**) unterworfen. Die Rk.-Prodd. u. ihre Hydrolyse-Prodd. werden beschrieben.

Versuche: *3-[6-Methoxynaphthyl-(2)]-2-methylcyclohexen-(2)-on-(1)*, $C_{18}H_{18}O_2$, F. 96 bis 97° (Hexan). Man gibt zu **VI** (1,3 g Mg, 12,5 g 6-Bromnerolin, 45 ml Tetrahydrofuran) unter Eiskühlung 4,1 g **III** in 10 ml Tetrahydrofuran, läßt 12 Std. stehen, zersetzt mit Eis–HCl, erwärmt 1 Std. lang auf 50—60°, extrahiert mit Ae., dampft ein, erhitzt auf 165°/1 mm, löst das verbleibende Öl in Bzl. u. chromatographiert an Al_2O_3; 3,4 g (Ausbeute). *2.4-Dinitrophenylhydrazon*, $C_{24}H_{22}N_4O_5$, F. 180—181° (Methanol). — *3-[6-Hydroxynaphthyl-(2)]-2-methylcyclohexen-(2)-on-(1)*, $C_{17}H_{16}O_2$, F. 165—166° (W.–Methanol), durch 8 Min. langes Kochen von 0,6 g vorst. Verb. mit 1,2 g $AlCl_3$ u. 10 ml Xylol; 0,2 g. *2.4-Dinitrophenylhydrazon*, $C_{23}H_{20}N_4O_5$, F. 256—257° (Zers.). — *2.3-Dibrom-3-methoxycyclohexanon-(1)*, $C_7H_{10}Br_2O_2$, aus 1,2 g **I** u. 1,6 g Br_2 in 20 ml CCl_4 unter Eiskühlung; zähes Öl. Spaltet beim Schütteln mit Soda in Chlf. HBr ab unter Bldg. von *2-Brom-3-methoxycyclohexen-(2)-on-(1)*, F. 94—95°; 1,1 g. — *2-Methyl-3-methoxy-6-bromcyclohexen-(2)-on-(1)*, $C_8H_{11}BrO_2$, F. 27—28° (Hexan), durch Bromierung von 1,4 g **III** u. Behandeln des als Öl erhaltenen *2.3-Dibrom-2-methyl-3-methoxycyclohexanons-(1)* mit Soda; 0,4 g. — *2-Methyl-6-bromcyclohexandion-(1.3)*, $C_7H_9BrO_2$, F. 106—108° (Zers.), man läßt 0,3 g vorst. Verb. u. 5 ml verd. HCl (1:1) 2 Tage lang bei 20° stehen; 0,12 g. — *2-Methyl-2-bromcyclohexandion-(1.3)*, $C_7H_9BrO_2$, Kp.$_3$ 90—93°, F. 17—19°; n_D^{20} 1,5215; a) durch 15 Min. langes Erhitzen von 2,4 g **II** u. 3,6 g N-Bromsuccinimid in 20 ml CCl_4 auf 70 bis 80°; 2,4 g; b) aus 2,4 g **II** mit 4 g Br_2 in 10 ml Chlf. + 10 ml W.; 2 g. — *2-Methyldihydroresorcin* (**II**), F. 208—209° (W.), a) durch ½std. Erhitzen von 2 g vorst. Verb. u. 20 ml 5%ig. Soda-Lsg. auf dem sd. Wasserbad; 0,7 g; b) man läßt 2,8 g vorst. Verb. 2 Tage lang stehen, wäscht die ausgefallenen Kristalle mit Ae. u. krist. aus W. um; 0,5 g. — *Cyclohexanon*, Kp.$_{20}$ 53—55°, man gibt zu 0,6 g Li in 500 ml fl. NH_3 4 g **I** in 30 ml Ae. u. zers. nach 10 Min. mit NH_4Cl; n_D^{20} 1,4500; 1,2 g. *2.4-Dinitrophenylhydrazon*, F. 158 bis 159°. — *2-Methylcyclohexanon*, Kp.$_{10}$ 106—108°, durch Red. von 6 g **III** mit 1 g Li in NH_3; n_D^{20} 1,4490; 1,4 g. *Semicarbazon*, F. 189—191°. — *4-Äthoxalyldihydroresorcinmethyläther-(1)*, $C_{11}H_{14}O_5$, Kp.$_4$ 188—192°, F. 53—55° (Isooctan–Bzl.); man gibt zu 2,5 g **I** u. 3 g **V** in 20 ml Bzl. in 10—15 Min. 0,5 g Na, läßt 1 Std. lang stehen u. zersetzt mit W.; 1,6 g. Liefert beim Kochen mit 5%ig. KOH *Cyclohexandion-(1.3)*, F. 104—105°. Geht beim Erwärmen mit verd. HCl (10 Min., 45—55°) über in *4-Äthoxalylcyclohexandion-(1.3)*, $C_{10}H_{12}O_5$, F. 130—131° (W.). Gibt mit 2.4-Dinitrophenylhydrazin ein *Pyrazol-Deriv.* $C_{17}H_{16}N_4O_7$, F. 202—203° (Methanol). — *6-Formyl-3-methoxycyclohexen-(2)-on-(1)*, $C_8H_{10}O_3$, Kp.$_3$ 124—129°, F. 76—78° (Ae.); man gibt zu 5 g **I** u. 3 g **IV** in 50 ml Ae. in 15—20 Min. 1 g Na u. läßt 12 Std. lang stehen; das erhaltene Öl krist. beim Stehen; 1 g.

HELMUT SCHÄFER. 1970□

Chemie des Dihydroresorcins. 6. Mitt. Eine neue Methode zur Darstellung von Phenanthrenderivaten aus Dihydroresorcin. Ss. I. Sawjalow, W. I. Gunar und L. F. Kudrjawzewa. (Известия Академии Наук СССР, Отделение Химических Наук

[Nachr. Akad. Wiss. UdSSR, Abt. chem. Wiss.] **1960.** 2009—13. Nov.) (Russ.) — 5. vgl. vorst. Referat.

2-[β-Cyclohexylidenäthyl]-dihydroresorcin (I) liefert bei der Ozonolyse *Glutarsäure* u. *Cyclohexanon*, bei der Hydrolyse *7-Cyclohexylidenheptanon-(4)-carbonsäure-(1)* (II) u. *7-[Cyclohexen-(1)-yl-(1)]-heptanon-(4)-carbonsäure-(1)* (III) u. bei der Cyclisierung mit Polyphosphorsäure *2.2-Pentamethylentetrahydrochromanon-(5)*. 2-[β-Cyclohexylidenäthyl]-dehydroresorcinmethyläther wird mit Methyl-MgJ in *3-Methyl-2-[β-cyclohexylidenäthyl]-cyclohexen-(2)-on-(1)* übergeführt, das beim Behandeln mit H_3PO_4 *3-Methyl-2-{β-[1-hydroxycyclohexyl-(1)]-äthyl}-cyclohexen-(2)-on-(1)* liefert. Bei der Ozonolyse von **III** entsteht *Dodecandion-(5.9)-dicarbonsäure-(1.12)*, bei der Cyclisierung *1.2.3.4.5.6.7.8-Oktahydrophenanthron-(1)* (**IV**). **IV** wird an Pd zu *Phenanthrol-(1)* hydriert; Methylierung von **IV** mit Methyl-MgJ liefert *1-Hydroxy-1-methyl-1.2.3.4.5.6.7.8-oktahydrophenanthren*, aus dem an Pd/Kohle *1-Methylphenanthren* erhalten wird.

Versuche: *2-[β-Cyclohexylidenäthyl]-dihydroresorcin* (I), $C_{14}H_{20}O_2$, F. 165—166° (W.-Methanol); man gibt zu 81 g Dihydroresorcin in 600 ml Methanol die äquivalente Menge Na u. in ½ Std. bei —5 bis —12° 137 g 1-Brom-2-cyclohexylidenäthan u. kocht 2 Std. lang; 52% (Ausbeute). *Acetat*, $C_{16}H_{22}O_3$, Kp.$_{0,05}$ 134—137°, aus 65 g I u. Acetanhydrid; n_D^{20} 1,5190; 39 g (*2.4-Dinitrophenylhydrazon*, $C_{22}H_{26}N_4O_6$, F. 160—161°, aus Methanol–Dioxan). *Methyläther*, $C_{15}H_{22}O_2$, Kp.$_3$ 187—190°, F. 55—56° (Hexan), aus 11 g I mit CH_2N_2; 10,5 g. Bei der Ozonolyse von 3 g I werden 0,4 g *Cyclohexanon* (*2.4-Dinitrophenylhydrazon*, F. 159—160°) u. 0,9 g *Glutarsäure*, F. 97—98°, erhalten. — *2.2-Pentamethylentetrahydrochromanon-(5)*, $C_{14}H_{20}O_2$, Kp.$_2$ 179—181°, F. 39—40° (Hexan); man erhitzt 3,2 g I u. Polyphosphorsäure (aus 5 g H_3PO_4 u. 5 g P_2O_5) 2½ Std. lang auf dem sd. Wasserbad; 2,3 g. *2.4-Dinitrophenylhydrazon*, $C_{20}H_{24}N_4O_5$, F. 189 bis 190° (A.). — *3-Methyl-2-[β-cyclohexylidenäthyl]-cyclohexen-(2)-on-(1)*, $C_{15}H_{22}O$, Kp.$_3$ 150—155°; man gibt zu Methyl-MgJ (15 g Methyljodid, 2,5 g Mg, 50 ml Ae.) 10,5 g 2-[β-Cyclohexylidenäthyl]-dihydroresorcinmethyläther in 50 ml Ae. u. läßt 3 Std. lang bei 20° stehen; 4,5 g. *2.4-Dinitrophenylhydrazon*, $C_{21}H_{26}N_4O_4$, F. 137—138° (A.). — *3-Methyl-2-{β-[1-hydroxycyclohexyl-(1)]-äthyl}-cyclohexen-(2)-on-(1)*, $C_{15}H_{24}O_2$, F. 66 bis 67° (Hexan); man läßt 1,3 g vorst. Verb. u. 8 ml 85%ig. H_3PO_4 24 Std. lang bei 20° stehen oder erhitzt 4,6 g mit Polyphosphorsäure (aus je 8 g H_3PO_4 u. P_2O_5) 3 Std. lang auf dem sd. Wasserbad; 0,6 bzw. 1 g. *2.4-Dinitrophenylhydrazon*, $C_{21}H_{28}N_4O_5$, F. 153 bis 154° (A.). — Hydrolyse von **I**: Man kocht 7 g **I** u. 15 g $Ba(OH)_2$ in 100 ml W. 10 Std. lang, säuert an u. nimmt mit Ae. auf: Beim Ausfrieren erhält man 1,3 g *7-Cyclohexylidenheptanon-(4)-carbonsäure-(1)* (II), $C_{14}H_{22}O_3$, F. 42—43° (Hexan). Aus der äther. Mutterlauge: 3,5 g *7-[Cyclohexen-(1)-yl-(1)]-heptanon-(4)-carbonsäure-(1)* (III), $C_{14}H_{22}O_3$, Kp.$_2$ 210—220°. **III** wird auch durch Vakuum-Dest. von **II** erhalten. — *Dodecandion-(5.9)-dicarbonsäure-(1.12)*, $C_{14}H_{22}O_6$, F. 104—106° (W.); man leitet durch 4 g **III** in 50 ml 90%ig. Essigsäure bei 5—10° 2 Std. lang 6%ig. O_3 ein u. läßt mit 5 ml 20%ig. H_2O_2 3 Std. lang bei 20° stehen; 2,4 g. — *1.2.3.4.5.6.7.8-Oktahydrophenanthron-(1)* (**IV**), $C_{14}H_{16}O$, F. 77—78° (Hexan); man erhitzt 3 g **III** u. Polyphosphorsäure (aus je 7 g H_3PO_4 u. P_2O_5) 2 Std. lang auf 100°, dest., löst die Fraktion, Kp.$_2$ 160—170°, in Ae. u. friert aus; 0,8 g. *2.4-Dinitrophenylhydrazon*, $C_{20}H_{20}N_4O_4$, F. 263—265° (Zers.; A.). — *Phenanthrol-(1)*, F. 154—155° (W.–A.), durch 25 Min. langes Erhitzen von 1 g **IV** u. 1 g 10%ig. Pd/Kohle auf 280—300°; 0,3 g. — *1-Methylphenanthren*, F. 121—122° (A.); man gibt zu Methyl-MgJ (aus 0,1 g Mg) unter Eiskühlung 0,4 g **IV**, läßt 3 Std. lang stehen, zersetzt mit Eis–HCl u. erhitzt das durch Ausäthern erhaltene Öl mit 0,5 g 10%ig. Pd/Kohle 20 Min. lang auf 310—320°. *Pikrat*, F. 137—138° (A.).

HELMUT SCHÄFER. 1970□

Über die Einwirkung von Salpetersäure auf den β-Guajacoläther von α-Veratrylglycerin. A. A. Tschukssanowa und N. N. Schorygina. (Известия Академии Наук СССР, Отделение Химических Наук [Nachr. Akad. Wiss. UdSSR, Abt. chem. Wiss.] **1960.** 1511—12. Aug. Zelinsky-Inst. für org. Chem. der Akad. der Wiss. der UdSSR.) (Russ.)

Als Modellsubstanz für die Bausteine des Lignins wird *α-Veratrylglycerin-β-guajacoläther* {**I**; *1-[3.4-Dimethoxyphenyl]-2-[2-methoxyphenoxy]-propandiol-(1.3)*} synthetisiert. **I** wird in CCl_4 zu *1-[6-Nitro-3.4-dimethoxyphenyl]-2-[x-nitro-2-methoxyphenoxy]-propandiol-(1.3)* (**II**) nitriert. Die $KMnO_4$-Oxydation von **II** liefert *6-Nitroveratrumsäure.*

Versuche: *ω-Brom-3.4-dimethoxyacetophenon*, F. 81° (Chlf.–Ae.), durch Bromierung von 31 g Acetoveratron in Chlf. bei 20°; 18 g (Ausbeute). — *ω-[2-Methoxyphenoxy]-acetoveratron*, F. 92° (Methanol), durch Kondens. von 19 g vorst. Verb. mit Guajacol in Aceton in Ggw. von K_2CO_3; 16 g. — *α-[2-Methoxyphenoxy]-β-hydroxypropioveratron*, F. 116° (Methanol), durch 1std. Erhitzen von 16 g vorst. Verb. in A. mit Formalin in Ggw. von K_2CO_3 auf 35°; 10,6 g. — *1-[3.4-Dimethoxyphenyl]-2-[2-methoxyphenoxy]-propandiol-(1.3)* (I), $C_{18}H_{22}O_6$, durch Red. von 3 g vorst. Verb. mit $NaBH_4$ in A.; zäher Sirup, nach völligem Entwässern glasartige Masse; 2,6 g. — *1-[6-Nitro-3.4-dimethoxyphenyl]-2-[x-nitro-2-methoxyphenoxy]-propandiol-(1.3)* (II), $C_{18}H_{20}N_2O_{10}$, F. 67°; man gibt zu 3 g I in 100 ml CCl_4 bei 6° in ½ Std. 2,23 ml HNO_3 (D. 1,52) in 50 ml CCl_4, chromatographiert die CCl_4-Lsg. u. das ausgeschiedene Harz nach Aufnehmen in Chlf. an Silicagel u. eluiert mit Ae. u. A.; aus den äther. Eluaten 2 g.

Helmut Schäfer. 2270□

Duplikative Hydrierung des Phenylpropargylaldehyds. Marc Henri Durand. (C. R. hebd. Séances Acad. Sci. **246**. 1562—64. 10/3. 1958. Paris, P.C.B., Labor. de Chim. III.) (Franz.)

Die Red. von Phenylpropargylaldehyd liefert a) mit Zn u. $CuSO_4$ in Eisessig neben wenig *Phenylpropargylalkohol* mit 25% Ausbeute *1.6-Diphenylhexadiin-(1.5)-diol-(3.4)* [F. 123—124° (Cyclohexan; W.)]; b) mit Raney-Ni u. H_2 bei 1 at u. 20° quant. *meso-1.6-Diphenylhexandiol-(3.4)* (F. 134°) u. c) analog b), aber mit Lindlar-Katalysator *meso-1.6-Diphenylhexadien-(1.5)-diol-(3.4)*. Gisela Schreiber. 2270□

Die Reaktion von Ketonen mit ammoniakalischer Silberoxidlösung. 3. Mitt. Oxydation von Desoxybenzoin. W. I. Weksler. (Журнал Общей Химии [J. allg. Chem.] **30** (**92**). 2647—50. Aug. 1960. Leningrad, Inst. für Sowjethandel.) (Russ.) — 2. vgl. C. **1960**. 16734.

Bei der Oxydation von Desoxybenzoin (I) mit Ag_2O in alkal. Medium entsteht ein Gemisch von *Carbonyl-Verbb.* neben wenig *Benzoesäure*. — *Desoxybenzoin* (I), F. 56 bis 57° (Methanol), durch Trockendest. von Benzoin mit Zn-Staub; 20—30% (Ausbeute). — Oxydation von I: Man tropft zu 0,078 Mol Ag_2O, 0,7 Mol NH_3 (als NH_4OH) u. 6,5 g NaOH in 500 ml W. bei 54° in 2 Std. 0,036 Mol I in 50 ml A. u. rührt 2½ Std.; es werden 0,072 Mol Ag_2O verbraucht. Aus dem Nd. erhält man durch Extrahieren mit Aceton 5,95 g eines orangegelben Prod., aus dem 3 Verbb. der ungefähren Zus. $C_{56}H_{42}O_5$ mit den FF. 96—105, 130—137 u. 195—205° isoliert werden. Daneben wenig Benzoesäure. Die 1. Verb. liefert ein *2.4-Dinitrophenylhydrazon*, $C_{62}H_{46}N_4O_8$ (?), F. 140 bis 148° (abs. A.). Helmut Schäfer. 2360□

Synthese von potentiellen Antikrebsmitteln. 9. Mitt. **Eine alkylierende Funktion enthaltende Lawson-Derivate.** W. R. Vaughan, M. S. Habib, R. S. McElhinney, N. Takahashi und J. A. Waters. (J. org. Chemistry **26**. 2392—96. Juli 1961.) (Engl.) — 8. vgl. C. **1962**. **10444**.

Bei der Zugabe von festem Lawson (I; 2-Hydroxy-1.4-naphthochinon) zu einer Lsg. von Diäthanolamin (II) u. Formalin in abs. A. bei 30—35° entsteht *3-[Bis-(2-hydroxyäthyl)-aminomethyl]-2-hydroxy-1.4-naphthochinonmonohydrat* (III). Beim Umkristallisieren erfolgt Zers. unter Bldg. von *3.3'-Methylen-bis-[2-hydroxy-1.4-naphthochinon]* (V)*-diäthanolaminsalz*, das ebenfalls beim Vers. der Überführung von III in *3-[Bis-(2-chloräthyl)-aminomethyl]-2-hydroxy-1.4-naphthochinon* (IV) entsteht. Beim Zugeben von I zu CH_2O u. Äthylenimin (VIII) bei 4—6° wird *3-Aziridinomethyl-2-hydroxy-1.4-naphthochinonhydrat* (VI) erhalten. Beim Stehen der sauren Lsg. bildet sich V. Die Mannich-Rk. von I, CH_2O u. Azetidin führt zu dem stabilen *3-Azetidinomethyl-2-hydroxy-1.4-naphthochinon*. IV wird aus I, CH_2O u. Bis-[2-chloräthyl]-amin (VII; Stickstofflost) dargestellt. Mit Diäthylamin entsteht schließlich *3-Diäthylaminomethyl-2-hydroxy-1.4-naphthochinon*. IV u. VI zersetzen sich in wss. HCl zu V. In Eisessig zersetzt sich IV sofort zu V, die anderen Mannich-Basen langsamer. Auch in Abwesenheit von Säuren erfolgt langsame Zers. zu V. Mit Acetanhydrid liefern alle Basen in Ggw. von konz. H_2SO_4 V-*Diacetat*. Aus I u. 4-[Bis-(2-chloräthyl)-amino]-benzaldehyd (IX) wird *Bis-[2-hydroxy-1.4-naphthochinonyl-(3)]-4-[bis-(2-chloräthyl)-amino]-phenylmethan* erhalten. I gibt mit Acetaldehyd u. prim. bzw. sek. Aminen die entsprechenden Mannich-Basen.

Versuche: 2-Hydroxy-1.4-naphthochinone: *3-[Bis-(2-hydroxyäthyl)-aminomethyl]-, Monohydrat* (III), $C_{15}H_{17}NO_5 \cdot H_2O$, F. 192—198° (erweicht bei 111,5°, Dunkelfärbung ab 150°), a) durch portionsweises Zugeben von I zu 37%ig. CH_2O u. II in abs. A. bei 30—35° in 45 Min., 4std. Rühren bei 30—35°, Lösen des Nd. in 2%ig. HCl u. Ausfällen mit wss. Na-Acetat; rotgoldene Nadeln; 85% (Ausbeute); b) durch Zugeben von I in abs. A. zu 37%ig. CH_2O u. II bei 23—25° in 4 Std. u. ½std. Rühren; 68%. — *3-[Bis-(2-chloräthyl)-aminomethyl]-* (IV), $C_{15}H_{15}Cl_2NO_3$, Dunkelfärbung ab 125°, durch Schütteln von VII-Hydrochlorid in Ae. mit wss. $NaHCO_3$, Einengen der Ae.-Phase, Zugeben von 37%ig. CH_2O in abs. A., Zugeben von I in abs. A. bei 14—16° in 1 Std. u. 45 Min. Rühren bei Raum-Temp.; orangefarben; 46%. — *3-Aziridinomethyl-, Monohydrat* (VI), $C_{13}H_{11}NO_3 \cdot H_2O$, verkohlt >162°, durch Zugeben von I zu 37%ig. CH_2O

u. **VIII** (Aziridin) in abs. CH_3OH bei 4—6°; rot; 98%. *Monohydrathemihydrochlorid*, $C_{13}H_{11}NO_3 \cdot H_2O \cdot 1/2\ HCl$, Dunkelfärbung >140°. — *3-Azetidinomethyl-*, $C_{14}H_{13}NO_3$, Zers. >160° (CH_3OH), in abs. A. bei 4—6° (30 Min.); ziegelrote Nadeln; 50%. — *3-Diäthylaminomethyl-*, $C_{15}H_{17}NO_3$, F. 145,0—147,5° (Zers.), mit $(C_2H_5)_2NH$ in abs. A. bei 10—15° (110 Min.); dunkelrotviolett; 83%. Lösen in heißem Eisessig → **V**. — *Bis-[2-hydroxy-1.4-naphthochinonyl-(3)]-4-[bis-(2-chloräthyl)-amino]-phenylmethan*, $C_{31}H_{23}Cl_2NO_6$, F. 142° (Zers.; Dimethylformamid–A.), durch 4std. Kochen von **I** u. **IX** in A.; rote Blättchen; 36%. — *3.3'-Methylen-bis-[2-hydroxy-1.4-naphthochinon]* (**V**), durch Stehen von **III**, **IV** oder **VI** in Eisessig bei Raum-Temp.; *Diacetat*, $C_{25}H_{16}O_8$, F. 235—237° (Zers.), durch Stehen von **III**, **IV** oder **VI** mit Acetanhydrid u. 2 Tropfen konz. H_2SO_4 über Nacht. — 2-Hydroxy-1.4-naphthochinone: *3-[α-(Äthylamino)-äthyl]-*, $C_{14}H_{15}NO_3$, Zers. >148°, durch langsames Zugeben von **I** in abs. A. zu 70%ig. $C_2H_5NH_2$ in W. u. Acetaldehyd in abs. A. in 1 Std. bei 5°; 36,6%. — *3-[α-(2-Hydroxyäthylamino)-äthyl]-*, $C_{14}H_{15}NO_4$, Zers. >124°, bei 40° über Nacht; 12,8%. — *3-[α-(Diäthylamino)-äthyl]-*, $C_{16}H_{19}NO_3$, Zers. >185°, bei 25°; 4,8%. — *3-[α-(Bis-2-hydroxyäthylamino)-äthyl]-*, $C_{16}H_{19}NO_5$, Zers. >121—122°, bei 5—10°; 21,7%. — *3-[α-(Bis-2-chloräthylamino)-äthyl]-*, $C_{16}H_{17}Cl_2NO_3$, Zers. >156—157°, bei 5—10°; hellgelb; 15,6%. — *3-[α-Piperidinoäthyl]-*, $C_{17}H_{19}NO_3$, Zers. >169° (A.–Ae.), bei 20—25°; 30,0%. — *3-[α-Morpholinoäthyl]-*, $C_{16}H_{17}NO_4$, Zers. >154°, bei 20—25°; 5,8%. — *3-[α-Aziridinoäthyl]-*, *Hemihydrat-1/4-Äthyleniminsolvat*, $C_{14}H_{13}NO_3 \cdot 1/2\ H_2O \cdot 1/4\ C_2H_5N$, Zers. >164°, bei 20—25°.

R. Pasedag. 2700 □

Synthese von potentiellen Antikrebsmitteln. 10. Mitt. **Von Chinolin-4- und Naphthalin-1-methanolen abgeleitete Stickstoffloste.** Robert C. Elderfield, Mervyn Israel, Joseph H. Ross und James A. Waters. (J. org. Chemistry **26**. 2827—31. Aug. 1961.) (Engl.) — 9. vgl. vorst. Referat.

Die Red. von 4-Fluor-ω-brom-1-acetonaphthon (**III**) mit $NaBH_4$ führt zu *α-Brommethyl-4-fluornaphthalin-1-methanol*, das entweder durch Rk. mit Iminodiäthanol (**I**) bei 120—130° oder durch Rk. mit alkohol. KOH u. Umsetzung des *4-Fluor-1-vinylnaphthalinepoxyds* mit **I** in *α-[Bis-(β-hydroxyäthyl)-aminomethyl]-4-fluornaphthalin-1-methanol* übergeführt wurde. 4-Chlor-ω-brom-1-acetonaphthalon (**IV**) liefert bei der Red. mit $NaBH_4$ in A. bei 0° unter Debromierung *4-Chlor-α-methylnaphthalin-1-methanol*. *α-Brommethyl-4-chlornaphthalin-1-methanol* wird durch Red. mit Al-Isopropylat erhalten u. wie oben in *α-[Bis-(β-hydroxyäthyl)-aminomethyl]-4-chlornaphthalin-1-methanol* übergeführt. Mit $SOCl_2$ werden die entsprechenden *Stickstofflost-Verbb.* über die intermediären *Chlorsulfite* dargestellt. In entsprechender Rk.-Folge werden *α-[Bis-(β-chloräthyl)-aminomethyl]-chinolin-4-methanole* synthetisiert. Die *Chinolyl-(4)-brommethylketone* werden nach Arndt-Eistert mit den entsprechenden Säurechloriden dargestellt. *ω-Brom-2-phenyl-4-acetochinolin* (**II**) wird allerdings durch Bromierung des Methylketons erhalten. Hier gelingt die Red. der Ketogruppe mit $NaBH_4$. In den anderen Fällen mußte Al-Isopropylat verwendet werden. Die Kondens. von **II** mit **I** führt zu *2-Hydroxy-4-[2-hydroxyäthyl]-2-[2-phenylchinolyl-(4)]-morpholin*, das mit $SOCl_2$ nur das *Hydrochlorid* gibt. Die Verbb. der Naphthalinreihe wurden durch die IR-Spektren charakterisiert.

Versuche (FF. korr.): *1-Fluornaphthalin*, Kp.₃ 65—66°, durch exotherme Rk. von Naphthyl-(1)-diazoniumfluorborat beim Erhitzen in Xylol u. 20 Min. Kochen; 45% (Ausbeute). — *α-Brommethyl-4-fluornaphthalin-1-methanol*, durch 3std. Rühren von **III** mit $NaBH_4$ in abs. A. bei 0° u. 1 Std. lang bei Raum-Temp., Gießen in Eiswasser, Einstellen auf pH 3 mit HCl u. mehrstd. Rühren bei 10°; Öl. — *4-Fluor-1-vinylnaphthalinepoxid*, durch 1/4std. Stehen vorst. Verb. in abs. A. mit KOH bei Raum-Temp., Verdünnen mit W. u. Ausäthern; viscoses hellgelbes Öl. — *α-[Bis-(β-hydroxyäthyl)-aminomethyl]-4-fluornaphthalin-1-methanol*, F. 125,5—126,5° (Bzl.), a) durch 7½std. Rühren vorvorst. Verb. mit **I** bei 120—130°, Gießen in W., Extrahieren mit Chlf. u. daraus mit 2n HCl; 50—67%; b) durch 6tägiges Kochen vorst. Verb. mit **I** u. $ZnCl_2$ in abs. $CHCl_3$. — *α-[Bis-(β-chloräthyl)-aminomethyl]-4-fluornaphthalin-1-methanol*, F. 162 bis 164° (Acetonitril–PAe.), durch Zutropfen von $SOCl_2$ in Chlf. zu vorst. Verb. in abs. Chlf. bei 0° in 10 Min.; 90%. — *α-[Bis-(β-hydroxyäthyl)-aminomethyl]-4-chlornaphthalin-1-methanol*, F. 114—116°; 50—75%. — *α-[Bis-(β-chloräthyl)-aminomethyl]-4-chlornaphthalin-1-methanol*, F. 155—157° (Acetonitril); 92%. — *4-Chlor-α-methylnaphthalin-1-methanol*, $C_{12}H_{11}ClO$, F. 80,5—82° (Methylcyclohexan–PAe.), aus **IV** u. $NaBH_4$; 86%. — *α-[Bis-(β-hydroxyäthyl)-aminomethyl]-2-phenylchinolin-4-methanol*, F. 147 bis 148° (Aceton) durch 19std. Erhitzen von α-Brommethyl-2-phenylchinolin-4-methanol mit **I** auf dem Wasserbad; Prismen; 74%. — *α-[Bis-(β-chloräthyl)-aminomethyl]-2-phenylchinolin-4-methanoldihydrochlorid*, F. 171—171,5° (Zers.; abs. CH_3OH–abs. Ae.), durch 1/4std. Rühren vorst. Verb. mit $SOCl_2$ in Chlf. bei 0° u. 2½std. lang bei Raum-

Temp.; 58%. — *Chininsäurechlorid*, $C_{11}H_8ClNO_2$, F. 213—215° ($SOCl_2$–Ae.), durch 4½std. Kochen von 27,2 g Chininsäure u. $SOCl_2$ in abs. Ae.; 30,1 g. — *α-Brommethyl-6-methoxychinolyl-(4)-ketonhydrobromid*, F. 196,5—197° (Eisessig–HBr), durch Zugeben vorst. Verb. zu CH_2N_2 in Ae. bei 5° in 30 Min., 1std. Rühren bei 5°, 1std. Rühren bei Raum-Temp., Einengen, Aufnehmen in Ae. u. Zugeben von 48% ig. HBr; gelbe Nadeln; 88%. — *α-Brommethyl-2-phenylchinolyl-(4)-keton* (II), F. 100—101°. *Hydrobromid*, F. 233° (Zers.). — *α-Diazomethyl-2-phenyl-8-chlorchinolyl-(4)-keton*, F. 141—142° (Zers.). — *2-Brommethyl-6-methoxychinolin-8-methanolhydrochlorid*, $C_{12}H_{13}BrClNO_2$, F. 188° (A.), mit Al-Isopropylat; bräunliche Nadeln; 73%. — *α-[Bis-(β-hydroxyäthyl)-aminomethyl]-6-methoxychinolin-4-methanoldihydrochlorid*, F. 187,5° (CH_3OH–Ae.), durch 29std. Rühren vorst. Verb. mit I bei 50°; 40%. — *α-[Bis-(β-chloräthyl)-aminomethyl]-6-methoxychinolin-4-methanolhydrochlorid*, F. 139—140° (Zers.; abs. CH_3OH–Ae.), orangefarbene Nadeln in Büschelform; 61%. — α-[Bis-(β-hydroxyäthyl)-aminomethyl]-chinolin-4-methanole: *8-Chlor-2-phenyl-*, F. 127—128° (Bzl.–PAe.), aus α-Brommethyl-8-chlor-2-phenylchinolin-4-methanol u. I bei 75° in 22 Std. u. 4 Tage Raum-Temp.; 65%. — *2-[4-Chlorphenyl]-*, F. 150,5—152° (abs. A.), aus α-Brommethyl-2-[4-chlorphenyl]-chinolin-4-methanol u. I in 23 Std. bei 62°; 55%. — *6.8-Dichlor-2-phenyl-*, F. 176,5—178,5° (Acetonitril), aus nachst. Verb. in I bei 100° in 4 Tagen; 35%. — *α-Brommethyl-6.8-dichlor-2-phenylchinolin-4-methanol*, $C_{17}H_{12}BrCl_2NO$, F. 145° (Zers.; Ligroin–Dioxan 2:1), mit Al-Isopropylat in 5 Stunden. — α-[Bis-(β-chloräthyl)-aminomethyl]-chinolin-4-methanole: *8-Chlor-2-phenyl-*, F. 113—115° (Zers.; abs. CH_3OH–Ae.), kleine gelbe Nadeln in Büschelform; 53%. — *2-[4-Chlorphenyl]-, Monohydrochloridhemihydrat*, F. 157,5—158° (Zers.; abs. CH_3OH–Ae.); 77%. — *6.8-Dichlor-2-phenyl-*, F. 189—190,5° (Zers.; abs. CH_3OH); 72%. — *2-Hydroxy-4-[2-hydroxyäthyl]-2-[2-phenylchinolyl-(4)]-morpholin*, $C_{21}H_{22}N_2O_3$, F. 160—164° (Aceton), durch ½std. Rühren von I u. II-Hydrobromid in Aceton u. Zugeben von W.; kurze quadrat. Prismen; 48%. *Dihydrochloriddihydrat*, $C_{21}H_{24}Cl_2N_2O_3 \cdot 2\,H_2O$, mit 2n HCl oder $SOCl_2$/ $CHCl_3$. R. PASEDAG. 2700□

Wechselwirkung von β-Naphthoesäure mit Schwefelchloriden: Darstellung von 4.4′-Dichlor-6.6′-dicarboxydinaphthylsulfid und 4.4′-Dichlor-6.6′-dicarboxydinaphthyldisulfid. V. G. Kulkarni und G. V. Jadhav. (J. Karnatak Univ., Sci. [Dharwar, India] 1. 19—22. Nov. 1956. Kumta, Kanara Coll.; Bombay, Soc. Bombay Coll.) (Engl.) — Vgl. J. Indian chem. Soc. **33.** [1956.] 519.

β-Naphthoesäure (I) reagiert durch Erhitzen mit $SOCl_2$, SCl_2 bzw. S_2Cl_2 auf 180 bis 200° im Rohr unter Bldg. von *1.6-Dichlornaphthalin, 4.4′-Dichlor-6.6′-dicarboxydinaphthyl-(1.1′)-sulfid* (II) neben *Di-α-naphthylsulfid* bzw. *4.4′-Dichlor-6.6′-dicarboxydinaphthyl-(1.1′)-disulfid* (III). Die Konstit. von II wird durch Nitrierung nachgewiesen, wobei *1.5-Dinitro-4-chlornaphthalin* entsteht. Durch Kochen von **III** mit Lauge entsteht **II.**

Versuche: *1.6-Dichlornaphthalin*, F. 48° (A.), durch 4std. Erhitzen von I u. $SOCl_2$ im Rohr auf 180—200°. — *4.4′-Dichlor-6.6′-dicarboxydinaphthyl-(1.1′)-sulfid* (II), $C_{22}H_{12}Cl_2O_4S$, F. 200° (Essigsäure), a) durch alkal. Hydrolyse von **III**; b) durch 4std. Erhitzen von I u. SCl_2 im Rohr auf 180—200°; daneben durch Extrahieren mit Chlf./CS_2 *α.α′-Dinaphthylsulfid* (F. 110°). *Dimethylester*, $C_{24}H_{16}Cl_2O_4S$, F. 300° (Methanol), durch 8std. Kochen von II mit Methanol in Ggw. von konz. H_2SO_4. — *4.4′-Dichlordinaphthyl-(1.1′)-sulfid*, $C_{20}H_{12}Cl_2S$, F. 300°, (A.), durch 6std. Kochen von II mit H_2O. — *1.5-Dinitro-4-chlornaphthalin*, F. 138° (verd. Essigsäure), durch Zugabe von rauchender HNO_3 zu II in konz. H_2SO_4, 1std. Erhitzen auf 100° u. Stehen über Nacht. — *4.4′-Dichlor-6.6′-dicarboxydinaphthyl-(1.1′)-disulfid* (III), $C_{22}H_{12}Cl_2O_4S_2$, F. 220° (verd. Essigsäure), durch 4std. Erhitzen von I u. S_2Cl_2 im Rohr auf 180—200°. W. HAMPEL. 2700□

Synthese von potentiellen Antikrebsmitteln. 8. Mitt. **Bicyclische Nitrile und verwandte Verbindungen.** 1. Mitt. Peter Scheiner und Wyman R. Vaughan. (J. org. Chemistry **26.** 1923—25. Juni 1961.) (Engl.) — 7. vgl. C. **1962.** 10448.

Die DIELS-ALDER-Rk. von Acrylnitril mit Cyclopentadien (II) führt zu *Bicyclo-[2.2.1]-hepten-(5)-carbonitril-(2)*. Die Hydrierung liefert *Bicyclo-[2.2.1]-heptancarbonitril-(2)* (I) u. die Addition von Phenylazid (**XII**) *3α.4.5.6.7.7a-Hexahydro-1-phenyl-4.7-methanobenzotriazolcarbonitril-(5 [oder 6])* (**X**). Beim Erhitzen entsteht unter N_2-Abspaltung *N-Phenyl-5.6-iminobicyclo-[2.2.1]-heptancarbonitril-(2)*. Die katalyt. Red. von I gibt unerwartet *N.N-Bis-[2-norbornylmethyl]-aminhydrochlorid*. Tetracyanäthylen (**V**) läßt sich mit **II** bzw. Cyclohexadien (**III**) zu *Bicyclo-[2.2.1]-hepten-(5)-tetracarbonitril-(2.2.3.3)* bzw. *Bicyclo-[2.2.2]-octen-(5)-tetracarbonitril-(2.2.3.3)* umsetzen, die sich ihrerseits zur *Heptan-* bzw. *Octan-Verb.* hydrieren lassen. Aus Fumarnitril (**VI**) u. **III** wird *Bicyclo-[2.2.2]-octen-(5)-trans-dicarbonitril-(2.3)* (trans-**IV**) erhalten. trans-**IV** kann zum entsprechenden *Bicyclooctan* (trans-**XI**) hydriert werden u. dieses zu *trans-2.3-Bis-*

[aminomethyl]-bicyclo-[2.2.2]-octandihydrochlorid red. werden. Ferner wurde trans-**IV** in *3a.4.5.6.7.7a-Hexahydro-1-phenyl-4.7-äthano-1H-benzotriazol-trans-5.6-dicarbonitril* u. *N-Phenyl-5.6-iminobicyclo-[2.2.2]-octan-trans-dicarbonitril-(2.3)* übergeführt. Malonitril (**VII**) gibt mit **III** *cis*-**IV**. Milde Hydrolyse von cis-**IV** gibt eine *Lactonsäure*, während aus trans-**IV** das Isomere erhalten wird. cis-**IV** kann zu cis-**XI** hydriert werden. Aus **V** u. Cycloheptadien (**VIII**) bzw. Cyclooctatetraen (**IX**) werden *Bicyclo-[3.2.2]-nonen-(8)-tetracarbonitril-(6.6.7.7)* bzw. *5.6-Äthenobicyclo-[2.2.2]-octen-(7)-tetracarbonitril-(2.2.3.3)* dargestellt.

Versuche: *Bicyclo-[2.2.2]-octen-(5)-trans-dicarbonitril-(2.3)* (trans-**IV**), $C_{10}H_{10}N_2$, F. 145—146° (PAe.–Essigester 2:1), durch 13std. Rk. von **VI** u. **III** in Xylol; 74,5% (Ausbeute). *cis*-**IV**, F. 207—208° (A.–Essigester 2:1), aus **VII** u. **III** in abs. A. in 2 Std.; 56,1%. — *Bicyclo-[3.2.2]-nonen-(8)-tetracarbonitril-(6.6.7.7)*, $C_{13}H_{10}N_4$, F. 257° (Zers.; Bzl.), aus **V** u. **VIII** in Bzl.–Aceton (9:2) in 4 Std.; 68,1%. — *5.6-Äthenobicyclo-[2.2.2]-octen-(7)-tetracarbonitril-(2.2.3.3)*, $C_{14}H_8N_4$, F. 249° (Zers.; Essigester–PAe. 2:1), aus **V** u. **IX** in Bzl. in 9 Std.; 63,0%. — *N.N-Bis-[2-norbornylmethyl]-aminhydrochlorid*, $C_{16}H_{28}ClN$, F. 345° (Zers.; Essigester–A. 2:1), durch Hydrierung von **I** über ADAMS-Katalysator in Essigester bei 3 atm u. Raum-Temp.; 32%. — *Bicyclo-[2.2.1]-heptan-tetracarbonitril*, $C_{11}H_8N_4$, F. 227—228° (abs. A.), analog in Aceton; 92%. — *Bicyclo-[2.2.2]-octantetracarbonitril-(2.2.3.3)*, $C_{12}H_{10}N_4$, F. 280° (Zers.; PAe.–Essigester 1:1), in Dioxan–Eisessig 6:1; 90%. — *Bicyclo-[2.2.2]-octan-trans-dicarbonitril-(2.3)* (trans-**XI**), $C_{10}H_{12}N_2$, F. 186,5—187,5° (Essigester), aus trans-**IV** in Essigester über Pd-Kohle bei 3 atm u. Raum-Temp.; 96%. *cis*-**XI**, F. 192—193° (PAe.–Essigester 1:1), aus cis-**IV** in abs. A. über ADAMS-Katalysator; 100%. — *N-Phenyl-5.6-iminobicyclo-[2.2.1]-heptan-carbonitril-(2)*, $C_{14}H_{14}N_2$, Kp.$_{22}$ 227—230°, Kp.$_{0,25}$ 144—145°, durch 20std. Erhitzen von **X** auf 160—170°; 77,9%. — *trans-2.3-Bis-[aminomethyl]-bicyclo-[2.2.2]-octan*, F. 124 bis 126° (Zers.). *Dihydrochlorid*, $C_{10}H_{22}Cl_2N_2$, F. 328° (Zers.; 95%ig. A.), durch Kochen (50 Min. lang) von trans-**XI** mit $LiAlH_4$ in abs. Ae. u. Bzl.; 81,4%. — *3a.4.5.6.7.7a-Hexahydro-1-phenyl-4.7 äthano-1H-benzotriazol-trans-dicarbonitril-(5.6)*, $C_{16}H_{15}N_5$, F. 175° (Zers.; CH_3OH), durch 2wöchiges Kochen von trans-**IV** u. **XII** in Chlf.; 49%. — *N-Phenyl-5.6-iminobicylo-[2.2.2]-octan-trans-dicarbonitril-(2.3)*, $C_{16}H_{15}N_3$, F. 167—168° (PAe.), durch 15std. Erhitzen vorst. Verb. auf 160—170°, Aufnehmen in Essigester u. Zugeben von PAe.; 75,5%. — *Lactonsäure* $C_{10}H_{12}O_4$, F. 196—197° (Di-n-butyläther), durch ½std. Erwärmen von cis-**IV** mit konz. HCl auf dem Wasserbad, Einengen, Lösen in Bzl., Filtrieren u. Verdünnen mit PAe.; *Isomeres*, F. 182—183° (Di-n-butyläther), aus trans-**IV**. R. PASEDAG. 2950□

Konstitutionelle Probleme der Anthrachinonküpenfarbstoffe. K. Venkataraman. (J. Indian chem. Soc. **38**. 197—210. April 1961.) (Engl.)

Übersicht über chromatograph. Analyse der Anthrachinonküpenfarbstoffe, Absorptionsspektren der Leukoderivv., ster. Hinderung in Dibenzanthronylen u. Dibenzanthrenen, Nitrierung von Dibenzanthron, Anthrimide u. Carbazole, Cibanongelb R u. -orangeR u. über die Red. von Chinonen zu KW-Stoffen. — 45 Literaturangaben.

P. GOLINSKE. 2950

Weitere Beobachtungen bei der Elbs-Reaktion. Ernst D. Bergmann und Jochanan Blum. (J. org. Chemistry **26**. 3214—16. 12/9. 1961. Jerusalem, Israel, Hebrew Univ., Dep. of Organ. Chem.) (Engl.)

Als weiteres (vgl. C. **1961**. 1191) Keton mit einem F-Atom in p-Stellung zur Carbonylgruppe wurde das aus [4-Fluornaphthyl-(1)]-MgBr u. o-Tolunitril dargestellte *1-Fluor-4-[o-toluyl]-naphthalin* der ELBS-Rk. unterworfen, wobei in 32%ig. Ausbeute *1.2-Benzanthracen* (**I**) entsteht. Bei der Unters. von aromat. Ketonen mit m-ständigem F-Atom zeigte sich, daß nur 3-Fluor-1'-methyldinaphthyl-(1.2')-keton (**II**) in das erwartete *4-Fluor-1.2;5.6-dibenzanthracen* übergeht. Bei etwas veränderten Rk.-Bedingungen wird *4-Fluor-1.2;5.6-dibenzanthron-(9)* isoliert, das durch Red. in vorst. Verb. übergeführt wurde. Aus 3-Fluor-1-[o-toluyl]-naphthalin (**III**) erhält man bei der ELBS-Rk. neben **I** eine fluorhaltige, ölige Substanz, die auf Grund von Analyse u. Absorptionsspektrum als *4-Fluor-5.5a.6.7.8.8a.9.10-oktahydro-1.2-benzanthracen* anzusehen ist. Aus der Bldg. vorst. Verb. geht hervor, daß im Verlauf der ELBS-Rk. Wasserstoff-Übertragungen erfolgen. Bei der Pyrolyse von 4-[3-Fluornaphthoyl-(1)]-7-methylindan (**V**) bildet sich *20-Methylcholanthren.* 1-[m-Fluorbenzoyl]-2-methylnaphthalin (**IV**) wurde nach 6std. Kochen bei 350° (Bad), mit oder ohne Zn-Staub, unverändert zurückerhalten. Zur Darst. von **II** wurde das aus 1-Methyl-2-naphthoesäure (**VII**) über das Amid hergestellte **VII**-*Nitril* mit der GRIGNARD-Verb. aus 1-Brom-3-fluornaphthalin (**VI**) umgesetzt. Dieselbe GRIGNARD-Verb. reagiert mit o-Tolunitril unter Bldg. von **III** u. mit 4-Cyan-7-methylindan (**IX**) unter Bldg. von **V**. Die Umsetzung von m-Fluorphenyl-MgBr mit 2-Methyl-1-naphthoesäurenitril (**VIII**) ergibt **IV**.

Versuche: *1-Fluor-4-[o-toluyl]-naphthalin*, $C_{18}H_{13}FO$, F. 88—88,5° (A.), $Kp._{0,5}$ 180 bis 195°, durch Zugeben einer benzol. Lsg. von o-Tolunitril zu einer aus Mg u. 1-Brom-4-fluornaphthalin in Ae./Bzl. (4 : 1) erhaltenen GRIGNARD-Lsg. u. 24std. Kochen, Zugeben von Eis/konz. HCl, Destillieren mit Wasserdampf u. 3std. Kochen des zurückbleibenden dunklen Öles mit einem Gemisch aus Essigsäure, Toluol, konz. HCl u. W.; 20% (Ausbeute). — *1.2-Benzanthracen*, $C_{18}H_{12}$, F. 160°, a) durch 2std. Erhitzen vorst. Verb. mit Zn-Staub auf 400—405°, Dest. bei 1 Torr; nach Chromatographie an Al_2O_3 u. Eluieren mit PAe./Bzl. (1 : 3) Plättchen; 32%; b) neben nachst. Verb.; aus Bzl./Methanol Plättchen; 2%. — *4-Fluor-5.5a.6.7.8.8a.9.10-oktahydro-1.2-benzanthracen*, $C_{18}H_{19}$ F, durch Erhitzen von **III** mit Zn-Staub auf 395—405° (Bad), 2std. Halten bei dieser Temp., Dest. bei 2 Torr, Extrahieren des Destillats mit Bzl., Eindampfen der Benzol-Lsg., Lösen des Rückstandes in PAe. u. Chromatographie an Al_2O_3; viscoses Öl mit violettblauer Fluorescenz; 11%. — *1-Methyl-2-naphthoesäure* (**VII**), *Amid*, $C_{12}H_{11}NO$, F. 204°, durch 3std. Kochen von **VII** (F. 178°) mit $SOCl_2$, Abdestillieren des überschüssigen $SOCl_2$, Lösen des Rückstandes in Ae. u. $^1/_2$std. Einleiten von NH_3; aus Bzl./A. Nadeln; 80%. *Nitril*, $C_{12}H_9N$, F. 64—64,5°, durch 2std. Kochen des Amids mit $SOCl_2$ u. Gießen auf Eis; aus PAe. Nadeln; 84%. — *4-Brom-2-nitro-1-acetamidonaphthalin*, F. 242°, durch Zugeben von rauchender HNO_3 unter intensivem Rühren bei 45° zu einer Lsg. von 4-Brom-1-acetamidonaphthalin in Eisessig u. 5 Min. langes Erwärmen auf 65—70°; aus Eisessig gelbliche Kristalle; 70%. — *4-Brom-2-nitronaphthalin*, F. 199°, durch 6std. Kochen vorst. Verb. mit dem gleichen Vol. A. u. 50%ig. H_2SO_4; orangefarbene Plättchen; 92%. — *1-Brom-3-nitronaphthalin*, F. 133°, $Kp._4$ 180—181°, durch Desaminierung vorst. Verb.; 70—75%. — *1-Brom-3-naphthylaminhydrochlorid*, $C_{10}H_9 \cdot BrClN$, F. 214°, durch katalyt. Hydrierung vorst. Verb. in abs. A. in Ggw. von PtO_2 oder 10%ig. Pd/Kohle; durch Zutropfen von konz. HCl zur wss. Lsg. der unreinen Verb. Plättchen; 60—75% (bei der Hydrierung von dest. Nitroverb. 100%). — *1-Brom-3-fluornaphthalin* (**VI**), $C_{10}H_6BrF$, F. 31,5°, $Kp._{1,5}$ 96°, durch Diazotieren vorst. Verb. mit $NaNO_2$, Versetzen der Lsg. mit 50%ig. HBF_4, Abfiltrieren u. Trocknen des erhaltenen Fluoborats (Zers.-Punkt 151°; 95%) u. Zers.; aus PAe. Plättchen; 62%. — *3-Fluor-1'-methyldinaphthyl-(1.2')-keton* (**II**), $C_{22}H_{15}FO$, F. 104°, $Kp._2$ 225—235°, durch Zugeben einer benzol. Lsg. von **VII**-Nitril zu der aus **VI** u. Mg in Ae./Bzl. (5 : 1) erhaltenen GRIGNARD-Lsg., Abdestillieren des Ae., Zugeben von Bzl., 12std. Kochen u. Rühren u. Hydrolysieren des erhaltenen Ketiminhydrochlorids durch 3std. Erhitzen mit konz. HCl/Eisessig/Toluol/W.; aus A./Bzl. hellgelbliche Kristalle; 73%. — *4-Fluor-1.2;5.6-dibenzanthracen*, $C_{22}H_{13}F$, F. 240,5° [Bzl./Methanol (3 : 1)], a) durch $^1/_2$std. Erhitzen von **II** auf 390—400°; 5%; b) durch 8std. Kochen eines Gemisches aus nachst. Keton, Zn-Staub (aktiviert durch einen Tropfen $CuSO_4$-Lsg.), etwas Toluol u. 10%ig. NaOH; 75%. *Pikrat*, F. 178°; aus Bzl. orangefarbene Nadeln. — *4-Fluor-1.2;5.6-dibenzanthron-(9)*, $C_{22}H_{13}FO$, F. 246° (Bzl.), durch $^1/_4$std. Erhitzen von **II** auf 380—385°; gelbliche Substanz; 4%. — *3-Fluor-1-[o-toluyl]-naphthalin* (**III**), $C_{18}H_{13}FO$, $Kp._2$ 192°, durch Zugeben von o-Tolunitril zu der aus **VI** erhaltenen GRIGNARD-Lsg. u. Arbeiten wie bei **II**; gelbliches Öl; 19%. — *1-[m-Fluorbenzoyl]-2-methylnaphthalin* (**IV**), $C_{18}H_{13}FO$, F. 82,5—83,5°, $Kp._{0,5}$ 170—190°, durch 20std. Kochen von 17 g **VIII** mit der GRIGNARD-Verb. aus 17 g m-Fluorbrombenzol in Bzl. u. Fraktionieren des Hydrolyse-Prod.; aus A. Würfel; 3,5 g. — *4-[3-Fluornaphthoyl-(1)]-7-methylindan* (**V**), $C_{21}H_{17}FO$, F. 95° (A.), $Kp._{0,5}$ 205—215°, durch Zugeben von **IX** zu der aus **VI** in Ae./Bzl. (1 : 1) erhaltenen GRIGNARD-Verb., 14std. Kochen, Zugeben von Eis/konz. HCl, Dest. mit Wasserdampf u. 2std. Hydrolysieren des erhaltenen bräunlich-gelben *Ketiminhydrochlorids* durch Kochen; 71%. — *20-Methylcholanthren*, $C_{21}H_{16}$, F. 180° (Bzl./A.), durch 40 Min. langes Erhitzen von **V** auf 405—415°; gelbliche Substanz; 37%. D. HOLZNER. 2950□

Molekularkomplexe von 1.3.6.8-Tetranitropyren. P. M. G. Bavin. (Canad. J. Chem. **38**. 1017—18. Juni 1960. Hull, East Yorkshire, Univ., Chem. Dep.) (Engl.)

Durch Lösen von 1.3.6.8-Tetranitropyren in möglichst wenig sd. Xylol, Zugabe von kondensierten aromat. KW-Stoffen u. Kühlen werden folgende Mol.-Komplexe gebildet: 1.3.6.8-Tetranitropyrenkomplexe: *Naphthalin-* (**I**; 2 : 1), $C_{36}H_{22}N_4O_8$, sublimiert bei $<100°$ (Xylol); dunkelrote Nadeln. — *Indol-* (**II**; 2 : 1), $C_{32}H_{20}N_6O_8$, sublimiert bei $<100°$ (Xylol); purpurfarbene Nadeln. — *Fluoren-*, $C_{29}H_{16}N_4O_8$ (Xylol); rote Nadeln. — *Carbazol-*, $C_{28}H_{15}N_5O_8$ (Xylol); dunkelblaue Nadeln. — *Phenanthren-*, $C_{30}H_{16}N_4O_8$, F. 222—224° (Zers.; Xylol); rote Nadeln. — *Anthracen-*, $C_{30}H_{16}N_4O_8$, F. $>320°$ (Zers.; Xylol oder Essigsäure); dunkelgrüne Nadeln. — *9.10-Dimethylphenanthren*, $C_{32}H_{20}N_4O_8$, F. 262—264° (Zers.; zugeschmolzenes Rohr); aus Xylol oder Essigsäure purpurfarbene Nadeln. — *Benz-[a]-anthracen-*, $C_{34}H_{18}N_4O_8$, F. $>320°$ (Zers.; Xylol); olivgrüne Nadeln. — *Pyren-*, $C_{32}H_{16}N_4O_8$, F. $>320°$ (Zers.; Essigsäure oder Xylol);

dunkelgrüne Nadeln. — *Benzidin-*, $C_{28}H_{18}N_6O_8$ (Xylol); schwarze Nadeln. — *4.4''-Diamino-p-terphenyl-*, $C_{34}H_{22}N_6O_8$ (Xylol); schwarze Nadeln. P. Golinske. 2950□

Untersuchung über die Beziehung zwischen physiologischer Aktivität und chemischer Struktur bei neuen, auf das Zentralnervensystem wirkenden Drogen. 1. Mitt. Die Synthese einiger Aminoessigsäuren, die cyclische tertiäre N-Atome enthalten. B. Matkovics, S. Földeák und J. Pórszász. (Acta Univ. Szegediensis, Acta physica chem. [N. S.] **6.** 80—86. 1960. Szeged, Univ., Inst. of Organ. Chem.; Med. Univ., Physiol. Inst.) (Engl.)

Einige cycl. tert.-Aminoessigsäureester u. ihre quaternären Derivv. werden synthetisiert u. hinsichtlich ihrer Wrkg. auf das Zentralnerven-Syst. geprüft. Piperidinoessigsäurebenzylester hat eine schwache Antinicotin-Wrkg., die durch Quaternisierung etwas vergrößert werden kann.

Versuche: *Piperidinoessigsäuremethylester*, $C_8H_{15}NO_2$, Kp.$_5$ 69°, durch Rk. des entsprechenden Chloressigsäureesters mit dem cycl. sek. Amin in abs. Bzl. (evtl. unter Erwärmen). *Pikrat*, $C_{14}H_{18}N_4O_9$, F. 115°, aus dem Aminoessigsäureester mit 5%ig. abs. äthanol. Pikrinsäure. *Methojodid*, $C_9H_{18}JNO_2$, F. 163—164°, aus dem Aminoessigsäureester u. CH_3J. *Hydrochlorid*, $C_8H_{16}ClNO_2$, F. 214°, mit der berechneten Menge HCl in abs. Äther. — *Piperidinoessigsäureäthylester*, $C_9H_{17}NO_2$, Kp.$_1$ 68°, analog vorst. Verbindung. *Pikrat*, $C_{15}H_{20}N_4O_9$, F. 122°. *Methojodid*, $C_{10}H_{20}JNO_2$, F. 160—161°. *Hydrochlorid*, $C_9H_{18}ClNO_2$, F. 117—117,5°. — *Piperidinoessigsäurebutylester*, $C_{11}H_{21}NO_2$, Kp.$_4$ 100—101°. *Pikrat*, $C_{17}H_{24}N_4O_9$, F. 85°. *Methojodid*, $C_{12}H_{24}JNO_2$, F. 178°. *Hydrochlorid*, $C_{11}H_{22}ClNO_2$, F. 118°. — *Piperidinoessigsäurebenzylester*, $C_{14}H_{19}NO_2$, Kp.$_1$ 134 bis 135°. *Pikrat*, $C_{20}H_{22}N_4O_9$, F. 138°. *Methojodid*, $C_{15}H_{22}JNO_2$, F. 93°. *Hydrochlorid*, $C_{14}H_{20}ClNO_2$, F. 133°. — *Morpholinoessigsäuremethylester*, $C_7H_{13}NO_3$, Kp.$_2$ 77°. *Pikrat*, $C_{13}H_{16}N_4O_{10}$, F. 143°. *Methojodid*, $C_8H_{16}JNO_3$, F. 147,5°. *Hydrochlorid*, $C_7H_{14}ClNO_3$, F. 150,5°. — *Morpholinoessigsäureäthylester*, $C_8H_{15}NO_3$, Kp.$_4$ 86—87°. *Pikrat*, $C_{14}H_{18}N_4O_{10}$, F. 163°. *Methojodid*, $C_9H_{18}JNO_3$, F. 132—133°. — *Morpholinoessigsäurebutylester*, $C_{10}H_{19}NO_3$, Kp.$_3$ 105,5—106°. *Pikrat*, $C_{16}H_{22}N_4O_{10}$, F. 118°. *Methojodid*, $C_{11}H_{22}JNO_3$, F. 95—96°. *Hydrochlorid*, $C_{10}H_{20}ClNO_3$, F. 128°. — *Morpholinoessigsäurebenzylester*, $C_{13}H_{17}NO_3$, Kp.$_5$ 164—165°. *Pikrat*, $C_{19}H_{20}N_4O_{10}$, F. 144°. *Hydrochlorid*, $C_{13}H_{18}ClNO_3$, F. 149°. — *Pyrrolidinoessigsäuremethylester*, $C_7H_{13}NO_2$, Kp.$_8$ 72°. *Pikrat*, $C_{13}H_{16}N_4O_9$, F. 104°. *Methojodid*, $C_8H_{16}JNO_2$, F. 153°. *Hydrochlorid*, $C_7H_{14}ClNO_2$, sehr hygroskopisch. — *Pyrrolidinoessigsäureäthylester*, $C_8H_{15}NO_2$, Kp.$_2$ 59—60°. *Pikrat*, $C_{14}H_{18}N_4O_9$, F. 119,5°. *Hydrochlorid*, $C_8H_{16}ClNO_2$, F. 133°. — *Pyrrolidinoessigsäurebutylester*, $C_{10}H_{19}NO_2$, Kp.$_3$ 81—82°. *Pikrat*, $C_{16}H_{22}N_4O_9$, F. 109,5°. *Methojodid*, $C_{11}H_{22}JNO_2$, F. 104°. *Hydrochlorid*, $C_{10}H_{20}ClNO_2$, sehr hygroskopisch. — *Pyrrolidinoessigsäurebenzylester*, $C_{13}H_{17}NO_2$, Kp.$_1$ 134—135°. *Pikrat*, $C_{19}H_{20}N_4O_9$, F. 159—150°. *Methojodid*, $C_{14}H_{20}JNO_2$, F. 156°. *Hydrochlorid*, $C_{13}H_{18}ClNO_2$, F. 139°. P. Golinske. 3000□

Synthese tertiärer Aminoarylpropen- und -propanderivate. S. Földeák, B. Matkovics und J. Pórszász. (Acta Univ. Szegediensis, Acta physica chem. [N. S.] **6.** 105—08. 1960. Szeged, Univ., Inst. of Organ. Chem.; Szeged, Med. Univ., Physiol. Inst.) (Engl.)

Einige sek.-Amino-Derivv. von 3-Chlor-1-phenylpropen-(1) (I) werden als Verbb. mit großer physiolog. Aktivität dargestellt. Verss. zur Best. der Konfiguration der Stereoisomeren durch Mischkristall-Bldg. wurden unternommen.

Versuche: 3-Amino-1-phenylpropene-(1): *3-Pyrrolidino-*, Kp.$_2$ 124—125°, durch ½ std. Stehen von 4 g I u. 4 g Pyrrolidin in abs. Bzl.; n_D^{25} 1,5578; 6,2 g (Ausbeute). *Hydrochlorid*, F. 158° (A.), mit HCl in abs. Äther. — *3-Piperidino-* (II), Kp.$_2$ 130 bis 132°, durch Zugabe von 20 g I in abs. Ae. zu Piperidin in abs. Ae., 20 Min. langes Kochen u. ½ std. Stehen; n_D^{25} 1,5572; 21 g. *Hydrochlorid*, F. 213° (A./Aceton 1:6). — *3-Morpholino-*, Kp.$_1$ 133°, durch 1tägiges Stehen von 10 g I u. 8 g Morpholin; n_D^{25} 1,5621; 10,5 g. *Hydrochlorid*, F. 215,5° (A./Aceton 1:10). — *3-Dimethylamino-*, Kp.$_1$ 94°, durch Schütteln von 10 g I u. 7 g Dimethylamin u. 1tägiges Stehen bei Raum-Temp.; n_D^{45} 1,5352; 10,2 g. *Hydrochlorid*, F. 194° (abs. Aceton). — *1-Phenyl-3-piperidinopropan*, F. 183° (A./Aceton 1:6), durch Lösen von II in abs. A./12%ig. äthanol. HCl (8:1) u. Hydrieren an Pd/Kohle bei Raum-Temp./1 at. P. Golinske. 3000□

Reduktion und Radikalstruktur von N-Oxiden. Hans v. Euler, Hans Hasselquist und Oskar Heidenberger. (Ark. Kemi **14.** Nr. 21. 237—46. 18/9. 1959. Stockholm, Univ., Inst. für organ. chem. Forschung.) (Dt.)

Vff. untersuchen an Hand älterer u. neuerer Verss. die Beziehung zwischen Struktur u. Reduzierbarkeit von N-Oxiden. Das *Perchlorat* des *Bis-[p-methoxyphenyl]-hydroxylamin-N-oxids* [F. 155° (Eisessig), aus Anisol durch Rk. mit konz. H_2SO_4 u. konz. HNO_3 in Eisessig bei 25—30°, Eintragen in Eiswasser, sofortiges Filtrieren, Eintragen des Filtrats in 20%ig. $HClO_4$-Lsg. u. Waschen mit W. u. Essigester; kupferglänzende Nadeln] wird in Aceton durch Schütteln mit Zn-Staub in das radikal. *Bis-[p-methoxyphenyl]-stickoxid* [I; F. 150° (Aceton), kupferrote Tafeln] übergeführt. Radikal. N-Oxide werden von Red.-Mitteln, bes. Ascorbinsäure oder Redukton, leicht red., z. B. I → *Bis-[p-methoxyphenyl]-amin* (F. 100—101°), während N-Oxide ohne Radikalstruktur stabil sind. Folgende Rkk. mit 30% ig. H_2O_2 in Eisessig werden beschrieben: Pyridoine liefern keine N-Oxide, sondern *Picolinsäure* bzw. *6-Methylpicolinsäure*; 6-Nitrochinolin bildet in Ggw. von Pyridin unter katalyt. Einw. von Pyridin-N-oxid *6-Nitrochinolin-N-oxid*; Glycosin (sublimiert bei 300°, aus HNO_3-haltiger Glyoxal-Lsg. durch Erhitzen mit Ammoniumcarbonat auf 140°, Aufnehmen in W., Filtrieren, Eindampfen u. Sublimieren) bildet bei 35° *gelbe Kristalle vom F. 300°* (aus W. hellgraue Prismen); Benzimidazol reagiert zu *Imidazoldicarbonsäure-(4.5)* [F. 289° (Zers.), ziegelrote Stäbchen], die beim Erhitzen zu *Imidazol* (F. 86—88°) decarboxyliert wird; 2-Methylbenzimidazol liefert in 5 Tagen bei 40° eine *Verb. vom F. 284°* (Nadeln). Die Wasserlöslichkeit von Ribonucleinsäure wird durch Behandlung mit 30% ig. H_2O_2 stark erhöht. Analog behandelte Desoxyribonucleinsäure unterscheidet sich von unbehandelter in der chromatograph. Analyse.

EBERHARD RIEDEL. 3000□

Synthese von potentiellen Antikrebsmitteln. 7. Mitt. **N.N-Äthylenureidoanaloga einiger Aminosäuren.** Robert C. Elderfield und R. Stanley McElhinney. (J. org. Chemistry **26.** 1917—23. Juni 1961. Ann. Arbor, Mich., Univ., Dep. of Chem.) (Engl.) — 6. vgl. C. **1962.** 10058.

Durch Rk. von Aminosäureesterhydrochloriden mit $COCl_2$ in sd. Toluol oder Xylol werden *Isocyanatocarbonsäureester* erhalten (Meth. **A**), die mit Äthylenimin (**III**) in Ae. glatt *N.N-Äthylenureidocarbonsäureester* liefern. Diese zeigen IR-Absorption bei 3300 u. 1740 cm^{-1}. Chlor- bzw. Bromessigsäureäthylester konnte nicht in sd. Ae. bzw. sd. Bzl. mit AgNCO umgesetzt werden. Die Umsetzung von Malonsäuremonoäthylester mit $SOCl_2$ bzw. besser mit Phthaloylchlorid bei 110° führt zu *Malonsäureäthylesterchlorid* (**I**). Mit NaN_3 entsteht das *Azid*, während in sd. Bzl. direkt *Isocyanatoessigsäureäthylester* erhalten wird. Bernsteinsäuremethylesterchlorid liefert analog über das nicht isolierte *Azid β-Isocyanatopropionsäuremethylester* (**II**). **II** wird durch Überführung in *β-[N-Phenylureido]-propionsäure* charakterisiert u. gibt mit wss. NH_4OH ein Gemisch von *β-Ureidopropionamid* u. *β-Ureidopropionsäuremethylester*. Dieses Gemisch liefert beim weiteren Erhitzen mit NH_4OH *5.6-Dihydrouracil*.

Versuche: *Isocyanatoessigsäureäthylester*, $Kp._{13}$ 71°, a) durch Rk. von Glycinäthylesterhydrochlorid in sd. Toluol oder Xylol mit $COCl_2$ (Meth. **A**); b) durch 25 Min. Erwärmen von **I** mit NaN_3 in Toluol auf 90—95°; 100% (Ausbeute). — *β-Isocyanatopropionsäuremethylester* (**II**), $Kp._{11}$ 75°, analog vorst. Verb. in Bzl. in 1 Std. bei 75°; 70%. — *β-Phenylureidopropionsäure*, F. 173—174° (Zers.; W.). *Methylester*, F. 111—112°, aus **II** mit Anilin. — *β-Ureidopropionamid*, $C_4H_9N_3O_2$, F. 142—200° (unrein; A.–Chlf.), durch 1std. Stehen von **II** mit konz. NH_4OH u. Einengen (daneben etwas *Methylester*). — *5.6-Dihydrouracil*, $C_4H_6N_2O_2$, F. 274° (korr.; CH_3OH), durch Erwärmen vorst. Gemisches mit konz. NH_4OH. — *α-Isocyanatopropionsäureäthylester*, $Kp._{11}$ 69°, nach **A**. — *α-Isocyanato-β-phenylpropionsäureäthylester*, $Kp._{1,5}$ 120—121°, nach **A**; n_D^{21} 1,5034. — *Isocyanatobernsteinsäurediäthylester*, $Kp._{10}$ 130°, nach **A**; n_D^{25} 1,4370. — *β-[N.N-Äthylenureido]-propionsäuremethylester*, F. 26—27°, $Kp._{0,3}$ 112—113°, durch Zutropfen von **III** in abs. Ae. zu **II** in abs. Ae. bei 5—8° u. 3—4std. Stehen bei Raum-Temp.; n_D^{26} 1,4742; 97%. — *N.N-Äthylenureidoessigsäureäthylester*, F. 51—52°, $Kp._{0,12}$ 103—105°, n_D^{29} 1,4633. — *α-[N.N-Äthylenureido]-propionsäureäthylester*, $Kp._{10^{-3}}$ 92—93°, n_D^{22} 1,4653. — *α-[N.N-Äthylenureido]-β-phenylpropionsäureäthylester*; F. 50—52° (Zers.), $Kp._{10^{-3}}$ 150°, n_D^{22} 1,5225. — *N.N-Äthylenureidobernsteinsäurediäthylester*, n_D^{25} 1,4685.

R. PASEDAG. 3030□

Synthese von potentiellen Antikrebsmitteln. 29. Mitt. **5-Diazoimidazolcarbonsäure-(4)-amid und 5-Diazo-vic.-triazolcarbonsäure-(4)-amid.** Y. Fulmer Shealy, Robert F. Struck, Lee B. Holum und John A. Montgomery. (J. org. Chemistry **26.** 2396—2401. Juli 1961.) (Engl.) — 28. vgl. C. **1962.** 10465.

Bei der Diazotierung von 5-Aminoimidazolcarbonsäure-(4)-amidhydrochlorid (**I**) u. von 5-Amino-1.2.3-triazolcarbonsäure-(4)-amid (**II**) werden als Primär-Prodd. die als innere Diazoniumsalze formulierten *5-Diazo-Verbb.* gebildet, die isoliert u. in bas. oder sauren wss. Medien zu *2-Aza-* bzw. *2.8-Diazahypoxanthin* cyclisiert werden können (vgl. WOOLLEY u. SHAW, C. **1952.** 2195). Der Verlauf der Cyclisierung in diversen pH-Bereichen wird UV-spektralanalyt. verfolgt u. in Diagrammen wiedergegeben. Die Spektren der synthetisierten Verbb. sowie ihre biolog. Wirksamkeit werden diskutiert.

Versuche: *5-Diazoimidazolcarbonsäure-(4)-amid*, $C_4H_3N_5O$, zerfällt bei 205—210° explosiv, aus **I** durch Diazotierung mit $NaNO_2$ in 1n HCl; 70% (Ausbeute). — *5-Diazo-vic.-triazolcarbonsäure-(4)-amid*, $C_3H_2N_6O$, zerfällt bei 175° explosiv, aus **II** durch Diazotierung mit Isoamylnitrit in Essigsäure/W. (1:1); 52%. — Hypoxanthine: *2-Aza-, Monohydrat*, $C_4H_3N_5O \cdot H_2O$, F. >260°, zerfällt bei 210° explosiv, aus vorvorst. Verb. durch Stehen über Nacht in 1n NH_4OH; 93%. — *2.8-Diaza-, Dihydrat*, $C_3H_2N_6O \cdot 2\ H_2O$, zerfällt bei 270° explosiv, a) aus vorvorst. Verb. durch 1tägiges Stehen in wss. Essigsäure (pH 3—4); b) aus **II** durch Diazotierung mit $NaNO_2$ in essigsaurer Lsg. u. Alkalisieren der Lsg. mit 1n NaOH bis pH 9,2; 51%. EBERHARD RIEDEL. 3050□

Eine einfache Darstellung von 1.4-Anhydroerythrit. F. H. Otey und C. L. Mehltretter. (J. org. Chemistry **26**. 1673. 17/5. 1961. Peoria, Ill., Northern Utilizat. Res., Northern Reg. Res. Labor.) (Engl.)

Die Darst. von *1.4-Anhydroerythrit* durch Erhitzen von Erythrit (**I**) mit einem stark sauren Ionenaustauscher, wie Amberlite IR-120 u. -200 oder Dowex 50 W u. anschließende Vakuum-Dest. wird beschrieben; sie verläuft mit nahezu quant. Ausbeute.

Versuche: *1.4-Anhydroerythrit*, $Kp._{0,2-0,5}$ 105—107°, durch Einstellen des Gemisches aus 10 Teilen **I** u. 1 Teil Amberlite 200 in ein auf 140° vorgeheiztes Ölbad u. Dest. bei 0,5 Torr bei allmählicher Steigerung der Bad-Temp. auf 180°; n_D^{20} 1,478; 94,2% (Ausbeute). *Bis-[p-nitrobenzoat]*, F. 173—174°. F. KLATT. 3061□

Überführung von Furfurol in Furan durch oxydierende Dampfphasendecarboxylierung an Metalloxidkatalysatoren. Vorl. Mitt. L. Mészáros. (Acta Univ. Szegediensis, Acta physica chem. [N.S.] **6**. 97—98. 1960. Szeged, Univ., Inst. of Organ. Chem.) (Engl.) — Vgl. C. **1961**. 18498.

Beim Überleiten von Furfurol in Ggw. von O_2 oder Luft über Metalloxidkatalysatoren (Ag_2O, V_2O_5, ZnO, PbO, SnO_2, TiO_2, Gemische dieser Oxide u. Gemische mit Al_2O_3) entsteht *Furan*. Beispiel: Durch Überleiten von 5,5 g Furfurol mit 0,75 Mol O_2 bei 350° über V_2O_5 auf Al_2O_3 werden 77% Furan gebildet. P. GOLINSKE. 3061□

Komplexe Dibenzofurane. 1. Mitt. Dehydratisierung von Polyhydroxy-p-terphenylen. Nils E. Stjernström. (Acta chem. scand. **14**. 1274—78. 1960. Stockholm, KTH, Organ. Chem. Inst.) (Engl.)

Vf. beschreibt die Darst. einer Reihe von *Polymethoxy-p-terphenylen* mit Methoxygruppen in 2.2'.5'.2''-Stellung u. ihre Entmethylierung u. Dehydratisierung mit HBr zu den entsprechenden *2.2';5'.2''-Dioxido-p-terphenylen* (*Benzo-[1.2:b;4.5:b']-bis-benzofuranen*). Terphenyle mit Veratrol- u. Pyrogalloltrimethyläthergruppierungen geben unter den angewandten Bedingungen keinen Ringschluß. 2.5.2'.5'-Tetramethoxydiphenyl (**VII**) liefert entgegen den Angaben von ULLMANN [1904] bei der Dehydratisierung *2.8-Dihydroxydibenzofuran*.

Versuche: *4-Jodresorcindimethyläther* (**I**), F. 40—41° (CH_3OH), durch Zugabe von fein gepulvertem J_2 u. frisch gefälltem HgO in kleinen Anteilen zu Resorcindimethyläther (**V**) unter heftigem Rühren u. Abfiltrieren von anorgan. Beimengungen in der Hitze; 81% (Ausbeute). — p-Terphenyle, durch Erhitzen von 3,9 g 2.5-Dijodhydrochinondimethyläther u. 35 g Cu-Bronze mit 20—25 g entsprechender Monojod-Verb. (3-Jodveratrol, **I**, 2-Jodresorcindimethyläther oder 4-Jodpyrogalloltrimethyläther) auf 220—240°, Abkühlen nach einigen Min., Chlf.-Extraktion u. Vakuum-Dest. des Chlf.-Rückstandes: *2.3.2'.5'.2''.3''-Hexamethoxy-* (**II**), $C_{24}H_{26}O_6$, F. 177—179° (n-Butanol), $Kp._{0,4}$ ca. 300°, aus 3-Jodveratrol; 7 g (aus 3 Ansätzen); daneben *Veratrol* (3 g) u. *2.3-2'.3'-Tetramethoxydiphenyl*; 28 g. — *2.4.2'.5'.2''.4''-Hexamethoxy-* (**III**), F. 207—209° (Acetanhydrid), $Kp._1$ 215—265°; 2,5 g; daneben *2.4.2'.4'-Tetramethoxydiphenyl* (8,5 g) u. wenig **V**. — *2.6.2'.5'.2''.6''-Hexamethoxy-* (**IV**), F. 227—228° (Bzl.; Ligroin), $Kp._1$ 240 bis 300°; 5,3 g (aus 3 Ansätzen); daneben **V** (5 g) u. *2.6.2'.6'-Tetramethoxydiphenyl*; 21 g. — *2.3.4.2'.5'.2''.3''.4''-Oktamethoxy-* (**VI**), $C_{26}H_{30}O_8$, F. 171—172° (Ligroin), $Kp._1$ ca. 300°; 7 g (aus 3 Ansätzen); daneben *Pyrogalloltrimethyläther* (5 g) u. *2.3.4.2'.3'.4'-Hexamethoxydiphenyl*; 31 g. — 2.2';5'.2''-Dioxido-p-terphenyle, durch 3tägiges Kochen von 500 mg vorst. Polymethoxy-p-terphenyle mit 25 ml 48% ig. HBr im CO_2- oder N_2-Strom, Verdünnen mit W., Absaugen u. nachfolgende Methylierung mit $(CH_3)_2SO_4$ u. NaOH: *4.4'-Dimethoxy-*, $C_{20}H_{14}O_4$, F. 290—292° (Acetanhydrid), aus 590 mg **III** u. Methylierung des intermediären blauen *Phenols* [**VIII**; F. ca. 345° (Zers.); 400 mg]; ca. 100%. — *6.6''-Dimethoxy-*, F. 287—289° (Essigsäure), aus 560 mg **IV** über das braune *Phenol* [F. ca. 330° (Zers.); 330 mg]; ca. 100%. — *2.3.2'.5'.2''.3''-Hexahydroxy-p-terphenyl*, F. ca. 280° (Zers.), aus 570 mg **II** u. HBr; blau; 400 mg; liefert mit $(CH_3)_2SO_4$ quant. **II** zurück. — *2.3.4.2'.5'.2''.3''.4''-Oktahydroxy-p-terphenyl*, F. ca. 260° (Zers.), aus 450 mg **VI** u. HBr; blau; 350 mg; liefert mit $(CH_3)_2SO_4$ quant. **VI** zurück. — *2.8-Dihydroxydibenzofuran*, F. 233—235°, durch 80std. Kochen von 900 mg **VII** mit HBr im CO_2-Strom u. Verdünnen mit W.; 400 mg. *Dimethyl-Deriv.*, F. 89—90°, aus vorst. Verb. u. $(CH_3)_2SO_4$. *Diacetyl-Deriv.*, F. 152—154°. — *2.2';5'.2''-Dioxido-p-terphenyl*, F. 264—266° (Chlorbenzol), durch Zn-Staub-Dest. von 200 mg **VIII** im Rohr bei Rotglut, Behandeln des

Rk.-Gemisches mit verd. NaOH, Sublimation des unlösl. Anteils u. Umkristallisieren; 20 mg. G. WINKLER. 3061 □

Neue Reaktionen der Phosphorigsäureester: Umwandlung von Phthalsäureanhydrid in Biphthalyl durch Trialkylphosphite und in Phthalid-3-phosphonsäureester durch Dialkylphosphite. Fausto Ramirez, H. Yamanaka und O. H. Basedow. (J. Amer. chem. Soc. **83.** 173—78. 5/1. 1961. Oyster Bay, N.Y., Long Island Center, State Univ. of New York, Dep. of Chem.) (Engl.)

Überschüssiges Triäthylphosphit (I) wirkt auf Phthalsäureanhydrid (II) unter Bldg. von *Biphthalyl* (**III**; *Diphthalidyliden*) u. *Triäthylphosphat* (**IV**) unter gleichzeitiger Isomerisierung des überschüssigen **I** zu *Äthylphosphonsäurediäthylester* (**XII**). Stöchiometr. Mengen **IV** bilden sich dabei nur unter Luftausschluß, andernfalls wird ein größerer Anteil **I** in **IV** umgewandelt. Analog reagieren andere Trialkylphosphite (**A**). Unter den Prodd. der Rk. von Triisopropylphosphit (**V**) mit **II** findet sich *Phthalidyl-(3)-phosphonsäurediisopropylester* (**VI**), der zur *freien Säure* (**VII**) hydrolysiert u. diese mit Diazomethan in den *Dimethylester* (**VIII**) umgewandelt wird. **VII**, die auch durch Rk. von Phthalaldehydsäure (**IX**) mit Diäthylphosphit (**X**) u. nachfolgende Säurehydrolyse gewonnen wird, wird durch alkal. $KMnO_4$ zu *Phthalsäure* oxydiert. Durch Rk. von je 1 Mol **II** u. Diisopropylphosphit (**XI**) mit 3 Mol **V** entsteht **VI**. Analog entsteht durch Rk. von **II**, **X** u. **I** u. nachfolgende Säurehydrolyse **VII**. Wird **II** mit **I** in Ggw. von **XI** oder Dimethylphosphit erhitzt, entsteht **VI** bzw. **VIII**. Rk. von **II** mit Dialkylphosphiten in Abwesenheit von **A** führt zu heftigen Zersetzungen. Analog der **III**-Darst. wird aus **I** u. Tetrachlorphthalsäureanhydrid (**XIII**) *Oktachlordiphthalidyliden* erhalten. Die Rk.-Mechanismen werden diskutiert.

Versuche: *Diphthalidyliden* (**III**), $C_{16}H_8O_4$, F. 352—354° (Xylol), 1. durch mehrstd. Erhitzen von 1 Mol **II** mit 2 Mol **A** unter Rückfluß u. N_2; a) mit **I** in 48 Std. (Rk.-Zeit); 70% (Ausbeute); daneben **IV** u. **XII**; b) mit Trimethylphosphit (**XIV**), 24 Std.; 5%; c) mit **XIV** (4 Mol) 24 Std.; 8%; d) mit **I**, 8 Std.; 25%; e) mit **I**, 24 Std.; 50%; f) mit **I**, 37 Std.; 65%; g) mit **I** in o-Dichlorbenzol, 70 Std.; 60%; h) mit **I** (4 Mol), 40 Std.; 66%; mit Tri-n-butylphosphit (**XV**), 8 Std. bei 200°; 20%; i) mit **XV**, 20 Std. bei 200°; 52%; k) mit **V** (6 Mol), 8 Std.; 55%; 2. durch 24std. Erhitzen von 33 g **I** mit 15 g **II** (Mol-Verhältnis 2:1) am Rückfluß; a) unter N_2; 7 g (52%); daneben 10 g (95%) **IV**, 11 g **I**, 5 g (31%) **II** u. 8 g **XII**; b) unter O_2; 6 g (43%); daneben 19 g (230%) **IV**, 6 g (36%) **II** u. 12 g **XII**. — *Phthalidyl-(3)-phosphonsäurediisopropylester* (**VI**), $C_{14}H_{19}O_5P$, F. 98—99° (Bzl./Cyclohexan), a) durch 8std. Erhitzen von **II** u. **V** (Mol-Verhältnis 1:6) unter Rückfluß; 14%; daneben 55% **III**; b) durch ½std. Erhitzen von **II** u. **V** (Mol-Verhältnis 1:4) unter Rückfluß u. N_2, sehr langsame Zugabe einiger Tropfen W. u. Stehen über Nacht bei 0°; 70%; daneben **III** u. *Phthalsäurediisopropylester*; c) durch Erhitzen von **I** u. **II** (Mol-Verhältnis 2:1) unter Rückfluß, tropfenweise Zugabe von 1 Mol **XI** u. 8std. Erhitzen unter Rückfluß; ca. 50%; daneben **III**. — *Phthalidyl-(3)-phosphonsäure* (**VII**), *Hydrat*, $C_8H_7O_5P \cdot H_2O$, F. 253—254° (Zers.; W.), a) durch 7std. Erhitzen von **VI** mit 10%ig. HCl u. Stehen über Nacht bei Raum-Temp.; b) durch 5 Min. langes Erhitzen von 3 g **VI** in 3 g o-Dichlorbenzol unter Rückfluß u. Propen-Entw.; 1,7 g; c) durch 3std. Erhitzen von **IX** mit **X** unter N_2, Dest. im Vakuum, 8std. Erhitzen des Rückstandes mit konz. HCl u. Einengen im Vakuum; 88%; d) durch 5std. Erhitzen von **II**, **V** u. **XI** (Mol-Verhältnis 1:3:1) unter Rückfluß, Dest. im Vakuum nach Abtrennung von wenig **III** u. 7std. Erhitzen des Rückstandes mit 10%ig. HCl unter Rückfluß; 73%; e) durch 8std. Erhitzen von **II**, **I** u. **X** (Mol-Verhältnis 1:3:1) unter Rückfluß, Einengen auf ein Drittel des Vol. im Vakuum, Stehen über Nacht u. Säurehydrolyse; ca. 90%; f) durch 7std. Erhitzen von **II** mit **X** auf ca. 180°, Zugabe von W. u. Säurehydrolyse; 34%. *Dimethylester* (**VIII**), $C_{10}H_{11}O_5P$, F. 96—97° (Bzl./Cyclohexan), durch Zugabe von Diazomethan in Ae. zu 0,5 g **VII** in A.; 0,4 g. — *Phthalsäure*, F. 207—208° (W.), durch langsame Zugabe von 0,3 g $KMnO_4$ zu 0,3 g **VII** u. 0,1 g KOH in 10 ml W. bei ca. 90°, 3std. Stehen bei Raum-Temp., Zugabe von 3 ml A., Einengen des Filtrats im Vakuum auf ca. 3 ml u. Ansäuern mit 10%ig. HCl; 0,15 g. — *Oktachlordiphthalidyliden*, $C_{16}Cl_8O_4$, F. 375—377° (o-Dichlorbenzol), a) durch 5 Min. langes Erhitzen von **I** mit **XIII** unter Rückfluß; 40%; b) durch 24std. Erhitzen von **I** u. **XIII** in Bzl.; 50%; c) durch ¼std. Erhitzen von **I** u. **XIII** in Mesitylen; 40%; d) durch 5 Min. langes Erhitzen von **V** u. **XIII**; 40%; e) durch 5 Min. langes Erhitzen von **XIII**, **I** u. **X** (Mol-Verhältnis 1:6:2) unter Rückfluß; 30%; f) analog ohne **X**; 40%.

G. KOWOLLIK. 3061 □

Über die Synthese von Pyrrolaldehyden. Elisa Ghigi und Annamaria Drusiani. (Atti Accad. Sci. Ist. Bologna, Cl. Sci. fisiche, Rend. [11] **3.** Nr. 2. 16—25. 15/10. 1956.) (Ital.)

Inhaltlich ident. mit der C. **1957.** 3250 referierten Arbeit. F. HELLER. 3081 □

Untersuchungen auf dem Gebiet der cyclischen Acetale von Hydroxycarbonylverbindungen. 11. Mitt. Reaktion der Methyllactolide von α-Ketoalkoholen der fettaromatischen Reihe mit aromatischen Aldehyden und Ketonen. T. I. Temnikowa, B. A. Gontarew und R. Gissel. (Журнал Общей Химии [J. allg. Chem.] **30** (**92**). 2457—62. Aug. 1960. Leningrad, Univ.) (Russ.) — 10. vgl. C. **1962.** 9695.

Die Kondens. von Dimethylbenzoylcarbinolmethyllactolid (**I**; 2-Methyl-1-methoxy-1-phenyl-1.2-oxidopropan) mit Benzaldehyd (**II**), Anisaldehyd (**III**), p-Nitrobenzaldehyd (**IV**) u. Benzophenon (**V**) in Ggw. von $SnCl_4$ liefert die entsprechenden *2-Aryl-4-phenyl-4-methoxy-5.5-dimethyl-1.3-dioxolane.* Analog werden aus p-Chlorbenzoyldimethylcarbinolmethyllactolid (**VI**) mit **II** u. **V** bzw. aus p-Anisoyldimethylcarbinolmethyllactolid (**VII**) mit **III** u. m-Nitrobenzaldehyd (**VIII**) die entsprechenden *1.3-Dioxolane* erhalten. Der Kondens. sind nur die Methyllactolide tert. α-Ketoalkohole zugänglich. Die Methyllactolide prim. u. sek. α-Ketoalkohole liefern als Endprodd. in der Hauptsache die zugrunde liegenden α-Ketoalkohole. So liefert Äthylbenzoylcarbinol (**IX**)-methyllactolid nur **IX**.

Versuche: 4-Methoxy-5.5-dimethyl-1.3-dioxolane: *2.4-Diphenyl-*, $C_{18}H_{20}O_3$, *α-Form*, F. 98—99°, *β-Form*, F. 84—86° (W.-A.), man tropft zu 2,1 g **II** in 15 ml CCl_4 in Ggw. von 0,3 g $SnCl_4$ 4,5 g **I** in 20 ml CCl_4 zu, extrahiert mit 20%ig. NaOH u. dampft im Vakuum ein: *α-Form*; durch Verkochen des CCl_4 erhält man die *β*-Form; Nadeln; 40—50% (Ausbeute). — *2-[p-Methoxyphenyl]-4-phenyl-*, $C_{19}H_{22}O_4$, F. 74—75° (W.-A.), aus **I** u. **III**; Nadeln; 40—50%. — *2-[p-Nitrophenyl]-4-phenyl-*, $C_{18}H_{19}NO_5$, *α-Form*, F. 139—140°, *β-Form*, F. 86—88°, aus **I** u. **IV**; beim Umkristallisieren des Rk.-Gemisches aus A. fällt die α-Form in kub. Kristallen an, aus der Mutterlauge beim Verdünnen mit W. die *β*-Form in Nadeln. — *2.2.4-Triphenyl-*, $C_{24}H_{24}O_3$, F. 89—90°, aus **I** u. **V**; das erhaltene Öl krist. sehr langsam (1 Woche). — *2-Phenyl-4-[p-chlorphenyl]-*, $C_{18}H_{19}ClO_3$, F. 85—87° (W.-A.), aus **VI** u. **II**; Nadeln. — *2.2-Diphenyl-4-[p-chlorphenyl]-*, $C_{24}H_{23}ClO_3$, F. 80—82° (W.-A.), aus **VI** u. **V**. — *2.4-Bis-[p-methoxyphenyl]-*, $C_{20}H_{24}O_5$, F. 138,5—139,5° (A.), aus **VII** u. **III**; das erhaltene Öl krist. sehr langsam. — *2-[m-Nitrophenyl]-4-[p-methoxyphenyl]-*, $C_{19}H_{21}NO_6$, F. 109,5—110,5° (A.), aus **VII** u. **VIII**; das erhaltene Öl krist. nach 1 Monat. HELMUT SCHÄFER. 3102□

Eine neue Synthese für 1-Aminohydantoin und Nitrofurantoin. David Jack. (J. Pharmacy Pharmacol., Suppl. **11.** 108 T—114 T. Dez. 1959. Welwyn Garden City, Hertfordshire, Mundells Smith Kline and French Labor.) (Engl.)

Durch Kondens. von Semicarbazonen mit Monochloressigsäureäthylester (**II**) in Ggw. von Na-Alkoholat u. abs. A. werden *1-Aminohydantoin* u. daraus *Nitrofurantoin* (*1-[5'-Nitrofurfuryliden-(2')-amino]-hydantoin*) dargestellt. Die Rk. wird diskutiert u. es wird gezeigt, daß die Semicarbazone als nucleophile Anionen reagieren.

Versuche: *1-Benzylidenaminohydantoin* (**III**), F. 254—255° (Nadeln aus wss. A.), a) aus **I**-Hydrochlorid u. Benzaldehyd (**IV**) in 50%ig. A.; aus 50%ig. A. Nadeln; 95,5% (Ausbeute); b) aus **IV**-Semicarbazon durch abwechselnde Zugabe von **II** u. Na-Äthylat in abs. A. unter Kochen; 70—75%; c) aus Acetonsemicarbazon (**V**) u. **II** in Ggw. von Na-Äthylat, Ansäuern, Zugabe von **IV** u. Erhitzen auf 60°; 61,0%. — *Nitrofurantoin* (*1-[5'-Nitrofurfuryliden-(2')-amino]-hydantoin*), F. 266—268° (Zers.), a) aus **I**-Hydrochlorid u. 5-Nitrofurfuroldiacetat (**VI**) in ca. 2 n HCl durch $^1/_2$std. Kochen; 91%; aus 50%ig. Essigsäure; gelbe Nadeln; b) aus **III** durch Erhitzen mit verd. H_2SO_4 unter Abdest. des entstehenden **IV**, Zugabe von **VI** in A. u. 10 Min. langes Kochen; 92%; c) aus **V** durch Umsetzung mit **II** u. Na-Äthylat, Ansäuern, Zugabe von **VI** u. $^1/_4$std. Kochen; 50—67%. — *1-Aminohydantoinhydrochlorid*, F. 199—201° (Zers.), a) aus 2-Semicarbazidoessigsäure durch $^1/_2$std. Erhitzen auf 100° in HCl/W.; 86%; b) aus **III** durch Dest. mit halbkonz. HCl; 88%. *Freie Base* (**I**), F. 195°, aus dem Hydrochlorid: a) mit $NaHCO_3$ in W.; 65,6%; b) mit CH_3ONa in abs. A.; 77%. H. FRISCHKORN. 3122□

Decarboxylierung von 1.2.4-Oxadiazolonen-(5). Synthese von Benzimidazolen. 2. Mitt. Tullio Bacchetti und Andreina Alemagna. (Atti Accad. naz. Lincei, Rend., Cl. Sci. fisiche, mat. natur. [8] **28.** 824—35. Juni 1960. Milano, Univ., Ist. per la Laurea in Chim. ind.) (Ital.) — 1. vgl. C. **1958.** 8920.

Vff. beschreiben die Darst. von *Benzimidazolen* (**A**) durch therm. Decarboxylierung bei ca. 220° der aus Anilidoximen u. Chlorkohlensäureäthylester zugänglichen *1.2.4-Oxadiazolone-(5)* (**B**). Der Einfl. der Art u. Stellung von Substituenten auf die Bldg. der **A** aus den **B** wird diskutiert. Die für die Synth. der **B** benötigten substituierten *Anilidoxime* werden z. T. erstmals dargestellt, u. zwar in den meisten Fällen durch Umsetzung entsprechender Imidchloride mit H_2NOH oder aus Nitriloxiden u. Aminen. Benzanilidoxim (**XI**) liefert beim Schmelzen unter Austritt von W. kleine Mengen an *2-Phenylbenzimidazol*, bei der Rk. mit PCl_5 geht es in *Diphenylharnstoff* über. Nicht alle **B** lassen sich in **A** überführen.

Versuche: 1.2.4-Oxadiazolone-(5) (**B**), durch Kochen entsprechender Anilidoxime mit Chlorkohlensäureäthylester in geeigneten Lsgm. in Ggw. von wenig HCl (vgl. l. c.): *3-Phenyl-4-[o-tolyl]-* (**I**), $C_{15}H_{12}N_2O_2$, F. 148° (A.), aus Benzo-o-toluididoxim; 86% (Ausbeute). — *3-Phenyl-4-[o-nitrophenyl]-* (**II**), $C_{14}H_9N_3O_4$, F. 125° (A.), aus Benzo-o-nitroanilidoxim; 86%. — *3-Phenyl-4-[m-nitrophenyl]-* (**III**), F. 142°, aus *Benzo-m-nitroanilidoxim* (**IV**) [$C_{13}H_{11}N_3O_3$, F. 127° (A.), aus dem Imidchlorid u. H_2NOH; 60%]; 80%. — *3-Phenyl-4-[p-nitrophenyl-* (**V**), F. 125° (A.), aus *Benzo-p-nitroanilidoxim* [F. 152° (A.), analog **IV**); 85%. — *3-[p-Nitrophenyl]-4-phenyl-* (**VI**), F. 201° (A.), aus *p-Nitrobenzanilidoxim* [F. 183°, analog **IV**; 65%]; 90%. — *3-[p-Methoxyphenyl]-4-phenyl-* (**VII**), $C_{15}H_{12}N_2O_3$, F. 160° (A.), aus *p-Methoxybenzanilidoxim* ($C_{14}H_{14}N_2O_2$ F. 120—121°, analog **IV**; 45%); 90%. — *3-[p-Methoxyphenyl]-4-[m-nitrophenyl]-* (**VIII**), $C_{15}H_{11}N_3O_5$, F. 173° (A.), aus *p-Methoxybenzo-m-nitroanilidoxim* [$C_{14}H_{13}N_3O_4$, F. 135° (A.), analog **IV**]; 75%. — *3-Phenyl-4-[β-naphthyl]-* (**IX**), $C_{18}H_{12}N_2O_2$, F. 181° (A.), aus *N-[β-Naphthyl]-benzamidoxim* [$C_{17}H_{14}N_2O$, F. 182° (A.); 80%]; 91%. — *3-Phenyl-4-[α-naphthyl]-* (**X**), F. 141° (A.), aus *N-[α-Naphthyl]-benzamidoxim* [F. 177° (A.), aus Benzonitriloxid u. α-Naphthylamin; 90%]; 89%. — *3-[p-Nitrophenyl]-4-[p-methoxyphenyl]-*, $C_{15}H_{11}N_3O_5$, F. 172° (A.), aus *N-[p-Methoxyphenyl]-p-nitrobenzamidoxim* [$C_{14}H_{13}N_3O_4$, F. 163° (A.); 70%]; 88%. — *3-Phenyl-4-[p-äthoxyphenyl]-*, $C_{16}H_{14}N_2O_3$, F. 138° (A.), aus *N-[p-Äthoxyphenyl]-benzamidoxim* [$C_{15}H_{16}N_2O_2$, F. 157° (A.); 65%]; 88%. — *N-Benzoyl-3-aminopyridin*, $C_{12}H_{10}N_2O$, F. 116° (CCl_4), aus Benzoylchlorid u. Aminopyridin. — *N-[β-Pyridyl]-benzamidoxim*, $C_{12}H_{11}N_3O$, F. 188° (A.), durch Rk. vorst. Verb. in warmem Pyridin mit P_2S_5 u. Umsetzung des nichtisolierten *Thioamids* mit H_2NOH. — *3-Phenyl-4-[β-pyridyl]-1.2.4-oxadiazolon-(5)*, $C_{13}H_9N_3O_2$, F. 168° (A.), aus vorst. Verb. u. $COCl_2$ in Chlf. in Ggw. von Pyridin, Filtration u. Eindampfen; 50%. — *Bis-[4-phenyl-1.2.4-oxadiazolon-(5)-yl-(3)]*, $C_{16}H_{10}N_4O_4$, F. 265° (Dioxan), durch 12std. Kochen von Oxal-bis-[anilidoxim] u. Chlorkohlensäureäthylester. — *Bis-[4-p-tolyl-1.2.4-oxadiazolon-(5)-yl-(3)]*, $C_{18}H_{14}N_4O_4$, F. 261° (Dioxan), aus *Oxal-bis-[p-toluididoxim]* ($C_{16}H_{18}$·N_4O_2, F. 201°; 71%) wie vorst.; 68%. — Benzimidazole (**A**), durch Erhitzen der entsprechenden **B** auf ca. 200—250°: *2-Phenyl-4-methyl-*, F. 246°, aus **I** bei 220°; 91,5%. — *2-Phenyl-4-nitro-*, F. 194°, Kp.$_{0,1}$ 195°, a) aus **II** bei 255°; 78%; b) aus **III** bei 190°; 40%. — *2-Phenyl-5-nitro-*, F. 203°, Kp.$_{0,2}$ 240°, a) aus **III** bei 190°; 60%; b) aus **V** bei 230°; 75%. — *2-[p-Nitrophenyl]-*, F. 310° (verd. HCl), Kp.$_{0,1}$ 240°, aus **VI** bei 220°; 73,5%. — *2-[p-Methoxyphenyl]-*, F. 227° (A.), Kp.$_{0,09}$ 215—235°, aus **VII** bei 190°; 14%. — *2-[p-Methoxyphenyl]-4(5)-nitro-*, F. 228—233°, Kp.$_{0,3}$ 220—250°, aus **VIII** bei 190°; 28%. — *2-Phenyl-α-naphthimidazol*, Kp.$_{0,09}$ 220—240°, a) aus **IX** bei 220°; 71%; b) aus **X** bei 250°; 26,5%. — *Diphenylharnstoff*, F. 235°, durch 12std. Aufbewahren von 2 g **XI** in Ae. mit PCl_5, Zugabe von W., Abdestillieren des Ae. u. Filtrieren; 1,5 g. — *Benzonitril*, Kp.$_{2,0}$ 85°, durch Erhitzen von 4 g **XI** auf 165°, später auf 200° u. Dest.; 0,87 g; daneben *2-Phenylbenzimidazol*, F. 290°; 0,66 g. G. PLATZER. 3122□

Die Kondensation von Rhodanin mit aromatischen Dialdehyden und einigen verwandten Verbindungen. Frederick J. Allan, G. Graham Allan und J. B. Thomson. (Canad. J. Chem. **36.** 1579—83. Nov. 1958. Paisley, Scotland, Techn. Coll., Dep. of Chem.) (Engl.)

Vff. kondensieren *Rhodanin* (**I**) bzw. dessen *3-Äthyl-* (**II**) u. *3-Phenyl-*Deriv. mit aromat. Mono- bzw. Dialdehyden durch ca. 1std. Kochen in A./konz. NH_4OH/NH_4Cl (Meth. **A**), Eisessig/Na-Acetat (Meth. **B**) u. Eisessig/Na-Acetat/Acetanhydrid (Meth. **C**). Kondens.-Prodd. von **I** mit elektrophil substituierten Aldehyden sollen auf ihre fungicide bzw. antibakterielle Wrkg. untersucht werden.

Versuche: *1.4-Bis-[rhodaninyl-(5)-methylen]-benzol*, $C_{14}H_8N_2O_2S_4$, F. >360°, aus Terephthalaldehyd (**III**) u. **I** nach **A**; orangefarbene Nadeln aus Dimethylformamid (DMF); 77% (Ausbeute). — *2.6-Bis-[rhodaninyl-(5)-methylen]-pyridin*, $C_{13}H_7N_3O_2S_4$, F. >360°, nach **A**; gelbe Nadeln aus DMF; 52%. — *5-[2-Carboxybenzyliden]-rhodanin*, $C_{11}H_7NO_3S_2$, F. 268—270° (Zers.), nach **A**; gelbe Nadeln aus wss. A.; 42%. — *1.4-Bis-[3-äthylrhodaninyl-(5)-methylen]-benzol*, $C_{18}H_{16}N_2O_2S_4$, F. 295—296°, aus **III** u. **II** nach **C**; prismat. orangefarbene Nadeln aus Essigsäure (ES); 71%. — *3-Äthyl-5-[4-formylbenzyliden]-rhodanin*, $C_{13}H_{11}NO_2S_2$, F. 171—172°, aus **II** u. **III** nach **C**; orangegelbe Tafeln aus Aceton–Methanol; 20%. — *3-Phenyl-5-[4-formylbenzyliden]-rhodanin*, $C_{17}H_{11}NO_2S_2$, F. 233—234°, nach **C**; gelbe Nadeln aus Bzl.–A.; 53%. *Oxim*, $C_{17}H_{12}N_2O_2S_2$, aus Bzl.–A. gelbe Nadeln. — Analog: *3-Äthyl-5-[6-formylpyridyl-(2)-methylen]-rhodanin*, $C_{12}H_{10}$·$N_2O_2S_2$, F. 191—192°, gelbe prismat. Nadeln aus wss. Methanol; 18%. — *3-Phenyl-[6-formylpyridyl-(2)-methylen]-rhodanin*, $C_{16}H_{10}N_2O_2S_2$, F. 248—250°, gelbe prismat. Nadeln aus Methanol; 60%. — *1.4-Bis-[3-phenylrhodaninyl-(5)-methylen]-benzol*, $C_{26}H_{16}$·$N_2O_2S_4$, F. >360°, orangefarbene Nadeln aus DMF; 86%. — *2.6-Bis-[3-äthylrhodaninyl-*

(5)-methylen]-pyridin, $C_{17}H_{15}N_3O_2S_4$, F. 228—229°, gelbe Nadeln aus ES; 93%. — *2.6-Bis-[3-phenylrhodaninyl-(5)-methylen]-pyridin*, $C_{25}H_{15}N_3O_2S_4$, F. 335—336° (Zers.), orangefarbene Nadeln aus DMF; 87%. — *5-[2-Nitrobenzyliden]-rhodanin*, $C_{10}H_6N_2O_3S_2$, F. 204—205°, gelbe Nadeln aus Methanol; 71%. — *3-Äthyl-5-[2-nitrobenzyliden]-rhodanin*, $C_{12}H_{10}N_2O_3S_2$, orangefarbene Platten aus Methanol/Aceton; 85%. — *3-Phenyl-5-[2-nitrobenzyliden]-rhodanin*, $C_{16}H_{10}N_2O_3S_2$, F. 245—246°, orangefarbene Platten aus Methanol/Bzl.; 45%. — *5-[3-Nitrobenzyliden]-rhodanin*, $C_{10}H_6N_2O_3S_2$, F. 264—265°, gelbe Nadeln aus Methanol/Bzl.; 60%. — *3-Äthyl-5-[3-nitrobenzyliden]-rhodanin*, $C_{12}H_{10}$·$N_2O_3S_2$, F. 194—195°, goldgelbe Blättchen aus Methanol; 58%. — *3-Phenyl-5-[3-nitrobenzyliden]-rhodanin*, $C_{16}H_{10}N_2O_3S_2$, F. 245—246°, orangefarbene Plättchen aus Methanol/Bzl.; 48%. — *5-[4-Nitrobenzyliden]-rhodanin*, $C_{10}H_6N_2O_3S_2$, F. 273—274°, gelborangefarbene Nadeln aus Aceton/Methanol; 90%. — *3-Äthyl-5-[4-nitrobenzyliden]-rhodanin*, $C_{12}H_{10}N_2O_3S_2$, F. 232—233°, gelborangefarbene, prismat. Nadeln aus Aceton/Methanol; 85%. — *3-Phenyl-5-[4-nitrobenzyliden]-rhodanin*, $C_{16}H_{10}N_2O_3S_2$, F. 273—274°, gelbe Nadeln aus Bzl./Methanol; 96%. — *3-Äthyl-5-[2-carboxybenzyliden]-rhodanin*, $C_{13}H_{11}$·NO_3S_2, F. 185—187°, goldgelbe, rechtwinklige Platten aus Methanol; 52%. — *3-Phenyl-5-[2-carboxybenzyliden]-rhodanin*, $C_{17}H_{11}NO_3S_2$, F. 225—226°, gelborangefarbene, verfilzte Nadeln aus Aceton/Methanol; 70%. — *5-[4-Carboxybenzyliden]-rhodanin*, $C_{11}H_7NO_3S_2$, F. 307—308° (Zers.), gelborangefarbene, prismat. Nadeln aus ES; 80%. — *3-Äthyl-5-[4-carboxybenzyliden]-rhodanin*, $C_{13}H_{11}NO_3S_2$, F. 290—291°, goldgelbe Nadeln aus ES; 79%. — *3-Phenyl-5-[4-carboxybenzyliden]-rhodanin*, $C_{17}H_{11}NO_3S_2$, F. 307—308°, gelborangefarbene Prismen aus DMF; 85%. A. GUDE. 3142□

Synthese einiger substituierter Sulfathiazole. A. B. Sen und A. K. Roy. (J. Indian chem. Soc. **37.** 427—28. Juli 1960. Lucknow, Univ., Chem. Labor.) (Engl.)

Verschiedene substituierte *2-Aminothiazole* werden dargestellt u. mit Acetylsulfanilsäurechlorid zu den entsprechenden *Sulfonamiden* kondensiert, die hinsichtlich ihrer therapeut. Aktivität geprüft werden sollen.

Versuche: 2-Aminothiazole: *4-[p-Chlorphenyl]-5-methyl-* (I), $C_{10}H_9ClN_2S$, F. 140° (A.), durch 24std. Erhitzen von p-Chlorpropiophenon, Thioharnstoff u. J_2 auf 100°; 55% (Ausbeute). *Acetyl-Deriv.*, F. 235°. — *4-[2-Hydroxy-5-methylphenyl]-*, F. 200°, analog I; 46%. *Acetyl-Deriv.*, F. 216°. — *4-[2-Hydroxy-4-methylphenyl]-*, F. 175°. *Acetyl-Deriv.*, F. 195°. — *4-[2-Hydroxy-4-äthylphenyl]-*, F. 132°. *Acetyl-Deriv.*, F. 153°. — *4-[2-Hydroxy-3-chlorphenyl]-*, F. 207°. *Acetyl-Deriv.*, F. 241°. — *4-[2-Hydroxy-3.5-dichlorphenyl]-*, F. 117°. — *4-[2-Hydroxy-3-chlor-4-methylphenyl]-*, F. 185°. *Acetyl-Deriv.*, F. 261°. — 2-[p-Acetylaminobenzolsulfonylamino]-thiazole: *4-[p-Chlorphenyl]-5-methyl-* (II), $C_{18}H_{16}ClN_3O_3S_2$, F. 295° (A.), durch Versetzen von I mit p-Acetylaminobenzolsulfonylchlorid u. mit Pyridin u. 2½std. Erhitzen auf 65—70°; 58%. — *4-[2-Hydroxy-5-methylphenyl]-*, F. 200°, analog II; 50%. — *4-[2-Hydroxy-4-methylphenyl]-*, F. 250°; 56%. — *4-[2-Hydroxy-4-äthylphenyl]-*, F. 152°; 55%. — *4-[2-Hydroxy-3-chlorphehyl]-*, F. 195°; 58%. — *4-[2-Hydroxy-3.5-dichlorphenyl]-*, F. 93°; 45%. — *4-[2-Hydroxy-3-chlor-4-methylphenyl]-*, F. 165°; 48%. — 2-[p-Aminobenzolsulfonylamino]-thiazole: *4-[p-Chlorphenyl]-5-methyl-*, $C_{16}H_{14}ClN_3O_2S_2$, F. 162° (Zers.; A.), durch 2std. Kochen von II mit 12%ig. HCl, Gießen in W., Aufkochen u. Neutralisieren; 30%. — *4-[2-Hydroxy-4-methylphenyl]-*, F. 189°; analog vorst. Verb.; 40%. — *4-[2-Hydroxy-4-äthylphenyl]-*, F. 144°; 45%. — *4-[2-Hydroxy-3-chlor-4-methylphenyl]-*, F. 148°; 35%. P. GOLINSKE. 3142□

2-[p-Acetylaminobenzylidenhydrazino]-4-[antipyryl-(4)]-thiazol. H. Amál und N. Ergenç. (Istanbul Üniv. Fen Fak. Mecmuasi [Rev. Fac. Sci. Univ. Istanbul], Ser. C **23.** 38—41. Jan. 1958. Istanbul, Univ., Pharm. Chem. Dep.) (Engl.)

Vff. stellen *2-[p-Acetylaminobenzylidenhydrazino]-4-[antipyryl-(4)]-thiazol* (I) durch Kondens. von p-Acetylaminobenzaldehydthiosemicarbazon mit 4-Chloracetylantipyrin dar. Durch Umsetzung von I mit N-Hydroxymethylphthalimid (II) entsteht *2-[p-(Acetylphthalimidomethylamino)-benzylidenhydrazino]-4-[antipyryl-(4)]-thiazol*. I gibt mit $FeCl_3$ in A. Blaufärbung. Das *Benzoyl-Deriv.* des *4-[Vanillylidenamino]-antipyrins* wird beschrieben.

Versuche: *2-[p-Acetylaminobenzylidenhydrazino]-4-[antipyryl-(4)]-thiazol* (I), C_{23}·$H_{22}N_6O_2S$, F. 269° (A.), durch ½std. Kochen äquimol. Mengen 4-Chloracetylantipyrin u. p-Acetylaminobenzaldehydthiosemicarbazon in 95%ig. A. u. Abkühlen. — *2-[p-(Acetylphthalimidomethylamino)-benzylidenhydrazino]-4-[antipyryl-(4)]-thiazol*, F. 320° (Zers.), durch 1½std. Kochen von äquimol. Mengen I u. II in 80%ig. Äthanol. — *4-[p-Benzoylvanillylidenamino]-antipyrin*, $C_{26}H_{23}N_3O_4$, F. 195—197° (Essigester), aus 4-Vanillylidenaminoantipyrin u. Benzoylchlorid nach SCHOTTEN-BAUMANN. W. KÄSTNER. 3142□

Tetrazolanaloga von physiologisch oder pharmakologisch aktiven Carbonsäuren. B. Brouwer-van Straaten, D. Solinger, C. van de Westeringh und H. Veldstra. (Recueil Trav. chim. Pays-Bas **77.** 1129—34. Nov. 1958. Amsterdam, Quinine Works, Res. Labor. Nedchem.) (Engl.)

Vff. synthetisierten einige *Tetrazol-Verbb.*, die auf Grund ihrer Struktur Carbonsäuren mit hoher physiolog. u. pharmakolog. Wirksamkeit entsprechen, u. prüften sie auf physiolog., pharmakolog. oder antagonist. Wirkung. Die Ergebnisse waren in allen Fällen negativ.

Versuche: Durch 120std. Erhitzen des entsprechenden Nitrils mit HN_3 in Bzl. oder mit NaN_3 in Essigsäure-Isopropanol auf 160°, Alkalisieren mit NaOH, Einengen, Filtrieren der wss. Lsg., Ansäuern u. Abfiltrieren des Nd.: *5-[p-Aminophenyl]-tetrazol* (**I**), $C_7H_7N_5$, F. 266—267°, aus 14,2 g p-Aminobenzonitril; aus **W.** cremefarbene Nadeln; 6 g (Ausbeute). — *1(2)-Diäthylaminoäthyl-5-[p-aminophenyl]-tetrazolhydrochlorid*, $C_{13}\cdot H_{20}N_6\cdot HCl$, F. 157—158° (Bzl.), durch 1std. Kochen u. Rühren von **I**, Diäthylaminoäthylchloridhydrochlorid u. NaOH in Aceton. — *5-[2-Hydroxy-4-aminophenyl]-tetrazol*, $C_7H_7N_5O$, F. 262—263°, aus 9,2 g 2-Hydroxy-4-aminobenzonitril; aus **W.** Nadeln; 6,7 g. — *5-[2-Hydroxyphenyl]-tetrazol* (**II**), $C_7H_6N_4O$, F. 222—223° (Bzl.), aus 21 g 2-Hydroxybenzonitril; 14,95 g. *Acetyl-Deriv.*, $C_9H_8N_4O_2$, F. 137—138° (Zers.; A.-Bzl.). — *5-[1-Methyl-4-phenylpiperidyl-(4)]-tetrazolhydrat* (**III**), $C_{13}H_{17}N_5\cdot H_2O$, F. 298° (Methanol), aus 4 g 1-Methyl-4-phenyl-4-cyanpiperidin; 3 g. — *1(2)-Methyl-5-[1-methyl-4-phenylpiperidyl-(4)]-tetrazol*, $C_{14}H_{19}N_5$, F. 136—138° (PAe.), aus **III** u. Diazomethan. — *5-[Pyridyl-(2)]-tetrazol*, $C_6H_5N_5$, F. 212° (Zers.; W.), aus 7,3 g 2-Cyanpyridin; 7 g. — *5-[Pyridyl-(3)]-tetrazol*, F. 136—237° (?), aus 7,3 g 3-Cyanpyridin, Nadeln aus W.; 3,7 g. — *5-[Pyridyl-(4)]-tetrazol*, F. 254° (Zers.; W.), aus 7,3 g 4-Cyanpyridin; 5,1 g.

H. HENZE. 3184□

Inhaltsstoffe von höheren Pilzen. 1. Mitt. Hispidin, ein neues 4-Hydroxy-6-styrylpyron-(2) aus Polyporus hispidus (Bull.) Fr. R. L. Edwards, D. G. Lewis und D. V. Wilson. (J. chem. Soc. [London] **1961.** 4995—5002. Nov. Bradford, Inst. of Technol. Dep. of Chem. Technol.) (Engl.)

Aus auf Fraxinus excelsior gewachsenem *Polyporus hispidus* (Bull.) Fr. wird eine *Verb.* $C_{13}H_{12}O_6$, Hispidin (**I**), isoliert, deren Konstit. als *6-[3'.4'-Dihydroxystyryl]-4-hydroxypyron-(2)* durch Acetylieren von **I** zum *3'.4'-Diacetyl-* (**Ia**) u. *Triacetyl-Deriv.* (**Ib**), durch CrO_3-Oxydation von **Ia** zu *Protocatechusäurediacetat*, durch Ozonolyse von **Ib** zu *Protocatechualdehyddiacetat*, Farb-Rkk., weitere Rkk. u. Unters. der Spektren festgestellt wurde. Mit CH_2N_2 entsteht aus **I** der gelbe *Trimethyläther* (**IIa**), mit Dimethylsulfat wird daneben ein isomerer, farbloser *Trimethyläther* (**IIb**) gebildet. **IIa** ist ident. mit dem durch Kondens. von Veratrumaldehyd u. 4-Methoxy-6-methylpyron-(2) erhaltenen Präparat. Durch Rk. von **Ia** mit CH_2N_2 u. Hydrolyse entsteht der **I**-*4-Methyläther* (**III**), der mit CH_2N_2 in **IIa** übergeht. Durch Alkali wird der Heteroring von **IIa** unter Bldg. von *γ-[3.4-Dimethoxycinnamoyl]-acetessigsäure* (**IV**) geöffnet, die durch sd. 2n H_2SO_4 in *6-[3.4-Dimethoxyphenyl]-Δ^5-hexendion-(2.4)* gespalten wird; durch sd. Acetanhydrid wird **IV** zum **I**-*3'.4'-Dimethyläther* (**V**) cyclisiert, der durch CH_2N_2 zu **IIa** methyliert wird. Mit BF_3/Eisessig wird aus **Ia** das *Triacetyl-Deriv.* (**VIa**) des *3-Acetylhispidins* (**VI**) erhalten, dessen *3'.4'-Dimethyläther* (**VIb**) ebenso wie **VIa** oder **Ia** an ADAMS-Pt zu *Dihydro-Derivv.* red. werden. UV- u. IR-Spektren vgl. Original.

Versuche: *Hispidin* (**I**), *Monohydrat*, $C_{13}H_{10}O_5\cdot H_2O$, F. 259° (Zers.), a) durch Extrahieren frischer Sporophoren mit A., Gießen in **W.**, mehrstd. Stehen, Extrahieren des Nd. mit Bzl., dann mit Aceton, Zugeben von Ae. zum Acetonextrakt, Einengen des Filtrats u. mehrstd. Stehen bei 0°; b) aus 0,25 g **Ib** u. 2n H_2SO_4 in sd. A. (2 Std.) u. 12std. Stehen bei Raum-Temp.; 0,07 g (Ausbeute); c) aus **Ia** wie nach b) aus verd. A. gelbe Nadeln. *3'.4'-Diacetyl-Deriv.* (**Ia**), $C_{17}H_{14}O_7$, F. 227°, a) durch mehrstd. Stehen von 5 g **I** u. Acetanhydrid/Pyridin (50:10); 2,90 g; b) durch 8std. Stehen von 0,1 g **I** u. Acetanhydrid/Pyridin (2:1) bei Raum-Temp.; 0,07 g; c) durch 7std. Kochen von 0,12 g **Ib** u. A.; 0,05 g; aus Äthylmethylketon blaßgelbe Nadeln. *Triacetyl-Deriv.* (**Ib**), $C_{19}H_{16}O_8$, F. 142—143°, a) aus der Mutterlauge von **Ia** nach a); 0,2 g; b) durch 8std. Stehen von 0,1 g **I** u. 1 Tropfen Pyridin in Acetanhydrid bei Raum-Temp.; 0,08 g; aus A. blaßgelbe Nadeln. *4-Methyläther* (**III**), $C_{14}H_{12}O_5$, F. 257° (Zers.), durch ½std. Kochen von 0,21 g Diacetyl-Deriv. u. 2n H_2SO_4 in A. u. mehrstd. Stehen; aus Eisessig gelbe Nadeln; 0,14 g. **III**-*Diacetyl-Deriv.*, $C_{18}H_{16}O_7$, F. 205°, a) durch 5std. Stehen von 0,5 g **Ia** mit CH_2N_2 in Ae.; 0,47 g; b) aus **III** u. 1 Tropfen Pyridin in Acetanhydrid bei 20° (15 Std.); aus CH_3OH blaßgelbe Nadeln. *3'.4'-Dimethyläther* (**V**), F. 184° (Zers.; A.), durch 1std. Kochen von **IV** u. Acetanhydrid u. Gießen in Wasser. *Trimethyläther* (**IIa**), $C_{16}H_{16}O_5$, F. 164°, a) aus 0,3 g **I**, Dimethylsulfat u. K_2CO_3 in sd. Aceton (5 Std.); 0,19 g; b) aus 0,2 g **I** u. CH_2N_2 in Ae. bei Raum-Temp. (1½ Std.); 0,05 g; c) aus **III** oder **V** u. CH_2N_2 in Ae.; d) durch 4std. Kochen von 5,0 g Veratrumaldehyd, 4,2 g 4-Methoxy-6-methylpyron-(2) u. $(CH_3O)_2Mg$ in CH_3OH; aus CH_3OH gelbe Nadeln; 1,95 g. *Isomerer*

Trimethyläther (**IIb**), $C_{16}H_{16}O_5$, F. 197°, aus der Mutterlauge von **IIa** nach a); aus Äthylacetat Nadeln; 25 mg. — *γ-[3.4-Dimethoxycinnamoyl]-acetessigsäure* (**IV**), aus dem K-Salz; gelb, amorph. *K-Salz*, durch 36std. Stehen von 0,5 g **IIa** in 200 ml n-alkohol. KOH bei Raum-Temp. unter N_2; gelbe Platten; 0,57 g. — *6-[3.4-Dimethoxyphenyl]-Δ^5-hexendion-(2.4)*, $C_{14}H_{16}O_4$, F. 92°, aus 0,2 g K-Salz von **IV** u. 2n H_2SO_4 in sd. A. (1 Std.); aus Bzn. blaßgelbe Platten; 0,04 g. — *4-Hydroxy-6-[2-(3'.4'-dihydroxyphenyl)-äthyl]-pyron-(2) (Dihydrohispidin), Monohydrat*, $C_{13}H_{12}O_5 \cdot H_2O$, F. 104—108°, durch saure Hydrolyse des Diacetyl-Deriv.; aus W. Nadeln. *Diacetyl-Deriv.*, $C_{17}H_{16}O_7$, F. 155°, aus 0,5 g **Ia** u. 1,2 Mol H_2 an Pd-Kohle in Äthylacetat bei Normaldruck u. Raum-Temp.; aus Toluol Platten; 0,2 g. — *3-Acetylhispidin* (**VI**), $C_{15}H_{12}O_6$, F. 306° (Zers.), durch ³/₄std. Kochen von 0,25 g **VIa** u. 2n H_2SO_4 in A.; aus Eisessig orangerote Platten; 0,16 g. *2.4-Dinitrophenylhydrazon*, $C_{21}H_{16}N_4O_9$, F. 279°, aus Dioxan rote Rhomben. *Triacetyl-Deriv.* (**VIa**), $C_{21}H_{18}O_9$, F. 193—194° (Zers.), aus 0,5 g **Ia** u. BF_3/Eisessig auf dem Wasserbad (30 Min.); aus A. gelbe Nadeln; 0,15 g. *Dibenzoyl-Deriv.*, $C_{29}H_{20}O_8$, F. 186°, aus **VI** u. Benzoylchlorid/Pyridin bei Raum-Temp.; aus Eisessig gelbe Nadeln. *3'.4'-Dimethyläther* (**VIb**), $C_{17}H_{16}O_6$, F. 213°, durch Ansäuern der Mutterlauge des Trimethyläthers nach b) mit HCl; aus Eisessig orangegelbe Nadeln; 0,2 g. **VIb**-*2.4-Dinitrophenylhydrazon*, $C_{23}H_{20} \cdot N_4O_9$, F. 299°, aus Eisessig orangerote Nadeln. *Trimethyläther*, $C_{18}H_{18}O_6$, F. 182°, a) aus 0,9 g **VI**, Dimethylsulfat u. K_2CO_3 in sd. Aceton (6 Std.); 0,27; b) aus 5 g **VI**, CH_3J u. K_2CO_3 in sd. Aceton (18 Std.); aus A. goldgelbe Nadeln; 0,17 g. *2.4-Dinitrophenylhydrazon des Trimethyläthers*, $C_{24}H_{22}N_4O_9$, F. 209°, aus Eisessig rote Nadeln. —*3-Acetyl-4-hydroxy-6-[2-(3'.4'-dihydroxyphenyl)-äthyl]-pyron-(2) (3-Acetyldihydrohispidin)*, $C_{15} \cdot H_{14}O_6$, F. 188°, durch saure Hydrolyse des 3'.4'-Diacetyl-Deriv. (0,4 g); aus Toluol gelbe Nadeln; 0,28 g. *2.4-Dinitrophenylhydrazon*, $C_{21}H_{18}N_4O_9$, F. 241°, aus Eisessig orangerote Platten. *3'.4'-Diacetyl-Deriv.*, $C_{19}H_{18}O_8$, F. 121°, aus 2,0 g **VIa** u. H_2 an ADAMS-Pt in Äthylacetat bei Raum-Temp. u. Normaldruck (12 Std.); aus Bzn. Platten; 0,6 g. *3'.4'-Dimethyläther*, $C_{17}H_{18}O_6$, F. 141°, wie das Diacetat aus 0,5 g **VIb**; aus A. blaßgelbe Platten; 0,34 g. — *Protocatechusäurediacetat*, $C_{11}H_{10}O_6$, F. 157° (W.), a) durch Zugeben von CrO_3/verd. Essigsäure zu 1,2 g **VIa** in Eisessig/Acetanhydrid bei 55—60°, 4std. Erhitzen auf 65—70° u. Gießen in W.; 0,2 g; b) analog aus **Ia**. — *Protocatechualdehyddiacetat, 2.4-Dinitrophenylhydrazon*, $C_{17}H_{14}N_4O_8$, F. 212°, durch Ozonisieren von 0,66 g **Ib** in Chlf. bei —70° u. Chromatographie des 2.4-Dinitrophenylhydrazons in Chlf. an saurem Al_2O_3; 18 mg. — *Veratrumsäure*, $C_9H_{10}O_4$, F. 181° (PAe.), aus 0,5 g **VI**-Trimethyläther in sd. Aceton u. $KMnO_4$; 80 mg. F. HELLER. 3211□

Inhaltsstoffe von höheren Pilzen. 2. Mitt. Die Synthese von Hispidin. R. L. Edwards und D. V. Wilson. (J. chem. Soc. [London] **1961.** 5003—04. Nov.) (Engl.) — 1. vgl. vorst. Referat.

Durch Kondens. des 4-Methoxymethyläthers (**Ia**) von 4-Hydroxy-6-methylpyron-(2) (**I**) u. Protocatechualdehyd-3.4-bis-methoxymethyläther (**II**) in Ggw. von $(CH_3O)_2Mg$ wird *6-[3.4-Bis-(methoxymethoxy)-styryl]-4-methoxymethoxypyron-(2)* (**IIIa**) in geringer Ausbeute erhalten u. zu *Hispidin* (**III**) hydrolysiert. Das aus dem **I**-4-Methyläther (**Ib**) u. **II** in guter Ausbeute erhältliche *6-[3.4-Bis-(methoxymethoxy)-styryl]-4-methoxypyron-(2)* (**IIIb**) wird mit KOH in das *K-Salz* der *7-[3.4-Bis-(methoxymethoxy)-phenyl]-3.5-dihydroxy-$\Delta^{2.4.6}$-heptatriensäure* (**IV**) übergeführt, die mit Acetanhydrid zum **III**-*Triacetat* cyclisiert wird.

Versuche: *4-Hydroxy-6-methylpyron-(2)* (**I**), *4-Methoxymethyläther* (**Ia**), $C_8H_{10}O_4$, F. 57°, durch Zutropfen von Chlordimethyläther zu 10 g **I** u. K_2CO_3 in sd. Aceton in 15 Min.; aus PAe. Nadeln; 6,3 g (Ausbeute). — *3.4-Bis-[methoxymethoxy]-benzaldehyd* (**II**), $C_{11}H_{14}O_5$, F. 60°, durch Zutropfen von C_2H_5ONa in abs. A. zu Protocatechualdehyd in sd. Toluol unter Entfernen des A. mit N_2, Zutropfen von Chlordimethyläther bei 0° u. 4std. Rühren bei Raum-Temp.; aus Bzn. Nadeln. — *6-[3.4-Dihydroxystyryl]-4-hydroxypyron-(2)* (**III**; *Hispidin*), F. 259° (Zers.), a) aus 30 mg **IIIa** u. sd. verd. H_2SO_4 (3 Min.); 19 mg; b) durch Hydrolyse des Triacetats. *Triacetyl-Deriv.*, $C_{19}H_{16}O_8$, F. 143°, durch 48std. Stehen von 0,65 g **IIIb** u. alkohol. KOH unter N_2 bei Raum-Temp., Waschen des *K-Salzes* von **IV** (0,4 g) mit abs. A., Lösen in W., Ansäuern, Trocknen der gelben *7-[3.4-Dihydroxyphenyl]-3.5-dihydroxy-$\Delta^{2.4.6}$-heptatriensäure* u. Kochen mit Acetanhydrid (3 Min.); 135 mg. *Tris-methoxymethyläther* (**IIIa**), $C_{19}H_{22}O_8$, F. 59—60°, durch 4std. Kochen von 1,07 g **II**, 0,85 g **Ia** u. $(CH_3O)_2Mg$ in CH_3OH, Eindampfen u. Auskochen mit PAe.; aus Bzn./Ae. blaßgelbe Würfel; 3 mg. *3'.4'-Bis-methoxymethyläther-4-methyläther* (**IIIb**), $C_{18}H_{20}O_7$, F. 116°, wie **IIIa** aus 2,15 g **II** u. **Ib**; nach Chromatographie in Chlf. an MgO aus CH_3OH blaßgelbe Nadeln; 0,76 g. F. HELLER. 3211□

Jodierung einiger Cumarinderivate. S. S. Lele, M. G. Patel und Suresh Sethna. (J. Indian chem. Soc. **37.** 775—80. Dez. 1960. Baroda, Maharaja Sayajirao-Univ., Organ. Chem. Labor.) (Engl.) — Vgl. C. **1959.** 4789.

Die Jodierung von 7-Hydroxycumarin u. substituierten 5- u. 7-Hydroxycumarinen u. ihren Methyläthern, die Carboxyl-, Carbomethoxy- u. Nitrogruppen enthalten, mit verschiedenen jodierenden Agentien wird untersucht.

Versuche: Cumarine: *8-Jod-7-hydroxy-*, $C_9H_5JO_3$, F. 228—232°, a) durch Zugabe von HCl (D. 1,1) zu dem entsprechenden Cumarin in möglichst wenig Eisessig, Zugabe zu JCl u. 24std. Stehen bei 50° (Meth. **A**); 10% (Ausbeute); b) durch Lösen des Cumarins in wenig A., Zugabe von J_2, Versetzen mit HJO_3 u. 2std. Rühren (Meth. **B**); 49%; c) durch Lösen des Cumarins in verd. NH_4OH, ½std. Zugabe von $KJ \cdot J_2$ bei Raum-Temp. u. Gießen in kalte H_2SO_4 (Meth. **C**); 80%. — *6.8-Dijod-7-hydroxy-*, $C_9H_4J_2O_3$, F. 232°, nach **C**; 9%. — *3.6.8-Trijod-7-hydroxy-*, $C_9H_3J_3O_3$ F. 235°, nach **A**, **B** oder **C**; 56%. — *3-Jod-7-methoxy-*, $C_{10}H_7JO_3$, F. 155—156°, nach **A**; 17%. — *3.6-Dijod-7-methoxy-*, $C_{10}H_6J_2O_3$, F. 246—247°, nach **A**; 47%. — *3.8-Dijod-7-methoxy-*, $C_{10}H_6J_2O_3$, F. 238°, nach **A** aus 7-Methoxy-8-jodcumarin; 46%. — *8-Jod-7-hydroxy-6-carboxy-*, $C_{10}H_5JO_5$, F. 258—260°, nach **A**, **B** u. **C**; 45, 54 bzw. 9%. — *3.8-Dijod-7-hydroxy-6-carboxy-*, *Dihydrat*, $C_{10}H_4J_2O_5 \cdot 2\,H_2O$, F. 272°, nach **B**; 11%. — *3-Jod-7-methoxy-6-carbomethoxy-*, $C_{12}H_9JO_5$, F. 245—246°, nach **A**; 72%. — *8-Jod-7-hydroxy-4-[carboxymethyl]-*, $C_{11}H_7 \cdot JO_5$, F. 227—228°, nach **A**, **B** oder **C**; 72, 58 bzw. 72%. — *6.8-Dijod-7-hydroxy-4-[carboxymethyl]-*, *Hydrat*, $C_{11}H_6J_2O_5 \cdot H_2O$, F. 235—236°, nach **C**; 74%. — *3.6.8-Trijod-7-hydroxy-4-[carboxymethyl]-*, $C_{11}H_5J_3O_5$, F. 238—240°, nach **B**; 67%. — *8-Jod-5-methoxy-6-carbomethoxy-*, $C_{12}H_9JO_5$, F. 157—158°, nach **A**; 31%. — *8-Jod-7-hydroxy-4-methyl-6-carboxy-*, $C_{11}H_7JO_5$, F. 273°, nach **C**; 66%. — *8-Jod-7-hydroxy-4-methyl-6-carbomethoxy-*, $C_{12}H_9JO_5$, F. 285°, nach **A**, **B** oder **C**; 13, 53 bzw. 76%. — *3-Jod-7-methoxy-4-methyl-6-carbomethoxy-*, $C_{13}H_{11}JO_5$, F. 234°, nach **A**; 66%. — *8-Jod-7-hydroxy-4-methyl-*, nach **C**. — *8-Jod-5-hydroxy-4-methyl-6-carbomethoxy-*, $C_{12}H_9JO_5$, F. 254°, nach **A** u. **B**; 21 bzw. 48%. — *8-Jod-5-methoxy-4-methyl-6-carbomethoxy-*, $C_{13}H_{11}JO_5$, F. 154°, nach **A**; 54%. — *8-Jod-7-hydroxy-4-methyl-6-nitro-*, $C_{10}H_6JNO_5$, F. 273°, nach **B**; 62%. — *7-Methoxy-8-jod-*, $C_{10}H_7JO_3$, F. 158°, durch Kochen des entsprechenden Jodhydroxycumarins in Aceton mit $(CH_3)_2SO_4$ in wasserfreiem K_2CO_3. — *7-Methoxy-6.8-dijod-*, $C_{10}H_6J_2O_3$, F. 168—170°. — *7-Methoxy-3.6.8-trijod-*, $C_{10}H_5J_3O_3$, F. 208 bis 210°. — *7-Methoxy-8-jod-6-carbomethoxy-*, $C_{12}H_9JO_5$, F. 162°. — *7-Methoxy-3.8-dijod-6-carbomethoxy-*, $C_{12}H_8J_2O_5$, F. 205—206°. — *7-Methoxy-8-jod-4-[carbomethoxymethyl]-*, $C_{13}H_{11}JO_5$, F. 140—142°. — *7-Methoxy-8-jod-4-methyl-6-carbomethoxy-*, $C_{13}H_{11}JO_5$, F. 223°. — *7-Methoxy-8-jod-4-methyl-6-nitro-*, $C_{11}H_8JNO_5$, F. 242°. — Cumarilsäuren: *6-Methoxy-5-jod-*, $C_{10}H_7JO_4$, F. 258°, durch 2std. Kochen von 7-Methoxy-3.6-dijodcumarin mit 10%ig. äthanol. KOH. — *6-Methoxy-7-jod-*, $C_{10}H_7JO_4$, F. 280°, analog vorst. Verb. aus 7-Methoxy-3.8-dijodcumarin. — *6-Methoxy-5.7-dijod-*, $C_{10}H_6 \cdot J_2O_4$, F. 240°, aus 7-Methoxy-3.6.8-trijodcumarin. — *6-Methoxy-5-carboxy-*, $C_{11}H_8O_6$, F. 285°, aus 7-Methoxy-3-jod-6-carbomethoxycumarin. — *6-Methoxy-7-jod-5-carboxy-*, $C_{11}H_7JO_6$, F. 272°, aus 7-Methoxy-3.8-dijod-6-carbomethoxycumarin. — *6-Methoxy-5-carboxy-3-methyl-*, aus 7-Methoxy-3-jod-4-methyl-6-carbomethoxycumarin. — *7-Methoxy-8-jodcumarin-6-carbonsäure*, $C_{11}H_7JO_5$, F. 236°, aus 7-Methoxy-8-jod-6-carbomethoxycumarin. — *5-Methoxy-8-jodcumarin-6-carbonsäure*, $C_{11}H_7JO_5$, F. 238°, aus 5-Methoxy-8-jod-6-carbomethoxycumarin. — *7-Methoxy-8-jod-4-methylcumarin*, aus 7-Methoxy-8-jod-4-carbomethoxymethylcumarin. — *7-Methoxy-8-jod-4-methylcumarin-6-carbonsäure*, $C_{12}H_9JO_5$, F. 237°, aus 7-Methoxy-8-jod-4-methyl-6-carbomethoxycumarin. — *5-Methoxy-8-jod-4-methylcumarin-6-carbonsäure*, $C_{12}H_9JO_5$, F. 245°, aus 5-Methoxy-8-jod-4-methyl-6-carbomethoxycumarin. — *6-Hydroxy-7-methoxy-8-jodcumarin*, $C_{10}H_7 \cdot JO_4$, F. 217°, durch Oxydieren von 7-Methoxy-8-jodcumarin in 10%ig. NaOH in der Wärme; aus verd. A. Nadeln. P. GOLINSKE. 3211 □

Struktur und Synthese des Isocarthamidins. G. Zemplén, L. Farkas und R. Rakusa. (Acta chim. Acad. Sci. hung. **14**. 471—74. 1958. Budapest, TU, Inst. für Organ. Chem.) (Dt.)

2.5-Dihydroxy-4.6-dimethoxyacetophenon (**I**) läßt sich in alkal. Medium mit p-Hydroxybenzaldehyd (**II**) zu *6.4'-Dihydroxy-5.7-dimethoxyflavanon* (**III**, *5.7-Dimethylisocarthamidin*) kondensieren. Aus dieser Verb. wurde durch Entmethylierung der eine Farbstoff des chines. Safflors (*Carthamus tinctorius L.*), das *Isocarthamidin* (*5.6.7.4'-Tetrahydroxyflavanon*) hergestellt.

Versuche: *2'.5'.4-Trihydroxy-4'.6'-dimethoxychalkon* (**IV**), $C_{17}H_{16}O_6$, F. 191° (W.), durch Zugabe von 0,9 g **II** u. wss. KOH zu 1,5 g **I** in A., 3tägiges Schütteln u. Neutralisieren; 0,9 g (Ausbeute). — *6.4'-Dihydroxy-5.7-dimethoxyflavanon* (**III**), $C_{17}H_{16}O_6$, F. 198° (A.), aus 1 g **I** u. 0,6 g **II** bei pH 2; ockergelb; 0,7 g. — *Isocarthamidin*, $C_{15}H_{12}O_6$, F. 239—240°, durch 2std. Kochen von 0,4 g **III** u. $AlCl_3$ in Bzl. u. Gießen auf Eis/HCl; gelbe Prismen aus Methanol; 0,2 g. — *2.5-Dihydroxy-4.6-dimethoxyphenyl-*

[*4-hydroxyphenyläthyl*]*-keton*, $C_{17}H_{18}O_6$, F. 158°, aus **IV** durch Hydrierung in A. an Pd/Kohle. — *6.4'-Diacetyl-5.7-dimethylisocarthamidin*, $C_{21}H_2 O_8$, F. 137° (Methanol), durch 2std. Erwärmen von 0,7 g **III** mit Acetanhydrid in Ggw. von Na-Acetat; 0,6 g.
G. HALMI. 3211 □

Chemie der Rotenoide. Hiroshi Fukami und Minoru Nakajima. (Botyu-Kagaku [Sci. Insect Control] **25**. 185—94. Nov. 1960. Kyoto, Univ., Dep. of Agric. Chem.) (Jap.)
Übersicht. — 78 Literaturangaben. P. GOLINSKE. 3211

Aromatische N-Oxide. 3. Mitt. Reaktion von 2-Picolin-N-oxid mit Phenylacetaten. Vincent J. Traynelis, R. Ann Immaculata Gallagher und Rocco F. Martello. (J. org. Chemistry **26**. 4365—68. Nov. 1961. Notre Dame, Ind., Univ., Dep. of Chem.) (Engl.) — 2. vgl. C. **1961**. 7220.

Beim Erhitzen von *Phenyl-* (**II**, Kp.$_{20}$ 90°, n_D^{20} 1,5030) oder *o-Chlorphenylacetat* (**III**, Kp.$_{16}$ 108°, n_D^{25} 1,5145) mit *2-Picolin-N-oxid* (**I**) ohne Lsgm. oder in Xylol (Xy) auf 140—150° trat keine Rk. ein. Mit **I** reagierten unter diesen Bedingungen aber *m-* [F. 54 bis 56°, aus m-Nitrophenol u. Acetanhydrid (**VI**) in Ggw. von konz. H_2SO_4; 97% (Ausbeute); ν(C=O) 5,66 μ] u. *p-Nitrophenylacetat* [F. 76,5—78°; 83%; ν(C=O) 5,65 μ], *2.4-Dinitrophenyl-* [**IV**, F. 70—72°; 79%; ν(C=O) 5,60 μ] u. *2.4.6-Trichlorphenylacetat* (**IX**; F. 49°; 94%), wobei 43% *Pyridyl-(2)-methylacetat* (**V**; Kp.$_{12}$ 112—116°, n_D^{25} 1,5062) u. die entsprechenden Phenole in 12—50%ig. Ausbeuter entstanden. Bei der Rk. von **IV** mit **I** bildete sich aus dem entstandenen 2.4-Dinitrophenol mit **I** ein 1:1-Komplex ($C_{12}H_{11}N_3O_6$, F. 137—141°, gelb), der auch in 77%ig. Ausbeute aus den Komponenten durch Kochen (25 Min.) in A. erhalten werden konnte. Vff. nehmen an, daß der erste Rk.-Schritt ein nucleophiler Angriff des negativen O-Atoms von **I** auf die Estercarbonylgruppe ist, worauf sich das 1-Acetoxy-2-methylpyridiniumkation u. Aryloxidanion bilden. Nach Abspaltung eines aciden H^+ von der 2-Methylgruppe des Pyridiniumkations lagert sich die gebildete Anhydrobase intramol. in **V** um. Das Ausbleiben einer Rk. zwischen **I** u. **II** bzw. **III** wird darauf zurückgeführt, daß in diesen Fällen der erste Rk.-Schritt infolge zu hoher Basizität des sich bildenden Phenolations nicht vollzogen werden kann. Andererseits kann bei den Estern der stark sauren Phenole die Folge-Rk. nicht eintreten, wie das Beispiel der Rk. von **I** mit *Pikrylacetat* [F. 86—87° (abs. Ae.), aus Pikrinsäure u. **VI**; 51%; ν(C=O) 5,55 μ] zeigt, bei der *1-Acetoxy-2-methylpyridiniumpikrat* [**VII**, $C_{14}H_{12}N_4O_9$, F. 105—109° (Zers.; leuchtendgelb); 95%; ν(C=O) 5,44 μ] entsteht. **VII** enthält eine labile Acetylgruppe, die durch W. oder A. unter Bldg. von **I**-*Pikrat* [F. 123,5—125° (A.)] abgespalten wird. Ähnlich wirkt Na-Acetat in Essigsäure. Beim Erhitzen von **VII** mit Triäthylamin (**VIII**) in abs. Dioxan u. folgende Chromatographie wurden dagegen 20% **VIII**-*Pikrat* [F. 173—174° (A.)] u. 20% **V** (isoliert als *Pikrat*, F. 163—165°) erhalten. Die Rk. von **IX** mit *4-Picolin-N-oxid* in Xy lieferte 10% *Pyridyl-(4)-methylacetat* (Kp.$_{14}$ 118—120°, $n_D^{18,5}$ 1,5045) u. ein aus 13% *4-Picolin*, 2,5% *2.4-Dimethylpyridin* u. 2,7% *4-Äthylpyridin* bestehendes Gemisch, das gaschromatograph. getrennt wurde. Außerdem wurden 34% *2.4.6-Trichlorphenol* (F. 65—67°) isoliert. B. GNAUCK. 3231 □

Synthese von Phenyl-β-piperidinoäthylsulfid und Phenyl-β-piperidinoäthylsulfon und ihre quaternären Derivate. S. Földeák, B. Matkovics und J. Pórszász. (Acta Univ. Szegediensis, Acta physica chem. [N.S.] **6**. 102—04. 1960. Szeged, Univ., Inst. of Organ. Chem.; Szeged, Med. Univ., Physiol. Inst.) (Engl.)

Phenyl-β-piperidinoäthylsulfid (**I**) u. *-sulfon* u. ihre quatern. Derivv. werden dargestellt, u. ihre physiolog. Aktivität wird geprüft.

Versuche: *Phenyl-β-piperidinoäthylsulfid*, Kp. 138°, durch Zugabe von 15 g Phenyl-β-chloräthylsulfid zu 15 g Piperidin, ½std. Kochen u. Fraktionieren; 13 g (Ausbeute). *Pikrat*, F. 146°. *Hydrochlorid*, F. 191° (A.). *Methojodid*, F. 165°. — *Phenyl-β-piperidinoäthylsulfon*, F. 86—87° (Bzl.), durch Zugabe von 18,8 g Piperidin zu 13 g Phenyl-β-chloräthylsulfon in abs. Bzl., 20 Min. langes Erhitzen auf 100°, Einengen im Vakuum u. mehrstd. Stehen im Eisschrank; 10,5 g. *Pikrat*, F. 186°. *Hydrochlorid*, F. 213 bis 214°. *Methojodid*, F. 175°. P. GOLINSKE. 3231 □

Untersuchungen über Reissert-Verbindungen. 1. Mitt. Eine neue Darstellungsmethode. F. D. Popp und W. Blount. (Chem. and Ind. **1961**. 550. 29/4. Coral Gables, Fla., Univ. of Miami, Dep. of Chem.) (Engl.)

CH_2Cl_2/W. ist ein gutes Lsgm. von allg. Anwendbarkeit zur Darst. von REISSERT-Verbindungen. Durch Versetzen von Isochinolin in CH_2Cl_2 mit KCN in W., 2std. Zutropfen von Benzoylchlorid, ½ std. Rühren u. Einengen der CH_2Cl_2-Phase entstehen 69% *2-Benzoyl-1.2-dihydroisochinaldonitril* (F. 124—125°). Analog entstehen aus Lepidin 70% *1-Benzoyl-4-methyl-1.2-dihydrochinaldonitril* (F. 174—175°), aus 3-Acetylaminochinolin 50% *1-Benzoyl-3-acetylamino-1.2-dihydrochinaldonitril* ($C_{19}H_{15}N_3O_2$, F. 160 bis 161°) u. aus 5-Aminochinolin 63% *1-Benzoyl-5-benzoylamino-1.2-dihydrochinaldonitril* ($C_{24}H_{17}N_3O_2$, F. 187—188°). Nach dem bisher üblichen Verf. (in wss. Lsg.) sind die Ausbeuten an REISSERT-Verbb. wesentlich geringer. P. GOLINSKE. 3231 □

Untersuchungen über Reissert-Verbindungen. 2. Mitt. **Die Natur des Chinolins.** Frank D. Popp, William Blount und Perry Melvin. (J. org. Chemistry **26.** 4930—32. 27/12. 1961.) (Engl.) — 1. vgl. vorst. Referat.

Die Rk. einer großen Anzahl von 3-, 4-, 5-, 6- u. 7-substituierten Chinolinen mit Benzoylchlorid u. KCN in CH_2Cl_2/W. liefert die erwarteten REISSERT-Verbb. (**C**). Wenn die Substituenten Elektronendonatoren sind, sind die Ausbeuten am größten. Aus 2- u. 8-substituierten Chinolinen konnten keine **C** gewonnen werden. Mit einer Ausnahme liefern alle **C** bei der säurekatalysierten Hydrolyse *Benzaldehyd.*

Versuche: 1-Benzoyl-2-cyan-1.2-dihydrochinoline, a) durch 2std. Zutropfen von Benzoylchlorid zu KCN in W. u. Chinolin u. 2std. Rühren (Meth. **B**); b) durch 2std. Zutropfen von Benzoylchlorid zu dem Chinolin in CH_2Cl_2 u. KCN in W., 6—8std. Stehen u. Abtrennen u. Aufarbeiten der CH_2Cl_2-Schicht (Meth. **A**): *3-Acetylamino-*, F. 160—161° (95%ig. A.), a) nach **A**; 50% (Ausbeute); b) nach **B**; 15%; liefert durch Zugabe von konz. HCl zu der entstandenen **C** u. 2.4-Dinitrophenylhydrazin, ½ std. Erhitzen u. 2tägiges Stehen bei Raum-Temp. *Benzaldehyd-2.4-dinitrophenylhydrazon* (**I**), F. 239°; 89%. — *3-Benzoylamino-*, F. 169—170° (Eisessig), nach **A**; 68%; liefert 46% **I.** — *3-Brom-*, F. 125° (95%ig. A.), nach **A**; 15%; liefert 93% **I.** — *3-Benzoyloxy-*, F. 179—180° (80%ig. Essigsäure), nach **A**; 58%; liefert kein **I.** — *4-Methyl-*, F. 173—175° (Eisessig), a) nach **A**; 71%; b) nach **B**; Spuren; liefert 87% **I.** — *4-Benzoyloxy-*, F. 157—158° (Eisessig), nach **A**; 98%; liefert 86% **I.** — *4-Chlor-*, F. 141° 95%ig. A.), nach **A**; 33%; liefert 92% **I.** — *4-Methoxy-*, F. 146° (95%ig. A.), nach **A**; 82%; liefert 86% **I.** — *5-Benzoylamino-*, F. 187—188° (Eisessig), nach **A**; 63%; liefert 99% **I.** — *5-Nitro-*, F. 162—163° (75%ig. A.), nach **A**; 19%; liefert 10% **I.** — *5-Benzoyloxy-*, F. 172—173° (80%ig. Essigsäure), nach **A**; 99%; liefert 99% **I.** — *5-Carbomethoxy-*, F. 116—117° (Isopropanol), nach **A**; 61%; liefert 93% **I.** — *6-Methyl-*, F. 144° (95%ig. A.), a) nach **A**; 99%; b) nach **B**; 52%; liefert 90% **I.** — *6-Brom-*, F. 165—166° (95%ig. A.), a) nach **A**; 48%; b) nach **B**; 40%; liefert 93% **I.** — *6-Benzoylamino-*, F. 195° (Eisessig), nach **A**; 95%; liefert 96% **I.** — *6-Methoxy-*, F. 126° (95%ig. A.), a) nach **A**; 89%; b) nach **B**; 88%; liefert 95% **I.** — *6-Nitro-*, F. 200—201° (Essigester), nach **A**; 29%; liefert 43% **I.** — *6-Benzoyloxy-*, F. 188° (Eisessig), nach **A**; 99%; liefert 75% **I.** — *6-Dimethylamino-*, F. 176° (95%ig. A.), nach **A**; 59%; liefert 93% **I.** — *6-Carbomethoxy-*, F. 115° (80%ig. Essigsäure), nach **A**; 49%; liefert 99% **I.** — *7-Methyl-*, F. 164—165° (95%ig. A.), a) nach **A**; 64%; b) nach **B**; 54%; liefert 84% **I.** — *7-Benzoyloxy-*, F. 126 bis 127° (95%ig. A.), nach **A**; 89%; liefert 99% **I.** — *7-Nitro-*, F. 185° (95%ig. A.), nach **A**; 17%; liefert 16% **I.** — *4.6-Dimethyl-*, F. 130—131° (Eisessig), nach **A**; 94%; liefert **I.** — *4-Benzoyloxy-7-chlor-*, F. 171—172° (80%ig. Essigsäure), nach **A**; 20%; liefert 20% **I.** — *4.7-Dichlor-*, F. 155° (80%ig. Essigsäure), nach **A**; 34%; liefert 77% **I.** — *4-Chlor-6-methoxy-*, F. 167—168° (Eisessig), nach **A**; 87%; liefert 48% **I.** — *5.6-Benzo-*, F. 182° (95%ig. A.), a) nach **A**; 94%; b) nach **B**; 43%; liefert 84% **I.**

P. GOLINSKE. 3231

Über die Synthese einiger neuer Isochinolinderivate. Giancarlo Berti und Piero Corti. (Gazz. chim. ital. **88.** 704—13. Aug./Sept. 1958. Pisa, Univ., Ist. di Chim. farm. e tossicol.) (Ital.)

Es werden das *Amid* u. das *Anilid* der *o-[1-Phenyl-2-äthyl-2-chlorvinyl]-benzoesäure* (**III**) dargestellt, welche mit KOH in Glykol Ringschluß zu *3-Äthyl-4-phenyl-* bzw. *3-Äthyl-2.4-diphenylisocarbostyril* erfahren, während mit alkohol. K-Äthylat unter gleichen Bedingungen nur teilweise Cyclisierung stattfindet. Das Amid der o-[1.2-Diphenyl-2-chlorvinyl]-benzoesäure (**II**) bleibt mit alkohol. K unverändert, während beim Kochen mit KOH in Glykol eine *Verb.* entsteht, welcher Vff. auf Grund der Elementaranalyse die Struktur des *α.β-Bis-[o-aminocarbonylphenyl]-bibenzyls* (**I**) geben. Die Bldg. von **I** läßt sich mit der Annahme erklären, daß sich aus **II**-Amid zunächst *o-[1.2-Diphenyl-2-hydroxyvinyl]-benzoesäureamid* bildet, welches unter Abspaltung von *Benzoesäure* in *o-Benzylbenzoesäureamid* übergeht, aus dem sich unter Einw. von Luft-O_2 **I** bildet. In Toluol entsteht dagegen aus **II** in Ggw. von $NaNH_2$ unter Ringschluß in guter Ausbeute *3.4-Diphenylisocarbostyril.* Beim Erhitzen von o-[1-Phenyl-2-chlorpropenyl]-benzoesäureamid mit $NaNH_2$ in Toluol fällt schon in der Hitze das *Na-Salz* des *3-Methyl-4-phenylisocarbostyrils* aus, welches mit Mineralsäure zerlegt wird. Im Gegensatz zum **II**-Amid läßt sich das **II**-Anilid auch unter extremen Bedingungen nicht cyclisieren. Aus den am Heteroatom nicht substituierten Isocarbostyrilen werden mit $POCl_3$ die entsprechenden *1-Chlorisochinoline* dargestellt, aus denen man durch katalyt. Red. die *Isochinoline* gewinnt. Zur Darst. von **II**-*Amid* wird **II** mit $SOCl_2$ in das **II**-*Chlorid* übergeführt, aus dem sich mit NH_3 **II**-Amid bildet, während mit PCl_5 u. NH_3 statt dessen ein Gemisch der diastereomeren *2.3-Dichlor-2.3-diphenylhydrindone* entsteht, aus dem beim Kochen mit CH_3OH nur eine Form des *2-Chlor-3-methoxy-2.3-diphenylhydrindons* erhalten wird.

Versuche: *o-[1-Phenyl-2-chlor-2-äthylvinyl]-benzamid*, $C_{17}H_{16}NOCl$, F. 124—125° (Bzl./PAe.), durch Kochen von 1 g **III** (vgl. DE FAZI u. BERTI, Gazz. chim. ital. **78.** [1948.] 567) mit $SOCl_2$, Eindampfen, Aufnehmen in Bzl., Einleiten von abs. NH_3, Waschen mit W. u. Na_2CO_3-Lsg., Trocknen u. Eindampfen; 0,78 g (Ausbeute). *Anilid*, $C_{23}H_{20}NOCl$, F. 144—145° (Bzl./PAe.), durch Erhitzen von 1 g **III** mit PCl_5 auf dem Wasserbad, Aufnehmen in Bzl., Waschen mit 10%ig. Na_2CO_3, Zugabe von Anilin, $^1/_4$std. Kochen, Waschen mit verd. HCl u. Na_2CO_3, Trocknen, Eindampfen u. Verdünnen mit PAe.; 0,65 g. — *3-Äthyl-4-phenylisocarbostyril*, $C_{17}H_{15}NO$, F. 255—257° (Bzl./PAe.), durch $1^1/_4$std. Kochen von 0,7 g **III**-Amid mit 10%ig. KOH in Glykol, Erkaltenlassen u. Verdünnen mit W.; 0,52 g. — *1-Chlor-3-äthyl-4-phenylisochinolin*, $C_{17}H_{14}NCl$, F. 69 bis 70° (wss. CH_3OH), durch ½std. Erhitzen von 0,45 g vorst. Verb. mit $POCl_3$ auf dem Wasserbad, Erkaltenlassen, Gießen auf Eis, Alkalisieren mit NaOH, Absaugen, Auskochen mit PAe., Filtrieren u. Eindampfen; 0,37 g. — *3-Äthyl-4-phenylisochinolin*, $C_{17}H_{15}N$, F. 64—66° (wss. A.), durch ca. ½std. Rühren von 0,25 g vorst. Verb. in A. im H_2-Strom in Ggw. von 10%ig. alkohol. KOH an Pd-Oxid/$CaCO_3$, Einleiten von CO_2, Filtrieren u. Eindampfen; 0,14 g. — *3-Äthyl-2.4-diphenylisocarbostyril*, $C_{23}H_{19}NO$, F. 187 bis 189° (Bzl./PAe.), durch 1½std. Kochen von 0,2 g **III**-Anilid mit 10%ig. KOH in Glykol, Erkaltenlassen u. Zugabe von W.; 98,5%. — *o-[1.2-Diphenyl-2-chlorvinyl]-benzoesäure* (**II**), $C_{21}H_{15}ClO_2$, F. 199—201° (Bzl.), durch $^3/_4$std. Kochen von 9 g Gemisch der diastereomeren 2.3-Dichlor-2.3-diphenylhydrindone (vgl. DE FAZI u. BANCHETTI, Gazz. chim. ital. **76.** [1946.] 283) mit 5%ig. alkohol. KOH, Einengen, Verdünnen mit W., Ansäuern mit verd. H_2SO_4 u. Absaugen; 2,8 g; daneben *Stereoisomeres*, $C_{21}H_{15}ClO_2$, F. 159—163° (wss. A.), aus dem Filtrat von **II**; 2,7 g. **II**-*Amid*, $C_{21}H_{16}ClNO$, F. 199 bis 201° (Bzl./PAe.), aus 1 g **II** u. $SOCl_2$ u. Rk. des **II**-*Chlorids* mit NH_3; 0,85 g. *Stereoisomeres Amid*, $C_{21}H_{16}ClNO$, F. 154—156°. *Anilid*, $C_{27}H_{20}ClNO$, F. 199—200° (CH_3OH), durch $^1/_4$std. Kochen des Säurechlorids (erhalten aus 2,5 g Gemisch der isomeren Säuren mit $SOCl_2$) in Bzl. mit Anilin, Waschen mit W., verd. HCl u. Na_2CO_3, Trocknen u. Eindampfen; 1,1 g; daneben das *Stereoisomere*, $C_{27}H_{20}ClNO$, F. 130—132° (PAe./Bzl.; Prismen); 1,4 g. — *α.β-Bis-[o-aminocarbonylphenyl]-bibenzyl* (**I**), $C_{28}H_{24}N_2O_2$, F. 240 bis 280° (Zers.; Bzl./PAe.), a) durch 1std. Kochen von 0,5 g **II**-Amid mit 10%ig. KOH in Glykol, Abkühlen, Verdünnen mit A. u. Absaugen; b) aus dem stereoisomeren Amid analog a). — *3.4-Diphenylisocarbostyril*, $C_{21}H_{15}NO$, F. 250—251° (Bzl./PAe.), a) durch $^3/_4$std. Kochen von 1,5 g **II**-Amid mit $NaNH_2$ in Toluol, Abkühlen, vorsichtiges Zers. mit W. u. Einengen der Toluolphase; 0,8 g; b) analog aus dem isomeren Amid. — *1-Chlor-3.4-diphenylisochinolin*, $C_{21}H_{14}ClN$, F. 196—197° (PAe.), durch $^2/_3$std. Erhitzen von 0,4 g vorst. Verb. mit $POCl_3$ auf dem Wasserbad, Abkühlen, Zers. mit Eis u. Alkalisieren mit NaOH; 0,3 g. — *3.4-Diphenylisochinolin*, $C_{21}H_{15}N$, F. 155—156° (wss. A.; Nadeln), durch Red. von 0,2 g vorst. Verb. mit H_2 an Pd-Oxid/$CaCO_3$; 0,15 g. — *3-Methyl-4-phenylisocarbostyril*, F. 280—282°, durch ½std. Kochen von 1 g o-[1-Phenyl-2-chlorpropenyl]-benzamid (vgl. BERTI, Gazz. chim. ital. **81.** [1951.] 868) mit $NaNH_2$ in abs. Toluol, Abkühlen, Zers. mit W., Absaugen, kurzes Kochen mit halbkonz. HCl u. Filtrieren; 0,7 g. — *3-Methyl-4-phenylisochinolinhydrochlorid*, $C_{16}H_{13}N \cdot HCl$, F. 228 bis 231° (Zers.; Ae.; Nadeln), durch katalyt. Red. von 1-Chlor-3-methyl-4-phenylisochinolin (vgl. BERTI, l. c.), Lösen in abs. Ae. u. Einleiten von HCl. — *2.3-Dichlor-2.3-diphenylhydrindongemisch*, F. 110—130°, durch Erhitzen von 1,5 g **II** mit PCl_5 auf dem Wasserbad, Aufnehmen in Bzl., Gießen in W., Waschen der Bzl.-Phase mit Na_2CO_3, $^1/_4$std. Einleiten von NH_3, Waschen mit W., Trocknen u. Eindampfen. — *2-Chlor-3-methoxy-2.3-diphenylhydrindon*, F. 168—170°, aus vorst. Verb. durch Kochen mit CH_3OH. H. KNIESZ. 3231 □

Eine verbesserte Synthese einiger Ketone als Zwischenprodukte des 3-substituierten Isochinolins. Yuichi Kanaoka, Masano Terashima und Tetsuo Kimura. (Chem. pharmac. Bull. [Tokyo] 7. 648—49. Juli 1959. Hokkaido, Univ., Med. School, Pharmaceut. Inst.) (Engl.)

Bei der Darst. von *1-Phenyl-4-[3.4-dimethoxyphenyl]-butanon-(2)* (**I**) u. *1.4-Bis-[3.4-dimethoxyphenyl]-butanon-(2)* (**II**) aus den entsprechenden 1-Cyan-Verbb. konnten die Ausbeuten durch Anwendung der Iminoäther-Meth. gegenüber der Amid-Meth. von SPOERRI u. Mitarbeitern (J. Amer. chem. Soc. **60.** [1938.] 2656; **67.** [1945.] 564) wesentlich verbessert werden. **II** läßt sich durch Umsetzung mit Formamid (**III**), Cyclisierung mit $POCl_3$ u. katalyt. Hydrierung in *3-[3.4-Dimethoxyphenäthyl]-6.7-dimethoxy-1.2.-3.4-tetrahydroisochinolin* umwandeln, dessen *2-Methyl-Verb.* ebenfalls dargestellt wurde. Die aus I erhaltene *Formylamino-Verb.* läßt sich nicht cyclisieren. IR-Banden sind angegeben.

Versuche: *1-Phenyl-1-cyan-4-[3.4-dimethoxyphenyl]-butanon-(2)*, $Kp._{0,02-0,01}$ 180 bis 200°, nach SPOERRI u. Mitarbeitern (l. c.); 75,6% (Ausbeute). — *1-Phenyl-4-[3.4-dimethoxyphenyl]-butanon-(2)* (I), F. 44—46°, durch Sättigen der Lsg. vorst. Verb. in abs. A./$CHCl_3$ mit HCl-Gas unter Eiskühlung, Stehen über Nacht, Zusatz der theoret. Menge W., Eindampfen im Vakuum, 4std. Kochen des Rückstandes mit 10% ig. HCl/A. (1:1), Einengen, Extrahieren mit Bzl. u. Waschen mit Bicarbonat-Lsg.; Nadeln aus Bzl./Hexan; 73,3%. — *2-Carbamoyl-1.4-bis-[3.4-dimethoxyphenyl]-butanon-(2)*, F. 115°, durch 4tägiges Stehen von 1-Cyan-1.4-bis-[3.4-dimethoxyphenyl]-butanon-(2) (**IV**) mit Essigsäure/konz. HCl (1:10), Gießen in W. u. Extrahieren mit $CHCl_3$; aus A. Prismen. — *1.4-Bis-[3.4-dimethoxyphenyl]-butanon-(2)* (**II**), F. 73°, a) durch 6std. Kochen vorst. Verb. mit Essigsäure/10% ig. HCl u. Extrahieren mit Bzl.; schwachgelbe Nadeln aus Methanol; 74%; b) durch Sättigen der Lsg. von **IV** in abs. Ae./Dioxan (1:1) mit HCl-Gas unter Eiskühlung, Stehen über Nacht, Zusatz der theoret. Menge W., Hydrolyse u. Aufarbeitung wie bei **I**; 80%. — *N-[1-Benzyl-1-(3.4-dimethoxyphenäthyl)-methyl]-formamid*, $C_{19}H_{23}NO_3$, F. 107,5—108°, durch 11½std. Kochen von **I** u. **III**, Kühlen, Zugabe von 50% ig. A., Stehen bei 0° über Nacht u. Absaugen; Nadeln aus Essigester; 78,5%; läßt sich nicht zum Dihydroisochinolin-Deriv. cyclisieren. — *N-[1-(3.4-Dimethoxybenzyl)-1-(3.4-dimethoxyphenäthyl)-methyl]-formamid*, $C_{21}H_{27}NO_5$, F. 82—83°, durch 9½std. Kochen von **II** u. **III** analog vorst. Verb.; Nadeln aus Methanol; 83,1%. — *3-[3.4-Dimethoxyphenäthyl]-6.7-dimethoxy-3.4-dihydroisochinolin* (**V**), $C_{21}H_{25}NO_4$, F. 100 bis 101°, durch 4std. Kochen vorst. Verb. mit $POCl_3$ in Bzl., Eindampfen im Vakuum, Digerieren des Rückstandes mit PAe., dann mit abs. A. u. Zerlegen des *Hydrochlorids* (F. 145—148°, hygroskop. gelbe Säulen aus abs. A.; 80%); schwach gelbbraune Säulen aus Bzl./Hexan. UV-Maxima angegeben. *Methosulfat*, F. 143—145°, schwach gelbe Säulen aus Ae./Methanol. — *3-[3.4-Dimethoxyphenäthyl]-6.7-dimethoxy-1.2.3.4-tetrahydroisochinolin*, $C_{21}H_{27}NO_4$, F. 107,5—108,5°, durch 4std. Hydrieren von **V**-Hydrochlorid in Methanol über ADAMS-Katalysator u. Zerlegen des abgeschiedenen *Hydrochlorids* (F. 228—230°, Platten aus W.; 90,4%); Säulen aus Bzl./Hexan. — *2-Methyl-3-[3.4-dimethoxyphenäthyl] 6.7-dimethoxy-1.2.3.4-tetrahydroisochinolin*, F. 87—88°, durch Umwandeln des **V**-Methosulfats über das *Methojodid* (brauner Sirup) in das *Methochlorid* (mit überschüssigem AgCl in Methanol), Hydrieren der methanol. Lsg. über ADAMS-Katalysator u. Freisetzen der Base; Nadeln aus Bzl./Hexan. G. FISCHER. 3231 □

Synthese von Chinolizinderivaten. 9. Mitt. **Synthese von 3.3'-Polymethylendichinolizidinen.** Sadao Ohki und Ichiro Matuo. (Chem. pharmac. Bull. [Tokyo] **7.** 892—95. Dez. 1959. Tokyo, Univ., Fac. of Pharm. Sci. and Central Hospital of Self Defense Force.) (Engl.) — 8. vgl. J. pharmac. Soc. Japan [Yakugakuzasshi] **79.** [1959.] 1522; 5. vgl. C. **1962.** 1607.

Reduktive Cyclisierung von β-[Pyridyl-(2)]-äthylmalonsäurediäthylester (**I**) liefert *4-Oxochinolizidincarbonsäure-(3)-äthylester* (**II**). Kondens. des K-Salzes von **II** mit Polymethylenbromiden liefert entsprechende *ω.ω'-Bis-[4-oxo-3-carbäthoxychinolizidinyl-(3)]-alkane*, die hydrolysiert, decarboxyliert u. mit $LiAlH_4$ zu den *ω.ω'-Bis-[chinolizidinyl-(3)]-alkanen* red. werden. Die entsprechende Äthan-Verb. konnte, vermutlich auf Grund ster. Behinderung, nicht erhalten werden. *1.4-Bis-[chinolizidinyl-(3)]-butan* (**III**) wird über die Pikrate in 3 Isomere aufgetrennt. **III** wird ferner durch Kondens. von **II** mit 1-Brom-4-phenoxybutan (**IV**), Hydrolyse u. Decarboxylierung zu *3-[4-Phenoxybutyl]-4-oxochinolizidin*, Red., Erhitzen mit HBr/Essigsäure u. Kondens. mit **II**, Hydrolyse des Kondens.-Prod., Decarboxylierung u. Red. gewonnen. Die Curareaktivität der synthetisierten Verbb. wird untersucht.

Versuche: Chinolizidine: *3-Äthoxycarbonyl-4-oxo-* (**II**), $Kp._2$ 165°, aus 66 (g) **I** durch 30std. Hydrieren in CH_3OH in Ggw. von Essigsäure u. $Rh-Al_2O_3$-Katalysator bei normalem Druck u. Raum-Temp.; gelbes Öl; 47 g (Ausbeute). — *3-[4-Phenoxybutyl]-4-oxo-*, $Kp._{4,0}$ 230°, aus 22 **II** u. K in Xylol durch 15std. Erhitzen mit **IV** auf 135—140°, 8std. Kochen des Rk.-Prod. in alkohol. KOH, Isolierung der gebildeten Säure u. Decarboxylierung durch 1std. Erhitzen auf 160—180°; gelbes Öl; 14,2 g. — *3-[4-Phenoxybutyl]-*, $C_{19}H_{29}NO$, F. 60° (CH_3OH) u. F. 79—80° (CH_3OH), aus 14,2 g vorst. Verb. durch 8std. Kochen mit $LiAlH_4$ in Ae. u. Chromatographie mit PAe. an Al_2O_3; 10 g. — *1.4-Bis-[chinolizidinyl-(3)]-butan* (**III**), $Kp._{3,0}$ 190—195°, a) aus 20 **II** u. K in Xylol durch 3std. Erhitzen auf 130°, 15std. Erhitzen mit 1.4-Dibrombutan auf 135—140°, 6std. Kochen des Rk.-Prod. in alkohol. KOH, Isolierung der gebildeten Säure, Decarboxylierung durch 1 std. Erhitzen auf 160° u. 10 std. Red. mit $LiAlH_4$ in Tetrahydrofuran; 5,5 g; b) aus 3,0 vorst. Verb. durch 10 std. Erhitzen mit HBr in Essigsäure im Rohr auf 120—130°, Kondens. des Öls mit II-K-Salz u. Decarboxylierung u. Red. wie unter a); 0,2 g. *Bis-jodmethylat*, $C_{24}H_{46}J_2N_2$, F. 291—292° (Zers.), Plättchen. *Dipikrate*, $C_{22}H_{40}N_2 \cdot 2\,C_6H_3N_3O_7$, F. 235—237°, F. 225—227° u. F. 215—217°, Trennung durch Chromatographie mit Ae. an Al_2O_3. — Analog: *1.6-Bis-[chinolizidinyl-(3)]-hexan*, Kp.$_{2,0}$ 155°, aus 18,0 II; gelbes Öl; 3,5 g. *Bis-jodmethylat*, $C_{26}H_{50}J_2N_2$, F. 305—306° (Zers.; CH_3OH), Plättchen. — *1.8-Bis-[chinolizidinyl-(3)]-octan*, Kp.$_{1,0}$ 180°, aus 4,24 II; gelbes Öl; 1,0 g. *Bis-jodmethylat*, $C_{28}H_{54}J_2N_2$, F. 224° (Zers.; CH_3OH), Plättchen. — *1.10-Bis-[chinolizidinyl-(3)]-decan*, Kp.$_{1,0}$ 180°, aus 8,0 II; gelbes Öl; 2,6 g. *Bis-jodmethylat*, $C_{30}H_{58}J_2N_2$, F. 258—260° (Zers.; A.), Plättchen. Eberhard Riedel. 3231 □

Synthese heterocyclischer Stickstoffverbindungen. 124. Mitt. **Synthese von Imidazopyridinderivaten.** 3. Mitt. Torizo Takahashi, Ken Kanematsu, Ryota Ohishi und Tamio Mizutani. (Chem. pharmac. Bull. [Tokyo] **8**. 539—43. Juni 1960. Kyoto, Univ., Fac. of Pharm.) (Engl.) — 123. vgl. J. pharmac. Soc. Japan [Yakugakuzasshi] **80**. [1960.] 651; 120. vgl. C. **1961**. 8290.

2-Brom-3-amino-5-chlorpyridin (**I**) wird mit HCOOH/Acetanhydrid in die *3-Formylamino*-Verb. übergeführt, die mit Dimethylsulfat N-methyliert, anschließend mittels konz. NH_4OH zu *2-Brom-3-methylamino-5-chlorpyridin* hydrolysiert u. mit konz. NH_4OH in Ggw. von $CuSO_4$ in *2-Amino-3-methylamino-5-chlorpyridin* (**II**) übergeführt wird. **II** wird in *1-Methyl-6-chlor-1H-imidazo-[b]-pyridin* umgewandelt. Die entsprechende *3-Methyl-Verb.* wird aus 6-Chlor-1H-imidazo-[b]-pyridin (**III**) durch Umsetzung mit CH_3J gewonnen. 2-Amino-3-nitro-5-brompyridin (**IV**) wird durch Red. mit Hydrazinhydrat (**V**) in Ggw. von Pd-Kohle in guter Ausbeute zu *5-Brom-2.3-diaminopyridin* red., das in *6-Brom-1H-imidazo-[b]-pyridin* (**VI**) übergeführt wird. **VI** liefert bei der Kondens. mit Paraformaldehyd in Ggw. von Piperidin (**VII**) oder Morpholin (**VIII**) das *1(3)-Piperidino-* (**IX**) bzw. *-Morpholinomethyl*-Deriv., die bei der Behandlung mit KCN oder mit Malonsäurediäthylester unter Rückbldg. von **VI**, beim Kochen in Ggw. von Indol z. B. unter Bldg. von **VI** u. *3-Piperidinomethylindol* reagieren.

Versuche: 5-Chlorpyridine: *2-Brom-3-[äthoxycarbonylamino]-*, $C_8H_8BrClN_2O_2$, F. 87° (PAe.), aus 5 (g) **I** u. 7 Chloräthylcarbonat in Pyridin durch 3 std. Rühren bei 10°; Nadeln; 4,0 g (Ausbeute). — *2-Brom-3-formylamino-*, $C_6H_4BrClN_2O$, F. 106—107° (Ae./PAe.), aus 3,5 **I** durch 5 std. Kochen mit HCOOH u. Acetanhydrid; Nadeln; 2,3 g. — *2-Brom-3-methylamino-*, $C_6H_6BrClN_2$, F. 43—44° (Ae./PAe.), aus 5 vorst. Verb. durch 5 std. Kochen mit K_2CO_3 in Dimethylsulfat, Eindampfen u. 3 std. Erhitzen des erhaltenen Öls in A. mit konz. NH_4OH auf 100°; Nadeln; 1,4 g. — *2-Amino-3-methylamino-* (**II**), $C_6H_8ClN_3$, F. 122—124° (Ae./PAe.), aus 0,4 vorst. Verb. durch 20 std. Erhitzen mit konz. NH_4OH in Ggw. von $CuSO_4$ auf 130°; Nadeln; 0,4 g. — *5-Brom-2.3-diaminopyridin*, F. 158—160° (Bzl.), aus 3,0 **IV** u. **V** durch 1½ std. Kochen in A. in Ggw. von Pd-Kohle; Nadeln; 2,0 g. — Imidazo-[b]-pyridine: *6-Chlor-1-methyl-*, $C_7H_6ClN_3$, F. 141° (Bzl./Ae.), aus 0,4 **II** durch 10 std. Kochen mit HCOOH; Prismen; 0,2 g. — *6-Chlor-3-methyl-*, F. 203—205° (PAe.), aus 1,5 **III** durch 10 std. Erhitzen mit CH_3J auf 130°; 0,15 g. — *6-Brom-1(3)-piperidinomethyl-* (**IX**), $C_{12}H_{15}BrN_4$, F. 119—120° (Ae.), aus 1,2 **VI** u. 0,6 **VII** durch 3 std. Kochen mit Paraformaldehyd in Isoamylalkohol; Nadeln; 1,0 g. — *6-Brom-1(3)-morpholinomethyl-*, $C_{11}H_{13}BrN_4O$, F. 111—113°, aus 1,2 **VI** u. 0,6 **VIII** analog **IX**; Nadeln; 1,2 g. — *6-Brom-* (**VI**), $C_6H_4BrN_3$, F. 226—228° (A.), a) aus vorst. Verb. oder **IX** durch Erhitzen in W. mit KCN auf dem sd. Wasserbad; b) aus vorst. Verb. oder **IX** u. Na in A. durch Erhitzen mit Malonsäurediäthylester auf dem Wasserbad. — *3-Piperidinomethylindol*, F. 156—158° (A.), aus 2,0 **IX** durch 3 std. Kochen mit Indol in Toluol; 0,9 g neben 1,0 g **VI**. Eberhard Riedel. 3231 □

Synthese und Untersuchung einiger Acridinverbindungen und ihrer N-Oxide. 1. Mitt. N. M. Woronina, S. W. Puschkarewa, L. B. Radina und N. W. Babikowa. (Журнал Общей Химии [J. allg. Chem.] **30** (**92**). 3476—80. Okt. 1960. Swerdlowsk, Forschungsinst. für die Poliomyelitis-Prophylaxe.) (Russ.)

Zur pharmakolog. Unters. werden verschiedene Derivv. des *9-Aminoacridins* u. des *Acridin-N-oxids* synthetisiert.

Versuche: *9-[3-Diäthylamino-2-hydroxypropylamino]-acridin*, F. 94° (Bzl.), man erhitzt 2,2 g 9-Phenoxyacridin (**I**), 3,5 g Phenol (**II**) u. 1,2 g 3-Diäthylamino-2-hydroxypropylamin (**III**) 40 Min. lang auf dem sd. Wasserbad, behandelt mit 50 ml Ae., extrahiert die äther. Schicht mit 100 ml 10%ig. NaOH u. dampft die äther. Lsg. ein; 52% (Ausbeute). *Dihydrochlorid*, $C_{20}H_{27}Cl_2N_3O$, F. 242—246° (Methanol–HCl); gelbgrün; 58,3%. *N-Oxiddihydrochlorid*, $C_{20}H_{27}Cl_2N_3O_2$, F. 225° (Methanol–HCl), man erhitzt 1,5 g **I**-N-Oxid, 3 g **II** u. 0,75 g **III** ½ Std. auf dem Wasserbad; dunkelgelb; 43,9%. —

2-Methoxy-9-[3-diäthylamino-2-hydroxypropylamino]-acridin, F. 90—92° (Aceton), man verschmilzt 5,0 g 2-Methoxy-9-chloracridin mit 20 g **II** auf dem sd. Wasserbad, gibt 5 g **III** zu, erhitzt 3 Std. u. gießt in Ae.; 47,5%. *Dihydrochlorid*, $C_{21}H_{29}Cl_2N_3O_2$, F. 239 bis 240° (abs. Methanol–Ae.); dunkelgelb; 25%. — *6-Chlor-9-[3-diäthylamino-2-hydroxypropylamino]-acridin*, $C_{20}H_{24}ClN_3O$, F. 135—136° (W.–A.), analog vorst. Verb.; gelb; 31,4%. *N-Oxid*, F. 189—190°, man erhitzt 1 g **IV**-N-Oxid u. 1,52 g **III** 3 Std. auf dem Wasserbad u. gießt in 200 ml Ae.; dunkelrot; 70,5%. *N-Oxiddihydrochlorid*, $C_{20}H_{26}$·$Cl_3N_3O_2$, F. 243—244° (Methanol-HCl); citronengelb; 28,7%. *6-Chlor-9-phenoxyacridin* (**IV**), *N-Oxid*, $C_{19}H_{12}ClNO_2$, F. 150—151° (abs. A.–Pyridin), man gibt zu 1,5 g **IV** in 30 ml Chlf. 0,82 g Perbenzoesäure u. läßt 5 Std. lang Stehen; orangerot; 51%. — *2.6-Dichloracridin*, *N-Oxid*, $C_{13}H_7Cl_2NO$, F. 167—168° (Methyläthylketon), analog vorst. Verb.; orangefarben; 49,8%. — *2.9-Diäthoxy-6-nitroacridin*, *N-Oxid*, $C_{17}H_{16}N_2O_5$, F. 155° (A.–Bzl.); dunkelrot; 38%. — *9-[5-Diäthylaminopentyl-(2)-amino]-acridin*, *N-Oxid*, F. 80°, man gibt zu 1,0 g **I**-N-Oxid in **II** 0,6 g 5-Diäthylamino-2-aminopentan, erhitzt ½ Std. auf dem Wasserbad u. gießt in 150 ml Äther. *N-Oxidtrihydrochlorid*, $C_{22}H_{32}Cl_3N_3O$, F. 162—178° (Zers.; Methanol–HCl); dunkelgelb; 49,4%. — *2-Methoxy-6-chlor-9-[3-diäthylamino-2-hydroxypropylamino]-acridin-N-oxiddihydrochlorid*, $C_{21}H_{28}$·$Cl_3N_3O_3$, F. 235—236° (Zers.; Methanol–HCl), aus 2-Methoxy-6-chlor-9-phenoxyacridin-N-oxid u. **III**; gelb; 73%. HELMUT SCHÄFER. 3231□

Synthese neuer, verschieden substituierter 6-Amino- und 6-Mercaptopurine. Franco Craveri und Giorgio Zoni. (Boll. sci. Fac. Chim. ind. Bologna **16**. 89—91. 1958. Milano, Ist. Medicamenta S. A., Labor. ric.) (Ital.)

Zur Unters. ihrer Eigg. als potentielle Purinantagonisten werden durch Umsetzung von alkylsubstituierten 6-Chlorpurinen mit Dialkylaminen bzw. Thioharnstoff die entsprechenden *6-Dialkylamino-* bzw. *6-Mercaptopurine* dargestellt u. letztere in ihre *S-Alkyl-Derivv.* übergeführt.

Versuche: 2-Methylpurine: *6-Diäthylamino-*, F. 212° (A.), aus 6-Chlor-2-methylpurin u. Diäthylamin nach ROBINS, JONES u. LIN (C. **1957**. 1678). — *6-Di-n-propylamino-*, F. 177,5° (A.). — *6-Di-n-butylamino-*, F. 128° (A.). — *6-Diisobutylamino-*, F. 131° (verd. A.). — 2.8-Dimethylpurine: *6-Dimethylamino-*, F. 266,5° (verd. A.). — *6-Diäthylamino-*, F. 162° (verd. A.). — *6-Di-n-propylamino-*, F. 178,2° (verd. A.). — *6-Di-n-butylamino-*, F. 152° (verd. A.). — *6-Diisobutylamino-*, F. 161° (verd. A.). — *6-Difurfurylamino-*, F. 197° (W.). — 2-Methyl-8-äthylpurine: *6-Dimethylamino-*, F. 227,5° (verd. A.). — *6-Diäthylamino-*, F. 179,2° (verd. A.). — *6-Di-n-propylamino-*, F. 165° (verd. A.). — *6-Di-n-butylamino-*, F. 140,2° (verd. A.). — *6-Diisobutylamino-*, F. 127° (verd. A.). — *6-Difurfurylamino-*, F. 181,8° (Zers.; verd. A.). — 8-Methylpurine: *6-Dimethylamino-*, F. 235° (verd. A.). — *6-Diäthylamino-*, F. 171° (W.). — *6-Di-n-propylamino-*, F. 161,5° (verd. A.). — *6-Di-n-butylamino-*, F. 109° (verd. A.). — *6-Diisobutylamino-*, F. 136,5° (verd. A.). — *6-Difurfurylamino-*, F. 264° (abs. A.). — 6-Alkylmercapto-2-methylpurine: *Äthyl-*, F. 221° (W.). — *n-Propyl-*, F. 197° (W.). — *Allyl-*, F. 212° (W.). — 2.8-Dimethylpurine: *6-Mercapto-*, F. 312,5° (Zers.; Eisessig), aus 6-Chlor-2.8-dimethylpurin u. Thioharnstoff oder aus 6-Hydroxy-2.8-dimethylpurin u. P_2S_5. — *6-Methylmercapto-*, F. 245° (W.). — *6-Äthylmercapto-*, F. 221° (W.). — *6-n-Propylmercapto-*, F. 168° (W.). — *6-n-Butylmercapto-*, F. 172,5° (W.). — *6-Isobutylmercapto-*, F. 191° (W.). — *6-Allylmercapto-*, F. 189,5° (W.). — 2-Methyl-8-äthylpurine: *6-Mercapto-*, F. 270° (verd. Essigsäure). — *6-Methylmercapto-*, F. 235° (verd. A.). — *6-Äthylmercapto-*, F. 131° (verd. A.). — *6-n-Propylmercapto-*, F. 134° (verd. A.). — *6-n-Butylmercapto-*, F. 102° (verd. A.). — *6-Allylmercapto-*, F. 125° (Dioxan/Bzn.). — 8-Methylpurine: *6-Mercapto-*, F. 312—315° (Zers.; verd. Essigsäure). — *6-Methylmercapto-*, F. 223° (Dioxan). — *6-Äthylmercapto-*, F. 210,5° (Dioxan). — *6-n-Propylmercapto-*, F. 213,5° (Dioxan). — *6-n-Butylmercapto-*, F. 179,5° (Dioxan). F. HELLER. 3272□

Synthese von potentiellen Antikrebsmitteln. 22. Mitt. **Reaktionen von Orthoestern mit 4.5-Diaminopyrimidinen.** John A. Montgomery und Carroll Temple jun. (J. org. Chemistry **25**. 395—99. März 1960.) (Engl.) — 21. vgl. C. **1962**. 10423.

4.5-Diamino-2-chlorpyrimidin (**I**) gibt mit Acetanhydrid (**II**) *5-Acetamido-4-amino-2-chlorpyrimidin*. Eine systemat. Unters. der Purin-Synth. aus **I**, 6-Chlor- (**V**) u. 2.6-Dichlor-4.5-diaminopyrimidin (**VI**) mit Orthoameisensäuretriäthylester (**III**) oder Diäthoxymethylacetat (**VII**) zeigt, daß die Rkk. ausgehend von **I** u. **V** über *2-* bzw. *6-Chlor-4-amino-5-äthoxymethylenaminopyrimidin* verlaufen, während **VI** direkt das entsprechende Purin-Deriv. bildet. Ein Zusatz von HCOOH oder Alkansulfonsäuren beschleunigt die Reaktionen. Ähnlich liefert 4.5-Diaminopyrimidin (**VIII**) mit **III** *4-Amino-5-äthoxymethylenaminopyrimidin* (**IX**). Erhitzen von **VIII** oder **IX** mit **VII** auf 180° gibt *Purin*. Beim Vers. der Synth. von *6-Chlor-8-äthylpurin* (**X**) aus **V** u. Orthopropionsäuretriäthylester (**XI**) wurde ein Gemisch von *4-Amino-5-[1-äthoxypropylidenamino]-* (**XII**) u. *4.5-Bis-[1-äthoxypropylidenamino]-6-chlorpyrimidin* (**XIII**) erhalten. **XII** gibt beim Erhitzen mit **XI XIII** u. wenig **X**, beim Erhitzen mit **XI** in Ggw. von **II** dagegen *4-Amino-5-acetylamino-6-chlorpyrimidin.* Trockenes Verschmelzen von **XII** u. **XIII** liefert **X**. Analog verläuft die Rk. von **V** mit Orthoessigsäuretriäthylester (**XIV**) zu *6-Chlor-8-methylpurin.* **X** wird in *6-Mercapto-8-äthylpurin* übergeführt. — Die UV- u. IR-Spektren der dargestellten Pyrimidine u. Purine sind angegeben.

Versuche (FF. korr.): Pyrimidine: *5-Acetamido-4-amino-2-chlor-*, $C_6H_7ClN_4O$, F. 214—215° (Propanol), aus **I** in **II** durch Erwärmen auf 40° u. Stehen über Nacht; 82% (Ausbeute). — *4-Amino-5-[äthoxymethylenamino]-* (**IX**), $C_7H_{10}N_4O$, F. 130°, aus **VIII** u. **III** durch 5 Min. langes Erhitzen auf einer Heizplatte; 66%. — *4-Amino-6-chlor-5-[1-äthoxypropylidenamino]-* (**XII**), $C_9H_{13}ClN_4O$, F. 128° u. nach Wiederverfestigung F. 135°, a) aus **V** u. **XI** in HCOOH durch 2std. Erhitzen auf 100°; 34,5%; b) aus **V** u. **XI** durch 2std. Erhitzen auf 95—100°; 75%. — *6-Chlor-4.5-bis-[1-äthoxypropylidenamino]-* (**XIII**), $C_{14}H_{21}ClN_4O_2$, aus den vorst. unter a) anfallenden HCOOH-Mutterlaugen; hellbraunes Öl; 63,5%. — *4-Amino-6-chlor-5-[1-äthoxyäthylidenamino]-* (**IV**), $C_8H_{11}ClN_4O$, F. 144°, aus **V** u. **XIV** durch 15 Min. langes Erhitzen auf 100—105°; 79,5%. — Purine: *unsubstituiert*, F. 212—214°, aus **VIII** u. **VII** durch 1std. Erhitzen auf 120° u. Kristallisieren aus Essigester/Toluol (3:1); 82%. — *9(7)-Acetyl-*, $C_7H_6N_4O$, F. 167—168°, a) neben vorst. Verb.; b) aus Purin durch Erhitzen mit **II**; 46%. — *6-Chlor-8-äthyl-* (**X**), $C_7H_7ClN_4$, F. 170—172° (Zers.), a) neben **XII** beim Verschmelzen von **V** u. **XI**; b) aus **XII** durch Erhitzen auf 150—160°; 36%; c) aus **XII** durch 1std. Erhitzen in Dimethylsulfoxid auf 140°. — *6-Chlor-8-methyl-*, $C_6H_5ClN_4$, F. 225—227° (Zers.), a) aus **IV** durch 1½std. Erhitzen auf 150—155°; 13%; b) aus **V** u. **XIV** durch 20 Min. langes Erhitzen auf 95—100°, Eindampfen, 1½std. Erhitzen auf 155° u. Sublimieren bei 180°. — *6-Mercapto-8-äthyl-*, $C_7H_8N_4S \cdot {}^1/_3 H_2O$, F. > 260°, aus **X** durch 4std. Kochen in Propanol mit Thioharnstoff; 48%; gibt das W. nur beim Lösen in heißem Methylisobutylketon u. Eindampfen im Vakuum ab. EBERHARD RIEDEL. 3272□

Synthese von potentiellen Antikrebsmitteln. 23. Mitt. **9-Aminohypoxanthin und verwandte Verbindungen.** John A. Montgomery und Carroll Temple jun. (J. Amer. chem. Soc. **82**. 4592—96. 5/9. 1960.) (Engl.) — 22. vgl. vorst. Referat.

5-Amino-4-chlor-6-hydrazinopyrimidin (**I**) wird durch Kondens. mit HCOOH u. Behandlung mit verd. Säure oder Base in *9-Aminohypoxanthin* (**XV**) übergeführt, das durch Diazotierung u. N_2-Abspaltung unter Bldg. von *Hypoxanthin* sowie durch unabhängige Synth. aus 5-Amino-4.6-dichlorpyrimidin (**II**) mit Benzaldehydhydrazon (**III**) bzw. aus **I** mit Benzaldehyd (**IV**) über *5-Amino-6-chlor-4-benzylidenhydrazinopyrimidin* (**XIII**) u. *9-Benzylidenaminohypoxanthin* (**V**) identifiziert wird u. mittels **IV** in **V** zurückgeführt werden kann. **V** wird zu *9-Benzylaminohypoxanthin* red., **I** zu *5-Amino-4-hydrazinopyrimidin* (**XII**), das mit HCOOH *9-Aminopurin* bildet. Umsetzung von **I** mit Orthoameisensäuretriäthylester/Acetanhydrid gibt *9-Acetamido-6-chlorpurin*, das mit Thioharnstoff (**VI**) *9-Acetamido-6-mercaptopurin* bildet. **II** liefert mit Methyl- (**VII**) oder Benzylhydrazin (**VIII**) *6-[1-Methylhydrazino]-* (**XIV**) bzw. *6-[1-Benzylhydrazino]-5-amino-4-chlorpyrimidin* (**IX**), die katalyt. an Pd-Kohle zu *4-[1-Methylhydrazino]-* (**X**) bzw. *4-[1-Benzylhydrazino]-5-aminopyrimidin* (**XI**) red. werden. **IX**, **X** u. **XI** bilden mit HCOOH die entsprechenden *1.2-Dihydropyrimido-[5.4:e]-asymm.-triazine.* — Tabelle der Spektren der gewonnenen Purinderivate.

Versuche: 5-Aminopyrimidine: *4-Chlor-6-hydrazino-* (**I**), $C_4H_6ClN_5$, F. 184°, aus **II** u. Hydrazinhydrat; 40% (Ausbeute). — *4-Hydrazino-* (**XII**), *Hydrochlorid*, $C_4H_7N_5 \cdot HCl$, F. 234° (Zers.; wss. CH_3OH), aus **I** durch Red. in A. an Pd-Kohle; 86%. **XII**, $C_4H_7N_5$, F. 159—161°, aus dem Hydrochlorid durch Behandlung mit Dowex-1; 40%. — *4-Benzylidenhydrazino-6-chlor-* (**XIII**), $C_{11}H_{10}ClN_5$, F. 210° (Zers.), a) aus 750 (mg) **II** u. **III** durch Verrühren bei Raum-Temp.; 240 mg; b) aus 100 **I** u. **IV** in A. durch Stehen über Nacht; 76 mg. — *4-Chlor-6-[1-methylhydrazino]-* (**XIV**), $C_5H_8ClN_5$, F. 203—204° (W.), aus 100 ml **VII** u. 5,0 g **II** durch ½std. Verrühren bei Raum-Temp.; 3,8 g. — *4.6-Bis-[1-methylhydrazino]-*, $C_6H_{13}N_7$, F. 180°, aus den Mutterlaugen der vorst. Verb.; 780 mg. — *4-[1-Benzylhydrazino]-6-chlor-* (**IX**), $C_{11}H_{12}ClN_5$, F. 110°, aus **VIII** u. **II** durch 2std. Kochen in Bzl.; 50%. — *4-Chlor-6-methylamino-*, F. 167° (W.), aus **XIV** durch 1std. Kochen in einer Puffer-Lsg. (pH 7) in Ggw. von RANEY-Ni; Nadeln. — *4-[1-Methylhydrazino]-* (**X**), $C_5H_9N_5$, F. 136°, aus **XIV** durch Hydrierung in W./A. an Pd-Kohle; 55%. — *4-Benzylamino-*, $C_{11}H_{12}N_4$, F. 136—137° (Bzl.), aus **IX** durch 2std. Kochen mit RANEY-Ni in einem pH 7-Puffer. — *4-[1-Benzylhydrazino]-* (**XI**), $C_{11}H_{13}N_5$, F. 100 bis 101°, aus **IX** analog **X**; 59%. — Purine: *9-Acetamido-6-mercapto-*, $C_7H_7N_5OS$, F. 312° (Zers.), aus **I** durch 1std. Verrühren mit Orthoameisensäuretriäthylester u. Acetanhydrid, 1std. Kochen, Eindampfen u. 2std. Kochen in A. mit **VI**; 60%. — *9-Amino-*, $C_5H_5N_5$;

F. >300° (Zers.), aus **XII** durch ½std. Kochen mit HCOOH. — Hypoxanthine: *9-Benzylidenamino-* (**V**), $C_{12}H_9N_5O$, F. >264°, a) aus **IV** u. **XV** in CH_3OH in Ggw. von HCl durch 3std. Verrühren u. 1std. Kochen; 90%; b) aus **XIII** durch 1std. Kochen mit HCOOH. — *9-Benzylamino-*, $C_{12}H_{11}N_5O$, F. >264°, aus **V** durch Hydrierung an Pd-Kohle in A.; 20%. — *9-Amino-* (**XV**), $C_5H_5N_5O$, F. >260°, a) aus **I** durch 4std. Kochen mit HCOOH; 47%; b) aus **V** in 1n HCl, Neutralisieren mit 1n NaOH u. Wasserdampf-Dest.; 75%; c) durch 1std. Kochen von **V** in 1n NaOH; 79%. — *Unsubstituiert*, $C_5H_4N_4O$, a) aus **XV** durch 1std. Kochen mit konz. HCl u. Versetzen der Rk.-Lsg. bei Raum-Temp. mit $NaNO_2$; 65,5%; b) aus **XV** durch 6 Min. langes Erhitzen mit S auf 290—300°. — 1.2-Dihydropyrimido-[5.4:e]-asymm.-triazine: *1-Benzyl-5-chlor-*, $C_{12}H_{10}ClN_5$, F. 182—183° (Zers.), aus **IX** durch 4std. Kochen mit HCOOH; 48,5%. — Analog: *1-Methyl-*, $C_6H_7N_5$, F. 202° (Zers.), aus **X**. — *1-Benzyl-*, $C_{12}H_{11}N_5$, aus **XI**; 46%; Entbenzylierung gelang nicht. Eberhard Riedel. 3272□

Synthese von potentiellen Antikrebsmitteln. 25. Mitt. **Darstellung von 6-Alkoxy-2-aminopurinen.** Rudolf W. Balsiger und John A. Montgomery. (J. org. Chemistry **25.** 1573—75. Sept. 1960.) (Engl.) — 23. vgl. vorst. Referat.

Aus 2-Amino-6-mercaptopurin (**I**) wird durch Chlorierung in CH_3OH *2-Amino-6-chlorpurin* hergestellt, das durch Rk. mit Na-Alkoholaten in den zugehörigen Alkoholen in entsprechende *2-Amino-6-alkoxypurine* übergeführt wird.

Versuche: 2-Aminopurine: *6-Chlor-*, $C_5H_4ClN_5$, aus dem Hydrochlorid in wss. NaOH; 97% (Ausbeute). *Hydrochlorid*, $C_5H_4ClN_5 \cdot HCl$, aus **I** durch Umsetzung mit Cl_2 in CH_3OH bei 15°; 61%. — *6-Methoxy-*, F. >260° (W.), aus vorst. Hydrochlorid durch 18std. Kochen mit Na in CH_3OH u. Neutralisieren mit Eisessig; 85%. — Analog: *6-Äthoxy-*, F. 293° (Zers.; W.); 69,5%. — *6-n-Propoxy-*, F. 208° (W.); 52%. — *6-Isopropoxy-*, F. 177° (W.); 58,5%. — *6-n-Butoxy-*, F. 175° (W./A.); 40%.

Eberhard Riedel. 3272□

Synthese von potentiellen Antikrebsmitteln. 26. Mitt. **Alkylierung von 6-Chlorpurin.** John A. Montgomery und Carroll Temple jun. (J. Amer. chem. Soc. **83.** 630—35. 5/2. 1961.) (Engl.) — 25. vgl. vorst. Referat.

6-Chlorpurin (**I**) kann in Ggw. von Dimethylsulfoxid (**II**) u. K_2CO_3 mit Alkylhalogeniden direkt alkyliert werden. Dabei entstehen überwiegend *9-Alkyl-* neben wenig *7-Alkyl-6-chlorpurinen*, die durch Überführung in ihre 6-Dimethylamino-Derivv. u. die UV-Spektren identifiziert werden u. in in 6-Stellung verschieden substituierte Derivv. umgewandelt werden. Bes. vom *6-Chlor-9-carbäthoxymethylpurin* (**V**) ausgehend, werden diverse Derivv., z. B. über das *6-Mercaptopurinessigsäure-(9)-hydrazid* das entsprechende *Azid* (**IX**), hergestellt. Die synthetisierten Verbb. zeigen keine Antikrebswirkung.

Versuche (FF. korr.): 6-Chlorpurine: *9-Äthyl-*, F. 81—84° (Skellysolve C), aus **I** u. Äthyljodid durch 2std. Rk. in **II** in Ggw. von K_2CO_3 bei 26°, Versetzen mit W. u. Ae.-Extraktion; 50% (Ausbeute). — *7-Äthyl-*, F. 122—123°, aus vorst. anfallenden wss. Rückständen durch Extraktion mit Bzl.; 4,7%. — Analog: *9-β-Hydroxyäthyl-*, F. 154—157° (Bzl.), aus β-Bromäthanol durch 1½std. Rk. bei 90°; 20% (enthält wenig 7-Isomeres). — *9-β-Acetoxyäthyl-*, F. 74—76° (Skellysolve B), aus Essigsäure-β-bromäthylester durch 15std. Rk. bei 26°; 46%. — *9-Benzyl-* (**III**), F. 86—87° (Skellysolve C), aus Benzylchlorid durch 3std. Rk. bei 26°; 38%. — *7-Benzyl-* (**IV**), F. 152—153° (W.), neben **III**; 15%. — *9-β-Chloräthyl-*, F. 108° (Skellysolve C), aus β-Bromäthylchlorid durch 2½std. Rk. bei 26°; 19%. — *6-Chlorpurinessigsäure-(9)*, *Nitril*, F. 134—135° (Bzl./Cyclohexan), aus Chloracetonitril durch 1std. Rk. bei 50°; 35%. *Äthylester* (**V**), F. 93—95° (Skellysolve C), aus Bromessigsäureäthylester durch 2std. Rk. bei 26°; 35%. *Amid* (**VI**), $C_7H_6ClN_5O$, F. 229—231° (Zers.), aus 1,0 g **V** durch 4std. Rk. in fl. NH_3; 490 mg. — 7-Benzylpurine: *6-Hydroxy-*, F. >260° (W.), aus **IV** durch 1std. Kochen mit 1n NaOH; 93%. — *6-Methoxy-*, F. 126—127° (W.), aus **IV** durch 2std. Kochen mit CH_3ONa in CH_3OH; 88%. — *6-Äthylamino-*, *Hydrochlorid*, $C_{14}H_{15}N_5 \cdot HCl$, F. 249—250° (1n HCl), aus **IV** durch 1std. Kochen in 70%ig. wss. Äthylamin; 74%. — *6-p-Chloranilino-*, F. 234—235° (Ae.), aus **IV** durch 2std. Kochen mit p-Chloranilin in Propanol; 72%. — *6-Hydrazino-*, aus **IV** u. 95%ig. Hydrazin; 88%. — *6-Amino-*, $C_{12}H_{11}N_5 \cdot H_2O$, F. 238—239° (Zers.; W.), aus **IV** durch 16std. Erhitzen in mit NH_3 gesätt. A. im Rohr auf 125—130°; 87%. — *Unsubstituiert*, F. 145—146° (W.), aus **IV** durch Hydrieren an Pd-Kohle; 68%. — *6-Mercapto-*, F. 265—266° (1n NaOH), aus **IV** u. Thioharnstoff durch 2std. Rk. in Propanol bei Raum-Temp.; 57%. — *6-Diäthylamino-*, F. 134—135° (Skellysolve C/Bzl.), aus **IV** durch 1½std. Kochen mit 25%ig. wss. Diäthylamin; 77%. — Analog: 9-Benzylpurine: *6-Hydroxy-*, F. >260° (W.), aus **III** durch 1std. Kochen mit 2n NaOH oder 1n HCl; 69 bzw. 87%. — *6-Methoxy-*, F. 128° (W.); 96%. — *6-Amino-*, F. 235° (A./W.); 73%. — *6-Äthylamino-*, *Hydrochlorid*, $C_{14}H_{15}N_5 \cdot HCl$; 73%. — *6-p-Chloranilino-*, *Hydrochlorid*, $C_{18}H_{14}ClN_5 \cdot HCl$, F. 195—196°

(Ae.); 82%. — *6-Hydrazino-*, F. 209—210° (W.); 91%. — *Unsubstituiert*, F. 100—101° (Ae.); 85%. — *6-Mercapto-*, F. > 260° (Propanol); 93%. — *6-Diäthylamino-*, F. 131 bis 132° (Skellysolve C); 77%. — *Purinessigsäure-(9)*, *Äthylester* (**VII**), F. 121—122° (Skellysolve C), aus **V** durch Hydrieren an Pd-Kohle bei Raum-Temp.; 81%. *Freie Säure*, F. 256—257° (Zers.; A.), aus **VII** durch 4std. Hydrolyse in gesätt. wss. $Ba(OH)_2$-Lsg. bei Raum-Temp.; 78,5%. *Amid*, $C_7H_7N_5O$, F. 245° (Zers.), aus **VII** durch 16std. Kochen in mit NH_3 gesätt. A.; 71%. *Hydrazid*, $C_7H_8N_6O$, F. 177° (A.), aus **VII** durch 1std. Umsetzung mit 95%ig. Hydrazin in A. bei Raum-Temp.; 58%. — Purinessigsäuren-(9): *6-p-Chloranilino-*, *Äthylester*, F. 184—185° (Skellysolve C), aus **V** u. p-Chloranilin durch 1std. Kochen in Propanol; 64%. — *6-Mercapto-*, *Äthylester* (**VIII**), F. >260° (A.), aus **V** u. Thioharnstoff durch 1std. Kochen in A.; 88%. *Amid*, F. > 260° (0,3n NaOH), aus **VI** analog **VIII**; 81%. *Hydrazid*, $C_7H_8N_6OS$, F. > 264°, aus **VIII** u. 95%ig. Hydrazin; 80%. *Azid* (**IX**), explodiert bei 142—144°, aus 410 mg Hydrazid durch Diazotierung bei 24°; 350 mg. *Freie Säure*, $C_7H_6N_4O_2S$, F. > 264°, aus **VIII** in 1n NaOH; 94%. — *6-Amino-*, *Amidhydrat*, $C_7H_8N_6O \cdot H_2O$, F. > 264° (W.), aus **V** durch 18std. Erhitzen in mit NH_3 gesätt. A. im Rohr auf 120—125°; 65%. — *6-Hydrazino-*, *Hydrazid*, $C_7H_{10}N_8O$, F. > 264° (W.), aus **V** u. 95%ig. Hydrazin; 51%. — *6-Hydroxy-*, $C_7H_6N_4O_3$, F. > 264°, aus 1,0 g **V** durch 1std. Kochen in 1n HCl; 150 mg. — *6-Methoxy-*, $C_8H_8N_4O_3$, F. 246—248°, aus **V** durch 1std. Kochen mit CH_3ONa in CH_3OH; 48,5%. — *6-Methylmercapto-*, *Äthylester*, $C_{10}H_{12}N_4O_2S$, F. 119° (Cyclohexan), aus **VIII** u. CH_3J durch 1std. Rk. in **II** in Ggw. von K_2CO_3 bei Raum-Temp.; 54%. — *N-[6-Mercaptopurinyl-(9)-methyl]-carbaminsäureäthylester*, $C_9H_{11}N_5O_2S$, F. 217° (A.), aus **IX** durch 4std. Kochen in A.; 10%.

EBERHARD RIEDEL. 3272□

Synthese von potentiellen Antikrebsmitteln. 27. Mitt. **Ribonucleotide von 6-Mercaptopurin und 8-Azaguanin.** John A. Montgomery und H. Jeanette Thomas. (J. org. Chemistry **26.** 1926—29. 13/6. 1961.) (Engl.) — 26. vgl. vorst. Referat.

9-[β-D-Ribofuranosyl]-6-mercaptopurin (**I**) wird durch Umsetzung mit Aceton in Ggw. von $CuSO_4$ u. Äthansulfonsäure (**II**) in das *2'.3'-O-Isopropyliden-Deriv.* (**III**) übergeführt. Das entsprechende *2'.3'-O-Isopropyliden-Deriv.* (**IV**) von 8-Azaguanosin (**V**, 2-Amino-9-[β-D-ribofuranosyl]-6-hydroxy-8-azapurin) wird aus **V** durch Rk. mit Aceton in Ggw. von p-Toluolsulfonsäure (**VI**) hergestellt. Aus **III** bzw. **IV** werden durch Rk. mit β-Cyanäthyldihydrogenphosphat (**VII**) in Pyridin in Ggw. von Dicyclohexylcarbodiimid (**VIII**) die entsprechenden *5'-O-β-Cyanäthylphosphate*, daraus durch Isopropylidengruppenabspaltung u. Hydrolyse in wss. 3n LiOH die *5'-Phosphate* von **I** bzw. **V** gewonnen. — Die UV- u. IR-Spektren sind angegeben.

Versuche (FF. korr.): *O-2-Cyanäthylphosphorsäure* (**VII**), durch 15std. Verrühren von Poly- mit Orthophosphorsäure bei Raum-Temp., Umsetzung mit Hydracrylnitril bei 40° u. Isolierung über das Ba-Salz. — 9-[2'.3'-O-Isopropyliden-β-D-ribofuranosyl]-purine: *6-Mercapto-* (**III**), $C_{13}H_{16}N_4O_4S$, F. 275° (Zers.; W.), aus **I** durch 4std. Rk. mit Aceton in Ggw. von $CuSO_4$ u. **II**; 50% (Ausbeute). — *2-Amino-6-hydroxy-8-aza-* (**IV**), $C_{12}H_{16}N_6O_5$, F. 247° (Zers.; W.), aus **V** u. **VI** durch mehrstd. Verrühren mit Aceton; 54%. — 9-[β-D-Ribofuranosyl]-purin-5'-phosphate: *6-Mercapto-* (*6-Mercaptopurinribonucleotid*), *Ba-Salz*, $C_{10}H_{11}BaN_4O_7PS \cdot 2\,H_2O$, aus **III** u. **VII** durch 2 Tage lange Rk. in Ggw. von **VIII** in Pyridin bei Raum-Temp., 24std. Hydrolyse des Rk.-Prod. in 3n HCl bei Raum-Temp., Neutralisieren mit 6n NaOH u. 15 Min. langes Erhitzen der Rk.-Lsg. mit LiOH auf 100°; 45%. — *2-Amino-6-hydroxy-8-aza-*(*8-Azaguanylsäure*), *Ba-Salz*, $C_9H_{11}BaN_6O_8P$, aus **IV** u. **VII** analog vorst. Verb.; 73%.

EBERHARD RIEDEL. 3272□

Synthese von potentiellen Antikrebsmitteln. 28. Mitt. **Einfache Ester von 6-Mercaptopurinribonucleotid.** John A. Montgomery, H. Jeanette Thomas und Howard J. Schaeffer. (J. org. Chemistry **26.** 1929—33. 13/6. 1961.) (Engl.) — 27. vgl. vorst. Referat.

9-[2'.3'-O-Isopropyliden-β-D-ribofuranosyl]-6-mercaptopurin (**I**) wird mit Phosphorsäurechloriddiphenyl- (**II**), -dibutyl- (**III**) bzw. -diäthylester (**IV**) in die entsprechenden *5'-O.O-Diphenyl-* (**V**) bzw. *5'-O.O-Dialkylphosphate* übergeführt. Hydrolyse dieser Verbb. in 1n LiOH u. Isopropylidengruppenabspaltung liefert die entsprechenden *5'-O-Monophenyl-* bzw. *-alkylphosphate*, die nicht weiter verseift werden können. Das *5'-Phosphat* von **I** wird durch Umsetzung von z. B. **V** mit Na in fl. NH_3 u. nachfolgende Abspaltung der Isopropylidengruppe gewonnen. — Die UV- u. IR-Spektren sind angegeben.

Versuche (FF. korr.): 9-[2'.3'-O-Isopropyliden-β-D-ribofuranosyl]-6-mercaptopurine: *-5'-O.O-diphenylphosphat* (**V**), F. 200—201° (Zers.; CH_3OH), aus **I** u. **II** durch 16std. Rk. in Pyridin bei Raum-Temp.; 68% (Ausbeute). — Analog: *-5'-O.O-dibutylphosphat* (**VI**), F. 179—180° (Zers.; CH_3OH), aus **I** u. **III**; 54%. — *-5'-O.O-diäthyl-*

phosphat, F. 160–161° (CH_3OH), aus I u. IV; 64%. — 9-[β-D-Ribofuranosyl]-6-mercaptopurine: *-5'-O.O-dibutylphosphat*, aus VI in CH_3OH durch 45 Min. langes Erhitzen mit 0,3n HCl auf dem Wasserbad; 80%. — Analog: *-5'-O.O-diphenylphosphat*, aus V; 78%. — *-5'-O.O-diäthylphosphat*; 53%. — *-5'-O-monoäthylphosphat*, F. 159° (Zers.; A.), aus vorst. Verb. durch 5std. Stehen in 6n NaOH; Kristalle; 25%. — Analog: *-5'-O-monophenylphosphat*, F. 208–210° (Zers.; CH_3OH); 20%. — *-5'-O-monobutylphosphat*, F. 206° (Zers.; Isopropanol); 38%. — *-5'-phosphat*, aus V durch Behandeln in fl. NH_3 mit Na, 2std. Erhitzen des Rk.-Prod. in verd. HCl (pH 2,7) auf dem Wasserbad u. Isolierung über das Ba-Salz; 35%. Eberhard Riedel. 3272□

Purine, Pyrimidine und Glyoxaline. 15. Mitt. **Acetyluracile aus Aminen und Aminosäuren. Eine neue Methode zur Untersuchung N-terminaler Reste in Proteinen.** J. H. Dewar und G. Shaw. (J. chem. Soc. [London] **1961.** 3254. Aug. Bradford, Inst. of Technol., Chem. Dep.) (Engl.) — 14. vgl. C. **1961.** 13535.

α-Acetyl-β-äthoxy-N-carbäthoxyacrylamid (I) reagiert mit Aminen u. Aminosäuren unter Bldg. säurestabiler *5-Acetyluracile*. Diese Rk. wird zur Best. N-terminaler Gruppen in Insulin u. Ribonuclease verwendet. Die Stabilität der Uracile gegenüber saurer Hydrolyse wird untersucht.

Versuche: *α-Acetyl-β-äthoxy-N-carbäthoxyacrylamid* (I), $C_{10}H_{15}NO_5$, F. 90°, durch 1std. Kochen von 70 g N-Acetoacetylurethan, 61 g Orthoameisensäuretriäthylester u. Acetanhydrid; aus PAe./Bzl. Nadeln; 58 g (Ausbeute). — *α-Acetyl-β-hydroxy-N-carbäthoxyacrylamid*, $C_8H_{11}NO_5$, F. 57–58°, durch mehrere Min. langes Schütteln von 1 g I mit 2n NaOH; aus W. Nadeln; 0,2 g. — *5-Acetyluracil*, $C_6H_6N_2O_3$, F. 283–285° (Zers.), durch Erhitzen von 2 g I mit 3n NH_4OH; aus A. Prismen; 1,2 g. *2.4-Dinitrophenylhydrazon*, $C_{12}H_{10}N_6O_6$, F. 276° (Zers.); aus Essigsäure orangerote Nadeln. — *5-Acetyl-1-methyluracil*, $C_7H_8N_2O_3$, F. 234°, durch mehrere Min. langes Erwärmen von 0,3 g I in W. mit wss. Methylamin; aus A. Platten; 0,22 g. — *5-Acetyl-1-phenyluracil*, $C_{12}H_{10}N_2O_3$, F. 269°, (Zers.), durch $^1/_2$std. Erwärmen von 1,15 g I u. Anilin in A., mehrstd. Stehen u. Erhitzen von 0,5 g des entstandenen *α-Acetyl-β-anilino-N-carbäthoxyacrylamids* ($C_{14}H_{16}N_2O_4$, F. 118°; aus A. Prismen; 0,96 g) auf 170° (Bad); aus A. Nadeln; 0,41 g. — α-Acetyl-N-carbäthoxyacrylamide: *β-[1-Carboxy-2-mercaptoäthylamino]-*, $C_{11}H_{16}N_2O_6S$, F. 146°, durch 3 Min. langes Erwärmen von 2,76 g I u. 1,95 g L-Cysteinhydrochlorid in W. in Ggw. von Triäthylamin, Kühlen u. Ansäuern mit 10n HCl; aus Essigester/Ae. Nadeln; 2,5 g. — *β-[1.2-Dicarboxyäthylamino]-*, $C_{12}H_{16}N_2O_8$, F. 200° (Zers.), durch 10 Min. langes Erwärmen von 1,12 g L-Asparaginsäure u. 1,84 g I in 2n NaOH/W. (3 : 1); aus W. Nadeln; 2,5 g. — *β-[1.3-Dicarboxypropylamino]-*, $C_{13}H_{18}N_2O_8$, F. 158°, durch 10 Min. langes Erwärmen von 1,84 g I mit L-Glutaminsäure in 2n NaOH; aus Aceton/PAe. Nadeln; 3 g. — *β-L-Prolino-, Sesquihydrat*, $C_{13}H_{18}N_2O_6 \cdot 1^1/_2 H_2O$, F. 75°, durch $^1/_4$std. Erwärmen von 0,24 g L-Prolin, Triäthylamin u. 0,46 g I; aus W. Nadeln; 0,6 g. — *β-[1-Carboxy-4-guanidinobutylamino]-, Hydrochloridhydrat*, $C_{14}H_{23}N_5O_6 \cdot HCl \cdot H_2O$, F. 145°, durch 4std. Schütteln von 0,72 g L-Arginin, $NaHCO_3$ u. 0,92 g I in 50%ig. A.; aus W. Nadeln; 1,5 g. — α-[5-Acetyl-2.4-dioxo-1.2.3.4-tetrahydropyrimidyl-(1)]-essigsäuren: *Unsubstituiert, Hydrat*, $C_8H_8N_2O_5 \cdot H_2O$, F. 200° (Zers.), durch 5 Min. langes Erwärmen von 0,5 g I u. 0,18 g Glycin in 2n NaOH, Kühlen u. Ansäuern mit 10n HCl; aus A. Nadeln; 0,5 g. — *α-Methyl-, $1^3/_4$-Hydrat*, $C_9H_{10}N_2O_5 \cdot 1^3/_4 H_2O$, F. 174° (Zers.), analog vorst. Verb. aus L-Alanin u. I mit Triäthylamin; aus W. Nadeln; 75–100%. — *α-Isopropyl-*, $C_{11}H_{14}N_2O_5$, F. 196° (Zers.), aus I u. L-Valin; aus W. Nadeln. — *α-Isobutyl-, $^3/_4$-Hydrat*, $C_{12}H_{16}N_2O_5 \cdot ^3/_4 H_2O$, F. 153° (Zers.), aus I u. L-Leucin; aus W. Prismen. — *α-sek.-Butyl-*, $C_{12}H_{16}N_2O_5$, F. 187° (Zers.), aus I u. L-Isoleucin; aus W. Prismen. — *α-Benzyl-*, $C_{15}H_{14}N_2O_5$, F. 214° (Zers.), aus I u. L-Phenylalanin; aus W. Nadeln. — *α-[p-Hydroxybenzyl]-, Hydrat*, $C_{15}H_{14}N_2O_6 \cdot H_2O$, F. 183° (Zers.), aus I u. L-Tyrosin; aus W. Nadeln. — *α-Hydroxymethyl-, $^3/_4$-Hydrat*, $C_9H_{10}N_2O_6 \cdot ^3/_4 H_2O$, F. 216° (Zers.), aus I u. L-Serin mit Triäthylamin; aus Aceton Nadeln. — *α-[Mercaptomethyl]-, $^1/_4$-Acetonsolvat*, $C_9H_{10}N_2O_5S \cdot ^1/_4 C_3H_6O$, F. 143° (Zers.), aus I u. L-Cystein. — *α-[1-Hydroxyäthyl]-, Hydrat*, $C_{10}H_{12}N_2O_6 \cdot H_2O$, F. 96° (Zers.), aus I u. L-Threonin; aus Essigester Nadeln. — *α-[2-Methylmercaptoäthyl]-*, $C_{11}H_{14}N_2O_5S$, F. 159° (Zers.), aus I u. L-Methionin; aus Essigester/PAe. Nadeln. — *α-[Indolyl-(3)-methyl]-, $^3/_4$-Hydrat*, $C_{17}H_{15}N_3O_5 \cdot ^3/_4 H_2O$, F. 166° (Zers.), aus I u. L-Tryptophan; aus Aceton/Ae. amorph. — *α-[Carboxymethyl]-*, $C_{10}H_{10}N_2O_7$, F. 209° (Zers.), durch 2std. Kochen nachst. Verb. mit 6n HCl; aus Essigester/PAe. Nadeln. — *α-[Aminocarbonylmethyl]-, Hydrat*, $C_{10}H_{11}N_3O_6 \cdot H_2O$, F. 157° (Zers.), aus I u. L-Asparagin; aus W. Nadeln. — *α-[2-Carboxyäthyl]-, Hydrat*, $C_{11}H_{12}N_2O_7 \cdot H_2O$, F. 180° (Zers.), durch 2std. Kochen nachst. Verb. mit 6n HCl; aus Essigester Nadeln. — *α-[2-(Aminocarbonyl)-äthyl]-, Hemihydrat*, $C_{11}H_{13}N_3O_6 \cdot ^1/_2 H_2O$, F. 187° (Zers.), aus I u. L-Glutamin; aus W. Platten. — *α-[3-Guanidinopropyl]-, Hemihydrat*, $C_{12}H_{17}N_5O_5 \cdot ^1/_2 H_2O$, F. > 300° (Zers.), durch mehrtägiges Stehen von 0,72 g L-Arginin in W. u. 0,92 g I in A. in Ggw. von $NaHCO_3$ bei 40—50°, Kühlen, Ansäuern mit HCl, Ausäthern, Eindampfen der wss. Phase u. Aufnehmen in Dimethylformamid; aus W. Nadeln; 1 g (als *Hydrochloridhemihydrat*). — *α-[Imidazolyl-(4)-methyl]-, Hydrochloridhydrat*, $C_{12}H_{12}N_4O_5 \cdot HCl \cdot H_2O$, F. 236° (Zers.), aus I u. L-Histidin. — *2.6-Bis-[5-Acetyl-2.4-dioxo-1.2.3.4-tetrahydropyrimidyl-(1)]-capronsäure, $2^1/_2$-Hydrat*, $C_{18}H_{20}N_4O_8 \cdot 2^1/_2\ H_2O$, F. 152° (Zers.), aus I u. L-Lysin; aus W. Nadeln. — *β.β'-Dicarboxy-β.β'-bis-[5-acetyluracilyl-(1)]-diäthyldisulfid, Sesquihydrat*, $C_{18}H_{18}N_4O_{10}S_2 \cdot 1^1/_2\ H_2O$, F. 197° (Zers.), aus I u. L-Cystin; aus W. Prismen. — 5-[5-Acetyl-2.4-dioxo-1.2.3.4-tetrahydropyrimidyl-(1)]-3-aza-4-oxopentansäuren: *Unsubstituiert*, $C_{10}H_{11}N_3O_6$, F. 271° (Zers.), aus I u. Glycylglycin; aus W. Nadeln. — *2-Methyl-, Hemihydrat*, $C_{11}H_{13}N_3O_6 \cdot {}^1/_2\ H_2O$, F. 258° (Zers.), aus I u. Glycyl-DL-alanin; aus W. Nadeln. — *2-Isobutyl-*, $C_{14}H_{19}N_3O_6$, F. 237° (Zers.), aus I u. Glycyl-DL-leucin; aus W. Nadeln. — *2-Benzyl-*, $C_{17}H_{17}N_3O_6$, F. 251° (Zers.), aus I u. Glycyl-DL-phenylalanin; aus W. Nadeln. — *2-[p-Hydroxybenzyl]-, Hydrat*, $C_{17}H_{17}N_3O_7 \cdot H_2O$, F. 239° (Zers.), durch mehrere Min. langes Erwärmen von 0,23 g I mit 0,25 g Glycyl-L-tyrosin in 1n NaOH, Kühlen u. Ansäuern mit HCl; aus W. Nadeln; 0,31 g. — *2-[Indolyl-(3)-methyl]-, Hydrat*, $C_{19}H_{18}N_4O_6 \cdot H_2O$, F. 275° (Zers.), analog vorst. Verb. in wss. Triäthylamin aus 0,07 g Glycyl-L-tryptophan u. 0,07 g I; aus A. Nadeln; 0,1 g. — *4-Isobutyl-, Hemihydrat*, $C_{14}H_{19}N_3O_6 \cdot {}^1/_2\ H_2O$, F. 240° (Zers.), aus I u. DL-Leucylglycin; aus W. Nadeln; 80—100%.

P. GOLINSKE. 3272

Purine, Pyrimidine und Imidazole. 16. Mitt. **Einige 1-Aminoimidazole und 9-Aminopurine.** R. N. Naylor, G. Shaw, D. V. Wilson und D. N. Butler. (J. chem. Soc. [London] **1961**. 4845—50. Nov.) (Engl.) — 15. vgl. vorst. Referat.

Hydrazin, Phenylhydrazin, 1.1-Dimethylhydrazin u. 2-Methylsemicarbazid geben mit N-[Carbamoylcyanmethyl]-formimidoäthylester (**I**), -acetimidoäthylester (**II**) oder -benzimidoäthylester (**III**) bzw. N-[Cyan-N-methylcarbamoylmethyl]-acetimidoäthylester (**IV**) *1-Amino-4-aminocarbonyl-* bzw. *1-Amino-4-methylaminocarbonylimidazole*, die zu *9-Aminopurinen* u. *9-Amino-2-azapurinen* cyclisiert werden können. Ähnlich entsteht aus Hydrazin u. N-[Cyanmethyl]-formimidoäthylester (**V**) *1.5-Diaminoimidazol*.

Versuche: *1.5-Diaminoimidazol, Pikrat*, $C_9H_9N_7O_7$, F. 150° (Zers.), durch 5 Min. langes Erhitzen von 0,71 g **V** u. $N_2H_4 \cdot H_2O$ auf 100°, Kühlen u. Zugabe von gesätt. methanol. Pikrinsäure; aus W. gelbe Platten; 0,97 g (Ausbeute). — *N-[Carbamoylcyanmethyl]-benzimidoäthylester* (**III**), $C_{12}H_{13}N_3O_2$, F. 109—110°, durch 20 Min. langes Schütteln von 17,5 g Benzimidoäthylesterhydrochlorid u. 5 g α-Amino-α-cyanacetamid in W. unter Erwärmen; aus Essigester Platten; 7,6 g. — 5-Amino-4-aminocarbonylimidazole: *1-Amino-*, $C_4H_7N_5O$, F. 222—224° (Zers.), durch 5 Min. langes Erhitzen von **I** u. $N_2H_4 \cdot H_2O$ in A. auf 100°; aus Methanol Nadeln. — *1-Anilino-*, $C_{10}H_{11}N_5O$, F. 245—247° (Zers.), durch 5 Min. langes Erhitzen von 0,35 g **I** u. 0,27 g Phenylhydrazin in A. auf 100°; aus A. Nadeln; 0,06 g. — *1-Amino-2-methyl-* (**VI**), $C_5H_9N_5O$, F. 270° (Zers.), durch 5 Min. langes Erwärmen von 0,85 g **II** u. 0,25 ml $N_2H_4 \cdot H_2O$ in A.; aus A. Nadeln; 0,53 g. *Hydrochlorid*, $C_5H_9N_5O \cdot HCl$, F. 240—242°; aus A. Nadeln. *1-Benzylidenamino-Deriv.*, $C_{12}H_{13}N_5O$, F. 246—249°, durch 2std. Kochen von 1 g der Base mit 0,7 g Benzaldehyd in A.; aus A. blaßgelbe Prismen; 1,1 g. — *1-Anilino-2-methyl-* (**VII**), $C_{11}H_{13}N_5O$, F. 300° (Zers.), durch Erwärmen von 0,85 g **II** u. 0,54 g Phenylhydrazin in A.; aus A. Nadeln; 0,63 g. — *1-Dimethylamino-2-methyl-* (**IX**), $C_7H_{13}N_5O$, F. 211° (Zers.), durch mehrere Min. langes Kochen von 1,7 g **II** u. 0,63 ml 1.1-Dimethylhydrazin in A.; aus A. Prismen; 0,96 g. — *1-Amino-2-phenyl-, Hydrochlorid*, $C_{10}H_{11}N_5O \cdot HCl$, F. 210°, durch 4std. Kochen von 1,1 g $N_2H_4 \cdot H_2O$ u. 5 g **III** in A., Abfiltrieren der *Verb.* $C_{20}H_{15}N_7O_2$ (F. > 380°; orangefarbene Kristalle; 0,32 g), Einengen der alkohol. Lsg. u. Sättigen mit HCl; aus wss. A. Nadeln; 4,2 g. — *1-Anilino-2-phenyl-*, $C_{16}H_{15}N_5O$, F. 234—235°, durch 4std. Kochen von 5 g **III** u. 2,34 g Phenylhydrazin in A.; aus A. Nadeln; 5,3 g. — *1-[N-Carbamoyl-N-methylamino]-2-methyl-, Hydrat*, $C_7H_{12}N_6O_2 \cdot H_2O$, F. 164° (Zers.), durch ½ std. Schütteln von 1,74 g **II** u. 0,94 g 2-Methylsemicarbazid in abs. A. bei Raum-Temp. u. ¼std. Kochen; aus A. Prismen; 1,06 g. — *1.5-Diamino-2-methyl-4-[methylaminocarbonyl]-imidazol* (**X**), $C_6H_{11}N_5O$, F. 182°, durch ½ std. Kochen von 0,5 g **IV** in 0,15 ml $N_2H_4 \cdot H_2O$ in A.; aus Essigester oder Methanol Nadeln; 0,36 g. — *1-Anilino-2-methyl-5-amino-4-[methylaminocarbonyl]-imidazol* (**VIII**), *¾-Hydrat*, $C_{12}H_{15}N_5O \cdot {}^3/_4\ H_2O$, F. 272°, durch ¼std. Erhitzen von 0,5 g **IV** u. 0,3 ml Phenylhydrazin in A. auf 100°; aus wss. A. Nadeln; 0,28 g. — *9-Amino-8-methylxanthin*, $C_6H_7N_5O_2$, F. > 350°, durch 2std. Erhitzen von 2 g **VI** u. 2 g Harnstoff auf 185° (Bad), Kühlen auf 40°, Lösen in heißer 1n NaOH, Filtrieren des *Na-Salzes* (*Hydrat*, $C_6H_6N_5NaO_2 \cdot H_2O$, F. > 360°; 0,95 g) u. Ansäuern in W. mit Essigsäure; Nadeln; 0,7 g. — *8-Methylxanthin*, $C_6H_6N_4O_2$, F. > 360°, durch Zugabe von $NaNO_2$ zu 0,5 g vorst. Verb. in W. u. 1n HCl; aus A. Nadeln; 0,25 g. — *9-Ami-*

no-8-methylhypoxanthin, $C_6H_7N_5O$, F. 335° (Zers.), durch 2std. Kochen von 3 g **VI** in Orthoameisensäuretriäthylester u. Acetanhydrid, Eindampfen im Vakuum, Lösen von 2 g des entstandenen *9-Äthoxymethylenamino-8-methylhypoxanthins* ($C_9H_{11}N_5O_2$, F. 260 bis 262°; aus A. Nadeln; 2,4 g) in 1n HCl u. 1std. Kochen; aus wss. A. Nadeln; 1,5 g. — *8-Methylhypoxanthin*, $C_6H_6N_4O$, F. >360°, analog vorvorst. Verb. aus 1 g vorst. Verb.; aus wss. A. Nadeln; 0,7 g. — *1.5-Bis-[formamido]-2-methyl-4-[aminocarbonyl]-imidazol*, $C_7H_9N_5O_3$, F. >360°, durch 2std. Kochen von 3 g **VI** in HCOOH u. Acetanhydrid; aus A. Nadeln; 2,9 g. — *9-Anilino-8-methylhypoxanthin*, $C_{12}H_{11}N_5O$, F. >360°, a) durch 1std. Kochen von 3 g **VII** mit Orthoameisensäuretriäthylester u. Acetanhydrid; aus A. Nadeln; 2,6 g; b) durch 1std. Kochen von 2 g **VII** mit Orthoameisensäuretriäthylester, Eindampfen u. Weiterverarbeiten des entstandenen *1-Anilino-5-äthoxymethylenamino-2-methyl-4-aminocarbonylimidazols* ($C_{14}H_{17}N_5O_2$, F. >360°; aus A. Nadeln; 1,6 g) analog a) mit Acetanhydrid. — *1-Anilino-5-äthoxymethylenamino-2-methyl-4-[methylaminocarbonyl]-imidazol*, $C_{15}H_{19}N_5O_2$, F. 131—132°, durch ½ std. Kochen von 0,25 g **VIII** mit Orthoameisensäuretriäthylester; aus wss. A. Nadeln; 0,07 g. — 6-Methyl-7H-imidazo-[4.5:d]-1.2.3-triazine: *4-Hydroxy-7-amino-*, $C_5H_6N_6O$, F. >360°, durch Zugabe von 1 g **VI** in 2n HCl/W. zu $NaNO_2$ in W.; aus wss. Essigsäure dunkelbraune Platten; 0,87 g. — *4-Hydroxy-7-anilino-*, $C_{11}H_{10}N_6O$, F. 190° (Zers.), analog vorst. Verb. aus 0,55 g **VII**; aus A. blaßgelbe Platten; 0,33 g. — *4-Hydroxy-7-dimethylamino-*, $C_7H_{10}N_6O$, F. 161° (Zers.), analog vorst. Verb. aus 0,44 g **IX**; aus W. Prismen; 0,1 g. — *3-Methyl-4-oxo-7-amino-3.4-dihydro-*, $C_6H_8N_6O$, F. 139°, analog vorst. Verb. aus 0,105 g **X** in 10n HCl; aus wss. A. blaßgelbe Nadeln; 0,1 g. — *3-Methyl-4-oxo-7-anilino-3.4-dihydro-*, $C_{12}H_{12}N_6O$, F. 108—109°, analog vorst. Verb. aus 0,29 g **VIII** in 10n HCl; aus wss. A. blaßgelbe Nadeln; 0,25 g. — *2.3-Dimethyl-5-aminocarbonyl-6-amino-1.2-dihydro-1.2.4-triazin* (?), $C_6H_{11}N_5O$, F. 254° (Zers.), durch Erwärmen von 4,25 g **II** u. 4 g Methylhydrazinsulfat in 1n NaOH/W. unter Schütteln; aus W. Platten; 1,43 g. — *4-Hydroxy-6.7-dimethyl-7.8-dihydro-1.2.4-triazino-[6.5:d]-1.2.3-triazin* (?), $C_6H_8N_6O$, F. 194° (Zers.), durch Zugabe von 0,34 g vorst. Verb. in 1n HCl/W. zu $NaNO_2$ in W. unter Kühlung u. ³/₄std. Stehen; blaßgelbe Prismen; 0,32 g. P. GOLINSKE. 3272

Cyaninfarbstoffe aus Phenazinderivaten. 3. Mitt. **Farbstoffe aus Tetrahydrophenazin.** A. I. Kiprianow und E. A. Ponomarewa. (Украинский Химический Журнал [Ukrain. chem. J.] **26.** 633—36. 1960. Kiew, Univ.) (Russ.) — 2. vgl. C. **1961.** 13533.

Durch Kondens. der Methojodide oder Methomethylsulfate von 1.2.3.4-Tetrahydrophenazin (**I**) u. *6*-Methoxy-1.2.3.4-tetrahydrophenazin (**II**) mit p-Dimethylaminobenzaldehyd (**III**), Na-Formiat (**IV**) u. 2-[β-Acetanilidovinyl]-benzthiazolmethojodid (**V**) werden die entsprechenden *Cyaninfarbstoffe* erhalten. Es wird die Absorption der Verbb. in A. gemessen.

Versuche: *1.2.3.4-Tetrahydrophenazin* (**I**), F. 91—92°, aus o-Phenylendiamin u. Cyclohexandion-(1.2); Reinigung durch Chromatographie an Al_2O_3 aus Ligroin; Prismen. — *1.2.3.4-Tetrahydro-6-methoxyphenazin* (**II**), F. 118—119°, analog **I** aus 3.4-Diaminoanisol; Prismen. — *1-[p-Dimethylaminobenzyliden]-1.2.3.4-tetrahydrophenazin-9-methojodid*, F. 170° (Zers.), aus **I**-Methojodid u. **III**; blau — *1-[p-Dimethylaminobenzyliden]-7-methoxy-1.2.3.4-tetrahydrophenazin-9-methojodid*, $C_{23}H_{26}JN_3O$, F. 190° (Zers.; Methanol), durch 10 Min. langes Kochen von 0,68 g **II**-Methomethylsulfat u. 0,3 g **III** in Acetanhydrid; violett; 37% (Ausbeute). — *Bis-[9-methyl-1.2.3.4-tetrahydrophenazin-(1)]-monomethincyaninjodid*, $C_{27}H_{27}JN_4$, Zers. bei 260—265° (Methanol), man erhitzt 0,55 g **I** u. die äquimol. Menge **IV** 10 Min. lang auf 80°, wäscht mit Ae., läßt mit 0,4 g **IV** in 10 ml Acetanhydrid über Nacht stehen u. fällt mit NaJ aus 70%ig. A.; dunkelgrün; 11,5%. — *Bis-[9-methyl-7-methoxy-1.2.3.4-tetrahydrophenazin-(1)]-monomethincyaninjodid*, $C_{29}H_{31}JN_4O_2$, F. 190° (Zers.; Methanol), aus 0,68 g **II**-Methomethylsulfat u. 0,27 g **IV** in 15 ml Acetanhydrid; grün; 19%. — *[3-Methylbenzthiazol-(2)]-[9-methyl-1.2.3.4-tetrahydrophenazin-(1)]-dicarbocyaninjodid*, $C_{23}H_{22}JN_3S$, Zers. bei 125°, durch 15 Min. langes Kochen von **I**-Methomethylsulfat (aus 0,46 g **I**) mit 0,21 g **V** in Pyridin, Fällen mit KJ-Lsg. u. Chromatographie aus Chlf. an Al_2O_3; dunkles Pulver; 9%. — *[3-Methylbenzthiazol-(2)]-[7-methoxy-9-methyl-1.2.3.4-tetrahydrophenazin-(1)]-dicarbocyaninjodid*, $C_{24}H_{24}JN_3OS$, Zers. bei 130°, man kocht 0,68 g **II**-Methomethylsulfat u. 0,21 g **V** in 10 ml Pyridin 25 Min. lang, fällt mit methanol. NaJ u. Ae. u. chromatographiert aus Chlf. an Al_2O_3; 6%. HELMUT SCHÄFER. 3272 □

Synthese von substituierten Aminophenoxazinen. A. B. Sen und A. K. Roy. (J. Indian chem. Soc. **37.** 647—49. Okt. 1960. Lucknow, Univ., Chem. Dep.) (Engl.)

Mehrere *Aminophenoxazine*, die Alkyl- u./oder Halogengruppen enthalten, werden dargestellt.

Versuche: Diphenylamine: *2'-Hydroxy-2.4-dinitro-5-methyl-6-jod-* (I), $C_{13}H_{10}$·JN_3O_5, F. 122° (A.), durch 2std. Kochen von 3 g 1-Chlor-2-jod-3-methyl-4.6-dinitrobenzol u. 1,4 g o-Aminophenol in A. in Ggw. von 2n Na-Acetat-Lsg.; 3,5 g (Ausbeute). — *2'-Hydroxy-5'-methyl-2.4-dinitro-5-methyl-6-jod-*, F. 110°, analog I; 67%. — *2'-Hydroxy-5'-chlor-2.4-dinitro-5-methyl-6-jod-*, F. 68°; 85%. — *2'-Hydroxy-5'-chlor-2.4-dinitro-5-äthyl-*, F. 195°; 72%. — *N-[2'-Hydroxy-5'-methylphenyl]-2.4-dinitro-α-naphthylamin*, F. 210°; 81%. — *N-[2'-Hydroxy-5'-chlorphenyl]-2.4-dinitro-α-naphthylamin*, F. 190°; 92%. — *N-[2'-Hydroxyphenyl]-1.6-dinitro-β-naphthylamin*, F. 155°; 77%. — *N-[2'-Hydroxy-5'-methylphenyl]-1.6-dinitro-β-naphthylamin*, F. 166°; 89%. — Phenoxazine: *4-Jod-3-methyl-2-nitro-*, $C_{13}H_9JN_2O_3$, F. 205° (Essigsäure), durch Zugabe von 2n NaOH zu 3 g I in A. u. ½ std. Kochen; 2 g. — *4-Jod-3.6-dimethyl-2-nitro-*, F. 285°, analog vorst. Verb.; 81%. — *4-Jod-3-methyl-6-chlor-2-nitro-*, F. 225°; 79,6%. — *3-Äthyl-6-chlor-2-nitro-*, F. 220°; 85,6%. — *2-Nitro-6-methyl-3.4-benzo-*, F. >300°; 92%. — *2-Nitro-6-chlor-3.4-benzo-*, F. >300°; 97%. — *1.2-[3'-Nitrobenzo]-*, F. >300°; 87,2%. — *1.2-[3'-Nitrobenzo]-6-methyl-*, F. 262°; 76%. — Aminophenoxazinpikrate, durch 4std. Hydrieren der Nitrophenoxazine in Eisessig am ADAMS-Kontakt bei 60 lb., Filtrieren, Einengen im Vakuum, Neutralisieren, Aufnehmen der Basen in Bzl., Einleiten von trockenem HCl, Zugabe von gesätt. Pikrinsäure-Lsg. u. Umkristallisieren des grünen bis grünlichgelben Nd. aus A.: *2-Amino-4-jod-3-methyl-*, F. 102°. — *2-Amino-4-jod-3.6-dimethyl-*, F. 131°. — *2-Amino-4-jod-3-methyl-6-chlor-*, F. 137°. — *2-Amino-3-äthyl-6-chlor-*, F. 197°. — *2-Amino-6-methyl-3.4-benzo-*, F. 167°. — *2-Amino-6-chlor-3.4-benzo-*, F. 216°. — *1.2-[3'-Aminobenzo]-*, F. 109°. — *1.2-[3'-Aminobenzo]-6-methyl-*, F. 147°. — *2-Amino-3-äthyl-6-chlorphenoxazinhydrochlorid*, $C_{14}H_{14}Cl_2N_2O$, F. 263° (Zers., abs. A.), durch ¼std. Rühren des entsprechenden Pikrats mit 40%ig. NaOH, Extrahieren mit Bzl. u. Einleiten von trockenem HCl. — *1.2-[3'-Aminobenzo]-6-methylphenoxazinhydrochlorid*, $C_{17}H_{15}ClN_2O$, F. 287° (Zers.), analog vorst. Verbindung. P. GOLINSKE. 3282□

Über die Kondensation aromatischer Basen mit Formaldehyd. Rosarina Carpignano. (Ann. Chimica **48**. 255—62. März 1958. Torino, Univ., Ist. di Chim. organ. ind.) (Ital.)

Kondens. von Formalin (I) mit o-Toluidin (II) im Verhältnis 3:1 in Ggw. von Alkali führt zu einem krist. *trimeren Anhydroformaldehyd-o-toluidin*, dem die Struktur des *N.N'.N''-Tris-[o-tolyl]-hexahydro-symm.-triazins* zugeschrieben wird. Auch die Rk. von I mit Anilin (III) oder p-Toluidin (IV) führt zu *trimerem Anhydroformaldehydanilin* u. zu *trimerem Anhydroformaldehyd-p-toluidin* neben höheren Polymeren. Die UV-Spektren der synthetisierten Verbb. sind graph. aufgeführt u. werden diskutiert.

Versuche (mit Agostino Recrosio): *Anhydroformaldehydanilin*, $(C_7H_7N)_3$, F. 140—141° (Ae.; prismat. Blättchen), durch Einrühren von I in die wss. Lsg. von III innerhalb von 2 Std. unter Kühlung mit W., Abfiltrieren des ausgeschiedenen Rk.-Prod. u. Umkristallisieren; 95% (Ausbeute); daneben in Ae. unlösl. höhere Polymere. — *Anhydroformaldehyd-p-toluidin*, $(C_8H_9N)_3$, F. 127° (Ae.; Nadeln), wie vorst. aus I u. **IV**. — *Anhydroformaldehyd-o-toluidin*, $(C_8H_9N)_3$, F. 110—111° (Ae.; Prismen), durch Zugabe von 120 ml I zu dem Gemisch von 26 g KOH u. 50,3 g **II** in 200 ml W. innerhalb von 10 Min., 10std. Rühren, Ae.-Extraktion, Einengen u. Verreiben des Rückstandes mit A.; 42 g. K.-F. SCHNEIDER. 3313□

Darstellung und Zersetzung von Azoverbindungen. 37. Mitt. Darstellung eines neungliedrigen cyclischen Diketons, 1.2-Dicarbäthoxy-3.9-diphenyl-1.2-diazacyclononandion-(4.8). C. G. Overberger und J. Richard Hall. (J. org. Chemistry **26**. 4359—64. Nov. 1961. Brooklyn, N.Y., Polytechn. Inst., Dep. of Chem.) (Engl.) — 36. vgl. J. Amer. chem. Soc. **83**. [1961.] 1378; 33. vgl. C. **1961**. 8616.

Durch Einw. von Benzyl–MgCl (**I**) auf 2-Benzylidencyclopentanon (**II**) u. Dehydratisierung mit 25%ig. H_2SO_4 wurde in 8—14%ig. Ausbeute das unter UV-Licht fluorescierende *1.2-Dibenzylidencyclopentan* (**III**) erhalten. Die Ausbeute an **III** konnte nicht durch Dehydratisierung des reinen 1-Benzyl-2-benzylidencyclopentanols (**IV**) verbessert werden, wohl aber durch Anwendung eines 50%ig. Überschusses an **I**. Die Dehydratisierung von **IV** mit p-Toluolsulfonsäure (**VII**) in sd. Bzl., mit $SOCl_2$ u. Pyridin (Py.), durch die TSCHUGAEFF-Rk. oder mit KOH bei 200° lieferte nur geringe **III**-Ausbeuten oder untrennbare Gemische. Durch Red. von trans-1.2-Dibenzoylcyclopentan (**V**) mit $LiAlH_4$ zu *trans-1.2-Bis-[α-hydroxybenzyl]-cyclopentan* u. folgende Dehydratisierung mit P_2O_5 oder durch vorst. Meth. konnte ebenfalls kein **III** erhalten werden. Für **III** wird wegen der Fluorescenz trans.trans-Struktur angenommen. Aus **III** u. Azodicarbonsäurediäthylester (**XII**) wurden in sd. Bzl. 93% *3.4-Dicarbäthoxy-2.5-diphenyl-3.4-diaza-$\Delta^{1,6}$-bicyclo-[4.3.0]-nonen* (**VI**) gewonnen, dessen Ozonolyse keine identifizierbaren Prodd. lieferte. Durch Einw. von Perameisensäure u. nachfolgend von NH_4OH ergab **VI** anscheinend das entsprechende Epoxid, das beim Vers. der Hydrolyse mit verd. H_3JO_5 nicht zum erwarteten trans-Diol führte. Diese Verb. entstand aber vermutlich bei der Rk. von **VI** mit tert.-Butylhydroperoxid in Ggw. von OsO_4. Bei der Einw. von OsO_4 auf **VI** in Ggw. von Py. erhielt man den Osmiatester, durch dessen Spaltung mit H_2S *cis-1.6-Dihydroxy-3.4-dicarbäthoxy-2.5-diphenyl-3.4-diazabicyclo-[4.3.0]-nonan* (**VIII**) entstand. Bei den ersten Verss. zeigte **VIII** einen F. von 166,6—167,6° (Bzl.), beim Kristallisieren aus wss. A. fiel der F. auf 151,8—153,1°, doch trat erneute Erstarrung auf, der End-F. betrug 179,0—180,0°. Bei den folgenden Hydroxylierungen wurde nur diese hochschm. Form erhalten. Durch Spaltung mit Pb(IV)-Acetat (**IX**) konnte aus **VIII** *1.2-Dicarbäthoxy-3.9-diphenyl-1.2-diazacyclononandion-(4.8)* (**X**) dargestellt werden. **X** erleidet außerordentlich leicht eine intramol. Aldol-Kondens., die zu *1-Hydroxy-7.8-dicarbäthoxy-6.9-diphenyl-7.8-diazabicyclo-[4.3.0]-nonanon-(5)* (**XI**) führt. So konnte beim Vers. der Darst. des Mono- oder Bis-semicarbazons oder Thioketals [mit Propanthiol-(1.3) + BF_3-Ätherat] nur **XI** erhalten werden. Auch beim Umkristallisieren von **X** mit 75%ig. A. wurde **XI** gebildet. Die Red. der beiden Ketogruppen von **X** zu CH_2-Gruppen gelang ebenfalls nach verschiedenen Meth. nicht. Die Red. von **X** mit $NaBH_4$ führte zu einem untrennbaren Gemisch u. die Hydrierung in Ggw. von W-5 RANEY-Ni anscheinend zu einer *Verb.* $C_{25}H_{26}N_2O_6$.

Versuche: *1.2-Dibenzylidencyclopentan* (**III**), $C_{19}H_{18}$, F. 153,4—156,1° (Bzl. u. wenig Hexan; hellgelbgrünlich), durch Zugabe von **II** in Ae. zu **I** in Ae., $^1/_2$std. Kochen, Zugabe von 25%ig. H_2SO_4 unter Kühlung u. 40minütiges Kochen; 22,5% (Ausbeute). — *1-Benzyl-2-benzylidencyclopentanol* (**IV**), $C_{19}H_{20}O$, F. 56,9—57,6° (verd. A.), aus **I** u. **II** u. Hydrolyse mit gesätt. NH_4Cl-Lsg.; 33,7%. — *trans-1.2-Bis-[α-hydroxybenzyl]-cyclopentan*, $C_{19}H_{22}O_2$, F. 120,6—121,8° (Bzl.-Hexan), durch Zugabe von **V** in Ae.-Tetrahydrofuran zu $LiAlH_4$ in Ae., $1^1/_2$std. Kochen, Zugabe von Äthylacetat u. Einw. von verd. H_2SO_4 bei pH 4—5; 91,4%. — *3.4-Dicarbäthoxy-2.5-diphenyl-3.4-diaza-$\Delta^{1,6}$-bicyclo-[4.3.0]-nonen* (**VI**), $C_{25}H_{28}N_2O_4$, F. 96,1—99,6° (Ae.-Hexan; 1 : 1), durch 3std. Kochen von **III** u. **XII** in Bzl.; 79,2%. — *3.4-Dicarbäthoxy-2.5-diphenyl-3.4-diaza-1.6-epoxybicyclo-[4.3.0]-nonan* (?), $C_{25}H_{28}N_2O_5$, F. 123,4—126,8° (A.), durch 1std. Erhitzen von **VI** in 88%ig. HCOOH + 30%ig. H_2O_2 auf 45°, 23std. Stehen, Eindampfen, Zugabe von konz. NH_4OH zum Rückstand in A. u. 4—5std. Rühren; 59,8%. — *trans-1.6-Dihydroxy-3.4-dicarbäthoxy-2.5-diphenyl-3.4-diazabicyclo-[4.3.0]-nonan* (?), $C_{25}H_{30}N_2O_6$, F. 181,4—183,1° (Bzl.-Hexan), durch Zugabe von **VI** u. 0,5% OsO_4-Lsg. in Dioxan (Dx.) zu 90%ig. H_2O_2 u. tert.-Butanol u. 20std. Kochen. Keine Rk. mit Benzaldehyd u. **VII**. *cis-Verb.* (**VIII**), $C_{25}H_{30}N_2O_6$, F. 166,6 bis 167,6° (Bzl. + wenig Hexan) bzw. F. 153,0—154,1° u. 182,0—183,5° (verd. A.), durch Zugabe von OsO_4 in Dx. zu **VI** in Dx. u. Py. (5 Tropfen), Stehen bei Raum-Temp. (5 Tage) u. Sättigen mit H_2S; 64,8—76,7%. — *1.2-Dicarbäthoxy-3.9-diphenyl-1.2-diazacyclononandion-(4.8)* (**X**), $C_{25}H_{28}N_2O_6$, F. 97,5—103,3° (75%ig. A.), durch Mischen von **VIII** in warmem CH_2Cl_2 mit **IX** in warmem CH_2Cl_2, $^1/_2$std. Stehen, 4std. Kochen u. Stehen ($1^1/_2$ Tage); 70,8%. — *1-Hydroxy-7.8-dicarbäthoxy-6.9-diphenyl-7.8-diazabicyclo-[4.3.0]-nonanon-(5)* (**XI**), $C_{25}H_{28}N_2O_6$, F. 177,6—179,8° (75%ig. A.), durch säurekatalysierte Aldol-Kondens. von **X**. B. GNAUCK. 3390□

Aspekte der Stereochemie. 8. Mitt. Bestimmung der Konfiguration an den Benzylidenacetal-Kohlenstoffatomen in 4.6-O-Benzyliden-D-glucose und 1.3-O-Benzyliden-L-arabinit durch kernmagnetische Resonanzspektroskopie. A. B. Foster, A. H. Haines, J. Homer, J. Lehmann und L. F. Thomas. (J. chem. Soc. [London] **1961**. 5005—11. Nov. Birmingham, Univ., Chem. Dep.) (Engl.) — 6. vgl. C. **1962**. 1988.

4.6-O-Benzyliden-D-glucose (**I**) wird durch KJO_4-Oxydation u. Red. der erhaltenen *2.4-O-Benzyliden-D-erythrose* mit $NaBH_4$ in *1.3-O-Benzyliden-L-erythrit* (**II**) übergeführt, dessen *2.4-Di-O-p-tosyl-Deriv.* (**II a**) durch $LiAlH_4$ in Tetrahydrofuran (THF) zu *1.3-O-Benzyliden-4-desoxy-L-erythrit* (**III**) red. wird. Analog **II** wird aus 1.3-O-Benzyliden-L-arabit (**IV**) *1.3-O-Benzyliden-L-threit* (**V**) dargestellt, dessen *2.4-Di-O-p-tosyl-Deriv.* (**V a**) mit $LiAlH_4$ in sehr geringer Menge *1.3-O-Benzyliden-4-desoxy-L-threit* (?) gibt. Das **V**-*2.4-Di-O-mesyl-Deriv.* (**V b**) wird durch $LiAlH_4$ zu **V** gespalten, mit Na-Benzoat in Dimethylformamid entsteht das *2.4-Di-O-benzoyl-Deriv.* von **II**. Durch Unters. der kernmagnet. Resonanzspektren (vgl. Original) wird für das **II**-Diacetat Sesselform des 1.3-Dioxanringes u. äquatoriale Konformation für die Phenylgruppe am $C_{(2)}$ u. die Acetoxygruppe am $C_{(5)}$ sowie die Acetoxymethylgruppe am $C_{(4)}$ ermittelt. Das **V**-Diacetat ist ein Gleichgewichtsgemisch von Sesselformen mit a-Konformation der Acetoxygruppe am $C_{(5)}$ u. e-Konformation der Phenyl- u. Acetoxymethylgruppe. Die gleiche Konformation wie **II** besitzt auch **III**. Für **I** ergibt sich trans-Verknüpfung von Tetrahydropyran- u. 1.3-Dioxanring mit auf den Dioxanring bezogener e-Konformation der Phenylgruppe. Die Resonanzspektren ergeben für Methyl-2.3-di-O-acetyl-4.6-O-benzyliden-α-D-glucopyranosid gleiche Konformation wie für **I** (axiale OH- bzw. CH_3O-Gruppe, bezogen auf den Tetrahydropyranring), für das β-Isomere äquatoriale Lage der Methoxygruppe. Für das **IV**-Triacetat ergibt sich die gleiche Konformationsinstabilität wie für das **V**-Diacetat.

Versuche: *1.3-O-Benzyliden-L-erythrit* (II), F. 135—137° (Bzl./Bzn.), durch Oxydation von I mit $NaJO_4$, Red. mit $NaBH_4$ u. Chromatographie an Ultrasorb; $[\alpha]_D$ —14° (c = 0,5; Chlf.), —41° (c = 0,8; CH_3OH); 75% (Ausbeute). *2.4-Di-O-acetyl-Deriv.*, F. 81—83,5°; $[\alpha]_D$ —40° (c = 0,27; Chlf.). *2.4-Di-O-benzoyl-Deriv.*, $C_{25}H_{22}O_6$, F. 84—85°, a) aus II; 35%; b) aus V b u. Na-Benzoat in sd. Dimethylformamid (6 Std.); $[\alpha]_{5461}$ —89° (c = 0,5; Chlf.); 3,5%. *2.4-Di-O-mesyl-Deriv.*, $C_{13}H_{18}O_8S_2$, amorph. *2.4-Di-O-p-tosyl-Deriv.* (II a), $C_{25}H_{26}O_8S_2$, F. 184° (Zers.; Bzl./Chlf.); $[\alpha]_D$ —49° (c = 1,0; Chlf.). — *1.3-O-Benzyliden-4-desoxy-L-erythrit* (III), $C_{11}H_{14}O_3$, F. 84—85° (Ae./PAe.), durch 10std. Kochen von II a u. $LiAlH_4$ in THF, Zugeben von $LiAlH_4$, 50std. Kochen u. Zers. mit Äthylacetat; $[\alpha]_D$ —18° (c = 1,0; Chlf.); 58%. *O-Acetyl-Deriv.*, $C_{13}H_{16}O_4$, F. 51—52°; $[\alpha]_{5461}$ —50° (c = 0,1; Chlf.). — *1.3-O-Benzyliden-L-arabit* (IV), F. 149—151° (A. u. wenig NH_4OH), aus L-Arabit, Benzaldehyd u. HCl-Gas, mehrstd. Stehen bei Raum-Temp., Entfernen von HCl im Vakuum, Stehen im Vakuum über KOH u. P_2O_5 u. Lösen in Na_2CO_3 enthaltendem verd. NH_4OH; $[\alpha]_D$ +7,2° (c = 1,38; Pyridin); 66%. *Tri-O-acetyl-Deriv.*, $C_{18}H_{22}O_8$, F. 123—125°; $[\alpha]_D$ +24° (c = 1,04; Chlf.). — *1.3-O-Benzyliden-L-threit* (V), $C_{11}H_{14}O_4$, F. 133—134° (Äthylacetat/PAe.), a) wie II aus 1,1 g IV; $[\alpha]_D$ +8° (c = 1,2; Pyridin); 0,45 g; b) wie III aus V a; 20%. *2.4-Di-O-acetyl-Deriv.*, $C_{15}H_{18}O_6$, F. 74—76°; $[\alpha]_D$ +43° (c = 0,9; Chlf.). *2.4-Di-O-mesyl-Deriv.* (V b), $C_{13}H_{18}O_8S_2$, F. 155 bis 157°; $[\alpha]_D$ +31° (c = 1,7; Chlf.). *2.4-Di-O-p-tosyl-Deriv.* (V a), $C_{25}H_{26}O_8S_2$, F. 116 bis 118°; $[\alpha]_D$ +37° (c = 0,6; Chlf.). — *1.3-O-Benzyliden-4-desoxy-L-threit* (?), $C_{11}H_{14}O_3$, F. 68—70° (Bzn.), aus 50 mg p-Phenylazobenzoat u. CH_3ONa in Chlf./CH_3OH; 21 mg. *2-O-p-Phenylazobenzoyl-Deriv.*, $C_{24}H_{22}N_2O_4$, F. 158—159° (Bzl./Bzn.), durch 336std. Kochen von V a u. $LiAlH_4$ in THF, Verestern des Red.-Prod. (1,1 g) mit p-Phenylazobenzoylchlorid/Pyridin (100°; 3 Std.) u. Chromatographie in Bzl./Bzn. an Al_2O_3.
F. HELLER. 3400□

Aspekte der Stereochemie. 9. Mitt. **Die Struktur der Di-O-benzylidentetrite.** A. B. Foster, A. H. Haines und J. Lehmann. (J. chem. Soc. [London] **1961.** 5011—14. Nov.) (Engl.) — 8. vgl. vorst. Referat.

Die Konstit. von 1.3;2.4-Di-O-benzylidenerythrit (I) wird durch partielle Hydrolyse zu *1.3-O-Benzyliden-DL-erythrit* (II) festgestellt. Analog wird aus 1.3;2.4-Di-O-benzyliden-L-threit (III) *1.3-O-Benzyliden-L-threit* (IV) erhalten. Auf Grund der für II u. IV (vgl. l. c.) ermittelten Konfiguration ergibt sich für I die Struktur des *3e.8e-Diphenyl-trans-2.4.7.9-tetraoxabicyclo-[4.4.0]-decans*, für III die isomere Form mit cis-Verknüpfung der Ringe u. „O-inside"-Struktur. Das trans-Syst. erwies sich als säureinstabiler als das entsprechende cis-System.

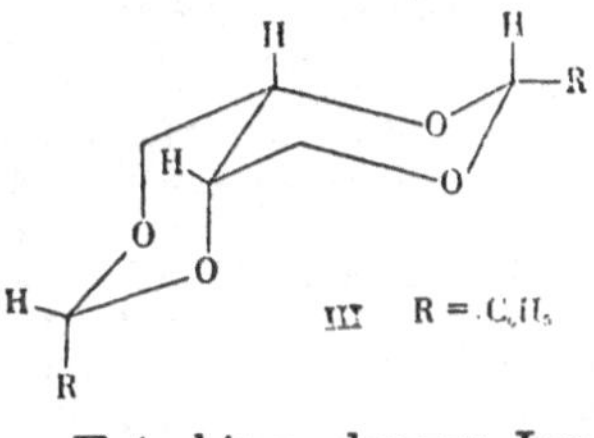

III R = C_6H_5

Versuche: *1.3-O-Benzyliden-DL-erythrit* (II), $C_{11}H_{14}O_4$, F. 108—110° (Bzl./Bzn.), aus 1 g I (F. 201—202°) in 0,5n HCl in Dioxan bei 50° (3/4 Std.), Neutralisieren mit NH_4OH, Eindampfen, Auskochen des Rückstandes mit W. u. Extrahieren der wss. Lsg. mit Chlf.; $[\alpha]_D^{20}$ ±0° (c = 1,5; Chlf.); 0,5 g (Ausbeute). *2.4-Di-O-acetyl-Deriv.*, F. 71 bis 72° (Bzl./Bzn.), durch mehrstd. Stehen von II u. Acetanhydrid/Pyridin; $[\alpha]_D^{20}$ ±0° (c = 1,5; Chlf.); 61%. — *2.4-Di-O-acetyl-1.3-O-benzyliden-L-erythrit*, $C_{15}H_{18}O_6$, F. 81,5 bis 83,5° (Bzl./Bzn.), wie das II-Diacetat; $[\alpha]_D$ —40° (c = 0,27; Chlf.); 74%. — *1.3-O-Benzyliden-L-threit* (IV), F. 131—133° (Bzl./Bzn.), aus 0,17 g III (F. 217—218°) wie II (1/2 Std. bei 50°), Chromatographie der wss. Lsg. in Celite u. Eluieren mit verd. A.; 6,4 mg.
F. HELLER. 3400□

Die Synthese von 1.5-Di-O-trityl-3.4-O-isopropyliden-D-ribulose. D. H. Rammler und D. L. MacDonald. (Arch. Biochem. Biophysics **78.** 359—66. Dez. 1958. Berkeley, Calif., Univ., Dep. of Biochem.) (Engl.)

1.5-Di-O-trityl-3.4-O-isopropyliden-D-ribulose (II) wird aus Benzyl-3.4-O-isopropyliden-β-D-arabinosid (III) synthetisiert. Durch reduktive Debenzylierung u. anschließende Red. in Ggw. von ADAMS-Katalysator entsteht daraus über *3.4-O-Isopropyliden-D-arabinose 3.4-O-Isopropyliden-D-arabit* (I), der durch Tritylierung in Pyridin (Py) u. Oxydation der sek. OH-Gruppe am $C_{(2)}$ mit CrO_3 in Eisessig–Bzl. II ergibt.

Versuche: *3.4-O-Isopropyliden-D-arabinose*, durch Hydrogenolyse von III in Dioxan nach BALLOU (vgl. C. **1957.** 4974). — *3.4-O-Isopropyliden-D-arabit* (I), $C_8H_{16}O_5$, durch Hydrieren vorst. Verb. in 95%ig. A. nach ADAMS; $[\alpha]_D^{23}$ —14,8° (c = 1; Methanol); 97% (Ausbeute). — *1.2.5-Tri-O-acetyl-3.4-O-isopropyliden-D-arabit*, $C_{14}H_{22}O_8$, Kp.$_{0,15}$ 119°, aus vorst. Verb. mit Acetanhydrid in Py; Sirup, $[\alpha]_D^{24}$ + 2,85° (c = 1,6; Chlf.); n_D^{23} 1,4485; 95%. — *1.5-Di-O-trityl-3.4-O-isopropyliden-D-arabit*, $C_{46}H_{44}O_5$, F. 172—173° (A.)

durch 3tägiges Stehen einer Lsg. von **I** u. Triphenylchlormethan in Py; $[\alpha]_D^{24}$ + 4,2° (c = 1,6; Chlf.); 86%. — *1.5-Di-O-trityl-3.4-O-isopropyliden-D-ribulose* (**II**), $C_{46}H_{42}O_5$, F. 187—188° (A.), durch 10 Min. langes Erhitzen vorst. Verb. mit CrO_3 in Bzl.–Eisessig auf 100°; $[\alpha]_D^{24}$ + 32,6° (c = 1,86; Chlf.); 50%. 2std. Erwärmen von **II** mit 50%ig. wss. Essigsäure → *Ribulose. o-Nitrophenylhydrazon*, $C_{52}H_{47}N_3O_6$, F. 197,5—198,5° (A. u. Bzl.–Methanol), durch 8std. Erwärmen von 0,11 g **II** u. o-Nitrophenylhydrazin in A.–Eisessig auf 100°; 0,014 g. — *Benzyl-2-O-acetyl-3.4-O-isopropyliden-β-D-arabinosid*, $C_{17}H_{22}O_6$, Kp.$_{0,3}$ 149°, durch Rk. von **III** mit Acetanhydrid in Py; n_D^{23} 1,5003; $[\alpha]_D^{23}$ —234° (c = 3; Chlf.); 78%. — *Benzyl-2-O-benzoyl-3.4-O-isopropyliden-β-D-arabinosid* (**IV**), $C_{22}H_{24}O_6$, F. 108—109° (A.), durch 18std. Rk. von **III** u. Benzoylchlorid in Py; $[\alpha]_D^{24}$ —202° (c = 1; Chlf.); 99%. — *2-O-Benzoyl-3.4-O-isopropyliden-D-arabinose*, $C_{15}H_{18}O_6$, F. 120 bis 121° (Äthylacetat–Heptan), durch Hydrierung vorst. Verb. an Pd/Kohle in Dioxan; $[\alpha]_D^{23}$ —145° (c = 1; Methanol), nach 2 Tagen —128°. — *2-O-Benzoyl-D-arabinose*, $C_{12}H_{14}O_6$, F. 132—133° (Ae. u. Dioxan), durch reduktive Debenzylierung von **IV** in Dioxan; $[\alpha]_D^{23}$ —152° (c = 0,83; Methanol), nach 4 Tagen —100°. — *Benzyl-2-O-benzoyl-β-D-arabinosid*, $C_{19}H_{20}O_6$, F. 131—132° (Bzl.–Heptan), durch 1½std. Erhitzen von **IV** in 80%ig. Essigsäure auf 100°; $[\alpha]_D^{23}$ —175° (c = 1,6; Chlf.); 84%.

W. HAMPEL. 3400□

Acetylierung von D-Ribosylamin. R. Stuart Tipson. (J. org. Chemistry **26**. 2462—64. Juli 1961. Pittsburgh, Pa., Mellon Inst., Parke, Davis and Co., Multiple Fellowship in Med. Chem.) (Engl.)

Reines *D-Ribosylamin* (**I**) u. *Di-D-ribosylamin* werden synthetisiert u. charakterisiert. Durch Peracetylierung von **I** erhält man *N-Acetyl-tri-O-acetyl-D-ribosylamin*, aus dem durch Entacetylierung *N-[β-D-Ribopyranosyl]-acetamid* entsteht. Durch unimolare Acetylierung von **I** erhält man das α-Anomere u. ein Gemisch der α- u. β-Anomeren von *N-D-Ribopyranosylacetamid.*

Versuche: *D-Ribosylamin* (**I**), $C_5H_{11}NO_4$, F. 128—129° (Zers.), durch Einleiten von NH_3 in abs. Methanol bei 5° u. Zugabe von trockener, fein gepulverter D-Ribose; $[\alpha]_D^{28}$ —35,3° (2 Min.) → —17,4° (43 Std.; c = 1,005; W.); 88% (Ausbeute). — *Di-D-ribosylamin*, $C_{10}H_{19}NO_8$, F. 142—143° (Zers.), durch 4std. Kochen von **I** in abs. Methanol; $[\alpha]_D^{26}$ —58,8° (5 Min.) → —17,2° (53 Std.; c = 1,02; W.); 55%. — *N-Acetyl-tri-O-acetyl-D-ribosylamin*, $C_{13}H_{19}NO_8$, F. 128—130°, durch Zugabe von abs. Pyridin zu 7,5 g **I** bei < 2°, Zutropfen von Acetanhydrid innerhalb von ½ Std. bei < 5°, 12std. Rk. im Kühlschrank, Gießen auf Eis u. Extraktion mit Chlf.; $[\alpha]_D^{22}$ + 35,3° (c = 1,316; Chlf.); 9,6 g. — *N-[β-D-Ribopyranosyl]-acetamid*, $C_7H_{13}NO_5$, F. 195—197°, a) durch 1std. Rk. von 6 g vorst. Verb. mit 0,1n Ba-Methylat in abs. Methanol bei Raum-Temp., Reinigung an Amberlite IR–100 (H^+) u. dann an Amberlite IRA–400 (OH^-); $[\alpha]_D^{21}$ —23,4° (c = 1,006; W.); 2,4 g. — Durch Zugabe von 7,5 g **I** zu einem Eisessig–W.-Gemisch bei 4°, Zugabe von Acetanhydrid, 20 Min. lange Rk. u. Auftrennung an Amberlite MB–3 mit W. wird ein *Gemisch* (F. 172—174°) aus N-[α- u. N-[β-D-Ribopyranosyl]-acetamid erhalten; $[\alpha]_D^{23}$ + 5,6° (c = 1,072; W.); 4,4 g; daneben *N-[α-D-Ribopyranosyl]-acetamid*, F. 198—200° Zers.) $[\alpha]_D^{23}$ + 17,8° (c = 1,013; W.); 0,3 g.

E. SCHRAVEN. 3400□

Äthyl-1-thio-α-D-galaktofuranosid. M. L. Wolfrom, Z. Yosizawa und B. O. Juliano. (J. org. Chemistry **24**. 1529—30. Okt. 1959. Columbus, Ohio, Ohio State Univ., Dep. of Chem.) (Engl.)

Die partielle Demercaptalisierung von D-Galaktosediäthylmercaptal (**I**; F. 140 bis 142°) gibt *Äthyl-1-thio-α-D-galaktofuranosid* (**II**) neben *D-Galaktose* (**III**). **I** wird in wss. Lsg. mit $HgCl_2$ in Ggw. von HgO behandelt u. **II** aus dem erhaltenen **II–III**-Gemisch mit A. extrahiert. Die Identifizierung erfolgt durch Perjodsäureoxydation u. durch die Darst. von **II**-*Tetraacetat.*

Versuche: *Äthyltetra-O-acetyl-1-thio-α-D-galaktofuranosid*, $C_{16}H_{24}O_9S$, F. 50,5 bis 51,5°, aus einer wss. Lsg. von **I** u. $HgCl_2$ in Ggw. von gelbem HgO unter Rühren bei 50°, 40 Min. langes Rühren, Zugabe von wenig Pyridin, Filtrieren, Eindampfen im Vakuum, Extrahieren mit A., Eindampfen u. 24std. Rk. mit Acetanhydrid u. Pyridin bei Raum-Temp., Gießen in Eis-W., Extrahieren mit Chlf. u. Chromatographie an Magnesol-Celite in Bzl./A. (100 : 1); aus PAe.–Ae. feine Nadeln; $[\alpha]_D^{25}$ + 118° (c = 1,11; Chlf.); 43%; daneben 48% **III** (aus dem A.-unlösl. Rückstand). — *Äthyl-1-thio-α-D-galaktofuranosid* (**II**), $C_8H_{16}O_5S$, a) aus **I** nach GREEN u. PACSU [1937]; b) durch 2std. Stehen vorst. Verb. mit gesätt. methanol. NH_3 bei 0°; $[\alpha]_D^{25}$ + 124° (c = 1,36; W.).

W. HAMPEL. 3400□

2.5-Anhydro-L-idose, ein Produkt der Säurehydrolyse von 1.2-O-Isopropyliden-5.6-anhydro-α-D-glucofuranose. C. A. Dekker und T. Hashizume. (Arch. Biochem. Biophysics **78**. 348—58. Dez. 1958. Berkeley, Calif., Univ., Dep. of Biochem.) (Engl.)

Die milde Säurehydrolyse von 1.2-O-Isopropyliden-5.6-anhydro-α-D-glucofuranose ergibt neben *D-Glucose* den neuen Anhydrozucker *2.5-Anhydro-L-idose* (I). Farb-Rkk. anderer Anhydrozucker werden mit denen von I verglichen. — Rk.-Mechanismen werden diskutiert.

Versuche: *1.2-O-Isopropyliden-5.6-anhydro-α-D-glucofuranose*, $C_9H_{14}O_5$, F. 132 bis 133,5°, aus 6-O-Tosyl-1.2-O-isopropyliden-α-D-glucofuranose nach OHLE u. VARGHA [1929]; 80% (Ausbeute). — *2.5-Anhydro-L-idose* (I), durch 5 Min. langes Erhitzen von 1 g vorst. Verb. mit 0,1n H_2SO_4 auf 100°, rasches Abkühlen u. Chromatographie an Cellulosepulver mit 80%ig. A.; $[\alpha]_D^{25}$ + 11,0 ± 0,4° (c = 1; W.); 0,2 g. *Diphenylhydrazon*, $C_{18}H_{20}N_2O_4$, F. 154—156°, durch 2std. Kochen von I u. α.α-Diphenylhydrazin in Alkohol. — *1.6-O-Ditosyl-2.5-anhydro-L-idit*, $C_{20}H_{24}O_9S_2$, F. 148—149,2°, durch 6std. Red. von 0,46 g I mit $NaBH_4$ in W. u. Stehen des Rk.-Prod. mit p-Toluolsulfochlorid in Pyridin über Nacht; aus A.-W. Nadeln; 0,71 g. — *5-Hydroxymethyl-2-furfuraldehyd*, durch Kochen von I mit 0,1n HCl; spektrograph. nachgewiesen. W. HAMPEL. 3400□

Darstellung und Eigenschaften einiger 1.2-trans-Acetylglykosylchloride. W. Korytnyk und J. A. Mills. (Chem. and Ind. **1957.** 817—18. 22/6. Adelaide, Univ., Dep. of Organ. Chem.; C.S.I.R.O., Div. of Biochem. and General Nutrit.) (Engl.)

Zur Darst. von 1.2-trans-Acetylglykosylchloriden in der Pyranose- oder Furanoseform wurde ein Verf. ausgearbeitet. Bei diesem setzt man die 1.2-trans-Acetate von Aldosezuckern der β-D-Reihe in 10—20%ig. Lsg. in Chlf. 30—40 Min. mit ca. 0,5 Mol $AlCl_3$ unter Schütteln um, fällt die anorgan. Salze mit viel Hexan oder Bzl. u. arbeitet die Lsg. auf. Die 1.2-cis-Epimeren bleiben unter diesen Bedingungen unverändert. Neu dargestellt wurden so: *2.3-Di-O-acetyl-4.6-O-benzyliden-β-D-glucopyranosylchlorid* (I; F. 178—179°; $[\alpha]_D^{24}$ —89,2°), *2.3-Di-O-acetyl-4.6-O-äthyliden-β-D-glucopyranosylchlorid* (F. 173—174°; $[\alpha]_D^{21}$ —70,0°), *2.3.4-Tri-O-acetyl-6-O-p-toluolsulfonyl-β-D-glucopyranosylchlorid* (F. 160—161°; $[\alpha]_D^{22}$ + 9,0) u. *Hepta-O-acetyl-β-maltosylchlorid* [F. 125°; $[\alpha]_D^{18}$ + 57,4° (unter energischeren Bedingungen)]. — Die vorst. Synth. klärte ferner die Konstit. von *2.3.4-Tri-O-acetyl-1-chlor-1-desoxy-β-D-glucopyranuronsäuremethylester* (F. 149—150°; $[\alpha]_D^{18}$ —16,9°) u. von *2.5-Di-O-acetyl-1-chlor-1-desoxy-β-D-glucofuranurono-3.6-lacton* [F. 106—107°; $[\alpha]_D^{31}$ + 100° (in Chlf. wie in allen Fällen)]. Bei der Einw. von HCl auf β-D-Mannopyranosepentaacetat in Acetylchlorid wurde aus dem *Prod.* (hauptsächlich *α-Chlorid*) in ca. 1%ig. Ausbeute *Tetra-O-acetyl-β-D-mannopyranosylchlorid* (?; F. 165—166°; $[\alpha]_D^{17}$ —34,1°) abgetrennt. Die Verb. dürfte die 1.2-cis-Konfiguration haben, da sie mit Ag-Acetat in Bzl. relativ langsam *α-D-Mannopyranosepentaacetat* gab. — I ließ sich in Methanol mit Ag_2CO_3 oder Chinolin oder Collidin in ein *Prod.* (II) *vom F. 148—149°* mit Zus. u. erwarteten Eigg. des entsprechenden *1.2-O-[Methylorthoacetats]* überführen. — *3-O-Methyl-D-glucose* entsteht aus II nach NH_3-Behandlung, Methylierung nach PURDIE u. saurer Hydrolyse. — *4.6-O-Benzyliden-β-D-glucopyranose-1.2.3-triacetat* wird aus II mit kaltem Eisessig oder durch Kochen von I mit Ag-Acetat in Bzl. gebildet. W. WILLENBERG. 3400□

Methylderivate von D-Mannosamin. Wolfgang Roth und Ward Pigman. (J. org. Chemistry **26.** 2455—58. Juli 1961. Birmingham, Ala., Univ. of Alabama, Med. Center, Dep. of Med. and Biochem., Arthritis Res. Labor.) (Engl.)

Bei verschiedenen *2-p-Tolylsulfonylglucosen* wird die p-Tolylsulfonyloxygruppe unter WALDEN-Umkehr gegen N_2H_4 ausgetauscht, u. man erhält durch anschließende Red. *2-Amino-2-desoxy-3-O-methyl-D-mannosehydrochlorid*, krist. *2-Amino-2-desoxy-3.5.6-tri-O-methyl-D-mannosehydrochlorid* u. deren krist. *β-Methylglykoside*.

Versuche: *Methyl-2-O-p-tolylsulfonyl-3.5.6-tri-O-benzyl-αβ-D-glucofuranosid*, $C_{35}H_{38}O_8S$, durch 12std. Rk. von Methyl-3.5.6-tri-O-benzyl-αβ-D-glucofuranosid in abs. Pyridin mit p-Toluolsulfochlorid in Chlf., Zugabe von W. u. Extraktion mit Chlf.; farbloser Sirup. — *Methyl-2-O-p-tolylsulfonyl-3.5.6-tri-O-methyl-β-D-glucofuranosid*, $C_{17}H_{26}O_8S$, aus Methyl-3.5.6-tri-O-methyl-β-D-glucofuranosid wie vorst. Verbindung. — *Methyl-2-amino-2-desoxy-3.5.6-tri-O-methyl-β-D-mannofuranosidhydrochlorid*, $C_{10}H_{22}ClNO_5$, F. 227 bis 232° (Zers.; A.), durch 36std. Kochen von 25 g vorst. Verb. mit wasserfreiem N_2H_4, Extraktion mit Ae., Extraktion der Ae.-Lsg. mit W., 6std. Rk. der wss. Phase mit RANEY-Ni bei Raum-Temp., 20std. Hydrierung an RANEY-Ni bei 3 at, Lösen des Eindampfrückstandes in Ae. u. Versetzen mit methanol. HCl; $[\alpha]_D^{20}$ —57,2° (c = 1; W.); 15 g (Ausbeute). — *2-Amino-2-desoxy-3.5.6-tri-O-methyl-D-mannosehydrochlorid*, $C_9H_{20}ClNO_5$, F. >300° (A.), durch 2std. Erhitzen von 12 g vorst. Verb. in 2,5n HCl auf 100°; $[\alpha]_D^{20}$ —13,0° (Endwert; c = 1; W.), + 16,7° (extrap.) → —87° (c = 1; Pyridin); 10 g. — *Methyl-2-O-p-tolylsulfonyl-3-O-methyl-5.6-di-O-benzyl-αβ-D-glucofuranosid*, $C_{29}H_{34}O_8S$, durch Rk. von I mit p-Toluolsulfochlorid; Sirup. — *1.2-O-Isopropyliden-3-O-methyl-5.6-di-O-benzyl-D-glucofuranose*, $C_{24}H_{30}O_6$, Kp.$_{0,003}$ 140°, durch

Zugabe von KOH zu 1.2-O-Isopropyliden-3-O-methyl-D-glucofuranose in abs. Benzylchlorid, 1/2std. Erhitzen auf 100°, Zugabe von KOH, 4std. Erhitzen, Zugabe von W. u. Extraktion mit Ae.; $[\alpha]_D^{20}$ −32,4° (c = 1; Chlf.); 85%. — *Methyl-3-O-methyl-5.6-di-O-benzyl-αβ-D-glucofuranosid* (I), $C_{22}H_{28}O_6$, durch 6std. Kochen vorst. Verb. in Methanol/0,5% HCl u. Neutralisieren mit $PbCO_3$; Sirup; 95%. — *Methyl-3-O-methyl-αβ-D-glucofuranosid*, $C_8H_{16}O_6$, durch 12std. Hydrierung vorst. Verb. an Pd-Schwarz in Tetrahydrofuran; Sirup; 95%. — *Methyl-3-O-methyl-5.6-O-isopropyliden-α-D-glucofuranosid* (II), $C_{11}H_{20}O_6$, $Kp._{0,005}$ 90—92°, durch 10 Tage langes Rühren vorst. Verb. in Aceton mit wasserfreiem $CuSO_4$ u. Dest.; $[\alpha]_D^{20}$ +67,2° (c = 2; Chlf.); 39%. — *Methyl-3-O-methyl-5.6-O-isopropyliden-β-D-glucofuranosid*, $C_{11}H_{20}O_6$, $Kp._{0,005}$ 114—116°, neben vorst. Verb.; $[\alpha]_D^{20}$ 54,1° (c = 1; Chlf.); 42%. — *Methyl-2-O-p-tolylsulfonyl-3-O-methyl-5.6-O-isopropyliden-α-D-glucofuranosid*, $C_{18}H_{26}O_8S$, durch Rk. vorvorst. Verb. mit p-Toluolsulfochlorid; hellgelber Sirup; $[\alpha]_D^{20}$ +75,8° (c = 1; Chlf.); 85%. — *Methyl-2-O-p-tolylsulfonyl-3-O-methyl-5.6-O-isopropyliden-β-D-glucofuranosid*, $C_{18}H_{26}O_8S$, aus vorvorst. Verb. wie vorst. Verb.; hellgelber Sirup; $[\alpha]_D^{20}$ −28,5° (c = 1; Chlf.); 90%. — *Methyl-2-amino-2-desoxy-3-O-methyl-β-D-mannofuranosidhydrochlorid*, $C_8H_{18}ClNO_5$, F.180 bis 185° (Zers.; A.), durch Rk. vorst. Verb. mit N_2H_4 u. anschließender Hydrierung; $[\alpha]_D^{20}$ −90,7° (c = 2; W.); 65%. — *2-Amino-2-desoxy-3-O-methyl-D-mannosehydrochlorid*, $C_7H_{16}ClNO_5$, a) durch 1std. Kochen vorst. Verb. in 2n HCl; b) durch Rk. von II mit N_2H_4, Red. u. 1std. Kochen in 2n HCl; $[\alpha]_D^{20}$ −23,3° (c = 5; W.); Sirup.

E. SCHRAVEN. 3400□

Die Synthese von 2-O-β-D-Xylopyranosyl-L-arabinose. G. O. Aspinall und R. J. Ferrier. (Chem. and Ind. **1957.** 819. 22/6. Edinburgh, Univ., Chem. Dep.) (Engl.)

Das aus Maiskolbenhemicellulose B u. Gerstenhülsen durch Hydrolyse erhaltene *Disaccharid* (vgl. C. **1958.** 13254) hat die Struktur einer *2-O-β-D-Xylopyranosyl-L-arabinose* (I), die durch folgende Synth. bewiesen wurde: Benzyl-β-L-arabopyranosid + Aceton → *Benzyl-3.4-O-isopropyliden-β-L-arabopyranosid*; daraus mit 2.3.4-Tri-O-acetyl-α-D-xylopyranosylbromid nach KOENIGS-KNORR *Benzyl-3.4-O-isopropyliden-2-O-[2.3.4-tri-O-acetyl-β-D-xylopyranosyl]-β-L-arabopyranosid*. Dieses wurde mit Na-Methylat desacetyliert, das Benzylglykosid über Pd/$CaCO_3$ hydrierend gespalten u. durch saure Hydrolyse u. nach chromatograph. Trennung von Xylose u. Arabinose wurde **I** als *Trihydrat* isoliert, das mit dem Natur-Prod. ident. war. W. WILLENBERG. 3400□

Alkalimetallderivate der Saccharose. 4. Mitt. **Das Problem des „fest gebundenen" Ammoniaks.** W. A. P. Black und E. T. Dewar. (J. appl. Chem. **10.** 134—38. März 1960. Inveresk, Musselburgh, Midlothian, Arthur D. Little Res. Inst.) (Engl.) — 2. u. 3. vgl. C. **1962.** 7527.

Bei der Darst. von *Alkalimetallverbb. der Saccharose* (**S**) bringt die Verw. von fl. Methylamin (**I**) an Stelle von fl. NH_3 keine Vorteile. Na ist darin unlösl., Li löst sich langsam unter Bldg. von *Li-Saccharat*, welches noch ca. 1 Mol **I** enthält. Verss., von der Darst. der Saccharate in fl. NH_3 diesen anhaftendes „fest gebundenes" NH_3 durch Extraktion zu entziehen, haben unterschiedlichen Erfolg. Während die SOXHLET-Extraktion von Tri-Na-**S** mit fl. NH_3 nur 18,5% des „fest gebundenen" NH_3 entfernt, erhält man mit Dimethoxyäthan (**II**) ein Prod. mit nur 0,2% NH_3, wobei aber ein Teil des Saccharats in eine *NaOH-Anlagerungs-Verb.* übergeführt wird. Wasserfreies Bzl. extrahiert NH_3 zu 44,8% ohne Verminderung des Na-Gehalts. Vff. gelingt die Darst. *opt.-akt. Saccharose-Derivv.* aus mit Bzl. u. **II** extrahierter Tri-Na-**S** u. 2-Chlor-4.6-bis-[2-chlor-4-nitrophenoxy]-triazin (**III**). Nichtextrahierte Penta- u. Tri-Na-**S** ergibt mit **III** Verbb. mit geringen Drehwerten. Der NH_3-Geh. der Saccharate hat keinen Einfl. auf die Polymerisations-Rk. mit Epichlorhydrin (**IV**). Die γ-Bestrahlung eines Polymeren von Mono-Na-**S** mit **IV** führt zu geringem Abbau unter Bldg. von *Glucose, Fructose*, Spuren von *Saccharose* u. evtl. organ. Säuren.

Versuche: *Monolithiumsaccharose, Methylaminsolvat*, $C_{12}H_{21}LiO_{11} \cdot CH_3NH_2$, durch 4std. Rühren von 6,658 g Saccharose u. Li in fl. **I**; gelbliches Glas; 6,55 g (Ausbeute). — *Saccharose-4.6-bis-[2-chlor-4-nitrophenoxy]-triazin-Deriv.*, durch 7std. Erhitzen von mit Bzl. extrahierter Tri-Na-**S** mit **III** in **II** auf 70—75°; $[\alpha]_D$ +10,1° (c = 2,5).

G. ZUMACH. 3400□

Glykoside und Aglykone. 214. Mitt. **Die digitaloiden Inhaltsstoffe von Pentopetia androsaemifolia Decne.** E. Wyss, Herb. Jäger und O. Schindler. (Helv. chim. Acta **43.** 664—75. 2/5. 1960. Basel, Univ., Organ.-Chem. Inst.) (Dt.) — 213. vgl. C. **1962.** 9727.

Mit Hilfe chromatograph. Meth. konnten aus der Zweigrinde von *Pentopetia androsaemifolia Decne* (*Asclepiadaceae*) die Glykoside *Periplocymarin* (**I**) u. *Cymarin* u. die

Genine *Digitoxigenin* (II) u. *Periplogenin* krist. erhalten werden. Die Anwesenheit von *2-Desoxy-L-fucose* in einem weiteren Glykosid wird vermutet.

Versuche (FF. korr.): Durch Extraktion der aus 1,8 kg trockener Rindenstücke von *Pentopetia androsaemifolia Decne* erhaltenen A.-Auszüge mit Ae., Chlf. u. Chlf./A. (2:1) wurden insgesamt 27 g Rohextrakt erhalten. Reinigung des Ätherextrakts durch Ausschütteln mit PAe. u. Chromatographie an Al_2O_3. *Digitoxigenin* (II), F. 249—255°, aus dem Ae.-Extrakt durch weitere Chromatographie an Al_2O_3; aus Methanol/Ae. Nadeln; $[\alpha]_D^{26}$ $+14{,}6 \pm 2°$ (c = 1,0; Methanol). — *Periplocymarin* (I, F. 138—145°, neben II Nadeln aus Methanol/Ae.; $[\alpha]_D^{26}$ $+24{,}9 \pm 1{,}5°$ (c = 1,4; Methanol). — *2-Desoxy-L-fucose*(?), durch präparative Papierchromatographie neben I u. II u. anschließende Reinigung an Al_2O_3; farbloses Glas; 7 mg (Ausbeute), wahrscheinlich an Digitoxigenin gebunden. — Durch Reinigung des Chlf.-A. (2:1)-Extrakts nach 10tägiger Fermentierung mit Strophantobiase bei 34°, Extraktion des Abdampfrückstandes mit Chlf. (1,75 g Extrakt) u. dessen Chromatographie an Al_2O_3 werden erhalten: I u. wenig II (nach nochmaliger Chromatographie an Al_2O_3). Durch präparative Papierchromatographie von 504 mg Chlf.-Extrakt werden 99,5 mg I, *Cymarin* [F. 138—144°, nach weiterer Chromatographie an SiO_2 durch Eluierung mit Chlf./Methanol; aus Methanol/Ae. Nadeln; $[\alpha]_D^{24}$ $+39{,}2 \pm 2°$ (c = 1,0; Methanol); $[\alpha]_D^{25}$ $+38{,}0 \pm 2°$ (c = 1,0; Chlf.); 30 mg] u. *Periplogenin* [F. 235—237°, nach weiterer Chromatographie an Al_2O_3; aus Aceton/Ae. Nadeln; $[\alpha]_D^{25}$ $+27{,}6 \pm 2{,}5°$ (c = 0,9; Methanol); 15 mg] erhalten.

E. SCHRAVEN. 3450□

Glykoside und Aglykone. 215. Mitt. **Die Glykoside von Strophanthus sarmentosus P. DC.** 10. Mitt. **Untersuchung der stark polaren Cardenolide aus der var. senegambiae (A. DC. [MONACHINO]).** B. Fechtig, O. Schindler und T. Reichstein. (Helv. chim. Acta **43.** 727—54. 2/5. 1960.) (Dt.) — 214. bzw. 9. vgl. vorst. Ref. bzw. C. **1961.** 4349.

In den stark polaren Anteilen der aus den Samen von *Strophanthus sarmentosus var. senegambiae* erhaltenen Extrakte konnten 32 Glykoside nachgewiesen werden. 15 Glykoside wurden krist. in freier Form oder als O-Acetyl-Deriv. isoliert u. erwiesen sich fast alle mit Glykosiden aus den Samen von *S. thollonii* identisch. 3 weitere Stoffe wurden papierchromatograph. nachgewiesen u. 9 vermutet. *Thollosidsäurebutylester*, *Sarmentosid-A-säurebutylester* u. *Tetra-O-acetylthollosidsäure* wurden durch Teil-Synth. erhalten.

Versuche: 18,16 g Chlf.-A.-Extrakt aus 1,3 kg Samen wurden an Kieselgur-W. chromatographiert u. 307 Fraktionen zu 660 g aufgefangen. Zusammenfassung in 15 Gruppen nach Prüfung durch Papierchromatographie, Acetylierung der Rohprodd. nach der üblichen Meth. u. weitere Reinigung durch Chromatographie an Al_2O_3 oder SiO_2. *Sarnovid*, $C_{30}H_{46}O_9$, F. 224—226°; $[\alpha]_D$ $+6{,}9 \pm 2°$ (Methanol); 2370 mg (Ausbeute). *Tri-O-acetylsarnovid*, $C_{36}H_{52}O_{12}$, F. 281—284°; $[\alpha]_D$ $+7{,}8 \pm 2°$ (Methanol); 98 mg. — *Tri-O-acetylsarmentosid E*, $C_{35}H_{46}O_{14}$, F. 290—295°; $[\alpha]_D$ $-25{,}7 \pm 2°$ (Chlf.); 22 mg. — *Tetra-O-acetylbipindosid*, $C_{37}H_{52}O_{14}$, F. 153—156°; $[\alpha]_D$ $-35{,}7 \pm 2°$ (Chlf.); 229 mg; daneben *Acetyl-Verbb.* bisher nicht identifizierter Substanzen: *F'*, amorph, R_F 0,74 (Bzl./Formamid); 14 mg. *G'*, FF. 202—206°/228—232°; R_F 0,49 (Bzl./Formamid); 34 mg. — *Tetra-O-acetylacarbäthosid*, $C_{39}H_{54}O_{16}$, F. 234—238°; Körner aus Methanol/Ae.; $[\alpha]_D$ $-27{,}2 \pm 2°$ (Chlf.); 8 mg. — *Bipindosid*, $C_{29}H_{44}O_{10} \cdot 3\ H_2O$, F. 163—166°; aus W. Prismen; $[\alpha]_D^{23}$ $-22{,}6 \pm 2°$ (c = 1,027; 80%ig. Methanol); 81 mg. — *Tetra-O-acetylaldehydo-sarmentosid A*, $C_{37}H_{50}O_{15}$, F. 162—164°; a) Nadeln aus Methanol/Ae.; $[\alpha]_D$ $-42{,}9° \pm 2°$ (Chlf.); 27 mg; b) durch Acetylierung von 300 mg Sarmentosid A; 284 mg; daneben *Tetra-O-acetylsarmentosid-A-cyclohalbacetal*, $C_{37}H_{50}O_{15}$, F. 248—251°; Spieße; $[\alpha]_D$ $+2{,}2 \pm 2°$ (Chlf.); 96 mg. — *Acetyl-Verb. von den FF. 160—165°/216—220°*; R_F 0,63 (Bzl./Formamid). — *Sarmentosid A*, $C_{29}H_{42}O_{11}$, F. 217—222°; Spieße aus Methanol/Ae.; $[\alpha]_D$ $-33{,}0 \pm 4°$ (80%ig. Methanol); 2688 mg. — *Bipindalosid*, $C_{30}H_{46}O_{10}$, F. 170 bis 171°; Spieße aus Methanol/Ae.; $[\alpha]_D$ $+15{,}2 \pm 2°$ (Methanol). *Tri-O-acetyl-Deriv.*, $C_{36}H_{52}O_{13}$, F. 286—289°; Spieße aus Methanol/Ae.; $[\alpha]_D$ $+19{,}3 \pm 2°$ (Chlf.). — *Sarmentosid D*, $C_{29}H_{42}O_{11}$, F. 277—282°; Spieße aus Methanol/Ae.; $[\alpha]_D$ $-45{,}8 \pm 3°$ (80%ig. Methanol); 114 mg. — *Lokundjosid*, $C_{29}H_{44}O_{10}$, F. 252—258°; Prismen aus Methanol/Ae.; $[\alpha]_D$ $-8{,}4 \pm 2°$ (80%ig. Methanol); 913 mg. — *Tetra-O-acetyllokundjosid*, $C_{37}H_{52}O_{14}$, F. 158—161°, aus den Mutterlaugen vorst. u. vorvorst. Verb. nach Acetylierung (597 mg) durch Chromatographie an Al_2O_3; Körner aus Methanol/Ae.; $[\alpha]_D$ $-24{,}3 \pm 2°$ (Chlf.); 79 mg. — *Tetra-O-acetylsarmentosid-A-säuremethylester*, $C_{38}H_{52}O_{16}$, F. 275—280°; Spieße aus Methanol/Ae.; $[\alpha]_D$ $-26{,}8 \pm 2°$ (Chlf.); 3 mg. — *Tetra-O-acetylsarmentosid D*, $C_{37}H_{50}O_{15}$, F. 194—199°; Blättchen aus Methanol/Ae.; $[\alpha]_D$ $-43{,}5 \pm 2°$ (Chlf.); 12 mg. — *Tetra-O-acetyltholläthosid*, $C_{39}H_{54}O_{16}$, F. 150—154°; Nadeln aus Methanol/Ae., $[\alpha]_D$ $-16{,}9 \pm 2°$ (Chlf.); 18 mg. — *Penta-O-acetylsarmentolosid*, $C_{39}H_{54}O_{16}$, F. 256—261°; Nadeln aus

Methanol/Ae.; $[\alpha]_D$ −45,4 ± 2° (Chlf.); 55 mg. — *Tetra-O-acetyl-aldehydo-thollosid*, $C_{37}H_{50}O_{15}$, F. 172—177°, a) Blättchen aus Methanol/Ae.; $[\alpha]_D$ −31,5 ± 2° (Chlf.); 7 mg; b) durch Acetylierung von Thollosid; 66%; daneben *Tetra-O-acetylthollosidcyclohalbacetal*, $C_{37}H_{50}O_{15}$, F. 169—171°; Nadeln aus Methanol/Ae.; $[\alpha]_D$ +10,4 ± 2° (Chlf.); 22%. — *Thollosid*, $C_{29}H_{42}O_{11}$, F. 250—255°; Prismen aus Methanol/Ae.; $[\alpha]_D$ −18,7 ± 2° (80% ig. Methanol); 1981 mg. — *Zenkosid*, $C_{29}H_{42}O_{11}$, F. 245—249°; Nadeln aus Methanol/Ae.; $[\alpha]_D$ −29,9 ± 2° (80% ig. Methanol); 35 mg. — *Tetra-O-acetylthollosidsäuremethylester*, $C_{38}H_{52}O_{16}$, F. 177—178°; Nadeln aus Methanol/Ae.; $[\alpha]_D$ −16,3 ± 2° (Chlf.); 8 mg. — *Acetyl-Verb. H'*, amorph; R_F 0,78 (Bzl./Formamid). — *Sarhamnolosid*, $C_{29}H_{44}O_{11}$, F. 238 bis 241°; Nadeln aus Aceton/Ae.; $[\alpha]_D$ −12,7 ± 2° (c = 1,204; 80% ig. Methanol); 791 mg. — *Sarmentosid-A-säure*, $C_{29}H_{42}O_{12}$, durch 22tägige Oxydation mit Cu(II)-Acetat u. O_2 aus 60 mg Sarmentosid A u. Reinigung über Amberlite IR-120 (H^+-Form); farbloses, amorphes Harz; 62 mg. — *Thollosidsäuremethylester*, $C_{30}H_{44}O_{12}$, aus 100 mg Thollosidsäure durch 5 Min. lange Rk. mit äther. CH_2N_2 bei 22°; 105 mg. — *Tetra-O-acetylthollosidsäuremethylester*, $C_{38}H_{52}O_{16}$, F. 173—175°, aus 75 mg vorst. Verb. u. Reinigung an Al_2O_3; Nadeln aus Methanol/Ae.; $[\alpha]_D^{21}$ −15,0 ± 2° (c = 1; Chlf.); 31 mg. — *Mono-O-acetylbipindosid*, $C_{31}H_{46}O_{11}$, F. 184—188°, aus Tetra-O-acetylbipindosid durch 6tägige Rk. mit $KHCO_3$ in wss. Methanol; Prismen aus Methanol/Ae.; $[\alpha]_D^{22}$ −34,7 ± 1° (c = 0,837; Chlf.); 84%. E. SCHRAVEN. 3450 □

Partielle Synthese eines Monodigitoxosids von Digitoxigenin. W. Werner Zorbach und Thomas A. Payne jun. (J. Amer. chem. Soc. **81.** 1519. 20/3. 1959. Washington, D.C., Georgetown Univ., Dep. of Chem.) (Engl.)

Durch Kupplung von 3.4-Di-O-[p-nitrobenzoyl]-2.6-didesoxy-D-ribohexosylchlorid mit Digitoxigenin in Abwesenheit eines Säureacceptors u. Verseifung der erhaltenen rohen *O-Acyl-Verb.* wird *3-O-[2.6-Didesoxy-D-ribohexosyl]-digitoxigenin* (**I**; $C_{29}H_{44}O_7$, F. 253,5—258,5°) erhalten. Vgl. mit dem von KAISER u. Mitarbeitern (C. **1957.** 12472) isolierten natürlichen **I** ergaben Unterschiede in der Papierchromatographie u. im IR-Spektrum. Die Hydrolyse von **I** ergibt als Zuckerkomponente *Digitoxose* (*2.6-Didesoxy-D-ribohexopyranose*). Die bestehenden Unterschiede zur natürlichen Form von **I** werden dadurch gedeutet, daß **I** die alternierende anomere Form darstellt. Diese Partial-Synth. eines 2'-Desoxycardenolids bietet sich für die Darst. anderer 2-Desoxyzucker an. W. HAMPEL. 3450 □

Die Nitrierung von Chaksin. Gurbakhsh Singh, G. V. Nair, S. S. Saksena und K. P. Aggarwal. (J. sci. ind. Res. [New Delhi], Sect. B **17.** 90—92. Febr. 1958. New Delhi, Nat. Phys. Labor., Div. of Analyt. Chem.; Hoshiarpur, Panjab Univ. Coll., Dep. of Chem.) (Engl.)

Behandlung von Chaksinnitrat (**I**, $C_{11}H_{20}N_3O_2 \cdot NO_3$, F. 213°) mit konz. H_2SO_4 ergibt *Nitrochaksinsulfat* [**III**, $(C_{11}H_{19}N_4O_4)_2 \cdot SO_4$, F. 170° (Zers.; Nadeln aus wss. A.)]. **III** entsteht auch aus Chaksinsulfat (**II**) durch Rk. mit Nitriersäure. Behandlung von **III** mit $NaHCO_3$-Lsg. u. Chlf.-Extraktion liefert *Nitrochaksin* [**IV**, $C_{11}H_{18}N_4O_4$, F. 171° (Zers.); *Oxalat*, $C_{11}H_{19}N_4O_4 \cdot C_2HO_4$, F. 198° (Zers.)], das mit verd. H_2SO_4 **III** zurückbildet. 4std. Rk. von Chaksinhydrochlorid mit HNO_2 bei Zimmer-Temp. ergibt **I**. Folgende *Chaksinsalze* wurden dargestellt: *Oxalat* [F. 295° (Zers.)], *Sulfat* (**II**) [F. 305° (Zers.)], *Acetat* [F. 210° (Zers.)]. Alkal. Hydrolyse von Chaksin liefert neben *α-Methylpimelinsäure Chaksinsäure* ($C_{10}H_{16}O_6$), die trotz Übereinstimmung der IR-Spektren mit Heptantricarbonsäure-(1.5.7), -(1.6.7), -(1.4.7) u. 2-Methylhexantricarbonsäure-(1.2.6) nicht ident. ist. W. HILLER. 3500 □

Echitamin. T. R. Govindachari und S. Rajappa. (Proc. chem. Soc. [London] **1959.** 134. April. Madras, Presidency Coll., Dep. of Chem.) (Engl.)

Echitamin (**I**) besitzt eine O—CH_3- u. eine N—CH_3- u. keine C—CH_3-Gruppe. Das **I**-*Salz* liegt nicht als Hydrochlorid (vgl. GOODSON [1932]), sondern quaternisiert vor (potentiometr. Titration). IR- u. UV-Spektren sowie katalyt. Red. zur *tert. Base* (**II**; Stereoisomerengemisch) beweisen das Vorliegen eines Dihydroindol-Deriv., in dem das quatern. N durch ein C-Atom vom Indol-N getrennt ist. Methanolabspaltung bei milder alkal. Verseifung gibt „*Desmethylechitamin*", offenbar ein Betain, in dem das quatern. N erhalten bleibt. Acetylierung von **II** zeigt das Vorliegen einer freien NH-Gruppe. Se-Oxydation von **II** gibt neben Indol eine *Base* [Pikrat, F. 253° (Zers.)], deren UV-Spektrum dem von 1'-Methylpyrrolo-[2'.3':3.4]-chinolin ähnelt.

D. BORRMANN. 3500

Ipecacuanha-Alkaloide. 6. Mitt. **Die Ableitung der absoluten Stereochemie der 1-Stellung von Emetin durch chemische Beziehung zu den natürlichen Aminosäuren.** A. R. Battersby, R. Binks und T. P. Edwards. (J. chem. Soc. [London] **1960.** 3474—82. Sept. Bristol, Univ.) (Engl.) — 5. vgl. C. **1961.** 9790.

Durch HOFMANN-Abbau von N-Acetylemetin wird über mehrere Stufen *N-Acetylemetinmethin* (**III**) erhalten, das durch Oxydation in *N-Acetyl-1.2.3.4-tetrahydro-6.7-dimethoxyisochinolyl-(1)-essigsäure* (**VII**) übergeht. **VII** wurde synthetisiert u. in die opt. Antipoden aufgespalten. Deren abs. Konfiguration geht aus einem chem. Vgl. mit (+)-Calycotomin hervor, woraus sich auch die abs. Stereochemie von Emetin (**I**) ergibt. — Einige der dargestellten opt.-akt. *1-substituierten Tetrahydroisochinoline* werden zum Studium der Meth. der Rotationsverschiebung bei der Best. der abs. Konfiguration verwendet.

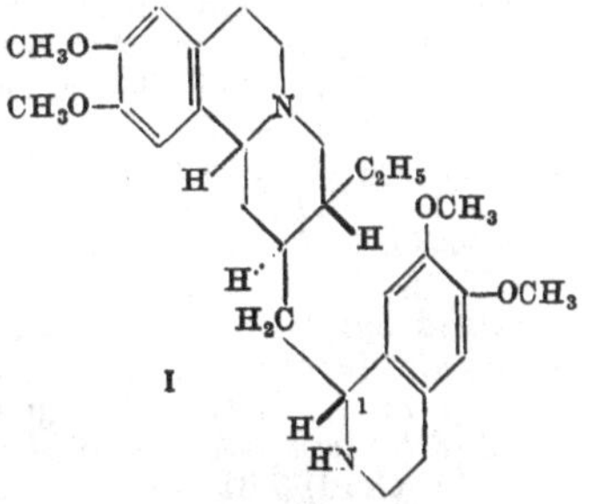

I

Versuche: *N-Acetylemetinmethojodid* (**II**), *trans-Form*, F. 208—210° (Zers.; A.), aus 33 g *N-Acetylemetin* (durch 4std. Erhitzen von **I** mit Acetanhydrid auf 90°) durch 12std. Kochen mit CH_3J in Methanol; 34,8 g (Ausbeute). Daneben 7,2 g *cis-Form* aus der Mutterlauge, gummiartig; 75% (Gesamtausbeute). — *N-Acetyldihydroemetinmethin* (**IV**), *Pikrat*, $C_{38}H_{49}N_5O_{12}$, FF. 132—133° (Tafeln aus A.) u. 142—144° (Prismen aus A.), a) aus 34,6 g trans-**II** durch 1std. Schütteln mit Ag_2O in wss. A. bei 55°, Einengen, Behandeln mit KOH, Eindampfen, 2std. Erhitzen auf 125° (Bad)/1 Torr, Ausäthern, 4std. Hydrieren an PtO_2 bei Zimmer-Temp. u. 760 Torr, Eindampfen, Acetylieren, Aufnehmen in 1n HCl, Ausäthern, Alkalisieren der wss. Phase u. Rk. mit Pikrinsäure; 31,55 g; b) aus 7,2 g cis-**II** analog a); 7,4 g. *Methojodid* (**IVa**), $C_{33}H_{49}JN_2O_5$, F. 241—244° (Zers.), gelbliche Platten aus A.; 72%. *Freie Base*, aus vorst. Pikrat durch Schütteln mit 50%ig. wss. Äthanolamin u. Ausäthern; 98%. — *N-Acetyldihydroemetin-bis-methin*, aus 1 g **IVa** analog **IV**; nicht kristallisierendes Harz; 0,673 g. *Methojodid*, $C_{34}H_{51}JN_2O_5$, aus 0,65 g Base durch 50std. Stehen mit CH_3J in Ae. bei Zimmer-Temp. im Dunkeln; amorphes Pulver. — *N-Acetylemetinmethin* (**III**), aus vorst. Methojodid analog **IV**; $[\alpha]_D^{16}$ −102° (c = 8,4; A.); 87%. — $KMnO_4$-Oxydation von 2,01 g **III** → 0,221 g *6-Äthylveratrumsäure*, F. 142—143° (W.). Ozonisieren von **III** in Äthylchlorid bei −70°, Einengen, Kochen des rohen *Ozonids* (**O**) mit W., Dest. u. Rk. mit 2.4-Dinitrophenylhydrazin → *Äthylmethylketon-2.4-dinitrophenylhydrazon*, F. 113 bis 114,5° (A.). Aufarbeitung von **O** mit H_2O_2 → (−)-**VII**. — (±)-*1-Cyanmethyl-3.4-dihydro-6.7-dimethoxyisochinolin* [(±)-**V**], aus N-Cyanacetyl-3.4-dimethoxyphenäthylamid durch 2½std. Kochen mit Celite u. P_2O_5 in abs. Toluol; 65%. (−)-**V**, Kp.$_{0,01}$ 160° (Bad), aus (±)-**V** durch 3tägiges Stehen mit (−)-O.O-Dibenzoylweinsäure in A. bei Zimmer-Temp. u. Aufarbeiten des Tartrats; $[\alpha]_D$ −26,9° (A.). Daneben (+)-**V**, $[\alpha]_D$ +23,8° (A.). — (±)-*N-Acetyl-1.2.3.4-tetrahydro-6.7-dimethoxyisochinolyl-(1)-essigsäureäthylester* [(±)-**VI**], $C_{17}H_{23}NO_5$, F. 94—95°, aus 0,5 g (±)-**V** durch Acetylieren; Nadelbüschel aus W.; $[\alpha]_D$ +15,2° (A.); 0,445 g. (+)-**VI**, F. 113—114° (W.), analog aus (−)-**V**; $[\alpha]_D^{20}$ +124° (c = 1,16; A.). (−)-**VI**, analog aus (+)-**V**; $[\alpha]_D$ +23,8°. — (±)-*N-Acetyl-1.2.3.4-tetrahydro-6.7-dimethoxyisochinolyl-(1)-essigsäure* [(±)-**VII**], $C_{15}H_{19}NO_5$, F. 154—155° (W.), aus 0,445 g (±)-**VI** durch mehrstd. Stehen mit alkohol. NaOH bei Zimmer-Temp., Versetzen mit K_2CO_3, Ausäthern, Ansäuern u. Extrahieren mit Essigester; 0,353 g. (−)-**VII**, F. 99—102°, analog aus (−)-**VI**; Nadeln aus W., $[\alpha]_D^{20}$ −141° (c = 1,23; A.), $[\alpha]_D^{19}$ −144° (c = 2,4; A.). (+)-**VII**, neben (−)-**VII**, $[\alpha]_D^{20}$ +145° (c = 1,14; A.). — *N.O-Dimethansulfonylcalycotomin* (**VIII**), $C_{14}H_{21}NO_7S_2$, F. 127—128° (A.), aus 0,557 g (+)-Calycotomin {$[\alpha]_D$ +16° (W.)} durch 2std. Rühren mit 2,5 g Methansulfonylchlorid in Pyridin bei 0°, 3tägiges Stehen bei 5°, Gießen auf Eis u. Extrahieren mit Chlf.; 0,704 g. — (+)-*1.2.3.4-Tetrahydro-6.7-dimethoxy-2-methansulfonylisochinolyl-(1)-essigsäureäthylester* (**IX**), $C_{16}H_{23}NO_6S$, F. 114—115° (A.), aus 0,973 g (−)-**V** analog **VII**; $[\alpha]_D$ +30° (c = 1,9; Chlf.); 0,954 g. — (±)-*1.2.3.4-Tetrahydro-6.7-dimethoxy-2-methansulfonylisochinolyl-(1)-essigsäure*, $C_{14}H_{19}NO_6S$, F. 120° (Zers.; A.), aus 0,512 g **IX** durch mehrstd. Stehen mit NaOH in Dioxan bei Zimmer-Temp., Eindampfen, Lösen in verd. NaOH, Ansäuern u. Extrahieren mit Chlf.; $[\alpha]_D$ 0°; 0,2 g. Die Mutterlaugen enthalten die *opt.-akt. Säure*. — (±)-*1.2.3.4-Tetrahydro-2-methansulfonyl-6.7-dimethoxyisochinolyl-(1)-acethydrazid* [(±)-**X**], $C_{14}H_{21}N_3O_5S$, F. 71—72°, aus 1 g **IX** durch 23std. Kochen mit Hydrazin u. Methanol u. Fällen mit W.; Nadeln aus A., $[\alpha]_D$ 0° (c = 1,57; Chlf.); 0,28 g. Daneben (+)-**X**, aus der Mutterlauge, $[\alpha]_D^{20}$ +21,5° (c = 2,24; A.); 0,5 g. — *1-Aminomethyl-1.2.3.4-tetrahydro-2-methansulfonyl-6.7-dimethoxyisochinolin*, aus 0,517 g (+)-**X** durch Eindampfen mit alkohol. HCl, 10 Min. langes Erhitzen mit 0,2 g Pentylnitrit in Benzylalkohol auf 60°, 14std. Erhitzen auf 103°, Eindampfen, Extrahieren der 0,575 g *1-[Benzyloxycarbonylaminomethyl]-1.2.3.4-tetrahydro-2-methansulfonyl-6.7-dimethoxyisochinolin* mit Chlf., 2½ std. Schütteln mit H_2 in Ggw. von Pd-Schwarz in methanol. Essigsäure, Eindampfen, Aufnehmen in verd. H_2SO_4, Alkalisieren u. Extrahieren mit Chlf.;

$[\alpha]_D^{20}$ + 21° (c = 2,1; A.); 0,11 g. *Pikrat*, $C_{19}H_{29}N_5O_{11}S$, F. 218—219° (Zers.; A.). — (+)-*1-Benzylaminomethyl-1.2.3.4-tetrahydro-2-methansulfonyl-6.7-dimethoxyisochinolin* [(+)-**XI**], $C_{20}H_{26}N_2O_4S$, aus vorst. Verb. durch mehrfaches Eindampfen mit Benzaldehyd/abs. A. bei 40°, Schütteln mit H_2/PtO_2 in wss. A. bei Zimmer-Temp., Aufnehmen in verd. H_2SO_4, Extrahieren mit Ae./Chlf., Alkalisieren u. Aufarbeiten; $[\alpha]_D^{20}$ + 18,1° (c = 1,38; Chlf.). (±)-**XI**, F. 177—177,5° (A.), a) aus 0,2 g **VIII** durch 2 std. Kochen mit Benzylamin u. Aufarbeiten; 44 mg; b) aus 73,2 mg (+)-**XI** u. 81,5 mg (—)-**XI** durch Kristallisation aus A.; $[\alpha]_D$ 0° (c = 1,77; Chlf.); 83%. (—)-**XI**, neben (±)-**XI** nach a); $[\alpha]_D^{20}$ —16,5° (c = 1,72; Chlf.). — (—)-*1-[2-Acetoxyäthyl]-2-äthyl-1.2.3.4-tetrahydro-6.7-dimethoxyisochinolin*, $C_{17}H_{25}NO_4$, Kp.$_{0,01}$ 165° (Bad), aus 4,4 g (±)-**VI** durch 6½ std. Kochen mit $LiAlH_4$ in abs. Ae., Zers. mit W./K_2CO_3, 1½ std. Erhitzen der bas. Fraktion mit Acetanhydrid auf 100° u. Aufarbeiten; 1,86 g. — (—)-*1.2-Diäthyl-1.2.3.4-tetrahydro-6.7-dimethoxyisochinolin*, $C_{15}H_{23}NO_2$, Kp.$_{0,01}$ 130° (Bad), aus 0,84 g vorst. Verb. durch 15 std. Kochen mit 2n HCl, Einengen, Alkalisieren mit K_2CO_3 u. Extrahieren der 0,71 g (—)-*1-[2-Hydroxyäthyl]-2-äthyl-1.2.3.4-tetrahydro-6.7-dimethoxyisochinolin* mit Ae., Dest. bei 150° (Bad)/0,01 Torr, Hinzufügen von $CaCO_3$ bei 0° in Chlf., mehrstd. Rühren mit PCl_5 bei Zimmer-Temp. u. Red. des rohen (—)-*1-[2-Chloräthyl]-2-äthyl-1.2.3.4-tetrahydro-6.7-dimethoxyisochinolins* mit Al/$HgCl_2$ in Ae.; 0,372 g. *Pikrat*, $C_{21}H_{26}N_4O_9$, F. 137 bis 138° (A.). B.-G. Brodda. 3500☐

Die Konstitution und Konfiguration des Samandarins. 7. Mitt. **über Samandarin und verwandte Alkaloide.** Erich Wölfel, Clemens Schöpf, Gerda Weitz und Gerhard Habermehl. (Chem. Ber. **94.** 2361—73. 22/9. 1961. Darmstadt, TH, Eduard-Zintl-Inst. u. Inst. für Organ. Chem.) (Dt.) — 6. vgl. C. **1961.** 9417.

Die röntgenograph. Struktur-Best. von *Samandarin* (**I**)-*Hydrochlorid*, *Hydrobromid* u. -*Hydrojodid* an in Methanol gezüchteten Einkristallen ergab für **I** die Konst. u. Konfiguration **Ia** mit dem 3-Aza-A-homo-5β-androstan-Grundgerüst. Die Ringe A u. B sind cis-, die Ringe B u. C sowie C u. D sind trans-verknüpft. Die Hydroxygruppe am $C_{(16)}$ ist β-ständig. Die IR-Spektren von **I**, den 3 Salzen u. von Samandaron (**II**) sowie die Rotationsdispersionskurve von **II** in Dioxan sind angegeben.

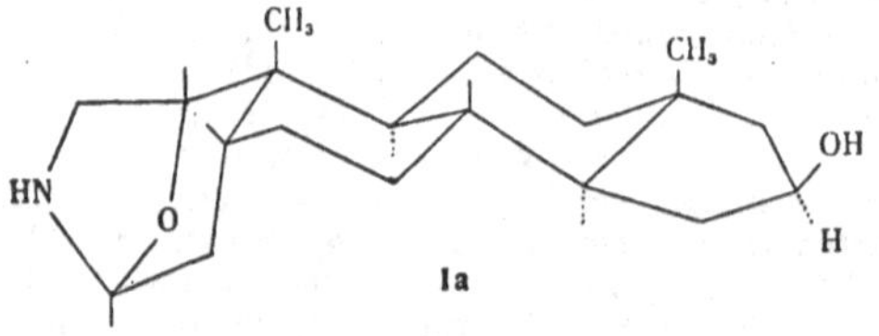

Versuche: (alle Salze aus Methanol umkrist.): *Samandarin* (**I**)-*Hydrochlorid*, F. 312—313°, aus äther. **I**-Lsg. durch Fällung mit HCl. *Hydrobromid*, F. 315—316°, durch Zusatz von KBr u. **I** in Essigsäure. *Hydrojodid*, F. 303—304°, durch Zusatz von KJ zu **I** in Essigsäure. B. Föhlisch. 3500☐

Pigmente von Meerestieren. 6. Mitt. **Renieratin, ein neues, aus einem Seeschwamm isoliertes Carotinoid mit Benzolringen.** Masaru Yamaguchi. (Bull. chem. Soc. Japan **31.** 739—42. Sept. 1958. Hakozaki, Fukuoka, Kyushu Univ., Fac. of Sci., Dep. of Chem.) (Engl.) — 5. vgl. C. **1961.** 5446; **8.** vgl. C. **1962.** 6781.

Die $KMnO_4$-Oxydation von Renieratin (**I**) liefert *2.3.4-Trimethylbenzaldehyd*, der als *Semicarbazon* (**II**), *2.4-Dinitrophenylhydrazon* (**VI**) u. durch Oxydation zu *Benzoltetracarbonsäure-(1.2.3.4)* (**V**) identifiziert wird; neben **II** wird *2.3.6-Trimethylbenzaldehyd* gefunden u. als *2.4-Dinitrophenylhydrazon* isoliert, ferner *2.3.6-Trimethylbenzoesäure*, die man als *4-Phenylazophenacylester* isoliert, u. *2.4-Dimethylbenzoldicarbonsäure-(1.3)* (**III**), die durch Oxydation **V** u. durch Rk. mit 4-Phenylazophenacylbromid (**IV**) *2.4-Dimethylbenzoldicarbonsäure-(1.3)-bis-[4-phenylazophenylester]* liefert. Diese Ergebnisse deuten auf das Vorliegen einer 2.3.6-Trimethylphenyl- u. einer 2.3.4-Trimethylphenylgruppe im **I** hin. Das durch milde Oxydation von **I** erhältliche *Renieral* enthält eine 2.3.4-Trimethylphenylgruppe. Das UV-Spektrum von **I** wird diskutiert.

Versuche: *2.3.4-Trimethylbenzaldehydsemicarbazon* (**II**), $C_{11}H_{15}N_3O$, F. 240—242° (A.; Plättchen), durch 8 std. Rühren von 200 mg **I** in Bzl. mit je 2,7 g $KMnO_4$ u. Na_2CO_3 in W. bei Raum-Temp., Zers. von überschüssigem $KMnO_4$ mit $NaHSO_3$, Filtrieren, Einengen der abgetrennten Bzl.-Phase im Vakuum, Lösen des Rückstandes in A., Behandeln mit Semicarbazidhydrochlorid u. Na-Acetat u. Absaugen; 16 mg (Ausbeute). *2.4-Dinitrophenylhydrazon* (**VI**), $C_{16}H_{16}N_4O_4$, F. 229° (Bzl./A.; rote Nadeln). — *Benzoltetracarbonsäure-(1.2.3.4)* (**V**), F. 215—236° (W.; Plättchen), a) durch 12 std. Erhitzen von 7 mg **II**, 45 mg $KMnO_4$ u. 45 mg Na_2CO_3 in W. auf dem Wasserbad; 2 mg; b) analog aus **III**. — *2.3.6-Trimethylbenzaldehyd-2.4-dinitrophenylhydrazon*, $C_{16}H_{16}N_4O_4$, F. 219° (rote Nadeln), durch Umsetzen der **II**-Filtrate mit 2.4-Dinitrophenylhydrazin u. H_2SO_4 in A., Umkristallisieren des Nd. (31 mg) aus Bzl.-A., Chromatographie an Al_2O_3 als untere der beiden orangefarbenen Zonen; 13 mg; daneben als obere Zone **VI**; 11 mg. — *2.3.6-Trimethylbenzoesäure-[4-phenylazophenacylester]*, $C_{24}H_{22}N_2O_3$, F. 160—162° (Bzl./A.; rote Nadeln), durch Einengen der wss. Phase der **I**-Oxydation im Vakuum, Ansäuern mit H_2SO_4, Ae.-Extraktion, Aufnehmen des Ae.-Rückstandes in PAe., Neutralisation des PAe.-Rückstandes mit verd. NaOH, Einengen, ½std. Kochen mit **IV** in A., Lösen des Rk.-Prod. in Bzl. u. Chromatographie an Al_2O_3. — *2.4-Dimethylbenzoldicarbonsäure-(1.3)* (**III**), F. 205—220° (Rohprod.). — *Bis-[4-phenylazophenacylester]*, $C_{38}H_{30}N_4O_6$, F. 169 bis 172° (Bzl./A.), neben vorst. Verb. bei der Aufarbeitung der wss. Lsg. der **I**-Oxydation. J. Ruhnke. 3550□

Stereoisomere Camphandiole-(2.3). Tsuneichi Takeshita und Masayoshi Kitajima. (Bull. chem. Soc. Japan **32.** 985—91. Sept. 1959. Tokyo, Japan Monopoly Corp., Central Res. Inst.) (Engl.) — Vgl. Angyal u. Young, C. **1960.** 10588.

Camphandiol-(2-exo. 3-exo) (**I**), *-(2-endo. 3-endo)* (**II**), *-(2-endo. 3-exo)* (**III**) u. *-(2-exo.-3-endo)* (**IV**) wurden durch $LiAlH_4$-Red. von Campherchinon (**V**) bzw. durch Hydrierung von „α- bzw. β-Hydroxycampher" (**VI**) an Raney-Ni synthetisiert, getrennt u. gereinigt. Ihre IR-Spektren werden mitgeteilt u. diskutiert. **V** u. **VI** werden dann verschiedenen Hydriermeth. u. -bedingungen unterworfen, wobei die entstehenden Prod.-Gemische IR-spektrometr. analysiert werden. Katalyt. Hydrierung von **V** liefert hauptsächlich **I** neben wenig **II**; mit steigender Temp. entstehen zunehmende Mengen **III** u. **IV**. Bei —70° red. $LiAlH_4$ **V** zu reinem **I**, bei 0° entsteht daneben **II**. Die Meerwein-Ponndorf-Red. von **V** führt zu einem charakterist. Gemisch aller 4 Isomeren, hauptsächlich **I** u. **II**. α- u. β-**VI** liefern mit Raney-Ni Gemische der cis- u. trans-Formen, mit $LiAlH_4$ überwiegt **II**, mit Na/A. **IV**. Die Verseifungs-Geschw. der durch Kochen mit Acetanhydrid dargestellten *Camphandioldiacetate* in alkohol. KOH ist bei den *2-exo-Isomeren* kleiner als bei den *2-endo-Isomeren*.

Versuche: *Camphandiol-(2-exo.3-exo)* (**I**), F. 262—263° (Ligroin), durch 20std. Rk. von 10 g **V** zu $LiAlH_4$ in Ae. bei —60 bis —70°; [9,5 g (Ausbeute)] u. Reinigung über das *Acetonid*; $[\alpha]_D$ —19,3° (c = 0,50 g/5 ml); 2,7 g. Daneben 0,43 g *trans-Isomere*. — *Camphandiol-(2-endo.3-endo)* (**II**), F. 224—225°, aus 27,7 g β-**VI** (F. 204—205°, aus **I** mit Zn-Essigsäure. *Methyläther*, F. 147—148°) durch Hydrieren an Raney-Ni bei 14—20°, Überführung ins *Acetonid*, Auskochen mit Hexan [Rückstand: *Camphandiol-(2-endo.-3-exo)* (**III**), F. 253—254° (Ligroin), $[\alpha]_D$ + 15,0° (c = 0,5 g/5 ml); 7,5 g], Eindampfen u. Verseifen; $[\alpha]_D$ + 30,8° (c = 0,5 g/5 ml); 3,6 g. — *Camphandiol-(2-exo.3-endo)* (**IV**), F. 251—252°, analog **III** aus α-**VI**; $[\alpha]_D$ + 7,7° (c = 0,5 g/5 ml). H.-J. Kötzsch. 3600□

Synthesen auf der Grundlage von Sclareol. 2. Mitt. **Untersuchung der Hydrochlorierung von Sclareol und Dihydrosclareol.** D. P. Popa und G. W. Lasurjewski. (Журнал Общей Химии [J. allg. Chem.] **30** (**92**). 2070—73. Juni 1960. Chem. Inst. der Moldauer Filiale der Akad. der Wiss. der UdSSR.) (Russ.) — 1. vgl. C. **1960.** 11665.

Die Rk. von Sclareol (**I**) u. Dihydrosclareol (**II**) mit überschüssiger HCl liefert (bei **I** unter Allylumlagerung) *8.15-Dichlor-$\Delta^{13,14}$-sclaren* (**III**) bzw. *8.13-Dichlorsclaran* (**IV**) **III** spaltet bei der Vakuum-Dest. nur 1 Cl-Atom unter Bldg. einer semicycl. Doppelbindung (IR-Analyse) ab, was die äquatoriale Stellung des Cl-Atoms an $C_{(8)}$ in **III** u. auch der Hydroxylgruppe in **I** bestätigt. Die Mutterlaugen von **III** u. **IV** enthalten *Monochloridgemische*. Von den Verbb. werden die IR-Spektren gemessen.

Versuche: *8.15-Dichlor-$\Delta^{13,14}$-sclaren* (**III**), $C_{20}H_{34}Cl_2$, F. 114—115° (Aceton), man löst 45 g **I** in 650 ml mit HCl gesätt. Ae. u. läßt 40 Std. lang bei 20° stehen; 12,1 g. Aus den Mutterlaugen werden durch Chromatographie an Al_2O_3 eine Cl-haltige Fl. (liefert bei der Vakuum-Dest. unter Abspaltung von HCl eine *Verb.* $C_{20}H_{33}Cl$, $Kp._2$ 155—160°; $D._4^{16}$ 1,0032; n_D^{16} 1,5200) u. 2 Cl-freie Fll. (n_D^{18} 1,5198 u. n_D^{18} 1,4742) erhalten. — *8.13-Dichlorsclaran* (**IV**), $C_{20}H_{36}Cl_2$, F. 131—132°, analog **III** aus 35 g **II** u. HCl in Ae.; 25,1 g. Aus der Mutterlauge wird beim Chromatographieren an Al_2O_3 eine Fl. (n_D^{18} 1,5112) erhalten, die bei der Vakuum-Dest. ($Kp._2$ 150—165°) unter HCl-Abspaltung eine *Verb.* $C_{20}H_{35}Cl$ liefert. Helmut Schäfer. 3600□

Synthesen auf der Grundlage von Sclareol. 3. Mitt. **Synthese von Aminoderivaten des Sclareols.** D. P. Popa und G. W. Lasurjewski. (Журнал Общей Химии [J. allg. Chem.] **30** (**92**). 2074—77. Juni 1960.) (Russ.) — 2. vgl. vorst. Referat.

8.15-Dichlor-$\Delta^{13,14}$-sclaren (**I**) reagiert mit Dimethylamin u. Äthylamin unter Bldg. von *15-Dimethylamino-$\Delta^{8,20.13,14}$-sclaradien* (**II**) bzw. *15-Äthylamino-$\Delta^{8,20.13,14}$-sclaradien* (**III**). Zwei auf verschiedenen Wegen dargestellte Präpp. von **II**-*Äthojodid* unterscheiden sich stark im F., weshalb eine cis-trans-Isomerie an der $\Delta^{13,14}$-Doppelbindung angenommen wird. Die Addition von HCl an **II** u. **III** liefert die entsprechenden *8-Chlorsclarene*. Die vorst. quart. Ammonium-Verbb. haben baktericide Eigenschaften. 8.13-Dichlorsclaran reagiert nicht mit Äthylamin, sondern spaltet unter den Rk.-Bedingungen nicht mehr als 1 Mol Chlor ab.

Versuche: *15-Dimethylamino-$\Delta^{8,20,13,14}$-sclaradien* (II), $C_{22}H_{39}N$, aus nachst. Hydrochlorid mit Alkali; gelbe Fl.; n_D^{18} 1,5105; zers. sich bei der Dest. bei 0,1 mm. *Hydrochlorid*, $C_{22}H_{40}ClN$, F. 197—198° (Zers.; Aceton), man erhitzt 500 mg I u. 4 ml gesätt. alkohol. Dimethylamin-Lsg. im Autoklaven 3 Std. lang auf 70°, dampft im Vakuum ein u. fällt. mit HCl aus Ae.; 430 g (Ausbeute). *Äthojodid*, $C_{24}H_{44}JN$, F. 182—183° (Aceton-Ae., dann W.), durch $1^1/_2$std. Kochen von 100 mg II in 2 ml Aceton u. 1 ml Äthyljodid; 110 mg; aus III u. Methyljodid wird ein II-*Äthojodid* mit F. 158—159° erhalten. — *8-Chlor-15-dimethylamino-$\Delta^{13,14}$-sclaren*, aus nachst. Hydrochlorid mit Alkali; gelbe Fl., die bei der Dest. HCl abspaltet. *Hydrochlorid*, $C_{22}H_{41}ClN$, Zers. ab. 85—90°, man läßt 345 mg I u. 5 ml mit Dimethylamin gesätt. Ae. 20 Std. lang stehen, dampft das Filtrat ein, fällt aus Ae. mit HCl u. krist. aus A.-Ae. um; 350 mg. — *15-Äthylamino-$\Delta^{8,20,13,14}$-sclaradien* (III), $C_{22}H_{39}N$, aus 350 mg III-Hydrochlorid mit Alkali; n_D^{17} 1,5152; 250 mg. *Hydrochlorid*, $C_{22}H_{40}ClN$, F. 184° (35%ig. A.), man erhitzt 800 mg I u. 3 ml Äthylamin 3 Std. lang im Autoklaven auf 70°; glänzende Schuppen; 680 mg.— *8-Chlor-15-äthylamino-$\Delta^{13,14}$-sclaren*, zersetzt sich beim Erhitzen unter HCl-Abspaltung. *Hydrochlorid*, $C_{22}H_{41}Cl_2N$, Zers. ab 85—90°, man läßt 345 mg I, 4 ml Ae. u. 0,7 ml Äthylamin 40 Std. lang stehen, dampft das Filtrat ein, fällt mit HCl aus Ae. u. krist. aus A.-Ae. um; 300 mg. HELMUT SCHÄFER. 3600 □

Synthesen auf der Grundlage von Sclareol. 4. Mitt. Einführung der Aminogruppe in die Oxydationsprodukte von Sclareol. G. W. Lasurjewski und D. A. Nowochatka. (Журнал Общей Химии [J. allg. Chem.] **30 (92).** 3123—25. Sept. 1960.) (Russ.) — 3. vgl. vorst. Referat.

Durch Oxydation von Sclareol (I) mit $KMnO_4$ wird *Sclareolsäure* (II) u. daneben ein Gemisch aus *Oxids* (III) u. *Hydroxyketons* (IV) erhalten. Durch Red. des. Amids u. Methylesters von II mit $LiAlH_4$ werden *Dekalol-(6)-Derivv.* erhalten, die Rk. des III–IV-Gemisches mit Hydroxylamin (V) u. anschließende Red. mit $LiAlH_4$ lieferte ein *Dekalinderivat.*

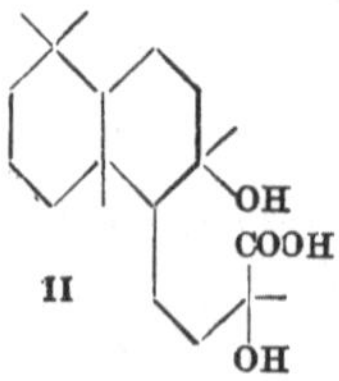

II

Versuche: *Sclareolsäure* (II), F. 154—155° (PAe.), man gibt zu 60 g I in 500 ml Aceton langsam unter Eiskühlung 105 g $KMnO_4$ in 4,5 Liter Aceton, dampft ein, schüttelt den Rückstand mit Na_2SO_3–H_2SO_4-W. + 600 ml Ae., bis sich das MnO_5 völlig gelöst hat, extrahiert den Ae. mit 10%ig. NaOH u. säuert an; 11,8 g (Ausbeute). Daneben aus der äther. Lsg. 46,6 g *Neutralstoffe*, aus der ein *Oxid* (III) u. *Hydroxyketon* (IV) vom $Kp._1$ 146—152° als Gemisch erhalten werden. II-*Methylester*, $C_{20}H_{36}O_4$, F. 109° (PAe.), aus 5 g II in 60 ml Ae. u. 2,4 g CH_2N_2 in 100 ml Ae.; 4,96 g. II-*Amid*, $C_{19}H_{35}NO_3$, F. 176° (Methanol), aus 2 g II-*Methylester* in 50 ml Methanol mit NH_3 (120 Std. Stehen bei 0°); 1,74 g. — *1.1.6.10-Tetramethyl-5-[4-amino-3-methyl-3-hydroxybutyl-(1)]-dekalol-(6)*, $C_{19}H_{37}NO_2$, F. 144—145° (Methanol), durch Red. von 0,5 g II-Amid mit 1 g $LiAlH_4$ in 100 ml Ae. unter Erwärmen; 0,41 g. *Hydrochlorid*, F. 212° (A.). — *1.1.6.10-Tetramethyl-5-[3.4-dihydroxy-3-methylbutyl-(1)]-dekalol-(6)*, $C_{19}H_{36}O_3$, F. 148—149° (PAe.), durch Red. von 2 g II-Methylester mit 1 g $LiAlH_4$ in 75 ml Ae.; 1,8 g. — *1.1.10-Trimethyl-6-methylen-5-[3-aminobutyl-(1)]-dekalin, Hydrochlorid*, $C_{18}H_{34}ClN$, F. 254° (Zers.; Aceton-A.), man erhitzt 5 g des III-IV-Gemisches, 10,1 g Na_2CO_3 u. 6,6 g V-Hydrochlorid in 200 ml Methanol 4 Std. lang auf dem Wasserbad, red. die Fraktion ($Kp._2$ 186—190°) mit $LiAlH_4$ u. fällt das Amin aus Ae. mit HCl. HELMUT SCHÄFER. 3600 □

Chemische Änderungen der Olive während der Aufarbeitung. 6. Mitt. Über ein neues Verfahren zur Isolierung der Oleanolsäure aus der Restlauge. J. M.ª Viguera und V. Revert. (An. Real Soc. españ. Física Quím., Ser. B **54.** 531—32. Juli/Aug. 1958. Valencia, Univ., Fac. de Cie., Labor. de Quím. Orgán.) (Span.) — 5. vgl. An. Real Soc. españ. Física Quím., Ser. B **50.** [1954.] 225; 4. vgl. C. **1950/54.** 6544 S.

Aus der Restlauge der Olivenaufarbeitung wird *Oleanolsäure* (I) isoliert. I ist mit der aus *L. Japonicum* erhaltenen I ident., wie sich aus den Vgl. der $[\alpha]_D$-Werte u. der UV-Spektren ergibt.

Versuche: *Oleanolsäure* (I), $C_{30}H_{48}O_3$, F. 310°, durch Abdekantieren von Restlauge von 1000 kg *Olea Europea pomiformis* Clem. bei pH 2—3 zu 60 Liter Paste, Neutralisieren, Filtrieren, Extraktion des Rückstandes im Soxhlet mit A., Waschen des verbleibenden Rückstandes mit W., Ae.-Extraktion im Soxhlet, Abdampfen des Ae., Aufbewahren des Rückstandes (600 g) 2mal 12 Std. mit je 10 Liter Ae. bei Raum-Temp., Umsetzung der zweiten Ae.-Lsg. mit 2,5 Liter $^1/_3$n NaOH, Absaugen des nach

24 Std. ausgeschiedenen *oleanolsauren Na*, $C_{30}H_{47}NaO_3$, u. dessen Behandlung mit Zerolith 225 in A.; $[\alpha]_D^{15}$ +77,23°. *Acetat*, F. 260—261°. WOLFGANG CLAUSS. 3600⊏

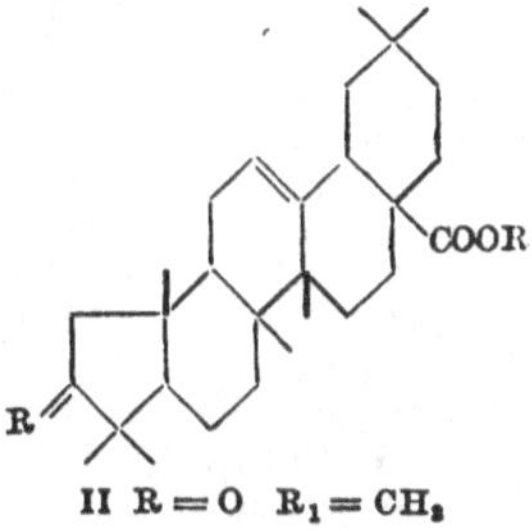
II R = O R₁ = CH₃
III R = NOH R₁ = CH₃
IV R = O R₁ = H

Ein 2.3-Secotriterpen in der Natur. K. L. Crowley. (Proc. chem. Soc. [London] **1962.** 27/1. Caracas, Venezuela, Inst. Venezolanode Invest. Cient.) (Engl.)

Die aus Oleanolsäure erhaltene *2.3-Secooleanen-(12)-trisäure-(2.3.28)* (I) wird in 0,15%ig. Ausbeute aus *Bursera graveolens* (H.B.K.) Tr. et Pl. var. *villosula* Cuatr. isoliert. I krist. als *Hemialkoholsolvat* [$C_{30}H_{46}O_6 \cdot {}^1/_2\ C_2H_5OH$, F. 296° (Zers.); $[\alpha]_D^{22}$ +65° (c = 1; Pyridin)], gibt mit H_2SO_4 eine Farb-Rk., einen *Trimethylester*, den *Ketoester* II u. das *Oxim* III, die freie *Ketosäure* IV u. ein *Bromlacton*. P. GOLINSKE. 3600

Chemische Untersuchung von Exacum bicolor. T. R. Govindachari, B. R. Pai und S. Rajappa. (J. sci. ind. Res. [New Delhi], Sect. B **17.** 92. Febr. 1958. Madras, Presidency Coll., Dep. of Chem.) (Engl.)

PAe.-Extrakte von in Madras gesammelten *Exacum bicolor Roxb.* ergaben kein krist. Material. Extraktion mit Aceton oder Chlf. liefert *Ursolsäure*, grünliche Kristalle, 3,5 g aus 500 g Pflanzen. *Methylester*, $C_{31}H_{50}O_3$, F. 166—167° (*Acetyl-Deriv.*, F. 241 bis 243°). W. HILLER. 3600□

Darstellung und Solvolyse von Epipseudocholesterin. Gerald J. Kent und Everett S. Wallis. (J. org. Chemistry **24.** 1235—39. Sept. 1959. Princeton, N.J., Univ., Frick Chem. Labor.) (Engl.)

Die Darst. von *Δ^4-Cholesten-7-on*, *Epipseudocholesterin* (III) u. dessen *Tosylat* (IV) wird beschrieben. Cholesterylacetat (I) wird z. B. mit tert.-Butylchromat, für das eine verbesserte Darst.-Meth. angegeben wird, zum *7-Keton* oxydiert, aus dem durch Eliminierung von Essigsäure *$\Delta^{3.5}$-Cholestadien-7-on* entsteht. Dessen Red. mit Na in Propanol liefert *7β-Hydroxy-Δ^4-cholesten* (*Pseudocholesterin*; II). Die *epimere Verb.* (III) wird aus II durch Oxydation zu *Δ^4-Cholesten-7-on* u. anschließende Red. mit $NaBH_4$ erhalten. Die Solvolyse von IV führt nicht zur erwarteten 5.7-Cyclo-Verb., sondern zu *$\Delta^{4.6}$-Cholestadien*, *6β-Hydroxy-Δ^4-cholesten* u. *4β-Hydroxy-Δ^5-cholesten.*

Versuche: *3β-Acetoxy-Δ^5-cholesten-7-on*, F. 159—161° (A.); a) durch 10std. Rk. von 51 g I mit tert.-Butylchromat in CCl_4–Eisessig–Acetanhydrid bei 80°, Abkühlen, Zusatz von wss. Oxalsäure, Filtration u. Extraktion mit CCl_4; 64,3% (Ausbeute); b) durch Zugabe von Na_2CrO_4 zu 40 g I in Eisessig–Acetanhydrid in Ggw. von Na-Acetat bei 30—40°, 46std. Rk. bei 50—60° u. Gießen in W.; 50,6%. — *$\Delta^{3.5}$-Cholestadien-7-on*, F. 109—119° (A.), durch 1std. Kochen von 53 g vorst. Ketons mit HCl in A.; 77,6%. — *7β-Hydroxy-Δ^4-cholesten* (II), $C_{27}H_{46}O$, F. 118,8—120,4° (Aceton–Methanol), durch 4½std. Zugabe von Na zu 45 g vorst. Verb. in sd. n-Propanol, Gießen in W. u. Extraktion mit Ae.; 63,7%. — *Δ^4-Cholesten-7-on*, $C_{27}H_{44}O$, F. 100,2—101,8° (Aceton), aus 5 g II mit CrO_3–H_2SO_4 in Aceton bei 0—10°, u. Chromatographie an Al_2O_3; $[\alpha]_D^{23}$ —8,5° (c = 927; Chlf.); 77,3% (roh). — *7α-Hydroxy-Δ^4-cholesten* (III), $C_{27}H_{46}O$, F. 85 bis 86,2° (Aceton), durch ½std. Zugabe von 1 g vorst. Verb. in Methanol–Ae. zu $NaBH_4$ in wss. Methanol, 22std. Rühren, 2std. Kochen, Ansäuern, Extraktion mit Ae. u. Chromatographie; $[\alpha]_D^{23}$ +44,46° (c = 0,931; Chlf.); 602 mg; daneben II. *Acetat*, $C_{29}H_{48}O_2$, F. 101,4—102,2° (A.); $[\alpha]_D^{23}$ +4,31° (c = 1,23; Chlf.). *p-Toluolsulfonat* (IV), $C_{34}H_{52}O_3S$, F. 92,6—93° (Aceton), aus 2,5 g III mit p-Tosylchlorid in abs. Pyridin durch 2std. Rk. bei 0°, 3tägiges Stehen bei Raum-Temp., Zugabe von Eis u. Ausäthern, $[\alpha]_D^{23}$ —7,53° (c = 1,12; Chlf.); 49,5%. — *$\Delta^{4.6}$-Cholestadien*, $C_{27}H_{44}$, F. 86,5—89° (Ae.), a) durch 4std. Erhitzen von 500 mg IV mit wasserfreiem K-Acetat in Eisessig auf 95°, Ausäthern u. Chromatographie; $[\alpha]_D^{23}$ +9,2° (c = 0,83; Chlf.); 73,4% neben wenig I; b) durch 38std. Rühren von 500 mg IV mit wasserfreiem K-Acetat in Acetanhydrid bei 75° u. weiter analog a); 62%; c) durch 9std. Kochen von 500 mg IV in wss. Aceton in Ggw. von K-Acetat u. weiter wie unter a); 61,5%; daneben 5,4% *6β-Hydroxy-Δ^4-cholesten* [$C_{27}H_{46}O$, F. 85,2—87,1°; $[\alpha]_D^{23}$ +58° (c = 0,981; Chlf.)] u. 9,5% *4β-Hydroxy-Δ^5-cholesten* [$C_{27}H_{46}O$, F. 129,5—132°; $[\alpha]_D^{23}$ —55,2° (c = 1,19; Chlf.)]. — UV- u. IR-Maxima sind angegeben. O. A. NEUMÜLLER. 3700⊏

Steroiduntersuchungen. 7. Mitt. Synthese von Sargasterin, Fucosterin und $C_{(20)}$-Isocholesterin. Ryoichi Hayatsu. (Chem. pharmac. Bull. [Tokyo] **5.** 452—59. Okt. 1957. Tokyo, Sankyo Co., Takamine Res. Labor.) (Engl.) — 6. vgl. C. **1959.** 7479.

Ausgehend von 3β-Acetoxy-20-iso(= 20a-Methyl)-Δ^5-bisnorcholensäure wurde *Sargasterin* synthetisiert. Analog wurde aus 3β-Acetoxy-Δ^5-bisnorcholensäure *Fucosterin* erhalten. Beide synthet. Sterine erwiesen sich als ident. mit den entsprechenden natürlichen Sterinen. Bei der Red. nach WOLFF-KISHNER von durch Isomerisierung von 22-Oxocholesterin (**VII**) erhaltenem 22-Oxo-20-isocholesterin entsteht *20-Isocholesterin.* Bei der Red. von **VII** mit $NaBH_4$ entsteht *22-Hydroxycholesterin,* welches mit dem entsprechenden natürlichen Sterin ident. ist.

Versuche: *3β-Acetoxy-Δ^5-bisnorcholensäuremethylester,* F. 156—158°, aus 70 g Ag-Salz der Säure u. 40 g CH_3J in A. durch 3std. Kochen; aus Methanol Nadeln; $[\alpha]_D$ —61,0° (c = 1,7; Chlf.); 42 g (Ausbeute). — *3β-Hydroxy-20-iso-Δ^5-bisnorcholensäure* (**I**), F. 265—267°, aus 40 g vorst. Verb. u. KOH in Äthylenglykol durch 6std. Rk. bei 190°; aus Methanol Platten; 23 g. *3β-Acetat,* $C_{24}H_{36}O_4$, F. 197—198°; $[\alpha]_D$ —44,7° (c = 1,5; Chlf.). *3β-Acetatmethylester,* $C_{25}H_{38}O_4$, F. 142—143°; $[\alpha]_D$ —53,6° (c = 2,7; Chlf.). — *3β-Acetoxy-20-iso-Δ^5-bisnorcholensäurechlorid* (**II**), $C_{24}H_{35}ClO_3$, F. 122—125°, aus 10 g **I** u. $SOCl_2$ in abs. Bzl./abs. Ae. durch 5std. Rk. bei 25°; aus Bzl. Nadeln; 10 g. — *3β-Acetoxy-22-hydroxy-20-iso-Δ^5-bisnorcholen* (**III**), $C_{24}H_{38}O_3$, F. 135,5—137°, aus 8 g **II** u. $NaBH_4$ in Dioxan/CH_3OH (1:1) durch 3std. Rk. bei Zimmer-Temp.; aus Methanol Nadeln; $[\alpha]_D$ —50,9° (c = 1,3; Chlf.); 6,1 g. *Tosylat* (**IV**), $C_{31}H_{44}O_5S$, F. 125—128°, aus 5 g **III** u. p-Toluolsulfonylchlorid in Pyridin bei Raum-Temp.; aus Essigester/CH_3OH Platten; $[\alpha]_D$ —39,7° (c = 1,0; Chlf.); 4,8 g. — *3β.22-Dihydroxy-20-iso-Δ^5-bisnorcholen,* $C_{22}H_{36}O_2$, F. 186—188°, durch 10std. Rk. von 1,9 g **II** mit $NaBH_4$; 1,2 g. — *3β-Hydroxy-20-iso-Δ^5-norcholen-23.23-dicarbonsäure,* $C_{25}H_{38}O_5$, F. 189—196° (Zers.; CH_3OH), aus 10,5 g **IV** u. Na-Malonsäurediäthylester (**VI**) in abs. Xylol durch 10std. Rk. bei 115°, 5std. Kochen mit KOH in Isopropanol/CH_3OH u. Ansäuern mit 10%ig. HCl; 6,8 g. — *3β-Hydroxy-20-iso-Δ^5-cholensäure,* F. 249—251° (Zers.; Chlf./CH_3OH), aus 5 g vorst. Verb. durch 1½std. Rk. bei 190—200°; 2,1 g. *3β-Acetat* (**V**), $C_{26}H_{40}O_4$, F. 213—215°; $[\alpha]_D$ —42,7° (c = 1,2; Chlf.). *3β-Acetatmethylester,* $C_{27}H_{42}O_4$, F. 169—170°; $[\alpha]_D$ —50,3° (c = 1,2; Chlf.). — *24-Oxo-20-isocholesterylacetat,* $C_{29}H_{46}O_3$, F. 117—118°, durch 2std. Kochen von 3β-Acetoxy-20-iso-Δ^5-cholensäurechlorid (aus 1 g **V**) u. Diisopropyl-Cd in Bzl. u. Chromatographie in PAe./Bzn. (1 : 1) an Al_2O_3; aus Methanol Nadeln; $[\alpha]_D$ —26,5° (c = 1,3; Chlf.); 320 mg. — *24-Oxo-20-isocholesterin,* F. 147—148°; aus Methanol Platten; $[\alpha]_D$ —25,0° (c = 1,4; Chlf.). — *3β.24ξ-Dihydroxy-20-iso-Δ^5-stigmasten,* $C_{29}H_{50}O_2$, F. 182—184°, aus 1,2 g vorst. Verb. u. C_2H_5MgBr in Bzl./Ae. durch 3std. Kochen u. Zers. mit 10%ig. HCl; aus Methanol Platten; 800 mg. *3β-Acetat,* $C_{31}H_{52}O_3$, F. 153—155°; aus Methanol Nadeln. — *Sargasterinacetat,* $C_{31}H_{50}O_2$, F. 136,5 bis 137°, aus 600 mg vorst. Acetats u. $POCl_3$ in Pyridin durch 1std. Rk. bei 100° u. Al_2O_3-Chromatographie; aus A. Nadeln; $[\alpha]_D$ —53,5° (c = 2,8; Chlf.). — *Sargasterin,* F. 134—135°, aus vorst. Acetat; $[\alpha]_D$ —48° (c = 1,8; Chlf.). — *Benzoat,* F. 114—115°; $[\alpha]_D$ —21,5° (c = 2,3; Chlf.). — *3β-Acetoxy-Δ^5-bisnorcholensäurechlorid,* F. 128,5—130°, aus der Säure u. $SOCl_2$; aus Bzl. Nadeln. — *3β-Acetoxy-22-hydroxy-Δ^5-bisnorcholen,* $C_{24}H_{38}O_3$, F. 153—154° (Aceton/CH_3OH), F. 127,5—129° (wss. Aceton), aus 6 g vorst. Verb. u. $NaBH_4$ in Dioxan/CH_3OH durch 3std. Rk. bei Raum-Temp.; aus Aceton/Methanol Nadeln; $[\alpha]_D$ —60,7° (c = 1,4; Chlf.). — *3β.22-Dihydroxy-Δ^5-bisnorcholen,* $C_{22}H_{36}O_2$, F. 195—197°, aus vorvorst. Verb. u. $NaBH_4$ in Dioxan/CH_3OH durch 10std. Rk. bei Raum-Temp.; aus Methanol Nadeln; $[\alpha]_D$ —53,8° (c = 1,2; Chlf.); 45%. — *3β-Acetoxy-22-tosyloxy-Δ^5-bisnorcholen,* $C_{31}H_{44}O_5S$, F. 132—134°, aus 2 g vorvorst. Verb. u. p-Toluolsulfonylchlorid in Pyridin; aus Aceton Nadeln; 2,2 g. — *3β-Hydroxy-Δ^5-bisnorcholen-23.23-dicarbonsäure,* $C_{25}H_{38}O_5$, F. 204—207° (Zers.; CH_3OH), aus 4,2 g vorst. Verb. u. **VI** in Xylol in Ggw. von Na u. anschließende Verseifung mit KOH in Isopropanol/CH_3OH. — *3β-Hydroxy-Δ^5-cholensäure,* F. 236—239° (Zers.; Essigester), aus 3 g vorst. Verb. durch 2std. Erhitzen auf 190—200°; 1,2 g. *3β-Acetat,* $C_{26}H_{40}O_4$, F. 184—186°; aus A. Nadeln. *3β-Acetatmethylester,* $C_{27}H_{42}O_4$, F. 154—155°; aus A. Nadeln. — *24-Oxocholesterylacetat,* $C_{29}H_{46}O_3$, F. 128,5—129,5°, aus 3β-Acetoxy-Δ^5-cholensäurechlorid u. Diisopropyl-Cd u. Al_2O_3-Chromatographie; $[\alpha]_D$ —43,5°. — *24-Oxocholesterin,* F. 138—139°; aus Methanol Nadeln; $[\alpha]_D$ —36,5° (c = 1,3; Chlf.). — *3β.24ξ-Dihydroxy-Δ^5-stigmasten,* $C_{29}H_{50}O_2$, F. 167—169°, aus 1 g vorvorst. Verb. u. C_2H_5MgBr; aus Methanol Platten; 850 mg. *3β-Acetat,* $C_{31}H_{52}O_3$, F. 148,5—150°; aus Methanol Nadeln. — *Fucosterin,* $C_{29}H_{48}O$, F. 127,5—129°, aus 700 mg vorst. Acetat u. $POCl_3$ in Pyridin durch 1std. Erhitzen auf 100° u. Al_2O_3-Chromatographie; $[\alpha]_D$ —39,0° (c = 2,3; Chlf.); 220 mg. *Acetat,* F. 119—120°; aus A. Nadeln; $[\alpha]_D$ —42,5° (c = 1,3; Chlf.). *Benzoat,* F. 118,5—119°; aus Essigester Platten; $[\alpha]_D$ —19,0° (c = 1,3; Chlf.). — *22-Oxo-20-isocholesterylacetat,* $C_{29}H_{46}O_3$, F. 134,5—136°, aus 3β-Acetoxy-20-iso-Δ^5-bisnorcholensäurechlorid (**II**, aus 5 g 3β-Acetoxy-20-iso-Δ^5-bisnorcholensäure) u. Diisoamyl-Cd in Bzl. durch 2std. Kochen; aus Methanol Nadeln; $[\alpha]_D$ —46,7° (c = 2,0; Chlf.). —

22-Oxo-20-isocholesterin, $C_{27}H_{44}O_2$, F. 110—111,5°, a) aus 6 g **VII** u. KOH in Äthylenglykol durch 8std. Kochen; aus Methanol Nadeln; $[\alpha]_D$ —40,4° (c = 1,2; Chlf.); 4,9 g; b) aus vorst. Verb. u. Na_2CO_3 in wss. CH_3OH durch 5std. Kochen. — *22-Oxo-20-isocholesterin-hydrazon*, $C_{27}H_{46}N_2O$, F. 236—238°, aus 2 g vorst. Ketons u. 80% ig. Hydrazinhydrat in Diäthylenglykol in Ggw. von KOH durch 10std. Kochen; aus Methanol blaßgelbe Kristalle; 1,1 g. — *20-Isocholesterylbenzoat*, $C_{34}H_{50}O_2$, F. 163,5—165° (Essigester), F. 134—136° (A.), aus 1 g vorst. Hydrazons u. KOH in Diäthylenglykol durch 8std. Kochen, Benzoylierung u. Al_2O_3-Chromatographie; aus Essigester Prismen; $[\alpha]_D$ —19,5° (c = 1,2; Chlf.); 610 g. — *20-Isocholesterin*, $C_{27}H_{46}O$, F. 132—134°; aus A. Platten; $[\alpha]_D$ —43,0° (c = 1,3; Chlf.). *Acetat*, F. 121,5—122°; $[\alpha]_D$ —48,5° (c = 1,2; Chlf.). — *22ξ-Hydroxycholesterin*, $C_{27}H_{46}O_2$, F. 165—169°, a) aus 1 g **VII** u. $NaBH_4$ in Dioxan/CH_3OH durch mehrstd. Stehen bei Raum-Temp. u. 3std. Kochen mit methanol. KOH; aus Methanol Nadeln; b) aus 3β-Acetoxy-Δ^5-bisnorcholen-22-al u. Isoamyl-MgBr in Ae./Bzl. durch 7std. Kochen. — *22-Benzoxycholesterylbenzoat*, $C_{41}H_{54}O_4$ F. 252—253°, aus 700 mg vorst. Verb. u. Benzylchlorid in Pyridin durch mehrstd. Stehen u. Chromatographie in Ae./Bzl. (1 : 1) an Al_2O_3; aus Essigester/A. (2 : 1) Nadeln; $[\alpha]_D$ — 10,2° (c = 2,3; Chlf.); 120 mg; daneben 60 mg isomere *Verb.*, $C_{41}H_{54}O_4$, FF. 167—169° u. 237—239°; $[\alpha]_D$ —27,5° (c = 2,3; Chlf.). — *$\Delta^{5.20,22}$-Cholestadienylbenzoat*, $C_{34}H_{48}O_2$, F. 152—153°, aus vorst. Verb. u. Dimethylanilin durch 10std. Kochen; aus Essigester Prismen.
WALTER SIMON. 3700

2-Hydroxyöstrogene. 2. Mitt. Synthese von 2.3-Dihydroxy-$\Delta^{1.3.5,10}$-östratrien-17-on und $\Delta^{1.3.5,10}$-Östratrien-2.3.16α.17β-tetraol. P. Narasimha Rao und Leonard R. Axelrod. (J. chem. Soc. [London] **1961**. 4769—73. Nov. San Antonio, Tex., Southwest Foundat. for Res. and Educat., Dep. of Biochem.) (Engl.) — 1. vgl. C. **1961**. 12103.

Die Synth. von *2.3-Dihydroxy-$\Delta^{1.3.5,10}$-östratrien-17-on* (**I**; *2-Hydroxyöstron*) u. *$\Delta^{1.3.5,10}$-Östratrien-2.3.16α.17β-tetraol* (**II**; *2-Hydroxyöstriol*) wird beschrieben. *2.3-Dimethoxy-$\Delta^{1.3.5,10}$-östratrien-17β-ol* (**III**) wird entweder aus 17β-Acetoxy-$\Delta^{1.3.5,10}$-östratrien-2.3-diol (**IV**; vgl. l. c.) durch Methylieren in 2.3-Stellung u. Alkalihydrolyse oder durch direkte Methylierung von $\Delta^{1.3.5,10}$-Östratrien-2.3.17β-triol (**V**; 2-Hydroxy-17β-östradiol; vgl. l. c.) erhalten. CrO_3-Oxydation von **III** liefert das *17-Keton* (**VI**) in niedriger, OPPENAUER-Oxydation in hoher Ausbeute. **VI** läßt sich mit Pyridinhydrochlorid (**VII**) bei 200° glatt zu **I** demethylieren. Das Diacetyl-Deriv. von **I** u. Isopropenylacetat (**VIII**) ergeben in Ggw. von p-Toluolsulfonsäure·H_2O (**IX**) *2.3.17-Triacetoxy-$\Delta^{1.3.5,10.16}$-östratetraen*, das mit Perbenzoesäure (**X**) über das Epoxyacetyl-Deriv. u. Red. mit $LiAlH_4$ **II** liefert. Die Struktur von **II** wird durch Vgl. der Mol.-Refr.-Unterschiede (Tabelle) von Östrogenen u. 2-Hydroxyöstrogenen bzw. deren Acetyl-Derivv.. durch UV- u. IR-Daten der dargestellten Verbb. u. die Bldg. eines *Tetraacetyl-Deriv.*, von **II** erhärtet.

Versuche ($[\alpha]_D$ in Chlf.): *17β-Acetoxy-2.3-dimethoxy-$\Delta^{1.3.5,10}$-östratrien*, $C_{22}H_{30}O_4$, F. 180—181° (CH_3OH), durch 6std. Erhitzen von **IV**, K_2CO_3 u. $(CH_3)_2SO_4$ in wasserfreiem Aceton, Zers. des überschüssigen Reagens mit W. durch Erwärmen, Einengen im Vakuum bei 40°, Verdünnen mit W. u. Extrahieren mit Äthylacetat (AA); $[\alpha]_D^{29}$ +59° (c = 0,51); 83% (Ausbeute). — *2.3-Dimethoxy-$\Delta^{1.3.5,10}$-östratrien-17β-ol* (**III**), $C_{20}H_{28}O_3$, F. 130—132° (Aceton/PAe.). a) durch 2std. Erhitzen von 3,4 g vorst. Verb. in 5% ig. methanol. KOH; 2,9 g; b) aus **V** analog vorst. Verb.; $[\alpha]_D^{23,5}$ +82° (c = 0,78); 80%. — *2.3-Dimethoxy-$\Delta^{1.3.5,10}$-östratrien-17-on* (**VI**), $C_{20}H_{26}O_3$, F. 170—172° (Aceton), a) durch Zutropfen von 8n wss. CrO_3 zu 290 mg **III** in Aceton bei 10—15° unter N_2, Verdünnen mit W., Extrahieren mit AA u. Chromatographieren des Rückstandes (287 mg) an Al_2O_3 u. Eluieren mit PAe./Bzl. (1 : 1); 115 mg (39%); daneben durch Eluieren mit Bzl. u. Bzl./Ae. (8 : 2) 160 mg eines nicht krist. Prod.; b) durch 4std. Kochen von **III** u. Al-Isopropylat in Toluol/Cyclohexanon, Neutralwaschen, Einengen u. Chromatographieren; $[\alpha]_D^{24}$ +161° (c = 0,63); 68%. — *2.3-Dihydroxy-$\Delta^{1.3.5,10}$-östratrien-17-on* (**I**), $C_{18}H_{22}O_3$, F. 194—195° (Aceton/PAe.) durch 1std. Erhitzen von **VI** u. **VII** auf 200° unter N_2 u. Verdünnen mit W.; $[\alpha]_D^{24}$ +166° (c = 0,5; A.); 90%. *2.3-Di-O-acetyl-Deriv.*, $C_{22}H_{26}O_5$, F. 164 bis 166°; $[\alpha]_D^{29}$ +126° (c = 0,75); aus CH_3OH Nadeln. — *2.3.17-Triacetoxy-$\Delta^{1.3.5,10.16}$-östratetraen*, $C_{24}H_{28}O_6$, F. 166—168° (Aceton/PAe.), durch 1/4std. Kochen vorst. Diacetyl-Deriv. u. **IX** in **VIII**, 6std. Dest. bei konst. Vol. durch **VIII**-Zugabe, Verdünnen mit A., Einengen u. Chromatographieren an Al_2O_3; $[\alpha]_D^{26}$ +82° (c = 0,51); 35%. — *$\Delta^{1.3.5,10}$-Östratrien-2.3.16α.17β-tetraol* (**II**), $C_{18}H_{24}O_4 \cdot 2\frac{1}{2}\ CH_3OH$, F. 262—263° (im Vakuum; abs. CH_3OH), durch 20std. Stehen von 1 g vorst. Verb. u. 18,8 ml 0,33m **X** in Bzl./Chlf., Verdünnen mit Bzl., Neutralwaschen, Einengen, Lösen des Rückstandes (1 g) in Tetrahydrofuran (THF), Zutropfen zu 1,25 g $LiAlH_4$ in THF in 15 Min., 2std. Kochen, Zers. mit AA, dann mit 5% ig. eiskalter HCl u. Extrahieren mit AA; $[\alpha]_D^{29}$ +80° (c = 0,79; CH_3OH); 700 mg. *Tetraacetyl-Deriv.*, $C_{26}H_{32}O_8$, F. 96–100°, durch 3std. Erhitzen von **II** in Acetanhydrid/Pyridin bei 70°; $[\alpha]_D^{28}$ –4° (c = 0,5); aus wss. CH_3OH Nadeln.

G. KIRSTEN. 3750□

Mögliche Wege zur Synthese von dem Vitamin A nahestehenden Verbindungen. L. A. Janowskaja. (Известия Академии Наук СССР, Отделение Химических Наук [Nachr. Akad. Wiss. UdSSR, Abt. chem. Wiss.] **1960.** 1435–39. Aug. Zelinsky-Inst. für organ. Chem. der Akad. der Wiss. der UdSSR.) (Russ.)

Durch Äthinylierung von β-Jonon (I) u. anschließende Hydrierung oder durch Vinylierung von I wird *5-[2.6.6-Trimethylcyclohexen-(1)-yl-(1)]-3-methylpentadien-(1.4)-ol-(3)* erhalten, das nach Ersatz der OH-Gruppe gegen Br mit Na-Acetessigester zu *8-[2.6.6-Trimethylcyclohexen-(1)-yl-(1)]-6-methyloctadien-(5.7)-on-(2)* kondensiert wird. Die Vinylierung des letzteren liefert *9-[2.6.6-Trimethylcyclohexen-(1)-yl-(1)]-3.7-dimethylnonatrien-(1.6.8)-ol-(3)*.

Versuche: *5-[2.6.6-Trimethylcyclohexen-(1)-yl-(1)]-3-methylpenten-(4)-in-(1)-ol-(3)*, $Kp._2$ 124–126°, aus I u. Li-Acetylenid in fl. NH_3; n_D^{20} 1,5080; 73% (Ausbeute). – *5-[2.6.6-Trimethylcyclohexen-(1)-yl-(1)]-3-methylpentadien-(1.4)-ol-(3)*, $C_{15}H_{24}O$, $Kp._2$ 112 bis 114°; n_D^{20} 1,5072–1,5078, a) durch Hydrierung von 104 g vorst. Verb. in 100 ml A. an 0,3 g 5% ig. Pd/$CaCO_3$; 80%; b) man gibt zu Vinyl-MgBr (26 g Vinylbromid u. 4,6 g Mg) in 60 ml Tetrahydrofuran u. 60 ml Ae. bei –20° in 40 Min. 19,2 g I in 20 ml Ae., läßt über Nacht bei 20° stehen u. kocht 1 Std.; 41%. – *8-[2.6.6-Trimethylcyclohexen-(1)-yl-(1)]-6-methyloctadien-(5.7)-on-(2)*, $C_{18}H_{28}O$, $Kp._{0,5}$ 132–134°, man gibt zu 44 g vorst. Verb. in 50 ml Ae. u. 1 ml Pyridin bei –20 bis –30° tropfenweise 18 g PBr_3, rührt 2 Std. bei 20°, zersetzt mit $NaHCO_3$-Lsg., extrahiert mit Ae. u. dampft ein; das erhaltene Öl (47 g; n_D^{20} 1,5625) gibt man in 20 Min. bei –20 bis –25° zu Na-Acetessigester (4,6 g Na, 26 g Acetessigester) in 140 ml A., rührt 2 Std. u. läßt über Nacht stehen; n_D^{20} 1,5218; 60%. *Semicarbazon*, F. 160–161° (Bzl.-PAe.). – *9-[2.6.6-Trimethylcyclohexen-(1)-yl-(1)]-3.7-dimethylnonatrien-(1.6.8)-ol-(3)*, $C_{20}H_{32}O$, $Kp._{0,09}$ 125–140°, man gibt zu Vinyl-MgBr (6,5 g Vinylbromid, 1,2 g Mg) in 30 ml Tetrahydrofuran u. 40 ml Ae. bei –70° in 40 Min. 6,5 g vorst. Verb. in 20 ml Ae., rührt je 1 Std. bei –70, 20 u. 40–50° u. läßt über Nacht stehen; n_D^{19} 1,5280; 50%.

HELMUT SCHÄFER. 3800□

N-guan-Streptolidylgulosaminid, ein Abbauprodukt der Streptothricin-Antibiotica-Gruppe. H. E. Carter, J. V. Pierce, G. B. Whitfield jun., J. E. McNary, E. E. van Tamelen, J. R. Dyer und H. A. Whaley. (J. Amer. chem. Soc. **83.** 4287–88. 20/10. 1961. Madison, Wis., Univ. of Wisconsin, Dep. of Chem.) (Engl.)

Durch hydrolyt. Abbau von *Streptolin* u. *Streptothricin* erhält man neben anderen Prodd. eine wasserlösl. Aminosäure, die durch Cellulose- u. Kohlechromatographie als krist. *Dihydrochlorid* [F. 215–220° (Zers.); $[\alpha]_D$ –22,4° (c = 3,00; W.)] isoliert wird. Die Verb. enthält 2 prim. Aminfunktionen, zerfällt bei saurer Hydrolyse in *Streptolidin*, *Gulosamin* u. *1.6-Anhydrogulosamin* u. bei Oxydation mit Perjodat (3 Mol) in 1 Mol *HCHO*, 2 Mol NH_3, 1–2 Mol *HCOOH* u. *Glycerinaldehyd*. Die Stabilität entspricht der der N-Glykoside von 2-Aminozuckern. Durch quant. Vgl. der Desaminierungs-Geschw. von *2-Aminoimidazolin*, *2-Aminoimidazolin-4.5-dicarbonsäure*, *Streptolidinhydrochlorid*, *N-Benzolsulfonylstreptolidin* u. *N.N'-Diacetyl-N-guan-streptolidylgulosaminid* konnte die Struktur der Aminosäure als *N-guan-Streptolidylgulosaminid* (I) aufgeklärt werden.

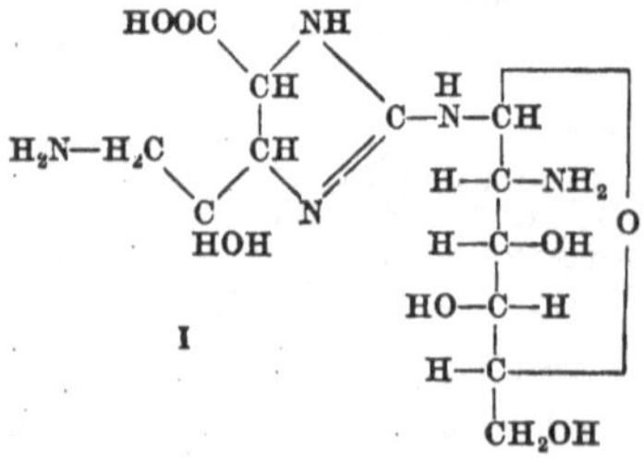

I

E. SCHRAVEN. 3900□

Isolierung von Aristolochiasäure aus Aristolochia clematitis aus Ungarn. Die Darstellung physiologisch aktiver Aristolochiaderivate. Gy. Schneider. (Acta Univ. Szegediensis, Acta physica chem. [N.S.] **6.** 92–96. 1960. Szeged, Univ., Inst. of Organ. Chem.) (Engl.)

Aus der in Ungarn vorkommenden *Aristolochia clematitis* (**A**) wird eine Verb. von starker physiolog. Aktivität isoliert, die als *Aristolochiasäure* (I) erkannt wird. I enthält ein N-Atom in Form einer Nitrogruppe. Mehrere Derivv. von I werden dargestellt.

Versuche: *Aristolochiasäure* (I), $C_{17}H_{11}NO_7$, F. 283–285° (Zers.; Butanol), durch Extrahieren der Wurzeln von **A** mit A. u. 1% ig. äthanol. Na-Äthylat-Lsg., Eindampfen im Vakuum bei 50°, Lösen in 1% ig. NaOH, Ansäuern mit 1% ig. H_2SO_4 u. Extrahieren des bräunlichgelben Rohprod. mit PAe. u. Ae.; aus Dioxan/W. orangegelbe Platten. *Na-Salz*, $C_{17}H_{10}NNaO_7$, F. 275–278°, durch Lösen von I in abs. A., der die berechnete Menge Na-Äthylat enthält; aus Butanol rote Nadeln. *Chlorid*, $C_{17}H_{10}ClNO_6$, F. 275 bis

278° (Zers.), durch 1tägiges Stehen von I mit überschüssigem Oxalylchlorid in abs. Dioxan; aus Chlf. grünlichgelbe Kristalle. *Methylester*, $C_{18}H_{13}NO_7$, F. 280—283°, durch 1std. Stehen von I in abs. Dioxan mit äther. CH_2N_2; aus Methanol Nadeln. *Äthylester*, $C_{19}H_{15}NO_7$, F. 282—283° (Zers.), durch Lösen des I-Chlorids in Chlf., Zugabe des entsprechenden A. u. 1std. Kochen. *n-Propylester*, $C_{20}H_{17}NO_7$, F. 286—288° (Zers.). *n-Butylester*, $C_{21}H_{19}NO_7$, F. 286—290° (Zers.). — *Decarboxyaristolochiasäure*, $C_{16}H_{11}NO_5$, F. 212°, durch Lösen von I in Chinolin, Zugabe von Cu-Pulver u. $^1/_4$std. Kochen; aus Chlf./Methanol gelbe Nadeln. P. Golinske. 3950□

Struktur und Biogenese von Trichothecin. J. Fishman, E. R. H. Jones, G. Lowe und M. C. Whiting. (Proc. chem. Soc. [London] **1959**. 127—28. April. Oxford, Univ., Dyson Perrins Labor.) (Engl.)

Die Struktur für *Trichothecin* (I) (C. **1961**. 11727) wird durch Abbau bestätigt: Milde Hydrolyse gibt *Trichothecolon*, dieses bei Oxydation *Trichothecodion* (II); II spaltet sich mit wss. NaOH bei 100° in *p-Xylochinon* u. *p-Xylohydrochinon* (V). Alkalispaltung der Säure III gibt in einer umgekehrten Michael-Rk. mit Alkali *2.5-Dimethylcyclohexandion-(1.4)* u. *2-Methyl-3-oxocyclopenten-(1)-carbonsäure* (IV). Aus der III entsprechenden im 6-Ring einfach ungesätt. Verb. entsteht V u. IV. ^{14}C-Mevalonsäurelacton wird biochem. zu ca. 5% in das I-Gerüst eingebaut, durch dessen Spaltung die Biogenese aus 3 Mevalonateinheiten unter 1 → 2-Verschiebung von 2 Methylgruppen bestätigt wird. Beim Wachstum auf $^{14}C_{(1)}$-acetathaltigem Boden wird 95% der Aktivität in der cis-Crotonsäuregruppierung gefunden. Der Prozeß Acetat → Mevalonat ist also irreversibel. D. Borrmann. 3950

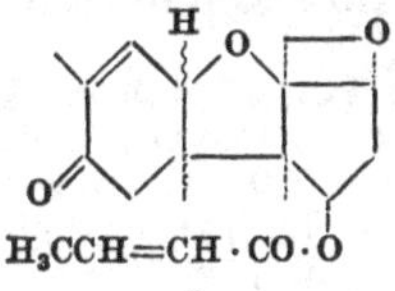

I

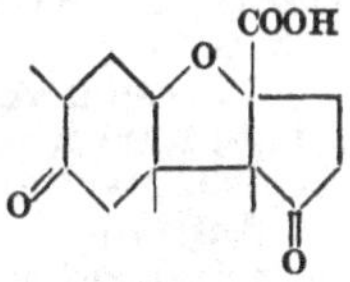
III

W. W. Filippow, Das Biotin in pflanzlichen und tierischen Organismen. Moskau: Verl. der Akad. der Wiss. der UdSSR. 1962. (232 S. m. graph. Darst.) 1 Rbl. 10 Kop. [Russ.]

G. W. Lasurewski, I. W. Terentjewa und A. A. Schamschurin, Praktikum der Chemie der natürlichen Verbindungen. Heft 1. Methoden der Trennung und des Nachweises. Lehrbuch für Hochschulen. Moskau: Verl. der Hochschule. 1961. (192 S.) 28 Kop. [Russ.]

Melville L. Wolfrom, ed., Advances in carbohydrate chemistry. Vol. 16. New York: Academic. 1961. (XI + 409 S. m. Abb.) $ 14,50.

D. Makromolekulare Chemie

Die Entropie eines flexiblen Makromoleküls. H. C. Longuet-Higgins. (Discuss. Faraday Soc. Nr. **25**. 86—91. 1958. Cambridge, Univ., Dep. of Theoret. Chem.)

Die Konfigurationsentropie eines biegsamen Makromol. wird nach einem Näherungs-Verf. berechnet. Der Wert der Entropie pro Bindung wird von der gleichen Größenordnung wie die Rotationsentropie eines kleinen starren Mol. gefunden. Auf Grund dieses Ergebnisses werden Gemeinsamkeiten zwischen flexiblem Mol. u. starrem Gitter untersucht. Die Dissoziation tritt scharf bei einer bestimmten krit. Temp. auf, u. die Kinetik dieses Prozesses führt zu einer scheinbaren Aktivierungsenergie, die der Anzahl äußerer Bindungen, welche bei der Trennung des Mol. vom Gitter gelöst werden, proportional ist. W. Betcke. 4000□

Zur Theorie des Abziehens unter rechtem Winkel. G. E. R. Lamb. (J. Polymer Sci. **51**. S 73—S 76. Juni 1961. Syracuse, N.Y., Syracuse Univ., State Univ. Coll. of Forestry, Empire State Paper Res. Inst.) (Engl.)

Theoret. Arbeit. Berechnet wird die Kraft W zum Abheben eines Bandes, das auf eine Unterlage geklebt ist, für den Fall, daß die Kraft am Bandende angreift. Es folgt $W/w = P_0^2 t_a / 2 E_a$, wobei w = Bandbreite, P_0 bzw. t_a bzw. E_a = Zugfestigkeit bzw. Dicke bzw. Elastizitätsmodul des Klebmittels. W ist also unabhängig von der Natur des Bandes. O. Fuchs. 4000□

Beziehung der Änderung der Intrinsicviscosität zur statistischen Kettenspaltung. A. M. Kotliar. (J. Polymer Sci. **51**. S 63—S 64. Juni 1961. Linden, N.J., Esso Res. and Engng. Co., Chem. Res. Div.) (Engl.)

Erweiterung der früher (vgl. C. **1961**. 4362) angestellten Betrachtungen, wobei unter der Annahme des Vorliegens einer Verteilung vom Schulz-Zimm-Typ die Abhängigkeit der Intrinsicviscosität von der Zahl der Kettenspaltungen berechnet wird. O. Fuchs. 4000□

Verfügbare Methoden zur Bestimmung der wahrscheinlichsten Konfiguration einfacher Makromolekül-Modelle. H. N. V. Temperley. (Discuss. Faraday Soc. Nr. **25**. 92—94. 1958. Aldermaston, Berks., Atom. Weapons Res. Establ.) (Engl.,

Es wird eine Übersicht über den gegenwärtigen Stand in der Berechnung der energet. Verhältnisse in einem Linearpolymeren u. deren Änderung bei einer Änderung der Kettenlänge gegeben. Das MONTROLL-Modell wird in diesem Zusammenhang diskutiert. In bezug auf verzweigte Polymere werden einige neue Ergebnisse vorläufig mitgeteilt. Letzteres Problem scheint in mancher Hinsicht einfacher zu sein.

W. BETCKE. 4000□

Thermodynamische Erklärung von großen Perioden in hochpolymeren Kristallen und gezogenen Fasern. E. W. Fischer. (Ann. New York Acad. Sci. **89.** 620—34. 16/1. 1961. Mainz, Univ.) (Engl.)

Vf. sucht die sog. „period. Kristallisation", d. h. die bei Hochpolymeren beobachteten strukturellen Periodizitäten zwischen 50 u. 500 Å vom kinet. oder thermodynam. Standpunkt aus zu erklären u. nimmt hierbei Bezug auf eine theoret. Behandlung dieser Frage von PETERLIN u. FISCHER (vgl. C. **1961.** 13935), in der gezeigt worden war, daß diese period. Kristallisation durch die Anisotropie der Gitterkräfte in Kettenkristallen verursacht wird. C. GOTTFRIED. 4000

Viscosität von Polyäthylenen: Abhängigkeit vom Molekulargewicht und von der Temperatur. Roger S. Porter und Julian F. Johnson. (J. appl. Polymer Sci. **3.** 194—99. März/April 1960. Richmond, Calif., California Res. Corp.) (Engl.)

Auf Grund von Literaturdaten gilt im Bereich NEWTONschen Fließens für die Schmelzviscosität η (in 10^{-3} P) von *n-Alkanen* (M = 86—900) die Beziehung $\log \eta = A \cdot \log M - B$, wobei A zwischen 50 u. 300° von 2,22 auf 1,53 u. B von 3,95 auf 3,35 abfallen. Bei höherem M [*Polyäthylen* (I) mit M bis 10000] gilt zwar dieselbe Gleichung, doch beträgt A nun bei 110 u. 160° 3,4. Der Anstieg von A erfolgt von einem krit. M-Wert ab, der bei 110° 2000 u. bei 160° 2400 beträgt (Literaturdaten u. Messungen der Vff.). Für I mit M > 12000 ergeben sich aus der Literatur z. T. wesentlich höhere A-Werte. Für die Aktivierungsenergie E des viscosen Fließens folgt bei 130° die Gleichung $E = -6{,}70 + 4{,}27 \cdot \log M$ (M = 100—37000). Für den Faktor D in $\eta = D \cdot \exp \cdot (E/RT)$ ergibt sich $D = E - 14$ (E in kcal/Mol). Die Ergebnisse werden mit den Aussagen der Theorien des viscosen Fließens verglichen. O. FUCHS. 4010□

Viscosität von Polyäthylenen: Abhängigkeit vom Molekulargewicht bei hoher Scherung. Roger S. Porter und Julian F. Johnson. (J. appl. Polymer Sci. **3.** 200—05. März/April 1960. Richmond, Calif., California Res. Corp.) (Engl.)

Von *n-*$C_{12}H_{26}$, *n-*$C_{16}H_{34}$, *n-*$C_{20}H_{42}$ u. *n-*$C_{32}H_{66}$ wurde mit einem Viscosimeter mit konzentr. Zylindern bei 20° (z. T. auch bei höherer Temp.) die Fließviscosität η bei verschiedenen Scher-Geschw. D (bis $4{,}4 \cdot 10^5\ s^{-1}$) gemessen; η ist unabhängig von D. Auch η von *Polyäthylen* (I) mit M = 2800—3900 ist bei 110° unabhängig von D; dagegen fällt η von I mit M = 5000 schwach u. mit höherem M sehr stark mit wachsendem D ab. Der Übergang vom NEWTONschen zum nicht-NEWTONschen Fließen läßt sich nicht auf die Orientierung der Makromoll. zurückführen. Es wird vielmehr angenommen, daß das nicht-NEWTONsche Fließen durch die Auflösung von Mol.-Verschlingungen bedingt ist; auf diese Weise ist eine qual. Deutung der Vers.-Ergebnisse möglich. O. FUCHS. 4010□

Die Rekristallisation von Polyäthylen bei der Temperung. W. O. Statton und P. H. Geil. (J. appl. Polymer Sci. **3.** 357—61. Mai/Juni 1960. Wilmington, Del., E. I. du Pont de Nemours & Co., Textile Fibers Dep., Exper. Station.) (Engl.)

Die Dicke von aus Lsgg. erhaltenen Einkristall-Lamellen von *Polyäthylen* nimmt beim Tempern oberhalb 110° stark zu, wie elektronenopt. sowie durch Röntgenkleinwinkelstreuung nachgewiesen wird. Die Dickenzunahme erfolgt anscheinend unter Umfaltung der Moll., wobei innerhalb der Lamellen Löcher entstehen. Durch diese Beobachtungen wird die Notwendigkeit neuer Vorstellungen über die Beweglichkeit von Polymer-Moll. im festen Zustand nahegelegt. H. J. LEUGERING. 4010□

Untersuchung des Nickeloxid-Kieselgur-Katalysators. 4. Mitt. **Der Einfluß der Temperatur auf die Anfangsgeschwindigkeit der Polymerisation und die Größe der anfänglichen Propylenadsorption.** Shinichi Kawaguchi. (Bull. chem. Soc. Japan **31.** 31—34. Jan. 1958. Minami-ogi-machi, Kita-ku, Osaka, Osaka City Univ., Inst. of Polytechn.) (Engl.) — 3. vgl. Catalyst [Sapporo] **12.** [1955.] 72; 2. vgl. C. **1957.** 13362.

Die katalyt. Polymerisation von *Propylen* an einem NiO/Kieselgur-Katalysator wird bei konst. Vol. u. 0, 20, 80, 100, 110,6 u. 140° untersucht. Die Druck/Zeit-Kurven werden an Hand einer Rk.-Geschw.-Gleichung vom Typ der ZELDOWITCH-Gleichung analysiert. Das für die Anfangs-Geschw. geltende Zeitgesetz $-dP/dt = A \cdot e^{-\alpha(P_0 - P)}$ (P_0 bzw. P = Propylendruck zur Zeit 0 bzw. t) kann wegen der Temp.-Abhängigkeit der Konst. A, in der die Menge des an der Katalysatoroberfläche adsorbierten Propylens eingeht, nicht bei höheren Temp. angewendet werden. Letztere wird bei höherer Temp. konst., so daß die Rk.-Geschw. einem Gesetz 1. Ordnung gehorcht. Für die Aktivierungsenergie wurden bei 0 u. 20° 8,7 kcal/Mol, bei höheren Temp. nur 0,86 kcal/Mol gefunden. Die isoster. Adsorptionswärmen betragen 7—8 (bei 0—20°) bzw. 1,9 kcal/Mol (bei höherer Temp.). Als für die Anfangs-Geschw. der Polymerisation maßgebender Elementarprozeß wird die Chemisorption von Propylen aus der van der Waals-Schicht an die akt. Zentren des Katalysators angesehen. W. Betcke. 4010□

Kettenkonfigurationen in Kristallen von einfachen Linearpolymeren. C. W. Bunn und D. R. Holmes. (Discuss. Faraday Soc. Nr. **25.** 95—103. 1958. Welwyn, Imperial Chem. Ind. Ltd., Plastics Div.) (Engl.)

Die konfigurationsbestimmenden Faktoren bei einfachen Linearpolymeren werden untersucht u. die inter- u. intramol. energet. Zusammenhänge diskutiert. Als maßgebende Einfl. auf die Struktur werden unterschieden: 1. der Orientierungseffekt, der die Bldg. der Konfiguration benachbarter C-Atome durch die in der Richtung systemat. wechselnden Bindungen der Polymereinheiten in gesätt. Moll. begünstigt (z. B. die ebene Zickzackkette der *Polythene* u. syndyotakt. Vinylpolymeren, die Schraubenkonfiguration einiger isotakt. Vinylpolymeren u. die nichtschraubenförmige, nichtebene Konfiguration von Gummihydrochlorid); 2. die Wechselwrkg. zwischen benachbarten Substituenten oder zwischen Substituenten u. Kettenatomen, die in mehrfach substituierten Moll. zu Abweichungen von den alternierend angeordneten Konfigurationen führen kann (z. B. bei geradkettigen Kohlenstofffluoriden, bei *Polyisobuten* u. isotakt. Vinylpolymeren mit großen Raum beanspruchenden oder sperrigen Substituenten); 3. Packungseffekte, die den Konfigurationswechsel bei Konfigurationen nahezu gleicher Energie beeinflußen (z. B. bei Gummihydrochlorid, Polyestern u. Polyäthern). W. Betcke. 4010□

Polymerisations- und Isomerisierungsaktivität von Aluminiumtrialkyl, Alkylaluminiumhalogeniden und Ziegler-Mischkatalysatoren. H. J. Sinn, H. Winter und W. v. Tirpitz. (Makromolekulare Chem. **48.** 59—71. Aug. 1961. München, TH, Inst. für Chem. Technol.) (Dt.) — Vgl. C. **1961.** 5458.

Alkylaluminiumhalogenide polymerisieren Monomere, wie *Styrol, Butadien, Isopren, Dimethylbutadien* u. *Vinylisobutyläther*, nur dann, wenn auch geringe Mengen protonenakt. Substanz, wie W. oder HCl, anwesend sind. Die Polymerisation unterbleibt, wenn der Cokatalysator mit Hilfe von AlR_3 entfernt wird u. die Substanzbewegung zur Vermischung mit dem Aluminiumalkylhalogenid nur durch Umkondensieren in einer Hochvakuum-App. erfolgt. Eine Dest. mit Lithiumalanat reicht nicht aus, um den Cokatalysator zu entfernen. Auch die Isomerisierung von n-Heptan zu Isoheptan u. von Cyclohexan zu Methylcyclopentan findet nur in Anwesenheit eines Cokatalysators statt. Auch Mischkatalysator-Syst., wie $TiCl_4/AlR_3$ oder $CoCl_2/AlRCl_2$, sind bei den vorgenannten Monomeren nur dann akt., wenn cokatalyt. Mengen protonenakt. Substanz zugegen sind. Sie verhalten sich ähnlich wie reine Alkylaluminiumhalogenide. Die Kobaltsalze beeinflussen jedoch auch noch die Struktur: so entsteht aus Butadien hauptsächlich *Poly-cis-butadien*, mit $AlRCl_2$ dagegen *Poly-trans-butadien*. Der Beweis für die Cokatalysatorabhängigkeit wurde in allen Fällen dadurch erbracht, daß bei Ausschluß von W. die Polyreaktion unterbleibt, bei Zusatz von W. jedoch sofort eintritt. Bei *Äthylen* wurde keine Cokatalysatorabhängigkeit gefunden. Das schließt jedoch eine Beeinflussung des Rk.-Verlaufes hinsichtlich Ausbeute u. Molgew. nicht aus, da die protonenakt. Substanzen auch durch normale Umsetzung den Mischkatalysator ändern. Äthylen mit unpolarer, schwer polarisierbarer Bindung bildet lineare hochmol. Prodd. gerade dann, wenn Cokatalysatoren abwesend sind. Diese Poly-Rk. des Äthylens, die die bifunktionelle Verknüpfung des Monomeren innerhalb eines Wachstumscyclus beinhaltet, wird dem Präge-, Komplex- bzw. Insertionstyp zugeordnet. Diesem steht der durch die monofunktionelle Verknüpfung des Monomeren gekennzeichnete u. von der Abwesenheit eines Cokatalysators abhängige Keimtyp gegenüber. Der Keimtyp umschließt die Radikalketten- u. Ionenkettenpolymerisationen ebenso wie die Polykondensationen. Die gefundene Cokatalysatorabhängigkeit der Polyreaktionen des *Styrols*, der *Diene* u. der *Vinyläther* wie auch die beobachtete Isomerisierungsaktivität lassen einen dem Keimtyp zugeordneten Friedel-Crafts analogen kation. Mechanismus vermuten. Die Stereospezifität der Prodd. läßt jedoch in keinem Falle einen zwingenden Schluß auf die zugrunde liegenden Polyreaktionen zu. Der Prägetyp schließt jedoch Verzweigungen aus u. begünstigt die Ausbildung takt. Strukturen. E. Weber. 4010□

Verhalten freier Radikale, die in Wasserstoffbindungen enthaltenden, γ-bestrahlten Verbindungen eingeschlossen sind. Zenichiro Kuri, Yuzuru Fujiwara, Hisashi Ueda und Shoji Shida. (J. chem. Physics **33.** 1884—85. Dez. 1960. Tokyo, Japan, Jap. Assoc. for Radiation Res. on Polymers.) (Engl.)

Während im allg. durch γ-Bestrahlung von Polymeren im Vakuum erzeugte freie Radikale durch O_2 in Peroxidradikale übergeführt werden, konnten Vff. zeigen, daß das Triplett-Elektronenspin-Resonanzspektrum der durch γ-Strahlung in *Polyvinylalkohol* (PVA) hervorgerufenen freien Radikale sich an der Luft nicht ändert. Ebensowenig tritt eine Änderung des Spektrums nach Einw. von Cl_2, J_2, NO, SO_2 oder H_2S ein, auch nicht bei Bestrahlung in Ggw. dieser Substanzen. Die Radikale sind jedoch nicht völlig inakt.: Durch Erhitzen über die Glasumwandlungs-Temp. tritt vermutlich Rekombination ein. Der bestrahlte PVA kann mit Vinylmonomeren, wie Styrol oder Methacrylsäuremethylester, in Ggw. von W. copolymerisiert werden. Ähnlich wie PVA verhalten sich *Cellulose, Stärke, Arabinose, Ribose, Xylose, Glucose, Fructose, Sorbose, Galaktose, Saccharose, Cellobiose, Lactose, Inulin* u. *Glutaminsäure*. Alle diese Verbb. besitzen Hydroxylgruppen, die intermol. H-Bindungen bilden können, durch die ein Eindringen der erwähnten Radikalfänger verhindert werden könnte.

F. Rochlitz. 4010□

Die Polyalkohole und ihre Bedeutung als polyfunktionelle Veresterungsmittel. Johannes Kuchenbuch. (Kunststoff-Rdsch. **5**. 281—87. Juli 1958. 337—43. Aug. 1958. 380—88. Sept. 1959. 443—48. Okt. 1959. 490—94. Nov. 1959. 576—79. Dez. 1959. Hamburg, Reichhold Chemie A.G.) (Dt.)

Übersicht mit 194 Literaturangaben. B. Scheifele. 4010□

Das Molekulargewicht von Polyvinylacetat. A. F. Sirianni, R. Tremblay und I. E. Puddington. (Canad. J. Chem. **36**. 543—49. März 1958. Ottawa, Canada, Nat. Res. Council, Div. of Appl. Chem.) (Engl.)

Die Molgew. einer Reihe von unfraktionierten *Polyvinylacetaten* (PVA) im Bereich 5000—40000 wurden in einer früher beschriebenen Experimentaltechnik durch Messen der Dampfdruckerniedrigung in Bzl. bei 55° u. in A., Methanol u. Aceton bei 20—55° bestimmt. Bei den Polymeren mit vergleichsweise niedrigem Molgew. verlaufen die Molgew.-/Konz.-Kurven bei Konzz. bis ca. 12 Gew.-% linear, bei den Höherpolymeren haben sie Knickpunkte u. verlaufen im Bereich niedriger Konzz. steiler. In alkohol. Lsgg. besteht keine Konz.-Abhängigkeit der Molgew.-Werte. Die Werte wurden durch Extrapolation auf Null erhalten. Für das Molgew. einer fraktionierten PVA-Probe (29000) wurden in Bzl. bei 65° niedrigere Werte erhalten als bei 55°. Bei Verw. von A. als Lsgm. sind die Werte unabhängig von der Konz. u. wesentlich niedriger.

W. Betcke. 4010□

Eine neue Gelpunkt-Methode zur Bestimmung der scheinbaren Aktivierungsenergie der Polymerisation. L. J. Gough und I. T. Smith. (J. appl. Polymer Sci. **3**. 362—64. Mai/Juni 1960. St. Mary Cray, Kent, Cray Valley Products Ltd., Res. Dep.) (Engl.)

Die unter isothermen Bedingungen gemessene Gel-Bldg.-Dauer (GBD) kann in manchen Fällen als Maß für die Brutto-Polymerisations-Geschw. betrachtet werden. Aus der Temp.-Abhängigkeit von der GBD läßt sich die Brutto-Aktivierungsenergie bestimmen. Für den Fall der Polymerisation von *Epoxydharzen* wird eine einfache App. zur Best. der GBD angegeben. Die aus der GBD berechneten Aktivierungsenergien stimmen befriedigend mit Literaturangaben überein. H. J. Leugering. 4010□

Photoabbau von Polyacrylonitril in Lösung. H. H. G. Jellinek und W. A. Schlueter. (J. appl. Polymer Sci. **3**. 206—12. März/April 1960. Windsor, Canada, Assumption Univ., Essex Coll., Dep. of Chem.; Seattle, D.C., Boeing Aircraft Comp.) (Engl.)

Eine 1%ig. Lsg. von *Polyacrylonitril* (I) in Äthylencarbonat-Propylencarbonat (80 : 20) wurde bei 25° mit UV-Licht (2537 Å) bestrahlt. In Ggw. von Luft erfolgt ein Kettenabbau (erkenntlich an der Abnahme der Fließzeiten der Lsgg.), während unter N_2 neben dem Abbau auch eine Radikalrekombination vorzuliegen scheint. Der Abbau geht auch nach Abschalten der Strahlung weiter. Eingehende quant. Verss. wurden im Vakuum ausgeführt. Dabei wurden die Lichtintensität J u. die Belichtungszeiten t variiert; gemessen wurde die Änderung des Molgew. von **I** mit J u. t (viscosimetr. Messungen). Die Quantenausbeute ergibt sich daraus zu $7{,}7 \cdot 10^{-4}$ Kettenspaltungen pro absorbiertes Lichtquant. Aus dem Vgl. der IR-Spektren des Ausgangs- u. des bestrahlten **I** folgt, daß die Gesamtstruktur von **I** durch die Bestrahlung nicht geändert wird. Die Ergebnisse lassen sich unter der Annahme einer statist. Kettenspaltung u. des Vorliegens einer Proportionalität zwischen der Spaltungs-Geschw. einerseits u. der Zahl der vorhandenen Bindungen u. J andererseits gut wiedergeben. O. Fuchs. 4010□

Modifiziertes Polyäthylenterephthalat. František Kamas, František Hadobáš, Zdeněk Zámorsky und Rudolf Veselý. (Chem. Průmysl **8** (**33**). 327—30. Juni 1958. Gottwaldov, Výzk. Ústav gumárenské a plastik. technol.)

Die Eigg. der *Copolymerisate* aus *Terephthalsäure* (**I**), *Isophthalsäure* (**II**) u. *Äthylenglykol* (**III**) (durch Erhitzen des **I**- u. **II**-Dimethylesters mit 2,5 Mol **III** auf 275°), aus

Terephthalsäure-bis-[β-hydroxyäthylester] u. *p-Hydroxymethylbenzoesäure* (**IV**) sowie aus **I**, **III** u. *Diäthylenglykol* (**V**) werden untersucht. Hierbei ergab sich, daß die Änderung des Verhältnisses zwischen amorphen u. kristallinen Anteilen eine Erniedrigung des F. verursacht. Der kristalline Charakter der Prodd. bleibt bis zu 30 Mol-% des modifizierten Anteiles unverändert. Die Temp. des Übergangspunktes 2. Ordnung ist nur bei den Copolymerisaten aus **I/II/III** u. **I/III/V** niedriger, dagegen weisen die Copolymerisate aus **IV** höhere Werte als das reine *Polyäthylenterephthalat* auf. Die Wärmestabilität der Copolymerisate aus **I/III/V** u. aus **IV** ist geringer, dagegen erhöht sich der Wert der Copolymerisate mit **II**. Die Benetzbarkeit u. das Färbevermögen der Polyäthylenterephthalatfasern sind eine Funktion des modifizierten Anteiles u. werden am meisten durch den hydrophilen Äther-Sauerstoff von **V** beeiuflußt. J. SCHNEIDER. 4010

Beitrag zur Problematik der Molekulargewichtsbestimmung von Aminoplasten. Karel Dušek. (Chem. Průmysl **8** (**33**). 321—24. Juni 1958. Pardubice, Výzk. Ústav synthet. pryskyřic a laků.)

Es wurde die Möglichkeit der Molgew.-Best. der prim. Rk.-Prodd. von *Harnstoff*, *Thioharnstoff* bzw. *Melamin* mit *Formaldehyd* in Ameisen- u. Essigsäure untersucht. Mit Hilfe der kryoskop. Meth. u. der Papierchromatographie wurde gefunden, daß die funktionellen Gruppen u. Bindungen der Kondensate in beiden wasserfreien Säuren einer Ab- bzw. Aufspaltung mit nachfolgender Kondens.-Rk. unterliegen. Aus kinet. Daten folgt, daß die Solvolyse der Kondensate der mit wss. Säuren analog ist. Daraus kann der Schluß gezogen werden, daß die Best. der Molgew. von Harnstoff–Formaldehyd-Kondensaten in Ameisensäure keine korrekten Werte liefert.

J. SCHNEIDER. 4010

Über cyclische Oligamide aus ε-Aminocapronsäure. Helmut Zahn, Joachim Kunde und Gerhard Heidemann. (Makromolekulare Chem. **34**. 220—30. 1961. Heidelberg, Univ., Chem. Inst.; Aachen, TH, Deutsches Wollforschungsinst.) (Dt.)

Caprolactamfreier Heißwasserextrakt von *Polycaprolactam* wurde im Hochvakuum bis 260° erhitzt, wobei flüchtige Verbb. abdestillierten. Beim weiteren Erhitzen des Rückstandes bei 10^{-3} Torr ging bei 285° *Cyclo-tetrakis-ε-aminocaproyl* [**I**; $C_{24}H_{44}N_4O_4$, F. 260° (W. u. Methylcellosolve)] über; 3 g **I** aus 70 g Heißwasserextrakt. Bei der Extraktion des pulverisierten Rückstandes mit Methanol wurde 1 g *Cyclo-pentakis-ε-aminocaproyl* [**II**; $C_{30}H_{55}N_5O_5$, F. 253° (W.)] erhalten. *Cyclo-tris-ε-aminocaproyl* [**III**; $C_{18}H_{33}N_3O_3$, F. 247° (W.); 55% (Ausbeute)] wurde nach dem von ZAHN u. DETERMANN (vgl. C. **1959**. 14417) angegebenen Verf. hergestellt u. durch Chromatographie gereinigt. Zur Darst. von *$\Delta^{1.8}$-1.8-Diaza-2.9-dimethoxycyclotetradecadien-bis-hydrogenmethylsulfat* [**IV**; $C_{16}H_{34}N_2O_{10}S_2$, F. 180° (Zers.)], wurde Cyclo-bis-ε-aminocaproyl 5 Std. bei 100° in Dimethylsulfat gerührt; nach Abkühlen Fällen mit Ae. u. Umkrist. aus Methanol; 69%. — *$\Delta^{1.8}$-1.8-Diaza-2.9-dimethoxycyclotetradecadien* (**V**), $C_{14}H_{26}N_2O_2$, F. 110° (Aceton), durch Lösen von **IV** in 2 n NaOH bei 0°, Ausschütteln mit Tetrahydrofuran, Trocknen mit festem KOH u. Eindampfen der Lsg.; 56%. — *$\Delta^{1.8}$-1.8-Diaza-2.9-dimethoxycyclotetradecadiendipikrat*, $C_{26}H_{32}N_8O_{16}$, F. 179° (Zers.), aus den alkohol. Lsgg. von **V** u. Pikrinsäure u. Auswaschen des Nd. mit Äthanol. Die IR-Spektren von **I**, **II** u. **III** u. die der entsprechenden N-deuterierten Verbb. wurden aufgenommen. Durch Vgl. der Spektren ist eine weitgehende Zuordnung der Banden möglich. Die Deuterierung von **I**-**III** wurde durch Umkrist. aus 99,9%ig. D_2O bei 120—130° vorgenommen.

O. FUCHS. 4010□

Über die Bildung von Polyamidharzen. 7. Mitt. Über die Zusammensetzung und die Struktur von Salzen, die aus Dicarbonsäuren und Diaminen oder Hydrazin entstehen. A. Ss. Schpitalny und Ja. A. Charit. (Журнал Общей Химии [J. allg. Chem.] **28** (**90**). 2687—93. Okt. 1958. Leningrad, Textilinst.) (Russ.) — 6. vgl. C. **1960**. 9233.

Hexamethylen- (**I**) oder *Äthylendiamin* (**II**) bilden mit *Sebacin-* (**III**), *Adipin-* (**IV**) oder *Azelainsäure* (**V**) bei beliebigem Mischungsverhältnis der Ausgangsstoffe das normale (wahrscheinlich cycl.) Salz (1 Mol Säure : 1 Mol Base). Dagegen bildet *Hydrazin* (**VI**) mit **III** oder **V** bei beliebigem Mischungsverhältnis ein saures Salz mit äquimol. Zus., in dem sich **VI** (auf Grund der potentiometr. Titration in wss. Lsg.) wie eine einsäurige Base verhält. **IV** oder *Bernsteinsäure* geben mit **VI** nur in Abwesenheit eines **VI**-Überschusses ein analoges Salz. Ein **VI**-Überschuß führt zur Bldg. der entsprechenden neutralen Salze aus 2 Mol **VI** u. 1 Mol Säure. Bei der Bldg. von *Polyamidharzen* aus Dicarbonsäure u. Diamin oder Hydrazin wird eine analoge Abhängigkeit der mol. Zus. von der Größe der Dissoziations-Konst. der Base festgestellt.

Versuche: Darst. der Salze aus **I** u. **II** nach SCHPITALNY u. Mitarbeitern [1950]: *Hexamethylendiaminsebacinat*, $C_{16}H_{34}N_2O_4$, F. 173°, aus **I** u. **III** im Mol-Verhältnis 2 : 1;

92% (Ausbeute); 94% (1 : 1); 60% (1 : 1,5). — *Hexamethyldiaminadipinat*, $C_{12}H_{26}N_2O_4$, F. 191—192°, aus I u. IV im Mol-Verhältnis 1 : 2; 90%. — *Hexamethylendiaminazelainat*, $C_{15}H_{32}N_2O_4$, F. 146—147°; 65% (1 : 1); 68% (2 : 1); 84% (1 : 2). — *Äthylendiaminsebacinat*, $C_{12}H_{26}N_2O_4$, F. 162—163°; 91% (1 : 1); 91% (2 : 1); 90% (1 : 2). — *Äthylendiaminazelainat*, $C_{11}H_{24}N_2O_4$, F. 145—147°; 97% (1 : 1); 97% (2 : 1); 80% (1 : 2). —; *Hydrazinsebacinat*, $C_{20}H_{44}N_4O_8$, F. 103—104° (96%ig. A.), aus VI u. III; 92% (1 : 1), 85% (1 : 2); 80% (2 : 1). — *Hydrazinazelainat*, $C_{18}H_{40}N_4O_8$, F. 88—89° (96%ig. A.); 88% (1 : 1); 85% (1 : 2); 55% (2 : 1). — *Hydrazinadipinat*, $C_{12}H_{28}N_4O_8$, F. 114—115° (96%ig. A.); 85% (1 : 1); 83% (1 : 2). — *Hydrazinsuccinat*, $C_8H_{20}N_4O_8$, F. 120—121° (96%ig. A.); 62% (1 : 1); 54% (1 : 2). — *Dihydrazinadipinat*, $C_6H_{18}N_4O_4$, das aus alkohol. Lsg. abgeschiedene Öl wird 1 Std. bei 5—10 mm auf dem sd. Wasserbad erhitzt; hygroskop. Kristalle; 72% (2 : 1). — *Dihydrazinsuccinat*, $C_4H_{14}N_4O_4$, analog vorst. Verb.; hygroskop. Kristalle; 52% (2 : 1). H. KÜHNE. 4010

Eine Analyse der Verhärtungsreaktion von Furfurylalkohol-Harz. Shigehiko Yamada und Shigeo Hayashi. (Bull. chem. Soc. Japan **31.** 503—07. Juli 1958. Chigasaki, Kanagawa Pref., Tôkai Elektrode Mfg. Co., Chigasaki Fact.) (Engl.)

Die Änderung des elektr. Widerstandes (R) von *Furfurylalkohol-Harz* während seiner Verhärtung im Gemisch mit Graphitpulver als Füllmittel u. p-Toluolsulfonsäurechlorid als Beschleuniger wird über 250 Std. hin verfolgt. R fällt in den ersten 5 Std. steil ab, passiert ein Minimum u. sinkt nach Durchlaufen eines Maximums (nach ca. 10 Std.) langsam auf einen konst. Wert, der nach ca. 110 Std. erreicht wird. Die Wrkg. des Graphits auf die Änderung von R u. die Verfestigung hängt von der Teilchengröße ab. — Die Adhäsionskraft (kg/cm²) nimmt bis zu einem Endwert, der nach 20—70 Std. erreicht wird, geradlinig mit der Zeit zu. Die Aktivierungsenergie des Prozesses beträgt 12 kcal/Mol. Ferner wurde die Änderung der Löslichkeit in Aceton u. das Schrumpfen während der Verhärtung gemessen. W. BETCKE. 4010□

Die Polykondensation als Methode zur Darstellung von Polydialkylsiloxan- und Polyalumodialkylsiloxanelastomeren. K. A. Andrianow und A. A. Shdanow. (Доклады Академии Наук СССР [Ber. Akad. Wiss. UdSSR] **138.** 361—64. 11/5. 1961. Inst. für Metallorg. Verbb. der Akad. der Wiss. der UdSSR.) (Russ.)

Durch Rk. von Oktamethylcyclotetrasiloxan (I) mit Dimethyldichlorsilan (II) wird *α.ω-Dichlorpolydimethylsiloxan* (**III**) erhalten; die Hydrolyse von Dimethyldiacetoxysilan (**IV**) liefert *α.ω-Diacetoxypolydimethylsiloxan* (**V**), das durch Hydrolyse in *α.ω-Dihydroxypolydimethylsiloxan* (**VI**) übergeführt wird. **III, V** u. **VI** sind relativ niedrigmol. lineare Oligomere; ihr Polymerisationsgrad ist jedoch so groß, daß bei der Hydrolyse bzw. bei weiterer Polykondens. unter schärferen Bedingungen keine Cyclisierung erfolgt u. aus **VI** ein hochmol. lineares *Elastomeres* vom Molgew. 200000 erhalten wird. Die Kondens. von **VI** mit Tri-n-butoxyaluminium (**VII**), Tri-n-butoxybor (**VIII**) u. Tetra-n-butoxytitan (**IX**) liefert *Polybutoxyalumo-*, *Polybutoxyboro-* u. *Polydibutoxytitanodimethylsiloxane* mit einem Molgew. von 30000, die ebenfalls *Elastomere* darstellen. Die erhaltenen Elastomeren sind in Bzl. u. Toluol lösl. u. lassen sich vulkanisieren. Die Polykondens. von Methylphenyldiacetoxysilan (**X**) mit **VII** liefert *Polybutoxyalumomethylphenylsiloxane*.

Versuche: *α.ω-Dichlorpolydimethylsiloxan* (**III**), Molgew. 3170, man erhitzt 326 g **I** u. 11,37 g **II** 3½ Std. lang im Autoklaven auf 200° u. dest. bei 200°/4 mm die leichtflüchtigen Prodd. ab; 237 g (Ausbeute). Durch Änderung des **I-II**-Verhältnisses können Polymere mit verschiedenem Polymerisationsgrad erhalten werden. — *α.ω-Diacetoxypolydimethylsiloxan* (**V**), Molgew. 1606, man hydrolysiert 91,5 g **IV** in 2½ Std. bei 50° mit 9 g W. u. dest. die flüchtigen Prodd. bei 123°/13 mm ab; 28,6 g. — *α.ω-Dihydroxypolydimethylsiloxan* (**VI**), a) man gibt zu 24,7 g $NaHCO_3$, 125 ml Aceton, 125 ml Bzl. u. 1 ml W. bei 50° tropfenweise 237 g **III** in 250 ml Bzl., rührt 2 Std. lang bei 45—50°, filtriert u. dest. die flüchtigen Stoffe bis 200°/4 mm ab; 212 g, Molgew. 8200; b) man löst 28,6 g **V** in 50 ml Ae., wäscht mit 30 ml 1%ig. NH_4OH, dann mit W. u. dampft bei 13 mm ein; 23,8 g, Molgew. 2100; c) man erhitzt 75 g **VI** (Molgew. 23000) 12 Std. lang auf 200°/2—3 mm unter N_2; Molgew. 200000. — *Polybutoxyalumodimethylsiloxan*, Molgew. 30000, man vermischt 23,8 g **VI** (Molgew. 2100) mit der 20%ig. Lsg. von 2,78 g **VII** in Bzl., dampft ein u. erhitzt bei 15 mm N_2-Druck 3 Std. lang auf 150° u. ½ Std. auf 200°; kautschukartig. — *Polybutoxyborodimethylsiloxan*, Molgew. 34000, aus 20 g **VI** (Molgew. 2600) u. 1,77 g **VIII**; kautschukartig. — *Polydibutoxytitanodimethylsiloxan*, Molgew. 27000, aus 20 g **VI** (Molgew. 2600) u. 2,62 g **IX**; fest, elastisch. — *Polybutoxyalumomethylphenylsiloxan*, durch 6std. Erhitzen von 47,6 g **X** u. 49,3 g **VII** auf 180°; durchsichtig, hellgelb, lösl. in Bzl. u. Toluol. HELMUT SCHÄFER. 4010□

Untersuchungen von Latexschäumen. D. M. Ssandomirski und A. A. Korotkowa. (Коллоидный Журнал [Kolloid-J.] **23.** 95—99. Jan./Febr. 1961. Moskau, Forschungsinst. für Gummi- u. Latexartikel.) (Russ.; Auszug: Engl.) — Vgl. C. **1961.** 16677.

Die Abhängigkeit mechan. erzeugter Latexschäume (Nairit L 4, SKS 50 N) mit geringem Schäumungs-Vol. von der Viscosität, der Konz. (10—50%) u. der Oberflächenspannung (Zusatz von Nekal bis 3%, Ammoniumcaseinat bis 1,25%) wird untersucht. Als krit. Kennwert wird die Zeit definiert, bei der das Zusammenfallen des Schaumes einsetzt. Die Stabilität des Schaumes ist im wesentlichen von der Viscosität des Latex abhängig u. nimmt proportional mit ihr zu. Die Dispersität des Schaumes ist bei niedriger Viscosität am gleichmäßigsten. Bei der Alterung des Schaumes (160 Min.) findet eine Strukturierung statt; die Viscosität des Schaumes durchläuft dabei ein Minimum.
O. Kramm. 4030□

Bruch von Kautschuk. 6. Mitt. **Weitere Versuche für das Reißkriterium.** A. G. Thomas. (J. appl. Polymer Sci. **3.** 168—74. März/April 1960. Rubber Chem. Technol. **34.** 66. Jan./März 1961. Welwyn Garden City, Herts, Brit. Rubber Producers Res. Assoc.) (Engl.) — 5. vgl. C. **1960.** 12183.

Das von Rivlin u. Vf. früher (vgl. C. **1954.** 1269) vorgeschlagene Kriterium für das Zerreißen von Kautschuk wurde an Hand von Messungen an Proben von *GR-S-Kautschuk* verschiedener Länge l (1,5—5 cm) experimentell geprüft; über die Meßmeth. vgl. C. **1956.** 12141. Für alle Proben wurde sehr gute Übereinstimmung gefunden (Unabhängigkeit des E,r-Verlaufs von l, wobei E = Zerreißenergie, r = Reiß-Geschw.). r steigt bei wachsendem E bei $E = 3 \cdot 10^6$ erg cm^{-2} plötzlich von 10^{-2} auf 10 $cm \cdot s^{-1}$ an; gleichzeitig ändert sich das Aussehen der gerissenen Oberfläche (Übergang von einem rauhen zu einem mehr glatten Oberflächenzustand). Vff. sehen in diesen Ergebnissen eine Bestätigung ihrer früher entwickelten Vorstellungen. O. Fuchs. 4030□

Bruch von Kautschuk. 7. Mitt. **Einfluß der Dehnungsgeschwindigkeit auf die Festigkeitsprüfung.** H. W. Greensmith. (J. appl. Polymer Sci. **3.** 175—82. März/April 1960. Rubber Chem. Technol. **34.** 76—84. Jan./März 1961.) (Engl.) — 6. vgl. vorst. Referat.

Vf. beschreibt eine selbstschreibende App. zur Aufnahme von Zug–Dehnungs-Kurven von ringförmigen Proben, die mit Geschw. v von 0,1—2000% s^{-1} gedehnt werden. Gemessen wurde der Einfl. von v auf die Zug–Dehnungs-Kurve, auf die Zugfestigkeit F u. die Reißdehnung D von einem *rußfreien GR-S-Vulkanisat* (I) u. einem *rußhaltigen GR-S-Vulkanisat* (II); die Verss. wurden bei 25 u. 90° ausgeführt. Während F von I mit steigendem v stetig zunimmt, geht F von II durch ein Maximum, das bei Verw. der Rußsorte SRF stärker als bei HAF ausgeprägt ist; ferner ist F von I stets größer als F von II. D von I steigt mit v an, D von II ist prakt. unabhängig von v. Der Einfl. von v auf die Zug–Dehnungs-Kurve entspricht dem für viscoelast. Stoffe zu erwartenden; allerdings sind die Erscheinungen bei II etwas komplizierter als bei I; außerdem macht sich auch hier der Einfl. der Rußsorte bemerkbar. Die Ergebnisse stehen in Einklang mit den vom Vf. früher (vgl. C. **1957.** 3835) mitgeteilten. O. Fuchs. 4030□

Bruch von Kautschuk. 8. Mitt. **Vergleich der Messungen beim Reißen und beim Bruch unter Zugbeanspruchung.** H. W. Greensmith. (J. appl. Polymer Sci. **3.** 183—93. März/April 1960. Rubber Chem. Technol. **34.** 85—100. Jan./März 1961.) (Engl.) — 7. vgl. vorst. Referat.

Von einem *rußfreien GR-S-Vulkanisat* (I) u. einem *rußhaltigen GR-S-Vulkanisat* (II) wurde die Abhängigkeit der Größen E u. T/d (E = Brucharbeit/Vol.-Einheit, T = Energie zum Zerreißen einer Probe mit Einschnitt, d = Durchmesser der Einschnittspitze) von der Zeit t, nach der beim Dehnen die Probe bricht, gemessen; vgl. hierzu auch Thomas, C. **1956.** 12141. T/d ist bei I u. II größer als E; während aber E u. T/d bei I mit wachsendem 1/t linear ansteigen, liegt bei II ein schwaches Maximum vor (d zwischen 0,25 u. 2 mm variiert). T steigt bei I mit wachsender Reiß-Geschw. R linear an (Messungen bei 90°, bei 25° Abweichung von der Linearität); bei II dagegen liegt ein unregelmäßiger (T,R)-Verlauf vor (Auftreten eines Maximums u. eines Minimums, deren Betrag noch von der Rußsorte abhängt). Die Rauhigkeit der bei 90° gerissenen I-Oberfläche ist prakt. unabhängig von R; bei 25° liegt eine körnige Oberflächenstruktur nach dem Reißen vor. Bei II ist die Rißoberfläche für die eine Rußsorte (HAF) weniger rauh als bei I, sie enthält ferner feine Vertiefungen u. Erhöhungen (unabhängig von R). Für die andere Rußsorte (SRF) geht die Rauhigkeit von II nach dem Reißen mit steigendem R durch ein Maximum, das bei dem gleichen R-Wert liegt, bei dem T durch ein Maximum geht (Verss. bei 0 u. 25°). Die aus den Messungen berechneten u. die direkt gemessenen d-Werte stimmen miteinander überein. O. Fuchs. 4030□

Sorption binärer Lösungen durch Butadien–Nitril-Copolymere. G. L. Starobinetz und W. F. Tikawy. (Коллоидный Журнал [Kolloid-J.] **23.** 112—17. Jan./Febr. 1961. Minsk, Weißruss. Lenin-Univ., Chem.-Fakultät.) (Russ.; Auszug: Engl.)

Das Sorptions-Verh. ungefüllter *Butadiennitril-Kautschuk*-Vulkanisate (I) mit verschiedenem Acrylsäurenitril (II)-Geh. (18, 26 u. 40%) gegenüber bin. Lsgm.-Gemischen (Lsgm.-polares Nicht-Lsgm. wie Bzl.-Methanol, Lsgm.-unpolares Nicht-Lsgm. wie Bzl.-Hexan bzw. Nonan, Methan) wird bei 25 u. 50° im Vgl. zu *Butadien-Kautschuk*-Vulkanisaten untersucht. Es werden die Gleichgewichte zwischen Lsgm. u. I sowie die Isothermen der Sorption (allg. u. partiell) ermittelt u. daraus die Sorptions-Koeff. u. die Sorptionspotentiale errechnet. In allen Fällen wird das Lsgm. selektiv sorbiert, wobei in Ggw. des polaren Nicht-Lsgm. eine Erniedrigung u. in Ggw. des unpolaren Nicht-Lsgm. eine Erhöhung des Sorptionspotentials mit steigendem II-Geh. festgestellt wird. Die selektiven Eigg. von I werden zur Trennung von aromat. u. aliphat. KW-Stoffen (bes. mit höherem Molgew.) vorgeschlagen. O. Kramm. 4030□

Reaktion von Amylose mit 1-Acrylamido-1-desoxy-D-glucit zur Einführung verlängerter Ketten. Roy L. Whistler und Hugh J. Roberts. (J. org. Chemistry **26.** 2458—61. Juli 1961. Lafayette, Ind., Purdue Univ., Dep. of Biochem.) (Engl.)

Amylose bildet mit 1-Acrylamido-1-desoxy-D-glucit (II) in 10 m LiCl-Lsg. „*Glucamidoäthylamylose*" (I). Durch fraktionierte Fällung mit A. erhält man I-Prodd. mit einer mol. Substitution von 0,2—0,82. Die Wasserlöslichkeit wächst mit steigender Substitution. Lsgg. von I geben mit Jod eine blaue Färbung, bilden aber keine Komplexe mit Jod. I wird durch Säuren oder α-Amylase hydrolysiert, ist aber gegen β-Amylase stabiler als Amylose. Zerfall in die Komponenten tritt nicht ein. Diese Befunde u. die chromatograph. Analyse eines Säurehydrolysates deuten auf die Struktur einer Amylosekette mit angehängten *Poly-[1-desoxy-1-(β-hydroxypropionamido)-D-glucit]*-Seitenketten (ausgehend von der Amylose).

Versuche: *Amylose*, durch Fraktionieren von entfetteter Kornstärke nach der Butanol-Meth. von Schoch (J. Amer. chem. Soc. **64.** [1942.] 2957), Umkrist. aus Butanol/W., Versetzen mit Aceton u. dann mit W.; feines weißes Pulver. — *Glucamidoäthylamylose* (I; *[Poly-β-(N-1-desoxyglucitylcarbamoyl)-äthyl]-amylose*), durch 15—20 Min. langes Rühren von Amylose in 10 m LiCl-Lsg. bei 70°, Zugabe von 4 m Mol II pro 162 mg Amylose u. von 10 m NaOH (0,4 oder 0,6 m), 2std. Rühren bei 70° unter N_2, Neutralisieren mit Essigsäure, Zugabe von HCl bis pH 2 u. Eingießen in Methanol; Fraktionierung durch Zugabe von 99,5%ig. A. zu einer wss. Lsg. von I. — Enzym-Hydrolyse: Herst. der I-Substrate durch Lösen von I in 0,5 m KCl, Zugabe von Acetat-Puffer u. Verdünnen mit W.; Herst. der Amylose-Substrate durch Lösen in 1 m KOH bei 4° unter N_2, Zugabe von Acetatpuffer u. W. u. Neutralisieren mit 1 m HCl direkt vor Gebrauch; $^1/_4$std. Inkubation mit α-Amylase (aus Malzamylase) oder β-Amylase (aus krist. Kartoffelamylase) bei 30° u. Abstoppen durch Zugabe von 1%ig. H_2SO_4. E. Schraven. 4050□

Kinetik der von kristallisierter Bakterien-α-Amylase katalysierten hydrolytischen Reaktion. 1. Mitt. **Der pH-Einfluß.** Sôzaburno Ono, Keitaro Hiromi und Yoshiko Yoshikawa. (Bull. chem. Soc. Japan **31.** 957—62. Nov. 1958. Sakai, Osaka, Univ. of Osaka Prefecture, Coll. of Agric., Labor. of Biophysical Chem.) (Engl.)

Die scheinbare Michaelis-Konst. (K_m) der von *Bac. amyloliquefaciens* (*Fukumoto*)-*α-Amylase* (I) katalysierten *Amylose*-Hydrolyse ist im pH-Bereich 3,6—8,4 konst., während die scheinbare Geschw.-Konst. k_2 des Abbaus des I-Substrat-Komplexes (II) in Rk.-Prodd. u. freies Enzym auf der alkal. wie sauren Seite des pH-Optimums 5,85 abnimmt. Die Relativ-Geschw.-pH-Kurven bleiben von der Substrat-Konz. unbeeinflußt. Anscheinend sind am Komplexabbau mindestens 2 ionisierbare Gruppen beteiligt, die jedoch für die Bldg. von II nicht direkt verantwortlich sind. Ionisations-Konst. u. -wärmen der beiden Gruppen wurden bestimmt. Diese sind wahrscheinlich mit den COOH- u. Imidazol (oder NH_2)-Gruppen identisch. Rk.-Mechanismen werden diskutiert. K. Maier. 4050□

Makromoleküle. — Einführung. W. T. Astbury. (Discuss. Faraday Soc. Nr. **25.** 80—85. 1958. Leeds, Univ., Dep. of Biomol. Struct.) (Engl.)

Im Zusammenhang mit Bemerkungen zur Entw. der Forschung auf dem Gebiet der Proteinstrukturen wird ein kurzer Überblick über eigene röntgenograph. u. IR-spektrometr. Unterss. des Vf. zur Frage der Polypeptidkettenstrukturen gegeben. W. Betcke. 4070□

Messung des Donnan-Verhältnisses durch radioaktive Isotope und deren Anwendung auf die Protein-Ionenbindung. Abraham Saifer und Joseph Steigman. (J. physic. Chem. **65.** 141—44. Jan. 1961. Brooklyn, N.Y., Polytechnic Inst. of Brooklyn, Dep. of Chem.) (Engl.)

Vff. beschreiben die Bindung von J^--Ionen an *Rinderserumalbumin* (I) sowie an *-serummercaptalbumin* (II), wobei gleichzeitig durch Verw. von $^{24}Na^+$ das Donnan-Verhältnis ermittelt wird. Dazu werden 2—10%ig. Protein-Lsgg. über Austauscher deionisiert, wobei folgende pH-Werte gemessen werden: I 5,05, II 5,15. 5 ml einer ca. 5% ig. I-Lsg. werden 15 Std. lang gegen 50 ml eines $K^{131}J$- sowie $^{24}NaCl$-haltigen Gemisches bei Zimmer-Temp. dialysiert, dessen pH-Wert mit HCl auf 1,0—5,0 eingestellt wird. Nach Erreichung des Gleichgewichts entspricht das Verhältnis der Na^+-Ionenaktivität inner- u. außerhalb der Dialysiermembran den entsprechenden Ionenaktivitäten von H^+, was gleichzeitig ein Beweis dafür ist, daß durch I keine meßbaren Na^+-Ionenmengen auf der sauren Seite vom isoelektr. Punkt aus gebunden werden. J^--Ionen werden im sauren Bereich maximal bei pH 4,5 von I gebunden. Im alkal. Bereich ausgehend vom isoelektr. Punkt zeigen die Ergebnisse, daß I für den Anionentransport im physiolog. pH-Bereich wichtig ist. Bei pH 12 wird wegen der hohen negativen Ladung von I nur noch sehr wenig J^- gebunden. Das Verhältnis der J^--Aktivitäten inner- u. außerhalb entspricht hier dem des Na^+ außer- u. innerhalb der Dialysiermembran. Wird die Gleichgewichtsdialyse mit 5% ig. wss. II-Lsg. durchgeführt, so ergibt sich ein ähnliches Verh. wie bei I. An Stelle von J^- können auch Cl^-, F^- oder SCN^- treten, deren Bindungs-Konst. allerdings von denen des J^- verschieden sind.

L. Träger. 4070□

Mehl-Lipoide. Notiz über die acetonlösliche Fraktion. H. Zentner. (Chem. and Ind. **1958.** 129—30. 1/2. Sydney, Bread Res. Inst. of Australia.) (Engl.)

Weizengluten wurde erschöpfend mit Aceton durchgeknetet, wobei es pulvrig wurde. Die zunächst trüben, später klar gelben Acetonextrakte lieferten einen Rückstand, der nur teilweise in Ae. lösl. war. Durch Verteilung zwischen W. u. Ae. wurde eine trübe wss. Phase erhalten, die sich auf Zusatz von Aceton klärte u. in deren Hydrolysaten 9 Aminosäuren sowie Galaktose u. Glycerin nachgewiesen wurden. Da die dialysierte Substanz mit Bromphenolblau u. Ölrot O reagiert, wird ein Lipoprotein vermutet.

W. Walter. 4070□

Optische Drehung von Polynucleotiden und Nucleinsäuren. J. R. Fresco. (Tetrahedron [London] **13.** 185—97. Juni 1961.) (Engl.)

Die opt. Drehung von Polynucleotiden u. kompletten *Nucleinsäuren* als Maß der H-Brückenbindung verbindet Vf. mit bestimmten Voraussetzungen, die nachst. formuliert werden: 1. Die Eigg. der über H-Brückenbindungen entstandenen Strecken mit Helixstrukturen auf dem Polynucleotid weichen nicht vom gesamten Polynucleotid ab. 2. Nur die Anzahl der diskreten Helixstrukturen beeinflußt die opt. Drehung u. nicht deren einzelne Länge. 3. Die chem. Natur der über H-Brücken gebundenen Basen besitzt kaum Bedeutung. Für die 1. Voraussetzung liegen experimentelle Beweise vor. Für die 2. hingegen sind noch nicht genügend Hinweise vorhanden. Weitere Hinweise für die Zusammenhänge zwischen Helixstrukturen u. opt. Drehung liefert die Rotationsdispersion, d. h. die Wellenlängenabhängigkeit der opt. Drehung. Die individuellen Nucleoside folgen über einen großen Wellenlängenbereich der Drudeschen Gleichung. *Desoxyribonucleinsäure* u. *Ribonucleinsäure* weisen jedoch Abweichungen in den oberen u. unteren Wellenlängenbereichen auf. Im Bereich der durch die Purine u. Pyrimidine bedingten hohen UV-Absorption beobachtet man als Cotton-Effekt definierte Abweichungen. Obgleich die Basen keine opt. Drehung aufweisen, beeinflussen sie die der Pentosen bzw. des Polynucleotids in diesem Bereich deutlich. L. Träger. 4090□

Untersuchungen über die Sekundärstruktur von Nucleinsäuren mittels optischer Drehung. P. O. P. Ts'o und G. Helmkamp. (Tetrahedron [London] **13.** 198—207. Juni 1961. Pasadena, Calif., California Inst. of Technol., Div. of Biol.) (Engl.)

Die spezif. opt. Drehung von *Desoxyribonucleinsäure* (DNS) aus Kalbsthymus ist bis unterhalb 80° nur sehr wenig temperaturabhängig. Innerhalb eines dann folgenden engen Temp.-Bereiches („Schmelzpunkt" der DNS) fällt sie stark ab. Solche einmal erhitzte DNS weist eine prinzipiell andere Temp.-Abhängigkeit der opt. Drehung auch bei niedriger Temp. auf als nicht erhitzte DNS. Dagegen weist die opt. Drehung der *Ribonucleinsäure* (RNS) keinen ähnlichen engen Temp.-Bereich auf, in dem sie abfällt. Vielmehr fällt die opt. Drehung über einen längeren Temp.-Bereich allmählich ab. Die Temp.-Abhängigkeit ist überdies im Gegensatz zur DNS voll reversibel. Hitzebehandelte RNS ist daher nicht durch eine veränderte opt. Drehung erkennbar, sondern lediglich durch Best. der Sedimentationskonstanten. Während unbehandelte RNS (aus Erbsenmikrosomen) aus zwei Komponenten mit 27—28 S u. 17—18 S besteht, sedimentiert sie nach $^1/_4$std. Erwärmen auf 85—95° in breiter Bande mit 8—11S. Wird DNS oder RNS in Formamid (I) oder Dimethylsulfoxid (II) gelöst, so verlieren sie ihre Helixstrukturen weitgehend, was an der geringen u. fast temp.-unabhängigen opt. Drehung erkennbar ist. Werden anschließend DNS bzw. RNS gefällt u. in W. gelöst, so hat die DNS die Eigg. von hitzedenaturierter DNS, obgleich sie nie über 25° erwärmt worden war. Dagegen verhält sich die opt. Drehung der nunmehr in W. wieder gelösten RNS wie die der ursprünglichen Polymeren mit Helixstruktur. Da sie jedoch weiterhin wie hitzedenaturierte RNS mit 8–10S sedimentiert, hat sie bei ihrer Lsg. in I einen Abbau der Kettenlänge erfahren. Wird wss. DNS-Lsg. mit I oder II versetzt, so beobachtet man einen scharfen Abfall der opt. Drehung bei 58 Vol.-% II (28 Mol-%) bzw. 70 Vol.-% I (51 Mol-%). Bei entsprechender Behandlung wss. RNS-Lsgg. erfolgt der Abfall fließender ohne scharf definierte Denaturierungskonzentration. Die Denaturierung von DNS u. RNS in I oder II wird von Vff. als übersichtliche u. leicht kontrollierbare Meth. empfohlen, bei der unerwünschte chem. oder enzymat. Rkk. vermieden werden.

L. Träger. 4090□

Einwirkung von Hydroperoxid auf Ribo- und Desoxyribonucleinsäure und Versuche, Reaktionsprodukte derselben zu isolieren. Hans von Euler, Hans Hasselquist, Danji Nomura und Hanspeter Erret. (Ark. Kemi **16**. Nr. **13**. 187–95. 1960. Stockholm, Univ., Inst. für organ.-chem. Forschung.) (Dt.)

5 g *Ribonucleinsäure* (RNS) werden zusammen mit 20 ml 30% ig. H_2O_2 (**I**) u. 200 ml Eisessig (**II**) 30 Std. auf 50–60° erwärmt, wobei sich 4,3 g Rk.-Prodd. bilden, die in 50 ml mit HCl gesätt. Methanol 5 Tage lang hydrolysiert u. in mehrere Fraktionen getrennt werden, aus denen papierchromatograph. *Adenin* (**III**) u. *Adenin-N-oxid* (**IV**) isoliert wird. Ähnliche Prodd. erhält man aus 5 g RNS, 50 ml 30% ig. **I** u. 100 ml **II** bei 30–50° nach 72 Stunden. Danach wird im Vakuum auf 20 ml eingeengt u. die Rk.-Prodd. mit Aceton gefällt. Der Nd. wird in wenig **II** gelöst u. erneut mit Aceton gefällt, gewaschen u. getrocknet. Der Rückstand wird 4 Std. mit 120 ml 2 n HCl gekocht, dann im Vakuum bis auf 2 ml eingeengt u. mit 5 ml konz. HCl u. 5 ml Methanol versetzt. Nach 2 Std. fallen 0,3 g **III** aus. Das Filtrat wird im Vakuum zur Trockne eingeengt, mit 5 ml W. gelöst u. auf Anionenaustauscher IRA 400 (OH^--Form) gegeben. Das Eluat wird mit wenigen Tropfen **II** angesäuert u. mit 10 ml Methanol versetzt, wobei sich ein öliger Nd. absetzt, der aus **III** u. hochpolymerer Substanz besteht. Das Filtrat wird im Vakuum bis zur Trockne eingeengt, der Rückstand in 5 ml W. gelöst u. mit gesätt. Pikrinsäure-Lsg. versetzt, wobei **III**-*Pikrat* (F. 275–278°) ausfällt. Aus dem Filtrat wird die überschüssige Pikrinsäure mit Äthylacetat extrahiert, das Filtrat im Vakuum bis zur Trockne eingedampft u. papierchromatograph. untersucht. Neben Spuren von **III** u. nichtwandernden Komponenten läßt sich viel **IV** nachweisen. Wie die Chromatographie der oxydierten u. anschließend mit HCl hydrolysierten Verbb. in Isopropanol/W./25% ig. NH_4OH-Lsg. (35 : 15 : 2) zeigt, wird **IV** z. T. zu einem Imidazol-Deriv. gespalten. Weiterhin wird die elektrophoret. Trennung von mit **I**- u. HCl behandelter RNS u. *Desoxyribonucleinsäure* beschrieben. Vff. vermögen jedoch nicht, die dabei auftretenden Banden zu klassifizieren.

L. Träger. 4090□

Ordnung–Fehlordnungs-Übergänge in Strukturen, die schraubenförmige Moleküle enthalten. A. Klug und Rosalind E. Franklin. (Discuss. Faraday Soc. Nr. **25**. 104–10. 1958. London, Univ., Birkbeck Coll. Cryst. Labor.) (Engl.)

Aus Röntgendiagrammen wird eine Fehlordnung vom Schraubenstrukturtyp in Gelen des *Tabakmosaikvirus* u. in *Polytetrafluoräthylen* (**I**)-Fasern geschlossen. Die in diesen Substanzen auftretenden Ordnung–Fehlordnungs-Übergänge werden besprochen. Ein Zusammenhang zwischen diesem Übergangsmechanismus u. dem bemerkenswert niedrigen Reibungs-Koeff. von **I** wird diskutiert. — Es wird auf einen verwandten Fehlordnungstyp hingewiesen, der in gestreckten Fasern der *Desoxyribonucleinsäure* angetroffen wurde.

W. Betcke. 4090□

E. Biologische Chemie. Physiologie. Medizin

E_1. Allgemeine Biologie und Biochemie

Allgemeine Schemata der biochemischen Synthese. Richard Brooke Roberts. (Rev. mod. Physics **31**. 170–76. Jan. 1959. Washington, D.C., Carnegie Inst., Dep. of Terrestrial Magnetism.)

Die biochem. Synth. umfaßt 4 Gruppen von Vorgängen: 1. Photo-Synth., 2. Synth. von Intermediär-Prodd. (**I**), verbunden mit Energielieferung für die Bldg. der Makromoll. (**II**), 3. Polymerisation u. **I**-Einbau, 4. Anordnung von **II** nach den Erfordernissen der lebenden Zelle u. für deren Neubldg. sowie **II**-Umwandlung in Ausscheidungsprodukte. Es wird eine Übersicht der wesentlichen Vorgänge der Gruppe 2 gegeben.

K. Maier. 4100□

γ-Globuline mit hoher spezifischer Aktivität durch Jodierung mit ^{131}Jodmonochlorid. Ralph W. Helmkamp, Ruth L. Goodland, William F. Bale, Irving L. Spar und Letitia E. Mutschler. (Cancer Res. **20**. 1495–1500. Nov. 1960. Rochester, N.Y., Univ., School of Med. and Dent., Dep. of Rad. Biol.) (Engl.)

Vff. beschreiben eine Meth. zur Markierung von *γ-Globulinen* oder Antikörperproteinen mit ^{131}J. Das ^{131}J, das durch die β-Bestrahlung von J_2 in O_2-haltigem W. noch H_2O_2 enthält, wird in Boratpuffer pH 8,0 zunächst mit Na_2SO_3 behandelt. Das überschüssige Na_2SO_3 wird durch Belüftung in der Siedehitze oxydiert. Nach Zugabe von JCl, wobei ^{131}JCl bzw. ^{131}JOH entsteht, wird die Lsg. mit der gepufferten Protein-Lsg. versetzt. Der Überschuß an ^{131}J wird anschließend durch Ionenaustausch entfernt. Die Meth. liefert Proteine mit einem Geh. von 10 mc ^{131}J pro mg. R. REISS. 4100□

Verteilung von injizierten mit ^{131}J markierten Antikörpern gegen Hundefibrin in tumortragenden Hunden. Irving L. Spar, William F. Bale, Ruth L. Goodland, George W. Casarett und Sol M. Michaelson. (Cancer Res. **20.** 1501—04. Nov. 1960. Rochester, N.Y., Univ., School of Med., Dep. of Rad. Biol.) (Engl.)

28 Hunde mit verschiedenen Spontantumoren erhielten eine i.v. Injektion von mit ^{131}J markierten Antikörpern gegen Hundefibrin. Die ^{131}J-Aufnahme in den Tumor war bei 22 Tumoren sehr gering, doch war in einigen anderen Fällen eine gegenüber den übrigen Geweben einschließlich Blut bevorzugte Aufnahme in den Tumor feststellbar. Hiernach halten es Vff. für möglich, daß auch eine Reihe menschlicher Tumoren in der Lage ist, ^{131}J selektiv aufzunehmen, wodurch sich neue therapeut. Möglichkeiten eröffnen würden. R. REISS. 4160□

Die Wiedergewinnung des Proteins aus unlöslichen Protein–Tannin-Verbindungen. 3. Mitt. **In Sulfosalicylsäure lösliche Proteine (Glykoproteine).** Wanda Mejbaum-Katzenellenbogen, Bronisława Morawiecka und Wanda Dobryszycka. (Acta biochim. polon. **7.** 401—14. 1960. Wrocław, Zakład Biochem. Uniw., Zakład Chem. Fizjol.) (Pol.) — 1. vgl. C. **1961.** 15781; 2. vgl. Acta biochim. poln. **6.** [1959.] 453.

Orosomucoid (**I**) u. *Seromucoid* (**II**) aus menschlichem Blutserum, die in 0,15m *Sulfosalicylsäure* (**III**) lösl. sind, reagieren mit *Tannin* (**IV**) in saurer Lsg. unter Bldg. prim. u. „endgültiger" Additionsverbindungen. Diese können für die quant. turbidimetr. Best. von **I** u. **II** benutzt werden. Aus den prim. Verbb., die bei einem Verhältnis Protein:**IV** = 1:10 u. bei pH 2,6 entstehen, lassen sich die Proteine mit Coffein regenerieren. Das Regenerat von **I** hat die gleiche elektrophoret. Beweglichkeit wie das Ausgangsprodukt. Das Regenerat von **II** wird bei der Papierelektrophorese mit Veronalpuffer pH 8,6 in 6 Komponenten getrennt, deren elektrophoret. Beweglichkeiten denen der Fraktionen des Ausgangs-Prod. entsprechen. 100 ml Serum enthalten 4,4 (mg) lösl. Eiweiß in der Albumin-, 40 in der α_1-Globulin-, 15 in der α_2-Globulin-, 11 in der β-Globulin-, 17 in der γ_1-Globulin- u. 15 in der γ_2-Globulinfraktion. Die Gesamt-Konz. an lösl. **II** beträgt 100 mg/100 ml. Speichel, Milch, Fruchtwasser, Magensaft u. Harn enthalten 1—100% in **III** lösl. Proteine. In Extrakten von Kartoffeln, Lupinen, Erbsen, Weizen- u. Roggensamen sind 3—92% der Proteine löslich. Mucin-Präpp. mit denaturierter Proteinkomponente geben mit **IV** ebenfall eine „endgültige" Additions-Verb., das aus der prim. Verb. regenerierte Mucin hat aber keine elektrophoret. Beweglichkeit. — 17 Literaturangaben. F. URBAN. 4100□

Erbmasse und ionisierende Strahlung. H. R. Schinz. (Verh. schweiz. naturforsch. Ges. **138.** 27—61. 1958.) (Dt.)

(Vortrag.) Übersicht über Strahlenbelastung u. Mutationen.

GERHARD SCHMIDT. 4130□

Nucleoproteide und Vererbung. M. W. Turbin. (Известия Академии Наук Белорусской ССР, Серия Биологических Наук [Nachr. Akad. Wiss. BelorussSSR, Ser. biol. Wiss.] **1959.** Nr. 2. 12—24.) (Beloruss.; Auszug: Russ.)

In der krit. Übersicht der neueren Forschungsergebnisse über die Rolle der *Nucleoproteide* bei der Vererbung von Eigg. werden bes. die Struktur der Ribo- u. Desoxyribonucleinsäure u. die modernen Vorstellungen über die polymerisierten Nucleinsäuren als Träger der Vererbungsinformation erörtert. — 23 Literaturangaben. O. LEBTAG. 4130□

Bei den Nachkommen von mit Tyrodelösung und mit in Tyrodelösung gelöster Desoxyribonucleinsäure behandelten Hühnerembryonen beobachtete teratologische Phänomene. Petar N. Martinovitch, Dusan T. Kanazir, Zoran A. Knezevitch und Marta M. Simitch. (C. R. hebd. Séances Acad. Sci. **253.** 1854—56. 23/10. 1961. Belgrade, Yougoslavie, Inst. de Sci. nucl. „Boris Kidric", Dép. de culture de tissus et de Chim. biol., Labor. de Radiobiol.) (Franz.)

Hochpolymere *Desoxyribonucleinsäure* wurde aus den Testikeln der Hühnerrasse Rote Rhode Island isoliert u. Embryonen der Rasse Weiße Leghorn in Mengen bis 80 μg, gelöst in 0,01—0,02 ml Tyrode-Lsg., i.v. injiziert. Nachkommen der behandelten Embryonen zeigten in der ersten u. zweiten Filialgeneration verschiedene Arten von Mißbldg., auch wenn die Eltern augenscheinlich normal erschienen. Tyrode-Lsg. selbst bewirkte ebenfalls Mißbildungen. H. LOHSCHELDER. 4150□

Lichtstreuung bei kleinem Winkel und das Molekulargewicht von Desoxyribonucleinsäure. Sidney Katz. (Nature [London] **191.** 280—81. 15/7. 1961. Buffalo, N.Y., Univ., School of Med., Dep. of Biophys.) (Engl.)

Ein Verf., das die Messung der Lichtstreuung bei der Mol.-Gew.-Best. von *DNS* bis zu einem Winkel von 9° herab erlaubt, wird beschrieben. Für Kälberthymus-DNS wurde ein durchschnittliches Molgew. von $12{,}2 \cdot 10^6$ (Messungen von 9—45°) bestimmt. Messungen in höherem Winkelbereich ergeben erheblich abweichende Werte. E. Lodemann. 4150□

Untersuchungen an Nucleoproteinen. 6. Mitt. Desoxyribonucleoprotein und Desoxyribonucleinsäure von Rinder-Tuberkelbacillen (BCG). Toru Tsumita und Erwin Chargaff. (Biochim. biophysica Acta [Amsterdam] **29.** 568—78. Sept. 1958. New York, N.Y., Columbia Univ., Coll. of Phys. and Surg., Dep. of Biochem., Cell Chem. Labor.) (Engl.) — 5. vgl. C. **1959.** 17210.

Es werden die Isolierung, Reinigung u. Auftrennung eines Desoxyribonucleoproteins (I) einer avirulenten Variante von *Mycobacterium tuberculosis* (Rinder-Typ, BCG) beschrieben. In den gereinigten Prodd. findet man in der Hauptsache *Glutamin-* u. *Asparaginsäure* u. *Glycin*. Durch Behandlung von I mit Trypsin erhält man die Desoxyribonucleinsäure (II), deren Reinigung ebenfalls beschrieben wird. II enthält hauptsächlich *Guanin* u. *Cytosin*. M. Lorenz. 4150□

Durch Hitze induzierte Komplex-Bildung zwischen Rinderserumalbumin und Natriumdesoxyribonucleat. Geoffrey Zubay und Paul Doty. (Biochim. biophysica Acta [Amsterdam] **23.** 213—14. Jan. 1957. Cambridge, Mass., Harvard Univ., Dep. of Chem.) (Engl.)

Ein Gemisch aus krist. Rinderserumalbumin (I, 0,5 g/dl W.) u. einer verd. Lsg. von *Desoxyribonucleinsäure* (II, aus Lachssperma) wurde in einem kleinen Teströhrchen mit Glasstöpsel in Ggw. von 0,0015m *Citrat*-Puffer bei pH 5,5—5,8 10 Min. (100°) erhitzt. Das Verhältnis I:II betrug 15. Es trat Komplex-Bldg. ein. Ein II-Mol. bindet ca. 1800 I-Moleküle. Der Komplex I/II hat folgende Konst.: $S^{1}_{20} = 130 \cdot 10^{-13}$ s, $M.W._{\text{Lichtstreuung}} = 122-126 \cdot 10^6$, $[\eta] = 4{,}85$. II schützt bei pH < 5 durch Bindung I vor Koagulation u. verhindert dabei Selbstaggregation. Bei pH > 6 ist II überflüssig, da I in diesem Bereich nicht koaguliert. Wird I allein bei pH 5,5 erhitzt, tritt partielle Hitzekoagulation unter Ansteigen des pH auf 6,9 ein. Totale Koagulation ergibt Erhitzen von I bei pH 5,4 in 0,0015m *Citrat*-Puffer sowie bei pH 6,5 in 0,04m NaCl. Wird II allein erhitzt, erfolgt schwere Degradation. Werden I u. II zusammen erhitzt, so bildet sich eine extrem viscose, gelatinöse Masse. Ein Gel erhält man auch in Ggw. von 0,0015m Citratpuffer bei einem Verhältnis von 60 für I:II. H. G. W. Gleiss. 4150□

Die Nucleotidzusammensetzung der Ribonucleinsäure der Leber in der Embryogenese der Ente. W. I. Machinko und L. N. Blok. (Биохимия [Biochemie] **26.** 993—1000. Nov./Dez. 1961. Charkow, Gorki-Univ., Lehrstuhl für Physiol. des Menschen u. der Tiere.) (Russ.; Auszug: Engl.)

Um die Abhängigkeit der *Ribonucleinsäure* (I) vom Alter des Embryos zu klären, wurde die Nucleotid(II)-Zus. der I beim Entenembryo am 13.—27. Tag der Entw. sowie bei der erwachsenen Ente untersucht. Es zeigte sich, daß die I der Leber keine Altersspezifität aufweist, daß die II-Zus. der I während der gesamten embryonalen Entw. u. beim erwachsenen Tier unverändert bleibt. Das Verhältnis $(A + U):(G + C)$ ist gleich 0,616, wenn A = Adenylsäure, U = Uridylsäure, G = Guanylsäure, C = Cytidylsäure. Das Verhältnis $(G + C):(A + U)$ ist gleich 1,580. Die I der Entenleber gehört demnach zum Typ G/C. Am wenigsten veränderlich ist der Koeff. $(A + U)/(G + C)$. Aus den Ergebnissen wird von Vff. geschlossen, daß die Spezifität der Eiweiß-Synth. während der Ontogenese nicht auf der II-Spezifität von I beruht, sondern auf anderen, bisher noch unbekannten Faktoren. O. Lebtag. 4150□

Über die Nucleotidzusammensetzung und den Gehalt an Ribo- und Desoxyribonucleinsäure im Blütenstaub einiger Pflanzen. B. F. Wanjuschin und D. Faiss. (Биохимия [Biochemie] **26.** 1034—39. Nov./Dez. 1961. Moskau, Lomonossow-Univ., Fak. für Bodenbiol.) (Russ.; Auszug: Engl.)

Elektrophoret. u. spektrophotometr. im UV wurde die Nucleotid-Zus. der *Ribonucleinsäure* (I) des Blütenstaubes von *Sambucus nigra*, *Vitis sp.*, *Gleditschia triacanthos* u. *Typha Shuttlewartii* untersucht u. festgestellt, daß in allen Fällen die I zum Typ Guanylsäure/Cytidylsäure gehört u. daß nach der Nucleotid-Zus. keine wesentlichen Unterschiede bestehen. Die quant. spektrophotometr. Best. der Guanylsäure nach der Trennung der Mononucleotide der I mit Hilfe der Papierelektrophorese zeigt, daß im Blütenstaub von Vitis sp., *Magnolia precia*, *Rosa canina*, Gl. triacanthos, Typha Sh., *Corylis Avellana* u. *S. nigra* der I-Geh., bezogen auf die Trockensubstanz, 0,6—1,2% beträgt. Am höchsten ist der I-Geh. mit 1,15% bei S. nigra, am geringsten mit 0,60%

bei Vitis sp. Entgegen dem Befund von SOSA-BOURDOUIL (Bull. Soc. Chim. biol. **36.** [1954.] 393) wurden im Blütenstaub von C. avellana geringe Mengen *Desoxyribonucleinsäure* (II) nachgewiesen. In dieser II wurden 31,5 (Mol-%) Guanin, 26,5 Adenin, 17,3 Cytosin u. 24,7 Thymin festgestellt. Der Blütenstaub der Nadelgewächse enthält große Mengen II. Im Blütenstaub von Mais läßt sich II nur schwer nachweisen. Die Angaben über das Fehlen von II bei verschiedenen Pflanzen sind als unsicher zu betrachten u. bedürfen einer sorgfältigen Überprüfung. O. LEBTAG. 4150□

Der Nucleinsäure-Gehalt des Eies des Haushuhnes. Brian Solomon. (Biochim. biophysica Acta [Amsterdam] **23.** 211—13. Jan. 1957. Bruxelles, Univ. Libre, Labor. de Morph. animale; London, Chester Beatty Res. Inst., Inst. of Cancer Res., Royal Cancer Hosp.) (Engl.)

Dotter- u. Eiweiß von 6—10 Eiern der Rhode Island Rot-Henne wurden nach Homogenisieren mit W. nach 2 Meth. auf Geh. an *Ribonucleinsäure* (I) u. *Desoxyribonucleinsäure* (II) untersucht. Meth. 1: *Protein*-Fällung mit 0,2m *Perchlorsäure* bei 0°, *Lipid*-Entfernung durch A. u. Ae., Extraktion der I u. II mit 1,0m $HClO_4$ 1 Std. bei 70°, Konz. auf 70% $HClO_4$-Gehalt. Meth. 2: Zusatz von 6%ig. *Natrium-p-aminosalicylat*, 1std. Mischung mit 90%ig. wss. *Phenol*-Lsg., Zentrifugieren, Fettextraktion mit Ae., Dialyse gegen dest. W. 2 Std. bei 0°, Eindampfen, Suspension mit 70%ig. $HClO_4$. — Danach bei beiden Meth.: Freisetzen von *Pyrimidin* durch Digestion mit 70%ig. $HClO_4$ 1 Std. bei 100°, Zusatz von $^{14}C_{(2)}$-*Thymin* bzw. $^{14}C_{(2)}$-*Uracil*, Fällung der $HClO_4$ mit KOH, Reinigung durch 4fache Chromatographie. Der Geh. an „säurelösl." *Uracil* beträgt im Dotter 13, im Eiweiß 460, der an *Thymin* im Dotter 6,6, im Eiweiß 19 μg. Der Geh. an I beträgt nach Best. mit Meth. 1: 68 μg/Dotter (Meth. 2: 114) u. 520 (1595 bis 2260) μg/Eiweiß. Der Geh. an II beträgt 52—57 (39) μg/Dotter u. 308 (137—142) μg/Eiweiß. Die Verläßlichkeit der colorimetr. Best. von I mit *Orcin* u. von II mit *Indol* wird angezweifelt. H. G. W. GLEISS. 4150□

Die Ribonucleinsäure des Chromosomen-Nucleolus-Apparates. G. P. Georgijew. (Биохимия [Biochemie] **26.** 1095—1107. Nov./Dez. 1961.) (Russ.; Auszug: Engl.)

Vf. beschreibt ein Verf. zur Isolierung der *Ribonucleinsäure* (I) des Chromosomen-Nucleolus-App., das auf der Abscheidung der Phenolkerne beruht. Mit Hilfe der Salzfraktionierung, der präparativen Ultrazentrifugierung auf Stärke u. der analyt. Ultrazentrifugierung wird gezeigt, daß die untersuchte I hochpolymer ist. Aus den Ergebnissen über den Einbau von ^{32}P in die verschiedenen I-Fraktionen der EHRLICH-Krebszellen geht hervor, daß die Synth. der hochpolymeren Ribosomen-I im Chromosomen-Nucleolus-App. erfolgt. Beim Übertritt der I in das Cytoplasma erfolgt die I-Umwandlung aus der „nichtextrahierbaren" in die „extrahierbare" Form. Die Nucleotid-Zus. der hier untersuchten I unterscheidet sich von der Zus. der gewöhnlichen hochpolymeren I der Zelle. Vf. nimmt an, daß dies darauf beruht, daß neben der hochpolymeren I der neu entstehenden Ribosomen vom Typ Guanyl/Cytidyl noch eine hochpolymere I vom Typ Adenyl/Uridyl vorkommt. O. LEBTAG. 4150□

Über den Gehalt an mit Phenol nicht extrahierbarer Ribonucleinsäure im Cytoplasma der tierischen Zelle. L. Ss. Milman. (Биохимия [Biochemie] **26.** 1082—89. Nov./Dez. 1961. Moskau, Ssewertzow-Inst. für Morphol. der Tiere der Akad. der Wiss. der UdSSR.) (Russ.; Auszug: Engl.)

Im Ratten-Vers. wurde der Geh. an nicht mit Phenol extrahierbarer *Ribonucleinsäure* (I) im Cytoplasma der Mitochondrien, Mikrosomen u. in der lösl. Fraktion des Cytoplasmas von Leber, Milz, Niere u. im WALKER-Carcinosarkom untersucht. Eine Beziehung zwischen dem Geh. dieser I u. der Entw. des endoplasmat. Reticulums ergab sich nicht. Die Nucleotid (II)-Zus. der Mikrosomen-I ist die gleiche wie die der hochpolymeren I. Die Verss. über den Einbau von ^{32}P in beide I in vivo in 30 oder 120 Min. zeigen, daß in der hochpolymeren I der Umsatz langsamer verläuft. Der höhere Einbau von ^{32}P beruht nicht auf einer Verunreinigung des Cytoplasmas durch die Kern-I. Bei der Behandlung der Mikrosomen-I mit Na-Desoxycholat (III) ist die spezif. Aktivität bei jener I am höchsten, die aus der in III lösl. Fraktion stammt. Aus den Ergebnissen ist zu schließen, daß die I der Ribonucleoproteide des Cytoplasmas zwar eine ähnliche II-Zus. aufweisen, jedoch eine verschiedene metabol. Aktivität besitzen. O. LEBTAG. 4150□

Untersuchungen über die cytologischen Eigenschaften und den biochemischen Mechanismus der Aktivität von Nucleinsäurestoffwechselhemmstoffen: Diazoketonorleucin und Azaserin. René Truhaut und Guy Deysson. (Bull. Soc. Chim. biol. **43.** 227—38. 1961. Villejuif (Seine), Centre Clin. et Thérapeut., Inst. Gustave Roussy; Paris, Fac. de Pharm.) (Franz.)

Die Wrkg. von *Diazoketonorleucin* (I) u. *Azaserin* (II) auf die mitot. Aktivität (mA) von Wurzelmeristemzellen wurde untersucht. 1std. Behandlung mit I (10^{-7} m) genügt für eine vollständige irreversible Hemmung der mA. **II** wirkt schwächer u. reversibel. *Glutamin* zeigt eine schwache antagonist. Wrkg., desgl. *Tryptophan* (**III**) u. *Guanin* bei **I**, **III** u. *Methionin* bei **II**. E. LODEMANN. 4150□

Zur Frage der Elimination von Ribonucleinsäure und Protein aus dem Zellkern von Acetabularia mediterranea. Günther Werz. (Planta **57.** 636—55. 1962. Wilhelmshaven, Max-Planck-Inst. für Meeresbiol.) (Dt.)

Vf. nimmt an, daß ein Transfer von *Ribonucleinsäure* aus dem Kern in das Plasma in Form von Nucleoproteiden erfolgen kann. W. HILLER. 4150□

Wirkung von 1-Mercaptosorbit auf die Mitose und die Entwicklung des Eis des Seeigels Paracentrotus lividus. Roger Lallier. (C. R. hebd. Séances Acad. Sci. **254.** 738—40. 22/1. 1962. Ville-Franche-sur-mer, Alpes-Maritimes, Stat. zool.) (Franz.)

Vf. stellte fest, daß *1-Mercaptosorbit* (**I**) die Mitose in den Seeigeleiern bis zur Metaphase blockiert. Schon in sehr niedrigen Konzz. hemmt **I** die Larven-Entw., ohne die embryonäre Determination zu verändern. H. KOCKERT. 4150□

Wachstumsuntersuchungen an Gewebekulturen von Corpus luteum und von isoliertem Ovarienfollikel der Ratte. Stig Kullander. (Acta endocrinol. [Copenhagen] **38.** 598—610. Dez. 1961. Lund, Univ. Dep. of Gyn.) (Engl.) — Vgl. C. **1961.** 3345. P. GREGORZEWSKI. 4150□

Versuche zur ultrastrukturellen Cytochemie. Über die Rolle des reduzierten Osmiums in den elektronischen „Färbungen“. Vittorio Marinozzi und Alain Gautier. (C. R. hebd. Séances Acad. Sci. **253.** 1180—82. 4/9. 1961. Lausanne, Suisse, Univ., Centre de Microsc. électron.) (Franz.)

Vff. verglichen die elektrophoret. „Färbungen“ bei mit OsO_4 fixierten Präpp. vor u. nach Entfernung des red. Osmiums. Dünne tier. Gewebeschnitte wurden mit PALADE-Fl. fixiert, mit Aceton entwässert, in Polyester *Vesopal W* eingebettet, mit *Wasserstoffperoxid* (**I**)- oder *Perjodsäure* (**II**)-Lsg. u. dann mit „Farbstoff“-Lsg. behandelt. **I** (2% ig., Einw. 30—60 Min.) oder **II** (1% ig., 20—40 Min.) bedingten eine beträchtliche Verminderung der Kontraste bei allen Zellbestandteilen. Die „elektron. Dichte“ von Ribosomen, „Mikrokörpern“ u. granularer Bestandteile des Kerns blieb jedoch stärker als die der Einschlußmasse. Die Cytomembranen machten sich durch einen negativen Kontrast (hell auf dunklem Grund) bemerkbar, nicht jedoch bei Einbettung in Methacrylat. Durch Recoloration mit 2% ig. OsO_4 bei pH 7,3 (bis zu 6 Std.) ergab sich nicht das ursprüngliche Bild. Anfärbung mit *Uranylacetat* nach WATSON bedingte nach Oxydation nur gering abgeschwächte Kontraste. Reines $AgNO_3$ änderte nicht die Kontraste nach Fixierung mit PALADE-Lsg. u. ergab keine Recoloration nach der Oxydation. Mit 5% ig. *Borax* auf pH 8—9 gebrachte 0,1% ig. $AgNO_3$-Lsg. bedingte bei nichtoxydierten Schnitten intensive Färbung der Cytomembranen durch Ag-Körner. Nach Oxydation war die Färbung schwächer, was auf in $NaHSO_3$ lösl. Ag-Verbb. zurückgeführt wird. In beiden Fällen war das Glykogen intensiv gefärbt. Behandlung der nichtoxydierten Schnitte mit 5% ig. *Phosphorwolframsäure* (**III**; 45—60 Min.) verhinderte die Färbung durch $AgNO_3$/Borax. 5% ig. **III**-Lsg. in 10% ig. Aceton (1 Std.) erbrachte nach Oxydation eine vollständige Recoloration ähnlich der Überfärbung ohne vorherige Oxydation jedoch im Bild feiner u. bzgl. Ribosomen kontrastreicher. In 5% ig. wss. Lsg. (1 Std) oder in 10% ig. Aceton (5 Min.) wurden dabei kollagen u. die Membranen des Plasmas sowie der Epithelzellen von Nierenglomerula u. der Endothelialzellen des Pankreas selektiv angefärbt. Gesätt. *Pb-Acetat* (**IV**; Einw. 4—8 Min.) ergab nach Oxydation nur geringe Anfärbung. $Pb(OH)_2$ oder alkalisiertes **IV** gab nach Oxydation in einigen Min. intensive Färbung der Ribosomen u. von Granularbestandteilen der Kerne u. Nucleonen. H. LOHSCHELDER .4150

Experimentaluntersuchungen über den Wirkungsmechanismus von Antipurinen. Einfluß von 6-Mercaptopurin auf die Nucleinsäuren der regenerierenden Rattenleber. F. Gavosto, A. Pileri und F. Vergnano. (Arch. Scienze med. **101** (81). 496—507. Juni 1956. Torino, Univ., Ist. di Patol. Speciale Med. e Metodol. Clin.) (Ital.)

Vff. untersuchten die Wrkg. von *6-Mercaptopurin* (**I**) auf die Regeneration der Lebern u. auf den *Nucleinsäuren* (**II**)-Geh. der Lebern von Ratten, die einer partiellen Hepatektomie unterworfen wurden. — Es wird eine verzögerte Hemmung der Leberregeneration, ein schon in den ersten Tagen der **I**-Behandlung feststellbarer Anstieg des *Ribonucleinsäure*-Geh. u. keine wesentliche Beeinflussung des *Desoxyribonucleinsäure*-Geh. beobachtet. Diskussion des Wrkg.-Mechanismus der Antipurine bei der Biosynth. der **II**. H. KOCKERT. 4150□

Chemische Untersuchungen der durch verschiedene Methoden der Phenolextraktion gewonnenen „Ribonucleinsäurefraktion“ aus gesunden und cancerösen Zellen. Jean Montreuil und Émile Ségard. (C. R. hebd. Séances Acad. Sci. **252.** 4217—18. 26/6. 1961. Lille, Inst. de Rech. sur le Cancer, Serv. de Biochim. cellulaire.) (Franz.)

Unterss. der durch Phenolextraktion gewonnenen „*Ribonucleinsäure* (RNS)-Fraktion" von gesunden (A) u. neoplast. (B) Rattenleberzellen ergaben, daß sie außer den RNS *Desoxyribonucleinsäuren, Nucleinsäureabbau-Prodd.* verschiedene Eiweißstoffe (I) u. *Nucleotidylproteide* (II) enthält. Sie scheint sogar noch intakte *Nucleoproteide* zu enthalten. Die Unterschiede zwischen A u. B sind sehr gering. Bei B ist der I-Geh. geringer u. es fehlen die II. E. LODEMANN. 4160□

Die Reaktion von mono- und difunktionellen Alkylierungsmitteln mit Nucleinsäuren. P. Brookes und P. D. Lawley. (Biochem. J. **80.** 496—503. Sept. 1961. London, Royal Cancer Hosp., Inst. of Cancer Res., Chester Beatty Res. Inst.) (Engl.)

Die Alkylierung von *Ribo-* u. *Desoxyribonucleinsäuren* (*RNS* u. *DNS*) durch verschiedene z. T. markierte *Alkylierungsmittel* (AM) wie *Methylmethansulfonat*, *^{14}C-Myleran* (*1.4-Butandiol-bis-[metansulfonat]*), *^{14}C-Äthyljodid*, *^{14}C-Äthylmethansulfonat*, *N.N-Bis-[β-chloräthyl]-^{14}C-anilin*, *Bis-[2-chlor-^{14}C-äthyl]-amin*, *^{35}S-Senfgas*, *2-Hydroxyäthyl-2-chloräthyl-^{35}S-sulfid* u. *Äthylsulfat* bei 37° in wss. Lsg. wurde untersucht. Die Alkylierung erfolgte am $N_{(7)}$ der *Guanin*-Reste (GR), wobei bei difunktionellen AM außer *7-Alkylguaninen* auch *Diguaninyl-Verbb.* gebildet wurden. Im Gegensatz zur alkylierten RNS zersetzt sich die alkylierte DNS in wss. Lsg. unter Verlust der Alkyl-GR. Die Tatsache, daß difunktionelle AM einen wesentlich höheren Hemmeffekt auf EHRLICH-Ascitestumorzellen ausüben als monofunktionelle AM wird mit der Bldg. von Diguaninyl-Verbb. zwischen den beiden Ketten der DNS-Helix erklärt. E. LODEMANN. 4160□

Thermische Denaturierung der Desoxyribonucleinsäure, die der Einwirkung von Trichlortriäthylamin ausgesetzt ist. Z. Šormová. (Collect. czechoslov. chem. Commun. **26.** 1482—83. Mai 1961. Prague, Czechoslovak Academy of Science, Inst. of Organ. Chem. and Biochem.) (Engl.)

Vf. untersuchte den Verlauf der therm. Denaturierung bei zwei Präpp. von *Desoxyribonucleinsäuren* (I), welche aus der Milz normaler u. leukäm. (blast. Strahlenleukämie) Mäuse mit Hilfe der Dodecylsulfat-Meth. isoliert wurden. Die beiden Präpp. weisen dieselbe Denaturierungs-Temp. (T_n = 88—89°) auf u. auch der Verlauf der Denaturierungskurve ist in beiden Fällen identisch. Wenn I der Wrkg. von *Trichlortriäthylamin* (¹/₂ Std., End-Konz. 10^{-3}m) ausgesetzt wurden, wurde bei beiden Präpp. die gleiche Herabsetzung der Denaturierungs-Temp. (T_n = 81—82°) festgestellt. Das Präp. aus leukäm. Mäusen wies jedoch einen anderen Verlauf der Denaturierungskurve auf. Vf. setzt voraus, daß die sek. Struktur der I aus den leukäm. Mäusen mehr durch die Wrkg. von Trichlortriäthylamin beeinflußt wird u. daß dessen Wrkg. auf einer chem. Rk. beruht. Dadurch kann der Einfl. der Cytostatica, die durch Alkylierungs-Rkk wirksam werden, auf einige Formen des Krebses erklärt werden. V. KOSTKA/Prag. 4160

Die Ausscheidung von Brenzcatechinaminmetaboliten im Urin bei Sympathicustumoren. H. Käser. (Bull. schweiz. Akad. med. Wiss. **17.** 322—28. Jan. 1962. Bern, Univ.-Kinderklinik.) (Dt.)

Bei 13 Patienten mit malignen Tumoren des Sympathicus ist die Ausscheidung von *3-Methoxy-4-hydroxymandelsäure* im Harn stets patholog. vermehrt.
P. GREGORZEWSKI. 4160□

Die Bedeutung der Phospholipide für die Aufnahme von Aminosäuren durch Ehrlich-Ascites-Carcinomzellen. W. L. Gaby, H. L. Wolin und I. Zajac. (Cancer Res. **20.** 1508—13. Nov. 1960. Philadelphia, Pa., Hahnemann Med. Coll. and Hosp., Dep. of Microbiol.) (Engl.)

In Unterss. an Mäusen mit transplantiertem EHRLICH-Ascitescarcinom kann gezeigt werden, daß intraperitoneale Injektion von *$^{14}C_{(1)}$-Glykokoll* (I) bzw. *$^{14}C_{(1)}$-DL-Lysin* (II) zu einem raschen Einbau der Aminosäuren in die Phospholipide der Tumorzellen führt. Papierchromatograph. Unterss. zeigen, daß tatsächlich die jeweilige Aminosäure u. nicht ein Spalt-Prod. aufgenommen wird. I wird gegenüber II verstärkt eingebaut. In vitro Unterss. bestätigen diese Ergebnisse. *$^{14}C_{(1)}$-DL-Leucin* u. *$^{14}C_{(1)}$-DL-Alanin* werden in vitro ebenfalls in die Phospholipidfraktion eingebaut. Die Aufnahme wird durch Glucose stimuliert. R. REISS. 4160□

Vergleichende Biochemie von Hepatomen. 1. Mitt. **Kohlenhydratenzyme im Morris-Hepatom 5123.** George Weber, Gouri Banerjee und Harold P. Morris. (Cancer Res. **21.** 933—37. Aug. 1961. Indianapolis, Ind., Indiana Univ., School of Med., Dep. of Pharmacol. and Microbiol.; Bethesda, Md., Nat. Inst. of Health, Nat. Cancer Inst.) (Engl.)

Eine systemat. Unters. der Enzym-Syst. des *Kohlenhydrat*-Stoffwechsels im MORRIS-Hepatom 5123 (A) bei ♀ Ratten (Stamm Buffalo) wird beschrieben u. die Ergebnisse werden mit denen an normaler Leber (B) u. an früher untersuchtem NOVIKOFF-Hepatomen (C) verglichen. Bei fast gleicher Zellpopulation beträgt der N-Geh. (mg N/Zelle) bei

A im Homogenat bzw. der umgebenden Fl. nur 58 bzw. 73% der Werte bei B. Die Aktivität (in μ Mol umgesetztes Substrat/Std./Durchschnittszelle bei 37°) folgender Enzyme in A-Homogenaten wird bestimmt (in Klammern % von B): *Glucose-6-phosphatase* (**I**; 56), *Fructose-1.6-diphosphatase* (**II**; 30), *Phosphoglucomutase* (**III**; 15), *Phosphohexoseisomerase* (**IV**; 66), *Milchsäuredehydrogenase* (**V**; 65), *Glucose-6-phosphatdehydrogenase* (**VI**; 82) u. *6-Phosphogluconatdehydrogenase* (**VII**; 50). Die Abnahme von **I, IV, V** u. **VII** in A läuft dem verminderten N-Geh. parallel, wogegen **II** u. **III** stärker abnehmen u. **VI** fast den Wert in B behält. Im Vgl. zu C zeigt A keinen Anstieg in **VI. III** wird in A u. C gleichermaßen geschädigt, wogegen **I** u. **II** in C überhaupt nicht mehr auftreten. Die beobachteten Enzymschädigungen in A u. C sind ungefähr den Wachstumsraten dieser beiden Hepatome proportional. Gottfried Kirsten. 4160□

Serumphosphatasen und glykolytische Enzyme bei Brustkrebs. Diana M. Campbell und E. J. King. (Biochem. J. **82.** 23P. Febr. 1962. London, Postgraduate Med. School of London, Dep. of Chem. Pathol.) (Engl.)

Vff. stellten fest, daß eine Parallel-Best. der *sauren* (**Ia**) u. *alkal. Phosphatase* (**Ib**), der *5-Nucleotidase* u. der *Phosphoglucoseisomerase* (**II**) des Serums für die Diagnose von Brustkrebs u. die Lokalisierng von Metastasen von Wichtigkeit ist. Zum Beispiel deutet eine sehr hohe **II**-Aktivität ohne wesentlichen Anstieg der **Ia**- u. **Ib**-Aktivität mit großer Sicherheit auf Lebermetastasen-Bldg. hin. Hingegen ist die alleinige Best. der glykolyt. Enzyme (*Phosphoglucomutase*, **II**, *Aldolase*) von sek. Wert, da ihre Höhen keine hinreichenden Schlußfolgerungen hinsichtlich des Krebsbefalls bestimmter Organe zulassen; trotzdem empfehlen Vff. eine Best. der Aktivität der glykolyt. Enzyme, da die Höhe ihrer Aktivitäten Rückschlüsse auf die klin. Kondition der Patienten zuläßt. **II** liefert den empfindlichsten Index für den klin. Status. H. Kockert. 4160□

Aktivität der Triosephosphatisomerase und der Phosphoglyceratkinase in normalen und pathologischen menschlichen Seren. M. Van Rymenant und J. Robert. (Pure appl. Chem. **3.** 473—74. 1961. Bruxelles, Belgique, Univ., Centre des Tumeurs, Inst. Jules Bordet, Serv. de Méd. et d'Investigation Clin.) (Franz.)

Für die nach einer spektrophotometr. Meth. bestimmte Aktivität der *Triosephosphatisomerase* wurde in normalem Serum bei Grenzwerten von 6,6—25,0 Einheiten (μMol zerstörtes Substrat/ml Serum/Std. bei 25°) ein Mittel von 14 Einheiten gefunden. Bei generalisiertem Krebs ließen Werte von >50 Einheiten auf Lebermetastasen schließen. Bei Lebercirrhose lagen die Werte meist bei 50, bei Leberentzündung bei 50—200 Einheiten. Bei akuter Leukämie war die Aktivität auch erhöht. Bei der *Phosphoglyceratkinase* lagen die normalen Werte bei 1007—2483, im Mittel bei 1520 Einheiten (definiert bzgl. 1 mμ Mol). Bei lokalisiertem Krebs fanden sich normale Werte. Bei generalisiertem Krebs war die Aktivität manchmal erhöht, bei >5000 Einheiten mit Verdacht auf Lebermetastasen. Bei Leberentzündung u. Cirrhose überstieg die (erhöhte) Aktivität selten 5000 Einheiten. H. Lohschelder. 4160□

Krebs und menschliche Leberkatalase. Edward E. Mason, Ting-Fong Chin, Yao W. Li und Sidney E. Ziffren. (Cancer Res. **20.** 1474—81. Nov. 1960. Iowa City, Iowa State Univ., Coll. of Med., Dep. of Surgery.) (Engl.)

In Unterss. an Krebskranken u. anderen Patienten wird gezeigt, daß die *Leberkatalase* (**I**)-Aktivität bei den Patienten mit Krebs um 22,5% niedriger liegt als bei den übrigen. Der Grund hierfür ist jedoch nicht das Carcinom, sondern der Gew.-Verlust des Patienten, wie die Werte zeigen, die erhalten werden, wenn die **I**-Aktivität auf den Gew.-Verlust bei den Patienten mit u. ohne Krebs bezogen wird. Dieser Befund wird durch Best. der **I**-Aktivität in menschlichen Leberzellfraktionen bestätigt. Das Ausmaß der I-Aktivität ist nicht geschlechtsabhängig. R. Reiss. 4160□

Leberkatalaseaktivität bei Rattenleukämie. Arthur A. Spector, Leonard Berwick und Peter C. Nowell. (Cancer Res. **20.** 1577—79. Dez. 1960. Philadelphia, Pa., Univ. of Pa., School of Med., Dep. of Pathol.) (Engl.)

Intraperitoneal transplantierter LK 2 Tumor (lymphocyt. Leukämie) führt bei Ratten innerhalb von 11 Tagen zum Tode. Die *Leberkatalase*-Aktivität sinkt innerhalb von 8 Std. nach Transplantation um 35% u. bleibt für 24 Std. auf dieser Höhe. Anschließend tritt Normalisierung ein (3—5 Tage) wonach die Werte erneut u. zwar um 60% absinken. 7 Tage nach der Transplantation lassen sich histolog. die ersten Leukämiezellen in der Leber nachweisen. R. Reiss. 4160□

Die Histopathologie und Biochemie von Ratten mit einem Nebennierenrindentumor. A. S. Mulay und Edward B. Price jun. (Cancer Res. **20.** 1482—87. Nov. 1960. Bethesda, Md., Nat. Cancer Inst., Labor. of Pathol.) (Engl.)

Transplantation eines bei der Fütterung von Ratten mit *p-Dimethylaminoazobenzol* auftretenden Nebennierenrindentumors auf normale, adrenalektomierte männliche u. normale weibliche Ratten. Die tumortragenden Tiere zeigen eine starke Abnahme der *Na*- bei gleichzeitiger Zunahme der *K*-Ausscheidung. Der Na-Geh. des Blutes ist erhöht, der K-Geh. erniedrigt. Die Blutzuckerwerte sind ebenso wie der Cl-Geh. des Blutes unverändert. R. REISS. 4160□

Wachstumsmechanismus. 2. Mitt. Der Einfluß von p-Dimethylaminoazobenzol auf die Rattenleberregeneration nach partieller Hepatektomie. Sam Brody. (Cancer Res. **20.** 1469—73. Nov. 1960. Stockholm, King Gustaf V. Res. Inst. u. Karolinska Sjukhuset, Dep. of Women's Diseases.) (Engl.) — 1. vgl. C. **1960.** 6525.

Fütterung von Ratten mit verschiedenen Diäten mit u. ohne Zusatz von *p-Dimethylaminoazobenzol* (I) über einen Zeitraum bis zu 60 Tagen, anschließende partielle Hepatektomie u. Unters. der Leber 24, 48 u. 72 Std. später ergab folgendes: Hinsichtlich des Leber-Gew. sowie der Pentose- u. Desoxypentosenucleinsäure-Synth. in der Leber während der Regeneration wird eine durch I hervorgerufene irreversible Schädigung nicht festgestellt. Demgegenüber verursacht 25tägige I-Fütterung eine Stimulierung des postoperativen *Desoxyribonuclease* (II)-Anstieges. Bei 60tägiger I-Fütterung wird der II-Anstieg gehemmt. Der gleiche inhibitor. Effekt wird beobachtet, wenn nach 60tägiger I-Fütterung für 110 Tage normale Diät verabreicht wird. R. REISS. 4160□

Wirkung einer Röntgenbestrahlung der Rattenleber auf die Entstehung der durch Intoxikation mit p-Dimethylaminoazobenzol hervorgerufenen Leberschäden. Antoine Lacassagne, Lucienne Hurst und Albert-Jean Rosenberg. (C. R. hebd. Séances Acad. Sci. **251.** 1053—55. 29/8. 1960.) (Franz.)

Eine lokale Röntgenbestrahlung der Leber verzögert die durch fortlaufende perorale Verabfolgung von *p-Dimethylaminoazobenzol* (*Buttergelb*) hervorgerufene Carcinombildung. Ausnahme bilden die mit *Reserpin* behandelten Tiere. L. MACHER. 4160□

Eine Untersuchung der Hautcarcinogenese an der Maus bei einer einmaligen Applikation von 9.10-Dimethyl-1.2-benzanthracen in verschiedener Dosierung. Benedetto Terracini, Philippe Shubik und Giuseppe Della Porta. (Cancer Res. **20.** 1538—42. Nov. 1960. Chicago, Ill., Chicago Med. School, Div. of Oncology.) (Engl.)

20, 50, 100, 200, 250, 500 bzw. 1000 μg *9.10-Dimethyl-1.2-benzanthracen* (I) wurden bei einmaliger Tropfung auf die Haut von 8—9 Wochen alten Mäusen gebracht. Während sich nach 20 u. 50 μg an der Tropfstelle keine u. bei 100 μg nur 11% gutartige Tumoren entwickelten, lag die Tumorquote nach 200 μg bei 62%; 26% der Tumoren waren bösartig. Höhere I-Dosen führten zu etwa dem gleichen Ergebnis. Die durchschnittliche Latenzzeit ag bei 10,5 Wochen; 82% der Tumoren zeigten Regression. R. REISS. 4160□

Über Beziehungen zwischen Steroiden und krebserzeugenden Kohlenwasserstoffen. 2. Mitt. **1.2-Cyclopentadienophenanthrene.** Heinz Dannenberg. (Z. Krebsforsch. **63.** 523—31. Okt. 1960. München, MPI für Biochemie; Bonn, Univ., Patholog. Inst.) (Dt.) — 1. vgl. C. **1961.** 11360.

In Pinselungs- u. Injektions-Verss. (subkutan) an Mäusen testet Vf. *$\Delta^{2'}$-3'-Methyl-* (I), *$\Delta^{1'}$-1'-Methyl-* (II) u. *$\Delta^{2'}$-3'-Isopropyl-1.2-cyclopentadienophenanthren* (III) hinsichtlich ihrer krebserzeugenden Wirkung. Im Pinselungs-Vers. erwiesen sich I u. II als relativ stark, III als schwach wirksam. Im Injektions-Vers. waren alle 3 Verbb. sehr schwach bzw. nicht cancerogen. Der Grund für die Wirksamkeit dieser Verbb. wird in der reaktionsfähigen Doppelbindung des Fünfringes gesehen, die als K-Region bezeichnet werden kann. Den vorst. Unterss. kommt insofern eine besondere Bedeutung zu, als Verbb. des obigen Typs bei der Dehydrierung von *Cholesterin* mit *Chloranil* entstehen. R. REISS. 4160□

Die Wirkung von Steroiden auf Methylcholanthren-induzierte subkutane Tumoren bei Mäusen. Philip C. Merker, Tsuneo Baba und Kenneth Singer. (Cancer Res. **20.** 1462—68. Nov. 1960. New York, N.Y., Sloan-Kettering Inst. for Cancer Res., Div. of Human Tumor Exper. Chemother.; Cornell Univ., Med. Coll., Sloan-Kettering Div.) (Engl.)

Tägliche subkutane Injektion von 8,0 mg *Cortisonacetat* pro kg führt bei BALB/c-Mäusen mit subkutanen *Methylcholanthren* (I)-Tumoren weder zu einer Verlängerung der Lebenszeit noch zu einer Abnahme des Tumorwachstums. Desgleichen erwiesen sich *Hydrocortisonacetat* (25 mg/kg), *Prednisolon* (3,125 mg/kg), *9α-Fluorcortisol* (12,5 m/kg) u. *17α-Äthinyl-19-nortestosteron* (250 mg/kg) bei C3H/Jax-Mäusen mit I-Tumoren als unwirksam. Die aufgeführten Verbb. zeigten gegenüber subkutan transplantierten C 3 H/BA-Tumoren ebenfalls keine Wirkung. R. REISS. 4160□

Änderungen in der Hormonsensitivität mammotroper Hypophysentumoren während der fortschreitenden Veränderung von normal zu autonom. Kelly H. Clifton und und Jacob Furth. (Cancer Res. **21.** 913—20. Aug. 1961. Madison, Wis., Univ. of Wisconsin Med. School, Dep. of Radiol., Res. Labor.; Buffalo, N.Y., Roswell Park Mem. Inst. Dep. of exp. Pathol.) (Engl.)

Optimales Wachstum autonomer mammotroper Tumoren (A), die noch auf *Östrogen* (I) ansprechen, findet bei Dosen statt, die ca. $^1/_{10}$ der Konz. entsprechen, bei der eine tumoröse Proliferation von A-Zellen in der Hypophyse (B) in situ oder in Pfropfgewebe oder normalem B-Gewebe unterhalb der Nierenkapsel bei Ratten auftritt. Das ähnliche Sensitivitäts-Verh. normaler A in situ u. gepfropfter A in verpflanztem B-Gewebe zeigt, daß eine unmittelbare Kreislaufverbindung mit dem Hypothalamus keine wichtige Rolle bei der I-Wrkg. auf A spielt. Die Zunahme der I-Sensitivität scheint deshalb eine adaptive Erscheinung zu sein u. keine charakterist. Eig. autonomer A-Zellen. Vff. diskutieren die tabellar. Vers.-Ergebnisse u. die erhaltenen I-Dosis/Wachstumskurven.
G. KIRSTEN. 4160□

Tumorspezifische Immunität gegen transplantierte Dibenz-[a.h]-anthracen-induzierte Sarkome. Richmond T. Prehn. (Cancer Res. **20.** 1614—17. Dez. 1960. Seattle, Wash., Univ. of Washington, Dep. of Pathol.) (Engl.)

In Unterss. an Mäusen wird gezeigt, daß durch Transplantation von Fibrosarkomen, die durch Implantation von *Dibenz-[a.h]-anthracen*-Kristallen gebildet wurden, eine spezif. gegen den gleichen Tumor gerichtete Resistenz (Immunität) erzeugt werden kann. Während bei normalen Mäusen der gleichen Stämme die Tumorquote bei 81% lag, betrug sie bei den immunisierten Tieren 43%. Transplantation von Milz der tumortragenden Tiere führt nicht zur Immunität. R. REISS. 4160□

Das Schicksal von mit ^{35}S-Sulfanilsäure markierten Rattentumorzellen im Wirtsorganismus. C. T. Peng. (Cancer Res. **20.** 1422—25. Nov. 1960. San Francisco, Calif., Univ. of California Med. Center, Radioact. Res. Center and School of Pharm.) (Engl.)

Beschreibung einer Meth. zur Markierung von Tumorzellen mit *^{35}S-Sulfanilsäure* (I), bei der die Zellen eines Rattenascites-Fibrosarkoms mit diazotierter I bei pH 7,65 umgesetzt werden. I wird hierbei fest an das Protein gebunden. Intraperitoneale oder subkutane Injektion dieser Zellen führt bei Ratten zur Ausbildung von Tumoren, wobei die durch die Diazotierung zerstörten Zellen ausgeschieden werden. Der ^{35}S-Geh. ist nach Injektion der markierten Zellen am größten im Tumor, es folgen Niere, Milz, Leber u. Blut. Die ^{35}S-Ausscheidung mit dem Harn ist relativ gering.
R. REISS. 4160□

Mit Wasserstoffperoxid behandelte Zelltransplantate der Vogel-Lymphomatose. V. L. Sanger. (Nature [London] **191.** 1406—07. 30/9. 1961. Wooster, Ohio, Ohio Agric. Exp. Stat., Dep. of Veterin. Sci.) (Engl.)

20 Tage alte Leghornhähne erhielten i.m. ca. $4 \cdot 10^6$ RPL 12-Lymphomatosetumorzellen (nach MOHOS u. KIDD, J. exp. Medicine **105.** [1957.] 233). Von 76 Tieren, denen 3 mal täglich 1 ml 3% ig. *H_2O_2* direkt in den Kropf gegeben wurde, starben 52% (Kontrollen 44%) an Lymphomatose. Wenn erst nach Feststellung von Tumoren 3 mal täglich 2 ml (bei 19 Tieren) bzw. 5 ml gegeben wurden, starben 10,5% bzw. 50% (Kontrollen 64%). 0,45% ig. H_2O_2 als Trinkwasser zeigte keinen günstigen Effekt. Mit 3% ig. H_2O_2 behandelte Tumorzellen behielten ihre Wrkg. bei. Histolog. wurden keine Unterschiede zwischen Tumorzellen behandelter u. unbehandelter Tiere festgestellt.
H. LOHSCHELDER. 4160□

Über die Wirkung von 2-Desoxy-D-glucose auf das Ehrlich-Ascites-Carcinom. E. Hofmann, S. König und I. Behne. (Naturwissenschaften **49.** 40. 2. Jan.-H. 1962. Magdeburg, Med. Akad., Physiol.-chem. Inst.) (Dt.)

Glucose (I) u. *2-Desoxy-D-glucose* (II) hemmen die endogene Atmung von EHRLICH-Ascitescarcinomzellen in vitro; die Wrkg. der I ist jedoch nach Auswaschen der I mit isotonem „Tris"-Puffer völlig aufgehoben, während die Atmung nach Auswaschen der II gehemmt bleibt. Auch die anaerobe Glykolyse mit 10^{-2}m II 1 Std. vorinkubierter Zellsuspensionen bleibt nach Auswaschen der II unverändert gehemmt. II setzt aus EHRLICH-Ascitescarcinomzellen in konz.-abhängigem Umfang *Milchsäuredehydrogenase, Aldolase* u. Eiweiß frei; I unterbindet diese Freisetzung. — Aus den Ergebnissen wird gefolgert, daß II die Zellen zerstört. S. DITTMANN-MITZSCHERLICH. 4160□

Untersuchung von mit Mäuse-Mammacarcinomen vereinigten toxischen Faktoren in Eierkulturen. Norton G. McDuffie jun., Betty S. Gibson und Alfred Taylor.

(Cancer Res. **20.** 1631—35. Dez. 1960. Austin, Texas, Univ. of Texas, Clayton Found., Biochem. Inst.) (Engl.)

Implantation von Mäusemammacarcinomzellen in den Dottersack von Hühnereiern führt zu starker Vermehrung der in den Zellen vereinzelt vorhandenen, elektronenmkr. sichtbaren, virusähnlichen Partikel. Die Unterss. sprechen dafür, daß es sich bei diesen Partikeln um den gegen Hühnerembryonen tox. Faktor von Mammacarcinomen handelt. Die Partikel sind dem BITTNER-Milchfaktor strukturell ähnlich.

R. REISS. 4160□

Ein mit Eier-kultivierten Tumoren vereinigter toxischer Faktor. Alfred Taylor und Nell Carmichael. (Cancer Res. **20.** 1636—39. Dez. 1960. Austin, Texas, Univ. of Texas, Clayton Found. Biochem. Inst.) (Engl.) — Vgl. vorst. Referat.

Durch Implantation von Mammacarcinom-, Mäusecarcinom-, Rattensarkom- u. zwei verschiedenen menschlichen Tumorzellen in den Dottersack von Hühnereiern gelingt es, von Tumorzellen freie, gegen Hühnerembryonen tox. Faktoren in der Allantois-Fl., dem Eigelb u. dem Fruchtwasser zu kultivieren. Die Toxizität tritt erst nach einigen Passagen auf. Es wird vermutet, daß es sich bei den tox. Faktoren um eine Mutation des Tumoragens handelt. R. REISS. 4160□

Untersuchungen über unausgeglichenes Wachstum in Gewebekulturen. 1. Mitt. **Auslösung und Konsequenzen des Thymidinmangels.** Roland R. Rueckert und Gerald C. Mueller. (Cancer Res. **20.** 1584—91. Dez. 1960. Madison, Wis., Univ. of Wisconsin Med. School, McArdle Mem. Labor.) (Engl.)

Inkubation von HeLa-Zellen mit *A-methopterin* (**I**) oder *5-Fluoruracil-2'-desoxyribosid* (**II**) in *Thymidin* (**III**)-freien Medien führt zu einer raschen Abnahme der Teilungsfähigkeit u., nach ca. 16 std. Bebrütung, zu einem irreversiblen Verlust der Vermehrungsfähigkeit. Die Desoxyribonucleinsäure-Synth. ist blockiert, während der Ribonucleinsäure (**IV**)- u. Protein-Geh. zunächst prakt. normal ansteigt. Nach ca. 16 Std. nimmt der **IV**-Geh. nicht weiter zu u. der Proteinzuwachs ist gegenüber den Kontrollen stark verlangsamt. Der Glucoseverbrauch von in **III**-freien Kulturen inkubierten Zellen ist gegenüber der Norm nicht verändert. Werden mit **I** bzw. **II** inkubierte Kulturen nach 16 Std. mit **III** versetzt, so beginnt 6 Std. später wieder die Zellteilung. R. REISS. 4160□

Wirkungen von Natriumchlorid-Konzentrationen auf Wachstum, biochemische Zusammensetzung und Stoffwechsel von HeLa-Zellen. Elton Stubblefield und Gerald C. Mueller. (Cancer Res. **20.** 1646—55. Dez. 1960. Madison, Wis., Univ. of Wisconsin Med. School, McArdle Mem. Labor.) (Engl.)

Bei der Bebrütung von HeLa-Zellen in Nährmedien mit unterschiedlicher *NaCl*-Konz. ergeben sich folgende Verhältnisse: Hinsichtlich der Zellvermehrung liegt die optimale NaCl-Konz. bei 100—130 millimolar. Konzz. unter 40 bzw. über 250 mm führen zu einer Abnahme der Wachstumsgeschwindigkeit. In NaCl-Konzz. unter 100 u. über 120 mm inkubierte Zellen zeigen einen höheren Protein–Ribonucleinsäure- u. Lipidphosphat-Geh. als Zellen bei optimaler NaCl-Konzentration. Der Desoxyribonucleinsäure-Geh. bleibt normal. Der Glucoseverbrauch der Zellen steigt bis zu einer NaCl-Konz. des Nährmediums von 220 mm an u. sinkt bei höheren Konzz. stark ab. Die bei höheren NaCl-Konzz. beobachteten veränderten Verhältnisse normalisieren sich, sofern die Zellen anschließend wieder bei optimaler Konz. gehalten werden. R. REISS. 4160□

Wirkung von Polylysin auf die Durchlässigkeit und Retention von Verbindungen in Ehrlichschen Ascitestumorzellen. Steven E. Kornguth und Mark A. Stahmann. (Cancer Res. **21.** 907—12. Aug. 1961. Madison, Wis., Univ. of Wisconsin, Dep. of Biochem.) (Engl.)

Nach Behandlung wss. Salzsuspensionen (0,9% NaCl) EHRLICHscher Ascitestumorzellen mit *Polylysin* (**I**) geben die Zellen bevorzugt *anorgan. Phosphat, Kohlenhydrate,* freie *Aminosäuren, niedermol. Peptide, K* u. *Adenosin-5'-phosphat* in die umgebende Fl. ab, während die bei unbehandelten Zellen beobachtete Abgabe von *Proteinen* u. *Phospholipiden* nach **I**-Zugabe blockiert wird. Diese Blockierung ist der **I**-Konz. proportional. Antiseren zeigen **I**-ähnliche Wrkg., was auf einen ähnlichen Rk.-Mechanismus hindeutet.

G. KIRSTEN. 4160□

Transplantable menschliche Tumoren in der experimentellen Chemotherapie. Die Wirkung von Cytoxan auf H.S. 1 und H.Ep. 3 in der Ratte. Morris N. Teller und George W. Woolley. (Cancer Res. **21.** 881—84. Aug. 1961. New York, Sloan-Kettering Inst. for Cancer Res., Div. of Human Tumor exp. Chemotherapy and Cornell Univ., Grad. School of Med. Sci., Sloan-Kettering Div.) (Engl.)

Cytoxan (**I**) wird auf seine tumoreninhibierende Wrkg. am Sarkom H. S. 1 u. epidermoidem Carcinom H. Ep. 3 an Ratten untersucht, die als Wirtstiere für transplantable menschliche Tumoren dienen. **I** hemmt das Wachstum beider Tumoren, bes. wenn die Anfangsdosis (8—32 mg/kg Körper-Gew.) bereits 24 Std. nach Überpflanzung intraperitoneal oder oral verabreicht wird. Dosen unter 4 mg/kg sind unwirksam. In der Wachstumshemmung entwickelter menschlicher Tumoren zeigt I nur begrenzte Anwendbarkeit. GOTTFRIED KIRSTEN. 4160□

Die Wirkungen von alkylierenden Verbindungen auf den Einbau von $^{14}C_{(1)}$-Glycin in die Gewebeproteine in vitro. N. W. Coles, R. M. Johnstone und J. H. Quastel. (Cancer Res. **20.** 1523—29. Nov. 1960. Montreal, McGill-Montreal General Hosp. Res. Inst.) (Engl.)

In vitro Unterss. mit EHRLICH-Ascitescarcinomzellen zeigen, daß die alkylierenden Verbb. *Bis-[2-chloräthyl]-aminhydrochlorid, p-[N.N-Bis-(2-chloräthyl)-amino]-L-phenylalanin* (I), *γ-p-[N.N-Bis-(2-chloräthyl)-amino]-phenyl-α-aminobuttersäure, 1.2.3.4-Diepoxybutan, Methansulfonsäureäthylester* (II), u. *Methansulfonsäure-2-chloräthylester* (III) nicht aber 1.6-Dimethansulfonyl-D-mannit den Einbau von $^{14}C_{(1)}$-*Glykokoll* (IV) in das Gewebeprotein hemmen. Die Respiration wird nur durch II u. III inhibiert. Werden die Zellen vor der IV-Zugabe längere Zeit mit den genannten Verbb. inkubiert, so erhöht sich der Inhibitionseffekt. Die Hemmung wird um so größer, je höhere Konzz. angewendet werden. Zusatz von Glucose führt zu einer teilweisen Aufhebung der Inhibition durch I u. II. I u. II hemmen ebenfalls die ^{14}C-Aufnahme in das Protein des WALKER-Rattencarcinoms, von Hühnerembryonen, Rattenleber u. Mäusemilz, jedoch in sehr unterschiedlichem Ausmaß. R. REISS. 4160□

Eine cytologische Bestimmung einer Kombinationstherapie bei 6C3HED-Lymphosarkom. 1. Mitt. SH-enthaltende Analoga in Kombination mit Stickstofflost und Mapharsen. Robert A. Roosa und Edward D. DeLamater. (Cancer Res. **20.** 1543 bis 1554. Dez. 1960. Philadelphia, Pa., Univ. of Pa., School of Med., Dep. of Physiol., Sect. on Cytol. and Genetics.) (Engl.)

Auf Grund theoret. Überlegungen müßten SH-Gruppen enthaltende Purin- u. Pyrimidinanaloga geeignet sein, nach dem Eindringen in leukäm. Zellen, diese für eine nachfolgende Behandlung mit Verbb., die sich selektiv an SH-Gruppen anlagern, empfindlich zu machen. Vff. überprüfen diese Theorie u. stellen in Unterss. an Mäusen fest, daß bei Verw. des 6 C3 HED-Lymphosarkoms *6-Mercaptopurin* (I) keine, *Stickstofflost* (II) eine gewisse hemmende Wrkg. auf das Zellteilungsgeschehen hat (Erhöhung der Zahl der Zellen mit abnormer Teilung). Wird dagegen I u. anschließend II appliziert, so sind die cytolog. Veränderungen wesentlich stärker als bei Verw. von I oder II allein (100% abnorme Zellen nach 5 Std.). Desgleichen sind Kombinationen von *6-Thioguanin* (III) u. II sowie *2-Thiocytosin* (IV) u. *Mapharsen* (V) wirksamer als die Verbb. allein. Demgegenüber besitzen Kombinationen von III mit V, IV mit II bzw. *5-Methylthiouracil* (VI) mit II keine stärkere Wrkg. als II bzw. V allein. Die Wrkg. von V wird durch I bzw. VI aufgehoben. R. REISS. 4160□

Wirkungen von Nicotinamid und verwandten Verbindungen auf die antileukämische Aktivität von 2-Amino-1.3.4-thiadiazol. Herbert F. Oettgen, Jeré Anne Reppert, Virginia Coley und Joseph H. Burchenal. (Cancer Res. **20.** 1597—1601. Dez. 1960. New York, N.Y., Sloan-Kettering Inst. for Cancer Res., Div. of Exp. and Clin. Chemother; Cornell Univ. Med. Coll.) (Engl.)

In Unterss. an Mäusen mit transplantierter Leukämie B 82 wird gezeigt, daß 10tägige intraperitoneale Injektion von täglich 30 mg *2-Amino-1.3.4-thiadiazol* (I) pro kg zu einer vollständigen Tumorhemmung führt. Zusätzliche Injektion von *Nicotinamid* (II; 23 mg/kg/Tag) über 10 Tage hebt die I-Wrkg. vollständig auf. Eine mit II vergleichbare Wrkg. zeigen die folgenden II-Verbindungen (die Werte in den Klammern bezeichnen die Menge der Verb. auf molarer Basis, die notwendig ist, um den I-Effekt um 50% zu verringern, bezogen auf II gleich 1,0): *4-Methyl-* (50), *5-Fluor-* (1), *5-Amino-* (10), *5-Methyl-* (10), *6-Amino-* (< 1), *6-Fluor-* (50), *N-Hydroxymethyl-* (1), *N.N'-Methylenbis-* (< 1), *N-Cyclohexyl-* (100) sowie *3-Acetylpyridin* (1), *Nicotinsäure* (1), *3-Hydroxyanthranilsäure* (100) u. *Diphosphopyridinnucleotid* (1). Ohne Wrkg. waren die II-Derivv.: *2-Fluor-, 2-Chlor-* u. *6-Amino-5-nitro-*, die Nicotinsäure-Derivv.: *5-Fluor-, 5-Brom-, 5-Amino- 6-Amino-, 6-Hydroxy-, 6-Brom-* u. *6-Chlor-* sowie *Isonicotinamid*, DL-(L)-*Tryptophan, N-Methylnicotinamid, N-Methyl-6-pyridon-3-carboxamid* u. *Nicotinursäure*. R. REISS. 4160□

Wirkung von β-[Thienyl-(3)]-alanin und Desoxypyridoxin auf das Wachstum des Murphy-Sturm-Lymphosarkoms. Zdenek Hruban und Robert W. Wissler. (Cancer Res. **20.** 1530—37. Nov. 1960. Chicago, Ill., Univ., Dep. of Pathol.) (Engl.)

Fütterung von Ratten mit transplantiertem MURPHY-STURM-Lymphosarkom mit *β-[Thienyl-(3)]-alanin* (I) an Stelle von Phenylalanin u. mit *Desoxypyridoxin* (II) an Stelle von Pyridoxin führt zur Hemmung des Tumorwachstums. Werden I u. II zusammen verabreicht, so ist die Wrkg. additiv. *Testosteronpropionat*, *Halotestin* u. *Nilevar* erhöhen die I-Wirkung. Die inhibitor. Wrkg. von I wird auch beim JENSEN-Sarkom u. Mammacarcinom nicht aber beim NOVIKOFF-Hepatom beobachtet. R. REISS. 4160□

Einfluß der Applikationsart auf die relative Wirksamkeit von 3'.5'-Dichloramethopterin und A-methopterin gegen fortgeschrittene Leukämie (L 1210) bei Mäusen. John M. Venditti, Anthony W. Schrecker, J. A. R. Mead, Ira Kline und Abraham Goldin. (Cancer Res. **20.** 1451—56. Nov. 1960. Bethesda, Md., Nat. Cancer Inst., Labor. of Chem. Pharmacol. and Microbiol. Assoc. Inc.) (Engl.)

In Unterss. an Mäusen mit transplantierter Leukämie L 1210 wird gezeigt, daß *3'.5'-Dichloramethopterin* (I) bei subkutaner Applikation im Hinblick auf die Verlängerung der Lebenszeit wesentlich wirksamer ist als A-methopterin. Orale Verabreichung führt zu einem bei I stärker ausgeprägten Wrkg.-Abfall, so daß bei dieser Applikationsart beide Verbb. etwa gleich stark wirksam sind. R. REISS. 4160□

Wirkung von oral verabreichtem 3'.5'-Dichloramethopterin auf die ^{14}C-Formiat-Aufnahme bei leukämischen Mäusen. Anthony W. Schrecker, J. A. R. Mead, Mary R. Lynch, John M. Venditti und Abraham Goldin. (Cancer Res. **20.** 1457 bis 1461. Nov. 1960. Bethesda, Md., Nat. Cancer Inst., Labor. of Chem. Pharmacol.) (Engl.) — Vgl. C. **1961.** 6526 u. vorst. Referat.

11—14 Wochen alte Mäuse mit transplantierter Leukämie L 1210 erhielten nach subkutaner bzw. oraler *3'.5'-Dichloramethopterin* (I)- bzw. *A-methopterin* (II)-Applikation eine intraperitoneale Injektion von *^{14}C-Na-Formiat* (III). 20 Min. nach der III-Injektion wurden die Tiere getötet u. der ^{14}C-Geh. in der säurelösl. Adenin (IV)-Fraktion der Milz bestimmt. I u. II hemmen den III-Einbau in die IV-Fraktion. Bei oraler Verabreichung ist die Inhibition erheblich geringer als bei parenteraler, vor allem nach I. Der inhibitor. Effekt ist bei oraler Zufuhr von I nach ca. 2 Std., bei subkutaner bereits nach 20 Min. optimal. R. REISS. 4160□

A. A. Chrystomanos, Elements of General and Comparative Biological Chemistry. Ist vol. Athens: General Direction of Press Research and Cultural Relations Division. 1960. (716 S.)

E_2. Enzymologie. Gärung

Enzymbeweglichkeit und Enzymwirkung. D. E. Koshland jun. (J. cellular comparat. Physiol. **54.** Suppl. Nr. 1. 245—58. Dez. 1959. Upton, New York, Brookhaven Nat. Labor., Biol. Dep.) (Engl.) — Vgl. C. **1959.** 15082.

Die Unters. des Spezifitäts-Verh. verschiedener Enzyme zeigt, daß deren Wrkg. nicht durch Annahme eines starren Mol., jedoch durch die Annahme, daß das Substrat eine Änderung in der Proteinkonformation (Flexibilität des Mol.) am akt. Zentrum hervorruft, gedeutet werden kann. Diese Veränderung ist für die notwendige Anordnung katalyt. Gruppen erforderlich. Die Temp.-Abhängigkeit von *Myosin* spricht stark für diese Annahme: ein Proteinkonformationsänderung, die die Hydrolyse-Geschw. von Inosintriphosphat beeinflußt, ist anscheinend auf die Geschw. der Adenosintriphosphathydrolyse ohne Einfluß. Möglicherweise wirken viele Enzymaktivatoren mehr durch Beeinflussung der Proteinkonformation als durch einen direkten Effekt auf das Substratmolekül. K. MAIER. 4200□

Die Natur der Flavinbindung in der mikrosomalen Cytochrom-b_5-Reduktase der Mikrosomen. Philipp Strittmatter. (J. biol. Chemistry **236.** 2329—35. Aug. 1961. Saint Louis, Mo., Washington Univ., School of Med., Dep. of Biol. Chem.) (Engl.)

Von aus der Kalbsleber hergestellter, gereinigter *Cytochrom-b_5-Reduktase* (I) wurde die *Cytochrom-b_5-Aporeduktase* (II) durch Ausfällen mit $(NH_4)_2SO_4$ in KBr-Ggw. von *Flavinadenindinucleotid* (III) abgetrennt. Nach Zusammengeben von II u. III wurde das Maximum der I-Aktivität nach 60 Min. erreicht. II war bei tiefer Temp. haltbar u. verlor bei 25° in 10—30 Min. ihre gesamte Aktivität. Aus dem Absorptionsspektrum konnte auf eine vollständige Vereinigung von II u. III zu I geschlossen werden. III konnte durch *Flavinmononucleotid* (IV) bei Erhaltung von 66% der Aktivität ersetzt werden. Die MICHAELIS-Konst. für III wurde zu $< 10^{-9}$, die für IV zu $2—4 \cdot 10^{-8}$m gefunden. Stöchiometr. Messungen ergaben die Bindung von 1 Mol. II mit einem Mol. III bzw. IV. Die Dissoziations-Konst. für I-III u. I-IV betrugen $< 10^{-9}$ bzw. $0{,}8 \cdot 10^{-8}$. IV wurde durch III aus dem Komplex verdrängt. *Adenosindiphosphoribose* war auf die IV-Bindung ohne Einfl., ebenso *N-Äthylmaleinimid* (V) u. *p-Chlormercuribenzoat*, so daß keine SH-Gruppen an der Bindung beteiligt sein dürften. *Trinitrobenzolsulfonat* wirkte in hohen Konzz. ($4 \cdot 10^{-3}$m) zu 75% hemmend, *Jod* (10^{-5}m) hemmte zu 100% entsprechend 5—6 Molen pro Mol Enzym. Bei 2 Molen J_2 trat 90% ig. Hemmung offenbar unter Bldg. von *Dijodtyrosin* ein. J. BOELTER. 4210□

Die Bindung von Pyridinnucleotiden an Cytochrom-b_5-Aporeduktase. Philipp Strittmatter. (J. biol. Chemistry **236.** 2336—41. Aug. 1961. St. Louis, Mo., Washington Univ. School of Med., Dep. of Biol. Chem.) (Engl.) — Vgl. vorst. Referat.

Cytochrom-b_5-Aporeduktase (I) mit *red. Diphosphopyridinucleotid* (DPNH) oder mit *3-Acetylpyridin-*DPNH* (II) in äquivalenten Mengen zusammengegeben, führte zu keiner Änderung der Absorptionsspektren. Das Fluorescenzspektrum des aus äquimol. DPNH + I gebildeten 1:1-Komplexes unterschied sich durch größere Intensität bei gleichbleibendem Fluorescenzmaximum von dem des DPNH. Bei der Komplex-Bldg. von DPNH + II dagegen trat auch geringe Blauverschiebung ein. Die Fluorescenzemission von *red. Triphosphopyridinnucleotid* (TPNH) + I zeigte nur geringe Intensitätserhöhung gegenüber der von TPNH. Die Dissoziations-Konst. des I-Komplexes von DPNH betrug $4{,}0 \cdot 10^{-7}$ m, desjenigen von II $1{,}5 \cdot 10^{-7}$ m. Der Zusatz von *Diphosphopyridinnucleotid* (DPN) oder *Adenosindiphosphoribose* (III) zu den Komplexen erniedrigte die Fluorescenzintensität (Ersatz von DPNH oder II durch DPN oder III). Die Bindung von DPNH, II oder TPNH an I konnte durch Präinkubation von I mit *p-Chlormercuribenzoat* (IV) oder *N-Äthylmaleinimid* vollständig verhindert werden, so daß eine SH-Gruppe von I an der Bindung beteiligt zu sein schien. Der I–II-Komplex konnte durch Zusatz äquivalenter Mengen IV vollständig gespalten werden. Ein hypothet. Rk.-Mechanismus für das *Cytochrom-b_5-Reduktase*-Syst. wird diskutiert. J. Boelter. 4210□

Kinetische Eigenschaften von Hefe-D(—)-Milchsäurecytochrom-c-Reduktase. Agnar P. Nygaard. (J. biol. Chemistry **236.** 2128—32. Juli 1961. Oslo, Univ., Johan Throne Holst Inst. for Nutrit. Res.) (Engl.)

Das kinet. Verh. von *D(—)-Milchsäurecytochrom-c-Reduktase* aus Hefe wurde untersucht u. eine Rk.-Geschw.-Gleichung aufgestellt, die die Bldg. zweier bin. Komplexe fordert. E. Lodemann. 4210□

Die Abhängigkeit der Aktivität einiger Dehydrogenasen der Dysenteriebakterien von der Konzentration des Methylenblaus bei den Untersuchungen nach Thunberg. Je. D. Moljuk. (Мікробіологічний Журнал (Київ) [Mikrobiol. J. (Kiew)] **23.** Nr. 6. 45—48. 1961. Kiew, Inst. für Epidemiol. u. Mikrobiol.) (Ukrain.; Auszug: Russ.)

In Verss. über die *Dehydrogenasen* (I) von *Glucose* sowie *Milch-*, *Brenztrauben-* u. *Bernsteinsäure* aus den Dysenteriebakterien Flexner wurde festgestellt, daß das *Methylenblau* (II) bei den Verss. nach Thunberg in den Konzz. 1:12500—1:50000 die Aktivität aller untersuchten I herabsetzt. Am empfindlichsten sind die I von Bernsteinsäure u. Milchsäure, deren Aktivität selbst bei einer II-Verdünnung von 1:100000 herabgesetzt wird. Bei den Arbeiten mit Zweimilliardensuspensionen der Bakterien wird eine II-Verdünnung von 1:200000 bei einer Behandlungsdauer von höchstens 25 Min. empfohlen, da hierbei die I-Aktivitäten nicht herabgesetzt werden. O. Lebtag. 4210□

Flavoproteinkatalysierte direkte Wasserstoffübertragung zwischen Pyridinnucleotiden. George R. Drysdale, Mary Jane Spiegel und Philipp Strittmatter. (J. biol. Chemistry **236.** 2323—28. Aug. 1961. St. Louis, Mo., Washington Univ. School of Med., Dep. of Biol. Chem.) (Engl.)

Bei der durch Mikrosomen-*Cytochrom b_5* katalysierten Red. von *Diphosphoacetylpyridinnucleotid* (I) durch red. *Diphosphopyridinnucleotid* (*DPNH*) wurde die stereospezif. Übertragung des *Wasserstoffs* (*Deuterium*) von der α-Stellung des DPNH auf die α-Stellung von I festgestellt. Die Red. ist *Flavinadenindinucleotid*-abhängig. Die Möglichkeit eines Nucleotidaustausches in dem *Pyridinnucleotid–Enzym-Komplex* wird diskutiert. E. Lodemann. 4210□

Die Aktivität der Katalase des Teeblattes im Zusammenhang mit den Veränderungen der Wasser- und Lichtverhältnisse. M. A. Ali-Sade. (Биохимия [Biochemie] **26.** 1013—15. Nov./Dez. 1961. Baku, Forschungsinst. für Ackerbau.) (Russ.; Auszug: Engl.)

In Verss. mit Teesträuchern, die alle 10 Tage künstlich beregnet wurden, zeigte sich, daß durch die Beregnung während des ganzen Tages die Aktivität der *Katalase* (I) sowohl in den jungen wie in den alten Blättern zunimmt. Bei Beschattung der Sträucher wird die I-Aktivität in den Blättern vormittags vermindert, mittags u. abends nicht verändert. O. Lebtag. 4210□

Einfluß der Folsäure auf einige Fermentsysteme. Ju. N. Kremer, A. Ja. Kokta, O. Ja. Pupele und A. A. Schmidt. (Биохимия [Biochemie] **26.** 975—79. Nov./Dez. 1961. Riga, Med. Inst., Lehrstuhl für biolog. Chemie.) (Russ.; Auszug: Engl.)

Ratten erhielten 7 Tage lang eine eiweißreiche, danach 10 oder 20 Tage eine eiweißfreie Kost, schließlich 10 Tage Fibrinhydrolysat u. andere Stoffe, wie Lysin, Glycin, Arginin, daneben *Folsäure* (I) oder *Aminopterin* (II). Es zeigte sich, daß bei Zusatz von I zum Futter nach Eiweißhunger die Aktivität der *Xanthinoxydase* (III) in der Leber u. die Aktivitäten von *Katalase* (IV) u. *Peroxydase* (V) im Blut erhöht werden. Durch II werden die Aktivitäten von **III**, **IV** u. **V** gesenkt. Die Aktivierung von **IV** u. **V** durch **I** erklärt sich aus der großen Bedeutung der **I** bei der Porphyrinsynthese. Auf die Aktivität von **III** wirkt **I** nur indirekt durch Beteiligung an der Bldg. von beweglichen Methylgruppen. O. LEBTAG. 4210□

Beweis für die Absonderung einer Nuclease durch menschliche Finger. Robert W. Holley, Jean Apgar und Susan H. Merrill. (J. biol. Chemistry **236**. PC 42—PC 43. Juli 1961. Ithaca, N.Y., U. S. Dep. of Agricult., Agricult. Res. Serv., U. S. Plant, Soil and Nutrit. Labor., Soil and Water Conservation.) (Engl.)

Unerwartete Aktivitätsverluste bei der Dialyse *Aminosäure*-spezif. *RNS* führte zu der Feststellung, daß die benutzten Dialysierschläuche durch Berühren mit den Fingern verunreinigt waren. Unters. des Fingerwaschwassers verschiedener Vers.-Personen ergab, daß es sich hierbei offenbar um eine *Ribonuclease* mit pH-Optimum zwischen 6 u. 7 handelt, die durch Schütteln mit Phenol schnell oder durch Erhitzen auf 100° langsam inaktiviert wird. E. LODEMANN. 4210□

Über die Art des Eindringens der Ribonuclease in die Meristemzellen der Wurzel von Allium cepa L. (Liliaceen). Louis Genevès. (C. R. hebd. Séances Acad. Sci. **253**. 892—94. 31/7. 1961.) (Franz.)

3 oder 4 Tage alte *Allium cepa* wurden 5—30 Min. in koll. Lsgg. von *Ribonuclease* (I; 1 mg/ml) eingetaucht. Die Wurzelspitzen wurden mit OsO_4-Lsg. fixiert u. elektronenmkr. untersucht. Aus dem Auftreten inframkr. osmiophiler Kügelchen an der ectoplasmat. Haut u. im Cytoplasma schließt Vf., daß die **I**-Aufnahme durch Pinocytose erfolgt. H. LOHSCHELDER. 4210□

Die Wirkung von Ribonuclease auf die Schalenneubildung von Ariophanta sp. K. K. Nair und P. T. Muthe. (Nature [London] **192**. 674—75. 18/11. 1961. Bombay, Wilson Coll., Dep. of Zool.) (Engl.)

Bei der Schnecke *Ariophanta* sp. wurde ca. 1 cm^2 der Schale entfernt u. die Regenerierung beobachtet. Wenn vorher 2 mg *Ribonuclease* (**I**) in 0,5 ml dest. W. injiziert wurde, war die Calcifizierung gehemmt. Es wird angenommen, daß **I** durch Hemmung der *Protein*-Synth. u. der Bindung von *Ca*-Ionen an der Oberfläche der Amöbocyten, welche den Ca-Transport besorgen, den Regenerationsprozeß verlangsamt. H. LOHSCHELDER. 4210□

Die chromatographische Trennung und Rückgewinnung von reduzierten und oxydierten Pyridinnucleotiden. Edward J. Pastore und Morris Friedkin. (J. biol. Chemistry **236**. 2314—16. Aug. 1961. Boston, Mass., Tufts Univ. School of Med., Dep. of Pharmacol.) (Engl.)

Es wird ein Verf. beschrieben, das die Trennung u. quant. Wiedergewinnung von *oxydiertem* u. *red. Di-* u. *Triphosphopyridinnucleotid* an *Diäthylaminoäthylcellulose*-Säulen erlaubt. Mit Hilfe der NaCl-Gradientelution können Mengen von 10^{-6} Mol u. weniger gehandhabt werden. Das Verf. wurde bei der Gewinnung von enzymat. red. *Tritium-DPN* erprobt. E. LODEMANN. 4210□.

Untersuchungen über einen möglichen Regulationsmechanismus der Desoxyribonucleinsäurebiosynthese. Peter Reichard, Z. N. Canellakis und E. S. Canellakis. (J. biol. Chemistry **236**. 2514—19. Sept. 1961. New Haven, Conn., Yale Univ. School of Med., Dep. of Pharmacol.) (Engl.)

Extrakte aus Hühnerembryohomogenaten katalysieren die Bldg. von *Desoxyribonucleinsäure* (*DNS*) aus *Ribonucleotiden* über die Stufe der *Desoxyribonucleotide*. Der Rk.-Weg wurde an *Cytidyl-* u. *Guanylsäure* (**I** u. **II**) untersucht. Die Red. von **I** zu *Desoxy*-**I** wird durch die *Desoxyribosidtriphosphate* (DTP) von *Thymin*, *Guanin* (**III**) u. *Adenin* (**IV**) gehemmt, die von **II** zu *Desoxy*-**II** durch die entsprechenden **III**- u. **IV**-Verbindungen. Im Gegensatz dazu ist die Ggw. der 4 DTP aber bei der Polymerisation zu DNS notwendig. Das Ineinandergreifen dieser beiden gegensätzlichen Wrkg. ist der krit. Punkt in der Regulierung der DNS-Synthese. E. LODEMANN. 4210□

Bildung von Polyribonucleotiden mit einer der Desoxyribonucleinsäure analogen Basenzusammensetzung. Audrey Stevens. (J. biol. Chemistry **236**. PC 43—PC 45. Juli 1961. St. Louis, Mo., Univ. School of Med., Dep of Pharmacol.) (Engl.)

Die Gewinnung einer Enzymfraktion aus *Escherichia coli* wird beschrieben, die in Ggw. der 4 *Ribonucleosidtriphosphate* u. *DNS* (aus *Kalbsthymus*, *Pseudomonas aeruginosa*, *T 2-Phagen*) oder eines biosynthet. *Copolymeren* (CP) von *Desoxyadenosin* u. *Thymidin* in der Lage ist, *Polyribonucleotide* (**I**) zu synthetisieren. Das Basen-Verh. der **I** *Adenin* (**II**): *Cytosin* (**III**):*Guanin* (**IV**): *Uracil* (**V**) entspricht dem Verhältnis **II**:**III**:**IV**: *Thymin* der DNS. CP ergibt eine *RNS*, die nur **II** u. **V** enthält. Hierdurch wird bewiesen, daß die DNS den Einbau der *Ribonucleotide* lenkt. E. LODEMANN. 4210□

Photokontrolle der Bildung von mit Triphosphopyridinnucleotid verknüpfter Triosephosphatdehydrogenase in Bohnenblättern (Red Kidney Bean). Abraham

Marcus. (Plant Physiol. **35.** 126—28. Jan. 1960. Beltsville, Md., U. S.-Dep. of Agric., Agric. Marketing Serv., Biol. Sci. Branch.) (Engl.)

Bohnen wurden 4 Tage im Dunkeln angezogen, vom 5.—9. Tag entweder dauernd belichtet oder täglich 5 Min. mit Rotlicht ($0,3 \cdot 10^{-3}$ Watt/cm^2) oder anschließend 5 Min. mit Ultrarotlicht derselben Intensität belichtet oder ganz im Dunkeln belassen. Die Blätter wurden dann entfernt, mit Aceton homogenisiert u. der Chlorophyll-Geh. u. die Enzymaktivität bestimmt. Hierzu wurde das Acetontrockenpulver mit 0,03m Phosphatpuffer von pH 8,5 (10 Vol.) in Ggw. von 0,009 m EDTA kalt extrahiert u. bei $13000 \cdot g$ 20 Min. lang zentrifugiert. Das vollständige Testmedium enthielt: 150 μMol Tris-Puffer pH 8,5, 10 μMol Cystein, 50 μMol Na-Arsenat, 50 μMol NaF, 0,2 μMol DPN oder TPN, 100 γ Aldolase, den Acetonextrakt u. 2 μMol Fructose-1.6-diphosphat in 3,0 ml Lösung. — Die kurz mit Rot belichteten Bohnenblätter zeigen beträchtliche Aktivität von *Triphosphopyridinnucleotid–Triosephosphatdehydrogenase* (I), obwohl die Blätter kein sichtbares Chlorophyll enthielten. Nachfolgende Ultrarotbestrahlung hebt die Fermentaktivität wieder auf. Ganz im Dunkeln gewachsene Blätter enthalten ebenfalls keine Fermentaktivität. Es wird gefolgert, daß die Bldg. der I durch die photomorphogenet. Rk. gesteuert wird. G. JAGNOW. 4210□

Die Bildung von 5-Ribosyluracildiphosphoglykosylverbindungen aus 5-Ribosyluraciltriphosphat. Murray Rabinowitz und Irving H. Goldberg. (J. biol. Chemistry **236.** PC 79—PC80. Dez. 1961. Chicago, Ill., Univ., Dep. of Med. and Biochem.; Argonne Cancer Res. Hosp.) (Engl.)

^{14}C-5-Ribosyluracildiphosphatglucose (I) wurde durch 15 Min. lange Bebrütung bei 37° aus *5-Ribosyluraciltriphosphat* (am innersten P markiert) u. *Glucose-1-phosphat* erhalten in Ggw. von Tris, pH 8,1, $MgCl_2$, Adenosintriphosphat, Phosphoenolpyruvat, Phosphoenolpyruvatkinase u. Phosphoglucomutase (II) (in der dialysierten mit 0—50% $(NH_4)_2SO_4$ erhaltenen Fraktion des in 16 Std. bei 37° mit 0,1 m $NaHCO_3$ erhaltenen Autolysats von Brauereihefe), 95% Ausbeute. Hydrolyse von I bei 100° mit nHCl gab in 15 Min. *5-Ribosyluracilmonophosphat* (III) u. *^{14}C-Glucose*, mit 0,01 nHCl in 5 Min. *5-Ribosyluracildiphosphat*, mit nNaOH in 15 Min. III. *5-Ribosyluracildiphosphatglucuronsäure* (IV) wurde durch Bebrütung von I mit Nicotinamidadenindinucleotid u. einer teilweise gereinigten Uracildiphosphatglucosedehydrogenase erhalten, wobei 2 Mol DPN red. wurden. Die Geschw.-Konst. der Rk. 1. Ordnung betrug am Anfang ca. 22% der Oxydation von Uracildiphosphatglucose (V) bei gleichen Substratkonzentrationen. Saure Hydrolyse von IV lieferte *Glucuronsäurelacton* u. etwas *Glucuronsäure*. — Mit Hilfe eines rohen Präp. von Galaktose-1-phosphaturidyltransferase wurde aus I *Glucose-1-phosphat* abgespalten. Diese Rk. wurde durch die Red. von TPN in Ggw. von Glucose-6-phosphatdehydrogenase u. II verfolgt, wobei pro Mol I 1 Mol TPN red. wurde. Die Rk. nullter Ordnung hatte eine Geschw. von ca. 16% der entsprechenden mit V. — Bei der Bldg. von *5-Ribosyluracildiphosphatglucose* aus 5-Ribosyluraciltriphosphat u. Galaktose-1-phosphat wurde die Aktivität von *5-Ribosyluracildiphosphatpyrophosphorylase* in rohem Bierhefeextrakt festgestellt. — 1 Papierchromatogramm u. Absorptionsspektra von I bei pH 7, 13 u. 14. W. WILLENBERG. 4210□

Der enzymatische Abbau von Adenosinmonophosphat durch Insektenmuskel. Donald G. Cochran. (Biochim. biophysica Acta [Amsterdam] **52.** 218—20. 2/9. 1961. Blacksburg, Va., Dep. of Entomol., Virginia Agric. Exp. Stat., Virginia Polytechnic Inst.) (Engl.)

Als Enzymquelle dienten die Mitochondrien der Thorax-Muskel der amerikan. Küchenschabe, *Periplaneta americana* (L.), durch die sowohl die Dephosphorylierung (Dp) als auch die Desaminierung (Da) des *Adenosinmonophosphats* (AMP) katalysiert wurde. Zuerst verläuft die Dp u. erst dann die Da. Bei Verw. des chromatograph. Lsgm. Isobuttersäure–NH_4OH–H_2O = 66:1:33 ist *Adenosin* nach ca. 3 Std. chromatograph. oder spektrophotometr. nachweisbar. Die im UV-Bereich durchgeführte Spektralanalyse zeigte dagegen, daß *Inosin* (I) als Prod. der Dp u. der Da von AMP austrat. I wird durch Plötze-Mitochondrien zu *Hypoxanthin* u. zu *Ribose-1-phosphat* abgebaut; möglicherweise ist dieses Enzym mit der Purinnucleosid–Phosphorylase KALCKARS ident.; Muskel-Mitochondrien können Purinnucleotide 2stufig zu *Harnsäure*, dem N-Ausscheidungs-Prod. der Insekten abbauen. L. MACHER. 4210□

Der Einfluß einiger Faktoren auf die Phosphataseaktivität von B. megatherium. N. M. Malzewa. (Мікробіологічний Журнал (Київ) [Mikrobiol. J. (Kiew)] **23.** Nr. 6. 11—18. 1961. Inst. für Mikrobiol. der Akad. der Wiss. der UkrainSSR.) (Ukrain.; Auszug: Russ.) — Vgl. C. **1961.** 11369.

Die Unterss. über den Einfl. des pH der Lsg., der Temp., des Redoxpotentials Eh u. der Spurenelemente *Mn, Mo* u. *Cu* (angewandt als $MnSO_4$, Na_2MoO_4 u. $CuSO_4$) auf die

Aktivität der *Phosphatase* (I) von *B. megatherium* wird festgestellt, daß bei Anwendung von *Phytin, Glycerophosphat* u. *Ribonucleinsäure* als P-Quelle die höchste I-Aktivität beim pH 7 u. der Temp. 37° beobachtet wird. Mn stimuliert die I-Aktivität stärker als Mo; durch Cu wird sie vermindert. Im Eh-Bereich +80 bis −160 mV bleibt die I-Aktivität unverändert; beim Eh +224 bzw. +168 ist die I-Aktivität etwas geringer.

O. LEBTAG. 4210□

Über die Wärmebildung im tierischen Organismus bei der Entkoppelung der oxydativen Phosphorylierung in den Geweben. Ss. A. Neifach und Je. P. Sdrodowskaja. (Биохимия [Biochemie] **26.** 1040—50. Nov./Dez. 1961. Leningrad, Inst. für experim. Med. der Akad. der med. Wiss. der UdSSR, Abt. Biochemie.) (Russ.; Auszug: Engl.)

Im Kaninchen-Vers. wurde festgestellt, daß bei Zufuhr von 60 mg *2.4-Dinitrophenol* (I)/kg die Körper-Temp. um 2° erhöht, die Intensität des Grundumsatzes stark erhöht wird. Mit Hilfe von ^{32}P läßt sich hierbei eine Störung der *oxydativen Phosphorylierung* (oP) nachweisen. Bei I-Zufuhr beobachtet man eine Abschwächung des ^{32}P-Einbaues in die Fraktionen der Phospholipide, der Ribo- u. Desoxyribonucleinsäure der Leber, eine verstärkte Bindung des anorgan. P an das Blut u. eine Beschleunigung der Phosphatausscheidung mit dem Harn. Bei der durch I verursachten Hyperthermie wird nicht die Wärmeerzeugung erhöht, sondern die Wärmeabgabe vermindert. Eine gleichzeitige Entkoppelung der oP findet nicht statt; es wird im Gegenteil ein verstärkter ^{32}P-Einbau in die P-organ. Fraktionen der Leber beobachtet. O. LEBTAG. 4210□

Pyridoxalphosphokinasen. 1. Mitt. **Bestimmung, Verteilung, Reinigung und Eigenschaften.** Donald B. McCormick, Margaret E. Gregory und Esmond E. Snell. (J. biol. Chemistry **236.** 2076—84. Juli 1961. Berkeley, Calif., Univ., Dep. of Biochem.) (Engl.)

Die Gewinnung von *Pyridoxalphosphokinasen* aus verschiedenen Quellen (Gehirn, Leber, Niere, *Lactobacillus casei* u. a.) wird beschrieben. Die Enzyme, die sich in ihrer Aktivität gegen *Pyridoxin* (I), *Pyridoxamin* (II) u. *Pyridoxal* (III) unterscheiden, haben pH-Optima im sauren Bereich zwischen 4,5 u. 6,8. Ein Bedarf an 2wertigen Kationen (*Zn, Mg, Mn*) wurde festgestellt. Die III-Phosphat-Best. beruht auf der Bldg. von *Indol* in Ggw. von überschüssigem *Tryptophan* u. *Apotryptophanase.* I- u. II-Phosphat werden nach enzymat. Oxydation (vgl. übernächstes Ref.) als III-Phosphat bestimmt.

E. LODEMANN. 4210□

Pyridoxalphosphokinasen. 2. Mitt. **Wirkung von Hemmstoffen.** Donald B. McCormick und Esmond E. Snell. (J. biol. Chemistry **236.** 2085—88. Juli 1961.) (Engl.) — 1. vgl. vorst. Referat.

Kondensations-Prodd. von *Pyridoxal* (I) mit *Hydroxylamin,* O-substituiertem Hydroxylamin, *Hydrazin* u. substituiertem Hydrazin sind starke Inhibitoren (I) für die verschiedenen I-*Kinasen.* Die phosphorylierten Verbb. haben ebenso wie die freien Carbonylreagentien keine hemmende Wrkg. auf die *Pyridoxin* (II)-Phosphorylierung. Als I wirken auch die *Vitamin-B_6*-Analoga wie *5-Desoxy*-I, *4-Desoxy*-II u. verschiedene substituierte *2-Methylpyridine.* E. LODEMANN. 4210□

Die enzymatische Oxydation von Pyridoxin- und Pyridoxaminphosphaten. Hiroshi Wada und Esmond E. Snell. (J. biol. Chemistry **236.** 2089—95. Juli 1961. Berkeley, Calif., Univ., Dep. of Biochem.) (Engl.) — Vgl. auch vorvorst. Referat.

Die Gewinnung eines *Pyridoxin* u. *Pyridoxaminphosphat* oxydierenden *Enzyms* aus Kaninchenleber, seine Reinigung (65fach) u. seine Eigg. werden beschrieben. Es handelt sich um ein *Flavoprotein,* das durch *Pyridoxalphosphat* gehemmt wird. *Tris-Puffer, Cystein* u. andere Verbb., die SCHIFFsche Basen oder Thiazolidin-Derivv. bilden, heben die Hemmung auf. Weitere Inhibitoren sind Cu^{2+}, Hg^{2+} u. *p-Chlormercuribenzoat* u. *4-Desoxypyridoxinphosphat, 4-Pyridoxsäurephosphat* u. *Pyridoxalphosphatoxim.* Ein Schema der Transformationen von *Vitamin B_6* in vivo wird diskutiert.

E. LODEMANN. 4210□

Untersuchungen über eine mögliche Bildung von Phosphorylenzymen, katalysiert durch Hexokinase, Pyruvatkinase und Glucose-6-phosphatase. L. F. Hass, P. D. Boyer und A. M. Reynard. (J. biol. Chemistry **236.** 2284—91. Aug. 1961. Minneapolis, Minn., Univ. of Minnesota, Dep. of Physiol. Chem.) (Engl.)

Hexokinase (I) aus FLEISCHMANNs Bäckerhefe u. *Pyruvatkinase* (II) aus Kaninchenmuskel wurden mit $AT^{32}P$ unter die Enzymphosphorylierung begünstigenden Bedingungen bei pH 8,0 (I) bzw. 8,5 (II) inkubiert. Die Fermente wurden nach der Rk. mit $(NH_4)_2SO_4$ bzw. Trichloressigsäure ausgefällt u. nach Reinigung auf Radioaktivität untersucht. Beide Fermente wiesen einen Geh. von weniger als 1/500 der für eine stöchiometr. Bldg. eines phosphorylierten Intermediären berechneten Aktivität auf, so daß kein stabiles Phosphorylenzym bei der Katalyse gebildet wurde. Zusatz großer Mengen **II** zu einem Syst. zur *ADP*- oder *Pyruvat*-Bldg. aus *ATP* bzw. *Phosphoenolpyruvat* ergab ebenfalls keinen Hinweis auf die Bldg. eines phosphorylierten Enzyms. Entsprechende Verss. mit gereinigter **I** erbrachten die Ggw. eines dissoziierbaren, säurestabilen Phosphorylacceptors. *Glucose-6-phosphat* mit $H_2{}^{18}O$ u. Rattenlebermikrosomen (*Glucosephosphatase*) in Ggw. großer Mengen *Glucose* (**III**) sowie ^{14}C-**III** inkubiert, führte nur zu einem sehr geringen Austausch von ^{18}O mit dem O des *anorgan. Phosphates*, so daß die hydrolyt. Spaltung zwischen P u. O des Phosphates erfolgen dürfte.

J. BOELTER. 4210□

Bestimmung der Phosphofructokinase in Erythrocyten. L. Mirčevová und J. Vosyková. (Collect. czechoslov. chem. Commun. **26**. 1469—72. Mai 1961. Prag, Inst. f. Hämatol. u. Bluttransfusion.) (Dt.)

Es wird eine colorimetr. Best. der *Phosphofructokinase*-Aktivität beschrieben, welche im Prinzip mit der Aldolaseaktivität nach SIBLEY u. LEHNINGER (J. biol. Chemistry **177**. [1949.] 859) übereinstimmt. Hämolysierte Erythrocyten werden 15 Min. bei 37° mit Kollidinpuffer (pH 7,3), Fructose-6-phosphat, ATP, $MgCl_2$ u. Hydrazinsulfat inkubiert. Nach der Entfernung der Proteine wird die Menge der gebildeten Triosen mit Hilfe der BRUNSschen (C. **1955**. 3164) Modifikation der Meth. von SIBLEY bestimmt. Der Vorteil der Best. der Phosphofructokinaseaktivität nach dem angeführten Verf. beruht darin, daß die Endfärbung im sichtbaren Bereich des Lichtes (530 mμ) abgelesen wird u. daß es bei Material, das selbst eine ausreichende Menge endogener Aldolase enthält, wie z. B. das Erythrocytenhämolysat, nicht erforderlich ist, für die eigentliche Best. ein Enzym-Präp. zuzusetzen. Die Fehlergrenzen der Meth. liegen bei 11%.

V. KOSTKA/Prag. 4210

Die α-1.4-Exopolyglucosidase (γ-Amylase) der Leber. Je. L. Rosenfeld, I. A. Popowa und A. I. Schubina. (Биохимия [Biochemie] **26**. 1016—21. Nov./Dez. 1961. Moskau, Inst. für biolog. u. med. Chemie der Akad. der med. Wiss. der UdSSR.) (Russ.; Auszug: Engl.)

Aus der perfundierten Kaninchenleber wurden *α-1.4-Endopolyglucosidase* (**I**; α-Amylase) u. *α-1.4-Exopolyglucosidase* (**II**; γ-Amylase) isoliert u. auf ihre Eigg., bes. auf ihre Wrkg. auf *Glykogen* (**III**), untersucht. Es zeigte sich, daß **I** zu den „neutralen" Fermenten (pH-Optimum 7) gehört, **II** zu den „sauren" Fermenten (pH-Optimum 5). **II** ist im sauren Medium beständig gegenüber Erhitzen u. wird beim Erhitzen in der neutralen Lsg. inaktiviert. Die **II**-Aktivität wird durch p-Chlormercuribenzoat gesenkt, durch Äthylendiamintetraessigsäure u. NaCl nicht beeinflußt. In allen diesen Eigg. unterscheidet sich **II** von **I**. Bei der Einw. von **II** auf **III** entstehen *γ-Dextrine* u. *Glucose*. Vff. diskutieren die Beteiligung von **I** u. **II** an den Prozessen der **II**-Umwandlung.

O. LEBTAG. 4210□

Glykosidasen im Corpus luteum. G. A. Levvy, A. McAllan und A. J. Hay. (J. Endocrinology **23**. 19—24. Sept. 1961. Bucksburn, Rowett Res. Inst.) (Engl.)

Aus den Ovarien von Katze, Schwein u. Mensch hergestellte Enzym-Präpp. wurden hinsichtlich ihrer *Glykosidase*-Aktivität untersucht. Zu diesem Zweck wurden die p-Nitrophenyl-Verbb. von α-L-Fucose, β-D-Fucose, α-D-Mannose u. N-Acetyl-β-D-glucosamin; Phenolphthalein-β-D-glucuronsäure u. o-Nitrophenyl-β-D-galaktose zusammen mit den Enzym-Lsgg. inkubiert. Die Menge des dann freigesetzten p-Nitrophenols, Phenolphthaleins bzw. o-Nitrophenols wurde als Maß für die Aktivität der einzelnen Glykosidasen gewertet. Corpus luteum ist sehr reich an den Glykosidasen der getesteten Zucker u. Zucker-Derivv., geringer waren die Aktivitäten in den Follikel-Fll., während das übrige Ovariengewebe fast frei von den entsprechenden Glykosidasen war. Bei den Tieren wurden die gleichen Aktivitäten gemessen, unabhängig davon, ob die Tiere trächtig waren oder nicht.

M. LORENZ. 4210□

Intracelluläre Glykosidasen dextranproduzierender Bakterien. R. W. Bailey und E. J. Bourne. (Nature [London] **191**. 277—78. 15/7. 1961. Palmerston North, New Zealand, Dep. of Sci. and Ind. Res., Plant Chem. Div.; Englefield Green, Surrey, Univ. of London, Royal Holloway Coll., Chem. Dep.) (Engl.)

Leuconostoc mesenteroides u. *Streptococcus bovis* wurden auf ihre intracelluläre *Glykosidase*- u. *Transpherase*-Aktivität untersucht. *Invertase*-, *α-1.6-Glucosidase*- u. *β-Glucosidase*-Aktivität wurde festgestellt.

E. LODEMANN. 4210□

Ein Stoffwechselblock bei der Verwertung von Galaktose durch Stamm-L-Gewebezellkulturen. Joseph J. Maio und H. V. Rickenberg. (Science [Washington] **134**. 1007—08. 6/10. 1961. Seattle, Univ. of Washington, Dep. of Microbiol.) (Engl.)

L-Zellen von Mäusefibroblasten wurden mit 100 μMol $^{14}C_{(1)}$-*Galaktose* (**I**)/ml 180 Min. bei 37° inkubiert. Die Zellen wurden abgetrennt, in W. erhitzt u. der Überstand nach

Deproteinisierung papierchromatograph. aufgetrennt. Neben I wurden *[14]C-Galaktose-1-phosphat* (II) u. *[14]C-Uridindiphosphogalaktose* (III) radioautograph. nachgewiesen, wobei 88% der Radioaktivität in I, 8% in II u. 4% in III gefunden wurden. Inkubation der L-Zellen mit 5 µMol I/ml erhöhte die Aktivität von III auf 10%, die mit 0,05 µMol I/ml auf 54% der eingesetzten Aktivität. Das Wachstum der L-Zellen wurde durch 28 µMol I/ml in Ggw. von *Glucose* als C-Lieferant kaum gehemmt. Die L-Zellen erwiesen sich als reich an *Phosphoglucomutase* u. *Glucose-6-phosphatdehydrogenase*. Eine *Transferase*-Aktivität konnte nachgewiesen werden. Eine *Epimerase* (IV)-Aktivität wurde nicht gefunden. Die Unfähigkeit der L-Zellen, I als C-Lieferanten zu benutzen, scheint auf das Fehlen von IV zurückzuführen zu sein. J. BOELTER. 4210□

Umwandlung von D-Xylose in Xylit durch Penicillium chrysogenum. Ching Chiang, Charles J. Sih und S. G. Knight. (Biochim. biophysica Acta [Amsterdam] **29.** 664—65. Sept. 1958. Madison, Wis., Univ. of Wisconsin, Dep. of Bact.) (Engl.)

Wenn *D-Xylose* (I) als C-Quelle für *Penicillium chrysogenum* dient, red. der zellfreie Extrakt I zu *Xylit*. P. GREGORZEWSKI. 4210□

Untersuchungen über einen Leberaktivator der β-Glucuronidase. Philip J. Fialkow und William H. Fishman. (J. biol. Chemistry **236.** 2169—71. Aug. 1961. Boston, Mass., Tufts Univ., School of Med. and New England Center Hosp.) (Engl.)

Eine *β-Glucuronidase* (I)-aktivierende Substanz (II) wurde aus Rattenleberhomogenat durch Zentrifugieren u. Extraktion des Sediments mit nHCl erhalten. II zeigte keine I-Aktivität, war nicht dialysierbar, unlösl. in Eisessig u. Chlf.-A. (2 : 1) u. wurde nicht durch Kochen (30 Min.) in nHCl zerstört. Qual. Unterss. von II auf Kohlenhydrate u. Proteine sowie die Ninhydrinprobe fielen negativ, die auf Pentosen u. *P* positiv aus, so daß die Aktivität kaum mit Kohlenhydraten, Steroiden, Purinen, Pyrimidinen oder Nucleotiden, Aminosäuren oder Proteinen verbunden sein dürfte. Der P-Geh. stand nicht mit der Aktivierungskraft in Beziehung. In einer Rattenleber wurden durchschnittlich 4000—5000 Aktivierungseinheiten (Verdopplung der Phenolphthaleinfreisetzung aus Phenolphthaleinglucosiduronsäure der Kalbsleber von der spezif. Aktivität 140000 bei 120facher Verdünnung) gemessen. Die Aktivierung war von der II-Konz. sowie der I-Konz., nicht dagegen von der Reinheit von I, der Substrat-Konz. oder von der Ggw. eines hydroxylhaltigen Glucuronylacceptors abhängig. II wirkt offenbar direkt auf I. J. BOELTER. 4210□

5-Keto-L-galaktonat als Intermediärprodukt beim Abbau von D-Galakturonat durch Erwinia carotovora. Wendell W. Kilgore und Mortimer P. Starr. (Biochim. biophysica Acta [Amsterdam] **29.** 659—60. Sept. 1958. Davis, Calif., Univ. of California, Dep. of Bact.) (Engl.)

Aus *Erwinia carotovora* (zellfreie Extrakte) wurden zwei Enzyme durch $(NH_4)_2SO_4$-Fällung, Dialyse u. Cellulosesäulenchromatographie isoliert, die *D-Galakturonat* zu *5-Keto-L-galaktonat* (*Uronsäureisomerase*) isomerisieren u. letztes zu *L-Galaktonat* reduzieren (*5-Keto-L-galaktonsäurereduktase*). P. GREGORZEWSKI. 4210□

Untersuchung der aktiven Formen der Amyloseisomerase. A. N. Petrowa, T. T. Bolotina und A. A. Kobsewa. (Биохимия [Biochemie] **26.** 1001—07. Nov./Dez. 1961. Moskau, Bach-Inst. für Biochem. der Akad. der Wiss. der UdSSR.) (Russ.; Auszug: Engl.)

Die spektrophotometr. u. elektrophoret. Unters. der nach PETROWA (vgl. C. **1951.** II. 3039) gewonnenen *Amyloseisomerase* (I) ergab, daß die I-Präpp. im UV eine Absorption aufweisen, deren Maximum in der Zone der Nucleinsäure (II) liegt. Die im I-Präp. enthaltenen Verbb. von II-Charakter sind an Eiweiß gebunden u. lassen sich durch Dialyse, Ansäuern u. Behandlung mit Protaminsulfat nicht vom Eiweiß trennen. Die elektrophoret. Unters. im THISELIUS-App. zeigt, daß I aus 4 Fraktionen verschiedener Aktivität besteht. Die 1. Fraktion enthält viele Stoffe von II-Natur u. ist am wenigsten aktiv. Die 4. Fraktion enthält wenig II u. besitzt die höchste Aktivität. O. LEBTAG. 4210□

Der Abbau von Baumwollcellulose durch die extracelluläre Cellulase von Myrothecium verrucaria. K. Selby. (Biochem. J. **79.** 562—66. 1961. Manchester, Didsbury, Shirley Inst., B.C.I.R.A.) (Engl.)

Nichtmercerisierte Baumwolle verlor durch Einw. von *Cellulase*-Präpp. aus *Myrothecium verrucaria* nicht mehr als 2,5% an Gew., während mercerisierte *Baumwolle* der enzymat. Hydrolyse weit mehr (bis zu 45% Gew.-Verlust) zugänglich war. Von dem Verhältnis aus dem Gew.-Verlust der Baumwolle während der Hydrolyse u. dem Polymerisationsgrad, gemessen an der Viscosität, konnte abgeleitet werden, daß der Angriff des Fermentes an der Baumwolle nicht an den Enden des Mol., sondern an wenigen Stellen entlang des Mol. erfolgte. Im Anschluß hydrolysierte das Ferment in der Nachbar-

schaft dieser prim. Angriffspunkte weitere Bindungen. Die Hydrolyse der Cellulose durch Säuren dagegen war allg. Natur u. von der durch das Ferment verschieden.
J. BOELTER. 4210□

Die Wirkung testikulärer Hyaluronidase auf die Hyaluronsäurekomplexe von menschlicher Synovialflüssigkeit. D. Platt, W. Pigman und H. L. Holley. (Biochem. J. **79.** 605—08. 1961. Birmingham, Ala., Univ. of Alabama Med. Center, Dep. of Biochem. and Med., Arthritis and Rheumatism Res. Labor.; Pittsburgh, Pa., Univ., School of Med., Biochem. Dep.) (Engl.)

Menschliche Synovial-Fl. (I), die in jedem Falle *Hyaluronsäure* (II), *Albumin* (III) sowie α_1- u. *β-Globulin* enthielt, z. T. aber auch α_2- u. *γ-Globulin*, zeigte bei der Elektrophorese eine π-Bande, die aus einem Komplex zwischen II u. III bestand. Nach Behandlung von I mit *Hyaluronidase* (IV) sank die Viscosität von 6,3—30,8 cp auf 0,9—4,7 cp ab. Teilweise wurden neue Globulinbanden gefunden; die π-Bande war verschwunden. Die Beweglichkeit der Synovialproteine war erheblich herabgesetzt. Die elektrophoret. Beweglichkeit der übrigen Komponenten wurde durch die Behandlung mit IV nicht wesentlich geändert.
J. BOELTER. 4210□

Histochemische Untersuchungen über die spezifischen und nichtspezifischen Cholinesterase-Aktivitäten der „tubercules quandrijumeaux anterieurs" von Ratte und Maus. Gilbert Siou. (C. R. hebd. Séances Acad. Sci. **253.** 1069—71. 21/8. 1961. Paris, Fac. des Sci., Labor. de Biol. animale.) (Franz.)

Schnitte der vorderen Colliculi von Ratten u. Mäusen wurden nach KOELLE (C. **1955.** 1764) mit *Acetylthiocholin* (I) bei 38° u. pH 6 inkubiert, wobei sich deutliche *Cholinesterase* (II)-Aktivität im Gebiet des Tectum opticum zeigte. Mit *Butyrylthiocholin* statt I wurde dort keine Aktivität sichtbar. Ggw. von *Eserin* verhinderte die mit I gemachten Beobachtungen. Vorher mit „Mipafox" ($1 \cdot 10^{-4}$ m) behandelte Schnitte wurden nach Inkubation mit I ebenfalls nicht mehr angefärbt. Aus den Verss. schließt Vf. auf alleiniges Vorliegen der spezif. II, welche auch nach Augenexstirpation allein nachgewiesen wurde.
H. LOHSCHELDER. 4210□

Der Einfluß des Alters auf die Aktivitäten einiger saurer Hydrolasen in Leber und Niere von Ratten. T. J. Franklin. (Biochem. J. **82.** 118—22. Jan. 1962. Oxford, Univ., Dep. of Biochem.) (Engl.)

Vf. beschreibt die Änderungen der freien u. der Gesamtaktivitäten der *sauren Phosphatase* (I) in Leber u. Niere von Albinoratten (WISTAR-Stamm) mit fortschreitender Alterung. Einbezogen in die Unterss. werden auch die *Arylsulfatase B* (II) u. die *saure Desoxyribonuclease* der Niere, ebenso die Änderungen der Aktivitäten von I u. II während der durch vollständige Ischämie induzierten Degeneration. Die Ischämie ruft ein rapides Ansteigen der freien Aktivität von I hervor; nach 24 Std. liegt der größte Teil von I frei vor. Bei II hört nach 4 Std. das Ansteigen der Aktivität auf. Bei jungen Ratten ist das Verhältnis von freier zur Gesamt-I in Niere u. Leber sehr niedrig. In den beiden ersten Monaten erfolgt Anstieg zu einem Wert, der erst im Alter von 23—25 Monaten größer wird, jedoch nur in der Niere. Das Verhältnis von freiem zum Gesamtenzym bei II zeigt keine Änderung beim Vgl. von 6 u. 25 Monate alten Ratten. Die I-Aktivierung durch *Triton X-100* ist im Medulla- u. Rindengewebe der ♀ Rattenniere gleich hoch.
S. VIERKÖTTER. 4210□

Lokalisierung von Kohlensäureanhydrase im Nervensystem. Ezio Giacobini. (Science [Washington] **134.** 1524—25. 10/11. 1961. Gainesville, Univ. of Florida, Coll. of Med., Dep. of Pharmacol. and Therapeutics.) (Engl.)

Mit Hilfe der vom Vf. modifizierten Mikrometh. von LINDERSRØM-LANG (Nature [London] **140.** [1937.] 108) wurde die Best. der *Kohlensäureanhydrase* (I) in einzelnen Gewebeelementen möglich. Die Best. der I-Aktivität in den einzelnen Zellarten durch Messung des freigesetzten CO_2 bei 25° aus $NaHCO_3$ (Konz. $1 \cdot 10^{-4}$ m) in Ggw. von 0,1 m Na-Phosphatpuffer bei pH 7,5 ergab eine selektive Konz. von I in den Zellen der ektodermalen Stützsubstanz u. den gefäßreichen Zellen des Rattengehirns, während die Nervenzellen nur eine sehr geringe Aktivität aufweisen. Vf. diskutiert einen möglichen Mechanismus des Cl-Transports von den Capillaren zu den interstitiellen u. cerebrospinalen Fll. unter Beteiligung von I.
S. VIERKÖTTER. 4210□

Untersuchung über Inhibitoren der Kohlensäureanhydratase. A. Lespagnol, R. Osteux und D. Bar. (Bull. Soc. Chim. biol. **43.** 789—99. 1961. Lille, Fac. de Méd. et de Pharm., Labor. de Chim. pharmaceut. et org. et de Chim. biol. pharmaceut.) (Franz.)

Die *Kohlensäureanhydratase* (I) wurde aus Rindererythrocyten nach KEILIN u. MANN (Biochem. J. **34.** [1940.] 1163) isoliert. Die I-Hemmung wurde manometr. nach KREBS u. ROUGHTON (Biochem. J. **43.** [1948.] 550) u. colorimetr. nach ROUGHTON u. BOOTH (Biochem. J. **40.** [1946.] 309) verfolgt. *p-Hydrazinophenylsulfonamid* bewirkte eine stärkere I-Hemmung als *Acetazolamid* (*Diamox*). Gute Inhibitor-Wrkg. hatten auch die *p-Sulfonamidophenylhydrazone des Lävulinsäureäthylesters* u. *der Lävulinsäure* sowie *2-[p-Sulfonamidophenyl]-6-methyl-3-oxo-2.3.4.5-tetrahydropyridazin*. Eine geringere Wrkg. hatten *3-[p-Sulfonamidophenylhydrazino]-crotonsäureäthylester*, *1-[p-Sulfonamidophenyl]-3-methyl-Δ^3-pyrazolinon-(5)* u. *1-[p-Sulfonamidophenyl]-2.3-dimethyl-Δ^3-pyrazolinon-(5)*. Durch Substitution in den Sulfonamidgruppen wurde die Wrkg. jeweils aufgehoben. Keine Wrkg. zeigten Derivv. des *p-Aminophenylsulfhydrazids* sowie *Antipyrinsulfonamid-(4)* u. seine Derivate. H. LOHSCHELDER. 4210□

Chitinase: Eine zusätzliche Hydrolase im Verdauungstrakt von Wirbeltieren. Charles Jeuniaux. (Nature [London] **192.** 135—36. 14/10. 1961. Liège, Univ., Dep. of Biochem.) (Engl.)

Zur Feststellung eines chitinolyt. Syst. wurden Enzymextrakte aus Verdauungssäften oder -drüsen verschiedener Wirbeltiere mit einer *Chitin*-Suspension aus *Sepia pen* 3 Std. bei 37° u. pH 5,2 inkubiert. Das freigesetzte *Acetylglucosamin* wurde nach REISSIG u. Mitarbeitern (C. **1956.** 10086) bestimmt. Um *Chitinase* (I) bei Abwesenheit von *Chitobiase* (II) feststellen zu können, wurde letzte im Überschuß zugesetzt. In 6 von 8 Species wurden chitinolyt. Enzyme gefunden: *Carassius auratus* L., *Gasterosteus aculeatus* L., *Lacerta viridis* Laur., *Passir domesticus* L., *Turdus merula* L. u. *Rhinolophus ferrum-equinum* Schreb. Muskel-, Nieren- u. Leberextrakte enthielten keine I, jedoch fand sich II in der Leber von *Lacerta* u. *Testudo hermanni* J. F. GMELIN.
H. LOHSCHELDER. 4210□

Über die Natur der Glutaminsäure-Decarboxylase in Weizenembryonen. Yu-Yen Cheng, Pekka Linko und Max Milner. (Plant Physiol. **35.** 68—71. Jan. 1960. Kansas State Univ., Manhattan, Dep. of Flour and Feed Milling Ind.) (Engl.)

Rk.-Kinetik u. Hemmungsmechanismen der *Glutaminsäuredecarboxylase* (I) in Weizenkeimlingen wurden untersucht. Es wurden eine MICHAELIS-MENTEN-Konst. von 0,025 m u. eine Aktivierungsenergie von 9100 cal bei intakten Keimlingen für die Temp. von 21—30° gefunden. Optimum-Temp. für die Decarboxylierung ist 30° u. für den O_2-Aufnahmemechanismus 40°. Der respirator. Quotient nimmt von 21—50° mit steigender Temp. ständig ab. Isonicotinsäurehydrazid hemmt die Decarboxylierung von Glutaminsäure durch Weizenkeime ebenso wie die CO_2-Entbindung von Weizenkeimen in Puffer-Lsg. ohne Substrat. Die Decarboxylierung von Brenztraubensäure wird nicht wesentlich beeinflußt. Das zeigt, daß die CO_2-Bldg. aus angefeuchteten Weizenkeimen weitgehend auf die Decarboxylierung von Glutaminsäure zurückzuführen ist. Phenol hemmt die Decarboxylierung von Glutamin- u. Brenztraubensäure in gleichem Maße. Azaserin beeinflußt weder *Glutaminsäuretransaminase* noch I. Bisulfit u. Arsenit hemmen die I bei einer Konz. von 0,1 m, Cyanid schon bei 0,00125 molar. G. JAGNOW. 4210□

Enzymatische Synthese der Maltose-Analogen Glucosylglucosamin, Glucosyl-N-acetylglucosamin und Glucosyl-2-desoxyglucose durch einen Extrakt aus Neisseria perflava. Zvi Selinger und Michael Schramm. (J. biol. Chemistry **236.** 2183—85. Aug. 1961. Jerusalem, Hebrew Univ., Dep. of Biol. Chem.) (Engl.)

Die Kultivierung von *Neisseria perflava* erfolgte in einer Lsg. von 1% Bactopepton, 0,5% Hefeextrakt, 0,5% NaCl, 0,5% $Na_2HPO_4 \cdot 12\,H_2O$ u. 1% Glucose (37°, 20 Std., Schüttelinkubator). Die abzentrifugierten Zellen wurden zweimal mit 10 Vol. 0,02 m Trispuffer pH 7,4 gewaschen, im gleichen Puffer suspendiert u. mit 10 Kc im Ultraschall zerkleinert. Dieser Extrakt diente als rohe *Maltasephosphorylase*. Dieses Enzym bildete aus *β-Glucose-1-phosphat* mit *Glucosamin Glucosylglucosamin*, mit *N-Acetylglucosamin Glycosyl-N-acetylglucosamin* (I) u. mit *2-Desoxyglucose Glucosyl-2-desoxyglucose*, wenn sie bei 37° über 200 Std. in geeignetem Medium inkubiert wurden. I wurde durch nichtenzymat. N-Acetylierung von *Glucosylglucosamin* in besserer Ausbeute erhalten. Die Identität vorst. Rk.-Prodd. wurde mit Hilfe der Hydrolyse durch *Serummaltase* u. der Chromatographie sichergestellt. S. VIERKÖTTER. 4210□

Transaminasen im Gewebe der Seidenraupe. Fusaoki Koide, Hideo Nagayama und Kensuke Shimura. (J. agric. chem. Soc. Japan [Nippon Nôgeikagaku Kaishi] **29.** 987—90. 1955. Sendaii, Tohoku Univ., Fac. of Agric., Dep. of Agric. Chem.) (Jap.; Auszug: Engl.)

Die *Transaminase*-Aktivität in der Spinndrüse, im Verdauungskanal u. im Fettkörper der Seidenraupe im 5. Entw.-Stadium wird mit Hilfe der Papierchromatographie untersucht. Beinahe jede der im Spinndrüsengewebe vorhandenen Aminosäuren (*Glycin, Serin, Valin, Leucin, Norleucin, Cystin, Cystein, Methionin, Asparaginsäure, Asparagin, Glutaminsäure, Lysin, Phenylalanin, Tyrosin, Tryptophan, Histidin, Prolin, Threonin*) reagiert mit *Brenztraubensäure, Oxalessigsäure* u. *α-Ketoglutarsäure*. Die *Transaminase*-

Aktivität in der Spinndrüse scheint parallel mit der Bldg. des Seidenproteins zu gehen. Die Transaminierungsrate im Verdauungskanal u. im Fettkörper ist dieselbe wie die in der Spinndrüse. U. BAUMANN. 4210

Über die Existenz von Transaminasen in der Placenta. D. Pedro da Cunha und M. Deodata Azevedo. (C. R. Séances Soc. Biol. Filiales **155.** 207—09. 1961. Lisbonne, Inst. Rocha Cabral.) (Franz.)

In menschlicher Placenta wurden zwei *Transaminasen* festgestellt: Eine *Glutaminsäure–Brenztraubensäure-* u. eine *Glutaminsäure–Oxalessigsäure-Transaminase*. Daß es sich um Fermente aus dem in der Placenta enthaltenen Blut oder Blutserum handelt, wurde durch Kontroll-Verss. ausgeschlossen. E. LODEMANN. 4210□

Die Fixierung von molekularem Stickstoff durch zellenlose Extrakte von Mikroorganismen. L. I. Rubentschik. (Мікробіологічний Журнал Київ) [Mikrobiol. J. (Kiew)] **23.** Nr. 6. 66—68. 1961.) (Ukrain.)

Auf Grund des Literaturmaterials kommt Vf. zu der Schlußfolgerung, daß die N_2-Fixierung durch zellfreie Extrakte von Mikroorganismen sehr wahrscheinlich nach der Ammoniakhypothese erfolgt. O. LEBTAG. 4210□

Einfluß des Cysteamins auf die fermentative Decarboxylierung der Aminosäuren. L. A. Ssemina und Ss. R. Mardaschew. (Биохимия [Biochemie] **26.** 1065—69. Nov./Dez. 1961. Moskau, Inst. für biolog. u. med. Chem. der Akad. der med. Wiss. der UdSSR, Labor. für Biochem. der Mikroben.) (Russ.; Auszug: Engl.)

Die Unters. des Einfl. von *Cysteamin* (I) auf *Lysindecarboxylase* (**II**; aus Aceton-Präpp. von *B. cadaveris*), *Arginindecarboxylase* (**III**; aus *E. coli*) u. *Histidindecarboxylase* (**IV**; aus *Micrococcus n. sp.*) ergab, daß die Aktivitäten von **II**, **III** u. **IV** durch **I** um so stärker herabgesetzt werden, je länger sie vor der Substratzugabe miteinander in Berührung sind. In Verss. mit **II** u. **III** zeigt sich, daß die durch **I** bewirkte Hemmung durch Zugabe von *Phosphorpyridoxal* völlig beseitigt wird. Hierbei bilden **I** u. Phosphopyridoxal einen Komplex, der ein Absorptionsmaximum bei 330 mμ aufweist. O. LEBTAG. 4210□

Hydroxylierung von Prolin in zellfreien, aus Carragheenan Granulomen isolierten Systemen. J. Hurych und M. Chvapil. (Naturwissenschaften **49.** 17—18. 1. Jan.-H. 1962. Prag, Inst. of Industr. Hygiene and Occupational Diseases.) (Engl.)

Für die in vitro-Verss. werden Zellfraktionen aus Carragheenan-Granulom-Gewebe (Meerschweinchen) verwendet. Der partikelfreie Überstand (105000·*g*) wird a) in Ascorbinsäure- u. Nicotinamidadenindinucleotid-haltigem Medium oder b) in Phosphokreatin- u. Adenosintriphosphat-haltigem Medium mit *^{14}C-l-Prolin* (I) inkubiert. Danach wird die gebildete Kollagenfraktion isoliert, hydrolysiert u. chromatographiert. Die Radioaktivität des *Hydroxyprolins* ist am stärksten in a) bei Ggw. von O_2. Unter N_2-Atmospäre wird I prakt. nicht hydroxyliert. Auch nach Zusatz von Mikrosomen, Mitochondrien oder Nuclei wird keine Hydroxyprolin-Bldg. mehr festgestellt. Hier dürfte das Hydroxyprolin durch die in den subcellulären Partikeln enthaltenen Enzym-Syst. weiter umgewandelt werden, eine Annahme, die durch das Auftreten mehrerer weiterer akt. Stoffwechsel-Prodd. auf den Papierchromatogrammen gestützt wird. A. HESSE. 4210□

Reinigung und Eigenschaften von L-Threonindehydrase aus Schafsleber. Jonathan S. Nishimura und David M. Greenberg. (J. biol. Chemistry **236.** 2684—91. Okt. 1961. San Francisco, Calif., Univ. School of Med., Dep. of Biochem.) (Engl.)

Die Reinigung einer aus Schafsleber gewonnenen *Threonindehydrase* (SAYRE u. GREENBERG, C. **1957.** 5597) durch partielle Hitzedenaturierung, Ammoniumsulfatfraktionierung, Acetonfällung u. Diäthylaminoäthylcellulosechromatographie wird beschrieben. Das Enzym enthält *Pyridoxalphosphat* (I) als Coenzym. *Hydroxylamin* u. *L-Serin* desaktivieren das Enzym, Inkubation mit I wirkt reaktivierend. Ggw. von einwertigen Ionen (bes. von K^+) wirkt aktivierend. E. LODEMANN. 4210□

Einige Eigenschaften der adaptiven Fermente der Ratte. F. Chytil. (Collect. czechoslov. chem. Commun. **26.** 1393—98. Mai 1961. Prague, Czechoslov. Acad. of Sciences, Labor. for Physiol. and Pathophysiol. of Metabolism.) (Engl.)

Vf. untersucht einige Eigg. der *Threonindehydrase* (I) u. der *Tryptophanpyrrolase* (II) im Leberhomogenat der Ratte. Die Aktivität (Akt.) der I wird durch Adrenalektomie nur wenig beeinflußt u. die festgestellte Herabsetzung ist statist. nicht gesichert. Nach 5 Std. langer Induktion mit *Cortison* (5 mg/100 g Körper-Gew.) steigt die Akt. der **II**, die Akt. der **I** bleibt unverändert. Durch intraperitoneale Applikation von *Threonin* u. *Tryptophan* wird die Akt. der **I** bzw. der **II** erhöht. Bei gemeinsamer Applikation der beiden Induktoren ist die Aktivitätserhöhung gleich der bei gesonderter Applikation u. weder die Akt. der **I** noch die der **II** wird herabgesetzt. Wenn die Vers.-Tiere anstatt mit der Standarddiät (Deckung von 25,4% der Gesamtcalorien durch Protein) mit der proteinenreichen Diät (75%) gefüttert werden, steigt 24 Std. nach der Diätänderung die

Akt. von II. Wenn die Diätänderung nach 24std. Hungern der Tiere durchgeführt wird, ist die beobachtete Aktivitätserhöhung statist. gesichert. Bei Tieren, welche 22 oder 33 Tage mit der proteinreichen Diät gefüttert u. dann auf die Standarddiät übergeführt wurden, zeigen sich 24 Std. nach der Überführung die gleichen Aktivitätswerte für I u. II wie bei Tieren, welche die ganze Zeit mit der Standarddiät gefüttert werden. Vf. schließt, daß I u. II durch verschiedene Syst. synthetisiert werden, die auf verschiedene Weise im Organismus reguliert werden. V. KOSTKA/Prag. 4210

Einige Aspekte des Aminosäurestoffwechsels in der ausgewachsenen Stubenfliege (Musca domestica). G. M. Price. (Biochem. J. **80**. 420—28. 1961. Slough, Bucks., Pest Infestation Labor., Agric. Res. Council.) (Engl.) — Vgl. C. **1961**. 11793.

In Extrakten der Gesamtkörper ausgewachsener Stubenfliegen wurden nachst. Aminosäuren identifiziert: *α-Alanin* (I), *β-Alanin, Arginin, Asparaginsäure* (II), *γ-Aminobuttersäure* (III), *Glutaminsäure* (IV), *Glutamin* (V), *Glycin, Leucin, Lysin, Methioninsulfoxid, Phenylalanin, Prolin* (VI), *Serin, Taurin, Tyrosin* u. *Valin*. II u. IV liegen in den Geweben der Fliegen konz. vor, werden jedoch kaum in der Hämolymphe nachgewiesen. III findet sich nur in den Extrakten der Fliegenköpfe. Nach Injektion von $^{14}C_{(2)}$-*Acetat* in die Fliegen liegen I, II, III, IV, V u. VI in markierter Form vor. *Glutaminsäure–Alanin-Transaminase-* u. *Glutaminsäure–Asparaginsäure-Transaminase*-Aktivität konnten in Sarkosomen aus den Flugmuskeln der Fliegen nachgewiesen werden, nicht jedoch in der Hämolymphe. H. KOCKERT. 4210□

Untersuchungen über die Dipeptidasen von Saccharomyces cerevisiae ellipsoideus. Extraktion und teilweise Reinigung des enzymatischen Materials. Robert Cordonnier. (C. R. hebd. Séances Acad. Sci. **253**. 910—12. 31/7. 1961. Montpellier, Stat. de Technol. agric., Inst. Nat. de la Rech. Agronom.) (Franz.)

Saccharomyces cerevisiae ellipsoideus (5 g) wurden einer 1std. Plasmolyse durch 0,5 ml Toluol unterworfen u. in 5 ml dest. W. suspendiert, dessen pH auf 7,0 eingestellt wurde. Nach 24std. Autolyse bei 40° wurden die Pilze abzentrifugiert, das Autolysat auf pH 8,0 gebracht, der Nd. abzentrifugiert, der Überstand 48 Std. bei 5° in einem Cellophandarm gegen W. vom pH 8,0 dialysiert, das Dialysat in Tris-Puffer vom pH 8,0 auf eine gekühlte Dowex 1 X 8-Säule (Cl^--Form) gegeben u. die gesuchten *Dipeptidasen* [I; Best. der Aktivität gegenüber *Glycylglycin* (II) u. *dl-Alanylglycin* (III)] mit 0,01 m Tris-Puffer (pH 8) eluiert. Die akt. Fraktionen wurden auf eine gekühlte DEAE-Säule gegeben u. mit Puffer steigender Konz. (0,01—0,50 m) eluiert. Die I fanden sich in der 0,30 m Fraktion (15 ml). Die Reinigung bzgl. II- bzw. III-Aktivität war 80- bzw. 25fach, 95% der Aktivitäten der Endo- u. Polypeptidasen u. der Inhibitoren waren eliminiert. Die I-Fraktion ist einerseits kein homogenes Protein, andererseits blieb das Verhältnis der Aktivitäten bzgl. II u. III während der Reinigung konstant. H. LOHSCHELDER. 4210□

Metallcarboxypeptidasen: Die Stabilitätskonstanten und die enzymatischen Charakteristica. Joseph E. Coleman und Bert L. Vallee. (J. biol. Chemistry **236**. 2244—49. Aug. 1961. Boston, Mass., Peter Bent Brigham Hosp. and Harvard Med. School, Dep. of Med., Biophys. Res. Labor.) (Engl.)

Apocarboxypeptidase (I), aus der aus Acetontrockenpulver von Rinderpankreas gewonnenen *Zn*-haltigen *Carboxypeptidase* (II) durch erschöpfende Dialyse erhalten, bildete 1 : 1-Komplexe auch mit anderen Metallen, geordnet nach der scheinbaren Stabilitäts-Konst.: $Hg^{2+} > Cd^{2+} > Zn^{2+} > Ni^{2+} > Co^{2+} > Mn^{2+} > Cu^{2+}$. Die diskontinuierliche, elektrometr. Titration von I mit Zn-Ionen bei konst. pH (Zusatz von NaOH) führte zur Freisetzung von 2 H^+-Ionen (pK 7,7 bzw. 9,1). Die Metall-II-Komplexe hydrolysierten *Carbobenzoxyglycyl-L-phenylalanin* in der Reihenfolge: $Co^{2+} > Ni^{2+} > Zn^{2+} > Mn^{2+}$. *Carbobenzoxyglycyl-L-tryptophan* u. *Benzoylglycyl-L-phenylalanin* wurden durch die Zn- u. Co-Komplexe gleich schnell gespalten. *Hippuryl-DL-β-phenyllactat* (III) wurde mit Ausnahme des auch keine Peptide hydrolysierenden Cu-Komplexes von allen II-Komplexen gespalten. Der Ersatz von Zn in II durch ^{115}Cd bzw. von ^{65}Zn durch stabiles Cd ergab einen Abfall der peptidat. u. einen Anstieg der Esteraseaktivität, entsprechend einem Endgeh. von einem Grammatom Cd pro Mol Enzym. Beide Metalle beanspruchen somit die gleiche Stelle im Enzym. Ein Vgl. der Stabilitäts-Konst. der Metall–II-Komplexe mit verschiedenen Metallchelaten macht eine N—S-Bindung in II für die Bindung des Metallions wahrscheinlich. Es wird angenommen, daß das akt. Zentrum des natürlichen II ein S-, ein N- u. ein Zn-Atom einschließt. J. BOELTER. 4210□

Die Wirkung von Succinat und Amytal auf die Reduktion von Acetoacetat in tierischen Geweben. H. A. Krebs, L. V. Eggleston und A. D'Allessandro. (Biochem. J. **79**. 537—49. 1961. Oxford, Univ., Dep. of Biochem., Med. Res. Council, Unit for Res. in Cell Metabol.) (Engl.)

Die aerobe Red. von *Acetoacetat* (I) wurde durch Zusatz von *Succinat* (II) in den Homogenaten von Leber, Hoden, Epididymalfett, Gehirn, Zwerchfell u. Beinmuskulatur der Ratte, des Zwerchfells von Rind u. Schaf, des Herzmuskels u. der Nierenrinde des Schafes sowie der Brustmuskulatur der Taube erhöht, bei der Rattenleber um das 10fache. I diente als Substrat für die Atmung von Zwerchfell u. Epididymalfett, z. T. auch der des Hodens u. Gehirns. Geringe II-Konzz. waren auf die Bldg. von *α-Hydroxybutyrat* (III) ohne Wrkg.; die maximale III-Bldg. wurde bei einer II-Konz. von 80 μMol II/ml gefunden. Zwischen zugesetztem II u. gebildetem III bestand keine stöchiometr. Beziehung. II wurde bevorzugt gegenüber I über den Tricarbonsäurecyclus abgebaut. I wurde nur in Abwesenheit von II in Schafsherzhomogenat oxydativ abgebaut. Die anaerobe III-Bldg. wurde vor allem durch *Fumarat* (IV), *Citrat* (V), *Isocitrat, Glutamat* (VI), *α-Ketoglutarat* (VII) u. *Pyruvat* erhöht, während II nur die aerobe III-Bldg. verstärkte. Der Zusatz von *2.4-Dinitrophenol* (VIII) verstärkte die Atmung u. erniedrigte die III-Bildung. *Amytal* (IX) erhöhte die Red.-Rate von I als einzigem Substrat von Rattenleber. Die Atmung wurde auf 20—30% erniedrigt, wobei dieser Rest die Grundlage für den IX-unempfindlichen bzw. „extramitochondrialen" Elektronentransportweg darstellte. Im anaeroben Vers. erwies sich IV als H-Donator zur Red. von I bes. geeignet. Desgleichen konnten fast alle Dehydrogenasen des Tricarbonsäurecyclus H-Atome zur I-Red. bereitstellen. Die Haupt-Rk. verläuft folgendermaßen: 2 I + V → 2 III + 2 CO_2 + II, doch dürften daneben folgende Rkk.: I + V → III + VII + CO_2 u. V + NH_3 → VI + CO_2 ablaufen. Eine maximale I-Red. wurde durch gemischte Substrate (IV u. V) bei nicht vollständiger additiver Wrkg. gefunden. Der Zusatz von *Kreatinphosphat* beeinträchtigte nicht die I-Red., hob aber vollständig die Hemmwrkg. von VIII auf.

J. BOELTER. 4210□

Eine zinkabhängige Lactatdehydrogenase in Euglenia gracilis. C. A. Price. (Biochem. J. **82.** 61—66. Jan. 1962. New Brunswick, N.J., Rutgers State Univ., Coll. of Agric., Dep. of Plant Physiol.) (Engl.)

Normale Zellen von *Euglenia gracilis*, gewachsen in einem Medium mit genügend *Zinksulfat*, oxydieren sowohl in der exponentiellen als auch in der stationären Wachstumsphase *Lactat* (I) in extrem hohem Maße. Die Geschw. sind unabhängig von opt. Isomeren. Zn-arme Zellen verbrauchen in Ggw. von I O_2 in Beträgen, die nur wenig über den Kontrollwerten liegen. Die O_2-Aufnahme ist 100 Min. lang linear mit der Zeit u. proportional der Zellkonzentration. Der Grund für das Aufhören der I-Oxydation in Zn-armen Zellen liegt nach Ansicht des Vf. in den herabgesetzten Aktivitäten der *D-Lactatdehydrogenase*, für deren Best. in Homogenaten von gefrorenen oder aufgetauten Zellen von Euglenia eine manometr. Meth. benutzt wurde. S. VIERKÖTTER. 4210□

Die Gleichgewichtskonstante des β-Hydroxybuttersäure-Dehydrogenase-Systems. H. A. Krebs, Jane Mellanby und D. H. Williamson. (Biochem. J. **82.** 96—98. Jan. 1962. Oxford, Univ., Dep. of Biochem., Med. Res. Counc. Unit for Res. in Cell Metabol.) (Engl.)

Unter Benutzung von *D(—)-β-Hydroxybuttersäure-Dehydrogenase* aus *Rhodopseudomonas spheroides* wurde die Gleichgewichts-Konst. der Rk.: *DPN*$^+$ + *β-Hydroxybutyrat* (I) = *DPNH* + *Acetoacetat* (II) + H$^+$ bei 25° zu $1{,}42 \cdot 10^{-9}$ bestimmt. Aus diesem Wert u. dem Redoxpotential (RP) des DPN-Syst. läßt sich das RP des Syst. I-II zu 0,266 V bei pH 7,0 u. 25° errechnen. S. VIERKÖTTER. 4210□

Reinigung und Eigenschaften der Bernsteinsäuresemialdehyddehydrogenase aus Torulopsis utilis. A. Waksman, R. Crokaert, C. Lambin und C. Romain. (Bull. Soc. Chim. biol. **43.** 771—88. 1961. Bruxelles, Univ. Libre, Fac. de Méd., Labor. de Biochim.) (Franz.)

Die in einer *γ-Aminobuttersäure* als einziger C- u. N-Quelle enthaltenden Nährlsg. gezüchteten *Torulopsis utilis* wurden abzentrifugiert u. als solche oder als Suspension in 0,05m Tris-Puffer vom pH 8,2 zerkleinert, die großen Zellteile dann bei 24000·*g* (30 Min.) abzentrifugiert, der Überstand gegen Tris-Puffer, der *Mercaptoäthanol* in 0,05m Konz. enthielt, dialysiert u. der Dialyserückstand lyophilisiert. Dieses Präp. katalysierte die bei 340 mμ verfolgte Oxydation von *Bernsteinsäuresemialdehyd* (I) durch *DPN*$^+$ viel stärker als die durch *TPN*$^+$. Eine Rück-Rk. konnte nicht festgestellt werden. Mit *Acetaldehyd* als Substrat wurde keine Aktivität beobachtet. Die Geschw. der DPN$^+$-Red. durchlief mit ansteigender I-Konz. ein Maximum (Substrathemmung). Für steigende Enzym-Konzz. lag das Maximum zunächst bei einer gleichen I-Konz. u. verschob sich erst bei sehr hoher Enzymkonzentration. Als MICHAELIS-Konst. werden bei Variation der I-Konz. $K_M = 6{,}9 \cdot 10^{-4}$ u. bei variabler DPN$^+$-Konz. $K_M = 1 \cdot 10^{-3}$ angegeben. Das Temp.-Maximum lag bei ca. 30°, bei > 40° trat schnelle Inaktivierung ein. Die Aktivität war bei pH 8 optimal. *p-Chlormercuribenzoat* u. (in höherer Konz.) *Jodacetat* bewirkten starke, wahrscheinlich kompetitive Hemmung. *Bernsteinsäuresemialdehydoxim* (F. 88°) zeigte keine Wrkg. auf die I-Dehydrogenase. Weitere Reinigung des Enzyms erfolgte nach JAKOBY u. SCOTT (J. biol. Chemistry **234.** [1959.] 937), jedoch unter Auslassung der Behandlung mit Calciumphosphatgel. Das so 10fach gereinigte Präp. erwies sich bei der Elektrophorese als heterogen. *Bernsteinsäure* wirkte hemmend, wenn sie vor I dem gereinigten Präp. zugesetzt wurde. I scheint einerseits durch die Aldehydfunktion (wahrscheinlich an eine SH-Gruppe), andererseits durch die Carboxylgruppe an das Enzym gebunden zu werden. H. LOHSCHELDER. 4210□

Die Lipoxydase der Weizenkeimlinge. K. W. Pschenowa und P. A. Kolessnikow. (Биохимия [Biochemie] **26.** 1008—12. Nov./Dez. 1961. Moskau, Bach-Inst. für Biochemie der Akad. der Wiss. der UdSSR.) (Russ.; Auszug: Engl.)

Unter Anwendung von *Linolsäure* (I) oder Weizenkeimöl als Substrat wurde die Rolle der *Lipoxydase* (II) beim Keimen u. Wachstum von Sommerweizen untersucht u. festgestellt, daß II in allen Teilen der Keimlinge vorkommt. Die II-Aktivität nimmt zunächst zu, dann ab. Bei Anwendung von I beobachtet man die höchste II-Aktivität in den Koleoptilen, die geringste in den Blättern. Bei Anwendung von Weizenkeimöl ist die II-Aktivität am höchsten in der Wurzel; es folgen Koleoptile u. Blätter. O. LEBTAG. 4210□

Die Prüfung einiger oxydativer Abbauwege in den Mitochondrien der Brustdrüse des Meerschweinchens. E. A. Jones und H. Gutfreund. (Biochem. J. **79.** 608—14. 1961. Shinfield, near Reading, Berks., Nat. Inst. for Res. in Dairying.) (Engl.)

Ein Zellkern-Präp. (A) aus Brustdrüsenhomogenat des Meerschweinchens oxydierte (bezogen auf 60 ml 20%ig. Homogenat) 140 µMol *Citrat* (I) u. 232 µMol *α-Ketoglutarat* (II)/Stunde. Der O_2-Verbrauch betrug 452 bzw. 712 µg-Atome/Std. in Ggw. von I bzw. II. Die Mitochondrienfraktion (B) oxydierte 104 µMole I bzw. 164 µMole II/Std. bei einem O_2-Verbrauch von 304 bzw. 392 µg-Atome/Stunde. Lebermitochondrien (C; von 1 g Homogenat) wiesen einen O_2-Verbrauch von 96 µg-Atome/Std. im Vgl. zu 21 µg-Atome/Std. bei B auf. In Ggw. von *Oxalacetat* (III) zeigte C einen q_{O_2} von 9 µg-Atome/mg Mitochondrien-N, während A keine nennenswerte O_2-Aufnahme zeigte. B war im Gegensatz zu C nicht in der Lage, *Malat* (IV) zu oxydieren. Die III-Oxydation wurde durch *Pyruvat* (V) u. die IV-Oxydation durch V sowie durch *Glutamat* in Ggw. von *Malonat* (VI) stimuliert. Hohe *Glutaminsäuredehydrogenase* (VII)-Aktivität wurde zwar in C, nicht jedoch in B gefunden. Die VII-Aktivität wurde durch II u. VI herabgesetzt. J. BOELTER. 4210□

Ausbleichung und Oxydaseaktivitäten bei einigen Solanaceen. Phenoloxydasen. Louis Pequin und Charlotte Lacave-Beauchamp. (C. R. hebd. Séances Acad. Sci. **253.** 1837—39. 23/10. 1961. Toulouse, Fac. des Sci., Labor. de Physiol. vég.) (Franz.)

Capsicum annuum L. var. *longum* u. *Solanum Melongena* L. wurden in der Dunkelheit bzw. bei 15std. Belichtung/Tag gezüchtet u. nach 12 oder 21 Tagen geerntet, getrocknet u. in verschiedenen Organen manometr. die Aktivitäten von *Phenoloxydasen* bestimmt. Die Aktivitäten der *Kresolase* (Substrat *p-Kresol*) u. der *Catecholase* (Substrat *Brenzcatechin*) waren bei den ausgeblichenen Pflanzen in der Regel höher als bei den grünen. H. LOHSCHELDER. 4210□

Auxinoxydase-Gradienten von Weizenkoleoptilen. Paul-Émile Pilet und Jacques Dubouchet. (C. R. hebd. Séances Acad. Sci. **253.** 1846—48. 23/10. 1961.) (Franz.)

12 mm lange Koleoptile von *Triticum sativum* (Var. Vilmorin 27), an denen 4 gleichlange Abschnitte gekennzeichnet waren, wurden im Dunkeln auf Filterpapier gezüchtet u. zu verschiedenen Zeiten (bis 60 Std.) in den einzelnen Abschnitten die *Auxinoxydase*-Aktivität bestimmt. In den am schnellsten wachsenden Abschnitten war die Aktivität am geringsten u. umgekehrt. H. LOHSCHELDER. 4210□

Aktivität der Isocitronensäuredehydrogenase in normaler und pathologischer cerebrospinaler Flüssigkeit. J. Robert und M. Van Rymenant. (Pure appl. Chem. **3.** 475—76. 1961. Bruxelles, Belgique, Univ., Centre des Tumeurs, Inst. Jules Bordet, Serv. de Méd. et d'Investigat. Clin.) (Franz.) — Vgl. VAN RYMENANT u. ROBERT, C. **1962.** 3133.

Die Aktivität der *Isocitronensäuredehydrogenase* (I) in der cerebrospinalen Fl. war erhöht bei Vorliegen von Cerebraltumor, Cerebralgefäßverletzung, Gürtelrose, Tabes, Meningitis, multipler Sklerose u. Cerebralatrophie. Die *Milchsäuredehydrogenase* verhielt sich ähnlich, jedoch weniger charakteristisch. Die Aktivitäten der *Aldolase* u. der *Glutaminsäure–Brenztraubensäure-Transaminase* schwankten stark. Die *Glutaminsäure–Oxalessigsäure-Transaminase* (II) zeigte normale Werte, außer bei Verletzung der Cerebralgefäße. I u. II werden zur Auswertung bei der Diagnose empfohlen.
H. LOHSCHELDER. 4210□

Enzymatische Dejodierung des Thyroxins und seiner Derivate. 1. Mitt. **Reinigung und Eigenschaften der Thyroxindejodase aus Kaninchenmuskel.** Serge Lissitzky, Marie Roques und Marie-Thérèse Benevent. (Bull. Soc. Chim. biol. **43.** 727—42. 1961. Marseille, Fac. de Méd. et de Pharm., Labor. de Biochim. Méd.) (Franz.)

Die *Thyroxindejodase* (I) wurde aus Skelettmuskel von Kaninchen oder Ratten nach Lissitzky u. Mitarbeitern (C. R. Séances Soc. Biol. Filiales **154.** [1960.] 755) mit einer 82,5fachen Steigerung der spezif. Aktivität (bzgl. Homogenat) isoliert. Die I-Präpp. benötigten als Aktivatoren *Flavinmononucleotid* (II) u. die Ggw. von Luft u. Licht (der von II absorbierten λ). Erhitzung auf 100° bewirkte vollständige Inaktivierung in um so kürzerer Zeit (5—30 Min.), je reiner das Präp. war. Hemmend wirkten Komplexbildner wie *EDTA* u. *8-Hydroxychinolin* sowie $HgCl_2$, *red. Glutathion, Cystein, Ascorbinsäure, KCN* u. *Diäthylstilböstrol*. Die Hemmung durch *Cytochrom c* beruht nicht auf dessen thyroxinfixierender Wirkung. Die Dejodierungs-Geschw. für *L-Thyroxin* (III) steigt linear mit der I-Konz. an. Als Michaelis-Konst. wird ein Wert von $2 \cdot 10^{-7}$ angegeben. III zeigte die größte Affinität für I. Als relative Rk.-Geschw. werden angegeben (bzgl. III = 100): *3.5.3'-Trijod-L-thyronin* (80), *3.5-Dijod-L-tyrosin* (10) u. *3-Jod-L-tyrosin* (5). Zur Dejodierung müssen die Substrate frei, ohne Bindung an Proteine vorliegen.

H. Lohschelder. 4210□

Enzymatische Dejodierung des Thyroxins und seiner Derivate. 2. Mitt. **Die gebildeten Produkte und der Reaktionsmechanismus.** Serge Lissitzky, Marie-Thérèse Benevent und Marie Roques. (Bull. Soc. Chim. biol. **43.** 743—70. 1961.) (Franz.) — 1. vgl. vorst. Referat.

Ansätze zur enzymat. Dejodierung von $^{131}J_{(3'.5')}$*-L-Thyroxin* (I) durch gereinigte *Thyroxindejodase* aus Kaninchenmuksel wurden papierchromatograph. untersucht, wobei als radioakt. Prodd. nur *Jodid* u. eine „Ursprungssubstanz" (II) mit $R_F = 0$ in Butanol/Essigsäure u. in mit 2n NH_4OH gesätt. tert. Amylol auftraten. II bildete sich auch bei der Dejodierung von I oder *3.5.3'-Trijod-L-thyronin* durch Homogenate von Rattenleber oder -muskel, oder durch Zellfraktionen dieser Organe. Zusatz von *Flavinmononucleotid* steigerte dabei jeweils den II-Anteil. $NaHSO_3$ oder KBH_4 setzten einen Teil des in II enthaltenen J frei. Dejodierungsansätze wurden an Sephadex G-25 chromatographiert u. in den mit W. eluierten Fraktionen die Absorption bei 265, 280 u. 440 mμ sowie die Radioaktivität verfolgt. Die dem ersten Maximum zugehörigen Fraktionen enthielten II u. wurden nach Einengen mit *Pepsin* u. Pankreassaft hydrolysiert. Durch Chromatographie wurde in den Hydrolysaten J^-, I, wenig *3-Jodtyrosin*, (wahrscheinlich) *Monojodhistidin* sowie *Tyrosin* u. *Thyronin* nachgewiesen. Beim Zusatz von Proteinen zum Inkubationsgemisch wurden diese jodiert. Zusatz von *Katalase* oder H_2O_2 hemmte nicht die II-Bildung. *3-Jodthyronin, 3.5-Dijodthyronin* u. *N-Acetylthyroxin* wurden viel langsamer dejodiert als I. Vff. entwerfen einen Mechanismus für die Dejodierungsreaktion. H. Lohschelder. 4210□

Entfernung von Angiotensinase aus einem Renin-Präparat. Ejvind Kemp und Inger Rubin. (Arch. Biochem. Biophysics **96.** 56—59. Jan. 1962. Copenhagen, Univ., Inst. for Exp. Med.) (Engl.)

Vff. stellten fest, daß eine schnelle u. effektive Inaktivierung der *Angiotensinasen* in Nierenextrakten (Ratte) durch Ultrazentrifugieren der Nierenhomogenate u. Behandlung der überstehenden Fl. mit Cu^{2+}-Ionen (als $CuSO_4$) erzielt wird. Der *Renin*-Verlust beträgt bei dieser Behandlung ca. 30%. Bes. zu beachten ist, daß die Homogenisierung vor dem Zentrifugieren möglichst schonend durchgeführt wird. H. Kockert. 4210□

Hemmung der Gärung des Macerationssaftes durch die Mitochondrien der Rattenleber. A. D. Wladimirowa und I. F. Sseitz. (Биохимия [Biochemie] **26.** 1070—76. Nov./Dez. 1961. Leningrad, Inst. für Blutübertragung.) (Russ.; Auszug: Engl.)

Bei Zusatz von Mitochondrien der Rattenleber zu dem aus Bierhefe gewonnenen Macerationssaft vom pH 6 in einer Menge, entsprechend 300—1200 mg Lebergewebe, wird die Vergärung von Glucose teilweise oder völlig unterdrückt, je nach Konz. der Granula. Diese Wrkg. zeigt sich unter anaeroben Bedingungen. Bei sehr geringen Mitochondrienmengen wird die Gärung aktiviert. Die hemmende Wrkg. zeigt sich auch bei Fructose-1.6-diphosphat, 3-Phosphoglycerinsäure u. Pyruvat. Durch Adenosinmono- u. Adenosintriphosphat wird die Inaktivierung nicht aufgehoben. Durch Erhitzen auf 100° oder 3std. „Alterung" bei 37° bzw. 24std. Alterung bei Zimmer-Temp. wird die hemmende Wrkg. der Mitochondrien aufgehoben. Dinitrophenol verhindert den Verlust der Aktivität, wenn es mit den Granula bei der Alterung inkubiert wird.

O. Lebtag. 4210□

Über die Natur der hemmenden Wirkung der Mitochondrien auf die Glykolyse. Je. A. Pinuss und N. M. Ssissakjan. (Биохимия [Biochemie] **26.** 1090—94. Nov./

Dez. 1961. Moskau, Bach-Inst. für Biochem. der Akad. der Wiss. der UdSSR.) (Russ.; Auszug: Engl.)

In früheren Arbeiten von SSISSAKJAN u. PINUSS (vgl. C. **1959.** 12579; C. **1960.** 8219) war gezeigt worden, daß bei Anwendung von Glucose-6-phosphat als Substrat die Mitochondrien der Leber die Glykolyse hemmen. Das gleiche wird bei Anwendung von Fructose-6-phosphat beobachtet. Es wird gezeigt, daß die Mitochondrien keine direkte Einw. auf die *Phosphofructokinase* (I)-Rk. ausüben. Durch Zusatz von I wird die hemmende Wrkg. der Mitochondrien auf die Glykolyse nicht aufgehoben. In Ggw. geringer Konzz. von *Adenosintriphosphorsäure* (II) wird die I-Rk. durch die Mitochondrien u. die bei ihrer Zerstörung durch Ultraschall entstehenden Bruchstücke gehemmt. Bei hohen II-Konzz. wird in Verss. mit dem glykolyt. Syst. die hemmende Wrkg. der Mitochondrien auf die Glykolyse aufgehoben. Aus den Vers.-Ergebnissen geht hervor, daß die Wrkg. der Mitochondrien auf die Glykolyse auf ihrer Fähigkeit beruht, das Verhältnis II/*Adenosindiphosphorsäure* zu regulieren. O. LEBTAG. 4210□

E_3. Mikrobiologie. Bakteriologie. Immunologie

Einfluß der Kohlenstoffernährung auf das Maß der Sporenbildung von Sporenbildungsmutanten des Bacillus megatherium. Jean-Paul Aubert und Jacqueline Millet. (C. R. hebd. Séances Acad. Sci. **253.** 1880—82. 23/10. 1961. Paris, Inst. Pasteur, Labor. des Isot.) (Franz.)

Vff. untersuchten die oligosporogenen Mutanten Osp 106 u. Osp Bgl u. die asporogenen Mutanten Sp^- 102 u. Sp^- 302 von *Bacillus megatherium* Stamm MA bzgl. ihrer Sporen-Bldg. in Abhängigkeit von der Art der C-Quelle in der Nährlösung. Als Substrate dienten verschiedene *Zucker, Glycerin* oder *Glutaminsäure.* H. LOHSCHELDER. 4310□

Untersuchungen über Antifolsäure-Wirkung von Strukturanalogen der Folsäure und von synthetischen Pyrimidinen bei Streptococcus faecalis. R. Truhaut, Monique de Clerco, S. Lambin, Y. Jund und M. Robert. (Rev. franç. Études clin. biol. **7.** 177—79. Febr. 1962. Paris, Fac. de Pharmacie, Labor. de Microbiol. et de Toxicol.; Villejuif, Inst. Gustave Roussy, Unité de Chimiothérapie.) (Franz.)

Geprüft wurde Pteroylglutaminsäure u. folgende Analoga: *4-Deshydroxy-4-amino-*, *4-Deshydroxy-4-amino-N^{10}-methyl-*, folgende p-[Pteridyl-(7)-methylamino]-benzoesäuren: *2-Methylmercapto-4-amino-*, dessen *1.3-Dicarboxypropyl-(1)-amid*, *2-Mercapto-4-amino-*, *2-Amino-4-hydroxy-* u. folgende Pyrimidine (Sulfate): *2.4-Diamino-6-hydroxy-*, *2-Mercapto-4-amino-6-hydroxy-*, *2-Methylmercapto-4-amino-6-hydroxy-*, *2-Mercapto-4.5-diamino-6-hydroxy-*, *2-Methylmercapto-4.5-diamino-6-hydroxy-*, *2.4.6-Triamino-*, *2-Mercapto-4.6-diamino-*, *2-Methylmercapto-4.6-diamino-*, *2.4.5.6-Tetramino-*, *2-Methylmercapto-4.5.6-triamino-* u. *2-Methylmercapto-4-amino-6-chlor-*. Der Antivitamineffekt zeigt sich nur in den Verbb., die eine 2.4-Diaminogruppierung am Pyrimidinring tragen u. ist in der Reihe der Pteroylglutaminsäure-Analoga stärker als bei den Pteridylaminobenzoesäuren u. am schwächsten bei den Pyrimidinen.
P. LOCH. 4310□

Ein für Phytophthora fragariae toxisches Reaktionsprodukt aus Glycin und Dextrose. W. E. McKeen. (Science [Washington] **123.** 509. 23/3. 1956. Vancouver, British Columbia, Univ. of British Columbia, Plant Pathol. Labor.) (Engl.)

Beim Autoklavieren von *Dextrose* mit *Glycin, Alanin, Leucin* oder *Asparagin* entsteht eine für *Phytophthora fragariae* tox. Substanz; sie entsteht auch bei der Autoklavierung von Dextrose mit Hafermehl-, Kartoffel- oder Limabohnenagar.
P. GREGORZEWSKI. 4310□

Oligosaccharide in den Dextran produzierenden Kulturen von Streptococcus bovis. E. J. Bourne, D. H. Hutson und H. Weigel. (Biochem. J. **79.** 549—53. 1961. London, Univ., Roy. Holloway Coll., Chem. Dep.) (Engl.)

Streptococcus bovis wurde in einem *Rohrzucker* (I) enthaltenden Nährmedium gezüchtet. Das gebildete *Dextran* wurde mit Aceton ausgefällt u. der Überstand nach Einengen an einer Aktivkohle–Celit-Kolonne fraktioniert. Neben *Fructose* u. wenig *Glucose* wurden eine Di- u. eine Trisaccharidfraktion erhalten. Die Trisaccharidfraktion wurde durch Papierchromatographie u. Ionophorese in drei Substanzen aufgetrennt. Die Strukturaufklärung der Saccharide erfolgte durch Chromatographie u. Ionophorese mit Vgl.-Substanzen z. T. nach Red. mit KBH_4 bzw. Inkubation mit *β-Phenylglykosidase* oder Überführung in das Phenylosazon. Neben *Leucrose* (II) wurden noch *Isomaltulose* sowie in Spuren *Isomaltose* gefunden. Die Trisaccharide wurden als wahrscheinlich *Isomaltotriulose* (in Spuren), *Isomaltotriose* sowie (wahrscheinlich) *O-α-D-Glucopyrano-*

syl-(1→6)-O-α-D-glucopyranosyl-(1→5)-D-fructose (*5-O-α-Isomaltosyl-D-fructose*; III) identifiziert. I u. II mit *Dextransucrase* inkubiert, ergab papierchromatograph. nur III.
J. BOELTER. 4315□

Eine statistische Analyse über die Anordnung verschiedener Aminosäuren im Protein von Escherichia coli. Harold J. Morowitz und Marie Spaulding. (Biochim. biophysica Acta [Amsterdam] **29.** 514—21. Sept. 1958. New Haven, Conn., Yale Univ., Dep. of Biophys.) (Engl.)

Zellen von *Escherichia coli* wurden in einem Medium kultiviert, das u. a. $^{35}SO_4^{2-}$ zur Markierung von *Methionin* (I), *Cystin* (II) u. *Cystein* (III) enthielt. Die Zellen wurden nach 16 Std. geerntet, das Protein (IV) gewonnen u. auf zwei verschiedenen Wegen analysiert. **IV** wird zunächst mit Perameisensäure [(1 ml H_2O_2 30%ig. + 9 ml HCOOH) behandelt, wobei II u. III in *Cysteinsäure* (V) u. I in *Methioninsulfon* (VI) umgewandelt werden. Ein Teil davon wird zur Best. der V u. VI enthaltenden Endgruppen der Fluordinitrobenzolbehandlung unterworfen, es läßt sich so die Frequenz der S-haltigen Aminosäuren in der Peptidkette ermitteln. Eine zweite Probe wurde zunächst einem Trypsinabbau unterworfen u. daraufhin S-enthaltende Endgruppen bestimmt; hierbei erfaßt man auch *Arginin* u. *Lysin*, soweit sie innerhalb der Peptidkette an die S-haltigen Aminosäuren gebunden sind. In den so behandelten **IV** wurden durch Papierchromatographie die erwähnten Aminosäuren bestimmt. Mit Hilfe dieser Meth. ermitteln Vff. eine ganz bestimmte Frequenz im Auftreten der erwähnten Aminosäuren.
M. LORENZ. 4315□

Die quantitative Aminosäurezusammensetzung der Cholera- und choleraähnlichen Vibrionen. L. M. Pusstowalowa. (Биохимия [Biochemie] **26.** 970—74. Nov./Dez. 1961. Rostow/Don, Med. Inst., Lehrstuhl für Biochemie.) (Russ.; Auszug: Engl.)

Die papierchromatograph. Best. der *Aminosäuren* (I) in den Hydrolysaten der Cholera- u. choleraähnlichen Vibrionen ergab, daß die Hydrolysate 21 verschiedene **I** u. 2 nicht identifizierte Verbb. enthalten, die eine positive Ninhydrin-Rk. zeigen. Qual. Unterschiede im **I**-Geh. zeigen sich nicht. Der Geh. an *Alanin*, *Leucin*, *Isoleucin* sowie *Asparagin-* u. *Glutaminsäure* ist 2—3mal höher als der Geh. der übrigen **I**. Der Geh. an *Methionin* ist bei den Choleravibrionen 2mal höher als bei choleraähnlichen Vibrionen, der Geh. an *Prolin* u. *Hydroxyprolin* 2mal geringer, der Geh. an *Tyrosin* nur etwas höher.
O. LEBTAG. 4315□

Lysin-, Methionin- und Tryptophangehalt von Mikroorganismen. 3. Mitt. **Schimmelpilze.** R. A. Rhodes, H. H. Hall, R. F. Anderson, G. E. N. Nelson, Margaret C. Shekleton und R. W. Jackson. (Appl. Microbiol. **9.** 181—84. Mai 1961. Peoria, Ill., Northern Reg. Res. Labor.) (Engl.) — 2. vgl. C. **1961.** 9462.

Der durchschnittliche Stickstoff-Geh. von 131 Schimmelpilzsorten in Schüttelkulturen betrug 6,4 ± 1,4% des Trockengew., die durchschnittlichen Geh. an *Lysin*, *Methionin* u. *Tryptophan* in den Zellen betrugen 6,8 ± 1,5(g/16 gN), 1,2 ± 0,4 u. 0,8 ± 0,3. Die Schimmelpilze sind hinsichtlich ihres Methionin–Stickstoff- u. Tryptophan–Stickstoff-Verhältnisses den Hefen ähnlich u. den Bakterien hinsichtlich ihres Lysin–Stickstoff-Verhältnisses. Die Variabilität der Gruppen, wie sie durch die Variations-Koeff. angezeigt wird, war am niedrigsten bei Hefen. Sie war gleich für Bakterien u. Schimmelpilze mit Ausnahme einer etwas höheren Variabilität im Lysin-Geh. der Bakterien.
D. PÖHLAND. 4315□

Indolderivate in Azotobacterkulturen. V. Vančura und J. Macura. (Folia microbiol. [Praha] **5.** 293—97. Sept. 1960. Prag, Czechoslovak Acad. of Sci., Inst. of Biol., Dep. of Microbiol.) (Engl.)

10 Stämme von *Azotobacter chroococcum* wurden in FERNBACH-Kolben sowie in sterilen u. unsterilen Bodenkulturen gezüchtet. Im Kulturfiltrat wurden die physiolog. akt. Substanzen im Wachstumstest an Wurzeln u. Sprossen keimender Hafersamen geprüft. Durch Extraktion mit Ae. u. Papierchromatographie (Laufmittel aufsteigend Isopropanol–NH_3–W., 10 : 1 : 1; absteigend W. gesätt. Butylacetat; Entwickler SALKOWSKI-Reagens, p-Dimethylaminobenzaldehyd u. Formaldehydreagens) wurden die akt. Substanzen getrennt u. charakterisiert. Sie waren z. T. thermostabil u. wirkten verschieden stark hemmend oder fördernd auf Wurzeln u. Sprosse. *β-Indolylessigsäure* (I) u. ein anderer Wachstumsfaktor wurden festgestellt. I wurde in älteren Kulturen in die inakt. *Indolyl-(3)-carbonsäure* umgewandelt.
W. SCHÖNBORN. 4315□

Über die Freisetzung von freien und gebundenen Pentosen aus Tuberkelbacillen in hypotonischem Medium. Carlo Prina, Antonio Ottaviani und Luigi Raimondi. (Arch. Scienze med. **101 (81).** 491—95. Juni 1956. Pavia, Univ., Ist. di Patol. Gen.) (Ital.)

Vff. stellten fest, daß in bidest. W. suspendierte Tuberkelbacillen (*Mycobacterium tuberculosis* H 37 Rv) bei 37° in das Medium freie, nicht an Nucleinsäuren gebundene

Pentosen (I) abgeben. Werden die Bacillen hingegen in bidest., aber *Streptomycin*-haltigem W. suspendiert, so lassen sich im Medium freie u. an Nucleinsäuren gebundene I nachweisen. H. KOCKERT. 4315□

Die Ribit- und die D-Arabit-Umsetzung durch Aerobacter aerogenes. W. A. Wood, M. J. McDonough und L. B. Jacobs. (J. biol. Chemistry **236**. 2190—95. Aug. 1961. East Lansing, Mich., Michigan State Univ., Dep. of Biochem.; Urbana, Ill., Univ. of Illinois, Dep. of Dairy Sci.) (Engl.)

Extrakte (A) von in Ggw. von *Ribit* (I) gewachsenen Zellen von *Aerobacter aerogenes* oxydierten I u. *D-Arabit* (D-II), nicht jedoch *Xylit* (III) u. *L*-II. Zusatz von *ATP* verstärkte die Oxydation. *DPNH* wurde durch A in Ggw. von *D-Ribulose* (IV) schnell oxydiert. Eine I-*Dehydrogenase* konnte nach Abtrennung der Nucleinsäuren durch Protaminsulfat, Fraktionierung mit $(NH_4)_2SO_4$ u. Hitzeaktivierung (4 Min. auf 60°) auf das über 20fache angereichert werden. I wurde zu IV oxydiert, während IV in Ggw. von DPNH zu I red. wurde. *D-Xylulose* wurde nur zu ca. 20% im Vgl. zu IV in Ggw. von DPNH red.; nicht red. wurden *D-Xylose*, *D-Arabinose*, *D-Ribose*, *D-Fructose*, *L-Sorbose* u. *D-Sedoheptulose*. Die Umwandlung von I zu einem Intermediären des Hexosemonophosphatcyclus erfolgt wahrscheinlich über eine induzierbare I-Dehydrogenase wie folgt: I → IV → *Ribulose-5-phosphat*. In Ggw. von D-II gewachsene A. aerogenes oxydierten I u. D-II, nicht jedoch L-II oder IV. Eine *D*-II-*Dehydrogenase* konnte in 10facher Anreicherung aus Extrakten von A. aerogenes, die in Ggw. von D-II gewachsen waren, analog der I-Dehydrogenase erhalten werden. Sie erwies sich für D-II spezifisch. D-II wurde zu D-Xylulose oxydiert. Dies mit DPNH u. D-II-Dehydrogenase inkubiert, ergab D-II. In mit IV gewachsenen Zellen fand sich *Xylulokinase* in hoher Konzentration.
J. BOELTER. 4320□

Die Biosynthese der gekapselten Polysaccharide von Pneumokokken. 1. Mitt. **Die Eigenschaften des gekapselte Polysaccharide synthetisierenden Systems vom Typ III.** Evelyn E. B. Smith, George T. Mills und Harriet P. Bernheimer. (J. biol. Chemistry **236**. 2179—82. Aug. 1961. Brooklyn, N.Y., State Univ. of New York, Coll. of Med. at New York City, Dep. of Med.) (Engl.)

Die Mutante A 66 R-1b von *Diplococcus pneumoniae*, Typ III, synthetisierte gekapselte ^{14}*C-Polysaccharide* (I) aus ^{14}*C-Uridindiphosphoglucose* u. ^{14}*C-Uridindiphosphoglucuronsäure* in etwa gleicher Menge u. spezif. Aktivität wie der Elternstamm A 66. Die optimale Temp. der I-Synth. wurde bei ca. 32°, das optimale pH bei 8,35 gefunden. Die Rk. erwies sich von der Ggw. von Mg^{2+}-Ionen abhängig. Die optimale I-Synth. wurde bei Substrat-Konzz. von 0,33 bzw. 0,5 μm gefunden. Die I-Synth. war der Enzym-Konz. proportional. Die I-Synth. durch den nichtgekapselten Typ III, Variante Stamm S_{III_2}, wurde durch die Ggw. kapsulärer *Depolymerase* leicht erniedrigt, war aber von vornherein niedriger als die von Stamm A 66 u. A 66 R-1b. Zwischen der synthet. Aktivität von Extrakten aus A 66 R-1b u. der im Extrakt vorhandenen I-Menge schien eine definierte Beziehung zu bestehen. Eine weniger starke Abhängigkeit wurde im Stamm S_{III_2} gefunden. Die I-synthetisierende Aktivität im Extrakt konnte durch Zentrifugieren (Sediment) abgetrennt werden. J. BOELTER. 4320□

Kompetitive Inhibierung der N_2-Fixierung durch O_2. C. A. Parker und P. B. Scutt. (Biochim. biophysica Acta [Amsterdam] **29**. 662. Sept. 1958. Nedlands, Parth, Univ. of Western Australia, Inst. of Agricult.) (Engl.)

O_2 hemmt bei *Azotobacter vinelandii* die N_2-Fixierung kompetitiv.
P. GREGORZEWSKI. 4320□

Über die Notwendigkeit von Zink als Oligoelement für die Synthese einiger Aminosäuren bei Aspergillus niger. Didier Bertrand und André De Wolf. (C. R. hebd. Séances Acad. Sci. **253**. 1342—44. 25/9. 1961. Paris, Inst. Pasteur, Labor. de Chim. biol.) (Franz.) — Vgl. C. R. hebd. Séances Acad. Sci. **252**. [1961.] 299.

Die Synth. einiger *Aminosäuren* (I) durch *Aspergillus niger* wurde nach ROBERTS u. Mitarbeitern (Studies of biosynthesis in E. coli, Carnegie Inst., Washington [1955]) verfolgt. In Ggw. von 15 μg *Zn*/ml Medium ist die Menge der untersuchten I (*Alanin*, *Glycin*, *Prolin*, *Valin*, *Serin*, *Threonin*, *Leucin* + *iso-Leucin*, *Asparagin-* + *Glutaminsäure*) zunächst geringer als bei den Kontrollen (250 μg Zn/ml), gleicht sich diesen jedoch später an. *Cd* vermag das Zn nur teilweise zu ersetzen. Bei starkem Zn-Mangel (5 μg/ml) kommt die I-Synth. schnell zum Stillstand. Cd hat hier nur in den ersten Std. einen (geringen) Effekt. H. LOHSCHELDER. 4320□

Physiologischer Charakter des Proteinumsatzes in nichtwachsenden Bakterienzellen. J. Chaloupka. (Folia microbiol. [Praha] **5**. 287—92. Sept. 1960. Prag, Czechoslovak Acad. of Sci., Inst. of Biol., Dep. of Microbiol.) (Engl.)

Der *Protein*-Umsatz (PU) wurde an *Serin* u. *Glycin* verwertenden *Escherichia coli* NCIB 8113 heterotroph. untersucht, indem der Einbau von ^{35}*S-Methionin* (I) in das Protein oder die I-Freisetzung aus zuvor markiertem Zellprotein in nicht wachsenden Zellen verschiedenen physiolog. Zustandes bestimmt wurde. Für Zellen, die aus lebhaftem Wachstum in N-freies Medium überführt wurden, betrug der PU 1%/h; er sank mit der Zellkonzentration. Zellen aus der stationären Wachstumsphase zeigten PU nur bei Erschöpfung der N-Quelle (1—2%/h), aber nicht bei anderen Gründen für Wachstumsstillstand. Der Geh. proteolyt. Fermente nahm während des N-Entzuges nicht zu. W. SCHÖNBORN. 4320□

Untersuchungen über die mikrobielle Biosynthese von Pantothensäure. 3. Mitt. **Die Biosynthese von α-Ketopantosäure und Pantosäure durch Zellsuspensionen und zellfreie Extrakte von E. coli.** Akira Matsuyama. (J. agric. chem. Soc. Japan [Nippon Nôgeikagaku Kaishi] **29.** 973—77. 1955. Tokyo, Univ., Fac. of Agric., Dep. of Agric. Chem.) (Jap.; Auszug: Engl.) — 2. vgl. C. **1957.** 11917.

Die enzymat. Bldg. von *α-Ketopantosäure* aus *β.β-Dimethylbrenztraubensäure* u. *Ameisensäure* durch Zellsuspensionen u. zellfreie Extrakte von *Escherichia coli* wird weiter aufgeklärt u. gesichert. An der Rk. nehmen *Leucovorin*, *Vitamin* B_6 (*Pyridoxal*), *Vitamin* B_{12} u. *Adenosintriphosphat* als Cofaktoren entscheidend Anteil. Es wird angenommen, daß die Funktion der *Folinsäure*-Derivv. als Ein-Kohlenstoff-Überträger an ihre labile Formylgruppe gebunden ist, daß aber die Stufen, in denen Vitamin B_6 u. B_{12} oder jedes einzeln wirksam sind, sich von den durch die Folinsäure-Derivv. katalysierten Stufen unterscheiden. Adenosintriphosphat ist wahrscheinlich bei der Formylierungs-Rk. notwendig. Als Ein-Kohlenstoff-Quelle ist Ameisensäure brauchbarer als *Formaldehyd* oder *Methanol*. U. BAUMANN. 4320

Untersuchungen über die mikrobielle Biosynthese von Pantothensäure. 4. Mitt. **Spektroskopische Untersuchung des 2.4-Dinitrophenylhydrazons von α-Ketopantolacton.** Teil 1. Akira Matsuyama. (J. agric. chem. Soc. Japan [Nippon Nôgeikagaku Kaishi] **29.** 977—82. 1955. Tokyo, Univ., Fac. of Agric., Dep. of Agric. Chem.) (Jap.; Auszug: Engl.) — 3. vgl. vorst. Referat.

Die IR-Spektren von *α-Ketopantolacton-anti-* (IA) u. *-syn-2.4-dinitrophenylhydrazon* (IB), *-4-nitrophenylhydrazon*, *2.4-Dinitrophenylhydrazin* ($C_6H_6N_4O_4$, F. 197°, Zers.), *2.4-Dinitrochlorbenzol* ($C_6H_3ClN_2O_4$, F. 52°), *Dipikrylamin* (II; $C_{12}H_5N_7O_{12}$, F. 238—239°, Zers.), *Benzaldehyd-* ($C_{14}H_{12}N_4O_4$, F. 206°) u. *Aceton-α-[2.4-dinitrophenyl]-α-methylhydrazon* ($C_{10}H_{12}N_4O_4$, F. 138°), *Lävulinsäure-* u. *Aceton-2.4-dinitrophenylhydrazon* u. *α-[2.4-Dinitrophenyl]-α-methylhydrazin* ($C_7H_8N_4O_4$, F. 144°) werden miteinander verglichen. 1. Im Bereich der ν(N—H) von 3500—3000 cm^{-1} hat jedes I-Isomere drei oder vier Absorptionsbanden bei 3300, 3200 u. 3100 (cm^{-1}). Als stärkste Banden der Isomeren A bzw. B treten die bei 3300 bzw. 3200 auf. 2. Aus den Spektren in CCl_4 kann geschlossen werden, daß diese Banden nicht durch die intermol. H-Bindungen beeinflußt werden. 3. Die Bande von I bei 3100 ist die der aromat. ν(C—H). 4. Durch Erhitzen der I-CCl_4-Lsg. auf 60° (30 Min.) verschwindet die 3300-Bande, u. es erscheint eine bei 3030. Das ist auf die Bldg. einer intramol. H-Bindung N···H—O zurückzuführen. 5. Die A-Isomerenbande bei 3200 rührt offenbar von der N—H-Bindung her, die mit starken Elektronenacceptorgruppen substituiert (2-NO_2-Gruppe) ist, die ebenfalls bei II oder anderen organ. Verbb. mit dieser N—H-Bindung auftritt. U. BAUMANN. 4320

Untersuchungen über die mikrobielle Biosynthese von Pantothensäure. 4. Mitt. **Spektroskopische Untersuchung des 2.4-Dinitrophenylhydrazons von α-Ketopantolacton.** Teil 2. Akira Matsuyama. (J. agric. chem. Soc. Japan [Nippon Nôgeikagaku Kaishi] **29.** 982—85. 1955.) (Jap.; Auszug: Engl.) — Teil 1, vgl. vorst. Referat.

Die ν(C=O)-Bande im IR-Spektrum u. das UV-Absorptionsmaximum von *α-Ketopantolacton-2.4-dinitrophenylhydrazon* (I) werden mit folgenden Ergebnissen untersucht: 1. Im Bereich 1800—1700 (cm^{-1}) zeigt jedes I-Isomere eine Aufspaltung der ν(C=O) in ein Dublett. Im Lsg.-Spektrum erscheinen ν(C=O) bei 1775 u. 1745. 2. Im Vgl. zu den Spektren in Nujol wird die Absorption bei 1745 beim anti-Isomeren u. bei 1775 beim syn-Isomeren in Chlf. schwächer, in Pyridin stärker. Es wird angenommen, daß zwischen dem Auftreten der einen Bande u. der Polarität des Lsgm. eine Beziehung besteht u. daß die Aufspaltung der ν(C=O)-Bande wahrscheinlich auf einer intermol. Wechselwrkg. beruht. 3. Im UV-Absorptionsspektrum verschiebt sich das Maximum von I (ca. 350 mμ) zu längeren Wellenlängen, wenn ein polares Lsgm. vorliegt. Somit trägt die chinoide Struktur wahrscheinlich zum angeregten Zustand der Verb. bei.
U. BAUMANN. 4320

Aufnahme und Stoffwechsel von Sulfat durch Chlorella. 1. Mitt. **Sulfatanreicherung und aktives Sulfat.** Randolph T. Wedding und M. Kay Black. (Plant Physiol. **35.**

72—80. Jan. 1960. Riverside, Calif., Univ. of California, Dep. of Plant Biochem.) (Engl.)

Aufnahme u. akt. SO_4^{2-}-Anreicherung von *Chlorella pyrenoidosa* wurde mittels $^{35}SO_4^{2-}$ u. Papierchromatographie sowie Papierelektrophorese des extrahierten Zellmaterials untersucht. Die Abhängigkeit des SO_4^{2-}-Geh. von A.-Auszügen, von der Zeit u. der äußeren SO_4^{2-}-Konz. weist darauf hin, daß die SO_4^{2-}-Anreicherung der Zellen über die äußere Konz. hinaus durch Stoffwechselprozesse bewirkt wird. Belichtung während der Aufnahme steigert die SO_4^{2-}-Anreicherung, gleichzeitige Verabreichung von *2.4-Dinitrophenol* (*DNP*) vermindert SO_4^{2-} u. Gesamt-S in den Zellen. Die DNP-Hemmung ist bei im Dunkeln mit Saccharose wachsenden Zellen stärker als bei belichteten autotrophen Zellen. Durch Perchlorsäureextraktion in der Kälte, Adsorption an Kohle, Elution mit A./NH_4OH u. Auftrennung durch Elektrophorese in 0,03m K-Citratpuffer von pH 5,9 (8,0 V/cm für 4 Std.) ließen sich 2 akt., UV-absorbierende Verbb. isolieren, von denen eine eine mit Adenosinmonophosphat sehr ähnliche Wanderungs-Geschw. hat. Die andere Verb. wandert schneller als Adenosintriphosphat, hat ein Absorptionsmaximum bei 265 mμ u. ein Minimum bei 230 mμ. Nach 1 Std. langer Exponierung zu SO_4^{2-} (bei 25°) fand sich 10% des von Chlorella aufgenommenen S in diesen Verbb. („Nucleotid–SO_4^{2-}"). Für die Bldg. dieser Verbb. ist Licht weniger wesentlich als für die Gesamtaufnahme von SO_4^{2-} u. der Effekt von DNP auf den SO_4^{2-}-Einbau in diese Verbb. ist im Dunkeln u. Licht derselbe. Es ist deshalb unwahrscheinlich, daß diese Verbb. bei der SO_4^{2-}-Anreicherung in Chlorella beteiligt sind.

G. JAGNOW. 4320☐

Vergleich der fungiciden Aktivität isomerer Verbindungen: Untersuchung einiger chlorierter Kresolderivate. Mireille Moreau. (C. R. hebd. Séances Acad. Sci. **253**. 1611—12. 9/10. 1961. Paris, Muséum Nat. d'Histoire nat., Labor. de Cryptogamie.) (Franz.)

Vf. untersuchte die fungicide Wrkg. von einzelnen Isomeren des als Isomerengemisch vorliegenden *Sapractyl* A_5 (*m-* u. *p-Dichlorkresoxypentaäthylenglykol*). Die Reihenfolge der Wirksamkeit gegenüber verschiedenen Pilzen wird aufgeführt.

H. LOHSCHELDER. 4330☐

Die Ausnutzung von Aminosäuren durch Bacillus subtilis während des Wachstums und der Antibiotica-Produktion. S. K. Majumdar und S. K. Bose. (Biochim. biophysica Acta [Amsterdam] **29**. 509—13. Sept. 1958. Calcutta, Univ., Coll. of Sci. and Technol., Dep. of Appl. Chem.) (Engl.)

Kultiviert man *B. subtilis* auf Nährboden, der *Casein*-Hydrolysat, Rindfleischextrakt u. *Dextrose* (**I**) enthält, dann wird **I** schnell (0—48 Std.) verbraucht. Nennenswerte *Antibiotica*-Produktion setzt erst danach (48—96 Std.) ein, das Zellwachstum u. die I-Aufnahme nehmen dann ab. Die in dem Nährboden enthaltenden 15 Aminosäuren [*Asparagin-* (**II**) u. *Glutaminsäure* (**III**), *Serin* (**IV**), *Glycin* (**IX**), *Lysin*, *Threonin* (**X**), *Arginin* (**V**), *Alanin* (**XI**), *Histidin* (**VI**), *Tyrosin* (**XII**), *Valin* (**XIII**), *Methionin*, *Phenylalanin* (**VII**), *Leucine*, *Prolin* (**VIII**)] werden während der Inkubation von den Zellen aufgenommen. Zwischen 24 u. 48 Std. werden bevorzugt **II**, **III**, **IV**, **V**, **VI**, **VII** u. **VIII** teilweise oder vollständig aufgenommen. Zwischen 48 u. 72 Std. verschwinden **II**, **IV**, **IX**, **X**, **V**, **XI**, **XII** u. die Leucine teilweise. Von 72—96 Std. werden vorzugsweise noch **III**, **XIII** u. **VI** u. die Leucine verwertet. Alle Aminosäuren finden sich zunächst in den Zellen wieder, ihr Geh. nimmt jedoch nach einer Inkubation von 72 Std. wieder ab. Da in dieser Zeit keine Zellsubstanz-Synth. mehr zu beobachten ist u. die Aminosäuren auch nicht wieder im Nährsubstrat auffindbar sind, ist anzunehmen, daß diese Aminosäuren dann für die Biosynth. des Antibioticums verwendet werden.

M. LORENZ. 4340☐

Adaption von Escherichia coli an Chlortetracyclin in kontinuierlicher Kultur. V. Musílek. (Folia microbiol. [Praha] **5**. 343—44. Sept. 1960. Prag, Czechoslovak Acad. of Sci., Inst. of Biol., Dep. of Microbiol.) (Engl.)

In einer 3stufigen, kontinuierlichen Kultur-App. nach dem Prinzip des Chemostaten konnte *Escherichia coli* SZÚ in 120 Std. an eine Konz. von 200 μg *Chlortetracyclin* je ml adaptiert werden. Die Adaption erfolgte in physiolog. jungen Zellen intensiver, erreichte aber in den älteren Zellen erst ihr Maximum bei größerer Einspielung der Anpassung.

W. SCHÖNBORN. 4340☐

Antibiotische Eigenschaften von Mycelium und Stoffwechselprodukten von Myrothecium roridum tode. Andrzej Nespiak, Marian Kocór und Antoni Siewiński. (Nature [London] **192**. 138—39. 14/10. 1961. Wroclaw, Coll. of Agric., Dep. of Phytopathol. and Gen. Chem.) (Engl.)

Myrothecium roridum (M.r.) hemmte bei Verss. auf Kartoffel- oder Malzagar stark das Wachstum vieler Pilze, wie *Penicillium notatum, Aspergillus fumigatus, Aspergillus niger, Fusarium anguioides, Verticillium albo-atrum, Phoma betae, Botrytis cinerea, Alternaria tennis* u. *Cephalosporium roseum.* Filtrate 4 Wochen alter Kulturen von M.r. hatten ebenfalls starke Inhibitor-Wrkg., sofern sie nicht mit Aktivkohle behandelt waren. Extraktion der Kultur-Lsg. (Malz-Fl.) mit Chlf., Chromatographie an akt. Al_2O_3 u. Kristallisation ergab als Stoffwechselhauptprod. *Myrothecin* (I), $C_{18}H_{22}O_6$, F. >350°, $[\alpha]_D^{20}$ + 174° (Chlf.), daneben zwei andere Verbb. vom F. 204—205° bzw. F. 115—120°. I zeigte eine geringe, die Verb. vom F. 204—205° eine bedeutende fungicide Aktivität, ebenso die Mutterlaugen der Stoffwechselprodukte. H. LOHSCHELDER. 4340 □

Eine Methode zur Isolierung von zur Bildung von 6-Aminopenicillansäure aus Benzylpenicillin befähigten Bakterien. Yukio Kameda, Yukio Kimura, Etsuko Toyoura und Tomoo Omori. (Nature [London] **191.** 1122—23. 9/9. 1961. Kanazawa, Japan, Univ., Fac. of Pharm., Labor. of Antibiotics.) (Engl.)

Durch Verw. einer *Benzylpenicillin* (I) als einziger C-Quelle enthaltenden Nähr-Lsg. konnten mehr als 8 Stämme *Bodenbakterien* (KT 513, KT 514 usw) isoliert werden, die I zu *6-Aminopenicillansäure* zu hydrolysieren vermochten. Die Stämme konnten auch mit *Phenylessigsäure* als C-Quelle gezüchtet werden. H. LOHSCHELDER. 4350 □

Der Nachweis und die Isolierung des Azotobacter vinelandii Lipman durch Rhamnose. Vagn Jensen. (Nature [London] **190.** 832—33. 27/5. 1961. Kopenhagen, Roy. Vet. and Agr. Coll., Dep. of Gen. Microbiol.) (Engl.)

Von Pentose-vergärenden Azotobacterarten hat nur *A. vinelandii* (A.v.) in einer N-freien, mineralsalzhaltigen Nähr-Lsg. mit 1% *Rhamnose* (I) diese als C-Quelle verwertet. Das Wachstum des A.v. wurde in Kontrollkulturen ohne C-Quelle überprüft u. die N-Bindung durch KJELDAHL-Analyse ermittelt. 27 Stämme von *A. chroococcum* u. 9 von *A. beijerincki* erwiesen sich alle unfähig, I zu verwerten. Von 10 Stämmen A.v. wuchsen neun mit I besser als mit *Glucose.* Von I-verwertenden Stämmen wurden 14,1—15,8 mg N je g I gebunden, gegenüber 13,3—14,4 mg N je g Glucose. Die exklusive Fähigkeit von A.v. kann ausgenützt werden, um A.v. aus der Erde u. anderen Fundorten anzureichern u. zu isolieren, wenn andere Azotobacterstämme zugegen sind. In Ggw. von A. chroococcum kann A.v. aus Glucose oder *Mannit* enthaltenden Anreicherungskulturen nicht isoliert werden, weil der erstere stets Überhand gewinnt. In N-freier I als einzige C-Quelle enthaltenden Anreicherungskulturen entwickelt sich A.v. reichlich in 3—5 Tagen. In Abwesenheit von A.v. können sich andere Azotobacterarten erst nach einer längeren Inkubationsdauer von 1—2 Wochen entwickeln. Bei der Testung einer größeren Anzahl von Kulturböden mit der angeführten Kultivationstechnik konnte A.v. nur in einigen Proben Gartenerde u. auch nur zusammen mit A. chroococcum gefunden werden. A.v. kommt wohl am meisten in fruchtbaren Böden vor u. auch viel weniger als andere Azotobacterarten. Es war nicht möglich, die Faktoren des Vork. von A.v. näher zu präzisieren. L. MACHER. 4350 □

Isolierung und Identifizierung von Azotobacterspecies. J. R. Norris. (Lab. Pract. **8.** 239—43. Juli 1959. Glasgow, Univ.) (Engl.)

Übersicht. Morphologie, Wachstums-Verh., Kulturmedium, Isolierung, Identifizierung. — 10 Literaturangaben. K. MAIER. 4350 □

Quellen der Bodenanreicherung mit Fermenten. N. W. Petersson. (Мікробіологічний Журнал (Київ) [Mikrobiol. J. (Kiew)] **23.** Nr. 6. 5—11. 1961. Lwow, Landwirtsch. Inst.) (Ukrain.; Auszug: Russ.)

Durch Unters. der Aktivität von *Saccharase, β-Glucosidase, Amylase* u. *Protease* im Boden u. in der Rhizosphäre im Feld- u. Topf-Vers. mit höheren Pflanzen u. Mikroorganismen wird festgestellt, daß die stärkste Fermentanreicherung in der Rhizosphäre der Pflanzen erfolgt. Die Fermente werden sowohl von den Pflanzen wie von den Mikroorganismen ausgeschieden, wobei die Fermente der Mikroorganismen viel aktiver sind. In Ggw. organ. Substanzen wird die Fermentausscheidung in das Substrat durch die Mikroorganismen intensiviert. Bei gleichzeitiger Kultivierung von höheren Pflanzen u. Mikroorganismen ist die Aktivität der Fermente größer als jene, die der Summe der Aktivitäten bei getrennter Kultur entspricht. Aus den Ergebnissen wird geschlossen, daß die Pflanzen über die Wurzeln nicht nur die als Fermentsubstrat dienenden organ. Verbb. ausscheiden, sondern auch spezif. Stoffe, welche die Fermentexosmose durch die Mikroorganismen stimulieren. O. LEBTAG. 4350 □

Serologische Eigenschaften der Kaninchen-Immun-Antithrombocytenseren. 1. Mitt. Untersuchungen über die Iso- und Heteroantigene der menschlichen Thrombocyten. Alexej Májský. (Z. Immunitätsforsch. exp. Therap. **121.** 456—71. Aug. 1961. Praha, Inst. für Hämatol. u. Bluttransfusion.) (Dt.)

Es gibt zwei Arten von Antikörpern in Kaninchenimmunseren, solche, die mit normalen u. formalinisierten Thrombocyten (Th), u., nach stärkerer Immunisierung, solche, die nur mit formalinisierten Th reagieren. Neben den normalen Isoantigenen der Th werden auch Heteroantigene angenommen, die ihre immunisierende Wirksamkeit bei Kaninchen erst nach Formalinisierung voll entfalten. E. FISCHOEDER. 4370□

Serologische Eigenschaften der Kaninchen-Immun-Antithrombocytenseren. 2. Mitt. Wirkung des Tannins auf die Wechselwirkung der Iso- und Heteroantigene der menschlichen Thrombocyten mit Antikörpern. Alexej Májský. (Z. Immunitätsforsch. exp. Therap. **121.** 472—81. Aug. 1961.) (Dt.) — 1. vgl. vorst. Referat.

Die Behandlung der Thrombocyten mit Tannin hat keinen Einfl. auf ihre Isoantigene, dagegen wird die Agglutinabilität der Heteroantigene gesteigert. E. FISCHOEDER. 4370□

Struktur des Influenzavirus. F. Macfarlane Burnet. (Science [Washington] **123.** 1101—04. 22/6. 1956. Melbourne, Univ., Walter and Eliza Hall Inst. for Med. Res.) (Engl.)

In seinem Überblick behandelt Vf. die Messung von Infektiosität, Hämagglutination u. die elektronenmkr. Unters., ferner die Züchtung auf Hühnerembryonen. Er geht auf das Vork. von Kugeln sowie Filamenten ein, auf die Ae.-Behandlung, auf den Geh. an *Ribonucleinsäure* (1%) u. Protein, auf die Spaltung in *Hämagglutinin* u. lösl. Antigen. Der Mechanismus des Auftretens von Kugeln u. Filamenten sowie das Eindringen des Virus in die Zelle wird behandelt. Vf. sieht das Influenzavirusteilchen als lose gebunden an; eine Membran schließt eine variable Zahl genet. Determinanten ein (die wohl RNS-Protein-Komplexe sind) sowie zufällig vorkommendes Material vom Cytoplasma des Wirts. M. WIEDEMANN. 4374□

Ultraviolettspektrophotometrische Untersuchungen über den durch Kupferionen inaktivierten Ribonucleinsäureextrakt des Grippevirus. Stefan S. Nicolau, Nicolae Drăgănescu, Vera Boeru und Nicolae I. Ionesco. (C. R. hebd. Séances Acad. Sci. **253.** 1503—05. 2/10. 1961.) (Franz.)

UV-spektrophotometr. Messungen ergaben keinen Unterschied zwischen der *RNS* aus Grippeviren (GV), die durch 0,05%ig. $Cu(NO_3)_2$-Lsg. inaktiviert worden war u. normaler, infektiöser GV-RNS. Vff. vermuten daher, daß das *Cu* an die im Nucleinsäureextrakt enthaltenen *Aminosäuren* gebunden ist. E. LODEMANN. 4374□

Infektiöse Ribonucleinsäure in den Ribosomen von mit Tabakmosaikvirus infizierten Tabakblättern. A. van Kammen. (Biochim. biophysica Acta [Amsterdam] **53.** 230—32. 14/10. 1961. Wageningen, Labor. für Virologie.) (Engl.)

Die Infektiosität der *Ribonucleinsäure* (RNS) der Ribosomen kann nicht jener RNS zugeschrieben werden, die aus dem Infektionsvirus stammt. Die höchstmögliche Konz. an Virus-RNS dürfte 0,005 µg/ml sein. Die RNS gesunder *Nicotiana tabacum*-Pflanzen hat keine stimulierende Wrkg. auf die Infektiosität der Virus-RNS. Die aus Tabakmosaikvirus bereitete Virus-RNS hat etwa die gleiche Infektiosität bei einer Konz. von 0,1 bis 0,5 µg/ml. In der aus Ribosomen bereiteten RNS dürfte die Konz. der infektiösen RNS 0,1—0,5 µg/ml betragen. Die Infektiosität der aus Ribosomen bereiteten RNS konnte auch durch eine u. zwei Behandlungen mit Antiserum bewiesen werden. L. MACHER. 4374□

Acridinorange-Anfärbung eines Bakteriophagen mit molekularer Desoxyribonucleinsäure. Heather Donald Mayor und Norwood O. Hill. (Virology **14.** 264—66. Juni 1961. Houston, Tex., Baylor Univ., Dep. Virology, Coll. Med.) (Engl.)

Bei nach CARNOY fixierter *Desoxyribonucleinsäure* (DNS) des *Bacteriophagen ΦX 174* erhielt man im Gegensatz zu anderen Viren eine flammenrote Fluorescenz wie bei *Ribonucleinsäure* (RNS). Die Färbung der DNS wurde verhindert, wenn man vorher *Desoxyribonucleinase* anwandte, aber nicht mit *Ribonucleinase*, dies läßt hier auf eine mol. Konfiguration der DNS schließen. M. SCHÖNBERG. 4374□

Über die Giftigkeit der Chlorogensäure für den Pilz Phytophthora infestans. W. Je. Ssokolowa, O. N. Ssaweljewa und G. A. Ssolowjewa. (Доклады Академии Наук СССР [Ber. Akad. Wiss. UdSSR] **131.** 968—71. 1/4. 1960. Akad. der Wiss. der UdSSR, Bach-Inst. für Biochemie.) (Russ.)

Die *Chlorogensäure* (I) übt keine tox. Wrkg. auf das Mycelwachstum von *Phytophthora infestans* aus, sondern erhöht es bei Konzz. 1 mg/cm³ um 50%, bei 2 mg/cm³ um 36%. Es ist möglich, daß die tox. Wrkg. der **I** durch *Kaffee-* u. *Chininsäure* hervorgerufen wird, die bei der Spaltung durch *Polyphenoloxydase* auftreten. I. v. KLOCH-KORNITZ. 4380□

Züchtung von Algen und anderen Mikroorganismen in D_2O. Henry L. Crespi, Sylvia M. Archer und Joseph J. Katz. (Nature [London] **184.** 729—30. 29/8. 1959. Lemont, Ill., Argonne Nat. Labor.) (Engl.)

Vff. stellten fest, daß Algen mindestens 200 Std. zur Adaptation brauchen, bevor ein merkliches Wachstum in *D_2O* eintritt. Folgende Grünalgen wurden erfolgreich adaptiert, um in 99,6%ig. D_2O mit Nähr-Lsg. zu wachsen: *Chlorella vulgaris* (A), *Chlorella pyrenoidosa* u. *Scenedesmus obliquus* (B). — *NaCl* zeigte einen günstigen Einfl. auf das Wachstum von A in D_2O. CO_2 wurde in einer Mischung mit 95% N_2 zugegeben. Bei 26—28° u. Beleuchtung wurden die Algen ständig geschüttelt. B zeigte das schnellste Wachstum; in H_2O wurde ein Wachstumsfaktor von 0,55 g (Trocken-Gew.)/Liter u. Tag festgestellt u. nach Adaptation in D_2O von 0,30 g/Liter u. Tag. — *Blaugrünalgen, Gleocapsa* sp. u. *Oscillatoria* sp. ließen sich auch für ein Wachstum in nährlösunghaltigem D_2O adaptieren, ebenso *Escherichia coli, Torulopsis utilis* u. *Paramecium caudatum.* E. coli wächst leicht in 99,6%ig. D_2O bei Zusatz von voll deuterierter Glucose (aus deuterierten Algen) oder voll deuteriertem Acetat als C-Quelle. T. utilis braucht einen Zusatz von deuteriertem Algenextrakt sowie von voll deuterierter Glucose. P. caudatum wurde mit einem Lattichaufguß in 60%ig. D_2O gezüchtet. Unter täglichen Zugaben von frischem Lattichaufguß ließ sich die Konz. auf 70% D_2O erhöhen. W. BORCKE. 4380□

E4. Pflanzenchemie. Pflanzenphysiologie. Pflanzenpathologie

Nichtflüchtige organische Säuren einiger Beerenfrüchte. G. C. Whiting. (J. Sci. Food Agric. **9.** 244—48. April 1958. Bristol, Long Ashton Res. Station, Univ. of Bristol, Dep. of Agric. and Hortic.) (Engl.)

Die nichtflüchtigen organ. Säuren einiger Beerenfrüchte werden qual. u. quant. mittels Papierchromatographie, Silicagelverteilungschromatographie u. Ionenaustauscher bestimmt. In schwarzen, weißen u. roten Johannisbeeren, „Loganberry", Himbeeren, Erdbeeren u. Holunderbeeren finden sich hauptsächlich *Citronensäure* (I) u. etwas *Äpfelsäure* (II), in Brombeeren hauptsächlich **II**, *Lactoisocitronen-* ($C_6H_6O_6$, F. 152 bis 153°) u. *Isocitronensäure.* Junge Stachelbeeren enthalten überwiegend *Shikimisäure,* im späteren Stadium jedoch **I** u. **II**. In Stachelbeeren, Brombeeren u. Holunderbeeren wurde außerdem *Shikimisäure* zusammen mit *Chinasäure* gefunden. L. LAMZA. 4420

Über das Vorkommen von Oleanolsäure in Boquilla trifoliolata (D. C.) Dcne. M. Silva und R. Stück. (Arch. Pharmaz. Ber. dtsch. pharmaz. Ges. **295/67.** 58—59. Jan. 1962. Conception, Univ., Inst. für Biol., Phytochem. Labor.) (Dt.)

Durch Extraktion von Blattpulver der *Boquilla trifoliata* (D.C.) mit Bzl. u. anschließend mit A. konnte einerseits ein *Polymethylenalkohol,* andererseits *Oleanolsäure,* $C_{30}H_{48}O_3$, isoliert werden, die genuin in Form eines *Glykosids* vorliegt, das aber nicht rein dargestellt wurde. Dieses hat im Rohzustand hämolyt. Wrkg. u. ist ein Fischgift. H. BUSSE. 4420□

Eine neue ninhydrinempfindliche Substanz aus Rotalgen. Mitsuo Kuriyama. (Nature [London] **192.** 969. 9/12. 1961. Hakodate, Hokkaido Univ., Fac. of Fisheries.) (Engl.)

Bei Anwendung der Anionenaustauscher Amberlit IR-45 u. Dowex-2 konnte Vf. aus 3 Rotalgenspecies (*Chondrus ocellatus, Neodelsea yendoana* u. *Iridaea cornucopiae*) eine gegenüber Ninhydrin wenig empfindliche Substanz isolieren, die auf Grund der Ergebnisse des oxydativen Abbaus mit $KMnO_4$ u. anderer Rkk. als *N-[1-Carboxyäthyl]-taurin* (I), $C_5H_{11}NO_5S$, F. 258°, $[\alpha]_D^{13}$ —1,15 (c = 5; mNaOH), identifiziert wurde. I gibt mit PLATTNERS Reagens eine Braunfärbung. B. KERN. 4420□

Eine neue aus der Rinde von Rhamnus frangula L. isolierte Substanz. Viorica Coucou und Héléne Tarpo. (C. R. hebd. Séances Acad. Sci. **254.** 552—54. 15/1. 1962. București.) (Franz.)

Vff. isolierten aus getrockneter Rinde von *Rhamnus frangula* L. durch A.-Extraktion (ausführliche Isolierungs- u. Reinigungs-Meth. vgl. Original) eine Verb., *Substanz A* (I) genannt, $C_{17}H_{16}O_4$, F. 99° (nach wiederholter Sublimation), Ausbeute, 0,10 g%, die in organ. Lsgm. (Ae., Bzl., Chlf., PAe., A., Aceton) u. in Lsgg. der Alkalihydroxyde u. Alkalicarbonate lösl., jedoch in W. u. Lsgg. von Alkalibicarbonaten unlösl. war. Auf mit einer 5%ig. Na_2CO_3-Lsg. imprägniertem WHATMAN-Nr. 1-Papier (Steig-Fl.: Toluol: A., 3:2; aufsteigende Meth.) gibt I einen R_F-Wert von 0,23; der Fleck ist gelb gefärbt u. zeigt im UV eine starke braune Fluorescenz. I gehört wahrscheinlich in die Gruppe der Anthracenderivate. — Das UV- bzw. IR-Spektrum von I sind angegeben. H. KOCKERT. 4420□

Die Cumarine der Früchte von Wolfswurz und die Taxonomie. N. F. Komissarenko, I. G. Sos, W. T. Tschernobai und D. G. Kolessnikow. (Биохимия [Biochemie] **26.** 980—83. Nov./Dez. 1961. Charkow, Chem.-Pharmaz. Forschungsinst.) (Russ.; Auszug: Engl.)

Papierchromatograph. wurden die *Cumarine* (**I**) der nachst. Heracleumarten untersucht: *H. sibiricum L.*, *H. asperum M.B.*, *H. sphondylium L.*, *H. dissectum Ldb.*, *H. Sosnowskyi Manden*, *H. trachyloma F. et M.*, *H. Mantegazzianum S. et L.*, *H. Lehmannianum Bge.*, *H. Stevenei Manden*, *H. antasiaticum Manden*, *H. pastinacifolium C. Koch.*, *H. transcaucasicum Manden*, *H. Olgae Rgl. et Schmalh.*, *H. pubescens M.B.* Es zeigte sich eine gute Übereinstimmung zwischen den **I**-Befunden u. der taxonom. Stellung. O. LEBTAG. 4420□

Bestandteile der Blätter von Thujopsis dolabrata. R. Hodges. (J. chem. Soc. [London] **1961.** 4247—49. Sept. Glasgow, Univ., Chem. Dep.) (Engl.)

Ein PAe.-Extrakt aus den Blättern von *Thujopsis dolabrata* wurde durch wiederholte Chromatographie an Al_2O_3-Säulen aufgetrennt. Es wurden 0,05% einer gesätt. geradkettigen Carbonsäure, 0,18% eines Gemisches aus *Sesqui-* u. *Diterpenen* u. nach Hydrolyse der sog. Esterfraktion 0,06% *β-Sitosterin*, 0,05% *Nonacosanol-(10)* (*Ginnol*) u. 0,01% *Ginnon* nachgewiesen. Aus der polaren Fraktion wurden 0,3% *Totarol* u. eine nicht näher identifizierte Substanz $C_{20}H_{30}O_2$ F. 180—209° isoliert. E. LÜCK. 4420□

Über die Triterpensäuren in Platanus occidentalis Linn. Kazuyoshi Yagishita und Syun Iseda (J. agric. chem. Soc. Japan [Nippon Nôgeikagaku Kaishi] **29.** 964—67. 1955. Kumamoto, Women's Univ., Dep. of Chem.) (Jap.; Auszug: Engl.)

Der alkohol. Extrakt der Rinde von *Platanus occidentalis* Linn. enthält eine in W. u. 10%ig. NaOH unlösl. Fraktion. Aus dem Ae.-lösl Teil dieser Fraktion (unlösl. 0,38%) krist. die *Betulinsäure* als *K-Salz.* Die Ae.-lösl. neutrale Substanz (0,75%) läßt sich durch Hydrolyse in *Sitosterin* u. *Stearinsäure* spalten. Aus der in 10%ig. NaOH lösl. Fraktion können drei saure Komponenten isoliert werden (0,01, 0,02 u. 0,02%). Daneben liegt ein neutraler Anteil (0,08%) vor. Aus dem Kernholz der Pflanze konnte ebenfalls Betulinsäure isoliert werden. U. BAUMANN. 4420

Chemische Untersuchungen über die Rindenbestandteile von Aesculus turbinata Blume. Tamio Kondo, Hiroyuki Ito und Motoshige Suda. (J. agric. chem. Soc. Japan [Nippon Nôgeikagaku Kaishi] **29.** 950—52. 1955. Meguro, Tokio, Forest Exp. Stat.) (Jap.; Auszug: Engl.)

Unterss. an der Rinde von *Aesculata turbinata* Blume ergeben die Ggw. von *Fraxin* (F. 205°; *Diacetat* F. 193°; *Dimethyläther* F. 102,5°), *Aesculin* (F. 201°; *Pentaacetat* F. 160°; *Diacetat* F. 131°) u. *Cerin.* Das letzte ist ein Monohydroxyketotriterpen ($[\alpha]_D^{30}$: —44,9 [Chlf.]), das schon früher von DRAKE u. Mitarbeitern (vgl. J. Amer. chem. Soc. **57.** [1935.] 1570. 1854; **58.** [1936.] 1681. 1684) beschrieben worden ist. Sein *Monoacetat* hat F. 259—261°, sein *Monobenzoat* F. 231—234°, sein *Monoxim* F. 265—270°. U. BAUMANN. 4420

Chloroplasten-Pigmente deuterierter Grünalgen. Harold H. Strain, Henry L. Crespi und Joseph J. Katz (Nature [London] **184.** 730—31. 29/8. 1959. Lemont, Ill., Argonne Nat. Labor.) (Engl.)

Chloroplastenpigmente wurden mit Methanol u. PAe. aus deuterierten Algen (*Chlorella* u. *Scenedesmus*) extrahiert u. durch Säulenchromatographie an Puderzucker getrennt. Die *Carotinoide* wurden ferner durch $MgO-SiO_2$-Säulen abgetrennt. Jedes Pigment wurde krist. u. im Vakuum getrocknet. Der Farbe u. Anordnung der Zonen u. den Spektren der Pigmente im sichtbaren Gebiet entsprechen: *Chlorophyll a* (**I**), *Chlorophyll b*, *α-Carotin*, *β-Carotin* (**II**), *Lutein* (*Xanthophyll*), *Zeaxanthin*, *Violaxanthin* u. *Neoxanthin.* — Die IR-Spektren der deuterierten Pigmente zeigen statt der CH-Bande bei 2900 cm^{-1} eine CD-Bande bei 2100—2200 cm^{-1}. Alle bisher untersuchten Spektren deuterierter Carotinoide zeigen eine Doppelbande bei 700—800 cm^{-1}, die bei nicht deuterierten Verbb. fehlt. Die bei nicht deuterierten Verbb. charakterist. Bande bei 962 cm^{-1} fehlt bei den deuterierten Carotinoiden. Aus den IR-Spektren folgt, daß alle H-Atome durch D ersetzt sind. Die deuterierten Pigmente sind in der Photo-Synth. aktiv. — Die IR-Spektren von deuteriertem **I** u. **II** sind angegeben. W. BORCKE. 4420□

Industrielle Verwertung von Atropa belladonna 2. Mitt. Ihr Alkaloidgehalt. G. Plata Astray und A. A. Martínez Garcia. (Quím. e Ind. [Bilbao] **6.** 15—19. Jan./Febr. 1959.) (Span.)

Der *Gesamtalkaloid*-Geh. getrockneter Blätter bzw. Stengel von im Jahre 1956 u. 1957 in Porriño (Pontevedra) angepflanzter *Atropa belladonna* betrug 0,5—0,9% bzw. 0,09%. H. KOCKERT. 4420□

Aufnahme und Verteilung von ^{60}Co-Vitamin B_{12} und $^{60}CoCl_2$ in Vicia faba. A. Pfau und G. Kallistratos. (Int. Z. Vitaminforsch. **31.** 398—99. 1961. Mariensee b. Hannover, MPI für Tierzucht u. Tierernährung.) (Dt.)

Wird *Vicia faba* 24 Std. in KNOPscher Nähr-Lsg. mit 7,4·10^{-10} m *^{60}Co-Vitamin B_{12}* (I) oder *$^{60}CoCl_2$* (II) kultiviert, so zeigt sich, daß das *^{60}Co* aus I u. II von der Pflanze in gleichem Umfang aus der Nähr-Lsg. aufgenommen wird. Der größte Anteil befindet sich in den Wurzeln (85%). In Blättern u. Stengeln sind weniger als 10% vorhanden. Auch bei längerer Inkubation ändert sich der Verteilungsmodus nicht.

L. TRÄGER. 4425 □

Chemischer Charakter der Pigmente in einem neuen Stickstoff-fixierenden Mikroorganismus. Gy. Németh, F. Uresch, G. Fodor und L. Láng. (Nature [London] **191.** 1413—14. 30/9. 1961. Nyirtelek, Gyulatanya, Agric. Exp. Stat.; Budapest, Acad. of Sci., Stereochem. Res. Labor.; Techn. Univ., Inst. of Phys. Chem.) (Engl.) — Vgl. NEMETH, C. **1960.** 3272.

Vff. untersuchten die Pigmente des aus *Lupinus luteus* isolierten Stammes PR-E/3. Aus den in Quarzsand gepulverten lufttrockenen Organismen wurden alle Pigmente mit Pyridin (I) extrahiert. Nach Entfernung des Ae. in I oder n-Hexan aufgenommene Ae.-Extrakte zeigten ein UV-Absorptionsspektrum, das dem von *Carotinoiden* aus Paprika sehr ähnlich war. Keiner der Extrakte hatte Ähnlichkeit mit dem Spektrum von Rinderhämoglobin. Ein Maximum bei 340—360 mμ blieb ungeklärt. Die wss. Schicht des in 2n HCl/Chlf. gelösten roten Pigments wurde chromatograph. untersucht, wobei Hinweise auf *Flavonoide*, jedoch kein *Porphyrin* gefunden wurden.

H. LOHSCHELDER. 4450 □

Über das durch in vitro gezüchtete Baumgewebe gebildete Lignin. Fernand Barnoud. (C. R. hebd. Séances Acad. Sci. **253.** 1849—51. 23/10. 1961. Grenoble, École Fr. de Papeterie, Labor. de Bot. et Micrographie.) (Franz.)

Im Cambialgewebe von in vitro gezüchteten *Syringa vulgaris* L., *Rosa wichuraiana*, *Carpinus Betulus* L. u. *Sequoia sempervirus* Endl. wurden nach Oxydation im alkal. Medium nach STONE u. BLUNDELL (C. **1951.** II. 3642) papierchromatograph. *Vanillin*, *p-Hydroxybenzaldehyd* u. *Syringaaldehyd* (außer bei Sequoia), nachgewiesen. Aus den Ergebnissen wird geschlossen, daß in vitro gezüchtetes Cambialgewebe echtes *Lignin* zu synthetisieren vermag. H. LOHSCHELDER. 4460 □

Der Weg des Kohlenstoffs bei der Photosynthese. 22. Mitt. **Die Identifizierung von Carboxyketopentitdiphosphaten als Produkte der Photosynthese.** V. Moses und M. Calvin. (Proc. nat. Acad. Sci. USA **44.** 260—77. März 1958. Berkeley, Calif., Univ. of California, Radiation Labor. and Dep. of Chem.) (Engl.) — 21. vgl. C. **1950/54.** 8606 S.

Durch Chromatographie von A.-W.-Extrakten der Zellen von *Chlorella pyrenoidosa* wurden *2-Carboxy-4-ketopentit-1.5-diphosphat* (**A**) u. *2-Carboxy-3-ketopentitlacton* (**I**) isoliert die die Durchführung einer Photo-Synth. innerhalb von 3 Min. in Ggw. von $NaH^{14}CO_3$ erlauben. **I** ist evtl. ein Zwischenprod. der photosynthet. Carboxylierung von *Ribulose-1.5-diphosphat* zu 2 Moll. *3-Phosphoglycerinsäure*, während **A** bei der Aufarbeitung entsteht. K. ZIELOFF. 4460

Der Einfluß von Magnesium-, Kalium- und Stickstoffernährung auf die durch Phosphoenolbrenztraubensäure stimulierte Kohlendioxid-Fixierung. G. W. Thomas, N. T. Coleman und W. A. Jackson. (Agronomy J. **51.** 591—94. Okt. 1959. Raleigh, N.C., Agric. Exp. Stat., Dep. of Soils.) (Engl.)

Blatthomogenate von Süßkartoffeln, die in Nähr-Lsgg. bei *N*- bzw. *K*- oder *Mg*-Mangel angezogen waren, vermochten bei Zusatz von *Phosphoenolbrenztraubensäure* (**I**) weniger *CO_2* zu fixieren, als die Blatthomogenate ausreichend ernährter Pflanzen. Durch Zusatz von Mg zum Mg-Mangelhomogenat wurde die CO_2-Fixierung auf das Niveau angehoben, wie es in den Blättern der ausreichend mit Mg versorgten Pflanzen vorlag. Dagegen hatte ein Zusatz von K zu dem Blatthomogenat von K-Mangelpflanzen keine Wrkg. auf die I-stimulierte CO_2-Fixierung. Aus diesen Befunden läßt sich ableiten, daß K zur Synth. des CO_2-fixierenden Enzyms (I-*Carboxylase*; I-*Carboxykinase*) erforderlich ist, während Mg dieses Enzym aktiviert. WILFRIED WERNER. 4460 □

Photosynthetische und oxydative Phosphorylierung durch Partikelfraktionen von Spinatblättern. Takao Ohmura. (J. agric. chem. Soc. Japan [Nippon Nôgeikagaku Kaishi] **29.** 931—36. 1955. Tokio, Univ., Dep. of Agric. Chem.) (Jap.; Auszug: Engl.)

Chloroplastenfragmente aus Spinatblättern sind in der Lage, anorgan. *Phosphat* in Ggw. von *Ascorbinsäure* bei pH 7,5 entweder durch Oxydation von *Citronensäure* oder durch Licht in organ. *Phosphorsäureester* zu überführen. Die Aktivität der photosynthet. Phosphorylierung unter aeroben Bedingungen ist etwa gleich groß, z. T. sogar größer als die der intakten Chloroplasten unter aeroben Bedingungen von ARNON. Sie wurde durch Zugabe von ungereinigtem *Triphosphopyridinnucleotid, Vitamin* K_3 oder Abwesenheit von O_2 nicht beeinflußt. U. BAUMANN. 4460

Radioautographie von Tritium-markierten Photosyntheseprodukten aus HTO. R. S. Gage und S. Aronoff. (Plant Physiol. **35.** 65—68. Jan. 1960. Ames, Iowa, State Univ., Dep. of Biochem. and Biophys. and Inst. for Atomic Res.) (Engl.)

Primärblätter von *Cucurbita sativus* wurden 1 Std. im Dunkel u. 30 Min. im Licht mit *HTO* gesätt. Wasserdampf ausgesetzt u. die T-markierten Photosynth.-Prodd. in mit Wachs lyophilisierten Schnitten (8 μ dick) von Stengel u. Blattstiel durch Radioautographie (87 Tage mit Albuminkleister auf Filmemulsion befestigt) nachgewiesen. In allen Schnitten von Stengel u. Blattstiel war die Aktivität auf das Phloem (Sieb- u. Leitzellen) beschränkt. In einem Schnitt waren die markierten Verbb. nur in den jüngst differenzierten Sieb- u. Geleitzellen nachzuweisen. G. JAGNOW. 4460□

Pteridine in der Photosynthese. R. C. Fuller, I. C. Anderson und H. A. Nathan. (Proc. nat. Acad. Sci. USA **44.** 239—44. März 1958. Upton, Brookhaven Nat. Labor., Dep. of Biol.; New York City, N.Y., Haskins Labor.) (Engl.)

Die Bldg. von ^{14}C-*Pteridinen* aus *Chromatium sp., E. gracilis, O. danica, C. pyrenoidosa* u. *W. punctata* nach kurzzeitiger photosynthet. $^{14}CO_2$-Fixierung wird durch Abfangen der CO_2-Red.-Prodd. mit Hydroxylamin oder Phenylhydrazin, die dann nicht mehr mit Pteridin (I) reagieren können, untersucht. Es zeigt sich, daß I bei der Photo-Synth. in einem frühen Stadium der CO_2-Fixierung u. -Red. als C-Überträger wirksam ist. K. ZIELOFF. 4460

Jahreszeitliche Änderungen in der Aufnahme und Verteilung mineralischer Elemente in Apfelbäumen. A. C. Mason und A. B. Whitfield. (J. horticult. Sci. **35.** 34—55. Jan. 1960. Kent, East Malling Res. Stat.) (Engl.)

Ende April u. Ende Juni treten im *N-, P-, K-, Ca-* u. *Mg*-Geh. der Organe in kurzer Zeit starke Veränderungen ein. Beide Termine stimmen mit dem Beginn des Blatt- u. Triebwachstums überein. Die Nährstoffaufnahme beginnt im April/Mai u. erreicht im Juli/August ein Maximum. N wird 4 Wochen früher aufgenommen. Im Herbst wird keine Aufnahme der Elemente beobachtet. Die Verteilung der Nährstoffe in den einzelnen Organen am Ende des Sommers wird angegeben. W. HILLER. 4470□

In einer New Jersey-Pfirsichplantage hervorgerufene Bortoxizität. 2. Mitt. Ernesto Hernandez und Norman F. Childers. (Proc. Amer. horticult. Sci. **67.** 121—29. Juni 1956. New Brunswick, N.J., Rutgers Univ.) (Engl.) — 1. vgl. C. **1960.** 9349.

Nach Boraxdüngung von Pfirsichbäumen 1949—1950 wurde in den Jahren 1952 bis 1953 die B-Wrkg. auf den Geh. an normalen u. Spurenelementen (*Mn, Cu, Zn, K, N, P, Ca, Mg, Fe*) sowie die *B*-Konz. selbst verfolgt. K. MAIER. 4470

Äthioninhemmung und Morphogenese von abgeschnittenen Tomatenwurzeln. William G. Boll. (Plant Physiol. **35.** 115—22. Jan. 1960. Austin, Texas, Univ. of Texas and Clayton Found. for Res., Plant Res. Inst.) (Engl.)

Das Wachstum isolierter Tomatenwurzeln wird durch *Äthionin* (I) gefördert, wenn die Konz. unterhalb 11,9 μg/Liter bleibt u. die Nähr-Lsg. Nicotinamid-frei ist. Hierbei wird auch das Wachstum der Nebenwurzeln (Länge u. Häufigkeit) angeregt. — Höhere I-Konzz. hemmen das Wurzelwachstum, doch kann das normale Wachstum durch Methionin, Homocystein, Homocystin u. etwas weniger gut durch Äthanolamin wieder hergestellt werden. Im Autoklaven erhitztes Homocystin erweist sich als noch stärkerer I-Antagonist. Chromatograph. wird im autoklavierten Homocystin abweichend vom unbehandelten eine nicht weiter identifizierte Ninhydrin-positive Komponente nachgewiesen. — Allein sowie in Kombination mit Methionin übt I auch tiefgreifende morpholog. Veränderungen an den Wurzeln aus, die je nach der An- oder Abwesenheit von Nicotinamid variierten. — In weiteren Verss. wird gefunden, daß Desthiobiotin, ein Antimetabolit zu Biotin, das Wurzelwachstum steigert. G. JAGNOW. 4480□

Enzymatischer Abbau stigmatischer Cuticula von Blumen. W. Heinen und H. F. Linskens. (Nature [London] **191.** 1416. 30/9. 1961. Nijmegen, Netherlands, Univ., Dep. of Bot.) (Engl.)

Der Abbau von *Cutin* durch ein Enzym-Präp. aus *Penicillium spinulosum* Thom. wurde durch Titration der freigesetzten Fettsäuren verfolgt. Stigma-Cuticula aus *Brassica nigra* (L.) Koch wurde stärker angegriffen als Stempel-Cuticula von *Petunia hybrida* (Hook.) Vilm. u. viel stärker als das Cutin von Früchten u. Blättern. H. LOHSCHELDER. 4490□

Das Fluorescenzmikroskop in Humusuntersuchungen. Fritz Pauli. (Mikroskopie [Wien] **15.** 139—42. Okt. 1960. Potchefstroom/TVL, Coll. of Agric. and Exp. Stat.) (Engl.)

Die Unters. der Primär- u. Sekundärfluorescenz von sich in Zers. befindlichen Pflanzenresten (gemahlene Maiskolben u. Eukalyptus-Sägemehl) mit dem Fluorescenzmikroskop „Fluorex" von REICHERT, Wien, führt zu dem Ergebnis, daß es zwischen den völlig unzersetzten Pflanzenresten u. den biosynthet. Humin-Verbb. kein Übergangsstadium gibt, das als charakterist. Zwischenform gelten könnte. H. LINDBERG. 4499□

E_5. Tierchemie. Tierphysiologie. Tierpathologie

Kupfer in Isopoden. W. Wieser. (Nature [London] **191.** 1020. 2/9. 1961. Wien, Univ., 2. Zool. Inst.) (Engl.)

Vf. berichtet über eine neue Auffassung der Zus. der Granula des Hepatopankreas (HP) von Isopoden (Asseln). Durch Röntgenspektrophotometrie wurde bei den untersuchten Asseln ca. 0,02—0,1% *Cu* bzgl. Trocken-Gew. festgestellt. Bei *Porcellio scaber* Ltr. enthielt der HP mit 1,43% den höchsten je in einem Organ beobachteten *Cu*-Gehalt. Bei *Armadillidium granulatum* Br wurde durch Anfärbung von HP-Schnitten mit *Rubeansäure* das Cu als dichte schwarze Masse intracellulär u. in den kleinen HP-Zellen (≙ Granula) festgestellt. Das *Cu* scheint in einer reakt., leicht dissoziierenden Form vorzuliegen. H. LOHSCHELDER. 4510□

Glykogen aus Mactra. Dwain D. Hagerman. (Nature [London] **190.** 462—63. 29/4. 1961. Boston, Mass., Boston Lying-in Hosp., Res. Labors. u. Harvard Med. School, Dep. of Biol. Chem.; Woods Hole, Mass., Marine Biol. Labor.) (Engl.)

Vff. isolierten aus Muskeln (a) u. Eingeweiden (b) von *Mactra fragilis* (Molluskenart) *Glykogen* (I) in einer Ausbeute von 2,4 g/100 g Feuchtgewebe (a) bzw. 2,0 (b). Der Asche-Geh. beträgt 3,1 bzw. 1,7%, der Geh. an *reduzierenden Substanzen* (als Diglucosid) 94,8 bzw. 96,9% u. der *Glucose* (II)-Geh. (durch Glucoseoxydase; als Diglucosid) 108,5 bzw. 93,3%. Die durchschnittliche Kettenlänge beträgt 13,3 bzw. 7,3. — Die Unters.-Ergebnisse machen wahrscheinlich, daß Mactra-I ausschließlich aus in Ketten polymerisierter D-II mit glucosid. Bindungen besteht. H. KOCKERT. 4520□

Ein Vergleich verschiedener Methoden zur Isolierung von Mucin aus der Unterkieferdrüse des Rindes. Shigeru Tsuiki, Yohichi Hashimoto und Ward Pigman. (J. biol. Chemistry **236.** 2172—78. Aug. 1961. New York, N.Y., New York Med. Coll., Biochem. Dep.; Birmingham, Ala., Univ. of Alabama Med. Center, Dep. of Med., Arthritis Res. Labor.) (Engl.)

Nach NISIZAWA u. PIGMAN (vgl. Arch. oral Biol. **1.** [1959.] 161) aus den Unterkieferdrüsen des Rindes hergestelltes rohes *Mucin* (I) wurde nach verschiedenen alten u. neuen Meth. gereinigt, wobei sich die Ausfällung von I mit einer *Cetyltrimethylammoniumbromid*-Lsg., Aufnehmen des Nd. in 50%ig. $CaCl_2$-Lsg., fraktionierte Fällung mit A. u. nachfolgender Lyophilisierung der wss. Lsg., 3malige fraktionierte Fällung mit A., Waschen der $CaCl_2$-Lsg. von I mit Amylalkohol–Chlf. als die Meth. mit der besten Ausbeute u. Anreicherung erwies. Die spezif. Viscosität von I nahm mit fallendem pH (unter 5) ab u. konnte durch pH-Erhöhung rückgängig gemacht werden. Nach der beschriebenen Meth. gereinigtes I zeigte sich elektrophoret. bei verschiedenen pH-Werten im Gegensatz zu anderen I-Präpp. als einheitliche Komponente. Ebenso erwies sich das gereinigte I in der Ultrazentrifuge als homogen. Die Papierchromatographie von hydrolysiertem I ergab *D-Fructose, D-Galaktose, D-Glucosamin, D-Galaktosamin* u. teilweise Spuren von *D-Mannose*. An Aminosäuren wurden *Glycin, Alanin, Glutaminsäure, Asparaginsäure, Serin, Threonin, Prolin, Leucin, Valin, Isoleucin, Methionin, Lysin, Arginin* u. *Histidin* gefunden. Die I-Präpp. enthielten ca. 35% Protein u. 65% Kohlenhydrate, hauptsächlich *Sialinsäure* u. *Hexosamin*. J. BOELTER. 4520□

Physikochemische Eigenschaften gelöster Proteine. E. Wiedemann. (Bull. schweiz. Akad. med. Wiss. **17.** 10—32. Okt. 1961. Basel.) (Dt.)

Gelöste *Proteine* zeigen IR-Spektren, gelegentlich auch Absorptionsspektren im sichtbaren Bereich (*Chromoproteide*) sowie eine starke, aber unspezif. Absorption im Ultraviolett. Durch Messung ihres TYNDALL-Effektes u. ihrer Strömungsdoppelbrechung erhält man Aufschlüsse über ihre Teilchengröße, Achsenverhältnis u. damit über ihre Form. Sie sind charakterisierbar durch das Diagramm ihrer Rotationsdispersion u. die Lage ihres isoelektr. Punktes. In der Elektrophorese lassen sie sich sowohl durch ihre Beweglichkeitswerte μ u. v charakterisieren als auch mengenmäßig bestimmen. Sie liefern im Diffusions-Vers. u. im Sedimentations-Vers. die Konst. D u. S, aus denen sich das Molgew. M berechnen läßt. S. GROITZSCH. 4520□

Untersuchung über den Austausch und die Regulation von Natrium in der Larve von Aedes aegypti (L.). 2. Mitt. **Nettotransport und mit ihm verbundene Strömungsverhältnisse.** R. H. Stobbart. (J. exp. Biology **37.** 594—608. Sept. 1960. Bristol, Univ., Dep. of Zool.) (Engl.)

Die Geschw. des Nettotranports sowie des Ein- u. Ausströmens von ^{22}Na bei Larven von *Aedes aegypti* im 4. Stadium ist bei gefütterten Tieren viel größer als bei hungernden. Für die Unterschiede zwischen gefütterten u. hungernden Larven müssen die Analpapillen verantwortlich sein. K. ZINGRAF. 4550□

Die jahreszeitlichen Mengenänderungen einiger Phosphoverbindungen im Blutplasma und im Milchdrüsengewebe von Kaninchen. I. G. Rogal. (Биохимия [Biochemie] **26.** 1022—26. Nov./Dez. 1961. Leningrad, Pawlow-Inst. für Physiol. der Akad. der Wiss. der UdSSR, Labor. für Physiol. der Haustiere u. Labor. für Radiologie.) (Russ.; Auszug: Engl.)

Die Unters. der Veränderungen des Geh. an *anorgan. P* (**I**), *Phospholipiden* (**II**) u. *Ribonucleinsäure* (**III**) im Milchdrüsengewebe von Kaninchen während der sexuellen Aktivität (Frühjahr–Sommer) u. in der übrigen Jahreszeit sowie des **I**-Geh. im Blutserum ergab, daß bei den nichtgraviden u. nichtlactierenden Tieren der **I**-Geh. des Blutserums im Winter vermindert u. am geringsten bei Anzeichen eines Östrus ist. Der Geh. an **I** u. **II** im Milchdrüsengewebe nimmt während der Aktivierung der Eierstockfunktion, unabhängig vom Stadium des Geschlechtscyclus, ständig zu; im Winter nimmt er ab. Der **II**-Geh. erreicht im Stadium des Östrus ein Maximum. Der **III**-Geh. des Milchdrüsengewebes nimmt während der sexuellen Aktivierung zu u. bleibt, unabhängig vom Stadium des Geschlechtscyclus, bis zum Jahresende konstant. Der Geh. des Milchdrüsengewebes an Trockensubstanz ist in der Zeit vor der sexuellen Aktivierung am höchsten. O. LEBTAG. 4559□

Wirkung des synthetischen Phenanthrenderivats Ro 2-7239 auf unspezifische Proliferationen der Epidermis an der Ratte. E. Läuppi und A. Studer. (Dermatologica [Basel] **122.** 380—84. Mai 1961. Basel, Hoffmann-La Roche & Co. AG, Abt. für exp. Med.) (Dt.)

Das Phenanthren-Deriv. *Ro 2-7239* (**I**; *2-Acetyl-7-oxo-1.2.3.4.4a.4b.5.6.7.9.10.10a-dodecahydrophenanthren*) zeigt nicht nur antiandrogene Wrkg., sondern hemmt auch intraperitoneal verabreicht an der Ratte Proliferationen der Epidermis, die durch epikutane Gaben von *Chrysarobin* (Mitoseaktivierung u. Akanthose) bzw. *DL-α-Tocopherol* (nur Akanthose) hervorgerufen sind. **I** wurde in einer Tagesdosis von 40 u. 80 mg/kg verabreicht. W. HOLLAND. 4559□

Die Reaktion des reticulo-endothelialen Systems auf die Reizung mit Östrogenen. T. Nicol, D. L. J. Bilbey, J. Cordingley und C. Druce. (Nature [London] **192.** 978—79. 9/12. 1961. London, King's Coll., Dep. of Anatomy.) (Engl.)

Vff. stellten in Unterss. an ♂ weißen Mäusen (T.O. SWISS-Stamm) fest, daß *Diäthylstilböstrol* bzw. *Tris-[p-anisyl]-chloräthylen* auf das reticulo-endotheliale Syst. stark stimulierend wirken; dieser Effekt setzt ca. am 3. Tage nach Beginn der Behandlung ein u. hält nach Absetzen der Östrogengaben noch ca. eine Woche an. H. MICHAELIS. 4559□

Progestine in Gelbkörpern, Ovarien und Nebennieren nach dem Östrus und dem Kalben normaler und anomaler Nachkommen. R. E. Erb und F. Stormshak. (J. Dairy Sci. **44.** 888—96. Mai 1961. Pullman, Wash., Washington State Univ., Dep. of Dairy Sci.) (Engl.)

An Kühen konnte nachgewiesen werden, daß für den Geh. an *Progestin* (**I**, *Progesteron, Δ^4-Pregnen-20β-ol-3-on*) im Corpus luteum ein weiter Normbereich existiert, der entweder unter dem Einfl. anderer Hormone steht oder durch den Freigabemechanismus reguliert wird. Nach dem Östrus, doch noch vor der Ovulation, ist der **I**-Geh. vergleichsweise niedrig; zu diesem Abfall kommt es offensichtlich in den 2 oder 3 vorhergehenden Tagen. Es bestehen nach diesen Befunden Schwierigkeiten in der Interpretierung des Hormon-Geh. in den diese Hormone bildenden Organen. — In den Ovarien u. den Nebennieren schwankt der **I**-Geh. wenig; in letzten war er 8—22 Tage post partum 4mal höher als normal. U. TAUSENDFREUND. 4559□

Funktion der Milchdrüsen und Verhalten von Stoffen mit anregender Wirkung für diese. 7. Mitt. Untersuchung über die synergistische Wirkung von Östrogen und Progesteron auf die künstliche Induktion des Milchdrüsenwachstums und die Lactation bei der Ziege. Takashi Goto, Iwao Notsuki, Tetsu Jyoke und Masaharu Oshima. (Bull. nat. Inst. agric. Sci. [Chiba, Japan], Ser. G Nr. **18.** 141—59. Nov. 1959.) (Jap.; Auszug: Engl.). — 6. vgl. Bull. nat. Inst. agric. Sci. [Chiba, Japan], Ser. G Nr. **12.** [1956.] 111 u. Nr. **13.** [1957.] 1.

Bei 16 normalen Ziegen u. 6 nach Ovarektomie wird die Lactation mit einem *Östrogen* (**I**), *Euvestin* (Ester von Diäthylstilböstrol) u. mit *Progesteron* (**II**) künstlich angeregt unter Variation der Darreichungsform (lokal zwischen die Milchgänge usw.) u. Dosis. Außer der Beobachtung bzgl. synergist. Wrkg. wird auch eine evtl. Wachstumsanregung der Milchdrüsen u. der Mechanismus der Eröffnung der Lactation untersucht. Weder bei einem Verhältnis I/II = 1/100 noch bei 1/1000 wird eine Hemmung der von der normalen abweichende Entw. des Milchdrüsengewebes durch I beobachtet. Bei einseitigen Gaben von I u. solchen von II + I auf der Gegenseite des Euters lassen sich keine Unterschiede aufzeigen u. auch keine Beweise für eine synergist. Wrkg. von II auf das jeweilige Stadium der Gewebe-Entw. erbringen. Auch scheint es mehr auf die abs. Menge von I bzw. II als auf deren Verhältnis anzukommen. Bei den ovarektomierten Ziegen zeigt sich nur eine geringe direkt das Wachstum anregende Wrkg. von II. Eine Bldg. von Drüsenzellen konnte während der Verabreichungszeit nicht beobachtet werden, doch wird das Wachstum des Milchgang-Syst. gefördert. Ein vorläufiger Vgl. zeigt, daß II bei alleiniger direkter Anwendung nur ca. $^1/_{1000}$ der Wrkg. von I besitzt. Der Beginn der Sekretion im jungen Drüsengewebe wird durch innere u. äußere Faktoren gehemmt. Bei 10—20 γ I (2mal/Woche) sind ca. 10 mg I die untere Grenze, um noch eine Hemmung des Lactationsbeginns zu bewirken. L. SCHULER. 4559 □

Eine Methode zur elektrochemischen Bestimmung des Gonadotropins aus der Placenta. Marcel Péguiron. (Mém. Soc. vaudoise Sci. natur. **11.** 1—31. 31/3. 1955.) (Franz.)

Es wird eine Meth. zur polarograph. Best. des *Choriongonadotropins* (I) beschrieben. Auf Grund des Proteincharakters von I erhält man wie bei den Serum-Proteinen eine „katalyt. Welle", deren Höhe von der Konz., dem pH u. der Zus. des verwendeten Puffers sowie einer Reihe anderer Faktoren abhängig ist. Die Best. erfolgt im „Cambridge"-Polarographen, dessen Hg-Tropfelektrode 24 Tropfen/min gibt. Als indifferenter Elektrolyt dient KCl-Lsg., als Puffer Phosphatpuffer (Endkonz. m/30), pH 8,0. Zur Messung verwendet man eine 2 cm³-Küvette. Sie enthält 1,0 cm³ KCl-Lsg., 0,33 cm³ m/5 Phosphatpuffer (pH 8,5), 0,50 cm³ einer Lsg. von I bestimmter Konz. u. 0,17 cm³ bidest. Wasser. Die Beziehung zwischen I u. seinem polarograph. Effekt ist nicht linear. — Eingehende Unterss. verschiedener I-Präpp. (*Choriongonadotropin* CIBA, *Prolan* CIBA u. *Choriongonadotropin* ORGANON) zeigten, daß diese heterogen sind u. aus 2 Substanzen bestehen. Neben dem eigentlichen als Gonadotropin bezeichneten Protein findet sich ein noch nicht identifiziertes Protein. Die Höhe der polarograph. Welle ist daher kein Maß für die biolog. Aktivität, sondern gibt den Gesamt-Geh. an Protein wieder. Es wird auf den Wert der polarograph. Meth. zur Best. des I in Schwangerenharn nach Isolierung u. Reinigung mittels präparativer Papierelektrophorese hingewiesen. A. EBEN. 4559

Anabolische Substanzen und Histaminstoffwechsel. K. S. Kim. (Nature [London] **191.** 1368—70. 30/9. 1961. Singapore, Univ. of Malaya, Dep. of Physiol.) (Engl.)

Um festzustellen, ob die anabol. oder androgene Wrkg. von *Testosteronpropionat* (I) mit dem Stoffwechsel von *Histamin* (II) verbunden ist, wurde die Wrkg. einiger anabol. Substanzen auf die Ausscheidung von II, *K*, *Na* u. Gesamt-*N* im Urin von ♀ Ratten untersucht. *19-Norandrostenolonphenylpropionat* (III; *Durabolin*, ORGANON; 1,5 mg) verminderte bei geringer androgener Wrkg. am stärksten den II-Geh. im Urin. Weniger wirksam waren I (2,5 mg), *17α-Methyl-17β-hydroxyandrosta-1.4-dien-3-on* (IV; *Dianabol*, CIBA; 3mal 1 mg) u. *Wachstumshormon* (V). *Heparin* hatte keine Wirkung. Die Retention von N, K u. Na war bei I am stärksten, bei III jedoch länger andauernd. IV zeigte hier nur geringe, V deutliche anabol. Wrkg., die bald umschlug. Der androgene Mechanismus scheint nicht mit dem II-Stoffwechsel zusammenzuhängen. Es wird angenommen, daß die anabol. wirkenden Steroide u. V verschiedene Wrkg.-Stellen haben.
H. LOHSCHELDER. 4559 □

Urin-Steroide bei postnataler Nebennierenhyperplasie mit Virilismus. M. B. Lipsett und B. D. Riter. (Acta endocrinol. [Copenhagen] **38.** 481—89. Dez. 1961. Bethesda, Md., Nat. Inst. of Health, Nat. Cancer Inst., Endocrinology Branch.) (Engl.)

Bei einem 12jährigen Mädchen mit virilisierender Nebennierenhyperplasie ist der *Androsteron-* u. *Ätiocholanolon*-Spiegel erhöht. Die Ausscheidung von *11β-Hydroxyandrosteron* ist hoch u. die von *11β-Hydroxy-* u. *11β-Ketoätiocholanolon* niedrig. Durch ACTH-Gaben wird die Exkretion normal erhöht. P. GREGORZEWSKI. 4559 □

Reinigung von gonadotropem Hormon aus dem Serum trächtiger Stuten durch Gegenstromverteilung. J. Legault-Démare, H. Clauser und M. Jutisz. (Bull. Soc. Chim. biol. **43.** 897—908. 1961. Paris, Fac. des Sci., Labor. de Chim. biol.; Coll. de France, Labor. de Morphol. exp. et Endocrinol.) (Franz.)

Präpp. von *gonadotropem Hormon* aus dem Serum trächtiger Stuten mit einer Aktivität von 10000—13000 I.E./mg wurden nach Vff. (Biochim. biophysica Acta [Amsterdam] **30.** [1958.] 169) gewonnen. Unters. in der Ultrazentrifuge ergab eine Sedimentations-Konst. von $3{,}75 \cdot 10^{-13}$. Bei der Zonenelektrophorese auf Stärke wurde eine schnellere, inakt. Komponente (Anteil ca. 19%) am besten bei pH 8,6, eine langsamere inakt. Komponente (ca. 10%) besser bei pH 4,5 oder 5,5 abgetrennt. Die Gegenstromverteilung erfolgte mit W./40%ig. $(NH_4)_2SO_4$-Lsg./n-Propanol (I) + A. (4:3:2; Vol.), wobei das Verhältnis I/A. variiert wurde. Bei I/A. = 0,6:1,4 wurde eine Fraktion schwacher Aktivität abgetrennt. Die aktiveren Anteile wurden nach Dialyse u. Lyophilisierung mit I/A. = 0,7:1,3 in eine Komponente geringer u. eine mit einer Aktivität von 15000—16000 I.E./mg getrennt. Letzte hatte eine Sedimentations-Konst. von $3{,}45 \cdot 10^{-13}$. Bei Elektrophorese u. erneuter Gegenstromverteilung erwies sich das gereinigte Präp. als homogen. Im Verlauf der Reinigung blieb das Verhältnis von *FSH*- u. *ICSH*-Aktivität konstant. H. LOHSCHELDER. 4560 □

Die Bedeutung des Zwischenhirn-Hypophysen-Systems für die Wirkungsentfaltung von exogenem Chorion-Gonadotropin. H.-J. Staemmler. (Geburtshilfe u. Frauenheilkunde **20.** 758—63. Juni 1960. Kiel, Univ., Frauenklin.) (Dt.)

Nortestosteron (I)-Derivv. hemmen die hypophysäre *Gonadotropin*-Inkretion, *Chorion-Gonadotropin* (II) allein in unterschwelliger Dosis wird durch *hypophysäre Gonadotropine* (III) verstärkt u. die Freigabe von III wird wahrscheinlich durch II veranlaßt, dieser Effekt wird durch I-Verbb. blockiert. An der Wrkg. des II ist danach die Adenohypophyse beteiligt. Ihre Funktionspotenz beeinflußt die stimulative Wrkg. des II auf das Ovarium. Der unterschiedliche Rk.-Grad der Ovarien auf eine standardisierte Gonadotropinverabfolgung kann danach auch über den jeweilen Aktivitätsgrad der Adenohypophyse erklärt werden. P. GREGORZEWSKI. 4560 □

Papierchromatographie der 17-Ketosteroide mit quantitativer Auswertung. L. Sachs. (Acta endocrinol. [Copenhagen] **38.** 534—44. Dez. 1961. Kiel, Univ.-Frauenklin.) (Dt.)

Papierchromatograph. werden die *17-Ketosteroide* in 7 Zonen zerlegt. Die Flecke werden ausgeschnitten, extrahiert u. photometr. die Steroide mit Hilfe der ZIMMERMANN-Rk. bestimmt. P. GREGORZEWSKI. 4561 □

Methode zur Aldosteronbestimmung im Harn des Menschen. T. I. Iwanenko und T. Ss. Ssachatzkaja. (Проблемы Эндокринологии и Гормонотерапии [Probleme Endokrinol. Hormontherap.] **8.** Nr. 1. 50—57. Jan./Febr. 1961. Allunions-Inst. für Experimentelle Endokrinologie, Strahlungs-Labor. u. Biochem. Abt.) (Russ.; Auszug: Engl.)

Nach 18—24std. Stehenlassen eines mit HCl angesäuerten (pH 1,0) Harnes über einer Chlf.-Schicht (Hydrolyse) u. seiner wiederholten Extraktion mit Chlf. werden die vereinigten Chlf.-Auszüge unter Anwendung von Heptan–W. (1:10), Bzl.–Methanol–W. (100:55:45), Toluol–Äthylacetat–Methanol–W. (90:10:55:45) u. Hexan–Bzl.–Methanol–W. (667:333:800:200) chromatograph. untersucht. Der trockene Rückstand (Steroide) zwischen dem 3. u. dem 4. Chromatographieren wird acetyliert. Die quant. Best. des *Aldosterons* (I) erfolgt durch die Best. der opt. Dichte bei 240 mμ bzw. nach der Rk. der acetylierten I-Fraktion mit Tetrazoliumblau bei 510 mμ. Die Meth. ermöglicht eine Best. von 60% des im Harn vorhandenen I. Bei gesunden Menschen beträgt die Ausscheidung von I 1,3—3,8 γ/Tag. S. BARYSCHNIKOW. 4561

Klinische Untersuchungen über die Nebennierenrindenfunktion: Unter Hervorhebung des Zusammenhangs zwischen dem 17-Hydroxycorticosteroidgehalt und ACTH-Gehalt im Plasma. 1. Mitt. **Die Auswertung einer intramuskulären Gabe von ACTH-Z zur Bestimmung der Nebennierenrinden-Reservefunktion.** Naoji Shibukawa. (Folia endocrinol. japon. **37.** 914—15. 20/12. 1961. Sendai, Tohoku Univ., School of Med., Dep. of Internal. Med.) (Engl.)

Um die hohe phys. Belastung der Patienten nach i.v. Gabe von *ACTH* zu umgehen, erläutert Vf. die Best. der *17-Hydroxycorticosteroide* nach i.m. Gabe von langwirkendem *ACTH* (I). Danach nimmt der eosinophile Wert nach Gabe von 20 Einheiten I i.m. an gesunde Probanden um durchschnittlich 78% innerhalb 9—12 Std. ab.

L. TRÄGER. 4561 □

Einige biochemische Kennzahlen der receptiven Einflüsse der Nebennierendrüsen. N. M. Turubiner und M. M. Eidelman. (Проблемы Эндокринологии и Гормонотерапии [Probleme Endokrinol. Hormontherap.] **7.** Nr. 2. 6—13. März/April 1961. Ukrain. Inst. für exp. Endokrinolog., Abt. Elektrophysiol. u. Abt. Biochem.) (Russ.; Auszug: Engl.)

Kaninchen zeigten 7—14 Tage nach Abbindung einer Nebenniere funktionelle Asymmetrie des *Adrenalin*- u. *Ascorbinsäure* (I)-Stoffwechsels im peripheren Blut. Auf der Operationsseite kommt es zur Erhöhung der adrenalinähnlichen Stoffe um 3,5 bis 20,9 mg%, Verringerung der reversiblen Oxydations-Derivv. dieser Stoffe um 3,5 bis 14,2 mg%, erhöhter Absorption von I durch die Blut-Koll. u. Verkürzung der Chronaxie.

Ektomie einer Nebenniere führt nicht zur funktionellen Asymmetrie. Dies beweist die interoreceptive Wrkg. der Nebenniere, die zur Erregung des sympathico-adrenerg. Syst. u. zu erhöhtem Verbrauch von Vitamin C auf der Operationsseite führt.
I. v. KLOCH-KORNITZ. 4561 □

Untersuchungen über Nebennierenrindenveränderungen nach der Kastration in parabiotischen weiblichen C3H-Mäusen. H. Ira Pilgrim. (Cancer Res. **20.** 1555—60. Dez. 1960. Buffalo, N.Y., Univ., School of Med., Dep. of Anatomy.) (Engl.)

Ovarektomierte Mäuse wurden mit normalen bzw. ebenfalls ovarektomierten Tieren parabiot. verbunden u. nach 14 Wochen im Vgl. zu normalen parabiot. Paaren untersucht. Die normalen Tiere zeigten im Vgl. zu ihren ovarektomierten Parabiosepartnern ein etwas höheres Hypophysen-Gew. u. ein stark erhöhtes Uterusgewicht. Im Vgl. zu normalen Parabionten zeigten die intakten Partner der ovarektomierten Tiere ein stark erhöhtes Ovariengewicht. Hinsichtlich der Nebennierenveränderungen stehen bei den intakten Partnern die Entw. von B-Zellen, bei den ovarektomierten Nodularhyperplasie an erster Stelle. Die kastrierten Mäuse zeigen ebenso wie ihre kastrierten oder normalen Partner eine Hypertrophie der G. submaxillaris. R. REISS. 4561 □

Identifizierung und Bestimmung von Noradrenalin in adipösem Gewebe. R. L. Smith, R. Paoletti und B. B. Brodie. (Biochem. J. **82.** 19P. Febr. 1962. Bethesda, Md., Nat. Insts. of Health, National Heart Inst., Labor. of Chem. Pharmacol.) (Engl.)

Vff. konnten in adipösem Gewebe verschied. Tierspecies eindeutig *Noradrenalin* (**I**) nachweisen. Folgende **I**-Geh. wurden gefunden: Ratten-Epididymisfettgewebe, 0,12 (μg/g); Hunde-Omentumfett, 0,12, u. Kaninchen-Retroscapularfett, 0,19. Dopamin wurde in signifikanten Mengen nicht nachgewiesen. H. KOCKERT. 4561 □

Untersuchungen über die Beziehung zwischen Kohlenhydratstoffwechsel und Harnbrenzcatechinaminen. Akio Otsuka. (Folia endocrinol. japon. **37.** 913—14. 20/12. 1961. Kyoto, Prefectural Univ. of Med., 1. Dep. of Med.) (Engl.)

Der Zusammenhang zwischen den mit dem Harn ausgeschiedenen *Brenzcatechinaminen* (**I**) u. der Pathogenese von Diabetes mellitus wird untersucht. 15 Patienten mit Diabetes mellitus scheiden mehr *Noradrenalin* (**II**) aus als 20 gesunde Probanden. Die Ausscheidung von *Adrenalin* (**III**) weist dagegen keine so deutlichen Unterschiede auf. Bei Kaninchen wurde ferner die Ausscheidung von *Vanillylmandelsäure* (**IV**) im Harn im Zusammenhang mit **I** untersucht. Danach besteht eine signifikante Beziehung zwischen **II**- u. **IV**-Ausscheidung, nicht jedoch zwischen **III** u. **IV**. Tiere, die dauernd Glucose erhielten, scheiden mehr **II** u. **IV** u. bes. mehr **III** aus. L. TRÄGER. 4561 □

Über die Bedeutung von Schilddrüsen- und Ovarialhormon für die periphere Zirkulation. H. W. Pabst. (Verh. dtsch. Ges. Kreislaufforsch. **25.** 121—26. 1959. München, Univ., Inst. u. Poliklin. für Physikal. Therapie u. Röntgenol.) (Dt.)

Schilddrüsen- u. *Ovarialhormon* haben eine erhebliche Bedeutung für die periphere Zirkulation. Bei Störungen im Hormonhaushalt kann es zu funktionellen Durchblutungsstörungen kommen. Mangel an Ovarialhormon führt zur hypophysären Gegenregulation, die sich auch auf die Thyreotropinsekretion erstrecken kann.
P. GREGORZEWSKI. 4562 □

Die Wirkung von Nitrat in der Nahrung auf die Schilddrüsenfunktion. Richard A. Bloomfield, Clifford W. Welsch, George B. Garner und Merle E. Muhrer. (Science [Washington] **134.** 1690. 24/11. 1961. Columbia, Univ. of Missouri, Dep. of Agric. Chem.) (Engl.)

♀ Ratten wurde eine 135 ppm *J* sowie 0,5, 1,0 bzw. 2,5% KNO_3 (**I**) enthaltende Diät verfüttert. Nach einer Woche erhielten die Tiere 3 μc ^{131}J injiziert, u. die Radioaktivität der Schilddrüse wurde external über 24 Std. gemessen. Mit steigendem **I**-Geh. in der Diät sank die J-Aufnahme durch die Schilddrüse gegenüber Kontrolltieren (2,5% **I**) auf etwa ein Viertel ab. Schafe mit einer 1,5% **I** enthaltenden Diät gefüttert, zeigten 6 Tage nach Injektion von 100 μc ^{131}J keine Unterschiede im *Methämoglobin*-Geh. des Blutes. Der ^{131}J-Geh. im Gesamtserum sowie der an das Serumprotein gebundene (Kriterium für die normale Schilddrüsenfunktion) war bei den **I**-behandelten Tieren erheblich niedriger. Es wird vorgeschlagen, den Tieren bei einer **I**-haltigen Nahrung genügende Mengen J u. Vitamin A zu verfüttern. J. BOELTER. 4562 □

Das den Ca-Blutspiegel senkende Calcitonin, ein Hormon aus der Nebenschilddrüse. D. H. Copp und B. Cheney. (Nature [London] **193.** 381—82. 27/1. 1962. Vancouver, Univ. of British Columbia, Dep. of Physiol.) (Engl.)

Vff. stellten fest, daß eine Perfusion der Nebenschilddrüsen (Hund) mit Blut mit einem vergleichsweise hohen *Ca*-Spiegel ein Absinken der Ca-Konz. nach sich zieht. Verantwortlich für diesen Abfall des Ca-Spiegels ist die bei einer Hypercalcämie beobachtete Stimulierung der Nebenschilddrüse, wobei als humorale Substanz das die Ca-Konz. senkende Hormon *Calcitonin* gebildet wird. H. KOCKERT. 4563 □

Untersuchungen über die Insulin- und Glukagon-ähnliche Aktivität des Blutes von Diabetikern. Einige Betrachtungen über die Regulation der Hormonsekretion des Pankreas. Akira Matsuoka, Hiroshi Uokawa, Akira Sakai und Atsuo Ishihara. (Folia endocrinol. japon. **37.** 388—92. 20/7. 1961. Kobe, Med. Coll., Div. II, Dep. of Intern. Med.) (Jap.; Auszug: Engl.)

Vff. entnahmen bei Diabetikern u. gesunden Personen Blut aus der *Vena pancreatico-duodenale* sup., *V. portae*, *V. hepatica*, *V. femoralis* u. bestimmten gleichzeitig den Blutzucker-Geh. sowie die *Insulin* (I)- (a) u. *Glukagon*-ähnliche (b) Aktivität des Blutes. Während die a-Aktivität nach der Rattendiaphragma-Meth. von Shimazu bestimmt wurde, wurde die b-Aktivität nach der Leberschnitten-Meth. von Shinko ermittelt, der *Blutzucker* (II) nach Hagedorn-Jensen. Für die Tier-Verss. wurden Hunde von 7—8 kg Gew. verwendet. Es wird gezeigt, daß die a-Aktivität des Plasmas von (nüchternen) Diabetikern, die kein I erhalten hatten, unter, die von I-behandelten Diabetikern über der von gesunden Personen lag. Die b-Aktivität des venösen Blutes von Diabetikern wich von der normaler Personen nicht merklich ab. Zwischen a-Aktivität des Plasmas von Diabetikern (ohne I) u. Gesunden u. dem II-Spiegel im nüchternen Zustand besteht offenbar eine reziproke Beziehung. Beim Hund waren a- u. b-Aktivität des Blutes aus der *V. pancreatico-duodenale* supl. gegenüber der aus anderen Venen leicht erhöht, während das Blut aus den anderen Venen keine diesbzgl. Unterschiede erkennen ließ. Nach Durchgang durch das Leberparenchym nahm die b-Aktivität ab, u. zwar betrug das Verhältnis dieser Aktivität des Blutes aus V. portae u. V. hepatica 5,7:1. Hans Thiele. 4564□

Biosynthese des Insulins. 1. Mitt. **Darstellung von biosynthetisch markiertem ^{35}S-Insulin.** I. Voelker, E. Schümann und C. v. Holt. (Biochem. Z. **335.** 382—91. 1962. Hamburg, Univ., Physiol.-chem. Inst.) (Dt.)

Vff. beschreiben eine Meth. zur biosynthet. Darst. von radiochem. einheitlichem, krist. ^{35}*S-Insulin* (I), das bis zu $1{,}5 \cdot 10^3$ cpm/mg aufweist. Die Darst. erfolgt über folgende Stufen: Enzymat. Synth. von ^{35}*S-Cystein* (II) unter Verw. von aus Bäckerhefe isolierter *Serinsulfhydrase*, Isolierung u. Reinigung von II, Verfütterung von II an ♂ Ratten (Sprague-Dawley-Stamm) u. Gewinnung von I aus dem Pankreas der Tiere. — Der Abbau des markierten Proteohormons zeigt, daß das zur Markierung benutzte II in die beiden Peptidketten A u. B des Hormons im Verhältnis ihrer Cysteinreste eingebaut wird. — Aus dem zeitlichen Verlauf des Einbaus der ^{35}S-Aktivität werden Rückschlüsse auf die Inkretionsrate der Langerhansschen Inseln gezogen. H. Kockert. 4564□

Die Wirkung von Insulin auf die Markierung von Mononucleotid mit Phosphor-32 im isolierten Rattenzwerchfell bei kontrollierter Abwesenheit extracellulärer Glucose. P. Volfin, D. Eboué und H. Clauser. (Nature [London] **192.** 166—68. 14/10. 1961. Paris, Fac. des Sci., Labor. de Chim. biol.) (Engl.)

Isoliertes Rattenzwerchfell wurde unter O_2/CO_2 (95:5) in Krebs-Ringer-Bicarbonat-Lsg. mit oder ohne Zusatz von *Glucose* (I) u. *Insulin* (II) im Warburg-App. inkubiert. Nach Präinkubation wurde ^{32}P zugesetzt, das Zwerchfell nach 10 Min. schnell gewogen, in kalter 10%ig. Trichloressigsäure homogenisiert, zentrifugiert u. im Überstand *anorgan. Phosphat*, *Phosphokreatin* (III) u. die spezif. Aktivität bestimmt sowie chromatograph. nach Volfin u. Mitarbeitern (C. **1962.** 8678) *Adenosintriphosphat* (IV), *-diphosphat* (V), *-monophosphat, Diphosphopyridinnucleotid* u. *Uridin-* (VI) + *Guanosinphosphat* (VII) sowie die „Restphosphate" getrennt u. die Mengen u. spezif. Aktivitäten bestimmt. I u. II hatten keinen Einfl. auf die Mengen der einzelnen Phosphatfraktionen, außer einer Erhöhung der „Restphosphate" (Glykolyse-Zwischenprodd.), bes. nach I + II. I oder II änderten nicht die Durchtritts-Geschw. von ^{32}P in das Zwerchfell. II steigerte mit u. ohne Ggw. von I die Markierung von III (50%), IV (80%), V (100%) u. VI/VII. I steigerte die Markierung von IV, nicht die von V, auch ohne Ggw. von II. H. Lohschelder. 4564□

Ein präcipitierender Antikörper für Insulin. Valerie E. Jones und A. C. Cunliffe. (Nature [London] **192.** 136—38. 14/10. 1961. London, King's Coll. Hosp. Med. School, Dep. of Bacteriol.) (Engl.)

Sechsfach umkrist. Rinder-*Insulin* (I) wurde in 0,002n HCl gelöst u. mit Freunds „Complete Adjuvant" (Difco) auf eine Konz. von 1,5 mg/ml gebracht. Erwachsene Meerschweinchen erhielten subkutan auf 3—4 Stellen verteilt 1 ml der I-Lsg., desgleichen nach 4 Wochen. 1 Monat später wurden im Serum fällende I-*Antikörper* festgestellt. Verschiedene Gemische von *Antiserum* u. *Antigen* wurden 4 Std. bei 37°, dann 2 Tage bei 4° inkubiert, der Nd. nach Auswaschen in 0,1n NaOH gelöst u. der *Protein*-Geh. spektrophotometr. bei 280 mμ bestimmt. Das Verhältnis von Antikörper zu Antigen am Punkt maximaler Fällung betrug 15,5—19. Schweineinsulin wurde weniger spezif.

gefällt. Verss. zur Best. der Größe des Antigen-Mol. lassen auf ein Molgew. <24000 schließen. H. LOHSCHELDER. 4564□

5-Hydroxyindolylessigsäure-Ausscheidung nach Pneumektomie. Ein Beitrag zur Zerstörung von 5-Hydroxytryptamin in der Lunge. M. H. Frick und L. Virkkula. (Ann. Med. exp. Biol. fenn., Suppl. **39.** Nr. 2. 101—03. 1961. Helsinki, Wihuri Res. Inst.; Univ. of Helsinki, Dep. of Thoracic Surg.) (Engl.)

Bei Überprüfung der *5-Hydroxyindolylessigsäure*-Ausscheidung nach Pneumektomie konnte bestätigt werden, daß die Lungen offenbar keine wichtige Rolle beim Abbau von *5-Hydroxytryptamin* spielen, da nach der Lungenentfernung keine Ausscheidungsverminderung zustande kam. U. TAUSENDFREUND. 4569□

Direkte Isolierung eines löslichen Relaxing-Systems aus Muskulatur. F. Fuchs und F. N. Briggs. (Biochim. biophysica Acta [Amsterdam] **51.** 423—25. 5/8. 1961. Boston, Mass., Tufts Univ., School of Med., Physiol. Dep.) (Engl.)

Es gelang Vff. die direkte Isolierung lösl. *Relaxing-Aktivität* (**I**) aus Muskulatur. Dazu wurde Kaninchenrücken- u. -beinmuskulatur für 40 Sek. zusammen mit 3 Vol. einer Extraktions-Lsg. aus 30 mm KCl, 30 mm Phosphat (pH 6,5), 5 mm $MgCl_2$ u. 5 mm K-Oxalat homogenisiert; der Überstand enthält nach Zentrifugierung (11000 g für 25 Min., 78000·g für 120 Min. zur Entfernung von Myofibrillen u. Mitochondrien bzw. Mikrosomen) den lösl. **I**-Faktor. Diese Überstandfraktion führt in einem Konz.-Bereich von 10—100 Vol.-% zu wenigstens 80%ig. Erschlaffung der durch die Wrkg. der Extraktions-Fl. plus 5 mm Adenosintriphosphat (ATP) an der glycerinextrahierten Muskelfaser hervorgerufenen Kontraktion; diese Hemmung ist durch Zufügung von Ca voll reversibel. Es ließ sich nachweisen, daß der **I**-Faktor zwar unter einer ganzen Reihe von Bedingungen isoliert werden kann, daß die erzielten Konzz. jedoch meist so gering sind, daß als bes. Bedingungen zu seinem Nachw. niedrige pH-Werte u. hoher Phosphat-Geh. erforderlich sind. Die Hitzestabilität ist bei verschiedenen Zubereitungen unterschiedlich (manche behalten noch nach 40 Min. dauernder Erhitzung auf 100° Aktivität bei, manche verlieren ihre Aktivität schon nach kürzerer Erhitzung); jedoch konnte die Ggw. von partikulärem Material als Bedingung für die Aktivität ausgeschaltet werden, so daß die Gründe für die unterschiedliche Hitzeempfindlichkeit ungeklärt bleiben. Der **I**-Faktor ist nicht mit dem der Wrkg. einer Inkubation von Muskelmikrosomen mit ATP identisch. Zwar können Mikrosomen u. ATP als Minimal-Syst. für die Bldg. des lösl. Faktors angesprochen werden, es ist jedoch zur Gewinnung des lösl. Faktors die Ggw. des lösl. Muskelproteins erforderlich, dessen Rolle allerdings noch ungeklärt ist (möglicherweise Stabilisierung des lösl. Faktors nach seiner Bildung).
U. TAUSENDFREUND. 4569□

Isolierung von Substanz P aus Pferdedarm und ihre biologische und chemische Abgrenzung gegenüber Bradykinin. J. Franz, R. A. Boissonnas und E. Stürmer. (Helv. chim. Acta **44.** 881—83. 2/5. 1961. Basel, Sandoz AG., Pharmazeut. chem. u. Pharmakolog. Labor.) (Dt.)

Vff. extrahierten aus Pferdedarm nach der Meth. von PERNOW (vgl. C. **1950/54.** 7519S) *Substanz P* (**I**) u. reinigten das Präp. durch Ammoniumsulfat-Fällung, Chromatographie an Amberlite IR-45, Amberlite IRC-50 (XE 64), an Al_2O_3 u. CM-Cellulose. Das so gewonnene Prod. zeigt am isolierten Meerschweinchenileum (a), am isolierten Hühner-Caecum (b) u. am Blutdruck des atropinisierten Kaninchens eine Aktivität von 30000 bis 35000 E./mg. Dieses hochgereinigte **I** läßt sich pharmakolog. ohne Schwierigkeiten von *Bradykinin* (**II**) abgrenzen, denn es löst im Gegensatz zu **II** dosisabhängige Kontraktionen am b aus. Außerdem ist an a die Latenzzeit bis zum Einsetzen der Kontraktion kürzer u. die Kontraktion-Geschw. größer als nach äquivalenten **II**-Dosen. — Im Papierchromatogramm u. in der Papierelektrophorese wandert das hochgereinigte **I**-Präp. als einheitliches, gut mit Bromphenolblau (**III**) anfärbbarer Fleck, der nur schwach mit Ninhydrin (**IV**) reagiert. Der R_F-Wert beträgt im aufsteigenden Chromatogramm 0,7 (Steigfl.: n-Butanol-Essigsäure-W., 40 : 20 : 60; gewaschenes SCHLEICHER & SCHÜLL-Papier 2040b). In der Papierelektrophorese zeigt **I** das gleiche Verh. wie **II**. Nach der Totalhydrolyse von **I** lassen sich ebenso wie nach der von **II** größere Mengen an *Arginin* (**V**) u. *Prolin* sowie *Leucin/Isoleucin* u. *Alanin* nachweisen. Durch Einw. von Chymotrypsin wird **I** in einen **IV**-positiven, aber nicht mit **III** anfärbbaren Fleck u. in einen zweiten **IV**-negativen, aber mit **III** reagierenden Fleck gespalten u. verliert gleichzeitig ihre biolog. Aktivität an a. Es wird kein **V** abgespalten. Danach mußte es sich bei **I** vermutlich um ein lineares Peptid handeln, das im Gegensatz zu **II** nicht die C-terminale Gruppierung Phe–Arg–OH besitzt. Durch Einw. von Trypsin entsteht kein zweiter **IV**-positiver Fleck, die Lage des ursprünglichen **III**-positiven Flecks ändert sich nicht, u. die biol. Aktivität von **I** bleibt teilweise erhalten. Durch Einw. von Carboxypeptidase (A + B) wird im Unterschied zu **II** kein **V** abgespalten; die biolog. Aktivität bleibt prakt. voll erhalten. — Danach unterscheidet sich, trotz einiger gemeinsamer Eigg., I eindeutig von II. H. KOCKERT. 4569□

Empfehlungen für die Nomenklatur von Hämoglobinen. Anonym. (J. biol. Chemistry **236.** 2155—56. Aug. 1961.) (Engl.)

Empfehlungen zur Nomenklatur der Polypeptidketten (α, β, γ, δ), zur Benennung der trypt. Peptide, die von der N-endständigen Seite her mit röm. Zahlen bezeichnet werden, sowie zur Beziehung der abnormen Hämoglobine. Beispiele: Hämoglobin A_2 wird hinsichtlich seiner Ketten bezeichnet als $\alpha_2^A\delta_2^{A_2}$. Drittes trypt. Peptid der α-Kette: αTp III. Erstes trypt. Peptid der β-Kette: βTpI bzw. βTp 1—8. Sichelzellhämoglobin, HbS: $\alpha_2^A\beta_2^S$ bzw. $\alpha_2^A\beta_2^{TpI(Glu \rightarrow Val)}$ bzw. $\alpha_2\beta_2^{6\,Val}$. W. SCHELER. 4572□

Plasma-Eisen und die Eisen-bindende Kapazität in trächtigen Ratten und Kaninchen. E. H. Morgan. (Nature [London] **192.** 461—62. 4/11. 1961. Nedlands, Univ. of Western Australia, Dep. of Physiol.) (Engl.)

Trächtigen Kaninchen bzw. Ratten wurden am 7., 14., 21 u. 28. Tage bzw. 6., 13., 17. u. 20. Tage (Ratten) nach Begattung sowie einen Tag nach dem Gebären Blutproben entnommen u. untersucht. Kaninchen u. Ratten zeigten ähnlich dem Menschen eine Abnahme des *Bluthämoglobin*-Geh. u. der Plasma-*Fe*-Konz. (A); einen merklichen Anstieg von A jedoch unmittelbar nach dem Gebären. Dagegen zeigten Ratten im Gegensatz zu Mensch u. Kaninchen einen merklichen Abfall der Fe-bindenden Kapazität des Plasmas in den letzten Tagen der Schwangerschaft sowie einen erheblichen Anstieg unmittelbar nach dem Gebären, was mit dem Abbruch der Fe-Übertragung auf den Fötus erklärt wird, während die Änderung der Fe-bindenden Kapazität beim Menschen u. Kaninchen noch der Erklärung bedarf. Der Abfall der Fe-bindenden Kapazität bei der Ratte beruht möglicherweise auf einer Änderung der Synth. oder des Abbaues von Transferin bzw. des Transportes des Proteines durch die Placenta oder die „fötalen" Membranen. J. BOELTER. 4574□

Die Bindung und der Transport von Eisen durch Transferrin-Varianten. Adam Turnbull und Eloise R. Giblett. (J. Lab. clin. Med. **57.** 450—59. März 1961. Seattle, Wash., Univ. of Washington, School of Med., Dep. of Med. u. King County Central Blood Bank.) (Engl.)

Die verschiedenen *Transferrin*-Varianten unterscheiden sich nicht wesentlich im Hinblick auf ihre Fe-Transportfähigkeit u. die Abgabe von Fe an die Gewebe. K. ZINGRAF. 4574□

Über die biologische Funktion des Transferrins, Ceruloplasmins und Haptoglobins. C.-B. Laurell. (Bull. schweiz. Akad. med. Wiss. **17.** 111—18. Okt. 1961. Malmö, Allmänna Sjukniset.) (Engl.)

Übersicht. Kurzer Rückblick über neue Fortschritte in der Unters. der physiolog. Funktion u. der Plasmahomöostase. 34 Literaturangaben. S. GROITZSCH. 4574□

Modifikation der Methode von Heilmayer und ihre Anwendung zur Eisenbestimmung in Plasma (Serum), Geweben und Injektionspräparaten. Cecil Poppa und Fl. Enache-Ciuntu. (Studii Cercetări Biochim. [Bucureşti] **2.** 407—12. 1959. Bucureşti, Centr. de hematol.) (Rum.)

Bei der Modifikation der klass. Meth. von HEILMAYER werden folgende Reagentien verwendet 6 n HCl, 20%ig. Lsg. von Trichloressigsäure, 1%ig. alkohol. Lsg. von p-Nitrophenol, konz. NH_4OH, 0,5 n H_2SO_4, 2%ig. Hydrochinon-Lsg., 1%ig. Lsg. von o-Phenanthrolinhydrochlorid. Die Verw. von Filtern wird vermieden, das Zwischenvol. von Probe u. Kontrolle notiert u. ein Standard mit bekannter Konz. eingeführt. Der Fe-Geh. mal der Probe ergibt sich aus deren Extinktion E_p, der Standardextinktion E_{st} u. einer für die Probe spezif. Konst. K nach $x = (E_p/E_{st}) \cdot K$. Die Anwendung der Meth. auf Plasma (Serum), Gewebe (Leber, Milz, Muskeln usw.) u. synthet. Präpp. wird erläutert. — Mit dieser Meth. wurden bei normalen Vers.-Personen Werte von 97—103 μg%, bei hypochromer Anämie 56—66 μg%, bei BIERMER Anämie 133—149 u. bei hämolyt. Anämie 184—199 μg Fe gefunden. R. K. MÜLLER. 4574□

Wirkung des Cholesterins in der Nahrung auf die Serumlipoide beim Menschen. William E. Connor, Robert E. Hodges und Roberta E. Bleiler., (J. Lab. clin. Med. **57.** 331—42. März 1961. Iowa City, State Univ. of Iowa Coll. of Med. Dep. of Int. Med.) (Engl.)

Bei 6 Personen stiegen die *Cholesterin* (I)- u. Phospholipoid-Werte u., weniger konst., auch die Triglycerid-Werte im Serum bei Verabreichung einer I-reichen Diät (hoher Geh. an Eidotter) an u. nahmen bei I-freier Diät ab. Die JZ. u. die Mengen einfach u. mehrfach ungesätt. Fettsäuren waren bei beiden Diätformen gleich. Unterschiede im

Phosphatid- u. Sitosterin-Geh. beeinflußten die Ergebnisse nicht. Ersatz von gesätt. Fettsäuren durch mehrfach ungesätt. senkte die II-Werte im Serum bei I-reicher Diät nicht. Eiweißmengen von 20—143 g täglich in der Nahrung beeinflußten die Lipoid-Konzz. im Serum nicht. Auch positive oder negative N-Bilanz hatte keinen Einfluß.

K. ZINGRAF. 4574□

Veränderungen der Blutfettsäuren bei Arteriosklerose und ihre Beeinflussung. W. Schrade, E. Böhle und R. Biegler. (Fette, Seifen, Anstrichmittel **63.** 1035—40. Nov. 1961. Frankfurt/Main, Univ., I. Med. Klinik.) (Dt.)

Es wird über die Zus. der am Aufbau der Blutlipide beteiligten *Fettsäuren* bei Gesunden u. bei Arteriosklerotikern (Hypercholesterinämie, Lipämie) berichtet. Bei diesen anormalen Zuständen treten die gesätt. u. die monoolefin. Fettsäuren zulasten der polyolefin. Vertreter, vor allem der essentiellen *Linol-* u. *Arachidonsäure*, in den Cholesterinestern, in den Phospholipiden, in den Glyceriden wie in den vorhandenen freien Serumfettsäuren vermehrt auf. An 4 Patienten wird die Wrkg. des linolsäurereichen Keimöls (Lipomatan) geprüft; es fallen ab der Geh. an Cholesterinestern, an Glyceriden, geringer der an Phospholipiden; Ausführungen über die sich dabei vollziehenden Änderungen in der Zus. der Fettsäuren; Verabfolgung von polyensäurereichem Fett — auch bei intravenöser Darreichung — führt bei Lipämie zum Abbau dessen, was im Überschuß vorhanden ist. Hinweis auf die ähnliche, wenn auch etwas trägere Wrkg. von Heparin.

K. TÄUFEL. 4574□

Die Lipoproteine des menschlichen Plasmas. M. Burstein. (Bull. schweiz. Akad. med. Wiss. **17.** 92—110. Okt. 1961. Paris, Centre national de transfusion sanguine.) (Franz.)

Übersicht. — 75 Literaturangaben. S. GROITZSCH. 4574□

Verhalten der Reaktion Schwefel–Phosphor–Vanillin im Plasma des Kaninchens vor und nach der Behandlung mit 2.4-Dinitrophenol. A. Rizzo und C. Zannelli. (Boll Soc. ital. Biol. sperim. **36.** 1234—37. 3/11. 1960. Messina, Univ., Ist. di Fisiol. gener. e spec. degli anim. domest. e Chim. biol.) (Ital.)

Die *S-P-Vanillin*-Rk. ist ein Index des Grades des ungesätt. Zustandes der Serumlipide. Die Rk. wird an Kaninchen durchgeführt, die i. p. innerhalb 24 bzw. 48 Std. 40 mg *2.4-Dinitrophenol* (I)/kg erhalten. Es zeigt sich, daß I eine Verringerung des Geh. des Plasmas an S-P-Vanillin-reagierenden Stoffen (in $g^0/_{00}$ Cholesterin ungesätt. Fettsäuren ausgedrückt) herbeiführt. F. KREN. 4574□

Die Adsorption der Mucoproteine des Blutserums während ihrer Bestimmung. M. Ledvina und S. Coufalová. (Collect. czechoslov. chem. Commun. **26.** 1453—57. Mai 1961. Gottwaldov, Regional Hosp., Central Biochem. Labor.) (Engl.)

Vff. untersuchten die Fehler der Best. von *Mucoproteinen* (I) des Blutserums, welche durch Adsorption der I auf dem gefällten Protein verursacht werden. I wurden mit Hilfe eines neuen Verf. festgestellt, welches besser reproduzierbar ist als die Original-Meth. nach WINZLER (vgl. LEDVINA, Českoslov. gastroenterol. výživa **13.** [1959.] 321). Die Ergebnisse des Verf. hängen von der Zeitdauer der Filtration u. von der Länge der Periode u. des Stehens der gefällten Eiweißstoffe der Filtration ab. Die Adsorption der I während der Filtration ist bei verschiedenen Sera unterschiedlich u. liegt im Bereich von 15,5—31,1% der Originalkonzentration. Die Adsorption an den gefällten Proteinen wird mit Hilfe von Sinterfiltern ermittelt; es wird festgestellt, daß das gefällte Protein viel mehr I (78,7%) als das Papier adsorbiert. Eine weitere Unters. des Verlaufs der Adsorption zeigt, daß die ersten Anteile des Filtrats hauptsächlich an den Cellulosefasern adsorbiert werden. Nach der Sättigung des Papiers werden I ausschließlich auf den gefällten Serumproteinen adsorbiert, deren Adsorptionsfähigkeit sich bei verschiedenen Sera ändert. Mögliche Verbesserungen der Best. von I werden diskutiert.

V. KOSTKA/Prag. 4574

Anomalitäten der Proteine und der an Protein gebundenen Hexose bei Morbus Hodgkin. Mehran Goulian und John L. Fahey. (J. Lab. clin. Med. **57.** 408—19. März 1961. Bethesda, Md., Dep. of Health, Educat. and Welfare, Publ. Health Serv., Nat. Inst. of Health, Nat Cancer Inst., General Med. Branch, Metabolism. Serv.) (Engl.)

Die Veränderungen der Serumeiweißkörper u. der *Protein-gebundenen Hexose* (PGH) bei *Morbus Hodgkin* wurden mittels Elektrophorese u. Anionenaustausch-Cellulose-Chromatographie untersucht. Ergebnis: Erhöhung der Gesamt-PGH-Werte, verursacht durch Zunahme der *α-Globuline* (vor allem einer α_2-*Globulin*-Fraktion; den zweithöchsten Beitrag leistete eine Orosomucoid-haltige α_1-Globulin-Komponente); außerdem Zunahme der Coeruloplasmin-haltigen Komponente, dagegen Verringerung der Albumin- u. Siderophilin-haltigen Komponenten im Vgl. zu Normalpersonen.

K. ZINGRAF. 4574□

Die Globuline des γ-Systems des menschlichen Plasmas. J. F. Heremans. (Bull. schweiz. Akad. med. Wiss. **17.** 119—38. Okt. 1961. Louvain, Univ., Clin.) (Franz.)
Übersicht. — 77 Literaturangaben. S. GROITZSCH. 4574□

Paraproteine. A. Hässig und D. L. A. Roulet. (Bull. schweiz. Akad. med. Wiss. **17.** 162—74. Okt. 1961. Bern, Schweizer. Rotes Kreuz, Zentrallabor. des Blutspendedienstes.) (Dt.)
Übersicht. — 10 Literaturangaben. S. GROITZSCH. 4574□

Die Makroglobuline des menschlichen Plasmas. H. Isliker. (Bull. schweiz. Akad. med. Wiss. **17.** 139—52. Okt. 1961. Bern, Univ., Inst. de Chim. Méd.; Lausanne, Univ., Fac. de Méd.) (Franz.)
Übersicht über Reinigungs-Meth., physikal.-chem. Eigg., biolog. Eigg., klin. Anwendung. — 36 Literaturangaben. S. GROITZSCH. 4574□

Einige Beobachtungen über die Isomerenentstehung von Pferde- und Humanserumalbuminen. Joji Hori und Koichiro Aoki. (Arch. Biochem. Biophysics **88.** 232—40. Juni 1960. Mizuho-ku, Nagoya, Nagoya City Univ., Chem. Labor.) (Engl.)
Auch für Pferde- u. Humanserum-*Albumin* konnte — wie durch AOKI u. FOSTER (vgl. C. **1957.** 2258 u. C. **1958.** 1026) für Rinderserumalbumin gezeigt wurde — bei elektrophoret. Unterss. im pH-Bereich von 3,6—6,8 u. einem Acetat- oder Phosphatpuffer der Ionenstärke 0,1 ein „Isomerie-Gleichgewicht" für die N- u. F_1-Bande nachgewiesen werden, das mit $N + 2H^+ \rightleftharpoons F$ formuliert wird. Die in einigen Fällen auftretende schnell wandernde F_2-Bande kann entweder der Hinweis für das Bestehen zweier F-Formen sein, oder sie ist eine Rk.-Bande zwischen der F-Form u. dem Medium. — Bei gealtertem Pferdeserum-Albumin ließ sich in der „Isomeriekurve" (% N in Abhängigkeit vom pH) ab pH 4,3 ein paralleler Verlauf der Kurve zur Abszisse erkennen, wie er bei Rinderserum-Albumin in Ggw. von 2 m Harnstoff beobachtet wird. Dieses Plateau steht mit der 1. Stufe der Denaturierung in Zusammenhang.
U. TAUSENDFREUND. 4574□

Die Eiweißstoffe des Blutserums bei künstlicher Hypothermie. K. W. Osstaschkow. (Биохимия [Biochemie] **26.** 966—69. Nov./Dez. 1961. Dnepropetrowsk, Med. Inst., Lehrstuhl für Röntgenol. u. med. Radiol.) (Russ.; Auszug: Engl.)
Im Kaninchen-Vers. wurde der Blutserum-Geh. an *Gesamteiweiß*, *Albumin* (**I**), *Globulin* (**II**) sowie der **I**/**II**-Koeff. in Abhängigkeit vom Grad der künstlichen Hypothermie untersucht u. festgestellt, daß mit fortschreitender Hypothermie die Hypoproteinämie zunimmt. Das Verhältnis **I**/**II** wird nicht wesentlich verändert. Sowohl **I** als auch **II** nehmen ab. Das Verhältnis β-**II**/γ-**II** wird stark verändert; sie nehmen beide ab, während α-**II** zunimmt. O. LEBTAG. 4574□

Gehalt an Eiweißfraktionen im Blutserum von Kindern mit tuberkulöser Meningitis. T. O. Motus. (Педіатрія, Акушерство і Гінекологія [Pädiatrie, Geburtshilfe Gynäkol. (Kiew)] **22.** Nr. 5. 21—22. 1960. Kiew, Med. Bogomoletz-Inst., Lehrstuhl für Hospitalpädiatrie.) (Ukrain.)
In Unterss. am 50 Kindern mit tuberkulöser Meningitis wurde festgestellt, daß bei akuter Meningitis im Blutserum der Geh. an *Gesamteiweiß* (**I**) mit 3,2—8,8% in weiten Grenzen schwankt u. keinen Anhaltspunkt über die Schwere der Erkrankung bietet. Bei 42 Kranken sinkt der *Albumin*-Anteil an **I** auf 30% gegenüber 57—69% in der Norm. Der Geh. an α_1-*Globulin* (**II**) zeigt keine Abweichungen von der Norm. Der Geh. an α_2-**II** ist bei 41 Kranken höher als in der Norm (10,3—14,9%) u. erreicht bis zu 20,6%. Der Geh. an β-**II** ist bei 30 Kranken erhöht u. erreicht bis zu 22,4% gegenüber 10,5—13,25% in der Norm. Der Geh. an γ-**II** ist bei 38 Kranken bis 21% erhöht gegenüber 10—14% in der Norm. O. LEBTAG. 4574□

Veränderungen der Gesamtproteine und der Eiweißfraktionen des Plasmas nach akuter Blutung. Experimentelle Untersuchungen. Raffaele Palomba. (Gazz. int. Med. Chirurg. **65** (**66**). 612—31. 31/3. 1961. Sassari, Univ., Ist. di Patol. Spec. Med. Chir. e Propedeut. Clin.) (Ital.)
Bei Hunden nahm nach Aderlaß ($^1/_6$ des zirkulierenden Blut-Vol.) das Plasma-Vol. zu u. erreichte nach 24 Std. den Ausgangswert; dann trat eine Abnahme ein, die manchmal am 2. Tag den Wert nach dem Aderlaß wieder erreichte. Ähnlich verhielten sich die Gesamtproteine, sie erreichten jedoch maximal $^2/_3$ der verlorenen Menge. α_2- u. γ-Globuline nahmen innerhalb von 24 Std. zu; Albumin u., in geringerem Maße, α_0-, α_1- sowie $\beta_1 + \beta_2$-Globuline nahmen nach 48 Std. ab. K. ZINGRAF. 4574□

Untersuchungen über das Bindungsvermögen der Albumine im Serum von Hautblasen. Chr. Eberhartinger und N. Stefanakis. (Dermatologica [Basel] **122.** 373—79. Mai 1961. Wien, II. Univ., Hautklin.) (Dt.)

Der *Albumin*-Geh. in Hautblasen ist höher als im Blutserum, das Bindungsvermögen für Fettsäuren nach AXENFELD ist nur in diesem Verhältnis erhöht.

W. HOLLAND. 4574□

Elektrophoretische Untersuchung der Eiweißstoffe des Blutserums bei Scharlach. A. P. Krut. (Педiатрiя, Акушерство i Гiнекологiя [Pädiatrie, Geburtshilfe Gynäkol. (Kiew)] **22**. Nr. 5. 28—29. 1960. Dnepropetrowsk, Med. Inst., Lehrstuhl für Infektionskrankheiten u. Propäd. der inneren Krankheiten.) (Ukrain.)

Die elektrophoret. Best. des *Eiweiß*-Geh. des Blutserums von 150 Kindern mit Scharlach ergab, daß 10 Tage nach der Erkrankung der Geh. an *Albumin* wieder ansteigt u. nach 20 Tagen nur in einzelnen Fällen noch unterhalb der Norm liegt. Der Geh. an *γ-Globulin* (I) liegt mit 16,5% in der akuten Periode innerhalb der mittleren u. unteren Grenze der Norm. Nach der akuten Periode nimmt der Geh. an γ-I stark zu (bis zu 20%) u. bleibt nach 20 Tagen mit 18,5% oberhalb der Norm. Der Geh. an α_2-I ist bei $^2/_3$ der Kranken in der akuten Periode erhöht, nimmt dann ab u. erreicht in der 3. Woche in den meisten Fällen die Norm. Der Geh. an γ-I ist bei den Kranken mit steigendem Alter stärker erhöht. Das umgekehrte ist der Fall bei α_2-I; sein Geh. ist bei den kleinsten Kindern mit 13,8% in der akuten Periode am höchsten, bei den Kindern über 14 Jahre mit 10,4% am geringsten. O. LEBTAG. 4574□

Photometrische Mikrobestimmung der Gesamtserumglobuline mit einer Tryptophanreaktion. Abraham Saifer, Shirley Gerstenfeld und Francis Vecsler. (Clin. Chem. [New York] **7**. 626—36. Dez. 1961. Brooklyn, N.Y., Jewish Chronic Disease Hosp., Isaac Albert Res. Inst.) (Engl.)

Die $HClO_4$-Meth. von TAUBER (J. biol. Chemistry **177**. [1949.] 337) u. das colorimetr. Verf. von FISCHL (J. biol. Chemistry **235**. [1960.] 999) werden zu einer direkt ohne Hydrolyse anwendbaren Meth. zur *Tryptophan*-Best. kombiniert, über Unters.-Ergebnisse wird berichtet. Das Verf. ist auf Fll. mit niedrigem Protein-Geh. (Harn, Cerebrospinal-Fl.) direkt anwendbar. PH. FRESENIUS. 4574□

Vereinfachte Technik für die Bestimmung von an Serumprotein gebundenem Jod. Louise W. Faulkner, Richard P. Levy und Jack R. Leonards. (Clin. Chem. [New York] **7**. 637—45. Dez. 1961. Cleveland, Ohio, Western Reserve Univ., School of Med. and Univ. Hosp., Dep. of Med. and Biochem.) (Engl.)

Es wird eine Vereinfachung des Verf. von BARKER u. Mitarbeitern (J. clin. Invest. **30**. [1951.] 55) zur Best. von an Serumprotein gebundenem *J* beschrieben. Es handelt sich um eine Verminderung der Zahl der Auswaschungen der gefällten Proteine, Verw. einer besseren J-Standard-Lsg., Verw. einer Temp.-Korrekturformel zur Durchführung des Verf. bei Zimmer-Temp. u. Erzeugung einer stabilen Ceratfärbung mit Brucin durch Modifikation des Verf. von GROSSMANN u. GROSSMANN (C. **1956**. 1399).

PH. FRESENIUS. 4574□

Das menschliche Fibrinogen. E. F. Lüscher. (Bull. schweiz. Akad. med. Wiss. **17**. 153—61. Okt. 1961. Bern, Univ., Theodor-Kocher-Inst.) (Dt.)

Übersicht über Isolierung, Eigg., Komplex-Bldg., Vork. u. Bedeutung. — 68 Literaturangaben. S. GROITZSCH. 4574□

Hämostatische Wirkung von Erdnußsamenschalen. Václav Čepelák. (Z. ges. inn. Med. Grenzgebiete **16**. 1100. 15/12. 1961. Plzeň, Univ., Med. Klin.) (Dt.)

Wasser- oder A.-Extrakte von Erdnußschalen wirken als allg. perorales Hämostaticum bei verschiedenen Erscheinungen patholog. Blutungen. S. GROITZSCH. 4574□

Makromolekulare Eigenschaften und biologische Wirksamkeit von Heparin. Grant H. Barlow, Nancy D. Sanderson und Peggy D. McNeill. (Arch. Biochem. Biophysics **94**. 518—25. Sept. 1961. North Chicago, Ill., Abbott Labor., Res. and Dev. Div., Phys. Chem. Dep.) (Engl.)

Das mittels Lichtstreuung u. Sedimentation ermittelte Molgew. von *Heparin* hing von der Ionenaktivität der Test-Lsg. ab. Es wurde keine Korrelation zwischen dem Molgew. u. der biolog. Wirksamkeit gefunden. In Elektrophorese-Unterss. ergab sich nur für den Streptomycinkomplex eine Korrelation mit der biolog. Wirksamkeit.

K. ZINGRAF. 4574□

Calciumheparinat, Eigenschaften und Indikationen. Ph. Détrie, Cl. Frileux, C. Dreux, E.-G. Vairel und L. Leger. (Presse méd. **70**. 627—28. 17/3. 1962.) (Franz.)

Da *Heparin* (I) mit Ca^{2+} eine chelatähnliche Verb. eingeht, entzieht es dem damit behandelten Organismus dieses Ion. Dieser Vorgang ist bei der üblichen Behandlung ohne Belang, weil I höchstens 5% seines Gew. an Ca^{2+} aufnimmt. Bei intradermaler, i.m.- oder s.c.-Verabfolgung kann es in den Capillarwänden zur Ca-Verarmung u. damit zum Brüchigwerden kommen. *Ca-Heparinat* (II) weist diese Eig. nicht auf. Im Vgl. mit dem üblicherweise verwendeten Na-Heparinat erweist sich II (*CY 55*, LABOR. CHOAY) bzgl. der Anticoagulansaktivität u. der Verträglichkeit als gleichwertig. P. LOCH. 4574□

Untersuchungen über die Gerinnung von Hühnerblut. 2. Mitt. Für den maximalen K-Faktorspiegel essentielle, nichtidentifizierte Nahrungsfaktoren. Øyvind Sorbye. (Acta chem. scand. **15.** 1517—31. 1961. Copenhagen, Polytechn. Inst., Dep. of Biochem. and Nutrit.) (Engl.) — 1. vgl. C. **1961.** 13993.

Für die maximale *K-Faktor* (I)-Aktivität waren folgende Futterbestandteile erforderlich: 200 g Gerste (**II**), 80 g Weizenkleie (**III**), 100 g Pankreaspulver (**IV**), 200 g Mehl (**V**), 100 g Magermilchpulver (**VI**), 60 g getrocknetes Alfalfa (**VII**) bzw. die entsprechenden Faktorkonzentrate, welche auf folgende Weise durch Extraktion u. Fraktionieren gewonnen wurden. 20 Std. lange Extraktion mit Ae., 24 Std. Extraktion mit heißem 96%ig. A., Fraktionierung durch Verteilungschromatographie. **I** aus **V** bzw. Getreidekeimöl war fettlösl., nicht verseifbar, wurde an Al_2O_3 adsorbiert u. mit Ae. + 10% Methanol eluiert (wahrscheinlich ein KW-Stoff mit wenigen polaren Gruppen). **I** aus **II** u. **IV** war in W. lösl., in Ae. unlösl., in kaltem A. bei —15° unlösl., durch *Ba* bei pH 9 u. durch neutrales *Pb-Acetat* bei pH 6 nicht fällbar, durch bas. *Pb-Acetat* bei pH 6 fällbar u. bildete mit *Phosphorwolframsäure* (**VIII**) eine in 90% *Aceton* unlösl. Verbindung. **I** aus **III** u. **VII** verhielten sich ähnlich, waren durch bas. *Pb-Acetat* nicht fällbar, bildeten mit **VIII** ebenfalls eine in 90% *Aceton* unlösl. Verbindung. — **I** aus **VI** war in W. lösl., nur z. T. in kaltem A. unlösl., wurde durch neutrales *Pb-Acetat* gefällt. — Zusätzlich zu *Vitamin K* sind demnach noch 6 Nahrungsfaktoren direkt oder indirekt, vielleicht als Katalysatoren an der I-Bldg. beteiligt, die sich hierbei nicht gegenseitig ersetzen können. H. CARLS. 4574 □

Isolierung und Charakterisierung von Albumin im normalen menschlichen Urin. Pierre Cornillot, Roland Bourrillon und René Got. (C. R. hebd. Séances Acad. Sci. **254.** 171—73. 3/1. 1962. Paris, Fac. de Méd., Labor. de Biochim.) (Franz.)

Vff. isolierten aus normalem menschlichen Urin durch Fällung mit $(NH_4)_2SO_4$-Lsg. (50—75%ig. Sättigung), DEAE-Cellulosechromatographie, Papier–Stärke-Zonenelektrophorese usw. homogenes *Albumin* (**I**). **I** aus dem Urin zeigt eine höhere elektrophoret. Wanderungs-Geschw. als Serumalbumin (**II**). Der isoelektr. Punkt von **I** liegt bei 4,5 (der von **II** bei 4,7), die Sedimentations-Konst. bei 4,3 S. **I** enthält geringe Mengen an *Hexosen* (2%), ist jedoch frei von Osaminen, 6-Desoxyhexosen u. Sialsäure. Zwischen **I** u. **II** bestehen offenbar hinsichtlich der chem. u. physikal. Eigg. beider Proteine nur geringfügige Unterschiede. H. KOCKERT. 4577 □

Einfluß verschiedener Mangangehalte in der Nahrung wachsender Tiere auf den Calcium- und Phosphorgehalt des Knochen-, Leber- und Hirngewebes. L. I. Kulikowa. (Вопросы Питания [Fragen d. Ernähr.] **20.** Nr. 6. 58—63. Nov./Dez. 1961. Moskau, Inst. für Ernährung der Akad. der Med. Wiss., Labor. für Stoff- u. Energieumsatz.) (Russ.; Auszug: Engl.)

In Verss. an weißen Ratten (♂), die zusätzlich zur Grunddiät (Kontrolle; C) kein *$MnSO_4$* (I; Gruppe A) bzw. täglich 250 mg I (B) bekamen, wurde der Ca- u. P-Geh. im Knochen- (a), Leber- (b) u. Gehirngewebe (c) bestimmt. Bei C wurde in b eine Zunahme von Ca von 0,24—0,42 (g%), in c von 0,4—0,5 u. in a von 24,0—25,2 festgestellt. Das Verhältnis Ca/P erhöhte sich in b u. c u. blieb prakt. unverändert in a. Bei A war nach 2 Monaten der Ca-Geh. in b u. c 3mal so groß wie bei C, sank aber zur Norm nach weiteren 1—2 Monaten. Das Verhältnis Ca/P (alle Gewebe) verringerte sich zuerst, erhöhte sich aber etwas später. Bei B erhöhte sich der Ca-Geh. in b u. c. im Vgl. zu C um 1,5—1,6 g% u. in a um 24.6—26,0 g%; der P-Geh. verringerte sich in b, c u. a um 1,61—1,14 (g%) bzw. um 2,2—1,04 bzw. um 11,5—8,8. S. BARYSCHNIKOW. 4585

Biologische Wirkung von Rationen mit verschiedenem Kupfergehalt (Versuche an weißen Ratten). A. Abrarow. (Вопросы Питания [Fragen d. Ernähr.] **20.** Nr. 5. 31—35. Sept./Okt. 1961. Moskau, Inst. für Ernährung der Akad. der Med. Wiss. der UdSSR, Labor. für Stoff- u. Energieumsatz.) (Russ.; Auszug: Engl.)

Verss. an Ratten zeigen, daß Cu-freie bzw. 50 mg% *$CuSO_4$* enthaltende Rationen keine Einw. auf das Gew. der Tiere, den Hämoglobin-Geh. bzw. die Zahl der Erythro-, Leuko- u. Reticulocyten im Blut ausüben. Die Zus. des Hämoglobins wird durch die Cu-freie Diät nicht verändert. Ein Cu-Überschuß in der Ration erhöht den Globulin- u. bes. den Hämatin-Geh. des Hämoglobins. Eine Zugabe von 50 mg% $CuSO_4$ zur Ration erwies sich als nicht gesundheitsschädlich; die N-Bilanz der Vers.-Tiere blieb positiv, ein etwas erhöhter Verbrauch von O_2 wurde beobachtet. S. BARYSCHNIKOW. 4585

Bedarf an essentiellen Fettsäuren und Geflügel-Atherosklerose. H. Fisher, A. S. Feigenbaum und H. S. Weiss. (Nature [London] **192.** 1310—11. 30/12. 1961. New Brunswick, N.J., Rutgers Univ., Dep. of Poultry Sci.) (Engl.)

Vff. stellten bei Küken, die mit einer an *essentiellen Fettsäuren* (I) freien Diät (19 Monate lang vom Tag des Schlüpfens an) gefüttert wurden (Gruppe a), keine bes. ausgeprägten Symptome einer Atherosklerose fest, wenn schon der Blut-*Cholesterin*-Spiegel im Vgl. zu Tieren, die eine I-haltige Diät erhielten (Gruppe b), erhöht war. Das zunächst geringere Körper-Gew. bei a im Vgl. zu b wurde nach ca. 18 Monaten nahezu ausgeglichen. Jedoch war der Zeitpunkt für den Beginn der Eilegetätigkeit bei a merklich verzögert. Weitere Mangelsymptome, wie Hautläsionen u. anderes, wurden hingegen nicht beobachtet. H. KOCKERT. 4585 □

Einfluß des Mangels an Eiweiß und schwefelhaltigen Aminosäuren in der Nahrung auf den Gehalt an Phosphopyridinnucleotiden in Rattenleber. N. M. Filtschagin. (Вопросы Питания [Fragen d. Ernähr.] **20.** Nr. 5. 26—31. Sept./Okt. 1961. Moskau, Inst. für Ernährung der Akad. der Med. Wiss. der UdSSR, Labor. für Pathol. Physiol.) (Russ.; Auszug: Engl.)

Proteinmangel (9% Casein in der Nahrung) erniedrigt den Geh. an Phosphopyridinnucleotiden in der Leber von Ratten u. erhöht die Ausscheidung von N'-Methylnicotinamid mit dem Harn. Durch Zugabe von *dl-Methionin* (I) u. *l-Cystin* (II) zur Diät werden die vorst. Folgen des Proteinmangels verringert. Der Ersatz von I u. II durch S-freie Aminosäuren (dl-Lysin, *l*-Tyrosin u. *l*-Glutaminsäure erwies sich als unwirksam. S. BARYSCHNIKOW. 4585

Die Bildung von L-Xyloson aus Ascorbinsäure. G. C. Whiting und R. A. Coggins. (Nature [London] **185.** 843—44. 19/3. 1960. Bristol, Univ., Dep. of Agric. and Horticulture, Long Ashton Res. Stat.) (Engl.)

Aus mit SO_2 behandeltem Apfelsaft fällt nach Zusatz von 2.4-Dinitrophenylhydrazin ein Nd. aus, dessen Reinigung im Gegensatz zum Phenylhydrazin-Deriv. nicht gelang. Der Nd. wurde als *L-Xylosazon*, F. 164—165°, identifiziert. Es wird gezeigt, daß *L-Xyloson* durch Behandlung von L-Dehydroascorbinsäure mit SO_2 entsteht. K. F. MÜLLER. 4587 □

Untersuchungen über die Cyanocobalamin-Bindungskapazität in Yoghurt, Lactobacillus bulgaricus und Lactobacillus thermophilus. Danley A. Callieri. (Ark. Kemi **16.** Nr. 14. 197—201. 1960. Stockholm, Royal Inst. of Technol., Div. of Food Chem.) (Engl.)

Lactobacillus bulgaricus (A) u. *Lactobacillus thermophilus* (B) werden in Milch u. Difco-Medium bei 45° kultiviert, in physiolog. NaCl-Lsg. gewaschen u. darin suspendiert. Dazu werden 5, 25 oder 50 mμg *Cyanocobalamin* (I) zugegeben u. 1 Std. lang bei 4—7° gehalten. Der I-Geh. wird im Ultrafiltrat mikrobiol. mit *Escherichia coli 113-3* bestimmt. Außerdem wird der Einfl. des wechselnden Zell-Geh. bei konst. Angebot von 25 mμg I/ml auf die I-Bindung untersucht. Die gebundene I-Menge nimmt mit steigendem I-Angebot zu, wobei A mehr I bindet als B. Bei A sind Zell-Geh. u. gebundene I-Menge proportional, bei B ist die I-Bindung dagegen nahezu unabhängig vom Zellgehalt. Wird Yoghurt erwärmt, so verändert sich zwischen 20 u. 60° die I-Bindungskapazität kaum, bei 70° ist sie auf 50%, bei 80° auf 35% gefallen. Die Temp.-Abhängigkeit der I-Bindungskapazität von B verläuft ähnlich. A verliert sie dagegen von 20—80° schrittweise. Bei 60° beträgt sie nur noch 50%. Die Ergebnisse deuten auf verschiedene I-Bindungsmechanismen in A u. B hin. I im Yoghurt wird daher hauptsächlich durch B gebunden, wenngleich die Bindungskapazität im Yoghurt 50mal größer ist als die vergleichbarer B-Konzentrationen. L. TRÄGER. 4587 □

Einfluß der Rationen mit verschiedenem Vitamin-A-Gehalt auf den Jodgehalt der Schilddrüse von Ratten bei Einführung von 6-Methylthiouracil. N. B. Lutzjuk. (Вопросы Питания [Fragen d. Ernähr.] **20.** Nr. 5. 40—44. Sept./Okt. 1961. Lwow, Med. Inst., Lehrstuhl für Ernährungshygiene.) (Russ.; Auszug: Engl.)

Ein Überschuß von *Vitamin A* in der Nahrung verursacht eine Gew.-Zunahme der Schilddrüse bei Ratten u. erhöht die durch Einführung von *6-Methylthiouracil* (I) hervorgerufene Hypertrophie des Organs. Durch Überschuß bes. aber durch Mangel an Vitamin A, werden J-Geh. u. J-Konz. in der Schilddrüse (bes. bei Einführung kleiner Dosen von I) erniedrigt. S. BARYSCHNIKOW. 4587

Maximale antirachitische Ultraviolett-Aktivierung von Haut verschiedener Körperregionen. H. Bekemeier und K. Pfordte. (Hoppe-Seyler's Z. physiol. Chem. **318.** 159—62. 31/5. 1960. Halle, Univ., Pharmakol. Inst.) (Dt.)

In der Bauchhaut von Ratten u. Kaninchen beträgt die Menge des durch UV-Bestrahlung pro Flächeneinheit erzeugbaren *Vitamin-D*-Geh. im Vgl. zur Rückenhaut nur ca. 20%; etwa gleiche Verhältnisse scheinen auch für den Menschen zu gelten. Die Ursache dieser unterschiedlichen Aktivierbarkeit ist in verschiedenen Provitamin-Geh. von Haut verschiedener Körperregionen zu suchen. K. F. MÜLLER. 4587 □

Unwirksamkeit von Faktor 3 aktiven Selenverbindungen bei der Muskeldystrophie von Kaninchen mit Vitamin-E-freier Kost. Edwin L. Hove, Gordon S. Fry und Klaus Schwarz. (Proc. Soc. exp. Biol. Med. **98.** 27—29. Mai 1958. Bethesda, Md., Nat. Inst. of Arthritis and Metabolic Diseases, Labor. of Nutrit. and Endocrinol.) (Engl.)

Erhalten junge Kaninchen eine *Vitamin-E*-freie Kost, so entwickelt sich innerhalb von 3 Wochen eine Muskeldystrophie. Werden zu dieser Kost *Selenit* oder *Selenocystin*, die eine Faktor-3-Aktivität besitzen, zugesetzt, so bildet sich ebenfalls die Muskeldystrophie aus. Dieses ist jedoch nicht der Fall bei Zusatz von *α-Tocopherylacetat.*
G. KIMMERLE. 4587 □

Einfluß des Nahrungsreizes auf die Resorption von Glykokoll im Dünndarm. I. Ss. Bogdanowitsch. (Вопросы Питания [Fragen d. Ernähr.] **20.** Nr. 5. 21—26. Sept./Okt. 1961. Lwow, Med. Inst., Lehrstuhl für normale Physiologie.) (Russ.; Auszug: Engl.)

Während der Nahrungsaufnahme erhöht sich die Resorption von *Glykokoll* (**I**) im Dünndarm der Hunde. Füttern mit Milch, Fett u. bes. mit Brot erhöht die Resorption von **I** stärker als Füttern mit Fleisch. Folglich verursachen Nahrungsreizmittel mit neuroreflektor. Wrkg. (Brot) eine höhere Resorption von **I** im Dünndarm als humoralchem. (Fleisch). Der Nahrungsreiz stimuliert den allg. Resorptionsprozeß im Dünndarm, was sich im resorptiven Vermögen der Dünndarmschlinge widerspiegelt.
S. BARYSCHNIKOW. 4594

Der Einfluß eines milchkoagulierenden Mittels auf die Magenverweildauer und seine Verwendung in der Behandlung der Fettsucht. F. Balzola, A. Kincsès und M. Demole. (Nutritio et Dieta [Basel] **3.** 65—73. 1961. Genève, Fac. de Méd., Chaire de Diététique.) (Franz.)

Bei Zugabe eines Pulvers mit koagulierender Wrkg. (*Pondéral-OM*; **I**), bestehend aus *Citronensäure* (62,67%), *Magnesiumcarbonat* (20%), *Natriumcarbonat* (4,85%), *Natriumhexametaphosphat* (9%), 6 *Vitaminen der B-Gruppe*, *Co* u. *Mo* u. *Cu* (0,0025 bis 0,01%) sowie geschmacksverbessernden Stoffen, zur Milch wird durch vorzeitige Koagulation eine längere Magenverweildauer festgestellt u. im Gefolge ein appetitverminderndes Sättigungsgefühl hervorgerufen. Verss. mit Yoghurt ergeben annähernd dieselben Ergebnisse wie **I**. Durch radioskop. Messung der Magenfunktion wird nachgewiesen, daß die Koagulation bei pH 2 des Magensaftes höher ist als bei pH 4. Klin. Verss. an 16 Patienten mit **I**-Zusätzen zur Milch führten zu einer durchschnittlichen Gew.-Abnahme von 3,9 kg in 4 Wochen. A. TÄUFEL. 4594 □

Dehalogenierung von halogenierten Fetten während der Resorption durch den Darm. Experimentaluntersuchung am Hund mit ^{131}J-Triolein und ^{131}J-Ölsäure. J. F. Grenier, M. Hatano und A. G. Weiss. (C. R. Séances Soc. Biol. Filiales **155.** 1705—08. 1961. Strasbourg, Fac. de Méd., Clin. Chirurg.) (Franz.)

Vff. stellten durch Unterss. in vivo u. in vitro fest, daß während der Resorption von ^{131}*J-Triolein* u. ^{131}*J-Ölsäure* durch den Dünndarm u. durch das Colon (Hund) eine Dehalogenierung beider Substanzen stattfindet. Offenbar erfolgt diese Dehalogenierung im Bereich der Mucosazellen der beiden Darmabschnitte. H. KOCKERT. 4594 □

Beitrag zum Studium der Steatorrhoen. 1. Mitt. Kritik der Methoden. Henri Sarles, Noemi Planche, Josette Nicolas Goux und Colette Greusard. (Nutritio et Dieta [Basel] **3.** 105—12. 1961. Marseille, Hôp. La Timone.) (Franz.)
A. TÄUFEL. 4594 □

Beitrag zum Studium der Steatorrhoen. 2. Mitt. Untersuchung der Beziehungen zwischen Fettausscheidung in den Faeces und Lipaseaktivität des Pankreassaftes. Henri Sarles, Noemi Planche, Josette Nicolas Goux, Georges Marcoulides und Colette Greusard. (Nutritio et Dieta [Basel] **3.** 113—17. 1961. Marseille, Hôp. La Timone.) (Franz.) — 1. vgl. vorst. Referat.

Vff. bestimmen an gesunden u. mit chron. Pankreatitis erkrankten Vers.-Personen unter Heranziehung zweier Kostformen, die 3—7 g u. 60—70 g *Fett* (**I**) enthalten, die Beziehung zwischen ausgeschiedenem Fett u. duodenalem *Lipase*-Gehalt. Bei Diastaseeinheiten unter 15 wird in beiden Fällen Steatorrhoe nachgewiesen. Bei schwerer Pankreasinsuffizienz werden trotz fettfreier Kost 8—10 g **I** ausgeschieden. Vff. folgern daraus, daß die von Intestinum ausgeschiedenen **I** wie die Nahrungs-**I** durch die Wrkg. der Pankreaslipase resorbiert werden. A. TÄUFEL. 4594 □

Beziehungen zwischen dem Fett- und Zuckerstoffwechsel bei jungen Ratten. P. Hahn, O. Koldovský, V. Melichar und M. Novák. (Nature [London] **192.** 1296. 30/12. 1961. Prag, Czechoslovak. Acad. of Sci., Inst. of Physiol.; Inst. for the Care of Mother and Child.) (Engl.)

Vff. stellten fest, daß an 5 Tage alte Ratten mit Hilfe einer Magensonde verabfolgtes *Olivenöl* (**I**; 1,1 ml/100 g Körper-Gew.) einen rapiden Anstieg des Leber-*Glykogen* (**II**)-Geh. hervorruft; bei 30 Tage alten u. bei ausgewachsenen Ratten macht sich ein solcher Anstieg nicht bemerkbar. Der *Blutzucker* (**III**)-Spiegel bleibt in allen 3 Altersgruppen unverändert. Nach Verabfolgung von *Ölsäure* (**IV**; 1,1 ml/100 g Körper-Gew.) an die 5 Tage alten Tiere macht sich ein weit geringfügigerer Anstieg des Leber-**II**-Geh. als nach der **I**-Gabe bemerkbar; der **III**-Spiegel ist hier ebenfalls leicht erhöht. — Die Ergebnisse zeigen, daß offenbar der *Glycerin* (**V**)-Anteil in **I** für den markanten Anstieg des Leber-**II**-Geh. verantwortlich ist. Jedoch wird nach Verabfolgung von 2 ml einer 2,5% ig. **V**-Lsg. (pro 100 g Körper-Gew.) oder nach Verabfolgung einer Mischung von **IV** u. **V** (entsprechend 1,1 ml **I** pro 100 g Körper-Gew.) kein Anstieg des Leber-**II**-Geh. festgestellt; es wird aber regelmäßig eine Hyperglykämie beobachtet. — Die Ergebnisse werden in Hinsicht auf die Beziehungen zwischen dem *Fett-* u. *Kohlenhydrat*-Stoffwechsel bei jungen Ratten diskutiert. H. KOCKERT. 4596□

Tryptophanstoffwechsel: Bildung von β-[8-Xanthurenyl]-glucosiduronsäure in der Ratte und in Rattenleberschnitten. Clare C. Johnston und Merle Mason. (J. biol. Chemistry **237**. 29—33. Jan. 1962. Ann Arbor, Mich., Univ. of Michigan, Dep. of Biol. Chem.; Ames, Iowa, Iowa State Univ., Dep. of Biochem. and Biophysics.) (Engl.)

Vff. stellten fest, daß Rattenleberschnitte in der Lage sind, aus *Xanthurensäure* (**I**; *Xanthurenyl-(8)-β-glucosiduronat* (**II**; *β-[Xanthurenyl-(8)]-glucosiduronsäure*) zu bilden. Die aus *Tryptophan* u. aus **I** durch intakte Ratten gebildeten (u. aus dem Urin isolierten) sowie die aus *Kynurenin* durch Rattenleberschnitte synthetisierten Substanzen sind alle mit **II** ident., wie durch Unterss. ihres chromatograph. Verh. u. ihrer spektralen Eigg. festgestellt wurde. H. KOCKERT. 4596□

Über den Tryptophanstoffwechsel der Seidenraupe. 1. Mitt. Kaoru Inagami. (J. agric. chem. Soc. Japan [Nippon Nôgeikagaku Kaishi] **29**. 918—21. 1955. Kumamoto Prefectural Sericult. Exp. Station.) (Jap.; Auszug: Engl.)

Der *Tryptophan*-Stoffwechsel normaler u. mutierter Seidenraupen wurde untersucht. *Anthranilsäure, Anthraniloylglycin, 3-Hydroxykynureninglucuronid, 3-Hydroxykynureninsulfat* u. *3-Hydroxyanthranilsäure* wurden im Urin der Puppe nachgewiesen. U. BAUMANN. 4596

Über den Tryptophanstoffwechsel der Seidenraupe. 2. Mitt. Kaoru Inagami. (J. agric. chem. Soc. Japan [Nippon Nôgeikagaku Kaishi] **29**. 922—26. 1955.) (Jap.; Auszug: Engl.) — 1. vgl. vorst. Referat.

Unterss. über den *Tryptophan*-Stoffwechsel von Seidenraupen mit Mutationen, die zu diesem Stoffwechsel in Beziehung stehen, zeigten nur geringe Unterschiede zu dem von Säugetieren u. Mikroorganismen. Es wurde ein neuer, durch *3-Hydroxyanthranilsäure* induzierter Tryptophanstoffwechselmetabolit entdeckt. U. BAUMANN. 4596

Einbau der markierten Aminosäuren in Plasteine. Je. N. Lewitowa, A. Ss. Konikowa und M. G. Kritzman. (Биохимия [Biochemie] **26**. 961—65. Nov./Dez. 1961. Moskau, Akad. der med. Wiss. der UdSSR, Wischnewski-Inst. für Chirurgie u. Inst. für Therapie.) (Russ.; Auszug: Engl.)

Die Unterss. über den Einbau von ^{14}*C-Tyrosin* (**I**), ^{14}*C-Glycin* (**II**) u. ^{35}*S-Cystein* (**III**) in die *Plasteine* zeigen, daß die Intensität dieses Einbaues von der Struktur der Aminosäuren, ihrer Konz., der Temp. u. dem pH abhängig ist. Beim Einbau von **I**, **II** u. **III** in die Plasteine entstehen sowohl stabile wie labile Bindungen. Harnstoff hemmt den Einbau von **I**, **II** u. **III**. Bei der Plastein-Bldg. in Albuminhydrolysat hängt die Verwertung von **I**, **II** u. **III** für die Synth. von deren Menge ab. Die Ergebnisse berechtigen zu der Annahme, daß allein die prim. Struktur der Eiweiß-Moll. ausreichend dafür ist, daß die Aminosäuren eingebaut werden können. O. LEBTAG. 4596□

Cholestenon-Stoffwechsel beim Menschen. R. S. Rosenfeld, Barnett Zumoff und Leon Hellman. (Arch. Biochem. Biophysics **96**. 84—91. Jan. 1962. New York, N.Y., Sloan-Kettering Inst. for Cancer Res., Div. of Steroid Metabolism and Biochem.) (Engl.)

Vff. verabfolgten peroral bzw. i.v. an 8 ♂ u. ♀ Patienten (verschiedene Erkrankungen) $^{14}C_{(4)}$-*Cholestenon* (**I**) mit dem Ziele, den **I**-Stoffwechsel mit dem von mit der Diät verabreichtem *Cholesterin* (**II**) zu vergleichen. — 0,6—8,5% der verabfolgten **I**-Dosis werden als Plasmasterin nachgewiesen. 4 Std. nach oraler **I**-Gabe liegt im Blut noch unverändertes **I** vor. Im Augenblick der maximalen Resorption im Plasma liegt nahezu die gesamte Radioaktivität als *Cholestanol* (**III**) vor. Innerhalb von 2 Wochen werden 65—100% der Radioaktivität im Stuhl ausgeschieden. Bei einer Vers.-Person werden

1,1% im Urin ausgeschieden, bei den übrigen Patienten jedoch weit weniger (<0,2% der radioakt. Dosis). **III** u. *Koprostanol* sind die Hauptumwandlungs-Prodd. von **I** in den Faeces; ^{14}C-**II** ist nur in sehr geringer Menge nachweisbar. H. KOCKERT. 4596□

Hemmung der mechanischen Reaktionen von Froschmuskeln durch Kalium bei niedriger Temperatur. H. Lorkovič. (Nature [London] **191.** 1011—12. 2/9. 1961. Zagreb, Yugoslavia, Acad. of Sci. and Arts, Inst. for Med. Res.) (Engl.)

Vf. untersuchte die Hemmung der am Schneider- u. Rectusmuskel hervorgerufenen isoton. Zuckungen u. Kontraktionen durch *KCl* oder K_2SO_4 bei 0° (vgl. Amer. J. Physiol. **196.** [1959.] 666). Einzelheiten über die Abhängigkeit der Hemmung von der Einw.- u. Erholungsdauer werden berichtet. H. LOHSCHELDER. 4597□

Über das bei 25%iger Sättigung mit $(NH_4)_2SO_4$ aussalzbare Eiweiß der glatten Muskeln. W. W. Oppel und T. B. Chljusstina. (Биохимия [Biochemie] **26.** 1051—58. Nov./Dez. 1961. Leningrad, Ssetschenow-Inst. für Evolutionsphysiol. der Akad. der Wiss. der UdSSR.) (Russ.; Auszug: Engl.)

Durch Unters. der elektrophoret. Beweglichkeit des bei 20—26%ig. Sättigung mit $(NH_4)_2SO_4$ aus dem Magenmuskel des Hundes aussalzbaren Eiweißes wird festgestellt, daß dieses Eiweiß zum fibrillaren Typ gehört. Die elektrometr. Best. des Isoionenpunktes, der freien Carboxyle u. der Basen zeigt, daß dieses Eiweiß dem Actomycin (**I**) des quergestreiften Muskels sehr nahe steht. Das **I** der glatten Muskeln unterscheidet sich vom **I** der quergestreiften Muskeln durch eine etwas geringere Empfindlichkeit gegenüber der Adenosintriphosphorsäure, eine geringere charakterist. Viscosität u. einen geringeren Geh. an ε-NH_2-Lysin. Das aus den glatten Muskeln gewonnene **I** enthält mehr Actin als das **I** aus quergestreiften Muskeln. Die möglichen Ursachen der Unterschiede zwischen den **I** aus glatten oder quergestreiften Muskeln werden erörtert. O. LEBTAG. 4597□

Flugmuskelmitochondrien von Lucilia cuprina und Musca domestica. Bestimmung des Pyridinnucleotidgehalts und Einfluß von Adenosindiphosphat auf die Atmung. L. M. Birt. (Biochem. J. **80.** 623—31. Sept. 1961. Victoria, Australia, Univ. of Melbourne, Dep. of Biochem.) (Engl.)

Die Best. des Geh. u. der Aktivität der *Pyridinnucleotide* in den Flugmuskelmitochondrien (M) von *Lucilia cuprina* u. *Musca domestica* wird beschrieben. Die Oxydation von α-*Glycerophosphat* u. anderen Substraten durch die M wird durch *Adenosindiphosphat* stimuliert. E. LODEMANN. 4597□

Cholinergische Leitung im Fischmuskel. K. Krnjevič. (Nature [London] **191.** 1403—04. 30/9. 1961. Babraham, Cambridge, Agric. Res. Council, Inst. of Animal Physiol.) (Engl.)

Mit einer Mikropipette appliziertes *Acetylcholin* bewirkte bei Fasern des Lateralmuskels von *Cyprinus auratus* (Goldfisch) starke Depolarisation. Die Kontraktion war bes. deutlich, wenn Stromstöße (1 ms, 3n Coulomb) durch die Pipette geleitet wurden. Die empfindlichen Gebiete der Faser waren extrem scharf lokalisiert. *Eserin* bewirkte Steigerung, *Tubocurarin* Blockierung der Potentiale. H. LOHSCHELDER. 4597□

Diagnostische Erkenntnisse durch Isoenzyme. F. Wróblewski. (Pure appl. Chem. **3.** 385—96. 1961. New York, N.Y., Sloan-Kettering Inst., Sect. of Med. Enzymol.; Memorial-Sloan-Kettering Cancer Center, Dep. of Med.) (Engl.)

Jedes menschliche Gewebe enthält ein oder mehrere *Milchsäuredehydrogenase* (**I**)-*Isoenzyme* (**I**) u. besitzt eine individuelle u. charakterist. **I**-Zusammensetzung. Die Änderung der **I**-Zus. des Plasmas während eines Myocardinfarkts scheint ein empfindlicherer, spezifischerer u. beständigerer Parameter der Myocardnekrose als die Messung der gesamten Enzymaktivität des Serums oder Plasmas zu sein. Krankheiten anderer Organe bewirken ebenfalls charakterist. Änderungen der **I**-Zus. des Plasmas. —Die Fraktionierung der **I**-Aktivitäten geschah mit Hilfe der Zonenelektrophorese. S. VIERKÖTTER. 4597□

Die Akkumulation von Kalium unter anaeroben Bedingungen durch Nierenmarkschnitte. Edward L. Kean, Patricia H. Adams, Robert W. Winters und Robert E. Davies. (Science [Washington] **134.** 1622—23. 17/11. 1961. Philadelphia, Pa., Univ. of Pennsylvania, School of Med., Dep. of Biochem. and Physiol.) (Engl.)

Gewebeschnitte der Nierenrinde (A) sowie des inneren Marks (B) von Hunden wurden 30 Min. lang in KREBS-HENSELEIT-Bicarbonatpuffer unter Begasung mit N_2–CO_2 bzw. O_2–CO_2 präinkubiert, nachfolgend in frischem Puffer mit Substrat 45 Min. lang inkubiert u. danach auf ihren *K*-Geh. untersucht. Mit *Glucose* als Substrat akkumulierte B K unter anaeroben Bedingungen bei 37°. *Jodacetat* (**I**), *Fluorid* (**II**), *Ouabain* (**III**) sowie Inkubation bei 0° oder die Erhöhung des osmot. Druckes durch Zusatz von Na^+ blockierten die Akkumulation. *Pitressin* (**IV**) war unwirksam. B aerob mit

Succinat inkubiert, zeigte nur geringe K-Akkumulation, die durch Zusatz von *Dinitrophenol* (**V**), Inkubation bei 0° oder Erhöhung des osmot. Druckes herabgesetzt wurde. Anaerobe Inkubation von A bewirkte einen K-Verlust, der durch **I**, **II** u. Erhöhung des osmot. Druckes verstärkt, durch Inkubation bei 0° vermindert wurde, während **III** u. **IV** unwirksam blieben. Aerob akkumulierte A K nur bei 37°, nicht bei 0°. K-Verluste wurden in Ggw. von **V** oder bei Erhöhung des osmot. Druckes gefunden. Die K-Akkumulation ist demnach mehr vom anaeroben als vom aeroben Energiestoffwechsel abhängig.

J. BOELTER. 4597 □

Renale Ausscheidung von 5-Hydroxyindolessigsäure beim Hund. G. Barac. (C. R. Séances Soc. Biol. Filiales **155.** 1732—34. 1961. Liège, Univ., Labor. de Pathol. et de Thérapeut. générale; Labor. de Rech. pour la Protection des Populations civiles.) (Franz.)

Vf. stellte fest, daß eine *Chloralose*-Narkose des Hundes auf die renale Ausscheidung von endogener u. exogener *5-Hydroxyindolessigsäure* (**I**) nicht hemmend wirkt. Die Nieren sprechen sehr leicht auf den **I**-Blutspiegel an. Ferner wurde festgestellt, daß *5-Hydroxytryptamin* in niedrigen Dosen (0,5 mg/kg) die Diurese hemmt; **I** u. *5-Hydroxytryptophan* zeigen in 10fach höheren Dosen keine antidiuret. Wirksamkeit.

H. KOCKERT. 4597 □

Die löslichen Eiweißstoffe der mikromorphologischen Komponenten des Lebercytoplasmas. Je. M. Beljajewa. (Биохимия [Biochemie] **26.** 1059—61. Nov./Dez. 1961.) (Russ.; Auszug: Engl.)

Die aus Lebergewebe, Mitochondrien, Mikrosomen u. Hyaloplasma des Kaninchens isolierten lösl. *Proteine* (**I**) wurden auf Agargel elektrophoret. voneinander getrennt. Im Extrakt der lösl. Leber-**I** wurden 8, in den mikromorpholog. Komponenten des Cytoplasmas 7 deutliche Fraktionen nachgewiesen. Es wurden **I**-Fraktionen festgestellt, die nach ihrer Beweglichkeit den *Albuminen* sowie den α-, β- u. γ-*Globulinen* des Blutserums nahestehen. Es konnten auch **I**-Fraktionen nachgewiesen werden, deren Beweglichkeit größer als die der Albumine u. kleiner als die der γ-Globuline des Blutserums war.

O. LEBTAG. 4597 □

Der Einfluß von Ammoniak, Glutaminsäure und Harnstoff auf die intravitalen Veränderungen der Makrostruktur der Hirnproteine im Zusammenhang mit dem funktionellen Zustand. E. E. Martinsson und L. Ja. Tjachepyld. (Биохимия [Biochemie] **26.** 984—92. Nov./Dez. 1961. Tartu, Univ., Lehrstuhl für Biochem.) (Russ.; Auszug: Engl.)

Mit Hilfe der Elektrophorese u. der UV-Spektrophotometrie wird an den Proteinen des Gehirns gezeigt, daß sowohl bei einmaliger wie bei wiederholter Zufuhr von NH_4Cl (**I**) der Geh. an **I** u. Glutaminsäure (**II**) zunimmt. Bei gleichzeitiger Zufuhr von **I** u. **II** ist die **I**-Zunahme geringer als die Zunahme von **II**. Die Amidierung der Proteine des Gehirns führt zu einer Veränderung der Makrostruktur. Als NH_3-Quelle dienen die umkehrbar abspaltbaren Amidogruppen. Vff. nehmen an, daß eine Veränderung der Makrostruktur der Hirnproteine nicht allein mit Hilfe von NH_3, sondern auch mit Hilfe von **II** oder Harnstoff möglich ist.

O. LEBTAG. 4598 □

Untersuchung der Phospholipide der verschiedenen Hirnbereiche der Ratte unter Anwendung der Papierchromatographie. A. A. Smirnow, Je. W. Tschirkowskaja und K. G. Manukjan. (Биохимия [Biochemie] **26.** 1027—33. Nov./Dez. 1961. Leningrad, Ssetschenow-Inst. für Evolutionsphysiol. der Akad. der Wiss. der UdSSR, Labor. für Biochemie des Nervensystems.) (Russ.; Auszug: Engl.)

Unter Anwendung von ^{32}P wurde papierchromatograph. der Geh. an *Phospholipiden* (**I**) in der Hirnrinde, weißer Hirnsubstanz, im Kleinhirn, verlängerten Mark u. Herzmuskel sowie der **I**-Umsatz untersucht u. festgestellt, daß nach dem Geh. an einzelnen **I** die Hirnbereiche nur geringe Unterschiede aufweisen. In der Hirnrinde ist der Geh. an nichtidentifiziertem **I** u. *Sphingomyelin* (**II**) geringer, der Geh. an *Lecithin* (**III**) etwas höher als in der weißen Substanz u. im verlängerten Mark. Das Kleinhirn nimmt hierin eine Mittelstellung ein. Das in allen Hirnbereichen vorkommende, nichtidentifizierte **I** fehlt im Herzmuskel. Die Geschw. des **I**-Umsatzes in den Hirnbereichen ist sehr verschieden. Am höchsten ist sie beim *Inositphosphatid* (**IV**); es folgen unbekanntes **I**, *Äthanolaminphosphatid*, *Serinphosphatid* (**V**) u. **II**. In der Hirnrinde u. im Kleinhirn ist die spezif. Aktivität von **IV** höher als in der weißen Substanz u. im verlängerten Mark; die von **III** u. einem unbekannten **I** (vielleicht Polyglycerophosphatid) ist geringer. Im Herzmuskel ist die Geschw. der Erneuerung von **V** größer als in den Hirnbereichen; bei **IV** ist sie geringer.

O. LEBTAG. 4598 □

Die epileptogene elektrische Aktivität des Rückenmarks und der Serotoningehalt. Juhn A. Wada. (Science [Washington] **134.** 1688—90. 24/11. 1961. Vancouver, Univ. of British Columbia, Dep. of Psychiatry, Kinsmen Labor. of Neurol. Res.) (Engl.)

Normale u. epilept. Affen u. Katzen erhielten 42—50 Elektroden in die Hirnrinde u. in die tieferen Gehirnstrukturen eingepflanzt. Die Epilepsie war durch Einbringen von Al_2O_3 in eine sensomotor. oder frontale polare Rinde 3—4 Jahre vor dem Vers. erzeugt worden. Die Tiere erhielten verschiedene Verbb. intraperitoneal injiziert. Das Elektroencephalogramm wurde bei den normalen Tieren mit Ausnahme einer leichten Schläfrigkeit bei bestimmten *5-Hydroxytryptophan* (I; als Vorläufer von *Serotonin*)-Dosen durch die applizierten Verbb. nicht beeinflußt. Bei den epilept. Tieren bewirkten die Verbb. eine erhebliche Aktivierung der spontanen epilept. Abnormitäten. Die Zufuhr von 15—26 mg I/kg + 50 mg *Vitamin* B_6 (II)/kg führte zu deutlichen paroxysmalen Veränderungen. Die epilept. Aktivität wurde durch Injektion von 100 mg *Marsilid* (III)/kg vor der I- u. II-Applikation verstärkt. Schwächere elektrograph. Abnormitäten mit nahezu ident. Morphologie u. Lokalisation wurden durch 25 mg *3.4-Dihydroxyphenylalanin* (IV)/kg + 25 mg I/kg bzw. durch 100 mg III/kg oder 0,1 mg *Reserpin* (V)/kg, eine stärkere Wrkg. durch simultane Zufuhr von III + V erzielt. II allein oder mit 25—100 mg IV gegeben, zeigte keinen epileptogenen aktivierenden Effekt. Die epilept. Tiere zeigten bei I-Zufuhr (15—50 mg/kg) z. T. Verhaltensstörungen im Gegensatz zu normalen Tieren. Die durch I bzw. III + V verursachten paroxysmalen Veränderungen konnten durch *Atropin* z. T. aufgehoben werden, so daß der cholinerg. Mechanismus an der „Serotonin-induzierten" Aktivierung beteiligt zu sein scheint. J. BOELTER. 4598□

Der unter dem Einfluß des Lichtes ablaufende biochemische Cyclus der Retinapigmente und seine Abhängigkeit vom Halbleitercharakter ihrer Proteinfraktionen. Pierre Douzou, Charles Jaulmes, Jacques Mondy und Simonne Richard. (C. R. hebd. Séances Acad. Sci. **247.** 2048—51. 1/12. 1958. Paris, Sect. techn. de Rech. et d'Etudes des Serv. de Santé des Armées.)

Retinaschnitte werden bei —180° getrocknet u. durch Bestrahlen mit sichtbarem Licht (500 W) entfärbt. Nach Eintauchen in fl. N_2 u. Bestrahlen mit UV-Licht wird eine ultramarinblaue Luminescenz, deren Intensität eine Funktion der Bestrahlungsdauer ist, u. partielle Wiederherstellung der Pigmente beobachtet. Mit diesen Ergebnissen finden sich die Hypothesen über den Halbleitercharakter der Proteinfraktionen der Retinapigmente bestätigt. R. LENSCHAU. 4598□

Elektroretinographische Sulfhydryl-Titration an der umströmten Netzhaut. W. Sickel und G. G. Demirtschoglian. (Naturwissenschaften **48.** 647. 2. Okt.-H. 1961. Leipzig, Univ., Physiolog. Inst.; Jerewan, Physiolog. Inst. der Akad. der Armen-SSR.) (Dt.)

Die mittels *Uragan* (*o-Carboxymethoxy-N-*[*γ-hydroxymercuri-β-methoxy-n-propyl*]-*benzamid, Na-Salz*) erzeugte Blockierung der SH-Gruppen läßt sich im umströmten (modifizierte TYRODE-Lsg., pH 7,8) Netzhaut-Präp. des Frosches durch übliche Auswaschung nicht aufheben. Die Zugabe von *Cystein* stellt die normale Erregbarkeit jedoch wieder her. Eine Vorbehandlung mit *Cystein* wirkt schützend gegenüber dem Blockierungseffekt, führt aber nicht zu einer Erhöhung des elektr. Potentials. Der Reizeffekt wurde mittels Licht (2,5 lx/s) alle 3 Min. an der dunkeladaptierten Froschnetzhaut ausgelöst. Die helladaptierte Netzhaut verhielt sich ähnlich. P. HAJDÚ. 4598□

E₆. Pharmakologie. Therapie. Toxikologie. Hygiene

Wirkung der Röntgenstrahlen auf das Membranpotential und die Konzentration von Kalium und Natrium in den Muskelfasern des Frosches. W. I. Bogomoletz. (Фізіологічний Журнал (Київ) [Physiol. J. (Kiew)] **7.** 214—20. März/April 1961. Kiew, Bogomoletz-Inst. für Physiol. der Akad. der Wiss. der UkrainSSR, Labor. für Biophys. u. Labor. für allg. Physiol.) (Ukrain.; Auszug: Engl.)

In Verss. mit isolierten Froschmuskeln wird nachgewiesen, daß eine Röntgenbestrahlung mit 60 krad u. mehr das Membranpotential der Muskelfaser sofort nach der Bestrahlung herabsetzt u. daß in den nächsten 3 Std. das Potential wenig verändert wird. Durch die gleichen Dosen wird ein Austritt von *K* u. ein Eintritt von *Na* bewirkt. Diese Veränderungen nehmen mit steigender Dosis u. fortschreitender Zeit nach der Bestrahlung zu. O. LEBTAG. 4601□

Die Wanderung von Strahlenschädigungen im reduzierten Glutathion. Thormod Henriksen und Alexander Pihl. (Int. J. Radiat. Biol. **3.** 351—59. Juli 1961. Norwegen, Radiumhospitalet, Norwegian Ra Hosp., Norsk Hydro's Inst. for Cancer Res.) (Engl.)

Proben von polykrist. *Glutathion* (I) wurden im Vakuum ($1 \cdot 10^{-4}$ mm Hg) mit 220-kV-Röntgenstrahlen bestrahlt (HWS 0,6 mm Cu, Dosisleistung 8500 r/min, Bestrahlungszeit 20—50 Min.). An den im Vakuum aufbewahrten Proben wurden in einem

3-cm-Wellenlängen-Resonanzspektrometer mit einem Si-Kristall als Detektor qual. u. quant. Elektronenspinresonanzmessungen durchgeführt. Sie ergaben, daß 10 Min. nach beendeter Bestrahlung das Spektrum demjenigen eines äquimol. Gemisches der 3 konstituierenden Aminosäuren u. im Laufe von einigen Tagen dem des bestrahlten Cysteins mehr u. mehr gleicht. Die Meßergebnisse zeigen weiter, daß bei der I-Bestrahlung zunächst in allen drei Aminosäuren Spinresonanzzentren induziert werden, daß sie sich aber im Laufe der Zeit nach dem Cysteinteil verlagern. Bei dem Verlagerungsprozeß ist möglicherweise eine Wechselwrkg. zwischen den durch die Bestrahlung erzeugten mol. Fragmenten u. unbeschädigten benachbarten Glutathion-Moll. beteiligt.
W. REUSSE. 4601 □

Die physikalischen Eigenschaften des Nucleoproteins und der Desoxyribonucleinsäure von röntgenbestrahlten Thymocyten. J. F. Scaife und P. Alexander. (Int. J. Radiat. Biol. **3.** 389—98. Juli 1961. Shirley's Bay, Ottawa, Canada, Defense Res. Chem. Labor.; London, Chester Beatty Res. Inst.) (Engl.)

Der Thymus von ♀ Albinoratten wurde unter Abschirmung des übrigen Körpers mit ungefilterter 150-kV-Röntgenstrahlung bei einer Dosisleistung von 500 rad/min u. einer Gesamtdosis von 1000 rad bestrahlt. Nach Tötung der Tiere wurde der Thymus zu Zellsuspensionen verarbeitet, daraus ein wss. Gel des *Desoxyribonucleoproteins* sowie *Desoxyribonucleinsäure*-Präpp. (**I**) hergestellt. Die Zellsuspension zeigt bei bestrahlten Tieren pyknot. Degeneration. Eine Unters. der Eigg., bes. der Viscosität der Suspensionen, zeigt, daß diese vor Eintritt der Pyknose des Nucleoproteins keine strahlenbedingte Änderung erkennen lassen. Vor u. nach Eintritt des pyknot. Zustandes zeigt die lösl. **I** keine Änderungen. Dagegen fanden sich bei Suspensionen von Thymocytenkernen in 1m NaCl-Lsg. Änderungen bei den Gelfraktionen, die in Beziehung zu den pyknot. Änderungen an den Zellen gesetzt werden können. Aus den Befunden wird geschlossen, daß die letale radiochem. Rk. der Thymocyten prim. nicht in einer Schädigung der **I** besteht.
W. REUSSE. 4601 □

Einige Wirkungen einer Röntgenbestrahlung auf den Desoxyribonucleinsäure-Stoffwechsel von Säugetierzellkulturen. Marie S. H. Dickson und J. Paul. (Int. J. Radiat. Biol. **3.** 419—29. Juli 1961. Glasgow, Univ. of Glasgow, Dep. of Biochem.) (Engl.)

Subkutane Mäusefibroblasten wurden kultiviert u. in dünner Schicht in geeignetem fl. Medium (Medium nach EAGLE oder WAYMOUTH) mit 85-kV-Röntgenstrahlen bestrahlt. Die HWS betrug dabei 0,7 mm Al, die Gesamtdosis 72—2300 r. Nach bekannten Meth. wurde dann an den Zellkulturen die Nucleinsäure-Synth. durch Inkorporation von ^{14}C-Formiat oder ^{3}H-Thymidin in die Desoxyribonucleinsäure, die Ribonucleinsäure u. die säurelösl. Fraktion der Zellen untersucht, u. zwar unmittelbar nach sowie 4 Tage nach der Bestrahlung. Es ergab sich, daß die Bestrahlung zu einer Verringerung der Inkorporation führt, wobei der Grad der Verringerung mit wachsendem O_2-Partialdruck ansteigt. Einige Tage nach der Bestrahlung erwies sich zwar die Mitose der Zellen als vermindert, obwohl die Synth. der Zellbestandteile sich fortsetzt. Es kommt dann zur Bldg. von Riesenzellen.
W. REUSSE. 4601 □

Beobachtungen über den Einfluß der Radioaktivität der Atemluft auf das menschliche Befinden. K. Nowak. (Neue Physik [Wien] **1959.** 65—81.) (Dt.)

Vf. berichtet über Beeinträchtigungen des Wohlbefindens zahlreicher Personen (Erkundung durch Befragung) u. deren zeitliche Koordinierung mit Fallout-Maxima Es wird erörtert, daß heiße Teilchen bei Ablagerung, z. B. auf der Nasenschleimhaut intensive Kontaktbestrahlungen empfindlicher Nerven bewirken u. damit das Befinden. beeinflussen können.
W. REUSSE. 4601 □,

Die Strontium-90-Resorption durch ausgefallene Zähne. Louise Zibold Reiss. (Science [Washington] **134.** 1669—73. 24/11. 1961.) (Engl.)

Die Zähne von in den Jahren 1951—1954 in Saint Louis u. Umgebung geborenen Kindern wiesen einen in Richtung späteres Geburtsdatum ansteigenden ^{90}*Sr*-Geh. auf, was auf einen erhöhten ^{90}Sr-Geh. in der Nahrung hinweisen dürfte. Zwischen dem ^{90}Sr-Geh. in den Zähnen gestillter Kinder u. mit Flaschennahrung aufgezogener wurde kein wesentlicher Unterschied festgestellt. Die Verteilung von ^{90}Sr zwischen Zähnen u. Knochen war ungefähr gleich. Die ^{90}Sr-Konz. in der Schädeldecke, den Röhrenknochen, Rippen u. Rückenwirbeln war etwa gleich. Es wurden keine Beziehungen zwischen der Art der Nahrung u. dem ^{90}Sr-Geh. der Zähne gefunden. Die Abschätzung der ^{90}Sr-Ablagerung in den Knochen durch Unters. der Zähne ist möglich. Die Vgl. erfolgten mit Hilfe von Relativwerten, die auf 1 g *Ca* bezogen waren.
J. BOELTER. 4601 □

Bericht über experimentelle Arbeiten über Radioyttrium. 1. Gewebeverteilung, 2. Mechanismus der Ablagerung im Knochen, 3. Der Status im Blut. Eileen N. Ramsden. (Int. J. Radiat. Biol. **3.** 399—410. Juli 1961. Oxford, Churchill Hosp., Med. Res. Council, Bone-Seeking Isotopes Res. Unit.) (Engl.)

Es wird zusammenfassend über das Verh. von ^{90}Y nach Injektion im Organismus berichtet. ^{90}Y wirkt vorwiegend als Knochensucher, bei erhöhter Teilchengröße zeigt es außerdem eine Affinität zu weichen Geweben mit Reticuloendothelialzellen. Ferner wird die Wrkg. von Chelatbildnern behandelt, die das ^{90}Y in lösl. Verbb. überführen, deren Ausscheidung zum Abbau von ^{90}Y-Depots im Körper führt. — 62 Literaturzitate.

W. REUSSE. 4601 □

Versuche zur Verhinderung und zur Behandlung von Strahlenschäden beim Küken. M. L. Beaumariage. (Int. J. appl. Radiat. Isotopes **4.** 69—83. Dez. 1958. Liège, Univ., Labor. de Pathol. et de Thérapeut. gén. et Labor. de Rech. pour la protection des Populations civiles.) (Franz.)

Es wird über Verss. zum chem. Strahlenschutz bei Rhode-Island-Küken berichtet. Ein Teil der Vers.-Tiere erhielt bei einer Dosisleistung von 100 r/min Bestrahlungen mit 2000 r einer 200-kV-Röntgenstrahlung (Filter 3 mm Al, FHA 65 cm). Bei weiteren unbestrahlten Vers.-Tieren wurde die Toxizität verschiedener chem. Strahlenschutzmittel bestimmt, eine dritte schließlich erhielt Bestrahlungen u. Strahlenschutzmittel. Bei der ersten Gruppe tritt der Exitus weitgehend innerhalb 48 Std. ein, wobei eine vorzeitige u. eine verzögerte Letalitätsphase zu beobachten ist. Die angewandten Strahlenschutzmittel waren *Cysteamin, Cystamin, Cystein, Tryptamin* (I), *Na-Diäthyldithiocarbamat* (II), *Äthylendiamintetraessigsäure* (*Titriplex III*) u. *Na-Cyanid*. Nur bei I u. II wurde eine schwache Strahlenschutz-Wrkg. gefunden, wobei I nur die Zahl der verzögert letalen Fälle, II dagegen auch die vorzeitigen herabsetzt. Entleert man durch Gaben von *Pepton* oder des *Präp. 48/80* die Gewebevorräte an *Histamin*, dann verringert sich lediglich die Zahl der vorzeitigen Letalfälle. Das Antihistaminicum *Neoantergan* bewirkt eine merkliche Herabsetzung der Mortalität, wenn es 5—30 Min. vor der Bestrahlung gegeben wird. Verss. einer Beeinflussung der Hyperkaliämie durch Gaben von KCl oder Ca-Gluconogalaktogluconat sowie der Nebennierenfunktion durch ACTH u. Nebennierenrindenhormone bleiben ohne Einfl. auf die Strahlensensibilität.

W. REUSSE. 4601 □

Der Einfluß von Äthylendiamintetraacetat auf die Überlebensrate bestrahlter Ratten. R. H. Rixon und J. F. Whitfield. (Int. J. Radiat. Biol. **3.** 439—42. Juli 1961. Chalk River, Ontario, Atomic Energy of Canada Ltd., Biol. and Health Phys. Div.) (Engl.)

♂ Ratten erhielten eine intraperitoneale Injektion mit dem *Na-* (I) oder dem *Ca-*Salz (II) der *Äthylendiamintetraessigsäure*. Die injizierten Tiere wurden teils vorher, teils nachher mit 300-kV-Röntgenstrahlen bestrahlt (FHA 80 cm, Dosisleistung 34 r/min). Beobachtung der Überlebensrate der Ratten ergab, daß bis 300 mg I/kg, unmittelbar vor Bestrahlung gegeben, die 30-Tage-Überlebensrate von 33 auf 73% erhöhen, bei Injektion unmittelbar nach Bestrahlung auf ca. 67%. Injektion von II vor der Bestrahlung ergab nur eine geringfügige Erhöhung der Überlebensrate. Die Strahlenschutz-Wrkg. von I wird in einer Mobilisierung (Chelat-Bldg.) des Serum- u. Knochen Geh. an Ca gesehen. Höhere Dosen I (350—450 mg/kg) vor oder nach Bestrahlung erhöhen dagegen die Letalität. Als Ursache dieser Umkehrung der I-Wrkg. wird die Sensibilisierung des Intestinalgewebes durch den Ca- u. wahrscheinlich Mg-Entzug diskutiert.

W. REUSSE. 4601 □

Die Strahlenschutzwirkung von Nebenschilddrüsenextrakt. R. H. Rixon und J. F. Whitfield. (Int. J. Radiat. Biol. **3.** 361—67. Juli 1961. Chalk River, Ontario, Atomic Energy of Canada Ltd., Biol. and Health Phys. Div.) (Engl.)

♂ Ratten erhielten Ganzkörperbestrahlungen mit 2000-kV-Röntgenstrahlen bei einem Fokusabstand von 65 cm u. einer Dosisleistung von 400 r/min. Ein Teil der Tiere erhielt zu verschiedenen Zeiten nach der Bestrahlung eine subkutane Injektion mit dem handelsüblichen Parathyroidextrakt *Parathormone*, u. zwar im dorso-thorakalen Bereich. Beobachtung der Strahlenschutz-Wrkg. der Injektion zeigte maximale Wrkg., wenn die Injektion 5 Min. bis 1 Std. nach einer 800-r-Bestrahlung vorgenommen wurde. Die Verbesserung der Überlebensrate war dabei im Dosisbereich 50—200 USP-Einheiten unabhängig von der Menge des injizierten Extrakts. Bei Injektion nach 3 Std. tritt 50%ig. Strahlenschutz-Wrkg. ein, nach 5 Std. entfällt sie ganz. Die Strahlenschutz-Wrkg. des Nebenschilddrüsenextrakts wird in seinem Ca-mobilisierenden Effekt gesehen.

W. REUSSE. 4601 □

Über den Einfluß des Ultraschalls auf den Nucleinsäuregehalt in tierischen Geweben. M. Ju. Churssin. (Фізіологічний Журнал (Київ) [Physiol. J. (Kiew)] **7.** 266—70. März/April 1961. Kiew, Bogomoletz-Inst. für Physiol. der Akad. der Wiss. der UkrainSSR, Labor. für Biophys.) (Ukrain.; Auszug: Engl.)

Im Ratten-Vers. wurde durch spektrophotometr. Best. des *Nucleinsäure* (I)-Geh. im Gewebe nach einseitiger Ultrabeschallung (800 kHz) der Hoden festgestellt, daß durch 2 W/cm² bei 10 Min. langer Exposition der I-Geh. von 6,6 auf 5,14 mg/100 Trockengewebe gesenkt wird. Durch 0,6 u. 1 W/cm² wird der I-Geh. nicht merklich verschoben. O. LEBTAG. 4601 □

Einfluß des Ultraschalls auf die morphologische und Eiweißzusammensetzung des Blutes. M. F. Ssirotina. (Фізіологічний Журнал (Київ) [Physiol. J. (Kiew)] **7.** 271—76. März/April 1961. Kiew, Bogomoletz-Inst. für Physiol. der Akad. der Wiss. der UkrainSSR, Labor. für Physiol. des Blutkreislaufes.) (Ukrain.; Auszug: Engl.)

Im Kaninchen-Vers. wurde die Wrkg. des Ultraschalls (US) auf den Blut-Geh. an *Gesamteiweiß* (I), *Albumin* (II) u. *Globulin* (III), den II/III-Koeff., die Zahl der Erythrocyten, Thrombocyten, Leukocyten, Neutrophilen, Basophilen, Eosinophilen, Monocyten u. Lymphocyten untersucht u. festgestellt, daß nach 10maliger Bestrahlung (10 Tage lang je 10 Min.) bei vorwiegender Behandlung der Lebergegend in der Dosis 0,5 W/cm² eine Tendenz zur Abnahme der Erythrocyten im peripheren Blut beobachtet wird. In 50% der Fälle nimmt der Hämoglobin-Geh. ab; die Zahl der Thrombocyten nimmt zu, die Zahl der Leukocyten ist labil. Der Blutserum-Geh. an I nimmt etwas zu, in den meisten Fällen bedingt durch eine Zunahme von III, wodurch häufig der II/III-Koeff. abnimmt. O. LEBTAG. 4601 □

Strahlenschutzwirkung von Reserpin und seinem N-Oxid. Thomas J. Haley, A. M. Flesher und L. Mavis. (Nature [London] **192.** 1309—10. 30/12. 1961. Los Angeles, Calif., Univ. of California, School of Med., Labor. of Nuclear Med. and Radiat.Biol.) (Engl.)

Vff. stellten im Tier-Vers. (*CF-1*-Mäuse) fest, daß *Reserpin* u. sein *N-Oxid* eine leichte Strahlenschutz-Wrkg. bei Röntgenbestrahlung ausüben. H. KOCKERT. 4601 □

Zusammenhang zwischen Altern, Temperatur und Empfindlichkeit gegen Kohlendioxyd beim Bohnenkäfer, Acanthoscelides obsoletus Say. Jean-Marie Legay und Roger Perrayon. (C. R. hebd. Séances Acad. Sci. **253.** 1273—74. 18/9. 1961. Lyon, Fac. des Sci., Labor. de Zool. exp.) (Franz.)

Die Verss. ergaben, daß das Altern die Empfindlichkeit des Bohnenkäfers gegen CO_2 steigert, u. zwar in 2 Phasen jeweils linear erst schnell von der Geburt bis zum 18. Tag bei 22° bzw. bis zum 6. Tag bei 27° u. dann langsamer in der folgenden Zeit. Bei 22° war die Empfindlichkeit größer als bei 27°. H. LOHSCHELDER. 4606 □

Mechanismus der hepatoxischen Wirkung von Dialkylnitrosaminen. D. F. Heath. (Nature [London] **192.** 170. 14/10. 1961. Carshalton, Surrey, Med. Res. Council Labor., Toxicol. Res. Unit.) (Engl.)

n-Butylmethylnitrosamin bewirkte bei Ratten typ. centrilobulare Nekrose u. war ca. $^1/_4$ so tox. wie *Dimethylnitrosamin.* Behandlung mit *tert.-Butylmethylnitrosamin* (I) gab nicht die typ. Nekrose, in Übereinstimmung mit der Theorie, wonach die Wrkg. auf in vivo gebildeten *Diazoalkanen* beruht, die aus I nicht entstehen können.
H. LOHSCHELDER. 4607

Durch Arzneimittel hervorgerufene Hyperglykämie. A. Hasselblatt und D. H. Sproull. (J. Physiology **157.** 124—36. Juni 1961. London, Mill Hill, Nat. Inst. for Med. Res.) (Engl.)

Bei nicht narkotisierten Kaninchen wurden die folgenden Substanzen in den lateralen Hirnventrikel injiziert: 20 μg *Adrenalin* (I)/kg bewirkten Hyperglykämie, die durch beiderseitige Splanchnicotomie nicht aufgehoben wurde. 20 μg *L-Noradrenalin*/kg hatten keinen Einfl. auf den Blutzucker. 0,25—0,5 mg *Barbiton-Na*/kg bewirkten Gefäßerweiterung im äußeren Ohr u. Hyperphagie, 2 mg/kg Hyperämie der Ohren, Sedation, Ataxie u. Hyperglykämie, die jedoch nach beiderseitiger Splanchnicotomie nicht auftrat. 1 mg *Leptazol*/kg (Pentylentetrazol) bewirkten Hyperglykämie, die durch beiderseitige Spanchnicotomie aufgehoben wurde. Bei der Pentobarbiton-narkotisierten Katze bewirkten 62,5 μg I/kg Hyperglykämie bei intracisternaler, nicht aber intracerebraler oder intraperitonealer Injektion. K. ZINGRAF. 4607 □

Hemmung der Aktivität des Bindegewebes nach Änderung der Glykolyseart. Jean Loiseleur, Liliane Catinot und Annick De Vomecourt. (C. R. hebd. Séances Acad. Sci. **253.** 1364—66. 25/9. 1961.) (Franz.)

Antithyroidale Substanzen, wie *Aminothiazol* (I), *Thiouracil* oder *Thioharnstoff*, u. Glykolyseaktivatoren, wie *Methylenblau* (II) oder (geringer) *Dinitrophenol* (III), hemmten, bei Albinoratten subkutan injiziert, die Diffusion von *Trypanblau*, das 30—40 Min. später in die Haut injiziert wurde. Bei Kombination von I, II u. III war die Hemmung fast vollständig. Diese geht mit Verminderung der Permeabilität u. des Stoffwechsels im Bindegewebe einher. In der untersuchten Haut wurde Steigerung der Hydratation

u. Verminderung des Geh. an Mineralsalzen festgestellt. Der Wrkg.-Mechanismus ist verschieden von dem des *Antihyaluronidaseserums.* H. LOHSCHELDER. 4607 □

Ein Beitrag zur Pharmakologie von 2-Mercapto-5-benzylidenthiazolon-(4). S. A. Tawab, A. Mustafa und M. M. Sallam. (Arch. int. Pharmacodynam. Thérap. **128.** 11–13. 1/10. 1960. Cairo, Univ., Dep. of Pharmacol. and Chem.) (Engl.)

Vff. untersuchten das pharmakodynam. Verh. sowie die toxikolog. Wrkg. von *2-Mercapto-5-benzylidenthiazolon-(4)* (I) am Hund, an der Kröte, am Kaninchen u. an der Ratte. Die DL_{50} betrug 6 mg/100 g Körper-Gew. der weißen Maus. I zeigte die gleiche biolog. Aktivität wie das *5-Benzylidenrhodanin.* R. HEINRICH. 4607 □

Eine vergleichende Untersuchung der pharmakologischen und toxikologischen Eigenschaften des 2.4-Thiazolidendions, des Rhodanins und dessen Derivaten. Salah A. Tawab und Ahmed Mustafa. (Arch. int. Pharmacodynam. Thérap. **128.** 14–16. 1/10. 1960. Cairo, Univ., Dep. of Pharmacol. and Chem.) (Engl.)

Vff. stellten fest, daß der Ersatz der Carbonylgruppe durch eine C=S-Gruppe beim *2.4-Thiazolidendion* (I) keine wesentliche Änderung der pharmakolog. u. toxikolog. Eigg. der Verbb. mit sich brachte. Die Toxizität von I war wesentlich geringer als die des *3-Phenylrhodanins* (II). Die intraperitoneale DL_{50} für II betrug 12 mg/100 g Körper-Gew. der weißen Maus. R. HEINRICH. 4607 □

Experimentelle akute Intoxikation durch phosphororganische Ester. Enzymatische Aspekte. 3. Mitt. **Ein Vergleich der Milchsäure- und Äpfelsäuredehydrogenase-Aktivität.** D. Casula, P. Cherchi und A. Spinazzola. (Arch. ital. Sci. med. trop. Parassitol. **40.** 615–22. Nov. 1959. Cagliari, Univ., Ist. di Clin. Gen., Centro Studi e Ric. Malattie Professionale sotto il Patronato dell' INAIL.) (Ital.)

Bei *E 605-* oder *Diazinon*-vergifteten Kaninchen werden keine Veränderungen der genannten Enzymaktivitäten beobachtet. P. GREGORZEWSKI. 4607 □

Periorales Kontaktekzem mit ekzematöser Stomatitis durch Verwendung von Lorbeerblättern zur Speise. Lubor Jirásek und Miroslav Škach. (Českoslov. Dermatol. **37.** 18–21. Febr. 1962. Prag, II. Dermat. venerolog. Klinik KU v Praze, Stomatol. Klinik KU v Praze.) (Tschech.)

Ein Patient leidet seit 10 Jahren an allerg. Rückfällen. Mit dem Epicubantest wird nun festgestellt, daß für ihn ausschließlich Lorbeerblatt u. Lorbeeröl Allergene sind. P. LOCH. 4608 □

Demethylierung beim Stoffwechsel von (—)-Nicotin in vivo. Herbert McKennis jun., Einosuke Wada, Edward R. Bowman und Lennox B. Turnbull. (Nature [London] **190.** 910–11. 3/6. 1961. Richmond, Va., Med. Coll. of Virginia, Dep. of Pharmacol.) (Engl.)

Vff. konnten nach intraperitonealer Verabfolgung von $^{14}C_{(CH_3)}$-(—)-*Nicotin* (I) an 3 ♂ Albinoratten nachweisen, daß innerhalb der ersten 6 Std. nach der I-Gabe 7,5 bzw. 4,0 bzw. 5,6% (durchschnittlich 5,7%) der verabfolgten Radioaktivität mit der Atmungs-CO_2 ausgeschieden wird. Eine weitere Ausscheidung an radioakt. CO_2 macht sich in den darauffolgenden 18 Std. bemerkbar (12,8 bzw. 6,2 bzw. 8,4% der verabfolgten Dosis). Zusätzlich findet sich eine geringe, aber signifikante Menge an ^{14}C im *Harnstoff.* H. KOCKERT. 4608 □

Die Wirkung von Colchicin auf nicht veresterte Fettsäuren des Plasmas. J. J. Spitzer und Judy A. Spitzer. (Experientia [Basel] **15.** 26–27. 15/1. 1959. Philadelphia, Pa., Hahnemann Med. Coll., Dep. of Physiol.) (Engl.)

Die Verabreichung einer letalen Dosis *Colchicin* (4 mg/kg i.v.) verursacht bei Ratten eine Zunahme der *unveresterten Fettsäuren* im Plasma u. eine Abnahme des Körpergewichts. Der Geh. an *veresterten Fettsäuren,* freiem u. verestertem *Cholesterin* u. *Plasmaeiweißen* bleibt unverändert, ebenso Hämatokrit- u. Hämoglobinwerte. G. KIMMERLE. 4608

Beitrag zur Untersuchung der Antigenzusammensetzung des Toxins aus Vipera ammodytes. F. Škvařil und P. Tykal. (Collect. czechoslov. chem. Commun. **26.** 1479–82. Mai 1961. Prague, Inst. of Sera and Vaccines.) (Engl.)

Das Toxin aus *Vipera ammodytes* wird durch Mikromodifikation der Immunoelektrophorese in 18 immunolog. verschiedene Fraktionen getrennt, welche bedeutende Unterschiede in der Wanderungs-Geschw. aufweisen. Wie aus der spektrophotometr. Unters. der einzelnen Proben folgt, ist die Trennung der Komponenten annähernd quantitativ. In parallelen Orientations-Verss. wurde die Toxizität der in Agar getrennten Fraktionen an Mäusen untersucht u. bei 3 Fraktionen eine positive Rk. erhalten. Ferner wurde das immunolog. Verh. des Schlangenserums u. des Toxins unter Verw. desselben antitox. Serums mit dem Verh. des Toxins unter Verw. des antitox. Serums, gesätt. mit dem Schlangenserum, verglichen. Im Schlangenserum wurden 8 Präcipitationslinien festgestellt, hauptsächlich im anod. Gebiet. Das Immunoelektrophoregramm des Toxins wird durch die Sättigung des antitox. Serums mit dem Schlangenserum kaum beeinflußt. Die beschriebene Meth. kann mit Vorteil sowohl zur Identifizierung einzelner Komponenten der Toxine als auch zu deren Isolierung verwendet werden.

V. KOSTKA/Prag. 4609

Chemotherapeutische Studien in der Reihe der heterocyclischen Azoverbindungen. 3. Mitt. **Über den therapeutischen Wert der 2-[p-Aminobenzolsulfonamido]-4-methyl-5-arylazothiazole (das heißt Azoseptyle).** Endre Jeney und Tibor Zsolnai. (Zbl. Bakteriol., Parasitenkunde, Infektionskrankh. Hyg., I. Abt., Orig. **183.** 246—50. Okt. 1961. Debrecen, Hyg. Inst.) (Dt.) — 2. vgl. Zbl. Bakteriol., Parasitenkunde, Infektionskrankh., Hyg., I. Abt., Orig. **180.** [1960.] 96.

2-[p-Aminobenzolsulfonamido]-4-methyl-5-[4'-methylphenylazo]-thiazol[I, F. 228° (Zers.)] u. *2-[p-Aminobenzolsulfonamido]-4-methyl-5-[4'-chlorphenylazo]-thiazol* [II, F. 237° (Zers.)] werden auf ihre Wrkg. gegen *Staphylokokken, Streptokokken* u. *Pneumokokken*, die gegen Sulfonamide u. Antibiotica resistent sind, untersucht. Krankheitsfälle waren vor allem Otitis media u. externa, Perichondritis, Sycosis, Furunculus, Impetigo, Osteomyelitis, Conjunctivitis u. Trachoma. Die Behandlungserfolge liegen zwischen 60 u. 100%. Gegen gramnegative Erreger sind I u. II wirkungslos. W. HOLLAND. 4610 □

Versuche zur Entdeckung neuer Tuberkulostatica. 14. Mitt. **Die in vitro ausgeübte tuberkulostatische und auf die experimentelle Meerschweinchen-Tuberkulose ausgeübte antituberkulotische Wirkung organischer Schwefel-Verbindungen.** Endre Jeney und Tibor Zsolnai. (Zbl. Bakteriol. Parasitenkunde, Infektionskrankh. Hyg., I. Abt., Orig. **180.** 402—10. Nov. 1960. Debrecen, Medizin. Univ., Hygien. Inst.) (Dt.) — 13. vgl. C. **1962.** 6079.

Folgende S-Verbb. wurden in vitro u. in vivo auf ihre tuberkulostat. Wrkg. untersucht: Dithiocarbamate: *Na-Methyl-, Na-Dimethyl-, Na-Äthyl-, Na-Diäthyl-, Na-β-Hydroxyäthyl-, Na-Bis-[β-hydroxyäthyl]-, Na-Pentamethylen-, Na-Morpholino-, Na-n-Butyl-, Na-Di-n-butyl-, Na-n-Amyl-, Na-Cyclohexyl-, [N-Äthylpiperidinium]-n-heptyl-* u. *-n-octyl-, Na₂-Äthylen-bis-, Na₂-Diäthylen-bis-, Na₂-Hexylen-1.6-bis-, [N-Äthylpiperidinium]-phenyl-, -p-tolyl-, -4-chlorphenyl-, -4-äthoxyphenyl-, -1-naphthyl-, -phenylamino-, -pyridyl-(2)-, -thiazolyl-(2)-, -4-methylthiazolyl-(2)-, Na-2-Methyl-4-aminopyrimidyl-(5)-methyl-, Bis-[N-äthylpiperidinium]-pyridylen-(2.6)-bis-, S-Äthyldiäthyl-, -pentamethylen-, -phenyl-, -4-chlorphenyl-, -4-äthoxyphenyl-, -2-pyridyl-*; Thiurammonosulfide: *Tetramethyl-, Tetraäthyl-, Bis-[pentamethylen]-, Bis-[morpholino]-*; Thiuramdisulfide: *Tetramethyl-, Tetraäthyl-, Bis-[pentamethylen]-, Bis-[morpholino]-*; Thiocarbamide: *Unsubstituiert, N-Phenyl-, N-[4-Chlorphenyl]-, N-[4-Äthoxyphenyl]-, N.N'-Diphenyl-, N.N'-Bis-[4-chlorphenyl]-, N.N'-Bis-[4-äthoxyphenyl]-*; Thiosemicarbazide: *4-Phenyl-, 4-[4'-Äthoxyphenyl]-, 1-Isonicotinoyl-4-phenyl-, 1-Isonicotinoyl-4-[4'-chlorphenyl]-, 1.4-Diphenyl-, 1-Phenyl-4-[4'-äthoxyphenyl]-, 1-Phenyl-4-[4'-chlorphenyl]-, 1.4-Bis-[4'-äthoxyphenyl]-, 1-Salicylal-4-[4'-äthoxyphenyl]-, 1-[p-Hydroxybenzal]-4-[4'-äthoxyphenyl]-, 1-[p-Dimethylaminobenzal]-4-[4'-äthoxyphenyl]-, 1-Furfural-4-[4'-äthoxyphenyl]-*; *Diphenylthiocarbazon, Hydrazodithiocarbonamid*; Thiazole: *2-Amino-, 2-Amino-4-methyl-, 2-Amino-4-phenyl-, 2-[4'-Chlorphenylamino]-4-methyl-5-β-acetoxyäthyl-, 2-[4'-Chlorphenylamino]-4-phenyl-, 2-[4'-Äthoxyphenylamino]-4-methyl-5-β-acetyloxyäthyl-, 2-[4'-Äthoxyphenylamino]-4-phenyl-, 2-[4'-Acetylaminobenzalhydrazono]-4-methyl-5-β-acetoxyäthyl-, 2-[4'-Acetylaminobenzalhydrazono]-4-phenyl-; 2-Amino-6-äthoxybenzthiazol, 2-[4'-Äthoxyphenylamino]-6-äthoxybenzthiazol, 3-[4'-Chlorphenyl]-4-phenylthiazolin-(2.3)-on-(2)-[4''-chloranil], 3-[4'-Äthoxyphenyl]-4-phenylthiazolin-(2.3)-on-(2)-[4''-äthoxyanil]*; Thiazolinon-(4)-Verbb.: *2-[4'-Acetylaminobenzalhydrazino]-, -5-benzal-, -5-[p-dimethylaminobenzal]-, -5-furfural-, -5-[4''-chlorphenylazo]-, -5-[4''-äthoxyphenylazo]-; 3-[2'-Methyl-4'-amino-5'-pyrimidylmethyl]-4-methyl-5-β-acetoxyäthylthiazolin-(2.3)-thion-(2)*; Rhodamine: *3-n-Butyl-, 3-n-Octyl-, 3-Cyclohexyl-, 3.3'-Äthylen-(1''.2'')-, 3.3'-Hexylen-(1''.6'')-, 3-Phenyl-, 3-[4' Chlorphenyl]-, 3-[4'-Äthoxyphenyl]-*; 2-Thiohydantoine: *5-n-Heptyl-, 5-Benzal-, 5-[4'-Dimethylaminobenzal]-, 5-Phenäthyliden-, 5-Cyclohexyliden-, 5-[2'-Heptyliden]-; Dithiouracil, 1-Phenyltetrazolinthion-(5), 1-[4'-Äthoxyphenyl]-tetrazolinthion-(5)*. Während eine ganze Reihe dieser Substanzen in vitro Wirksamkeit zeigt, ist in vivo nur *N.N'-Bis-[4-äthoxyphenyl]-thiocarbamid* ähnlich wie Conteben wirksam. P. GREGORZEWSKI. 4610 □

Versuche zur Entdeckung neuer Tuberkulostatica. 15. Mitt. **Die N'-substituierten Derivate des N-[4-Äthoxyphenyl]-thiocarbamids.** Endre Jeney und Tibor Zsolnai. (Zbl. Bakteriol., Parasitenkunde, Infektionskrankh. Hyg., I. Abt., Orig. **183.** 251—58. Okt. 1961. Debrecen, Med. Univ.) (Dt.) — 14. vgl. vorst. Referat.

14 N'-substituierte N-[4-Äthoxyphenyl]-thiocarbamide werden synthetisiert u. in vitro u. in vivo am Meerschweinchen mit einer täglichen Dosis von ca. 20 mg/kg auf tuberkulostat. Wrkg. über 60 Tage geprüft. Während in vitro einige Verbb. dem

in der 14. Mitt. beschriebenen *N.N'-Bis-[4-äthoxyphenyl]-thiocarbamid* (I) gleichkommen (I besitzt $^1/_{25}$ der Wrkg. von INH) zeigt keine Verb. in vivo einen wesentlichen tuberkulostat. Effekt.

Versuche: *S-Methyl-N-[4-äthoxyphenyl]-dithiocarbaminat* (II), F. 105° (Methanol), 4-Äthoxyanilin wird in Ae. mit CS_2 u. N-Äthylpiperidin zu *Äthylpiperidinium-N-[4-äthoxyphenyl]-dithiocarbaminat* umgesetzt. Anschließend Rk. mit Dimethylsulfat in Methanol; 75% (Ausbeute). — N-[4-Äthoxyphenyl]-N'-alkylthiocarbamide: Durch 4std. Kochen von II mit 1 Mol des entsprechenden Amins in A. unter Abspaltung von Methylmercaptan, farblose Kristalle aus A.; 60—90%. — *N'-Butyl-*, F. 88°. — *N'-Octyl-*, F. 76°. — *N'-Dodecyl-*, F. 87°. — *N'-Cyclohexyl-*, F. 135°. — *N'.N'-Diäthyl-*, F. 92°. — *N'.N'-Dibutyl-*, F. 98°. — *N'.N'-Pentamethylen-*, F. 105°. — *N'.N'-3-Azapentamethylen-*, F. 171°. — *N'-[Pyridyl-(2)-*, F. 185°. — *N'-Phenyl-*, F. 170°. — *N.N'-Bis-[4-äthoxyphenylthiocarbamoyl]-piperazin*, F. 220°, analog aus 2 Mol II u. Piperazin. — *1.6-Bis-[4'-äthoxyphenylthioureido]-hexan*, F. 165°, analog aus Hexamethylendiamin. — *2.6-Bis-[4'-äthoxyphenylthioureido]-pyridin*, F. 165°, analog aus 2.6-Diaminopyridin. — *4.4'-Bis-[4''-äthoxyphenylthioureido]-biphenyl*, F. 250°, analog aus Benzidin.
W. HOLLAND. 4610□

Versuche zur Entdeckung neuer Tuberkulostatica. 16. Mitt. **5-Arylazo-Derivate des Salicylaldehydisonicotinoylhydrazons.** Endre Jeney und Tibor Zsolnai. (Zbl. Bakteriol., Parasitenkunde, Infektionskrankh. Hyg., I. Abt., Orig. **183.** 259—64. Okt. 1961. Debrecen, Med. Univ.) (Dt.) — 15. vgl. vorst. Referat.

9 Azo-Derivv. des *Salicylaldehydisonicotinoylhydrazons* (I) werden hergestellt u. auf ihre tuberkulostat. Wrkg. geprüft. Sie zeigen in vitro 0,4fache Wrkg. gegenüber INH u. I gegen Bakterienstämme, die gegen INH empfindlich sind. Gegen INH-resistente Stämme sind sie nur in 100—200facher Dosierung wirksam. In vivo zeigen die Verbb., mit Ausnahme der Dimethylpyrimidylaminosulfonyl-Verb., Wirksamkeiten, die in der Größenordnung der von I u. INH liegen.

Versuche: 5-Benzolazosalicylaldehydisonicotinoylhydrazone: Durch Diazotieren der entsprechenden aromat. Amine u. Kuppeln mit I, Auskochen mit A. u. Wasser. — *Unsubstituiertes, 4'-Methyl-, 4'-Chlor-, 4'-Äthoxy-, 4'-Carboxy-, 4'-Aminosulfonyl-, 4'-[4.6-Dimethylpyridyl-(2)-aminosulfonyl]-, 4'-[6-Methoxypyridazyl-(3)-aminosulfonyl]-, 4'-[Thiazolyl-(2)-aminosulfonyl]-.* W. HOLLAND. 4610□

Versuche zur Entdeckung neuer Tuberkulostatica. 17. Mitt. **5-Arylazo-Derivate des 8-Hydroxychinolins und 4-Arylazo-Derivate des 1-Naphthols.** Endre Jeney und Tibor Zsolnai. (Zbl. Bakteriol., Parasitenkunde, Infektionskrankh. Hyg., I. Abt., Orig. **183.** 265—71. Okt. 1961. Debrecen, Med. Univ., Hyg. Inst.) (Dt.) — 16. vgl. vorst. Referat.

Eine Reihe von *5-Arylazo-8-hydroxychinolinen, 5-Arylazo-7-brom-8-hydroxychinolinen* u. *4-Arylazo-1-naphtholen* wird hergestellt u. auf tuberkulostat. Wrkg. geprüft. *Oxin* (I) u. seine Halogen-Derivv. sind in vitro ziemlich akt., *1-Naphthol* (II) ist nur $^1/_{25}$ so wirksam. Unter den Azo-Derivv. von I u. 7-Bromoxin sind nur diejenigen mit hydrophoben Gruppen im Aryl so akt. wie I. Die Derivv. von nicht zur Chelat-Bldg. befähigtem II sind nur wenig wirksam. Untersucht wurden 5-Benzolazo-8-hydroxychinoline: *Unsubstituiert, 4'-Methyl-, 4'-Chlor-, 4'-Äthoxy-, 2'-Carboxy-, 4'-Carboxy-, 4'-Arsono-, 4'-Aminosulfonyl-, 4'-[4.6-Dimethylpyrimidyl-(2)-aminosulfonyl]-, 4'-[6-Methoxypyridazyl-(3)-aminosulfonyl]-, 4'-Thiazolyl-(2)-aminosulfonyl-.* — 5-Benzolazo-7-brom-8-hydroxychinoline: *Unsubstituiert, 4'-Methyl-, 4'-Chlor-, 4'-Äthoxy-, 2'-Carboxy-, 4'-Carboxy-, 4'-Aminosulfonyl-, 4'-Dimethylpyrimidylaminosulfonyl-, 4'-Methoxypyridazylaminosulfonyl-, 4'-Thiazolylaminosulfonyl-.* — 4-Benzolazo-1-naphthole: *Unsubstituiert, 4'-Methyl-, 4'-Chlor-, 4'-Äthoxy-, 2'-Carboxy-, 4'-Carboxy-, 4'-Aminosulfonyl-, 4'-Dimethylpyrimidylaminosulfonyl-, 4'-Methoxypyridazylaminosulfonyl-, 4'-Thiazolylaminosulfonyl-.* W. HOLLAND. 4610□

Penicillin und Alloxanbehandlung. Miguel A. Mendes Alves. (C. R. Séances Soc. Biol. Filiales **155.** 1742—44. 1961. Lisbonne, Fac. de Méd., Inst. de Pharmacol. et de Thér. gén.) (Franz.)

Vf. stellte im Tier-Vers. (Albinoratten) fest, daß *Na-Penicillin G* (OMEGA) weder die Toxizität noch die diabetogene Wrkg. von *Alloxan* beeinflußt. H. KOCKERT. 4611□

Kombinierte Anwendung von Streptomycin und menschlichem γ-Globulin bei experimenteller Keuchhusteninfektion von Mäusen. Ass. Toschkow, G. Scheikowa und K. Nojewa. (Антибиотики [Antibiotika] **5.** Nr. 2. 67—69. März/April 1960. Sofia, Bulgarien, Forschungsinst. für Epidemiolog. u. Mikrobiol.) (Russ.; Auszug: Engl.)

Kombination mit *Streptomycin* (I) steigert die therapeut. Wrkg. von menschlichem *γ-Globulin* (II) bei Mäusen mit experimenteller Haemophilus pertussis-Infektion (100 bis 2000 γ intracerebral). Am wirksamsten war Kombination von 500, 750 oder 1000 γ I mit 0,1 cm³ II. Es zeigten sich keine Veränderungen des Geh. an *γ-Globulin* u. der Baktericiditát im Blutserum der Tiere. I. v. Kloch-Kornitz. 4611 □

Besonderheiten der Antibioticawirkung auf den Organismus in Abhängigkeit von dessen Ausgangszustand. L. L. Gromaschewskaja. (Антибиотики [Antibiotika] **5.** Nr. 2. 31—36. März/April 1960. Akad. der med. Wiss. der UdSSR, Inst. für Infektionskrankh., Labor. für Biochem.) (Russ.; Auszug: Engl.)

Synthomycin- oder *Chlortetracyclin*-Gaben hatten bei Meerschweinchen, Ratten u. Kaninchen in Abhängigkeit von der Dosierung (0,5—4 g 3mal täglich 6 Tage) u. vom Geh. an Glykogen u. Vitamin C in der Leber vor der Injektion eine hemmende oder aktivierende Wrkg. auf die Glykogenfunktion der Leber. I. v. Kloch-Kornitz. 4611 □

Einfluß des Chlortetracyclins auf die proteolytische Aktivität der Leber. W. Ja. Kudrjawzewa. (Антибиотики [Antibiotika] **5.** Nr. 2. 58—60. März/April 1960. Akad. der med. Wiss. der UdSSR, Inst. für Pharmakolog. u. Chemother., Labor. für allg. Pharmakolog.) (Russ.; Auszug: Engl.)

Gaben von 50 mg/kg *Chlortetracyclin* per os (14 Tage) führten bei Ratten zur Verringerung der Aktivität des *Kathepsins* u. damit zur Verlangsamung der Autolyse in der Leber. I. v. Kloch-Kornitz. 4611 □

Experimentelle Daten über die Wirkung des Aurantins auf peripheres Blut, Herz-Gefäßsystem und Diurese. A. P. Belowa, N. A. Kudrjawina, Ju. I. Rampan und A. B. Ssyrkin. (Антибиотики [Antibiotika] **5.** Nr. 2. 44—50. März/April 1960. Akad. der med. Wiss. der UdSSR, Inst. für exp. u. klin. Onkololog., Labor. für Pharmakolog.) (Russ.; Auszug: Engl.)

Aurantin (I) ist für Kaninchen u. Katzen in Dosen von 25 γ/kg (8 Injektionen intraperitoneal) verträglich u. führt zur kurzfristigen Granulocytose. Injektion von 50 γ I/kg bewirkt bei Lymphopenie u. anfänglicher Leukopenie starke Granulo- u. Leukocytose (13. Tag), der dann eine progressive Leukopenie u. der Tod des Tieres folgt. Veränderungen des Elektrocardiogramms u. des Blutdrucks zeigen sich bei Dosen über 50 γ I/kg erst beim Tode. 300—600 γ I/kg führen zur Hemmung der Diurese.
I. v. Kloch-Kornitz. 4611 □

Pharmakologische Untersuchung des Antibioticums 6270. L. Je. Goldberg. (Антибиотики [Antibiotika] **5.** Nr. 2. 50—55. März/April 1960. Akad. der med. Wiss. der UdSSR, Inst. zur Erforschung neuer Antibiotica.) (Russ.; Auszug: Engl.)

Das *Antibioticum 6270* (I) erwies sich als sehr tox. [maximal verträgliche Dosen: Mäuse 85 (γ/kg) intraperitoneal oder 200 i.v., Kaninchen 25 i.v., Hunde 20 i.v., Ratten 30 intraperitoneal oder 140 i.v. bei einmaliger Injektion] u. hat kumulative Eigenschaften. In dieser Dosis bewirkte I keine Veränderung des Gew. der Leber u. ihres Geh. an Glykogen u. Fett, sowie des Rest-N-Geh. im Blut. I erhöht die Permeabilität der Gefäße u. die Prothrombinzeit u. verringert die Thrombocytenzahl. Durch wiederholte Gaben von 40 (mg/kg) Vitamin C, 20 Vitamin P u. 10 Vitamin K_3 per os wurde die Toxität des I bei Kaninchen etwas verringert. I. v. Kloch-Kornitz. 4611 □

Die Wirkung von sympathicomimetischen Aminen auf die isometrische Kontraktion und die Phosphorylaseaktivität des isolierten Rattenherzens. Walther R. Kukovetz, Marilyn E. Hess, Joseph Shanfeld und Niels Haugaard. (J. Pharmacol. exp. Therapeut. **127.** 122—27. Okt. 1959. Philadelphia, Pa., Univ. of Pennsylvania, School of Med., Labor. of Pharmacol.) (Engl.)

Die Unters. der Wrkg. von *l-Epinephrin* (I), *l-Norepinephrin* (II), *dl-Isoproterenol* (III), *dl-Metanephrinhydrochlorid* (IV), *l-Phenylephrin* (V), *dl-Synephrinhydrochlorid* (VI; alle Sterling-Winthrop Res. Inst.), *Mephenterminsulfat* (VII; Wyeth Labor.), *Epininhydrochlorid* (VIII) u. *Methoxamin* (*Vasoxyl*; IX; beide Burroughs Wellcome & Co.) auf die Kontraktionsfähigkeit des isoliert durchströmten Rattenherzens sowie auf seinen Geh. an *Phosphorylase a* (X)- u. *Gesamtphosphorylase* (XI)-Aktivität führte zu folgenden Resultaten [unter Zugrundelegung ziemlich beständiger Normalwerte für XI von 22,5 Einheiten in 0,1 ml Überstands-Fl. (entsprechend 6750 Einheiten/g Gewebe) u. für X von 13 Einheiten (entsprechend 58% der XI-Werte)]: Sympathicomimet. Amine mit positiver inotroper Wrkg. auf das Herz führen zu einem Anstieg der X-Aktivität im Myocard, nicht jedoch zu einem Anstieg der XI-Aktivität (0,5—6,0 μg I, 0,2—2,0 μg II, 0,1—1,0 μg III, 5—50 μg VIII, 100—1000 μg VI, 100—1000 μg V); sympathicomimet. Amine ohne Wrkg. auf die Kontraktilität des Herzens haben auch keine Wrkg. auf die X-Aktivität (50—500 μg VII, 50—500 μg IX, 50—500 μg IV); bei allen untersuchten Stoffen konnte bei den untersuchten Konzz. eine Korrelation zwischen dem Anstieg der systol. isometr. Spannung u. dem Anstieg der X-Aktivität konstatiert werden; in den

Unterss. mit **I**, **II** u. **III** konnten auch lineare Kurven des Quotienten log der Dosis/Rk.-Form von **X** ermittelt werden; das Verhältnis zwischen Struktur u. Aktivität der 9 Substanzen war für die Fähigkeit zur Vermehrung der Kontraktionskraft das gleiche wie für die Fähigkeit zur Veränderung des **X**-Geh.; als Reihenfolge für die Aktivität in den genannten beiden Parametern ergab sich **III**, **II**, **I**, **VIII**; **VI** u. **V** übten in hohen Konzz. nur geringe Wrkg. aus; **IX**, **VII**, **IV** sind wirkungslos. — Die Schlußfolgerung ist, daß die Umwandlung der *Phosphorylase b* in **X** ein Vorgang ist, der eng mit dem Mechanismus zusammenhängen muß, durch welchen die sympathicomimet. Amine die Herzkontraktionsfähigkeit steigern. — In einem Anhang wird über vorläufige Verss. berichtet, aus denen hervorgeht, daß das durchströmte Rattenherz Phosphorylase hauptsächlich in inakt. Form enthält. U. TAUSENDFREUND. 4620□

Wirkung einiger Phenothiazinderivate auf die Capillarpermeabilität, untersucht unter Verwendung von radioaktiven Isotopen. J. M. Giao und T. Rico. (C. R. Séances Soc. Biol. Filiales **155.** 1744—48. 1961. Lisbonne, Fac. de Méd., Inst. de Pharmacol. et Thérapeut. gén. et Labor. de Méd. nucléaire.) (Franz.)

Vf. stellte in Unterss. an Albinoratten nach einer bekannten Meth. (vgl. C. R. Séances Soc. Biol. Filiales **154.** [1960.] 218) fest, daß die Capillarpermeabilität von an Plasma-*Albumin* gebundenem ^{131}J durch folgende Phenothiazin-Derivv. nach subkutaner Verabfolgung signifikant gehemmt wird: *Dietazine* (**I**), *Promazin* (*Sparine*), *Promethazin* (*Phenergan*), *Chlorpromazin* (**II**; *Largactil*), *Perphenazin* (*Trilafon*) u. *Pyrathiazin* (*Pirrolazote*). Der Grad der Hemmung liegt zwischen 66,5% (durch **II**) u. 42,7% (durch **I**). **I** zeigt danach trotz 10fach höherer Dosis (10^{-4}m/kg) im Vgl. zu den anderen Substanzen den geringsten Hemmeffekt. H. KOCKERT. 4620□

Einfluß von Iproniazidvorbehandlung auf die Entstehung von Magengeschwüren durch Reserpin bei Ratten. I. Leusen, E. Lacroix und G. Demeester. (Experientia [Basel] **15.** 73. 15/2. 1959. Ghent, Univ. of Ghent, Labor. of Physio-Pathol.) (Engl.)

Es wird gezeigt, daß durch Vorbehandlung mit 100 mg *Iproniazid* (*Marsilid*)/kg, intraperitoneal, 5 Std. vor der Pylorusunterbindung bei Ratten u. der zu dieser Zeit erfolgenden intraperitonealen Injektion von 5 mg *Reserpin* (**I**)/kg die sonst nach **I** bei Pylorusunterbindung nachweisbare Bldg. hämorrhag. Erosionen im Bereich der Pars glandularis des Magens verhütet werden kann, so daß hiermit eine erneute Bestätigung des Wrkg.-Mechanismus von **I** über Veränderungen im Stoffwechsel der Monoamine vorliegt. U. TAUSENDFREUND. 4620□

Untersuchungen über die Bestimmung der Schmerzempfindlichkeit und ihrer Beeinflussung durch Medikamente. Manfred Monjé und Oskar Ritter. (Arzneimittel-Forsch. **9.** 753—57. Dez. 1959. Kiel, Univ., Angew. Physiol.)

Es wurden die Stromart u. Elektroden zur Erzielung eines Oberflächenschmerzes der Haut untersucht. *Thomapyrin* (0,25 g Acetylsalicylsäure, 0,2 g Phenacetin, 0,05 g Coffein) erhöhte die Schmerzschwelle, während TD 25 Ap 67 (DR. KARL THOMAE G. M. B. H.), ein Oxazin-Deriv., den Schmerzreiz nicht eindeutig beeinflußt. E. CARSTENS. 4627□

Zur Wirkung von N-Phthalylglutaminsäureimid auf andere Pharmaka. G. Osterloh. (Arzneimittel-Forsch. **9.** 745—47. Dez. 1959. Solberg/Rhld., Chemie Grünenthal.)

N-Phthalylglutarsäureimid (**I**) (*k 17*, *Contergan*, *Thalidomid*) verstärkt die zentralhemmende Wrkg. von Secobarbital, Meprobamat, Reserpin, Methopromazin u. Diphenylhydantoin sowie bei Mäusen die analget. Wrkg. von Acetylsalicylsäure u. Phenacetin. Beim Meerschweinchen wird die hustenhemmende Wrkg. des α-Isopropyl-α-[β-dimethylaminopropylphenyl]-acetonitrils (Peracon) verstärkt. Auch die ödemhemmende Wrkg. des Prednisons an der Rattenpfote wird durch **I** erhöht. E. CARSTENS. 4627□

Einige elektrophysiologische und biochemische Untersuchungen mit Hydroxyzine. S. Nishi, K. Koketsu, J. A. Cerf und L. G. Abood. (J. Pharmacol. exp. Therapeut. **126.** 148—54. Juni 1959. Chicago, Ill., Univ. of Illinois, Coll. of Med., Dep. of Psychiatry.) (Engl.) P. GREGORZEWSKI. 4627□

Hydroxyzine(**I**, *N-[p-Chlorbenzhydryl]-N'-[β-hydroxyäthoxyäthyl]-piperazin*, $3\cdot10^{-4}$m) hemmt die oxydative Phosphorylierung von Rattenhirnmitochondrien, 10^{-4} g/ml blockiert die Nervenleitung, 10^{-5} die Spinalganglionzellen; **I** wirkt depolarisierend auf Nerven- u. Muskelmembran. 15 mg/kg erhöhen bei der Katze den multisynapt. Reflex des Spinalstranges ohne Einfl. auf den monosynapt. Reflex. P. GREGORZEWSKI. 4627□

Einfluß der Schlafmittel und ihrer Kombinationen mit Pentamin auf die äußere Hemmung der bedingten Nahrungsreflexe. A. N. Kudrin und L. P. Kokina. (Фармакология и Токсикология [Pharmakol. u. Toxikol.] **24.** 397—403. Juli/Aug. 1961. Rjasan, Med. Pawlow-Inst., Lehrstuhl für Pharmakolog.) (Russ.; Auszug: Engl.)

Bei Hunden bewirkten Gaben von 0,04 (g/kg) *Chloralhydrat* (**I**), 0,008—0,01 *Barbamyl* **II**), 0,008—0,02 *Veronal* sowie Kombination von 0,02 **I** oder 0,005 **II** mit 0,005 *Pentamin* per os Abschwächung um 10—24% bzw. vollständige Aufhebung des durch die PAWLOWschen Vers.-Bedingungen hervorgerufenen positiven, äußeren bedingten Nahrungsreflexes auf Agentien mittlerer Stärke. I. v. KLOCH-KORNITZ. 4627 □

Über den Einfluß des Morphins auf die Resistenz der Tiere gegenüber Äther in der Ontogenese. G. Je. Batrak und A. G. Doronin. (Фармакология и Токсикология [Pharmakol. u. Toxikol.] **24.** 410—16. Juli/Aug. 1961. Dnjepropetrowsk, Med. Inst., Lehrstuhl für Pharmakolog.) (Russ.)

Die Wrkg. des *Morphins* (I; 10 mg/kg Körper-Gew.) auf die Hirnrinde (HR) während der Ae-Narkose, die an Welpen im Alter von 2 Wochen bis 4 Monaten untersucht wurde, hängt vom Entw.-Stadium der HR ab. I wirkt bei schwach entwickelter HR hemmend, bei hoch entwickelter HR stimulierend. I. v. KLOCH-KORNITZ. 4627 □

Der Einfluß von Nembutal, Barbamyl und Medinal auf die Gefäßweite und den Blutandrang in den inneren Organen und Extremitäten. I. M. Tschudnowa. (Фармакология и Токсикология [Pharmakol. u. Toxikol.] **24.** 425—27. Juli/Aug. 1961. Krimer Med. Inst., Lehrstuhl für Pharmakolog.) (Russ.; Auszug: Engl.)

In Verss. an isolierten Organen mit Konzz. von 1 : 5000 bewirkte in der Kaninchenniere *Nembutal* (I) 3,5—12%ig., *Barbamyl* (II) 8—16%ig. u. *Medinal* (III) 3—4%ig. Gefäßdilatation (A), in der Katzenmilz **I** 2—7%ig., **II** 10—16%ig. u. **III** 4—7%ig. A. Plethysmograph. Unterss. der unteren Extremitäten des Kaninchens nach i.v. Injektion von 10—12 mg I/kg Körper-Gew. oder 40 mg II/kg zeigten eine Verringerung des Blutandranges um 2—3 mm, nach 200 mg III/kg um 5—7 mm. Die höhere Aktivität des **II** steht im Einklang mit seiner stärkeren depressor. Wirkung.

I. v. KLOCH-KORNITZ. 4627 □

Vom Benzofuran abgeleitete spasmolytische Ketone. Nguyen P. Buu-Hoï, Nguyen D. Xuong und Vu-Thi Suu. (C. R. hebd. Séances Acad. Sci. **253.** 1075—76. 21/8. 1961.) (Franz.)

2-Methylbenzofuran (I) wurde aus *2-Formylbenzofuran* (II) gewonnen u. in FRIEDEL-CRAFTS-Rkk. mit Methoxyl-substituierten Phenylacylchloriden in Ggw. von $AlCl_3$ oder $SnCl_4$ zu 3-[2-Methylbenzofuran]-ketonen umgesetzt, deren pharmakodynam. Wrkg. z. T. nach Entmethylierung u. Jodierung untersucht wurde. **III** u. **IV** zeigten am isolierten Meerschweinchendarm deutliche spasmolyt. Wrkg. u. dilator. Wrkg. auf die Coronargefäße des Kaninchenherzens. **IV** hatte keine östrogenen Eigenschaften.

Versuche: *2-Methylbenzofuran* (I), aus 63 g **II** mit 63 g 98%ig. *Hydrazinhydrat* u. 34 g **KOH** in 315 cm^3 Diäthylenglykol; 75% (Ausbeute). — *2-Methyl-3-[p-methoxybenzoyl]-benzofuran* (III), $C_{17}H_{12}O_3$, F. 78°, aus 25 g **I** mit 34 g *p-Anisoylchlorid* in Ggw. von 28 g $AlCl_3$ in 100 ml CS_2 bei normaler Temp., Prismen aus Methanol; 65%. — *2-Methyl-3-[p-hydroxybenzoyl]-benzofuran,* $C_{16}H_{14}O_3$, F. 143°, durch Refluktieren (15 Min.) von 5 g **III** mit 15 g wasserfreiem *Pyridinhydrochlorid* u. Behandlung mit schwach salzsaurem W., Nadeln aus wss. Methanol; 3,5 g. — *2-Methyl-3-[3.5-dijod-4-hydroxybenzoyl]-benzofuran* (IV), $C_{16}H_{10}J_2O_3$, F. 149°, aus 12 g vorst. Verb. durch Einw. von 26,2 g J_2 in Ggw. von 15,2 g gelbem Quecksilberoxyd in 75 ml A., blaßgelbe Prismen aus wss. Äthanol. — *2-Methyl-3-[p-methoxyphenacetyl]-benzofuran,* $C_{18}H_{16}O_3$, F. 120°, aus 10,5 g **I** u. 13,5 g *p-Methoxyphenacetylchlorid* in Ggw. von 21 g $SnCl_4$ in 200 ml CS_2, perlmutterartige Blättchen aus A., 12 g. — *2-Methyl-3-[p-hydroxyphenacetyl]-benzofuran,* $C_{17}H_{14}O_3$, F. 178°, durch Entmethylierung vorst. Verb. mit *Pyridinhydrochlorid*, feine Nadeln aus Xylen. — *2-Methyl-3-[o-methoxybenzoyl]-benzofuran,* $C_{17}H_{14}O_3$, F. 93°, durch FRIEDEL-CRAFTS-Rk., feine Nadeln aus Äthanol. — *2-Methyl-3-[2.6-dimethoxybenzoyl]-benzofuran,* $C_{18}H_{16}O_4$, F. 138°, analog, glänzende Blättchen aus Äthanol. — *2-Methyl-3-[3.4.5-trimethoxybenzoyl]-benzofuran,* $C_{19}H_{18}O_5$, F. 130°, feine Nadeln aus Äthanol.

H. LOHSCHELDER. 4628 □

Histaminwirkungen von Weißdorninfus. Eine Berichtigung. Th. Bersin und A. Müller. (Pharmazie **14.** 218. April 1959. St. Gallen, Labor. Hausmann AG.) (Dt.)

Nicht ein Heptaoxyflavonglykosid (vgl. SAJNER u. VÉRIŠ, C. **1962.** 7234), sondern das *2.3.3'.4.4'.5.7-Heptahydroxyflavanbiosid* stellt den coronar- u. myocardwirksamen Bestandteil des Weißdorns dar. Vff. bezweifeln die von SAJNER u. VÉRIŠ behauptete Ggw. von Histamin im Crataegus-Infus u. verneinen eine orale Wirksamkeit des Histamins.

E. TROBISCH. 4630 □

Die Wiederherstellung des arteriellen Druckes aus verschiedenen hypotensiven Stadien durch Methoxamin. E. J. de Beer, A. L. Wnuck, R. V. Fanelli, Stata Norton und C. H. Ellis. (Arch. int. Pharmacodynam. Thérap. **104.** 487—98. Jan. 1956. Tuckahoe, N.Y., Wellcome Res. Labor.) (Engl.)

Durch i.v. Injektion von *Methoxaminhydrochlorid* (*β-[2.5-Dimethoxyphenyl]-β-hydroxyisopropylaminhydrochlorid, Vasoxyl*) in Dosen von 0,4—0,8 mg/kg wird bei Hunden ein hypotensiver Zustand, der durch Blutung, Trauma, Verbrennung, Drehwirbel,

Histamin, Barbituratüberdosierung u. Ganglienblockade erzeugt worden ist, aufgehoben. Der Blutdruck hat dann normale Werte. G. KIMMERLE. 4630

Antihyaluronidase-Wirkung des Blutserums bei Silicose und Silicotuberkulose. Giulia Radino. (Arch. Scienze med. **101** (**81**). 508—14. Juni 1956. Milano, Univ., Clin. del Lavoro „L. Devoto") (Ital.)

Vf. untersuchte die Veränderungen des *Antihyaluronidase-Faktors* des Blutserums bei an Silicose oder an Silicotuberkulose erkrankten Vers.-Personen im Vgl. zu gesunden Kontrollen mit Hilfe der viscosimetr. Methode. — Es macht sich ein Anstieg dieses Faktors bei allen Formen der akt. u. offenen Silicotuberkullse bemerkbar; keine Veränderungen werden bei den stabilisierten Formen der Silicotuberkulose beobachtet. H. KOCKERT. 4681□

F. Pharmazeutische Chemie. Desinfektion

Galinsoga parviflora Cav. var. Genuina, Franzosenkraut. Pharmakognostische Untersuchung. Józef Sendra. (Dissertat. pharmac. [Warszawa] **12.** 121—35. 1960. Kraków, Akad. Med., Zakł. Farmakogn.) (Pol.)

Der morpholog. u. anatom. Bau des Franzosenkrauts wird beschrieben. Das frische Kraut enthält von Juni bis September 60,30—90,23 mg% Ascorbinsäure (bestimmt nach TILLMANS). Die Pflanzenspitzen enthalten Glucose u. Flavonoide, die Blüten Carotinoide. Blühende Triebspitzen enthalten ca. 0,075% äther. Öle. Gerbstoffe, Alkaloide u. Saponine wurden nicht gefunden. — 29 Literaturangaben. F. URBAN. 4782□

Die Beziehung zwischen Azulenen und Bitterstoffen im Wermutkraut (Artemisia absinthium L.). Adam Michaluk und Jerzy Porębski. (Dissertat. pharmac. [Warszawa] **12.** 137—41. 1960. Kraków, Akad. Med., Zakł. Farmakogn.; Zakł. Farmac. stosow.) (Pol.) — Vgl. C. **1959.** 17300.

Zwischen dem Bitterstoff-Geh., ermittelt nach dem Geschmack, u. dem Azulen-Geh. im Wermut besteht ein direkter Zusammenhang. An Stelle des Bitterstoff-Geh. sollte deshalb der einwandfrei zu bestimmende Azulen-Geh. als Bewertungsgrundlage treten. Dieser soll nicht $< 0,05\%$ sein. Öl-Geh. u. Bitterstoff-Geh. gehen dagegen nicht parallel. — 16 Literaturangaben. F. URBAN. 4782□

Über die Inhaltsstoffe der Samen von Coriandrum sativum (L.). M. O. Faroq, I. P. Varshney, W. Rahman und Z. Naim. (Arch. Pharmaz. Ber. dtsch. pharmaz. Ges. **294/66.** Nr. 3. Mitt. dtsch. pharmaz. Ges. **31.** 138—40. März 1961. Aligarh, Indien, Muslim-Univ., Chem. Inst.) (Dt.)

Das von VAGHANI u. Mitarbeitern (vgl. C. **1960.** 3957) in Samen von *Coriandrum sativum* (I) berichtete Vorhandensein eines Triterpenalkohols konnte nicht bestätigt werden. Nach Entfetten von I krist. aus dem eingeengten A.-Extrakt *d-Mannit* (II), F. 166° (II-Acetat, F. 119—120°) aus. Anschließende Behandlung des in W. gelösten Eindampfrückstandes des A.-Extraktes mit Pb-Acetat lieferte einen Pb-Komplex, der nach Zerlegen mit H_2S u. Aufarbeiten ein halbfestes Prod. (III) mit positiven Rkk. auf flavonoide Glykoside gab. Das durch Hydrolyse von III mit 70%ig. H_2SO_4 gewonnene Aglykon zeigte im Papierchromatogramm (Butanol, Essigsäure, W.; 6 : 1 : 2) 4 Flecken. Der A.-Extrakt nicht entfetteter Samen ergab nach Abscheidung von II bei der PAe.-Extraktion ein farbloses Prod., F. 142—143°, das wahrscheinlich mit *β-Sitosterin* ident. ist. H. ALTHOFF. 4782

Der Einfluß verschiedener Stickstoff-Lieferanten auf Wachstum und Differenzierung von Atropa belladonna L. L. J. Schermeister, F. A. Crane und R. F. Voigt. (J. Amer. pharmac. Assoc., sci. Edit. **49.** 694—97. Nov. 1960. Chicago, Ill., Univ. of Illinois, Coll. of Pharmacy.) (Engl.)

Ausgekeimte Samen von *Atropa belladonna L.* werden in Nährlsgg. (NL) gezogen. Die NL enthielten, in mg Äquivalent/Liter, folgende Ionen: Ca^{2+} 10; K^+ 4; Mg^{2+} 4; Fe^{2+} (als Citrat) 1 pro Woche; P (als $H_2PO_4^-$) 1; S (als SO_4^{2-}) 4; Spurenelemente (H- u. A-Gemisch) 1 pro Woche. Zwei Vers.-Reihen werden angesetzt, die zusätzlich Stickstoff in folgender Form u. Konz., in mg Äquivalent/Liter enthalten: a) als NO_3^-: 5, 10, 15, 20, 25 u. 30; b) als NH_3 u. NO_3^-: 1 u. 4, 4 u. 16, 6 u. 24, da Vorverss. ergeben hatten, daß Belladonnapflanzen NH_3 als einzige N-Quelle nicht vertragen. Der Einfl. der verschiedenen NL auf das Wachstum wird an der Sproßlänge, dem Frisch- u. Trocken-Gew. aller Pflanzenteile, dem Grad der Verzweigung, dem Blattansatz, der Blüten-Bldg. u. an dem Verhältnis der Pflanzenteile zueinander geprüft. Bei einem Angebot von NH_3–NO_3^- ist das Wachstum der Pflanzen besser als mit NO_3^- allein. Bezogen auf das Trockengew. wurde für NO_3^- das beste Wachstum mit 20 mg Äquivalent u. für NH_3–NO_3^- mit

30 mg Äquivalent erreicht. Hohe NO_3-Geh. in der NL bewirken, stärker als NH_3–NO_3^-, einen sukkulenten Wuchs. Bei niedrigem N-Geh. ist das Wurzel-Syst. unverhältnismäßig groß. H. ALTHOFF. 4782

Die stickstoffhaltigen Bestandteile von Atropa belladonna L. nach Wachstum mit verschiedenen äußerlich angewandten Stickstoff-Lieferanten. L. J. Schermeister, F. A. Crane und R. F. Voigt. (J. Amer. pharmac. Assoc., sci. Edit. **49.** 698—705. Nov. 1960. Chicago, Ill., Univ. of Illinois, Coll. of Pharm.) (Engl.)

Pflanzen u. Pflanzenteile, nach den von Vff. beschriebenen Meth. (vgl. vorst. Ref.) gezogen, werden auf folgende Geh. untersucht: *Gesamt-N* (**I**); *NO_3* (**II**); *NO_2* (**III**); *NH_3* (**IV**); *Amide* (**V**); *freie Aminosäuren* (**VI**) u. als Protein *gebundene Aminosäuren* (**VII**); *Alkaloide* (**VIII**). Die Best. erfolgt für: **I** nach einer modifizierten KJELDAHL-Meth.; **II, III, IV** u. **V** nach VARNER u. Mitarbeitern (C. **1954.** 7252); **VI** u. **VII** papierchromatograph. quant. nach THOMPSON u. Mitarbeitern [1951]; **VIII** nach BROWN u. a. [1948] in einer angeführten Modifikation. **I** wurde direkt aus frischem Gewebe bestimmt. Gewebe zur Best. von **II, III, IV** u. **V** wurden bei —20° eingefroren. **VI** wurden mit 95% ig. A. extrahiert u. das zurückbleibende Gewebe zur Best. von **VIII** verwandt. Ein Anstieg der **II**-Konz. in der Nähr-Lsg. (NL) bewirkte eine Erhöhung von **II** im Gewebe, die über der für das Gewebe benötigten Konz. lag. In geringerem Maß wurden für **IV** analoge Verhältnisse nur für höhere **IV–II**-Konzz. in der NL festgestellt. **III** wurde im Gewebe nur bei den höchsten Zusätzen von **IV–II** beobachtet. Die Konz. von **IV** im Gewebe war gegenüber **II** sehr gering u. vorwiegend auf den Stengel beschränkt. **V** waren nach hohen **II** u. **IV–II**-Zusätzen in Stengeln ca. 4 mal stärker angereichert als in Blättern u. Wurzeln. Der Anteil von **VI** betrug gegenüber **I** nur ca. $^1/_{10}$. Folgende Aminosäuren wurden, zumindest in einem Pflanzenteil, gefunden: *Cysteinsäure, Asparaginsäure* (**IX**), *Glutaminsäure* (**X**), *Serin, Glycin, Asparagin* (**XI**), *Threonin, Alanin, Glutamin* (**XII**), *Prolin, Valin, Leucin, Phenylalanin, Tyrosin, β-Alanin, γ-Aminobuttersäure* (**XIV**) u. *Hydroxyprolin* (**XV**). Davon wurden **IX, X, XI, XII, XIV** in größerer Menge vorgefunden. Die Protein-Fraktion machte den größten Anteil aus u. betrug gegenüber **I** die Hälfte oder mehr, in Blättern u. Wurzeln war sie in der Zus. ähnlich, aber deutlich unterschieden von denen der Stengel, die als Speicher für lösl. N dienen. Die **VIII**-Konz. war bei Anwendung von **IV–II** in den Wurzeln am größten, **VIII** in Blättern u. Blüten wesentlich höher als in den Stengeln. H. ALTHOFF. 4782

Neue Ergebnisse der zur Erzielung höherer Morphinproduktivität angesetzten Mohnhybrid-Versuche. Béla Dános und Sándor Sárkány. (Acta pharmaz. hung., Suppl. **31/B.** 148—59. Okt. 1961. Budapest, L. Eötvös Univ., Inst. angew. Bot. u. Histogenese.) (Ung.)

Die bei den schon mitgeteilten Mohnsektionsarbeiten ausgewählten 3 Sortenanwärter bewährten sich auch im Großanbau besser als die allg. verbreiteten Sorten. Neben dem guten Samenertrag ist auch der Morphin (**I**)-Geh. dieser Sortenanwärter größer, sie liefern 25—30% mehr **I**. Bei der Selektion wurden mehrere Jahre hindurch mit den aus der Inzucht gewählten Individuen zwischen den einzelnen Sorten reziproke Kreuzungen durchgeführt. Mit den nachfolgenden Hybridgenerationen wollten Vff. neue, bessere **I**-Produktivität aufweisende Mohnhybride erzeugen. Es wurden die aus dem Hybridsamen entwickelten F_1- u. nachfolgenden F_2-Generationen untersucht. Die morpholog. Aufnahmen der letzten 2 Jahre u. die Labor.-Aufarbeitung zeigten günstige Ergebnisse bei den Hybriden einiger Sorten oder ihren durch geeignete Selektion entwickelten Abkömmlingen. G. LIGETI. 4782

Die Bedingungen für die Bildung des Pigmentkomplexes von „Tschaga“ in der künstlichen Kultur. O. P. Niskowskaja, A. N. Schiwrina, Je. W. Lowjagina, Je. G. Platonowa und N. M. Milowa. (Микробиология [Mikrobiologie] **29.** 441—45. Mai/Juni 1960. Leningrad, Komarow-Inst. für Botanik der Akad. der Wiss. der UdSSR.) (Russ.; Auszug: Engl.) — Vgl. C. **1958.** 12185.

Der als Produzent von „Tschaga“ auftretende Birkenpilz *Inonotus obliquus* (Pers.) Pil. wurde auf Medien gezüchtet, die als Quelle des Pigmentkomplexes (vom Typ der Huminsäuren mit zahlreichen Methoxylgruppen, ohne N) Phenole (Gallussäure, Tannin, Guajacol), aromat. Hydroxysäuren (Syringasäure, Vanillinsäure u. ein Gemisch aus den beiden methoxylierten Säuren), methylierte u. methoxylierte Kohlehydrate (Rhamnose, ein wss. Extrakt der Zuckerrübe mit Pektin-Geh.) u. Holzmehl enthielten. Die aromat. Hydroxysäuren wurden in Mengen von 0,1% zugesetzt. Die Bldg. des Pigmentkomplexes findet nur in Ggw. von Holzmehl statt. Die Fermentationsdauer (14 Monate) kann bedeutend abgekürzt werden (auf 6 Monate), wenn biolog. freigesetztes Lignin (durch Aufbereitung des Holzmehls mit Pilzen der Braunfäule) angeboten wird. Der Pigmentkomplex findet als Arzneimittel Verw. (vgl. C. **1958.** 7154). K. SATTLER. 4782□

Die in vitro-antibakterielle Aktivität einiger indischer Medizinalpflanzen. C. L. Chopra, M. C. Bhatia und I. C. Chopra. (J. Amer. pharmac. Assoc., sci. Edit. **49.** 780—81. Dez. 1960. Jammu, Kashmir, Res. Labor.) (Engl.)

9 äther. Öle bzw. ein fettes Öl, die aus ind. Arzneipflanzen, welche eine gewisse therapeut. Bedeutung haben, gewonnen worden waren, wurden mittels der Filtrierpapierscheibentechnik gegen verschiedene Mikroben auf ihre antimikrobiellen Eigg. überprüft. Von den äther. Ölen zeigte vor allem das aus den Nadeln von *Pinus excelsa* Wall. syn. P. grifeithi M'Clell hergestellte die höchste Aktivität. Es folgten die äther. Öle aus *Pinus longifolia* Roxb. syn. P. roxburghii Sargent, *Cedrus deodora* (Roxb.) Loud syn. C. libani Barrel var. Deodora Hock u. *Saussurea lappa Clarke*. Prakt. keine antimikrobiellen Eigg. zeigten die äther. Öle aus *Artemisia absinthium Linn.*, *Ferula jaeschkeana Vatke*, *Origanum vulgare Linn.* u. *Zanthoxylum alatum* Roxb. Das aus den Samen von *Punica granatum L.* mittels PAe.-Extraktion gewonnene Öl hemmte das Wachstum von *Salmonella typhosa* u. *paratyphi*, *Shigella flexneri* u. *Klebsiella pneumoniae*. H. P. FIEDLER. 4782□

Ein Beitrag zur Herstellung von Tinkturen im Schnellverfahren. W. Hänsel und K. Syre. (Pharmaz. Ztg. verein. Apotheker-Ztg. **106.** 911—13. 27/7. 1961. Lörrach, Hebel-Apotheke.) (Dt.)

Am Beispiel der *Tinctura Valerianae* wird gezeigt, daß die Maceration von 10 Tagen Dauer durch ein 2std. intensives Schütteln ersetzt werden kann. Als Kriterien wurden bei der Prüfung verwendet, Farbe, Fluorescenz u. Trockenrückstand. S. ERBE. 4790□

Über die Stabilität von wässerigen Lösungen einiger Phenothiazinderivate. T. Waaler. (Pharmac. Acta Helvetiae **35.** 168—72. April/Mai 1960. Beilage zu: Schweiz. Apotheker-Ztg. Oslo, Univ., Pharmazeut. Inst.) (Dt.)

Beim Erhitzen einer wss. Lsg. von *Promethazin·HCl* (**I**) konnten als Spalt-Prodd. *10-Methylphenothiazin* (**II**), Acetaldehyd (**III**) u. Dimethylamin·HCl nachgewiesen werden. Bei *Promazin* u. *Chlorpromazin* erfolgt nur eine kaum nachweisbare Spaltung. *Parsidol* lieferte beim Erhitzen der wss. Lsg. **II, III** u. Diäthylamin in guter Ausbeute. Auch mit $NaHSO_3$ stabilisierte **I**-Lsgg. zersetzten sich beim Sterilisieren in nicht ganz gefüllten Ampullen, während in ganz gefüllte Ampullen keine Zers. erfolgt. Ein möglicher Mechanismus der Spaltung wird diskutiert. S. ERBE. 4790□

Untersuchung der Oxydation des Chlorpromazins und Verfolgung des Oxydationsvorganges mit dem Hochfrequenz-Titrimeter. E. Pungor. (Pharmac. Acta Helvetiae **35.** 173—82. April/Mai 1960. Beilage zu: Schweiz. Apotheker-Ztg. Budapest, Eötvös-Univ., Inst. für anorgan. u. analyt. Chem.) (Dt.)

Möglichkeiten der Oxydation von *Chlorpromazin* (**I**) u. der Bldg. von Oxydations-Prodd. werden diskutiert. Da die durch Licht ausgelöste Oxydation von **I** ein mit sek. Säure-Bldg. gekoppelter Prozeß ist, ist es möglich, mit Hilfe des Hochfrequenztitrimeters auch in geschlossenen Ampullen eine Zers. von **I** festzustellen. S. ERBE. 4790□

Untersuchungen über die proteolytische Wirksamkeit von Arzneifertigwaren. J. Richter und M. Schmidt. (Dtsch. Gesundheitswes. **16.** 1251—53. 6/7. 1961. Berlin, Staatl. Inst. für Arzneimittelprüfung.) (Dt.)

Die Best. der proteolyt. Aktivität von *Trypsin* (**I**) u. **I**-haltigen Pankreaszubereitungen erfolgte nach der Meth. von KUNITZ [1947] mit unbehandelten Dragees sowie nach 3std. Aufbewahrung derselben in künstlichem Magensaft. Für 12 Arzneifertigwaren werden Trypsin-Einheiten nach KUNITZ angegeben. Da die proteolyt. Wrkg. nach Aufbewahrung der Dragees in künstlichem Magensaft sehr stark abnimmt, fordern Vff. eine galen. Verbesserung der **I**-haltigen Spezialitäten. S. ERBE. 4790□

Versuche zur Abstimmung der Farbenvergleichslösungen der Industrie und des Arzneibuches. László Auber, Antal Brandtner und Zsuzsa Budavári-Bárány. (Acta pharmaz. hung., Suppl. **31/B.** 16—26. Okt. 1961. Budapest, Med. Univ., Pharmaz.-Chem. Inst.) (Ung.)

Anstatt der 4 Vgl.-Lsgg. der Ph.Hg.V wurden Stamm-Lsgg. der 3 Grundfarben bereitet u. Mischungen der Vgl.-Lsgg., um dem Farbton der zu vergleichenden Lsgg. näher zu kommen u. die tolerierte Verfärbung ohne Farbtonangabe mittels Zahlen charakterisieren zu können. Zur objektiven Beurteilung der Farbintensitäten wird wahrscheinlich eine Kombination des Korrektions-Syst. u. der Verdünnungs-Meth. annehmbare Werte liefern. G. LIGETI. 4790

Moderne Technologie der Cholesterin-Herstellung. Máté Kovatsits, János Gyurkó und István Lengyel. (Acta pharmac. hung., Suppl. **31/B.** 102—05. Okt. 1961. Budapest, Richter A.G.) (Ung.)

Zur Herst. von Pharmakopoe-reinem Cholesterin (I) wird rohes Mark mit $C_2H_4Cl_2$ bei 40° mit optimaler Ausbeute extrahiert. Das Roh-I wird durch Hydrolyse u. Kristallisation unter Anwendung von Ionenaustauschern gereinigt. Bei der Säurehydrolyse werden 40 g Roh-I in 300 ml abs. A. heiß gelöst, filtriert u. mit 40 g Amberlite IR-120 (H-Form 1 Std. gekocht, heiß filtriert u. mit 50 ml heißem A. gewaschen. Nach Erkalten wird I abgenutscht, mit 50 ml 80% ig. A. u. 100 ml W. gewaschen u. bei 60° im Vakuum getrocknet. Bei der alkal. Hydrolyse werden 40 g Roh-I mit 200 ml A. u. 4 ml 40% ig. NaOH 15 Min. gekocht u. das Kochen mit 40 g Amberlite IR-4B (Cl-Form) 1 Std. fortgesetzt, nachher heiß filtriert u. mit 50 ml heißem A. gewaschen. Das ausgeschiedene I wird abgenutscht u. mit 80% ig. A. gewaschen u. getrocknet. Ausbeute 21,67 g, F. 149—151°, $[\alpha]_D^{20}$ —31,1° (A.). Vgl. Ung. P. 143 269.
G. LIGETI. 4806

Die Hydrolyse von Hydrocortisonphosphat in annähernd neutralen Lösungen. Arnold D. Marcus. (J. Amer. pharmac. Assoc., sci. Edit. **49.** 383—85. Juni 1960. West Point, Pa., Merck Sharp & Dohme, Res. Labor.) (Engl.)

In annähernd neutralen Lsgg. von *Hydrocortisonphosphat* (I) scheint die Hydrolyse der einzige signifikante Weg der Zers. zu sein. Die Rk. ist im Hinblick auf I eine Gleichung 1. Grades. Der Einfl. von Temp. u. pH auf die Zers. von I zwischen pH 5 u. 8,5 ist aus der Gleichung $\log k = 11{,}41 - 3710/T - 0{,}44$ pH ersichtlich. S. ERBE. 4808□

Verwendung von Bentoniten inländischer Herkunft für die Aufbereitung von Penicillin-Fermentierböden. Imrich Vaño. (Chem. Zvesti **13.** 471—78. 1959. Vývoj. labor. n. p. Biotika v Slovenskej Lupči.) (Slowak.)

Zur Aufbereitung u. Reinigung fermentierter Böden schlägt Vf. eine Zugabe von 0,4—0,6% Bentonit in koll. Form, gleichzeitige Erniedrigung des pH-Wertes u. einen 0,05% ig. Zusatz von Katexol direkt im Fermentiertank nach Beendigung der Fermentation vor. Diese Meth. ermöglicht die Abkürzung der Dauer der Verarbeitung, erspart die Vakuumfiltration sowie Zusatz von Kieselgur. Geringer Zusatz von Katexol steigert die Filtrations-Geschw. der mit Bentonit behandelten Böden. — 8 Literaturangaben.
JOSEF ŠPINKA. 4810□

Synthese von Zwischenprodukten und Darstellung eines flüssigen Antiseptikums. C. R. Raha. (J. Proc. Instn. Chemists (India) **33.** 79—80. März 1961. Calcutta, Gluconote, Ltd.) (Engl.)

Man erhitzt ein Gemisch von Kresylsäure, Bzl. (I), Fuselöl (55—65%), Isoamylalkohol (II) u. $ZnCl_2$ am Rückflußkühler mit steter Abführung des W., entfernt den I- u. II-Überschuß durch Dest. bis 140°, chloriert die zurückbleibende, braune Fl. bei Raum-Temp., wäscht mit W., $Na_2S_2O_3$-Lsg., wieder mit W., dest. die Fl. 2mal im Vakuum u. erhält eine gelbe Fl., $Kp._{12-13}$ 180—200°, VZ. 208—225. Man erhitzt Benzoesäure, Fuselöl, I u. konz. H_2SO_4 am Rückflußkühler unter Abführung des W. u. reinigt das Isoamylbenzoat (III), $Kp._{8-10}$ 165—168°. Chloriertes Isoamylkresol, vermischt mit Spiritus, Kolophonium, III, fl. K-Seife u. W. gibt eine gelbe Lsg. mit antisept. Wrkg. gegen *Salmonella typhosus*, emulgierenden Eigg.; sie reizt frische Wunden nicht.
W. WESLY. 4832□

Bewertung der Desinfektionstechniken und ihre Wirkungen auf Thermo-Rectalkatheter. J. T. Maher, M. R. Rogers und D. W. Peterson. (Appl. Microbiol. **9.** 273—78. Juli 1961. Natick, Mass., Quartermaster Res. and Engng. Command.) (Engl.)

Vff. verfolgten das Ziel, eine brauchbare Technik zur Desinfektion von Rectalkathetern festzulegen u. die Wrkg. der Desinfektion auf Bestandteile, Wirkungsweise u. Lebensdauer der Katheter zu untersuchen. Sie prüften die Wirksamkeit eines Jodophors (Wescodyne G), einer quatern. Ammonium-Verb. (Roccal) u. einer Jodtinktur bei der kalten Desinfektion u. erhielten befriedigende Ergebnisse (in 5 Min. 100% ig. Abtötung von *Escherichia coli, Salmonella typhosa* u. *Pseudomonas*). Alle drei Desinfektionsmittel waren ohne schädlichen Einfl. auf die Katheter. Vff. schlagen Wescodyne D, das 75 ppm wirksames Jod enthält, zur Vorreinigung u. Desinfektion der Katheter vor.
D. PÖHLAND. 4832□

Sterilisation regenerierter Kollagen-Nähfäden mit β-Propiolacton. Edwin L. Ball, Albert C. Dornbush, George M. Sieger, F. E. Stirn, James C. Vitucci und Joseph F. Weidenheimer. (Appl. Microbiol. **9.** 269—72. Juli 1961. Pearl River, N.Y., Lederle Labor.) (Engl.)

Vff. zeigen, daß *β-Propiolacton* ein sehr wirksames Agens zur Sterilisation regenerierter Kollagennähfäden ist. Die chem. Sterilisation wird mit wenig oder keinem Verlust der Zugfestigkeit durchgeführt im Gegensatz zur Hitzesterilisation. Man erhält einen fertigen sterilen Faden, der keinen Nachteil für den Patienten hat.
D. PÖHLAND. 4832□

Dielektrische Messungen an pharmazeutischen Zubereitungen. K. H. Lüdde. (Kolloid-Z. **171.** 150—52. Aug. 1960. Weimar.) (Dt.)

An Ichthyolsalben, KCl- u. Targesin-Lsgg., Tinkturen, Emulsionen u. Salben wurden Relativmessungen der DK (OEHME-DK-Meter, 7 MHz) neben Leitfähigkeits- u. pH-Messungen durchgeführt. Die Ergebnisse zeigen, daß zwischen Zus. u. DK selten lineare Beziehungen bestehen, u. daß die DK-Werte meist über 100 liegen. Die Emulsionstypen unterscheiden sich deutlich in der DK. R. JUNGE. 4880□

Auswertung der Papierchromatogramme von Arzneizubereitungen mit dem Densitometer. Jenö Bayer. (Acta pharmaz. hung., Suppl. **31/B.** 51—58. Okt. 1961. Budapest, Chinoin A. G.) (Ung.)

Zur quant. Auswertung von Papierchromatogrammen ist der halbautomat. Densitometer von JOUAN mit seiner integrierenden Einrichtung sehr vorteilhaft. Schwierigkeiten bilden die nicht monochromat. Lichtquelle u. der nicht regelbare Spalt. Trotz dieser Nachteile bewährt sich der App. zur Auswertung der Chromatogramme von farbigen oder durch Farb-Rkk. sichtbar gemachten Substanzen. Einige Beispiele der pharmazeut. Praxis werden besprochen. Die Messungen sind innerhalb ±5% reproduzierbar. G. LIGETI. 4880

Neue qualitative Reaktion auf Aprophen. W. G. Rubinskaja. (Аптечное Дело [Apothekenwesen] **10.** Nr. 6. 54—56. Nov./Dez. 1961.) (Russ.; Auszug: Engl.)

0,08—0,10 g des zu untersuchenden Präp. werden in 0,5 ml 95% ig. A. gelöst. 0,06 ml der Lsg. werden in gleichmäßiger Schicht auf die gesamte Oberfläche eines entfetteten Objektglases von 2,5×2,5 cm aufgetragen u. in waagerechter Stellung in einer PETRI-Schale (bzw. bedeckt mit einem Uhrglas) bis zur vollen Verdampfung des Lsgm. bei 18—22° stehen gelassen. Der entstandene Nd. des *Aprophens* (I) ist charakterist. u. ermöglicht es, I von seinem Analogon *Spasmolitin* u. den nahe stehenden *Tiphen* u. *Diprophen* zu unterscheiden. S. BARYSCHNIKOW. 4880

Chlorogensäure in Semen Coffeae und ihre Veränderung beim Röstprozeß. 2. Mitt. **Quantitative Untersuchungen.** R. Krasemann. (Arch. Pharmaz. **294/66.** Nr. 3. Mitt. dtsch. pharmaz. Ges. **31.** 140—47. März 1961. Braunschweig, Fa. Heimbs, Kaffee-Forsch.-Lab.) (Dt.) — 1. vgl. C. **1961.** 10285.

Von den in der Literatur beschriebenen Verff. zur Best. der *Chlorogensäure* wird das papierchromatograph. Verf. mit anschließender UV-Absorptionsmessung des Chromatogrammeluats ausgewählt (vgl. GENEST, Z. Unters. Lebensmittel **105.** [1957.] 68). Die Meth. ist auf Fehlerquellen u. Streubreite durchgearbeitet. Eine genaue Arbeitsvorschrift ist angegeben u. ein Vgl. mit der Titrations-Meth. nach SLOTTA-NEISSER [1938] durchgeführt. H. ALTHOFF. 4880

Säulen-Verteilungschromatographie in der pharmazeutischen Analyse. J. A. P. Stroes. (Pharmac. Weekbl. **96.** 289—99. 15/4. 1961. Groningen, Rijksuniv., Pharmaceut. Labor.) (Engl.)

Mit Hilfe der von LEVINE (C. **1960.** 3310) angegebenen Arbeitsweise werden Gemische von Acetylsalicylsäure, Phenacetin u. Coffein sowie von Veronal u. 5-Allyl-5-isopropylbarbitursäure durch Verteilungschromatographie auf einer Celit (Infusorienerde)-Säule mit Chlf.-Eisessig als mobiler Phase getrennt u. mittels ihres Absorptionswertes spektrophotometr. bestimmt. — 14 Literaturangaben. W. WESLY. 4880□

Polarographische Bestimmung des Pyridoxols in pharmazeutischen Präparaten. Osvald Manoušek und Petra Kočová. (Mikrochim. Acta [Wien] **1961.** 754—61. Prag, Zentralforschungsinst. der Lebensm.-Ind., Vitamin-Abt.) (Dt.)

Pyridoxol (3-Hydroxy-4.5-bis-[hydroxymethyl]-2-methylpyridin, I) läßt sich auf Grund seiner kathod. Red. in NH_3/NH_4Cl-gepuffertem Medium, die in einer zweielektronigen Stufe erfolgt, polarograph. bestimmen. Das Halbstufenpotential beträgt in Abhängigkeit vom pH 1,695 V (pH 8,69), —1,785 V (pH 10,14) gegen die gesätt. Kalomelelektrode. — Zur Analyse von pharmazeut. I-Präpp. werden 2 Tabletten (0,04 g I) oder eine Ampulle in 250 ml W. gelöst, filtriert u. 5 ml dieser Lsg. mit 5 ml 0,2 m NH_3/NH_4Cl-Puffer-Lsg. (pH 8,7) versetzt. Gute Ergebnisse werden auch mit 0,1 m Veronal-Lsg. als Puffer erzielt. Nach dem gleichen Verf. läßt sich das als Zwischenprod. bei der I-Synth. auftretende 3-Hydroxy-4-methoxymethyl-5-hydroxymethyl-2-methylpyridin bestimmen. W. BETCKE. 4880□

Colorimetrische Bestimmung von Dihydroxypropyltheophyllin mit Phosphormolybdänsäure. Tadeusz Pelczar. (Dissertat. pharmac. [Warszawa] **12.** 107—11. 1960. Kraków, Akad. Med., Zakł. Chem. nieorgan. i analit.) (Pol.)

7-[β.γ-Dihydroxypropyl]-theophyllin (I) wird in W. gelöst u. die Lsg. (10 mg/5 ml) nach Ansäuern mit 0,7 ml konz. HCl heiß mit Phosphormolybdänsäure versetzt. Nach $^1/_4$std. Digerieren wird der Nd. filtriert u. mit verd. HCl gewaschen. Der Komplex wird in 20 ml 0,1n NaOH-Lsg. gelöst, die Lsg. mit schwefelsaurer $(NH_4)_2MoO_4$-Lsg. u. fester Ascorbinsäure versetzt u. 1 Min. aufgekocht. Die mit W. verd. Molybdänblau-Lsg. wird colorimetriert. Das Lambert-Beersche Gesetz ist für den Bereich 6—24 mg I erfüllt. F. Urban. 4880□

Die photometrische Bestimmung von Hydrochlorthiazid und seinem Hydrolysenprodukt. C. R. Rehm und J. B. Smith. (J. Amer. pharmac. Assoc., sci. Edit. **49.** 386—89. Juni 1960. Summit, N.J., Ciba Pharm. Prod., Inc., Res. Dep.) (Engl.)

Hydrochlorthiazid (I) kann in Abwesenheit seines Zers.-Prod., des *4-Amino-6-chlor-m-benzoldisulfonamids* (II), spektrophotometr. bei 271 mμ bestimmt werden. Wegen der Interferenz der Spektren von I u. II ist bei zersetzten Präpp. die spektrophotometr. Meth. unbrauchbar. II wird diazotiert u. mit dem Dinatriumsalz der Chromotropsäure(III) in eine rot gefärbte Verb. umgesetzt, die bei 500 mμ quant. bestimmt werden kann. Die Färbung gehorcht dem Lambert-Beerschen Gesetz u. wird von Formaldehyd u. I nicht gestört. Zur Best. von I wird die gesamte Probe alkal. verseift, diazotiert u. mit III umgesetzt. Die Differenz der Extinktion der verseiften u. der unverseiften Probe ergibt den Geh. an unzersetztem I. S. Erbe. 4880□

Colorimetrische Methode zur Bestimmung von Atropin mit dem Reineckesalz. Stanisława Bartkowicz. (Dissertat. pharmac. [Warszawa] **12.** 113—20. 1960. Kraków, Akad. Med., Zakł. Farmac. stosow.) (Pol.)

Die Best. von Atropin (I) durch Fällung mit Reinecke-Salz (II) kann nach 2 Meth. erfolgen: Bei der direkten Best. wird der Nd. nach Waschen mit Eiswasser in Aceton gelöst u. die Lsg. colorimetriert. Die Verw. einer aceton. Vgl.-Lsg. des Nd. ist unnötig, da es bei der colorimetr. Best. nur auf die Anionen-Konz. ankommt u. deshalb eine wss. II-Lsg. annähernd gleicher Konz. denselben Dienst erfüllt. Bei der indirekten Meth. wird der Nd. abfiltriert u. das im Filtrat im Überschuß befindliche II colorimetriert. Zur Fällung darf dabei nur ein geringer Überschuß an II verwendet werden. Die Genauigkeit dieser Meth. ist bei Konzz. >10 mg I ausreichend. Im Bereich 10—40 mg I stimmen die Ergebnisse beider Meth. überein. F. Urban. 4880□

Sterling Drug, Inc., New York, übert. von: Alexander R. Surrey, Albany, N.Y., V.St.A., **Herstellung von N-Aralkyl-N-(acyloxyalkyl)-2-dihalogenalkanamiden.** N-Aralkyl-N-(hydroxyalkyl)-2.2-dihalogenalkanamide (I) der allg. Formel Ar—X—N·(Ac)YOH werden mit Säurehalogeniden, -anhydriden oder H_2CO_2 acyliert, wobei Verbb. der allg. Formel Ar—X—N(Ac)—Y—OAc′ entstehen. Hierin ist Ar ein Phenylrest mit 1—3 beliebig angeordneten, gleichen oder verschiedenen Substituenten, z. B. Halogenatome, NO_2, niedrigmol. Alkyl-, Alkoxy-, Alkylmercapto-, Alkylamino- oder Alkylmercaptogruppen; außerdem kann Ar ein Naphthyl-, Biphenylyl-, Furyl, Pyridyl- oder Thienylrest sein. X ist ein niedrigmol. Alkylenrest mit 1—4 C-Atomen, Y ein ebensolcher Rest, aber mit 2—6 C-Atomen, Ac ist ein 2.2-Dihalogenalkansäurerest mit 1—4 C-Atomen u. Ac′ ein Carbonsäurerest mit 1—8 C-Atomen. Die Rkk. werden bei normaler Temp., ggf. unter Kühlung, ausgeführt. Die als Ausgangs-Prodd. verwendeten I erhält man aus Aralkylaminoalkoholen der allg. Formel Ar—X—NH—Y—OH u. 2.2-Dihalogenalkansäureestern oder -halogeniden. — Beispiele: *N-[2.4-Dichlorbenzyl]-N-[2-chloracetoxyäthyl]-dichloracetamid*, $C_{13}H_{12}Cl_5NO_3$, F. 72,1—75,5°, *N-[4-Isopropylbenzyl]-N-[2-butanoyloxyäthyl]-dichloracetamid*, $C_{18}H_{25}Cl_2NO_3$, F. 89,9—92,0°; *N-[2.4-Dichlorbenzyl]-N-[2-(3-carboxypropanoyloxy)-äthyl]-dichloracetamid*, $C_{15}H_{15}Cl_4NO_5$, F. 95,9—96,6°; *N-[2.4-Dichlorbenzyl]-N-[2-(2.4-dichlorbenzoxy)-äthyl]-dichloracetamid*, $C_{18}H_{13}Cl_6NO_3$, F. 113,8 bis 116°; *N-[2.4-Dichlorbenzyl]-N-[2-formyloxyäthyl]-dichloracetamid*, $C_{12}H_{11}Cl_4NO_3$, F. 88,1 bis 90,6°; *N-[2.4-Dichlorbenzyl]-N-[2-diäthylaminoacetoxyäthyl]-dichloracetamid*, $C_{17}H_{22}\cdot Cl_4N_2O_3$, F. 61,1—63,5°. Weiterhin wurden dargestellt: Verbb. der allg. Formel R—C_6H_4—CH_2—NH—CH_2CH_2OH mit R = 4-OCH_3, *freie Base*, F. 38—39°, *Hydrochlorid*, F. 112,2—113,6°; mit R = 4-$OCH(CH_3)_2$, *freie Base*, F. 75,0—76,6°, *Hydrochlorid*, F. 134,9 bis 135,4°; mit R = 4-OC_2H_5, *freie Base*, F. 63,0—63,6°, *Hydrochlorid*, F. 103—104,6°; mit R = 4-OC_3H_7-n, *freie Base*, F. 67—68,2°, *Hydrochlorid*, F. 134,2—138,2°; mit R = 4-OC_5H_{11}-n, *freie Base*, F. 51,9—55°; *Hydrochlorid*, F. 144,0—145,5°; mit R = 3,4-O_2CH_2, *freie Base*, F. 62,6—64,4°, *Hydrochlorid*, F. 152—152,6°; mit R = 4-O—C_4H_9-n, *freie Base*, F. 62,8—63,8°, *Hydrochlorid*, F. 146,6—147,5°; ferner Verbb. der allg. Formel R—C_6H_4—CH_2—NH—Y—OH mit R = 3.4-Cl_2 u. Y = $(CH_2)_2$, *Hydrochlorid*, F. 145,9—148,1°; mit R = 2-Cl u. Y = $(CH_2)_2$, *Hydrochlorid*, F. 135,2—136,9°; mit R = 4-Cl u. Y = $(CH_2)_2$, *Hydrochlorid*, F. 172,7—173,8°, *freie Base*, $Kp._{0,7}$ 126—131°; R = 2,4-Cl_2, Y = $(CH_2)_3$, *freie Base*, $Kp._{0,5}$ 150—155°; R = 3.4-Cl_2, Y = $(CH_2)_3$, *freie Base*, $Kp._{0,6-0,8}$ 165—172°; R = 2,4-Cl_2, Y = $CH_2\cdot CH\cdot CH_3$, *Hydrochlorid*, F. 152,4 bis 154,2°; ferner Verbb. der allg. Formel R—C_6H_4—CH_2—N(YOH)—COCH(Hal.)$_2$.

mit R = 2,4-Cl_2, Y = $(CH_2)_2$, Hal. = Cl, F. 112,4—113,4°; mit R = 4-Cl, Y = $(CH_2)_2$, Hal. = Cl, F. 94,4—97,2°; mit R = 4-OC_2H_5, Y = $(CH_2)_2$, Hal. = Cl, F. 76,9—79,1°; mit R = 4-iso-C_3H_7, Y = $(CH_2)_2$, Hal. = Cl, F. 84,5—85,5°; R = 3,4-O_2CH_2, Y = $(CH_2)_2$, Hal. = Cl, F. 101,9—103,4°; R = 4-NO_2, Y = $(CH_2)_2$, Hal. = Cl, F. 132,2 bis 133,6°; R = 4-n-OC_4H_9, Y = $(CH_2)_2$, Hal. = Cl, F. 88,0—88,9°; R = 2,4-Cl_2, Y = $(CH_2)_2$, Hal. = Br, F. 115,0—117,2°; R = 2,4-Cl_2, Y = $CH_2\cdot CH\cdot CH_3$, Hal. = Cl, F. 135,1—138°, R = 3,4-Cl_2, Y = $CH_2\cdot CH\cdot CH_3$, Hal. = Cl, F. 120—121,8°, R = 2-Cl, Y = $(CH_2)_2$, Hal. = Cl, F. 76,6—79,3°; R = 3,4-Cl_2, Y = $(CH_2)_3$, Hal. = Cl, F. 91,9 bis 97,5°, R = 2,4-Cl_2, Y = $(CH_2)_2$, Hal. = Cl, F. 83,7—86,7°, R = 3,4-Cl_2, Y = $(CH_2)_2$, Hal. = Br, F. 115,5—128,8°; R = 3,4-$(OCH_3)_2$, Y = $(CH_2)_2$, Hal. = Cl, F. 116,6—117,7°; ferner Verbb. der allg. Formel R—C_6H_4—CH_2—N($COCHCl_2$)—CH_2—CH_2—O—Ac′ mit R = 2,4-Cl_2, Ac′ = $CO\cdot CH_2\cdot CH_2\cdot Cl$, F. 68,2—69,7°; R = 4-$NO_2$, Ac′ = $COCH_2Cl$, F. 117,2—118°; R = 2,4-Cl_2, Ac′ = $COCHCl_2$, F. 88,4—90,0°; R = 4-$CH(CH_3)_2$, Ac′ = $COCHCl_2$, F. 110,5—111,5°; R = 4-$O(CH_2)_2\cdot CH_3$, Ac′ = $COCHCl_2$, F. 76,4 bis 77,9°; R = 2,4-Cl_2, Ac′ = $COCCl_3$, F. 96,1—97,2°; weiterhin Verbb. mit der allg. Formel RC_6H_4—CH_2—N—(Y—O—Ac′)—$COCHCl_2$ mit R = 2,4-Cl_2, Y = $(CH_2)_2$, Ac′ = $COCH_3$, F. 74,0—76,0°; R = 2,4-Cl_2, Y = $(CH_2)_2$, Ac′ = $CO\cdot CH_2\cdot CH_2\cdot CH_3$, F. 64,1—65,6°; R = 2,4-Cl_2, Y = $CH_2\cdot CH\cdot CH_3$, Öl; R = 3,4-$(OC_2H_5)_2$, Y = $(CH_2)_2$, Ac′ = $COCH_3$, F. 72,5—74,4°; weiterhin Verbb. der allg. Formel R—C_6H_4—CH_2—N—($COCHCl_2$)—CH_2—CH_2—O—CO—$(CH_2)_n$—COOH mit R = 2,4-Cl_2 u. n = 3, F. 103,9 bis 106,7°; R = 4-$CH(CH_3)_2$ u. n = 2, F. 96,7—100,2°; R = 4-n-OC_4H_9 u. n = 2 F. 138,1—139,4°; schließlich Verbb. der allg. Formel R—C_6H_4—CH_2—N—($COCHCl_2$)—CH_2—CH_2—COOH mit R = 4-$CH(CH_3)_2$, F. 72,3—74,9°, R = 4-n-OC_4H_9, F. 69,0 bis 70,9°. (**A. P. 2 874 182** vom 19/4. 1955, ausg. 17/2. 1959.) A. KALIX. 4807

Beecham Research Laboratories Ltd., übert. von: Frank Peter Doyle und Edward Raymond Stove, Betchworth, England, **Herstellung von Sulfoniumverbindungen.** Di-N-substituierte Alkylmercaptoalkylamine (**I**) der allg. Formel R′S—$(CH_2)_n$—NR″R‴ mit 9—14, bes. mit 11—13 C-Atomen oder monoquart. Salze von **I** werden in Ggw. eines Lsgm., wie A. oder Aceton mit einem Überschuß eines Quaternisierungsmittels, bes. CH_3J quaternisiert, wobei man Verbb. der allg. Formel erhält. Hierbei sind die R gleiche oder verschiedene Alkylgruppen, X^- ein nicht tox. wirkendes Anion u. n = 4, 5 oder 6. Die **I** erhält man z. B. nach den im J. Amer. chem. Soc. **65.** [1943.] 458, **68.** [1946.] 2103, **77.** [1955.] 1572 beschriebenen Verfahren.

$$\left[RR'S-(CH_2)_n-\overset{R''}{\underset{R''''}{N}}R'''\right]^{++}X^-$$

— Beispiele: *1-Diäthylsulfonio-4-triäthylammoniobutandijodid*, $C_{14}H_{33}J_2NS$, F. 142° (Zers.), *Dihydrogentartratdihydrat*, farblose Nadeln, $C_{22}H_{43}O_{12}NS$, F. 103—105°; *1-Äthylmethylsulfonio-4-triäthylammoniobutandijodid*, $C_{13}H_{31}J_2NS$, gelbes, zerfließliches Prod., F. 114—116° (Zers.); *1-Äthylmethylsulfonio-4-äthyl-di-n-propylammoniobutandijodid*, farblose Kristalle, $C_{15}H_{35}J_2NS$, F. 98—101°; *1-Dimethylsulfonio-4-methyldiisopropylammoniobutandijodid*, $C_{13}H_{31}J_2NS$, gelbe Kristalle, F. 100—104°; *1-Äthylmethylsulfonio-4-methyldiisopropylammoniobutandijodid*, farblose, zerfließliche Mikroprismen, $C_{14}H_{33}J_2NS$, F. 140—141° (Zers.); *1-Methylisopropylsulfonio-4-methyldiisopropylammoniobutandijodid*, farblose Kristalle, $C_{15}H_{35}J_2NS$, F. 163 bis 164° (Zers.); *1-Diäthylsulfonio-5-triäthylammoniopentandijodid*, farblose Platten, $C_{15}H_{35}J_2NS$, F. 160—161° (Zers.); *1-Äthylmethylsulfonio-5-äthyl-di-n-propylammoniopentandijodid*, farblose Kristalle, $C_{16}H_{37}J_2NS$, F. 126—127°; $[(CH_3)(C_2H_5)S(CH_2)_4N\cdot(CH_3)_2(C_2H_5)]J_2$, F. 130—131° (Zers.); $[(CH_3)_2S(CH_2)_4N(C_2H_5)_2(CH_3)]J_2$, F. 111—115° (Zers.); $[(C_2H_5)_2S(CH_2)_4N(CH_3)_2(C_2H_5)]J_2$, F. 90—100° (Zers.); $[(CH_3)(C_2H_5)S(CH_2)N\cdot(C_2H_5)_2(CH_3)]J_2$, F. 110—114° (Zers.); $[(CH_3)_2S(CH_2)_4N(CH_3)(n\text{-}C_3H_7)_2]J_2$, dimorph, FF. 111—113 u. 129—130° (Zers.); $[(CH_3)(n\text{-}C_3H_7)S(CH_2)_4N(CH_3)(n\text{-}C_3H_7)_2]J_2$, F. 91—93° (Zers.); $[(CH_3)_2S(CH_2)_4N(CH_3)(n\text{-}C_4H_9)]Br_2$, F. 111—114° (Zers.); $[(C_2H_5)(n\text{-}C_3H_7)S(CH_2)_4\cdot N(C_2H_5)_2(n\text{-}C_3H_7)]J_2$, F. 100—102°; $[(CH_3)(C_2H_5)S(CH_2)_5N(CH_3)_2(C_2H_5)]J_2$, F. 155—157° (Zers.); $[(CH_3)_2S(CH_2)_5N(CH_3)(C_2H_5)_2]J_2$, F. 144—148° (Zers.); $[(CH_3)(C_2H_5)S(CH_2)_5\cdot N(CH_3)(C_2H_5)_2]J_2$, F. 136—138° (Zers.); $[(CH_3)_2S(CH_2)_5N(CH_3)(n\text{-}C_3H_7)_2]J_2$, F. 110—112° (Zers.); $[(CH_3)_2S(CH_2)_6N(CH_3)_3]J_2$, F. 158—160° (Zers.); $[(CH_3)(C_2H_5)S(CH_2)_6N(CH_3)_3]J_2$, F. 117—120° (Zers.); $[(CH_3)(C_2H_5)S(CH_2)_6N(CH_3)_2(C_2H_5)]J_2$, F. 89—91° (Zers.); $[(CH_3)\cdot(C_2H_5)S(CH_2)_6N(CH_3)(C_2H_5)_2]J_2$, F. 110—114° (Zers.); $[(C_2H_5)_2S(CH_2)_6N(CH_3)_2\cdot C_2H_5]J_2$, F. 118—121° (Zers.); $[(CH_3)(iso\text{-}C_3H_7)S(CH_2)_6N(CH_3)_2(iso\text{-}C_3H_7)]J_2$, F. 110—114°; $[(CH_3)\cdot(iso\text{-}C_3H_7)S(CH_2)_6N(CH_3)_2(n\text{-}C_3H_7)]J_2$, F. 103—104°; $[(CH_3)(n\text{-}C_4H_9)S(CH_2)_6N(CH_3)_2(n\text{-}C_4\cdot H_9)]J_2$, F. 153—155°; $[(C_2H_5)_2S(CH_2)_6N(C_2H_5)_3]J_2$, F. 140—141° (Zers.). Salze anderer Säuren werden aus diesen Jodiden durch Rkk. mit den Ag-Salzen der betreffenden Säuren gewonnen. Die Verbb. wirken *blutdrucksenkend* mit Ausnahme derjenigen, in denen R=R′=R″=R‴=R⁗= CH_3 ist. (**A. P. 2 877 265** vom 19/11. 1956, ausg. 10/3. 1959. E. Prior. 28/11. 1955.) A. KALIX. 4807

Ciba Ltd. (Erfinder: Adrian Marxer), **2.5-Bis-[äthylenimino]-3.6-bis-[acylamino]-p-benzochinone,** worin die Acylreste von aliphat., 2—6 C-Atome enthaltenden Carbonsäuren stammen u. die Äthyleniminogruppe substituiert sein kann. Herst.-Beispiele: In Dioxan suspendiertes 2.5-Dichlor-3.6-bis-[acetamido]-p-benzochinon wird zusammen mit einem Gemisch von Triäthylamin u. Äthylenimin in Dioxan 9 Std. auf 50° erhitzt. Das abgetrennte *2.5-Bis-[äthylenimino-3.6-bis-[acetamido]-p-benzochinon,* rote Kristalle, Zers. bei 203°, hat die Formel I. Weitere Beispiele: *2.5-Bis-[äthylenimino]-3.6-bis-[propionylamino]-p-benzochinon,* F. 213° (Zers.); *2.5-Bis-[äthylenimino]-3.6-bis-[butyrylamino]-p-benzochinon,* F. 214° (Zers.); *2.5-Bis-[methyläthylenimino]-3.6-bis-[acetamido]-p-benzochinon,* F. 199—202° (Zers.); *2.5-Bis-[methyläthylenimino]-3.6-bis-[propionylamino]-p-benzochinon,* F. 209°. Die Verbb. werden als *Bakterizide* u. *Medikamente,* bes. für die Krebsbehandlung, verwendet. (**Aust. P. 214 839** vom 12/11. 1956, ausg. 29/5. 1958. Schwz. Prior. 25/11. 1955 u. 19/9. 1956.) K. DEMMLER. 4807

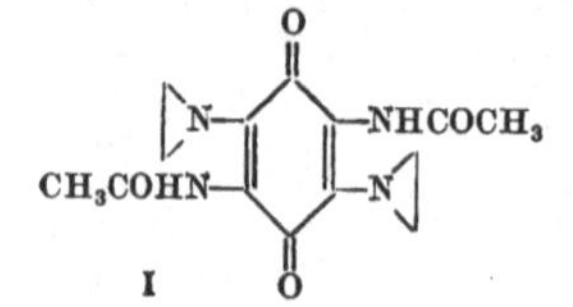

I

Upjohn Co., Kalamazoo, übert. von: Merrill E. Speeter und Robert D. Birkenmeyer, Kalamazoo Township, Kalamazoo County, Mich., V.St.A., **2.4.6-Trimethylbenzoesäurealkylaminoalkylamide, -ester oder -thioester** der allg. Formel 2.4.6-$(CH_3)_3 \cdot C_6H_2 \cdot CO \cdot Y \cdot C_nH_{2n} \cdot R$ (Y = —NH—, —O— oder —S—; R = sek. Alkylaminogruppe mit höchstens 8 C-Atomen, wobei die Alkylgruppen unter Einbeziehung von Heteroatomen auch ringgeschlossen sein können; n = Zahl im Wert vonl —6) u. deren Salze mit Säuren bzw. deren quatern. Ammonium-Verbb., verwendbar als *Lokalanästhetica* erhält man durch Rk. eines 2.4.6-Trimethylbenzoylhalogenids mit einer Verb. der Formel $HY \cdot C_nH_{2n} \cdot R$ u. erforderlichenfalls Überführung der Rk.-Prodd. in die erwähnten Salze bzw. quatern. Ammoniumverbindungen. — Man erhitzt z. B. ein Gemisch aus 11,7 g β-Diäthylaminoäthylmercaptan, 12,2 g wasserfreiem K_2CO_3 u. 200 ml Methyläthylketon (I) unter Rückfluß, gibt eine Lsg. von 16 g 2.4.6-Trimethylbenzoylchlorid (II) in 100 ml I zu, rührt weitere 20 Std. unter Rückfluß, kühlt, filtriert, dampft aus dem Filtrat I ab, stellt den verbleibenden öligen Rückstand mit verd. NaOH alkal., extrahiert mit Ae. u. isoliert aus dem getrockneten Ae.-Extrakt durch Fraktionierung *2.4.6-Trimethylthiolbenzoesäure-β-diäthylaminoäthylester* (**III**), $Kp._{0,05}$ 120°; **III**-*Hydrochlorid,* F. 148—149°. *2.4.6-Trimethylbenzoesäure-N-β-diäthylaminoäthylamid,* $Kp._{0,06}$ 140°, entsteht aus **II** u. β-Diäthylaminoäthylamin in **I**; u. *2.4.6-Trimethylbenzoesäure-β-diäthylaminoäthylester* (**IV**), $Kp._{0,03}$ 107°, aus **II** u. β-Diäthylaminoäthanol in **I**; **IV**-*Hydrochlorid,* F. 178—179°. — Zahlreiche Salz-Bldg.- u. Quaternierungskomponenten sind aufgezählt. (**A. P. 2 901 507** vom 18/4. 1955, ausg. 25/8. 1959.) A. MOHR. 4807

Ciba Ltd., Basel, Schweiz, **Herstellung von α-[p-Aminophenyl]-α-alkylsuccinimiden** durch Hydrieren der entsprechenden Nitro-Verbb. in Äthylacetat mit H_2 in Ggw. von Pd-Tierkohlekatalysator. *α-[p-Aminophenyl]-α-äthyl-,* F. 127—128°, u. *-α-methylsuccinimid,* F. 160—161°. — *Pharmazeutica* mit antikonvulsiv. Wirkung. (**Ind. P. 62 397** vom 26/11. 1957, ausg. 24/5. 1960.) C. LÜTTGEN. 4807

J. R. Geigy Akt.-Ges., Basel (Erfinder: Walter Schindler, Jean-Pierre Jung, Riehen bei Basel, und Peter Hindermann, Basel), Schweiz, **Herstellung von Aminoessigsäurearyliden.** Substituierte Aniline der allg. Formel I werden mit einem Halogenacetylhalogenid u. die so erhaltenen Rk.-Prodd. mit einem Amin der allg. Formel HNR_4R_5 umgesetzt. Beide Rkk. werden durch mehrstd. Erhitzen der Komponenten unter Rückfluß durchgeführt. Hierbei sind R_1 u. R_2 niedermol. Alkylreste, R_3 ist ein ggf. durch niedermol. Alkyl- oder Alkoxygruppen oder Halogenatome substituierter Phenyl-, Benzylphenyl-, Phenoxyphenyl- oder Naphthylrest, R_4 ist ein niedermol. Alkylrest, $R_5 = R_4$ oder ein H-Atom, oder $R_4 + R_5$ könnten zusammen mit dem N-Atom einen Alkyleniminoring mit 5—6 Gliedern oder einen Morpholinrest bilden, X = O oder S. — Beispiele sind folgende *Anilide* (= **II**): *2.6-Dimethyl-3-phenoxy-***II**, F. 64—65°; *2.6-Dimethyl-4-[4′-methylphenoxy]-***II**, F. 41 bis 42°; *2.6-Dimethyl-4-[3′.5′-dimethylphenoxy]-***II**, F. 80—81°, *Hydrochlorid,* F. 172°; *2.6-Dimethyl-4-[4′-tert.-amylphenoxy]-***II**, F. 62—63°, *Hydrochlorid,* F. 160°; *2.6-Dimethyl-4-[4′-chlorphenoxy]-***II**, F. 70°, *Hydrochlorid,* F. 166°; *2.6-Dimethyl-4-α-naphthoxyanilid,* F. 90°, *Hydrochlorid,* F. 201°; *2.6-Dimethyl-4-β-naphthoxy-***II**, F. 63°, *Hydrochlorid,* F. 204—210°; *2.6-Dimethyl-4-[4′-benzylphenoxy]-***II**-*HCl,* F. 166—170°; *2.6-Dimethyl-4-[4′-phenoxyphenoxy]-***II**, F. 82°, *Hydrochlorid,* F. 160°; *2.6-Diäthyl-4-[4′-meth-*

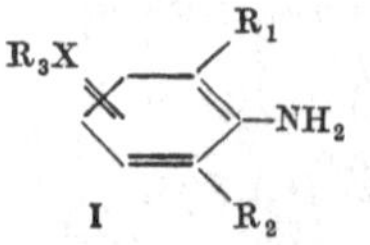

I

oxyphenoxy]-II, F. 84—85°; *2.6-Diäthyl-4-α-naphthoxy*-II·HCl, F. 208—210°; *2.6-Diäthyl-4-[4'-phenoxyphenoxy*]-II, F. 110—111°; *2.6-Dimethyl-4-[4'-methylphenylmercapto*]-II, F. 74—75°. — Lokalanästhetica. (**Schwz. P. 349 618** vom 22/1. 1957, ausg. 15/12. 1960.) A. Kalix. 4807

Farbwerke Hoechst Akt.-Ges., vormals Meister Lucius & Brüning, Frankfurt/M. (Erfinder: Gustav Erhart, Bad Soden, Ernst Lindner, Frankfurt/M., und Heinrich Ott, Eppstein), **Herstellung von herz- und kreislaufwirksamen löslichen Salzen von basischen, N-acylierten Diphenylmethan-Derivaten** (I) (X = gerad- oder verzweigtkettiger aliphat. KW-Stoff-Rest $C_1—C_3$; Y = —NR'R'', wobei R' = H, Alkyl $C_1—C_4$; R'' = Alkyl- oder niedermol. Dialkylaminoalkylenrest), dad. gek. daß man I, in denen Y = Halogen darstellt, mit

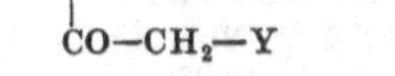
I

aliphat. Mono- oder Diaminen, deren Alkyl- bzw. Alkylengruppen höchstens 4 C-Atome enthalten, umsetzt u. die erhaltenen Verbb. mit anorgan. oder organ. Säuren oder Alkylhalogeniden in die entsprechenden Salze überführt, wobei man entsprechende quatern. Salze auch direkt durch Rk. von Verbb. der obigen allg. Formel in der Y = Halogen bedeutet mit tert. Alkylaminen ($C_1—C_4$) erhalten kann. — Man erhitzt z. B. 10 (g) 2-[3'.3'-Diphenylpropyl-1'-amino]-1-phenylpropan mit 10 $CH_2Cl—COCl$ 4 Std. am Wasserbad, trennt nach Zugabe von wenig W. u. Ae. die Ae.-Schicht ab, wäscht sie mit W. u. verd. Na_2CO_3-Lsg., dest. den Ae. ab, löst das hinterbleibende Öl (13,3) in 25 cm³ Bzl., versetzt mit 10 cm³ $(C_2H_5)_2NH$ (II) u. kocht 1 Std. unter Rückfluß, vervollständigt die Abscheidung des II-Hydrochlorids, filtriert dieses ab, säuert das Filtrat mit verd. HCl an, trennt das ölige *Hydrochlorid* ab, löst es in W., macht mit verd. Na_2CO_3-Lsg. alkal. u. erhält durch Ausäthern 11,6 *2-[3'.3'-Diphenylpropyl-(1')-diäthylaminoacetylamino]-1-phenylpropan*; *Phosphat*, F. 155—156°. — *Chlormethylat* der entsprechenden *Dimethylaminoacetylamino*-Verb., F. 101—102°. — *Diäthylaminoäthylaminoacetylamino*-Verbindung. (**D. A. S. 1 114 501** Kl. 12q vom 18/2. 1960, ausg. 5/10. 1961.) O. Müller-Meiningen. 4807

Wm. S. Merrell Co. (Erfinder: Robert Edward Allen, Frank Patrick Palopoli, Edward Lewis Schumann und Marcus George Van Campen jun.), **Herstellung substituierter Triphenyläthylene.** Man kocht 20 (g) 1-[p-(β-Methylaminoäthoxy)-phenyl]-1-phenyl-2-[p-methoxyphenyl]äthanol mit 200 A. u. HCl im Überschuß 3 Std., entfernt A. u. HCl im Vakuum, löst den Rückstand in Äthylacetat u. CH_3OH u. läßt auskristallisieren. — *1-[p-(β-Methylaminoäthoxy)-phenyl]-1-phenyl-2-[p-methoxyphenyl]-äthylenhydrochlorid*, F. 201°. Analog das *Oxalat von 1-[p-(β-Aminoäthoxy)-phenyl]-*, F. 183° (Zers.) u. das *Hydrochlorid* von *1-[p-(β-Dimethylaminoäthoxy)-phenyl]-*, F. 143—163°, das *Dihydrogencitrat* von *1-[p-(β-Diäthylaminoäthoxy)-phenyl]-*, F. 110° (Zers.) u. das *Hydrochlorid* von *1-[m-(β-Diäthylaminoäthoxy)-phenyl]-1-phenyl-2-[p-methoxyphenyl]-äthylen*, F. 157—162°. Ferner: *1-[p-(β-Diäthylaminoäthoxy)-phenyl]-1-phenyl-2-[p-chlorphenyl]-äthylen*, F. 196—197°, *1-[p-chlorphenyl]-phenyläthylen*, F. 127° (Zers.), *-1-[p-chlorphenyl-2-[p-methoxyphenyl]-äthylen*, *-1-[-p-tolyl]-2-[p-chlorphenyl]-äthylen*. — *Pharmazeutica*. (**Aust. P. 227 566** vom 5/11. 1957, ausg. 28/4. 1960. A. Prior. 6/11. 1956, 6/8. u. 5/9. 1957.) C. Lüttgen. 4807

Farbwerke Hoechst Akt.-Ges., vormals Meister Lucius & Brüning, Frankfurt/M., **Herstellung von Äthyleniminderivaten** der Formel I (R = Alkyl, Cycloalkyl oder Aryl). Man bringt Ester von Thionophosphonsäuredihalogeniden der Formel RO—P(=S) $(Halogen)_2$ in Ggw. säurebindender Mittel zur Rk. mit Äthylenimin (II). — Zum Beispiel leitet man in eine Lsg. von II in Toluol NH_3 ein u. versetzt dann mit Thionophosphonsäuredichloridäthylester → *Bis-[aziridino]-thionophosphonsäureäthylester*, $Kp._{0,4}$ 96—98°. — Analog: *Bis-[aziridino]-thionophosphonsäurebutylester*, $Kp._{0,5}$ 106—108°. — *Bis-[aziridino]-thionophosphonsäurecyclohexylester*, $Kp._{0,7}$ 128°. — *Bis-[aziridino]-thionophosphonsäureisobutylester*, $Kp._{0,9}$ 120—123°. — *Bis-[aziridino]-thionophosphonsäurephenylester*, gelbes Öl. — *Pharmazeutica*. (**Holl. P. 96 688** vom 21/5. 1957, ausg. 16/1. 1961.) F. Böhm. 4807

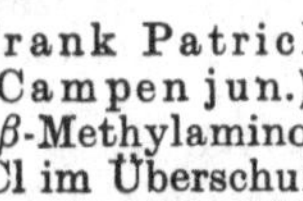

Mead Johnson & Co., Evansville, Ind., V.St.A., **Herstellung von 1-Methylpyrrolidyl-(3)-methylalkohol,** $Kp._{10}$ 115—120°, dad. gek., daß man 1-Methyl-3-carbmethoxypyrrolidon-(5) bei einem Druck von >1000 lbs./sq.in. u. ca. 150° in Ggw. von Cu-Cr-Oxid als Katalysator hydriert. — *Zwischenprod.* für die Herst. von Heilmitteln. (**E. P. 862 868** vom 17/7. 1959, ausg. 15/3. 1961. A. Prior. 11/5. 1959.) W. Heyer. 4807

Ciba Ltd., Basel, Schweiz, **Pharmazeutische Präparate** mit analget. Wrkg. für enterale, parenterale oder örtliche Anwendung, gek. durch einen Geh. von 0,1—30% an einem Benzimidazol oder dessen Salzen von der allg. Formel I, worin A einen Alkylenrest, R eine tert. Aminogruppe, Piperidin-, Pyrrolidin- oder Morpholingruppe, R_1 einen ggf. durch Chlor oder eine niedere Alkoxygruppe substituierten Phenylrest, ein R_2 = H, das andere die Nitrogruppe bedeutet, bes. *1-[p-Diäthylaminoäthyl]-2-[p-chlorbenzyl]-5-nitrobenzimidazolmethansulfonat.* (**Ind. P. 62 229** vom 8/11. 1957, ausg. 16/12. 1958.) C. LÜTTGEN. 4807

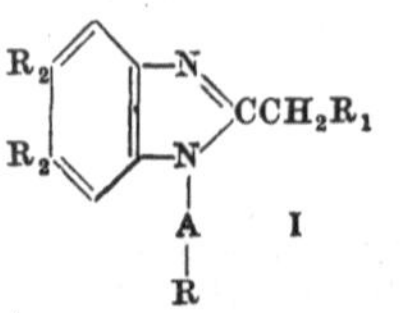
I

Paul Lechat, Jean Chareton, Andre Boime und Solange Charonnat, **Herstellung von 4-Methyl-5-[β-halogenäthyl]-thiazol-Salzen.** Man gibt eine Lsg. von 21,2 g Methandisulfonsäure in möglichst wenig Aceton (I) zu einer 50%ig. I-Lsg. von *4-Methyl-5-[β-chloräthyl]-thiazol* (**II**), zentrifugiert den Nd. ab, wäscht ihn mit Aceton u. krist. ihn aus Methanol u. Ae. um. *Methandisulfonsaures* **II**, F. 120°. Analog: *Äthan-1.2-disulfonsaures* **II**, *Äthan-1.2-disulfonsaures 4-Methyl-5-[β-bromäthyl]-thiazol*, $F._{Inst.}$ 128° u. *Methandisulfonsaures 4-Methyl-5-[β-bromäthyl]-thiazol*, $F._{Inst.}$ 123°. — *Pharmazeutica.* (**Aust. P. 229 657** vom 27/2. 1958, ausg. 25/8. 1960. E. Prior. 1/3. 1957.) C. LÜTTGEN. 4807

Soc. des Laboratoires Labaz, Brüssel, Belgien, **Herstellung substituierter Cumarone.** Man setzt ein Alkalisalz eines o-hydroxylierten aromat. Aldehyds, z. B. Salicylaldehyd (**I**) oder eines Alkylphenons, z. B. Hydroxypropiophenon, mit einem in α-Stellung halogenierten Keton, z. B. Chloraceton, Äthylchlormethylketon (**II**), ω-Bromacetophenon, nach RAP [1895] um, red. die Ketongruppe der erhaltenen Verbb. mit Hydrazinhydrat nach HUANG-MINLON [1946] zu Alkyl- bzw. Arylcumaronen, die mit Anisoyl- oder p-Methoxyphenylacetylchlorid nach BISAGNI u. Mitarbeitern (J. chem. Soc. [London] **1955**. 3694) zu methoxylierten Verbb. umgesetzt werden. Diese werden nach PREY [1941] demethyliert, nach MEERWEIN-PONDORF u. ADAMS (Org. Reactions **II**. 203) mit Isopropanol u. Al-Isopropylat red. u. die erhaltenen Carbinylcumarone, z. B. mit J, halogeniert. Beschrieben wird die Herst. der folgenden Cumarone (**III**): **I** u. **II** → *2-Propionyl*-**III**, $Kp._{15}$ 135°, → *2-Propyl*-**III**, $Kp._{17}$ 112°, → *2-Propyl-3-anisoyl*-**III**, $Kp._{0,5}$ 189°, → *2-Propyl-3-[p-hydroxybenzoyl]*-**III**, F. 123°, sowie von *2-Äthyl-3-[p-hydroxyphenyl]-carbinyl*-**III**, F. 74°, u. *2-[4'-Hydroxy-3'.5'-diiodbenzoyl]-3-äthyl*-**III**, F. 176°. — *Therapeutica* mit teilweise spasmolyt. Wirkung. (**Ind. P. 62 575** vom 13/12. 1957, ausg. 11/5. 1960.) C. LÜTTGEN. 4807

Chugai Seiyaku Kabushiki Kaisha, Tokyo, Japan, **Herstellung von Alkali- und Erdalkalisalzen von N^1-Glucuronosyl-N^2-isonicotinoylhydrazin (III)** durch Rk. der entsprechenden Salze der Glucuronsäure (**I**) mit Isonicotinsäurehydrazid (**II**). — 9,8 (g) **II**, 14 Na-Salz von **I** u. 14 W. werden bis zur Lsg. auf 70° erwärmt, worauf man die Lsg. mit Kohle entfärbt, 40 cm^3 A. zugibt, die abgeschiedenen Kristalle abfiltriert, mit CH_3OH wäscht u. trocknet. Ausbeute 18,9 Na-Salz von **III**, Zers. bei 140—142°, $[\alpha]_D^{20}$ —40°. Analog das Ca-Salz, F. ca. 93°. *Mittel gegen Tuberkulose.* (**Ind. P. 62 394** vom 26/11. 1957, ausg. 10/6. 1960.) C. LÜTTGEN. 4807

Merck & Co., Inc., Rahway, übert. von: Frank A. Cutler jun., Westfield, und John M. Chemerda, Metuchen, N.J., V.St.A., **Herstellung von substituierten Piperidinen** der allg. Formel **I**, worin R_1 u. R_3 eine niedermol. Alkylgruppe, R_2 = H oder eine niedermol. Acylgruppe, HX eine Säure u. n = 0—2 ist, dad. gek., daß man Verbb. der allg. Formel **I**, worin R_3 = H ist, in einem niedermol. Alkanol löst u. die Lsg. mit einer starken Säure ca. 10—20 Std. auf 50—120°, bes. 75—100°, erhitzt. — Aus 1-[2'-(p-Acetamidophenyl]-2-'-hydroxyäthyl]-4-carbäthoxy-4-phenylpiperidin in abs. A. u. Zusatz von H_2SO_4 unter Rückfluß → *1-[2'-(p-Aminophenyl)-2'-äthoxyäthyl]-4-carbäthoxy-4-phenylpiperidin*, F. 101,5 bis 106°. — Analog werden hergestellt: (-4-carbäthoxy-4-phenylpiperidin = **II**) *1-[2'-(p-Acetamidophenyl)-2'-äthoxyäthyl]*-**II**, F. 146—148°; aus 1-(p-Acetamidophenacyl)-**II** (F. 149—157°) in abs. A. u. konz. H_2SO_4 → 1-[p-Aminophenacyl]-**II**, F. 153—156°; hieraus durch Rk. in verd.. A. u. Na-Borhydrid → *1-[2'-(p-Aminophenyl)-2'-hydroxyäthyl]*-**II**, F. 105—117°; durch Behandeln dieser Verb. mit konz. H_2SO_4 in abs. A. → *1-[2-(p-Aminophenyl)-2-äthoxyäthyl]*-**II**, *Dihydrochlorid.* Analog *1-[2-(p-Aminophenyl)-2-methoxyäthyl]*-**II**. — *Analgetica.* (**A. P. 2 897 204** vom 15/7. 1957, ausg. 28/7. 1959.) W. HEYER. 4807

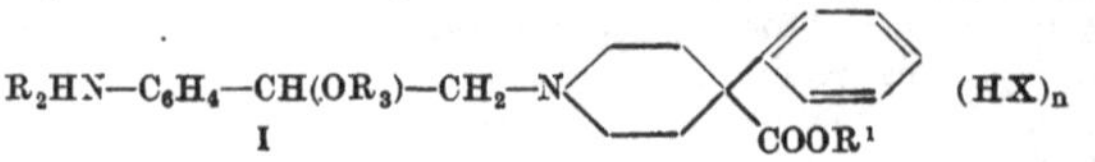
I

Aktiebolaget Bofors, Bofors, Schweden, **Herstellung von N-Alkylpiperidin-α-carbonsäureamiden** der allg. Formel **I**, worin R eine Alkylgruppe mit nicht mehr

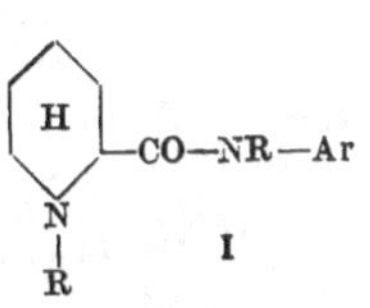

I

als 8 C-Atomen ist u. Ar einen in 3- oder 4-Stellung mit einer oder zwei Alkylgruppen von zusammen nicht mehr als 3 C-Atomen substituierten Benzolring bedeutet, dad. gek., daß man ein Picolinsäuresalz der Verb. Ar—NH_2 bei 90—140° mit P-Oxychlorid dehydriert, das erhaltene Picolylanilid im Pyridinring hydriert u. am N dann alkyliert. — 121 (Teile) 2.6-Xylidin u. 123 Picolinsäure werden mit 66 N-Methylpyrrolidon bei 125° umgesetzt u. bei dieser Temp. mit 56 Phosphoroxychlorid versetzt. Man bringt die Lsg. auf 135°, kühlt, versetzt mit 500 10%ig. HCl, filtriert u. fällt bei pH 3,5 durch Zugabe von 20%ig. NaOH das gebildete *Picolyl-2.6-xylidid,* reinigt dieses durch Dest. bei 140° u. einem Druck von 0,2 mm u. krist. aus A. um, F. 104°. Hieraus durch Hydrieren in Eisessig u. in Ggw. von Pt-Oxid als Katalysator bei 40—75° mit H bei einem Druck von 5 atm → *Pipecolyl-2.6-xylidid,* F. 116—118°, u. durch Methylieren mittels Dimethylsulfat → *N-Methylpipecolyl-2.6-xylidid,* F. 148—150°; *N-n-Amylpipecolyl-2.6-xylidid,* F. 71°; *N-n-Octylpipecolyl-2.6-xylidid,* F. 54—55°. Analog aus 4-Methylanilin u. Picolinsäure über das Picolyl-4-methylanilid, Hydrieren u. Alkylieren des N → *N-Äthylpipecolyl-4-methylanilid,* F. 88—90°; *N-n-Butylpipecolyl-2-methylanilid* (Öl); *N-Äthylpipecolyl-2.4.6-mesidid,* F. 117°, aus 2.4.6-Mesidin- u. Picolinsäure; durch Alkylieren mit n-Amyl bromid → *N-n-Amylpipecolyl-2.4.6-mesidid,* F. 92—94°; *N-Äthylpipecolyl-3-methylanilid,* F. 50—52°. — *Lokalanästhetica.* (**E. P. 824 542** vom 18/4. 1958, ausg. 2/12.1959. Schwed. Prior. 15/5. 1957.) W. HEYER. 4807

Ciba Akt.-Ges., Basel (Erfinder: Karl Hoffmann, Jules Heer, Binningen, Ernst Suri, Basel, und Ernst Urech, Binningen), Schweiz, **Herstellung neuer Piperidinverbindungen** der allg. Formel **I**, worin Ph einen ggf. z. B. durch eine oder mehrere niedrige Alkyl- oder Alkoxygruppen oder Halogenatome substituierten Phenylrest bedeutet, dad. gek., daß man 5-Diphenylmethyl-5-oxopentan-1-säurenitrile oder ihre funktionell abgewandelten Oxo-Derivv., z. B. ihre Ketale, mit H in Ggw. von Hydrierungskatalysatoren, bes. RUPE-Ni, behandelt. — Aus durch Kondens. von Cyanäthylmalonsäureditetrahydropyranylester, Na-Hydrid u. Diphenylessigsäurechlorid erhaltenes 5-Diphenylmethyl-5-oxopentan-1-säurenitril ($Kp._{0,1}$ 195—205°, 2.4-Dinitrophenylhydrazon, F. 146—148°) in A. gelöst u. in Ggw. von RUPE-Ni bei 100° u. 100 atm hydriert → *2-Diphenylmethylpiperidin,* F. 65—66°, *Hydrochlorid,* F. 285—286°, *Pikrat,* F. 199—200°. Hydriert man nur bis zur Aufnahme von 2 Mol H → *2-Diphenylmethyl-$\Delta^{1,2}$-piperidin,* $Kp._{0,1}$ 168—170°, *Pikrat,* F. 154—155°; analog aus 5-[(p-Chlorphenyl)-phenylmethyl]-5-oxopentan-1-säurenitril ($Kp._{0,05}$ 210—220°) → *2-[(p-Chlorphenyl)-phenylmethyl]-piperidin,* $Kp._{0,01}$ 168—170°, *Hydrochlorid,* F. 283—285°; aus 5-[Bis-(p-chlorphenyl)-methyl]-5-oxopentan-1-säurenitril, $Kp._{0,06}$ 238—247° → *2-[Di-(p-chlorphenyl)-methyl]-piperidin,* $Kp._{0,01}$ 190—193°, F. 105—106°, *Hydrochlorid,* F. 270—272°. — *Zentralerregende Arzneistoffe, Weckmittel.* (**Schwz. P. 331 980** vom 12/4. 1954, ausg. 30/9. 1958.) W. HEYER. 4807

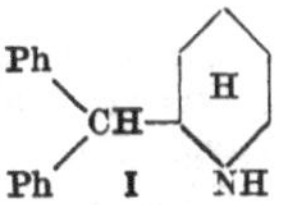

I

Gottfried Faust, Klaus Femmer, Radebeul, und Helmut Wunderlich, Dresden, **Herstellung heterocyclisch substituierter, bis-basischer Thioäther,** $R_2N-X-S-Y-Het$ bzw. $Het-X-S-Y-Het$ (R = KW-Stoffreste; X u. Y = Alkanketten; Het = N-heterocycl., gesätt. Rest) durch Rk. von N.N-disubstituierten Aminoalkylmercaptanen mit N.N-disubstituierten Aminoalkylhalogeniden in Ggw. von Lsgm. u. Kondens.-Mitteln (Na, Na-Alkoholat) bei —20 bis + 80°, bes. bei Raumtemperatur. — β'-Piperidinoäthylsulfide: *β-Diäthylaminoäthyl-,* $Kp._{10}$ 164°, durch Zugabe von 14,5 (g) β-Piperidinoäthylmercaptan zu 2,3 Na in 120 abs. A., Zutropfen von 13,5 β-Diäthylaminoäthylchlorid, 1½ std. Erwärmen u. Dest. des Filtrats; 65—78% (Ausbeute). *Bis-methojodid,* F. 269—272°, mit CH_3J in Bzl.; 70%. — *β-Dimethylaminoäthyl-,* $Kp._{13}$ 145—148°, aus β-Dimethylaminoäthylchlorid; 68—76%. *Dihydrochlorid,* F. 265—268° unter Sublimation; 90%. *Bis-methojodid,* F. 290—292° (A.); 60—70%. — *Bis-[β-piperidinoäthyl]-sulfid,* $Kp._3$ 145—147°; 70—80%. *Dihydrochlorid,* F. 224 bis 225°; 90%. *Bis-methojodid,* F. 277—279°; 80—85%. — Die *Quartärsalze* sind *blutdrucksenkende* u. *ganglienblockierende Mittel.* (**D. P. [DDR] 20 221** Kl. 12o vom 12/9. 1958, ausg. 20/12. 1960 [Wirtschaftspatent].) H.-J. NITZSCHKE. 4807

Wellcome Foundation Ltd. (Erfinder: Albert Gordon Caldwell), **Diquaternäre Ammoniumverbindungen** der allg. Formel $\frac{R^1}{R^2}\!\!>\!N-(CH_2)_n-\overset{+}{N^1}-Y-\overset{+}{N^2}\ldots 2\,A^-$, in der R^1 u. R^2 einen Phenylrest bedeuten oder mit dem N-Atom einen Carbazol- oder Phenoxazinring bilden, n eine Zahl von 2—10, N^1 ein quatern. N-Atom mit 2 Alkylgruppen (CH_3 oder C_2H_5), N^2 ein quatern. N-Atom, das mindestens eine CH_3- oder C_2H_5-Gruppe u. außerdem 2 weitere Alkylgruppen aufweist oder Teil eines

Pyrrolidin-, Piperidin- oder Morpholinringes ist, A einen anorgan. oder organ. Säurerest u. $Y-C_2H_4-$ oder $-C_3H_6-$ bedeutet. Die Herst. erfolgt durch Rk. eines entsprechend konstituierten Amins mit einem Diamin u. Quaternisieren der erhaltenen Base. — Man kocht eine Lsg. von N-[4-Chlorbutyl]-diphenylamin u. β-Piperidinoäthylmethylamin in A. 6 Std. unter Rückfluß, verdampft, löst den Rückstand in verd. HCl, wäscht die Lsg. mit Chlf., macht sie mit NaOH alkal., extrahiert das abgeschiedene Öl in Chlf. u. dest. → *N-[4-(β-Piperidinoäthylmethylamino)-butyl]-diphenylamin* (II), $Kp._{0,01}$ 168—170°. Man löst dieses in Methanol, kocht 16 Std. mit CH_3J, dampft zur Trockne ein u. krist. den Rückstand aus A. um. II-*Dimethojodid*, F. 172—174°. — Analog: *N-[4-(β-Morpholinoäthylmethylamino)-butyl]-diphenylamin*, $Kp._{0,05}$ 180—182°, dessen Dimethojodid, F. 192—194°, *N-[4-(β-Pyrrolidinoäthylmethylamino)-butyl]-diphenylamin*, $Kp._{0,04}$ 174—181°, dessen Dihydrochlorid, F. 221—223°, u. Dimethojodid, F. 186—188°, *N-[5-(β-Piperidinoäthylmethylamino)-pentyl]-diphenylamin*, $Kp._{0,01}$ 188—190°, dessen Dihydrochlorid u. Dimethojodid, beide F. 207—209°, *N-[5-(β-Diäthylaminoäthylmethylamino)-pentyl]-diphenylamin*, $Kp._{0,01}$ 170—173°, dessen Dimethojodid, F. 217° (unter Schäumen), *N-[5-(β-Morpholinoäthylmethylamino)-pentyl]-diphenylamin*, $Kp._{0,01}$ 192—198°, dessen Dihydrochlorid, F. 200—202°, dessen Dimethojodid, F. 206° (unter Schäumen), *N-[5-(β-Pyrrolidinoäthylmethylamino)-pentyl]-diphenylamin*, $Kp._{0,05}$ 179—186°, dessen Dimethojodid, F. 225° (unter Schäumen), *9-[5-(β-Piperidinoäthylmethylamino)-pentyl]-carbazol*, $Kp._{0,01}$ 217—219°, dessen Dihydrochlorid 226—230°, *9-[5-(β-Pyrrolidinoäthylmethylamino)-pentyl]-carbazol*, $Kp._{0,02}$ 210—214°, *9-[5-(β-Morpholinoäthylmethylamino)-pentyl]-carbazol*, $Kp._{0,02}$ 196—198°, *10-[5-(β-Morpholinoäthylmethylamino)-pentyl]-phenoxazindimethojodid*, F. 210° (Zers.). — *Pharmazeutica*. (**Aust. P. 220 659** vom 21/3. 1957, ausg. 9/4. 1959. E. Prior. 6/4. 1956.) C. LÜTTGEN. 4807

Aktiebolaget Pharmacia, Upsala, Schweden, **N.N-Disubstituierte Arylessigsäureamide** der allg. Formel $R-C(R_1)(R_2)-CO-R_3$ (R = Aryl, das noch Halogen, Alkyl u. Alkoxy enthalten kann; R_1 u. R_2 = Alkyl, Aralkyl, Cycloalkyl, heterocycl. Rest, Dialkylaminoalkyl; R_3 = Dialkylamino, Morpholino, Piperidino, Piperazino, Pyrrolidino, Aaralkylalkylamin, Alkylaryl, *deren Salze* u. *quatern. Ammonium-Verbb.* erhält man durch Kondens. von 1 Mol eines Arylessigsäureamids der allg. Formel $R-CH(R_1)-CO-R_3$ mit 1 Mol einer Verb. der allg. Formel R_2Y (Y = Halogen) in Ggw. eines stark bas. Kondens.-Mittels (Na- oder KNH_2, Phenyl-Na, NaH) u. bes. eines Lsgm. (Bzl., Toluol, Xylol, Dioxan). Durch Rk. mit den entsprechenden Säuren entstehen Hydrochloride, Maleinate, Tartrate u. Citrate; mit Alkylhalogeniden oder Alkylestern mit höchstens 5 C-Atomen im Alkyl entstehen Methjodide, Äthobromide oder Methomethylsulfate. — Aus 85,9 g α-Phenyl-α-[thenyl-(2)]-essigsäurediäthylamid in 300 ml trockenem Toluol u. 12,2 g $NaNH_2$ u. 2 Std. unter Rückfluß, dann Zusatz von 2-[Dimethylamino]-äthylchlorid in Toluol bei 50°, dann 4 Std. unter Rückfluß → *α-Phenyl-α-[thenyl-(2)]-α-dimethylaminobuttersäurediäthylamid*, aus PAe. F. 79°. — α-Benzylphenanthryl-3-essigsäurediäthylamid + 2-Morpholinoäthylchlorid → *α-Benzyl-α-[2-morpholinoäthyl]-phenanthryl-(3')-essigsäurediäthylamid*, aus Bzl.–PAe. F. 168—170°. — *α-Benzyl-α-[2-morpholinoäthyl]-naphthyl-1'-essigsäurediisopropylamid*, viscoses, gelbes Öl. — *α.α-Bis-[dimethylaminoäthyl]-phenylessigsäurediäthylamid*; *Bis-hydrochlorid*, aus Aceton–Methanol F. 267° (Zers.). — α-Benzyl-N-n-propyl-N-benzylphenylessigsäureamid + β-Morpholinoäthylchlorid → *Amid*, aus Cyclohexan F. 137,5—139°. — *α-Benzyl-α-[2-dimethylaminoäthyl]-phenylessigsäuredimethylamid*, $Kp._{0,25}$ 165—170°. — *α-Benzyl-α-[2-diäthylaminoäthyl]-phenylessigsäurediäthylamid*, $Kp._{0,5}$ 190—200°. — *α-[3.3-Dimethylbutyl]-α-[2'-dimethylaminoäthyl]-phenylessigsäurediäthylamid*, $Kp._{0,1-0,2}$ 146—150°. — *α-[3.3-Dimethylbutyl]-α-[3'-diäthylaminopropyl]-phenylessigsäurediäthylamid*, $Kp._{0,2}$ 158—160°. — *α-Cyclohexyl-α-[2-morpholinoäthyl]-phenylessigsäurediäthylamid*, F. 114—115°. — *α-Cyclohexyl-α-[3-diäthylaminopropyl]-phenylessigsäurediäthylamid*, $Kp._{0,2}$ 116—117°. — *α.α-Bis-[2-dimethylaminoäthyl]-phenylessigsäurediäthylamid*, $Kp._{0,1-0,2}$ 137—139°. — *α-[2-Diäthylaminoäthyl]-α-äthylphenylessigsäurediisopropylamid*, $Kp._{0,8-1}$ 153—155°. — *α-Benzyl-α-diäthylaminophenylessigsäurediäthylamid*, F. 108—109°. — *α-Diäthylamino-α-[3-diäthylaminopropyl]-phenylessigsäurediäthylamid*, $Kp._{0,1-0,2}$ 150—152°. — *α-Benzyl-α-[2-diäthylaminoäthyl]-phenylessigsäurepiperidid*. — *α-Benzyl-α-[2-morpholinoäthyl]-phenylessigsäurepiperazid*. — *α-Äthyl-α-[2-diäthylaminoäthyl]-phenylessigsäure-N-methylanilid*. — *Lokalanästhetica*; *Spasmolytica*; *Analgetica*. — Vgl. E. P. 771 814; C. **1962.** 1720. (**E. P. 822 966** vom 14/3. 1957, ausg. 4/11. 1959. Schwed. Prior. 15/3. 1956.) G. KRAUSS. 4807

Ciba Ltd. (Erfinder: Jean Druey, Konrad Meier und Alexander Staehelin), **Neue 1-Aryl-2R-4R'-3.6-dioxo-1.2.3.6-tetrahydropyridazine mit analgetischer und antipyretischer Wirkung,** wobei R einen niederen Alkylrest u. R' einen niederen

Dialkylamino-, Pyrrolidino-, Piperidino-, Piperazino- oder Morpholinorest bezeichnet. — Man löst 10 (g) 1-Phenyl-2-methyl-4.5-dibrom-3.6-dioxo-1.2.3.4.5.6-hexahydropyridazin in Chlf. (I), gibt 7,2 Morpholin (III) in I zu, läßt 12 Std. stehen, wäscht mit verd. HCl, verdampft I u. krist. den Rückstand aus abs. A. um. *1-Phenyl-2-methyl-4-morpholino-3.6-dioxo-1.2.3.6-tetrahydropyridazon* (II), F. 176—177,5°. II ist auch erhältlich aus 1-Phenyl-2-methyl-5-chlor-3.6-dioxo-1.2.3.6-tetrahydropyridazin durch Kochen mit III in Aceton. — Analog folgende 3.6-Dioxo-1.2.3.6-tetrahydropyridazine (IV): *1-Phenyl-2-methyl-4-diäthylamino-***IV**, F. 115,5—116,5°, *1-Phenyl-2-methyl-4-piperidino-***IV**, F. 184—185°, *1-Phenyl-2-methyl-4-pyrrolidino-***IV**, F. 140,5—142°, *1-Phenyl-2-äthyl-4-dimethylamino-***IV**, $Kp._{0,06}$ 180—185°, *1-Phenyl-2-äthyl-4-pyrrolidino-***IV**, F. 113 bis 114°, *1-Phenyl-2-äthyl-4-morpholino-***IV**, F. 120—121°, *1-Phenyl-2-methyl-4-cyclohexylamino-***IV**, F. 184—186°, *1-Phenyl-2-methyl-4-[tetrahydrofurfuryläthylamino]-***IV**, $Kp._{0,15}$ 218—222°, *1-Phenyl-2-methyl-4-[N'-methylpiperazino]-***IV**, F. 137,5—138°, dessen Jodmethylat, F. 275—277°, *1-Phenyl-2-methyl-4-hexamethylenimino-***IV**, F. 129,5 bis 130°, *1-Phenyl-2-methyl-4-[β-diäthylaminoäthylamino]-***IV**, F. 229—230°, *1-Phenyl-2-methyl-4-[N'-(β-hydroxyäthyl)-piperazino)-***IV**, F. 136,5—137,5°. *1-[p-Chlorphenyl]-2-methyl-4-pyrrolidino-***IV**, F. 187,5—188,5°, *1-[m-Chlorphenyl]-2-methyl-4-dimethylamino-***IV**, F. 102—103°, *1-Phenyl-2-äthyl-4-piperidino-***IV**, F. 78—79°, *1-Phenyl-2-äthyl-4-äthylamino-***IV**, F. 130—132°, *1-Phenyl-2-methyl-4-n-butylamino-***IV**, F. 130—131°, *1-[p-Nitrophenyl]-2-äthyl-4-dimethylamino-***IV**, F. 163—165°, u. *1-[p-Nitrophenyl]-2-methyl-4-dimethylamino-***IV**, F. 175—177°. (**Aust. P. 229 202** vom 19/2. 1958, ausg. 4/8. 1960. Schwz. Prior. 29/3., 23/5. u. 23/10. 1957 u. 27/1. 1958.) C. LÜTTGEN. 4807

Knoll Akt.-Ges., Chemische Fabriken, Ludwigshafen/Rh., **Herstellung von in 10-Stellung durch tertiäre Aminoalkylgruppen substituierten Phenothiazinen.** Man kondensiert Phenothiazine mit einer freien Iminogruppe in 10-Stellung u. einer Carbonacylgruppe am Kern in Ggw. bas. Kondens.-Mittel bei höchstens 90° in Dimethylformamid (I) mit tert. Aminoalkylhalogeniden. — Zum Beispiel versetzt man eine Lsg. von 3-Acetylphenothiazin in I unter Kühlung mit NaNH u. dann bei 80° mit 3-Dimethylamino-1-chlorpropan → *3-Acetyl-10-[3'-dimethylaminopropyl]-phenothiazin; saures Oxalat*, F. 186—187°. — Analog: *3-Acetyl-10-[3'-diäthylaminopropyl]-phenothiazin*, $Kp._{0,5}$ 245—250°; *saures Oxalat*, F. 145—146°. — *Pharmazeutica*. (**Holl. P. 97 022** vom 7/6. 1957, ausg. 15/2. 1961. D. Prior. 27/7. 1956.) F. BÖHM. 4807

Magyar Állam (Erfinder: Ludwig Toldy und Emmerich Fabricius), Budapest, Ungarn, **Phenthiazinverbindungen** der allg. Formel I erhält man bei der Rk. von Sulfonsäureestern der allg. Formel II mit Aminen der Formel $HN(R_1)(R_2)$ (III), ggf. in Ggw. eines Lsgm. u. eines Säurebinders. Rk.-Temp.-Bereich: Zimmer-Temp. bis 180°. — In I, II u. III bedeuten: A = H, Halogen, Alkyl- oder Alkoxygruppe; B = H, Halogen; X = 2wertige gerad- oder verzweigtkettige C-Kette; R_1 = H, Alkyl-, Aralkyl- oder β-Hydroxyäthylgruppe; R_2 = H, Alkyl-, Aralkyl- oder β-Hydroxyäthylgruppe; Z = Aryl- oder Alkylgruppe; die Gruppe III kann auch einen heterocycl., z. B. Pyrrolidin-, Piperidin- oder Morpholinrest, darstellen. — 3-Chlor-10-[3'-hydroxypropyl]-phenthiazin in Pyridin gelöst, wird bei 0—5° mit Methansulfochlorid versetzt u. nach einer Verweilzeit in Eiswasser gegossen krist., gewaschen u. getrocknet. Man erhält *3-Chlor-10-[3'-mesyloxypropyl]-phenthiazin*, F. 88—90°. Daraus erhält man mit Dimethylamin in abs. A. innerhalb von 14 Tagen bei normaler Temp. *3-Chlor-10-[3-dimethylaminopropyl]-phenthiazin*, F. 42—46°, F. des Hydrochlorids 196—198°. — *Arzneimittel*. (**Ung. P. 144 262** vom 14/1. 1956, ausg. 15/9. 1958.) G. KÖNIG. 4807

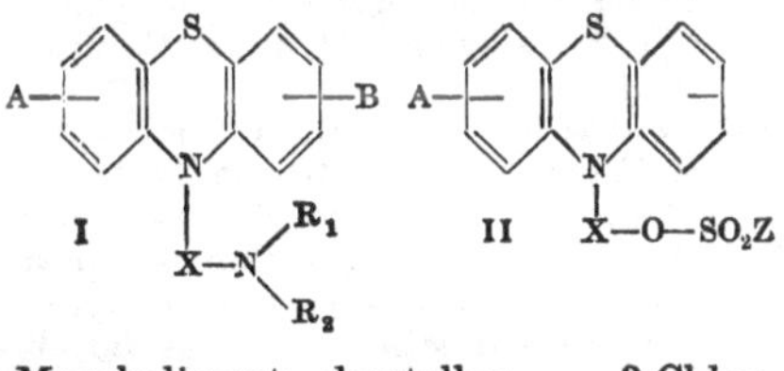

Miles Laboratories, Inc. (Erfinder: Otis E. Fancher, Gust Nichols und Dale A. Stauffer), **Herstellung von Diazepinderivaten** der Formel I (R u. R_5 = H; R_1, R_2, R_3 u. R_4 = H oder Alkylreste mit 1—3 C-Atomen) durch Rk. von o-Phenylendiamin mit einer ungesätt. Säure, einem Diketon oder einem Mesoxalsäureester u. anschließende Red. des wenigstens eine Ketogruppe enthaltenden Zwischenproduktes. Hergestellt wurden folgende Benzo-2.3.4.5-tetrahydro-*1.5*-diazepine: *2-Methyl-*, F. 100—102°, *Dihydrochlorid*, F. 221—223°; *2.4-Dimethyl-1.5-*, *Hydrochlorid*, F. 234 bis 236°; *1-Carbamyl-4-methyl-*, F. 115—165°, *Hydrochlorid*, F. 223°; *1.5-Dicarbamyl-2-methyl-*, F. 227—228°; *1-Carbamyl-2-methyl-*, F. 244 bis 245°; *5-Benzyl-1-carbamyl-2-methyl-*, F. 143—144°; *1-Carbamyl-2.4-dimethyl-*,

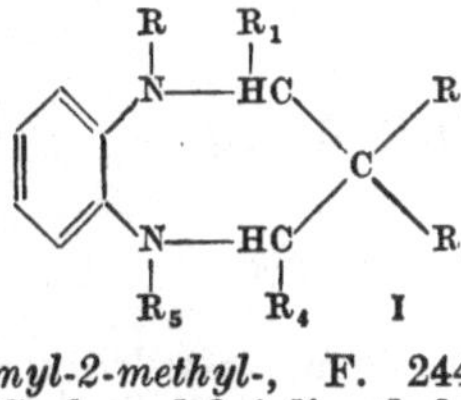

F. 214—216°, *Hydrochlorid*, F. 192—194°; *1-Carbamyl-*, *Hydrochlorid*, F. 211—213°; *1-Carbamyl-2-methyl-7-chlor-*, F. 193—195°. — *Pharmazeutica*. (**Aust. P. 223133** vom 17/1. 1958, ausg. 27/8. 1959. A. Prior. 23/1. u. 9/12. 1957.) K. DEMMLER. 4807

C. F. Boehringer & Soehne G. m. b. H. (Erfinder: Ulrich Dölberg und Fritz Kaiser), Mannheim, **Strophanthidolglykoside** erhält man durch Red. von Strophanthidindigitoxosid (I) bzw. des entsprechenden Digitoxidoglucosids. — Man red. z. B. I mit $NaBH_4$ in Dioxan bei normaler Temp. → *Strophanthidoldigitoxosid, Triacetat*, F. 177—181°; $[\alpha]_D^{19}$ 41,4°. — Alternativ kann die Red. auch mit Al-Isopropylat in Isopropanol durchgeführt werden. — *Heilmittel*. (**D. A. S. 1114188** Kl. 12o vom 18/12. 1959, ausg. 28/9. 1961.) U. SIEVERS. 4807

Ciba Akt.-Ges., Basel, Schweiz (Erfinder: Emil Schlittler, Madison, N.J., V.St.A., und Johannes Müller, Arlesheim, Schweiz), **Reserpin (I) und seine Salze.** Zu E. P. 734108; C. **1958.** 2819 ist nachzutragen: Rauwolfiapflanzen, bes. deren Wurzeln, oder die aus diesen gewonnenen beruhigend wirkenden, bes. entfetteten Extrakte werden entweder mit einem mit W. nur teilweise mischbaren, schwach unpolaren Lsgm. extrahiert oder mit einem Gemisch aus einem mit W. mischbaren polaren Lsgm., einem mit W. nur teilweise mischbaren, schwach oder unpolaren Lsgm. u. ggf. W. ausgezogen, ggf. durch Zusatz von weiterem W. 2 Schichten gebildet u. die Schicht mit dem mit W. nur teilweise mischbaren, schwach oder unpolaren Lsgm., wird abgetrennt, oder mit einer wss. Lsg. einer ein wasserlösl. I-Salz bildenden Säure, wie einer niedermol. Fettsäure, H_3PO_4 oder einem sauren Salz einer mehrbas. Säure ausgezogen. Dieser Extrakt wird nach den beiden vorst. Verff. weiter verarbeitet. Aus den erhaltenen Extrakten wird das I chromatograph. oder durch Verw. von Adsorptionsmitteln oder über seine schwerlösl. Salze oder durch Kristallisieren gewonnen. — I-*Sulfat*, F. 244° (Zers.); *Perchlorat*, F. 239° (Zers.); *Methansulfonat*, F. beginnend unscharf bei 190°; *Oxalat*, F. 206° (Zers.). Ferner sind herstellbar die Salze von I mit Salicyl-, Ascorbin-, Citronen-, Äpfel-, Wein- u. Bernsteinsäure. — *Heilmittel*. (**D. B. P. 975245** Kl. 12p vom 21/7. 1953, ausg. 12/10. 1961. Anmeldung bekanntgemacht 13/5. 1954. Schwz. Prior. 24/7., 7/8. u. 26/9. 1952 u. 9/6. 1953.) G. KRAUSS. 4807

Distillers Co. Ltd., Edinburgh (Erfinder: Roy Sherlock, Birkenhead), England, **Herstellung von Cobalamin (I)-Peptid-Verbindungen,** dad. gek., daß ein parenteral wirksames, ungiftiges I mit einem aus Getreideweich-Fl. erhältlichen Peptid umgesetzt wird. Das Peptid erhält man aus der Getreideweich-Fl., indem man diese ansäuert (pH <3), neutralisiert, mit einem organ. Lsgm. extrahiert u. aus diesem das Peptid wieder in W. überführt. Man kann die wss. Peptid-Lsg. auch noch bei pH >6 mit Cyanidionen behandeln. Der I-Peptid-Komplex wird mit $(NH_4)_2SO_4$ oder mit Aceton ausgefällt. Oral wirksam gegen *perniciöse Anämie*. (**D. A. S. 1112249** Kl. 30h vom 7/7. 1959, ausg. 3/8. 1961. E. Prior. 18/7. 1958.) K. KOEBKE. 4809

E. Merck Akt.-Ges. (Erfinder: Klaus Irmscher), Darmstadt, **Dihydrotachysterine** erhält man durch Bestrahlung eines Dihydrovitamins D-II oder von dessen Estern mit sichtbarem Licht in Ggw. eines Katalysators, der cis- in trans-Isomere umzuwandeln vermag, sowie in Ggw. eines unpolaren Lsgm. oder eines Äthers. Die Bestrahlungs-Prodd. können sodann in üblicher Weise in ihre Ester übergeführt werden. — Man bestrahlt z. B. Dihydrovitamin D_2-II in abs. Ae. unter N_2 in Ggw. von J_2 u. Pyridin 5 Min. mit einer 500-W-Lampe → *Dihydrotachysterin*$_2$, F. 126—127°; $[\alpha]_D^{20}$ 93°; *Acetat*, F. 108—109°; $[\alpha]_D^{20}$ 32°. — Analog: *Dihydrotachysterin*$_3$-[*4-phenylazobenzoat*], F. 107,5—108°. — *Heilmittel*. (**D. A. S. 1108215** Kl. 12o vom 22/9. 1959, ausg. 8/6. 1961.) U. SIEVERS. 4809

Dr. Karl Thomae G. m. b. H. (Erfinder: Joachim Heider und Dietrich Jerchel), Biberach a. d. R., **Steroidester** der allg. Formel I (Y = gesätt. oder ungesätt., gerade oder verzweigte KW-Stoffkette mit 0—6 C-Atomen, die auch einen Ring bilden kann, oder Phenylen- bzw. Diphenylenrest, der auch substituiert sein kann; R = H oder Acylgruppe; R_1 u. R_2 = H oder gemeinsam eine Doppelbindung; X = O oder sek. alkohol. Gruppe, die beiden Steroidreste können gleich oder verschieden sein)

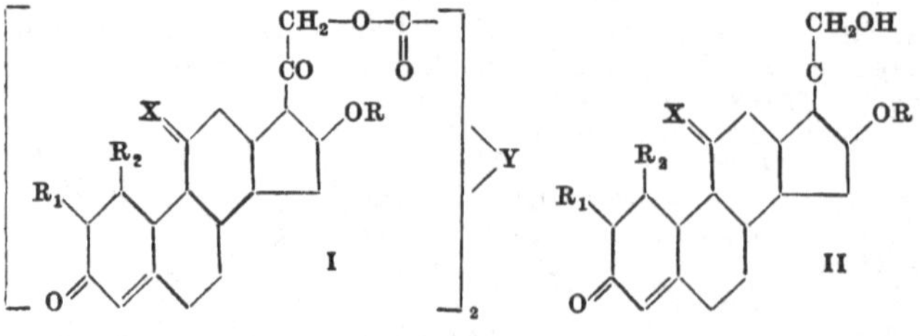

werden hergestellt durch Rk. von 21-Hydroxysteroiden der allg. Formel II mit Dicarbonsäuren $Y(COOH)_2$, oder aus 21-Halogensteroiden u. einem Salz der Dicarbonsäuren oder aus II u. einem niederen Alkylester der Dicarbonsäuren bei —10 bis 100° in Ggw. von Pyridin, Dioxan oder Dimethylformamid. (**Ung. P. 149 358** vom 12/10. 1960, ausg. 20/8. 1961. D. Prior. 14/10. 1959.) F. LANDSBERGER. 4809

Dr. A. Wander Akt.-Ges. (Erfinder: Fritz Hunziker), Bern, Schweiz, **7-Dehydrocholesterin-3-ester** erhält man durch Rk. eines 7α- oder 7β-Bromcholesterin-3-esters oder eines Gemisches der beiden Epimeren mit einer mindestens molaren Menge eines Trialkylphosphits bei >100°. Man behandelt z. B. das durch Bromierung von Cholesterylacetat mit Dibromantin in PAe.-Bzn. erhältliche Prod. in Xylol bei 130—140° mit Trimethylphosphit u. verseift → *7-Dehydrocholesterin* (Geh. 50,5%); *3.5-Dinitrobenzoat*, F. 205—209° (Zers.). — *Zwischenprodd. zur Herst. von Heilmitteln.* (**Schwz. P. 351 960** vom 17/12. 1956, ausg. 30/3. 1961.) U. SIEVERS. 4809

Gyógyszeripari Kutató Intézet (Erfinder: Paul Bite und Paul Tuzson), Budapest, Ungarn, **Pregnenderivate** erhält man aus Steroidalkaloiden, wie Solasodin u. Tomatidin, in welchen sich am 22. C-Atom ein Tetrahydrofuranring u. in dessen α-Stellung ein Piperidinring befinden. Sie werden acyliert, isomerisiert, anschließend oxydiert u. das erhaltene Prod. mit organ. Säuren erwärmt. — Tomatidin, gelöst in wasserfreiem Pyridin, wird 24 Std. bei Raum-Temp. mit Essigsäureanhydrid behandelt u. anschließend im Vakuum bis zur Gew.-Konstanz eingedampft. Der Rückstand wird mit Eisessig bei 60—70° erhitzt u. eine Lsg. von CrO_3 in W. u. Eisessig zugesetzt. Das in der Lsg. verbliebene CrO_3 wird mit A. oder Bisulfiten red. u. anschließend bis zum Kp. erhitzt. Man versetzt mit W. u. extrahiert mit Bzl., wäscht mit wss. $NaHCO_3$, entfernt Bzl., löst den Rückstand unter Erwärmen in Methanol u. läßt auf 0° abkühlen. Man erhält *Δ^{16}-Allopregnen-3β-ol-20-on, Acetat,* F. 163—164°. — Solasodin, in wasserfreiem Pyridin gelöst, wird mit Essigsäureanhydrid 3 Std. gekocht u. im Vakuum bis zur Gew.-Konstanz abgedampft. Man versetzt mit Eisessig u. CrO_3, red. nicht umgesetztes CrO_3 mit A. oder Bisulfit, kocht die Rk.-Mischung 3 Std. u. erhält nach Aufbereitung wie bei Tomatidin *$\Delta^{5.16}$-Pregnadien-3β-ol-20-on, Acetat,* F. 169—172°. (**Ung. P. 144 231** vom 23/7. 1956, ausg. 15/9. 1958.) G. KÖNIG. 4809

E. Merck Akt.-Ges., Darmstadt (Erfinder: Karl-Heinz Bork, Griesheim, Klaus Brückner, Heinz-Jürgen Mannhardt und Fritz v. Werder, Darmstadt), **16-Methylen- und 16-Methylderivate von Reichsteins Verbindung S.** Man epoxydiert z. B. 16-Methylpregnadienolonacetat mit Phthalomonopersäure (I) in Chlf. bei —60° → *5α.6α-Oxido-16-methyl-Δ^{16}-pregnen-3β-ol-20-on-3-acetat* (II), F. 209—211°, welches sich durch Spaltung mit BF_3-Ätherat in Bzl. überführen läßt → *6β-Fluor-16-methyl-Δ^{16}-pregnen-3β.5α-diol-20-on-3-acetat,* F. 235—239°; daraus durch Epoxydation mit I in Chlf. → *6β-Fluor-16β-methyl-16α.17α-oxidopregnan-3β.5α-diol-20-on-3-acetat,* F. 235—237°; $[\alpha]_D$ 9,2°, welches sich mit p-Toluolsulfonsäure in Bzl.-Tetralin spalten läßt → *6β-Fluor-16-methylenpregnan-3β-5.17α-triol-20-on-3-acetat,* F. 237 bis 239°; $[\alpha]_D$ —115,3°; daraus durch Hydrolyse mit methanol. HCl → *6β-Fluor-16-methylenpregnan-3β.5α.17α-triol-20-on,* F. 247—249°; $[\alpha]_D$ —90,6°. Hieraus erhält man durch übliche Bromierung der 21-Stellung, Ersatz des 21-ständigen Br-Atoms durch den Acetoxyrest, CrO_3-Oxydation der 3ständigen Hydroxygruppe, Dehydratisierung der 4,5-Stellung mit trockenem HCl-Gas u. Verseifung mit methanol. K_2CO_3 unter N_2 → *6α-Fluor-16-methylen-Reichsteins Substanz S.* — Alternativ kann man auch zunächst II mit methanol. $KHCO_3$ verseifen → *5α.6α-Oxido-16-methyl-Δ^{16}-pregnen-3β-ol-20-on,* F. 196—196°, dieses mit BF_3 spalten → *6β-Fluor-16-methyl-Δ^{16}-pregnen-3β.5α-diol-20-on* (**IIIa**), F. 253—255°; daraus durch Epoxydation der 16,17-ständigen Doppelbindung u. Spaltung des Epoxids wie beschrieben → *6β-Fluor-16-methylenpregnan-3β.5α.17α-triol-20-on* (**III**), F. 247—249°. — **III** läßt sich mit CrO_3 in Ggw. von Pyridin oxydieren → *6β-Fluor-16-methylenpregnan-5α.17α-diol-3.20-dion,* F. 262 bis 265°; daraus durch Dehydratisierung mit HCl-Gas → *6α-Fluor-16-methylen-Δ^4-pregnen-17α-ol-3.20-dion,* F. 206—208°; $[\alpha]_D$ —16°. — Die verfahrensgemäß durchgeführten Stufen sind vertauschbar. So kann man z. B. **IIIa** mit CrO_3 in Aceton u. in Ggw. von H_2SO_4 oxydieren → *6β-Fluor-16-methyl-Δ^{16}-pregnen-5α-ol-3.20-dion,* F. 264—265°; $[\alpha]_D$ —6,5°, welches sich epoxydieren läßt → *6β-Fluor-16β-methyl-16α.17α-oxidopregnan-5α-ol-3.20-dion* (**IV**), F. 281—283°; $[\alpha]_D$ 46°; daraus durch Dehydratisierung mit KOH unter N_2 → *6β-Fluor-16β-methyl-16α.17α-oxido-Δ^4-pregnen-3.20-dion,* F. 172 bis 180°. — **IV** läßt sich alternativ auch gleichzeitig dehydratisieren u. an der Epoxygruppe spalten durch Rk. mit HCl in Essigester → *6α-Fluor-16-methylen-Δ^4-pregnen-17α-ol-3.20-dion,* F. 205—206°; $[\alpha]_D$ —15°. — *Heilmittel* sowie Zwischenprodd. zu deren Herstellung. (**D. A. S. 1 113 453** Kl. 12o vom 5/8. 1959, ausg. 7/9. 1961.) U. SIEVERS. 4809

Upjohn Co., Kalamazoo, Mich., V.St.A., **9α-Halogen-16α-methylsteroide der Pregnanreihe.** Man setzt z. B. 11-Keto-16-dehydroprogesteron in Methanol mit

Pyrrolidin um → *3-Pyrrolidyl-$\Delta^{3.5.16}$-pregnatrien-11.20-dion*, F. 154—169°, behandelt dieses mit CH_3MgBr in Ggw. von CuCl u. spaltet die Enamingruppe mit Essigsäure ab → *11-Keto-16α-methylprogesteron*, F. 183—185°; $[\alpha]_D$ 255°, welches sich durch Aufbau der Dihydroxyacetonseitenkette nach der Oxalat-Meth. u. durch OsO_4-Hydroxylierung sowie durch übliche Dehydratisierung der 9.11-Stellung u. Anlagerung von HF überführen läßt → *9α-Fluor-16α-methyl-17α.21-dihydroxy-Δ^4-pregnen-3.11.20-trion* (nach Oxydation der 11β-Hydroxygruppe) bzw. in dessen 1-Dehydroderivat. Physikal. Daten hierfür sind nicht angegeben. — *Heilmittel.* (**E. P. 869 511** vom 24/4. 1959, ausg. 31/5. 1961. A. Prior. 26/5. 1958.) U. Sievers. 4809

Upjohn Co., Kalamazoo, Mich., V.St.A., **7-Methylsteroide der Androstanreihe.** Man setzt z. B. 6-Dehydro-17-methyltestosteron in Ggw. von CuCl mit CH_3MgBr in Tetrahydrofuran um → *7.17-Dimethyltestosteron*, F. 120—140°; $[\alpha]_D$ 55° (Gemisch der Epimeren). — Analog: *7.17-Dimethyl-11β-hydroxytestosteron*, F. 218—224°; $[\alpha]_D$ 102°; F. des *7β-Isomeren*: 242—246° (Zers.); $[\alpha]_D$ 105°; F. des *7α-Isomeren*: 225—230°; als Nebenprod. wird bei der chromatograph. Aufarbeitung zur Trennung der Isomeren *7.17-Dimethyl-11β-hydroxy-6-dehydrotestosteron*, F. 242—244°; $[\alpha]_D$ 310°, erhalten. — *Heilmittel.* (**E. P. 863 661** vom 1/6. 1959, ausg. 22/3. 1961. A. Prior. 6/6. 1958.) U. Sievers. 4809

Ayerst, McKenna & Harrison Ltd., Ville St. Laurent (Erfinder: David Jonathan Marshall, Westmount), Quebec, Canada, **Antiöstrogen wirksame Verbindungen der Östranreihe.** Man methyliert z. B. Equilenin (**I**) mit Dimethylsulfat in Ggw. von KOH → I-*Methyläther* (**II**), F. 161—163°; $[\alpha]_D^{24}$ 290°, welcher sich mit $LiAlH_4$ in Ae. red. läßt → *17β-Dihydroequilin-3-methyläther*; daraus durch Red. mit $Li/NH_{3\,fl.}$ → *17β-Hydroxy-3-methoxy-$\Delta^{2.5,10.7}$-östratrien*, F. 176—182°; $[\alpha]_D^{23}$ 195°, welches sich mit methanol. Eisessig spalten läßt → *17β-Hydroxy-$\Delta^{5,10.7}$-östradien-3-on*, F. 145—147°; $[\alpha]_D^{23}$ 251,1°. Durch $LiAlH_4$-Red. erhält man hieraus *3.17β-Dihydroxy-$\Delta^{5,10.7}$-östradien* (**III**), F. 160—167°; $[\alpha]_D^{24}$ 171,5°. — Man kann auch **II** zunächst nach Grignard mit CH_3MgJ umsetzen → *17α-Methyldihydroequilin-3-methyläther*, F. 133,5 bis 135,5°; $[\alpha]_D^{24}$ 170,8°, diesen mit $Li/NH_{3\,fl.}$ red. → *17α-Methyl-17β-hydroxy-3-methoxy-$\Delta^{2.5,10.7}$-östratrien*, F. 183—184°; $[\alpha]_D^{24}$ 167,1°; daraus durch Spaltung der Äthergruppe mit methanol Essigsäure → *17α-Methyl-17β-hydroxy-$\Delta^{5,10.7}$-östradien-3-on*, F. 160 bis 162°; $[\alpha]_D^{24}$ 219°, das sich mit $NaBH_4$ in Methanol red. läßt → *17α-Methyl-3.17β-dihydroxy-$\Delta^{5,10.7}$-östradien*, F. 152—162°; $[\alpha]_D^{23}$ 168,9°. — **III** läßt sich mit Acetanhydrid in Ggw. von Pyridin acetylieren → **III**-*Diacetat*, $[\alpha>_D^{24}$ 127,4°; analog: **III**-*Dibenzoat*, F. 174,5—177,5°; $[\alpha]_D^{24}$ 152,3°; **III**-*Diönanthat*, $[\alpha]_D^{24}$ 68,8°; **III**-*Bis-4.4-dimethylvaleriat*, $[\alpha]_D^{24}$ 103,8°; **III**-*Diphenylacetat*, $[\alpha]_D^{24}$ 53,1°; **III**-*Dihemisuccinat*, $[\alpha]_D^{24}$ 66°; **III**-*Dipropionat*, $[\alpha]_D^{24}$ 100°; F. 65—68°; **III**-*3-Acetat*, wurde durch Spektren identifiziert. — *Heilmittel.* (**D. A. S. 1 093 360** Kl. 12o vom 17/2. 1959, ausg. 24/11. 1960. **E. P. 861 893** vom 16/2. 1959, ausg. 1/3. 1961. Beide A. Prior. 17/2. u. 10/9. 1958 u. 19/1. 1959.) U. Sievers. 4809

Magyar Állam (Erfinder: Ladislaus Gyermek, Georg Fekete und Frau des Lazarus Gergely), Budapest, Ungarn, **Reines, injektionsfähiges ACTH-Arzneimittel** erhält man aus rohem ACTH durch Zugabe eines Zn-Salzes, bes. $ZnCl_2$, zu der sauren ACTH-Lsg. (pH 0,8—1,5) bei <10° (0—6°) u. Stehenlassen der Rk.-Lsg. einige Std. bei diesen Temperaturen. Den Eiweiß-Nd. entfernt man u. sterilisiert die wss. Lsg. bei 100° 30 Minuten. Nach dem Abkühlen stellt man mit 1n NaOH auf pH 3, setzt auf 10 ml 2 mg Phenol zu u. füllt unter asept. Bedingungen auf Ampullen. An Stelle der Hitzebehandlung kann man mittels einer Adsorptionsbehandlung eine reine Lsg. von **I** erhalten. (**Ung. P. 144 229** vom 6/8. 1955, ausg. 1/9. 1958.) G. König. 4809

Magyar Állam (Erfinder: Josef Gyimesi, Michael Bodánszky, Vladimir Senkariuk und Frau des Georg Losonczi), Budapest, Ungarn, **Tetracyclingewinnung.** Die salzsaure Methanol-Lsg. von Hydroxytetracyclin, welche als Mutterlauge anfällt, wird mit W. verd., anschließend mit Chlf., $C_2H_2Cl_4$, Glykolmonophenyläther oder Alkoholen mit 4 u. mehr C-Atomen extrahiert u. aus der wss. Lsg. das Antibioticum in an sich bekannter Weise gewonnen. (**Ung. P. 144 044** vom 23/1. 1956, ausg. 1/7. 1958.) G. König. 4811

Gyógyszeripari Kutató Intézet (Erfinder: Michael Bodánszky, Josef Gyimesi, Vladimir Senkariuk, Frau des Georg Losonczi und Michael Bródy), Budapest, Ungarn, **Gewinnung von Antibiotica,** bes. von *Hydroxytetracyclin*, aus Gär-Lsgg. wird durch Einstellen der Gär-Lsg. mittels Weinstein oder K-Tartrat auf pH 2—3 günstig beeinflußt. (**Ung. P. 144 232** vom 11/10. 1956, ausg. 15/9. 1958.) G. König. 4811

Fujisawa Pharmaceutical Co. Ltd., Osaka (Erfinder: Kanjiro Kobayashi, Nishinomiya City, und Hideo Suzuki, Akashi City), Japan, **Herstellung von Alkylquecksilber-ω-mercaptofettsäuren** u. deren Derivv. der allg. Formel R—Hg—$S(CH_2)_n$—R′, worin R einen niederen Alkylrest, n eine ganze Zahl von 4—12 u. R′ eine COOH-Gruppe oder deren funktionelles Deriv. bedeutet, dad. gek., daß eine ω-Mercaptofettsäure-Verb. der allg. Formel HS—$(CH_2)_n$R′ mit einer Alkyl–Hg-Verb. der allg. Formel R—Hg—X, worin X ein Halogenatom, eine OH-Gruppe, der Rest einer anorgan. Säure oder einer niederen Fettsäure ist, umgesetzt u. in den Prodd. ggf. R′ in eine für das Endprod. gewünschte funktionelle Gruppe übergeführt wird. — Durch Rk. von Mercaptoessigsäure mit ω-Undecylensäure wird *ω-Acetylmercaptoundecansäure*, Platten, F. 57 bis 58,5° (aus PAe.) hergestellt u. diese mit 10%ig. NaOH in *ω-Mercaptoundecansäure* (**II**), Platten, $Kp._1$ 158,5—159°, F. 48—50°, übergeführt; *Äthylester*, Öl, $Kp._{0,8}$ 128—129°. — Eine heiße Lsg. von 1,5 g $NaOOCCH_3$ in 15 cm^3 CH_3OH wird mit einer heißen Lsg. von 5 g Bis-äthyl-Hg-phosphat in 25 cm^3 CH_3OH versetzt u. ausgeschiedenes Na-Phosphat abfiltriert. Das Filtrat wird mit 4 g I in 6 cm^3 CH_3OH unter Kristall-Bldg. umgesetzt. Man erhält 7,2 g *Äthylquecksilber-ω-mercaptoundecansäure*, Platten, F. 86—87,5°; *Äthylester*, Platten, F. 28—29°; *n-Butylester*, Platten, F. 19—22°; *Na-Salz*, F. 250—260° (Zers.); *K-Salz*, F. 155—165°, kristallines Pulver. Analog werden hergestellt: *n-Butyl-Hg-ω-mercaptoundecansäure*, Platten, F. 73—74,5°; *Na-Salz*, schuppenförmige Kristalle, F. 248 bis 259° (Zers.); *Äthyl-Hg-ω-mercaptotridecansäure*, schuppenförmige Kristalle, F. 90 bis 92,5°; *Äthyl-Hg-ω-mercapto-n-valeriansäure*, Kristalle, F. 56—58°; *Äthyl-Hg-ω-mercaptocapronsäure*, Platten, F. 57—59° (aus Bzl. + PAe.). *Baktericide* u. *Germicide*. (**D. A. S. 1 108 688** Kl. 12o vom 3/2. 1959, ausg. 15/6. 1961. **E. P. 855 699** vom 23/1. 1959, ausg. 7/12. 1960. Beide Jap. Prior. 7/2. 1958. **A. P. 2 973 379** vom 19/1. 1959, ausg. 28/2. 1961.) J. MÜHLEISEN. 4833

Monsanto Chemical Co., St. Louis, Mo., übert. von: Samuel Allen Heininger, Dayton, Ohio, V.St.A., **Salze von Pyridyl- und Chinolylnitrilen** der allg. Formel I in der An = Anion einer starken organ. oder anorgan. Säure, D = Rest eines N-haltigen aromat. heterocycl. tert. Amins, das frei ist von nichtbenzoiden Doppelbindungen u. nur H, N u. 2—12 C-Atome enthält), werden hergestellt durch Rk. eines aromat. N-heterocycl. tert. Amins mit einem β-substituierten Propionitril der Formel An—CH_2·CH_2—CN, ggf. in einem inerten organ. Lösungsmittel. — 152,2 g Ammoniumthiocyanat in 615 ml A. werden mit 159 g β-Chlorpropionitril versetzt u. 5 Std. unter Rückfluß erhitzt. Man erhält 40,4 g *3-Thiocyanpropionitril*, $Kp._{19}$ 160°. 32 g desselben, 40 ml Pyridin u. 250 ml A. werden 60 Std. unter Rückfluß erhitzt, die bis 120° bei 0,8 mm Hg sd. Bestandteile entfernt u. der Rückstand mit Ae. gewaschen. Man erhält 31 g *1-[2-Cyanäthyl]-pyridiniumthiocyanat*, n_D^{25} 1,5024. — Analog werden dargestellt: *1-[2-Cyanäthyl]-pyridiniumchlorid*; *2-[2-Cyanäthyl]-isochinoliniumchlorid*, F. 220—222°; *1-[2-Cyanäthyl]-β-picoliniumchlorid*; *1-[2-Cyanäthyl]-γ-picoliniumchlorid*, F. 161—163°. — *Bacteriostaticum*. (**A. P. 2 870 153** vom 12/6. 1956, ausg. 20/1. 1959.) A. DANDL. 4833

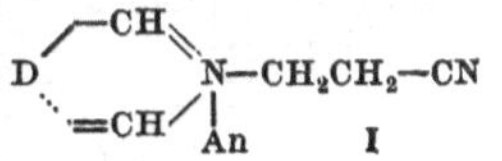
I

J. R. Geigy Akt.-Ges. (Erfinder: Jakob Bindler, Ernst Model und Robert Zinkernagel), **Heterocyclische Stickstoffverbindungen** der allg. Zus. I (A = mit den α.β- oder α.γ-C-Atomen an die beiden N-Atome gebundener gesätt. KW-Stoffrest, R_1 = ggf. substituierter Benzylrest, R_2 = H, aliphat., araliphat. oder cycloaliphat. Rest mit der Maßgabe, daß R_1 oder R_2 eine lipophile aliphat. Gruppe enthält oder R_2 eine solche Gruppe darstellt) — *bactericide* u. *bacteriostat*. Mittel, die auch *fungicid* u. *algicid* wirksam sind — erhält man durch Rk. einer Verb. R_1—NH—A—NHR_2 mit einem Cyansäurehalogenid (**II**) oder durch Rk. von H_2N—A—NH—R· (R = R_1 oder R_2) mit **II** u. Einführung des anderen N-Substituenten in die erhaltene heterocycl. Verb. durch Alkylierung oder Aralkylierung oder durch Rk. von H_2N—A—NH_2 mit **II** u. Einführung eines mit lipophilen Gruppen substituiertes Benzylrestes in die erhaltene heterocycl. Verbindung. — Man gibt eine Lsg. von 8,8 (Gew.-Teilen) NaOH in 50 W. bei 20—30° zu einer Lsg. von 29 1-Dodecyl-2-iminoimidazolinhydrochlorid in 100 W. u. verrührt 24 Std. bei normaler Temp. mit Benzylchlorid. Nach Behandeln des erhaltenen Prod. mit HBr erhält man *1-Dodecyl-2-imino-3-benzylimidazolidinhydrochlorid* der Zus. **III**, F. 116—117°. — Führt man 5 Cyansäurechlorid (**IIIa**) bei 20—30° in 28 N-Dodecyl-N′-[*3′.4′*-dichlorbenzyl]-äthylendiamin ($Kp._{0,04-0,06}$ 200 bis 208°) gelöst in 120 Bzl. ein u. rührt noch 2 Std. weiter, so erhält man *1-Dodecyl-2-imino-*

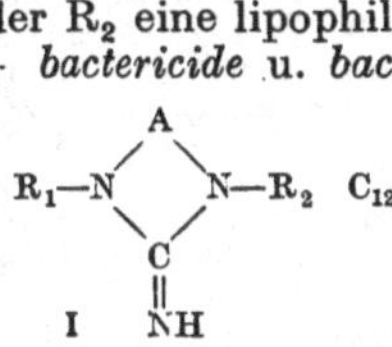
I

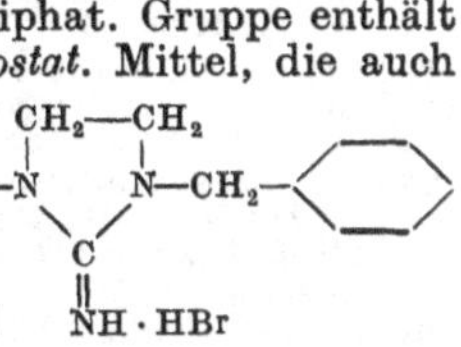
III

3-[3'.4'-dichlorbenzyl]-imidazolidinhydrochlorid, F. 136—137°. In ähnlicher Weise erhält man (1-Dodecyl-2-imino- = **IV**): **IV**-*3-[4'-chlorbenzyl]-imidazolidinhydrochlorid*, F. 125 bis 126° (aus N-Dodecyl-N'-[4'-chlorbenzyl]-äthylendiamin, $Kp._{0,03}$ 172—182°, u. **IIIa**); (1-[4'-Dodecylbenzyl]-2-imino- = **V**) **V**-*imidazolidinhydrochlorid*, F. 212—214° (aus N-[Dodecylbenzyl]-äthylendiamin, $Kp._{11}$ 238—248°, u. **IIIa**); **V**-*3-benzylimidazolidinhydrochlorid*, schwachgelbes Kristallpulver, F. 156—158°; **IV**-*3-benzyl-4.5-tetramethylenimidazolidinhydrochlorid*, F. 157—158°; **IV**-*3-benzylhexahydropyrimidinhydrobromid*, weiße Kristalle, F. 94—95° (aus N-Dodecyl-N'-benzyl-1.3-diaminopropan, $Kp._{0,05}$ 201 bis 206°, u. Cyansäurebromid); **V**-*3-cyclohexylimidazolidinhydrochlorid*, schwachgelbes Kristallpulver, F. 195—196°; *1-[4'-Tetradecylbenzyl]-2-imino-4.5-dimethylimidazolidinhydrobromid*, weiße Kristalle, F. 218—221°; **V**-*hexahydropyrimidinhydrobromid*, weiße Kristalle, F. 150—152°. (**Aust. P. 225 558** vom 17/12. 1957, ausg. 17/12. 1959. Schwz. Prior. 28/12. 1956, 8/2. u. 25/11. 1957.) O. ROICK. 4833

Løvens Kemiske Fabrik ved A. Kongsted, Ballerup, Dänemark, *Herstellung von D(—)-1.2;3.4-Diepoxybutan.* (**Oe. P. 212 296** vom 2/3. 1959, ausg. 12/12. 1960. Dän. Prior. 1/3., 30/4. u. 6/9. 1958. — C. **1961.** 16932 [D. A. S. 1 093 345].)

Merck & Co., Inc., Rahway, übert. von: **Robert L. Clark**, Woodbridge, N.J., V.St.A., *Herstellung von 3-Acyloxyderivaten substituierter Alkane.* (**Can. P. 553 891** vom 22/2. 1949, ausg. 4/3. 1958. A. Prior. 27/2. 1948. — C. **1950/54.** 3413 S [A. P. 2 668 814].)

J. R. Geigy Akt.-Ges., Basel, Schweiz, *Herstellung von Glykolen.* (**Oe. P. 212 297** vom 3/7. 1959, ausg. 12/12. 1960. Schwz. Prior. 4/7. 1958. — C. **1961.** 13277 [D. A. S. 1 095 271].)

International Minerals & Chemical Corp., Chicago, Ill., übert. von: **Samuel H. Weidman**, Los Gatos, Calif., V.St.A., *Herstellung von monokliner L-Glutaminsäure.* (**Can. P. 553 877** vom 27/12. 1949, ausg. 4/3. 1958. A. Prior. 2/7. 1949. — C. **1954.** 2447 [Schwed. P. 137 585].)

Monsanto Chemicals Ltd., London, England (Erfinder: **Arthur Marshall Spivey**), *Aspirinherstellung.* (**E. P. 798 633** vom 29/2. 1956, ausg. 23/7. 1958. — C. **1960.** 13774 [Aust. P. 214 846].)

Laboratoires Dausse Soc. An., Paris, Frankreich, und **Recherches et Techniques Appliquées Soc. An.**, Ain-es-Sebaa, Marokko, übert. von: **Pierre Chabrier** und **Henry Najer**, Paris, und **René Guidicelli**, Fontenay-sous-Bois, Frankreich, *Herstellung von Benzoesäurederivaten.* (**Can. P. 553 441** vom 13/9. 1955, ausg. 18/2. 1958. F. Prior. 18/9. 1954. — C. **1959.** 563 [D. A. S. 1 024 953].)

Alkaloida Vegyészeti Gyár, Fiszavasvári (Erfinder: **Dénes Beke**, Budapest, **Zoltan Dirner**, Szeged, und **Csaba Szántay**, Budapest), Ungarn, *3-Aminomethyl-6.7-dihydroxyphthalid.* (**Ung. P. 144 675** vom 25/5. 1956, ausg. 15/3. 1959. — C. **1959.** 13258 [D. A. S. 1 054 090].)

VEB Leuna-Werke „Walter Ulbricht" (Erfinder: **Arthur Rudolph**), Leuna, *Reines Salicylsäureamid.* (**Ung. P. 145 759** vom 11/3. 1958, ausg. 15/12. 1959. D. Prior. 16/11. 1957. — C. **1960.** 15490 [Oe.P. 202 999].)

Wellcome Foundation Ltd., London, England (Erfinder: **Leslie Percy Walls**), *Herstellung von Bis-p-aminophenoxyderivaten.* (**E. P. 803 072** vom 13/12. 1954, ausg. 15/10. 1958. — C. **1959.** 16422 [Aust. P. 206 311].)

Monsanto Chemicals Ltd., London, England (Erfinder: **Joseph Patrick Brown**), *Herstellung von Aminophenolen.* (**E. P. 799 397** vom 27/7. 1955, ausg. 6/8. 1958. — C. **1959.** 6295 [F. P. 1 155 067].)

American Cyanamid Co., New York, N.Y., übert. von: **Martin J. Weiss**, Highland Park, N.J., V.St.A., *Sulfoniumverbindungen.* (**Can. P. 552 931** vom 25/10. 1954, ausg. 11/2. 1958. A. Prior. 2/4. 1954. — C. **1958.** 13305 [D. A. S. 1 011 877].)

C. F. Boehringer & Söhne G. m. b. H. (Erfinder: **Erich Haack, Wilhelm Peschke, Ruth Heerdt, Walter Aumüller** und **Gerhard Korger**), *Sulfonylharnstoffverbindungen.* (**Aust. P. 224 451** vom 7/2. 1958, ausg. 5/11. 1959. D. Prior. 26/2. 1957. — C. **1961.** 15841 [Oe. P. 203 510].)

Chemische Fabrik Schweizerhall, Basel, Schweiz (Erfinder: **Arthur Ernest Wilder Smith**, Chicago, Ill., V.St.A.), *Harnstoffderivate.* (**D. A. S. 1 118 187** Kl. 12o vom 25/11. 1957, ausg. 30/11. 1961. Schwz. Prior. 28/11. 1956. — C. **1960.** 7937 [E. P. 816 319].)

Merck & Co., Inc., Rahway, übert. von: **John Weijlard** und **Max Tishler**, Westfield, N.J., V.St.A., *Herstellung von Thiolurethanen.* (**Can. P. 553 910** vom 22/3. 1956, ausg. 4/3. 1958. A. Prior. 13/12. 1949. — C. **1954.** 11003 [E. P. 688 726].)

F. Hoffmann-La Roche & Co. Akt.-Ges. (Erfinder: **Thomas Samuel Gardner, John Lee, Edward Wenis** und **Wilhelm Wenner**), *Heterocyclische Hydrazinderivate.* (**Aust. P. 224 454** vom 27/3. 1958, ausg. 5/11. 1959. A. Prior. 5/4. 1957. — C. **1961.** 14758 [E. P. 822 796].)

Specific Pharmaceuticals, Inc., New York, übert. von: **Joseph J. Lovas**, Ridgewood, N.Y., V.St.A., *Herstellung von Bis-[4-hydroxycumaryl-(3)]-acetamiden.* (**Can. P. 552 815** vom 4/7. 1950, ausg. 4/2. 1958. A. Prior. 6/7. 1949 u. 3/6. 1950. — C. **1950/54.** 8718 S [F. P. 1 050 256] u. C. **1955.** 7270 [A. P. 2 601 308].)

Hoffmann-La Roche Ltd., Montreal, Quebec, Canada, übert. von: **Herman H. Fox**, Passaic, N.J., V.St.A., *Isonicotinylhydrazinderivate.* (**Can. PP. 552 703** vom 15/10. 1952 u. **552 879** vom 30/10. 1957, beide ausg. 4/2. 1958. Beide A. Prior. 3/11. 1951 u. 7/3. 1952. — C. **1954.** 6059 [Oe. P. 177 777].)

Laboratoires Français de Chimiothérapie, übert. von: **André Allais, Jean Mathieu** und **Léon Velluz**, Paris, Frankreich, *Herstellung von Barbitursäurederivaten.* (**Can. P. 553 904** vom 15/10. 1951, ausg. 4/3. 1958. F. Prior. 16/10. 1950. — C. **1955.** 8450 [D. B. P. 890 189].)

Nepera Chemical Co., Inc., Yonkers, übert. von: **Teodore I. Fand**, White Plains, N.Y., V.St.A., *2-substituierte Pyrimidine.* (**Can. P. 553 055** vom 10/3. 1953, ausg. 11/2. 1958. A. Prior. 14/3. 1952. — C. **1958.** 10450 [D. A. S. 1 005 068].)

Soc. des Usines Chimiques Rhône-Poulenc, Paris (Erfinder: **Robert Michel Jacob**, Ablon-sur-Seine, und **Jacques Georges Robert**, Gentilly), Frankreich, *Herstellung von Phenthiazinderivaten.* (**Oe. P. 211 836** vom 9/4. 1959, ausg. 10/11. 1960. F. Prior. 22/4. 1958. — C. **1961.** 12934 [D. A. S. 1 100 635].)

Établissements Clin-Byla, Paris (Erfinder: **Josef Schmitt**, l'Hay-les-Roses), Frankreich, *Phenthiazinderivate*. (**Ung. P. 144 679** vom 29/6. 1956, ausg. 15/3. 1959. F. Prior. 30/6. 1955. — C. **1960**. 7939 [Oe. P. 199 189].)

Ciba Akt.-Ges., Basel, Schweiz, *Herstellung von Reserpsäureestern*. (**Oe. P. 211 963** vom 5/5. 1954, ausg. 25/11. 1960. A. Prior. 8/5. u. 25/8. 1953. — C. **1959**. 13265 [Schwz. PP. 332 481 u. 332 705].)

Donau-Pharmazie G. m. b. H., übert. von: **Hugo Zellner**, Linz/Donau, Österreich, *Herstellung von N-Oxybrucincarbonsäureestern*. (**Can. P. 553 792** vom 21/7. 1954, ausg. 4/3. 1958. Oe. Prior. 21/7. 1953. — C. **1959**. 10672 [Holl. P. 86 556].)

Schering Akt.-Ges. (Erfinder: **Gerhard Zühlsdorff**), Berlin, *Äthinylierung von 17-Ketosteroiden*. (**Schwz. P. 356 125** vom 22/12. 1956, ausg. 29/9. 1961. D. Prior. 10/3. u. 22/5. 1956. — C. **1958**. 6342 [D. A. S. 1 010 963] u. C. **1958**. 12826 [D. A. SS. 1 013 649 u. 1 016 707].)

Knud Abildgaard t/as Løvens Kemiske Fabrik ved A. Kongsted (Erfinder: **Poul Borrevang**), *Steroid-21-xanthogensäuren und deren Salze*. (**Aust. P. 225 675** vom 24/4. 1957, ausg. 24/12. 1959. E. Prior. 23/4., 13/7. u. 27/11. 1956. — C. **1959**. 8653 [D. A. S. 1 044 076].)

Merck & Co., Inc., übert. von: **Burton G. Christensen**, Rahway, **Ralph F. Hirschmann**, Scotch Plains, und **Irving Putter**, Metuchen, N.J., V.St.A., *Reinigung von Steroidphosphorsäureestern*. (**A. P. 2 932 657** vom 30/7. 1957, ausg. 12/4. 1960. — C. **1961**. 10295 [D. A. S. 1 079 041].)

Merck & Co., Inc., übert. von: **Burton G. Christensen**, Rahway, und **Ralph F. Hirschmann**, Scotch Plains, N.J., V.St.A., *Herstellung von Zinksalzen von Steroidphosphaten*. (**A. P. 2 938 916** vom 30/7. 1957, ausg. 31/5. 1960. — C. **1961**. 10295 [D. A. S. 1 079 041].)

Merck & Co., Inc., Rahway, übert. von: **Glen E. Arth**, Cranford, N.J., **George J. Poos**, Ambler, Pa., und **Lewis H. Sarett**, Princeton, N.J., V.St.A., *Herstellung von 11.20-Diketo-Δ^5-pregnen-3-ketalen*. (**A. P. 2 934 532** vom 31/12. 1956, ausg. 26/4. 1960. — C. **1959**. 7894 [E. P. 777 690] u. C. **1958**. 804 [F. P. 1 092 984].)

Merck & Co., Inc., Rahway, übert. von: **Lewis H. Sarett**, Princeton, N.J., V.St.A., *Herstellung von dl-3-Äthylendioxy-11-keto-20-cyan-Δ^5-pregnenen*. (**A. P. 2 931 806** vom 20/9. 1952, ausg. 5/4. 1960. — C. **1959**. 2563 [E. PP. 785 682, 785 685 u. 785 686].)

British Drug Houses Ltd., London, England (Erfinder: **Vladimir Petrow**, **George Cooley** und **Bernard Ellis**), *Herstellung von 6β.21-Dimethylpregnintriol*. (**E. P. 842 656** vom 18/7. 1957, ausg. 27/7. 1960. — C. **1962**. 4265 [Holl. P. 96 106].)

Parke, Davis & Co., Detroit, übert. von: **Harry M. Crooks jun.**, Detroit, Mich., V.St.A., *Herstellung von N-Acylamidodiolen*. (**Can. P. 553 060** vom 11/8. 1952, ausg. 11/2. 1958. A. Prior. 22/8. 1951. — C. **1956**. 512 [A. P. 2 692 896].)

Parke, Davis & Co., Detroit, übert. von: **George W. Moersch**, Detroit, Mich., V.St.A., *Herstellung von 1-[p-Nitrophenyl]-2-dichloracetamidopropandiolen-(1.3)*. (**Can. P. 553 061** vom 13/8. 1953, ausg. 11/2. 1958. A. Prior. 24/9. 1952. — C. **1958**. 211 [Oe. P. 183 412].)

Farmaceutici Italia Soc. An., übert. von: **Carlo Giuseppe Alberti**, **Alberto Vercellone**, Mailand, **Giovanni Larini** und **Luigi Bernardi**, Settimo Torinese, Italien, *Umwandlung optisch-aktiver in racemische Aminodiole*. (**A. P. 2 848 494** vom 30/3. 1956, ausg. 19/8. 1958. It. Prior. 31/3. 1955. — C. **1961**. 7312 [Oe. P. 200 570].)

Farmaceutici Italia Soc. An., Mailand, Italien, *Umwandlung von optisch aktivem 1-Phenyl-2-aminopropandiol-(1.3), beziehungsweise einer entsprechenden p-Nitroverbindung, in d.l-threo-1-phenyl-2-aminopropandiol-(1.3), beziehungsweise die entsprechende p-Nitroverbindung*. (**Holl. P. 98 400** vom 26/5. 1954, ausg. 17/7. 1961. It. Prior. 30/5. u. 8/8. 1953. — C. **1959**. 12638 [D. A. S. 1 020 348].)

American Cyanamid Co., New York, N.Y., übert. von: **Philip G. Stansly**, **Robert G. Shepherd** und **Robert Winterbottom**, Stamford, Conn., V.St.A., *Herstellung von Polymyxin*. (**Can. P. 552 562** vom 19/6. 1947, ausg. 4/2. 1958. A. Prior. 30/4. 1947. — C. **1950**. I. 1760 [Schwed. P. 125 444].)

Carter Products, Inc., New York, N.Y., übert. von: **Frank M. Berger**, Princeton, N.J., V.St.A., *Schlafmittel*. (**Can. P. 552 603** vom 8/7. 1954, ausg. 4/2. 1958. A. Prior. 22/7. 1953. — C. **1957**. 5655 [E. P. 758 410].)

Arthur Erich Haupt, Radebeul, *Diabetikerzucker*. (**Norw. P. 91 117** vom 28/11. 1955, ausg. 3/3. 1958. — C. **1959**. 226 [E. P. 782 331].)

Parke, Davis & Co., Detroit, Mich., V.St.A., *Antibakteriell wirksames Präparat*. (**Oe. P. 214 068** vom 24/4. 1958, ausg. 10/3. 1961. A. Prior. 24/4. 1957 u. 25/2. 1958. — C. **1961**. 16940 [E. P. 836 958].)

Imperial Chemical Industries Ltd., London, England (Erfinder: **John Sisson**), *Fungicides Mittel*. (**E. P. 807 722** vom 30/12. 1955, ausg. 21/1. 1959. — C. **1959**. 17318 [Aust. P. 212 230].)

Continental Oil Co., Ponca City, Okla., V.St.A., *Stabile, geruchlose quaternäre Ammoniumhalogenide*. (**Holl. P. 98 114** vom 12/9. 1956, ausg. 15/5. 1961. A. Prior. 10/10. 1955. — C. **1959**. 8257 [D. A. S. 1 035 148].)

E. I. du Pont de Nemours & Co., übert. von: **Walter A. Gregory**, Wilmington, Del., V.St.A., *N-substituierte Hexamethylentetraminiumhalogenide*. (**Can. P. 553 802** vom 12/2. 1954, ausg. 4/3. 1958. A. Prior. 16/2. 1953. — C. **1959**. 13580 [A. P. 2 744 111].)

E. I. du Pont de Nemours & Co., übert. von: **Walter A. Gregory**, Wilmington, Del., V.St.A., *Herstellung von Sulfamylbenzoyläthylacetamiden*. (**Can. P. 553 803** vom 17/1. 1955, ausg. 4/3. 1958. A. Prior. 27/5. 1954. — C. **1959**. 9403 [A. P. 2 726 265].)

L. Givaudan & Cie. Soc. An., Vernier, Schweiz, *Polyaminoätheralkohole*. (**E. P. 821 622** vom 3/1. 1956, ausg. 14/10. 1959. A. Prior. 31/1. 1955. — C. **1959**. 5577 [D. A. S. 1 034 330].)

Johnson & Johnson, New Brunswick, N.J., V.St.A., *Sterilisieren von Puder*. (**Norw. P. 92 153** vom 4/1. 1957, ausg. 28/7. 1958. — C. **1959**. 1224 [A. P. 2 809 879].)

Zdenek Budesinský und **Miroslav Protiva**, Synthetische Arzneimittel. Neubearb. Berlin: Akademie-Verlag; Stuttgart: Bieber. 1961. (XI + 740 S. m. 14 Tab.) 8⁰. DM 60,—.

H. v. Czetsch-Lindenwald und **W. Fahrig**, Arzneikapseln. Möglichkeiten — Herstellung — Verwendung. Aulendorf: Editio Cantor. 1962. (108 S. m. 56 Abb.) = Der Pharmazeutische Betrieb. Bd. 5. DM 19,80.

W. A. Gurow, Handbuch für Endokrin-, Ferment- und Spezialrohstoffe und für die Herstellung von Organopräparaten. Moskau: Pischtschepromisdat. 1961. (308 S. m. Abb.) 88 Kop. [Russ.]

B. Helwig, Moderne Arzneimittel. Eine Spezialitätenkunde nach Indikationsgebieten für Ärzte und Apotheker. 2., vollkommen neubearb. u. wesentlich erw. Aufl. Stuttgart: Wissenschaftliche Verlagsgesellschaft. 1961. (XX + 1312 S.) 8⁰. DM 148,—.

Otto Moritz, Einführung in die Pharmakognosie. Pharmazeutische Biologie. 3., überarb. Aufl. Jena: Gustav Fischer Verl. 1961. (Etwa 448 S. m. 10 Abb.) Etwa DM 26,—.

I. A. Murawjew, Lehrbuch der Technologie von Arzneimitteln und Galenpräparaten. Moskau: Medgis. 1961. (783 S.) 1 Rbl. 98 Kop. [Russ.]

Martin Negwer, Organisch-chemische Arzneimittel und ihre Synonyma. 2., durchgesehene u. erw. Aufl. Berlin: Akademie-Verl. 1961. (VIII + 731 S.) 8⁰. DM 55,—.

George Edward Trease, A textbook of pharmacognosy. 8th edit. London: Baillière, Tindall & Cox. 1961. (VIII + 808 S. m. Abb., Tab. u. Diagr.) 45 s.

Francis Geoffrey Wood-Smith and **Harold Charles Stewart**, Drugs in anaesthetic practice. London: Butterworths. 1961. (VII + 464 S. m. Tab. u. Diagr.) 63 s.

—, Rote Liste. 1961. Verzeichnis pharmazeutischer Spezialpräparate d. Mitgl. d. Bundesverb. der Pharmazeutischen Industrie. Herausgeg. vom Bundesverb. der Pharmazeutischen Industrie, Frankfurt/Main. Aulendorf/Württ.: Editio Cantor. 1961. (1124 S.) 8⁰. DM 18,—.

G. Analyse. Laboratorium

Ein kalter Tiegel für Schmelzprozesse bei hoher Temperatur. H. F. Sterling und R. W. Warren. (Nature [London] **192.** 745. 25/11. 1961. Harlow, Essex, Stand. Telecommun. Labor. Ltd.) (Engl.)

Mit Hilfe von wassergekühlten Ag-Tiegeln, die bei geeigneter Dimensionierung die für das Wachstum von Einkristallen notwendige Temp.-Symmetrie u. -Verteilung haben, können bei Verw. von Hochfrequenzheizung O_2- u. versetzungsfreie Si-Einkristalle hergestellt werden. Die Tiegelwandungen werden dabei nicht von dem fl. Si benetzt. Der Tiegel kann außerdem zum Schmelzen anderer hochschm. Materialien verwendet werden. HERBERT MÜLLER. 5010□

Eine Präzisionsschnellwaage. Bruno Kassner. (VDI-Z. **103.** 802. 21/6. 1961.) Göttingen.) (Dt.)

Arbeitsweise, Bau u. techn. Daten der Präzisionsschnellwaage „Kilomat“ (Abb.), die die Lastschale am gleichen Arm wie die Schaltgew. trägt, werden beschrieben. W. WESLY. 5022□

Ultramikroanalytische Arbeitsverfahren. 1. Mitt. **Laboreinrichtung und Arbeitsmethodik.** W. Helbig. (Z. analyt. Chem. **182.** 15—19. 1961. Rossendorf bei Dresden, Zentralinst. für Kernphys., Bereich Radiochem.) (Dt.)

Es wird ein kurzer Überblick über einige Ausrüstungsgegenstände zur Ultramikroanalyse sowie über zweckmäßige Arbeitstechnik gegeben. Skizzen von Mikromanipulator, -erhitzer, -bürette u. -pipette werden gezeigt. E. FAULHABER. 5050□

Die Tendenzen der Gaschromatographie. Rico G. Negri. (Chem. Rdsch. [Solothurn] **14.** 593—96. 15/10. 1961.) (Dt.)

Übersicht moderner Entw.-Richtungen der Gaschromatographie (Geräte für Standard- u. Hochleistungsgaschromatographie, Säulenkombinationen, Ionisationsdetektoren, Capillargaschromatographie, Temp.-Programmierung, Rk.-Gaschromatographie). C.-E. DÖRING. 5062□

Die Chromatographie in der Gasphase. Hervé Magritte. (Ind. chim. belge **24.** 887—900. 1959. Louvain, Labor. de chim. gén.) (Franz.)

Übersicht über die gaschromatograph. Verff., über Meth. der Auswertung u. Substanzidentifizierung. — 14 Literaturangaben. E. MOISAR. 5062□

Apparatur zur Steigerung der Wirksamkeit der Chromatographie für Gasproben mit großem Volumen. Fred Sicilio, James A. Knight und E. L. Alexander. (Analytic. Chem. **33.** 1136. Juli 1961. Atlanta, Ga., Georgia Inst. of Technol., Radioisotopes Labor.) (Engl.)

Die bei der gaschromatograph. Trennung vom Detektor registrierten Peak-Breiten steigen mit dem Gas-Vol. der Proben an. Wird ein Teil der Trennsäule gegen eine Säule mit ca. 10% größerem Durchmesser ausgewechselt, so tritt eine beträchtliche Verringerung der Peak-Breite auf. Diese Wirksamkeitssteigerung wird an dem Verlauf der Elutionszeit von C_2H_6 an mit Tri-m-kresylphosphat getränkten Säulen unter Verw. von He als Trägergas gezeigt. HERBERT MÜLLER. 5062□

Flüssigkeits-Gaschromatographie. F. H. Huyten. (Chem. Weekbl. **57.** 209—14. 29/4. 1961. Amsterdam, Koninklyke/Shell-Labor., Shell Internat. Res. Mantsch., N. V.) (Holl.)

Übersicht über Grundzüge, Ausführung, Zubehör u. Anwendung der Fl.-Gaschromatographie. Diskussion. — 17 Schrifttumshinweise. W. WESLY. 5062□

Veränderungen an einem Ionisationsdetektorchromatographen für orientierende Untersuchungen in der Hochtemperatur-Gas-Flüssigkeits-Chromatographie. B. J. Gudzinowicz und W. R. Smith. (Analytic. Chem. **33.** 1135—36. Juli 1961. Everett, Mass., Monsanto Chem. Co., Res. and Engng. Div., Spec. Projects Dep.) (Engl.)

Beschreibung der Veränderungen an Probeneinführung, Säule u. Detektor eines Hochtemp.-Gaschromatographen für Arbeits-Temp. $\geqq 300^0$. Die Trennung einer Mischung von Diphenyl, o-, m- u. p-Terphenyl, Triphenylen, m- u. p-Quaterphenyl u. m-Quinquephenyl an einer mit polymerem Dimethylsilicon (General Electric SE-30 Siliconkautschuk) getränkten Säulen u. Ar als Trägergas bei 303^0 bzw. zwischen 160 u. 337^0 ist beschrieben. HERBERT MÜLLER. 5062□

Quantitative Auswertung von Bandenflächen in der Flüssig-Gas-Chromatographie. A. Dijkstra. (Nature [London] **192.** 965. 9/12. 1961. Geleen, Niederlande, Staatsmijnen in Limburg, Central Labor.) (Engl.)

Vf. nimmt Bezug auf eine Arbeit von CARROLL (C. **1961.** 18801) u. bestätigt die gute Reproduzierbarkeit der nach dem dort vorgeschlagenen quant. Best.-Verf. der gaschromatograph. Bandenflächen gefundenen Werte, weist aber darauf hin, daß in den meisten Fällen die Bandenbreite der Retentionszeit nur angenähert proportional ist. Daher können die Bandenflächen nur auf einige % genau bestimmt werden. Auf Grund eigener Verss. u. theoret. Überlegungen kommt Vf. zu dem Schluß, daß dieses Verf. für genaue quant. Best. nicht geeignet erscheint. W. HEIN. 5062□

Quantitative Auswertung von Bandenflächen in der Flüssig-Gas-Chromatographie. K. K. Carroll. (Nature [London] **192.** 965—66. 9/12. 1961. London, Ontario, Univ. of Western Ontario, Collip. Med. Res. Labor.) (Engl.) — Vgl. vorst. Referat.

Vf. nimmt zu der Mitt. von DIJKSTRA kurz Stellung u. hebt nochmals die auch dort bestätigte gute Reproduzierbarkeit der nach seiner Meth. erhaltenen Ergebnisse hervor. Auf den Verzicht hoher Genauigkeitsansprüche an dieses sehr bequeme u. schnelle Verf. wurde seinerzeit aufmerksam gemacht. W. HEIN. 5062□

Neue Untersuchungen auf dem Gebiet der Interferometrie, speziell der Interferometrie durch Polarisation. M. Françon. (Instruments Measurements Conf. Stockholm **1956.** Trans. Sect.: Optics Nr. Ip. 1—10. Paris, Sorbonne, Inst. d'Opt.) (Franz.)

Zusammenfassender Bericht über Arbeiten aus der Zeit von 1953—1955.
H.-J. EICHHOFF. 5063□

Interferometer zur Prüfung der Parallelität. J. B. Saunders. (J. Res. nat. Bur. Standards **61.** 491—98. Dez. 1958. Washington, D.C.)

Angabe von 2 Interferometertypen zur direkten Prüfung der Planparallelität von Endflächen an längeren bzw. kürzeren, opaken Stücken ohne Kontakt mit einer Standardfläche unter Verw. von Doppelbildprismen nach KÖSTERS. H.-J. EICHHOFF. 5063□

Photoelektrische Methode zur Registrierung des achromatischen Interferenzstreifens. W. P. Koronkewitsch, G. A. Lenkowa, N. Ss. Babenko und A. I. Lochmatow. (Оптика и Спектроскопия [Optik u. Spektroskopie] **11.** 112—17. Juli 1961.) (Russ.)

Für die Automatisierung interferometr. Meßverff. ist die einwandfreie Identifizierung des achromat. Mittelstreifens (AMS) bei photoelektr. Registrierung notwendig. Der helle AMS kann bereits durch Einschalten von Farbfiltern in den Strahlengang des Interferometers (IF) genügend gut herausgetrennt werden. Es gibt bei Verw. von Ge-Photodioden einen bis zu 46% höheren Photostrom als die benachbarten Streifen (alle Unterss. wurden an einem MICHAELSON-IF ausgeführt). Ein dunkler AMS kann mit hohem Kontrast durch Ausnutzung der nichtlinearen Charakteristik von Ge-Photodioden herausgetrennt werden, wobei die benachbarten Helligkeitspeaks bereits in das Sättigungsgebiet der Diode fallen u. unterdrückt werden. Ähnliche Anordnungen sind auch für Photovervielfacher möglich. Mit dem beschriebenen Prinzip ist die photoelektr. Registrierung von Überlagerungsstreifen bei Kopplung des IF mit einem PEROT-FABRY-Etalon bis in hohe Ordnungen möglich. R. GERBATSCH. 5063□

Beiträge zur Hochfrequenz-Titration. H.-B. Ricke und K. Cruse. (Z. Instrumentenkunde **68.** 293—301. Dez. 1960. Clausthal, Bergakad., Phys.-chem. Inst.) (Dt.)

Es wird das Ausschlag-Verf. zur Messung des Impedanzbetrages im Prinzip dargelegt. Ferner werden die Ausschlagskennkurven einer kapazitiven Meßzelle u. eines Parallelschwingkreises mit kapazitiver Meßzelle berechnet. Die empfindlichen Meßbereiche werden angegeben u. die Meßempfindlichkeit wird als Funktion der Zell- bzw. Schwingkreis-Eigg. diskutiert. H. PLUSKAL. 5066□

Hochfrequenztitration von einigen Polyelektrolyten. S. Oman. (Vestnik sloven. kem. Društva **5.** 43—47. Jan./Juni 1958. Ljubljana, Univ., Inšt. za fizik. kemijo.) (Tschech.)

Vf. beschreibt schemat. den Aufbau einer Hochfrequenztitrationsanlage u. vergleicht die Hochfrequenztitrationskurven mit den potentiometr. u. konduktometr. ermittelten von Polystyrolsulfonsäure, Polymethylstyrolsulfonsäure u. Polyacrylsäure. Die wss. Lsgg. der Polyelektrolyte mit einer Konz. von 0,5—10 mg/ml wurden mit 0,01n NaOH- u. HCl-Lsgg. titriert. Die Hochfrequenz-Meth. gibt im Vgl. zu den beiden anderen Meth. dieselben oder auch bessere Ergebnisse; bei kleinen Mengen (ca. 1 mg/ml) ist sie schneller durchführbar. J. Tůmová. 5066□

Anwendung von Methylglucamin-Maßlösung bei Säuretitrationen mit Hochfrequenz-Endpunktanzeige. L. Balázs und E. Pungor. (Mikrochim. Acta [Wien] **1962.** 309—13. Budapest, L. Eötvös-Univ., Inst. für anorg. u. analyt. Chem.) (Dt.)

Vff. empfehlen zur Best. von Säuren eine neue Titersubstanz, das Methylglucamin (I) (1-Desoxy-1-methylaminosorbit). I ist eine schwache Base mit der Dissoziations-Konst. $1{,}5 \cdot 10^{-5}$ u. zeigt dem allg. angewandten NH_4OH gegenüber zahlreiche Vorteile. Unter anderem können faktorstabile Maß-Lsgg. aus der gut wasserlösl. festen Base durch einfache Einwaage hergestellt werden. Zur Endpunktanzeige der Titration wird die Hochfrequenz-Meth. benutzt. J. Peters. 5066□

a) Elemente und anorganische Verbindungen

Halbquantitative Bestimmung von Anionen mit Hilfe der Ringofen-Tüpfelcolorimetrie unter Verwendung einer Silbersulfid-Standardskala. M. B. Čelap und H. Weisz. (Mikrochim. Acta [Wien] **1962.** 24—28. Wien, TH, Inst. für analyt. Chem. u. Belgrad, Univ., Fak. für Wiss., Inst. für Chem.) (Dt.)

Die früher beschriebene Ringofentüpfelcolorimetrie unter Verw. einer „Universalstandardskala" aus Ag_2S-Ringen (C. **1960.** 5263) wird zur Best. von Anionen herangezogen. Cl^-, Br^-, J^-, SCN^-, AsO_4^{3-}, $Cr_2O_7^{2-}$, $[Fe(CN)_6]^{3-}$ werden in die Ringzone gewaschen u. dort als schwerlösl. Ag-Salze fixiert, die dann durch Behandeln mit H_2S-W. in eine äquivalente Menge Ag_2S umgewandelt werden. Diese Ag_2S-Ringe werden mit einer Standardskala verglichen, die auf demselben Wege aus einer KBr-Standard-Lsg. hergestellt wurde. Der so erhaltene „Bromidwert", ausgedrückt in Äquivalenten Br^-, muß mit einem Umrechnungsfaktor multipliziert werden, der der Quotient aus den Äquivalenz-Gew. des zu bestimmenden Ions u. des Standardions ist. Die Genauigkeit ist zufriedenstellend. J. Peters. 5106□

Ein systematisches Schema der qualitativen Analyse für Anionen. 5. Mitt. **Ein vereinfachtes Schema für den Nachweis der häufigsten Anionen.** I. K. Taimni und Manohar Lal. (Analytica chim. Acta [Amsterdam] **22.** 311—14. April 1960. Allahabad, India, Univ., Chem. Labor.) (Engl.) — 4. vgl. C. **1961.** 3097.

Es wird ein vereinfachtes Schema zum Nachw. der häufiger vorkommenden Anionen beschrieben. W. Betcke. 5106□

Eine Solventextraktionsmethode zur Abtrennung von Jodid. Philip W. West und A. S. Lorica. (Analytica chim. Acta [Amsterdam] **25.** 28—33. Juli 1961. Baton Rouge, La., Louisiana State Univ., Coates Chem. Labor.) (Engl.)

Vff. beschreiben ein Verf. zur Abtrennung von J^- als Cd-Komplex aus wss. Lsgg. durch Extraktion mit einem Gemisch aus Tributylphosphat (I) u. Methylisobutylketon (II). Die Ausbeute beträgt bei pH-Werten zwischen 0,3 u. 6,0 96—94%. CN^- u. CNS^- werden mit dem gleichen Wrkg.-Grad, Cl^-, Br^-, $C_2O_4^{2-}$ u. NO_3^- mit einem etwas niedrigeren extrahiert, während F^-, $S_2O_3^{2-}$, SO_4^{2-}, PO_4^{3-}, S^{2-}, BO_3^{3-}, $Fe(CN)_6^{4-}$ u. CH_3COO^- nicht oder nur sehr wenig abgetrennt werden. Bei den Unterss. wurde folgendes Verf. angewendet: Man versetzt 10 ml einer CdJ_2-Lsg. mit verd. H_2SO_4, fügt ein der Lsg. gleiches Vol. einer 1 : 1-Mischung aus I u. II hinzu, schüttelt ca. 30 Sek. lang u. läßt in einem Thermostaten bei 30° das Syst. ins Gleichgewicht kommen. Dann wird die organ. Schicht mit 20 ml CCl_4 vermischt, mit 20 ml 1n NaOH-Lsg. geschüttelt u. nach Abtrennung der den $Cd(OH)_2$-Nd. enthaltenden wss. Lsg. noch 2mal mit je 20 ml 1n NaOH gewaschen. In den vereinten wss. Lsgg. wird J^- nach einer konventionellen Meth. bestimmt. J. Kraetsch. G 249□

Beitrag zur Mikrobestimmung von Radiojod-131. Sorption an Amberlite IRA-400. Margrit Lesigang und Friedrich Hecht. (Mikrochim. Acta [Wien] **1962.** 327—31. Wien, Univ., Analyt. Inst.) (Dt.)

Vff. geben eine neue Meth. an, um mit Hilfe eines stark bas. Anionenaustauschers (Amberlite IRA 400) eine scharfe Abtrennung von J^- mit einer kleinen Menge Eluent zu erreichen, die die Verw. von Fl.-Zählrohren bei der Best. von ^{131}J gestattet. Es wurde eine Säule verwendet, deren Anfang u. Ende durch Umstecken vertauschbar sind. Nach Aufgabe der J^--Lsg. von oben wird das Elutionsmittel von unten durch die Säule geschickt. Bei kurzer Verweilzeit auf der Säule konnte das J^- mit kleinsten Vol. 4m NH_4Cl-Lsg. fast quant. eluiert werden. Bei längerem Verweilen mußte Hydrazinchlorid als Red.-Mittel vor der Elution hinzugegeben werden, da J^- mit dem Austauscher unter Bldg. von Substitutions- oder Additions-Verbb. reagiert. Außerdem wurde die Durchbruchskapazität der verwendeten Säulen ermittelt.

HANSJOACHIM THIELE. G 249□

Zur Bestimmung des radioaktiven Jods. L. Hainberger und S. Cuadrado Sánchez. (Mikrochim. Acta [Wien] **1962.** 87—92. Rio de Janeiro, Pontificia Univ. Católica, Inst. de Quím.) (Dt.)

Es werden 2 Meth. beschrieben, um ^{131}J gleichmäßig verteilt in Standarddimensionen messen zu können. 1. Isotopenaustausch: Filtrierpapier wird mit Ag-Oxalat imprägniert, das Ag mit verd. KJ-Lsg. auf dem Papier gefällt, getrocknet u. eine Standardscheibe ausgestanzt. Die Scheibe wird in der $^{131}J^-$-Lsg. geschüttelt; nach dem Trocknen werden die γ- oder β-Strahlen gemessen. Da sich bei unendlich langem Austausch die Konzz. wie die Aktivitäten verhalten, ist der Austausch bei trägerfreiem ^{131}J prakt. quantitativ. 2. Fällung des akt. J: Bei Vorliegen von akt. u. inakt. J wird Filtrierpapier mit Ag-Oxalat imprägniert u. mit der Probe-Lsg. das Ag auf dem Papier gefällt. Nach dem Trocknen wird eine Standardscheibe ausgestanzt u. gemessen. Aus dem Verhältnis der Standardfläche zur Gesamtfläche läßt sich dann die Gesamtaktivität bestimmen. Das Gesamtjodid läßt sich aus dem Verhältnis der Flächen des Ag-Oxalats (bekannte Menge) u. des AgJ bestimmen. HANSJOACHIM THIELE. G 249□

Die Bestimmung von Dithionat, Sulfit und Sulfat in manganhaltigen Laugen. N. Soffer. (Analyst **86.** 843—49. Dez. 1961. Haifa, Israel Mining Ind. Labor.) (Engl.)

Vf. beschreibt eine Meth. zur Best. von $S_2O_6^{2-}$, SO_2–SO_3^{2-} u. SO_4^{2-} nebeneinander in Mn-haltigen Laugen, bei der folgende titrimetr. Best. von 3 aliquoten Teilen der zu untersuchenden Probe durchgeführt werden: 1. Man zersetzt $S_2O_6^{2-}$ mit einem Überschuß von konz. HCl, läßt die Lsg. in CO_2-Atmosphäre in einer genormten App. sieden u. treibt das entwickelte SO_2 mit einem CO_2-Strom in eine gekühlte J_2-Lsg. über. Das nicht verbrauchte J_2 wird dann titriert. Bereits vorhandenes SO_2–SO_3^{2-} wird entweder vor der Zers. ausgetrieben oder sein unabhängig bestimmter Geh. wird von dem Titrationsergebnis abgezogen. 2. SO_2–SO_3^{2-} wird jodometr. nach Zusatz von EDTA-Lsg. zur Komplexierung störender Kationen bestimmt. 3. Nach Beseitigung störender Kationen durch Ionenaustausch wird SO_4^{2-} bestimmt, indem man es mit überschüssiger $BaCl_2$-Lsg. bei Zimmer-Temp. fällt u. das unverbrauchte Ba^{2+} gegen eine EDTA-Lsg. titriert. Das Verf. wurde mit gutem Erfolg bei Laugen angewendet, die 85—90 g Mn, 0,001—2,5 g Fe, 0,05—1,5 g Cu, 3—70 g $S_2O_6^{2-}$, bis zu 11 g SO_2 (einschließlich SO_3^{2-}) u. 110—240 g SO_4^{2-} im Liter enthielten. J. KRAETSCH. G 253□

Spektrographische Bestimmung von Bor in Kernreaktorengraphit. F. Gianni und F. Potenza. (Analytica chim. Acta [Amsterdam] **25.** 90—92. Juli 1961. Milan, S. Donato Milanese, Labor. Riuniti Studi et Ric. S. p. A.) (Engl.)

Vff. beschreiben eine spektrograph. Meth. zur quant. Best. von 0,2—1,0 ppm u. zur halbquant. Best. von 0,1—0,2 ppm B in bei Kern-Rkk. verwendetem Graphit, bei der die Elektroden aus dem zu untersuchenden Graphit mit Bakelit als Kittsubstanz bestehen. Die Verw. von Fremdsubstanz als innerer Standard ist nicht notwendig, da zu diesem Zweck die Untergrundstrahlung benutzt wird. Die Standardabweichung ist 10%. J. KRAETSCH. G 258□

Polarimetrische Bestimmung von Borsäure mit Weinsäure. Kazunobu Kodama und Hazime Shiio. (Analytic. Chem. **34.** 106—08. Jan. 1962. Nagoya, Atsuta-Ku, Nagoya Municipal Ind. Res. Inst.) (Engl.)

Bei der polarimetr. Halbmikro-Best. von B wird die Änderung der opt. Drehung von Weinsäure nach der Zugabe von Borsäure benutzt. Der Einfl. des pH-Wertes wird untersucht u. ein optimaler Bereich bei pH 4,10—4,15 ermittelt. Außer Silicat stören viele mehrwertige Kat- u. Anionen. Um die prakt. Anwendbarkeit zu prüfen, werden borhaltige Kachelglasuren mit Na_2CO_3 aufgeschlossen u. analysiert. Die Ergebnisse stimmen gut mit den nach anderen Meth. erhaltenen überein. J. PETERS. G 258□

Abtrennung der Alkalimetallionen aus Mischungen verschiedener Kationen durch Elektrochromatographie. Joseph Sherma und Harold H. Strain. (Analytic. Chem. **34.** 76—80. Jan. 1962. Argonne, Ill., Argonne Nat. Labor.) (Engl.)

Die unterschiedliche elektr. Wanderung der Alkaliionen in ammoniakal. cyanidhaltiger Nitrilotriessigsäure-Lsg. erleichtert ihre Trennung u. Best. sowohl neben anderen einwertigen (Ag, Tl, Hg) als auch mehrwertigen Ionen. Die Wanderung aus dieser wss. Lsg. in u. durch Nitromethan-Lsgg. führt zu einer Trennung der Alkaliionen voneinander u. von der Mischung. Die abgetrennten Alkaliionen werden mit Hilfe der Flammenphotometrie erkannt u. bestimmt. Na, K, Rb u. Cs können auch durch Neutronenbestrahlung u. anschließender Röntgenspektrometrie aufgefunden u. in ihrer Konz. bestimmt werden. J. Peters. G 275□

Über die turbidimetrische und flammenanalytische Bestimmung von Kaliumspuren in Wolfram, Molybdän und deren Verbindungen. A. J. Hegedüs und K. Fukker. (Mikrochim. Acta [Wien] **1962.** 357—66. Budapest/Ujpest, Forsch.-Inst. für die nachr.-techn. Ind. (HIKI), Tungsram.) (Dt.)

Das turbidimetr. Verf. zur Best. von K-Spuren in W u. W-Verbb. von Millner u. Neugebauer (C. **1953.** 1379) wurde krit. untersucht. Es eignet sich ohne Änderung auch zur Best. von K-Spuren in Mo u. Mo-Verbindungen. Wegen des zu hohen relativen Fehlers dieses Verf. werden noch 2 flammenphotometr. Meth. zur Best. von K-Spuren in W, Mo u. deren Verbb. angegeben, die empfindlicher u. wesentlich genauer sind als das turbidimetr. Verfahren. P. Kurzmann. G 275□

Chelatometrische Bestimmung von Calcium und Magnesium in Mineralien. R. A. Burg und H. F. Conaghan. (Chemist-Analyst **49.** 100—02. Dez. 1960. Sydney, New South Wales, Australia, Dep. of Mines, Chem. Labor.) (Engl.)

Die Gesamtmenge an Ca u. Mg in W. oder Mineralien stellt man durch Titration mit einer 0,01 m Lsg. von *Äthylendiamintetraacetat* (EDTA) u. Eriochromschwarz T-Indicator fest; den Ca-Geh. findet man durch Titration einer alkal., tartrathaltigen Lsg. mit einer 0,01 m Lsg. von *Äthylenglykol-bis-[β-amiboäthyläther]-N.N.N'.N'-tetraacetat* (ÄGTA) u. *Calcon*-Indicator bei pH 13; die Differenz aus beiden Best. liefert den Mg-Gehalt. Die mittlere Abweichung betrug bei Wasserproben mit einem Geh. von 0,04—0,03 Teilen Ca bzw. Mg/100 Teile weniger als 0,02 mVal/Liter, bei Mineralien mit Geh. von 0,2—98% $CaCO_3$ bzw. 99,0—0,5% $MgCO_3$ 0,2%. Zum Beispiel versetzt man eine mit reinem W. auf 50 ml aufgefüllte Wasserprobe mit wenig Ascorbinsäure, 2 ml ammoniakal. Puffer (6,75 g NH_4Cl u. 57 ml konz. Ammoniak in 100 ml H_2O = pH 10,5), 2 Tropfen 10%ig. KCN-Lsg. u. wenig Eriochromschwarz T u. titriert mit 0,01 m EDTA von Rot nach Blau den Gesamt-Geh. an Mg u. Ca. Zu einer anderen 50-ml-Probe fügt man wenig Ascorbinsäure, 2 ml Tartrat-Lsg. (50 g Na-K-Tartrattetrahydrat in 500 ml W.), 2 Tropfen 10%ig. KCN-Lsg. u. 2,5 ml 2 m NaOH, erwärmt auf 40°, versetzt mit wenig Calcon u. titriert das Ca mit 0,01 m ÄGTA von Rot nach Blau. Bei Mineralien bestimmt man nach Abtrennung der R_2O_3-Fraktion in einer Probe des Filtrats von bekanntem NH_4Cl-Geh. die Summe von Ca u. Mg wie oben mit dem Unterschied, daß 9 ml konz. Ammoniak u. 1 g NH_4Cl vor Zusatz des Indicators zugegeben werden; bei der Best. von Ca werden weitere 9,5 ml 2 m NaOH je g vorliegendes NH_4Cl zugesetzt. L. Johannsen. G 283□

Die spektrophotometrische Bestimmung von Mikrogramm-Mengen Calcium. J. R. W. Kerr. (Analyst **85.** 867—70. Dez. 1960. London, Labor. of Govern. Chem., Dep. of Sci. and Ind. Res.) (Engl.)

Die Farb-Rk. zwischen Ca u. Glyoxal-bis-(2-hydroxyanil) (**I**), die nach Goldstein u. Stark-Mayer zur Ca-Identifizierung dient, wird zur Grundlage eines quant. Ca-Best.-Verf. gemacht. Der rote Ca/**I**-Komplex ist unlösl. in W. u. mit Chlf. u. anderen Lsgm. extrahierbar, doch gibt der Chlf.-Extrakt bei direkter spektrometr. Best. keine brauchbaren Ergebnisse. Dagegen bildet sich in alkoholhaltigem alkal. wss. Medium eine für ca. 1 Std. beständige farbige Lsg., wobei das Beersche Gesetz im Bereich bis zu 40 μg Ca erfüllt ist. 10 ml Probe-Lsg. werden mit 1,0 ml einer Puffer-Lsg. von pH 12,6 (10 g NaOH + 10 g $Na_2B_4O_7$ in 1 Liter W.), 0,5 ml einer 0,5%ig. methanol. **I**-Lsg. (**I** aus o-Aminophenol u. Glyoxal durch 30 Min. langes Erhitzen der wss. Lsgg. auf 80°, Kristalle aus Methanol) u. 10 ml einer A./n-Butanol-Mischung (1 : 1) versetzt. Nach 30 Min. wird die Absorption bei 520 mμ gegen W. gemessen. — Mg u. Al dürfen in Konzz. bis 50 ppm anwesend sein, 4 ppm Ba u. Sr stören, Fe(II) stört in Ggw. von KCN bis 50 ppm nicht, SO_4^{2-}, Cl^- u. NO_3^- haben bis 500 ppm keinen Einfluß. W. Betcke. G 283□

Die spektrophotometrische Bestimmung von Strontium mit Murexid (Ammoniumsalz der Purpursäure). D. S. Russell, J. B. Campbell und S. S. Berman. (Analytica chim. Acta [Amsterdam] **25.** 81—84. Juli 1961. Ottawa, Nat. Res. Council, Div. of Appl. Chem.) (Engl.)

Vff. beschreiben ein photometr. Verf. zur Best. von Sr mit Murexid (**I**), bei dem durch Zusatz von wasserfreiem Äthylenglykol (**II**) eine Stabilisierung des Sr–**I**-Komplexes sowie der **I**-Lsg. erreicht wird. Das Beersche Gesetz ist bis zu einer Konz. von ca. 8 μg Sr/ml erfüllt. Der durchschnittliche Fehler beträgt bei 6 Proben mit einem Geh. von je 93,8 μg Sr/25 ml 1,1%. Die meisten Elemente stören u. müssen abgetrennt werden; z. B. wird die einem Sr-Geh. von 93,8 μg entsprechende Extinktion um ca. 5% erhöht, wenn 300 (μg) Mg, 2 Ca, 50 Ba, 75 Li, 150 K oder 10 Ag vorhanden sind. — Arbeitsvorschrift: Man überführt die zur Trockne eingedampfte Probe mit einigen ml W. in einen 25-ml-Kolben, fügt 15,0 ml II u. 3,0 ml 0,05n NaOH-Lsg. hinzu, verd. mit W. auf ca. 22 ml, kühlt die Lsg. im Eisbad, setzt 3 ml einer eisgekühlten I-Lsg. (hergestellt durch Lösen von 125mg I in 50 ml W., Zugabe von 200 ml II u. Abfiltrieren nach ca. 12std. Stehen im Eisschrank), füllt bis zur Marke auf u. photometriert bei 510mμ gegen eine Blindlösung. J. Kraetsch. G 284□

Die Anwendung von Methoden der Flüssigkeitsscintillationsanalyse zur Zählung der Phosphorescenzemission. Messung kleinster Mengen Zinksulfid. J. D. Ludwick und R. W. Perkins. (Analytic. Chem. **33.** 1230—35. Aug. 1961. Richland, Wash., Gen. Electr. Co., Hanford Labor. Operat.) (Engl.)

Vff. beschreiben eine Meth. zur Best. von Spuren ZnS, die sich auf Polyesterfiltern bei Unterss. von Luft angesammelt haben. Die Filter werden in einem Gemisch aus A. u. Äthylacetat (1 : 3) gelöst, u. die Suspension wird mit einer Fluorescenzlampe maximal 2 Min. lang bestrahlt. Nach einer bestimmten Zeit ($<$ 30 Sek.), bei der die Probe in der Dunkelheit belassen wird, werden die Photonen, die infolge der Phosphorescenz ausgesendet werden, elektron. gezählt. Die hierzu verwendeten App. sind den App. ähnlich, die bei der Zählung von Tritium durch Fl.-Scintillations-Meth. benutzt werden. Vff. erreichen eine Nachw.-Grenze von ca. 10^{-8}g ZnS, jedoch ist nach ihrer Ansicht eine Steigerung der Empfindlichkeit der Meth. noch möglich. Die Genauigkeit des Verf. beträgt bei Verw. von sauberen Filtern ca. $\pm$3% u. bei Verw. von durch bis zu 1 g Staub aus der Luft verschmutzten Filtern ca. $\pm$6% Standardabweichung. Die bei der Messung von ZnS auf verschmutzten Filtern notwendigen Korrekturfaktoren werden mit Hilfe von Absorptionsmessungen mit weißem Licht bestimmt. J. Kraetsch. G 288□

Die oxydimetrische Bestimmung von einwertigem Thallium mit Pb(IV)-Acetat. A. Berka, J. Doležal, I. Němec und J. Zýka. (Analytica chim. Acta [Amsterdam] **25.** 533—37. Dez. 1961. Prag, Karls-Univ., Inst. für analyt. Chem.) (Dt.)

Tl(I) wird mit Pb(IV)-Acetat durch direkte potentiometr. Titration in mit HCl angesäuerten Lsgg. mit großer Genauigkeit bestimmt. Es wurde gefunden, daß bei der maßanalyt. Best. von 8—41 mg Tl mit 0,1n Pb(IV)-Acetat-Lsg. in einem Anfangs-Vol. von 50 ml die Titration in 5—10n HCl gut verläuft, während bei der Titration von 41—102 mg Tl die Konz. des HCl 8—10n sein muß. Für die Best. von weniger als 8 mg Tl muß die Salzsäure (p.a.) noch gereinigt werden. Bei Tl-Geh. von 0,51—8,17 mg wird in einem Anfangs-Vol. von 35 ml mit 0,01n Pb(IV)-Acetat-Lsg. bei einer HCl-Konz. von 4,3—5,1n titriert. Mikro-Best. (weniger als 0,51 mg Tl) wurden in 4,1 bis 4,7n HCl mit 0,01n Pb(IV)-Acetat-Lsg. durchgeführt. Es stören dabei reduzierende Stoffe, die selbst in dem gereinigten HCl anwesend sind. Deshalb muß ein Blindvers. durchgeführt werden, bei dem mit Pb(IV)-Acetat bis zum Potentialwert des Äquivalenzpunktes der eigentlichen Titration titriert wird. Das ermittelte Reagens-Vol. wird von dem Verbrauch bei der eigentlichen Titration abgezogen. Mit dieser Meth. können noch 10 μg Tl/35 ml genügend genau bestimmt werden. F. Sarfert. G 297□

Untersuchung von gefärbten Komplexen einiger Seltenerdmetalle. L. Ss. Sserdjuk und G. P. Fedorowa. (Журнал Неорганической Химии [J. anorg. Chem.] **4.** 88—96. Jan. 1959.) (Russ.)

Zur Entw. einer colorimetr. Best.-Meth. für *La*, *Y* u. *Ce* wurden Absorptions-Unterss. mit $1{,}0 \cdot 10^{-3}$m Lsgg. von $La(NO_3)_3$, YCl_3, $CeCl_3$ u. Alizarin S bzw. Aluminon in Acetatpuffer-Lsgg. durchgeführt. Alle Lsgg. der Seltenerdmetalle zeigen Absorptionsmaxima zwischen 500—600 nm u. reagieren mit beiden Reagentien im Verhältnis 1:1. Der optimale pH-Wert liegt bei 6. Die Eigenfärbung des Alizarins bei diesem pH wird durch Zusatz von Borsäure eliminiert. Die Verw. von Alizarin ist besser, da die Best. in Ggw. von Ca durchgeführt werden kann u. der Komplex bedeutend größere Beständigkeit aufweist. — Arbeitsvorschrift: In einen 25-ml-Meßkolben werden 1,5 ml einer 0,1%ig. Alizarin-S-Lsg., 5,5 ml 5%ig. Urotropin-Lsg., 2,5 ml 4%ig. H_3BO_3-Lsg., 0,5 ml 0,25m $Ca(NO_3)_2$ u. die entsprechende Lsg. des Seltenerdmetalls (35—100 γ) gebracht u. nach Auffüllen in 1-cm-Küvetten u. mit entsprechendem Farbfilter colorimetriert. J. Tůmová. G 303□

Neue chelatometrische Bestimmungen von Seltenerdmetallen. Germán Asensi Mora. (Inform. Quím. analít. **14.** 121—36. Sept./Okt. 1960. Zürich, ETH, Anorg.-chem. Inst.) (Span.)

Als neues chelatometr. Reagens auf Seltenerdmetalle wird das von Waldvogel Dissertation E. P. Zürich 1959) synthetisierte *Brenzcatechingrün* (I), ein Sulfophthaleinfarbstoff, $C_{19}H_{12}O_7S$, vorgeschlagen. Es ist ein Säure–Basen-Indicator des Typs QH_2 mit

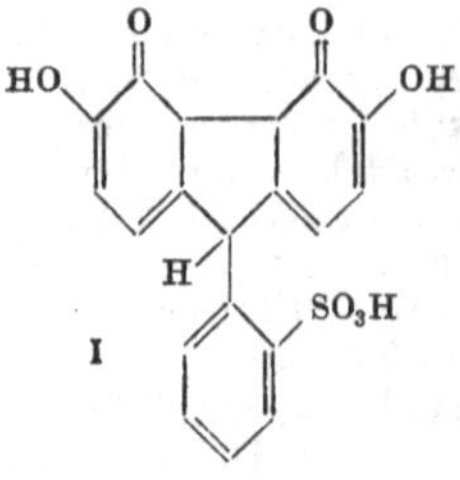

I

$pK_1 = 5{,}3$ u. $pK_2 = 8{,}0$, gelb in saurem Medium, grün zwischen pH 5 u. 6,5 u. blau bei pH 7,5 mit den Absorptionsbanden λ 430 u. 640 mμ bei pH 6,5; auf Zugabe fast aller Metallsalze zu auf pH 7 gepufferter **I**-Lsg. schlägt die Farbe infolge Komplex-Bldg. nach Blaßolivgrün um, z. B. bei Zugabe zu 10^{-3}m **I**-Lsg. (pH 6,5, 430 mμ, Extinktion ε_{max} 0,430) von $3 \cdot 10^{-3}$m Y^{3+}-Lsg. zu den Werten pH 6,5, λ 465 mμ, ε_{max} 0,610; die **I**-Lsg. ohne Y^{3+} bei λ 465 mμ hat immer noch ε_{max} 0,380, so daß ε infolge Y-Zusatzes sogar um 0,230 zunimmt. Durch Zugabe steigender Mengen Metallsalz zur Farbstoff-Lsg. derart, daß in der Mischung die **I**-Konz. konst. bleibt, nimmt ε zu, dessen Kurven-Darst. 2 geradlinige Äste aufweist. Ihr Schnittpunkt, nach dem Verf. von MEYER u. AYRES (C. **1957.** 11805) bestimmt, gibt das Molverhältnis Metall/**I** = 1 an, während der Abstand der Kurve vom Schnittpunkt für die Unvollständigkeit der Rk. bei gegebener Konz. charakterist. ist, so daß aus diesen Daten das Dissoziations-Gleichgewicht berechnet werden kann. Es ergab sich, daß 1 Mol **I** mit je 1 Atom Y oder La zum Komplex zusammentritt. In Tabellen werden die Dissoziations-Gleichgewichts-Konst. K bei pH 6,5 u. 7,0 für $2-4 \cdot 10^{-5}$m Y^{3+}- u. für 2,5 u. $4 \cdot 10^{-5}$m La^{3+}-Lsgg. mitgeteilt. Bes. bei pH 7 liegen die K-Werte in der Größenordnung 10^{-7} u. zeigen, damit die geringe Stärke der Komplexbindung, während die zwischen Y^{3+} u. La^{3+} mit EDTA (**II**, Komplexon III, pK ca. 10^{-18}) viel stärker ist. Daher verdrängt **II** das **I** mit Umschlag von Blaßolivgrün nach Blau. Best. der Seltenerdmetalle: 1. Verf.: 20 ml auf ca. pH 3 eingestellte wss. 10^3-m Lsgg. von $La(NO_3)_3$, $CeCl_3$, YCl_3 oder $Nd(NO_3)_3$ werden mit *Triäthanolamin* (**III**) auf pH 7 gebracht u. 5—7 Tropfen *Eriochromschwarz T* (**IV**)-Lsg. (0,2 g **IV**, gelöst in 30 ml **III** + 5 ml A.) zugegeben, was zu Rotfärbung führt. Dann titriert man gegen 0,02m **II**-Lsg. bis zum Umschlag nach Blau, wobei 1 Mol. **II** 2 Metallionen entspricht. 2. Verf.: Man stellt die Probe-Lsg. der Seltenerdmetalle auf pH 4—5 ein, gibt 10 ml Acetatpuffer-Lsg. zu u. verd. auf 50 ml. Dann versetzt man mit 2—3 ml 10m **I**-Lsg., wodurch die Lsg. Blaßolivgrün wird, u. titriert gegen 0,02m **II**-Lsg. unter magnet. Rühren auf Blaßblau. W. METZENER. G 303 □

Ein Verfahren zur Bestimmung der Seltenen Erden, Lanthan bis Lutetium, in chondritischen, achondritischen und eisenhaltigen Meteoriten durch Neutronenaktivierungsanalyse. A. W. Mosen, R. A. Schmitt und J. Vasilevskis. (Analytica chim. Acta [Amsterdam] **25.** 10—24. Juli 1961. San Diego, Calif., Gen. Atomic Div. of Gen. Dynamics Corp., John Jay Hopkins Labor. for Pure and Appl. Sci.) (Engl.)

Vff. beschreiben ein Verf. zur Best. der Seltenen Erden (La bis Lu) in chondrit., achondrit. u. eisenhaltigen Meteoriten durch Neutronenaktivierungsanalyse. Nach 2std. Bestrahlung mit therm. Neutronen ($2 \cdot 10^{12}$n/s/cm^2) werden die chondrit. oder achondrit. Proben zusammen mit Trägersubstanzen mit Na_2O_2 verschmolzen u. anschließend in 6n HCl gelöst, während Fe-haltige Proben direkt in HCl unter Zusatz von H_2O_2 aufgeschlossen werden. Dann fällt man die Seltenen Erden als Hydroxide u. trennt anschließend die einzelnen Elemente voneinander mit einem Ionenaustauscher (Dowex 50 W–X 12) unter Verw. von 1m NH_4-Lactat-Lsg. als Eluierungsmittel Es können so Bruchteile von ppm-Geh. bestimmt werden. Weiterhin kann das Verf. zur Best. der Seltenen Erden in terrestr. Gesteinen sowie zur Best. von Y u. Sc verwendet werden. J. KRAETSCH. G 303 □

Gleichzeitige polarographische Bestimmung von Indium und Zinn. Sidney L. Phillips und Evan Morgan. (Analytic. Chem. **33.** 1192—93. Aug. 1961. Poughkeepsie, N.Y., IBM Corp., Res. Labor.) (Engl.)

In u. *Sn* können nebeneinander polarograph. in einer auf pH 1—1,2 eingestellten Grund-Lsg. aus 0,1m NH_4SCN u. 0,017m Pyrogallol (**I**) bestimmt werden. Die Halbstufenpotentiale der Sn(IV)-**I**-Chelat-Verb., des Sn(II) u. In(III) liegen bei —0,16, —0,42 u. —0,56 V gegen die gesätt. Kalomelelektrode. E. MOISAR. G 327 □

Bestimmung von Wismutspuren mit Dithizon nach der Jodidextraktion. H. A. Mottola und E. B. Sandell. (Analytica chim. Acta [Amsterdam] **25.** 520—24. Dez. 1961. Minneapolis, Minn., Univ. of Minnesota, School of Chem.) (Engl.)

Es wird eine photometr. Meth. zur Best. von Spuren Bi in Ggw. von viel Fe, Ca, Mg u. PO_4^{3-} beschrieben. Bi wird als BiJ_3 mit Isoamylacetat in perchlorsaurer Lsg. in Ggw. von Ascorbinsäure u. Sulfit extrahiert u. als Dithizonat in der Isoamylacetatphase bestimmt. Die Meth. ist bes. für natürlich vorkommende Stoffe, wie Silicate u. Phosphate, geeignet, in denen der Bi-Geh. einige zehntel ppm überschreitet u. Pb in einer Menge von weniger als 500 ppm anwesend ist. F. SARFERT. G 334 □

Untersuchungen über die Extraktion und Bestimmung von Metallsalzen mit Methylisobutylketon. 7. Mitt. **Photometrische Bestimmung von Wolfram in Eisen**

und Stahl. Hidehiro Gotô und Yachiyo Kakita. (Nippon Kinzoku Gakkai-Si [Japan Inst. Metals] **25.** 184—88. 1961.) (Jap.; Auszug: Engl.) — 6. vgl. C. **1962.** 10214.

Man trennt W u. Mo von der größten Menge Fe u. von anderen Elementen durch Extraktion mit α-Benzoinoxim-Chloroform. Wenn mehr Mo als W vorhanden ist, trennt man die größte Menge Mo in HCl-Lsg. von W durch Extraktion mit Methylisobutylketon (I). Nach Red. von W^{6+} mit $SnCl_2$ zu W^{5+} versetzt man mit NH_4SCN, extrahiert den entstandenen Komplex mit I u. bestimmt W durch Messung seiner Lichtabsorption. Bei Abwesenheit von V trennt man W durch Fällung von Fe u. anderen Elementen mit NaOH ab. W. Wesly. G 337□

Die spektrographische Bestimmung von Uran-235. 2. Mitt. Verwendung eines direktanzeigenden Gerätes und einer Hohlkathodenlampe. Ted Lee und Lewis H. Rogers. (Appl. Spectroscopy **15.** 3—6. 1961. Oak Ridge, Tenn., Union Carbide Nucl. Co., Oak Ridge Diffusion Plant, Techn. Div.) (Engl.) — 1. vgl. Appl. Spectroscopy **14.** [1960.] 39.

Es wird eine Meth. zur Best. des ^{235}U-Geh. von U-Proben beschrieben. Die Probe wird als $UO_2(NO_3)_2$-Lsg. in eine Fe-Hohlkathode gebracht, eingetrocknet u. in einer auseinanderschraubbaren Entladungslampe mit Ar u. He (9 : 1) als Füllgas bei einem Druck von 3 mm Hg mit einem Entladungsstrom von 100 mA angeregt. Als Stromquelle dient ein stabilisierter 600-V-Gleichrichter mit 1000-Ω-Ballastwiderstand. Die Lichtquelle wird mit 2 gekreuzten Zylinderlinsen in den Kollimatorspiegel eines 21-ft.-Wadsworth-Spektrographen abgebildet. Die U-Linie 4244 Å wird in der 2. Ordnung eines 600-Strich/mm-Gitters (lineare Dispersion 2,5 Å/mm, theoret. Auflösungsvermögen 150000) mit einem 50-μ-Austrittsspalt, Multiplier u. Schreiber registriert. Nach 15 Min. Einbrennzeit werden die Feinstrukturkomponenten 4244,373 Å (^{238}U) u. 4244,122 Å (^{235}U) sowie der Untergrund bei 4244,0 Å gemessen. Aus dem Intensitäts-Verh. der ^{235}U-Linie zur Summe beider Linien kann der ^{235}U-Geh. über eine Eichkurve bzw. rechner. durch Vgl. mit einer Standardprobe bestimmt werden. Die Genauigkeit wird für 8—12% ^{235}U durch einen relativen Streubereich von 1,2—1,8% bei 95%ig. Sicherheit charakterisiert. R. Gerbatsch. G 339□

Trennung von Aluminium-, Quecksilber- oder Eisen-Ionen von verschiedenen Kationen durch Elektrochromatographie. Harlan D. Frame jun., Harold H. Strain und Joseph Sherma. (Analytic. Chem. **34.** 170. Jan. 1962. Argonne, Ill., Argonne Nat. Labor.; Easton, Pa., Lafayette Coll.) (Engl.)

Die unterschiedliche Wanderung komplexer Ionen in einem elektr. Feld wird zur vollständigen Trennung von Vielkomponenten-Gemischen benutzt. In den betreffenden Lsgg. werden Al^{3+}, Hg^{2+} oder Fe^{3+} unter Bldg. von Anionen komplexiert u. so von den anderen Ionen, die als Kationen zurückbleiben, getrennt. Al^{3+} wurde in einer wss. Lsg. von 0,06m Diäthylentriamin bei pH 11, Hg^{2+} in einer wss. Lsg. von 0,02m Diäthylentriamin u. 0,08m HCl bei pH 1,7 u. Fe^{3+} in einer wss. Lsg. von 0,05m Malonsäure bei pH 2,2 abgetrennt. Die Wanderungszeit betrug bei Al 60 (Potential 10 V/cm). In den ersten beiden Fällen wanderten die Ionen 1 cm zur Anode, beim Fe 1,5 cm. F. Sarfert. G 354□

Spektrophotometrische Bestimmung von Eisen mit Chelidamsäure. A. K. Majumdar und S. P. Bag. (Z. analyt. Chem. **185.** 435—39. 1962. Calcutta, Jadavpur Univ., Dep. of Inorg. and Anal. Chem.) (Engl.)

Chelidamsäure bildet mit Fe(III) bei pH 5,8—8,5 einen rotgelb gefärbten Komplex, dessen Absorptionsmaximum bei 460 nm liegt. Es wurde immer bei pH 6 gearbeitet. Das Verhältnis Fe(III) : Chelidamsäure betrug 1 : 3, die Instabilitäts-Konst. bei 28° ca. $8{,}21 \cdot 10^{-15}$, der molare Extinktions-Koeff. 6006 am Maximum. Das Beersche Gesetz wird von 0,4—16 ppm befolgt; der optimale Konz.-Bereich liegt bei 1—8 ppm. Die Färbung ist bei 28° mindestens 48 Std. lang stabil. Bei Anwesenheit von 4 ppm Fe wurden durch 50—150 ppm von Cd, Pb, Cu(II), Al, Cr(III), Zn, Mn(II), Co(II), Ni, Ca, Ba, Sr, Mg, VO_3^-, MoO_4^{2-}, WO_4^{2-} keine Störungen hervorgerufen. Zr, Ti, Th u. U stören, da sie in dem angewandten pH-Gebiet hydrolysieren. Citrat, Tartrat u. EDTA stören. Der relative Fehler für die Fe-Best. beträgt 2,3% je 1% abs. photometr. Fehler. P. Kurzmann. G 354□

Spektrophotometrische Bestimmung von Eisen mit β-Aminopicolinsäure. A. K. Majumdar und S. P. Bag. (Z. analyt. Chem. **185.** 439—45. 1962. Calcutta, Jadavpur Univ., Dep. of Inorg. and Anal. Chem.) (Engl.) — Vgl. vorst. Referat.

β-Aminopicolinsäure (I) bildet mit Fe(III) einen braunen Komplex, dessen Absorptionsmaximum unterhalb von 400 nm liegt. Die Messungen wurden bei 420 nm durchgeführt, was durch die sehr hohe Absorption ermöglicht wurde. Gearbeitet wurde bei pH 1,9—2,5. Das Verhältnis Fe(III) : I beträgt 1 : 2, die Instabilitäts-Konst. $3{,}764 \cdot 10^{-8}$.

Mit Fe(II) bildet I bei pH 5,5—6,5 einen gelben Komplex, der bei Zusatz von KCN in einen orangefarbenen übergeht, wobei sich pH 9 einstellt. Der gelbe Komplex besitzt kein Absorptionsmaximum im Gebiet 400—500 nm, der orangefarbene eins bei 440 nm. Die Extinktion wird hier durch den KCN-Zusatz um das 2,5fache gesteigert. Die Verhältnisse Fe(II) : I betragen 1 : 2 bzw. 1 : 1, die Instabilitäts-Konst. bei 28° $1,814 \cdot 10^{-8}$ bzw. $1,067 \cdot 10^{-5}$. Das BEERsche Gesetz wird von allen 3 Komplexen bis 16 ppm Fe befolgt (Messung bei den ersten beiden Komplexen bei 420 nm, bei dem dritten bei 440 nm). Cd, Pb, Hg(II), Al, Zn, Mn(II), Ni, Co(II), Ca, Ba, Sr, Mg, Th, Ti(IV), UO^{2+}, WO_4^{2-}, MoO_4^{2-}, VO_3^-, CrO_4^{2-} stören keine der Best., Cu(II) stört nur die Best. von Fe(III). Ionen, wie PO_4^{3-}, AsO_4^{3-}, Oxalat, Tartrat, die Komplexe mit Fe bilden, stören. Für alle Fe-Komplexe liegt der optimale Konz.-Bereich zwischen 4 u. 14 ppm Fe; der relative Fehler je 1% abs. photometr. Fehler beträgt hier 3,54% [für Fe(III)], 3,76% [für Fe(II) ohne KCN] bzw. 2,94% [für Fe(II) mit KCN]. P. KURZMANN. G 354□

Spektrochemische Analyse der Vorproben nichtrostender Stähle mit dem Quantometer. Herbert de Laffolie. (Arch. Eisenhüttenwes. **32.** 145—52. März 1961. Krefeld, Dt. Edelstahlwerke A.G.) (Dt.)

Eine allg. Eichgleichung für die spektrochem. Analyse der Vorproben nichtrostender Stähle mit dem Quantometer wird abgeleitet. Der Einfl. der dritten Partner wird erörtert, u. es werden Angaben über das Einstellen der Meßkanäle gemacht. Ebenso werden die Untergrund- u. die Koinzidenzkorrekturen mitgeteilt. Die Auswertung der Meßgrößen wird behandelt u. die Analysentechnik beschrieben.
H. HOCHSTEIN. G 354□

Bestimmung von Stickstoff und Sauerstoff in Kohlenstoffstahl. Eduardo Penna. (Bol. Assoc. brasil. Metais **15.** 449—58. 459—67. Juli 1959. Volta Redonda.) (Port.)

Für die N-Best. in C-Stahl eignet sich bei N-Geh. $>$0,005% am besten die Dest.-Meth. (KJELDAHL-Kolben), bei N-Geh. $<$0,005% die colorimetr. NH_3-Best. im Destillat u. Titration mit 0,01n NaOH (Indicator Alizarinsulfonat) oder mit NESSLER-Reagens. — Zur O-Best. im C-Stahl wird dieser in einem mit einer dünnen Tonschicht ausgekleideten Tiegel mit metall. Al in 1,5% Überschuß geschmolzen, wobei die Oxide Al_2O_3 bilden, das bei Behandlung des Metalles mit verd. Säuren unlösl. bleibt u. durch Waschen mit Na_2CO_3-Lsg. u. Fluorieren von SiO_2 u. AlN befreit wird; der Rückstand wird mit $K_2S_2O_7$ geschmolzen u. der in W. unlösl. Anteil der Schmelze als Al_2O_3 nach einer der gebräuchlichen Meth. bestimmt. Diese Meth. ist der O-Best. aus der Differenz vorzuziehen. Diskussion. R. K. MÜLLER. G 354□

Die emissionsspektrometrische Bestimmung von elementaren Gasen in Metallen. 7. Mitt. **Stickstoff in Stählen.** Hitoshi Kamada und Velmer A. Fassel. (Spectrochim. Acta [London] **17.** 121—22. 1961. Ames, Iowa, Iowa State Univ., Inst. for Atomic Res. and Dep. of Chem.) (Engl.) — 6. vgl. C. **1962.** 10212.

Das Linienpaar N 8216 Å/Ar 8053 Å wird zur emissionsspektrometr. Best. von N_2 in Stahl benutzt. Die Analysenergebnisse sind weitgehend frei von Matrix-Effekten.
W. BETCKE. G 354□

Zersetzung von Hexacyanoferrat(II) in der Analyse. 6. Mitt. **Eine katalytische Methode zum Silbernachweis.** I. Kraljić. (Z. analyt. Chem. **183.** 123—27. 1961. Zagreb, Yugoslavia, Univ. of Zagreb, Fac. of Technol., Inst. of Analyt. Chem.) (Engl.) — 5. vgl. Acta pharmac. jugosl. **10.** [1960.] 37; 4. vgl. C. **1962.** 5040.

Ein sehr empfindlicher Tüpfel-Nachw. von Ag beruht auf der Zers. von $[Fe(CN)_6]^{4-}$ durch Ag^+. Etwas freigesetztes Fe^{2+} wird durch Luft zu Fe^{3+} oxydiert u. reagiert mit unzersetztem $[Fe(CN)_6]^{-4}$ unter Bldg. von Berliner Blau. — 1 Tropfen (Tpf.) der Ag^+-haltigen Lsg. wird in einem Mikroprobierröhrchen mit 1 Tpf. Acetatpuffer (1m; pH 3,5) u. 1 Tpf. 0,2%ig. $K_4[Fe(CN)_6] \cdot 3 H_2O$-Lsg. versetzt u. im Wasserbad auf 65° erwärmt. Bes. bei sehr kleinen Ag-Konzz. ist der Vgl. mit einer Blindprobe notwendig. Hg, Au u. Pd reagieren ähnlich wie Ag, Cd setzt die Empfindlichkeit herab, ebenso J^-, während größere Mengen Cl^-, Br^-, NO_3^- u. SO_4^{2-} nicht stören. Die Nachw.-Grenze liegt bei 0,00075 μg Ag/0,035 ml. W. BETCKE. G. 359□

b) Organische Verbindungen

Die empfindliche Serienbestimmung von Radiokohlenstoff mit einem Gaszählrohr. E. Broda und B. Kalab. (Mikrochim. Acta [Wien] **1962.** 128—41. Wien, Univ., Inst. für Phys. Chem.) (Dt.)

Vf. gibt eine Übersicht über die verschiedenen Meth. zur Messung von ^{14}C u. vergleicht tabellar. die Empfindlichkeiten der Methoden. Es wurden neue Verff. zur Gaszählung von ^{14}C entwickelt. Gaszählrohre mit Löschkreisen wie für GEIGER-Zählrohrliefern gute Konstanzbereiche, wenn zur üblichen Gasfüllung (Ar u. Alkoholdampf) CO_2 mit wenigen Torr Partialdruck zugesetzt wird. Bei Verw. eines modifizierten Löschkreises kann als Füllgas auch CO_2 ohne bes. Reinigung dienen. Das in organ. Substanz vorliegende ^{14}C wird mit oxydierenden Säuren naß verbrannt, das CO_2 als $BaCO_3$ gefällt u. in der Zähl-App. mit verd. $HClO_4$ zersetzt. Das CO_2 wird nach Druckmessung durch Ausfrieren in das Zählrohr gebracht u. dort gemessen, wobei der Fülldruck 1 atm u. mehr betragen kann. Für die Messung wurde ein elektron. Gerät verwendet, das außer Hochspannungsquelle, hochempfindlichem Verstärker u. Multivibrator-Löschkreis noch einen Sperrkreis enthält, der innerhalb einer regelbaren Sperrzeit nach Beginn der Entladung die Weiterleitung von Impulsen aus dem Verstärker zum Untersetzer verhindert, so daß Nachentladungen nicht registriert werden. Da das Zählrohr zur Messung geringer Aktivitäten verwendet wird, bleibt die Zahl der durch die Sperrzeit nicht gemessenen Impulse innerhalb der Fehlergrenze. Mit der Anordnung wurden fast steigungsfreie Konstanzbereiche bis zu 1200 V Länge erhalten. Weiterhin wurde der Einfl. verschiedener Zusätze zum Füllgas untersucht. Bzl.-Dampf machte die Plateaus von der Sperrzeit weitgehend unabhängig. Bei Zusatz von CS_2 begann das Plateau erst bei verhältnismäßig hoher Spannung u. endete relativ früh. Dagegen waren die Impulse stark vergrößert. Ein Zusatz von Wasserdampf ist in geringen Mengen ohne Einfluß. Bei größerem Partialdruck trat der gleiche Effekt wie bei Bzl.-Dampf auf. Größere Mengen von Luft als Zusatz bewirkten eine Abnahme der Plateaulänge u. eine Zunahme der Steigung. — 85 Literaturangaben. Hansjoachim Thiele. 5350□

Identifizierung von Stickstoff-Verbindungen durch katalytische Denitrierung. C. J. Thompson, H. J. Coleman, C. C. Ward und H. T. Rall. (Analytic. Chem. **34.** 151—54. Jan. 1962. Bartlesville, Okla., U. S. Dep. of the Interior, Bureau of Mines, Bartlesville Petroleum Res. Center.) (Engl.)

Eine Mikro-Meth., die für die katalyt. Hydrierung von organ. S- u. O-Verbb. entwickelt worden war, wird auf N-Verbb. angewandt. Nach dieser Meth. werden die N-Atome schnell u. quant. entfernt, wodurch Paraffine u. Cycloparaffine entstehen. Die gaschromatograph. Best. dieser KW-Stoffe ermöglicht die Identifizierung der N-haltigen Verbb. aus denen sie hervorgingen oder trägt zur Identifizierung bei. Solche Identifizierungen sind andererseits in vielen Fällen schwer oder unmöglich wegen der begrenzten Zahl von verfügbaren N-haltigen Bezugsverbindungen. Die Hydrierungs-Prodd. von 2-Aminoheptan, 2.5-Dimethylpyrrol, 2.5-Dimethylpyrrolidin, Pyridin, 2-Methylpyridin, 3-Methylpiperidin, Anilin, N.N-Dimethyl-, 2.5-Dimethylanilin, Nitrobenzol, Benzonitril, Indol, Chinolin, Carbazol u. 9-Methylcarbazol werden aufgeführt. Für 2-Methyl-, 7-Methyl-, 8-Methylchinolin, 9-Methyl-, 1-Methyl-, 2-Methyl- u. 3-Methylcarbazol werden die Retentionszeiten sowie die Hydrierungs-Prodd. u. deren Retentionszeiten angegeben. P. Kurzmann. 5350□

Identifizierung von Halogenverbindungen durch katalytische Dehalogenierung. C. J. Thompson, H. J. Coleman, C. C. Ward und H. T. Rall. (Analytic. Chem. **34.** 154—56. Jan. 1962.) (Engl.) — Vgl. vorst. Referat.

Durch katalyt. Hydrierung werden Halogen-Verbb. quant. in Paraffine oder Cycloparaffine übergeführt. Die Best. durch Gas-Fl.-Chromatographie der KW-Stoffe ermöglicht die Charakterisierung der halogenhaltigen Verbb., aus denen sie hervorgingen, oder hilft dabei. Die Charakterisierung kann auf anderem Wege schwer oder unmöglich sein wegen der begrenzten Zahl von reinen Halogen-Verbb. u. Bezugsspektren. Die Verbb. 1-Chlor-, 1-Brom-, 1-Jodhexan, Chlor-, Brom-, Jodcyclohexan, Fluor-, Chlor-, Brom-, Jodbenzol, α-Chlor-, α-Brom-, α-Jodtoluol, 1-Fluor-, 1-Chlor-, 1-Brom-, 1-Jodnaphthalin, 1-Brom-3-chlorbenzol, 1-Brom-2-jodbenzol, α-o-Dichlortoluol, 1-Chlor-2-äthylhexan u. Benzotrifluorid werden mit ihren Retentionszeiten, ihren Hydrierungs-Prodd. u. deren Retentionszeiten aufgeführt. Perfluorheptan war unter den Vers.-Bedingungen nicht zu hydrieren. Die Meth. ist schnell u. quant. u. ermöglicht die Unters. von Proben von 0,0002 ml. P. Kurzmann. 5350□

Bestimmung der Homologen-Verteilung in Alkylbenzyldimethylammoniumchlorid-Mischungen. Horace P. Warrington jun. (Analytic. Chem. **33.** 1898—1900. Dez. 1961. Rensselaer, N.Y., Sterling-Winthrop Res. Inst.) (Engl.)

Bei der isothermalen gaschromatograph. Analyse (225°) eines kommerziellen C_8- bis C_{18}-Alkylbenzyldimethylammoniumchlorid-Gemischs nach der katalyt. Hydrierung der Verbb. zu den Alkyldimethylaminen wurden hohe Peaks für die für die keimtötende Wrkg. hauptverantwortlichen C_{12}- u. C_{14}- u. niedrigere für die C_8-, C_{10}- u. C_{16}-Homologen erhalten, während der C_{18}-Peak wegen einer zu langen Retentionszeit der Verb. nur ganz schwach war. Mit einer 2m-Carbowax-Säule ließen sich gute Trennungen zwischen den Aminen u. den analogen Alkoholen u. Chloriden bis C_{16} erzielen. Beim Arbeiten bei ansteigender Temp. (60—276°, 9°/Min., Silicon-Gummi-Füllung an Gas-Chrom P) u.

bei Kuppelung mit einem Flammenionisationsdetektor wurde ein bes. scharf differenziertes Chromatogramm erhalten, in dem auch der C_{18}-Peak stark ausgeprägt war.
W. Betcke. G 900□

Eine neue, empfindliche Farbreaktion zum Nachweis sekundärer Amine. Helga Bröll und Gerold Fischer. (Mikrochim. Acta [Wien] **1962**. 249—53. Wien, Hochschule für Welthandel, Inst. für Technol. u. Warenwirtsch.-Lehre, chem. Labor.) (Dt.)

Das aus Br u. Phenothiazin gebildete Phenazthioniumperbromid (RBr·B_2) reagiert mit sek. Aminen unter Bldg. blauer bis blaugrüner Thiazinfarbstoffe. Als Tüpfel-Rk. ausgeführt, gestattet diese Meth. einen empfindlichen u. spezif. Nachw. sek. Amine: RR'NH, mit $R = R' = CH_3$, C_2H_5, HOC_2H_4, n—C_4H_9, C_6H_5; $R = CH_3$, $R' = C_6H_5$; $R = C_2H_5$, $R' = C_6H_5$; $R = CH_3(CH_2)_{14}CH_2$, $R' = C_6H_5$; $R = C_6H_5$, $R' = CH_2—C_6H_5$; sowie Pyrrolidin, Piperidin, Morpholin, Piperazin, Methylpiperazin, Hexamethylenimin.
P. Kurzmann. G 910□

Bestimmung von Aminen, Pyridin und Nicotin durch thermometrische Titration. R. D. Daftary und B. C. Haldar. (Analytica chim. Acta [Amsterdam] **25**. 538—41. Dez. 1961. Ahmedabad, Gujarat Coll., Chem. Dep.; Bombay, Inst. of Sci., Inorg. Chem. Labor.) (Engl.)

Methylamin, Äthylendiamin, Diäthylamin, Anilin, o-Toluidin, m-Aminophenol, Pyridin u. Nicotin lassen sich durch thermometr. Titration in wss. Lsg. mit Mineralsäuren u. $NaNO_2$-Lsg. bestimmen. Ebenso eignet sich die Meth. zur Analyse folgender Basengemische: Äthylendiamin u. Pyridin, Äthylendiamin u. Anilin, Diäthylamin u. Pyridin, Diäthylamin u. Anilin, Pyridin u. Anilin, Äthylendiamin, Pyridin u. Anilin sowie Diäthylamin, Pyridin u. Anilin. Alkohole u. Phenol stören nicht. Die Genauigkeit der Meth. beträgt $\pm 1,5\%$.
F. Sarfert. G 910□

Spektralphotometrische Bestimmung von Zuckern unter Benutzung der p-Aminobenzoesäure. Bengt Leopold. (Analytic. Chem. **34**. 170—71. Jan. 1962. Chillicothe, Ohio, Mead Res. Center, Basic Res. Sed.) (Engl.)

Man gibt zu 0,5 ml der Probe-Lsg. mit 1—200 μg Zucker 2 ml 1,5% p-Aminobenzoesäure in Eisessig, 2 ml 1,3% H_3PO_4 in Eisessig u. erhitzt 1 Std. lang auf dem Wasserbad. Nach dem Abkühlen wird die Extinktion bei 360 mμ gemessen. Bei Anwendung dieser Meth. auf die Best. von Glucose, Mannose, Galaktose, Xylose u. Arabinose ergeben sich geradlinige Eichkurven.
J. Peters. G 3400□

Dünnschicht-Chromatographie. 6. Mitt. Spurenanalyse von Zuckergemischen auf Kieselgur-G-Schichten. Egon Stahl und Ulrich Kaltenbach. (J. Chromatogr. [Amsterdam] **5**. 351—55. April 1961. Saarbrücken, Univ. des Saarlandes, Botan. Inst.) (Dt.) — 5. vgl. Pharm. Rdsch. **1**. [1959.] 1; 2. vgl. C. **1961**. 13659; 9. vgl. C. **1962**. **4664**.

Bei Ausdehnung der Meth. auf hydrophile Verbb. benutzten Vff. zur Trennung von Zuckergemischen eine mit Na-Acetat gepufferte Schicht von Kieselgur G (Merck). Die Schicht wird in der früher beschriebenen Weise mit dem Streichgerät hergestellt; die Zucker in Mengen von 0,05—5 μg in Pyridin aufgetragen u. mit einer Mischung aus Essigester-Isopropanol-Wasser 20—25 Min. lang entwickelt. Es wurde mit Kammerübersättigung gearbeitet. Die Sichtbarmachung der Flecken erfolgte durch Sprühen mit einem Gemisch Anisaldehyd-konz. H_2SO_4 in A. u. Erhitzen auf 100°. Auf einer 20×20 cm großen Platte wurden mit vorst. Bedingungen folgende R_F-Werte u. Färbungen erhalten: *Lactose* (0,04, grünlich), *Maltose* (0,06, violett), *Saccharose* (0,08, violett), *Glucose* (0,17, hellblau), *D(+)-Galaktose* (0,18, grüngrau), *D(+)-Mannose* (0,23, grün), *Fructose* (0,25, violett), *L(—)-Sorbose* (0,26, violett), *L(+)-Arabinose* (0,28, gelbgrün), *D(+)-Xylose* (0,39, grau), *D(—)-Ribose* (0,49, blau), *L(+)-Rhamnose* (0,62, grün) u. *D(+)-Digitoxose* (0,94, blau).
M. Finke. G 3400□

Organische Analyse. 26. Mitt. **Bestimmung von reduzierenden Zuckern mit 3.6-Dinitrophthalsäure.** Tsutomu Momose, Yoshiko Mukai und Mitsuko Watanabe. (Talanta [London] **5**. 275—78. Sept./Okt. 1960. Fukuoka, Japan, Univ. of Kyushu, Med. Fac., Pharm. Inst.) (Engl.) — 25. vgl. Chem. pharmac. Bull. [Tokyo] **8**. [1960.] 827; 23. vgl. C. **1962**. 6905.

Reduzierende Zucker lassen sich in Konzz. von 10—100 μg/ml mit *3.6-Dinitrophthalsäure* in alkal. Lsg. spektrophotometr. bestimmen. Die Konfiguration der Zucker beeinflußt die Best. nicht, so daß für z. B. Glucose, Fructose u. Galaktose die gleiche Eichkurve gilt. Dadurch läßt sich Saccharose in Ggw. von Glucose oder Fructose bestimmen. Der maximale Fehler der Best. beträgt bei Monosacchariden $\pm 2,5\%$ u. bei Disacchariden $\pm 3\%$.
K. Ross. G 3400□

Die quantitative Bestimmung von bei der Perjodatoxydation aus O-substituierten Monosacchariden über Malondialdehydderivate frei werdendem Kohlenstoffdioxid. L. Hough und B. M. Woods. (Chem. and Ind. **1957**. 1421—23. 26/10. Bristol, Univ., Dep. of Org. Chem.) (Engl.)

2-, 3- u. 4-substituierte Aldohexosen sowie 2- u. 3-substituierte Aldopentosen bilden bei der Oxydation mit $NaJO_4$ intermediär Malondialdehyd, der durch weitere Oxydation u. Hydrolyse des Glyoxylesters zu CO_2 u. Ameisensäure abgebaut wird. Ein 1 → 4 gebundenes Disaccharid verbraucht z. B. 11 Mol Perjodat u. bildet 1 Mol CO_2. Unter Verw. eines WARBURG-App. u. einer Acetatpuffer-Lsg. (pH 5, 50°) wurde bei der Oxydation von *Maltose, Laminaribiose, 3-O-β-D-Xylopyranosyl-L-arabinose* u. *3-O-Methyl-D-glucose* die Bldg. von 1 Mol CO_2 in 10—20 Std. nachgewiesen. *Cellotriit* mit zwei 1 → 4 Bindungen bildet 2 Mol CO_2, u. bei der Oxydation von *5-O-Xylopyranosyl-L-arabinose* u. *6-O-α-D-Galaktopyranosyl-β-D-mannose* konnten nur Spuren von CO_2 nachgewiesen werden. Beim Arbeiten in Phosphatpuffer-Lsg. treten Nebenrkk. auf, die zu überhöhter CO_2-Bldg. führen. *Methyl-D-glucopyranose* liefert vor u. nach der Red. mit $NaBH_4$ 1 Mol CO_2, während *2-O-Methyl-L-rhamnose* vor der Red. 1,1 Mol nach der Red. aber nur 0,2 Mol CO_2 bildet, so daß auch zur Ermittlung der 2-O-Substitution in Aldosen diese Mikro-Meth. verwendet werden kann. H. ROSSOW. G 3400□

p-Anisidin-Phosphorsäure als Farbreagens für Verbindungen der Sialsäure auf Papierchromatogrammen. J. Cerbulis und C. A. Zittle. (Analytic. Chem. **33.** 1131—32. Juli 1961. Philadelphia, Pa., Eastern Regional Res. Labor.) (Engl.)

Werden Papierchromatogramme, die *Sialsäure* (I) u. ihre Verbb. enthalten, in eine Lsg. von 0.5 g p-Anisidin u. 3 ml 85—88% ig. H_3PO_4 in 80% ig., wss. Methanol getaucht u. 10 Min. lang auf 105—10° erhitzt, so erscheinen grau-purpurfarbige Flecken für I u. Derivv., während der Untergrund schwach gelb gefärbt ist. Aldosen (braun), Hexosen (gelb), Polyole (weiß) u. Aminohexosen (braun) sind einwandfrei zu unterscheiden. In Hydrolysaten von *Mucin* konnte *6-α-D-Sialyl-N-acetylgalaktosamin, N-Glykolylsialsäure* u. I nachgewiesen werden. HERBERT MÜLLER. G 3400□

Gruppenretentionsfaktoren bei der Flüssig-Gaschromatographie von Steroiden. R. B. Clayton. (Nature [London] **192.** 524—26. 11/11. 1961. Harvard Univ., Conant Chem. Labor.) (Engl.)

Frühere Ergebnisse (vgl. C. **1962.** 5241) führen zu der Annahme, daß die Einführung von Substituenten an bestimmten Stellen eines Steroid-Mol., dessen gaschromatograph. Retentionszeit um einen Faktor verändert, der für den Typ der Substituenten u. deren einzelne Stellungen im Mol. konst. ist, der aber vom Molgew. des Gesamt-Mol. u. vom Einfl. anderer funktioneller Gruppen unter der Voraussetzung fehlender intramol. Wechselwrkg.-Kräfte unabhängig ist. Die Retentionszeit eines polysubstituierten Steroids ist dann $r_{(n+a+b+\cdots)} = r_n \cdot k_a \cdot k_b \cdots$, worin r_n die Retentionszeit des unsubstituierten Steroids u. $k_{a,b\ldots}$ die Retentionsfaktoren einer Serie von Substituenten in den Stellungen a, b uws. bedeuten. Aus den unter Verw. von 5% ig. Polyäthylenglykolsuccinat als Trenn-Fl. ermittelten Retentionszeiten für *Androstan, Allopregnan, Cholestan, Ergostan, Stigmastan* u. deren 3β-Methoxy- u. 3β-Methoxy-Δ^5-Derivv. errechnen sich nach dieser Gleichung Retentionsfaktoren, die innerhalb der Fehlergrenzen übereinstimmen, während die der 5α-Hydroxy-Derivv. etwas stärker variieren. Ferner sind nach der Gleichung aus den Retentionszeiten monofunktioneller Steroide (*17β-Methoxyandrostan, 7α-Methoxycholestan, 7β-Methoxycholestan, 7α-Hydroxycholestan, Δ^2-Cholesten, Δ^7-Ergosten*) solche für bifunktionelle Steroide (*3β.17β-Dimethoxyandrostan, 3β.7α-Dimethoxycholestan, 3β.7β-Dimethoxycholestan, 3β.7α-Dimethoxyallopregnan, 3β.7β-Dimethoxyallopregnan, 3β-Methoxy-7α-hydroxyallopregnan, 5α-Hydroxy-Δ^2-cholesten, 5α-Hydroxy-Δ^7-ergosten*) berechnet u. mit den tatsächlich gemessenen verglichen worden. Bis auf die Ergebnisse der 5α-Hydroxy-Verbb., die um 18 bzw. 25% unter den berechneten Werten liegen, stimmen die Werte innerhalb ±4% überein. Eine genaue Erklärung für die beiden Fälle, in denen die Gleichung versagt, ist noch nicht möglich. Abschließend werden kurz die Gründe für die Wahl der hier verwendeten Trenn-Fl. diskutiert. W. HEIN. G 3700□

c) Bestandteile von Pflanzen und Tieren

Ein verbessertes Verfahren zur direkten spektrographischen Analyse von Pflanzenasche. J. W. Thompson. (Analyst **86.** 829—34. Dez. 1961. Rhodesia and Nyasaland, Fed. Min. of Agric., Dep. of Res. and Spec. Serv., Chem. Branch.) (Engl.)

Vf. beschreibt eine spektrograph. Meth. zur Analyse von Pflanzenasche, bei der Luft, die aus einer Düse nach STALLWOOD (vgl. C. **1955.** 4892) austritt, um den Lichtbogen herumgeführt wird, so daß die schwachen Linien des Zn, B u. P verstärkt, die Intensität der anderen starken Linien jedoch geschwächt wird. Mit diesem Verf. ist es möglich, Ca bei Geh. von 0,1—20% mit einer Standardabweichung von 4,2%, Mg (0,8 bis 8; 4,7), Na (0,20 bis > 7; 2,5), P (0,1—3,5; 3,2) sowie Cu bei Geh. von 1—3000 ppm mit einer Standardabweichung von 2,2%, Zn (3—3000; 5,0), Fe (100—10000; 4,4),

Al (60—10000; 6,1), Mn (60—10000; 2,3) u. B (30—1000; 10,9) direkt in der Asche nebeneinander zu bestimmen. J. KRAETSCH. 5664□

Die technische Weiterentwicklung der Vanadat–Molybdat-Methode zur Schnellbestimmung der Phosphoräure in pflanzlichen Substanzen. W. Eberhardt. (Landwirtsch. Forsch. **13.** 303—07. 1960. Berlin, TU, Inst. für Acker- u. Pflanzenbau) (Dt.)

Man verascht eine Probe pflanzlichen Materials in 15—20 Min. mit $HNO_3 + HClO_4$, gibt die Lsg. in ein HNO_3-NH_4-Vanadat–NH_4-Molybdat-Gemisch, rührt 5 Min. u. photometriert nach 1 std. Farb-Entw. u. SiO_2-Abscheidung. Je Best. wird 1 50 ml-Jenaer Glas-Kolben ohne Stopfen benötigt. W. WESLY. 5664□

Die Bestimmung von Thiamin (Vitamin B_1) in Getreide-Produkten: Vorherige Reinigungen. H. N. Ridyard. (Analyst **86.** 723—30. Nov. 1961. St. Albans, Herts., Cereals Res. Stat., Res. Assoc. of Brit. Flour Millers.) (Engl.)

Thiamin (I) läßt sich aus Weizen oder Haferextrakten mit Hilfe von Sand als Ionenaustauscher isolieren u. fluorescenzphotometr. bestimmen. Freies I kann mit verd. HCl extrahiert werden. Liegt gebundenes I vor, so muß in saurer, gepufferter Lsg. bei einem bestimmten pH digeriert u. vom Schaum abzentrifugiert werden. Die klare Lsg. oder der salzsaure Extrakt werden zur Adsorptionschromatographie an Sand verwendet, eluiert wird mit salzsaurer KCl-Lösung. Dabei tritt immer ein geringer Verlust durch adsorbiert bleibendes I ein. Das Eluat wrid mit Methanol versetzt, stark alkal. gemacht u. nach Zusatz von $K_3Fe(CN)_6$ u. Isobutanol durch einen Luftstrom oxydiert. Die Lsg. wird im Dunkeln aufbewahrt u. am nächsten Tag zur fluorometr. Messung verwendet. W. BETCKE. 5666□

d) Medizinische und toxikologische Analyse

Elektronischer Blutanalysator. Robert H. Okada und Herman P. Schwan. (Electronics **33.** Nr. 36. 53—54. 2/9. 1960. Philadelphia, Pa., Univ. of Pennsylvania, Moore School of Electr. Engng., Electromed. Div.) (Engl.)

Es wird ein kleines tragbares Transistorgerät beschrieben, mit dem auf Grund einer Widerstandsmessung (WIENschen Brückenschaltung; 100 kHz) das relative Erythrocyten-Vol. im Blut (Hämatokritwert in 1 Tropfen Blut) innerhalb 1 Min. bestimmt werden kann. H.-J. KOCH/Berlin. 5727□

Die Bestimmung von K, Na, Ca, Mg und P in physiologischen Flüssigkeiten. K. Scharrer und K. Mengel. (Z. Tierphysiol., Tierernähr., Futtermittelkunde **15.** 1—17. Febr. 1960. Gießen, Justus-Liebig-Univ., Agrikulturchem. Inst.) (Dt.)

Beschreibung eines Verf. zur flammenspektrometr. Best. von *K, Na, Ca* u. *Mg* sowie von *P* nach der Molybdat–Vanadat-Meth. in 10 ml Harn, Milch oder Blut. Die störenden Anionen sowie *Na* u. ein Teil von *K* werden mittels Lewatit S 100 abgetrennt. Der Streulicht-Einfl. von *K* auf die *Mg*-Best. ist rechner. ausschaltbar, ebenso die Störwkrg. von *Ca*. Mittlerer Fehler der Einzelmessung für die 5 Elemente maximal ±4%. K. MAIER. 5732□

Bestimmung kleiner Mineralmengen in Knochen, Knorpeln und Muskeln durch Röntgenabsorption. George P. Vose. (Microchem. J. [New York] **4.** 537—49. Dez. 1960. Denton, Tex., Texas Woman's Univ., Nelda Childers Stark Labor. for Human Nutrit. Res.) (Engl.)

Vf. beschreibt eine Mikro-Meth. zur Best. des mit 10%ig. HCl in Lsg. gebrachten anorgan. Geh. kleiner Proben menschlicher Knochen, Knorpel u. Muskeln auf Grund der K-Einfang-Röntgenintensität einer ^{55}Fe-Strahlungsquelle, die eine Funktion der Mineralstoff-Konz. darstellt. Bei Gewebeeinwaagen <50 mg erlaubt die Meth. ca. 20 Analysen pro Std. mit einem Fehler <2%. R. GÜNTHER. 5752□

Joseph Rosin, Reagent chemicals and standards. 4th edit. Princeton (New Jersey), London: Van Nostrand. 1962. (VIII + 557 S. m. Diagr. u. Tab.) 5 £ 12 s. 6 d.

H. Angewandte Chemie

I. Allgemeine chemische Technologie

Axiale Diffusion in isothermen Rohrreaktoren. Liang-Tseng Fan und Richard C. Bailie. (Chem. Engng. Sci. **13.** 63—68. Okt. 1960. Kans. State Univ. of Agric. Sci., Manhattan, Kans., U.S.A.) (Engl.)

Unter Berücksichtigung einer verschieden starken Rückvermischung der Reaktanden in axialer Richtung werden ausführliche Berechnungsunterlagen für eine Lsg. von Differentialgleichungen für isotherme kontinuierliche Rohrreaktoren gegeben. Außer für die nullte u. die erste Rk.-Ordnung haben die gefundenen Lsg. für alle anderen Ordnungen Gültigkeit. Eine analyt. Lsg. dieser Gleichungen ist nicht möglich. Mit Hilfe mehrerer Diagramme werden diese axialen Diffusionsvorgänge unter verschiedenen Bedingungen diskutiert. H. STRAUCH. 5802 □

Über den Nutzen mechanischer Kennwerte metallischer und organischer Werkstoffe für deren Gebrauch und Verarbeitung. Max Pfender. (Kunststoffe **51.** 518—29. Sept. 1961. Berlin-Dahlem, Bundesanst. für Materialprüfung) (Dt.)

Übersicht über die das mechan. Verh. der Werkstoffe bestimmenden Kennwerte, dargestellt an Asphalt-Bitumen, den Einfl. der Stoffstruktur u. der Werkstückform auf die Spannungsverteilung, die Eindringhärte als Kennwert für den mittleren Formänderungswiderstand, einige Möglichkeiten zur Kennzeichnung der Verschleiß-Wrkg. bearbeiteter Werkstoffe, die morpholog. Beschreibung der Werkstoffe mit Hilfe der Metallographie u. Plastographie, die Erweiterung der mechan. Prüfung durch raschere u. genauere Verff., die Merkmale für das Festigkeits-Verh. bei schwingender Beanspruchung u. die Bedeutung u. Ermittlung der Dämpfung. — 47 Schrifttumhinweise. W. WESLY. 5804 □

Die Bewertung von Wärmeaustauschflächen mittels einer energetischen Wärmeübergangsgleichung. Helmuth Kühne. (Chemiker-Ztg./Chem. Apparatur **85.** 778—84. 20/10. 1961. Hannover.) (Dt.)

Aus den auf ähnlichkeitstheoret. Grundlage aufgebauten Gesetzmäßigkeiten für Wärmeübergang u. Druckverlust wird eine energet. Wärmeübergangsgleichung (W) entwickelt, die nur kennzeichnende Größen der Betriebsverhältnisse enthält. Mit Hilfe der energet. W werden Schaubilder aufgestellt, die eine Bewertung verschiedenartiger Syst. über einen größeren Bereich der Betriebsverhältnisse gestatten. An einem Anwendungsbeispiel wird die Verwendbarkeit der entwickelten Beziehungen veranschaulicht. Eine Leistungsbewertung mittels der energet. W bietet folgende Vorteile: 1. das Erkennen der Betriebszustandsgrößen für eine wärmetechn. Bewertung von Wärmeaustauschflächen, 2. Einwandfreie Bewertung verschiedener Wärmeaustausch-Syst.; 3. Kontrolle von Wärmeübergangs- u. Druckverlustmessungen; 4. Angabe von Anhaltspunkten über die vorteilhaftesten Meßbereiche der Messungen. W. HEGENBERG. 5816 □

Wärmeübergangskoeffizienten in chemischen Wärmeaustauscheranlagen. F. R. Whitt. (Brit. chem. Engng. **6.** 398—401. Juni 1961. War Office Directorate.) (Engl.)

Die allg. benutzten Wärmeübergangs-Koeff. sind prakt. nur unter Beifügung von Faktoren für verschmutzte Austauschflächen anwendbar. Trotz solcher Faktoren, deren Bemessung nach Erfahrung gewählt wird, ist die Abweichung gegenüber experimentell gewonnenen Koeff. beachtlich. An 11 Beispielen wird gezeigt, daß bei turbulenter Strömung das Verhältnis berechneter zu gefundener Koeff. von 0,77—1,18 wechselt, bei laminarer Strömung in kurzrohrigen Austauschern das Verhältnis gar nur 0,56 beträgt. R. KAISER. 5816 □

Flachschicht-Fließbett als Abhitzekessel. W. J. Anderson. (Brit. chem. Engng. **6.** 403—04. Juni 1961.) (Engl.)

Im Hinblick auf die Bedeutung einer glatten Fließfähigkeit der Wirbelschicht wird für die Modellvorstellung vom zwangsläufigen Verhältnis von Fein- u. Grobkorn beim Nebeneinandergleiten der mathemat. Ausdruck hierfür wiedergegeben. Es wird ferner ein Vers. der Wärmeübertragung von aufgewirbelten Sandkörnern von 2 Größenordnungen beschrieben. Der Wärmedurchgang durch ein solches Sandfließbett u. ein eingelegtes Bourdon-Rohr ergab einen maximalen Wert von 87 BTU/hr. sq. ft./°F für 350° F bei einem Stoffdurchsatz von 250—300 lb./hr.sq.ft. R. KAISER. 5816 □

Untersuchungen über die Flotation von Strandsandmineralien von Travancore. K. M. Pai, R. Mallikarjunan und A. A. Krishnan. (Indian Inst. Sci., golden Jubilee Res. Vol. **1909—1959.** 240—49. Juli/Aug. 1969. Dep. of Metallurgy.) (Engl.)

Ilmenit, Rutil, Zirkon, Monazit u. Granat sind mit Na-Linolat (I) u. -Linolenat (**II**) als Sammlern flotationsfähig. Bei pH = ca. 10 kann man Ilmenit von den anderen Mineralien bei Verw. von 50 (mg/Liter) **II** trennen. Rutil trennt man bei pH = 11,5 mit 100 **II** von Granat u. Monazit. Die Sammlerfestigkeit von **II** ist bei pH = 6 größer als die von **I** für Konzz. $<$ 100 mg/Liter. Man kann Ilmenit von Zirkon in einem weiten pH-Bereich (Diagramm) mit **I** oder **II** als Sammlern u. Na-Silicat als Entspannungsmittel trennen. Im allg. fällt die Flotationsfähigkeit der Mineralien in der Reihenfolge: Zirkon, Monazit, Granat, Rutil, Ilmenit. — 16 Schrifttumhinweise. W. WESLY. 5828 □

Kationen-Flotation von Quarz, Pyrolusit, Hämatit, Calcit und Granat. U. B. Nayak, R. Mallikarjunan und A. A. Krishnan. (Indian Inst. Sci., golden Jubilee Res. Vol. **1909—1959.** 270—79. Juli/Aug. 1959. Dep. of Metallurgy.) (Engl.)

Mit n-Heptadecylaminhydrochlorid als Sammler u. Terpineol als Schäumer sind flotationsfähig: Quarz bei pH 2,7—11,9, Granat bei 2,7—12,0, Calcit bei 6,0—13,8. Hämatit u. Pyrolusit verhalten sich ähnlich wie Quarz. Mit steigender Sammler-Konz. fällt der untere u. steigt der obere krit. pH-Wert für die genannten Mineralien außer Hämatit. Quarz ist $<$ 0,05 mg/Liter Sammler bei keinem pH flotationsfähig. Die Flotation von Quarz, Granat u. Pyrolusit beruht auf der Adsorption von RNH_3^+-Ionen beim unteren u. von undissoziierter, freier Base beim oberen, krit. pH-Wert. Die Hämatit-Flotation entspricht beim oberen krit. pH-Wert der von Quarz u. ist beim unteren pH-Wert weniger ausgeprägt. Die Trennung der Mineralien setzt eine genaue Überwachung von Sammler-Konz. u. pH-Wert voraus. Die Einw. des Sammlers auf die Mineraloberfläche gemäß den Flotationstheorien wird erörtert. — 20 Schrifttumhinweise.
W. WESLY. 5828□

Der Filter- und Elektrolyteffekt, gemessen an einer wässerigen Quarzsuspension. Longin Placzek. (Chemiker-Ztg./Chem. Apparatur **85.** 774—76. 20/10. 1961. Gordola i. Tessin.) (Dt.)

Der Filter- u. Elektrolyteffekt tritt auf, wenn eine elektrolythaltige Filterschicht durch elektrolytarmes oder freies W. ausgewaschen wird u. sich dadurch das elektrokinet. Potential des Syst. u. damit der Zerteilungsgrad ändert. Untersucht wurden: a) die Entwässerungsdauer einer wss. Quarzsuspension (Korngröße 0,05 mm), b) die Abhängigkeit der Entwässerungsdauer von der Feststoff-Konz., c) die Sedimentations- u. Entwässerungsdauer u. ihre Abhängigkeit von der Art u. Konz. des Elektrolyten. Die Ergebnisse zeigen, daß die Elektrolyte koagulierend auf die Feststoffteilchen wirken u. damit Korngröße u. Kapillarradius der Filterschicht vergrößern, oder daß die Elektrolyte beim Durchströmen der Filterschicht einen osmot. Widerstand hervorrufen.
W. HEGENBERG. 5830□

Anwendung von Strahlungswärme zur Herabsetzung der Filterkuchenfeuchtigkeit der Kohle bei Versuchen in Pilotanlagen. E. R. Palowitch. (U.S. Dep. Interior, Bur. Mines, Rep. Invest. **1961.** Nr. 5831. 1—16.) (Engl.)

Bei der Entfernung von W. aus Feinkohle, die ein 48er Sieb passiert, vermögen Vakuumdrehfilter den Feuchtigkeits-Geh. bis auf 20—30% herabzusetzen; die weitere Trocknung kann nur durch Wärmeanwendung geschehen. Gestützt auf Labor.-Ergebnisse wurden Verss. mit einer Pilotanlage durchgeführt, bei denen direkte Strahlungswärme während der Trommelfilterung zur Anwendung gelangte. Der Feuchtigkeits-Geh. konnte dadurch um weitere 6% gesenkt werden. Der Vorgang läßt sich am besten als Filterhilfe beschreiben. Die Kosten sind etwas niedriger als bei der konventionellen therm. Trocknung. B. FRANZ. 5830□

Druckgasbeheizter Abwärme-Dampfkessel für verschmutzte Gase. F. Vollhardt. (Chemie-Ing.-Techn. **33.** 37—39. Jan. 1961. Göttingen, Schmidt'sche Heißdampf-Ges.) (Dt.)

Bei Gewinnung von Synth.-Gasen aus Ölen oder Erdgas fallen Gase an, die einen verhältnismäßig hohen Ruß-Geh. haben. Beim Betrieb von Abhitzekesseln müssen diese Rußflocken entfernt werden, damit nicht Wärmeverluste entstehen. Von den drei Möglichkeiten (Reinigung durch Dampfrußbläser, Erhöhung der Gas-Geschw. u. Zugabe von Fremdstoffen) erwies sich die letzte Meth. als günstigste. Dem Gas werden Verschleiß erzeugende Stoffe, wie Sand, Asche, Splitt usw., zugesetzt u. durch die Rohrleitungen geschickt. Die erforderlichen App. werden beschrieben.
F. ROSENDAHL. 5850□

Ein neuer Typ eines Fest-Flüssig-Extraktors. H. L. Ramos und R. B. Zayas. (Brit. chem. Engng. **6.** 392—97. Juni 1961. Monterrey, Mexico, Inst. Tecnol. y de Estud. Superiores.) (Engl.)

Ein kontinuierlich betriebener Extraktor für die Behandlung von Ölkernen im Gegenstrom gegen organ. Lsgm. wird beschrieben. Die Besonderheit der Ausführung besteht in 2 Kolonnen verschiedener Höhe mit Rührwellen. Die Zylinder sind am Fuß durch einen Doppelkanal verbunden u. ragen oben in 2 Behälter hinein. In den niedrigeren Zylinder wird das Extraktionsgut eingetragen, aus dem höheren mit Hilfe einer Hubschraube ausgetragen. Die Abmessungen des Apparates entsprechen einem Durchsatz von 250 lb. Fl.-Feststoffmasse je Std./sq.ft. Von 2 Beispielen, Baumwollsamen- u. Olivenkernpreßkuchen, werden Leistung u. Ausbeute mitgeteilt. R. KAISER. 5862□

Die Wärmepumpe bei der Vielkomponenten-Destillation. D. C. Freshwater. (Brit. chem. Engng. **6.** 388—91. Juni 1961. Loughborough, College of Technol. Dep. of Chem. Engng.) (Engl.)

Nach einem neuen Syst. des Wärmeaustauschs lassen sich Energieersparnisse bei der Dest. von Mehrkomponenten-Gemischen dadurch erreichen, daß zwischen möglichst kleine Wärmestufen einer Dest.-Kolonne je ein Wärmeaustausch-Aggregat zwischengeschaltet wird, dessen aufgenommene Wärme der nächstunteren Stufe zugute kommt. Das Rückflußverhältnis wird so unter den als normal angesehenen Minimalwert gebracht. In einem Beispiel wird eine reine Wärmeersparnis von 19% nachgewiesen.

R. KAISER. 5864□

Flächengewichts- und Dichte-Messungen mittels einer Strahlungsabsorption. M. Perette. (Microtecnic [Lausanne] **15.** 242—48. Okt. 1961. Paris, St. Denis, Co. d'Applic. et de Rech. Atom.) (Dt.)

Übersicht über die Grundzüge der Strahlungsabsorption, die Anzeigegeräte u. Meßschaltungen von Flächengewichts- u. Dichtemessungen u. die Auswertung der Messungen. W. WESLY. 5886□

Analysator für Brenngase zum Betrieb bei hohen Temperaturen. Nelson W. Hartz. (Instruments and Control Syst. **32.** 886—87. Juni 1959. Mine Safety Appliances, Co.) (Engl.)

Vf. beschreibt einen vollautomat. Analysator für leichtentzündbare Gase, der für Temp. bis 350° F verwendbar ist. Mit einem Registriergerät kann die prozentuale Explosivität aufgezeichnet werden. G. GATTOW. 5888□

Stahl für Reaktoren und für chemische Anlagen. B. Watkins. (Nuclear Engng. **4.** 296—303. Juli/Aug./Sept. 1959. Culcheth Labor., Dep. and Engng. Group.) (Engl.)

Für Hochdruckbehälter von Reaktoren wird Walzstahl in Blechstärken von 2—4 Zoll benutzt. 2 Stahlsorten gelten für diesen Zweck als geeignet: feinkörniger, mit Al desoxydierter Stahl u. grobkörniger mit Si desoxydierter Stahl. Die Forderung nach höheren Betriebs-Temp. führte zur Herst. von niedriglegierten Cr–Mo-Stählen, deren kennzeichnende Festigkeits-Eigg. mitgeteilt werden. Es werden austenit. rostfreie Stähle erörtert, die als Werkstoff für solche Betriebe in Frage kommen, in denen U u. Pu chem. verarbeitet werden u. die zur Herst. von Umläufen des als Kühlmittel verwendeten fl. Metalls dienen. Es wird das Verh. der Stähle unter Bestrahlung untersucht. — 48 Literaturangaben. H. HOCHSTEIN. 5894□

AGR-Kessel, ihre Konstruktion und Ausführung. E. F. P. Bennett. (Nuclear Engng. **4.** 291—93. Juli/Aug./Sept. 1959. Internat. Combustion [Nuclear Applications] Ltd.) (Engl.)

Die Konstruktion u. Ausführung von Wärmeaustausch-Druckbehältern, die in Kernreaktoren hohen Gas-Temp. unterworfen sind, werden erörtert u. es werden Angaben über die Beanspruchungsgrenzen u. die Eigg. der Baustähle gemacht. Die Wärmeaustauscher, die für gasgekühlte Reaktoren bestimmt sind, sind so ausgebildet, daß die Beanspruchungen reduziert u. größere Materialbewegungen, die durch Wärme-Ausdehnungen u. -Schrumpfungen verursacht sind, gestattet werden.

H. HOCHSTEIN. 5894□

Die sauren Eigenschaften von Aluminiumoxid-Katalysatoren. 1. Mitt. Nachweis der sauren Zentren im Aluminiumoxid. Etsuro Echigoya und Tadao Shiba. Bull. Tokyo Inst. Technol., Ser. B **1960.** 133—40. Tokyo, Inst. of Technol., Dep. of Chem. Engng.) (Engl.)

Eine bemerkenswerte Aktivität für Polymerisations-Rkk. an Olefinen zeigen nach Unterss. der Vff. Katalysatoren aus Al_2O_3, die sich durch Hydrolyse von Al-Isopropylat darstellen lassen. Die Polymerisation von Äthylen bewirkt ein bei 500° im Vakuum ausgeheizter Al_2O_3-Katalysator bei Temp. ab 260° u. zeigt damit ähnliche Eigg. wie ein SiO_2–Al_2O_3-Katalysator. Der dabei ablaufende Rk.-Mechanismus wird mit der Bldg. intermediärer Carboniumionen erklärt u. damit gleichzeitig die Existenz saurer, akt. Zentren an der Al_2O_3-Oberfläche angenommen. Durch DTA-Messungen konnte die Bldg. von γ–Al_2O_3 oberhalb 450° beobachtet werden. Vff. bringen diesen Strukturwandel mit der Bldg. der sauren Zentren in Zusammenhang. Abhängigkeiten zwischen ausgebildeter Oberfläche u. der Darst.-Temp. des Katalysators werden bei Adsorption oder Chemisorption von Pyridin, NH_3 u. W. beobachtet. Die Aktivität des Katalysators wird durch diese Substanzen rasch vermindert. W.-D. HEUSSNER. 5904□

Die sauren Eigenschaften von Aluminiumoxid-Katalysatoren. 2. Mitt. Die Natur der sauren Zentren im Aluminiumoxid. Etsuro Echigoya und Tadao Shiba. (Bull. Tokyo Inst. Technol., Ser. B **1960.** 141—45. Tokyo Inst. of Technol., Dep. of Chem. Engng.) (Engl.) — 1. vgl. vorst. Referat.

Aus Unterss. an verschiedenen Polymerisations- u. Dehydratations-Rkk. schließen Vff. auf die unterschiedliche Wrkg. von Al_2O_3- u. SiO_2–Al_2O_3-Katalysatoren. Ein enger Zusammenhang zwischen Acidität u. katalyt. Aktivität des Al_2O_3 läßt sich bes. bei Dehydratations-Rkk. feststellen. Es wird die Ansicht vertreten, daß die Acidität des Al_2O_3 durch Gitterspannungen an der Oberfläche bei hohen Temp. entstanden sein kann, die sich durch Adsorption kleiner Mengen Alkali rasch vermindern läßt.

W.-D. HEUSSNER. 5904□

Die Acidität von gemeinsam gefällten Kieselsäure–Tonerde-Katalysatoren. Chun-Yu Wang und Wu Chih. (Acta focal. sinica **4.** 199–209. Juli 1959. Peking, Inst. of Petroleum Technol.) (Chines.; Auszug: Engl.)

Die Acidität von SiO_2- u. Al_2O_3-Katalysatoren wird mit bekannten Verff. vor u. nach Calcinierung bestimmt. Ein neues Verf. verwendet die Adsorptionsisotherme in wss. KOH-Lösung. Die mit den verschiedenen Verff. erhaltenen Werte werden mit dem Crackvermögen verschiedener Katalysatoren in Beziehung gebracht. Der Verlauf der Bldg. saurer Zentren bei der Herst. von Katalysatoren wird erörtert. Es wird angenommen, daß saure Zentren verschiedener Art u. Stärke auf der Oberfläche gemeinsam gefällter SiO_2- u. Al_2O_3-Katalysatoren anwesend sind. Aus 2 Al-Atomen bestehende Säurezentren des Protonentyps werden für das Crackvermögen der Katalysatoren verantwortlich gemacht. W. WESLY. 5904□

Untersuchungen über granulierte, geschmolzene Eisenkatalysatoren. 2. Mitt. Vergleich verschiedener Verfahren zur Herstellung granulierter Katalysatoen. Chin-shü Chi und Lin-yang Chang. (Acta focal. sinica **4.** 224–34. Juli 1959. Acad. Sinica, Inst. of Petroleum.) (Chines.; Auszug: Engl.) — 1. vgl. Acta focal. sinica **2.** [1957.] 311.

Die Wege zur Herst. brauchbarer granulierter Katalysatoren mit Makroporen werden erörtert. In einem granulierten Katalysator stehen die Porosität der Makroporen u. die mechan. Festigkeit in Widerspruch zueinander. Nur gesinterte u. umhüllte Katalysatoren erfüllen die Anforderungen an Porosität u. Festigkeit. Je poröser der Katalysator, desto größer ist die Dauer seiner Wirksamkeit. Ein gesinterter granulierter, geschmolzener Fe-Katalysator für die FISCHER-TROPSCH-Synth. (15 at, 240–250°, Durchsatz 500 h^{-1}) bewirkte mit oder ohne Regeneration durch Lsgm.-Extraktion 40 Tage lang eine 85% ig. CO-Konvertierung. W. WESLY. 5904□

Mechanismus der katalytischen Wirkungsweise von Nickeloxid–Kieselsäure-Katalysatoren auf die Äthylenpolymerisation. Atsumu Ozaki. (Bull. Tokyo Inst. Technol., Ser. **B 1960.** 109–19.) (Engl.)

An NiO-SiO_2-Syst. wird unter Normaldruck in Abhängigkeit von Temp. u. Oberflächenausbildung die physikal. Adsorption von Äthylen untersucht. Mit aktivierten u. vergifteten Katalysatoren gelang durch Vgl. die Messung der Polymerisationsaktivität von NiO–SiO_2-Katalysatoren; ein Aktivitätsmaximum wird bei Temp. von 500–600° beobachtet. Durch deuterierten Katalysator u. massenspektrometr. Best. der Rk.-Prodd. wird zwischen Austausch- u. Kondens.-Rkk. unterschieden u. die Polymerisation als Protonen-Rk. formuliert, wobei intermediär gebildete Carboniumionen angenommen werden. Messungen der Rk.-Isothermen von Ae., A., W. u. CO bei Drucken von 10^{-1} bis $3 \cdot 10^{-2}$ mm Hg zeigen empfindliche Verzögerungs-Einfl. dieser Substanzen auf die Äthylenadsorption am Katalysator. Aus Induktionsperioden bei höheren Temp. bestimmt Vf. Aktivierungsenergien zu 12–5 kcal/Mol. W.-D. HEUSSNER. 5904□

Stoffübergang in der Halbwirbelschicht. Liang-Tseng Fan, Xung-Chia Yang und Chin-yung Wen. (A. I. Ch. E. Journal **5.** 407–09. Sept. 1959. Manhattan, Kans., Kansas State Univ.) (Engl.)

Durch Anbringen einer verstellbaren Siebplatte über der Partikelschüttung erreichen Vff., daß sich in einem einzigen Reaktor gleichzeitig Festbett (obere Zone) u. Wirbelschicht (untere Zone) ausbilden. Verss. mit dem Syst. Benzoesäure/W. zeigten, daß sowohl die Breite der Zonen als auch der Stoffübergang nicht nur von den Eigg. des Feststoffes u. des fluiden Mediums sowie dem Strömungszustand des Syst. bestimmt werden, sondern auch von der Position des Siebes, also der Gesamthöhe des Bettes. Der Vorteil der Anlage ist die Beseitigung bzw. Verminderung gewisser Effekte, die den Wrkg.-Grad der reinen Wirbelschicht herabsetzen, wie z. B. Kornaustragung u. Rückvermischung. J. MARTINS. 5904□

Temperatur- und/oder Konzentrationsverhältnis von Feststoff zu fluidem Medium bei Festbettprozessen. H. E. Hoelscher. (A.I.Ch.E. Journal **5.** 410. Sept. 1959. Baltimore, Md., Johns Hopkins Univ.) (Engl.)

Kurze Interpretation der mathemat. Ergebnisse von GOLDSTEIN (C. **1956.** 9272) u. Hinweis auf die entsprechenden Tabellen zur Berechnung der Temp.- u. Konz.-Verhältnisse (OPLER u. Mitarbeiter, „Tables for Predicting the Performance of Fixed Bed Ion Exchange and Similar Mass Transfer Processe", Stanford, Calif., Stanford Res. Inst. [1954]). J. MARTINS. 5904□

Soc. An. du Blanc Omya, Frankreich, **Glaserkitt** aus $CaCO_3$ u. Leinöl. Das $CaCO_3$ wird zur Gewinnung eines Kittes mit verbesserten Eigg., bes. mit verringerter Austrocknung beim Lagern u. verbesserter Haftfestigkeit, bei 70–80° mit 1,5% eines

Gemisches gemahlen, das aus $^2/_3$ Mineralöl u. $^1/_3$ Lecithin besteht. (**F. P. 1 181 298** vom 19/8. 1957, ausg. 12/6. 1959.) M. F. MÜLLER. 5811

Badische Anilin- & Soda-Fabrik Akt.-Ges., Ludwigshafen/Rh. (Erfinder: Hans Fikentscher, Hans Wilhelm, Heinrich Wirth und Karl Dachs, Ludwigshafen/Rh.), **Dispergier- oder Emulgiermittel, Mittel zur Schaumerzeugung und Schutzkolloide.** Als solche werden verwendet nacherhitzte *wasserlösl. Mischpolymerisate von ungesätt. Carbonsäureamiden*, deren Herst. Gegenstand des D. A. S. 1 006 151; C. **1959.** 1660 ist. Unter Mischpolymerisaten sind alle wasserlösl. Mischpolymerisate von $\alpha.\beta$-ungesätt. Carbonsäureamiden zu verstehen, die beständige wss. Lsgg. ergeben. Die Emulgiermittel eignen sich z. B. zur Herst. von Salben, Desinfektionsmittel enthaltenden Emulsionen, in der Textilhilfsmittel- u. Lackindustrie, für die Herst. von Schädlingsbekämpfungsmitteln u. Spachtelmassen. Auch als Hilfsstoffe bei chem. Rkk. finden sie zahlreiche Anwendung. Die Emulgier- bzw. Dispergiermittel eignen sich nicht nur zur Herst. u. Stabilisierung von feinsten Verteilungen fester u. fl. Körper, sondern auch von gasförmigen Feinstverteilungen, wie Schäumen. — Vgl. F. P. 1 155 188; C. **1960.** 13146. (**D. A. S. 1 046 630** Kl. 12s vom 12/7. 1955, ausg. 18/12. 1958.) H. RAEITHEL. 5825

Union Carbide Corp., V.St.A., **Koagulation von festen Stoffen in einer suspendierten Ton enthaltenden Flüssigkeit** unter Zusatz von *Polyäthylenoxyd* mit einer Viscosität zwischen 1,0 u. 75,0. — Beispiel: Behandlung von *U*-Salz-Lsgg., die durch Laugen von U-Erzen mit H_2SO_4 erhalten wurden. (**F. P. 1 222 502** vom 17/11. 1958, ausg. 10/6. 1960. A. Prior. 18/11. 1957.) M. NECKERMANN. 5829

E. I. du Pont de Nemours & Co., Wilmington, übert. von: Bernhardt J. Eiseman jun., Wilmington, Del., und Robert C. McHarness, Woodstown, N. J., V.St.A., **Azeotrop siedende Kühlmischungen** mit Kp. -41^0 aus 50—90 (%), z. B. 66 oder 75, Monochlordifluormethan u. 50—10, bes. 34 bzw. 25, Dichlordifluormethan. — Siedediagramm. (**Can. P. 552 244** vom 22/4. 1955, ausg. 28/1. 1958.) EBERHARD RIEDEL. 5859

Soc. d'Études et de Recherches d'Évaporation et Cristallisation (S.E.R.E.C.), Frankreich, **Konzentrieren von Salzlösungen,** bes. von *NH_4-, Na- u. Ca-Salzen,* oder *Trennen von Salzen,* z. B. NaCl von KCl, durch Verdunstung in einem Dünnschichtrieselkühler, wie er für die Kühlung von Industriewasser verwendet wird, bei normaler Temperatur. Die Verdunstung kann durch schwache Erwärmung oder einen Luftstrom beschleunigt werden. Die Kühlerplatten werden durch Kratzer oder Vibration gereinigt. (**F. P. 1 162 284** vom 5/11. 1956, ausg. 10/9. 1958.) P. KÜHN. 5865

Hermann Römer, München, **Kernreaktor** in einem geschlossenen Raum mit Gasein- u. -auslaß u. mit D_2O in geschlossenem Kreislauf als Moderator. An den Gasauslaß ist eine Vorr. zum Entzug von D_2O angeschlossen, das unbeabsichtigt aus dem Kreislauf in den geschlossenen Raum austritt. (**D. A. S. 1 111 305** Kl. 21g vom 31/1. 1958, ausg. 20/7. 1961.) H. KESSEL. 5895

Brown, Boveri & Cie. Akt.-Ges., Mannheim, und Beteiligungs- und Patentverwaltungsgesellschaft m. b. H., Essen (Erfinder: Richard Schulten, Lützelsachsen), **Kernreaktor.** Der den Coreraum nach oben abschließende Teil des Reflektors ist nach innen als Hohlkegel gestaltet, dessen Mantelfläche parallel zur Mantelfläche des Schüttkegels des Brennstoffs liegt. Der Abstand beider beträgt ca. das 1—3fache des Durchmessers der Brennstoffformkörper. (**D. A. S. 1 106 432** Kl. 21g vom 27/8. 1959, ausg. 10/5. 1961.) H. KESSEL. 5895

Maschinenfabrik Augsburg-Nürnberg Akt.-Ges. (Erfinder: Wilhelm Sahl), Nürnberg, **Kernreaktor,** bei dem die Brennelemente normales W. unmittelbar erhitzen, die Überhitzung des in der zentralen Spaltzone erzeugten Sattdampfes in einer diese umgebenden Ringspaltzone erfolgt u. der Dampf unmittelbar eine Dampfkraftanlage speist. Als Moderator in der Ringspaltzone dient D_2O mit einem freien Wasserspiegel von regelbarer Höhe. Die Trennwand zwischen dem Moderator u. der zentralen Spaltzone besteht aus einem für Neutronen durchlässigen Material. (**D. A. S. 1 098 112** Kl. 21g vom 27/9. 1958, ausg. 26/1. 1961.) H. KESSEL. 5895

Deutsche Babcock & Wilcox-Dampfkessel-Werke Akt.-Ges. (Erfinder: Arno Müller), Oberhausen/Rhld., **Kernreaktor** mit Spalt- u. Brütmaterial. Zur Verlängerung der Laufdauer wird die sich selbst erhaltende Ketten-Rk. jeweils nur in einem Teil des Reaktorkerns herbeigeführt u. fortlaufend oder nach bestimmten Zeitabschnitten in andere Teile oder Zonen des Kerns verschoben. (**D. A. S. 1 097 050** Kl. 21g vom 27/8. 1959, ausg. 12/1. 1961.) H. KESSEL. 5895

Deutsche Babcock & Wilcox-Dampfkessel-Werke Akt.-Ges. (Erfinder: Arno Müller), Oberhausen/Rhld., **Kernreaktor** mit kreiszylindr. Moderator. Der Kühlmittelstrom tritt an beiden Stirnflächen des Moderatoraufbaus ein u. aus.

Die Zuführungskanäle werden durch nur teilweise oder gar nicht mit Brennelementen bestückte Bohrungen gebildet. (**D. A. S. 1 117 787** Kl. 21g vom 25/7. 1958, ausg. 23/11. 1961.) H. Kessel. 5895

Metallgesellschaft Akt.-Ges., Frankfurt/M. (Erfinder: Hermann Clasen, Falkenstein), **Kernreaktor** mit UF_6 als Brennstoff. Die Rk.-Zone ist als Turbine ausgebildet, die von dem UF_6 angetrieben wird. (**D. A. S. 1 110 334** Kl. 21g vom 8/11. 1957, ausg. 6/7. 1961.) H. Kessel. 5895

LICENTIA Patent-Verwaltungs-G. m. b. H., Frankfurt/M. (Erfinder: Heinz Kornbichler, Walldorf), **Siedewasser-Kernreaktor** mit einem in das Druckgefäß eingebauten Dampf–W.-Abscheider u. mit Naturumlauf des Kühlmittels. Über dem Reaktorkern sind zur Beförderung des umlaufenden W. Kamine vorgesehen, in die Dampfabführungsrohre hineinragen. Der Wasserspiegel im Druckgefäß wird auf eine Höhe über dem oberen Kaminende eingestellt. (**D. A. S. 1 107 351** Kl. 21g vom 12/6. 1959, ausg. 25/5. 1961.) H. Kessel. 5895

Kurt Diebner (Erfinder: Erich Bagge und Kurt Diebner), Kiel, **Zweistufiger Kernreaktor,** der als Brütreaktor ausgebildet ist. Als Zentralreaktor dient eine inverse Anordnung von Brennstoff u. Moderator. (**D. A. S. 1 105 075** Kl. 21g vom 27/1. 1956, ausg. 20/4. 1961.) H. Kessel. 5895

Siemens-Schuckertwerke Akt.-Ges., Berlin und Erlangen (Erfinder: Albert Ziegler, Erlangen), **Mehrzonen-Experimentierkernreaktor** mit einem zentralen Reaktorstruktureinsatz u. einer darum angeordneten Mantelzone aus angereicherten Brennelementen. Diese sind mit radial angeordneten Verstellmechanismen radial verstellbar. (**D. A. S. 1 110 770** Kl. 21g vom 27/8. 1959, ausg. 13/7. 1961.) H. Kessel. 5895

Brown, Boveri & Cie. Akt.-Ges., Mannheim (Erfinder: Ralph Deuter, Brüssel, E. T. Lapp, New York, N.Y., V.St.A., Oswald Haussmann, Heßheim, und Wolfgang Mattick, Mannheim), **Unter Überdruck arbeitender Kernreaktor** mit einem den Reaktor umgebenden Schutzbehälter u. einem diesen einschließenden Schutzschild sowie Mitteln zum Aufrechterhalten eines Unterdruckes im Raum zwischen Schutzbehälter u. Schutzschild. Eine Gasumwälz-Vorr. pumpt die zur Aufrechterhaltung des Unterdruckes erforderliche Gasmenge in den Schutzbehälter zurück. (**D. A. S. 1 109 278** Kl. 21g vom 8/5. 1959, ausg. 22/6. 1961.) H. Kessel. 5895

Switzer Brothers, Inc., Cleveland, Ohio, übert. von: **Donald W. Parker jun.**, Park Ridge, Ill., V.St.A., *Wasseremulgierbare Mischung.* (**A. P. 2 978 418** vom 15/2. 1956, ausg. 4/4. 1961. — C. **1960.** 14141 [E. P. 816 006].)

Badische Anilin- & Soda-Fabrik Akt.-Ges., Ludwigshafen/Rh. (Erfinder: **Hans Fikentscher, Hans Wilhelm, Rudolf Bachmann** und **Klaus Holzer**, Ludwigshafen/Rh.), *Herstellung wässeriger oder Wasser enthaltender Emulsionen und Dispersionen.* (**D. A. S. 1 040 565** Kl. 12s vom 29/6. 1955, ausg. 9/10. 1958. — C. **1960.** 2016 [E. P. 801 411] u. C. **1961.** 9992 [F. P. 1 154 044].)

Metallgesellschaft Akt.-Ges., Frankfurt/M. (Erfinder: **Rolf-Karl Dorn**, Hamburg, **Werner Wisfeld**, Frankfurt/M., **Erich Herrmann**, Heidelberg, und **Günter Derenk**, Frankfurt/M.), *Kontinuierlicher Ionenaustausch in Flüssigkeiten.* (**A. P. 2 963 431** vom 20/6. 1955, ausg. 6/12. 1960. D. Prior. 22/6. 1954. — C. **1961.** 12590 [D. A. S. 1 084 241].)

Farbenfabriken Bayer Akt.-Ges., Leverkusen (Erfinder: **Horst Müller**, Marburg/Lahn), *Kontinuierliches Trennen von Flüssigkeits- oder Gasgemischen.* (**E. P. 847 485** vom 31/7. 1956, ausg. 7/9. 1960. D. Prior. 3/8. 1955. — C. **1958.** 3415 [D. A. S. 1 005 046].)

N. V. Philips' Gloeilampenfabrieken, Eindhoven, Holland, *Radioaktive Bestrahlungsvorrichtung.* (**Belg. P. 555 833** vom 15/3. 1957, ausg. 12/2. 1960. Holl. Prior. 17/3. 1956. — C. **1958.** 13873 [D. A. S. 1 027 810].)

Chininfabrik Braunschweig Buchler & Co., Braunschweig, *Radioaktive Bestrahlungsperlen.* (**E. P. 854 825** vom 19/6. 1957, ausg. 23/11. 1960. D. Prior. 22/6., 10/8. 1956 u. 30/4. 1957. — C. **1959.** 4592 [D. A. SS. 1 023 155 u. 1 026 449].)

II. Betriebsschutz. Feuerschutz

Entzündungspunkt, Explosionsgrenzen und Explosionsverhinderung. Herbert Meuresch. (Chemiker-Ztg./Chem. Apparatur **85.** 735—40. 5/10. 1961. Zürich.) (Dt.)

Explosions- u. Inhibitions-Rkk. besitzen Radikalcharakter. Zur Auslösung beider Rkk. sind genau fixierte Mengen erforderlich. Vf. weist Bestehen einer Inhibitions-Konz.-Grenze (IKG) nach. Diese ist ebenso wie die Explosions-Konz.-Grenze temperaturabhängig. Aus der Kenntnis der entsprechenden unteren Explosionsgrenzen brennbarer Gase u. der dem Inhibitor zugehörigen IKG lassen sich die brand- u. explosionsungefährlichen Konzz., bezogen auf eine bestimmte Temp., vorausberechnen.

K. Radscheit. 5936 □

Die Tropfengröße unter dem Einfluß von Zusätzen zum Löschwasser bei der Versprühung. B. R. Hinrichs. (VFDB-Z., Forsch. Techn. Brandschutz **10.** 14—18. Febr. 1961. Karlsruhe, TH, Forschungsstelle für Feuerlöschtechnik.) (Dt.)

Für die Brandbekämpfung mit W. hat sich am geeignetsten ein Sprühstrahl erwiesen, dessen Tropfenspektrum eine Durchmesserverteilung von 0,3—1 mm zeigt. Auf Grund von theoret. Ableitungen u. Modell-Verss. des Vf. wurde festgestellt, daß die Zerstäubung im wesentlichen durch die Konstruktion der Düse u. nicht durch die Zusätze von anorgan. Salzen oder organ. Netzmitteln (1% Erkalen oder 2% Aquatom) beeinflußt wird. Für netzmittelhaltige Lsgg. wurde im Tropfenspektrum die größte Tropfenzahl für 0,2—0,4 mm ∅ gemessen. Bei definierten Fl.-Bränden wurde in der Löschwrkg. kein Unterschied zwischen reinem u. netzmittelhaltigem W. gefunden.
H. MEINER. 5944□

Eino Malakias Bremer, Helsingfors, Finnland (Erfinder: Tor-Erik Brehmer), **Hautschutzkrememulsionen.** Die Hände werden zunächst mit einer Zn- oder Al-Salz enthaltenden Emulsion eingerieben, alsdann werden die Hände in eine einen Polyvinylalkohol sowie Stearat oder Oleat enthaltende Emulsion eingetaucht, wobei sich eine Schutzhaut aus Zn- oder Al-Stearat bildet. (**Finn. P. 29 897** vom 16/12. 1953, ausg. 28/2. 1959.) K. H. KÄHLER. 5933

Sigma Lutín, Národní Podnik, Olomouc-Lutin (Erfinder: Jaroslav Novotny und Antonin Steinhilber, Prag), Tschechoslowakei, **Filtermasse gegen Quecksilberdämpfe.** Akt. Kohle enthält als Imprägnierstoff Alkalipolysulfide, Alkalisulfide oder Alkalihydrosulfide. (**D. A. S. 1 075 953** Kl. 61b vom 18/1. 1958, ausg. 18/2. 1960. Tschech. Prior. 8/2. 1957.) E. MIESSGANG. 5937

Southwest Research Institute, übert. von: Roy T. McCutchan, San Antonio, Tex., V.St.A., **Löschmittel für Magnesiumbrände** und Brände ähnlicher brennbarer Metalle, bestehend aus einer (durch Pumpen förderfähigen) Lsg. von Borsäure in einem 2- bzw. 3wertigen Alkohol oder deren Mischungen [Beispiele: 2-Methylpentandiol-(2.4); Hexantriol-(1.2.6).] (**A. P. 2 880 172** vom 28/4. 1955, ausg. 31/3. 1959.) E. MIESSGANG. 5945

III. Elektrotechnik

Union Carbide Corp., New York, N.Y., übert. von: Orval J. Cummins, Miamisburg, Ohio, V.St.A., **Erhöhung des elektrischen Widerstandes von Nickelüberzügen** durch therm. Zers. von *Ni(CO)*$_4$-Gas in Ggw. von 4—8% *NH*$_3$ bei 110 bis 140°. Die mechan. Eigg. der Ni-Schicht bleiben dabei unverändert, während die Leitfähigkeit herabgesetzt wird. — Vorrichtung. (**A. P. 2 921 871** vom 22/5.1957, ausg. 19/1. 1960.) F. VIER. 5953

George Edward Folkes, Birmingham, England, **Herstellung elektrisch leitfähiger durchsichtiger Teile.** Auf einen durchsichtigen Träger, z. B. aus *Glas*, wird ein durchsichtiger elektr. leitender Überzug, z. B. aus *Au*, aufgedampft. Auf diese Schicht wird ein durchsichtiger elektr. leitender Schutzfilm, z. B. aus *Al*, aufgedampft. Durch Erhitzen auf 800° F für 25 Min. in Luft wird der Al-Überzug in Al_2O_3umgewandelt. An Stelle von Au kann auch *Cu*, *Ag*, *Ni* oder *Fe* aufgedampft werden. An den Kanten wird der Metallüberzug zur Erhöhung der Leitfähigkeit verstärkt. (**E. P. 826 754** vom 9/6. 1956, ausg. 20/1. 1960.) F. VIER. 5953

National Research Development Corp., London, England (Erfinder: George Victor Planer und Raymond Malcolm Glaister), **Dielektrische Keramikmassen** mit hoher DK u. geringem Leistungsfaktor, die aus leitfähigen, nicht ferroelektr. zussmmengesinterten, mit einer nicht leitfähigen Oxidschicht umgebenen Körnchen aus Erdalkalititanaten oder aus einem oder mehreren Erdalkalititanaten mit Erdalkalistannat u./oder -zirkonat u./oder Ta_2O_5 bestehen. — Zum Beispiel werden Verbb. nach der allg. Formel $SrTiO_3 \cdot m(Bi_2O_3 \cdot n\ TiO_2)$, wobei m = 5 bis 16 (Mol-%) u. n = 1—5 bedeutet, hergestellt durch Sintern des Gemisches der Komponenten bei 1300—1350° in Ggw. von O_2, Red. des Prod. bei ca. 1300° u. anschließende Oxydation bei ca. 600°, wodurch eine nichtleitende hauchdünne Oxidschicht über den Einzelteilchen des porösen Formkörpers gebildet wird. (**E. P. 861 346** vom 29/11. 1957, ausg. 15/2. 1961.) G. FRIKELL. 5957

Minnesota Mining & Mfg. Co., St. Paul, Minn., übert. von: William S. Barnhart, Cranford, N.J., Clifford K. Travis, Riverdale, N.Y., und Chester R. Leder, Princeton, N.J., V.St.A., **Masse zum Einsetzen, Einkitten und Überziehen elektrischer Teile und Elemente,** wie Widerstände, Kondensatoren, Transistoren usw., bestehend aus 10—50(%) eines Hartwachses mit einer Shore D-Härte von 35—50 (nach ASTM D-785), das durch therm. Abbau eines harzartigen Polytrifluorchloräthylens mit einem NST-Wert von 220—320° erhalten wurde, u. 50—90 eines niedermol. Sulfurylchloridtelomeren von Trifluorchloräthylen, F. $<80°$. (**A. P. 2 909 503** vom 21/6. 1955, ausg. 20/10. 1959.) C. LÜTTGEN. 5957

Western Electric Co., Inc., New York, N.Y., V.St.A., **Ferroelektrisches Kalium-Natrium-Niobat.** Verbb. von $K_9Na_1(NbO_2)$ bis $K_1Na_9(NbO_3)$ zeigen bes. gute ferroelektr. Eigg. mit spezif. Temp.-Abhängigkeit. Die Herst. erfolgt durch Brennen von Gemischen aus Nb_2O_5 u. äquimol. Mengen von $Na_2CO_3 + K_2CO_3$. Das Verhältnis der Alkalisalze zueinander ist maßgeblich für die entstehende Verb. u. die benötigte Brenn-Temp. zwischen 1030 u. 1305°. Vor dem Brennen wird das Gemisch bei 750—1000° calciniert u. unter hohem Druck verformt. Für $K_2Na_8(NbO_3)$ liegt die Brenn-Temp. bei 1135—1180°, für $K_2Na_9(NbO_3)$ bei 1260—1305°. — Zur Herst. von $K_5Na_5(NbO_3)$ werden gemischt 76,17 (g) K_2CO_3, 58,43 Na_2CO_3 u. 292,40 Nb_2O_5. — *Piezoelektr. Eigenschaften.* (**E. P. 858 042** vom 13/4. 1959, ausg. 4/1. 1961. A. Prior. 28/4. 1958.) G. FRIKELL. 5961

Accumulatoren-Fabrik Akt.-Ges. (Erfinder: Fritz Bachmann), Hagen/Westf., **Elektroden** für alkal. oder neutrale *Akkumulatoren* enthalten zur Absorption von H_2 Ag oder Ag-Verbb., wie Ag_2O. (**Can. P. 551 498** vom 30/11. 1953, ausg. 14/1. 1958.) EBERHARD RIEDEL. 5971

Standard Telephones & Cables Ltd., London, England, **Selengleichrichter** mit Zusätzen von *Ga* u. *Halogen*, wobei die Konz. des Ga in der Nähe der Gegenelektrode ein Maximum erreicht. Der Höchst-Geh. an Ga soll 10 mg auf 100 g Se betragen. Der Gleichrichter wird durch gleichzeitiges Aufdampfen von Se u. Ga, bzw. Ga-Halogenid, aus getrennten Verdampfern hergestellt. (**E. P. 833 894** vom 4/10. 1957, ausg. 4/5. 1960. D. Prior. 5/10. 1956.) F. VIER. 5977

N. V. Philips' Gloeilampenfabrieken, Eindhoven (Erfinder: **Ludovicus Augustinus Lambertus Esseling**, Nijmegen), Holland, *Vorrichtung mit halbleitender Schicht.* (**Holl. P. 98 359** vom 1/7. 1957, ausg. 15/6. 1961. — C. **1961.** 256 [D. A. S. 1 068 385].)

Montecatini Soc. Gen. per l'Industria Mineraria e Chimica, Mailand, Italien, *Herstellung von Gegenständen aus Polytetrafluoräthylenharz.* (**Holl. P. 98 761** vom 27/1. 1956, ausg. 15/8. 1961. A. Prior. 28/1. 1955. — C. **1960.** 254 [F. P. 1 146 052].)

Stockholms Superfosfat Fabriks Aktiebolag, Stockholm, Schweden, *Herstellung von plastischen Mischungen aus thermoplastischen Polymeren.* (**E. P. 841 649** vom 14/10. 1957, ausg. 20/7. 1960. Schwed. Prior. 15/10. 1956. — C. **1960.** 7634 [Oe. P. 202 775].)

Accumulatoren-Fabrik Akt.-Ges., Hagen, *Mikroporöse Separatoren für Akkumulatoren.* (**Schwz. P. 356 504** vom 26/6. 1959, ausg. 13/10. 1961. — C. **1960.** 7635 [D. A. S. 1 071 172].)

National Research Development Corp., London, England, *Brennstoffzelle.* (**Schwz. P. 356 173** vom 13/12. 1957, ausg. 29/9. 1961. E. Prior. 17/12. 1956. — C. **1959.** 12660 [D. A. S. 1 051 350].)

Philips Electrical Industries Ltd., London, England, *Leuchtschirm für Rot.* (**E. P. 842 256** vom 30/12. 1958, ausg. 27/7. 1960. Holl. Prior. 2/1. 1958. — C. **1961.** 7704 [D. A. S. 1 080 226].)

Radiation Research Corp. (Erfinder: **John Howard Coleman**), New York, N.Y., V.St.A., *Radioaktive Strahlenquelle.* (**F. P. 1 206 680** vom 18/4. 1958, ausg. 11/2. 1960. **Belg. P. 566 790** vom 15/4. 1958, ausg. 12/8. 1960. Beide A. Prior. 22/4. 1957. — C. **1961.** 11468 [D. A. S. 1 095 957].)

Pierre Vidal, Charbonnières-les-Bains, Frankreich, *Radioaktive Strahlenquelle.* (**Schwz. P. 351 345** vom 3/11. 1958, ausg. 28/2. 1961. F. Prior. 13/11. 1957. — C. **1961.** 11845 [D. A. S. 1 094 380].)

P. R. Mallory & Co., Inc. (Erfinder: **James M. Booe**), Indianapolis, Ind., V.St.A., *Elektrolytkondensator.* (**D. A. S. 1 110 313** Kl. 21g vom 29/3. 1957, ausg. 6/7. 1961. **A. P. 2 834 926** vom 16/11. 1954, ausg. 13/5. 1958. — C. **1959.** 9010 [E. P. 782 818].)

Western Electric Co., Inc., New York, N.Y. (Erfinder: **Horace Egbert Haring**, Summit, und **Raymond La Verne Taylor**, Berkeley Heights, N.J.), V.St.A., *Elektrolytkondensator.* (**D. A. S. 1 114 936** Kl. 21g vom 16/12. 1953, ausg. 12/10. 1961. **Schwz. P. 326 741** vom 27/3. 1954, ausg. 15/2. 1958. **Belg. P. 527 796** vom 1/4. 1954, ausg. 7/12. 1956. Alle A. Prior. 2/4. 1953. — C. **1957.** 11977 [F. P. 1 091 097].)

IV. Wasser. Abwasser

Die Anwendung des Redoxpotentials bei der Reinigung von Gebrauchswasser. Fr. Edeline. (Bull. mens. Centre belge Étude Doc. Eaux **1961.** 95—100. April.) (Franz.)

Vf. bespricht die Messung des Redoxpotentials als Test-Meth. im Labor., für die Kontrolle in Reinigungsanlagen u. bei der Reinigung industrieller Wässer.

E. BOYE. 6014□

Die Bestimmung von radioaktivem Strontium in Wässern offener Wasserbehälter. W. L. Solotawin und L. K. Ponomarewa. (Радиохимия [Radiochemie] **2.** 104—06. 1960.) (Russ.)

Rhodizonsäure bildet eine wenig lösl. Verb. mit Sr, nicht aber mit Ca. Die Konzentrierung von Ca u. Sr in einem größeren Wasser-Vol. erfolgt durch Fällung als Carbonat nach dem Zufügen von 30 mg Sr als $SrCl_2$. Nach dem Auflösen des Carbonat-Nd. mit HCl wird pH 6—7 eingestellt u. Sr als Rhodizonat gefällt. Der Nd. wird nach dem Zentrifugieren in konz. HCl gelöst. Die Abtrennung von langlebigen Spaltprodd. erfolgt durch zweifache Mitfällung mit $Fe(OH)_3$. Anschließend wird Sr als Carbonat gefällt, filtriert u. die Aktivität des Nd. auf dem Filter gemessen. Diese Aktivität wird mit einem unter gleichen Bedingungen hergestellten Eich-Präp. verglichen. Die Ggw. von ^{137}Cs, $^{106}Ru/^{106}Rh$, $^{144}Ce/^{144}Pr$ u. $^{95}Zr/^{95}Nb$ (je 3000 Impulse/Min.) stört nicht vor bzw. nach der Mitfällung dieser Isotope mit $Fe(OH)_3$. Die Best. dauert 1½—2 Std., der Fehler beträgt $\pm 10\%$, die minimale meßbare Konz. $5 \cdot 10^{-11}$ c/Liter. G. EWALD. 6060□

Die Verbesserung der Genauigkeit einiger photocolorimetrischer Methoden zur Bestimmung von Fluoriden in Wasser. S. Janković. (Croat. chem. Acta **32**. 165—67. 1960. Belgrade, Univ., Fac. of Civil Engng., Labor. for Sanitary Engng.) (Engl.)

Bei Verw. eines Zr–Alizarin-Reagens (**A**) mit einem Gew.-Verhältnis von *Alizarinrot S* (**I**): $ZrOCl \cdot 8\,H_2O$ von 7,0:1 u. Verw. von 1,35n H_2SO_4 zur Stabilisierung von **A** wird bei F^--Best. in W. eine größere Genauigkeit erzielt. Analoges gilt für das saure $I/Th(NO_3)_4 \cdot 4\,H_2O$ (**II**)-Reagens (**B**) mit einem Gew.-Verhältnis von 3,4:1 bei F^--Konz. von 0,05—2,5 ppm. Folgende verbesserte Meth. wird vorgeschlagen: 80 ml Dest. u. 10 ml **B** (aus 10 ml 0,2n HCl, 10 ml 2%ig. wss. $NH_2OH \cdot HCl$ u. 40 ml 0,17%ig. wss. **I** nach Zufügen von 40 ml 0,05%ig. wss. **II**) werden auf 100 ml verd. u. nach 2std. Stehen bei 525 mμ photometriert. G. KIRSTEN. 6060□

Gemeinsame Arbeit über die Bestimmung von Alkylbenzolsulfonaten in Abfallstoffen, Schmutzabwässern, Flußwasser und Oberflächenwasser. H. L. Bolton, H. L. Webster und J. Hilton. (Analyst **86**. 719—23. Nov. 1961. London, Labor. of the Governm. Chem.; Newcastle-upon-Tyne, Th. Hedley & Co., Chem. Div.; Port Sunlight, Cheshire, Unilever Res. Labor.) (Engl.)

Die Ergebnisse von vergleichenden Best. des Alkylbenzolsulfonat-Geh. von Schmutzabwässern u. von Flußwasser nach den Meth. von LONGWELL-MANIECE, WEBSTER-HALLIDAY u. SALLEE werden mitgeteilt. Es zeigte sich kein nennenswerter Unterschied in der Genauigkeit der Methoden. Durch gewisse Modifikationen konnten einige Verbesserungen erzielt werden. W. BETCKE. 6068□

Bestimmung von Phenolen in Phenol–Formaldehyd-Harzen und in Phenol- und Formaldehyd-haltigen Abwässern. Jan Olgierd Dziegielewski. (Chem. analit. [Warszawa] **6**. 237—42. 1961. Pustków, Zakłady Tworzyw sztucznych.) (Pol.)

Die Best. von Phenol (**I**) durch bromometr. Titration setzt ihre Abtrennung von Formaldehyd (**II**) voraus. Unter den Bedingungen der Wasserdampf-Dest. aus alkal. Lsg. tritt aber Kondens. von **I** u. **II** ein. Durch Zusatz von Hydroxylamin (**III**) im Überschuß vor der Dest. wird **II** quant. gebunden u. **I** dest. quant. über. Diese Meth. ist auch bei Best. von **I** in **I**- u. **II**-haltigen Abwässern anwendbar. Für die Best. von freiem **I** in Novolaken u. Resolen wird die Probe in A. gelöst, mit W. u. **III** versetzt u. **I** mit Wasserdampf abdestilliert. F. URBAN. 6068□

Emil Fischer, Essen, **Entcarbonisieren von Wasser.** Die in einem Spitzreaktor vom aufsteigenden W. in Schwebe gehaltene Kristallisationskerne für die sich bei der Entcarbonisierung ausscheidenden Härtebildner enthaltende Reaktormasse (**I**) wird in verschiedener Höhe des Reaktors stufenweise durch Entnahme oder Wiedereinführen von noch nicht ausgebrauchter **I** dem Zulauf des W. angepaßt. — Abbildung. (**D. B. P. 975 542** Kl. 85b vom 15/6. 1950, ausg. 28/12. 1961. Anmeldung bekanntgemacht 11/6. 1952.) H. BLACHETZKI. 6031

Chlorator G. m. b. H., Grötzingen (Erfinder: **Günter Axt**, Karlsruhe), *Reinigen von Trinkwasser mittels baktericidem Gas.* (**Schwz. P. 355 105** vom 27/8. 1956, ausg. 31/7. 1961. **Belg. P. 550 668** vom 29/8. 1956, ausg. 18/12. 1959. Beide D. Prior. 29/8. 1955 u. 7/8. 1956. — C. **1959**. 10031 [F. P. 1 156 172].)

V. Anorganische Industrie

Zur Gewinnung von Kohlensäuregas für Gießereien. L. O. Ssokolowski und L. R. Fradin. (Литейное Производство [Giesserei-Betr.] **1959**. Nr. 9. 29—32. Sept.)

Je nach dem Ausgangsrohstoff können die Einrichtungen zur Gewinnung der CO_2 in 6 Gruppen eingeteilt werden. Für alle 6 Gruppen werden Schemata zur Gewinnung angegeben; zum Schluß wird noch eine Einrichtung beschrieben, die von der Art des Rohstoffes unabhängig ist. A. v. WILPERT. H 260□

Entwässerung von Mirabilit in einer Wirbelschicht. Ju. Ja. Kaganowitsch und A. G. Slobinski. (Химическая Промышленность [Chem. Ind.] **1960.** 389—94. Juli/Aug. Allunions-Forsch.-Inst. für Halurgie.) (Russ.)

Mirabilit (**I**; Glaubersalz) wird auf die Korngröße <25 mm zerkleinert u. mit Verbrennungsgasen (VG) von Dieselöl oder Masut als Wärmeträger in der Wirbelschicht entwässert. Bei optimalen Bedingungen (Temp. der VG ca. 800°, der Schicht **140—150°**, VG-Geschw. ca. 2 m/s) können in der beschriebenen Anlage 2200—2260 kg **I**/m^2·Std. entwässert werden. Die verdampfte Wassermenge (1200 —1250 kg/m^2·Std.) erfordert höchstens 115—120 kg Brennstoff je t. Die Korngröße des erhaltenen Na_2SO_4 läßt sich durch die VG-Geschw. regeln. Das Schicht-Gew. m_0 (je m^2 Gitterfläche), bei dem die ganze Schicht an der Wärmeabgabe teilnimmt, errechnet sich aus der VG-Geschw. W, der spezif. Wärme c_t der VG u. ihrer abs. Temp. T_c in der Schicht nach $m_0 = 93 \cdot 10^3 c_t \cdot W^{2,2}/T_c$ (mm Wassersäule); in der Praxis rechnet man mit mindestens 400 mm Wassersäule. Der Energie- u. der Kapitalaufwand sind wesentlich geringer als bei den gebräuchlichen Verfahren. R. K. MÜLLER. H 274□

Über die Beschleunigung der Zersetzung von Natriumamalgam. G. I. Wolkow und W. A. Grinewitsch. (Химическая Промышленность [Chem. Ind.] **1960.** 58—59. Jan./Febr.) (Russ.)

Der Effekt einer Tränkung des bei der Zers. von Na-Amalgam verwendeten Graphits mit 2%ig. $FeCl_3$-Lsg. mit anschließendem Glühen bei 600° gegenüber nicht getränktem Graphit ist gering u. verschwindet bei einer techn. Anlage schon nach 24std. Betrieb. R. K. MÜLLER. H 274□

Gewinnung des 5/6-Oxidchlorides des Aluminiums und Aussichten seiner industriellen Ausnutzung. E. A. Lewitzki. (Химическая Промышленность [Chem. Ind.] **1960.** 557—58. Okt./Nov.) (Russ.)

Eine Lsg. von $Al_2(OH)_5Cl$ (**I**; „*5.6-Oxychlorid*") wird durch Lösen von frisch bereitetem $Al(OH)_3$ in HCl, Eindampfen u. Trocknen bis zu 80% **I**-Konz. (entsprechend 42% Al_2O_3) erhalten. Bei der techn. Durchführung der Darst. werden für Filtration u. Auswaschen des frisch bereiteten $Al(OH)_3$ vor der Lsg. wegen der hohen Dispersität des Nd. zweckmäßig Trommelvakuumfilter verwendet. **I** ist eine der billigsten festen Al-Verbb. u. kann als Zwischenprod. für das Umkristallisieren von $Al(OH)_3$ bei der Darst. von Al_2O_3-Katalysatoren, als Füllmittel für Druckfarben, bei der Herst. anderer Al-Salze, bei der Koagulationsreinigung von W., beim Gerben usw. verwendet werden. R. K. MÜLLER. H 294□

Das Molybdän. Lucien Perruche. (Nature [Paris] **1957.** 224—27. Juni.) (Franz.)

Überblick über Vork., Eigg., Chemie u. techn. Bedeutung des *Mo* u. seiner Verbindungen. M. WINIKER. H 336□

Industrielle Methoden der Verarbeitung von an Uran armen Erzen. G. Je. Kaplan, B. N. Lasskorin und B. W. Newski. (Атомная Энергия [Atomenergie] **6.** 113—23. Febr. 1959.) (Russ.)

Vff. geben eine Übersicht über die Meth. zur Gewinnung von U aus Erzen. Dabei wird die mechan. Anreicherung durch Gravitation oder Flotation behandelt, ferner die Verff., die die Radioaktivität des U zur Aussortierung benutzen. Ferner wird ausführlich auf die Adsorption von U aus Lsgg. an Austauscherharzen u. auf die Extraktion mit Fll. eingegangen. Mehrere Aufarbeitungsgänge sind genau wiedergegeben. M. WIEDEMANN. H 339□

Texaco Development Corp., New York, N.Y. (Erfinder: du Bois Eastman, Whittier, Calif.), V.St.A., **Herstellung von Wasserstoff,** bei der ein KW-Stoff-haltiger Brennstoff mit O_2 bei $>1100°$ u. höherem Druck in einem Gasgenerator unter Bldg. eines $CO—H_2$-Gemisches (**I**) umgesetzt, das heiße Gemisch durch Einspritzen von W. unter Bldg. von Wasserdampf (**II**) abgeschreckt u. CO mit **II** umgesetzt wird, erfolgt derart, daß **I** mit so viel fl. W. abgeschreckt wird, daß das Gemisch unter gleichzeitiger Bldg. des für die Konvertierung erforderlichen **II** innerhalb von 0,2 Sek. auf 175—260° abgekühlt wird, worauf das Gemisch zur Entfernung von freiem C ohne wesentliche Kondens. von **II** beim Kp. des W. unter dem angewandten Druck mit W. gewaschen u. das **II**-haltige Gemisch auf $>340°$ erhitzt u. dann der Umwandlungszone zugeführt wird. — 1 Zeichnung. (**D. A. S. 1 117 091** Kl. 12i vom 24/5. 1957, ausg. 16/11. 1961.) K. WOLK. H 238

Kali-Chemie Akt.-Ges., Hannover (Erfinder: Hans Kunowski und Gerhard Fix, Bad Hönningen), **Herstellung von Wasserstoffperoxid nach dem Anthrachinonverfahren,** dad. gek., daß das zur Extraktion des H_2O_2 aus der organ. Kreislauf-Lsg. verwendete entmineralisierte W. sowie das zur Reinigung der organ. Kreislauf-Lsg. verwendete W. einen pH-Wert <6, bes. 2—4, aufweisen, wobei zur Einstellung des pH-Wertes bes. H_3PO_4 verwendet wird. (**D. A. S. 1 118 166** Kl. 12i vom 5/8. 1960, ausg. 30/11. 1961.) K. DEMMLER. H 241

Deutsche Gold- und Silber-Scheideanstalt vormals Roessler, Frankfurt/M. (Erfinder: Hans Herzog und Gerhard Käbisch, Rheinfelden), **Aufarbeiten von teilweise abgebauten Arbeitslösungen der Herstellung von Wasserstoffperoxid nach dem Anthrachinonverfahren,** dad. gek., daß man aus der Arbeits-Lsg. die Lsgm. abdest., den Dest.-Rückstand mit einem niedermol. aliphat. Alkohol behandelt, die in dem Alkohol nicht gelösten Bestandteile abtrennt u. mit dem Destillat aus der Arbeits-Lsg. zur Herst. frischer Arbeits-Lsg. verwendet, wobei man den Dest.-Rückstand oder die bei der Behandlung des Dest.-Rückstandes mit dem Alkohol (Methanol, A., Isopropanol) erhaltene Lsg. oder den aus dieser letzteren Lsg. erhaltenen Rückstand mit akt. Al_2O_3 behandelt. — Verfahrensschema. (**D. A. S. 1 118 165** Kl. 12i vom 7/10. 1960, ausg. 30/11. 1961.) K. DEMMLER. H 241

Bergwerksverband G. m. b. H., Essen (Erfinder: Georg Hück, Dortmund, und Paul Opgenhoff, Essen), **Gewinnung von gasförmigem Ammoniak aus Starkwasser der Kokereien.** Das Starkwasser wird verd. u. unter Drücken bis zu 15 atü entsäuert, wobei neben einem Teil des CO_2 prakt. sämtlicher H_2S entfernt wird. Das teilweise entsäuerte Ammoniakwasser wird abgetrieben u. der NH_3- u. CO_2-haltige Schwaden in einen Wascher geleitet. Hier werden die Schwaden mit dem für die Entsäuerung bestimmten Starkwasser oder einem Teil desselben unter Aufnahme des im Abtreiberschwaden noch enthaltenen CO_2 gewaschen u. auf NH_3 aufgearbeitet, während das vom Schwaden waschbar abfließende Starkwasser mit dem heißen Ablaufwasser des Abtreibers verd. wird. — Zeichnung. (**D. A. S. 1 118 765** Kl. 12k vom 10/5. 1960, ausg. 7/12. 1961.) H. NEBELSIEK. H 243

Metallgesellschaft Akt.-Ges. (Erfinder: Wilhelm Thumm), **Gewinnung von elementarem Schwefel** aus SO_2 u. H_2S enthaltenden Gasen durch katalyt. Konvertierung von SO_2 u. H_2S in S, wobei 3 Rk.-Kammern vorgesehen sind, von denen eine auf 120—160° zwecks Konvertierung der S-Verbb. u. Niederschlagens des S, die zweite auf 350—600° zwecks Regenerierung u. Abtreibens des S gehalten u. die dritte auf die Konvertierungs-Temp. gekühlt wird. — Verfahrensschema. (**Aust. P. 223 904** vom 20/5. 1957, ausg. 8/10. 1959. D. Prior. 28/5. 1956.) K. DEMMLER. H 253

Gerd Petersen, Wiesbaden, **Auswaschen des Fluorgehaltes aus schwefeldioxidhaltigen Gasen.** Der im Kreislauf geführten Waschfl. werden solche Mengen SiO_2-haltiger Substanzen zugesetzt, die sich in der Wasch-Fl. lösen oder in ihr ein Kolloid oder eine feine Suspension von Kieselsäure bilden, daß in der Wasch-Fl. ein höherer SiO_2-Geh. aufrechterhalten wird als einem Mol-Verhältnis von $Si:F = 1:6$ entspricht. Ein Teil der Wasch-Fl wird kontinuierlich oder absatzweise aus dem Kreislauf abgezogen. (**D. A. S. 1 085 506** Kl. 12i vom 18/10. 1958, ausg. 21/7. 1960.) E. MIESSGANG. H 253

L. Sonneborn Sons, Inc., übert. von: Hunter Miley, Petrolia, Pa., V.St.A., **Zersetzung von Säureschlämmen zu Schwefeldioxid.** Die bei der Behandlung von KW-Stoff-Ölen mit H_2SO_4 erhaltenen Schlämme werden dem im geschlossenen Kreis umlaufenden Koks zugesetzt, innig gemischt (wobei $>$5fache Menge an Koks vorliegt) u. der Koks zuvor soweit erhitzt, daß zum Zeitpunkt der Vermischung eine Temp. $>$ Zers.-Temp. des Säureschlammes vorliegt (350—450° F), aber keine merklichen Mengen KW-Stoffe abgetrieben werden. SO_2 wird laufend abgezogen. — Vorrichtungen. (**A. P. 2 897 054** vom 6/10. 1955, ausg. 28/7. 1959.) E. MIESSGANG. H 253

E. I. du Pont de Nemours & Co., Wilmington, Del., übert. von: Earl L. Muetterties, Chadds Ford, Pa., William D. Phillips und William Channing Smith, Wilmington, Del., V.St.A., **Abtrennung von Schwefeltetrafluorid,** welches in Mischung mit SF_6 vorliegt. SF_4 wird durch Bldg. eines Additions-Prod. mit einem tert. Amin (Trimethyl-, Tripropyl-, Trioctyl-, Tridodecyl-, Tricyclohexylamin, N-Methylmorpholin, Pyridin) abgetrennt. (**A. P. 2 897 055** vom 28/12. 1956, ausg. 28/7. 1959.) E. MIESSGANG. H 253

Wintershall Akt.-Ges., Celle (Erfinder: Hans Henne, Gerhard Budan, Kassel, und Kurt Ratsch, Wölfershausen/Werra), **Herstellung von Kaliumsulfat.** Das Verf. der D. A. S. 1 106 300, bei dem KCl-haltige Sulfatmutterlaugen mit Kieserit oder Bittersalz zu Kalimagnesia umgesetzt u. letztere mit KCl-Lsg. zu K_2SO_4 weiter umgesetzt wird u. die bei der letzten Rk. anfallende Sulfatlauge teilweise zum Hochdecken von KCl verwendet wird, wird dadurch geändert, daß der zum Hochdecken bestimmte Anteil der Sulfatmutterlauge mit Carnallit unter Gewinnung von hoch-%ig.

KCl umgesetzt, die hierbei anfallende Mutterlauge eingedampft u. der dabei anfallende Carnallit an den Ausgang der Rk. mit dem Sulfatlaugenteil zurückgeführt wird (D. A. S. 1 122 930), oder der zum Hochdecken vorgesehene Laugenteil mit Kainit zu Kalimagnesia umgesetzt u. die dabei anfallende Kalimagnesialauge mit $MgSO_4$ u. Carnallit unter Bldg. von Kainit behandelt wird u. aus der Kainitmutterlauge durch Eindampfen Carnallit u. eine prakt. KCl-freie Endlauge gewonnen werden (D. A. S. 1 122 931). (**D. A. SS. 1 122 930** Kl. 12 l vom 1/9. 1959 u. **1 122 931** Kl. 12 l vom 21/1. 1960, beide ausg. 1/2. 1962. **Zusätze zu D. A. S. 1 106 300; C. 1961. 18088.**) K. Wolk. H 253

E. I. du Pont de Nemours & Co., Wilmington, übert. von: William Joseph Middleton, Claymont, Del., V.St.A., **Herstellung von Schwefelhexafluorid und Sulfurylfluorid.** SOF_4 wird bei $< 450°$ unter Ausschluß von W. pyrolysiert. (**A. P. 2 912 307** vom 26/7. 1957, ausg. 10/11. 1959.) E. Miessgang. H 253

United States Borax & Chemical Corp., Los Angeles, Calif., V.St.A. (Erfinder: Nelson Perry Nies, Cyril Alfred Morgan und Geoffrey Peter Jones), **Herstellung von Boriden, besonders des Titans, Zirkons, Chroms und Tantals, oder von Borphosphid** erfolgt dadurch, daß zur Herst. der Boride eine aus Alkalichlorid u./oder -fluorid, B_2O_3 u. dem Oxyd des herzustellenden Borids bestehende Schmelze bzw. bei der Phosphid-Herst. eine aus Alkalichlorid u./oder -fluorid u. Borphosphat bestehende Schmelze bei 700—1000° elektrolysiert wird. (**E. P. 861 743** vom 29/10. 1958, ausg. 22/2. 1961.) K. Wolk. H 258

International Minerals & Chemical Corp., Chicago, Ill., übert. von: John M. Clarke, Charleston, S.C., und William B. Williams, Evanston, Ill., V.St.A., **Entfluorierung von Phosphaten.** Fluorhaltige, wss. Phosphorsäure-Lsgg. werden verdampft u. die Dämpfe in einen Kondens.-Tank geleitet, der bei einem Vakuum von 10—20 inch Hg auf einer Temp. gehalten wird, die zu einer Kondens. der H_3PO_4-haltigen Dämpfe führt, während HF-haltige Dämpfe abgezogen werden. — Apparatur. (**Can. P. 551 987** vom 16/8. 1956, ausg. 21/1. 1958. A. Prior. 19/8. 1955.) Eberhard Riedel. H 264

Universal Oil Products Co., Des Plaines, Ill., V.St.A. (Erfinder: William Karl Theodore Gleim und Peter Urban), **Regenerierung von Alkalihydroxydlösungen, die zum Entfernen von S-haltigen Verbindungen aus Kohlenwasserstoffen gedient haben,** erfolgt dadurch, daß die Lsgg. mit Luft oder freien O_2-haltigen Gasen in Ggw. von Metall- oder metallfreien Phthalocyaninen oder Derivv. von ihnen als Katalysator (I) behandelt werden, worauf die entstehenden Oxydations-Prodd. von den Lsgg. abgetrennt werden. Als I werden bes. Metallphthalocyansulfonate oder -carboxylate, bes. des Co, Fe u. Cu, verwendet, wobei I auf einen Träger, bes. Kohle, niedergeschlagen ist. (**E. P. 859 286** vom 19/9. 1958, ausg. 18/1. 1961.) K. Wolk. H 272

E. I. du Pont de Nemours & Co., Wilmington, übert. von: Kenneth L. Berry, Hockessin, Del., V.St.A., **Herstellung faseriger, wasserunlöslicher Alkalimetalltitanate.** Alkalichloride, die bis 50% des entsprechenden Alkalifluorids enthalten, werden bei Temp. bis 1200° geschmolzen, die Schmelze wird mit entsprechendem Alkalititanat $Me_2Ti_nO_{2n+1}$ (Me = Alkalimetall; $n = 5—7$) gesätt. u. das gebildete Fasermaterial aus der Schmelze abgetrennt. (**Can. P. 552 245** vom 29/9. 1955, ausg. 28/1. 1958. A. Prior. 24/2. 1955.) Eberhard Riedel. H 321

Imperial Chemical Industries Ltd., London, England, **Gewinnung von Uranverbindungen aus Phosphatgesteinen.** Nach üblichem Aufschluß mit einer anorgan. Säure u. ggf. einem Oxydationsmittel stellt man den pH-Wert der Masse, z. B. durch Einleiten von NH_3, auf 3,5—5 ein, entfernt ggf. sich bildenden Nd. u. fällt durch Zusatz einer Alkalimetall, Ammonium oder Zn enthaltenden Verb. von Sulfoxylsäure mit einem aliphat. Aldehyd oder Keton, z. B. Na-CH_2O-Sulfoxylat, bei 50° die U-Verbb. aus. (**Holl. P. 98 457** vom 17/4. 1956, ausg. 17/7. 1961. E. Prior. 29/4. 1955.) F. Böhm. H 339

Atomic Energy of Canada Ltd., Ottawa, Ontario, Canada, übert. von: Albert D. Webb, Oak Ridge, Tenn., und Hugh P. Kyle, Los Altos, Calif., V.St.A., **Herstellung von Uranpentachlorid** durch Überleiten von Cl_2 über feinkörniges, auf 500—600, bes. 560°, erhitztes, 100%ig reines UCl_4. Das mit dem Cl_2-Strom aus der Rk.-Zone ausströmende, flüchtige *UCl_5* wird in einer Kühlkammer kondensiert, restliche Mengen werden aus dem Cl_2 elektrostat. abgetrennt, das Cl_2 wird dem Kreislauf wieder zugeführt. — Apparatur. (**Can. P. 552 313** vom 18/5. 1945, ausg. 28/1. 1958. A. Prior. 26/5. 1944.) Eberhard Riedel. H 339

Banner Mining Co., übert. von: Frank E. Horton und Eldred C. Brace, Tucson, Ariz., V.St.A., **Gewinnung eines konzentrierten Cu-Elektrolyten aus einer alkalischen, Cuprationen enthaltenden Lösung,** indem man die Lsg. mit Baumwolle in ihrer Hydroxylform in Kontakt bringt u. die die Cuprationen adsorbiert enthaltende

Baumwolle mit $NaHCO_3$, H_2SO_4 oder $NaHSO_4$ auslaugt. Man erhält einen für die Abscheidung von Cu genügend konz. Elektrolyten, der nur 0,005 g Zn u. 0,1 g Fe im Liter enthält. (**A. P. 2 970 036** vom 11/3. 1958, ausg. 31/1. 1961.) K. Demmler. H 358

Shell Development Co., New York, N.Y., übert. von: **Gino J. Pierotti**, El Cerrito, **William R. Keeler** und **Roy J. Evans**, Berkeley, und **Robert E. Vincent**, Lafayette, Calif., V.St.A., *Reinigung von Wasserstoffperoxid.* (**Can. P. 552 414** vom 11/1. 1955, ausg. 28/1. 1958. A. Prior. 29/1. 1954. — C. **1957.** 5093 [A. P. 2 749 291].)

Soc. Belge de l'Azote et des Produits Chimiques du Marly, Liège (Erfinder: **Frédéric F. A. Braconier**, Plainevaux, und **Jean J. L. Riga**, Liège), Belgien, *Herstellung von Salpetersäure.* (**Can. P. 552 422** vom 7/11. 1956, ausg. 28/1. 1958. Belg. Prior. 23/11. 1955. — C. **1961.** 6276 [D. A. S. 1 073 455].)

Martin Schmeisser, Deutschland (Erfinder: **Martin Schmeisser** und **Friedo Huber**), *Herstellung von Stickstofftrifluorid.* (**F. P. 1 210 511** vom 10/12. 1958, ausg. 9/3. 1960. D. Prior. 16/12. 1957. — C. **1959.** 12024 [D. A. S. 1 052 369].)

VEB Leuna-Werke „Walter Ulbricht", Leuna, *Schwefelgewinnung.* (**Ung. P. 144 064** vom 19/6. 1956, ausg. 1/8. 1958. — C. **1959.** 14849 [D. P. [DDR] 15 432].)

Union Carbide Corp., New York, N.Y., V.St.A., *Entfernen von Verunreinigungen aus Kohle oder Graphit.* (**Finn. P. 29 738** vom 12/8. 1955, ausg. 29/11. 1958. — C. **1959.** 14849 [D. A. S. 1 036 233].)

N. V. de Bataafsche Petroleum Mij., Den Haag (Erfinder: **Hendrik Mondria** und **Willem Hendrik Logman**, Amsterdam), Holland, *Entfernen von Ruß aus Suspensionen.* (**Schwz. P. 355 884** vom 12/8. 1957, ausg. 15/9. 1961. Holl. Prior. 14/8. 1956. — C. **1959.** 10694 [Holl. P. 89 572].)

Union Carbide & Carbon Corp., New York, übert. von: **George H. Wagner**, Kenmore, N.Y., V.St.A., *Aktiviertes SiO_2-Pulver.* (**Can. P. 552 098** vom 28/10. 1949, ausg. 21/1. 1958. A. Prior. 6/11. 1948. — C. **1957.** 11981 [A. P. 2 705 222].)

Metropolitan-Vickers Electrical Co. Ltd., London (Erfinder: **George Richard Antell**, Sale Cheshire, und **Tudor Wyndham Roberts**, Rhymney, Monmouthshire), England, *Reinigen von Arsen.* (**D. A. S. 1 113 312** Kl. 40a vom 26/11. 1958, ausg. 31/8. 1961. E. Prior. 27/11. 1957. — C. **1961.** 17345 [E. P. 833 928].)

Soc. d'Études Chimiques pour l'Industrie et l'Agriculture, übert. von: **Maurice Rubin** und **Georges Huiot**, Paris, Frankreich, *Herstellung von Engels-Salz.* (**Can. P. 552 423** vom 6/12. 1955, ausg. 28/1. 1958. F. Prior. 7/12. 1954. — C. **1958.** 6645 [E. P. 781 384].)

Produits Chimiques et Minéraux, Frankreich, *Herstellung von Calciumcarbonat-Pulver.* (**F. P. 67 546** vom 8/2. 1955, ausg. 13/3. 1958. Zusatz zu F. P. 1 076 237; C. 1950/54. 7632 S. — C. **1959.** 7256 [E. P. 796 375].)

New Jersey Zinc Co., New York, N.Y., übert. von: **Howard M. Cyr** und **Frank S. Griffith**, Palmerton, Pa., und **Charles M. McFarland**, Lehighton, Pa., V.St.A., *Herstellung von $TiCl_4$.* (**Can. P. 552 370** vom 14/1. 1955, ausg. 28/1. 1958. A. Prior. 4/2. 1954. — C. **1958.** 4001 [E. P. 768 867].)

Egyesült Izzólámpa és Villamosság R.T. (Erfinder: **Jenö Neugebauer**), Budapest, Ungarn, *Aufbereiten Wolfram enthaltender Stoffe.* (**Ung. P. 144 217** vom 28/1. 1956, ausg. 1/9. 1958. — C. **1958.** 3135 [D. A. S. 1 017 150].)

Carus Chemical Co., V.St.A., *Herstellung von Kaliummanganat.* (**F. P. 1 207 556** vom 26/6. 1958, ausg. 17/2. 1960. — C. **1961.** 8433 [E. P. 842 745].)

Carus Chemical Co., V.St.A., *Herstellung von Kaliumpermanganat.* (**F. P. 1 207 554** vom 26/6. 1958, ausg. 17/2. 1960. — C. **1959.** 11036 [A. P. 2 843 537].)

Badische Anilin- & Soda-Fabrik Akt.-Ges., Deutschland (Erfinder: **Walter Hieber** und **Gerhard Wagner**), *Herstellung von Manganpentacarbonylwasserstoff.* (**F. P. 1 218 820** vom 12/3. 1959, ausg. 12/5. 1960. D. Prior. 13/3. 1958. — C. **1959.** 13606 [D. A. S. 1 058 487].)

VI. Silicatchemie. Baustoffe

Mechanismus der Kornbildung. D. M. Newitt. (Afinidad **36.** 91—100. Mai/Juni 1959.) (Span.) — Vgl. C. **1960.** 17565.

An Beispielen wird der Einfl von Feuchtigkeit u. Ggw. verschiedener Fll. auf die Bldg., das Wachstum u. die mechan. Festigkeit von Körnern erläutert. Für die Bldg. von Kornpaketen spielen nicht nur die durch Fll., bes. W., verursachten Kohäsionskräfte eine Rolle, sondern auch die Korngrößenverteilung. Der Einfl. von Salzen auf die Festigkeit von Sandkuchen wird untersucht. Die Festigkeit hängt von der Stärke der Bindung zwischen SiO_2 u. Salz ab, die in der Reihenfolge $NaCl < (NH_4)_2SO_4 < KNO_3$ zunimmt. R. K. Müller. 6206 □

Die Aussichten der Verwendung einiger natürlicher Magnesiumhydrosilicate in der Industrie. O. P. Mtschedlow-Petrossian und J. L. Worobjow. (Silikattechnik **11.** 466—72. Okt. 1960.) (Dt.)

An Hand einer Literaturübersicht werden die Möglichkeiten beschrieben, die bisher kaum als silicat. Baustoffe verwendeten Mg-Hydrosilicate (Talk, Serpentinit) als Rohstoffe zur Herst. von Zement u. feuerfesten Materialien zu verwenden. — 60 Literaturangaben. N. Peters. 6208 □

Untersuchungen an keramischen Farbstoffen. Etsuzo Kato. (Keram. Z. **13.** 617—22. Nov. 1961. Nagoya, Gouv. ind. Res. Inst.) (Dt.)

Es werden Unterss. über keram. Farbkörper (Unterglasuren u. Glasuren) durchgeführt u. Rezepturen hierfür angegeben. Für folgende Farbkörper werden Angaben gemacht: Vanadinblau, Viktoriagrün u. Antimongelb. N. PETERS. 6212□

Größenänderungen von porösen keramischen Körpern, verursacht durch Wasser und lösliche Salze. Alan W. Norris. (VI. int. keram. Kongr., Wiesbaden **1958.** 63—79. Stoke-on-Trent, Brit. Ceram. Res. Assoc.) (Engl.)

Die Anwendung wird durch die innere oder spezif. Oberfläche (gemessen nach der BET-Meth.) u. die Mineral-Zus. bestimmt. Messungen haben gezeigt, daß sich unter dem Einfl. von Wasserdampf kristalline Massen zusammenziehen, während glasige Stoffe sich ausdehnen. Darin durfte die Ursache der Ausdehnung keram. Stoffe bestehen. Durch steigende Brenn-Temp. vergrößert sich die Ausdehnung, kristalline u. glasige Stoffe verhalten sich umgekehrt wie bei der Einwirkung von Wasserdampf. — Diskussion. H. VÖLZ. 6216□

Über die Einwirkung von Mikroorganismen auf Ton, Feldspat und Kaolin. Frida Oberlies und G. Pohlmann. (VI. int. keram. Kongr., Wiesbaden **1958.** **149—68.** Würzburg, Max-Planck-Inst. für Silikatforsch.) (Dt.)

Durch elektronenmkr. Unterss. wurde der Nachw. der Silicat-Zers. durch Bakterien gebracht. Die biolog. Einw. beim Mauk- u. Sumpfprozeß wurden untersucht, mit dem Ergebnis, daß die vorhandenen Bakterien sich während des Verlaufs der Prozesse auffällig vermehren u. daß diese silicatzersetzend wirken können, je höher ihre Schleim-Bldg. ist. — Diskussion. H. VÖLZ. 6216□

Einige Gesichtspunkte über den Angriff feuerfester Produkte durch geschmolzenes Glas. J. Dejong. (Chem. Weekbl. **57.** 246—53. 20/5. 1961. Delft, TH u. Techn.-Phys. Dienst, T.N.O.) (Holl.)

Unterss. über den Einfl. der Porenstruktur u. den Flußmittel-Geh. von Schamottesteinen mit 40 (%) Al_2O_3 u. 60 SiO_2 auf den Angriff durch Na-Silicat-Glas zeigen, daß Poren mit $\geqq 40\ \mu$ ⌀ u. höhere Flußmittel-Geh. den Angriff beschleunigen. Die höchste Festigkeit gegen fl. Glas liegt vor, wenn das feuerfeste Prod. bei bestimmter chem. Zus. möglichst homogen u. porenfrei ist. Der Angriff auf die Schamotte wird durch die Diffusion zwischen dem Glas u. der Glasphase im feuerfesten Prod. bestimmt.
W. WESLY. 6218□

Einfluß der Brenngeschwindigkeit auf die Eigenschaften feuerfester Erzeugnisse. F. Savioli und M. Quatrosi. (VI. int. keram. Kongr., Wiesbaden **1958.** 359—66. Genova, S. p. A. Refrattari Argille e Caolini [SANAC].) (Franz.)

Die Eigg. gebrannter Prodd. hängen von der Temp.–Zeit-Kurve ab. Ausgehend von Prodd. des Syst. SiO_2–Al_2O_3 werden Umwandlungs-Geschw. chem. u. physikal. Vorgänge bei verschiedenen Temp. betrachtet u. auf die Möglichkeit der Voraus-Best. der günstigsten Brennkurve u. damit der Eigg. der Prodd. (außer durch Schwinden oder Wärmeausdehnung hervorgerufene Spannungen) hingewiesen. — Diskussion.
H. VÖLZ. 6218□

Erhöhung der Qualität eines feuerfesten Materials bei Erhöhung der Menge der flüssigen Phase. M. F. Kosinski. (Доповіді Академії Наук Української РСР [Ber. Akad. Wiss. UkrainSSR] **1962.** 87—90. Kiew, Polytechn. Inst.) (Ukrain.; Auszug: Engl.)

Durch Zusatz von halbsaurem Tschasowjar-Ton zu der Charge von Schamottestein für Hochöfen wird der Geh. an fl. Phase im feuerfesten Material erhöht. Neben einer Verdichtung des Materials tritt hierbei eine Erhöhung des Mullit-Geh. ein. Durch Zusatz von 50—60% Tschasowjar-Ton wird die Porosität von 5,87 auf 7,79% erhöht. Der so hergestellte Schamottestein wird durch CO bei hohen Temp. auch nach 1700 Std. nicht zerstört, während der übliche Ziegel bereits nach 100—300 Std. zerstört wird.
O. LEBTAG. 6218□

Strukturphasen in Kalk–Soda-Sintern zur Tonerde-Rückgewinnung. Ein Fortschrittsbericht. R. V. Lundquist und Lloyd Carpenter. (U.S. Dep. Interior, Bur. Mines, Rep. Invest. **1960.** Nr. 5678. 1—12. Boulder City, Nev., Bur. of Mines.) (Engl.)

Die Gewinnung von Al_2O_3 aus $Al_2O_3 \cdot SiO_2$ durch Sintern mit $CaCO_3$ u. Na_2CO_3 vollzieht sich nicht im Sinne der Gleichung $Al_2O_3 \cdot 2\,SiO_2 + 2\,CaCO_3 + Na_2CO_3 = 2\,CaO \cdot SiO_2 + Na_2O \cdot Al_2O_3 \cdot 3\,CO_2$. Es wird angenommen, daß Verb.-Phasen entstehen, die zur Gel-Bldg. des Auslaugungsschlammes beitragen u. kein mit NaOH auslaugbares Al_2O_3

liefern. Durch Röntgenanalyse wird eine Anzahl solcher Verb.-Phasen nachgewiesen, die unter den Gesichtspunkten der Chemie des Portlandzements besprochen werden.
W. WESLY. 6220□

Anforderungen an Hochofenschlacken für die Zementindustrie. J. Günther. (Épitőanyag [Baumaterial] 13. 374—81. Okt. 1961. Unterwellenborn, Roheisen Forsch.-Inst.) (Ung.)

Die Verwendbarkeit von Hochofenschlacken zur Herst. von Schlackenzement ist von der chem. Zus. u. physikal. Beschaffenheit der Schlacke abhängig. Zur Verbesserung der Schlacke für sulfatbeständige Zemente ist der Tonerde-Geh. zu erhöhen, was durch Verwerten von Rotschlamm möglich ist. Die hydraul. Eigg. der Schlacke sind besser, wenn ihre Granulierung unmittelbar beim Hochofen geschieht. J. PLANK. 6222

Barium- und Strontium-Sonderzemente. Al. Braniski. (Rev. Chim. [Bucarest] 2. Nr. 1. 129—50. 1957.) (Dt.)

Nach Ansicht des Vf. kann das CaO durch die Erdalkalioxide SrO u. BaO ganz oder teilweise nicht nur im Portlandzement, sondern auch in allen anderen gesinterten oder geschmolzenen hydraul. Bindemitteln ersetzt werden. Die Ba- u. Sr-Hochofen- u. Schlackenzemente besitzen eine große Widerstandsfähigkeit gegenüber der Einw. von Meerwasser. Die feuerfesten Ba- u. Sr-Tonerdezemente weisen eine ungewöhnlich hohe Feuerfestigkeit auf u. gelten als hervorragende Schutzzemente gegen Röntgen- u. Gammastrahlung. — 20 Literaturangaben. N. PETERS. 6222□

Untersuchung der Pelicanitgranite als Rohstoff für Baumaterialien. G. Ja. Slobodjanik und K. W. Dorofejewa. (Доповіді Академії Наук Української PCP [Ber. Akad. Wiss. UkrainSSR] 1960. 659—62. Kiew, Bauingenieur-Inst.) (Ukrain.; Auszug: Engl.)

Der Pelicanitgranit (I) der Gebiete Winniza u. Shitomir enthält 10—45 (%) Quarz, 35—69 Pelicanit, 25 Mikroklin u. Biotit (Zahl nicht angegeben). Das Vol.-Gew. von I beträgt 1800—2000 kg/m², die Wärmeleitfähigkeit 0,55—0,95 kcal/m · Std. · Grad, die Druckfestigkeit 300—1000 kg/cm², die Frostfestigkeit 25—30 Cyclen, die abs. Porosität 7,5—28,5%, die Hygroskopizität 3,6—8,0%. Die Unterss. ergaben, daß I bei der Herst. von grobporigem u. Leichtbeton verwendet werden kann. O. LEBTAG. 6224□

Ausdehnung von Gips-Sand-Gemischen bei Einwirkung von Wasser. Ichiro Teraoka, Shuyo Ito und Jiro Kano. (Gypsum & Lime [Tokyo] 1961. 123—33. Mai. Japan, Matsuda Res. Labor., Tokyo Shibaura Electric Co. Ltd.) (Engl.)

Gemische aus $CaSO_4 \cdot \frac{1}{2} H_2O$ u. Quarzsand zeigen bei der Zugabe von W. je nach der Saugfähigkeit des verwendeten Sandes mehr oder weniger starke Expansion von 2—10%. Eine optimale Wrkg. wird erreicht, wenn das Gemisch mit wenig W. angerührt u. während des Abbindens weiteres W. zugesetzt wird. G. FRIKELL. 6226□

Untersuchungen an Formosa- und Japan-Dolomit. Yoshiaki Sanada und Kiyoshi Miyazawa. (Gypsum & Lime [Tokyo] 1961. 134—38. Mai. Iwaku Cement Co. Ltd.) Jap.; Auszug: Engl.)

Durch mkr. u. röntgenograph. Unterss. wurde festgestellt, daß Dolomit aus Japan zusammen mit $CaCO_3$ vorkommt, während solcher aus Formosa ausschließlich aus $CaCO_3 \cdot MgCO_3$ besteht. Vff. stellten fest, daß gebrannter Dolomit aus MgO, $Mg(OH)_2$, $Ca(OH)_2$, geringen Mengen $CaCO_3$ u. $5\,MgO \cdot 4\,CO_2 \cdot 5\,H_2O$ zusammengesetzt ist. Beim Abbinden bilden sich unter Aufnahme von CO_2 die Carbonate von Ca u. Mg über die Zwischen-Prodd. $Mg(OH)_2$ u. $5\,MgO \cdot 4\,CO_2 \cdot 5\,H_2O$. Halbgebrannter Dolomit enthält $CaCO_3$ u. MgO, daneben wenig CaO, $Ca(OH)_2$, $Mg(OH)_2$ u. unzersetzten Dolomit. Beim Abbinden bildet dieser nichtkrist. $MgCO_3 \cdot H_2O$ an Stelle von $MgCO_3$. G. FRIKELL. 6226□

Die Erzeugung von Schaumschlackenkies. Gyula Püspöki. (Épitőanyag [Baumaterial] 13. 398. Okt. 1961. Moskau.) (Ung.)

Zwecks Aufhebung der unerwünschten Poren an der Oberfläche von Schaumschlackenkies wird die fl. Schlacke zwischen zwei wassergekühlte Walzenpaare durchgeleitet. Das Schlackenband geht vom ersten zum zweiten Walzenpaar, dessen Oberfläche halbkugelförmige Vertiefungen trägt, in welchen die Masse erstarrt u. die Kiesel gebildet werden. J. PLANK. 6228

Eine neue Sedimentationsanalysen-Apparatur. W. Lehnhäuser. (Sprechsaal Keram., Glas, Email 94. 405. 20/8. 1961.) (Dt.)

Die bisher meist angewendete Sedimentationsanalyse nach ANDREASEN hat den Nachteil, daß beim Absaugen der einzelnen Fraktionen mit der Pipette kleine Wirbel entstehen. Bedingt durch verschieden starkes Vakuum sind auch die Fehlwerte verschieden groß. Es wird eine Vorr. beschrieben, wobei die einzelnen Fraktionen nach unten abfließen u. die Absaugefehler vermieden werden. N. PETERS. 6240□

Untersuchung der chemischen Vorgänge im Siliciumdioxid-Natriumcarbonat-System mittels differential-thermischer und thermogravimetrischer Analyse. C. V. Thomasson und F. W. Wilburn. (Épitöanyag [Baumaterial] **13.** 388—91. Okt. 1961. Lathom, Ormskirk, Lancashire, Pillington Brothers Ltd.) (Ung.)

Aus den Analysenkurven ist ersichtlich, daß im Falle feinkörnigen Materials die Zers. des Na_2CO_3 bei 300° beginnt, wahrscheinlich entsteht $Na_2O \cdot SiO_2$. Diese Rk. erreicht ihre maximale Geschw. bei 600°, eine exotherme Rk. beginnt bei 700° u. infolge der Bldg. von $Na_2O \cdot 2\,SiO_2$ entsteht mit SiO_2 eine bei 780° fl. Phase. Im Falle grobkörnigen Materials reagieren die Stoffe in fester Phase kaum, aber oberhalb des F. von Na_2CO_3 verläuft die Rk. rasch u. bei 900° bildet sich Glas. Zuschläge von NaF, NaCl usw. senken den F. von Na_2CO_3, u. die Rk. setzt schon bei 600—660° ein. Na_2SiF_6 ist ohne Einfl. auf den Verlauf der Reaktion. $NaNO_3$ schmilzt bei 300°, beschleunigt die Haupt-Rk., aber diese Zuschläge beeinflussen die Bldg.-Temp. des Glases kaum. J. PLANK. 6242

Beitrag zur Bestimmung des Fluors in silicatischen Schweißpulvern und Glas. Joachim Lange. (Sprechsaal Keram., Glas, Email **94.** 472—75. 1961. Weißwasser/OL., Inst. für Glastechn.) (Dt.)

Es wird ein Verf. zur Best. von F in Schweißpulvern u. Gläsern beschrieben, das auf der pyrohydrolyt. Abtrennung von F u. nachfolgender maßanalyt. Umsetzung mit $Th(NO_3)_4 \cdot 4\,H_2O$ beruht. Die auf diese Weise erhaltenen Werte liegen wesentlich höher als die nach einem modifizierten Verf. von WILLARD u. WINTER nach Abtrennung des F durch Wasserdampf-Dest. erhaltenen Werte. — 23 Literaturangaben.

N. PETERS. 6242□

Ein Beitrag zur Schnellanalyse keramischer Rohstoffe und Fertigerzeugnisse. Otto Staufenberger. (Sprechsaal Keram., Glas, Email **94.** 403—05. 20/8. 1961. Redwitz/Rodach.) (Dt.)

Es wird ein Aufschluß-Verf. zur flammenphotometr. Best. von Na_2O u. K_2O beschrieben. Der Aufschluß geschieht mit einem Gemisch von Li_2CO_3–B_2O_3. Gegenüber dem Aufschluß-Verf. nach BERZELIUS (konz. H_2SO_4) zeichnet sich dieses Verf. durch eine einfachere Handhabung beim Aufstellen der Eichkurven u. Messungen aus, da die Ggw. von Störelementen nicht berücksichtigt zu werden braucht. Zur Durchführung einer Doppel-Best. sind 2 Std. erforderlich. N. PETERS. 6248□

Flammenspektrometrische Alkalibestimmung im Korund. Wolfgang Schmidt, Emil Köhler und Wilhelm Schmidt. (Forsch.-Ber. Landes Nordrhein-Westfalen **1960.** 1—13.) (Dt.) — Vgl. C. **1960.** 8969.

Durch Vgl. des üblichen unvollständigen Aufschlusses mit konz. H_2SO_4 mit einem vollständigen Aufschluß durch ein Gemisch von Li_2CO_3–B_2O_3 konnte gezeigt werden, daß die Behandlung des Korunds mit H_2SO_4 wohl zu richtigen Alkaliwerten führt, daß aber etwa vorhandenes CaO nur in geringem Maße gelöst wird. Es werden Vorschriften zur flammenspektrometr. Best. von Na_2O u. K_2O für beide Aufschluß-Verff. angegeben.

N. PETERS. 6260□

Pierre Collard, Frankreich, **Abbeizmittel** zur Entfernung von Email u. Farben von Glasoberflächen aus 260 (g) HF, 0,86 $K_2Cr_2O_7$, 0,006 Pb-Acetat. Das Mittel wird mit 10 Liter W. angerührt u. darin das zu reinigende Glas längere Zeit eingetaucht. (**F. P. 1 196 161** vom 19/5. 1958, ausg. 23/11. 1959.) M. F. MÜLLER. 6177

Gas Council, London, England (Erfinder: John Henry Wylde), **Glasur für feuerfestes Material,** um diese gegen Eindringen u. Zerstörung durch Gase bei hohen Temp. beständig zu machen. Die dem Angriff ausgesetzte Oberfläche des feuerfesten Prod. wird mit einer verglasbaren Glasur aus z. B. 46,5 (Gew.-%) SiO_2; 13,9 Al_2O_3; 7,2 CaO; 6,4 MgO; 17,9 B_2O_3 u. 8,1 Na_2O kalt überzogen u. auf 950° erhitzt. Nach 4 Std. wird bei gleicher Temp. eine Schmelze aus z. B. 98,5—99,5 (Gew.-%) Al_2O_3; 0,02 bis 0,05 SiO_2; 0,01—0,10 CaO; 0,35—0,70 Na_2O; 0,01—0,04 Fe_2O_3, 0,01—0,05 SO_3 u. 0,08—0,30 Glühverlust in dünner Schicht aufgeblasen u. 6 Std. bei dieser Temp. gehalten. Das Aufbringen der zweiten Schicht kann auch auf die kalte Glasur aufgebracht u. dann angeheizt werden. (**E. P. 862 838** vom 19/10. 1956, ausg. 15/3. 1961.)

G. FRIKELL. 6213

Carborundum Co., übert. von: John P. Swentzel, Niagara Falls, N.Y., V.St.A., **Siliciumnitridhaltiges Siliciumcarbid,** das 0,75—1% Fe enthält (berechnet auf Si_3N_4), besitzt bei 1350° eine Zerreißfestigkeit von $>$2500 lbs./sq.in. (**Can. P. 551 221** vom 27/6. 1952, ausg. 7/1. 1958.) EBERHARD RIEDEL. 6219

Union Carbide Corp., übert. von: Lester L. Winter, Fostoria, Ohio, V.St.A., **Flüssigkeits- und gasdichte Formkörper aus Kohle oder Graphit,** die auch bei erhöhter Temp. dicht bleiben u. bei 500° einer unter einem Druck von 50 lbs./sq. in.

stehenden N-Atmosphäre standhalten. Die Formkörper werden nach dem Evakuieren der Poren mit einem dünnfl., wärmehärtbaren Furan–Keton-Kondens.-Prod. getränkt. Beim Erhitzen auf 270° bildete dieses in den Poren einen Schaum. Beim weiteren Erhitzen auf 1000° u. einem Temp.-Anstieg von 5—10°/Std. erfolgt Zers. unter Bldg. eines die Poren des Formkörpers dichtenden Mikroschaumes. Zur Erhöhung der Wrkg. kann das Verf. wiederholt werden. (**A. P. 2 972 552** vom 8/3. 1957, ausg. 21/2. 1961.)
G. FRIKELL. 6221

Norton Co., Worcester, übert. von: Gui Ervin jun. und Herbert F. G. Ueltz, Shrewsbury, Mass., V.St.A., **Imprägnieren von Formkörpern aus Kohle und Graphit,** um diese beständiger gegen O_2 u. dicht gegen den Durchtritt von W., geschmolzenem NaCl u. anderen Salzschmelzen zu machen. Die zuvor evakuierten Wandungen werden von der einen Seite mit einer wss. Lsg. eines Alkalifluorids, wie NaF oder KF, u. auf der anderen Seite mit einer wss. Lsg. von Erdalkalihalogenid getränkt. Dabei bildet sich an der Berührungsstelle der von verschiedenen Seiten eindringenden Lsgg. im Innern der Wandungen eine unlösl. Schicht von CaF_2 bzw. MgF_2, SrF_2- oder BaF_2. (**A.P. 2975079** vom 22/9. 1958, ausg. 14/3. 1961.) G. FRIKELL. 6221

VEB Chemisches Werk Berlin-Grünau (Erfinder: Wolfgang Schuricht, Berlin), **Unterbindung von Treiberscheinungen bei nicht abgelagerten Zementen.** Frisch hergestellte Zemente können sofort verarbeitet werden, wenn dem Mörtel 0,08 (%) vom Gew. des Zementes eines Eiweißspalt-Prod. u. 0,02 Hexamethylentetramin zugesetzt werden. (**D. A. S. 1 113 405** Kl. 80b vom 15/3. 1958, ausg. 31/8. 1961.)
G. FRIKELL. 6223

William Kinniburgh, Watford, Hertfordshire, England, **Füllkörper für Leichtbeton aus Ton.** Eine Mischung aus Ton mit einem Geh. von 12—15 (Gew.-%) lufttrockenem Torf u. insgesamt 25—45 W. wird pelletisiert, die Pellets werden getrocknet u. auf einem Sinterband, in einem Schachtofen oder Drehrohrofen gebrannt. Die Höhe der Brenn-Temp. bestimmt die Festigkeit der noch zu siebenden u. evtl. noch zu zerkleinernden Produkte. (**E. P. 862 723** vom 1/4. 1957, ausg. 15/3. 1961.)
G. FRIKELL. 6225

Vic Italiana S. p. A. (Erfinder: Guiseppe Calligaris), Mailand, Italien, **Calciumsulfatanhydrid-Binder aus Rückständen der Flußsäureherstellung.** Das noch H_2SO_4 u. HF enthaltende Prod. wird mit Na–Al-Silicat (Lasurblau) neutralisiert unter Bldg. von H_4SiO_4, $Na_2SO_4 \cdot Al_2(SO_4)_3$, Na_2SO_4, H_2S u. S. Das mit W. gebildete SiO_2-Hydrogel wirkt verfestigend, während die beiden Salze katalyt. Wrkg. auf das Bindemittel ausüben, so daß dieses hohe Festigkeit entwickelt. (**D. A. S. 1 113 406** Kl. 80b vom 11/12. 1958, ausg. 31/8. 1961. A. Prior. 12/12. 1957.) G. FRIKELL. 6227

Folsom E. Drummond, Washington, D.C., V.St.A., **Überzugsmasse** für als Ersatz von keram. Fliesen dienende Platten aus Leichtmetall oder Kunststoff. Die eine wasserfeste, elast. u. kratzfeste Oberfläche gebende Masse besteht aus: 25—75 (Gew.-Teilen) Vinylchlorid–Vinylacetat-Mischpolymerisat, 10—20 Dibutylphthalat, 5—10 Schlämmkreide, 2—5 Ricinusöl, 15—40 $CH_3COC_2H_5$ u. 10—30 Glasfasern. (**A. P. 2 970 124** vom 24/8. 1954, ausg. 31/1. 1961.) G. FRIKELL. 6229

Dow Corning Corp., Midland, Mich., V.St.A., *Formtrennmittel bei der Glasverformung.* (**Belg. P. 555 701** vom 11/3. 1957, ausg. 12/2. 1960. A. Prior. 12/3. 1956. — C. **1959.** 6261 [E. P. 792 040].)

Jenaer Glaswerk Schott & Gen., Mainz, *Optisches Glas.* (**E. P. 867 922** vom 19/2. 1958, ausg. 10/5. 1961. D. Prior. 20/2. 1957. — C. **1959.** 5931 [D. A. S. 1 036 480].)

Jenaer Glaswerk Schott & Gen., Mainz, *Herstellung dünner lichtabsorbierender Schichten auf Glas.* (**Oe. P. 214 590** vom 28/11. 1958, ausg. 10/4. 1961. D. Prior. 10/12. 1957. — C. **1961.** 4492 [D. A. S. 1 063 773].)

Ferro Enamels (Holland) N. V., Rotterdam, Holland, *Herstellung giftfreier Emaille.* (**Holl. P. 98 058** vom 12/6. 1958, ausg. 15/5. 1961. — C. **1961.** 6646 [D. A. S. 1 091 831].)

Électro Réfractaire Soc. An., Paris, Frankreich, *Feuerfestes Erzeugnis.* (**Oe. P. 214 343** vom 21/3. 1958, ausg. 27/3. 1961. D. Prior. 22/3. 1957. — C. **1961.** 6281 [D. A. S. 1 083 744].)

Mycalex Corp. of America, New York, N.Y., V.St.A., *Herstellung keramoplastischer glasig-kristalliner Körper.* (**E. P. 867 417** vom 26/8. 1957, ausg. 10/5. 1961. A. Prior. 27/8. 1956 u. 19/7. 1957. — C. **1960.** 15531 [A. P. 2 897 573].)

Soc. An. d'Innovations Chimiques, Sinnova ou Sadic, Beauval par Trilport, Frankreich, *Herstellung von Beton.* (**Holl. P. 98 383** vom 11/9. 1951, ausg. 17/7. 1961. F. Prior. 15/9. 1950. — C. **1955.** 2278 [E. P. 695 079].)

Farbenfabriken Bayer Akt.-Ges., Leverkusen (Erfinder: **Walter Noll**, Leverkusen, **Klaus Damm** und **Helmut Weissbach**, Opladen), *Baustoffmischung zur Herstellung von wasserabweisendem Mauerwerk.* (**Oe. P. 214 836** vom 29/10. 1958, ausg. 25/4. 1961. D. Prior. 8/11. u. 26/11. 1957 u. 27/8. 1958. — C. **1960.** 17247 [D. A. S. 1 070 538], C. **1960.** 6997 [F. P. 1 207 978] u. C. **1961.** 10334 [D. A. S. 1 082 847].)

Tomohiro Horie Ichibecho, Nishishichijo, Shimoky-ku, Kyoto, Japan, *Herstellung von Schleifmaterial.* (**E. P. 838 300** vom 7/7. 1956, ausg. 22/6. 1960. Jap. Prior. 7/10. 1955. — C. **1960.** 13162 [F. P. 1 158 795].)

VII. Agrikulturchemie. Schädlingsbekämpfung

Die Herstellung von Superphosphat aus einem Apatitkonzentrat feiner Mahlung. D. L. Zyrlin. (Журнал Прикладной Химии [J. angew. Chem.] **33.** 1477—82. Juli 1960.) (Russ.)

Feingemahlener *Apatit* (I) zeigt einen erhöhten Zers.-Koeff. im *Superphosphat*, jedoch steigt dieser nicht direkt proportional der Vergrößerung der spezif. Oberfläche des I. Bei Erhöhung der Mahlfeinheit bis zur Herabsetzung des Rückstandes auf dem 150 μ-Sieb von 14,25% auf 11,0% erhöht sich der Zers.-Koeff. nur um ca. 1,0%. Auch bei sehr feiner Mahlung ist eine „Nachreifung" des I erforderlich, da diese den Zers.-Koeff. beträchtlich erhöht. Bei der Herst. von Superphosphat erweist es sich als vorteilhaft, fein gemahlenen I mit einer spezif. Oberfläche von 3800 cm^2/g anzuwenden. Die Vorteile bestehen in der Erzielung eines hohen Zers.-Koeff. des I in kurzer Zeit, im Verbrauch von weniger H_2SO_4 bei der Herst. sowie in der Kürzung der Nachreifungsdauer des Superphosphats. M. WROBLEWSKI. 6282□

Schlammfreie Naßprozeß-Phosphorsäure zur Verwendung als flüssiger Dünger. E. J. Fox und W. A. Jackson. (J. agric. Food Chem. **9.** 334—43. Sept./Okt. 1961. Beltsville, Md., US. Dep. of Agricult.) (Engl.)

Es wurde festgestellt, daß säurelösl. organ. Substanz, Fluorosilicate sowie Fe- u. Al-Phosphate die hauptsächlichsten Schlammbildner in der Naßprozeßphosphorsäure sind. Diese Schlamm-Bldg. kann durch Neutralisierung der Säure mit Rohphosphat vermieden werden. Dabei werden Fluorosilicat sowie Fe- u. Al-Phosphat ausgefällt u. durch Filtration entfernt. Es wird ein Prozeß beschrieben, nach dem Phosphorsäure durch Ansäuern wss. Superphosphatextrakte hergestellt wird. W. KÖLLING. 6282□

Naßprozeß-Phosphorsäure in Mischdüngemitteln. Daniel O. Walstad. (J. agric. Food Chem. **9.** 348—55. Sept./Okt. 1961. New York, N.Y., American Cyanamid Co.) (Engl.)

Vf. gibt eine allg. Übersicht in bezug auf den Einsatz von Naßprozeß-Phosphorsäure an Stelle von Schwefelsäure in der Superphosphatindustrie sowie bei der Herst. von granulierten u. fl. Mischdüngemitteln. — 14 Literaturangaben. W. KÖLLING. 6290□

Flüssige Dünger aus Naßprozeß-Phosphorsäure. Suspension von Verunreinigungen. A. V. Slack und M. C. Nason. (J. agric. Food Chem. **9.** 343—47. Sept./Okt. 1961. Wilson Dam, Ala., Tennessee Valley Authority.) (Engl.)

Vff. berichten über Verss., um die Verunreinigungen bei der Herst. von fl. Mischdüngern aus Naßprozeß-Phosphorsäure in Suspension zu halten. Erfolgreich war dabei sowohl ein 1—2%ig. Tonzusatz als auch ein Ammonisieren der Phosphorsäure auf pH 7,0 oder höher mit anschließender Einstellung auf pH 6,7. Das Wachstum von Struvitkristallen ($MgNH_4PO_4$) läßt sich durch rasches Abkühlen der Dünger-Lsg. oder durch Ammonisierung der Säure auf pH 6,0 vermeiden. W. KÖLLING. 6290□

Der gegenwärtige Stand und die Perspektiven der Entwicklung der Produktion und der Anwendung von flüssigen Düngemitteln. W. A. Klewke und Ja. I. Kilman. (Журнал Прикладной Химии [J. angew. Chem.] **32.** 1649—58. Aug. 1959.) (Russ.)

Übersicht über die Entw. der Produktion u. der Anwendung fl. Düngemittel (Ammoniakwasser, Ammoniakate, fl. mineral. Volldünger u. a.) in den USA, europäischen Ländern u. der UdSSR u. über die Vers.-Ergebnisse auf diesem Gebiet.
M. GORDIENKO. 6290□

Bodentypus und Bodensystematik. W. Laatsch und E. Schlichting. (Z. Pflanzenernähr., Düng., Bodenkunde **87** (132). 97—108. Nov. 1959. München, Forstl. Forschungsanst.; Kiel, Univ., Inst. für Pflanzenernährung u. Bodenkunde.) (Dt.)

Behandelt werden: Wesen u. Gliederung der Pedosphäre, Bodentypen als korrelative Merkmalsgruppen, Bodentypen als Umwandlungsformen der Lithosphäre, Definition von Bodentypen, Bodenkartierung. — 14 Literaturangaben. M. WINIKER. 6300□

Bodenkartierung im (Staate) Kelantan. Wm. P. Panton. (Malayan agric. J. **43.** 87—103. 1960.) (Engl.)

Bericht über die Ergebnisse einer eingehenden Boden-Unters. im malayischen Staate Kelantan. M. WINIKER. 6304□

Untersuchungen des Phosphatgehalts einiger Reisböden von Kelantan. K. Kanapathy und S. Thamboo. (Malayan agric. J. **43.** 104—11. 1960.) (Engl.)

Es wurde festgestellt, daß Reisböden von Kelantan relativ wenig pflanzenverfügbares Phosphat enthalten. Zur Behebung dieses Mangels waren citronensäure- sowie wasserlösl. Phosphate geeigneter als Rohphosphat. M. WINIKER. 6304□

Anreicherung und Veränderung der Zusammensetzung der Phosphate in Schwarzerdeböden unter mehrjährigen Gräsern. N. I. Bogdanow. (Известия Сибирского

Отделения Академии Наук СССР [Nachr. sibir. Abt. Akad. Wiss. UdSSR] **1958.** Nr. 11. 141—48. Omsk, Landw. Kirow-Inst.) (Russ.)

In den untersuchten Tschernosemböden Sibiriens findet unter dem Einfl. der mehrjährigen Gräser eine Ansammlung von Humus u. P_2O_5 statt, deren Ausmaß jedoch unterschiedlich u. vor allem vom Gräserertrag abhängig ist. Nach dem Umbruch der Gräser sammelt sich P_2O_5 hauptsächlich in Form von organ. Phosphaten an. Der Geh. an den Pflanzen zugänglichen Phosphaten kann sich nach dem Umbruch vermindern oder erhöhen, u. zwar in Abhängigkeit von der mikrobiolog. Aktivität des Bodens. In auf Löß lagerndem Tschernosem steigt vor allem der Geh. an Ca-Phosphaten. In auf anderen Muttergesteinsarten lagerndem Tschernosem erhöht sich der Geh. an Fe- bzw. Al-Phosphaten. Eine Mobilisierung der Phosphate in sibir. Tschernosemböden kann durch Gaben von Phosphobakterin (nach dem Umbruch zu Getreide) erzielt werden.

M. GORDIENKO. 6304□

Untersuchung der Prozesse der sekundären Versalzung in einigen Böden östlich der Theiss. K. Darab. (Acta agronom. Acad. Sci. hung. **9.** 363—405. 1959. Budapest, Forschungsinst. für Bodenkunde u. Agrikulturchem. der Ungar. Akad. der Wiss.) (Russ.)

Im Theißgebiet wird die Bewässerung hauptsächlich auf Wiesen- bzw. Wiesen-Solonetz- bzw. wiesensolonetzartigen Böden angewandt. Bei Bewässerung mit größeren Wassermengen steigt in den Böden der Grundwasserstand bedeutend, wodurch Veränderungen im Salz-Geh. u. im Wasserhaushalt des Bodens eintreten. Die Versalzung des Bodens erhöht sich jedoch nicht durch ungünstige Zus. des Bewässerungswassers, sondern durch die Erhöhung des Standes des salzreichen Grundwassers. Es wurden drei Formen der sek. Versalzung unter dem Einfl. der Bewässerung ermittelt. Zur Verminderung der Versalzung des Bodens wird u. a. empfohlen, das Aufsteigen des Grundwassers durch Anlage von wasserabführenden Gräben zu verhindern u. die Filtration entlang der Gräben herabzusetzen. Weiterhin wirken auf die Regulierung der Bodenversalzung Fruchtfolgen mit Grasgemengen günstig, die das Gleichgewicht in der Salzbilanz des Bodens aufrechterhalten bzw. eine Auslaugung bewirken. Es werden Ansammlung von neutralen alkal. Salzen auf der Bodenoberfläche bzw. Ansammlung von Alkalien oder Erdalkalien in tieferen Bodenschichten bzw. sek. Solonetz-Bldg. in carbonathaltigen Böden unterschieden.

M. GORDIENKO. 6304□

Zunahmen der Kohlenstoff- und Stickstoffgehalte von tropischen Böden unter natürlicher Brache. D. J. Greenland und P. H. Nye. (J. Soil Sci. **10.** 284—99. Sept. 1959. Univ. Coll. of Ghana.) (Engl.)

Aufbauend auf der Annahme, daß der Humusabbau im Boden stets proportional der Humusmenge u. die Humuszufuhr aus Pflanzenrückständen konst. ist, berechnen Vff. die Zunahme des Humusspiegels trop. Böden unter natürlicher Brache. Bei der üblichen Wechselwirtschaft in typ. Waldgebieten zwischen Brache u. Bepflanzung im Verhältnis 3:1 sinkt der C-Geh. maximal auf ca. 75% des Höchst-Geh. ab. Unter Annahme eines konst. C/N-Verhältnisses wird eine jährliche N-Anreicherung von 20 bis 50 (lbs./acre) unter Wald bzw. 4—10 unter Savanne berechnet. Diese berechneten Werte stimmen gut mit den in der Literatur vorliegenden experimentellen Befunden überein.

WILFRIED WERNER 6304□

Stoffwechsel im moorigen Reisboden. 2. Mitt. Bestimmung von Gasen aus Reisfeldern — Bestimmung der abbaufähigen organischen Substanz. Ichirō Yamane. (Soil Plant Food [Tokyo] **4.** 25—31. Juni 1958. Tohoku Univ., Inst. for Agric. Res.) (Engl.)

Die Gasentbindung eines moorigen Reisbodens wurde mit derjenigen eines alluvialen Bodens mit u. ohne Gründüngung verglichen. Bei starker Gas-Entw. steigt der relative Anteil von Methan u. CO_2 am Gasgemisch an, wogegen bei schwacher Gas-Entw. der Methan-Geh. abnimmt u. der N_2-Anteil 80—90% beträgt. Die abs. Gas-Entw. war auf dem Moorboden höher als auf dem alluvialen Boden, wo sie durch Zusatz abbaufähiger Substanz jedoch merklich erhöht wurde. Die Ergebnisse werden im Hinblick auf den Verlauf des Abbaues der organ. Substanz diskutiert. WILFRIED WERNER. 6304

Untersuchung über die organo-mineralischen Kolloidkomplexe von Sumpfreisböden. 2. Mitt. In Kolloidkomplexen G 1 von abgebauten Sumpfreisböden enthaltene Mineralien. Hidenori Hashimoto, Togoro Harada und Toshinobu Yumoto. (Soil Plant Food [Tokyo] **4.** 110—16. Dez. 1958.) (Engl.) — 3. u. 4. vgl. C. **1961.** 14066.

Die *Tonmineralien* im G 1-Kolloidkomplex (KK) aus abgebauten (degradierten) u. benachbarten normalen Sumpfreisböden, von denen 2 auf Granit, Gneis u. Izumi-Sandstein basieren, einer (Yoshidaboden) auf tert. u. paläozoischen, der normale Boden teilweise auf diluvialen Schichten basieren, werden mittels Röntgenanalyse u. DTA sowie elektronenmkr. Aufnahmen identifiziert. Im allg. zeigt sich keine erkennbare Abweichungstendenz bzgl. der Arten der Tonmineralien zwischen abgebauten u. normalen Böden, deutlich jedoch bei den Yoshidaböden: bei den abgebauten herrschen nichtkrist. Substanz mit geringen Anteilen an Kaolinmineralien u. *Illit* (I), bei den normalen I-*Montmorin* (II)-Mischschichtenmineralien mit etwas Kaolinmineralien vor. Die Art der Tonmineralien in den abgebauten Böden variiert von Boden zu Boden u. hängt stark von der Art des Mutterbodens ab. Das Vorherrschen von II u. I—II-Mischschichten in den sehr fruchtbaren Nagano-Böden deutet auf den Zusammenhang dieser Mineralanteile mit der Fruchtbarkeit hin. Die starke Anreicherung an leichtlösl. Humus in den G 1-Kolloidkomplexen von abgebauten Reisböden wird viel stärker von dem geringen Geh. an Boden-Koll. u. der starken Red. unter W. als von der Art u. Menge der Tonmineralien verursacht. L. SCHULER. 6304□

Untersuchungen über die aus Böden und Komposten extrahierte organische Substanz. 1. Mitt. Die Isolierung und Charakterisierung von Lignoproteinen aus Kompost. David S. Jenkinson und Joseph Tinsley. (J. Soil Sci. **10.** 245—63. Sept. 1959. Reading, Univ., Dep. of Agric. Chem.) (Engl.)

Der wasserunlösl. Teil von Weizenstrohkompost wurde mitttels 0,5n Na-Sulfit (102°) bzw. 0,5n Na-Pyrophosphat (37°) extrahiert u. hinsichtlich der N-Komponenten untersucht. Im Sulfitextrakt befanden sich 40,6%, im Extrakt mit Pyrophosphat 24,6% des Gesamt-N. 57% des N im Sulfitextrakt u. 42% des N im Pyrophosphatextrakt lagen in Proteinen gebunden vor. Dieser Anteil wurde isoliert u. hydrolysiert, wobei sich zeigte, daß er zu 55—60% als α-Amino-N vorlag. Der nicht hydrolysierbare Anteil erwies sich als dem Weizenstroh-Lignin sehr ähnlich u. ist offenbar unter nur wenig Umwandlungen aus diesem entstanden. Dieses Material wird daher mit Recht als „*Lignoprotein*" bzw. „*Lignopeptid*" bezeichnet. WILFRIED WERNER. 6304□

Untersuchungen über die aus Böden und Komposten extrahierte organische Substanz. 2. Mitt. Die Infrarotspektren der aus Kompost isolierten Lignoproteine. J. D. S. Goulden und David S. Jenkinson. (J. Soil Sci. **10.** 264—70. Sept. 1959.) (Engl.) — 1. vgl. vorst. Referat.

Es wurden die IR-Absorptionsspektren der aus Weizenstrohkompost isolierten Lignoproteine gemessen. Die für die Peptidbindung charakterist. Absorptionsbanden konnten einwandfrei ermittelt werden. Die Spektren der nach saurer bzw. alkal. Hydrolyse aus dem Lignoprotein entstehenden Verbb. erwiesen sich dem Spektrum des Strohlignins als sehr ähnlich. WILFRIED WERNER. 6304□

Der Einfluß von Jahreszeit und Urease-Zugaben auf die Harnstoffhydrolyse im Boden. J. B. Stojanovic. (Soil Sci. **88.** 251—55. Nov. 1959. Mississippi State Univ.) (Engl.)

Proben von 6 verschiedenen Böden (feinsandiger Lehm bis Ton; pH 5,3—6,1) unter Grasnarbe wurden während eines Jahres im Abstand von 3 Monaten gezogen, getrocknet u. im Inkubations-Vers. auf ihre enzymat. Aktivität, gemessen an der NH_3-Freisetzung aus zugesetztem *Harnstoff* (I), untersucht. In den Vgl.-Proben wurden die Mikroorganismen mit Toluol abgetötet. Die hydrolyt. Aktivität der Böden war sowohl vom Bodentyp als auch bes. von der Jahreszeit abhängig. Sie war am höchsten in den im Juni u. September entnommenen Proben. Nach Ureasezusatz zu sterilisierten Proben von 2 Böden war die I-Spaltung nicht deutlich erkennbar. Die Ureaseaktivität fiel im Boden schnell ab, u. zwar im Tonboden schneller als im sandigen Lehm. In 12 Std. nach der Ureasezugabe zum Boden verminderte sich ihre Aktivität um >50%.
WILFRIED WERNER. 6304□

Vergleich von Auswaschung und Fixierung von Kalium und Rubidium in Böden unter Verwendung der Isotope ^{42}K und ^{86}Rb. A. Ølen, G. Semb und K. Steenberg. (Soil Sci. **88.** 284—87. Nov. 1959. Agric. Coll. of Norway, Inst. of Soil Sci. and Isotope Labor.) (Engl.)

Wegen der kurzen Halbwertszeit von ^{42}K (125 Std.) werden Verss. über die K-Auswaschung u. -Fixierung in Böden häufig mit ^{86}Rb (18,6 Tage) an Stelle von ^{42}K durchgeführt. In Verss. mit Bodensäulen zeigen Vff. jedoch, daß bei Durchwaschen äquivalenter ^{42}KCl- bzw. ^{86}RbCl-Lsgg. durch einen Sand- u. einen Tonboden ein größerer Teil von Rb als von K in den oberen Teilen der Säulen verbleibt, d. h. daß unter diesen Bedingungen Rb im Vgl. zu K selektiv sorbiert wird. Im Sand wurden weder K noch Rb fixiert, im Tonboden dagegen 30% der verabreichten Rb-Menge, aber nur 15% des angebotenen K. In 4 anderen Böden wurden 34—39% Rb, aber nur 3—20% K fixiert.
WILFRIED WERNER. 6304□

Die Struktur von Bodenkrümeln. W. W. Emerson. (J. Soil Sci. **10.** 235—44. Sept. 1959. Adelaide, C.S.I.R.O., Div. of Soils.) (Engl.)

Aufbauend auf bekannten Tatsachen über die Krümelstabilität wird vom Vf. ein Modell der Krümelstruktur entwickelt. Danach bestehen die Bodenkrümel aus Quarzteilchen u. zwischengelagerten orientierten Tonteilchengruppen, die in W. nicht dispergiert werden. Im normalen Boden, in dem Ca-Ionen überwiegen, sind die Tonkristalle im Krümel infolge Austrocknung in Gruppen aggregiert. Es wird postuliert, daß die Quarzteilchen u. die Tonteilchengruppen entweder durch organ. Groß-Mol. oder durch elektrostat. Kräfte fest verbunden sind. 4 wichtige experimentelle Befunde werden als Bestätigung dieses Modells angesehen: 1. die krist. Quellung des Tons bleibt im Krümel unverändert, 2. der Zerfall durch Wasser-Einfl. wird verhindert, 3. wegen der Bindekräfte der organ. Mol werden Na-gesätt. Krümel nicht dispergiert u. 4. die pF-Kurve ist unverändert. Die konventionellen Naßsieb-Verff. bestimmen die Stärke der Bindung durch organ. Substanz u. damit die Krümelstabilität. WILFRIED WERNER. 6304□

Amorphe Eisenoxide in Böden. R. M. Taylor. (J. Soil Sci. **10.** 309—15. Sept. 1959. Adelaide, South Australia, C.S.I.R.O., Div. of Soils.) (Engl.)

Vf. nimmt krit. zu bisher in der Literatur vorliegenden Angaben über das Vorliegen amorpher Fe-Oxide in Böden Stellung. Es wird nachgewiesen, daß die exotherme Zacke bei der DTA von Böden u. Tonen bei 320°, von der auf das Vorhandensein amorpher Fe-Oxide geschlossen wurde, durch schwer entfernbare organ. Substanz verursacht wird. Nach Entfernung dieser organ. Materialien entsprach in 5 untersuchten Böden die Menge an freien Fe-Oxiden derjenigen krist. Fe-Oxide (Goethit, Hämatit). WILFRIED WERNER. 6304□

Wechselwirkung von Eisen mit Regen-Sickerwässern. M. Schnitzer. (J. Soil Sci. **10.** 300—15. Sept. 1959. Ottawa, Canada, Canada Dep. of Agric., Sci. Serv., Chem. Div.) (Engl.)

Sickerwässer von sich zersetzender Laubstreu (Buche, Birke, Pappel, Ahorn) wurden auf ihre Fähigkeit getestet, Fe^{3+}-Ionen aus einem Fe^{2+}-gesätt. Kunstharzaustauscher zu entziehen u. diese Ionen von einer Austauschadsorption an H^+-, Al^{3+}-, Ca^{2+}- u. Mn^{2+}-gesätt. Austauscher zurückzuhalten. Im Hinblick auf beide Eigg. ergab sich bei den Laubextrakten folgende Reihenfolge: Ahorn > Pappel > Birke > Buche. Das Festhaltevermögen der Austauscher für das Fe^{3+} in den Laubextrakten nahm in der Reihe der Gegenionen $H^+ > Al^{3+} > Ca^{2+} = Mn^{2+}$ ab. Vf. vermutet, daß durch dieses Verh. die unterschiedliche Mächtigkeit von Eluvialhorizonten gedeutet werden kann, die im allg. in den stark sauren Podsolböden dünner sind als in den graubraunen Podsolen mit hoher Ca-Sättigung. Aus potentiometr. Messungen wird abgeleitet, daß Fe^{3+} offenbar titrierbare saure Gruppen blockiert. WILFRIED WERNER. 6304□

Die Nitrifizierung in Albanien und die Maßnahmen gegen die Unfruchtbarkeit des Bodens. Veli Kaleshi und Lefter Veshi. (Bul. Univ. Shtetëror Tiranës, Ser. Shkencat Natyrore [Bull. Inst. Sci. Tirana, Ser. Sci. natur.] **12.** Nr. 4. 157—74. 1958.) (Alb.; Auszug: Franz.)

Vff. beschreiben die in Albanien vorkommenden Böden u. ihren Nitrifizierungszustand u. erörtern die Maßnahmen zur Erhaltung der Fruchtbarkeit. R. K. MÜLLER. 6304□

Die Wirkung einer Stickstoffdüngung auf die Ertragsleistung von Gräsern im Reinanbau und im Gemisch mit Rotklee. Ergebnisse von 2jährigen Gefäßversuchen. Ingeburg Lehne. (Z. Pflanzenernähr., Düng., Bodenkunde **87** (**132**). 134—42. Nov. 1959. Müncheberg (Mark), Inst. für Acker- u. Pflanzenbau der Dt. Akad. der Landwirtschaftswissenschaften zu Berlin.) (Dt.)

Es wird über Verss. berichtet, aus deren Ergebnissen hervorgeht, daß die Wrkg. einer *N*-Düngung zu reinen Gräsern u. zu Gräsern im Gemisch mit Klee von der gewählten Grasart u. dem Kleeanteil der Gemische abhängig ist. M. WINIKER. 6304□

Organische mineralische Gemische. N. N. Pantelejew. (Природа [Natur] **48.** Nr. 3. 90—92. März 1959. Gorki, Landw. Versuchsstation.) (Russ.)

Bei Knappheit an Stallmist können Stallmistgaben durch Gemische von Stallmistgaben mit mineral. Düngern ersetzt werden, wobei die Stallmistmenge auf $^1/_3$—$^1/_{10}$ herabgesetzt wird. In 2jährigen Verss. mit verschiedenen organ.-mineral. Gemischen auf grauem lehmigen Waldsteppenboden betrugen die Winterweizenerträge (in dz/ha): ungedüngt 20,4; Gaben (pro ha) von 3 t Streumist + 2,2 dz Superphosphat + 5 dz Dolomitmehl 26,3; gleiches Gemisch unter Ersatz von Streumist durch halbverrotteten Stallmist bzw. Torf mit Jauche bzw. Torf mit Stallmist 27,1 bzw. 23,1 bzw. 26,3. Gaben von 3 dz Superphosphat/ha + 5 dz Dolomitmehl (I)/ha bewirkten keine Ertragssteigerung, Gaben von einem Gemisch von I + 6 t Lupinenhäcksel/ha erhöhten den Ertrag von 24,6 auf 30,2 dz/ha. Zusatz von Kalk zu den organ.-mineral. Gemischen erhöht die Erträge sowohl der Winterkulturen als auch der in der Fruchtfolge nach diesen folgenden Kulturen, bes. der mehrjährigen Gräser. M. GORDIENKO. 6304□

Spurenelementdüngung beschleunigt das Ausreifen und erhöht den Ernteertrag des Maiskornes. W. Ss. Denissjewski und L. L. Omeljanjuk. (Земледелие [Ackerbau] **23.** Nr. 3. 82—87. März 1961.) (Russ.)

Die in die Fermente eindringenden Spurenelemente aktivieren die biochem. Prozesse in den Pflanzen u. verbessern die physikal.-chem. Eigg. des Plasmas. Dadurch können sie die Intensität der Photo-Synth. erhöhen. Bei den durchgeführten Verss. wurden folgende I-Mengen in den Boden eingebracht: Mn (in Form von 0,05%ig. $MnSO_4$-Lsg.): 233 (mg/kg) Boden; B (0,05%ig. Borax-Lsg.) 0,633; Mo (0,1%ig. $(NH_4)_2MoO_4$-Lsg.) 0,05; J (0,01%ig. KJ-Lsg.) 17,45. Nach der Düngung wurden bei den Maiskulturen folgende Best. durchgeführt: Chlorophyll-Geh., Dynamik der Stärkeanhäufung u. der Feuchtigkeit. Die Düngung hatte einen positiven Einfl., bes. auf den Ernteertrag. Die Ertragssteigerung betrug bei B 9,6%, bei Mn 8,0%, bei J 4,5%, bei Mo 4,0%.

C. KOZÁK. 6304□

Untersuchungen über den Einfluß von Pflanzenwachstumsregulatoren auf Tabak. K. G. Shanmugavelu, (Madras agric. J. **48.** 369—76. Okt. 1961.) (Engl.)

Verss. mit *Indolylessigsäure, Indolylbuttersäure* bzw. *Naphthylessigsäure* ergaben: Werden diese Substanzen zur Saatgutbehandlung benutzt, so bewirken sie ein besseres Wachstum der Tabakpflanzen. Werden sie hingegen auf junge Tabakpflanzen aufgesprüht, so haben sie phytotox. Wirkung. M. WINIKER. 6312□

Die Auswirkung einiger chemischer Unkrautbekämpfungsmittel auf Honigbienen. T. Palmer-Jones. (New Zealand J. agric. Res. **3.** 485—90. Juni 1960. Wallaceville, Dep. of Agricult., Animal Res. Stat.) (Engl.)

Labor.- u. Freiland-Verss. zufolge können der *Butyl-* sowie der *Butoxyäthylester* der *2.4.5-T* als für Bienen unschädlich angesehen werden. *Pentachlorphenol* sowie ein Gemisch von *DNBP* u. *DNAP* erwiesen sich als tox., jedoch war die abschreckende Wrkg. dieser Mittel auf die Bienen so stark, daß eine direkte Aufnahme im Freiland unwahrscheinlich erscheint. M. WINIKER. 6312□

Termitenbegasung mit Methylbromid. N. E. Hickin. (Chem. Products **24.** 205—06. Mai 1961.) (Engl.)

Mit Hilfe einer bestimmten Vers.-Anordnung wurden Kalotermes jouteli, K. flavicollis, Reticulitermes lucifugus, R. lucifugus var. santonensis, Zootermopsis angusticollis, Periplaneta americana, Blatta orientalis, Blattella germanica u. Musca domestica der verschiedenen Wachstumsstadien 48 Std. in einer Konz. von 52 oz. *Methylbromid* + 2% *Chlorpikrin* auf 1000 cubic feet bei 61% relativer Feuchtigkeit begast. Während dieser Zeit konnte keines der Insekten sein Wachstum weiter fortsetzen, u. nach 48 Std. waren alle tot. W. KREIPE. 6312□

Bekämpfung des Cocosnußschädlings Melittomma insulare (Coleoptera, Lymexylidae) auf den Seychellen. I. W. B. Nye. (Bull. entomol. Res. **52.** 489—99. Okt. 1961. Commonwealth Institute of Entomology.) (Engl.)

Melittomma insulare Fairm., dessen Larven sich in den Fuß der Palmenstämme einbohren u. diese aushöhlen, konnte in den Jahren 1953—1958 mit *p-Dichlorbenzol* nur mit ungenügendem Erfolge bekämpft werden. *Methylbromid* wirkte zwar gut, verhinderte aber nicht den Zutritt von Fäulnispilzen in die Löcher. System. Insekticide waren wirkungslos. Ausschneiden des nekrot. Gewebes mit nachfolgendem Verschmieren der Löcher mit einem Gemisch von *Kiefern-* u. *Kohleteer* verhinderte das Eindringen von Fäulnispilzen. 1959—1960 wurden gute Ergebnisse mit der Anwendung eines Gemisches von *Kohleteerkreosot* u. *Kohleteer* erzielt, bes. an jungen Palmen, von denen nach 6 Monaten nur noch 13—24% befallen waren. FRITZ MÜLLER/Ludwigshafen. 6312□

Beobachtungen zur Lebensweise und Bekämpfung des Kohltriebrüßlers, Ceutorhynchus quadridens Panz., an Trowsesenf (Brassica juncea). A. L. Winfield. (Bull. entomol. Res. **52.** 589—600. Okt. 1961. Cambridge, National Agric. Advisory Serv.) (Engl.)

Gegen Ceutorhynchus quadridens Panz. hatte Saatgutbehandlung mit *γ-BHC* u. *Kerosin* als Haftmittel eine gewisse Wrkg., während *Phorate* u. *Telodrin* unwirksam blieben. Saatgutbehandlung erwies sich überhaupt als wenig zweckmäßig, während Sprühungen mit *Dieldrin* im Mai, wenn bereits die ersten Fraßlöcher sichtbar waren, von gutem Erfolge zu einer gewissen Ertragserhöhung begleitet waren.

FRITZ MÜLLER/Ludwigshafen. 6312□

Die Wirkung von DDT- und BHC-Sprays auf Aphodius pseudotasmaniae Given in Tasmanien. E. J. Martyn. (Tasmanian J. Agric. **30.** 156—58. Mai 1959.) (Engl.)

DDT in Mengen von 8—20 oz./acre bewirkte Abnahme des Schädlings, *BHC* hatte jedoch bei 2 oz. stärkere Wirkung. Vf. lehnt einen Zusatz von DDT zu BHC bei der Spritzung wegen der zu geringen Wrkg. des DDT ab. W. HILLER. 6312

Der Schutz gegen die Kirschfruchtfliege. Vojzěch Seidl. (Za Socialist. Zemědělství **10.** 340—44. 7/4. 1960. Holovousy, ČSAZV, Výzk. úst. ovocnářský.) (Tschech.)

Die Bekämpfung der Kirschfruchtfliege (Rhagoletis cerasi L.) erfolgte in vergleichenden Verss. durch Besprühen mit 1%ig. *Dynol*-Lsg. u. durch Behandeln mit erhitztem *DDT*-Aerosol (5- bzw. 10%ig.) aus Zerstäubern. Es zeigte sich, das bereits 2malige Behandlung mit Aerosol (ca. 9 Liter 10%ig. DDT-Emulsion/ha, ca. 90—135 ml/Baum) den Befall unter 1% senkt. Die Meth. (eingehende Beschreibung der Durchführung) hinterläßt keine sichtbaren u. geschmacklich feststellbaren Reste auf den Früchten. E. ROTTER. 6312□

Versuche zur Bekämpfung der Fritfliege, Oscinella frit L., an Späthafer mittels Saatgutbehandlung und „Spätsprühungen". T. J. Legowski und H. J. Gould. (Bull. entomol. Res. **52.** 443—55. Okt. 1961. Cambridge, National Agric. Advisory Service.) (Engl.)

In Parzellen-Verss. zu Späthafer schränkte Saatgutbehandlung mit *γ-BHC* (**I**), *Parathion* (**II**), *Dieldrin* (**III**), *Rogor* (**IV**) u. *WL 1650* (*Telodrin*) den Befall mit Oscinella frit L. zwar ein, jedoch war die Wrkg. wechselhaft. Bei Spätsprühungen jedoch, wenn bereits die ersten Schäden bemerkbar waren, schränkte bes. **II** u. auch **III**, etwas weniger **I**, in aussichtsreichem Maße **IV** den Befall ein, bes. innerhalb von 15 Tagen nach Beginn der Eiablage. *Methyldemeton* u. *Dipterex* waren weniger wirksam. Im Vgl. zu vorbeugenden *DDT*-Sprühungen war der Ertrag nur unwesentlich geringer. **II** u. auch **I** töteten viele Larven in den Schossen ab. FRITZ MÜLLER/Ludwigshafen. 6312□

Bodenanwendung von Insekticiden zur Bekämpfung von Laubschädlingen der Irischen Kartoffel. R. N. Hofmaster und E. M. Dunton jun. (Amer. Potato J. **38.** 341—45. Okt. 1961. Painter, Va., Virginia Truck Exp. Stat.) (Engl.)

1959 zeitigten 2 oder 3 (lbs./acre) gekörntes *Thimet* (**I**), beim Legen der Kartoffeln gegeben, ausgezeichnete Bekämpfungsergebnisse gegen Epitrix cucumeris Harr., Empoasca fabae Harr. (**a**) u. Macrosiphum solanifolii Ashm. bis zur Ernte. Der Befall mit Pyrausta nubilalis Hbn. wurde mit **I** (3) um 75% eingeschränkt, die Erträge wurden wesentlich erhöht. 1960 wirkten **I** (2,5) u. *Disyston* (2,5) wieder ausgezeichnet gegen **a**. Die Erträge stiegen um 33% an u. das Erntegut hatte ein höheres spezif. Gew. als das der unbehandelten Kontrolle. Diese system. Insekticide verhinderten das Aufkommen von normalen Leptinotarsa decemlineata Say. (**b**) vollkommen, das *DDT-Dieldrin*-resistenter **b** nur teilweise. *Heptachlor* hatte 1959 keinerlei, 1960 gegen normale **b** gute Wirkung. FRITZ MÜLLER/Ludwigshafen. 6312□

Das Magnesiumnachlieferungsvermögen von glasierten Porzellangefäßen. F. J. Roberts. (J. Austral. Inst. agric. Sci. **25.** 298—99. Dez. 1959. Nedlands, Univ. of Western Australia, Inst. of Agric.) (Engl.)

Trotz Mg-freier Nähr-Lsg. konnte in Verss. in glasierten Porzellangefäßen bei Trifolium subterraneum kein Mg-Mangel erzeugt u. durch Mg-Düngung kein Mehrertrag erzielt werden. Eine chem. Analyse der Gefäße zeigte, daß sie beachtliche Mg-Mengen (2 g/Gefäß) enthalten, u. zwar in Form von Mg-Silicat (Talk). Die Gefäße wurden daher mit einem Kunststoffanstrich versehen, der das Austreten von Mg verhinderte. Nach dieser Behandlung der Gefäße traten schon 3 Wochen nach der Ansaat typ. Mg-Mangelsymptome auf. WILFRIED WERNER. 6320□

Eine einfache Methode zur colorimetrischen Bestimmung der Bodenatmung im Laboratoriumsversuch. Th. Beck und R. Röschenthaler. (Z. Pflanzenernähr., Düng., Bodenkunde **87** (**132**). 143—56. Nov. 1959. München, Bayer. Landesanst. für Moorwirtschaft u. Landkultur, Mikrobiol. Abt.) (Dt.)

Das Prinzip der eingehend beschriebenen Meth. beruht darauf, daß die von einer bestimmten Menge Boden in der Zeiteinheit abgegebene Menge an CO_2 in einem geschlossenen Gefäß durch Mikrodiffusion in einer vorgelegten Lauge absorbiert wird. Sodann wird die Menge an unverbrauchter Lauge (NaOH) colorimetr. mit Hilfe von Phenolphthalein ermittelt. M. WINIKER. 6324□

Vergleichende Untersuchungen zwischen der „Bodenatmung" und der CO_2-Produktion von Moorböden. W. Frercks und D. Puffe. (Z. Pflanzenernähr., Düng., Bodenkunde **87** (**132**). 108—18. Nov. 1959. Bremen, Staatl. Moor-Versuchsstat.) (Dt.)

Vff. führten an schwach u. stark zersetzten Hochmoortorfen mit jeweils unterschiedlichen Aufkalkungsstufen sowie an 2 Niedermoortorfen, die sich sämtlich seit mehreren Jahren in einer Lysimeteranlage befanden, im Außen-Vers. Bodenatmungsmessungen u. im Labor.-Vers. Messungen der CO_2-Produktion durch. Hierbei wurden die Einfl. von Aufkalkung, Temp., Feuchtigkeit u. Torfart berücksichtigt. Es zeigte sich, daß bzgl. der Faktoren Temp. u. Feuchtigkeit die Best. der CO_2-Produktion im Labor.-Vers. die Messungen der Bodenatmung gut zu ergänzen vermögen. Hingegen waren die

Ergebnisse der Bodenatmung allein zur Erlangung von Aufschlüssen bzgl. der Einfl. von Aufkalkung u. Torfart auf die Zers.-Vorgänge nicht geeignet. Erst durch die Ermittlung der CO_2-Produktion konnte hier Klarheit geschaffen werden. Vff. vertreten demzufolge die Ansicht, daß bei Messungen der Bodenatmung in bestimmten Fällen stets die Best. der CO_2-Produktion herangezogen werden sollten. M. WINIKER. 6324□

Chemische Methoden zur Bodenuntersuchung. Thomas Greweling und Michael Peech. (Cornell Univ. agric. Exp. Stat., Bull. **960.** 1—54. Nov. 1960.) (Engl.) Vff. geben eine Anleitung für die chem. Bodenuntersuchung. — 42 Literaturangaben. M. WINIKER. 6324□

Bestimmung von organischem Kohlenstoff in Böden und Pflanzenmaterial. K. Shaw. (J. Soil Sci. **10.** 316—26. Sept. 1959. Harpenden, Rothamsted Agric. Exp. Stat.) (Engl.)

Vf. entwickelte ein Naßveraschungs-Verf. zur Best. des organ. C in Böden, Pflanzenmaterial u. Pflanzenextrakten. Die Meth. beruht darauf, daß eine 50—100 mg C enthaltende Probe 10—15 Min. mit einem Oxydationsgemisch aus K_2CrO_7, H_2SO_4 u. H_3PO_4 erhitzt wird u. das entwickelte CO_2 nach Reinigung von möglichen Verunreinigungen (wie S- u. N-Oxiden) u. Trocknung in gewogenen Natronkalkröhrchen absorbiert wird. Zur vorherigen Entfernung von Carbonaten ohne Verlust an organ. Substanz wird ein Verf. unter Verw. von H_2SO_4 vorgeschlagen. Auf Fehlerquellen der neuen Meth., die darin liegen, daß beim Erhitzen nasser Böden auf 195° C-Verluste entstehen, bzw. daß evtl. vorhandener inerter C (Holzkohle, Kohle) sinterfest wird, ist bes. hingewiesen. Die Exaktheit der Meth. wird durch Vgl.-Analysen mit der konventionellen Trockenverbrennungs-Meth. belegt. WILFRIED WERNER. 6324□

Eine modifizierte Perkins-Methode zur raschen Bestimmung der Kationen-Austauschfähigkeit von Böden. Jaya G. Iyer und Y. Satyanarayan. (Sci. and Cult. [Calcutta] **23.** 650—51. Juni 1958. Bombay, Inst. of Sci., Dep. of Botany.) (Engl.) Es wird folgende Modifikation der PERKINS-Meth. vorgeschlagen: 1—2 g der Bodenprobe werden in einem Prüfröhrchen mit 2mal 25 ml 1n $MgCl_2$ je 5 Min. geschüttelt, filtriert u. mit W. Cl-frei gewaschen. Probe + Filter werden im Schüttelzylinder mit 0,4%ig. EDTA im Überschuß behandelt. Das Filtrat hiervon wird nach Zusatz einer Puffer-Lsg. von pH 10 mit n/10 $MgSO_4$ u. Eriochromschwarz als Indicator zurücktitriert. Im Vgl. zur PERKINS-Meth. werden nur wenig höhere Werte gefunden, jedoch ist die Analyse in wenigen Min. ausführbar, wobei starke organ. Verunreinigungen nicht stören. R. G. KAISER. 6324□

Süddeutsche Kalkstickstoff-Werke Akt.-Ges. (Erfinder: Thomas Fischer, Hermann Kronacher und Franz Kaess), Trostberg/Obb., **Umsetzung von Calciumcarbid mit Stickstoff.** Zu A. P. 2 917 371; C. **1961. 3125** ist nachzutragen, daß die Umsetzung bei 900—1100° durchgeführt wird. — 2 Zeichnungen. (**Can. P. 551 747** vom 23/7. 1955, ausg. 14/1. 1958.) EBERHARD RIEDEL. 6285

Monsanto Chemical Co. (Erfinder: John Winship Lyons), **Befestigen von tonhaltigen Böden,** dad. gek., daß man sie mit 1—5 (%) H_3PO_4, berechnet als 100%ig. H_3PO_4, u. evtl. 0,1—2 Alkylenpolyamin, bezogen auf das trockene Boden-Gew., mischt u. ca. 2 Tage wässert. (**Aust. P. 229 853** vom 24/3. 1958, ausg. 8/9. 1960. A. Prior. 29/3. 1957.) C. LÜTTGEN. 6305

Dow Chemical Co., übert. von: Raymond H. Rigterink, Midland, Mich., V.St.A., **Herstellung von α-(Dialkylamino)-6-phenyl-o-kresolestern.** Acylchloride oder Bromide der allg. Formel Z—CO-Halogen werden mit α-(Dialkylamino)-6-phenyl-o-kresol-Derivv. der allg. Formel I kondensiert, wobei unter Abspaltung von Halogenwasserstoff der Z—CO-Rest das H-Atom der OH-Gruppe substituiert. Hierbei ist Z ein niedrigmol. Alkyl- oder Alkenylrest mit 1—4 C-Atomen oder ein Phenylrest, X ein H- oder Halogenatom u. die beiden R sind niedrigmol. Alkylreste. Die Rkk. werden mit äquimol. Mengen der Komponenten in inerten Lsgm. wie Bzl. oder Toluol bei Temp. > 100° ausgeführt, wobei die Hydrohalogenide entstehen. Die freien Basen erhält man daraus durch Rkk. mit Alkalihydroxiden oder Carbonaten bei Temp. von 20—50°. — Beispiele: 5-Chlor-3-(dimethylaminomethyl)-2-biphenylylpropionathydrochlorid, F. 222—224°;

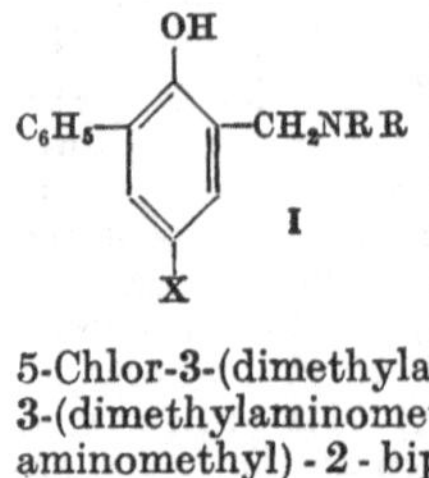

I

5-Chlor-3-(dimethylaminomethyl)-2-biphenylylbutyrathydrochlorid, F. 216°; 5-Chlor-3-(dimethylaminomethyl)-2-biphenylylcrotonathydrochlorid, F. 205—207°; 3-(Dimethylaminomethyl)-2-biphenylylacetathydrochlorid, F. 195—198°; 3-(Dimethylaminomethyl)-2-biphenylylbenzoathydrochlorid, F. 242—243°; 5-Chlor-3-(dimethylaminomethyl)-2-biphenylylbenzoat, öliges Prod., n_D^{25} 1,5925; 5-Chlor-3-(dimethylaminomethyl)-2-biphenylylacetat, öliges Prod., n_D^{25} 1,5532, Hydrochlorid, F. 219—221°; 5-Chlor-3-(dimethylaminomethyl)-2-biphenylylacrylathydrochlorid. Die Verbb. werden als wss. Dispersionen oder staubförmig zur *Unkrautbekämpfung* verwendet. (**A. P. 2 872 477** vom 5/4. 1957, ausg. 3/2. 1959.) A. KALIX. 6313

Dow Chemical Co., übert. von: Dale N. Robertson und Maynard B. Chenoweth, Midland, Mich., V.St.A., **Propinylphenyläthylamine** der allg. Formel $C_6H_5-CH_2-CH_2-N(R)-CH_2-C{\equiv}CH$ (R = H oder Propinyl) u. *deren Hydrohalogenide* erhält man durch Rk. von 1 Mol Propargylhalogenid mit bes. 2 Mol Phenyläthylamin (I) bei —10 bis +90° in Ggw. von CCl_4, Chlf., Bzl. oder Methylenchlorid. — Aus 0,21 Mol Popargylbromid u. 0,4 Mol I in 200 ccm Methylenchlorid bei 42° → *N-(2-Propinyl)-phenyläthylamin*, $Kp._{0,1}$ 70°; n_D^{25} 1,5325; *Hydrobromid*, aus A., F. 191—191,5°. Aus der Mutterlauge erhält man *N.N-Di-(2-propinyl)-phenyläthylamin*; *Hydrochlorid*, aus A., F. 168—169°. — *Fungicide* u. *Unkrautbekämpfungsmittel*, bes. gegen *Alternaria solani*. (**A. P. 2 884 455** vom 29/10. 1956, ausg. 28/4. 1959.) G. KRAUSS. 6313

Dow Chemical Co., Midland, Mich., übert. von: Richard W. Meikle, Newport Beach, Calif., V.St.A., **4-Chlorbenzylsulfonylfluorid**, $ClC_6H_4CH_2SO_2F$, F. 137 bis 139°, erhält man durch Rk. von 4-Chlorbenzylsulfonylchlorid mit KF in Ggw. eines Lsgm., bes. einer Mischung aus Xylol u. W. unter Rückfluß, bes. bei 139°. — *Fungicid* u. *Nematocid*, bes. gegen *Fusarium oxysporum lycopersici*, *Rhizoctonia solani* u. *Meloidogyne-Arten*. (**A. P. 2 911 439** vom 6/9. 1957, ausg. 3/11. 1959.) G. KRAUSS. 6313

Dow Chemical Co., übert. von: Ralph A. Davis, Midland, Mich., V.St.A., **1.1.2-Trifluoräthylfluorsulfonat**, $FCH_2CF_2OSO_2F$, $Kp._{747}$ 80,5—81°, erhält man durch Rk. von Trifluoräthylen mit FSO_3H bei 0—100°, bes. 20—30°; Ausbeute 65,7%. — *Räuchermittel*, bes. zur *Schädlingsbekämpfung*. (**A. P. 2 878 156** vom 31/12. 1956, ausg. 17/3. 1959.) G. KRAUSS. 6313

Dow Chemical Co., übert. von: Henry Tolkmith, Midland, Mich., V.St.A., **O-Arylthiophosphorsäuredichloride** der allg. Formel $R-O-P(=S)Cl_2$ (R = Phenyl, Mono- u. Polychlorphenyl, 2-Chlor-4-alkylphenyl, Alkyl enthält 1—4 C-Atome) erhält man durch Rk. von 1 (Teil) des entsprechenden Phenols mit 3—10 $PSCl_3$ in Ggw. von bes. 0,01 einer Mischung aus $MgCl_2$ u. CuCl im Verhältnis 4 : 1—1 : 4 bei 100—150°, bes. 130°, unter Entfernung des entstandenen gasförmigen HCl. — Aus 1 2.4.5-Trichlorphenol u. 4 $PSCl_3$ in Ggw. von 0,005 einer wasserfreien Mischung aus $MgCl_2$ u. CuCl bei 130° → 1,1 *O-(2.4.5-Trichlorphenyl)-thiophosphorsäuredichlorid*, $Kp._{10}$ 171—180°; 66% (Ausbeute). — Phenol → *O-Phenylthiophosphorsäuredichlorid*, $Kp._{10}$ 116—125°; 60%. — 2-Chlor-4-tert.-butylphenol → *O-(2-Chlor-4-tert.-butylphenyl)-*, $Kp._{10}$ 173—176°; F. 37 bis 38°; 73%; *O-(2.4-Dichlorphenyl)-*; *O-(2-Chlorphenyl)-*; *O-(4-Chlorphenyl)-*; *O-(2-Chlor-4-methylphenyl)-*; *O-(2-Chlor-4-äthylphenyl)-*; *O-(2-Chlor-4-n-propylphenyl)-*; *O-(2-Chlor-4-isopropylphenyl)-*; *O-(2-Chlor-4-n-butylphenyl)-*; *O-(Pentachlorphenyl)-thiophosphorsäuredichlorid*. — Die Verbb. geben mit NH_3 oder Aminen die entsprechenden *Amide*; mit Alkalialkoholaten entstehen die entsprechenden *O.O-Dialkyl-Derivv.*, diese beiden letzten Verbb. sind *Konservierungsmittel* für *Papier*, *Anstrichmittel* u. *Holz*; außerdem *Baktericide*, *Fungicide* u. *Insekticide*, bes. gegen *Blattläuse*, *Fliegen* u. *Heerwurm*. — *Zwischenprodukte*. (**A. P. 2 872 473** vom 3/9. 1957, ausg. 3/2. 1959.) G. KRAUSS. 6313

C. H. Boehringer Sohn (Erfinder: Karl Zeile und Richard Sehring), **Herstellung von neuen Phosphorsäureestern** der allg. Formel **I**, in der R_1 einen Alkylrest bedeutet, R für H, Halogen, eine Alkyl-, Alkoxy-, Nitro-, Carbonsäureester- oder Nitrilgruppe steht, n eine ganze Zahl von 1—5 ist u. Alk einen geraden oder verzweigten

I

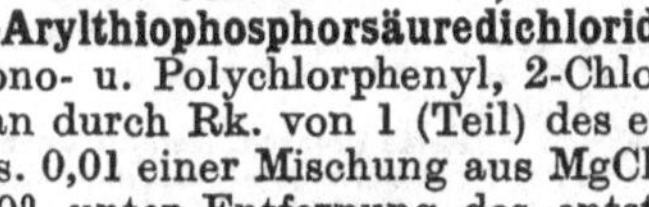

II

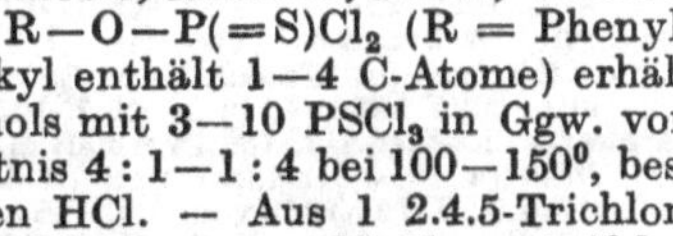

Alkylenrest mit 1—6 C-Atomen darstellt, durch Kondens. eines Phosphits der allg. Formel **II**, in der R′ einen niederen Alkylrest bedeutet u. R_1, R, Alk u. n die oben genannte Bedeutung haben, mit Chloral. — Löst man z. B. 56 g O.O-Dimethyl-O-p-chlorphenylmercaptoäthylphosphit in 200 ml Toluol u. fügt bei 20° tropfenweise Chloral hinzu, so erhält man, nachdem die Mischung ca. 1 Std. auf 50° erhitzt wurde, *O-Methyl-O-(p-chlorphenylmercaptoäthyl)-O-(β.β-dichlorvinyl)-phosphat*; in analoger Weise erhält man ähnliche Phosphate. — *Schädlingsbekämpfungsmittel*. (**Aust. P. 226 562** vom 28/4. 1958, ausg. 25/2. 1960. D. Prior. 6/5. 1957.) H. NEBELSIEK. 6313

Ruhrchemie Akt.-Ges., Oberhausen, **Herstellung von 1.3-disubstituierten Derivaten des 4.5.6.7.10.10-Hexachlor-4.7-endomethylen-4.7.8.9-tetrahydrophthalans** (I) durch Rk. von 1.3.4.5.6.7.10.10-Oktachlor-4.7-endomethylen-4.7.8.9-tetrahydrophthalan (**II**) mit einer Verb. der Formel MeR, in der Me Metall der 1. Gruppe u. R = Br, F, J, Alkoxy- oder Acyloxyrest bedeutet. — Man erhitzt eine Lsg. von 8,2 (g) II in 80 Acetonitril (**III**) u. 40 28%ig. AgF 12 Std. auf dem Wasserbad, filtriert vom III ab u. arbeitet den Rückstand auf; Ausbeute 0,8 *1.3-Difluor*-I, F. 181—182°. — Aus II u. Na in CH_3OH → *1.3-Dimethoxy*-I, F. 67°. — *1.3-Diäthoxy*-I, F. 77°. — *1.3-Diallyloxy*-I, $Kp._{0,05}$ 130—145°, n_D^{20} 1,5360. — *1.3-Diacetoxy*-I, F. 267°. — *1.3-Dipropargyloxy*-I, F. 71°. — *Insekticide.* (**Ind. P. 61 232** vom 25/7. 1957, ausg. 20/11. 1959.) C. LÜTTGEN. 6313

Imperial Chemical Industries Ltd., London (Erfinder: **Gordon D. Thomas** und **John H. Hudson**, Norton-on-Tees, County Durham), England, *Körnung von Düngemitteln.* (**Can. P. 552 322** vom 16/11. 1950, ausg. 28/1. 1958. — C. **1953.** 5729 [E. P. 677 077].)

Imperial Chemical Industries Ltd., London (Erfinder: **Gordon D. Thomas** und **John H. Hudson**, Norton-on-Tees, County Durham), England, *Herstellung granulierter Düngemittel.* (**Can. P. 552 324** vom 7/4. 1953, ausg. 28/1. 1958. E. Prior. 23/4. 1952. — C. **1955.** 9888 [E. P. 717 195].)

Esso Research and Engineering Co., V.St.A. (Erfinder: **Robert E. Emond** und **Gilbert Stewardson**), *Mehrnährstoffdüngemittel mit geregelter Pflanzenaufnehmbarkeit.* (**F. P. 1 208 536** vom 18/6. 1958, ausg. 24/2. 1960. A. Prior. 23/7. 1957. — C. **1961.** 5226 [E. P. 828 400].)

Dow Chemical Co., Midland, Mich., V.St.A., *Hochmolekulare Mischpolymerisate.* (**E. P. 856 594** vom 6/5. 1957, ausg. 21/12. 1960. A. Prior. 11/5. 1956. — C. **1960.** 5293 [D. A. S. 1 040 239].)

E. Merck Akt.-Ges., Deutschland (Erfinder: **Franz Wagner**), *Beizen von Pflanzensamen.* (**F. P. 1 179 044** vom 17/7. 1957, ausg. 20/5. 1959. D. Prior. 24/7. 1956. — C. **1960.** 13168 [Oe. P. 203 798].)

J. R. Geigy Akt.-Ges. (Erfinder: **Alfred Margot** und **Hans Gysin**), Basel, Schweiz, *Fungicid.* (**Jap. A. S. 198/1960** vom 6/6. 1956, ausg. 14/1. 1960. Schwz. Prior. 17/6. 1955. — C. **1959.** 17388 [D. A. S. 1 045 154].)

N. V. Fabriek van Chemische Producten, Holland, *Fungicide.* (**F. P. 1 173 516** vom 5/4. 1957, ausg. 26/2. 1959. Holl. Prior. 5/10. 1956. — C. **1960.** 1984 [Holl. P. 91 067].)

J. R. Geigy Akt.-Ges. (Erfinder: **Alfred Margot** und **Hans Gysin**), Basel, Schweiz, *Neue Fungicide und Mittel gegen Schimmel.* (**Jap. A. S. 197/1960** vom 5/4. 1956, ausg. 14/1. 1960. Schwz. Prior. 6/4. 1955. — C. **1959.** 2267 [F. P. 1 145 059].)

Chas. Pfizer & Co., Inc., New York, N.Y. (Erfinder: **Philip Newton Gordon**, Old Lime, Conn.), V.St.A., *Baktericid und Fungicid für Industrie und Landwirtschaft.* (**Jap. A. S. 649/1960** vom 25/7. 1957, ausg. 30/1. 1960. A. Prior. 25/7. 1956. — C. **1960.** 13497 [A. P. 2 908 606].)

Farbwerke Hoechst Akt.-Ges., vormals Meister Lucius & Brüning (Erfinder: **Heinz Frensch, Helmut Goebel, Wilhelm Staudermann** und **Walter Finkenbrink**), Frankfurt/M., *Schädlingsbekämpfungsmittel.* (**Jap. A. S. 195/1960** vom 7/4. 1955, ausg. 14/1. 1960. D. Prior. 17/4. u. 18/6. 1954. — C. **1959.** 17481 [A. P. 2 799 685 u. D. A. S. 1 015 797].)

VIII. Metallurgie. Korrosion

Die Terminologie der Erzaufbereitung. Oskar Dinter. (Rudy **8.** 417—18. Dez. 1960. Ostrava, Vys. šk. baňská.) (Tschech.)

Vf. betont die Notwendigkeit, die Terminologie der Erzaufbereitung zu normen. Ferner sollten graph. Symbole der Aufbereitungsmaschinen u. Einrichtungen u. auch Verff. zur graph. Darst. technolog. u. maschineller Schemata genormt werden.

GOTTFRIED LANGE. 6360□

Die Aufbereitung von Zink–Blei-Erzen aus der Vietnamesischen Volksrepublik. Václav Špaček und Vladimír Machovič. (Rudy **8.** Nr. 12. Práce výzkumných Ustavů 53—59. Dez. 1960. Praha, Ust. výzk. rud.) (Tschech.)

Die Aufbereitung vietnames. Zn–Pb-Erze durch physikal. Verff. (Sieben, Waschen, Magnetscheidung u. Flotation) u. durch Wärmebehandlungs-Verff. führt zu Konzentraten, die wegen zu geringen Metall-Geh. nicht direkt verhüttet werden können. Die wirtschaftlichste Art der Wärmebehandlung ist das Wälzverfahren. Es gelingt, *Zn* u. *Pb* mit 80—85% Ausbeute in den Flugstaub zu überführen, aus dem Zn entweder durch Red. oder durch Laugung u. Elektrolyse gewonnen werden kann.

GOTTFRIED LANGE. 6360□

Einfluß der Chargen-Zusammensetzung auf die Agglomerationskonstanten von Bleikonzentraten. W. I. Milentjewa und G. I. Gnatyschenko. (Известия Академии Наук Казахской ССР, Серия Металлургии, Обогащения и Огнеупоров [Nachr. Akad. Wiss. KasachSSR, Ser. Metallurgie, Erzaufbereit. feuerfeste Mater.] **1960.** Nr. 3. 86—93.) (Russ.; Auszug: Kasach.)

Der Einfl. von *Kalkstein, Sand* u. *Fe-Erz* auf die Agglomeration von sulfid. Pb-Konzentraten wurde untersucht. Eine Verbesserung der technolog. Eigg. des Agglomerats (Entschwefelung u. Festigkeit) wird durch Ersatz des Kalksteins durch *CaO* bzw. *Kalkmilch* erreicht. H. JÄGER. 6360□

Verblasen der natriumhaltigen Stein–Schlacken-Schmelze. R. Ss. Demtschenko und I. P. Polywjanny. (Известия Академии Наук Казахской ССР, Серия Металлургии, Обогащения и Огнеупоров [Nachr. Akad. Wiss. KasachSSR, Ser.

Metallurgie, Erzaufbereit. feuerfeste Mater.] **1960.** Nr. 3. 79—85.) (Russ.; Auszug: Kasach.)

Vff. untersucht die Regenerierung von Na_2S zu Na_2SO_4 u. die Oxydation von As_2S_3, Sb_2S_3 u. ZnS in Schmelzen aus *Pb-Konzentraten* nach der Na_2SO_4-Schmelze der ungefähren Zus.: 3(%) Pb, 3 Cu, 3 Zn, 33 Fe, 11 Na, 24 S, 0,5 As, 0,5 Sb, 0,9 SiO_2, 2 CaO u. 2 Al_2O_3 mittels Durchblasen von Luft, Luft–O_2-Gemischen u. Luft–Kohle-Gemisch durch die Schmelzen bei 950—1100°. Beim Durchblasen von 50% O_2 enthaltender Luft bei 1100° können 83% Na_2SO_4 regeneriert u. 90—92% *Sb* u. *As* sublimiert werden; das Luft–Kohle-Gemisch entfernt ca. 80% *Zn* aus der Schmelze.

H. Jäger. 6360□

Die elektrokinetische Erforschung der Flotation von Apatit und einiger seiner Oberflächeneigenschaften. Bohuslav Dobiáš, Jiří Spurný und Petr Skřivan. (Rudy **8.** 407—14. Dez. 1960. Úst. geochem. a nerostn. sur. ČSAV Praha.) (Tschech.)

Vff. untersuchten die selektive Flotation von Apatitabbauerzen (UdSSR), die neben anderen Mineralien *Nephelin, Ti* u. *Magnetit* enthielten. Die hohe negative Ladung an der Oberfläche der Apatitteilchen ist auf aus der Kristallgitteroberfläche in die Sternsche Schicht u. in die Diffusionsteilchen der elektr. Doppelschicht eintretende Ca¨ zurückzuführen, während die Adsorption der *OH′*, der *PO₄‴* oder *F′* an der Oberfläche des Apatits durch Ionenaustausch erfolgt. Im pH-Bereich 2—10 hat Apatit für den anion. Sammler ein Flotationsmaximum im sauren, für den kation. im alkal. Bereich. Mehrwertige Kationen (*Ba¨*, *Al‴*) haben bei konst. pH-Wert nur geringen Einfl. auf das Flotationsvermögen, während es bei verändertem pH-Wert durch anwesendes Ba¨ erweitert wird. Mehrwertige Anionen verringern die Flotierbarkeit des Apatits. — 26 Literaturangaben Gottfried Lange 6362□

Verwendungsmöglichkeiten von Bakterien in metallurgischen Verfahren. Joseph A. Sutton und John D. Corrick. (U. S. Dep. Interior, Bur. Mines, Inform. Circ. **1961.** Nr. 8003. 1—8.) (Engl.)

Überblick über Vork., chem.-biolog. Eigg. von *N-*, *Fe-* u. *S-Bakterien*, ihren Einfl. bei bestimmten metallurg. u. bergmänn. Vorhaben sowie ihre prakt. Verw. auf dem metallurg. Gebiet. — 23 Literaturhinweise. A. Sander. 6380□

Neuzeitliche Fortschritte in der Metallurgie der hitzebeständigen Legierungen. R. Syre. (Rev. Métallurgie **58.** 1021—27. Dez. 1961. Pechiney-Chambery, Centre de Recherches Métallurg.) (Franz.)

Die Verff. zur Verbesserung der Warmfestigkeit von Legg. werden erörtert u. hierbei wird bes. die Aushärtung durch Blockieren durch andere Versetzungen, durch gelöste Atome u. durch eine zweite Phase besprochen. Die Anwendung dieser grundsätzlichen Erkenntnisse auf *Nb-*, *Mo-*, *Ta-* u. *W*-Legg. wird behandelt, wobei sich ergibt, daß bei diesen Legg. noch Verbesserungen der Festigkeit u. Verformbarkeit u. eine Erhöhung der Rekristallisations-Temp. erforderlich sind. — Diskussion.

H. Hochstein. 6380□

Bestimmung der Zeit der Konzentrationsänderung des Wasserstoffes in Gußstücken von Parallelepiped- und Zylinderform. N. M. Pissarew. (Известия Высших Учебных Заведений (Москва), Черная Металлургия [Hochschulnachr. (Moskau), Eisenmetallurgie] **1960.** Nr. 11. 45—49. Uraler Forsttechn. Inst.) (Russ.)

Zwecks Senkung der H-Konz. in Stahlknüppeln werden die Proben bei gegebener Temp. in einem Mittel gehalten, in dem der Partialdruck des H_2 sehr gering ist. In diesem Falle muß man die Haltezeit kennen, bei der die H-Konz. stark verringert wird. Es werden an Blöcken, die die Form eines Parallelepipeds oder eines Zylinders besitzen, theoret. Überlegungen zur rechner. Ermittlung dieser Haltezeit angestellt. Hieraus ergibt sich, daß die Gasentfernung aus solchen Proben durch Halten bei 650° ein lang andauernder Prozeß ist. Jedoch beträgt beispielsweise bei einer Höhe des Parallelepipeds von 5 cm die Zeit, die für die Verringerung der H-Konz. im Probenkern auf ein Drittel notwendig ist, 12½ Std., bei einer Dicke von 2 cm nur 2 Stunden.

H. Hochstein. 6382□

Der Stand unserer Kenntnis über die Viscosität geschmolzener Metalle. Giovanni Brunello. (Bol. Dep. Quím. **1956.** Nr. 3. 19—38. Juni. São Paulo, Univ., Escu Politécn.) (Port.)

Übersicht: Meßmeth.; Meßergebnisse; Theorien. — 64 Literaturhinweise.

R. K. Müller. 6388□

Metasomatismus in der Metallurgie. Roman Skórski. (Prace Inst. Mechaniki **6.** Nr. 20. 65—68. 1957. Warszawa.) (Pol.)

Beim Erhitzen von *ferrit. Stahl* in einer Schmelze von TiO_2 u. Na_2CO_3 bei 900° entsteht an der Fe-Oberfläche eine Art Widmannstättensche Struktur. Fe wird dabei durch α-Ti u. β-Ti unter Beibehaltung der ferrit. Struktur verdrängt. Beim Erhitzen von *Mn* in Form eines unregelmäßigen Brockens in fl. *Bi* bei 800° diffundiert Bi sehr schnell (8 mm/Std.) in Richtung des Mittelpunktes des Mn-Brockens. Es entsteht eine intermetall. *BiMn*-Phase, die scharf von dem genau kugelförmigen Mn-Kern abgegrenzt ist. F. URBAN. 6388□

Über einige Eigenschaften der Kalksteine in Zusammenhang mit ihrer Anwendung in der Eisenhüttenindustrie. Ovidiu Bolgiu und Signe Fruchter. (Rev. roum. Métallurgie **5.** Nr. 1. 187—201. 4 Tafeln. Bukarest, Polytechn. Inst., Labor. für Rohmaterialien.) (Russ.)

Angaben über die Eigg. u. die Qualitätsbeurteilung von rumän., für die Eisenhüttenindustrie geeigneten Kalksteinen, wobei festgestellt wird, daß eine Beurteilung allein auf Grund der chem. Zus. der Kalksteine völlig unzureichend ist.
H. HOCHSTEIN. 6390□

Grundlegende Untersuchung über die Sinterung von Eisenerzen. 2. Mitt. **Wärmeübertragung während des Sinterungsprozesses.** Koji Sanbongi und Nobunao Nishida (Tetsu to Hagane [J. Iron Steel Inst. Japan] **47.** 687—92. Mai 1961.) (Jap.; Auszug: Engl.) — 1. vgl. C. **1962.** 282.

Bei Beschickung einer kleinen Sinterpfanne mit Goa-Hämatit oder mit Larap-Magnetit als Rohmaterialien wurde die Geschw. der Wärmeübertragung auf ungesinterte u. gesinterte Schichten gemessen u. hierbei festgestellt, daß der Unterschied zwischen der Wärmefront-Geschw. in den nichtgesinterten Schichten, die sehr langsam ist, u. der Flammenfront-Geschw. mit der Zunahme der Luftströmung durch das Sinterbett vergrößert wurde. Es bestand ein kleiner Unterschied zwischen der Wärmefront-Geschw in den gesinterten Schichten, die größer als in den ungesinterten Schichten war, u. der Flammenfrontgeschwindigkeit. Wenn der Unterschied zwischen der Wärmefront-Geschw. in den ungesinterten Schichten u. der Flammenfront-Geschw. groß war, nahmen die Temp. der Verbrennungszone langsam zu; umgekehrt nahmen bei gleicher Voraussetzung die Verbrennungszonen-Temp. in Sinterschichten langsam ab.
H. HOCHSTEIN. 6390□

Gleichgewicht zwischen Cer und Schwefel in flüssigem Eisen. F. C. Langenberg und J. Chipman. (Trans. metallurg. Soc. AIME **212.** 290—93. 1958, herausgeg. 1959. Pittsburgh, Pa., Crucible Steel Co. of America; Cambridge, Mass., Massachusetts Inst. of Technol.) (Engl.)

Das Gleichgewicht der Rk. *CeS* (fest oder in der Schlacke) = *Ce* (im Fe) + *S* (im Fe) wurde durch Schmelzen unter einer neutralen Atmosphäre in Al_2O_3- oder MgO-Tiegeln oder in reinen CeS-Tiegeln u. unter Zusatz von Ce oder S untersucht. Die Ergebnisse zeigen die stark entschwefelnde Wrkg. von Ce. Das Prod. [% Ce]·[% S) betrug bei 1600° $1{,}5 \cdot 10^{-3}$. H. HOCHSTEIN. 6390□

Erzeugung von Schwammeisen nach dem Höganäs-Verfahren mit Steinkohle aus Rio Grande do Sul, Hämatit aus Minas Gerais und Eukalyptusholzkohle. Yngve Wahlberg und Anchyses C. Lopes. (Engenharia, Mineração Metalurg. **30.** 137—44. Sept. 1959.) (Port.)

Mit brasilian. Rohstoffen sind bei der HÖGANÄS-BILLESHOLMS AB in Schweden nach dem dort entwickelten Verf. gute Proben von Fe-Schwamm erhalten worden.
R. K. MÜLLER. 6394□

Bedeutung der Oberflächenerscheinungen bei der Verteilung des Stickstoffes zwischen der Schmelz- und Gasphase. W. B. Dshoschi, A. F. Wischkarew und W. I. Jawoisski. (Известия Высших Учебных Заведений (Москва), Черная Металлургия [Hochschulnachr. (Moskau), Eisenmetallurgie] **1960.** Nr. 11. 36—44. Moskau, Stahl-Inst.) (Russ.)

In schmelzfl. Fe ist N eine oberflächenakt. Komponente. Entsprechend wird durch die Veränderung des N-Geh. im Fe die Oberflächenspannung der Leg. verändert: Bei N_2-Absorption nimmt sie ab u. bei einer N-Ausscheidung zu. Eine Erhöhung der C-Konz. im Fe wird von einer Erniedrigung der Oberflächenaktivität des N begleitet, wobei die N_2-Adsorption umgekehrt proportional dem C-Geh. verändert wird. Der C-Einfl. auf die Oberflächenaktivität des N hängt damit zusammen, daß C, der ebenfalls eine oberflächenakt. Komponente im Fe ist, in den Oberflächenschichten adsorbiert wird u. dadurch die N_2-Adsorption behindert. Die Geschw. von Ab- u. Desorption des N durch Fe hängt vom C-Geh im Fe ab u. nimmt bei zunehmendem C-Geh ab. Infolgedessen zeigt die Struktur der Oberflächenschicht einen wesentlichen Einfl. auf die Geschw. der Absorption u. der Ausscheidung von N. *Si* u. *Mn* verringern, ebenso wie C, die Oberflächenaktivität von N. H. HOCHSTEIN. 6400□

Ein Versuch zur Verwendung von Stahlroheisen beim Kupolofenprozeß. F. A. Mischukow. (Литейное Производство [Giesserei-Betr.] **1959.** 5—7. Mai.) (Russ.)

Bei einem Vers. zur Verw. von Stahlroheisen im Kupolofen bei der Erschmelzung von Gußeisen zeigt sich, daß hierdurch der Verlauf des Kupolofenprozesses wesentlich verändert, die Zeit des Niedergehens der metall. Beschickung bei sonst gleichen Bedingungen von 5 auf 4,3 Min. verkürzt u. die chem. Aktivität der Schlacke, in der Hauptsache infolge einer gewissen Erhöhung des *MnO*-Geh. u. der Verringerung des *FeO*-Geh., erhöht wird. H. HOCHSTEIN. 6402

Einfluß des Durchperlens von Methan in flüssigem Gußeisen auf die Eigenschaften des Gußstückes. Laurentiu Sofroni, Constantin Cosneanu und Elisabeta Nicoloiu. (Rev. roum. Métallurgie **5.** Nr. 1. 47—57. 1 Tafel. 1960. Akad. der R. P. R., Centre de Rech. métallurg.) (Franz.)

Durch ein Hindurchperlenlassen von CH_4 oder von CH_4-haltigen Gasen, wie Gichtgas, Koksofen- oder Generatorgas durch fl. Gußeisen, wird eine Zunahme des Graphitisierungsgrades, eine Verfeinerung der Graphiteinschlüsse, eine Entgasung u. dadurch bedingt Verbesserung der mechan. u. physikal. Eigg. von Grauguß bewirkt H. HOCHSTEIN. 6402□

Einschlüsse im magnesiumhaltigen Gußeisen und Methoden ihrer Verhütung. W. M. Korolew. (Литейное Производство [Giesserei-Betr.] **1959.** 17—18. Mai.) (Russ.)

Die Art u. die Ursache der Entstehung von in Form dunkler Flecken entstehenden Einschlüssen im Mg-haltigen Gußeisen werden erörtert. Es wird auf den Einfl. des Mg-Zusatzes zum Gußeisen auf die chem. Zus., bes. auf Geh. u. Verteilung der Elemente *C, S, P, Mn* u. *Si*, hingewiesen. Zur Verhütung der Bldg. von Einschlüssen wird die Behandlung der Gußeisenschmelze mit 0,5—1,0% *Kryolith* (**I**) empfohlen. Bei **I**-Zusatz zeigen die S-Abzüge u. Bruchproben einen hellen Ton; Zusammenballungen nichtmetall. Einschlüsse werden nicht beobachtet. Zweckmäßig wird **I** dem fl. Gußeisen in der Pfanne zugesetzt. Zur Erzeugung eines Mg-haltigen Gußeisens mit Kugelgraphit wird die Verw. einer Zusatz-Leg. aus 78—82% *Ni* u. 18—22% *Mg* empfohlen. H. HOCHSTEIN. 6404

Über die ungleichmäßige Verteilung der Elemente im weißerstarrten Gußeisen. I. Je. Lew. (Литейное Производство [Giesserei-Betr.] **1959.** 36. Mai.) (Russ.)

Unterss. über die Verteilung der Leg.-Elemente in einem weißerstarrten Gußeisen führen zu dem Ergebnis, daß nach der Erstarrung desselben die Elemente ungleichmäßig nicht nur zwischen den einzelnen Phasen, sondern auch zwischen den Mikrobereichen der Grundmasse verteilt sind. Weil die Diffusionsverschiebung der einzelnen wenig beweglichen Leg.-Elemente an der Gefüge-Bldg. des weißen Gußeisen teilnimmt, wird angenommen, daß die Geschw. der Gefüge-Bldg. in vielen Fällen nicht durch die C-Diffusion, sondern durch die Diffusion der Leg.-Elemente bestimmt wird. H. HOCHSTEIN. 6404

Über die Kinetik der Graphitisierung des mit Calcium modifizierten Weißgusses. A. W. Tschornowol. (Доповіді Академії Наук Української РСР [Ber. Akad. Wiss. UkrainSSR] **1961.** 1474—78. Inst. für Gießereiwesen der Akad. der Wiss. der UkrainSSR.) (Ukrain.; Auszug: Engl.)

Unterss. über den Einfl. des Ca auf die Graphitisierung des bei 1520° mit Ca modifizierten Weißgusses mit 2,98(%) C, 0,83 Si, 0,04 Mn, 0,031 Ca u. Spuren von P u. S ergaben, daß weder die Kinetik der Graphitisierung noch die Form der Graphiteinschlüsse durch Ca beeinflußt wird. O. LEBTAG. 6404□

Innerkristalline Seigerung von Silicium und Magnesium im Gußeisen mit kugelförmigem Graphit. M. A. Krischtal, E. P. Rikman und A. A. Shukow. (Литейное Производство [Giesserei-Betr.] **1960.** Nr. 2. 28—31. Febr.) (Russ.)

Spektralanalyt. wird die Veränderung der Si-Konz. u. damit das Auftreten einer Si-Seigerung in verschiedenen Mikroräumen eines Mg-haltigen Gußeisen mit Kugelgraphitausbildung untersucht. Hierbei zeigt sich, daß der Si-Geh. auf den Dendritenachsen höher ist als im Zwischenraum. Eine zur Verringerung der Si-Seigerung vorzunehmende Erniedrigung des Si-Geh. soll zweckmäßig mit der Erhöhung des C-Geh. bis auf den eutekt. C-Geh. verbunden werden, weil ein Zuwachs des Anteils an kugeligem Graphit prakt. die dynam. Eigg. des Gußeisens (erniedrigte Empfindlichkeit gegenüber Spannungskonzz., erhöhte Zähigkeit gegen Wechselbeanspruchungen) sowie die technolog. Eigg. (Verringerung der Neigung zur weißen Erstarrung, der Lunker-Bldg., Verbesserung der Bearbeitbarkeit) erhöht. H. HOCHSTEIN. 6404□

Untersuchung der Insilicierung von Gußeisen mit Kugelgraphit. Traian Dumitrescu. (Rev. roum. Métallurgie **5.** Nr. 1. 5—23. 1 Tafel. 1960. Akad. der R. P. R., Abt. Metallurgie.) (Engl.)

Experimentelle Unterss. der Insilicierung von Gußeisen in einem festen Medium führen zu der Feststellung, daß eine Insilicierung in bezug auf die Güte der Haftfähigkeit der insilicierten Schicht im Falle von Gußeisen mit Kugelgraphit zu guten Ergebnissen, im Falle der Verw. von Gußeisen mit geringem S-Geh. sowie von Grauguß mit hohem S-Geh. zu ungenügenden Ergebnissen führt. Die günstigste Zus. des Behandlungsmittels besteht aus 40(%) *Ferrosilicium* [mit 75% Si], 60 feuerfestem *Ton* u. 10 NH_4Cl in einer Menge, die gleich dem Gew. der behandelten Teile ist. Die Tiefe der insilicierten Schicht nimmt mit der Temp. u. der Insilicierungsdauer bis zu 6 Std. schnell u. etwas langsamer für längere Behandlungszeiten zu. Während der Insilicierung nehmen außerdem das Gew. u. die Größe der Proben merklich zu. Der Si-Geh. der insilicierten Gußeisensorten schwankt innerhalb sehr weiter Grenzen, u. zwar vom Ausgangs-Geh. im Probenkern bis zu ca. 17% in der Außenschicht. Das Gefüge der insilicierten Schicht besteht aus Mischkristall *α-Fe–Si*, Graphitkügelchen bzw. -flocken u. der Verb. *Fe–Si*, sofern die Si-Konz. in der insilicierten Schicht 14% Si übersteigt. Die höchste Mikrohärte in der Insilicierungsschicht liegt zwischen 450 u. 650 kg/mm². Die Oxydationsbeständigkeit ist für die bei 950° nach einer Behandlungszeit von 6 Std. erhaltene Schicht am größten. Insiliciertes Gußeisen mit Kugelgraphit ist bis 700° oxydationsbeständig u. modifiziertes Gußeisen widersteht der Oxydation bei Temp. unter 700°. Die Korrosionsbeständigkeit des insilicierten Gußeisens ist größer als die von unbehandeltem Gußeisen, bleibt aber schlechter als die Korrosionsbeständigkeit von Gußeisen mit 14—18% Si. — 15 Literaturangaben. H. HOCHSTEIN. 6404□

Über die Probleme der Erzeugung von Hartgußwalzen. István Csontos. (Kohászati Lapok [Ung. Z. Hüttenwes.] **94.** Nr. 12. Öntöde **12.** 282—88. Dez. 1961. Diósgyőr, Lenin-Hüttenwerke.) (Ung.)

Vf. bespricht die Gestaltung des Gefüges der Hartgußwalzen beeinflussenden Faktoren: Temp. der Kokillen, Temp. u. Geschw. des Gießens, die Stärke des Schutzüberzuges u. der Kokille, die Zus. des Grundmetalls, Art der Erschmelzung, Qualität u. Menge der modifizierenden Zugaben. Die verschiedenen Ausschußerscheinungen u. ihre Ursachen werden behandelt. L. ZOMBORY. 6404

Intensivierung der Siemens-Martin-Schmelze durch Entschwefelung des Stahls in der Pfanne mit Hilfe von Gemischen. A. K. Omarow und A. Je. Chlebnikow. (Известия Высших Учебных Заведений (Москва), Черная Металлургия [Hochschulnachr. (Moskau), Eisenmetallurgie] **1960.** 29—33. Inst. für Metallurgie der Akad. der Wiss. der UdSSR; Usbek. Hüttenwerk.) (Russ.)

Die Behandlung von fl. Stahl in der Gießpfanne mit aus 70—80(%) *Kalk*, 15—20 *Flußspat* u. 5—10 *Ferrosilicium* bestehendem Gemisch verringert bei einem Verbrauch des Gemisches von 0,75—1%, bezogen auf das Stahl-Gew., den *S*-Geh. der Stahlschmelze um 23—30% bei einem *Si*-Geh. von 0,16—0,28% im fertigen Stahl. Bei Schmelzen aus unberuhigtem Stahl mit 0,30—0,60% *Mn* wird eine wirksame Entschwefelung des Stahls in der Pfanne nicht erreicht. Die Anwendung der Entschwefelung in der Pfanne ermöglicht eine Verkürzung der Schmelzdauer in Fällen eines erhöhten S-Geh. im Stahl im Augenblick des Einschmelzens. H. HOCHSTEIN. 6408□

Einfluß des Wasserdampfdruckes in der Luft auf die Gasgehalte im geschmolzenen Stahl. 1. Mitt. **Über Gasgehalte in geschmolzener Schlacke.** Yoshihiko Abe. (Tetsu to Hagane [J. Iron Steel Inst. Japan] **47.** 693—98. Mai 1961.) (Jap.; Auszug: Engl.)

Bei der Unters. des Verh. von Gasen im schmelzfl. Stahl bei der Stahlerzeugung hat die Kenntnis der geschmolzenen Schlacke eine große Bedeutung. Untersucht werden daher die Veränderungen des *H*-Geh. u. der gesamte *Fe-Oxid*-Geh. in der geschmolzenen Schlacke mit verschiedenen Wasserdampfdrücken in der Luft. Nach Ermittlung des H-Geh. in der geschmolzenen Schlacke durch die Vakuumschmelz-Meth. bei 1450—1500° in einem Mo-Tiegel wurden die Beziehungen der Gas-Geh. in einer synthet. Schlacke u. dem Wasserdampfdruck in der Atmosphäre im Gleichgewichtszustand untersucht. Hierbei zeigte sich, daß der H-Geh. in der Schlacke kurz vor dem Abstich proportional der Quadratwurzel aus dem Wasserdampfdruck in der Luft, jedoch nicht dem H_2-Druck in der Luft ist. Der H-Geh. in der Schlacke nimmt mit steigendem CaO/SiO_2-Verhältnis in der Schlacke zu u. ihr erhöhtes Verhältnis wird graduell größer, wenn der Wasserdampfdruck in der Luft höher ist. Der H-Geh. in der Schlacke nimmt mit steigender Bad-Temp. ab. Der gesamte Fe-Oxid-Geh. in der Schlacke kurz vor dem Abstich ist dem Wasserdampfdruck in der Luft proportional u. wird nicht durch die Schlacken-Zus. u. die Bad-Temp. beeinflußt. H. HOCHSTEIN. 6408□

Einfluß des Wasserdampfdruckes in der Luft auf die Gasgehalte im geschmolzenen Stahl. 2. Mitt. **Über Gasgehalte in geschmolzenem Stahl kurz vor dem Abstich.** Yoshihiko Abe. (Tetsu to Hagane [J. Iron Steel Inst. Japan] **47.** 902—07. Juli 1961.) (Jap.; Auszug: Engl.) — 1. vgl. vorst. Referat.

Geschmolzener Stahl reagiert in Berührung mit Luft wie folgt: Stahl + H_2O (in Luft) $\rightleftarrows$ 2[H] (im Stahl) + [O] (im Stahl). Wenn daher die Verteilung eines jeden

Gases in der Luft–Schlacke–Stahl-Phase konst. ist, kann die Beziehung zwischen P_{H_2O} in der Luft u. den Gas-Geh. im fl. Stahl nur durch vorst. Gleichung ausgedrückt werden. Der $[H]^2 \cdot [O]$-Wert kurz vor dem Abstich ist bei der Stahl-Herst. im bas. Elektrolichtbogenofen nicht proportional dem P_{H_2O} in der Luft, weil H u. O im fl. Stahl durch folgende Erscheinungen bestimmt werden: 1. Da die Bewegung von H in der Luft–Schlacke–Stahl-Phase durch die Diffusions-Geschw. in der Schlacke, die sich mit dem CaO/SiO_2-Verhältnis u. der Schlacken-Temp. ändert, wird der H-Geh. ([H]) im schmelzfl. Stahl bei Berührung mit geschmolzener Schlacke durch das CaO/SiO_2-Verhältnis u. der Schlacken-Temp. beeinflußt; 2. da der geschmolzene Stahl u. die geschmolzene Schlacke sich nicht im idealen Zustand befinden, ändert sich das Verhältnis zwischen [O] im fl. Stahl u. dem Σ (FeO)-Geh. in der geschmolzenen Schlacke mit der Stahl-Zus., dem CaO/SiO_2-Verhältnis der Schlacke u. der Badtemperatur. H. HOCHSTEIN. 6408□

Untersuchung über Wasserstoff in Stahlschmelzen aus basischem, mit Gas und Öl geheiztem Ofen. Miroslav Sícha. (Hutnické Listy **15.** 657—70. Aug. 1960. Ostrava, Vítkov. žel. KG.) (Tschech.)

Die Beheizung verschiedener Stahlöfen mit durch Luft versprühtem Heizöl verändert den H-Geh. des Stahls bei einer Herdflächenbelastung über 3,8 t/m² nicht; bei 1,7 t/m² (SIEMENS-MARTIN-Ofen) steigt er, zumal in unter aufgekohlter Schlacke hergestellten Stählen, etwas an, wobei das Gleichgewicht mit p_{H_2O} in der Atmosphäre auch überschritten werden kann. Der H-Geh. wird ferner durch die Größe der Grenzfläche zwischen Schmelze u. Atmosphäre sowie durch Zus., Temp. u. physikal. Eigg. der Schlacke bestimmt. Die Schmelzdauer u. die Pfannen-Temp. beim Abstich beeinflussen ebenfalls den H-Geh. der Schmelze. GOTTFRIED LANGE. 6408□

Die Eigenschaft von nach dem Duplexprozeß im Konverter-Elektroofen geschmolzenem Stahl. A. P. Potrussajew und A. M. Ssamarin. (Известия Высших Учебных Заведений (Москва), Черная Металлургия [Hochschulnachr. (Moskau), Eisenmetallurgie] **1960.** 50—56. Moskau, Stahl-Inst.) (Russ.)

Ein unter Verw. eines fl. Halbprod. erschmolzener Stahl ist hinsichtlich seiner Geh. an nichtmetall. Einschlüssen, an O u. N sowie seiner mechan. Eigg. gleichwertig mit einem Stahl, der auf Grund eines festen Einsatzes erschmolzen worden ist. Die Schmelzdauer bei Anwendung des fl. Halbprod. wird um fast die Hälfte verkürzt; hierbei wird der spezif. Elektroenergieverbrauch um 40% verringert.
H. HOCHSTEIN. 6408□

Das Verhalten von Vanadin beim Durchblasen in Abhängigkeit von der Intensität der Oxydation und Temperatur des Stahls. Ss. W. Michailikow und W. P. Rewebzow. (Известия Высших Учебных Заведений (Москва), Черная Металлургия [Hochschulnachr. (Moskau), Eisenmetallurgie] **1960.** 29—34.) (Russ.)

Bestimmend für das Verh. von V beim Windfrischen von fl. Stahl ist die Durchblasintensität des Windes. Ein Ersatz der Luft durch O_2 ermöglicht die Durchführung der V-Entfernung bei hohen Temperaturen. Dieser Prozeß der V-Entfernung verläuft in Drehöfen beim Durchblasen von O_2 erfolgreich. H. HOCHSTEIN. 6408□

Der Einfluß der Zementitteilchen-Verteilung auf die Festigkeitswerte von angelassenen Kohlenstoffstählen. Genjiro Mima. (Tetsu to Hagane [J. Iron Steel Inst. Japan] **47.** 699—706. Mai 1961.) (Jap.; Auszug: Engl.)

Die Beziehungen zwischen den Festigkeitskennziffern (Streckgrenze, Zugfestigkeit u. Härte) u. den Gefügeparametern in zwei handelsüblichen unlegierten, martensit. Stählen mit 0,7 u. 1,1% C werden nach unterschiedlichen Anlaßbedingungen bei 690° untersucht. Die Größe–Frequenz-Verteilungen der Zementitteilchendurchmesser auf einem polierten Querschnitt der bei 690° verschieden lang (5 Min. bis 400 Std.) angelassenen Stahlproben u. die Anzahl der Ferritkörner je Flächeneinheit von den über 10 Std. angelassenen Proben wurden durch ein opt. u. ein Elektronenmikroskop gemessen u. hieraus wurden Angaben über den Durchmesser der Zementitteilchen, die mittleren freien Ferritwege u. die Ferritkorngröße der mindestens 10 Std. lang angelassenen Proben erhalten. Die verschiedenen Beziehungen, die zwischen den Gefügeparametern u. den Festigkeitskennwerten bereits vorgeschlagen worden sind, werden durch die Vers.-Ergebnisse bestätigt. Bes. wird die Richtigkeit der von GENSAMER beobachteten geradlinigen Abhängigkeit unterstrichen. Die Festigkeitskennwerte als Funktion des mittleren Durchmessers der Zementitteilchen ergeben die Diskontinuität bei den entsprechenden Werten für die Anlaßzeit zwischen 1 u. 3 Stunden. Es wird angenommen, daß die Festigkeitskennziffern von angelassenem Stahl mit nichtkohärenten Zementitteilchen von der Entw. sehr kleiner Ferritkörner abhängen, welche durch die niedrige Korngrenzenenergie, durch den Übergang der niedrigen Grenzenergie zu der gewöhnlichen Korngrenze sowie durch die Zunahme der Ferritkörner, welche durch die gewöhnliche Korngrenze begrenzt sind, bestimmt wird. H. HOCHSTEIN. 6408□

Einflüsse der voreutektoiden Ferrit-Reaktion auf die Perlitbildung. H. I. Aaronson. (Trans. metallurg. Soc. AIME **212.** 212—18. 1958, herausgeg. 1959. Dearborn, Mich., Ford Motor Co.) (Engl.)

Die Keim-Bldg. von Perlit bei voreutektoidem Ferrit wird in einem zunehmenden Betrage an folgenden Stellen behindert: Bei einem an einer Zwillingsgrenze durch Keim-Wrkg. entstandenem Ferrit, zwischen dicht beieinander liegenden Ferritlamellen u. an interkristallinen Lamellen. Diese Einwrkg. werden in Begriffen des Einfl. von Umwandlungsspannungsenergie u. von der freien Zwischenflächenenergie der Austenit–Ferritgrenzen auf die Geschw. der Perlitkeim-Bldg. erörtert. Das Wachsen des Perlits in das Innere der Austenitkörner aus dem Bereich der Korngrenzen wird merklich eingeengt, wenn niedrige Rk.-Temp. u. große Austenitkorngrößen die Entw. von ineinandergreifendem Netzwerk interkristalliner Ferritlamellen erlauben. H. HOCHSTEIN. 6408□

Ein Borstahl zum Tiefziehen. L. R. Shoenberger. (Trans. metallurg. Soc. AIME **212.** 402—05. 1958, herausgeg. 1959. Pittsburgh, Pa., Johnes & Langhlin Steel Corp.) (Engl.)

B wurde zur Herst. nichtalternder Stahlbleche mit geringem C-Geh. verwendet. Hierbei muß eine Mindestmenge von ca. 0,006% in dem teilweise beruhigten Stahl zurückbehalten bleiben. Die über ca. 0,012% hinausgehenden B-Geh. erhöhen den Oxydationsgrad, die Neigung zur Lunker-Bldg. sowie die Möglichkeit zur Warmriß-Bldg. beim ersten Auswalzen. Die Praxis der Herst. halbberuhigter Stähle bewirkt gutes Blockausbringen u. zufriedenstellende Oberflächenqualität. Gleichzeitig mit dem B zugesetztes *Al* ist ein Schutzdesoxydationsmittel. Gute Tiefziehfähigkeit der Stähle wurde dabei erzielt. Einige Probleme der Warmriß-Bldg. u. der B-Analyse werden erörtert. Metallograph. zeigen die B-haltigen, halbberuhigten Stähle einige Strukturen, wie sie in normalen unlegierten Stählen nicht zu finden sind. H. HOCHSTEIN. 6408□

Wärmerißeigenschaften von Cr–Mo-Stahl. Jūroh Watanabe. (Tetsu to Hagane [J. Iron Steel Inst. Japan] **47.** 925—29. Juli 1961.) (Jap.; Auszug: Engl.)

Der Logarithmus der höchsten Wärmerißtiefe von Cr–Mo-Stählen mit verschiedenen C-Geh. u. Gefügen steht zum Logarithmus der Kerbschlagwerte in linearer Beziehung. Die Beziehung zwischen Härte u. Wärmerißmerkmalen hängt vom C-Geh. ab; je niedriger der C-Geh., desto untiefer der Riß. Unter den normalisierten u. angelassenen Cr–Mo-Stählen zeigen die Proben, die auf kugeligen Zementit geglüht worden sind, die besten Eigenschaften. Die Längs-Eigg. werden durch stärkere Dickenabnahme beim Schmieden verbessert; die Quer-Eigg. sind dagegen am besten bei geringer Dickenabnahme durch Schmieden. Die Porosität von Gußstahl bildet den Ausgangspunkt der Risse.
W. WESLY. 6410□

Neuer aushärtbarer martensitischer Stahl ZCR 716. I. Béhar. (Rev. Métallurgie **58.** 1049—57. Dez. 1961. Soc. Métallurgique d'Imphy.) (Franz.)

Die Eigg. des neu entwickelten aushärtbaren martensit. Stahls *ZCR 716* mit ca. 0,02(%) *C*, 0,10 *Si*, 0,50 *Mn*, 16,0 *Ni*, 4,0 *Cr*, 3,3 *Al* u. 2,2 *Mo* werden mitgeteilt. Es zeigt sich, daß diese StahlLeg. sehr hohe mechan. Eigg. bei Raum-Temp. ohne Neigung zur Versprödung, die bis 500° auftritt, besitzt. Im ausgehärteten Zustand ist die Leg. noch ziemlich gut schmiedbar u. läßt sich ohne Schwierigkeit spanabhebend bearbeiten, tiefziehen, walzen u. zu Draht ziehen. *ZCR 716* enthält keinen δ-Ferrit. — Diskussion.
H. HOCHSTEIN. 6410□

Bestimmung der instabilen und hochdispersen, aus Stählen isolierten Carbide. Lubomír Brháček und Antonín Golonka. (Hutnické Listy **15.** 575—86. Juli 1960. Ostrava, Výzk. úst. VŽKG.) (Tschech.)

Vff. analysierten elektrolyt. isolierte Carbide von auf 700, 600 u. 500° angelassenen LOF-Stahlsorten, die nach Zus. u. Wärmebehandlung hochdisperse, instabile Carbide erwarten lassen. Die Carbidisolierung des auf 700° erwärmten Stahls ist nur mit niedriger Stromdichte u. einem 0,8n CdJ_2-Elektrolyten dem theoret. Wert (2,7%) angenähert. Andere Elektrolyte erfordern höhere Stromdichten. Menge u. Qualität der Isolate von auf 600 u. 500° angelassenen Stählen sind von der Stromdichte u. der Elektrolytart unabhängig; auch die Elektrolyt-Temp., die Art der Carbidabscheidung u. der Oxydationsschutz haben keinen Einfluß. Bei zunehmend positivem Potential können Carbide zerfallen, wenn die Elektrolysendauer nicht verkürzt wird. CdJ_2 erwies sich als bester Elektrolyt. Die Abtrennung der Isolate mittels Ultraschall ergibt höhere Carbidausbeuten. Verluste beim Zentrifugieren können durch Verdünnen der Wasch-Lsg. verringert werden. Zur Kontrolle der Isolierung soll der C-Geh. herangezogen werden, da die Analysenergebnisse durch O-Verluste verfälscht werden.
GOTTFRIED LANGE. 6410□

Untersuchung über austenitische, manganreiche Stähle. 3. Mitt. **Einfluß von Ni- und Cu-Zusätzen auf die Carbidausscheidung in Hadfield-Stahl.** Yunoshin

Imai und Toshio Saito. (Tetsu to Hagane [J. Iron Steel Inst. Japan] **47.** 929—35. Juli 1961.) (Jap.; Auszug: Engl.) — 2. vgl. C. **1961.** 16258.

Durch Zusatz von 3% *Ni* zu Stählen mit 0,59—0,96(%) *C*, 0,45—0,59 *Si*, 12,44 bis 16,91 *Mn*, 0,013—0,040 *N* werden die *Carbid* (I)- u. *Perlit* (II)-Ausscheidungen verzögert, die Ausscheidungs-Temp.-Bereiche eingeengt u. die II-Wachstums-Geschw. vermindert. Dagegen bewirkt ein Zusatz von 3% *Cu* nur eine geringe Verzögerung der II-Ausscheidung; jedoch wird die I-Ausscheidung an den Korngrenzen >650° beschleunigt. Der Zusatz von *Ni* + *Cu* vermindert die Festigkeit nach der Lösungsbehandlung u. erhöht die Zähigkeit, bes. die Dehnung der Stähle. Eine Verminderung des *C*-Geh. führt zur Verminderung der Korngrenzen-I- u. -II-Ausscheidungen. Langsam nach der Lösungsbehandlung abgekühlte *Mn*-reiche Proben mit 0,65% C haben ein fast vollkommenes austenit. Gefüge u. höhere Zähigkeit als Vgl.-Proben. W. WESLY. 6410□

Über die Ausbildung von Titansulfid in Stählen. Toshio Saito. (Tetsu to Hagane [J. Iron Steel Inst. Japan] **47.** 707—14. Mai 1961.) (Jap.; Auszug: Engl.)

Der Einfl. des Ti/S-Verhältnisses auf die Verteilung, Form u. Struktur von *TiS* im Stahl wird untersucht. Im Bereich dieses Verhältnisses unter 0,35 waren die Sulfideinschlüsse in Gußstählen willkürlich in globularer Form verteilt. Bei etwa einem Ti/S-Verhältnis von 0,5 erscheinen auf den Primärkorngrenzen die Sulfideinschlüsse vom Typ II u. bei einer Verhältniszahl über 1,3 waren sie als Fe–TiS-Eutektikum vom Typ II ausgebildet. FeS-Filme in den Gußstählen veränderten sich durch Ti-Zusatz in eine globulare Form, was durch Auflösung von TiS in FeS erklärt wird. Der niedrige F. von FeS wurde erhöht u. die Warmverformbarkeit der Stähle wurde durch die Lsg. von TiS verbessert. TiS erscheint im mkr. Lichtfeld in rosagrauen körnigen Formen. Die dünnen Teilchen waren ca. 0,3—0,5 μ groß, nahmen jedoch bis auf ca. 3,5 μ Größe zu oder änderten sich in eine Stabform in Übereinstimmung mit den Löslichkeiten der anderen Einschlüsse, wie der Nitride oder Oxide. Es wird angenommen, daß *Ti-Carbide* prim. u. *Ti-Sulfide* sek. u. dann erst *Ti-Nitride* u. *-Oxide* während der Erstarrung der Stähle gebildet werden. Die Ti-Carbide waren die feinsten Teilchen, denen dann die Ti-Sulfide, -Nitride u. -Oxide nacheinander folgen. Es wird bestätigt, daß die Ti-Sulfide in den Stählen der Verb. *TiS* mit einer hexagonalen B8-Struktur entsprechen. H. HOCHSTEIN. 6410□

Einfluß der Erhöhung des Bleigehaltes auf die Dichtigkeit von Rotguß beziehungsweise 85-5-5-5. Ekbom Lars. (Kohászati Lapok [Ung. Z. Hüttenwes.] **94.** Nr. 12. Öntöde **12.** 276—81. Dez. 1961.) (Ung.)

Zu druckbeständigen Gußstücken ist der Pb-haltige Rotguß geeignet. Laut Literaturangaben wird die Dichtigkeit durch Pb-Zugabe günstig beeinflußt. Die Vers.-Ergebnisse des Vf. weisen dahin, daß die Schrumpfung der Pb-haltigen Rotgüsse in der letzten Phase des Erstarrens gering ist u. deshalb wird die entstehende Mikroporosität verringert. L. ZOMBORY. 6432

Einwirkungen von Nickel-, Eisen- und Manganzusätzen auf die $\beta \rightarrow \alpha + \gamma_2$-Umwandlung in Kupfer-Aluminium-Legierungen. Masataka Sugiyama und Keisuke Kobayashi. (Nippon Kinzoku Gakkai-Si [J. Japan Inst. Metals] **25.** 393—97. 1961.) (Jap.; Auszug: Engl.)

Zusätze von *Mn* zu Cu-Al-Legg. vermindern die $\beta \rightarrow \alpha + \gamma_2$-Umwandlung in 1 Std. bei 900° homogenisierten u. zwischen 550 u. 400° isotherm. umgewandelten Proben um so mehr, je höher der Mn-Geh. ist. *Ni* u. *Fe* sind wenig wirksam. Für die Beziehung zwischen der krit. Abkühlungs-Geschw. bei der $\beta \rightarrow \alpha + \gamma_2$-Umwandlung u. der Lage der Spitze im Umwandlungszeit–Temp.-Diagramm wird experimentell eine Gleichung abgeleitet. Durch Zusatz einer ausreichenden Mn-Menge läßt sich die Umwandlung vermindern, so daß große Gußstücke mit β-Phase frei von „Selbstanlassen" bleiben. W. WESLY. 6432□

Einwirkungen der Abkühlungsgeschwindigkeit auf die Eigenschaften von manganreicher Aluminiumbronze. Masataka Sugiyama und Keisuke Kobayashi. (Nippon Kinzoku Gakkai-Si [J. Japan Inst. Metals] **25.** 397—401. 1961.) (Jap.; Auszug: Engl.) — Vgl. vorst. Referat.

Unterss. über den Einfl. der Abkühlungs-Geschw. auf die Eigg. von Mn–Al-Bronze zeigen: Das Gefüge von Al-Bronze mit >6 Gew.-% Mn besteht aus α-, β- u. Cu_3Mn_2Al-Phase u. ist frei von γ_2-Ausscheidung. Die Proben haben gute mechan. Eigg. auch nach langsamer (0,02°/Min.) Abkühlung. Die β-Phase enthaltenden Legg. zeigen mit steigendem Mn-Geh. einen Anstieg der Zugfestigkeit u. eine geringe Abnahme der Dehnung, aber kein „Selbstanlassen" bei hohem Mn-Gehalt. W. WESLY. 6432□

Eine Anomalie bei etwa 500° in verschiedenen austenitischen, warmfesten Chrom und Nickel enthaltenden Legierungen. Yûnoshin Imai und Tsuyoshi Masumoto. (Nippon Kinzoku Gakkai-Si [J. Japan Inst. Metals] **25.** 402—06. 1961. (Jap.; Auszug Engl.)

Unterss. über die Beziehung zwischen der Kontraktion bei ca. 500° nach dem Tempern u. den Leg.-Elementen in austenit., warmfesten, Cr u. Ni enthaltenden Legg. (*LCN 155, Nimonic 75, Inconel X S-816, rostfreier Stahl, Timken 16-25-6, 25-Cr-20 Ni-Stahl*) zeigen, daß die Kontraktion nicht durch eine Carbid- oder Nitridausscheidung, sondern eine Anomalie in der austenit. Phase des quatern. *Fe–Cr–Co–Ni*-Syst. verursacht wird. Sie ist am ausgeprägtesten bei ca. 20(%) Cr im tern. *Cr–Ni–Co*-Syst., bes. bei *20 Cr–80 Ni*, sowie bei *20 Ca–20 Ni–60 Co* u. zeigt sich nicht nur in der homogenen austenit. Phase, sondern auch im Mischgefüge anderer Phasen. Diese Regelwidrigkeit mag eine Beziehung zu der der Leg. mit 75 (Atom-%) Ni u. 25 Cr haben, die einer Umwandlung vom geordneten zum ungeordneten Zustand zugeschrieben wird. W. WESLY. 6434□

Einwirkung des Kohlenstoffgehaltes auf die Korrosionsfestigkeit und die mechanischen Eigenschaften von Ni-Mo-Legierungen. Shigehiro Inoue und Takashi Tsuchiya. (Nippon Kinzoku Gakkai-Si [J. Japan Inst. Metals] **25.** 406—10. 1961. (Jap.; Auszug: Engl.)

Unterss. über die Einw. des C-Geh. auf die Eigg. von Ni–Mo-Legg. mit 68,12 bis 69,03(%) *Ni*, 28,66—29,99 *Mo*, 0,03—0,11 *C*, 0,08—0,17 *Fe*, 1,08—1,26 *Mn*, 0,46 bis 0,64 *Si* zeigen: Mit steigendem C-Geh. steigen der Gew.-Verlust durch Korrosion (24 std. Einw. von sd. 20%ig. HCl) u. die Härte der lösungsbehandelten Proben u. nimmt die Dehnung ab. Durch Abkühlen der bei 700° angelassenen Proben an der Luft nimmt die Dehnung rasch ab. Je höher der C-Geh., desto mehr wird die Korrosionsfestigkeit infolge der kontinuierlichen Ausscheidung von M_6C (a = 10,92 Å) an den Korngrenzen verschlechtert. W. WESLY. 6434□

Ein weiterer Nachweis der Zonenbildung in einer Nickel–Chrom–Titan-Aluminium-Legierung. N. E. Rogen und N. J. Grant. (Trans. metallurg. Soc. AIME **212.** 218 bis 219. 1958, herausgeg. 1959. Cambridge, Mass., Massachusetts Inst. of Technol.) (Engl.)

Die Härte u. der Gitterparameter einer Leg. aus 22,06 (Atom-%) *Cr*, 2,95 *Al*, 3,47 *Ti*, Rest *Ni* ändern sich mit der Alterungs-Temp. u. der Alterungszeit. Zwei Gitterkontraktionen treten auf. Die erste Kontraktion ist temperatur- u. zeitabhängig. Durch Änderung der Alterungszeit kann sie zwischen 400 u. 500° bei 50 Min. Alterungsdauer u. unter 400° bei 100 Min. Alterungsdauer auftreten. Die Veränderung der Härte mit der Zeit u. Temp. wird in Kurvenform mitgeteilt. Die zweite Kontraktion rührt von der Ausscheidung der γ'-Phase her. Es wird angenommen, daß eine Atom-Neuverteilung stattfindet, die von der Bldg. kleiner Ti- u. Al-reicher Bereiche herrührt. Die Gitterkontraktion wird als ein weiterer Beweis für die Zonen-Bldg. im *Ni–Cr–Ti–Al*-Syst. gehalten. Die Größe der ersten Änderung ist zu einem bedeutenden Teil von der Ggw. u. der Menge von *Al* u. *Ti* abhängig. H. HOCHSTEIN. 6434□

Einfluß von Al, Al + Ti und von W + V + Nb auf die Eigenschaften einer hitzebeständigen Legierung mit 38% Ni. Sadao Koshiba, Tsuneo Kunou und Shin Kimura. (Tetsu to Hagane [J. Iron Steel Inst. Japan] **47.** 727—33. Mai 1961.) (Jap.; Auszug: Engl.)

Die Verss. zeigen, daß bei einer Leg. mit 0,7—2,32 Al mit zunehmendem Al-Geh. die Härte nach der Lösungsbehandlung, die Ausalterungshärte, die Zugfestigkeit bei Raum-Temp. u. bei hoher Temp., die Bruchfestigkeit u. Oxydationsbeständigkeit erhöht wurden, während Dehnung, Einschnürung u. CHARPY-Schlagzähigkeit abnahmen. Bzgl. des Einfl. von Al + Ti wird beobachtet, daß Härte u. Festigkeit bei hoher Temp. zunahmen. Jedoch nahm die Zähigkeit mit steigendem Ti-Geh. bei gleichbleibender Summe von Al + Ti ab. Bei der Unters. des Einfl. von W + V + Nb erwies sich Nb am wirksamsten, wenn die Leg. Nb zusammen mit W u. V enthielt; bei zunehmendem Nb-Geh. wurde die Hochtemp.-Festigkeit verbessert. Beim Vgl. von V mit W erwies sich ein V-Zusatz zur Erhöhung der Warmfestigkeit als besser. H. HOCHSTEIN. 6434□

Ein Beitrag zum Vorhandensein und zur Gewinnung von Vanadium aus Graphitrohstoffen. Jan Mazáček. (Rudy **8.** 415—17. Dez. 1960. Praha, Ůst. výzk. rud.) (Tschech.)

Der Geh. an V in Graphitrohstoffen ist relativ gering u. eine Anreicherung durch Aufbereitung unmöglich. Zur Gewinnung von V wird das *Graphit*-Konzentrat mit H_2SO_4 u. einem Oxydationsmittel behandelt u. danach mit einem organ. Lsgm. extrahiert. Die Meth. ist unwirtschaftlich. GOTTFRIED LANGE. 6440□

Darstellung von Wolfram und seinen Legierungen durch Reduktion in der Bombe. P. C. Good, D. H. Yee und F. E. Block. (U. S. Dep. Interior, Bur. Mines, Rep. Invest. **1961.** Nr. 5828. 1—10. Albany, Oreg., Albany Met. Res. Center) (Engl.)

Die Gründe, ein anderes Verf. als das übliche pulvermetallurg. zu versuchen, lagen in dem Wunsch nach größerer Reinheit des Metalls u. der Herst. von Legg. des W mit *V*, *Mo*, *Cr*, *Nb* u. *Ta*. Ein starkwandiger Stahlzylinder — zuletzt mit 11″ Innendurchmesser

u. 28″ Länge — wurde an der Wand, am Boden u. Deckel mit MgO-Pulver ausgestampft. Das WO_3-Pulver wurde vor dem Einsatz auf 800° erhitzt, um N zu entfernen. Das handelsübliche *Ca* wurde vor der Verw. bei 900° im Hochvakuum umdestilliert. Zur Erhöhung der Rk.-Geschw. u. Temp. wurden *Schwefelblume* beigemischt, wodurch die Schlacke auch flüssiger wurde. Der günstigste Ca-Überschuß lag bei 35—50% über dem theoret. Wert; der S-Zusatz betrug 1—1½ Mol auf 1 Mol WO_3. Eine bevorzugte Mischung war 14,84 (kg) WO_3, 13,06 Ca, 3,07 S. Der Druck im Innern der Bombe während der Rk. wurde nicht gemessen, jedoch auf $<$500 lbs./sq.in. berechnet. Die Hauptmenge des W-Metalls sammelte sich als etwas blasiger Block am Boden des Gefäßes; jedoch enthielt oftmals auch die Schlacke noch W-Kügelchen. Bei der oben angegebenen Mischung betrug die Ausbeute 71% der Theorie. Ein Teil des W-Metalls wurde im Lichtbogen umgeschmolzen. Obwohl die Werte der Verunreinigungen meist weit unter 50 ppm lagen, war das Metall hart u. spröde, u. — auch bei Einhüllen u. Erhitzen auf 900° — kaum zu bearbeiten. Die Herst. von Legg. geschah im gleichen Tiegel, jedoch wurde er mit CaO ausgekleidet. Diese Verss. waren noch nicht befriedigend. Erstens waren die Ausbeuten schlecht u. zweitens erreichte man nicht mit Sicherheit ein bestimmtes Leg.-Verhältnis. Beim Umschmelzen im Lichtbogen ging ein Teil des leichter flüchtigen Metalls verloren. F. HOCHSTETTER. 6440 □

Die Oxydationsgeschwindigkeit von Molybdän an Luft. E. S. Bartlett und D. N. Williams. (Trans. metallurg. Soc. AIME **212.** 280—81. 1958, herausgeg. 1959. Columbus, Ohio, Battelle Mem. Inst.) (Engl.)

Aus Unterss. über die Oxydations-Geschw. von Mo an Luft wird gefolgert, daß ohne eine genaue Messung der tatsächlichen Proben-Temp. die exotherm. Werte für die Rk. nicht genau erhalten werden können. Aus den Unters.-Ergebnissen bzgl. der Einfl. von Temp. u. Strömungs-Geschw. der Atmosphäre auf die Oxydation von Mo ergibt sich, daß dieser Rk. einen relativ geringeren Einfl. auf den Wert der Oxydations-Geschw. im Vgl. mit den anderen, die Oxydation beeinflussenden Veränderlichen hat. H. HOCHSTEIN. 6446 □

Ein Universalflußmittel für Aluminium-Silicium-Legierungen. M. Ja. Teliss (Литейное Производство [Giesserei-Betr.] **1959.** 42. Mai.) (Russ.)

Als Universalflußmittel für die Al–Si-Legg. *AL 4* u. *AL 5* werden, je nach der erforderlichen Schmelztemp., folgende Zuss. vorgeschlagen: 1. für 750° Schmelztemp. 60 (%) NaF, 25 NaCl, 15 Kryolith; 2. für 700° 40 NaF, 45 NaCl, 15 Kryolith; 3. für 600° 30 NaF, 50 NaCl, 10 KCl, 10 Kryolith. So wird bei der Behandlung einer *AL 5*-Schmelze mit 0,3 Gew.-% Universalflußmittel eine Dichte des Gußstückes erzielt, die nicht geringer ist als die bei der Behandlung der Schmelze mit gasförmigem Cl_2. Auch hat diese Al–Si-Leg. ein modifiziertes Gefüge, was neben der Erhöhung der Gußdichte auch eine Erhöhung der mechan. Eigg., bes. der Bildsamkeit, gewährleistet. H. HOCHSTEIN. 6446

Dauerstandfestigkeit der hitzebeständigen Aluminiumlegierungen vom Typ AU 2 GN. H. Martinod, J. Calvet und Y. Cornay. (Rev. Métallurgie **58.** 789—96. Sept. 1961. Châtillon-sous-Bagneux.) (Franz.)

Untersucht wurde die Al-Leg. mit 2,25 (%) *Cu*, 1,55 *Mg*, 1,10 *Ni*, 1,10 *Fe*, 0,05 bis 0,80 *Si* u. 0,06 *Ti*. Durch geringste Schwankungen des Si-Geh. wird die Zeitstandfestigkeit stark beeinflußt. Der optimale Si-Geh. hängt von der Temp. u. der Dauer des Einsatzes ab. Auch die geringste Verformung nach dem Anlassen setzt die Zeitstand-Eigg. herab. Aus Messungen im kalten Zustand kann die Dauerstandfestigkeit in der Hitze nicht abgeleitet werden. F. VIER. 6446 □

Einfluß von Eisen und Magnesium auf die Gefüge- und mechanischen Eigenschaften der Legierungen Inafond S 7 und Inafond S 71. E. di Russo und D. Gualandi. (Alluminio **28.** 53—59. 1959. Novara, Ist. sperim. Metalli Legg., Div. Ric.) (Ital.)

Es werden die Gefüge- u. mechan. Eigg. der Al-Legg. *S 7* u. *S 71* mit 7 (%) *Si*, 0,5 *Mn*, 0,15 *Ti*, 0,10—0,35 *Fe* u. 0,35—0,60 *Mg* bzgl. der verschiedenen Geh. von Fe u. Mg untersucht. Ein bis auf $<$0,1% red. Fe-Geh. in *S 7* verursacht im allg. keine wesentlichen Veränderungen der Dehnbarkeit, während diese in *S 71* unter denselben Bedingungen stark ansteigt u. eine Zunahme des Mg-Geh. oder die Verlängerung der Alterungszeit erlaubt, um höhere Werte von R u. $s_{0,2}$ u. hiermit eine größere Dehnung zu erhalten. G. PLATZER. 6446 □

Induktions-Schmelzprozeß für Titanschrott. P. J. Ahearn, C. F. Frey und J. F. Wallace. (Trans. metallurg. Soc. AIME **212.** 275—76. 1958, herausgeg. 1959. Watertown, Mass., Watertown Arsenal; Cleveland, Ohio, Case Inst. of Technol.) (Engl.)

Die Verw. eines dauernden Schmelzsumpfes am Boden eines Graphittiegels u. ein hoher Badspiegel während der Schmelzperiode im Induktionsofen mit Einsatz von Ti-Schrott ergibt eine Ti-Schmelze, die durch C weniger verunreinigt ist als bei anderen aus dem Schrifttum bekannten Ti-Schmelzen. Auch sind die Festigkeits-Eigg. des im Induktionsofen erschmolzenen Ti, bes. sein Streckgrenzenverhältnis, höher als bei dem nach anderen Meth. erschmolzenen Ti. Das Induktions-Schrottschmelz-Verf. wird für Ti-Schmiedestücke sowie zur Herst. von Gußstücken aus Ti-Legg. besonders empfohlen.
H. HOCHSTEIN. 6448□

Die Wasserstofflöslichkeit und -entfernung für Titan und Titanlegierungen. W. M. Albrecht und M. W. Mallett. (Trans. metallurg. Soc. AIME **212.** 204—10. 1958, herausgeg. 1959. Columbus, Ohio, Battelle Mem. Inst.) (Engl.)

Die Löslichkeitswerte für H_2 in Ti u. mehrere Ti-Legg. wurden bei 600—1000° u. bei Drücken von 0,05—10 μ Hg bestimmt. Hierbei zeigt sich, daß die Löslichkeit mit zunehmender β-Phase in den Legg. zunimmt. Die die Entgasungs-Geschw. beeinflussenden Faktoren sind die Probengröße u. die Ggw. eines dicken Oberflächenoxids. Die Entfernung von H durch Erhitzung im Vakuum u. in einer strömenden inerten Atmosphäre wird untersucht. Prakt. Kurven mit Aussagen über die kürzesten Entgasungszeiten werden mitgeteilt.
H. HOCHSTEIN. 6448□

Die Duktilität von Silicium bei erhöhten Temperaturen. D. W. Lillie. (Trans. metallurg. Soc. AIME **212.** 249—51. 1958, herausgeg. 1959. Schenectady, N.Y., Gen. Electr. Co.) (Engl.)

Die große Sprödigkeit von massivem Si bei Temp. unter 900° wird von einem schnellen Anstieg der Streck- u. Fließspannung begleitet, wenn die Temp. erniedrigt wird. Oberhalb von 950° nimmt die Formbarkeit von Si mit der Temp. zu u. bei 1200° ist schon eine für eine beträchtliche Verformung ausreichende Biegeformbarkeit vorhanden. Die Möglichkeit der Warmformgebung von Si durch Anwendung einer langsamen Verformung bei 1200° wird angenommen.
H. HOCHSTEIN. 6448□

Beobachtungen über gleichmäßig gebogene Silicium-Kristalle. U. F. Kocks. (Trans. metallurg. Soc. AIME **212.** 251—52. 1958, herausgeg. 1959. Cambridge, Mass., Harvard Univ.) (Engl.)

An Si-Einkristallen werden Ätzgrübchenmuster nach einem Biegen auf einen Radius von 40, 13 u. 6 cm entwickelt, die zeigen, daß die lineare Versetzungsdichte in den Gleitlinien konst. ist. Ätzgrübchenmuster nach einem Biegen auf den Radius von 4 cm u. nach einem 2std. Ausglühen bei 1000° wird ein homogen verformtes Gebiet festgestellt; die Versetzungen klettern in den Sekundär-Syst. nicht. Auch ein inhomogen verformtes Gebiet kann darin festgestellt werden, in dem die Polygonisation viel weiter vorgeschritten ist. Die Ursachen für diese Versetzungen werden besprochen.
H. HOCHSTEIN. 6448□

Herstellungsversuche von elektrischen Kontaktwerkstoffen auf Silber–Cadmium- und Silber–Cadmiumoxid-Basis. Endre Nagy. (Kohászati Lapok [Ung. Z. Hüttenwes.] **94.** 529—39. Dez. 1961. Budapest, Eisenforschungsinst.) (Ung.)

Vf. stellte *Ag–Cd-* bzw. *Ag–CdO*-Legg. mittels Guß bzw. pulvermetallurg. Verf. her, da diese gute Werkstoffe der zur Steuerung von Werkzeugmaschinen geeignetsten Kontakte sind u. beschreibt ein neues kombiniertes Verf., wonach die entsprechende Ag-Cd-Leg. zuerst pulverisiert, dann einer inneren Oxydation unterworfen wird. Aus dem so gewonnenen Ag–CdO-Pulver werden die Kontakte auf pulvermetallurg. Wege hergestellt. Das kombinierte Verf. weist den obigen gegenüber mehrere Vorteile auf. — 25 Literaturangaben.
L. ZOMBORY. 6460

Verwendung des elektrischen Widerstandes zur Messung des Sintergrades. Georgeta Dan und Aurelia Protopoposcu. (Rev. roum. Métallurgie **5.** Nr. 1. 107—17. 1960. Akad. der R.P.R., Centre de Rech. Métallurg.) (Franz.)

Beschrieben wird eine neu entwickelte Meth. u. die App. zur Messung des Sintergrades von elektrolyt. *Fe*-Pulver. Infolge der Veränderung des elektr. Widerstandes mit der Temp.-Erhöhung kann man zwei, durch bestimmte Temp.-Intervalle begrenzte Sinterzonen unterscheiden, u. zwar eine erste Zone bis 500°, die durch eine starke Erniedrigung des Widerstandes bei der Temp.-Erhöhung gek. ist, sowie eine zweite Zone zwischen 500 u. 1000—1100°, in der der Widerstand langsam u. wenig schwankt, wo aber die Änderungen kontinuierlich sind. Der starke Sturz des Widesstandes zu Beginn der Sinterperiode rührt wahrscheinlich von Oxidfilmen u. von der Entstehung eines metall. Kontaktes her. Die langsamere Erniedrigung bei erhöhten Temp. entspricht in einem bestimmten Maße der Erhöhung der Dichte des Sinterprodukts. Zur Beseitigung des Einfl. einer Red. u. ggf. des Einfl. adsorbierter Gase werden die Verss. im Vakuum fortgeführt. Es wird ferner noch festgestellt, daß auch die zwischen den beiden Intervallen liegende veränderliche Zeit einen schwächeren, jedoch mit der Dauer zunehmenden Einfl. auf den Sintergrad ausübt. H. HOCHSTEIN. 6474 □

Erfahrungen bei den Schlagversuchen von Grobblechen. Zoltán Remport und Árpád Pálvölgyi. (Kohászati Lapok [Ung. Z. Hüttenwes.] **94.** 541—47. Dez. 1961. Budapest, Minist. für Hüttenwes. u. Maschinenind.) (Ung.)

Vff. prüften die Schlagarbeit von 290 Probestücken (Zerreißfestigkeit 39 bis 49 kg/mm^2) bei Raum-Temp. u. —40°. Bei den Tieftemp.-Verss. erlitten ca. 20% der Probestücke Sprödbrüche. Trotz der zahlreichen Verss. konnte eine eindeutige Erklärung weder für die Entw. der Schlagarbeit noch für die Ursachen des Sprödbruches angegeben werden. Es wurde festgestellt, daß die Schlagarbeit unbedingt eine lokale Eig. ist u. diese hängt wahrscheinlich mit der Herstellungsart der Stähle zusammen. L. ZOMBORY. 6480

Blechbruchzähigkeit, bestimmt durch Charpy-Stoß- und langsame Biegung. George M. Orner und Carl E. Hartbower. (Welding J. **40.** Nr. 9. Suppl.: Welding Res. 405s—416s. Sept. 1961. Cambridge, Mass., Mfg. Labor., Inc., Res. Div.) (Engl.)

An Blechen aus *Stahl*, *Ti*- u. *Al*-Legg. ausgeführte Unterss. zeigen, daß Proben, an denen mit einer Ermüdungsmaschine Risse erzeugt worden sind u. anschließend Stoßprüfungen ausgesetzt werden, eine gute Best. ihrer Bruchzähigkeit in weiten Temp.- u. Beanspruchungsbereichen gestatten. W. WESLY. 6480 □

Einfluß der Alterung auf die Knickfestigkeit und die Wirkung der Spannungsalterung bei niedriger Temperatur in Ag-reichen Al–Ag-Legierungen. Kôji Sumino, Masae P. Sumino und Mikio Yamamoto. (Nippon Kinzoku Gakkai-Si [Japan Inst. Metals] **25.** 410—15. 1961.) (Jap.; Auszug: Engl.)

Unterss. über den Einfl. der Alterungsdauer bei verschiedenen Temp. (nach Abschreckung bei 550°) u. die Wrkg. der Spannungsalterung bei niedriger Temp. auf die Fließspannung von *Al*-Legg. mit 5—20% *Ag* zeigen: Die Knickfestigkeit steigt durch Alterung bei 100°. Die Fließspannung steigt nicht nach Spannungsalterung bei Raum-Temp. u. 100°. Kurzzeitanlassen bei 180—200° senkt die Streckgrenze, die einen Höchstwert nach Ausscheidung der instabilen γ'-Phase aufweist u. in dem Maße sinkt, wie die γ'-Phase in die stabile γ-Phase übergeht. W. WESLY. 6480 □

Chromsäure-Flußsäure als spezifisches System zur Ätzgrubenentwicklung auf Silicium. Erhard Sirtl und Annemarie Adler. (Z. Metallkunde **52.** 529—31. Aug. 1961. München, Siemens & Halske Akt.-Ges.) (Dt.)

Mit Lsgg. von W/HF (wasserfrei)/CrO_3 im Gew.-Verhältnis 1,0/0,4/0,2 lassen sich Ätzungen an Si durchführen, die bes. Versetzungen erkennen lassen. Auf den blanken Si-Oberflächen verschiedenster Kristallorientierung entstehen in kurzer Zeit scharf abgegrenzte Ätzgruben bei geringer Oberflächenaufrauhung. F. VIER. 6482 □

Ätzgrübchen-Untersuchungen auf Silicium. W. J. Feuerstein. (Trans. metallurg. Soc. AIME **212.** 210—12. 1958, herausgeg. 1959. Phoenix, Ariz., Motorola, Inc., Semiconductor Prod. Div.) (Engl.)

Ätzgrübchen mit gut ausgeprägten Umrissen u. mit gerader Struktur werden in Si-Einkristallen entwickelt. Eine Abhängigkeit der Winkelabweichung von den Wachstumsachsen von den spiralartigen Ätzgrübchen wird beobachtet. Die schraubenförmige Ätzgrübchendichte nimmt mit der Winkelabweichung von der Wachstumsachse zu u. erreicht ein Maximum in einer zu der Wachstumsachse normalen Fläche. H. HOCHSTEIN. 6482 □

Eine Methode für die Beobachtung des Fortschreitens einer Verformung in Zugproben. A. P. Young und L. L. Marsh. (Trans. metallurg. Soc. AIME **212.** 247—49. 1958, herausgeg. 1959. Columbus, Ohio, Battelle Mem. Inst.) (Engl.)

Das Elektronenmikroskop wird bei der Prüfung von *U*-Zugproben nach verschiedenen Reckgraden zur Best. des relativen Vork. von Zwillings-Bldg. u. Gleitung verwendet, was im allg. im Lichtmikroskop zu fein für eine opt. Beobachtung ist. H. HOCHSTEIN. 6482 □

Elektroformgebung von Kupfer-Einkristallen. D. H. Avery, M. L. Ebner und W. A. Backofen. (Trans. metallurg. Soc. AIME **212.** 256. 1958, herausgeg. 1959. Cambridge, Mass., Massachusetts Inst. of Technol.) (Engl.)

Beschrieben wird ein Verf. mit zugehöriger Vorr. zum beschleunigten Elektropolieren bei der Herst. eines Maßquerschnitts in zylindr. Einkristall-Cu-Proben für Ermüdungsuntersuchungen. Das Verf. eignet sich zur Vorbereitung von verschiedenen metallograph. Proben. H. HOCHSTEIN. 6482 □

Elektronenmikrographische Untersuchung der Alterung in einer β-Titanlegierung. F. C. Holden und A. P. Young. (Trans. metallurg. Soc. AIME **212.** 287—88. 1958, herausgeg. 1959. Columbus, Ohio, Battelle Mem. Inst.) (Engl.)

Bei der elektronenmkr. Unters. des in einer reinen *β-Ti*-Leg. mit 6,4% *Mn* auftretenden Alterungsprozesses wird festgestellt, daß die Ggw. der *ω-Phase* in der restlichen β-Phase mit der Ggw. von kleinen gleichachsigen Pocken, mit den Röntgenstrahlbeugungslinien sowie mit anomal hohen Härtewerten in Beziehung steht. Die elektronenmkr. Unters. u. die Härtemessungen scheinen dabei für die Aufdeckung der ω-Phase empfindlicher zu sein als die Röntgenstrahlbeugungsmethode. Eine Alterung außerhalb der Härtespitze ergibt eine α-Phasenbildung. Dies fällt mit dem Auftreten einer sichtbaren Ausscheidung bei der opt. Mikrographie sowie mit einer starken Vergröberung u. der elektronenmkr. beobachteten Strukturorientierung zusammen. Die Röntgenstrahlbeugungsbilder lassen keine ω-Linien erkennen, zeigen aber eine weitere Verschiebung der β-Linien, die durch Anreicherung der restlichen β-Phase verursacht ist.
H. HOCHSTEIN. 6482□

Neuzeitliche Fortschritte beim Warmlochen und Warmstrangpressen mit Glas als Schmiermittel. J. Sejournet. (Rev. Métallurgie **58.** 1029—37. Dez. 1961. Comp. du Filage des Métaux et des Joints Curty.) (Franz.)

Überblick. H. HOCHSTEIN. 6490□

Untersuchung der Zerspanbarkeit von Nickel–Chrom-Stahl 16 NC 6 und Nickel–Chrom–Molybdän-Stahl 16 NCD 6 nach verschiedenen Vorbehandlungen. G. Chabert und N. Blanc. (Rev. Métallurgie **58.** 1067—77. Dez. 1961. Adetom.) (Franz.)

Die Ergebnisse von Zerspanungs-Verss. an diesen beiden Stählen werden mitgeteilt, wobei als Beurteilungsmaßstab die Werkzeugabnutzung beim Abwälzfräsen dient. Das Verf. gibt Resultate, die unmittelbar in der Praxis verwertbar sind. — Diskussion.
H. HOCHSTEIN. 6490□

Erleichterung der spanabhebenden Formgebung durch Wärmebehandlungen. H. Koelzer. (Rev. Métallurgie **58.** 1058—66. Dez. 1961. Volkswagenwerk.) (Franz.)

Angaben über den Einfl. der Wärmebehandlung auf die Erleichterung der spanabhebenden Bearbeitbarkeit bei der Reihenfertigung von Getriebeteilen aus Einsatz- u. Vergütungsstählen u. die dabei erreichten Gefüge u. Zugfestigkeitsspannen. Besonders werden dabei unlegierte sowie die legierten Stähle *16 MnCr 5, 20 MnCr 6, Ck 45, 34 Cr 4, 50 CrV 4* u. *58 CrV 4* behandelt. Auch werden entsprechende Angaben über das Verh. von *Gußeisen* gemacht. — Diskussion. H. HOCHSTEIN. 6490□

Rostfreie plattierte Stahlbleche. P. Bastien. (Rev. Métallurgie **58.** 1039—48. Dez. 1961. Paris, Creusot Usines Schneider.) (Franz.)

Die Wahl des Grund- u. Auflagenmetalls bei durch Warmwalzen erzeugten plattierten Blechen wird behandelt, u. es wird die Herst. plattierter Grobbleche beschrieben. Die hierbei auftretenden physikal.-chem. Probleme werden erörtert.
H. HOCHSTEIN. 6490□

Der Einfluß der bearbeiteten Oberflächenschicht auf die Härte der Oberfläche von gehärtetem Stahl. Yutaka Arakida und Tsuruo Shibazaki. (Tetsu to Hagane [J. Iron Steel Inst. Japan] **47.** 918—24. Juli 1961.) (Jap.; Auszug: Engl.)

Durch Drehen, Schleifen oder Polieren der Oberfläche von Stahl bildet sich eine Oberflächenschicht mit anderen physikal. u. mechan. Eigg., als sie der Grundwerkstoff aufweist. An Stahl mit 0,46 (%) C, 0,30 Si, 0,75 Mn, 0,026 P, 0,014 S, 0,55 Ni, 1,19 Cr, 0,36 Mo, 0,09 V, 0,17 Cu beobachtet man 2 Arten der bearbeiteten Oberflächenschicht (BO); die eine Schicht zeigt eine gleichförmige Verteilung der Halbwertsbreite (HB) der Röntgenstrahlenbeugung unter der Oberfläche, wogegen die andere Schicht einen Mindestwert der HB unmittelbar unter der Oberfläche aufweist. Die Verteilung der HB entspricht der Härteverteilung, so daß sich die Tiefe der BO durch die Messung der HB-Verteilung ermitteln läßt. Um die richtige SHORE-Härte eines Stahls zu bekommen, muß man ca. 300 μ der Oberflächenschicht abschleifen. W. WESLY. 6490□

Über die Textur und die Änderung der Anisotropie von angelassenen Blechen aus Al–Mn-, Al–Cr-Legierungen. Toshio Amitani. (Nippon Kinzoku Gakkai-Si [J. Japan Inst. Metals] **25.** 389—92. 1961.) (Jap.; Auszug: Engl.)

Angelassene Bleche aus *Al*-Legg. mit 0,20—2,02 (%) *Mn* oder 0,09—1,74 *Cr* bilden beim Tiefziehen Zipfel 90° zur Walzrichtung u. zeigen eine Textur des Typs (1 0 0)[0 0 1] mit großen, rekrist. Körnern. Al-Bleche mit 2% Mn bilden Zipfel 45° zur Walzrichtung; das Walzgefüge bleibt rekrist. u. hat kleine Körner, wenn die Anlaßtemp. hoch ist. Die Rekristallisationstextur u. die Korngröße von Al-Blechen mit 1,74% Cr ändern sich mit der Anlaßtemp.; wenn die rekrist. Körner klein sind, ist die Textur dem Walzgefüge fast gleich, u. mit dem Kornwachstum entwickelt sich die 2. Orientierung.
W. WESLY. 6490□

Einwirkung des Schleifens auf die Restspannungen von abgeschrecktem Stahl. Takao Furumoto und Susuma Okinaka. (Nippon Kinzoku Gakkai-Si [J. Japan Inst. Metals] **25.** 365—69. 1961.) (Jap.; Auszug: Engl.)

Unterss. über Entstehung u. Änderung von Restspannungen, die beim Schleifen verschiedener Stahlarten mit verschiedener Wärmebehandlung verursacht werden, zeigen, daß die beim Naßschleifen auftretenden Spannungsänderungen ca. 15 kg/mm² geringer sind als beim Trockenschleifen. Die Änderung der Oberflächenrestspannung ist in abgeschrecktem Stahl relativ größer als in abgeschreckten u. getemperten Proben. Ein Anstieg des C-Geh. bewirkt eine Änderung der Oberflächenrestzugspannung. In einem aufgekohlten Stahl stehen die durch Schleifen verursachte Verfärbung u. die Oberflächenrestspannung in Wechselbeziehung zueinander; die Änderung der Restspannung beträgt + 20 bis + 40 kg/mm². W. WESLY. 6490□

Verhalten der verformten Grundmasse von Kupfer, entsprechend der (0 0 1) [1 0 0]-Orientierung. Taichi Kamijo und Kazuma Yamamoto. (Nippon Kinzoku Gakkai-Si [J. Japan Inst. Metals] **25.** 376—80. 1961.) (Jap.; Auszug: Engl.)

Schwarzkupferstreifen, die gewalzt (95% Dickenabnahme) u. bei 120° angelassen worden sind, werden nacheinander entsprechend 10, 20, 30 u. 80% Dickenabnahme gewalzt u. bei 150 oder 450° angelassen. Die (2 0 0)-Polfigur des Gefüges der Proben mit 30% Abnahme, die bei 150° angelassen worden sind, weist (0 0 1)[1 0 0]-Orientierung auf, entsprechend der der verformten Grundmasse, die sich beim Zwischenanlassen u. dem 2. Walzen bildet. Die groben Körner mit willkürlicher Orientierung bilden Kerne u. wachsen in der verformten Grundmasse gemäß der (0 0 1)[1 0 0]-Orientierung. W. WESLY. 6490□

Kerne der kubischen Textur von Kupfer. Taichi Kamijo und Kazuma Yamamoto. (Nippon Kinzoku Gakkai-Si [J. Japan Inst. Metals] **25.** 380—84. 1961.) (Jap.; Auszug: Engl.) — Vgl. C. **1962.** 4321.

Wenn gewalzte (95% Dickenabnahme) u. bei 120° angelassene Schwarzkupferstreifen nacheinander senkrecht zur 1. Walzrichtung gewalzt (bis 30% Dickenabnahme) u. bei 150° angelassen werden, zeigt die (2 0 0)-Polfigur des Anlaßgefüges eine breite (0 0 1)[1 0 0]-Orientierung, die hauptsächlich der Rotation um die [1 0 0]-Achse der 1. Walzrichtung entspricht u. mit der der verformten Grundmasse übereinstimmt, die sich beim Zwischenanlassen u. 2. Walzen gebildet hat. Dieses Verh. stimmt überein mit dem der Anlaßtextur von Cu-Streifen, die 2mal ohne Zwischenanlassen u. Anlassen bei 150° gewalzt worden sind. W. WESLY. 6490□

Über die Rekristallisation von warm bearbeitetem α-Messing-Draht. Kimiko Satô. (Nippon Kinzoku Gakkai-Si [J. Japan Inst. Metals] **25.** 385—89. 1961.) (Jap.; Auszug: Engl.)

Unterss. über die Eigg. von α-Messingdraht, der gedehnt, 0,01 Sek. in W. abgeschreckt u. bei verschiedenen Temp. angelassen worden ist, zeigen: Die Temp. der 1. Rekristallisation (RK) steigt mit der Temp. der Bearbeitung. Bei 840° bearbeitete Proben zeigen keine RK nach dem Anlassen, das der Warmbearbeitung folgt, aber eine Korngrenzenwanderung. Die keine RK nach sich ziehende Bearbeitungs-Temp. fällt mit dem Bearbeitungsgrad. In den bei 840° bearbeiteten Proben verschwinden die Zwillingskristalle, erscheinen aber wieder nach dem der Warmbearbeitung folgenden Anlassen. Warm (bei 840°) bearbeitete Proben neigen mehr zu anomalem Kornwachstum als kalt bearbeitete angelassene Proben. W. WESLY. 6490□

Änderungen der mechanischen Eigenschaften von Molybdän-Wickeldrähten durch Anlassen in einer Wasserstoff-Atmosphäre. Teruhiko Yao und Yonehei Taniguchi. (Nippon Kinzoku Gakkai-Si [J. Japan Inst. Metals] **25.** 369—72. 1961.) (Jap.; Auszug: Engl.)

In Mo-Draht, der auf Torsion beansprucht u. darauf auf 800—1600° in H_2 erwärmt worden ist, hängt die Knickfestigkeit von der Rekristallisation u. der Größe des rekrist. Korns, aber nicht von der Anlaßtemp. u. der Größe der Vorspannung ab. Die Knickfestigkeit von rekrist., in H_2 auf 1200—1400° erhitztem Draht steigt mit der Größe der Vorspannung. W. WESLY. 6490□

Versetzungs-Ätzgrübchen und mechanische Eigenschaften von Molybdändraht. Teruhiko Yao und Yonehei Taniguchi. (Nippon Kinzoku Gakkai-Si [J. Japan Inst. Metals] **25.** 373—75. 1961.) (Jap.; Auszug: Engl.)

Unterss. über die Einw. von Vorspannung, Anlaßtemp. u. Atmosphäre auf die mechan. Eigg. u. Ätzgrübchen auf den (1 1 1)-Flächen von Mo-Draht zeigen, daß die Versetzungsätzgrübchen [mit $K_3Fe(CN)_6$ + NaOH-Lsg.] nach Erwärmen auf 1200° in H_2, nicht aber nach gleicher Erwärmung im Vakuum nachgewiesen werden können. Zwischen dem Auftreten u. Verschwinden der Ätzgrübchen u. der Streckgrenze besteht eine Übereinstimmung. W. WESLY. 6490□

Der Einfluß der Verformungstemperatur auf den aushärtbaren nichtrostenden 304 L-Stahl. Yuzo Hosoi. (Tetsu to Hagane [J. Iron Steel Inst. Japan] **47.** 721—27. Mai 1961.) (Japan.; Auszug: Engl.)

Die Beziehung zwischen der Verformungs-Temp. u. dem aushärtbaren nichtrostenden Stahl *304 L* mit 0,025—0,03 (%) *C*, ca. 11 *Ni*, 18,39—19,78 *Cr*, 0,55—0,70 *Si*, 0,76—0,95 *Mn*, 0,28—0,49 *Mo* wurde untersucht. Hierbei wurden Stahlproben bei Temp. im Bereich von —60° u. 600° gewalzt u. nachfolgend bei Temp. bis 900° geglüht. Der Aushärtungsgrad wurde durch Messung der Veränderung der mechan. Eigg. geschätzt. Die Verss. zeigen, daß die Aushärtung bei 400—500° vor der Rekristallisation auftrat, wenn die Proben bei einer Verformungs-Temp. unter 600° gewalzt u. darauf geglüht waren. Der Aushärtungsgrad nahm mit abnehmenden Verformungs-Temp. zu. Die bei 600° verformten Proben ließen während der Glühung keine Aushärtungserscheinung erkennen. Die Rückgangserscheinung wurde an bei 400° nach einer 38%ig. Verformung bei —60° ausgehärteten Probe beobachtet. Es wird angenommen, daß der Mechanismus der Aushärtung von *304 L* ähnlich dem des α-Messings ist. Subkorngrenzen werden in den ausgehärteten Proben gebildet. Es scheint, daß eine der Aushärtungsursachen in diesem Stahl der Bldg. von Subkorngrenzen zuzuschreiben ist. Durch Messung der magnet. Eigg. der verformten Proben wird geschätzt, daß der Md-Punkt des untersuchten Stahles bei ca. 45° liegt. Im Gefüge der verformten Proben werden viele parallele Bänder in einigen Körnern beobachtet. Diese Bänder nehmen zu, wenn der Verformungsgrad größer wird u. wenn die Verformungs-Temp. abnimmt. Es wird angenommen, daß diese Struktur eine Mischstruktur von Martensit u. Verformungskennzeichen in dem Falle von bei einer Temp. unterhalb von Md verformten Proben ist, während sie ein reines Verformungskennzeichen in bei über Md verformten Proben ist.
H. HOCHSTEIN. 6490□

Einfluß der Anlaßtemperatur auf die Härte und spezifische Arbeit des Zerfalls der Stähle Ch12, Ch12F und Ch12F1. K. F. Starodubow und Ss. N. Poljakow. (Известия Высших Учебных Заведений (Москва), Черная Металлургия [Hochschulnachr. (Moskau), Eisenmetallurgie] **1960.** 115—19. Dnepropetrowsk, Metallurg. Inst.) (Russ.)

Die Abhängigkeit der Härte, der spezif. Schlagarbeit u. der Koerzitivkraft von der Anlaß-Temp. nach Abschreckung wird bei den Stählen *Ch12* [2,1 (%) *C*, 0,19 *Si*, 0,28 *Mn*, 11,62 *Cr*, 0,14 *Ni*, 0,012 *S*, 0,026 *P*], *Ch12F* (1,56 C 0,25 Si, 0,25 Mn, 11,9 Cr, 0,35 V, 0,011 S, 0,025 P) u. *Ch12F1* (1,4 C, 0,20 Si, 0,25 Mn, 11,5 Cr, 0,7—0,8 V, 0,011 S, 0,02 P) untersucht u. dabei festgestellt, daß in *Ch12F* u. *Ch12F1* eine Aushärtung, u. zwar im *Ch12F* bei 375—475 u. in *Ch12F1* bei 500—550°, stattfindet. Bei den Aushärtungs-Temp. nimmt die Koerzitivkraft zu, was auf die Bldg. neuer, mit der Grundmasse kohärenter Carbidphasen hinweist. H. HOCHSTEIN. 6492□

Die Wärmebehandlung, das sogenannte Homogenisieren. Ihr Einfluß auf die Eigenschaften von Leichtmetallen. M. Renourd und J. Navarro. (Rev. Métallurgie **58.** 839—48. 1 farbige Tafel. Okt. 1961. Comp. Gén. du Duralumin et du Cuivre.) (Franz.)

Es wird gezeigt, daß das Homogenisieren von Platten u. Knüppeln aus *Al*-Legg. die Warm- u. Kaltformgebung erleichtert u. die technolog. Eigg. dadurch verbessert, daß es das Korn verfeinert, die Anisotropie des Al herabsetzt u. die Legg. für die anod. Oxydation besser geeignet macht. — 14 Literaturangaben. F. VIER. 6492□

Wärmebehandlung als Vorstufe zur Kaltverformung. W. Breuer. (Rev. Métallurgie **58.** 1087—89. Dez. 1961. Schweinfurt, Fichtel u. Sachs.) (Franz.)

Zur Erzielung eines gleichmäßigen kugeligen Perlits, das günstigste Gefüge mit den besten Kaltverformungs-Eigg., können folgende Wärmebehandlungen vorgenommen werden: 1. längeres Glühen unterhalb des A_1-Punktes; 2. Erhitzen auf eine Temp. oberhalb von A_1 (auch über den A_3-Punkt hinaus) u. langsames Abkühlen auf eine Temp. unterhalb von A_1 ggf. Pendeln um den A_1-Punkt; 3. Erhitzen auf eine Temp. oberhalb des A_3-Punktes mit nachst. Abschrecken auf unterhalb des perlit. Bereiches u. darauf Glühen bei einer Temp. unterhalb des A_1-Punktes. H. HOCHSTEIN. 6492□

Untersuchungen zur günstigsten Wärmebehandlung für die Zerspanung mit niedrigen Schnittgeschwindigkeiten. E. Baumgartl, H. Koch und K. Hammer. (Rev. Métallurgie **58.** 1079—86. Dez. 1961. Karl-Marx-Stadt, Hochschule für Maschinenbau.) (Franz.)

Die Zerspanbarkeit der drei Einsatzstähle *C 15*, *15 Cr 3* u. *20 MoCr 4* sowie eines Vergütungsstahles *C 60* wird nach voraufgegangener unterschiedlicher Wärmebehandlung untersucht. Die beste Oberflächenbeschaffenheit wird dann erreicht, wenn im Gefüge der Ferrit fein u. homogen verteilt ist. Für die Einsatzstähle wird ein Härten u. Anlassen unter Erreichung von Festigkeitswerten von 90—100 kg/mm² empfohlen. Für die Vergütungsstähle ergibt eine normalisierende Glühung eine gute Ferritverteilung. — 19 Literaturangaben. Diskussion. H. HOCHSTEIN. 6492□

Die manuelle Schweißung von Mangan–Molybdän-Kesselstahl 15228. Oldřich Hajzler. (Zváračský 9. 500—04. 1960. Ostrova.) (Slowak.)
M. GEHLEN-KELLER. 6506□

Reinigen durch Abblasen mit Schleifmitteln. David E. Neustadt. (Metal Finishing 58. Nr. 9. 60—62. Sept. 1961. Cleveland, Ohio, Nat. Metal Abrasive Co.) (Engl.) Überblick. F. VIER. 6510□

Verfahren zur Bestimmung des Einebnungsvermögens galvanischer Bäder. Eugenio Bertorelle und Ignazio Renato Bellobono. (Galvanotecnica [Varese] 12. 217—20. Okt. 1961. Rhò [Mailand], Ist. Tecn. Ind. per Chimici.) (Ital.)

Ausgehend vom Stand der Technik bzgl. des Nivelliervermögens (NV) galvan. Bäder berichten Vff. über eine von ihnen entwickelte quant. bzw. nahezu abs. Best. des NV solcher Bäder. Grundlagen, Ausführung u. Auswertung der gefundenen Daten werden näher behandelt. A. SANDER. 6516□

Einige Beobachtungen über die Metallverteilung. Fielding Ogburn und Mary Ann Morris. (Plating 49. 72—75. Jan. 1962. Washington, Nat. Bur. Standards.) (Engl.)

Die Wrkg. der Stromdichte beim elektrolyt. Abscheiden von Metallen auf die Verteilung des Metalls im Nd. wurde untersucht. Danach ist bei sinkender Stromdichte die Metallverteilung beim Abscheiden von Cu aus saurem Elektrolyten u. beim Abscheiden von Ni aus WATTS-Ni-Lsgg. gleichmäßiger. F. VIER. 6516□

Galvanisches Abscheiden von Wolframlegierungen aus dem Pyrophosphatbad: Kobalt–Wolfram. K. I. Vasu und T. L. Rama Char. (Plating 49. 60—68. Jan. 1962. Bangalore, Indien, Indian Inst. of Science.) (Engl.)

Co kann gemeinsam mit W aus dem Pyrophosphatbad elektrolyt. abgeschieden werden. Die Wrkg. der verschiedenen Abscheidungsbedingungen auf die Leg.-Zus., Kathodenausbeute u. das Kathodenpotential wurde untersucht. Die besten Ergebnisse für das Abscheiden von Legg. mit 70—81% Co wurden mit einem Elektrolyten erzielt, der enthielt: 5,9 g/Liter) *Co*, 18,4 *W*, 60,9 *Pyrophosphat*, 11,3 NH_4*-Citrat*, bei einem pH-Wert von 9,1, 40°, einer Kathodenstromdichte von 0,5—6,0 A/dm² u. einer Kathodenausbeute von 41—45%. Unter Änderung der Abscheidungsbedingungen konnten Legg. mit Co von 51—89% abgeschieden werden. Bei hohen Stromdichten war die Zus. des Nd. prakt. konstant. Der Nd. hatte eine feinkörnige Struktur. Röntgen-Unterss. ergaben das Vorliegen der α-Phase mit c.p.h.-Struktur. — 25 Literaturangaben. F. VIER. 6516□

Kupfer–Zink-Diffusion in kupferüberzogenen Zink-Spritzgußteilen. William O. Allread. (Plating 49. 46—49. Jan. 1962. Warren, Mich., General Motors Corp.) (Engl.)

Verss. ergaben, daß bei verhältnismäßig niedrigen Temp. eine beachtliche Diffusion zwischen galvan. aufgebrachten Cu-Überzügen u. den darunter liegenden Zn-Spritzgußteilen auftrat. Die dabei entstehende Zwischenschicht ist brüchig u. fördert das Abplatzen der Plattierschicht. In einer Näherungsgleichung wird die Dicke der Zwischenschicht in Abhängigkeit von Zeit u. Temp. zum Ausdruck gebracht. Die Zwischenschicht wächst sowohl in das Cu als auch in die Zn-Schicht hinein. Dabei ist die Geschw. des Wachstums in die Zn-Schicht doppelt so groß wie die in die Cu-Schicht.
F. VIER. 6522□

Abscheiden verschiedener Platinmetalle aus geschmolzenen Cyanidelektrolyten. R. N. Rhoda. (Plating 49. 69—71. Jan. 1962. Bayonne, N.J., Internat. Nickel Co., Inc.) (Engl.)

Es wird gezeigt, daß es möglich ist, glatte, verhältnismäßig dicke, H-freie Ndd. aus *Pt, Ir* u. *Ru* aus dem geschmolzenen Cyanidbad elektrolyt. abzuscheiden. Bei Kathodenstromdichten zwischen 0,3 u. 5,0 A/dm² konnten befriedigende Überzüge erhalten werden. Die Abscheidungs-Geschw. lag zwischen 100 u. 600 μin./Stunde. F. VIER. 6526□

Oxid- und Cermet-Schutzschichten für Metalloberflächen. Werner Schatt. (Neue Hütte 6. 644—53. Okt. 1961. Magdeburg.) (Dt.)

Krit. Überblick über die Herst.-Verff. für Oxid- u. Cermetschichten, die Eigg. der Überzüge, bes. ihre Haftung u. Wärmeausdehnung, ihre Verformbarkeit, Struktur u. Strukturänderungen, Härte, Porosität, Wärmeschutz-Wrkg. sowie über ihre Anwendung. — 28 Literaturangaben. H. HOCHSTEIN. 6528□

Die Korrosionsgeschwindigkeit von Eisen–Kohlenstoff-Legierungen in Säuren. N. D. Tomaschow und P. W. Strekalow. (Известия Высших Учебных Заведений (Москва), Черная Металлургия [Hochschulnachr. (Moskau), Eisenmetallurgie] 1960. Nr. 11. 143—48. Moskau, Stahl-Inst.) (Russ.)

Untersucht wird der Einfl. des *C*-Geh. auf die Korrosions-Geschw. von C-Stählen in HNO_3, H_2SO_4 u. *HCl* verschiedener Konzentration. Hierbei wird der große Einfl. des C-Geh. auf die Lösungs-Geschw. (LG) von Fe-Legg. in Säuren bestätigt. Es zeigt sich, daß in oxydierenden Säuren eine krit. Grenze des C-Geh. im Stahl besteht, über die hinaus ein Stahl die Neigung zur Verminderung der LG infolge Auftretens von Passivität besitzt. Die LG der Legg. mit verschiedenem C-Geh. wird in Abhängigkeit von der Aktivität der Säure durch nachfolgende Gleichung bestimmt, die für alle untersuchten Säuren gültig ist: $K = k \cdot a_n$. Für HNO_3 ist die Art der Säure kennzeichnend. Konst. $n = 0{,}875$; die Konst. für HCl u. H_2SO_4 sind entsprechend 0,90 bzw. 0,33.

H. HOCHSTEIN. 6538□

Korrosion von Schwarzlaugedampf und Schwarzlauge gegenüber bei Eindampfrohren üblichen verschiedenen Stahlsorten. L. Stockman und A. Tansen. (Svensk Papperstidn. **62.** 907—14. 31/12. 1959.) (Schwed.)

Nichteingedampfte, nichtoxydierte Schwarzlauge (I) greift Stahl in Dampfform stärker an als in fl. Phase. Die Dampfkorrosion geht bei Oxydation zurück. Die mit der Zeit zunächst zunehmende Korrosion nimmt dann ab, weil sich eine FeS-Schutzschicht ausbildet; nach Durchbrechen u. Abblättern dieser Schutzschicht nimmt die Korrosion wieder zu. Die Dampfphasekorrosion ist in Ggw. von O_2 größer. Steigender Na_2S-Geh. der I führt zu einer Zunahme der Korrosion in Dampf- u. Fl.-Phase. Ni-Stahl (5%) wird um ca. 40% weniger angegriffen, bes. auch bei hohen Na_2S-Geh. in der fl. Phase. Gute Resistenz zeigen 18/8- u. 13%ig. Cr-Stahl. Filmbildende Amine wirken der Dampfkorrosion entgegen.

R. K. MÜLLER. 6538□

Die Elektrochemie von Kupfer, Nickel und Chrom in den Elektrolyten des „Corrodkohle"- und des „CASS"-Testes. J. V. Petrocelli, V. Hospadaruk und G. A. DiBari. (Plating **49.** 50—59. Jan. 1962. Bayonne, N.J., International Nickel Co. Inc.) (Engl.)

Das elektrochem. Verh. von elektrolyt. abgeschiedenem Cu, Ni u. Cr wurde in dem NaCl u. $CuCl_2$ enthaltendem Elektrolyten des „CASS"-Kurzkorrosionstestes u. dem NH_4Cl, $FeCl_3$ u. $Cu(NO_3)_2$ enthaltendem Elektrolyten des „*Corrodkote*"-Testes untersucht. Mit Ausnahme des sehr akt. S-haltigen Ni ist die Korrosions-Geschw. der untersuchten Metalle von der Diffusion abhängig, damit äquivalent den gebildeten Metallionen. Da Cu einwertig gelöst wird, ist seine Korrosions-Geschw. ausgedrückt in „mils" pro Zeiteinheit doppelt so groß wie die von Ni. In beiden Medien ist Cr passiv, aber sein Elektrodenpotential u. die kathod. Polarisationskurve ist von seinem Oberflächenzustand abhängig. Im „*Corrodkote*"-Elektrolyten ist Cr edler als Cu u. Ni. — 20 Literaturangaben.

F. VIER. 6540□

Metallgesellschaft Akt.-Ges., Deutschland, **Behandlung von sulfidischen Konzentraten,** z. B. *Pyrit, Zinkblende, Antimonglanz* oder *Pt-Konzentraten,* zwecks Herst. witterungsbeständiger Pellets. Die Konzentrate werden vor der Pelletisierung mit elementarem *S* oder mit S-haltigen Stoffen, z. B. Asche- u./oder Bitumen enthaltendem S gemischt, nach der Pelletisierung getrocknet, auf eine Temp. über dem F. von S erhitzt u. dann abgekühlt. (**F. P. 1 241 966** vom 16/11. 1959, ausg. 30/12. 1960. D.Prior. 23/12. 1958.)

M. NECKERMANN. 6377

Stahlwerke Südwestfalen Akt.-Ges., Deutschland, **Herstellung von hochlegierten Stählen und Legierungen,** die einen niedrigen C-Geh. besitzen u. mindestens ein leicht verschlackbares Leg.-Element, wie *Cr, Mn* oder *V* enthalten. Die Herst. erfolgt zunächst wie üblich durch Schmelzen von arteigenem Schrott bzw. unter Verw. von C-haltigen Leg.-Metallen bei normalen Temp. u. durch ein so weitgehendes Frischen, daß kein Materialverlust entsteht. Die Schmelze wird sodann aus einem oder mehreren Warmhalteöfen in einen Vakuumraum gesaugt, in dem sie durch O_2 bis auf den gewünschten niedrigen C-Geh. gefrischt u. aus dem Vakuumraum abgelassen u. vergossen wird. Das Ewärmen oder Warmhalten der Schmelze im Warmhalteofen kann mittels eines elektr. Lichtbogens erfolgen. (**F. P. 1 238 058** vom 10/10. 1959, ausg. 30/11. 1960. D. Prior. 11/10. 1958.)

W. HAUSWALD. 6381

Sherritt Gordon Mines Ltd. (Erfinder: Frank Arthur Forward und Vladimir Nicholaus Mackiw), **Extraktion von Nichteisenmetallen aus Metalle enthaltenden Erzen.** Man schmilzt das Ausgangserz zu einer Matte u. oxydiert den vorhandenen *S* unter einem O_2-Druck von 0,6—7 at bei 107—154°, so daß die Nicht-Fe-Verbb. in *Sulfate* übergeführt werden. Nach dem Abkühlen vermahlt man die Masse zu einer Teilchengröße von 0,417—0,043 mm u. trägt diese Teilchen in H_2SO_4 ein. Anschließend leitet man unter Druck O_2 bei 90—180° ein u. trennt die in Lsg. gegangenen Sulfate der Nicht-Fe-Metalle, bes. des *Ni* u. *Co,* vom Rückstand. (**Aust. P. 226 769** vom 4/11. 1958, ausg. 3/3. 1960. Can. Prior. 10/12. 1957.)

H. NEBELSIEK. 6381

Freeport Sulphur Co. (Erfinder: Courtney S. Simons, Maurice F. Dufour und Einar T. Carlson), **Gewinnung von Nickel, Kobalt und anderen Nichteisenmetallen aus eisenhaltigen Erzen,** dad. gek., daß man die in W. suspendierten

Erze mit $>15\%$ H_2SO_4 auf $>350^0$F erhitzt, wobei gleichzeitig ein Druck erzeugt wird, der mindestens dem Dampfdruck des Rk.-Gemisches bei der angewandten Temp. entspricht, die Lsg. von den ungelösten Rückständen am Erz u. *Fe* abtrennt u. aus der Lsg., die die Nichteisenmetalle enthält, diese in bekannter Weise, z. B. über die *Sulfide*, abscheidet. (**Aust. P. 229 570** vom 22/4. 1958, ausg. 18/8. 1960. A. Prior. 10/5. 1957.) C. Lüttgen. 6381

United States Steel Corp. (Erfinder: Jagdish Chandra Agarwal), **Reduktion von Eisenoxiden im Fließbett.** Man red. in zwei Stufen, wobei in der 1. Stufe prakt. zu *FeO* u. in der 2. Stufe zu metall. *Fe* red. wird. Der Druckabfall der dem Oxidteilchen entgegenströmenden Red.-Gase wird durch Zuführung von 4—30% aus der 2. Stufe kommendem Gas ausgeglichen. — Verf.-Schema. (**Aust. P. 229 241** vom 29/10. 1958, ausg. 4/8. 1960.) C. Lüttgen. 6391

Gesellschaft für Linde's Eismaschinen Akt.-Ges., Deutschland, **Mangan-Silicium-Bronze** als Baustoff für die Technik der tiefsten Temperaturen. Man verwendet hierfür eine Bronze mit höchstens 96 (%) *Cu*, 1—6 *Si*, 0,5—3,5 *Mn* u. mit einem Geh. an Verunreinigungen von weniger als 3. (**F. P. 1 241 460** vom 21/11. 1959, ausg. 23/12. 1960. D. Prior. 21/11. 1958.) W. Hauswald. 6433

Sierra Metals Corp. (Erfinder: Rudolf Harold Thielemann), **Kobaltlegierung,** bestehend aus 15—30 (%) *Cr*, 5—15 *W*, 0,5—20 *Ta*, 0,1—1,3 *C*, 0,01—0,2 *B*, Rest *Co*. Die Leg. kann durch Gießen verformt werden, ist sehr korrosionsfest u. weist große mechan. Festigkeit bei 800—1200° auf. (**Aust. P. 229 889** vom 9/9. 1958, ausg. 8/9. 1960. A. Prior. 12/9. 1957 u. 28/7. 1958.) C. Lüttgen. 6435

General Electric Co., V.St.A. (Erfinder: Eugene Ludwig Dunn, James Ellis Wilson, Mario Edward Cieslicki und Joseph Burton Moore), **Nickellegierung für hohe thermische Beanspruchung,** besteht aus ca. 0,08 (%) *C*, 4—6 *Fe*, 14—17 *Cr*, 3—4 *Ti*, 0,05—0,10 *B*, 3,5—6 *Al*, 4—7 *Mo*, Rest *Ni*. Außerdem kann noch mehr als 0,1 *Mn* u. mehr als 0,1 *Si* enthalten sein. Durch eine 1std. Erhitzung der Leg. auf 1135—1205° mit nachfolgendem Erkaltenlassen an der Luft kann die Festigkeit erhöht werden. (**F. P. 1 232 253** vom 13/8. 1959, ausg. 6/10. 1960. A. Prior. 13/8. 1958.) W. Hauswald. 6435

American Metal Climax, Inc., V.St.A. (Erfinder: Marion Semchyshen), **Molybdänlegierung** von hoher mechan. Festigkeit bei Temp. von 870° u. mehr besteht aus 0,0—12 (%) *Hf*, 0,01—0,7 *C* u. weniger als 0,005 *O*, Rest *Mo* oder Mo + *W*, wobei der Geh. an Mo mindestens gleich dem von W ist. An *Ti* können 5 u. mehr u. an *Zr* 1 u. mehr enthalten sein. (**F. P. 1 233 810** vom 6/8. 1959, ausg. 12/10. 1960. A. Prior. 10/9. 1958.) W. Hauswald. 6441

Pechiney Comp. de Produits Chimiques et Électrométallurgiques (Erfinder: Ronald Gauguin und Georges Nury), **Elektroabscheidung von Chrom** durch Elektrolyse von Cr-Salz-Lsgg., die wenigstens 60 g/Liter Cr(II) enthalten u. in denen das Verhältnis von SO_4-Ionen : Halogenionen zwischen 0,02 u. 20 liegt. Man verwendet eine Zelle mit einem Diaphragma, hält das pH an der Kathode auf 0,5—2,5 u. die Temp. auf 40—70°, Stromstärke 10—22 A/dm². (**Aust. P. 226 625** vom 21/4. 1958, ausg. 25/2. 1960. F. Prior. 23/4. 1957.) H. Nebelsiek. 6441

Thomas A. Ferraro jun., Hyde Park, Mass., V.St.A., **Herstellung von Titan** durch Red. von $TiCl_4$ mit H_2 bei Temp. über 1000°K, wobei zunächst gasfömiges $TiCl_3$ entsteht, das auf unter 900°K abgekühlt wird. Das fl. $TiCl_3$ wird bei 550—750°K disproportioniert in festes $TiCl_2$ u. gasförmiges $TiCl_4$; das gebildete $TiCl_2$ wird schließlich bei Temp. über 2000°K zersetzt in fl. *Ti* u. gasförmiges $TiCl_3$. (**A. P. 2 874 040** vom 25/8. 1955, ausg. 17/2. 1959.) K. Bayer. 6449

Atomic Energy of Canada Ltd., Ottawa, Ontario, Canada, **Reinigen von neutronenbestrahltem Uran,** dad. gek., daß das bestrahlte Material bei 1130 bis 1300° in inerter Atmosphäre mit einem wasserfreien *Alkali-* oder *Magnesiumchlorid* behandelt wird, um die Masse zu schmelzen u. *Chloride des Pu* u. der Strahlungs-Prodd. zu bilden. Das im wesentlichen von seinen Verunreinigungen befreite U wird von der Salzphase abgetrennt. (**E. P. 808 477** vom 22/10. 1957, ausg. 4/2. 1959. A. Prior. 8/11. 1956.) K. Bayer. 6449

Atomic Energy of Canada Ltd., Ottawa, Ontario, Canada, **Abtrennen des Plutoniums von neutronenbestrahltem Uran.** Dabei wird das U-Material in inerter Atmosphäre mit wasserfreiem UCl_3 bei 1130—1300° erhitzt. Es bilden sich Chloride des Pu u. der Strahlungs-Prodd. U wird als Metall aus der Chloridphase abgetrennt. (**E. P. 808 478** vom 22/10. 1957, ausg. 4/2. 1959. A. Prior. 8/11. 1956.) K. Bayer. 6449

Fansteel Metallurgical Corp., V.St.A. (Erfinder: Arthur Bruno Michael), **Legierungen auf Tantal- und Niob-Basis,** die noch bei hohen Temp. eine hohe Oxydationsbeständigkeit haben u. z.B. für Turbinenschaufeln oder dgl. verwendbar sind. Die Zus. der Leg. ist: 15—75 (%) *Ta*, 17—75 *Nb*, bis 6 *Zr*, bis 32 *W*, bis 10 *Mo*, bis 1,5 *Ti*. (**F. P. 1 232 289** vom 14/8. 1959, ausg. 6/10. 1960. A. Prior. 14/8. 1958 u. 3/7. 1959.) W. HAUSWALD. 6449

Imperial Chemical Industries Ltd., England (Erfinder: Thomas William Farthing und Donald Grainger Lees), **Oxydationsbeständige Nioblegierungen** mit 10,1—98 (%) Nb, Rest, außer den üblichen Verunreinigungen noch *Ni* u. *Cr* im Verhältnis 2:1 bis 6:1 (Ni:Cr). Die Leg. kann bis zu 30 *Ta* enthalten. Die Summe von Nb u. Ta soll jedoch 98 nicht übersteigen. Ggf. können Zusätze von *Th, Ce, La, Zr, Hf* u. *Al* vorhanden sein (Al bis zu 1). (**F. P. 1 234 934** vom 27/8. 1959, ausg. 8/11. 1960. E. Prior. 27/8. 1958.) W. HAUSWALD. 6449

Union Carbide Corp. (Erfinder: Simon Lyon Ruskin), **Herstellung von Legierungen,** dad. gek., daß man das aus Metallen oder Metalloxiden bestehende Ausgangsmaterial vorher mit γ-Strahlen in einer Dosis von 100—400 Millionen r/g bestrahlt. Je nach Dauer u. Stärke der Bestrahlung werden Legg. mit höherem oder niedrigerem F. mit verschiedener Härte u. Löslichkeit erzielt. — Man suspendiert 50 (g) ZrO_2 u. 50 *NiO* in 100 W. u. bestrahlt mit 100 Millionen r/g, worauf man die Oxide auf 150—200° erhitzt. Dabei entsteht die mögliche Verb. Zr_5Ni_3. (**Aust. P. 229 305** vom 6/8. 1958, ausg. 4/8. 1960.) C. LÜTTGEN. 6471

Siemens Planiawerke Akt.-Ges. für Kohlefabrikate, Deutschland (Erfinder: Erich Fitzer), **Gefrittete Körper für die Widerstandserhitzung aus Molybdänsilicid ($MoSi_2$).** Zunächst wird das pulverförmige *Silicid* mit 37% Si verdichtet u. bei 1700° gefrittet. Der Geh. an Si wird dann auf 34,5% durch Einleiten von H_2 gebracht. Der gefrittete Körper wird hierauf in den Teilen, die Temp. von 300—700° ausgesetzt sind, mit Si imprägniert z. B. mit einer Si-Schmelze. (**F. P. 1 184 591** vom 14/6. 1957, ausg. 23/7. 1959. Oe. Prior. 14/6. 1956.) W. HAUSWALD. 6477

Metallic Surfaces Research Laboratories Ltd., England, **Herstellung von Oberflächendiffusionsschichten** durch Behandeln der Gegenstände, z. B. aus *Fe, Stahl, Zr, Ni, Co, Mo, W, Ti, Cu, Nb, Ta, Pt* oder deren Legg. in einer geschlossenen Kammer unter He oder Ar u. Zusätzen von H_2 u./oder N_2 in Ggw. des einzudiffundierenden gepulverten Metalls, z. B. *Cr, Al, Ni, Mn, Co, Cu, Zn, Cd, Nb, Ta, V, Ti, Zr, Be* oder deren Legg. u. *Si* oder *B* u. von 2 flüchtigen Halogeniden, z. B. NH_4-Halogenide, z. B. NH_4Cl u. NH_4F unter Erhitzen auf 800—1200°. (**F. P. 1 221 455** vom 31/3. 1959, ausg. 2/6. 1960. E. Prior. 1/4. 1958.) F. VIER. 6493

Charles Paul Gache, Frankreich, **Einführen eines gasförmigen Flußmittels in das zum Löten oder Schweißen dienende Rohr.** Zwischen den Flaschen für verdichtetes Gas u. dem Acetylenerzeuger u. dem Löt- oder Schweißbrenner wird ein Behälter angeordnet, in dem eine absorbierende, poröse Masse ohne Zwischenraum eingebettet ist. Durch diese mit dem fl. Flußmittel gefüllte Absorptionsmasse tritt das mit Dämpfen zu beladende Gas (C_2H_2) ein. Als Flußmittel dient z. B. *Methylborat*. — Zeichnung. (**F. P. 1 238 385** vom 1/7. 1959, ausg. 30/11. 1960.) W. HAUSWALD. 6505

Grinnell Corp., V.St.A. (Erfinder: Helmut John Thielsch), **Schweißen von C-haltigen Stahlstücken,** bes. von Stahlrohren mit einzusetzenden Stahlringen. — Der einzusetzende Ring soll einen höheren Geh. an Desoxydationsbestandteilen als der übrige Stahl aufweisen u. nicht unter 0,20—0,35% liegen. Bei *Si* als Desoxydationsbestandteil liegt er bis zu 0,95. An Stelle von Si kann *Al, Ti, B, Zr, Cr, V, Mn* oder eine Kombination derselben verwendet werden. Das Schweißen erfolgt ohne Flußmittel in inerter Gasatmosphäre. (**F. P. 1 240 820** vom 6/11. 1959, ausg. 16/12. 1960. A. Prior. 18/5. 1959.) W. HAUSWALD. 6507

Gesellschaft für Linde's Eismaschinen Akt.-Ges., Deutschland, **Erzeugen einer stabilen Erstarrung von geschweißtem Gußeisen,** bes. von Gußeisen mit Kugelgraphit. Beim Schweißprozeß wird in das Schweißbad ein die Erstarrung nach dem stabilen Syst. fördernder Metallzusatz, bes. von $<2\%$ *Al* eingeführt. Durch den Zusatz besitzt die Schweißnaht ein Gefüge, das prakt. mit dem des Gußeisens, aus dem die Werkstücke bestehen, ident. ist u. fast gleichartige Festigkeits-Eigg. aufweist. (**F. P. 1 239 069** vom 23/10. 1959, ausg. 7/12. 1960. D. Prior. 28/10. 1958.) W. HAUSWALD. 6507

Ann Fitz Simons Hull, Rocky River, und Adrian Medert, Cleveland, Ohio, V.St.A., **Glanzzusatz für galvanische, cyanidische Cadmiumbäder** besteht aus *Hydroxyäthylcellulose* oder *Carboxymethylcellulose*. Der Zusatz wird zweckmäßig zusammen mit einem Salz der Fe-Gruppe verwendet. Dieses Metall soll ein Atom-Gew. >58 besitzen. (**E. P. 822 007** vom 27/6. 1955, ausg. 21/10. 1959.) F. MARKHOFF. 6517

Pilkington Brothers Ltd., Liverpool, übert. von: Solomon Elijah Kay und Robert John Ball, St. Helens, England, **Herstellung von kupfernen Schutzüberzügen auf Silberspiegeln.** Auf die zu verkupfernde Oberfläche werden gleichzeitig die wss. Lsg. eines *komplexen Cu-Salzes* (I) u. diejenige einer Mineralsäure in der Weise gesprüht, daß sich die Sprühstrahlen mischen. I wird hergestellt durch Zusatz von Cu-Pulver zu einer wss. ammoniakal. $CuSO_4$-Lsg. oder durch Eintragen einer ammoniakal. Cu_2O-Lsg. in eine wss. $(NH_4)_2SO_4$-Lösung. — Vorr., Abbildung. (**A. P. 2 977 244** vom 30/1. 1959, ausg. 28/3. 1961. E. Prior. 1/2. 1958.) HANS HOFFMANN. 6517

Metallgesellschaft Akt.-Ges. (Erfinder: Werner Rausch und Willi Werner), Frankfurt/M., **Dünne Phosphatüberzüge auf Eisen und Bandstahl** erhält man durch Behandlung mit einer wss. Lsg., die 0,6—8 (g/Liter) P_2O_5 in Form von Alkylipyrophosphat enthält u. die kein bzw. nicht mehr Ortho-P_2O_5 enthält, als einem Verhältnis Pyro- zu Ortho-P_2O_5 = 1, bes. 2,5, entspricht u. die 0,1—1 $NaNO_2$ oder andere Alkalinitrite enthält; pH 2,7—3,7; Behandlungs-Temp. 30°—70°; Behandlungszeit 5—60 Sekunden. Zur pH-Einstellung wird $NaHSO_4$ verwendet. Zusatz säurebeständiger Emulgatoren u. Netzmittel. — Zum Ansatz der Ergänzungs-Lsg. werden Salzgemische verwendet, deren pH-Wert niedriger liegt als der des Bades u. die 30—70 (%) $Na_2H_2P_2O_7$ u. 70—30 $NaHSO_4$ enthalten. — Nachbehandlung des Stahls mit Chromsäure- oder Dichromatlösungen. (**D. P. [DDR] 21 306** Kl. 48d vom 6/12. 1957, ausg 27/5. 1961 [Ausschließungspatent].) O. KAYSER. 6533

Air Reduction Co., Inc., New York, N.Y., übert. von: **Philip M. Hulme**, Morristown, N.J., V.St.A., *Behandlung von Metallschmelzen.* (**Can. P. 551 499** vom 8/11. 1952, ausg. 14/1. 1958. A. Prior. 7/12. 1951. — C. **1956.** 3145 [A. P. 2 692 196].)

Air Reduction Co., Inc., New York, N.Y., übert. von: **Albert Muller**, Plainfield, **Philip M. Hulme**, Morristown, und **Harold R. Fisher**, Metuchen, N.J., V.St.A., *Einführung von Feststoffen in Metallschmelzen.* (**Can. P. 551 500** vom 6/11. 1953, ausg. 14/1. 1958. A. Prior. 9/12. 1952. — C. **1959.** 9044 [F. P. 1 091 102].)

Air Reduction Co., Inc., New York, N.Y., übert. von: **Philip M. Hulme**, Morristown, N.J., V.St.A., *Einführung von Feststoffen in Metallschmelzen.* (**Can. P. 551 501** vom 4/11. 1953, ausg. 14/1. 1958. A. Prior. 9/12. 1952. — C. **1956.** 9572 [F. P. 1 092 688].)

Th. Goldschmidt Akt.-Ges., übert. von: **Walter Bungardt**, Essen, *Herstellung von Kupferlegierungen und Bronze.* (**Can. P. 551 291** vom 24/6. 1955, ausg. 7/1. 1958. D. Prior. 9/7. 1954. — C. **1959.** 17450 [E. P. 783 472].)

Titangesellschaft m. b. H., Leverkusen (Erfinder: **George William Doyle**, Middletown, N.J., V.St.A.), *Herstellung von Zirkonium.* (**D. A. S. 1 111 404** Kl. 40a vom 17/7. 1957, ausg. 20/7. 1961. A. Prior. 19/7. 1956. Zusatz zu D. A. S. 1 054 720; C. 1960. 10750. — C. **1961.** 4156 [F. P. 1 181 435].)

Universal Oil Products Co., V.St.A. (Erfinder: **David Darow Bockman**), *Gewinnung von Platinmetallen aus diese und Tonerde enthaltenden Stoffen.* (**F. P. 1 187 986** vom 15/11. 1957, ausg. 17/9. 1959. A. Prior. 15/11. 1956. — C. **1961.** 18493 [E. P. 829 972].)

General Electric Co., Schenectady, N.Y., V.St.A., *Gesinterter Hartmetallkörper.* (**Oe. P. 214 661** vom 13/5. 1955, ausg. 25/4. 1961. A. Prior. 13/5. 1954. — C. **1959.** 12685 [A. P. 2 731 711].)

Food Machinery & Chemical Corp., San Jose, Calif., V.St.A., *Auflösen von Kupfer.* (**E. P. 867 573** vom 16/10. 1957, ausg. 10/5. 1961. A. Prior. 11/1. 1957. — C. **1961.** 5962 [F. P. 1 186 757].)

Dow Chemical Co., Midland, Mich., V.St.A., *Ätzbad zum Ätzen einer entwickelten Photogravüre.* (**Oe. P. 213 915** vom 30/7. 1957, ausg. 10/3. 1961. A. Prior. 31/7. 1956. — C. **1961.** 4876 [E. P. 808 893].)

Fromson Orban Co., Inc., New York, N.Y., V.St.A., übert. von: **Karl Guggenberger**, Nürnberg, *Anodisches Polieren von Aluminium oder Aluminiumlegierungen.* (**Can. P. 551 954** vom 23/12. 1953, ausg. 21/1. 1958. D. Prior. 12/5. 1953. — C. **1957.** 9509 [A. P. 2 751 342].)

British Dielectric Research Ltd., übert. von: **Tzu En Shen** und **John P. Huggett**, London, England, *Niederschlagen von Metallschichten auf nichtmetallischen Trägern.* (**Can. P. 552 218** vom 1/6. 1953, ausg. 28/1. 1958. E. Prior. 27/6. 1952. — C. **1961.** 17380 [D. A. S. 1 026 081].)

Vandervell Products Ltd., London (Erfinder: **William John Waterman**, Cookham/Berkshire, und **Vincent Ernest Gripp**, Stoke Poges/Buckshire), England, *Galvanisches Abscheiden von Blei-Indium-Legierungen.* (**Schwz. P. 354 644** vom 30/11. 1956, ausg. 15/7. 1961. E. Prior. 2/12. 1955. — C. **1960.** 6993 [A. P. 2 831 803].)

DEHYDAG Deutsche Hydrierwerke G. m. b. H., Düsseldorf (Erfinder: **Alfred Kirstahler**, Düsseldorf, und **Wennemar Strauss**, Düsseldorf-Holthausen), *Galvanisches Abscheiden festhaftender und glänzender Metallüberzüge.* (**Schwz. P. 353 958** vom 28/8. 1956, ausg. 15/6. 1961. D. Prior. 7/10. 1955. — C. **1958.** 4320 [D. A. S. 1 004 010].)

E. I. du Pont de Nemours & Co., V.St.A. (Erfinder: **Donnan Martin** und **Arthur Henry Parker**), *Galvanisches Kupferbad.* (**F. P. 73 696** vom 6/6. 1958, ausg. 13/1. 1961. A. Prior. 20/6. 1957. Zusatz zu F. P. 1 172 733; C. 1960. 15214. — C. **1960.** 6656 [A. P. 2 861 929].)

Harshaw Chemical Co., Cleveland, übert. von: **Thomas Blaine**, Parma Heights, Ohio, V.St.A., *Verchromung.* (**Can. P. 551 302** vom 25/4. 1955, ausg. 7/1. 1958. A. Prior. 11/6. 1954 u. 14/3. 1955. — C. **1958.** 260 [D. A. S. 1 007 141].)

General Motors Corp., Detroit, übert. von: **Clarence F. Smart**, Birmingham, Mich., V.St.A., *Herstellung von Chromüberzügen auf Antimon.* (**Can. P. 551 281** vom 11/5. 1953, ausg. 7/1. 1958. A. Prior. 22/9. 1952. — C. **1956.** 5961 [F. P. 1 083 800].)

Wilmot-Breeden Ltd. (Erfinder: **Ulrich Francis Marx**), *Nickelbad zur Erzeugung glänzender Überzüge.* (**Aust. P. 229 286** vom 13/2. 1958, ausg. 4/8. 1960. E. Prior. 21/2. 1957. — C. **1961.** 2088 [F. P. 1 191 816].)

Norton Co., Worcester, Mass., V.St.A., *Feuerfeste Überzüge.* (**Holl. P. 98 237** vom 8/3. 1957, ausg. 15/6. 1961. A. Prior. 9/3. 1956. — C. **1961.** 1363 [F. P. 1 172 867].)

Soc. d'Électro-Chimie, d'Électro-Métallurgie et des Aciéres Électriques d'Ugine, Paris, Frankreich, *Schützen von Ferrometallen gegen den Angriff durch geschmolzenes Aluminium.* (Holl. P. 98 244 vom 8/4. 1957, ausg. 15/6. 1961. A. Prior. 19/4. 1956. — C. 1961. 654 [F. P. 1 174 241].)

National Aluminate Corp., übert. von: **Jerome Green**, Chicago, Ill., V.St.A., *Schutz gegen Korrosion.* (Can. P. 552 035 vom 3/12. 1954, ausg. 21/1. 1958. A. Prior. 20/4. 1954. — C. 1962. 5467 [A. P. 2 888 400].)

IX. Organische Industrie

Schwefeltetrafluorid, ein neues selektives Fluorierungsmittel. Antoni Z. Zieliński. (Przemysł chem. **39**. 747—49. Dez. 1960. Szczecin, Politechn., Kat. Technol. Chem. organ.) (Pol).

Übersicht über Eigg., Reaktivität u. Darst. von SF_4 u. seine Verw., bes. in der organ. Chemie.) F. URBAN. 6564 □

Hydratation und Hydrolyse. David W. McDonald und William F. Hamner. (Ind. Engng. Chem., int. Edit. **52**. 962—66. Nov. 1960. Texas City, Tex., Monsanto Chemical Co.) (Engl.) — Vgl. C. **1960**. **9378**. **10183**.

Fortschrittsbericht. — 83 Literaturhinweise. GERHARD GÜNTHER. 6574 □

Alkylierung. Lyle F. Albright und R. Norris Shreve. (Ind. Engng. Chem., int. Edit. **52**. 533—42. Juni 1960. Lafayette, Ind.; Purdue Univ.) (Engl.) — Vgl. C. **1960**. 10056.

Fortschrittsbericht. — 310 Literaturhinweise. G. REISNER. 6578 □

Die Reinigung von Olefinen durch katalytische Hydrierung. Holger C. Andersen, Alfred J. Haley und Walter Egbert. (Ind. Engng. Chem. **52**. 901—04. Nov. 1960. Newark, N.J., Engelhard Ind., Inc., Res. and Developm. Div.) (Engl.)

Beschreibung von Verff. zur Entfernung von *Acetylen* aus *Äthylen* bzw. von *Methylacetylen* u. *Propadien* aus *Propylen* durch Hydrierung an Pd/Al_2O_3-Katalysatoren in Abwesenheit oder Ggw. weiterer Promotoren. Über den Einfl. der Verf.-Variablen, Druck, Temp., Durchsatz u. Gas-Zus. auf den Ablauf der gewünschten Rkk. u. der unerwünschten Hydrierung der Monoolefine werden Ergebnisse mitgeteilt.

GERHARD GÜNTHER. H 520 □

Blausäure, ihre Synthese aus den Elementen und aus Ammoniak und Kohle. T. K. Sherwood, E. R. Gilliland und S. W. Ing jun. (Ind. Engng. Chem., int. Edit. **52**. 601—04. Juli 1960. Cambridge, Mass., Massachusetts Inst. of Technol., Dep. of Chem. Engng.) (Engl.)

Verss. zur Klärung der Diskrepanzen, die über die freie Bldg.-Energie von HCN bestehen, werden durchgeführt. In einer geeigneten App. wird bei 1800° beim Überleiten eines H_2/N_2-Gemisches (50:50) über glühende Kohle ein Rk.-Prod. mit 2,18% HCN erhalten. Bei der Einw. eines Gasgemisches mit 50% NH_3 u. 50% N_2 auf glühende Kohle werden bei 1300° 9—10% HCN im Rk.-Prod. gefunden. Kinet. Betrachtungen u. Berechnungen werden angestellt. F. ROSENDAHL. H 890 □

Neuere Fortschritte bei der industriellen Synthese von Terephthalsäure. Peter W. Sherwood. (Ind. chimique **47**. 267—68. Sept. 1960.) (Franz.)

Die großtechn. Synth. von *Terephthalsäure* durch Oxydation von *p-Xylol* wird beschrieben. M. WINIKER. H 1220 □

Union Carbide Corp., New York, N.Y. (Erfinder: Howard Russell Guest, Charleston, Ben Wilton Kiff, Ona, und Calvert Bernard Halstead, St. Albans, W.Va.), V.St.A., **Entfernen von Wasser aus flüssigen Vorkondensaten aus Pentaerythrit und einem α,β-ungesättigten Aldehyd (I)**, die in Ggw. eines sauren Katalysators (**II**) erhalten wurden u. eine ungesätt. Spirobi-(m-dioxan)-Verb. enthalten, durch Vakuum-Dest. u. erhöhte Temp., dad. gek., daß das Vorkondensat (**III**) durch Erhitzen bei 3—50 Torr auf 124—210° unter Rückfluß der Spirobi-Verb. bis auf $<$0,05 Gew.-% W. entwässert wird, wobei **II** vor dem Erhitzen entfernt oder neutralisiert wird. **I** soll 3—6 C-Atome enthalten; genannt sind: Acrolein, α-Chlor-, Methacrolein, Crotonaldehyd, sein α-Chlor- u. α-Methylderivat. In den Beispielen wird HCl als **II** verwendet u. **III** 1—4 Std. lang auf 150—200° erhitzt. Durch die Behandlung von **III** wird die Menge u. Wrkg. von entwickeltem schädlichem u. zu Tränen reizendem **I** auf ein Minimum vermindert. (**D. A. S. 1 095 518** Kl. 39c vom 6/9. 1958, ausg. 22/12. 1960. **E. P. 867 442** vom 12/9. 1958, ausg. 10/5. 1961. Beide A. Prior. 16/9. 1957.) H. SCHINDLER. H 460

Ethyl Corp., New York, N.Y., übert. von: Frank C. Holmes, Baton Rouge, La., V.St.A., **Herstellung von Äthylchlorid** (**I**) aus C_2H_4 u. mit $AlCl_3$ (**II**)-Dämpfen beladenem HCl in Ggw. von **I**, in dem 0,2—0,3 Gew.-% **II** suspendiert sind, bei 40—70°

u. 100—150 lbs./sq.inch. (**Can. P. 553 002** vom 25/9. 1953, ausg. 11/2. 1958. A. Prior. 4/11. 1952.) L. GROSSNER. H 510

Badische Anilin- & Soda-Fabrik Akt.-Ges., Ludwigshafen/Rh. (Erfinder: Kurt Eder, Ursenbach, Helmut Nonnenmacher und Paul Schmulder, Ludwigshafen/Rh.), **Herstellung von olefinreichem Spaltgas durch flammenlose Verbrennung von gasförmigen und/oder verdampfbaren KW-Stoffen** an fest angeordneten Körpern aus inerten, nicht porösen, feuerfesten, bes. keram. Stoffen in 2 Stufen, wobei in der 1. Stufe ein Teil der vorgewärmten KW-Stoffe mit einer zu deren vollständigen Verbrennung unzureichenden Menge O_2, ggf. unter Zusatz von Wasserdampf bis zum vollständigen Verbrauch von O_2 umgesetzt wird u. in der 2. Stufe die restlichen KW-Stoffe zu Olefinen gespalten werden, dad gek., daß in der 1. Stufe inerte, nicht poröse Körper verwendet werden, die mit kleinen Mengen Cu u./oder Co oder deren Verbb. überzogen sind u. denen als Aktivierungsmittel 0,5—5%, bezogen auf Cu, zugesetzt werden kann. Die Vorwärm-Temp. der KW-Stoffe beträgt 550—600° u. die Spalt-Temp. 800—900°. — Cu-Bronze oder CuO-Pulver wird in W. in Ggw. von wasserlösl. Leimpaste homogenisiert u. die Dispersion mit Hilfe einer Farbspritzpistole auf 100° vorgewärmte Porzellankugeln, Ø 30 mm, aufgespritzt. Über diesen Katalysator wird ein Gemisch aus C_2H_6, Propan u. Wasserdampf geleitet. — Diagramme, Vorr., Zeichnung. (**D. A. S. 1 111 168** Kl. 12o vom 6/9. 1958, ausg. 20/7. 1961.) G. KRAUSS. H 520

National Distillers & Chemical Corp., New York, N.Y., übert. von: Robert E. Robinson und John F. Nobis, Cincinnati, Ohio, V.St.A., **Dialkoxyalkylderivate von dimeren konjugierten Olefinen** werden bei der Rk. von isomeren Alkali-Verbb. konjugierter Diolefine mit halogenierten aliphat. Äthern in äquimol. Mengen, unterhalb der Zers.-Temp. der Metall-Verb. erhalten. Anschließend können die ungesätt. Alkoxy-Verbb. katalyt. hydriert werden. Die hydrierten Äther können mit starken Oxydationsmitteln, wie HNO_3, in Ggw. von anorgan. Katalysatoren, wie Vanadaten, Arsenaten, zu den entsprechenden Carbonsäuren oxydiert werden. — In ein mit Flintkügelchen gefülltes Gefäß wird trockenes NaCl eingebracht, das Gefäß auf —50° abgekühlt, die Luft durch N_2 verdrängt u. mit Dimethyläther aufgefüllt. Dann werden 88,3 g einer Na-Dispersion in Isooctan, enthaltend 0,5% dimerisierte Linolsäure, u. 3 g p-Terphenyl eingeführt. 104 g techn. Butadien-(1.3) mit einer Temp. von —25° wird zugesetzt, der Autoklav 15 Min. lang geschüttelt, 201 g Chlormethyläther zugesetzt u. die Temp. auf —40° gehalten. Nach beendeter Rk. wird CH_3OH zugesetzt u. über Nacht stehengelassen, filtriert, mit Hexan extrahiert, anschließend mit 5% Pd/Kohle bei normaler Temp. u. 50 lbs./sq.in. hydriert. Es wird ein Gemisch von *Dimethoxydecanen*, $Kp._{0,3}$ 65—110°, erhalten, durch Fraktionieren wird daraus erhalten: *1.10-Dimethoxydecan*, $Kp._{50}$ 165°, n_D^{25} 1,4267; *2-Äthyl-1.8-dimethoxyoctan*, $Kp._{50}$154°, n_D^{25} 1,4280, u. *2.5-Diäthyl-1.6-dimethoxyhexan*, $Kp._{50}$ 141—145°, n_D^{25} 1,4277. Wird 1.10-Dimethoxydecan mit einer Suspension von Ammoniumvanadat in konz. HNO_3 bei 40—45° behandelt, wird *Sebacinsäure*, F. 129—133°, erhalten. Die ungesätt. Alkoxy-Verbb. sind Zwischenprodd., bes. zur Herst. von Weichmachern, Dicarbonsäuren u. Glykolen. (**A. P. 2 867 656** vom 27/3. 1956, ausg. 6/1. 1959.) G. KÖNIG. H 520

E. I. du Pont de Nemours & Co. (Erfinder: John Jay Drysdale), Wilmington, Del., V.St.A., **Herstellung von 4.4-Difluorbuten-(3)-in-(1) oder dessen Metallverbindungen** der allg. Formel $(F_2C{=}CH{-}C{\equiv}C)_nX$, in der X für H oder ein Metall der Gruppen I u. II des Period. Syst. steht u. n der Wertigkeit von X entspricht, dad. gek., daß 1-Äthinyl-2.2.3.3-tetrafluorcyclobutan pyrolysiert u. das dabei gebildete u. durch fraktionierte Dest. von Nebenprodd. ($F_2C{=}CF_2$, $CH_2{=}CF_2$, Monovinylacetylen) getrennte 4.4-Difluorbuten-(3) in -(1) mit einem Metallsalz (Chlorid oder Nitrat von Ag, Na, K, Li, Ca, Ba), bes. mit $HgCl_2$, umgesetzt wird. Das erhaltene Hg-Salz ist als *Antiklopfmittel* u. als *Baktericid* geeignet. (**D. A. S. 1 116 649** Kl. 12o vom 8/10. 1957, ausg. 9/11. 1961. A. Prior. 12/10. 1956.) W. GRÄGER. H 530

General Aniline & Film Corp., New York, N.Y., V.St.A., und Harold George Cruikshank Fairweather, London, England, **Herstellung von Alkinolen und Alkindiolen** durch Rk. von Carbonyl-Verbb. (Aldehyden oder Ketonen) mit Acetylen-KW-Stoffen der Formel $R{-}C{\equiv}CH$ (R = H oder KW-Stoffrest). Hierfür eignet sich ein Katalysator, der wie folgt hergestellt wird: Ein Silicat (Kaolin) wird mit einer wss., mit HNO_3 angesäuerten Lsg. von $Cu(NO_3)_2$ u. $Bi(NO_3)_3$ getränkt u. zu kleinen Stücken (Kugeln oder zylindr. Stangen) verformt oder erst mit einem organ. Klebstoff (Polyvinylmethyläther in Bzl.-Lsg.) verformt u. auf $>1000°$ erhitzt, worauf das so erhaltene poröse keram. Material mit der Metallsalz-Lsg. getränkt wird. Die Silicatträger werden darauf so lange auf 400—800° u. ggf. auf $>1000°$ unter Bldg. von

CuO u. Cu-Silicat bzw. Bi_2O_3 u. Bi-Silicat erhitzt, bis eine Probe des Katalysators bei Behandlung mit C_2H_2 bei Raum-Temp. kein rotes Cu-Acetylid mehr bildet. Vgl. auch F. P. 1 144 265; C. **1959.** 3295. (**E. P. 807 581** vom 23/11. 1955, ausg. 21/1. 1959.)
W. GRÄGER. H 550

Esso Research and Engineering Co., Elizabeth, N.J. (Erfinder: Joseph K. Mertzweiller, Baton Rouge, und Rhea N. Watts, St. Francisville, La.), V.St.A., **Herstellung von primären Alkoholen** mit 2_{n+2} C-Atomen aus Olefinen mit n-C-Atomen mittels Oxo- u. Aldox-Verf., bei dem das Olefin mit H_2 u. CO zusammen mit einem Co-Carbonylierungskatalysator u. einem modifizierten Aldoxkatalysator (I) zu einem dimeren Aldehydgemisch umgesetzt u. der Aldehyd zu den entsprechenden Alkoholen hydriert wird, dad. gek., daß die den dimeren Aldehyd enthaltende Fraktion abgetrennt wird u. der dimere Aldehyd, der im wesentlichen frei von monomerem Aldehyd ist, allein hydriert wird. Als I eignet sich bes. ein Zn-haltiger Katalysator u. als Hydrierunskatalysator Molybdänsulfid. — C_7-Olefin wird in Ggw. von Co u. Zn-Oleat im Verhältnis 2:1 bei 177° u. 210 atü mit CO u. H_2 umgesetzt. Nach Hydrierung wird 25 Vol.-% dimerer (C_{16})-Alkohol u. 35 Vol.-% monomerer (C_8)-Alkohol erhalten. Vor der Hydrierung kann der monomere Aldehyd abgetrennt u. nur der dimere Aldehyd hydriert werden. Die Ausbeute an dimeren Alkoholen ist dann höher. (**D. A. S. 1 114 469** Kl. 12o vom 24/3. 1960, ausg. 5/10. 1961. A. Prior. 16/4. 1959.) G. KÖNIG. H 560

Rohm & Haas Co., übert. von: Warren H. Watanabe, Philadelphia, Jesse C. H. Hwa, Levittown, Pa., und Lawrence E. Conlon, Esmond, R.I., V.St.A., **Allyläther.** Allylalkohol wird mit einem nichttert. Alkohol (außer Alkenolen mit < 4 C-Atomen u. Alkinolen), Cycloalkanol, Alkylcycloalkanol, Dicycloalkanol, Terpenol, Aryl-, Alkylaryl-, Alkoxy-, Aryloxy-, Alkylaryloxy- oder Alkylarylpolyäthoxyalkanol bei 25—150°, bes. bei 75—125° bzw. 85—100°, in Ggw. eines Katalysators, bes. Hg-Salz (Hg-Acetat) u. eines stark sauer wirkenden Mittels (H_2SO_4, H_2F_2, BF_3 oder BF_3-Komplex-Verbb., wie $BF_3\cdot(C_2H_5)_2O$, $BF_3\cdot(C_4H_9)_2O$, $BF_3\cdot 2\,CH_3COOH$, $BF_3\cdot 2\,C_2H_5\cdot COOH$, $BF_3\cdot C_2H_5OH$, $BF_3\cdot C_4H_9OH$, $BF_3\cdot CH_3COCH_3$ oder $BF_3\cdot CH_3COC_2H_5$) reagieren gelassen u. dabei erhalten: Allylmethyläther, Kp. 42°, n_D^{25} 1,3764; Allylbutyläther, $Kp._{150}$ 64—65°, $D._D^{25}$ 0,7794; n_D^{25} 1,4029; Allyloctadecyläther, F. 26—27°, $Kp._{0,15-0,20}$ 146 bis 153°; Allyloctadecenyläther, $Kp._{15}$ 205—215°; Allylpenten-(5)-yläther, Kp. 135 bis 140°; Allyloctyläther, $Kp._{15}$ 90—93°; Allylcetyläther, F. 25°, $Kp._7$ 105—176°; Allyl-3-methylhexyläther, $Kp._{18}$ 70°; Allyl-3.5.5-trimethylhexyläther, $Kp._8$ 66°; Allyldodecyläther, $Kp._1$ 100°; Allyl-3-methyl-3-butenyläther, Kp. 132—136°; Allylisododecenyläther, $Kp._5$ 118—122°; Allylcyclohexyläther, $Kp.^{38}$ 79—84°, $Kp._{38-39}$ 81—83,5°, $D._4^{25}$ 0,8830, n_D^{25} 1,4483; Allylbenzyläther, $Kp._5$ 71—71,5°, $D._4^{25}$ 0,9548, n_D^{25} 1,5052; Diallyläther, Kp. 94—94,8°, $D._4^{25}$ 0,8027, n_D^{25} 1,4134. Geeignet als Lsgm., Weichmacher u. zur Herst. von Polymerisaten u. Mischpolymerisaten (**A. PP. 2 847 477** u. **2 847 478** vom 13/8. 1956, ausg. 12/8. 1958.) W. GRÄGER. H 560

National Distillers & Chemical Corp., New York, N.Y., übert. von: Irving L. Mador und Robert E. Robinson, Cincinnati, Ohio, V.St.A., **Dialkalisalze von Glykolen** werden bei der Rk. eines Epoxids mit Alkalimetallen in Mengen zwischen ½ u. <2 (Mol) auf 1 des Epoxids in Ggw. einer inerten Fl., wie Äther (Dioxan, 1.2-Diäthoxyäthan) oder tert. Amine (N-Methylmorpholin) bei Temp. <0° erhalten. Die Hydrolyse der Alkalisalze gibt die entsprechenden *Glykole.* — 0,41 Propylenoxid in 100 ml Tetrahydrofuran werden 0,48 g Na bei —70 bis —75° allmählich unter Rühren zugesetzt u. dann auf —15° erwärmt. Die einsetzende exotherm. Rk. erwärmt das Rk.-Gemisch auf 45°, auf 15° wird abgekühlt u. vorsichtig 200 ml W. zugegeben. Flüchtige organ. Stoffe werden abdest., die wss. Lsg. mit K_2CO_3 gesätt. u. mit Ae. extrahiert. Bei der Dest. der äther. Lsg. im Vakuum wird ein Gemisch von *2.3-Dimethylbutandiol-(1.4)* u. *Hexandiol-(2.5)*, $Kp._{35}$ 115—130°, n_D^{25} 1,4552 erhalten. — Styroloxid → *dl-2.3-Diphenylbutandiol-(1.4)*, $Kp._2$ 180—200°, *meso-2.3-Diphenylbutandiol-(1.4)* u. als Nebenprod. 2-Phenyläthanol. — Butadienmonoxid gibt ein Gemisch von *Dihydroxyoctadienen*, $Kp._1$ 100—114°, das mit ADAMS-Katalysator hydriert wird, zu *Octandiol-(3.6)* u. *-(1.8)*, $Kp._{35}$ 165—169°, n_D^{25} 1,4384. Als Nebenprod. fällt p-Terphenyl, F. 212—215°, an. — Äthylenoxid → *Butandiol-(1.4)*. (**A. P. 2 915 562** vom 16/9. 1958, ausg. 1/12. 1959.)
G. KÖNIG. H 570

Honorary Advisory Council for Scientific & Industrial Research, Ottawa, übert. von: Thomas J. Hardwick, Deep River, Ontario, Canada, **Abtrennung von Triglykoldichlorid** aus wss. Lsgg. durch Extraktion mit einem mit W. nicht mischbaren KW-Stoff. (**Can. P. 552 705** vom 8/12. 1947, ausg. 4/2. 1958.)
EBERHARD RIEDEL. H 570

Atlas Powder Co., Wilmington, Del. (Erfinder: Leo Kasehagen, West Chester, Pa.), V.St.A., **Isomerisierung von offenkettigen, aliphatischen mehrwertigen Alkoholen** mit 4—6 C-Atomen, die an jedem C-Atom eine Hydroxylgruppe enthalten, dad. gek., daß eine Lsg. des mehrwertigen Alkohols in Ggw. eines Hydrierungskatalysators bei 160—200° u. einem H_2-Druck von 35—210 at bei einem pH der Lsg. von 7—11 mindestens ½ Std. lang erhitzt wird. — Eine 70%ig. wss. Lsg. von Sorbit wird mit auf Kieselgur aufgebrachtem Ni-Katalysator aufgeschlämmt, wobei 2% Ni, bezogen auf die Polyolfeststoffe, vorhanden sind. Die Aufschlämmung (mit pH 8,8) wird unter N_2 auf einen H_2-Druck von 91 at gebracht, auf 170° erhitzt u. 2 Std. lang auf dieser Temp. gehalten. Der Druck stieg auf 140 at. Es wird je 100 (Teile) Feststoffe erhalten: 55 *Sorbit*, 23 *Mannit* u. 22 *Idit*. Mannit wird auskristallisiert. Das nicht kristallisierende Sorbit–Idit-Gemisch wird in den Isomerisierungsreaktor zurückgebracht. (**D. A. S. 1 114 470** Kl. 12o vom 12/5. 1960, ausg. 5/10. 1961. A. Prior. 13/5. 1959.) G. KÖNIG. H 580

Berkeley Chemical Corp., übert. von: Sidney Beinfest und Philip Adams, Berkeley Heights, und Howard Milius, Cranford, N.J., V.St.A., **Aminoalkylsilicate** der allg. Formel $(R'O)_xSi[O(R'')N(R''')_2]_y$ werden durch Rk. nach $XR'OH + YR_2'''NR''OH + (C_2H_5O)_4Si = (R'O)_xSi(OR''NR_2''')_y + 4\,C_2H_5OH$ erhalten. Hierbei ist R' ein Alkyl-, Aryl- oder alicycl. Rest, R'' eine Alkylengruppe, R''' ein H-Atom oder ein R'-Rest, R''' kann auch zusammen mit R' einen heterocycl. Rest bilden, $x = 0-3$, $y = 1-4$; wenn $y = 4$ ist, dann darf mindestens ein R''' kein H-Atom sein. Die Rk. wird durch Erhitzen der Komponenten auf 110° durchgeführt, wobei diese so auszuwählen sind, daß der Kp. des verwendeten Alkanolamins höher liegt als der des dem Alkylsilicat entsprechenden Alkohols. — Beispiele: *Tetradiäthylaminoäthylsilicat*, $Kp._5$ 225—230°, $D._{25}$ $<0{,}922$; *Tetradimethylaminoäthylsilicat*, $Kp._6$ 168 bis 173°; *Bis-[β-diäthylaminoäthyl]-dicetylsilicat*, *Dicetyl-bis-[2-aminoäthyl]-silicat*, *Monocetyl-tris-[β-diäthylaminoäthyl)-silicat*, *Bis-[β-aminoäthyl]-ditridecylsilicat*, $D._{25}$ 0,912.— Verw. zum *Wetter-* u. *Wasserfestmachen* von Baustoffen u. als *Zwischenprodukte*. (**A. P. 2 885 419** vom 25/9. 1956, ausg. 5/5. 1959.) A. KALIX. H 590

Union Carbide Corp. (Erfinder: Michael John O'Connor und William Kenneth Detweiler), New York, N.Y., V.St.A., **Organische Phosphorsäureester** der Formel $(RO)_3PO$ (I) werden beim Erhitzen eines Gemisches von $POCl_3$ u. einer organ. Hydroxyl-Verb. der Formel ROH, wobei RO eine Phenoxygruppe mit 0—3 Alkyl- oder Alkoxygruppen von 4—13 C-Atomen darstellt, in Ggw. von $TiCl_4$ in Mengen von 0,01—5 (Gew.-Teilen) auf 100 des Gemisches erhalten. Vorteilhaft wird bei Rückfluß-Temp. u. unterhalb des normales Druckes gearbeitet. — 8 (Mol) 2-Äthylhexanol u. 4 $POCl_3$ werden bei 20° u. 400 Torr gemischt, anschließend der Druck auf 30 Torr red. u. die Temp. auf 35° erhöht. Weitere 10,8 2-Äthylhexanol werden zugesetzt u. auf 105° erwärmt. Es wird *Bis-[2-äthylhexyl]-chlorphosphat*, *Bis-[2-äthylhexyl]-phosphat*, *Tetrakis-[2-äthylhexyl]-pyrophosphat*, *2-Äthylhexylchlorid* u. *Tris-[2-äthylhexyl]-phosphat* erhalten. (**E.P. 818 048** vom 5/9. 1957, ausg. 12/8. 1959. A. Prior. 6/9. 1956.) G. KÖNIG. H 590

Dow Chemical Co., Midland, Mich., übert. von: Merrit W. Martin, Arcadia, Guy H. Harris und Kenneth R. Oliver jun., Concord, Calif., V.St.A., **Herstellung von Methylmercaptan und Dimethylsulfid** nebeneinander durch gleichzeitiges Überleiten von H_2S u. CH_3OH-Dampf über einen Oxidkatalysator, bes. aktivierte Tonerde, Th-, Zr-, U-, Cr-Oxid oder die blauen Mo- oder W-Oxide, bei 400—450° u. fraktionierte Dest. des Rk.-Produktes. (**Can. P. 552 641** vom 15/2. 1957, ausg. 4/2. 1958.) EBERHARD RIEDEL. H 600

Farbwerke Hoechst Akt.-Ges., vormals Meister Lucius & Brüning, Frankfurt/M. (Erfinder: Robert Kerber, Ludwigshafen/Rh.), **Organische Verbindungen mit einer Sulfongruppe** werden durch Anlagerung von Verbb., die freie Sulfoxylsäure oder $(HSO_2)^-$ liefern (außer Formaldehydsulfoxylat), an Verbb. der allg. Formel $CH_2{=}CHX$ (X = freie oder veresterte Carboxyl-, Carboxamid- oder Nitrilgruppe) hergestellt. — Zu 14 g Acrylamid in 50 ml W. werden bei 80—90° 21 g $Na_2S_2O_4$ u. 20 ml konz. HCl in kleinen Teilen, nach weiteren 45 Min. bei 80—90° gegeben → 11,5 g Bis-[β-aminocarbonyläthyl]-sulfon (I), F. 224—228° (teilweise Zers.). — I kann auch aus Formamidinsulfinsäure u. Acrylamid mit NH_3, sowie aus Acrylsäure u. Diaminomethandisulfin-saurem K erhalten werden. (**D. A. S. 1 122 941** Kl. 12o vom 23/6. 1960, ausg. 1/2. 1962. **Zusatz zu D. A. S. 1 097 434; C. 1961. 13715.**) A. DEBO. H 600

Union Carbide Corp., New York, N.Y., V.St.A. (Erfinder: Helmut William Schulz, Norman Russel Cox und Philip Colony Johnson), **Reinigen eines Gemisches aus Aldehyden und Alkoholen**, die durch Rk. von Olefinen mit 5—15 C-Atomen mit CO u. H_2 in Ggw. eines Co-Katalysators bei 100—250° u. 135 bis

680 at erhalten wurden. Das Gemisch wird mit einer solchen Menge W., die wenigstens der der hydrolysierbaren Bestandteile äquivalent ist, auf 150—300, bes. 200—300°, u. 17—100 at erhitzt. Die organ. Schicht wird abgetrennt u. destilliert. Co wird vorher aus dem Gemisch durch Behandeln mit wss. H_2SO_4 entfernt. Das durch Oxo-Rk. von Nonenen erhaltene Gemisch wird zuerst mit 5% ig., wss. H_2SO_4 behandelt, die organ. Schicht mit W. gewaschen, dann im Verhältnis 5:1 mit W. gemischt, auf 250° u. 800 lbs./sq.in. erhitzt u. die organ. Schicht dest., wodurch ein Gemisch aus *C_{10}-Aldehyden* u. *-Alkoholen* mit Kp.$_{10}$ 45—115° in 95% ig. Reinheit u. 66,6% ig. Ausbeute erhalten wird. — Tetrapropylen → *C_{13}-Aldehyd-* u. *Alkoholmischung*, Kp.$_{10}$ 95—155°; auch erhältlich aus Triisobutylen, Kp.$_{10}$ 70—130°. (**E. P. 840 272** vom 13/11. 1957, ausg. 6/7. 1960. A. Prior. 14/11. 1956.) G. KRAUSS. H 650

Magyar Állam (Erfinder: Zoltan Wolkóber), Budapest, Ungarn, **Kontinuierliche Herstellung von Chloral** erfolgt durch Chlorieren von A. bei 20—30° bis D. 1,4 bis 1,5 beträgt. Anschließend wird der vorchlorierte A. bei Koch-Temp. (100) bis zu D. 1,6 chloriert. Während der 2. Chlorierungsstufe wird gebildetes Chloral fraktioniert entfernt. Als Ausgangs-Prodd. können auch solche Verbb. verwendet werden, die mit Cl_2 behandelt, Chloral, Chloralalkoholate oder Chloralhydrate geben. (**Ung. P. 143 955** vom 7/4. 1955, ausg. 1/7. 1958.) G. KÖNIG. H 670

Union Carbide Corp., übert. von: Howard R. Guest, Charleston, und Ben W. Kiff, Ona, W. Va., V.St.A., **Reiner Brenztraubenaldehyd** (I) wird aus seinem Gemisch mit HCHO u. W. gewonnen. Zu diesem Gemisch wird überschüssiges CH_3OH u. H_2SO_4 oder HCl bis pH 1—3 gegeben u. auf 65—95° erhitzt, wodurch HCHO als Dimethylformal im azeotropen Gemisch mit CH_3OH entfernt wird. Wenn 64,5—65° erreicht sind, wird W. zugesetzt, um entstandenes I-Dimethylacetal zu zersetzen. Durch Erhitzen des Gemisches auf 80—100° wird CH_3OH entfent, wobei gleichzeitig der Druck auf 200—400 Torr erniedrigt wird; als Rückstand wird HCHO-freies I erhalten. — *Zwischenprod.* zur Herst. von *Allethrin.* I gibt mit 3-Ketohepten-(6)-säureäthylester *3-Hydroxynonen-(8)-dion-(2.5)* u. mit 4-[2-Cyclopentyl]-3-ketobuttersäureäthylester → *6-(2-Cyclopentyl)-3-hydroxyhexandion-(2.5).* (**A. P. 2 866 823** vom 14/12. 1956, ausg. 30/12. 1958.) G. KRAUSS. H 740

Jordan Pressman Snyder, Levittown, Pa., V.St.A., **Ein- oder mehrbasige Carbonsäuren oder deren Gemische** werden durch Oxydation von organ. Verbb. mit 30—100, bes. 68—70% ig. HNO_3 oder oxydierend wirkenden N-Oxiden (N_2O_4) bei 30 bis 250° erhalten. Die entstandene nitrierte u. oxydierte Verb. wird, ggf. nach der Abtrennung, mit einer bas. Alkali-Verb. oder einem Alkalimetall (NaOH, KOH, deren Carbonate oder Alkoholate) bei 30—130° umgesetzt u. die entstandene Alkali-Verb. in saurer Lsg. mit einem Oxydationsmittel (HNO_3, N-Oxide, CrO_3, heiße H_2SO_4, Permanganat, heißes Hypochlorit), ggf. in Ggw. eines Oxydationskatalysators (Salze von Mn, V, Cu oder Co) weiter oxydiert. Das Mol-Verhältnis von HNO_3 : oxydierender Verb. beträgt 1—100:1. Die Oxydation der Ölsäure mit HNO_3 erfolgt z. B. nach folgendem Schema: $CH_3(CH_2)_7CH(OH)CH(NO_2)(CH_2)_7COOH$ + NaOH → $CH_3(CH_2)_7CH(OH)C\cdot(NO_2Na)(CH_2)_7COOH$ + HNO_3 → $CH_3(CH_2)_7CH(OH)CO(CH_2)_7COOH$ + HNO_3 → $CH_3(CH_2)_7COOH$ (*Nonylsäure*) + $HOOC(CH_2)_7COOH$ (*Azelainsäure*). Insgesamt werden aus 282 g Ölsäure 122,2 g einbas. u. 106,2 g zweibas. Carbonsäuren erhalten; Ausbeute 80,9%. Ferner werden oxydiert: ein Gemisch aus Linol- u. Linolensäure, 9.10-Dihydroxystearinsäure (zu Nonylsäure, Kp.$_{34}$ 138—158°), 12-Hydroxystearinsäure, Campher, Stearinsäure, Tetradecan, Äthylbenzol, p-Xylol, β-Picolin, Paraffinwachs, Stearylchlorid (= 1-Chloroctadecan), -bromid, Octadecylonitril, 1-Phenylbutan, -hexan u. Cyclohexan. Ferner können oxydiert werden: Mono- u. Polyolefine, Alkohole, Ketone, Paraffine, Cycloparaffine, Alkyl- u. Cycloalkylaromaten, heterocycl. substituierte Cycloparaffine, Elaidin-, Eruca-, Undecylensäure, Cyclohexen, Terpene, Isoölsäure, Ricinolsäure, Glyceryloleat, Fischöl- u. Harzsäuren, Säurenitrile u. -amide u. N-Benzoyl-9.10-dihydroxystearylamin, KW-Stoffe nach FISCHER-TROPSCH, Kerosin, Schmieröl, Schieferöl, hydriertes Schieferöl u. hydrierter Kohlenteer. — Die entstandenen Säuren sind farbbeständiger als die bisher durch Oxydation mit HNO_3 erhaltenen. (**D. A. S. 1 108 690** Kl. 12o vom 23/10. 1958, ausg. 15/6. 1961.) G. KRAUSS. H 800

Union Carbide Corp., übert. von: Frederick C. Frostick jun. und Benjamin Phillips, Charleston, W.Va., V.St.A., **Im Alkoholrest epoxydierte α.β-ungesättigte Carbonsäureester** werden durch selektives Epoxydieren von Carbonsäureestern der allg. Formel $R-CH=C(R_1)-COO-(CH_2)_n-C(R_2)=C(R_3)-R_4$ (R bis R_4 = H, Alkyl, bes. mit 1—8 C-Atomen, Aryl, Aralkyl, Alkaryl, Cycloalkyl, wenigstens R oder R_1 soll H sein; n = 1—5) mit Peressigsäure, ggf. in Ggw. eines Lsgm., u. bes. eines Polymerisationsverzögerers (Hydrochinon, Trinitrobenzol, 2.4-Dinitrophenol, 2.4-Dinitrom-kresol, Dinitrochlorphenol) bei 0—100, bes. 20—60°, erhalten. — Aus 25 Mol Crotylalkohol, 15,8 Mol Acrylsäure, 8 g p-Toluolsulfonsäure, 3 g Trinitrobenzol u. 440 g Bzl. unter Rückfluß u. azeotroper Entfernung von W. → Acrylsäurecrotylester, $Kp._{15}$ 55°; 74% (Ausbeute), aus 2,38 Mol davon u. 890 g einer 25%ig. aceton. Peressigsäure bei 30—35° u. dann bei 50—55° → *Acrylsäure-2.3-epoxybutylester*, $Kp._5$ 36,5°; 33%; n_D^{30} 1,4381. — Crotonsäure → Crotonsäurecrotylester, $Kp._{19}$ 82°; 47%, → *Crotonsäure-2.3-epoxybutylester*, $Kp._{1-2}$ 67—78°; $D._4^{25}$ 1,062; 81,5%. — Crotonsäureanhydrid + Methallylalkohol → Crotonsäuremethallylester, $Kp._{40}$ 89—90°, → *Crotonsäure-2.3-epoxy-2-methylpropylester*, $C_8H_{12}O_3$, $Kp._2$ 66—68°; 72%. — Crotonsäureallylester → *Crotonsäure-2.3-epoxypropylester*, $Kp._{1,5}$ 60°; 40%. — Hepten-(2)-säurepenten-(4)-ylester → *Hepten-(2)-säure-4.5-epoxypentylester*. — R bis R_4 kann noch sein: Methyl, Äthyl, Isopropyl, Butyl, Amyl, Isoamyl, Hexyl, 2-Äthylhexyl, Octyl, 3.5-Dimethyloctyl, Decyl, Dodecyl, Octadecyl, Cyclopentyl, Cyclohexyl, Phenyl, Tolyl, Butylphenyl, Benzyl, Phenäthyl, Phenylpropyl. — Weichmacher- u. Stabilisierungsmittel für Vinylhalogenidharze; Zwischenprodd. zur Herst. von *Polymeren*. (**A. P. 2 985 516** vom 13/11. 1957, ausg. 3/5. 1960.) G. KRAUSS. H 810

Szerves Vegyipari Kutató Intézet (Erfinder: Johann Marschik), Budapest, Ungarn, **Monoamide aliphatischer Dicarbonsäuren** werden über die Monoammoniumsalze von Dicarbonsäuren u. anschließende Überführung in das Monoamid bei Temp. von 120—200° u. unter 5—6 at Druck erhalten, ggf. in Ggw. von W. u./oder eines Verdünnungs- u./oder Lösungsmittels. — 1 (Mol) Sebacinsäure wird mit 1 NH_3 im Autoklav 12 Std. auf 18° erhitzt. Es wird eine Masse, bestehend aus 5 (%) Monoammoniumsalz der Sebacinsäure, 20% *Sebacinsäurediamid* u. 55% Sebacinsäuremonoamid erhalten. Die gepulverte Masse wird in Soda-Lsg. gelöst u. das Sebacinsäurediamid abfiltriert. Das Filtrat wird angesäuert u. der Nd., bestehend aus Sebacinsäure u. Sebacinsäuremonoamid, wird mit Aceton behandelt, die unlösl. Säure abfiltriert u. aus dem Filtrat das *Sebacinsäuremonoamid* abgeschieden; F. 126—129°. (**Ung. P. 144 080** vom 14/6. 1954, ausg. 1/8. 1958.) G. KÖNIG. H 820

Merck & Co., Inc., Rahway, N.J., übert. von: Earl H. Pierson, Harrisonburg, Va., und Max Tishler, Westfield, N.J., V.St.A., **Herstellung von β-Methymercaptopropionaldehydcyanhydrin** durch Rk. der Bisulfit-Verb. des Aldehyds mit einem Alkalimetall-, Erdalkalimetall- oder NH_4-Cyanid. — Vgl. E. P. 670 774; C. **1953.** 7925. (**Can. P. 553 890** vom 11/12. 1947, ausg. 4/3. 1958. A. Prior. 20/12. 1946.) L. GROSSNER. H 850

Shawinigan Chemicals Ltd., Montreal (Erfinder: Herbert S. Johnson und James Reid, Shawinigan), Quebec, Canada, **Herstellung von Schwefelkohlenstoff.** Ein verdampftes elementares S enthaltender Gasstrom wird aufwärts durch ein Bett aus elektr. leitenden Kohleteilchen, die dadurch in Wirbelschicht gehalten werden, geleitet u. die Wirbelschicht elektrotherm. beheizt, um die Rk.-Temp. aufrechtzuerhalten. Aus dem austretenden Gasstrom wird CS_2 abgetrennt. — Vorrichtung. (**D. A. S. 1 104 495** Kl. 12i vom 16/12. 1958, ausg. 13/4. 1961. **E. P. 833 562** vom 25/2. 1957, ausg. 27/4. 1960. A. Prior. 10/12. 1956.) E. MIESSGANG. H 880

Farbenfabriken Bayer Akt.-Ges., Leverkusen (Erfinder: Heinrich Gold, Köln), **N.N'-Tetrasubstituierte 3-Amino-2-azapropen-(2)-yliden-(1)-ammoniumhalogenide** werden durch Rk. von 1 Mol Cyanurhalogenid mit mindestens ca. 6 Mol eines sek.-N-Formylamins (I) bei 0—180°, bes. 40—100°, ggf. in Ggw. eines Lsgm. (Halogen-KW-Stoffe) erhalten. Es kann auch 1 Mol Cyanurhalogenid zuerst mit wenigstens 2 Mol I zuerst bei 0—10° umgesetzt u. die entstandene Verb., z. B. II, ggf. nach vorheriger Abtrennung, dann mit mindestens 4 Mol I bei vorst. Temp. umgesetzt werden. — Aus 92 Teilen Cyanurchlorid (III) u. 300 Teilen $HCON(CH_3)_2$ unter Selbsterwärmung auf 50—60° u. CO_2-Abspaltung, ggf. unter zeitweisem Kühlen → *3-Dimethylamino-2-azapropen-(2)-yliden-(1)-dimethylammoniumchlorid*, $[(CH_3)_2N^+{=}CH{-}N{=}CH{-}N(CH_3)_2]Cl^-$, aus $HCON(CH_3)_2$ Prismen, F. 101—103°; 87% (Ausbeute); *Pikrat*, F. 137°. Wird die Rk. bei 5—10° durchgeführt, so entsteht II, $C_9H_{14}Cl_2N_5O_2$; 97%, das in vorst. Verb. übergeführt wird. I gibt mit Formylmethylamin → *3-Methylphenylamino-2-azapropen-(2)-yliden-(1)-methylphenylammoniumchlorid*, gelbliche, unter der UV-Lampe blau fluorescierende Plättchen, F. 204°; auch unmittelbar aus Formylmethylanilin in 42%ig. Ausbeute erhältlich. — III + $HCONO(C_2H_5)_2$ → *3-Diäthylamino-2-azapropen-(2)-yliden-(1)-diäthylammoniumchlorid*, aus Dioxan hygro-

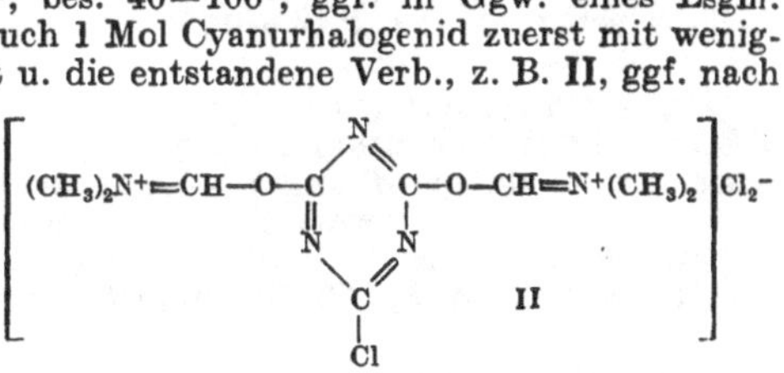

II

skop. Kristalle, F. 94°, 76%. *Pikrat*, $C_{10}H_{22}N_3 \cdot C_6H_2N_3O_7$, aus A. orangegelbe Nadeln, F. 102°. — N-Methylformylhexylamin + III → *3-Methylcyclohexylamino-2-azapropen-(2)-yliden-(1)-methylcyclohexylammoniumchlorid*, $C_{16}H_{30}ClN_3$, F. 115°; 40%. *Pikrat*, $C_{16}H_{30}N_3 \cdot C_6H_2N_3O_7$, aus A. orangegelbe Kristalle, F. 117°. — *3-Methylbenzylamino-2-azapropen-(2)-yliden-(1)-methylbenzylammoniumchlorid*, $C_{18}H_{22}ClN_3$, F. 147—152°. — III + Formylpiperidin → *3-Pentamethylenamino-2-azapropen-(2)-yliden-(1)-pentamethylenammoniumchlorid*, aus Dioxan hygroskop. hellgelbe Kristalle, F. 124°; 72%. *Pikrat* $C_{12}H_{22}N_3 \cdot C_6H_2N_3O_7$, aus A. gelbe Prismen, F. 126°. — III + Formylpyrrolidin → *3-Tetramethylenamino-2-azapropen-(2)-ylidentetramethylenammoniumchlorid*, F. 142—145°; 68%. *Pikrat*, $C_{10}H_{18}N_3 \cdot C_6H_2N_3O_7$, aus A. orangegelbe Prismen, F. 174—175°. Zwischenverb., F. 148° (Zers.). — III + N-Formylmorpholin → *3-[3'-Oxapentamethylenamino]-2-azapropen-(2)-yliden-(1)-3'-oxapentamethylenammoniumchlorid*, F. 154°; 67%. *Pikrat*, $C_{10}H_{18}N_3O_2 \cdot C_6H_2N_3O_7$, aus A. gelbe Prismen, F. 154°. Ferner können noch mit III oder Cyanurbromid umgesetzt werden: N-Formyl-Verbb. von Diisopropyl-, Diäthanol-, Äthylcyclohexylamin, N-Methyl-p-chloranilin, N-Methyl-p-anisidin u. Thiomorpholin. — Zwischenprodd. zur Herst. von Insekticiden u. Hilfsmittel zur Kunststoff-Herst. u. -verarbeitung. (**D. A. S. 1 108 209** Kl. 12o vom 19/12. 1959, ausg. 8/6. 1961.)
G. KRAUSS. H 910

Lever Brothers Co., New York, N.Y., übert. von: Vincent Lamberti, Hackensack, N.J., V.St.A., **Herstellung von β.β.β-Tris-(hydroxymethyl)-methylamiden.** Oxazoline der allg. Formel I werden mit W. bei 85—100° zu Tris-(hydroxymethyl)-methylamiden der allg. Formel $R \cdot CONH \cdot C(CH_2OH)_3$ in quant. Ausbeute hydrolysiert. Die Rk. ist jedoch nur dann durchführbar, wenn R mindestens 9 C-Atome in einer gesätt. oder ungesätt., geraden oder verzweigten Alkylkette enthält. Sind weniger C-Atome vorhanden, so kann die Rk. nur nach dem Verf. von PIERCE u. LUNSFORD (J. Amer. chem. Soc. **73.** [1951.] 2596) durchgeführt werden. — Beispiele: *N-Trimethylolmethyllauramid*, $C_{16}H_{33}NO_4$, F. 115,2—115,7°, hellfarbige Platten; ferner: $C_{13}H_{27} \cdot CO \cdot NH \cdot C(CH_2OH)_3$, F. 112,0—115,4°; $C_9H_{19} \cdot CONH \cdot C(CH_2OH)_3$, F. 114,4 bis 112,0°; $C_{15}H_{31}CONH \cdot C(CH_2OH)_3$, F. 123,0—125,5°. (**A. P. 2 877 245** vom 17/11. 1955, ausg. 10/3. 1959.)
A. KALIX. H 920

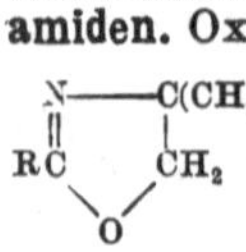

I

Szerves Vegyipari Kutató Intézet (Erfinder: Johann Marschik), Budapest, Ungarn, **ω-Aminopelargonsäure** (I) wird bei der Einw. von HClO oder HBrO auf Sebacinsäureamid in wss. Medium bei 0° u. anschließendes Erhitzen auf 10°, bis die KJ-Rk. verschwunden ist, erhalten. — Das Rk.-Gemisch wird 5 Std. lang auf 100° erwärmt, die Lsg. mit HCl auf pH 2 eingestellt, vom Nd. abfiltriert, das Filtrat auf pH 7 eingestellt u. die Fl. auf die Hälfte des Vol. eingedampft. Es wird I erhalten. Als Ausgangsstoff kann auch ein Gemisch von Sebacinsäure u. dem Amid verwendet werden. (**Ung. P. 144 079** vom 4/6. 1954, ausg. 1/8. 1958.)
G. KÖNIG. H 950

American Lecithin Co., Inc., Woodside, N.Y., V.St.A., übert. von: Giovanni Jacini, Mailand, Italien, **Hydrierung von Phosphatiden.** Handelsübliches Lecithin mit einem Geh. von 30—35% fetten Ölen u. einer JZ. von ca. 50 wird bei Temp. zwischen 70 u. 100° u. Drucken von 70—150 at in Ggw. von Ni oder Pt als Katalysatoren (I) hydriert, bis die JZ. auf 10—30 gesunken ist. I wird dabei als Ausgangs-Prod. gleichmäßig dispergiert, ehe mit der Hydrierung begonnen wird. Bei diesem Verf. werden nur die Öle hydriert, während das Lecithin unverändert bleibt. Seine Haltbarkeit wird dadurch verbessert. (**A. P. 2 870 179** vom 10/8. 1954, ausg. 20/1. 1959.)
A. KALIX. H 980

Dow Chemical Co., übert. von: Noland Poffenberger, Midland, Mich., V.St.A., **Extraktion aromatischer Kohlenwasserstoffe aus Kohlenwasserstoffgemischen** mit einem spezif. Lsgm., Vortrennung des Extraktes u. Zusatz von 0,1—1% Aceton zu dem regenerierten, KW-Stoff-haltigem Lsgm., wobei sich ein niedrigsd. Azeotrop aus Aceton u. Nichtaromaten bildet, das in die Kolonne zurückgegeben wird. — Verf.-Schema. (**Can. P. 552 989** vom 21/1. 1955, ausg. 11/2. 1958.)
L. GROSSNER. H 1010

Chinoin Gyógyszerés Vegyészeti Termékek Gyára (Erfinder: Desiderius Hever, Johann Mikes und Georg Wilheim), Budapest, Ungarn, **Gewinnung und Trennung von Phenolen** aus solche enthaltendem W. erfolgt durch Behandlung des W. mit mittelstarken *Ionenaustauschern*, z. B. des Polyäthylen-, Polyamin- oder Guanidin-Typs, mit anschließender Eluierung der Phenole. Werden mehrere Ionenaustauscherkolonnen eingesetzt, kann man die *Diphenole* von den *Monophenolen* trennen, da die Diphenole der Lsgg. sich zuerst an die Austauscher anlagern. Das wss. alkal. Eluat wird angesäuert u. mit einem organ., mit W. nicht mischbaren Lsgm.

werden die Phenole extrahiert. Die Eluate können auch mit stark sauren Kationenaustauschern behandelt u. aus den an Kationen befreiten Phenol-Lsgg. mit organ. Lsgm. oder durch Eindampfen die Phenole gewonnen werden. (**Ung. P. 143 971** vom 7/10. 1955, ausg. 1/7. 1958.) G. KÖNIG. H 1060

General Aniline & Film Corp., New York, übert. von: Ralph G. D. Moore, Chenango Forks, N.Y., V.St.A., **Herstellung von 4.4′-Thio-bis-resorcin** durch Behandeln von Resorcin in einem C_{1-4}-Fettsäure-C_{1-5}-alkylester, bes. Propionsäureäthylester oder Essigsäureisoamylester, mit $SCl_2 < 15^0$, Neutralisieren der Lsg. mit Alkali, Abdest. des Lsgm. bei 20—60° u. Kristallisation des Rk.-Prod. aus H_2O. (**Can. P. 552 289** vom 27/4. 1956, ausg. 28/1. 1958.) EBERHARD RIEDEL. H 1090

Magyar Állam (Erfinder: Ladislaus Lévai und Paul Székely), Budapest, Ungarn, **p-Nitrobenzaldehyd** (I), F. 105—106°, wird bei der Hitzebehandlung von β-[p-Nitrophenyl]-serinestern in wss. oder organ. Lsgm. u. anschließendes Ansäuern der Rk.-Lsg. erhalten, wobei sich I bildet u. durch Dest., vorteilhaft mittels Dampf-Dest., gewonnen wird. Die Rk. kann in Ggw. eines Amins, bes. aromat. Amine, ausgeführt werden. Es können auch die Salze von Serinestern, bes. mit organ. Säuren, z. B. Weinsäure, als Ausgangsstoffe verwendet werden. (**Ung. P. 144 031** vom 24/3. 1956, ausg. 15/1. 1958.) G. KÖNIG. H 1120

Dow Chemical Co., übert. von: Andrew J. Dietzler und Edgar C. Britton, Midland, Mich., V.St.A., **Herstellung von Mercaptophenonen,** bes. *p-[Octylmercapto]-p-[tert.-butylmercapto]-acetophenon* u. *p-[Methylmercapto]-phenylamylketon,* durch Umsetzung von Verbb. der allg. Formel I (R_1 = Alkyl, Aryl, Aralkyl oder Cycloalkyl; R_2 = H, Alkyl, Aryl, Aralkyl oder Cycloalkyl; X = Cl oder Br) mit einem Mercaptid R—S—M (R hat die gleiche Bedeutung wie R_1; M = Alkalimetall) bei 60—225° in einer inerten Fl., ggf. unter Druck. (**Can. P. 552 988** vom 8/10. 1954, ausg. 11/2. 1958. A. Prior. 25/11. 1953.) L. GROSSNER. H 1180

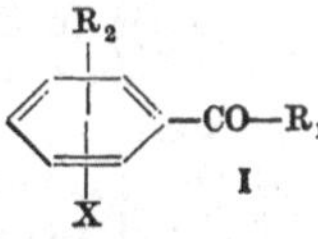

Monsanto Chemicals Ltd. (Erfinder: Arthur John Rostron und Arthur Marshall Spivey), **Decarboxylieren von Hydroxyarylcarbonsäuren,** bes. 4-Hydroxyisophthalsäure, p-Hydroxybenzoesäure u. Salicylsäure, durch Erhitzen in wss. Lsg. auf 100—300°, bes. 150—200°, in Ggw. von aliphat. Aminen, bes. Monäthanolamin u. Diäthylamin, oder NH_3. (**Aust. P. 229 945** vom 22/4. 1958, ausg. 15/9. 1960. E. Prior. 24/4. 1957.) C. LÜTTGEN. H 1200

Hercules Powder Co., übert. von: Milton A. Taves, Wilmington, Del., V.St.A., **Herstellung aromatischer Monocarbonsäuren** durch Oxydation von Alkylbenzolen, bes. von p-Xylol zu *p-Toluylsäure,* mittels Luft-O_2 in Ggw. von Co-Salzen organ. Säuren bei 80—250°, bes. 125—175°, u. bis 400, bes. 200, lbs./sq.in., wobei der Geh. an W. im Rk.-Gemisch einschließlich des bei der Rk. entstehenden W., das beim Verdampfen kondensiert u. in das Rk.-Gemisch zurückgeführt wird, 0,5—50 Gew.-% betragen soll. — Vgl. A. P. 2 813 119; C. **1959.** 7295. (**Can. P. 551 304** vom 24/11. 1954, ausg. 7/1. 1958. A. Prior. 7/5. 1954.) EBERHARD RIEDEL. H 1210

Hercules Powder Co., Wilmington, Del. (Erfinder: Franklyn Thomas Parkinson, Moorestown, N.J.), V.St.A., **Herstellung von Benzoldicarbonsäurealkylestern** durch kontinuierliche Oxydation von Gemischen aus Xylol u. Toluylsäurealkylestern mit O_2 in fl. Phase bei erhöhtem Druck in Ggw. von Schwermetallcarbonaten, dad. gek., daß die Oxydation in wenigstens 2 hintereinandergeschalteten Vorr. unter Bedingungen gleicher Oxydations-Geschw. u. stöchiometr. Überschuß an Xylol in bezug auf Toluylsäurealkylester durchgeführt, das Rk.-Gemisch wie üblich verestert u. durch Dest. aufgetrennt wird. — Zeichnung. (**D. A. S. 1 114 472** Kl. 12o vom 27/8. 1959, ausg. 5/10. 1961. A. Prior. 5/9. 1958.) L. STADELMANN. H 1220

Standard Oil Co., Chicago, Ill. (Erfinder: Donald Eugene Burney, Whiting, James Otis Knobloch, Hobart, Ind., und Hsiang Peng Liao, Park Forest, Ill.), V.St.A., **Abtrennen von zur Bildung intermolekularer Anhydride befähigter Benzolpolycarbonsäuren aus Gemischen von Benzolpolycarbonsäuren,** von denen mindestens eine nicht in der Lage ist, ein intramol. Anhydrid zu bilden, dad. gek., daß das Gemisch auf die Dehydratisierungs-Temp. der zur Bldg. intramol. Anhydride befähigter Benzolpolycarbonsäure, ggf. unter Zusatz von Essigsäureanhydrid, erhitzt, das Gemisch mit einem aromat. KW-Stoff extrahiert wird u. aus dem Extrakt die Anhydride durch Kühlen abgeschieden werden. — Beispiele: Trennung von Phthalsäureanhydrid aus dem Gemisch mit Ortho- u. Isophthalsäure, ferner von Trimellitsäureanhydrid aus dem Gemisch mit Trimesinsäure. (**D. A. S. 1 122 934** Kl. 12o vom 18/11. 1958, ausg. 1/2. 1962. A. Prior. 19/11. 1957.) L. STADELMANN. H 1230

Magyar Állam (Erfinder: Julius Bulcsu und Ludwig Guczoghi), Budapest, Ungarn, **Herstellung substituierter Säureamide** erfolgt bei der Rk. von symm. substituierten carbaminsauren Ammoniumsalzen mit organ. Säuren $>150^0$ ($160-200^0$), ggf. in Ggw. eines indifferenten Lsgm., wie Tetrahydronaphthalin, Nitrobenzol oder Dichlorbenzol. Das bei der Rk. anfallende W. wird mit dem Lsgm. azeotrop entfernt. — β-[3.4-Dimethoxyphenyl]-äthylcarbaminsaures β-[3'.4'-Dimethoxyphenyl]-äthylammoniumsalz wird mit wasserfreier Homoveratrumsäure auf 175—180° erhitzt u. 3 Std. lang auf dieser Temp. gehalten. W. dest als Azeotrop ab. Auf 140—150° wird abgekühlt, mit 96%ig. A. vermischt u. *3.4-Dimethoxyphenylessigsäure-β-[3'-4'-dimethoxyphenyl]-äthylamid* (Homoveratrumsäurehomoveratrylamid) erhalten. (**Ung. P. 144 020** vom 31/7. 1956, ausg. 1/7. 1958.) G. KÖNIG. H 1250

Monsanto Chemical Co. (Erfinder: John Edward Franz), **Substituierte Harnstoffe** der allg. Zus. $RSO_2-NHCON(R_1)R_2$ (R_1 = H oder Alkyl mit 1 bis 6 C-Atomen, R_2 = Alkyl mit 1—6 C-Atomen, R = Phenyl, Tolyl, Xylyl, Äthylphenyl, Isopropylphenyl, Naphthyl, Nitro-, Amino-, Acylamino-, Carboalkoxyamino- oder Alkoxyphenyl, Thienyl, Furyl oder C-Pyridyl) werden durch Rk. von $R \cdot SO_2 \cdot NH \cdot CO \cdot NH_2$ mit dem sauren Salz eines prim. Amins erhalten. — Durch 12std. Verrühren von p-Toluolsulfonylharnstoff (I) mit n-Butylaminhydrochlorid in Chlorbenzol bei 100° wird in 96%ig. Ausbeute *N-(p-Toluolsulfonyl)-N'-n-butylharnstoff*, Kristalle aus A., F. 126 bis 128°, erhalten. In ähnlicher Weise können weitere Verbb. erhalten werden aus I u. Isobutyl-, Äthyl- oder Isoamylaminhydrochlorid; p-Acetylaminobenzolsulfonylharnstoff u. n-Butyl- oder Isobutylaminhydrochlorid. (**Aust. P. 225 023** vom 20/5. 1957, ausg. 26/11. 1959. A. Prior. 24/5. 1956.) O. ROICK. H 1280

American Cyanamid Co., New York, N.Y. (Erfinder: Olin Carroll Karkalits jun., Houston, Tex., Cornelius Marsden Vanderwaart, Bedminster, N.J., und Frederick Houghton Megson, Middlesex, N.J.), V.St.A., **Anilin.** Das bekannte Verf. zur Herst. von Anilin (I) durch katalyt. Red. von Nitrobenzol (II) wird dadurch verbessert, daß ein Gemisch aus II-Dampf u. überschüssigem H_2 über einen zweckmäßig auf 150—350° erhitzten Cu-Katalysator geführt wird, der aus einer homogenen Dispersion von in einem SiO_2-Träger verteiltem Cu besteht u. flüssigkeitsähnliche Fließ-Eigg. aufweist u. sich während der Red. in diesem Zustand befindet, wobei der Cu-Geh. des Katalysators wenigstens 5 Gew.-%, die wirksame Oberfläche wenigstens 200 m^2/g, das Poren-Vol. über 0,25 cm^3/g u. der Poren-Ø wenigstens 20 Å betragen, worauf das entstandene I vom W. durch Abdampfen getrennt wird. Ein geeigneter Katalysator wird z. B. durch Imprägnieren eines SiO_2-Hydrogels (gewonnen durch Fällung von SiO_2 bei pH 3—10) mit der Lsg. eines Cu/NH_4-Komplexkations bei pH 8—12, wobei das Imprägniergemisch wenigstens 0,085 Gew.-Teile Cu je Gew.-Teil SiO_2 enthalten soll, Eindampfen des imprägnierten Hydrogels, Waschen, Trocknen u. Red. bei 150—300° in einer H_2-Atmosphäre, erhalten. (**D. A. S. 1 085 164** Kl. 12q vom 11/11. 1958, ausg. 14/7. 1960.) A. MOHR. H 1310

E. I. du Pont de Nemours & Co., Wilmington, Del., übert. von: Arthur Clay Cope, Belmont, Mass., und Carleton Thomas Handy, Wilmington, Del., V.St.A., **o-Divinylbenzol** (I) wird durch Rk. von C_2H_2 mit Divinylacetylen (II) in Ggw. einer Ni-Carbonylphosphorkomplex-Verb. der allg. Formel $([RO_m]_3P)_yNi(CO)_{n-y}$ (m = 0 oder 1, y = 1, 2 oder 3; R = KW-Stoffrest ohne aliphat. Doppelbindungen) u. eines Lsgm. (Tetrahydrofuran, Bzl., Xylol, CH_3CN) bei 50—150°, bes. 75—120°, u. 50—500 lbs./sq.in. erhalten. Die Katalysatormenge beträgt bes. 0,5—3 g je Mol II. — Aus 0,05 Mol II, 0,5 g Triphenylphosphinnickeltricarbonyl u. 25 cm^3 Tetrahydrofuran unter Einleiten von 1 g C_2H_2, Erwärmen auf 90° u. Zusatz von weiterem C_2H_2 bis zu einem Druck von 190 lbs./sq.in. → 0,5 g I, $Kp._6$ 54—63°; n_D^{25} 1,5703, daraus mit H_2 in Dioxan in Ggw. von Pd → *1.2-Diäthylbenzol*, $Kp._{10}$ 74°; Nebenprod. 0,2 g *1.2.3.4-Tetravinylbenzol*, $Kp._6$ 79—80°; n_D^{25} 1,5805, Benzol. I gibt mit tert.-Butylperoxid in Chlorbenzol ein Polymeres. — *Zwischenprod.*, bes. zur Herst. von *Polymeren* u. *Mischpolymeren.* Als Katalysatoren sind noch geeignet: Bis-[triphenylphosphit]-, Bis-[tritolylphosphit]-, Bis-[trimethylphosphit]-, Bis-[tricyclohexylphosphit]-, Bis-[tribenzylphosphit]-, Bis-[tribenzylphosphin]-nickeldicarbonyl, Triphenylphosphitnickeltricarbonyl. (**A. P. 2 950 334** vom 4/11. 1957, ausg. 23/8. 1960. **E. P. 832 173** vom 3/11. 1958, ausg. 6/4. 1960. A. Prior. 4/11. 1957.) G. KRAUSS. H 1410

Union Carbide Corp., übert. von: Howard R. Guest, Charleston, Ben W. Kiff, Ona, und Harry A. Stansbury jun., South Charleston, W. Va., V.St.A., **2.5-Dimethylhexadien-(2.4)** (I). Methacrolein wird unter Eigendruck bei 140—225, bes. 150° u. bes. 195 psi. in das Dimere (= 2.5-Dimethyl-2-formyl-2H-3.4-dihydropyran)

übergeführt, $Kp._{10}$ 50°; (Ausbeute) 98%; daraus wird mit H_2 in Ggw. von RANEY-Ni bei 80—160° u. 100—1000 psi. *2.5-Dimethyltetrahydropyranyl-(2)-methanol*, $Kp._{1,1}$ 51°; 91%, erhalten; dieses gibt mit Essigsäureanhydrid in Ggw. von $ZnCl_2$ bei 140—160° 1.6-Diacetoxy-2.5-dimethylhexen-(2) (**II**), $Kp._2$ 105—110° 81,3%; n_D^{30} 1,4430, $D._{20}^{20}$ 1,4430, neben 2.5-Dimethyltetrahydropyranyl-(2)-methanolacetat, $Kp._1$ 60°, u. 1.2.6-Triacetoxy-2.5-dimethylhexan, $Kp._2$ 120—125°; dieses läßt sich mit Essigsäureanhydrid in Ggw. von LEWIS-Säuren ($AlCl_3$, BF_3, $SnCl_4$, H_2SO_4) oder starken Mineralsäuren (P_2O_5, HNO_3, H_3PO_4) bei 140—160° in **II** überführen. **II** wird dann mit H_2 in Ggw. von RANEY-Ni bei 50° u. 150 psi. in ein Gemisch aus 2.5-Dimethylhexen-(4)-ylacetat, $Kp._{0,1}$ 38°, u. 1.6-Diacetoxy-2.5-dimethylhexan, $Kp._1$ 101°, übergeführt, das beim Erhitzen mit Al-Phosphat auf Al (aus Al, $Al[NO_3]_3$ u. $[NH_4]_3PO_4$ bei 75°) auf 250—375°, bes. 335—340°, ein Gemisch aus **I** u. *2.5-Dimethylhexadien-(1.5)* liefert; aus diesem entsteht durch Isomerisieren in Ggw. von H_2SO_4, p-Toluolsulfonsäure, Sulfoessigsäure, H_3PO_4, HNO_3, HCl oder im Gaszustand in Ggw. von CrO_3 auf Al_2O_3 als Katalysator, der vorher mit H_2 bei 425° red. wurde, bei 220—225° **I**; 89,5%. Es kann auch 2.5-Dimethyltetrahydropyranyl-(2)-methanol mit H_2 in Ggw. von Ba-haltigem Cu-Chromit bei 300° u. 4000 psi. in 2.5-Dimethylhexandiol-(1.6) übergeführt werden, $Kp._{2,5}$ 117—122°, das dann acetyliert u. wie vorst. weiterbehandelt wird. — Zwischenprod. zur Herst. von *Allethrin*. **I** gibt mit Diazoessigsäureäthylester Chrysanthemumsäureäthylester, der mit NaOH oder H_2SO_4 zur Chrysanthemumsäure verseift wird, die mit SO_2Cl_2 das Säurechlorid gibt, das nach LA FORGE u. BARTHEL (J. org. Chemistry **12.** [1947.] 199) in *Pyrethrin* übergeführt wird. (**A. P. 2 910 520** vom 20/2. 1957, ausg. 27/10. 1959.)
G. KRAUSS. H 1810

VEB Chemische Fabrik Grünau (Erfinder: Hans-Dieter Selle und Angelika Rutmau), Berlin, **Ketalgemische** werden bei der Rk. *cycl. Ketone* mit mehrwertigen Alkoholen in Ggw. bekannter acetalbildender Katalysatoren u. eines wasserentziehenden Salzes ($CaCl_2$, Na_2SO_4) bei 90—100° u. anschließendes Abkühlen auf $<$ 30° erhalten. (**Ung. P. 144 289** vom 19/2. 1957, ausg. 15/9. 1958.)
G. KÖNIG. H 1960

Hercules Powder Co., Wilmington, Del., V.St.A., übert. von: Hildegard G. E. List geb. Biedermann, Frankfurt/M., **Herstellung von Hydroxylaminen** in kontinuierlichem Verf. durch Oxydation von Cyclohexyl- oder Benzylamin mit H_2O_2 in wss. Lsg. in Ggw. eines Katalysators, bes. eines W-, Mo- oder U-Salzes, u. eines Stabilisators, bes. Nitrilotriessigsäure u. Äthylendiamintetraessigsäure, wobei die Rk.-Temp. während der Zugabe des Katalysators $<$ 0° gehalten wird. (**Can. P. 553 862** vom 31/3. 1955, ausg. 4/3. 1958.) L. GROSSNER. H 2110

Imperial Chemical Industries Ltd., London (Erfinder: Robert William Gunn Preston, Norton-on-Tees), England, **2.4'-Di-tert.-butyl-p-phenylphenol** (**I**) **und 2.4'.6-Tri-tert.-butyl-p-phenylphenol** (**II**), verwendbar in Mengen bis zu 2%, bes. von 0,001—1%, als *Oxydationsschutzmittel* für Verbb., die durch Peroxid-Bldg. abgebaut werden, bes. als *Stabilisierungsmittel für Fette*, fette Öle u. Seifen, wird durch Rk. von p-Phenylphenol (**III**) mit Isobutylen (**IV**) in 3.5-Dimethylphenol (**V**) als Lsgm. in Ggw. eines Alkylierungskatalysators, bes. H_2SO_4, erhalten. — In eine Lsg. von 170 g **III** in 740 g **V**, die mit 17 g 20%ig. Oleum versetzt u. auf 80° erhitzt wird, wird **IV** bis zur Gewichtszunahme von 237 g eingeleitet, in 500 cm^3 Bzl. gelöst, wiederholt mit 10%ig. wss. NaOH u. zuletzt mit W. gewaschen, über wasserfreiem Na_2SO_4 getrocknet u. fraktioniert im Vakuum destilliert. Neben 92 g 2-tert.-Butyl-p-phenylphenol, $Kp._5$ 189 bis 197° wird 69 g **I**, $Kp._5$ 221—226° erhalten. **I** zeigt F. 120—122°, aus PAe. Prismen; die Rk. wird bis zu einer Gewichtszunahme von 333 g durchgeführt, so entsteht analog **II**, F. 134°. (**D. A. S. 1 114 823** Kl. 12q vom 28/2. 1958, ausg. 12/10. 1961. E. Prior. 1/3. 1957 u. 19/2. 1958.) A. MOHR. H 2260

Magyar Állam (Erfinder: Emmerich Fabricius und Ludwig Toldy), Budapest, Ungarn, **2.6-Di-tert.-butylnaphthalin,** F. 146°, wird bei der Rk. von Naphthalin u. tert.-Butylchlorid oder tert.-Butylalkohol in Ggw. eines Katalysators, bes. $AlCl_3$, u. eines Nitroalkylbenzols als Lsgm., bes. bei 30—45°, erhalten. (**Ung. P. 143 961** vom 10/7. 1956, ausg. 1/7. 1958.) G. KÖNIG. H 2700

N. V. de Bataafsche Petroleum Mij., Den Haag, Holland (Erfinder: George Fulton Johnson, Baytown, Clifford Daniel Marshall, Houston, und Richard Heasley Criswell, Pasadena, Tex., V.St.A.), **Isolierung von 1.2.3.4.7.7-Hexachlorbicyclo-[2.2.1]-heptadien-(2.5)** (**I**) in 97%ig. Ausbeute u. 99%ig. Reinheit aus rohen, **I** u. Hexachlorcyclopentadien (**II**) enthaltenden Gemischen, dad. gek., daß **II** im Gemisch durch DIELS-ALDER-Rk. mit Bicyclo-[2.2.1]-heptadien-(2.5), zweckmäßig bei 50—200°, bes. bei 75—125°, im Molverhältnis 1 : 1—15, bes. 1 : 1—5, in *1.2.3.4.10.10-Hexachlor-*

1.4.4a.8.8a-hexahydro-1.4-endo-5.8-exodimethylennaphthalin (III) übergeführt u. das erhaltene Gemisch bes. durch Vakuum-Dest. in I, Bicyclo-[2.2.1]-heptadien-(2.5) u. III zerlegt wird. (**D. A. S. 1 082 592** Kl. 12o vom 15/10. 1958, ausg. 2/6. 1960. A. Prior. 17/10. 1957. **A. P. 2 900 366** vom 17/10. 1957, ausg. 18/8. 1959.) R. Hauss. H 2950

Laboratoires Français de Chimiothérapie, Frankreich (Erfinder: Robert Joly und Robert Bucourt), **Reinigung von Tryptaminen,** dad. gek., daß 2 (Mol) eines Tryptamin-Deriv. in A. oder CH_2Cl_2 mit CO_2 unter Bldg. von *5-Methoxy-tryptamin-N-[5-methoxytryptamino]-carboxylat,* F. 114° (Zers.), *6-Methoxy-,* F. 150 bis 155° (Zers.), *7-Methoxy-,* F. 125° (Zers.) u. *5-Chlortryptamino-N-[6-methoxy-, [7-methoxy-* bzw. *-[5-chlortryptamino]-carboxylat,* umgesetzt werden. F. 115° (Zers.), Erwärmen in Toluol, Dekalin oder Tetralin auf 80° führt zu reinem *5-,* F. 120°, *6-,* F. 145—146°, *7-Methoxy-,* F. 135°, bzw. *5-Chlortryptamin.* — Vgl. D. A. S. 1 085 526, C. **1961.** 3486. (**F. P. 1 180 513** vom 2/8. 1957, ausg. 4/6. 1959.) S. Böttcher. H 3081

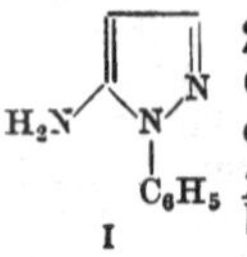
I

Ciba Ltd. (Erfinder: Jean Druey und Paul Schmidt), **3-Amino-2-phenylpyrazole** der Formel I werden durch intramol. Kondens. von N-[β-Cyanäthyl]-N'-phenylhydrazin in Ggw. eines Oxydationsmittels, z. B. H_2O_2, erhalten. Die I bilden mit organ. oder anorgan. Säuren Salze. — *Zwischenprodd. für Sulfonamide.* — Beispiele für I: *3-Amino-2-phenylpyrazol,* F. 42 bis 44°; *3-Amino-2-phenyldihydropyrazol,* F. 106—107°. (**Aust. P. 226 388** vom 11/7. 1958, ausg. 11/2. 1960.) H. Nebelsiek. H 3122

Merck & Co.. Inc. (Erfinder: William V. Ruyle), **Komplexverbindungen von 5-Nitrothiazolylharnstoffen und -thioharnstoffen** der allg. Zus. I (X = O oder S, R = H oder Alkyl mit 1—5 C-Atomen, R' = Alkyl mit 1—5 C-Atomen, Y = komplexbildendes Mittel) wirksam bes. gegen *Histomonas meleagridis,* werden durch Rk. der N-substituierten Harnstoffe oder Thioharnstoffe mit Alkalimetallhydroxiden oder -alkoholaten, Piperazin (II), Morpholin (IIa), Äthanol- oder Diäthanolamin erhalten. — So wird das Na-Salz von 1-Äthyl-3-[5-nitrothiazolyl-(2)]-harnstoff (III) rote Kristalle, durch Zugabe von 8 (g) III zu einer Lsg. von 2,1 CH_3ONa in 25 cm³ CH_3OH erhalten; mit 2.5-n HCl: III. Aus II u. III durch Erhitzen in A. die Komplex-Verb. III·II, F. 179—180°. Ferner kann erhalten werden: III·IIa, F. 180—182°; III·Äthanolamin, F. 175—179° u. III·Diäthanolamin, F. 170°. (**Aust. P. 225 184** vom 29/11. 1957, ausg. 3/12. 1959. A. Prior. 17/12. 1956.) O. Roick. H 3142

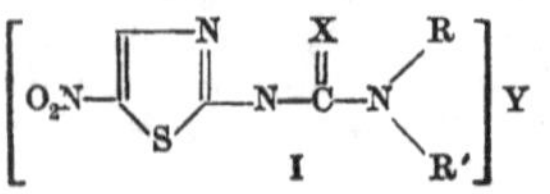

Shell Development Co., New York, N. Y., übert. von: George W. Conklin, Oakland, und Rupert C. Morris, Berkeley, Calif., V.St.A., **Herstellung cyclischer Borverbindungen,** bes. von *1.3.2-Dioxaborolanen,* die in 2-Stellung eine ggf. substituierte Aminogruppe tragen, durch Rk. von 2-Halogen-1.3.2-dioxaborolanen mit entsprechenden Aminen bei 25°. — *2-Pyrrolidino-4-methyl-1.3.2-dioxaborolan.* (**Can. P. 552 810** vom 8/3. 1955, ausg. 4/2. 1958. A. Prior. 25/3. 1954.) Eberhard Riedel. H 3194

Magyar Állam (Erfinder: Oskar Winterstein), Budapest, Ungarn, **9-Cyanxanthen** wird bei der Rk. von Xanthhydrol mit $SOCl_2$ in einem organ. Lsgm. (Bzl.) bei 20° u. anschließende Rk. des gebildeten 9-Chlorxanthens in dem gleichen Medium mit einem Metallcyanid erhalten. (**Ung. P. 144 045** vom 28/5. 1956, ausg. 1/7. 1958. **Zusatz zu Ung. P. 142 870; C. 1960. 9728.**) G. König. H 3211

E. Merck Akt.-Ges., Darmstadt (Erfinder: Jan Thesing, Trautheim), **Herstellung von einen β-(Indolyl-3)-äthylrest enthaltenden Isochinolinium- und 5.6.7.8-Tetrahydroisochinoliniumsalzen,** dad. gek., daß ein Trialkylskatylammoniumsalz, das in 2-, 4-, 5-, 6- oder 7-Stellung des Indolkerns durch KW-Stoff- oder Alkoxyreste oder durch NH_2- oder NO_2-Gruppen substituiert sein kann, mit dem Anlagerungs-Prod. aus einer α-Halogencarbonyl-Verb. u. Isochinolin bzw. 5.6.7.8-Tetrahydroisochinolin oder einem in 1-, 3-, 4-, 5-, 6-, 7- oder 8-Stellung substituierten Isochinolin in Ggw. einer bas. Verb., wie Na-, Ba- oder Ca-Hydroxid, umgesetzt u. das so erzeugte N-{α-Acyl-β-[indolyl-(3')]-äthyl}-isochinoliniumsalz bzw. -5.6.7.8-tetrahydroisochinoliniumsalz durch weitere Einw. einer bas. Verb. der genannten Art in Ggw. von W. zu dem entsprechenden N-{β-[Indolyl-(3')]-äthyl}-isochinoliniumsalz bzw. -5.6.7.8-tetrahydroisochinoliniumsalz hydrolysiert wird. — Aus Trimethylskatylammoniummethylfulsat (I) u. N-Phenacylisochinoliniumbromid in CH_3OH bei Zimmer-Temp. u. methanol. $Ba(OH)_2$-Lsg. → *N-{β-[Indolyl-(3')]-äthyl}-isochinoliniumjodid,* F. 242—244°; aus I u. N-Phenacyl-5.6.7.8-tetrahydroisochinoliniumbromid → *N-{[β-Indolyl-(3)]-*

äthyl}-5.6.7.8-tetrahydroisochinoliniumjodid, F. 222—223°; aus 4-Methoxyisochinolin u. Phenacylbromid u. Trimethylskatylammoniumjodid → *N-{[β-Indolyl-(3)]-äthyl}-4-methoxyisochinoliniumjodid*, F. 227—228°; analog aus 6.7-Dimethoxyisochinolin u. Phenacylbromid → *N-{β-[Indolyl-(3)]-äthyl}-6.7-dimethoxyisochinoliniumjodid*, F. 247 bis 248°; *N-{β-[Indolyl-(3)]-äthyl}-4-methoxy-isochinoliniumbromid*, F. 177—178°. — *Zwischenprodukte*. (**D. A. S. 1 111 634** Kl. 12p vom 23/11. 1956, ausg. 27/7. 1961.)
W. Heyer. H 3231

Chemische Werke Hüls Akt.-Ges. (Erfinder: Willi Ziegenbein), Marl/Kr. Recklinghausen, **Herstellung von 4- und 5-substituierten Pyrimidinen.** Verbb. der allg. Formel I werden durch Rkk. von 1-Chlor-2-formylcycloalken-(1)-Derivv. der allg. Formel II bei 150—190° mit überschüssigem $HCONH_2$ erhalten. Hierbei ist R eine Polymethinkette mit 2—20 CH_2-Gruppen, die noch weitere Substituenten (III) enthalten kann. Beispiele für III: Alkyl-, Aryl-, Aralkyl-, Cycloalkyl-, Alkoxy-, Dialkylamino-, Diarylamino, Sulfamid-, Carbamid-, NO_2 u. NH_2-Gruppen. Als Ausgangs-Prodd. verwendete II werden durch Rk. von gesätt. oder ungesätt. cycl. Ketonen, wie Cyclopentanon bis Cyclododecanon, α- u. β-Tetralon, Indanon, Mono- u. Dibenzosuberon usw. mit $COCl_2$ oder $POCl_3$ u. $HCON(CH_3)_2$ erhalten. Die Rkk. zwischen II u. $HCONH_2$ werden durch Eintropfen von II in die erwärmte Lsg. des letzteren u. Extraktion von I aus dem Rk.-Gemisch mit Halogen-KW-Stoffen durchgeführt. — Beispiele: *4.5-Trimethylenpyrimidin*, F. 35—36°, *Pikrat*, F. 137,5°; *4.5-Tetramethylenpyrimidin* (= 5.6.7.8-Tetrahydrochinazolin), n_D^{20} 1,5368, *Pikrat*, F. 108—109°, *4.5-Pentamethylenpyrimidin*, farbloses Öl, n_D^{20} 1,5338, *Pikrat*, F. 123—124°; *4.5-Dekamethylenpyrimidin*, F. 34—35°, *Pikrat*, F. 126—127°; *3.4-Dihydronaphtho-[1.2:d]-pyrimidin* (= 7.8-Benzo-5.6-dihydrochinazolin), F. 53—54°, *Pikrat*, F. 228,5°; *Cyclododecatrieno-1.4.8-*(oder *-1.5.9*)*-[1.2:d]-pyrimidin*, farbloses Öl, *Pikrat*, F. 115—116°. (**D. A. S. 1 114 497** Kl. 12p vom 21/7. 1959, ausg. 5/10. 1961.) A. Kalix. H 3272

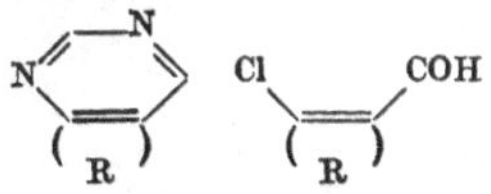

I II

Consolidated Mining & Smelting Co. of Canada Ltd., Montreal, Quebec, übert. von: Harry E. Jackson, Rossland, British Columbia, Canada, **Herstellung von Melamin.** Zu A. P. 2 816 891; C. **1959.** 1609 ist zu ergänzen, daß Melaminsulfat (I) u. Erdalkalicarbonat mit W. bei 10—40° vermengt werden u. das Gemisch anschließend zum Sieden erhitzt wird. Der Wasser-Geh. des Gemisches reicht aus, um das gebildete Melamin zu lösen, ohne dabei I aus dem Brei in die Lsg. zu überführen. (**Can. P. 551 900** vom 8/11. 1955, ausg. 21/1. 1958.) Eberhard Riedel. H 3313

Council of Scientific & Industrial Research, Indien, **Herstellung von Dihydrojasmon,** $Kp._{0,4-0,5}$ 81—83°, n_D^{28} 1,4765, $D._4^{30}$ 0,908, dad. gek., daß Bernsteinsäurediäthylester in Ggw. von K-tert.-Butylat mit Octanon-(2) u. der gebildete Halbester mit Essigsäure u. HBr zu Paraconsäure umgesetzt wird. Diese wird durch Erhitzen mit $KHSO_4$ decarboxyliert unter Bldg. eines Gemisches aus dem Lacton u. einer ungesätt. Säure, $Kp._{3-4}$ 132—160°, das mit H_3PO_4 u. P_2O_5 behandelt wird. (**F. P. 1 225 514** vom 27/5. 1959, ausg. 1/7. 1960.) S. Böttcher. H 3600

General Mills, Inc., Minneapolis, übert. von: Charles M. Berry, Minneapolis, und Sidney E. Miller, St. Paul, Minn., V.St.A., **Isolierung von Sterinen** aus Pflanzenölrückständen, die nach der Abtrennung des Hauptanteils der Fettsäuren durch Dest. bei >500° F anfallen, durch Verseifen mit der 2—4fachen Menge abs. alkohol. Alkali-Lsg., Kristallisation u. Abtrennung der Alkalimetallseifen u. Sterine aus dem Rk.-Gemisch u. Extrahieren des vom Alkohol befreiten Kristallisats mit abs. Aceton oder $ClCH_2CH_2Cl$. (**Can. P. 551 624** vom 26/6. 1952, ausg. 14/1. 1958.)
Eberhard Riedel. H 3700

General Aniline & Film Corp., New York, N.Y., übert. von: Albert Bloom, Summit, N.J., Harlan B. Freyermuth, Easton, Pa., und James B. Normington, Little Silver, N.J., V.St.A., **Herstellung aromatischer Polyisocyanate** durch Einführen eines aromat. Polyamins in eine Lsg. von $COCl_2$ in einem Dialkyläther eines Mono-, Di- oder Trialkylenglykols unter Bldg. einer Aufschlämmung von Carbamylchlorid/-hydrochlorid u. nachfolgendem Erhitzen der Aufschlämmung unter weiterem Einleiten von $COCl_2$ auf 100—200°. (**A. P. 2 875 226** vom 9/7. 1956, ausg. 24/2. 1959.)
F. Kreis. H 4010

Vladimir Jan Hlousek de Jilovice, Rio de Janeiro, Brasilien, **Polysaccharide** werden durch Extraktion der frischen oder nur schwach getrockneten, zerkleinerten Pflanzenteile oder Früchte von *Cecropia peltata, hololeuca, adenopus, palmata, scisdaphylla, leucocomo, cinerea, surinamensis, membranacea, concolor* oder *carbonaria* mit iner schwachen wss. Säure bei 50—100° u. Fällen des Saccharids mit konz. A. oder nach vorheriger Überführung in das Alkalisalz mit H_2SO_4 erhalten. Die weitere Reinigung kann z. B. durch Lösen in HCOOH bei Raum-Temp. u. fraktioniertes Fällen mit 75- bis 98%ig. A. erfolgen. — Durch Extraktion von C. adenopus mit 0,5%ig. HCl, Neutralisieren der erhaltenen Lsg. mit NH_3, Filtrieren u. Ansäuern mit H_2SO_4 wird ein Nd. erhalten, der in W. mit ClO_2 gebleicht wird. Durch Hydrolyse mit sd. 2,5%ig. H_2SO_4 werden daraus *Aldobiuronsäuren* erhalten; *Ba-Salz*, $(C_{24}H_{44}O_{24}Ba)_n$, bestehend aus *Galaktose-* u. *Fucosemannuronsäure*; *Brucinsalz*, F. 148° (Zers.); *Cinchonin-* u. *Caffeinsalz*. Durch Oxydation des Ba-Salzes mit O_2 bei 20° wird ein Deriv. erhalten, *Brucinsalz*, F. 152—154°. (**A. P. 2 871 235** vom 12/8. 1953, ausg. 27/1. 1959. Brasilian. Prior. 29/8. 1952.) G. KRAUSS. H 4050

Ciba Akt.-Ges., Basel (Erfinder: **Vladimir Prelog**, Zürich), Schweiz, *Spaltung von Racematen.* (**D. A. S. 1 041 494** Kl. 12o vom 20/8. 1956, ausg. 23/10. 1958. Schwz. Prior. 25/8. 1955 u. 27/3. 1956. — C. **1961.** 10360 [F. P. 71 353].)

Minnesota Mining & Mfg. Co. (Erfinder: **George V. D. Tiers**), St. Paul, Minn., V.St.A., *Perfluoralkylierung aromatischer Verbindungen mit Perfluoralkylmonojodid.* (**D. A. S. 1 049 862** Kl. 12o vom 11/8. 1956, ausg. 5/2. 1959. A. Prior. 12/8. 1955. — C. **1961.** 13713 [E. P. 840 725].)

Imperial Chemical Industries Ltd. (Erfinder: **William Alexander O'Neill**), *Oxydation organischer Verbindungen.* (**Aust. P. 224 255** vom 10/4. 1958, ausg. 29/10. 1959. E. Prior. 2/5. 1957. — C. **1961.** 7397 [Belg. P. 567 203].)

Distillers Co. Ltd., Edinburgh, Schottland, übert. von: **Thomas Bewley**, Epsom, Surrey, England, *Katalytische Hydrierung mit Ni.* (**Can. P. 553 162** vom 1/12. 1950, ausg. 11/2. 1958. E. Prior. 7/12. 1949. — C. **1954.** 2049 [E. P. 677 091].)

E. I. du Pont de Nemours & Co., übert. von: **Jack Thomas Denison, Mark Wendell Farlow**, Wilmington, **Earl Leonhard Muetterties**, Hockessin, Del., und **George Henry Whipple**, West Chester, Pa., V.St.A., *Fluorkohlenstoffe aus Phosphorpentafluorid und Kohlenstoff.* (**A. P. 2 884 467** vom 24/5. 1955, ausg. 28/4. 1959. — C. **1958.** 7631 [D. A. S. 1 040 011].)

General Aniline & Film Corp., V.St.A. (Erfinder: **Frederic Raymond Huber** und **Leslie Millard Schenck**), *Alkyljodide.* (**F. P. 1 227 630** vom 15/6. 1959, ausg. 22/8. 1960. A. Prior. 18/6. 1958. — C. **1960.** 14182 [A. P. 2 899 471].)

Shell Development Co., Emeryville, übert. von: **Robert W. White**, Long Beach, Calif., V.St.A., *Herstellung von Äthylen.* (**Can. P. 552 806** vom 7/8. 1951, ausg. 4/2. 1958. A. Prior. 17/8. 1950. — C. **1955.** 8027 [A. P. 2 621 216].)

National Research Development Co., übert. von: **Edward Morgan Hughes, Alfred Harold Howland** und **Pieter Grootenhuis**, London, England, *Acetylen und andere ungesättigte Kohlenwasserstoffe durch unvollständige Verbrennung von Kohlenwasserstoffen in der Gasturbine.* (**A. P. 2 870 231** vom 29/8. 1955, ausg. 20/1. 1959. E. Prior. 3/9. 1954. — C. **1959.** 10723 [D. A. S. 1 038 034] u. C. **1960.** 7336 [D. A. S. 1 046 605].)

Columbia-Southern Chemical Corp., Pittsburgh, Pa., übert. von: **Calvin B. Holden**, Doylestown, Ohio, V.St.A., *Herstellung von Chlorameisensäureisopropylester.* (**Can. P. 553 772** vom 12/12. 1953, ausg. 4/3. 1958. A. Prior. 25/2. 1953. — C. **1957.** 11715 [A. P. 2 732 914].)

Ruhrchemie Akt.-Ges., Oberhausen-Holten, *Dialkohole.* (**E. P. 867 229** vom 2/9. 1957, ausg. 3/5. 1961. D. Prior. 14/9. 1956. — C. **1959.** 6956 [D. A. S. 1 033 195].)

Deutsche Gold- und Silber-Scheideanstalt vormals Roessler, Frankfurt/M., übert. von: **Walter Pohl**, Frankfurt/M., und **Heinrich Kraft**, Bruchhausen bei Arnsberg, *Reinigung von Pentaerythrit.* (**Can. P. 552 628** vom 25/6. 1953, ausg. 4/2. 1958. D. Prior. 3/7. 1952. — C. **1956.** 3994 [E. P. 732 015].)

Thiokol Chemical Corp., Trenton, N.J., übert. von: **Warren D. Helmer**, Levittown, Pa., V.St.A., *Herstellung von Dithiodialkylenglykolen.* (**Can. P. 553 420** vom 1/3. 1956, ausg. 18/2. 1958. A. Prior. 5/4. 1955. — C. **1959.** 8329 [A. P. 2 746 994].)

Union Carbide & Carbon Corp., New York, N.Y., übert. von: **Benjamin Phillips** und **Paul S. Starcher**, Charleston, W.Va., V.St.A., *Herstellung von Acrylamiden.* (**Can. P. 552 839** vom 29/6. 1950, ausg. 4/2. 1958. A. Prior. 1/8. 1949. — C. **1953.** 2356 [A. P. 2 587 210].)

Union Carbide & Carbon Corp., New York, N.Y., übert. von: **Benjamin Phillips** und **Paul S. Starcher**, Charleston, W.Va., V.St.A., *Herstellung von Acrylamiden.* (**Can. P. 552 840** vom 29/6. 1950, ausg. 4/2. 1958. A. Prior. 1/8. 1949. — C. **1953.** 2356 [A. P. 2 587 209].)

American Cyanamid Co., New York, N.Y., übert. von: **Frank M. Cowen**, Norwalk, Conn., V.St.A., *Herstellung von Mercaptobernsteinsäure.* (**Can. P. 553 143** vom 19/6. 1953, ausg. 11/2. 1958. A. Prior. 11/12. 1952. — C. **1958.** 4323 [D. B. P. 938 548].)

Deutsche Gold- und Silber-Scheideanstalt vormals Roessler, Deutschland, *Herstellung von Dicyan und Schwefelkohlenstoff.* (**F. P. 1 214 014** vom 14/1. 1959, ausg. 5/4. 1960. D. Prior. 7/2. 1958. — C. **1959.** 13 315 [D. A. S. 1 052 380].)

Farbenfabriken Bayer Akt.-Ges., Leverkusen (Erfinder: **Rudolf Hofmann**, Dormagen, **Erich Schmidt, Karl Wamsler**, München, **Alfred Reichle** und **Fritz Mossmüller**, Dormagen), *Carbodiimidaddukte aus Ketenen oder Diketenen und Carbodiimiden.* (**Schwz. P. 347 184** vom 11/6. 1956, ausg. 15/8. 1960. D. Prior. 6/7. 1955. — C. **1958.** 6967 [D. B. P. 960 458].)

Metalectro Corp., New York, N.Y., V.St.A. (Erfinder: **David Horvitz**), *Unsymmetrisches Dimethylhydrazin aus N-Nitrosodimethylamin.* (**E. P. 807 748** vom 18/2. 1957, ausg. 21/1. 1959. — C. **1960.** 15909 [D. A. S. 1 045 415].)

Rohm & Haas Co., Philadelphia (Erfinder: **John Joseph Nedwick**, Philadelphia, und **John Robert Snyder**, Lititz), Pa., V.St.A., *Herstellung von Vinyläthern.* (**D. A. S. 1 116 214** Kl. 12o vom 4/10. 1956, ausg. 2/11. 1961. A. Prior. 5/10. 1955. — C. **1959.** 17471 [F. P. 1 159 861].)

International Minerals & Chemical Corp., Chicago, übert. von: **Forest A. Hoglan**, Glenview, und **Morris J. Blish**, Evanston, Ill., V.St.A., *Gewinnung von Glutaminsäure aus Rübenzuckermelasse.* (**Can. P. 553 880** vom 20/5. 1954, ausg. 4/3. 1958. A. Prior. 1/7. 1953. — C. **1958.** 12531 [A. P. 2 789 135].)

International Minerals & Chemical Corp., Chicago, übert. von: **Earl V. Cardinal**, Deerfield, Ill., V.St.A., *Gewinnung von Glutaminsäure.* (**Can. P. 553 881** vom 15/12. 1954, ausg. 4/3. 1958. A. Prior. 16/12. 1953. — C. **1956.** 7937 [A. P. 2 706 737].)

Loren A. Haluska, Midland, Mich., V.St.A., *Herstellung ungesättigter Fluorkohlenstoffsilane und ihre Hydrolyse.* (**Can. PP. 552 504** vom 8/10. 1955, **552 506** u. **552 507** vom 21/10. 1957, alle ausg. 4/2. 1958. Alle A. Prior. 22/10. 1954. — C. **1959.** 3645 [F. P. 1 137 681].)

Dow Corning Corp., übert. von: **Loren A. Haluska**, Midland, Mich., V.St.A., *Herstellung von Fluorkohlenstoffsilanen.* (**Can. PP. 552 505** vom 17/4. 1957 u. **552 642** vom 18/9. 1953, beide ausg. 4/2. 1958. Beide A. Prior. 17/11. 1952 u. 14/8. 1953. — C. **1958.** 857 [F. P. 1 090 847].)

N. V. de Bataafsche Petroleum Mij., Holland (Erfinder: **John H. Raley**), *Dehydrocyclisierung von Kohlenwasserstoffen.* (**F. P. 1 152 121** vom 18/2. 1956, ausg. 12/2. 1958. A. Prior. 18/2. 1955. — C. **1959.** 4968 [E. P. 793 135].)

Distillers Co. Ltd., Edinburgh, Schottland, übert. von: **Donald P. Young**, Sanderstead, Surrey, England, *Herstellung von Brenzcatechin.* (**Can. P. 552 984** vom 7/2. 1956, ausg. 11/2. 1958. E. Prior. 23/2. 1955. — C. **1958.** 13102 [D. A. S. 1 020 029].)

Distillers Co. Ltd., Edinburgh, Schottland, übert. von: **Alaric L. J. Raum**, Teddington, Middlesex, England, *Herstellung von o-Methylolphenolen.* (**Can. P. 553 325** vom 26/4. 1955, ausg. 18/2. 1958. E. Prior. 30/4. 1954. — C. **1958.** 12823 [D. A. S. 1 027 681].)

N. V. Philips' Gloeilampenfabrieken, Holland, *Halogendiphenylsulfone.* (**F. P. 1 224 570** vom 15/5. 1959, ausg. 24/6. 1960. Holl. Prior. 17/5. 1958. — C. **1961.** 9598 [D. A. S. 1 092 465].)

Farbenfabriken Bayer Akt.-Ges. (Erfinder: **Carl Berres**), Leverkusen, *Aromatische Hydroxyaldehyde aus Hydroxyarylverbindungen.* (**Schwz. P. 347 177** vom 16/5. 1956, ausg. 15/8. 1960. D. Prior. 24/5. 1955. — C. **1957.** 8071 [D. B. P. 952 629].)

Richfield Oil Corp., Los Angeles, übert. von: **Chester M. Himel**, Menlo Park, Calif., V.St.A., *Rückgewinnung eines Katalysators.* (**Can. P. 553 080** vom 2/7. 1953, ausg. 11/2. 1958. A. Prior. 1/7. 1952. — C. **1955.** 10140 [A. P. 2 680 757].)

Imperial Chemical Industries Ltd., London, übert. von: **Edmund C. Owen**, Manchester, Lancashire, England, *Reinigung von Bis-[β-hydroxyäthyl]-terephthalat.* (**Can. P. 553 583** vom 28/10. 1954, ausg. 25/2.1956. E. Prior. 18/11. 1953. — C. **1957.** 8071 [Ind. P. 52 984].)

Farbenfabriken Bayer Akt.-Ges., Leverkusen, *3.5-Disubstituierte-4-hydroxybenzoesäuren und Ester davon.* (**E. P. 864 720** vom 19/6. 1959, ausg. 6/4. 1961. D. Prior. 25/6. 1958. — C. **1961.** 3814 [D. A. S. 1 082 273].)

Perfogit S. p. A., Mailand, Italien, *Aromatische Aldehydcarbonsäuren aus Chlormethylarylcarbonsäuren durch Oxydation mit Salpetersäure.* (**E. P. 809 117** vom 1/5. 1956, ausg. 18/2. 1959. It. Prior. 16/5. 1955. — C. **1959.** 3302 [F. P. 1 153 669].)

Perfogit S. p. A., Mailand, Italien, *Aromatische Aldehydcarbonsäuren durch Hydrolyse von Chlormethylarylcarbonsäuren und Oxydation des entstandenen Carbinols.* (**E. P. 809 118** vom 7/5. 1956, ausg. 18/2. 1959. It. Prior. 28/5. 1955. Zusatz zu E. P. 809 117; s. vorst. Ref. — C. **1960.** 7344 [D. A. S. 1 018 407].)

E. I. du Pont de Nemours & Co., übert. von: **Jefferson M. Hamilton**, Wilmington, Del., und **Louis Spiegler**, Woodbury, N.J., V.St.A., *Katalytische Hydrierung organischer Nitroverbindungen.* (**Can. P. 553 526** vom 6/4. 1956, ausg. 25/2. 1958. A. Prior. 10/5. 1955. — C. **1958.** 11373 [D. A. S. 1 023 769].)

N. V. Philips' Gloeilampenfabrieken (Erfinder: **Hendrik Durk Moed** und **Jan van Dijk**), *Herstellung von gemischten sekundären Aralkylaryloxyalkylaminen oder deren Salzen.* (**Aust. P. 226 091** vom 11/10. 1957, ausg. 28/1. 1960. Holl. Prior. 15/10. 1956. — C. **1962.** 1711 [Oe. PP. 202 131 u. 202 134].)

Walter H. Hartung, Baltimore, Md., V.St.A., *Herstellung von Alkoximinosäuren.* (**Can. P. 552 512** vom 21/5. 1953, ausg. 4/2. 1958. A. Prior. 3/4. 1946. — C. **1952.** 2583 [A. P. 2 542 812].)

J. R. Geigy Akt.-Ges., Basel, Schweiz, *Herstellung von 4-Nitrostyryl-2-sulfonsäureverbindungen.* (**E. P. 869 372** vom 28/4. 1958, ausg. 31/5. 1961. Schwz. Prior. 29/4. 1957. — C. **1961.** 2098 [Oe. P. 203 489].)

Nopco Chemical Co., Harrison, übert. von: **Kurt H. Schaaf** und **Roland Kapp**, Newark, N.J., V.St.A., *Herstellung von 1-Äthinyl-2.6.6-trimethylcyclohexen-(1).* (**Can. P. 553 378** vom 18/8. 1954, ausg. 18/2. 1958. A. Prior. 4/11. 1953. — C. **1958.** 5515 [E. P. 755 079].)

Inventa Akt.-Ges. für Forschung und Patentverwertung, Luzern, Schweiz, *Gewinnung von Oxydationsprodukten des Cyclohexans.* (**Holl. P. 98 015** vom 26/9. 1957, ausg. 15/5. 1961. Schwz. Prior. 24/10. 1956. — C. **1961.** 3815 [D. A. S. 1 077 212].)

X. Färberei. Organische Farbstoffe

Der Einfluß der Temperatur und des pH-Wertes auf die Adsorption basischer Farbstoffe durch Wolle. C. L. Bird und G. P. Stancey. (J. Soc. Dyers Colourists **77.** 244—46. Juni 1961.) (Engl.)

Wolle wird bei 40, 60 u. 80° sowie bei unterschiedlichen pH-Werten bei 60° mit den bas. Farbstoffen *Chrysoidin, Acridinorange, Methylenblau, Pararosanilin, Malachitgrün, Brilliantgrün* u. *Kristallviolett* in 0,5%ig. Stärke gefärbt. Halbfärbezeit u. Baderschöpfung im Gleichgewichtszustand werden bestimmt u. die Aktivitätsenergie sowie die pK-Werte berechnet. Es wird der Schluß gezogen, daß bas. Farbstoffe Wolle gegenüber als schnellziehende Farbstoffe von geringer Affinität zu betrachten sind. Das Aufziehen wird dabei durch eine Änderung des pH-Wertes im Bereich zwischen 4 u. 6 stark beeinflußt. R. BAMBERGER. 7002□

Neue Fasern, Farbstoffe und Textilhilfsmittel. Anonym. (Melliand Textilber. **42.** 230. Febr. 1961.) (Dt.)

CIBA AG., Basel: *Orafix TR* ist ein Fixier- u. Bindemittel für Flock- u. Mattätzweiß-, Mattweiß- u. Metallpulverdruck. — COMPAGNIE FRANÇAISE DES MATIÈRES COLORANTES „FRANCOLOR", Paris: *Acetoquinone-Lichtgrünblau 4 JL* ist ein kunststofflösl. Farbstoff. Er wird auf Acetat-, Polyamid- u. Polyesterfasern angewandt, besitzt eine sehr gute Lichtechtheit u. eine sehr gute Echtheit gegenüber den Heißbehandlungen. — *Echtchrombraun RL* ist leicht lösl., von befriedigendem Egalisiervermögen, die Lichtechtheit wird als sehr gut bezeichnet. — *Sulfanol-Gelboliv 5J/Sulfanol-Oliv BR* sind direkt in W. lösl. Schwefelfarbstoffe. Dienen zum Färben auf dem Foulard. — FARBENFABRIKEN BAYER AG., Leverkusen: *Mesitol WLS* für das Halbwoll-Säure-Färbe-Verf. als Reservier- u. Egalisierungsmittel für den Wollanteil. — *Perlit SI/Perlit SIH/ Perlit SIW* Hydrophobierungsmittel auf Siliconbasis für die einbadige Hydrophobausrüstung auf Baumwolle, Chemiefasern auf Cellulosebasis. — FARBWERKE HOECHST AG. Frankfurt/M.-Höchst: Die *Chromfarbstoffe/Salicinchrom- u. Metachromfarbstoffe.* Musterkarte. — RUDOLF & Co. KG., CHEMISCHE FABRIK, Geretsried, Obb.: *Rucoegalisierer KST* ist ein anionakt. Färbereihilfsmittel, das keine Oberflächenaktivität u. Schaumfähigkeit besitzt, Schutz-Koll. u. Stabilisiermittel beim Ansetzen von Stammküpen in der Indanthrenfärberei, Stabilisier- u. Dispergiermittel beim Färben mit Küpenfarbstoffen, Egalisiermittel beim Färben vom Polyamidfasermaterial mit Säurefarbstoffen. — *Rucolin HF* dient zum Durchfärben von Wollfilzen u. Hüten. — SANDOZ AG., Basel: *Lyogen WD* ist ein farbstoffaffines Egalisiermittel für die Wollfärberei.

P. ECKERT. 7018□

Neue Entwicklungen beim Färben von Acrylfasern. B. Kramrisch. (J. Soc. Dyers Colourists **77.** 237—44. Juni 1961.) (Engl.)

Die beim Färben von Fasern aus Polyacrylonitril u. dessen Mischpolymerisaten auftretenden Probleme sowie neu entwickelte Färbe-Meth., bes. mit Dispersions-, bas., sauren u. Reaktivfarbstoffen, werden besprochen. Die Hochtemp.-Färbung mit 1:2 Metallkomplexfarbstoffen u. das Färben von Mischgeweben aus Acrylfasern u. natürlichen bzw. synthet. Fasern nach der Einbad- u. Zweibad-Meth. werden beschrieben. Außerdem werden Angaben über das Färben von Zefran-Faser gemacht u. die Echtheiten der Färbungen auf dieser Faser mit denen auf Baumwolle u. Wolle verglichen.

R. BAMBERGER. 7020□

Untersuchungen über Farbstoffe, die sich vom Naphthochinon-(1.4) ableiten. Akira Inoue, Nobuhiko Kuroki und Kenzo Konishi. (Bull. Univ. Osaka Prefect., Ser. A **8.** 31—55. 1959. Osaka, Coll. of Engng., Dep. of Appl. Chem.) (Engl.)

1.4-Dihydroxynaphthalindi- (**A**) u. *-monoalkyläther* (**B**) entstehen durch kombinierte Red. u. Alkylierung. Durch Nitrieren, Red., Diazotieren u. Kuppeln mit aromat. Aminen entstehen aus **A** u. **B** *Monoazofarbstoffe*, durch Kondens. von **A** u. **B** mit α-Chlorisatin-Derivv. werden *Algolbrilliantgrün BK* u. entsprechende Homologe gebildet. 2.3-Dichlornaphthochinon-(1.4), erhalten durch Chlorierung von Naphthochinon-(1.4), liefern Küpenfarbstoffe, z. B. *Helindongelb R* durch Kondens. mit aromat. Aminen, *Helindongelb G* u. seine Homologen durch Kondens. mit 6-Hydroxyphenazin-Deriv., *Indanthrengelb 6 GD* u. seine Homologen durch Kondens. mit Naphthosultamphenazin u. *Brasanchinon-Derivv.* durch Kondens. mit Hydroxy-Verbb. vom Naphthol-AS-Typ. Die 1.4-Additions-Rk. von prim. Aminen an Naphthochinone-(1.4) wird zur Darst. von Helindonrot CR u. seinen Homologen als Küpenfarbstoffe u. dispersen Farbstoffen benutzt. *Naphthochinon-(1.4)-monoimin-Derivv.* werden aus 2.3-disubstituierten 5-Nitronaphthochinonen-(1.4) dargestellt. *1-Benzolazo-2.4-dihydroxynaphthalin-Derivv.* entstehen durch Rk. von Phenylhydrazin mit 2-Hydroxynaphthochinon-(1.4)-derivaten.

P. GOLINSKE. 7048□

Die Bestimmung des Natriumdithionitgehaltes in Farbbädern von Küpenfarbstoffen. G. H. Abeln. (De Tex **20.** 577—81. Okt. 1961.) (Holl.)

Das im einzelnen beschriebene Verf. besteht darin, die anionenakt. Küpensäure mit einem kationenakt. Stoff (Levogen WW 5%) in Ggw. von Formalin, Essigsäure u. NaCl auszufällen, abzufiltrieren u. das Dithionit im Filtrat in bekannter Weise jodometr. zu bestimmen.

W. WESLY. 7086□

Joh. A. Benckiser G. m. b. H., Chemische Fabrik, Ludwigshafen/Rh., **Verhinderung der Migration beim Färben mit Pigmentfarbstoffen** nach Meth., die eine Zwischentrocknung der Ware erfordern oder bei welchen die Möglichkeit zu ungleichmäßigem Trocknen gegeben ist, dad. gek., daß den Behandlungsflotten Alginate u. kondensierte Phosphate zugesetzt werden, z. B. wasserlösl. oder lösl. zu machende Salze von Phosphorsäuren, die wasserärmer als H_3PO_4 sind, oder Kondens.-Prodd. aus Harnstoff u. P_2O_5. Die Alginate werden in Mengen bis zu 20 g/Liter angewendet, Phosphatzusatz bis zu 10 g/Liter. (**Oe. P. 208 332** vom 5/9. 1958, ausg. 25/3. 1960. D. Prior. 22/5. 1958.) M. F. MÜLLER. 7021

Ciba Ltd. (Erfinder: Jacques Wegman und Peter Stabel), **Färben von Cellulose und cellulosehaltigem Material** mit einer wss. Lsg. einer Metallkomplex-Verb. eines Monoazofarbstoffs, der mindestens einen dihalogenierten Triazinring enthält, bes. der komplexen Cu-Verb. eines o.o'-Dihydroxy-o-carboxy-o'-hydroxymonoazofarbstoffs mit ≧1 säurelösl. machenden Gruppen, bei mäßig erhöhter Temp. u. in Ggw. von Alkalilauge. (**Aust. P. 227 933** vom 9/8. 1957, ausg. 26/5. 1960. Schwz. Prior. 10/8. 1956.) C. LÜTTGEN. 7021

Ciba Soc. An., Schweiz, **Färben von cellulosehaltigem Textilmaterial,** wie *Baumwolle, regenerierter Cellulose* oder *Papiermaterial*, nach dem Druck- oder Foulardier-Verf. unter Verw. von Monoazofarbstoffen, welche höchstens 2 Ringe mit 5 oder 6 Atomen u. wenigstens eine saure lösl. machende Gruppe u. wenigstens eine Epoxy- oder $\beta.\gamma$-Propylenchlorhydringruppe enthalten. Die Farbstoffe haben die Formel I, worin ein X = $-CH_2 \cdot CH-CH_2$ (über O verbrückt) oder $CH_2-CH(OH)-CH_2Cl$ u. das andere X = H oder

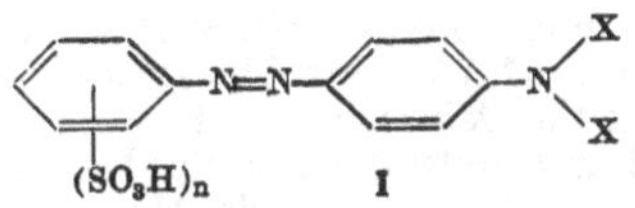

I

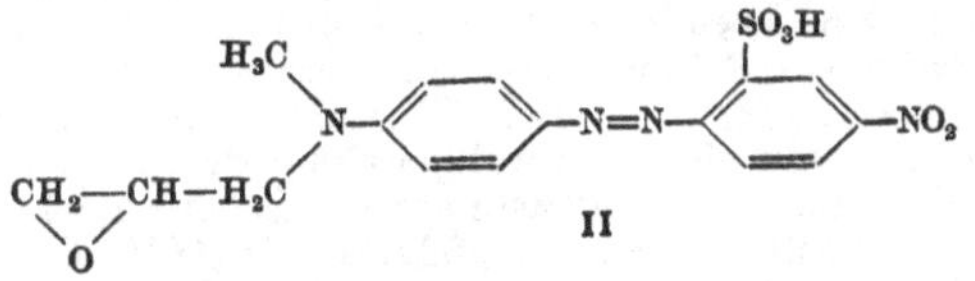

II

ein Alkylenrest; n ≦ 3. — 2 (Teile) des Farbstoffes **II** werden in 400 W. gelöst u. 80 Na_3PO_4 zugegeben. Das Gemisch wird mit W. auf 4000 verdünnt. Dem Bad werden 80 NaCl zugesetzt. Damit wird Baumwollgewebe violettrot gefärbt. — Ein anderer Farbstoff wird hergestellt durch Kupplung einer diazotierten Anilindisulfonsäure mit N.N-Bis-[β-hydroxy-γ-chlorpropyl]-anilin in 100 Wasser. Mit diesem Farbstoff wird Baumwollgewebe foulardiert u. gelb gefärbt. (**F. P. 1 216 308** vom 19/9. 1958, ausg. 25/4. 1960. Schwz. Prior. 25/9. 1957.) M. F. MÜLLER. 7021

Montecatini Soc. Gen. per l'Industria Mineraria e Chimica, Mailand, Italien, **Färben von Polyvinylfasern,** dad. gek., daß man als Quellmittel ein Gemisch aus 90—10 (Teilen) einer aromat. Nitro-Verb., wie Nitrobenzol oder 2-Nitrocymol, u. 10—90 anderen Quellmitteln, wie Tetralin oder Dekalin, verwendet. (**It. P. 523 433** vom 27/7. 1954.) K. KOEBKE. 7021

Imperial Chemical Industries Ltd., England, **Färben und Bedrucken von Textilmaterialien aller Art.** Die Textilien werden mit der wss. Lsg. einer harzbildenden Substanz u. eines sauren Katalysators behandelt u. ggf. getrocknet, um danach mit einer Farbstoff-Lsg. gefärbt oder mit einer Druckpaste bedruckt zu werden. Hierfür geeignete Harze oder harzbildende Substanzen sind: Epoxyharze, Polyisocyanate, Kondens.-Prodd. von Kresolen oder von Acrolein mit CH_2O sowie besondere Gemische aus Methylol-Derivv. oder niedermol. Alkyläthern von Methylol-Derivv. von mono- oder polymeren Verbb., welche mehrere NH_2-Gruppen oder monosubstituierte NH_2-Gruppen enthalten (Harnstoff u. Thioharnstoff, die ggf. substituiert sind, Dicyandiamid, Dicyandiamidin, Biguanide, Säureamide, Allophanate, Aminotriazine, Urone, Ureide, Imidazolidone, Triazone, Hydantoine sowie polymere Amide, die durch Rk. einer Dicarbonsäure mit Diaminen entstehen). Als saure Katalysatoren dienen z. B. $ZnCl_2$, $(NH_4)_2SO_4$, NH_4Cl u. die Salze von Mineralsäuren mit Aminen sowie Oxalsäure, $MgCl_2$ u. NH_4SCN. Zum Färben werden wasserlösl. u. wasserunlösl. Farbstoffe benutzt. Die wasserlösl. Farbstoffe dienen bes. zum Färben von Baumwolle, Leinen, Viscoseseide, Wolle, Seide, Nylon, Polycaprolactam u. Polyacrylonitrile. Die wasserunlösl. Farbstoffe werden angewandt bei Kunstfasern, die NH_2-Gruppen enthalten. Die Farbstoffe enthalten alle ein reaktionsfähiges Halogenatom oder andere reaktionsfähige Atome oder Gruppen, die befähigt sind, mit dem Harz oder Harzbildnern oder mit dem Fasermaterial zu reagieren. Dazu gehören z. B. Farbstoffe, welche einen symm.-Triazinylrest mit 1 oder 2 Cl- oder Br-Atomen oder mit Sulfonsäuregruppen, die direkt am Triazinring gebunden sind, ferner Farbstoffe, die einen Pyrimidylrest mit 1 oder 2 Cl- oder Br-Atomen besitzen, die direkt an dem Pyrimidinring gebunden sind; weiterhin sind Farbstoffe genannt, die z. B. durch folgende Reste substituiert sind: β-Halogenpropionyl-, β-Halogenäthansulfonyl-, β-Halogenäthylsulfamyl-, β-Sulfatoäthansulfonyl-, β-Hydroxyäthansulfonyl-, Chloracetylamino-, β-[Chlormethyl]-β-sulfatoäthylsulfamyl-, Alkylphosphit- u. Fluorsulfonrest. Farbstoffe, welche mit den Harzen reagieren, enthalten z. B. Triazinringe mit OH-, NH_2-, Guanylhydrazid-, Semicarbazid- oder Thiosemicarbazidgruppen direkt an den Triazinringen gebunden. — Mercerisierte Baumwollpopeline wird mit einer Lsg. geklotzt, welche 5 (Teile) N.N'-Dimethylioläthylenharnstoff, 1,5 $MgCl_2 \cdot 6\ H_2O$, 0,2 Netzmittel (Kondens.-Prod. aus Äthylenoxid u. einem Alkylphenol), 2 Farbstoff (I) u. 91 W. enthält. I ist hergestellt durch Kondens. von Cyanurchlorid mit mol. Mengen Metanilsäure u. danach mit der Cu-Komplex-Verb. des Monoazofarbstoffes, der erhalten wird durch Kupplung von diazotierter 2-Aminophenol-4-sulfonsäure in alkal. Medium mit 2-Aminonaphthol-(5)-sulfonsäure-(7). Das Baumwollgewebe ist rubinrot wasch- u. lichtecht gefärbt. — Nylongewebe wird in eine Lsg. eingetaucht, welche 10 des Vorkondens.-Prod. aus Harnstoff u. HCHO, 2 eines Farbstoffes aus diazotiertem p-Aminophenyl-β-sulfatoäthylsulfon u. 1-[2′-Chlor-5′-sulfophenyl]-3-methylpyrazolon, ferner 0,8 NH_4SCN in 87,2 W. enthält. Das Gewebe wird auf 65% Gew.-Zunahme abgepreßt, bei 50° getrocknet u. danach 3 Min. lang auf 150° erhitzt. — Ein Gewebe aus Polyacrylonitril wird in eine Lsg. getaucht, welche 10 des Vorkondens.-Prod. aus Melamin u. HCHO, 2 2-[4′-Chloracetylaminobenzolazo]-naphthalin-4.8-disulfonsäure u. 0,8 NH_4SCN in 82,2 W. enthält. Danach wird bis zu Gew.-Zunahme von 50% abgepreßt, bei 50° getrocknet u. 3 Min. lang bei 150° erhitzt. — Eine Druckpaste wird hergestellt aus einer Emulsion eines Gemisches aus 16 White spirit, 1 65%ig. Xylol-Lsg. eines leinölmodifizierten Alkydharzes, 0,5 eines Polykondensats aus Äthylenoxid mit einem Fettalkohol, 4 Farbstoff-Lsg, 1 $MgCl_2$, 20 N.N′-Dimethyloläthylenharnstoff u. 57,5 Wasser. Die Druckpaste wird z. B. auf ein Baumwollgewebe gedruckt, getrocknet u. 5 Min. lang auf 140° erhitzt. — Eine andere Druckpaste enthält 2 1-Amino-4-[3′-sulfatoäthylsulfonylanilino]-anthrachinon-2-sulfonsäure, 10 Melamin–CH_2O-Vorkondensat, 51 W., 35 Na-Alginat u. 2 NH_4SCN, beide in Form einer 5%ig. Lösung. (**F. P. 1 217 080** vom 20/11. 1958, ausg. 2/5. 1960. E. Prior. 22/11. 1957 u. 22/10. 1958.) M. F. MÜLLER. 7023

Ciba Soc. An., Schweiz, **Färben und Bedrucken von Textilien** mit lichtbeständigen Druckfarben u. -pasten unter Verw. von hochmol. Polymerisations-Prodd., welche saure Gruppen enthalten u. hergestellt werden aus monomeren Verbb. mit einer offenen Kette >C=C<, z. B. aus Acrylsäure u. Derivv., Vinyl-Verbb., Styrol, Crotonsäure, Fumar- u. Maleinsäure, Maleinsäureanhydrid. Den Polymerisations-Prodd. werden vor der Bldg. der Überzüge u. Filme wasserlösl. Verbb. zugesetzt, die befähigt sind, mit Schwermetallionen stabile wasserlösl. Komplexe zu bilden. Solche Verbb. sind z. B. Thiocyanate u. Polymetaphosphate, ferner organ. Säuren, welche eine, bes. 2 >CH·COOH-Gruppen an N gebunden enthalten, z. B. 1.2-Alkylendiamin-N.N′-diessigsäuren, 1.2-Äthylen-bis-[α-amino-o-hydroxyphenyl]-essigsäure (**I**), 1-Methyl-1.2-äthylen-bis-[amino-o-hydroxyphenylessigsäure], 1.2-Äthylen-bis-[α-amino-2-hydroxy-5-sulfophenylessigsäure], die Alkali- u. NH_4-Salze der Iminodiessigsäure, der Methyl-, Uramil- u. Anthranil-N.N-diessigsäure, C-Phenylnitrilotriessigsäure, Hydroxyäthyläthylendiamin-, Cyclohexan-1.2-diaminotriessigsäure, Diäthylentriaminopentaessigsäure sowie die Salze von Iminodicarbonsäuren **II** (R = Bzl.-Rest, der ggf. substituiert ist; $X \leqq 3$; $Y \leqq 2$), ferner das Tri-Na-Salz der Nitrilotriessigsäure, das Tetra-Na-Salz (**IV**) der Äthylendiamintetraessigsäure. Geeignete Mischpolymerisate sind z. B. die aus a) 73 (%) Acrylsäureisobutylester, Acrylsäureäthylester, 25 Acrylonitril u. 2 Methacrylsäure (**III**), b) 64 (%) Acrylsäureäthylester, 12 Styrol, 22 Vinylisobutyläther u. 2 Acrylsäure, c) 56 Acrylsäureisobutylester, 21 Vinylidenchlorid, 21 Acrylonitril u. 2 **III**, d) 85,8 Acrylsäuresobutylester, 9,6 Acrylonitril u. 4,6 Acrylsäure, e) 66 Acrylsäuremethylester, 20 Vinylisobutyläther, 12 Styrol u. 2 Acrylsäure, f) 60 Acrylsäurecyclohexylester, 35 Acrylsäure-β-butoxyäthylester u. 5 Acrylsäure. — 23,5 (Teile) eines nicht ionogenen Emulgierungsmittels aus 100 Mol Äthylenoxid u. 1 Mol Hydroabietylalkohol nach Rk. mit Di-

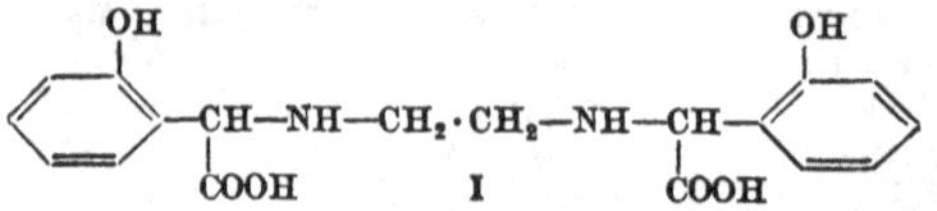
I

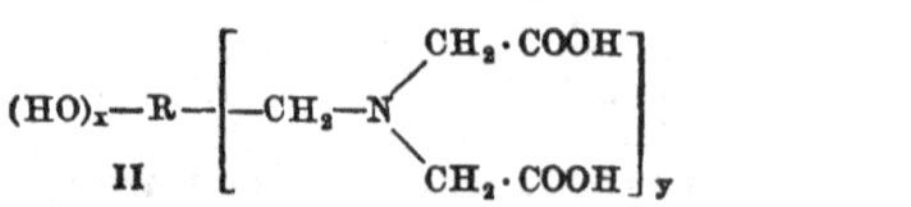
II

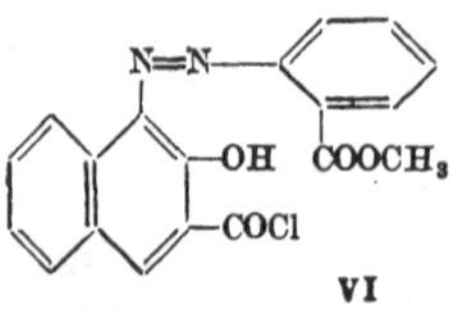
VI

phenylmethan-4.4′-diisocyanat werden in 226,5 W. gelöst u. mit 540 Bzn. zu einer Emulsion gerührt. Dazu werden 150 einer wss. Suspension gegeben, welche 50% des obenst. Mischpolymerisats a) enthält, wobei eine salbenartige Paste (**A**) erhalten wird. Daneben wird ein Dispergiermittel aus 80 Mol Äthylenoxid u. 1 Mol Oleylalkohol hergestellt, davon werden 12,8 mit 32 Cu-Phthalocyanin u. 55,2 W. zu einer Paste angerührt. Diese Paste wird zusammen mit 48 W. zu **A** gegeben. Man erhält eine Druckpaste, welche auf Baumwolle hellblaue waschfeste Drucke erzeugt. Durch Zugabe von 1,25 **IV** wird die Waschfestigkeit nach intensiver Bestrahlung erhöht. — Das Mischpolymerisat c) wird wie analog mit einem aus dem Azofarbstoff **VI** hergestellten roten Pigment zu einer Druckfarbe verarbeitet, die Baumwolle hellrot färbt. Der Druck wird in seiner Waschfestigkeit nach Einw. einer starken Bestrahlung erhöht, wenn der Druckfarbe 10 NH_4SCN oder ein Gemisch von 10 NH_4SCN mit 5 einer 30%ig. Lsg. von **IV** oder mit 5 des Tri-Na-Salzes der Hydroxyäthyläthylendiamintriessigsäure oder mit 5 der 1.2-Diaminocyclohexantriessigsäure oder des Na-Salzes oder mit 5 einer 50% ig. Lsg. des Na-Salzes von Dihydroxyäthylglycin zugesetzt werden. (**F. P. 1 208 476** vom 13/6. 1958, ausg. 24/2. 1960. Schwz. Prior. 14/6. 1957.)

M. F. MÜLLER. 7023

Ciba Soc. An., Schweiz, **Herstellung von Farbstoffen der Peridicarbonsäureimidreihe** durch Rk. von Imiden von Peridicarbonsäuren, welche wenigstens eine acylierbare Aminogruppe besitzen, mit Verbb., welche wenigstens 2 bewegliche Halogenatome besitzen; anschließend werden ggf. in dem Rk.-Prod. die Halogenatome durch andere Substituenten ersetzt. Ausgangsstoffe sind z. B. die Verbb. **I** u. **II** (X = H oder

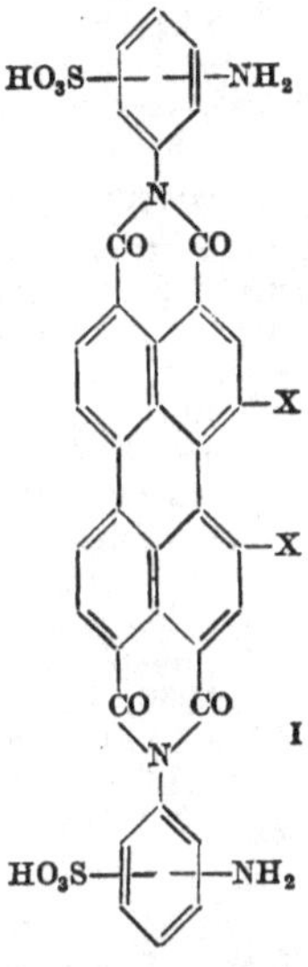

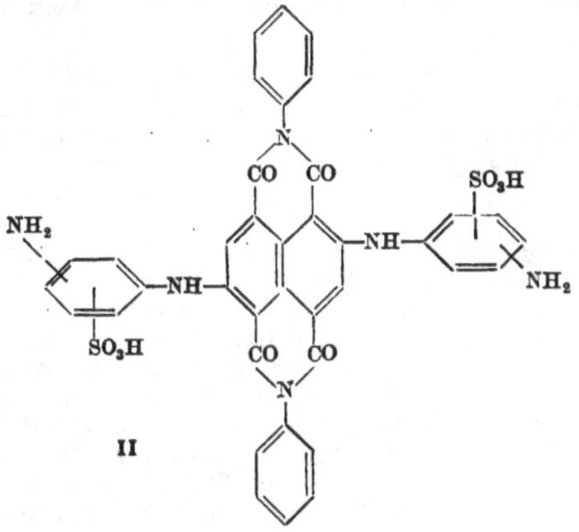

Alkoxyrest). Verbb. mit 2 beweglichen Halogenatomen sind z. B. Cyanurchlorid oder **III**. — 3,9 (Teile) des Kondens.-Prod. aus Perylen-3.4.9.10-tetracarbonsäure u. 1.3-Diaminobenzol-4-sulfonsäure werden als Na-Salz in 200 W. gelöst u. bei 60° mit 3,4 des Na-Salzes der 2.4-Dichlor-6-phenylamino-1.3.5-triazin-4'-sulfonsäure unter Neutralisation der frei gewordenen HCl mit 2n Soda-Lsg. bei pH 5—7 kondensiert. Der gebildete Farbstoff **IV**

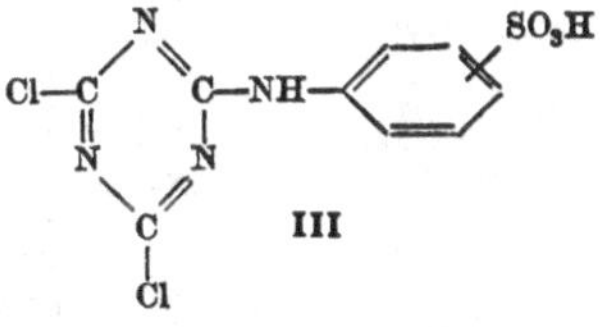

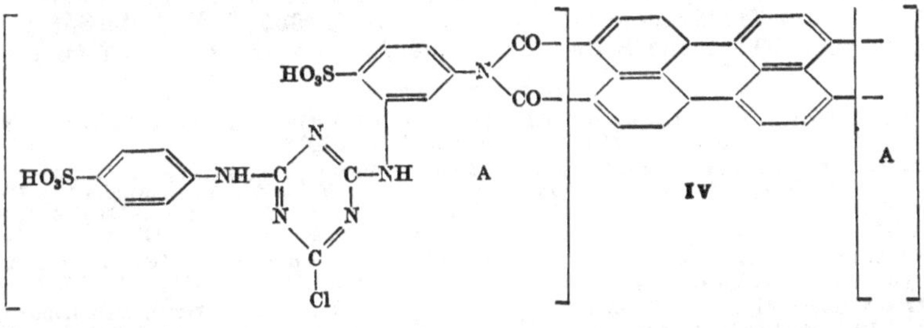

wird mit NaCl ausgesalzen. Mit diesem Farbstoff wird Baumwolle u. regenerierte Cellulose in Ggw. von Na_3PO_4 rotblau gefärbt; waschfest. — Weitere Beispiele. (**F. P. 1 205 883** vom 17/3. 1958, ausg. 5/2. 1960. Schwz. Prior. 18/3. 1957.) M. F. MÜLLER. 7049

Imperial Chemical Industries Ltd., London (Erfinder: William Elliot Stephen und Colin George Tilley, Manchester), England, **Herstellung von Monoazofarbstoffen.** Die Farbstoffe haben in der freien Säureform die allg. Formel **I** (A = sulfonierter Naphthylrest; ein Y = H, das andere Y = H oder SO_3H u. X = Ha-

I

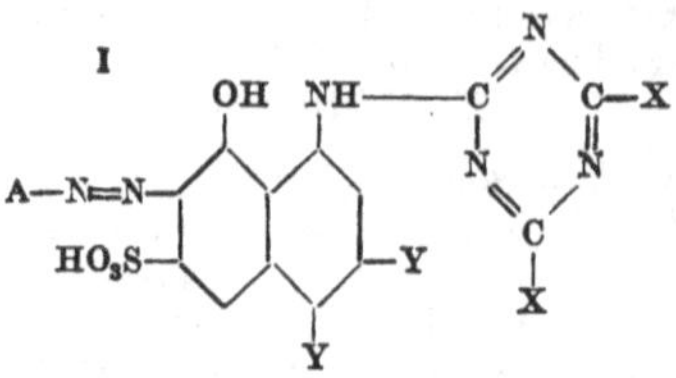

logen). Die Farbstoffe eignen sich bes. zum Färben von Cellulosetextilmaterialien. Weiter sind sie auch zum Färben von Wolle, Seide u. Fasern aus Protein, Casein, Polyamid u. abgewandeltem Polyacrylonitril geeignet. Cyanurchlorid wird mit der Aminoazo-Verb. aus *2-Aminonaphthalin-1-sulfonsäure → 1-Amino-8-hydroxynaphthalin-3.6-disulfonsäure* kondensiert. Der in Ggw. eines Puffermittels getrocknete Farbstoff färbt die genannten Textilmaterialien bläulichrot u. sehr gut licht-, wasch- u. bleichecht. (**F. P. 1 208 484** vom 13/6. 1958, ausg. 24/2. 1960. **Belg. P. 568 832** vom 23/6. 1958, ausg. 2/12. 1960. **D. A. S. 1 088 633** Kl. 22a vom 23/6. 1958, ausg. 8/9. 1960. Alle E. Prior. 26/6. 1957 u. 28/4. 1958. **A. P. 2 951 070** vom 16/6. 1958, ausg. 30/8. 1960. E. Prior. 26/6. 1957. **E. P. 836 248** vom 26/6. 1957, ausg. 8/9. 1960.) F. RATH. 7053

Imperial Chemical Industries Ltd., London (Erfinder: William Elliot Stephen, Colin George Tilley und Cyril Eric Vellins, Manchester), England, **Herstellung von kupferhaltigen Monoazofarbstoffen** der allg. Formel **I** (A = Arylrest; X = metallkomplexbildender Substituent in o-Stellung zur Azogruppe; B = Naphthalinrest mit mindestens 2 SO_3H-Gruppen u. OH in o-Stellung zur Azogruppe; W = —NH— oder —N-Alkyl— oder Acylamin—NH— bzw. Acylamino—N-Alkyl— u. Y = Halogen). — *2-Amino-1-hydroxybenzol-4-sulfonsäure → 1-Amino-8-hydroxynaphthalin-3.6-disulfonsäure*. Der Farbstoff wird mit $CuSO_4$ in die (1:1) Komplex-Verb. übergeführt u. dann mit Cyanurchlorid kondensiert. In Mischung mit Puffermitteln (pH 5—8) färbt der Farbstoff *Cellulosefasern* rötlichviolett. (**Schwz. P. 355 879** vom 4/7. 1958, ausg. 15/9. 1961. **Belg. P. 569 115** vom 3/7. 1958, ausg. 24/3. 1961. **F. P. 1 207 663** vom 3/7. 1958, ausg. 18/2. 1960. **D. A. S. 1 089 098** Kl. 22a vom 24/6. 1958, ausg. 15/9. 1960. Alle E. Prior. 5/7. 1957 u. 19/5. 1958. **E. P. 838 311** vom 5/7. 1957, ausg. 22/6. 1960.) F. RATH. 7053

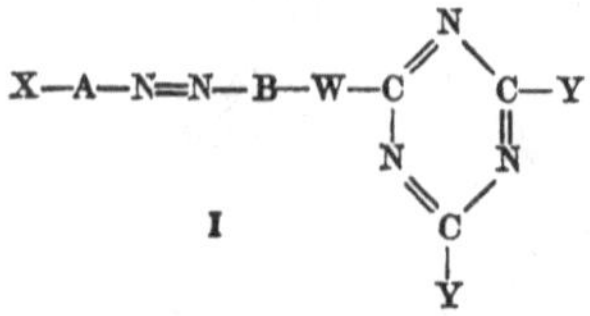

I

Ciba Akt.-Ges., Basel (Erfinder: Hans Wilhelm Liechti, Oberwil), Schweiz, **Herstellung wasserunlöslicher Disazofarbstoffe** der allg. Formel **I** (A = Benzolrest ohne NO_2; C = Benzolrest mit OH in p-Stellung zur Azogruppe; X = Alkyl; Y = H, Alkyl, Alkoxy, Hydroxyalkoxy oder Epoxyalkoxy; A, B u. C enthalten insgesamt mindestens eine Hydroxyalkoxy- oder Epoxyalkoxygruppe. Die Farbstoffe eignen sich zum Färben u. Bedrucken von Fasern bes. aus Polyestern u. auch aus Celluloseestern u. -äthern, Polyamiden u. -urethanen, Polyvinylchlorid sowie als Pigmente. *1-Amino-4-[β-hydroxyäthoxy]-benzol → 1-Amino-2-methoxy-5-methylbenzol → Hydroxybenzol*. Der wie üblich isolierte Farbstoff färbt Acetatseide u. Polyamidfasern orange u. vorzüglich echt. Bes. jedoch färbt dieser Farbstoff Polyesterfasern leuchtend orange u. hervorragend sublimierecht. (**D. A. S. 1 110 789** Kl. 22a vom 5/6. 1959, ausg. 13/7. 1961. **F. P. 1 225 351** vom 25/5. 1959, ausg. 30/6. 1960. Beide Schwz. Prior. 6/6. 1958.) F. RATH. 7055

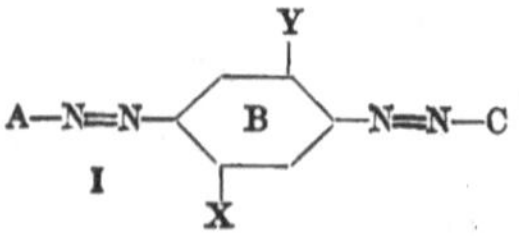

I

Ciba Soc. An., Schweiz, *Entwickelbare Textildrucke*. (**F. P. 1 163 039** vom 23/8. 1956, ausg. 22/9. 1958. Schwz. Prior. 25/8. 1955. — **C. 1961.** 2102 [Schwz. P. 344 707].)

Farbwerke Hoechst Akt.-Ges., vormals Meister Lucius & Brüning, Frankfurt/M. (Erfinder: **Herbert Kracker, Fritz Bauer, Werner Kirst, Rudolf Löwenfeld** und **Walter Staab**, Offenbach/M.), *Herstellung wasserunlöslicher Azofarbstoffe auf Celluloseacetat- und Polyesterformkörpern*. (**Jap. A. S. 179/1960** vom 16/12. 1957, ausg. 14/1. 1960. D. Prior. 19/12. 1956. — **C. 1959.** 12060 [D. A. S. 1 045 364].)

Imperial Chemical Industries Ltd., London, England, *Färben und Drucken von Cellulosetextilien*. (**Oe. P. 202 103** vom 12/12. 1957, ausg. 10/2. 1959. E. Prior. 14/12. 1956. — **C. 1961.** 8123 [E. P. 823 098].)

Farbenfabriken Bayer Akt.-Ges. (Erfinder: **Edgar Enders** und **Hans Holtschmidt**), Deutschland, *Höhermolekulare aliphatische Polysulfoniumverbindungen*. (**F. P. 1 198 266** vom 18/6. 1958, ausg. 7/12. 1959. D. Prior. 19/6. 1957. — **C. 1960.** 3704 [D. A. S. 1 062 014].)

Comp. Française des Matières Colorantes (Erfinder: **Robert Lantz**, Paris, und **Gilbert Krémer**, Ermont), Frankreich, *Herstellung von Diarylaminsulfaminsäuren-(4)*. (**Holl. P. 98 165** vom 13/9. 1954, ausg. 15/6. 1961. F. Prior. 5/10. 1953 u. 23/7. 1954. — **C. 1957.** 13185 [F. P. 1 090 687] u. **C. 1959.** 7962 [F. P. 66 736].)

Sandoz Akt.-Ges. (Erfinder: **Willy Steinemann**), Basel, Schweiz, *Herstellung von Diazofarbstoffen*. (**Schwz. P 355 240** vom 21/12. 1956, ausg. 15/8. 1961. (**F. P. 1 197 032** vom 19/12. 1957, ausg. 27/11. 1959. Schwz. Prior. 21/12. 1956 u. 19/11. 1957. — **C. 1960.** 15916 [D. A. S. 1 074 174].)

Ciba Ltd., Basel, Schweiz, *Acylierte α.α-Dihydroxydiaminoanthrachinone*. (**E. P. 865 809** vom 11/12. 1957, ausg. 19/4. 1961. Schwz. Prior. 21/12. 1956 u. 7/11. 1957. — **C. 1961.** 7041 [F. P. 1 192 353].)

Ciba Ltd., Basel, Schweiz, *Phthalocyaninfarbstoffe.* (**E. P. 865 679** vom 18/3. 1958, ausg. 19/4. 1961. Schwz. Prior. 18/3. 1957. — **C. 1960.** 10072 [A. P. 2 897 207].)

Ciba Ltd., Basel, Schweiz, *Herstellung direkt ziehender Farbstoffe der Triazinreihe.* (**Holl. P. 98 440** vom 24/11. 1955, ausg. 17/7. 1961. Schwz. Prior. 25/11. 1954. — **C. 1958.** 9915 [D. A. S. 1 012 008].)

XIa. Farben. Anstriche. Lacke. Naturharze

Neue Theorie der Anreibung und Dispersion organischer Pigmente in Anstrichfarben. L. Rabardy. (Chim. Peintures **24.** 375—79. Dez. 1961. Soc. de Prod. Chim. e de Synthèse.) (Franz.)

Organophile Pigmentfarbstoffe (Toluidinrot, Metanitranilinorange, Litholrot) sind mit fetten Ölen leicht anreibbar, verlangen jedoch hydrophile Netzmittel beim Anreiben in wss. Bindemitteln (Emulsionsfarben). Hydrophile Pigmentfarbstoffe (Phthalocyaninblau, Permanentrot) sind in wss. Bindemitteln leicht dispergierbar u. verlangen Zusatz von lipophilen Netzmitteln beim Anreiben in öligen Bindemitteln. Indifferente Pigmente (Hansagelb, Phthalocyaningrün) nehmen eine Zwischenstellung ein. Für die Netzmittel existiert eine krit. Dispersionszone. B. SCHEIFELE. 7092□

Kreide, ihre Zubereitung und Verwendung in Volumen-Rezepturen. Edgar Hammond. (Farbe u. Lack **67.** 762—65. Dez. 1961. Welwyn, Hertfordshire, Engl.) (Dt.)

Vf. schlägt vor, an Stelle des in Deutschland am meisten gebrauchten Füllstoffs Schwerspat in vielen Fällen Kreide einzusetzen u. behandelt deren chem. u. physikal. Eigg. u. Anwendungsmöglichkeiten in der Lackindustrie. W. KEMPF. 7096

Warmhärtende Produkte aus Acrylamid-Copolymeren und Formaldehyd. Rober M. Christenson und Donald P. Hart. (Off. Digest Federat. Soc. Paint Technol. **33.** 684—98. Juni 1961. Springdale, Pittsburgh Plate Glass Co., Paint Div. Res. Center.) (Engl.)

Gemische aus 3—25% Acrylamid, Acrylsäure, Methylacrylsäure, Styrol u. Vinyltoluol werden durch Radikalpolymerisation zu niedermol. Copolymeren umgesetzt. Die Vernetzung, welche vom Acrylamid-Geh. abhängt, wird durch Zusatz von alkohol. Formaldehyd-Lsg. im schwach sauren Medium durchgeführt. Die NH_2-Gruppen setzen sich mit CH_2O zu Methylol-Verbb. u. diese mit sich oder Alkoholen zu lösl. Äther- oder Methylen-Verbb. um. Diese Syst. sprechen sowohl auf saure Härter als auch auf Wärme an. Wärmehärtung bei 150—180° führt zu außerordentlich lösungsmittelfesten Filmen. Die Geschmeidigkeit, Härte, chem. Resistenz u. andere Eigg. hängen von den ausgewählten Monomeren ab. — 17 Literaturangaben. H.-J. TASCHOW. 7096□

Epoxidharze in warmhärtenden Acrylaten. Douglas D. Applegath. (Off. Digest Federat Soc. Paint Technol. **33.** 737—46. Juni 1961. Midland, Dow Chem. Co., Coatings Techn. Serv. Dep.) (Engl.)

Viele vernetzte Acrylsäure-Derivv. können mit Epoxidharzen in der Wärme ausgehärtet werden. Während dickfl. phenol. Epoxidharze wegen ihres Lsgm.-Bedarfes u. der Filmsprödigkeit ungeeignet sind, werden gewisse fl. aliphat. Epoxidharze eingesetzt. Die so erhaltenen Filme werden kaum geritzt H.-J. TASCHOW. 7096□

Warmhärtende Anstrichstoffe auf der Basis von Acrylsäure–Copolymeren, die mit bifunktionellen Epoxidverbindungen vernetzt sind. James D. Murdock und Gordon H. Segall. (Off. Digest Federat. Soc. Paint Technol. **33.** 709—18. Juni 1961. Quebec, Canad. Ind. Ltd., Central Res. Labor.) (Engl.)

Vff. stellten aus Styrol, Acrylsäure-, Methylacrylsäureestern, Acrylsäure u. Methylacrylsäure Copolymere her u. vernetzten diese mit Diphenol–Epichlorhydrin-Kondens.-Produkten. Anstriche auf der Basis dieser Harze besitzen hervorragende Haftfestigkeit, sind im unpigmentierten Zustand farblos, haben chem. Beständigkeit u. sind beständig gegen Fette u. heiße Lösungsmittel. Lsgm.-Einw. bei 160° werden 6 Std. lang ohne merkliche Veränderungen ertragen. Unpigmentierte freie Filme besaßen folgende mechan. Eigg.: Zerreißfestigkeit 0,77 kp/cm^2, Bruchdehnung 5%, E-Modul $1{,}9 \cdot 10^4$ kp/cm^2. H.-J. TASCHOW. 7096□

Probleme des Untergrundes beim Anstrich. J. Lagreula. (Trav. de Peinture **16.** 299—302. Sept. 1961. Usines de la Seigneurie.) (Franz.)

Behandelt werden Haftfähigkeit der Anstrichfarben auf verschiedenen Untergründen, bes. auf Metallen u. Wahl geeigneter Farbmaterialien. B. SCHEIFELE. 7106□

Harnbeständige Anstrichsysteme. W. Köhler. (Farbe u. Lack **67.** 758—61. Dez. 1961. Berlin.) (Dt.)

Vf. berichtet über Unterss. bzgl. Korrosionsschutz von Stahl durch verschiedene Anstrich-Syst. gegen Einw. von menschlichem u. tier Harn. Ein Überzug auf Epikotebasis bewährte sich am besten. L. KEMPF. 7106

Bewertung von Testfarben für Straßenmarkierungen. Andrew Schor. (Paint Varnish Product. **51.** Nr. 10. 55—58. Sept. 1961. Chicago, Ill., Velsicol Chem. Corp.) (Engl.)

Bericht über Labor.- u. Feld-Verss. mit Straßenmarkierungsfarben auf der Basis von Vinyltoluolharz–Chlorparaffin, Chlorkautschuk–Harz–Öllack u. Chlorkautschuk–Alkydharz, wobei KW-Harze („Velsicol resins") als Komponenten der Bindemittel herangezogen wurden. B. SCHEIFELE. 7106□

Kunstkautschukharze in Markierungsfarben. Russell H. Bellew. (Paint Varnish Product. **51.** Nr. 10. 47—49. Sept. 1961. Akron, Ohio, Goodyear Tire & Rubber Co., Chem. Div., Coating Dep.) (Engl.)

Straßenmarkierungsfarben auf der Basis von synthet. Kautschukharzen (Pliolite resins) besitzen gute Pigmentverträglichkeit, rasche Trockenfähigkeit u. liefern abriebfeste, gut haftende Überzüge, die wetter- u. alkalibeständig sind u. auf Asphalt nicht ausbluten. B. SCHEIFELE. 7106□

Oberflächentrocknung von Leinöl-Emulsionsanstrichen. A. W. Schwab, W. L. Kubie, J. A. Stolp, J. C. Cowan und H. M. Teeter. (Off. Digest Federat. Soc. Paint Technol. **33.** 747—58. Juni 1961. Peoria, Ill., U.S. Dep. of Agric., Northern Reg. Res. Labor.) (Engl.)

Vff. studierten das Trocknungs-Verh. von Leinölemulsionsanstrichen bei 25—28° u. 40—60% relativer Luftfeuchte durch Bestreuen mit Sand. Als Staubtrockenzeit galt die Zeit, während der der aufgestreute Sand nicht abgebürstet werden konnte. Außerdem wurde die Beständigkeit gegen erosive Wasserbeanspruchung u. im Stand-Vers. gegen W. geprüft. Die Anstriche waren innerhalb einer ½ Std. nach der Aufbringung staubtrocken. Emulsionsanstrichstoffe lieferten gegenüber reinen Ölfarben poröse Oberflächen. Die Oberflächentrocknung hängt vom Ansatz u. dem Pigment–Öl-Verhältnis ab. Dagegen sind geringe Änderungen der Wassermenge oder das Eindickungsmittel ohne Einfluß. Ionenhaltige Anstrichstoffansätze hatten den Nachteil einer geringen Wasserfestigkeit. Eine Verbesserung war durch Zusatz von Hydroxyäthylcellulose möglich. H.-J. TASCHOW. 7106□

Anstriche auf der Basis von Acrylamid–Copolymeren. H. A. Vogel und H. G. Bittle. (Off. Digest Federat. Soc. Paint Technol. **33.** 699—708. Juni 1961. Springdale, Pittsburgh Plate Glass Co., Paint Div. Res. Center.) (Engl.)

Vff. berichten über die Leistungsfähigkeit von Acrylamidcopolymeren in Anstrichen u. stellen Vgl. mit Alkyd–Melaminharz-Anstrichen an. Die Anstrich-Eigg. können durch Wahl der monomeren Ausgangs-Prodd. für die Harze in weitem Maße industriellen Bedürfnissen angepaßt werden. Härte, Schlagfestigkeit, Beständigkeit u. Korrosionsschutz-Wrkg. der Anstriche hängen stark von den Einbrennbedingungen ab. Die Verfilmungs-Temp. liegt höher als bei Alkydharzanstrichen. Anstriche auf der Basis von Acrylamidkopolymeren sind ohne modifizierende Zusätze hart, sehr elast., schlagfest u. hervorragend außenbeständig. Ihres polaren Charakters wegen sind die Harze gut benetzend u. erlauben mit hohen Pigmentbeladungen wirtschaftliche Anreibung. Als Pigmente sind diejenigen geeignet, die sich unter den Anwendungsbedingungen inert verhalten. H.-J. TASCHOW. 7106□

Überzüge aus mit Aminharzen vernetztem Polyacrylat. John C. Petropoulos, Charles Frazier und Leonard E. Cadwell. (Off. Digest Federat. Soc. Paint Technol. **33.** 719—36. Juni 1961. Stamford, American Cyanamid Co., Plastics and Resin Div., Res. Labor.) (Engl.)

Vff. stellten aus Copolymeren des Acrylamids, Methylacrylamids, des β-Hydroxyäthylacrylsäure-, β-Hydroxymethacrylsäure-, Butylacrylsäure- u. Butalmethacrylsäureesters, Styrols, p-Äthylstyrols, m-(p)-Methylstyrols, die mit Melamin- oder Guanidin-Formaldehyd-Harzen vernetzt wurden, neue warmhärtende Syst. her. Vgl. mit konventionellen warmhärtenden Lacken zeigten, daß Filme mit β-Hydroxyäthylmethacrylsäureester die besten Eigg. besaßen. Die Vff. versuchen Beziehungen zwischen den Eigg. der Copolymeren, ihrer chem. Zus. u. Struktur herzustellen. — 15 Literaturangaben. H.-J. TASCHOW. 7106□

Bewitterungsprüfungen in der Farben- und Lackindustrie. H.-J. Klingner. (Plaste u. Kautschuk **8.** 532—34. Okt. 1961. Leipzig, VEB Farben- u. Lackfabrik, Zentrallabor.) (Dt.)

Berichtet wird über die bei natürlicher Bewitterungsprüfung von Anstrichen gesammelten Erfahrungen hinsichtlich Aufbau u. Standort der Prüfstände, Befestigung u. Ausführung der Prüftafeln sowie Auswertung der Resultate. B. SCHEIFELE. 7158□

Vergleichende Untersuchungen über Trocknungsprüfmethoden für Anstriche. Werner Funke. (Farbe u. Lacke **67.** 748—58. Dez. 1961. Stuttgart, Forsch.-Inst. für Pigmente u. Lacke.) (Dt.)

Der Trocknungsverlauf einer Reihe chem. u. physikal. trocknender Anstrichtypen wird mit verschiedenen subjektiven u. objektiven Trocknungsprüf-Meth. verfolgt u. die erhaltenen Wertungen bzw. Meßwertkurven miteinander verglichen u. diskutiert. L. KEMPF. 7158

Die Analyse von Terpentinöl mittels Chromatographie in der Gasphase. G. Brus, P. Legendre und G. Niolle. (Ann. Falsificat. Fraudes **54.** 142—50. März 1961. Bordeaux, Fac. des Sci., Inst. du Pin.) (Franz.)

Zur Gaschromatographie von Terpentinöl dient ein Gerät, dessen U-förmige chromatograph. Säule mit 30% Silicon imprägniertes Celit enthält u. in einem Ofen auf 120° erhitzt wird. Als Trägergas dient N_2, als Anzeigegerät ein in eine WHEATSTONEsche Brücke eingebauter Wärmeleitfähigkeitsdetektor, dessen Widerstand vom mit N_2 eluierten Gas geändert wird. In einer Parallelzelle wird die von N_2 allein bewirkte Widerstandsänderung gemessen. Die registrierte Differenz gestattet die Identifizierung der Bestandteile des Terpentinöls, wobei die Fläche der aufgezeichneten Bande der Menge der Bestandteile proportional ist. Mit Hilfe von Eich-Lsgg. lassen sich in Terpentinöl α-Pinen, β-Pinen, Limonen u. Δ_3-Caren bestimmen. Beispiele zeigen die Genauigkeit des Verfahrens. W. WESLY. 7160□

Ciba Soc. An., Schweiz, **Herstellung von Küpenfarbstoffpigmenten** aus einem feuchten oder trocknen Rohpigment durch Vermahlen mit einem wss. organ. Lsg., z. B. einem in W. lösl. Alkohol, wie Isopropylalkohol (**II**), u. anschließendes Entfernen des Lsgm. unter Gewinnung eines pulverförmigen Pigments. — 25 (Teile) des Farbstoffs **I** werden mit 250 **II** in einer Kugelmühle bis zur Teilchengröße 0,5 bis 2 μ gemahlen. Danach wird unter vermindertem Druck zur Trockne gedampft, oder der Alkohol wird unter Atmosphärendruck abdestilliert. Man erhält 25 eines trocknen Pigments, das sich leicht mit Firnis verarbeiten läßt. (**F. P. 1 181 045** vom 9/8. 1957, ausg. 11/6. 1959. Schwz. Prior. 14/8. 1956 u. 16/7. 1957.) M. F. MÜLLER. 7093

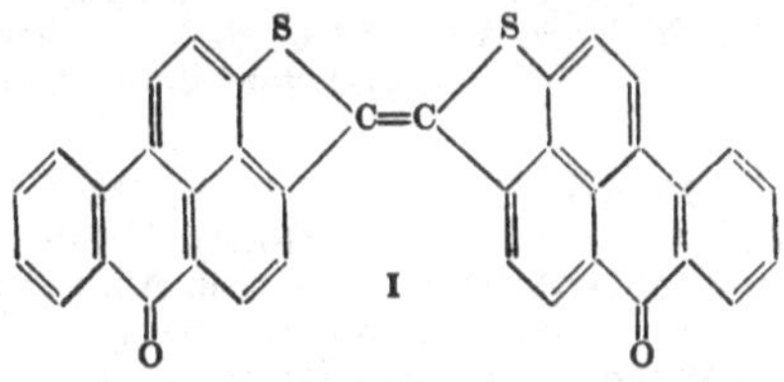

I

Esso Research and Engineering Co., Elizabeth, übert. von: Joseph F. Nelson, Rahway, John F. McKay, Cranford, Lester M. Welch, Madison, und Donald F. Koenecke, Elizabeth, N.J., V.St.A., **Synthetische, trocknende Öle** werden durch Copolymerisation von 75—85% Butadien-(1.3) u. 25—15% Styrol in Ggw. von Na-Katalysator bei 20—100° gewonnen. Die Prodd. werden als filmdünne Schicht zwischen 2 Metallschichten aufgetragen u. Trocknen beim Erhitzen unter Luftausschluß auf 550—5000° F in einer Zeit von 3 Min. bis > 1 Sekunde. (**Can. P. 551 262** vom 31/3. 1952, ausg. 7/1. 1958. A. Prior. 22/10. 1951.) EBERHARD RIEDEL. 7097

Canadian Titanium Pigments Ltd., Montreal, Quebec, Canada, übert. von: Harry H. Beacham, Plainfield, N.J., V.St.A., **Anstriche** bestehen aus 1—6 Teilen eines trocknenden Öls, bes. Chinaholzöl, dehydriertem Rizinusöl oder Oiticicaöl, je Teil eines öllösl. Harzes, bes. Phenolharzen oder modifizierten Alkydharzen, u. 2—10 (Gew.-%) eines Alkaltitanats aus unsubstituierten C_{2-20}-Alkoholen oder eines Alkoxytitanmonoacylats, wie Tributoxytitanmonoeläosterat. (**Can. P. 551 892** vom 7/6. 1952, ausg. 21/1. 1958. A. Prior. 9/6. 1951.) EBERHARD RIEDEL. 7107

Joh. A. Benckiser G. m. b. H., Chemische Fabrik, Ludwigshafen/Rh. (Erfinder: Ernst Höger, Ludwigshafen/Rh., und Heinz Ballreich, Neulußheim), **Anstrichmittel auf der Basis von trocknenden Ölen** u. Lackkunst- u. -naturharzen enthalten keine handelsüblichen Sikkative, sondern vielmehr geringe Mengen salzartiger Verbb. von Schwermetallen wie Co, Fe, Mn, Pb, Zn, Cu mit polymeren Phosphorsäuren. Die Anstrichfilme zeigen erhöhte Lebensdauer, geringe Gilbung u. bessere Haftung. (**D. A. S. 1 113 996** Kl. 22h vom 28/5. 1957, ausg. 21/9. 1961.) M. BÖTTCHER. 7107

Süddeutsche Kalkstickstoff-Werke Akt.-Ges., Trostberg/Obb. (Erfinder: Franz Kaes, Traunstein, Horst Michaud und Rudolf Mitteldorf, Trostberg/Obb.), **Kombinationslacke,** bes. Einbrennlacke, enthalten a) fettsäuremodifizierte Alkydharze (I), Epoxyharze oder I u. Nitrocellulose, sowie b) Harze aus hydrierten Benzoguanaminen u. Aldehyden wie Formaldehyd, z.B. ein Tetrahydrobenzoguanaminharz als Filmbildner; die Lackfilme sind von erhöhtem Glanz, erhöhter Härte u. Elastizität. (**D. A. S. 1 114 266** Kl. 22h vom 4/5. 1959, ausg. 28/9. 1961.)

M. BÖTTCHER. 7107

E. I. du Pont de Nemours & Co., V.St.A. (Erfinder: Boynton Graham), **Überziehen von Oberflächen organischer Polymerer mit anderen Stoffen und deren Befestigung.** Auf Polymere, wie Kautschuk, synthet. Kautschuk, Polyäthylen, Polyvinyl- u. -acryl-Verbb., Polyester, nachchlorierte Polymere, Cellulose, Polyäthylenoxyd, Nylon, Wolle, Seide, Baumwolle, Silicone, bringt man davon verschiedene Polymere oder einfache Verbb., wie Chlf., sek. Alkohole, Maleinsäureanhydrid, u. bestrahlt beim Aufbringen oder nachher mit ionisierenden Partikelstrahlen mit 15—50000 eV u. einer Minimaldosis von 0,01 W–s/cm^2, wobei das Strahlenbündel die Überzugsschicht durchdringen muß nach der Gleichung $A = 1{,}92 \cdot D^{0{,}725}$ (A = die von dem Überzug absorbierte Strahlung in Millionen eV; D = Gew. des Überzuges in g/cm^2). — Man benetzt einen Polyäthylenfilm von 0,0508 mm Dicke mit einer Lsg. von 0,5 g Palmitinsäure in 49,5 g Ae., entfernt den Ae. u. bestrahlt im Vakuum mit Elektronen von 50 eV u. 25—50 μA bis zu einer Gesamtdosis von 0,2 W–s/cm^2. — Entsprechend kann man Polyäthylenoxyd mit Polyäthylen überziehen. (**F. P. 1 177 779** vom 20/5. 1957, ausg. 29/4. 1959. A. Prior. 5/6. 1956.) M. PANKOW. 7107

Bataafse Petroleum Mij. N. V., Den Haag, Holland, **Mischpolymerisate aus Mesityloxyd und Diolefinen,** bes. Butadien, erhält man durch Polymerisation einer Lsg. von Butadien in Mesityloxyd, die bei —59 bis Zimmer-Temp. hergestellt worden ist, bei 75—175° mit oder ohne Katalysator (Peroxyde). — Leichtfl. bis viscose Prodd. vom Molgew. 700—5000, die als *hitzehärtbare Überzüge,* bes. für Metalle, verwendet werden. (**E. P. 869 750** vom 23/4. 1959, ausg. 7/6. 1961. A. Prior. 25/4. 1958.)

L. STADELMANN. 7107

Ferro Corp., Cleveland, übert. von: Eugene E. Bryant, Beachwood Village, und Carl J. Reiff, Rocky River, Ohio, V.St.A., **Korrosionsschutzüberzüge für eiserne Auspufftöpfe.** Eiserne Auspufftöpfe für Automobile oder dgl. sind außen mit einem auf einer stromlos erzeugten Ni-Plattierung aufgebrachten Email überzogen. Die innere Oberfläche der Töpfe besteht aus einem Ni- u. Fe-haltigen Oxydgemisch, wie es beim Erhitzen einer stromlos erzeugten Ni-Plattierung während des Emaillierens entsteht. — Abbildungen. (**A. P. 2 975 072** vom 9/12. 1958, ausg. 14/3. 1961.)

HANS HOFFMANN. 7107

Clarence Patrick Healy, **Rostschutzfarbe,** bestehend aus einer Dispersion von Zn-Staub in einer K-Phosphat-Lsg. mit einem pH-Wert von < 10, der eine $\geqq 1\%$ ig. Lsg. eines wasserlösl. Sulfits, Bisulfits, Hydrosulfits, Metabisulfits, Sulfids, Bisulfids, Hydrosulfids, Hyposulfats u./oder Thiosulfats zugesetzt wird, z. B. 110—170 ml einer Lsg. mit einer Dichte von 1,25—1,35 u. 500 g Zn-Staub. (**Aust. P. 229 186** vom 20/6. 1957, ausg. 4/8. 1960.) C. LÜTTGEN. 7107

E. I. du Pont de Nemours & Co., V.St.A. (Erfinder: Leonard Edward Amborski), **Herstellung von linearen Polyterephthalatfolien.** Man streckt lineare amorphe Polyterephthalatfolien um das 1,5—3fache in einer Richtung u. das 3,7 bis 5fache in der Querrichtung bei 80—120° u. härtet die gereckte Folie bei 150—200° unter Spannung: Verbresserte Zugfestigkeit u. verbesserter Elastizitätsmodul. — Folien für *Tonbänder,* zur Herst. *elektr. Motoren, Transformatoren, Kondensatoren,* für *Meßbänder.* (**F. P. 1 188 651** vom 29/11. 1957, ausg. 24/9. 1959. A. Prior. 20/12. 1956.)

M. PANKOW. 7107

Louis Chaussade, Maurice Chaussade und André Chaussade, Frankreich, **Bedrucken von Materialien aus Polyäthylen und Derivaten davon** unter Verw. eines Gemisches aus 35 (%) einer höhermol. Fettsäure, 35 eines organ. Pigments, 20 Lsgm., z. B. Diäthylenalkohol, u. 15 Verdünnungsmittel, z. B. Benzylalkohol. (**F. P. 1 200 398** vom 29/5. 1958, ausg. 21/12. 1959.) M. F. MÜLLER. 7107

Schering Akt.-Ges., Deutschland, *Thixothropierungsmittel.* (**F. P. 1 211 912** vom 22/12. 1958, ausg. 18/3. 1960. D. Prior. 31/12. 1957. — C. **1960.** 3709 [D. A. S. 1 053 179].)

Farbenfabriken Bayer Akt.-Ges., Deutschland (Erfinder: **Walter Krauss** und **Gerhard Mennicken**), *Verlaufmittel für Farben und Lacke.* (**F. P. 1 214 011** vom 14/1. 1959, ausg. 5/4. 1960. D. Prior. 15/1. 1958.— C. **1961.** 8491 [D. A. S. 1 092 585].)

Farbenfabriken Bayer Akt.-Ges., Deutschland (Erfinder: **Wilhelm Bunge, Otto Bayer** und **Karl Heinz Mielke**), *Polyesterlacklösungen zum Einbrennen von Drahtlacken.* (**F. P. 1 212 877** vom 30/9. 1958, ausg. 28/3. 1960. D. Prior. 1/10. 1957. — C. **1960.** 7352 [D. A. S. 1 067 549].)

Farbenfabriken Bayer Akt.-Ges., Leverkusen, *Lacke und Klebmittel.* (**E. P. 866 857** vom 9/4. 1959, ausg. 3/5. 1961. D. Prior. 10/5. 1958. — C. **1961.** 312 [D. A. S. 1 074 179].)

Ciba Akt.-Ges., Basel (Erfinder: **Paul Zuppinger**, Arlesheim, und **Gustav Widmer**, Basel), Schweiz, *Herstellung einer bei Zimmertemperatur durchhärtenden Masse.* (**Schwz. P. 352 137** vom 16/7. 1956, ausg. 30/3. 1961. — C. **1960.** 4365 [Jap. A. S. 3542/1958].)

XIb. Plaste (Kunstharze. Plastische Massen)

Die Alterung von Kunststoffen. P. Dubois und J. Hennicker. (Plastics **25.** 428—30. Okt. 1960. **25.** 474—78. Nov. 1960; **26.** 115—16. Jan. 1961. Paris, C. E. M. P., Physik. Chem. Dep.) (Engl.)

Die für die Alterung von Kunststoffen verantwortlichen inneren (strukturellen) u. äußeren Faktoren (wie therm., chem. u. mechan. Beanspruchung) u. ihre Beeinflussung (Vorbeugung u. Schutz vor Alterung) sowie Herst. von Materialien, Bedingungen u. Meth. für beschleunigte Alterungsprüfung u. Verff. zur Auswertung von Alterungs-Unterss. werden erörtert. R. SCHÄFF. 7170□

Polymere Materialien für Modelle zur polarisations-optischen Methode der Untersuchung von Spannungen. N. A. Schtschegolewskaja, W. P. Netrebko, I. A. Skory und Ss. I. Ssokolow. (Известия Высших Учебных Заведений, Химия и Химическая Технология [Hochschulnachr., Chem. u. chem. Technol.] **2.** 280—86. 1959. Moskau, Inst. für chem. Maschinenbau und Lomonossow-Univ.) (Russ.)

Als Grundlage für die Entw. opt. empfindlicher Materialien dienten Prodd. der Copolymerisation ungesätt. Polyester u. Monomerer. Als Ausgangsmaterial für die Polyester wurden außer Diäthylenglykol, Sebacin- (**I**) u. Maleinsäure, Phthalsäureanhydrid (**II**) u. Terephthalsäure, Holz (**III**)-, Lein (**IV**)- u. Ricinusöl (**V**) u. Kaprolactam (**VI**) verwendet. Als Monomere wurden Styrol (**VII**), Methylmethacrylat (**VIII**) u. Acrylonitril (**IX**) angewandt. Ersatz der **I** durch Terephthalsäuredimethylester ist ohne Einfl. auf die opt.-mechan. Eigg. des Materials. Ersatz von **I** durch **III**, **IV** u. **V** u. Polymerisation mit **VII** u. **VII/VIII**-Gemisch hat weichmachende Wrkg., in anderen Fällen ist sie infolge Änderung der Doppelbindung u. der Hydroxylgruppe gering. **III** u. **IV** wirken als Weichmacher u. erniedrigen den Elastizitätsmodul. **VI** erniedrigt etwas den Elastizitätsmodul u. die opt. Aktivität u. ändert stark die Kinetik der Polymerisation. **IX** erhöht den Elastizitätsmodul u. erniedrigt die opt. Aktivität. Zur Erhöhung des Elastizitätsmoduls ist eine Erhöhung des **II**-Geh. in den Polyestern u. Erhöhung des Polyester-Geh. im Gemisch mit den Monomeren erforderlich, zur Erhöhung der opt. Aktivität eine Erhöhung des **VII**-Geh. im Gemisch der Monomeren. **IX** erniedrigt die opt. Aktivität, wobei der Elastizitätsmodul erhöht wird. J. v. SCHROEDER. 7170□

Bedeutung der Schrumpfung beim Spritzguß von Niederdruck-Polyäthylen. Beuschel und Peters. (Ind. Plast. mod. **13.** Nr. 6. 33—39. Juli 1961. Nr. 7. 37—42. Aug./Sept. Frankfurt-Höchst, Farbwerke Hoechst AG.) (Franz.)

Der Spritzguß von Niederdruck-Polyäthylen (**I**) kann infolge von Kristall-Bldg. beim Erstarren zu Schrumpfungen führen. Diese werden von der Temp. der Spritzform, der Fließbarkeit des **I**, der Füll-Geschw. der Spritzform, der Dauer der Formung u. bes. der **I**-Strömungsrichtung beeinflußt: die Schrumpfung ist in dieser höher als in der dazu senkrechten Richtung. Die Schrumpfung führt zu inneren Spannungen, die die Qualität der Spritzgußgegenstände schädigen. Zur Ermittlung dieser Spannungen, die zu Rissen führen können, dient bes. die Spaltprüfung. Um die inneren Spannungen auf ein Mindestmaß zu beschränken, soll das **I** möglichst heiß u. rasch in die Spritzform gelangen, wozu hohe Einspritz-Temp. u. große Strömungsquerschnitte empfohlen werden. Geeignete Spritzformen werden beschrieben. W. WESLY. 7172□

Polymerisation von Vinylmonomeren in Kautschuklatices. P. W. Allen, C. L. M. Bell und E. G. Cockbain. (Rubber Chem. Technol. **33.** 825—33. Juli/Sept. 1960. Welwyn Garden City, Herts., Brit. Rubber Prod. Res. Assoc.) (Engl.)

Vff. führten eine kinet. Unters. der Polymerisation von Styrol (**I**), Methacrylsäuremethylester (**II**) u. homologen Methacrylestern in Naturkautschuklatex durch (Azoisobutyronitril bzw. Ammoniumpersulfat als Katalysatoren) u. erörtern einige anormale Merkmale dieser Polymerisationen. Bei **I** u. **II** treten Induktionsperioden auf, die mit steigender Katalysator-Konz. abnehmen. Der Einfl. der Katalysator-Konz. auf die Umsatz-Geschw. u. die Änderung der Polymerisations-Geschw. mit dem Monomerumsatz werden bei den einzelnen Syst. erörtert. R. SCHÄFF. 7172□

Stabilisierungssysteme von Polyvinylchlorid. G. Solé Nolla. (Rev. Plásticos **10** 14—18. Jan./Febr. 1959. AICAR, Labor. de Invest.) (Span.)

Die von Stabilisatoren für Polyvinylchlorid zur Erhöhung seiner Wärme- u. Lichtbeständigkeit geforderten Eigg. u. die in Frage kommenden Kombinationen werden erörtert. Für die verschiedenen Typen werden 23 Zusatz-Syst. angegeben, deren Wrkg. an Filmen bei 185—190° mit 10—60 Min. Prüfzeit untersucht wird. Als organ. Salze werden vor allem gemischte Laurate (Ba–Cd, Sr–Zn), Stearate von Cd u. Zn u. Ca-Ricin-

oleat verwendet. Bei einigen Syst. werden Chelantien u. Epoxygruppen enthaltende Öle u. Ester, Pb-Phosphite, Bisphenol, Diphenylthioharnstoff, Monophenylharnstoff oder niedrigmol. Polyäthylen zugesetzt. 13 im Handel befindliche Präpp. werden genannt.
R. K. MÜLLER. 7172□

Spezialfolien für bessere Formungsqualität. Glasklare PVC-Folien-Eigenschaften und Verarbeitung durch Vakuum-Formung. Willi Neitzert. (Plastverarbeiter **11.** 177—80. April 1960. Lindenfels/Odenwald.) (Dt.)

Kalandrierte glasklare Folien aus Suspensions- u. Emulsions-PVC sowie aus Vinylchlorid–Vinylacetat-Mischpolymerisat werden in ihren Verabreitungs-Eigg. verglichen.
H. DRECHSEL. 7172□

Die Mischpolymeren des Vinylchlorids. 7. Mitt. Copolymere mit halogenierten Monomeren. P. L. Sbrolli und L. Lucchetti. (Materie plast. **27.** 801—09. Aug. 1961.) (Ital.) — 6. vgl. C. **1960.** 7046.

Eigg., Merkmale u. Anwendung von Vinylchlorid-Mischpolymeren mit halogenierten Monomeren. B. SCHEIFELE. 7172□

Harte Epoxidschäume mit geringer Dichte. R. P. Toohy. (Chem. Engng. Progr. **57.** Nr. 10. 52—54. Okt. 1961. Shell Chem. Co.) (Engl.)

Die neuen Epoxidharze entstehen durch Umsetzung von Bisphenol-A (eine Polyhydroxyl-Verb.) u. Epichlorhydrin. Zum Verschäumen der Harze (Viscosität 40 p bei 77° F) wird CCl_3F verwendet. Der Schaum neigt wenig zum Zerfall u. ebenso wenig das Harz zu weiteren Polymerisationen unter der Einw. der Luft. Weitere Eigg. sind: schlecht wärmeleitend, unbrennbar, wenig giftig, billig u. vielseitig verwendbar, hauptsächlich zu Isolierzwecken. F. ROSENDAHL. 7176□

Polyester-Preßmischungen; neue Gesichtspunkte. J. Newton. (Ind. Plast. mod. **13.** Nr. 7. 29—32. Aug./Sept. 1961. B.I.P. Chem. Ltd.) (Franz.)

Einige Probleme u. deren Lösungen bei neuartigen Anwendungen von Polyestermischungen werden erörtert. R. SCHÄFF. 7176□

Thermische stabilisierende und verbessernde Behandlungen an gegossenen Stücken von Polyamiden (Nylon). Jesús Calvo Gómez. (Rev. Plásticos **10.** 2—12. Jan./Febr. 1959. Galdácano, Ceplástica.) (Span.)

Bei Gußstücken aus Polyamiden ist mit inneren Spannungen durch die plötzliche Abkühlung der Masse an der Formwand zu rechnen. Eine dimensionsstabilisierende Behandlung besteht im gleichmäßigen Erwärmen der ganzen Masse auf eine Temp. unter dem F. mit nachfolgender sehr langsamer Abkühlung; beim Erwärmen steigt der F. u. geht beim Abkühlen wenig zurück. Eine solche Behandlung kann in hochsd. Mineralölen durchgeführt werden. Zur Erzielung einer günstigen Oberflächenbeschaffenheit wird Erhitzen der Oberfläche über den F. (am besten mit IR-Strahlung) ohne Erweichen des Inneren, wieder mit nachfolgender sehr langsamer Abkühlung empfohlen. Dadurch wird eine starke Zunahme des Kristallinitätsgrades erzielt. Die Behandlung kann auch mit inerten heißen Gasen erfolgen, jedoch ist IR-Strahlung besser dosierbar.
R. K. MÜLLER. 7180□

Kontinuierliches Verfahren zur Herstellung von vorpolymerisierten Urethanschäumen. J. R. Wall. (Chem. Engng. Progr. **57.** Nr. 10. 47—51. Okt. 1961. General Motors Co.) (Engl.)

Vf. beschreibt das Verf. zur Herst. von Vorpolymeren, die durch Umsetzung von Polyglykoläthern mit Toluyldiisocyanaten erhalten werden. Die dabei ablaufenden chem. Rkk. werden dargestellt, die techn. App. beschrieben u. die Einsatzmöglichkeiten der Schäume erörtert. F. ROSENDAHL. 7180□

Verschäumen — ein neues Verfahren zur Erzeugung von Urethanschäumen. R. E. Knox. (Chem. Engng. Progr. **57.** Nr. 10. 40—46. Okt. 1961. Du Pont Co.) (Engl.)

Vf. beschreibt den Chemismus der Urethanschäume u. die Technik ihrer Herst. durch Verschäumen. Das neue Verf. besteht darin, daß in reaktionsfähige Polyurethane unter hohem Druck flüchtige Fll. eingepreßt werden u. daß nach gutem Vermischen der Komponenten eine Druckentlastung vorgenommen wird, so daß ein Aufblähen der Masse eintritt. Eine nachfolgende Ausdehnung ergibt einen Schaumstoff geringer Dichte, dessen Qualität sich mit der anderer Schaumstoffe in gutem Einklang befindet.
F. ROSENDAHL. 7180□

Vulkollan — Eigenschaften und Anwendung in der Technik. U. Knipp. (Kautschuk u. Gummi **13.** Nr. 9. WT 278—WT 282. Sept. 1960. Leverkusen, Farbenfabriken Bayer A. G., Anwendungstechn. Abt.) (Dt.)

Die physikal. u. chem. Eigg. von Vulkollan, einem kautschukelast. Werkstoff mit Härten zwischen 65 u. 96 Shore A, u. die daraus resultierenden Anwendungen (als Beispiele: Kupplungen, Lager, Zahnräder, schwingungsdämpfende Befestigungen, Dichtungen u. verschleißfeste Beläge) werden erörtert. R. SCHÄFF. 7204□

Wärmeleitfähigkeit von Schaumplasten. Richard E. Skochdopole. (Chem. Engng. Progr. **57.** Nr. 10. 55—59. Okt. 1961. The Dow Chem. Co.) (Engl.) Da die Schaumstoffe einen erheblichen Anteil an Luft enthalten, ist die Feststellung der Wärmeleitfähigkeit erschwert, so daß sich Vf. zunächst mit dem Mechanismus des Wärmetransportes in Schaumstoffen befaßt. Der Einfl. von Dichte, Größe der Zellen, Zus. des Polymerisates u. des verschäumenden Gases auf diesen Mechanismus wird erörtert. sowie die Einw. von Temp. u. Nachbehandlung analysiert. Die Wärmeleitfähigkeit für Polystyrol (Luft als Schaummittel) wird mit k = 0,30 u. von Polyurethan (CCl_3F als Schaummittel) mit k = 0,12 angegeben. — 17 Zitate. F. ROSENDAHL. 7210 □

T. I. (Group Services) Ltd., England, **Polymerisation** von Verbb. der Formel $R^1(R^2)C:C(R^3)R^4$ (R^1—R^4 = Alkyl-, Aryl-, Alkenyl-, Alkinyl-, Alkoxy-, Acyl-, Keto-, OH-, COOH-, Carbalkoxy-, Amido-, Aminorest, Halogen, Sulfonyl-, Nitrilgruppe, jedoch 2 oder 3 der Reste R^1—R^4 = H) oder Verbb. mit cycl. oder heterocycl. Ringen mit 3 oder 4 Gliedern, z. B. Isobutylen, Isopren, Styrol, α-Methylstyrol, Dichlormethyloxacyclobutan, Äthylenoxyd. Man bestrahlt die Verbb. bei —50 bis —200° mit Strahlen großer Energie (γ-Strahlen, Elektronenstrahlen), wobei man die Wrkg. durch Anwendung von 5—10 Gew.-% von Sensibilisatoren, wie Si-, Zn-, Mg-, Co-, As-, Al-, Oxyd, erhöhen kann. Die bei Raum-Temp. zugesetzten Polymerisationsverzögerer sind bei diesem Verf. wirkungslos. — 40 (Gew.-Teile) Isobuten, das frisch dest. u. von Gasen befreit ist, wird bei —80° mit dem VAN DE GRAAFF-Beschleuniger mit 25 Megarad bestrahlt: Gummiartiges *Polyisobuten*; Molgew. 56000. (**F. P. 1 183 839** vom 3/10. 1957, ausg. 15/7. 1959. E. Prior. 4/10. 1956.) M. PANKOW. 7171

E. I. du Pont de Nemours & Co., V.St.A. (Erfinder: Warren Froemming Busse), **Herstellung modifizierter Hochmolekularer,** wie linearer Polyamide, Vinylidenhalogenidpolymerer, Polyvinylacetale, polymerer halogenierter u. halogensulfonierter 1-Alkene u. anderer Polyvinyl-Verbb. durch Bestrahlung mit Korpuskularstrahlen großer Energie zusammen mit Tetrafluoräthylen, Hexafluorpropen, Perfluorcyclobuten, Vinylfluorid oder Vinylidenfluorid, die man in Mengen von ca. 0,01—1% in Gasform anwendet. — So bestrahlt man z. B. Polyäthylen in Tetrafluoräthylengas-Atmosphäre mit dem VAN DE GRAAFF-Generator mit 2 MeV unter Anwendung von 5 Bestrahlungen je 50 Mikroampère. Die Anwesenheit des Monomeren verstärkt die Wrkg. der Bestrahlung. — Verbesserung der Wärmefestigkeit der Polymeren u. der Vernetzung. (**F. P. 1 176 631** vom 11/6. 1957, ausg. 14/4. 1959. A. Prior. 11/6. 1956.) M. PANKOW. 7171

American Cyanamid Co., New York, N.Y., übert. von: William B. Hardy und Frederic H. Adams, Bound Brook, N.J., V.St.A., **Herstellung von N-Cyanalkylsulfonyltriazenen** der allg. Formel $R-SO_2-N{=}N-N(R_1)-CH(R_2)-CH(R_3)-CN$ (R = Arylrest aus der Bzl.- oder Naphthalinreihe oder Thiadiazolylgruppe; R_1 = Arylrest aus der Bzl.- oder Naphthalinreihe; R_2 u. R_3 = H oder Alkylrest mit 1—4 C-Atomen) durch Umsetzung eines Diazosulfonamids mit einem Acrylnitril. — *3-[β-Cyanäthyl]-3-phenyl-1-benzolsulfonyltriazen,* aus Acrylnitril u. einer wss.-alkal. Lsg. von N-Phenylazobenzolsulfonamid < 15°. — Analog: *3-[β-*Cyanäthyl]*-3-[p-chlorphenyl]-1-benzolsulfonyltriazen.* — *3-[β-Cyanäthyl]-3-phenyl-1-[p-toluolsulfonyl]-triazen.* — *3-[2'-(Cyanopropyl]-3-phenyl-1-benzolsulfonyltriazen.* — *Blähmittel für plast. Massen.* (**Can. PP. 553 287** u. **553 288** vom 1/12. 1955, ausg. 18/2. 1958. Beide A. Prior. 14/12. 1954.) L. GROSSNER. 7171

Dow Chemical Co., Midland, übert. von: Carl B. Havens, Hope, Mich., V.St.A., **Herstellung von Bis-(salicyl)-benzolderivaten.** Ein Gemisch aus 1 (Mol) Phthalsäuredi-4-chlorphenylester u. einem großen Überschuß von $AlCl_3$ wird zusammen vermahlen u. 15 Min. auf 150° erhitzt. Das Rk.-Prod. wird nach dem Abkühlen fein gemahlen, mit HCl + Eis verrührt, erst mit verd. HCl, dann mit W. ausgewaschen u. schließlich aus einem A.-Toluol-Gemisch (1 : 1) umkristallisiert. Man erhält mit dem F. 197,4—198,4°. — Verwendung zur *Stabilisierung von UV-empfindlichen Polymerisaten* gegen Verfärbung, Dosierung: 0,5—6%. (**A. P. 2 879 258** vom 1/12. 1955, ausg. 24/3. 1959.) A. KALIX. 7171

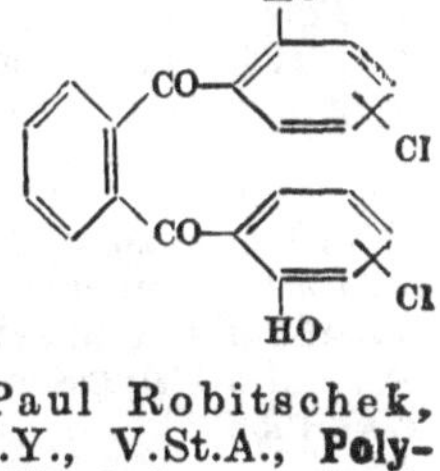

Hooker Chemical Corp., Niagara Falls (Erfinder: Paul Robitschek, Wilson, und Claude Thomas Bean, Niagara Falls), N.Y., V.St.A., **Polyhydroxyverbindungen von Hexahalogenbicyclo-[2.2.1]-heptenen-(5)** erhält man durch DIELS-ALDER-Synth. eines Monoäthers eines mehrwertigen, wenigstens 3 OH-Gruppen aufweisenden Alkohols mit einem ungesätt. Alkohol oder eines Monoesters des zuerst genannten Alkohols mit einer ungesätt. Säure > 100°, bes. bei 125—250° in An- oder Abwesenheit von Lösungsmitteln. — Zum Beispiel erhitzt man 132,3 (g) α-Allylglycerinäther in 250 cm^3 trocknem Monochlorbenzol, 0,132 Hydrochinon u. 306,8 Hexachlorcyclopentadien 48 Std. auf 140—150°, dest. die niedrigsd. Bestandteile bei 150° u. 15 mm Hg ab u. erhält nach der Vakuum-Dest. des Rückstandes 352,4 (87%ig. Ausbeute) (*1.4.5.-6.7.7-Hexachlorbicyclo-[2.2.1]-5-hepten-2-yl)-methyl-3-(1.2-dihydroxypropyl)-äther* als gelb gefärbte Fl., $Kp._1$ 204—214°. — Analog werden erhalten: (*1.4.5.6-Tetrachlor-7.7-difluorbicyclo-[2.2.1]-5-hepten-2-yl)-methyl-3-(1.2-dihydroxypropyl)-äther*; (Ausbeute) 79%. — (*1.4.5.6.7.7-Hexabrombicyclo-[2.2.1]-5-hepten-2-yl)-methyl-3-(1.2-dihydroxypropyl)-äther*; 82%. — Als Ausgangsstoffe werden außerdem noch erwähnt: Vinylglycerinäther, Allyl- oder Vinylpentaerythritäther, Acryl- u. Methacrylsäureester von Glycerin u. Pentaerythrit. — Das als Ausgangsmaterial verwendete 1.2.3.4-Tetrachlor-5.5-difluorcyclopentadien (I) kann in folgender Weise hergestellt werden: Octachlorcyclopenten wird mit SbF_5 bei normaler Temp. oder bei Temp. bis zu 250° zu *Difluorhexachlorcyclopenten*, $Kp._{10}$ 95°, fluoriert (vgl. A. P. 2 459 783; C. **1950.** I. 620), dieses in wss. Lsg. mit Zn-Staub u. HCl in Ggw. von etwas $CuSO_4 \cdot 5 H_2O$ red. u. aus der gewaschenen u. getrockneten organ. Schicht durch Vakuum-Dest. I, $Kp._{10}$ 58—60°, in 82%ig. Ausbeute gewonnen. — *Zwischenprodd. zur Herst. von warmhärtenden Polyesterharzen*, die ohne Aufwendung hoher Drucke leicht zu Gebrauchsgegenständen verformt werden können, *Weichmachern für Polyvinyl-Verbb.*, *Alkydharzen*, die zur Herst. von Klebemitteln, Farben u. Lacken dienen können. (**D. A. S. 1 074 579** Kl. 12o vom 3/8. 1957, ausg. 4/2. 1960. **Belg. P. 559 876** vom 6/8. 1957, ausg. 22/4. 1960.) R. HAUSS. 7171

Union Carbide Corp., New York, N.Y., V.St.A., **Härten von organischen Harzen und Elastomeren,** wie Kautschuk, Polysiloxanharz, Phenolharz, Polyvinylchlorid, mittels eines Härtungsmittels, das an einem Mol.-Sieb, wie Zeolith X (I) der Formel 0,7 bis 1,1 $M_{\frac{2}{n}}O : Al_2O_3 : 2$ bis 3 SiO_2 : bis zu 8 H_2O (M = Metall, n = dessen Wertigkeit) adsorbiert ist. Man erhält I, wenn man 10 (g) $NaAlO_2$, 32 einer wss. Lsg. mit 20 Gew.-% Na_2O u. 32% SiO_2 sowie 5,5 NaOH u. 135 ml W. mischt u. im Autoklaven 47 Std. bei 100° hält, filtriert u. bis zu einem pH des Waschwassers 9—12 wäscht. Man läßt nun I-Pulver mit Di-tert.-butylperoxyd im Exsiccator 18 Std. bis 3 Tage stehen, setzt 3% des Peroxyds einer Mischung aus Butadien–Acrylnitril-Mischpolymerisat mit Ruß zu u. härtet die Mischung durch Erhitzen; oder man härtet ein Polysiloxan–Epoxyd-Gießharz mit an I adsorbiertem Piperidin oder einen Vulkanisiermittel enthaltenden Butadien-Styrol-Kautschuk mit einem an I adsorbierten Gemisch aus 21% 2-Mercaptobenzothiazol, 34% Dibutylammoniumthiocarbamat u. 45% Cellosolve. (**Oe. P. 209 567** vom 23/12. 1957, ausg. 10/6. 1960. **F. P. 1 192 484** vom 27/12. 1957, ausg. 27/10. 1959. Beide A. Prior. 31/12. 1956.) M. PANKOW. 7171

E. I. du Pont de Nemours & Co. (Erfinder: Warren Froemming Busse und George Henry Bowers), **Thermoplastische Polymerisate,** wie Polyäthylen, Polystyrol, Polyacrylate u. lineare Superpolyamide, erhalten einen Zusatz von 0,05 bis 20% eines Polytetrafluoräthylenharzes in Form von Mikrofasern mit einem Ø von 100 Å bis zu 2 mμ, wodurch ihre Schmelzelastizität erhöht u. ihr Fließvermögen in geschmolzenem Zustand verringert wird. (**Aust. P. 229 324** vom 30/10. 1958, ausg. 4/8. 1960. A. Prior. 10/12. 1957.) C. LÜTTGEN. 7173

Perfogit S. p. A., Italien, **Polymerisation von Olefinen,** bes. *Äthylen*, unter Verw. eines Katalysators aus einer Verb. von wenigstens 3 Alkalimetallatomen mit einem KW-Stoff u. aus einer wasserfreien Verb. eines mehrwertigen Metalls. So erhält man aus Äthylen mit Anthracen–Na–$TiCl_4$ bei 30° mit dem Tri- oder Tetra-Na-Prod. sehr harte Polymere mit einem Erweichungspunkt von ca. 300°, mit dem Hela-Na-Prod. ein Polymeres, das bei 200° erweicht; der Erweichungspunkt sinkt weiter, wenn man statt $TiCl_4$ $MgCl_2$ oder $CaCl_2$ verwendet; Tetra-Na–Anthracen u. $AlCl_3$ geben ein elast. kautschukartiges Produkt. Den Na_4–Anthracen–$TiCl_4$-Katalysator kann man noch mit n-Butyl-MgBr versetzen, wobei ebenfalls der Erweichungspunkt erniedrigt wird. Katalysatoren mit Stilben als KW-Stoff verlangen eine Polymerisations-Temp. von 80—100°. — 20 (g) Anthracen, 10,32 Na u. 170 Xylol (2 Std. bei Raum-Temp. u. 3 Std. bei 100°) geben eine Suspension, von der 35 u. 1,87 trocknes $MgCl_2$ mit 500 Äthylen bei Raum-Temp. u. 53 at auf 140° u. 128° erhitzt u. 2 Std. gehalten werden; Erweichungspunkt des Polymeren 156°. (**F. P. 1 173 355** vom 26/3. 1957, ausg. 24/2. 1959. It. Prior. 27/3. 1956.) M. PANKOW. 7173

Perfogit S. p. A., Italien, **Polymerisieren von Olefinen,** bes. *Äthylen*, mit Katalysatoren aus KW-Stoffen, wie Anthracen, Stilben, Diphenylbutadien, Phenanthren, Fulven, Tetraphenyläthylen, die Metalladditions-Prodd. bilden, u. Metallen oder Metallverbindungen. Zweckmäßig arbeitet man in indifferenten Lsgm., wie Xylol, Mineralöl, Heptan. Man kann z. B. die Additions-Prodd. der KW-Stoffe mit Alkalimetallen, auch unter Zusatz von Metallen oder Metall-Verbb. anderer Gruppen (Mg, Zn, Ti) verwenden. — Man hält 150 (g) Xylol, 20 Anthracen u. 4,5 Na unter N_2 $2^1/_2$ Std. bei 100°, drückt 180 Äthylen zu u. heizt 10 Std. bei 130° u. 140 at, bis der Druck auf 42 at gefallen ist. Man erhält 19 hochmol. *Polyäthylen* u. 5 Fraktionen mit Kp. von 50 bis 170°. — Man hält 40 Xylol, 1,2 Na u. 5,4 Anthracen 8 Std. bei 100°, gibt 5,4 $CaCl_3$ zu u. 170 Äthylen, worauf man 20 Min. bei 15° u. 4 Std. bei 125—130° hält: Druckabfall von 249 at auf 212 at; 150 Polymeres, Erweichungspunkt 285°. (**F. P. 1 173 294** vom 22/3. 1957, ausg. 23/2. 1959. It. Prior. 23/3. 1956.) M. PANKOW. 7173

Perfogit S. p. A., Italien, **Polymerisieren von Olefinen,** bes. *Äthylen,* mit Katalysatoren aus KW-Stoffen mit mehreren Doppelbindungen, die pro Mol. > 1 Alkalimetall enthalten, u. wasserfreien Verbb. von mehrwertigen Metallen in Ggw. einer schwer verseifbaren organ. Halogen-Verb. (Chlor-, Fluorbenzol, CH_3F, Chlornaphthalin). — 48,5 (g) Deka-Na–Anthracen-Suspension (5 Anthracen u. 6,46 Na) werden in Xylol mit 10 $TiCl_4$ in 18 C_6H_5F vermischt. Die Mischung wird mit 90 Äthylen auf 60 at gebracht. Die Temp. steigt bis 48°, u. der Druck verschwindet in 3 Std.; man erhält 160 Polymeres, das mit Isobutanol im Soxhlet entfärbt wird u. den Erweichungspunkt 220° aufweist. (**F. P. 1 195 319** vom 16/12. 1957, ausg. 17/11. 1959. It. Prior. 18/12. 1956.) M. PANKOW. 7173

Perfogit S. p. A., Italien, **Polymerisieren von Olefinen,** wie *Äthylen* u./oder *Propylen,* mit einem Katalysator aus einem FRIEDEL-CRAFTS-Katalysator, einem Mineralsäuren bindenden Metall, einem Salz von Mo, V, W oder Cr u. einem zweckmäßig aromat. Halogen-KW-Stoff. — Man erhitzt 2 (g) Al mit 0,4 J bis zum Verschwinden der J-Dämpfe, gibt 39 C_6H_5Br zu u. 14,7 $CrCl_3$ in 10 abs. Heptan u. danach 80 Äthylen (56 at). Man erhitzt auf 100°, worauf der Druck in 3 Std. nach Beendigung der Erhitzung von 77 auf 40 at fällt. Man gibt noch 40 Äthylen nach u. erhält in 5 Std. 180 *Polymeres* mit Erweichungspunkt 120° nach Behandlung mit Tetrahydrofuran u. 15%ig. HCl. (**F. P. 1 186 722** vom 25/11. 1957, ausg. 31/8. 1959. It. Prior. 26/11. 1956.) M. PANKOW. 7173

Petrochemicals Ltd., England, **Polymerisieren von Olefinen** bei Niederdruck mit den üblichen Katalysatoren ($TiCl_4$ + organ. Al-Halogenid) u. einer oder mehreren LEWIS-Basen (Aldehyde, die das Molgew. herabsetzen, N-Verbb., Ester, Äther, Verbb., die mit Ti-Salzen Komplexe bilden, wobei diese Stoffe das Molgew. des Polymeren heraufsetzen). Man kann auch das Molgew. vermindernde u. erhöhende Stoffe gemeinsam anwenden. Soweit die Olefine oder Katalysatoren bereits LEWIS-Basen als Verunreinigungen enthalten, sind diese vorher zu entfernen. — Man mischt äquimol. Mengen $(C_2H_5)AlCl$ u. $TiCl_4$ (100 Millimol pro Liter Isooctan) in 15 cm^3 Isooctan bei 40° 20 Min. in Ggw. von 0,5 g Polyäthylen, füllt mit Isooctan auf 300 cm^3 auf, gibt pro Liter Isooctan 3,33 Millimol CH_3CHO zu u. leitet sehr reines Äthylen in die Isooctanlösung. Statt CH_3CHO kann man Pyridin, Äthylacetat u. Ae. zusetzen. (**F. P. 1 180 416** vom 31/7. 1957, ausg. 4/6. 1959. E. Prior. 2/8. 1956 u. 7/6. 1957.) M. PANKOW. 7173

Petrochemicals Ltd., England, **Reinigen von Niederdruckpolyolefinen,** die mit ZIEGLER-Katalysatoren erhalten wurden. Man behandelt die Polymeren mit einem Oxydationsmittel u. einem fl. Prod., das den Katalysator zersetzt (CH_3OH). — Zum Beispiel leitet man durch eine Polymerisat-Lsg. bei Raum-Temp. 1 Std. trocknen O_2 u. behandelt dann in bekannter Weise mit CH_3OH. Statt O_2 kann man auch Peroxyde anwenden. (**F. P. 1 198 950** vom 20/2. 1958, ausg. 10/12. 1959.) M. PANKOW. 7173

Distillers Co. Ltd., Edinburgh (Erfinder: Donald Alexander Fraser und Alaric Louis Jeffrey Raum, Great Burgh, Epsom), England, **Polymerisation olefinisch ungesättigter Kohlenwasserstoffe** der allg. Formel $R-CH=CH_2$ (R = Alkyl-, Cycloalkyl- oder Arylrest) mit Katalysatoren aus Ti-, Zr- oder V-halogeniden u. $LiBH_4$, wobei vorzugsweise $LiBH_4$ mit $TiCl_4$ oder $TiCl_3$ im Mol-Verhältnis zwischen 1,5 : 1—7 : 1 gemischt wird. Die Polymerisation erfolgt vorzugsweise in Ggw. eines aliphat., cycloaliphat. oder hydrierten aromat. KW-Stoffes bei 100—150°. Man erhält hochkristallines Polypropylen u. auch Poly-n-Butylen-(1) von isotakt. Struktur, wenn man die Katalysatoren bei 70—120° in einem inerten Verdünnungsmittel herstellt. Bei einem Mol-Verhältnis von $LiBH_4 : TiCl_4 = 6{,}7 : 1$ erhält man bei 110° Polypropylen mit einer Kristallinität von 98,5°. (**D. A. S. 1 111 393** Kl. 39c vom 15/2. 1957, ausg. 20/7. 1961. E. Prior. 17/2. 1956.) M. MAIERHAUSER. 7173

Goodrich-Gulf Chemicals, Inc., Cleveland, Ohio (Erfinder: William Irwin Gilbert, Oakmont, Bernard Henry Gwynn, Tarentum, Russel Gordon Hay, Fox Chapel, und John Gaylord Mcnulty, Glenshaw, Pa.), V.St.A., **Kontinuierliche Herstellung von Polyolefinen** mit einheitlichem Molgew. durch Polymerisation oder Mischpolymerisation von Olefinen mit höchstens 4 C-Atomen in Ggw. eines Katalysators aus einer Al-organ. Verb., die mindestens 1 über ein C-Atom an das Al gebundenen KW-Stoffrest enthält, u. einer Verb. eines Schwermetalls der 4.—6. Nebengruppe des Period. Syst. unter kontinuierlicher Zufuhr eines inerten fl. Mediums, der Katalysatorkomponenten u. des Olefins in eine Umsetzungszone, die unter zur Polymerisation führenden Druck- u. Temp.-Bedingungen steht u. in der das Rk.-Gemisch gerührt wird, u. laufender Abnahme von Polymerisatdispersion, dad. gek., daß man das Rk.-Gemisch vor Beendigung der Polymerisation in eine Ruhezone (I) überführt, die unter zur Polymerisation führenden Druck- u. Temp.-Bedingungen gehalten wird, dort zu Ende polymerisiert u. dann die Polymerisatdispersion abzieht. Die Innenseite der I enthält keine Hindernisse u. ist poliert. Man vermeidet so das Ansetzen von Polymerisat. — Ausführliche Beschreibung der kontinuierlich durchgeführten Polymerisation mit Fließschema. (**D. A. S. 1 116 407** Kl. 39c vom 8/1. 1958, ausg. 2/11. 1961. A. Prior. 10/1. 1957.) M. MAIERHAUSER. 7173

Du Pont Co. of Canada (1956) Ltd., Canada, **Herstellung von modifiziertem Polyäthylen** durch Behandlung mit Verbb. der Formel $R_1(R_2)C{:}C(R_3)R_4$ (R_1—R_4 = A oder organ. Reste einer solchen Aktivität, daß die Verb. in nicht wesentlichem Ausmaß Homopolymere bildet) in Ggw. eines freie Radikale bildenden Katalysators. Man kann so Seitenketten in Polyäthylen einführen u. erhält dem Hochdruckpolyäthylen ähnelnde Produkte. — Zu 200 g linearem Polyäthylen (Schmelzindex 3 g/10 Min.) u. 2 Liter Bzl. gibt man unter N_2 Äthylen bis 28 kg/cm², löst bei 180°, senkt die Temp. auf 130°, drückt 4 g tert.-Butylperbenzoat in 200 cm³ Bzl. in 15 Min. ein u. hält die Temp. 2 Std., filtriert das Polymere ab u. erhält ein Prod. mit Schmelzindex 1,2 g/10 Min. (**F. P. 1 184 813** vom 18/10. 1957, ausg. 27/7. 1959. E. Prior. 31/10. 1956.) M. PANKOW. 7173

Farbenfabriken Bayer Akt.-Ges., Leverkusen (Erfinder: Gustav Pieper, Hans Ferdinand Rickert, Köln, und Eberhard Stein, Leverkusen), **Herstellung von fetten Polyäthylenen** in wasserfreien fl. Suspensionsmitteln (I) bei erhöhtem Druck u. erhöhter Temp. in Ggw. eines Katalysators (II), der durch Red. von $TiCl_4$ zu $TiCl_2$ mittels Al oder Ti in der Hitze erhalten wird, nach D. A. S. 1 080 303, dad. gek., daß man einen II verwendet, der durch Red. von $TiCl_4$ an fest angeordnetem Al oder Ti im Rk.-Raum erhalten wurde, u. das entstandene Polymerisat nach Auflösung im I bei erhöhter Temp. aus dem Rk.-Raum entfernt. Das I kann in das Verf. zurückgeführt werden. Z. B. wird durch Überleiten einer $TiCl_4$-Suspension in Paraffinöl über Al-Drehspähne bei 200° auf dem Al ein $TiCl_2$-Nd. erzeugt, der dann zur Äthylenpolymerisation verwendet wird. Es fällt ein fast katalysatorfreies Polyäthylen an. (**D. A. S. 1 104 699** Kl. 39c vom 15/1. 1955, ausg. 13/4. 1961. **Zusatz zu D. A. S. 1 080 303; C. 1961. 1387.**) H. SCHINDLER. 7173

Esso Research and Engineering Co., Elizabeth, N.J. (Erfinder: Henry G. Schutze, Irving Leibson und Delos E. Bown, Baytown, Tex.), V.St.A., **Abtrennen von C_2 bis C_6-α-Olefinpolymerisaten aus Dispersionen.** Polymere mit einem F. > 100° werden aus ihrer Dispersion (I), die durch Polymerisation von C_2—C_6-α-Olefinen nach dem Niederdruck-Verf. mittels Katalysatoren aus Verbb. der Metalle der 4.—6. u. 8. Nebengruppe des Period. Syst. u. Red.-Mitteln in Ggw. von nichtolefin., nichtpolaren organ. Verdünnungsmitteln (II), bes. aliphat. KW-Stoffen erhalten werden, in der Weise abgetrennt, daß man, ggf. nach Entaktivierung der Katalysatorreste oder nach Abtrennen der Hauptmenge des II u. erneutem Dispergieren des Polymerisats in den II; auch in einem Gemisch von II mit einem aliphat. C_1—C_6-Alkohol, die I auf Temp. von 15—57°, aber unterhalb des F des Polymeren erhitzt, wobei man die Art des II u. die Temp. so abstimmt, daß das Polymerisat nur schwach lösl. wird, u. die I solange auf dieser Temp. hält, bis die Polymerteilchen an der Oberfläche selektiv erweichen u. agglomerieren. Die agglomerierten Teilchen werden mechan. abgetrennt. Die Abtrennung der hochmolekularen Anteile von den gelösten niedermol. u. ihre Trocknung wird hierdurch erleichtert. (**D. A. S. 1 114 637** Kl. 39c vom 20/10. 1958, ausg. 5/10. 1961. A. Prior. 21/10. 1957.) M. MAIERHAUSER. 7173

Eastman Kodak Co., Rochester, N.Y. (Erfinder: Newton Henry Shearer jun. und Harry Wesley Coover jun., Kingsport, Tenn.), V.St.A., **Aryl- oder alicyclische Reste enthaltende Polyolefine** erhält man durch Polymerisation von Olefinen der allg. Formel $CH_2{=}CH{-}(CH_2)_nR$ (I), in der n = 1 oder 2 u. R einen aromat. oder einen ggf. ungesätt. alicycl. KW-Stoffrest mit 5—9 C-Atomen bedeutet, mittels

Katalysatoren aus einer Metallalkyl-Verb. eines Metalls der 1.—3. Gruppe des Period. Syst. u. einem Metallhalogenid des Ti, Cr, Mo, V u./oder Zr, wobei diese Metalle vorzugsweise in einer niedrigeren als ihrer höchsten Wertigkeit vorliegen. Ein Gemisch aus $Al(C_2H_5)_3$ u. $TiCl_3$ ist hierfür bes. geeignet. Die Polymerisation wird bes. bei erhöhtem Druck in inerter Atmosphäre bei Temp. von 20—250° durchgeführt. Als Ausgangsmonomere eignen sich z. B. solche, bei denen R in der allg. Formel I einen Phenyl-, Tolyl-, Xylyl-, Mesityl-, Pseudocumyl-, Hemimellityl-, Cyclohexyl-, Cyclopentadienyl-, Cyclohexadienyl- u./oder Naphthylrest bedeutet, z. B. Allylbenzol, Allylmesitylen, Allyl-(2.4-dimethylbenzol), 3-Cyclopentadienyl-1-propen u. 3-Cyclohexyl-1-propen. Man erhält im allgemeinen kristalline Polymerisate mit einem Erweichungspunkt im Bereich von 120—320°, Polyolefine, die ungesätt. Substituenten, wie Cyclohexenyl-, Cyclopentenyl- oder Cyclopentadienylgruppen enthalten, können, bes. bei Verw. von Dialkoxy-Ti-dichlorid als Katalysatorkomponente, in kautschukartigem Zustand erhalten werden u. sind in üblicher Weise vernetzbar. Man erhält so z. B. bei einer Polymerisations-Temp. von 110° ein Polyallylbenzol mit einer Grundviscosität von 252, bei 200° ein solches mit einer Grundviscosität von 1,10. — In den Beispielen ist die Herst. folgender Polymerer beschrieben: *Poly-allylbenzol, -allylmesitylen, -allyl-(2.4-dimethylbenzol), -(4-phenyl-1-buten), -[4-(2'.4'-dimethylphenyl)-1-buten], -[4-(2'.4'.6'-trimethylphenyl)-1-buten], -(3-cyclohexyl-1-propen), -(4-cyclohexyl-1-buten), -3)-cyclopentenyl-1-propen), -(4-cyclopentenyl-1-buten), -(3-cyclopentadienyl-1-propen)* u. *-(4-cyclopentadienyl-1-buten)*. Die kristallinen Polymerisate eignen sich zur Herst. von *Fasern, Folien* u. *Gießartikeln* von verbesserter Gleichmäßigkeit u. Biegsamkeit bzw. erhöhter Reißfestigkeit. (**D. A. S. 1 117 308** Kl. 39c vom 18/3. 1959, ausg. 16/11. 1961. A. Prior. 31/3. 1958.) M. MAIERHAUSER. 7173

Western Electric Co., Inc., New York, N.Y. (Erfinder: Walter Lincoln Hawkins, Monclair, Vincent Leonard Lanza, Summit, und Field Howard Winslow, Springdale, N.J.), V.St.A., **Gegen Oxydation stabilisierte Formmasse.** Formmassen aus prakt. gesätt., H-Atome an tert. C-Atomen aufweisende Monoolefinpolymerisate enthalten als Stabilisator 0,5—5 (Gew.-%), bezogen auf das Gesamtgemisch, Ruß mit einer Teilchengröße von höchstens 1000 Å u. 0,01—5 eines Thioäthers, der zwei aromat. Kerne aufweist. Von diesen ist mindestens einer an das S-Atom über eine Methylengruppe gebunden. Die Anzahl der C-Atome in jedem der Reste des Thioäthers einschließlich der Substituenten soll höchstens 30 betragen. — Beispiel: 96,9 (Gew.-%) Hochdruckpolyäthylen, 3 Kanalruß von einer Teilchengröße von 180 Å u. 0,1 Benzylphenylsulfid. — Diagramme. (**D. A. S. 1 122 701** Kl. 39b vom 14/10. 1957, ausg. 25/1. 1962. A. Prior. 29/11. 1956.) F. MARKHOFF. 7173

Farbwerke Hoechst Akt.-Ges., vormals Meister Lucius & Brüning übert. von: Rudolf Schäff, Frankfurt/M.-Höchst, **Polymerisation von halogenierten Äthylenen,** bes. von Trifluorchloräthylen, durch Zusammenführen bei 150—450° mit 0,1—10 Mol-% Cl_2, Br_2 oder Jod u. einem Halogen-KW-Stoff, der bei dieser Temp. unter Radikal-Bldg. zersetzt wird. (**Can. P. 552 662** vom 14/5. 1952, ausg. 4/2. 1958. D. Prior. 15/5. 1959.) EBERHARD RIEDEL. 7173

Dow Chemical Co., übert. von: Charles L. Stacy jun. und Roger F. Monroe, Midland, Mich., V.St.A., **Stabilisieren von hauptsächlich linearem und unverzweigtem Polyäthylen,** D. $\geqq$ 0,94—0,96, F. ca. 125—135°, gegen therm. Oxydation durch Zusatz von 0,005—5, bes. 0,01—2% Äthinylcyclohexanol, 2-Äthinyl-4-tert.-butylcyclohexanol oder 2.4.7.9-Tetramethyl-5-decin-4.7-diol. (**A. P. 2 891 036** vom 9/4. 1956, ausg. 16/6. 1959.) C. LÜTTGEN. 7173

E. I. du Pont de Nemours & Co., V.St.A. (Erfinder: Harold Clinton Barker und Ernest Eugene Lewis), **Stabilisieren von Äthylenpolymeren oder -telomeren** gegen Oxydation durch Zusatz von polymeren Alkanolsulfiden, wie Alkoxyalkyl-, Alkoxyalkoxyalkyl- oder Hydroxyalkylsulfidpolymeren, z. B. die Polymeren des Thiodiäthanols u. des Thiodiäthylenglykoläthers der Formel $(-CH_2CH_2O\cdot CH_2CH_2S)_x$, des Mercaptoäthylhydroxyäthylformals, $(-CH_2CH_2OCH_2-CH_2CH_2-S-)_x$, des Thiotriäthylenglykols, $(-CH_2CH_2OCH_2CH_2-O-CH_2CH_2-S)_x$, u. des 1-Mercaptopropandiols-(2.3), $[-CH(CH_2OH)-CH_2S-]_x$. (**F. P. 1 186 191** vom 22/2. 1957, ausg. 17/8. 1959. A. Prior. 1/3. 1956.) M. PANKOW. 7173

Dow Chemical Co., Midland, übert. von: Erwin M. Jankowiak, Midland, und Alfred R. Nelson, Bay City, Mich., V.St.A., **Stabilisieren von Chloräthylenpolymeren,** bes. Vinylchlorid- u. Vinylidenchloridpolymerisaten, gegen zersetzenden Abbau durch Wärme, dad. gek., daß man den monomeren Verbb. vor der Polymerisation $\geqq$ 0,5 (%) Pb-Stearat u. $\geqq$ 0,5 Cd-α-Hydroxylaurat, doch nicht $>$ 5 von beiden Stoffen, zusetzt. (**A. P. 2 906 719** vom 10/2. 1956, ausg. 29/9. 1959.) C. LÜTTGEN. 7173

Dow Chemical Co., übert. von: David A. Gordon, Midland, Mich., V.St.A., **Lichtstabile thermoplastische Chloräthylenpolymere,** bes. Vinylidenchloridpolymerisate

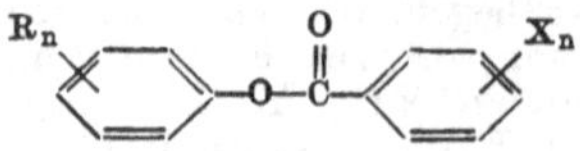

I

u. -mischpolymerisate, enthaltend 1—10% Verbb. der allg. Formel I, in der R einen tert. C_4—C_8-Alkylrest, X Halogen, m 1—2 u. n 1—5 bedeutet, bes. 4-tert.-Butylphenyl-2.4- oder -3.4-dichlorbenzoat, 4-tert.-Octylphenyl-2.4- oder -3.4-dichlorbenzoat u. 4-tert.-Octylphenyl-4-chlorbenzoat. (**A. P. 2 910 453** vom 12/1. 1956, ausg. 27/10. 1959.) C. LÜTTGEN. 7173

Dow Chemical Co., übert. von: Robert L. Hudson, Midland, Mich., V.St.A., **Verbessern der Wärmestabilität von Chloräthylenpolymerisaten,** bes. Vinylidenmischpolymerisaten, durch Zusatz von 05—6% Glycidestern der allg.

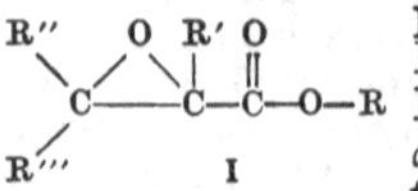

I

Formel I, in der R u. R′ einen C_1—C_{10}-Alkylrest, R′ außerdem H, R″ u. R‴ einen Arylrest u. R‴ außerdem H bedeuten, bes. Methyl-α-methyl-β-(3.4-dimethoxyphenyl)-glycidat, Methyl-α-methyl-β-(p-tolyl)-glycidat, Äthyl-α-äthyl-β-p-methoxyphenylglycidat u. Äthyl-β-(p-tolyl)-glycidat. (**A. P. 2 918 450** vom 30/4. 1956, ausg. 22/12. 1959.) C. LÜTTGEN. 7173

Dow Chemical Co., übert. von: Gerald A. Clark, Midland, Mich., V.St.A., **Lichtstabile Chloräthylenpolymerisate,** bes. Vinylchlorid- u. Vinylidenchloridpolymerisate u. Mischpolymerisate, erhält man durch Zusatz von 1—4% Verbb. der allg. Formel I, in der X u. Y H, Cl oder Br u. Z den evtl. alkylsubstituierten Salicyloxyrest bedeuten, bes. Salicylsäure-(3-hydroxy-4-benzoyl)-, Salicylsäure-[3-hydroxy-4-(2-chlorbenzoyl)]-phenylester, o-Phenyl- u. p-tert.-Butylsalicylsäure-(3-hydroxy-4-benzoyl)-phenylester. (**A. P. 2 898 323** vom 23/4. 1956, ausg. 4/8. 1959.) C. LÜTTGEN. 7173

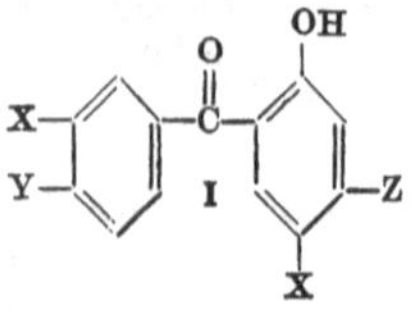

I

Dow Chemical Co., übert. von: Gerald A. Clark, Midland, und Carl B. Havens, Hope, Mich., V.St.A., **Stabilisieren von Halogenäthylenpolymerisaten,** bes. Vinylchlorid- u. Vinylidenchloridpolymerisaten u. -mischpolymerisaten, gegen die Einw. von Licht, durch Zusatz von 2.4-Dihydroxybenzophenon-Derivv. der allg. Formel I, in der X den Rest einer aliphat. C_1—C_8-Carbonsäure bedeutet, wobei ein X auch H sein kann, bes. 3-Acetyl- u. 3.5-Diacetyl-2.4-dihydroxybenzophenon. (**A. P. 2 891 996** vom 23/4. 1956, ausg. 23/6. 1959.) C. LÜTTGEN. 7173

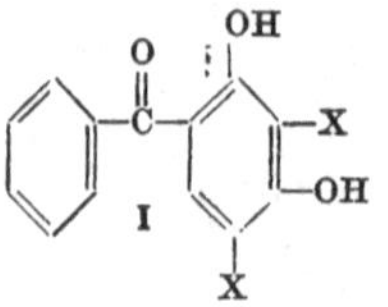

I

General Electric Co. (Erfinder: Elliott John Lawton), Schenectady, N.Y., V.St.A., **Verbessern der Formstabilität und Lösungsmittelwiderstandsfähigkeit von Polyäthylen** durch Einw. energiereicher Strahlen mit einer Dosis von 3×10^6 bis $5 \cdot 10^8$ ν, dad. gek., daß man das Polyäthylen zuerst auf eine Temp. erhitzt, bei der es amorph wird, z. B. ca. 110°, dann auf eine Temp. abkühlt, bei der es kristallin zu werden beginnt, z. B. —45°, u. bei dieser Temp. bestrahlt, bevor es seinen Kristallgleichgewichtszustand erreicht hat. — Zeichnung u. Diagramme. (**D. A. S. 1 085 666** Kl. 39b vom 11/4. 1956, ausg. 21/7. 1960. **E. P. 818 963** vom 29/3. 1956, ausg. 26/8. 1959. Beide A. Prior. 11/4. 1955. **Zusatz zu E. P. 773 529; C. 1958. 14522. A. P. 2 906 679** vom 11/4. 1955, ausg. 29/9. 1959.) C. LÜTTGEN. 7173

Western Electric Co., Inc., New York, N.Y., V.St.A., **Metallisieren von thermoplastischen Stoffen.** Der thermoplast. Stoff, z. B. Gewebe aus *Polyäthylenterephthalatpolyester*, wird gekühlt, z. B. auf —25 bis —100° F, u. dann im Vakuum den heißen Metalldämpfen ausgesetzt, z. B. erst *Ag*-Dampf, dann *Zn*-Dampf. Auf diese Weise bleibt die Zugfestigkeit des Gewebes erhalten. (**E. P. 834 744** vom 23/4. 1958, ausg. 11/5. 1960. A. Prior. 25/4. 1957.) F. VIER. 7173

Shell Internationale Research Mij. N. V., Den Haag, Holland, **cis-1.4-Polyisopren** erhält man durch Polymerisation von Isopren, das als Beimischung ca. 50% Monoolefine enthält, in Ggw. eines lithiumorgan. Katalysators, bes. n-Butyl-Li, bei —20 bis +100°, bes. 25—85°. Hierbei findet keine Polymerisation oder Mischpolymerisation der Monoolefine statt. Man erhält Polyisopren mit bis zu 94% cis-1.4-Struktur. (**E. P. 865 758** vom 3/2. 1960, ausg. 19/4. 1961. A. Prior. 5/2. 1959.) L. STADELMANN. 7173

Union Chimique Belge Soc. An., Belgien, **Herstellung von Polybutadienen,** hauptsächlich mit 1.2-Verkettungs-Fl. oder gelöstes Butadien wird mit einem Katalysator aus dem Rk.-Prod. einer Organo-Na-Verb. u. einer Verb. eines Metalles der Gruppe 7 oder 8 des Period. Syst. polymerisiert. Gleichzeitige Anwesenheit geringer Mengen von Organo-Cd- u. -Zn-Verbb. verbessern die Eigg. des Polymeren. — Man rührt

bei -40^0 100 g Butadien-(1.3) mit 60 cm^3 der Pentansuspension des Rk.-Prod. aus 25 (Millimol) Amyl-Na, 3 $(C_2H_5)_2Zn$ u. wasserfreiem $FeCl_3$ 1 Std., läßt dann die Temp. langsam steigen, fällt nach 24 Std. mit A., wäscht den Nd. mit HCl–A. u. W. u. schließlich mit β-Phenylnaphthylamin–Alkohol. Das Polymere enthält 56 Gew.-% in sd. Ae. unlösl. Anteile. — Verw. für *Folien* u. *Fäden*, die aus Lsg. oder Schmelze erhalten werden. (**F. P. 1 196 658** vom 5/6. 1958, ausg. 25/11. 1959. Belg. Prior. 6/6. 1957.)
M. PANKOW. 7173

Esso Research and Engineering Co., Elizabeth, übert. von: Robert L. Zapp, Somerville, N.J., V.St.A., **Hitzestabile vulkanisierte Isobutylen-Copolymere** bestehen aus 100 (Teilen) eines Copolymeren aus 94—98% Isobutylen (I) u. 6—1,5% C_{4-5}-Diolefinen, 3—8 ZnO, 0,1—2 S (disulfid. gebunden), 0,5—3 Vulkanisationsbeschleunigern, 0—100 Kohle u. 5—8 eines Oxyds, z. B. CaO_2, SrO_2, PbO_2 oder MnO_2. — Zum Beispiel 100 Copolymeres aus 97,5% I u. 2,5% Isopren, 5 ZnO, 1 Tetramethylthiuramdisulfid, 2 S u. 8 CaO_2. (**Can. P. 552 264** vom 19/12. 1950, ausg. 28/1. 1958. A. Prior. 10/3. 1950.) EBERHARD RIEDEL. 7173

United States Rubber Co., New York, N.Y. (Erfinder: Wendell Vandervort Smith, Nutley, N.J.), V.St.A., **Gegen ionisierende Strahlen widerstandsfähige Formmasse auf der Grundlage von Vinylchloridpolymerisaten.** Der der Formmasse zugesetzte Weichmacher besteht aus einem Gemisch eines monomeren Esters einer α-ungesätt. Dicarbonsäure mit einer monomeren aromat. Vinylbindung. — Beispiel: 100 (Teile) Polyvinylchlorid, 30 Di-2-äthylhexylmaleinsäureester u. 20 Styrol. (**D. A. S. 1 122 700** Kl. 39b vom 27/1. 1958, ausg. 25/1. 1962. A. Prior. 6/3. 1957.)
F. MARKHOFF. 7173

Kurashiki Rayon Co. Ltd., Kurashiki (Erfinder: Saburo Yamane, Kyoe Harada und Yukio Nishimatsu, Toyama), Japan, **Kontinuierliche Herstellung von Polymerisaten monomerer Vinylverbindungen** in Ggw. von Katalysatoren, die bei der Zers. inerte Gase abgeben, dad. gek., daß man das Monomere oder dessen Lsg. mit den durch die Zers. erzeugten Gasen aus der Rk.-Anlage u. bei Verw. einer Lsg. mit den Lsgm.-Dämpfen in einem Vorerhitzungsturm direkt vorerhitzt u. dann die von O_2 befreite Rk.-Mischung in die Rk.-Anlage überführt u. wie bekannt polymerisiert. Beispiele mit Vinylacetat in Methanol u. 2.2'-Azoleisisobutyronitril. Die Abgase enthalten ca. 9 (%) O_2 neben 86 N_2. Beschreibung u. Zeichnung der Anlage. Geringerer Wärmeverbrauch durch Ausnutzung der bei der Rk. entwickelten Wärme. (**D. A. S. 1 114 321** Kl. 39c vom 29/4. 1960, ausg. 28/9. 1961. **E. P. 872 773** vom 19/4. 1960, ausg. 12/7. 1961. Beide Jap. Prior. 5/6. 1959.) H. SCHINDLER. 7173

General Tire & Rubber Co., Akron, übert. von: Gilbert H. Swart, Akron, und Walter C. Warner, Cuyahoga Falls, Ohio, V.St.A., **Polyvinylchlorid,** das kautschukartige Weichmacher, bes. Copolymere aus Isopropenylketon oder Acrolein u. Butadien, enthält, wird durch Zusatz von 1—24% eines Metall-N.N'-Dialkyl- oder -alkylaryldithiocarbamats, bes. Ni-Dibutyldithiocarbamat, stabilisiert. (**Can. P. 552 689** vom 2/11. 1953, ausg. 4/2. 1958. A. Prior. 8/12. 1952.) EBERHARD RIEDEL. 7173

Dow Chemical Co. (Erfinder: Bruce Wendell Wilkinson und Fred Donald Hoerger), Midland, Mich., V.St.A., **Halogenisieren von Polyvinylchlorid,** dad. gek., daß das Polymerisat der Einw. eines halogenierenden Mittels (I) unter gleichzeitiger Einw. eines Strahlungsfeldes mit hoher Energie unterworfen wird. Als I sind bes. Br u. Cl genannt. Das PVC wird in wss. Suspension bei ca. 35^0 z. B. mit 10000 Curie aus einer Co^{60}-Quelle bestrahlt, wobei unter Rühren Cl-Gas durchgeleitet wird. — Vgl. D. A. S. 1 070 826; C. **1960.** 17293. (**D. A. S. 1 113 088** Kl. 39c vom 15/2. 1957, ausg. 24/8. 1961. A. Prior. 17/2. 1956.) H. SCHINDLER. 7173

Solvay & Cie., Belgien, **Perlkoagulation von Vinylharzlatex** durch Verteilung von Latextropfen in einem nichtwss. Koagulationsmedium, z. B. in sauren Dämpfen, einem Elektrolyten in Aerosolform oder einer Fl., wie PAe., Trichloräthylen, u. Zusatz von HCl. — Man versprüht einen 30%ig. Latex eines Vinylidenchlorid–Vinylchlorid-Mischpolymeren (88 : 12) in einen Raum, der mit Luft u. HCl (5 Vol.-%) außer an der Eintrittsöffnung des Latexstromes gefüllt ist. Die perlförmigen Koagulate fallen in Waschwasser. (**F. P. 1 192 265** vom 7/11. 1957, ausg. 26/10. 1959. Belg. Prior. 27/12. 1956.)
M. PANKOW. 7173

Firestone Tire & Rubber Co., Akron, Ohio, übert. von: Alfred S. Kidwell, Milford, Conn., und George P. Rowland jun., Pottstown, Pa., V.St.A., **Copolymere** aus 94—97 (Gew.-Teilen) Vinylidenchlorid (**I**), 3—6 Methylacrylat (**II**) u. 1—7 Trichloräthylen (**III**), bes. aus 96 **I**, 4 **II** u. 2 bzw. 5 bzw. 7 **III**. — Mischungsdiagramm. (**Can. P. 551 951** vom 20/7. 1954, ausg. 21/1. 1958.) EBERHARD RIEDEL. 7173

American-Marietta Co., Stoner-Mudge Co. Division, V.St.A., **Lösungen von Vinylchlorid-Vinylacetat-Mischpolymerisaten** mit wenigstens 90% Vinylchlorid. Man löst das Polymere in einem aromat. KW-Stoff (Bzl., Toluol, Xylol) u. 9—75 Gew.-% (des Gesamt-Lsgm.) Propylencarbonat. (**F. P. 1 200 344** vom 16/4. 1958, ausg. 21/12. 1959.) M. PANKOW. 7173

Firestone Tire & Rubber Co., Akron, übert. von: Chris E. Best, Franklin Township, Summit County, Ohio, V.St.A., **Konstanthalten des Farbtons von Copolymeren aus Vinylidenchlorid und Vinylchlorid mit Curcumin.** Inhaltlich ident. mit D. A. S. 1 034 354; C. **1959.** **4643,** mit dem Unterschied, daß an Stelle von Vinylidenchloridharz ein Copolymeres aus Vinylidenchlorid u. Vinylchlorid verwendet wird. (**A. P. 2 875 173** vom 30/8. 1954, ausg. 24/2. 1959.) A. JAHN. 7173

W. R. Grace & Co., New York, N.Y. (Erfinder: Wendell Clarence Overhults, Silver Spring, und Frank Xavier Werber, Kensington, Md.), V.St.A., **Polystyrol mit hohem isotaktischen Gehalt** erhält man durch Polymerisation von Styrol mit einem Katalysator aus dem Rk.-Prod. von $TiCl_4$ mit Al-Trialkyl (**I**) durch Zusatz eines Amins (**II**) bei Temp. von mindestens 65° in inerter Atmosphäre u. in Ggw. von inerten Lsgm. Als **II** eignen sich bes. Dimethyl-p-toluidin, Di- u. Tri-n-butylamin u. i-Butylamin. Das Amin wird vorzugsweise der ggf. zuvor erwärmten Mischung von $TiCl_4$ u. **I** zugegeben. Geeignete Mol-Verhältnisse von **I**: $TiCl_4$ liegen zwischen 1 : 1 u. 4 : 1, das Mol-Verhältnis von **II** zu **I** liegt zwischen 0,1 : 1 bis 4 : 1. Der Aminzusatz wirkt stark polymerisationsbeschleunigend. (**D. A. S. 1 110 867** Kl. 39c vom 12/4. 1960, ausg. 13/7. 1961. A. Prior. 14/4. 1959.) M. MAIERHAUSER. 7173

American Cyanamid Co., New York, übert. von: Charles Frazier, Yonkers, N.Y., und James H. Fortune, Springdale, Conn., V.St.A., **Herstellung von frostbeständigen und gegen mechanische Einwirkungen stabilen wäßrigen Dispersionen thermoplastischer Mischpolymerisate** aus zwei verschiedenen Monomeren der nachfolgend genannten Verbb.: Styrol, ringsubstituiertes Methylstyrol, Dimethylstyrol, C_1—C_4-Alkylacrylate u. -methacrylate, Acrylnitril u. Vinylester gesätt. C_1—C_3-Säuren, wobei von jeder Verb. im Endprod. $\geqq 5$ (%) vorhanden sein müssen, u. 0,5—10 Methacrylsäure, dad. gek., daß die Polymerisation der Monomeren in wss. Medium in Ggw. von Octylphenolpolyglykoläther, Na-Salz von disproportionierten Harzsäuren u. Sulfobernsteinsäuredihexylester durchgeführt wird. (**A. P. 2 868 748** vom 23/9. 1955, ausg. 13/1. 1959.) C. LÜTTGEN. 7173

Phillips Petroleum Co., Del., übert. von: Weldin G. Chapman und Chester C. Graves, Borger, Tex., V.St.A., **Mit Siliconharzen ausgekleidete Verdampfer** eignen sich bes. zur Entfernung von Styrol durch Dest. aus einem Butadien/Styrol-Latex. Die zähklebrigen Rückstände lassen sich aus solchen Behältern mühelos entfernen. (**A. P. 2 978 387** vom 25/2. 1958, ausg. 4/4. 1961.) L. STADELMANN. 7173

Distillers Co. Ltd., Edinburgh, England (Erfinder: George Hilton Twigg und James Lipp Brown Benton), **Herstellung eines Blockmischpolymerisats,** dad. gek., daß eine olefin. ungesätt. Verb. mit einem Polymerisationsinitiator (**I**) gemischt wird, der 2 Initiierungszentren unterschiedlicher Rk.-Fähigkeit besitzt, durch eines dieser Zentren dann eine Polymerisation des Monomeren (**II**) entsprechend einem freien Radikalmechanismus unter Bedingungen bewirkt wird, bei denen das 2. Initiierungszentrum nicht aktiviert wird, worauf das Polymerisat, das chem. gebundene, akt. Reste des **I** enthält, vom überschüssigen **I** u. **II** abgetrennt wird, das Polymere mit einem anderen **II** gemischt u. die Polymerisation des letzteren durch das 2. Initiierungszentrum bewirkt wird. Als **I** wird in der 1. Stufe Methylmethacrylat bevorzugt verwendet, das zu einem Polymeren mit niedrigem Molgew. verarbeitet wird. In der 2. Stufe wird nach den Beispielen Styrol als **II** verwendet. Als **I** ist Bis-(m-2-hydroperoxy-2-propyl-α-amyl)-peroxyd oder seine o- u. p-Isomeren genannt. Ihre Herst. erfolgt z. B. durch Rk. von Bis-(m-2-hydroperoxy-2-propyl)-benzol mit m-(2-Hydroxy-2-propyl)-α.α-dimethylbenzylhydroperoxyd, beide gelöst in Ae. u. Eisessig, in Ggw. von $HClO_4$. Entsprechend die Isopropylverbindung. Bei der 1. Stufe werden neben dem **I** noch Salze der Fe, Cu, Ce, in den Beispielen OsO_4, zur Vervollständigung des Redox-Syst. zugesetzt. Die Gewinnung der Blockmischpolymerisate erfolgt in bekannter Weise. (**E. P. 857 145** vom 22/3. 1957, ausg. 29/12. 1960. **D. A. S. 1 082 410** Kl. 39 c vom 21/3. 1958, ausg. 25/5. 1960. E. Prior. 22/3. 1957.) H. SCHINDLER. 7173

Food Machinery & Chemical Corp., New York, N.Y. (Erfinder: Charles Adam Heiberger, Princeton, N.J.), V.St.A., **Polymerisation einer organischen Verbindung mit mindestens zwei polymerisierbaren, nicht konjugierten, ungesättigten Gruppen** zu einem schmelzbaren Polymerisat, da.d gek., daß als Katalysator H_2O_2 verwendet u. das Verf. in einem prakt. nicht wss. Syst. durchgeführt wird. Durch Regelung der Menge des verwendeten 50% ig. H_2O_2 soll die Wasser-Konz. im Syst. unterhalb ca. 1% gehalten werden, so daß keine Phasentrennung eintritt. Zweckmäßig wird das Monomere mit einem organ. Lsgm. verd., z. B. niedere aliphat. Alkohole oder aromat. KW-Stoffe. Mischwahl der Art u. Menge kann die Rückfluß-Temp. variiert werden u. damit die % der Umwandlung. Das Monomere soll mindestens 1 Allylgruppe enthalten. In den Beispielen sind Diallylphthalat, Dimethallylphthalat u. Triallylcyanurat genannt. Neben dem H_2O_2 können noch übliche organ. Peroxydkatalysatoren mitverwendet werden. Die Endprodd. schmelzen zwischen 80 u. 130°, lassen sich leicht aushärten bzw. zu nicht schm. Prodd. mit hohem Mol.-Gew. weiterpolymerisieren. (**D. A. S. 1 097 143** Kl. 39c vom 27/3. 1957, ausg. 12/1. 1961. A. Prior. 2/4. 1956.) H. SCHINDLER. 7173

J. R. Geigy Akt.-Ges., Basel, Schweiz, **Herstellung von wasserlöslichen, stickstoffhaltigen, basischen Harzen.** Man erhitzt 2-Aminoimidazolin-Verbb. der Formel **I** (A = ein an α.β-C-Atomen mit den beiden Ring-N-Atomen verbundener organ. Rest), ggf. als Salze, auf ca. 120—280°, bis ca. ½ Mol NH_3 pro Mol Ausgangs-Prod. abgespalten ist, u. kondensiert ggf. mit vernetzenden Stoffen (HCHO, Cyanyrchlorid) weiter. Bei dem Erhitzen können organ. Lsg.-Vermittler u. Kondens.-Mittel anwesend sein. — Die erhaltenen Verbb. oder ihre wasserlösl. Salze sind wertvolle *Hilfsmittel für die Textilveredlung*; sie erhöhen die Naßechtheit von mit wasserlösl. Farbstoffen hergestellten Färbungen u. Drucken. Sie können auch zum Fixieren von sauren Gerbstoffen, zum Animalisieren von Cellulosefasern u. zur Fällung saurer Farbstoffe dienen. — 4-Methyl-2-aminoimidazolin (Öl) wird 3 Std. auf 130—170° erhitzt: Nach Abkühlen springhartes wasserlösl. Harz. Das daraus hergestellte Sulfat verbessert die Färbung von Baumwollgewebe mit Diphenylechtbraun BRL. (**Oe. P. 205 233** vom 27/5. 1958, ausg. 10/9. 1959. Schwz. Prior. 27/5. 1957.) M. PANKOW. 7181

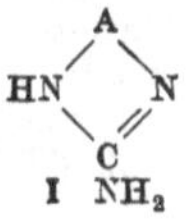

I

Chemstrand Corp. (Erfinder: Patrick Henry Hobson), Decatur, Ala., V.St.A., **Polyacrylnitrilpräparat** aus 70—95 (Gew.-%) eines Mischpolymeren aus mindestens 80 Acrylnitril u. höchstens 20 eines anderen mischpolymerisierbaren Monomeren u. 30—5 eines Polymeren aus mindestens 80 Vinyl- oder Vinylidenchlorid u. höchstens 20 anderer mischpolymerisierbarer Monomerer. — Man mischt ein Mischpolymerisat aus 93 Acrylnitril u. 7 Vinylacetat mit 10 Polyvinylidenchlorid, löst in N.N-Dimethylacetamid u. erhält *Folien* oder *Fäden*, die zu einer festen Asche in offener Flamme verbrennen. (**Jap. A. S. 38/1960.** vom 1/10. 1958, ausg. 5/1. 1960. **F. P. 1 211 700** vom 29/9. 1958, ausg. 17/3. 1960. Beide A. Prior. 2/10. 1957.) M. PANKOW. 7181

Dow Chemical Co., Midland, Mich. (Erfinder: George W. Stanton und Forrest A. Ehlers, Walnut Creek, Calif.), V.St.A., **Gegen Versprödung und Vergilbung geschützte Formmasse aus Polymerisaten,** die ≧ 60 (%) Acrylsäurenitril enthalten, durch Zusatz von 2—20, bes. 5—15, einer Verb. der allg. Formel **I**, in der jedes X unabhängig voneinander H, CH_3, C_2H_5, C_3H_7 oder 2-Oxyäthyl sein kann u. die Anzahl der C-Atome in beiden X zusammen ≧ 1 bis ≦ 4 beträgt, ein Y für S, das andere Y für S oder O u. Z für einen C_1—C_4-Alkylrest bedeutet, wobei die Gesamtzahl der C-Atome in der Verb. ≦ 7 betragen soll, z. B. Methyl-, Äthyl-, Isopropyl-, Isobutyl-N-methylthionocarbamat, Methyl-N-propyl-, Äthyl-N.N-dimethyl-, Isopropyl-N-äthyl-, Isopropyl-N-isopropylthionocarbamat, Methyl- u. Isopropyl-N-äthylthiolcarbamat. (**D. A. S. 1 047 421** Kl. 39b vom 8/12. 1955, ausg. 24/12. 1958.) C. LÜTTGEN. 7181

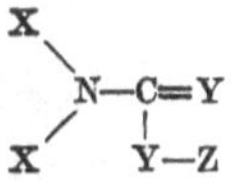

I

Paul Halbig, Freiburg, Schweiz, **Lösung von Polyacrylnitril in Salpetersäure.** Es wird eine 85% ig. Lsg. von Polyacrylnitril in 46—68% ig. HNO_3 hergestellt, der zur Entfärbung 0,1—1% Harnstoff zugefügt werden. (**Can. P. 551 140** vom 6/7. 1951, ausg. 7/1. 1958. Schwz. Prior. 22/7. u. 10/8. 1950.) EBERHARD RIEDEL. 7181

Dow Chemical Co., Midland, Mich., V.St.A. (Erfinder: George W. Stanton und Forrest A. Ehlers), **Stabilisieren von Acrylsäurenitrilpolymerisaten und Mischpolymerisaten** gegen Versprödung und Verfärbung durch Zusatz von 1—20 (%), bes. 5—15, einer Verb. der allg. Formel $R_1R_2NCH_2CH_2CN$, in der R_1 u. R_2 eine C_1—C_4-Alkylgruppe u. R_2 außerdem H bedeuten, z. B. β-Dimethyl-, β-Äthyl-β-Diäthyl-, β-Isopropyl- u. β-n-Butylaminopropionsäurenitril. (**D. A. S. 1 045 646** Kl. 39b vom 8/12. 1955, ausg. 4/12. 1958.) C. LÜTTGEN. 7181

California Research Corp., San Francisco, Calif., V.St.A., **Herstellen von m-Xylylen-diaminsuperpolyamiden.** Eine wss. Aufschlämmung von 60—95 (Gew.-%) eines Nylonsalzes von m-Xylylendiamin u. einer aliphat. dibas. Säure mit 6—10 C-Atomen, z. B. Adipinsäure, wird auf 390—470° F (= ca. 200—245° C) unter einem Dampfdruck von 40—150 lbs./sq. in. (= ca. 2,8—3,5 kg/cm²) erhitzt. Unter Beibehaltung des Druckes wird der Dampf aus dem Rk.-Gemisch entfernt. Es bildet sich ein niederes Polymerisat mit einer red. Viscosität von 0,4—0,7 in 0,5%ig. Lsg. in m-Kresol. Dann wird ein höheres Polymerisat hergestellt, in dem man den Druck auf oder unter Atmosphärendruck bis zur Entwässerung vermindert, die Temp. über den F. des niederen Polymerisats erhöht u. dessen Polymerisation bei 470—540° F (= ca. 245—280°) fortgesetzt, bis ein Polymerisat mit einer red. Viscosität von 0,9—2 in 0,5%ig. Lsg. in m-Kresol gebildet ist. (**E. P. 864 839** vom 18/3. 1958, ausg. 6/4. 1961. A. Prior. 18/3. 1957.) W. OVERBECK. 7181

Union Chimique Belge Soc. An., Belgien, übert. von: Monsanto Chemicals Ltd., **Herstellung von Polysilicaten** durch Umsetzung von einem Phenol mit wenigstens 2 OH-Gruppen mit einem organ. Silicat unter Umesterung u. Vernetzung: Wärmestabile Prodd., die, soweit sie Fl. sind, als *Energieüberträger* oder als *Wärmeaustauscher* dienen, soweit sie fest sind, als *Kautschukersatz* dienen können. — 50 g Tetraphenylorthosilicat (**I**) u. 15 g Hydrochinon (**II**) werden auf 300° erhitzt, wobei im Zuge der Umesterung 20 g Phenol abdestillieren: 45 g fl. *Polysilicat*. — Aus 20 g **I** u. 5,5 g **II** erhält man ein in Cyclohexan u. CH_3OH unlösl., in Ae. u. Bzl. teilweise lösl. gelatineartiges Prod., das nach Extraktion mit Ae. eine farblose, kautschukartige Masse hinterläßt. (**F. P. 1 192 831** vom 11/3. 1958, ausg. 28/10. 1959. E. Prior. 15/3. 1957.) M. PANKOW. 7189

E. I. du Pont de Nemours & Co., Wilmington, Del., V.St.A., *Modifizieren von Kondensationspolymeren.* (**E. PP. 838 412** u. **838 413** vom 6/4. 1956, ausg. 22/6. 1960. A. Prior. 6/4. u. 25/4. 1955, 7/3. u. 16/3. 1956. — C. **1960.** 10079 [F. P. 1 149 298].)

Badische Anilin- & Soda-Fabrik Akt.-Ges., Ludwigshafen/Rh. (Erfinder: **Hermann Spänig**, Ludwigshafen/Rh., und **Hans Rupprecht Hensel**, Heidelberg), *Polymerisation von Olefinen.* (**Jap. A. S. 1243/1960** vom 20/12. 1956, ausg. 26/2. 1960. D. Prior. 28/12. 1955. — C. **1959.** 12394 [Oe. P. 197 581].)

Farbwerke Hoechst Akt.-Ges., vormals Meister Lucius & Brüning, Frankfurt/M. (Erfinder: **Werner Grundmann**, Hofheim, **Herbert Bestian, Heinz Joachim Bahr** und **Siegfried Sommer**, Frankfurt/M.), *Nachbehandlung von Polyolefinen.* (**Jap. A. S. 941/1960** vom 28/9. 1956, ausg. 18/2. 1960. D. Prior. 8/10. 1955. — C. **1960.** 1345 [D. A. S. 1 028 339].)

Goodrich-Gulf Chemicals, Inc., Cleveland, Ohio, V.St.A. (Erfinder: **Russell Gordon Hay**), *Polymerisieren von Olefinen.* (**Jap. A. S. 645/1960** vom 11/7. 1957, ausg. 30/1. 1960. **F. P. 1 178 670** vom 5/7. 1957, ausg. 13/5. 1959. Beide A. Prior. 17/9. 1956. — C. **1961.** 14480 [A. P. 2 922 782].)

Esso Research and Engineering Co. (Erfinder: **Graham George Wanless** und **Charles William Seelbach**), *Katalysator für die Olefinpolymerisation.* (**Aust. P. 226 956** vom 28/8. 1957, ausg. 17/3. 1960. A. Prior. 29/10. 1956. — C. **1961.** 7048 [A. P. 2 938 000].)

W. R. Grace & Co. (Erfinder: **Carolyn E. Breed, Victor S. Frank** und **Anthony J. Urjil**), *Herstellung von stabilen Dispersionen von Polyvinylesterharzen.* (**Aust. P. 229 952** vom 20/6. 1958, ausg. 15/9. 1960. A. Prior. 19/8. 1957. — C. **1961.** 9997 [D. A. S. 1 074 859].)

Montecatini Soc. Gen. per l'Industria Mineraria e Chimica (Erfinder: **Alceste Burri**), *Herstellung von Gegenständen aus festen, nichtperoxydierten Polypropylenen.* (**Aust. P. 229 849** vom 18/3. 1958, ausg. 8/9. 1960. It. Prior. 22/3. 1957. — C. **1960.** 6338 [Oe. P. 203 461].)

British Celanese Ltd., England (Erfinder: **Dennis Grady** und **Arthur Hodge**), *Vinylacetat-Methacrylat-Mischpolymere.* (**F. P. 1 178 132** vom 3/7. 1957, ausg. 4/5. 1959. E. Prior. 4/7. u. 23/10. 1956. — C. **1961.** 17405 [D. A. S. 1 098 201].)

E. I. du Pont de Nemours & Co., V.St.A. (Erfinder: **Edgar Nixon Brightbill** und **Kaare Paul Lindland**), *Gewinnung von Polyäthylen.* (**F. P. 1 177 876** vom 19/6. 1957, ausg. 30/4. 1959. A. Prior. 21/6. 1956. — C. **1961.** 5979 [A. P. 2 890 214].)

Solvay & Cie., Belgien, *Polymerisationsverfahren.* (**F. P. 1 174 783** vom 3/5. 1957, ausg. 16/3. 1959. Belg. Prior. 7/5. u. 29/12. 1956. — C. **1961.** 9616 [Oe. P. 208 068].)

Union Chimique Belg. Soc. An., Belgien, *Polymerisieren von Butadien.* (**F. P. 1 196 584** vom 3/6. 1958, ausg. 25/11. 1959. Belg. Prior. 6/6. 1957. — C. **1961.** 13377 [D. A. S. 1 101 765].)

Solvay & Cie., Belgien, *Polymerisieren von Olefinen.* (**F. P. 1 193 481** vom 20/3. 1958, ausg. 3/11. 1959. Belg. Prior. 13/4. 1957. — C. **1961.** 17768 [Belg. P. 556 683].)

Stamicarbon N. V., Holland, *Reinigen von festen Äthylenpolymeren.* (**F. P. 1 178 821** vom 12/7. 1957, ausg. 15/5. 1959. Holl. Prior. 14/7. 1956. — C. **1961.** 11915 [Belg. P. 559 109].)

Union Chimique Belge Soc. An., Belgien, *Herstellung von kristallinem Polypropylen.* (**F. P. 1 198 638** vom 30/1. 1958, ausg. 8/12. 1959. Belg. Prior. 2/2. 1957. — C. **1960.** 10081 [Oe. P. 202 351].)

Technoplast-Spindler Akt.-Ges., Schweiz, *Herstellung von fein verteiltem Polyäthylen.* (**F. P. 1 175 586** vom 20/5. 1957, ausg. 27/3. 1959. D. Prior. 24/5. 1956. **D. A. S. 1 077 424** Kl. 39b vom 24/5. 1956, ausg. 10/3. 1960. — C. **1961.** 6697 [Jap. A. S. 9485/1958].)

Dow Chemical Co. (Erfinder: **David Patrick Sheetz**), Midland, Mich., V.St.A., *Herstellung einer wässerigen Kolloiddisperison.* (**Jap. A. S. 10 790/1959** vom 25/3. 1958, ausg. 18/12. 1959. A. Prior. 25/3. 1957. — C. **1961.** 17767 [A. P. 2 914 499].)

Montecatini Soc. Gen. per l'Industria Mineraria e Chimica und **Karl Ziegler** (Erfinder: **Giuseppe Guzzetta** und **Ezio Ercoli**), *Verbesserung von Folien und Bändern aus polymerem Material.* (**Aust. P. 225 430** vom 3/10. 1957, ausg. 10/12. 1959. It. Prior. 9/10. 1956. Zusatz zu Aust. P. 211 963; C. 1961. 1391. — C. **1960.** 8699 [F. P. 1 184 742].)

British Cellophane Ltd., übert. von: **Charles R. Bruce** und **Trevor N. Williams**, Bridgwater, Somerset, England, *Oberflächenbehandlung von Polyäthylen.* (**Can. P. 552 217** vom 21/3. 1955, ausg. 28/1. 1958. E. Prior. 30/3. 1954. — C. **1959.** 1282 [F. P. 1 131 478].)

Monsanto Chemical Co., St. Louis, Mo., übert. von: **Joachim Dazzi**, Dayton, Ohio, V.St.A., *Epoxyverbindungen.* (**Can. P. 552 031** vom 9/1. 1953, ausg. 21/1. 1958. A. Prior. 28/1. 1952. — C. **1956.** 7373 [F. P. 1 074 050].)

Soc. des Usines Chimiques Rhône-Poulenc, Paris (Erfinder: **Maurice L. A. Fluchaire** und **Jean A. Phelisse**, Lyon), Frankreich, *Acrylnitrilcopolymere.* (**Can. P. 552 075** vom 21/6. 1952, ausg. 21/1. 1958. F. Prior. 28/6. 1951. — C. **1955.** 1855 [F. P. 1 039 128].)

Rohm &Haas Co., übert. von: **William L. Riedeman** und **William S. Johnson**, Philadelphia, Pa., V.St.A., *Xylylenacrylate und -methacrylate.* (**Can. P. 552 402** vom 23/11. 1953, ausg. 28/1. 1958. A. Prior. 4/12. 1952. — C. **1957.** 6908 [F.P. 1 088 526].)

Rohm & Haas Co., übert. von: **William L. Riedeman**, Philadelphia, Pa., V.St.A., *Herstellung von Carbonatonitrilen.* (**Can. P. 552 403** vom 23/3. 1955, ausg. 28/1. 1958. A. Prior. 6/4. 1954. — C. **1958.** 8488 [E. P. 769 623].)

Badische Anilin- & Soda-Fabrik Akt.-Ges., Ludwigshafen/Rh., übert. von: **Fritz Stasny**, Weinheim, *Herstellung geformter Polystyrolzellkörper mit stoßfester Oberfläche.* (**A. P. 2 865 800** vom 9/11. 1955, ausg. 23/12. 1958. D. Prior. 11/11. 1954. — C. **1958.** 8770 [E. P. 782 481].)

Wallington Weston & Co. Ltd., Somerset, England, *Polyvinylmischpolymerisate.* (**Norw. P. 92 008** vom 31/12. 1953, ausg. 7/7. 1958. — C. **1956.** 6818 [E. P. 732 981].)

Montecatini Soc. Gen. per l'Industria Mineraria e Chimica und **Karl Ziegler** (Erfinder: **Achille Bosoni**), *Hohlkörper aus plastischen Massen.* (**Aust. P. 225 279** vom 15/10. 1957, ausg. 3/12. 1959. It. Prior. 19/10. 1956. — C. **1960.** 6675 [F. P. 1 184 316].)

Union Carbide Corp. (Erfinder: **Wayne Lee Carrick**), *Polymerisation von Äthylen.* (**Aust. P. 225 312** vom 21/6. 1957, ausg. 10/12. 1959. — C. **1961.** 13736 [Belg. P. 562 385].)

Esso Research and Engineering Co. (Erfinder: **Charles William Seelbach** und **William John Gilbert McCulloch**), *Polymerisationskatalysatoren.* (**Aust. P. 225 310** vom 29/3. 1957, ausg. 10/12. 1959. A. Prior. 2/4. 1956. — C. **1961.** 13376 [E. P. 841 292].)

Montecatini Soc. Gen. per l'Industria Mineraria e Chimica (Erfinder: **Giulio Natta, Lido Porri** und **Attilio Palvarini**), *Herstellung von kristallinen linearen Butadienpolymeren.* (**Aust. P. 225 022** vom 9/4. 1957, ausg. 26/11. 1959. It. Prior. 13/4. 1956. — C. **1960.** 317 [F. P. 1 171 087].)

Phillips Petroleum Co. (Erfinder: **Fred Edwin Wiley**), *Abscheidung normalerweise fester Olefinpolymerisate aus ihren Kohlenwasserstofflösungen.* (**Aust. P. 225 596** vom 26/6. 1957, ausg. 24/12. 1959. A. Prior. 28/6. 1956. — C. **1961.** 3166 [Belg. P. 558 748].)

American Cyanamid Co. (Erfinder: **Guido Mino** und **Samuel Kaizerman**), *Herstellung polymerer Produkte.* (**Aust. P. 225 150** vom 26/3. 1957, ausg. 3/12. 1959. A. Prior. 12/4. u. 21/11. 1956. — C. **1960.** 13537 [Holl. P. 92 194].)

Petrochemicals Ltd. (Erfinder: **Robert Nobbs Haward**), *Polymerisatmischung.* (**Aust. P. 225 190** vom 19/12. 1957, ausg. 3/12. 1959. E. Prior. 21/12. 1956. — C. **1961.** 13376 [F. P. 1 215 552].)

Solvay & Cie. (Erfinder: **Georges Pirlot**), *Polymerisationskatalysator.* (**Aust. P. 225 513** vom 11/3. 1957, ausg. 17/12. 1959. Belg. Prior. 10/3. 1956. — C. **1960.** 14532 [F. P. 1 167 252].)

United States Rubber Co., New York, N.Y., V.St.A., *Polybutadienpfropfpolymerisate.* (**E. P. 794 400** vom 27/7. 1956, ausg. 30/3. 1958. A. Prior. 1/8. 1955. — C. **1960.** 9394 [A. P. 2 820 773].)

Esso Research and Engineering Co., Elizabeth, N.J., V.St.A., *Wetter- und lichtbeständige Filme.* (**E. P. 799 475** vom 18/12. 1956, ausg. 6/8. 1958. A. Prior. 29/12. 1955. — C. **1960.** 10426 [A. P. 2 845 399].)

Esso Research and Engineering Co., übert. von: **Anthony H. Gleason**, Westfield, N.J., V.St.A., *Herstellung von Butadienpolymeren in Kohlenwasserstoffen und in Gegenwart von Di-tert.-butylperoxid.* (**A. P. 2 880 190** vom 24/11. 1954, ausg. 31/5. 1959. — C. **1959.** 3662 [E. P. 779 753].)

E. I. du Pont de Nemours & Co., Wilmington, Del., V.St.A., *Herstellung von ungesättigten Sulfonamiden von chlorsulfonierten Olefinpolymeren.* (**E. P. 851 062** vom 29/5. 1957, ausg. 12/10. 1960. A. Prior. 24/7. 1956. — C. **1960.** 10080 [A. P. 2 852 497].)

Farbwerke Hoechst Akt.-Ges., vormals Meister Lucius & Brüning, Frankfurt/M., *Emulsions- oder Suspensionspolymerisation.* (**E. P. 855 669** vom 7/5. 1957, ausg. 7/12. 1960. D. Prior. 7/5. 1956. — C. **1960.** 8360 [D. A. S. 1 054 237].)

Bergwerksverband zur Verwertung von Schutzrechten der Kohlentechnik G. m. b. H., Deutschland, *Herstellung von Polyesterharzen.* (**F. P. 1 162 607** vom 14/8. 1956, ausg. 16/9. 1958. D. Prior. 18/8. u. 9/12. 1955. — C. **1961.** 17408 [E. P. 811 526].)

Union Carbide Corp., New York, N.Y., V.St.A., *Herstellung von Schaumstoff-Polymeren.* (**Oe. P. 204 284** vom 15/1. 1958, ausg. 10/7. 1959. A. Prior. 15/1. 1957. — C. **1961.** 8136 [F. P. 1 209 906].)

Ciba Ltd. (Erfinder: **Paul Zuppinger** und **Willy Fisch**), *Herstellung von neuen, Epoxydgruppen enthaltenden Äthern von N-Methylamino-1.3.5-triazinen.* (**Aust. P. 229 301** vom 21/7. 1958, ausg. 4/8. 1960. Schwz. Prior. 24/7. 1957. — C. **1961.** 9228 [Oe. P. 206 181].)

XII. Kautschuk

American Cyanamid Co., New York, übert. von: Charles Frazier, Yonkers, N.Y., und James H. Fortune, Springdale, Conn., V.St.A., **Herstellung von Latex von Mischpolymerisaten** aus 0,5—10 (%) einer Monocarbonsäure der allg. Formel $R^3—CR^2 = CR^1COOH$; in der R^1, R^2 u. R^3H, CH_3, C_2H_5, Halogen oder eine Aminogruppe u. R^3 außerdem eine OH-Gruppe u. eine $C_1—C_2$-Alkylaminogruppe bedeuten u. deren Anzahl Halogen-, OH- u. Aminosubstituenten nicht größer als 1 ist, 5—55 Acrylnitril oder Methacrylnitril u. 35—94,5 eines $C_1—C_4$-Alkylacrylats oder methacrylats. Man löst 1—10, bezogen auf das Gew. der Monomeren (I), eines Alkalisalzes einer sulfatierten Fettsäure, bes. Laurylsulfat (!), in W., gibt den Polymerisationskatalysator, z. B. $(NH_4)_2S_2O_8Zn$, erwärmt auf 85—95, gibt die I zu u. polymerisiert in üblicher Weise. Der erhaltene Latex ist frostsicher. (**A. P. 2 868 752** vom 23/9. 1955, ausg. 13/1. 1959.) C. LÜTTGEN. 7223

Goodyear Tire & Rubber Co., Akron, Ohio, V.St.A., **Kautschukartige Pfropfpolymerisate** erhält man durch Emulsionspolymerisation von 30—10 (Teilen) einer Monomerenmischung, die 60—80 einer vinylaromat. Verb., bes. Styrol, u. 40—20 Acrylnitril enthält, in Ggw. eines Stammpolymerisats, das durch Polymerisation von 70—90 eines konjugierten Diens mit 30—10 einer Styrol–Acrylnitrilmischung, die 5—15% (bezogen auf die Gesamtmonomeren des Stammpolymerisats) Acrylnitril enthält, erhalten worden ist. Durch Einpolymerisieren von vernetzenden Monomeren, bes.

Divinylbenzol, in das Stammpolymere wird die Quellfestigkeit des Pfropfpolymeren erhöht. — Die Mischungen des Pfropfpolymeren mit Polystyrol, Polyacrylaten u. Styrol/Acrylnitril-Mischpolymerisaten sind *schlagfeste Massen*, die als *Filme* u. für *Überzüge* verwendet werden. (**E. P. 866 667** vom 15/2. 1960, ausg. 26/4. 1961. A. Prior. 25/2. 1959.) L. STADELMANN. 7225

Esso Research and Engineering Co., Elizabeth, N.J., V.St.A., **Herstellen von halogeniertem Butylkautschuk.** Man setzt einen Butylkautschuk-Latex bei 0—110° mit einem Halogenierungsmittel (Cl_2 oder Br_2) um, bis der Kautschuk mindestens 0,5% Halogen, jedoch nicht mehr als 3 Atome Halogen pro Doppelbindung gebunden enthält. Die Halogenierung wird bes. in Ggw. eines tert. Amins, bes. Pyridin, durchgeführt. — *Verw.* des Latex *zur Imprägnierung*, des Festkautschuks, zur *Herst. von Reifen* u. *Heizschläuchuen.* (**E. P. 866 878** vom 24/9. 1959, ausg. 3/5. 1961. A. Prior. 15/12. 1958.) L. STADELMANN. 7225

Ministerul Industriel Bunurilor de Consum, Rumänien (Erfinder: Spiridon Cutudi, Nicolae Teban, Constantin Ciochinà und Lavric Ion), **Weichmacher für synthetischen Kautschuk** aus Rückständen (Teer) aus der Bearbeitung von Rohölen, bes. Weichmacher mit höherem Geh. (50—90%) an ungesätt. hochmol. KW-Stoffen, geringer Menge Paraffin-KW-Stoffen u. höchstens 20% Asphalt (Viscosität bei 100° 10—20° F). Man kann bis 120% Weichmacher zusetzen, muß aber den Anteil an S u. Beschleuniger etwas erhitzen, da der Weichmacher bei der Vulkanisation diese Stoffe bindet. (**F. P. 1 199 836** vom 11/7. 1958, ausg. 16/12. 1959.) M. PANKOW. 7227

Dominion Rubber Co. Ltd., Montreal, Quebec, Canada, übert. von: Elbert C. Ladd, Passaic, N.J., V.St.A., **Umwandlung von Synthesekautschuk** in Harze erfolgt durch Erhitzen mit 1—2 Gew.-% Hexachlorcyclopentadien. — Vgl. A. P. 2732409; C. **1958.** 13918. (**Can. P. 551 914** vom 8/7. 1953, ausg. 21/1. 1958. A. Prior. 30/10. 1952.) EBERHARD RIEDEL. 7229

Goodrich-Gulf Chemicals, Inc. (Erfinder: **Samuel Emmett Horne jun., Carlin Frary Gibbs, Vernon Louis Folt** und **Earl John Carlson**), *Polymerisation unter 1.4-Verkettung von einem oder mehreren konjugierten Polyolefinkohlenwasserstoffen.* (**Aust. P. 225,305** vom 23/11. 1955, ausg. 10/12. 1959. A. Prior. 2/12. 1954. — C. **1960.** 8706 [Belg. P. 543 292].)

Montecatini Soc. Gen. per l'Industria Mineraria e Chimica (Erfinder: **Giulio Natta, Giorgio Mazzanti** und **Mario Bruzzone**), Mailand, Italien, *Herstellung von Elastomeren.* (**Jap. A. S. 1543/1960** vom 22/4. 1957, ausg. 1/3. 1960. It. Prior. 24/4. 1956. — C. **1960.** 3399 [F. P. 1 171 833].)

B. F. Goodrich Co., New York, N.Y., übert. von: **Daniel S. Sears,** Cuyahoga Falls, und **Edwin B. Newton,** Akron, Ohio, V.St.A., *Behandlung von SiO_2-Oberflächen mit Aminen.* (**Can. P. 552 308** vom 19/5. 1948, ausg. 28/1. 1958. A. Prior. 1/11. 1947. — C. **1951. I.** 2976 [F. P. 968 370].)

Clifford Granville La Crosse, Baltimore, Md., V.St.A., *Material für Kautschuk und -ersatz.* (**E. P. 857 494** vom 23/12. 1957, ausg. 29/12. 1960. A. Prior. 26/12. 1956. — C. **1959.** 13022 [A. P. 2 832 691].)

United States Rubber Co., New York, N.Y., übert. von: **Pliny O. Tawney,** Passaic, N.J., V.St.A., *Vulkanisieren von Butylkautschuk.* (**A. P. 2 825 720** vom 27/9. 1955, ausg. 4/3. 1958. — C. **1961.** 10003 [E. P. 802 546].)

B. F. Goodrich Co., New York, N.Y. (Erfinder: **Harold Probert Brown,** Akron, Ohio), V.St.A., *Herstellung kautschukartiger Mischungen.* (**D. B. P. 975 320** Kl. 39b vom 13/7. 1952, ausg. 9/11. 1961. Anmeldung bekanntgemacht 26/5. 1955. A. Prior. 25/7. 1951. — C. **1955.** 10641 [E. P. 723 456].)

Imperial Chemical Industries Ltd. (Erfinder: **Arthur William Birley** und **Mervyn Frederick Vincent**), *Kautschukmischung.* (**Aust. P. 225 161** vom 29/8. 1957, ausg. 3/12. 1959. E. Prior. 5/9. 1956. — C. **1961.** 5985 [E. P. 822 621].)

Chemische Werke Albert, Wiesbaden, *Benzinlösliche Polymerisate aus Cyclokautschuk und Styrol.* (**Holl. P. 98 476** vom 7/8. 1956, ausg. 17/7. 1961. D. Prior. 26/11. 1955. — C. **1958.** 4642 [D. A. S. 1 012 453].)

XIII. Ätherische Öle. Parfümerie. Kosmetik

Ätherische Öle. Lothar v. Jaminet. (Riechstoffe u. Aromen **10.** 41—44. 72—75. Febr. 1960.) (Dt.)

Im Rahmen einer allg. Übersicht geht Vf. auf Eigg. u. Meth. zur Unters. u. Gewinnung äther. Öle ein. H. SONTAG. 7262 □

Notiz über das Vorkommen isoprenoider C_5-Alkohole in ätherischen Ölen. P. A. Stadler, A. Eschenmoser, E. Sundt, M. Winter und M. Stoll. (Experientia [Basel] **16.** 283—84. 15/6. 1960. Zürich, Eidg. TH, Org.-chem. Labor.; Genf, Firmenich & Cie, Forschungslabor.) (Dt.)

Nach moderner Anschauung kommt dem *β.β-Dimethylallylpyrophosphat* bei der Steroid- bzw. Terpenbiogenese eine maßgebende Funktion zu. Unter Zuhilfenahme präparativer, gaschromatograph. u. papierchromatograph. Verff. gelang es erstmalig, die Hydrolyse-Prodd. des *β.β-Dimethylallylpyrophosphates* in freier Form als Bestandteile äther. Öle nachzuweisen. So wurden *3-Methylbuten-(2)-ol-(1)* über das 3.5-Dinitrobenzoat aus Himbeeröl u. *2-Methylbuten-(3)-ol-(2)* aus französ. Lavendelöl isoliert u. identifiziert. G. LOSSNER. 7262 □

Suche nach cineolölhaltigen Pflanzen in der polnischen und ausländischen Flora. 1. Mitt. Stanisław Kohlmünzer. (Dissertat. pharmac. [Warszawa] **12.** 143—63. 1960. Kraków, Akad. Med., Zakł. Botan. farmac.) (Pol.)

Es wurden 52 Pflanzen auf ihren *Cineol* (I)-Geh. untersucht. I wurde im äther. Öl qual. mit Tetrajodpyrrol mikrochem. oder chromatograph. auf Orthokieselsäure-Platten u. quant. nach der o-Kresol-Meth. bestimmt. 15 Gattungen der Familien Labiatae u. Compositae enthalten I, darunter 6 Achillea-Arten. Der I-Geh. im Öl schwankt bei den untersuchten Arten von 1,0% bei *Mentha piperita L.* bis 40,1% bei *Rosmarinus officinalis L.*; *Salvia officinalis L.* u. *Artemisia vulgaris L.* enthalten 16—19% I im äther. Öl.— 84 Literaturangaben. F. URBAN. 7262□

Suche nach cineolölhaltigen Pflanzen in der polnischen und ausländischen Flora. 2. Mitt. **Salvia officinalis L. und Artemisia vulgaris L. als Cineolrohstoffe.** Stanisław Kohlmünzer. (Dissertat. pharmac. [Warszawa] **12.** 211—21. 1960.) (Pol.) — 1. vgl. vorst. Referat.

Der Geh. an äther. Ölen in den Triebspitzen von *Salvia officinalis L.* u. in den Blütenständen oder blühenden Triebspitzen von *Artemisia vulgaris L.* ist während der Blüte am höchsten. Gleichzeitig enthält das Öl auch am meisten *Cineol* (I; 25,3 bzw. 30,4%). Die Gewinnung von I aus der I-Fraktion des Öles kann durch Ausfrieren der Doppelverbindung mit o-Kresol oder durch Extraktion mit 75%ig. Methanol u. Fraktionierung des Extraktes durch stufenweises Verdünnen mit W. bis auf 40% Methanol erfolgen. — 17 Literaturangaben. F. URBAN. 7262□

Ambre gris — Neptuns Schatz. C. P. Idyll. (Annu. Rep. Board Regents Smithsonian Instn. **1959.** 377—83, herausgeg. 1960. Miami, Univ., The Marine Labor.) (Engl.)

Nach ausführlichen Darlegungen über die Geschichte der Gewinnung u. Verw. von *Ambre gris* u. seiner heutigen wirtschaftlichen Bedeutung als Fixateur in der Parfümerie beschreibt Vf. 2 einfache Meth. zur Unterscheidung von Ambre gris von anderen wachsartigen Stoffen: 1) Anschmelzen durch Einstich mit erhitztem Draht oder Nadel (Bldg. einer schwarzen, harzartigen klebrigen Fl. an der Einstichstelle bzw. Bldg. eines charakterist. riechenden Rauchs beim Einbringen des mit Schmelze behafteten Drahtes in eine Flamme) u. 2. Bldg. weißer Nadeln beim Kristallisieren aus CH_3OH.
H. SONTAG. 7276□

Beitrag zur Klärung der östrogenen Wirksamkeit von Hopfen. A. Zenisek und J. Bednar. (Amer. Perfumer Aromatics **75.** Nr. 5. 61—62. Mai 1960.) (Engl.)

Zwecks Verw. in Hautpflegemitteln untersuchten Vff. die östrogene Wirksamkeit a) eines durch Extraktion mit W. u. einem lypophilen Lsgm. gewonnenen Hopfenextrakts, der Tannin, α-β-Bittersäuren u. die entsprechenden Harze enthielt, b) eines durch Extraktion mit Bzn. gewonnenen Hopfenextrakts, der kein Tannin u. daher β-Bittersäuren in relativ größeren Mengen enthielt u. c) des aus Lupulon, Colupulon, Adlupulon u. Prälupulon bestehenden Komplexes der β-Bittersäuren. Ein Vgl. dieser Werte sowohl untereinander als auch mit der östrogenen Wirksamkeit von Hopfen u. anderen Pflanzen läßt die Wrkg. von Hopfen als Phytohormon erkennen, u. zwar nimmt die östrogene Wirksamkeit mit zunehmendem Geh. an β-Bittersäuren zu, die somit als Ursache dieser Wrkg. erkannt wurden. — 20 Literaturangaben. H. SONTAG. 7284□

Grundlagenforschung über die Zusammensetzung von Lippenstiftkomponenten. Gustav A. Nowak. (Amer. Perfumer Aromatics **75.** Nr. 5. 53—55. Mai 1960.) (Engl.)

Auf Grund von Ergebnissen der Unterss. über die Löslichkeit von Tetrabromfluorescein in verschiedenen Lsgm. u. der Erörterung der Eigg. dieser Lsgg. wird festgestellt, daß sich von den üblichen Lsgm. Propylenglykol, Oleylalkohol, Diäthylsebacat u. Ricinusöl zur Verw. in Lippenstiften am besten eignen. Die Verträglichkeit dieser Lsgm. mit folgenden Wachsarten wurde systemat. untersucht: Bienenwachs, Alkylolamid, Lanolin, Ozokerit, Ceresin, Carnaubawachs, hydriertes Erdnußöl, Glycerinmonostearat, Cetylalkohol, Walrat, Absorptionsbase (Protegin), Vaseline u. Kakoabutter. Aus der Erörterung der Ergebnisse lassen sich die optimalen Lsgm.-Wachs-Kombinationen für Lippenstiftmassen feststellen. H. SONTAG. 7284□

Spezielle Chemikalien für den Heim-swimming pool. A. Haldane Gee. (Amer. Perfumer Aromatics **75.** Nr. 5. 56—60. Mai 1960.) (Engl.)

Vf. erörtert den Zusatz halogenhaltiger u. -freier Zusätze zur Desinfektion u. Verhütung von Algenbewuchs u. berichtet über Färbemittel u. Riechstoffe, die speziell als Zusatz zu Swimming pool-Wasser auf dem amerikan. Markt angeboten werden.
H. SONTAG. 7284□

Schutz von mit H_2O_2 gebleichtem Haar durch Behandlung mit sauren Lösungen. Peter Flesch. (Amer. Perfumer Aromatics **75.** Nr. 5. 25—32. Mai 1960.) (Engl.)

Vf. verglich das Verh. von ungebleichtem, mit H_2O_2 gebleichtem, nicht-nachbehandeltem u. mit H_2O_2 gebleichtem, mit sauren Lssg. nachbehandeltem Haar durch Best. der Oxydation der Disulfidbindungen des Keratins (J- u. PbS-Test), der Aufnahme des sauren Farbstoffs Orange II aus seiner Lsg., der Belastungsdehnung, des N, S u. P-Geh. u. des Geh. an Sulfhydrylgruppen. Ergebnisse: Mit H_2O_2 gebleichtes Haar wird auch nach Beendigung des Bleichprozesses infolge Extraktion bestimmter Zers.-Prodd. u. oxydierter Pigmente durch W. angegriffen. Diese Wasserempfindlichkeit von mit H_2O_2 gebleichtem Haar wird durch Spülungen mit sauren Lsgg. (pH: 2,0—3,8) merklich herabgesetzt u. das Farbstoffaufnahmevermögen wird verbessert. Durch die saure Nachbehandlung werden offensichtlich wasserlösl. Komponenten innerhalb des Haarschaftes ausgefällt, wodurch das Haar seine natürliche Widerstandsfähigkeit zurückerhält, wie durch Ergebnisse der chem. u. physikal. Unterss. (Erniedrigung des Geh. an Sulfhydrylgruppen, geringere Steilheit der Belastungs-Dehnungskurve nach Thioglykolatbehandlung) bestätigt wird. — 18 Literaturangaben.

H. Sontag. 7284□

Oxydationshaarfärbemittel in Stiftform. R. Helingotter. (Amer. Perfumer Aromatics **75.** Nr. 5. 19—21. Mai 1960.) (Engl.)

Die Stifte sind auf Basis von Fettalkoholen im Gemisch mit anderen fetten oder halbfetten Stoffen aufgebaut u. enthalten neben den üblichen zum oxydativen Haarfärben verwendeten Farbstoffen (Diamine, Aminophenole, aromat. Nitro-Verbb.) als wesentliche Komponenten: Monoäthanolamin zur Erzielung eines pH-Wertes über 10, Antioxydantien, Löslichkeitsverbesserer u. waschakt. Substanzen, um den Stift bei Aufstreichen auf das vorher mit verd. H_2O_2-Lsg. befeuchtete Haar zu emulgieren. An Hand von Abb. wird die Wirkungsweise dieser Haarfärbemittel mit der von solchen anderer Zubereitungsformen verglichen: da bei den Stiften der Farbstoff in Fett gelöst ist, enthält die wss. Phase der bei Auftrag des Stifts auf das befeuchtete Haar entstehenden Emulsion zunächst keinen Farbstoff, sondern dieser muß erst aus dem Fettbindemittel in die wss. Phase diffundieren u. kann dann mit dem Keratin des Haares in Berührung gebracht werden. — 13 Literaturangaben.

H. Sontag. 7284□

Kosmetische Mittel und Parfüms in Aerosol-Form. G. A. Nowak. (Parfümerie u. Kosmet. **42.** 381—88. Okt. 1961. Holzminden, Weser, Entwicklungslabor. Dragoco.) (Dt.)

Es werden allg. Anleitungen, die Wahl von Treibgas u. Gefäß betreffend, bes. zur Vermeidung von Korrosion gegeben. Weiterhin wird die Herst. von Haarlacken (moderne Rohstoffe werden bes. berücksichtigt), von Zahnpasten, Frisiercremes, Desodorantien, Antiperspirantien, Schaum-Prodd., Puder u. Parfüms in Aerosol-Form besprochen.

K. Hinterauer. 7284□

Die Papierchromatographie von ätherischen Ölen. Über die Carbonylverbindungen des ätherischen Öles von Litsea Cubeba. H. Fürst und G. Feustel. (Z. Chem. **1.** 22—24. 1961. Dresden, TH, Inst. organ.-techn. Chem. u. VEB Chem. Fabrik Miltitz, Forsch.-Labor.) (Dt.)

Papierchromatograph. Unterss. der Carbonyl-Verbb. des durch Wasserdampf-Dest. gewonnenen äther. Öles von *Litsea Cubeba* [$D.^{15}$ 0,8988, α + 9° 56', n_D^{20} 1,4862, SZ. 4,5, Oximierbare Anteile ($C_{10}H_{16}O$) 70,7%], einer in China vorkommenden Frucht, werden beschrieben. Die Isolierung der Carbonyl-Verbb. erfolgte durch Umsetzung des äther. Öles mit 2.4-Dinitrophenylhydrazon (I) in phosphorsaurer äthanol. Lösung. Zur besseren Trennung wurden die Carbonyl-Verbb. zunächst durch Schütteln mit einer 38%ig. wss. $NaHSO_3$-Lsg. über die Bisulfit-Verbb. isoliert, die dann in die **I** übergeführt wurden. Papierchromatograph. (Syst. Dimethylformamid/Cyclohexan) konnten aus dem Fruchtöl von *Litsea Cubeba* folgende Carbonyl-Verbb. isoliert werden: Furfurol, Formaldehyd, Acetaldehyd, Aceton, Butyraldehyd, Isovaleraldehyd, Methylheptenon, Citral u. Citronellal.

J. Seidemann. 7286□

Die Bestimmung der Peroxide in ätherischen Ölen. G. Janíček, J. Pokorný und J. Čmolík. (Élelmiszervizsgálati Közlemények [Lebensmittelanalyt. Mitt.] **6.** 290—97. 1960. Prag, Chem.-techn. Hochschule, Fak. der Lebensmitteltechnol. Katheder für Chemie u. Unters. der Lebensmittel.) (Dt.)

Vff. beschreiben ein colorimetr. Verf. zur Best. der Hydroperoxide in äther. Ölen, das auf der photoelektr. Messung der durch Rk. der Hydroperoxide mit $TiCl_4$ in essigsaurem Medium entstehenden u. durch H_2O-Zusatz stabilisierten Färbung beruht. Die so gefundenen Extinktionen werden mit Hilfe von Eichkurven ausgewertet. Nach dieser Meth. lassen sich die Hydroperoxide in Ggw. anderer Peroxide bestimmen, so daß sich durch Kombination der colorimetr. Meth. mit der bekannten jodometr. Meth. sowohl der Gesamt-Geh. an Peroxiden als auch der Anteil an Hydroperoxiden in äther. Ölen bestimmen läßt, was am Beispiel der Best. der Peroxidzahlen verschiedener äther. Öle dargelegt wird.

H. Sontag. 7286□

J. R. Geigy Akt.-Ges., Basel, Schweiz, **Lichtschutzmittel,** bestehend aus 2-Aryl-4.5-arylo-1.2.3-triazol-Verbb., die mindestens einmal die Struktur I enthalten (A u. B sind isocycl.-aromat. Reste aus höchstens 2 kondensierten Ringen ohne farberzeugenden Charakter, die mittels eines C-, O- oder S-Atoms mit den aromat. Ringen verbunden sind; A ist über die N-Atome an 2 benachbarte C-Atome gebunden). Solche Stoffe sind z. B.: *2-[2'-Hydroxy-5'-methyl-phenyl-, -(tert.-butyl)-phenyl-, -amylphenyl]-benztriazol, 2-[2'-Hydroxy-5'-methylphenyl]-benztriazol-5-carbonsäurebutylester, 2-[2'-Hydroxy-5'-(tert.-butyl)-phenyl]-5-chlorbenztriazol.* Verw. der Mittel in Polyesterharzen, Superpolyurethanen, -amiden, chlorhaltigen Vinylpolymeren, Cellulose-Derivv., Polystyrol, Leinölpolymeren, Polyäthylen, Holz, menschlicher Haut, Fetten, Ölen, Photomaterial, Butter. — So besteht ein *Lichtschutzmittel für die Haut* aus 5 (Teilen) Ceresinwachs, 22 Petrolatum, 19,5 Mineralöl, 15 Lanolin, 2 2-[2'-Acetoxy-5'-methylphenyl]-5-methylbenztriazol, 36 W. u. 0,5 Parfüm. (**Oe. P. 207 121** vom 13/12. 1957, ausg. 11/1. 1960. Schwz. Prior. 14/12. 1956.)

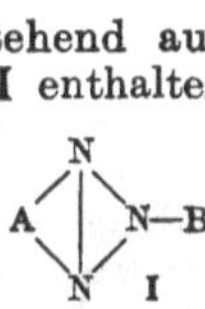

I

M. PANKOW. 7285

N. V. Polak & Schwarz's Essencefabrieken, Holland, *Herstellung von nach Moschus riechenden Substanzen.* (**F. P. 1 164 638** vom 3/12. 1956, ausg. 13/10. 1958. Holl. Prior. 3/12. 1955. — C. **1959.** 7653 [D. A. S. 1 037 623].)

Polak's Frutal Works, Inc. (Erfinder: **Ernest Henry Polak**), Middletown, N.Y., V.St.A., *Polyalkylindanaldehyde als Moschusriechstoffe.* (**Schwz. P. 338 819** vom 19/9. 1955, ausg. 31/7. 1959. Holl. Prior. 8/10. 1954. — C. **1959.** 8731 [D. A. S. 1 035 123].)

Dragoco Spezialfabrik konz. Riech- und Aromastoffe Gerberding & Co. G. m. b. H. (Erfinder: **Günther Ohloff**), Holzminden, *Sauerstoffhaltige Produkte mit Ambrageruch.* (**Schwz. P. 340 226** vom 27/5. 1955, ausg. 30/9. 1959. D. Prior. 16/7. 1954 u. 2/2. 1955. — C. **1961.** 8862 [E. P. 807 616].)

Vereinigte Papierwerke Schickedanz & Co., Nürnberg (Erfinder: **Curt Walther Leupold,** Nürnberg, und **Hans Walter,** Lahr-Dinglingen), *Herstellung von Pudergrundlagen.* (**Oe. P. 211 481** vom 27/12. 1957, ausg. 10/10. 1960. D. Prior. 16/4. 1957. Zusatz zu Oe. P. 198 892; C. 1959. 8434. — C. **1961.** 14857 [D. A. S. 1 098 674].)

Vereinigte Papierwerke Schickedanz & Co. (Erfinder: **Curt Walther Leupold, Wilhelm Kellner** und **Johanna Hellmuth**), Nürnberg, *Mittel mit desodorisierender Wirkung.* (**Oe. P. 211 961** vom 21/7. 1958, ausg. 25/11. 1960. D. Prior. 7/10. 1957. — C. **1961.** 3175 [D. A. S. 1 083 503].)

Lawrence Richard Bruce, Inc., V.St.A., *Bleichen von lebenden Haaren.* (**F. P. 1 207 436** vom 4/4. 1958, ausg. 16/2. 1960. — C. **1961.** 18902 [E. P. 852 777].)

XIV. Zucker. Kohlenhydrate. Stärke

Laboratoriumsversuche zur Entfärbung von Raffinerie-Säften mit Aktivkohle. Å. Birch-Iensen. (Socker, Handl. II **12.** 119—28. 1956.) (Engl.)

Die Entfärbung von 4 verschiedenen Raffinerie-Säften mit 5 verschiedenen Aktivkohlen wird untersucht. Die Ergebnisse werden graph. ausgewertet. *Carboraffin Z* u. *Norit Supra B* erweisen sich als bes. geeignet. Es werden Kalkulationen für eine rentable Anwendung angeschlossen. MANFRED SCHULZ. 7412□

Über die Racemisierung von Glutaminsäure. J. Voss und I. Haidasch. (Zucker-Beih. **3.** 108—10. April 1959. Wiesbaden-Biebrich, Kalle u. Co. A.G., Labor.) (Dt.)

Bei der techn. Herst. von *L-Glutaminsäure* (**I**), bzw. deren Na-Salz, durch Hydrolyse der in der Melasseschlempe vorhandenen *Pyrrolidoncarbonsäure* (**II**) wird eine beträchtliche Racemisierung der **I** beobachtet. Zur Unters. der Ursachen dieser Erscheinung wurde **I** bzw. **II** mit Hilfe von Ionenaustauschern isoliert. Es zeigte sich, daß bei saurer wie auch alkal. Hydrolyse unter den üblichen techn. Bedingungen keine Veränderung der opt. Drehung eintritt. In den gepüften Ausgangsmaterialien (Melassedickschlempe, Melasse, Dicksaft) lagen ca. 12% der Gesamt-**II** in der D-Form vor. Danach ist **II** schon in einer Vorstufe, wahrscheinlich bei der Aufarbeitung des Diffusionssaftes, racemisiert worden. MANFRED SCHULZ. 7418□

Die Saccharose als möglicher Rohstoff für die chemische Industrie. Eberhard Hirsch. (Chem.-Ztg. Chem. Apparate **83.** 249—54. 25/4. 1959. (Dt.); Magyar Kémikusok Lapja [Z. Ver. ung. Chemiker] **15.** 343—46. Aug. 1960. Karlsruhe.) (Ung.)

Übersicht über Saccharose (**I**)-Ester u. -Äther, über Alkalisaccharate u. über Kondens.-Prodd. von **I** mit Aromaten. — 20 Literaturangaben. G. TALSKY. 7438□

Struktur, Reaktionen und anwendungstechnische Bedeutung von Aldehydstärke. Peter J. Borchert. (Kunststoffe **51.** 137—44. März 1961. Elkhart, Ind., Miles Chem. Co., Div. of Miles Labor., Inc.) (Dt.)

Beschreibung der mit Hilfe von HJO_4 durchgeführten Oxydations-Rk. von Stärke zu Dialdehydstärke, wobei durch Variation der Menge HJO_4 jede gewünschte Oxydationsstufe dieses natürlichen Polymers zu erhalten ist. Struktur, Rk.-Fähigkeit u. techn. Bedeutung der Aldehydstärke, die als polymerer Aldehyd eine neue Stoffklasse bildet, werden dargelegt. — 44 Literaturangaben. H. SONTAG. 7448□

Die Phosphatdüngung von Zuckerrüben. C. Ferrari, L. Lanzoni, U. Pallotta und G. Piolanti. (Agrochimica [Pisa] Atti II Simpos. int. Agrochim. **1958.** 557—77. 8—13/9. Bologna, Univ., Ist. di Chim. Agr.) (Ital.)

Vff. berichten über die Ergebnisse der Unterss. (Tabellen) von mit Phosphaten gedüngten Zuckerrüben-Vers.-Feldern, die in Zusammenarbeit mit verschiedenen Verbänden erhalten wurden, um die Best.-Meth. von im Boden rascher lösl. Phosphaten zu „eichen", u. weisen auf eine noch im Gang befindliche Unters. hin, die die Annahme einer internationalen Meth. zur Best. des sog. „verfügbaren" oder „assimilierbaren" P ermöglicht. G. PLATZER. 7472□

Brechungsindices von reinen Saccharose-Lösungen. D. F. Charles. (Int. Sugar J. **61.** 236—40. Aug. 1959. Crockett, Calif., California u. Hawaiian Sugar Refin. Corp. Ltd.) (Engl.)

Von bekannten wss. Saccharose (**I**)-Lsgg. werden die Brechungsindices refraktometr. ermittelt. Die erhaltenen Werte stimmen mit den kürzlich ermittelten Werten des NATIONAL BUREAU OF STANDARDS überein u. bestätigen, daß die Werte der Internationalen Skala [1936] bei Konzz. von $>60\%$ **I** fehlerhaft sind. Es werden genaue Werte für **I**-Lsgg. von 50—85% **I** ermittelt. Zwei Korrektur-Gleichungen sind angegeben. MANFRED SCHULZ. 7474□

Über Ionen-Saccharose-Assoziate in wäßrigen Lösungen. B. Brukner und H. Cordes. (Zucker-Beih. **3.** 110—20. April 1959. Braunschweig, TH, Inst. für Physik. Chem. u. Elektrochem.) (Dt.)

Eine Analyse der möglichen Wechselwrkg. zwischen in W. gelösten Salzen u. Saccharose (**I**) wird vorgenommen u. deren Einfl. auf die Drehung des polarisierten Lichtes durch eine solche Lsg. untersucht. Es bestehen Hinweise auf die Existenz von Assoziaten aus Ionen u. **I**-Molekeln. Bei kleineren Konzz. (etwa bis 1 m **I**- u. Salz-Lsgg.) bestehen diese Assoziate aus einem Ion u. einem **I**-Mol., bei höheren Konzz. muß man auch die Existenz von Assoziaten aus einem Anion u. zwei **I**-Moll. annehmen. MANFRED SCHULZ. 7474□

Über die stickstoffhaltigen Nichtzuckerstoffe. 3. Mitt.: **Bestimmung des Glutamins in Säften der Zuckerfabrikation.** F. Schneider, E. Reinefeld und H. Forth. (Zucker-Beih. **3.** 102—07. April 1959. Braunschweig, TH, Inst. für landw. Technol. u. Zuckerind.) (Dt.) — 2. vgl. C. **1961.** 10779.

Zur direkten Best. der *Glutaminsäure* in Säften der Zuckerfabrikation wurde folgende Meth. ausgearbeitet: papierchromatograph. Trennung des Glutamins, Elution, Hydrolyse zu Glutaminsäure, papierelektrophoret. Best. der Glutaminsäure. Mit Hilfe des ausführlich beschrieben Verf. wurde der Glutamin-Geh. in einigen Roh-, Dünn- u. Dicksäften ermittelt. Es ergab sich ein deulicher Zusammenhang zwischen der Glutamin-Umwandlung u. dem pH-Wert der Dünn- u. Dicksäfte. — 29 Literaturangaben. MANFRED SCHULZ. 7474□

Über die papierchromatographische Bestimmung von Raffinose. F. Schneider, A. Emmerich, C. Reichel und H. Rother. (Zucker-Beih. **3.** 95—102. April 1959. Braunschweig, TH, Inst. für landw. Technol. u. Zuckerind.) (Dt.)

Die quant. papierchromatograph. *Raffinose* (**I**)-Best. in den Prodd. der Rübenverarbeitung wird besprochen. Durch visuellen Vgl. von **I**-Testflecken ist eine Meth. gegeben, mit einfachen Hilfsmitteln die **I**-Best. z. B. in Melassen auf $\pm 0,1$ bis 0,2% Genauigkeit durchzuführen. Weiter wird eine genauere Best.-Meth. angegeben, bei der die papierchromatograph. abgetrennte **I** vom Papier eluiert u. ihre Farb-Rk. mit Recorcindisulfonsäure photometr. ausgewertet wird. Für die beiden papierchromatograph. Verff. finden das Papier von SCHLEICHER u. SCHÜLL Nr. 2040b u. das Lsgm.-Syst. n-Propanol/Äthylacetat/W. (7 : 1 : 2) Verwendung. Die Sichtbarmachung der **I** auf dem entwickelten Chromatogramm erfolgt bei der visuellen Meth. bei 105° mit einer äthanol. Lsg. von Dimethyl-p-phenylendiaminhydrochlorid u. $SnCl_2$, bei der photometr. Meth. bei 75° mit einer 0,25%ig. äthanol. α-Naphthol-Lsg., der kurz vor Gebrauch 10% konz. Phosphorsäure zugesetzt werden. MANFRED SCHULZ. 7488□

Maschinenfabrik Buckau R. Wolf Akt.-Ges. (Erfinder: Heinrich Strempel †), Grevenbroich, **Entzuckern von Rübenschwänzen,** dad. gek., daß die von den Rüben abgetrennten Schwänze zu einem Brei von ca. 2 mm Korngröße zerquetscht u. in einem von der Hauptdiffusion unabhängigen Anlage ausgelaugt werden. (**D. A. S. 1 116 610** Kl. 89c vom 10/7. 1958, ausg. 2/11. 1961.) A. GRADL. 7413

Paul W. Alston, Berkeley, Calif., V.St.A., **Reinigung von Rübenzuckersäften,** dad. gek., daß die durch Diffusion erhaltenen Säfte mit 0,2—0,6% CaO (bezogen auf Rübe) in mehreren Intervallen mit mindestens jeweils 1 Min. Abstand versetzt, unter schwachem Rühren bis unter den Kp. erhitzt u. vom Nd. abfiltriert u. dann mit CO_2 saturiert u. abermals filtriert werden. — Zeichnung. (**A. P. 2 976 189** vom 12/12. 1955, ausg. 21/3. 1961.) A. GRADL. 7413

Manuel Sá Viana Brandão Conte, Portugal, **Carbonisieren und Phosphatieren von Zuckersirupen,** dad. gek., daß man sie mit einem Gemisch von $Ca(H_2PO_4)_2$- u. $CaCO_3$-Pulver versetzt. (**F. P. 1 198 364** vom 1/7. 1958, ausg. 7/12. 1959.) T. OPPERMANN. 7417

Magnetrit Akt.-Ges., Zürich, Schweiz, *Reinigung von zuckerhaltigen Lösungen.* (Belg. P. 539 255 vom 3/6. 1955, ausg. 17/7. 1959. — C. 1960. 6002 [Schwz. P. 338 798].)

XV. Gärungsindustrie

Versuche zur Produktion mykotischer Amylasen. 3. Mitt. **Die Verwendung von Brauereitreber bei der Herstellung von Amylasepräparaten.** M. Kujawski und K. Piller. (Acta microbiol. polon. **9.** 289—98. 1960. Krakow, PAN, Zakl. Fizjol. Rosl.) (Pol.) — 2. vgl. Acta mikrobiol. polon. **9.** [1960.] 205.

Auf Brauereitreber mit einem 20—25% ig. Zusatz von Stärke bzw. Stärkeschlamm bildeten 2 *Aspergillus oryzae*-Stämme Amylase von guter Qualität. Die Zugabe N-haltiger Substanzen ist nicht notwendig, sogar nachteilig. E. FISCHOEDER. 7508□

Der Kohlenhydratstoffwechsel der Gerste in Beziehung zum Mälzen. Anna M. MacLeod. (Wallerstein Lab. Commun. **23.** 87—89. Aug. 1960. Edinburgh, Heriot-Watt Coll.) (Engl.)

Vorgänge, die sich bei der Ausbildung des Stärkekornes u. bei der Umwandlung der Pflanze vom vegetativen Zustand in den der Samen-Bldg. abspielen, werden erörtert. Die Aufklärung der Beziehung der Struktur von Spelze, Granne u. Samenhaut zum Korninhalt ist von Bedeutung für die Selektion neuer Sorten zur Ertragssteigerung. Die Fraktionen von Gerstenspelze, Keimling u. Mehlkörper zeigen Unterschiede hinsichtlich der Zus. der Kohlenhydrate. Auf die Veränderungen in der Zus. der Kohlenhydrate, Zucker, Oligosaccharide, Stärke, Hemicellulose, Rohcellulose u. Pentosane des Korns während des Mälzens wird bes. eingegangen. Diese Veränderungen haben Einfl. auf die Eigg. des fertigen Malzes. Eine brauchbare Meth., die Zus. der Gersten-Kohlenhydrate zum Extrakt des fertigen Malzes in Beziehung zu setzen, ist die Best. der unlösl. Kohlenhydrate nach BISHOP u. MARX. — 24 Literaturangaben. K.-U. RIEDEL. 7540□

Überblick über den gegenwärtigen Stand der Brauereiwissenschaft. A. H. Cook. (European Brewery Convent., Proc. Congr. **1959.** 381—97. Nutfield, Surrey, Brewing Ind. Res. Found.) (Engl.) — Vgl. C. **1959.** 16807.

Es wird ein Überblick gegeben unter besonderer Berücksichtigung der Keimungsbedingungen von Braugerste, der Zus. von Gerste u. Malz, der Struktur der α-Säuren im Hopfen, des Geh. an Hopfenhumulon, des strukturellen Aufbaus der Hefezellwand, des Cytoplasmas u. Nucleus der Hefezelle sowie der Biosynth. der Hefenucleinsäuren. — 48 Literaturangaben. K.-U. RIEDEL. 7544□

Vergärbarkeit von Würze — Trisaccharid, ein Faktor der variablen Attenuation. Samuel R. Green und Irwin Stone. (Wallerstein Lab. Commun. **24.** 130—41. Aug. 1961.) (Engl.)

Mit mikrobiolog. u. chromatograph. Verff. wird das Trisaccharid *Maltotriose* (I) in Brauereiwürze nachgewiesen. Die Fähigkeit von Brauhefe, I zu vergären, wird mikrobiolog. bestimmt. Zur Best. des I-Geh. von Würze u. Bier wird das Bier entalkoholisiert u. der wirkliche Extrakt mittels des spezif. Gew. ermittelt. Darauf führt man Vergärungen mit I aus, die 7 C6-Hefekulturen vergären u. mit I, die 7 C30-Hefekulturen nicht vergären. Aus der Best. des Extraktes nach Vergärung mit den beiden Hefearten kann der I-Geh. ermittelt werden. Zur papierchromatograph. I-Best. dient ein Gemisch von 5 (Teilen) n-Butanol, 3 Pyridin, 1 Bzl. u. 3 Wasser. Zur Sichtbarmachung taucht man das getrocknete Papier in eine aceton. $AgNO_3$-Lsg. u. nach dem Trocknen in alkohol. NaOH-Lsg. u. NH_3. Das Chromatogramm zeigt, daß die von Glucose u. Maltose stammenden Flecken im Verlauf der Gärung verschwinden, wogegen die I-Flecken neben schwachen Arabinose- u. Xylose-Flecken bestehen bleiben. I ist eines der Endprodd. der gemeinsamen Einw. von α- u. β-Amylase auf Stärke beim Maischen. I u. andere Glucosepolymere lassen sich hydrolysieren. Zur I-Vergärung nicht befähigte Anstellhefen sind, wie Beispiele in 2 Brauereien zeigen, verantwortlich für eine Verzögerung der Gärung. Mehrere der Brauhefe ähnliche wilde Hefen können I nicht vergären. — 14 Literaturangaben. W. WESLY. 7544□

Die Isolierung einiger Bierinhaltsstoffe, die zur Schaumhaltigkeit beitragen. J. S. Pierce und A. J. R. Purssell. (European Brewery Convent., Proc. Congr. **1959.** 246—65. London, Arthur Guinness Son & Co., Res. Labor.) (Engl.)

Zur Messung der Schaumhaltigkeit des Bieres wurde eine genormte Meth. angewendet, die auf der Geschw. des Schaumzerfalls beruht u. sowohl für das gesamte Bier als auch für Fraktionen, die aus Bier isoliert wurden, anwendbar ist. Bier wurde in dialysierbare u. nichtdialysierbare Fraktionen zerlegt; letztere war für die Verschiedenheit der Schaumhaltbarkeit verantwortlich; sie wurde mit Hilfe der Elektrophorese in 3 weitere Teilfraktionen zerlegt u. die festen Bestandteile daraus isoliert. Diese Fraktionen unterschieden sich im Aussehen, N-Geh. u. UV-Spektrum. Die höchste schaumfördernde Wrkg. war an die kleinste Teilfraktion gebunden, die auch bei der Elektrophorse die beweglichste war. Außerdem wurden nichtdialysierbare Fraktionen aus Würzeproben im Verlauf des Brauens untersucht u. festgestellt, daß beim Würzekochen große Verluste an Schaumhaltigkeit eintreten können. Durch Zusatz von Hausenblase als Schönungsmittel bis zu 40 mg/Liter konnte die Schaumhaltigkeit eines Bieres mit schlechtem Schaum erhöht werden. Die Wrkg. wird diskutiert u. mit der von Metallionen verglichen.

K.-U. RIEDEL. 7550□

Die Chelatbildung von Metallspuren in Bier mit Äthylendiamintetraacetat. Philip P. Gray und Irwin Stone. (Wallerstein Lab. Commun. **24.** 243—51. Aug. 1961. Staten Island, N.J., Wallerstein Labor.) (Engl.)

Spuren von Metallionen bilden mit natürlichen Bestandteilen des Bieres Chelate, die das „Wildwerden“ des Bieres begünstigen u. das Potential der Oxydationskatalysatoren vergrößern können. Die Chelate sind wenig beständig; durch Zusatz von Calciumdinatriumäthylendiamintetraacetat werden die Metalle in eine komplexe, harmlose Form verwandelt; die Neigung zum Überschäumen wird verhindert, die Oxydation durch Abbau von Ascorbaten, die Trübungs-Bldg. u. das „Wildwerden“ gehemmt u. die Haltbarkeit des Bieres verbessert. W. WESLY. 7550□

Nickelspuren in Bier und Braustoffen. Irwin Stone und Philip P. Gray. (Wallerstein Lab. Commun. **24.** 148—57. Aug. 1961.) (Engl.)

Zur Best. von Ni-Spuren in Bier u. Braustoffen nimmt man die veraschte Probe mit verd. HCl auf, extrahiert mit einer Lsg. von Dithizon in CCl_4 (Beseitigung von Cu u. Fe), versetzt die wss. Schicht mit Dimethylglyoxim u. Br_2, macht alkal. u. mißt die entstehende Braunrotfärbung im Photometer. Die Ni-Geh. zahlreicher Rohstoffe u. Biere werden auf diese Weise bestimmt. Aus den gefundenen Werten folgt, daß Bier in der Regel $<0,05$ mg/kg Ni enthält. Höhere Geh. deuten auf eine Aufnahme von Ni in der Brauerei. Unter gewissen Umständen können Ni-Spuren die Gärung verlangsamen, was von vielen Faktoren abhängt. Ein großer Teil des in der Würze enthaltenen Ni wird mit der Hefe abgetrennt. In einer Vers.-Anlage ausgeführte Unterss. zeigen, daß hohe Ni-Geh. der Hefe die Gärung mäßig verlangsamen. Durch Zurichten des Bieres in Ni-mit der Hefe abgetrennt. In einer Vers.-Anlage ausgeführte Unterss. zeigen, daß hohe Ni-Geh. der Hefe die Gärung mäßig verlangsamen. Durch Zurichten des Bieres in Ni-freien Geräten vermindert sich der Ni-Geh. auf 30—50% des ursprünglichen Ni-Geh. in der Würze. Hobe Ni-Geh. des Bieres können das „Wildwerden“ begünstigen.

W. WESLY. 7550□

Aseptisches Abfüllen von Bier. 2. Mitt. Baltzar Jacobsson. (Brauwelt, Ausg. B **101.** 782—85. 11/5. 1961. Stockholm, A.B. Stockholms Bryggerier.) (Dt.) — 1. vgl. C. **1958.** 13120.

Die Plattenpasteurisierung in direktem Anschluß an die Abfüllung gestattet eine asept. Arbeitsweise, wobei vorausgesetzt wird, daß das Bier während des Abfüllens u. Verschließens nicht unzulässig infiziert wird. Einer Infektion in Füller u. Leitungen wird dadurch entgegengewirkt, daß die Abfülleitungen vom Pasteur, Drucktankraum oder Lagerkeller u. Füller während der Abfüllzeit mit Bier gefüllt sind. Einrichtungen zum asept. Abfüllen mit Plattenpasteurisierung u. Gleichgewichtsabfüllung unter Verw. fester Leitungen aus nichtrostenden Werkstoffen im Drucktankraum werden beschrieben.

W. WESLY. 7550□

Untersuchungen über den Hochhaufen-Belüftungsprozeß in Anwendung auf einige industrielle Fermentationen. 1. Mitt. **Citronensäuregärung.** Gyōzō Terui, Isao Shibasaki und Tsutomu Mochizuki. (Technol. Rep. Osaka Univ. **7.** 215—33. März 1957. Osaka, Univ., Dep. of Fermentat. Technol.) (Engl.)

Nach Verss. von TERUI hat sich ergeben, daß biotechn. Herst. von *Citronensäure* (**I**) sowie andere biotechn. Verff. im techn. Maßstab häufig besser in gut belüfteten hohen Haufen eines Trägermaterials als im Submers-Verf. durchgeführt werden. Vff. beschreiben Brutschränke mit Holzrahmen, die mit Nylonnetzen bespannt sind u. stark belüftet werden können. In diesen wird die **I**-Gärung in einem aus Sägemehl (evtl. in Mischung mit Reiskleie) oder Weizenkleie u. Rohrzuckermelasse gebildeten Medium (bis zu 150 cm aufgeschichtet) mit Hilfe von *Aspergillus niger T* u. unter Durchleiten von Luft (100% relative Feuchtigkeit, 30°) durchgeführt; solange die Kulturen in der Initialphase sind, wird W. von 33° nach Bedarf zugeführt. Wichtig ist eine Kühlung in den späteren Stadien der Gärung. Es können in 4 Tagen bis zu 50% des Zuckers der Melasse in I übergeführt werden. Der Einfl. von bekannten Aktivatoren der I-Gärung sowie von Inhibitoren der *Aconitase* u. der *Isocitronensäuredehydrogenase* ist nicht eindeutig erkennbar. A. HESSE. 7578□

Der schwer erfaßbare Enzym–Substrat-Komplex. Earl Frieden. (Wallerstein Lab. Commun. **23.** 75—86. Aug. 1960. Tallahassee, Florida, State Univ., Dep. of Chem.) (Engl.)

Die Anwesenheit von Enzym–Inhibitor-Komplexen zur Auffindung akt. Stellen gewisser Enzyme wurde von DOBERTY u. VASLOW mittels Gleichgewichtsdialyse u. Markierung durch Isotopen nachgewiesen. Enzym–Substrat-Zwischenprodd. wurden von VELICK durch Ultrazentrifugieren isoliert u. dazu verwendet, die akt. Stellen mit Isotopen zu markieren, um entscheiden zu können, ob die katalyt. Wrkg. eines Enzyms an einen kleinen Teil des Enzym-Mol. gebunden ist oder vom Mol. als ganzes abhängt. — 18 Literaturangaben. K.-U. RIEDEL. 7594□

Messung der Biertrübung. P. Chevalier. (Wallerstein Lab. Commun. **23.** 125—32. Aug. 1960. Nancy, Res. Labor. of School of Brewing.) (Engl.)

Zur Beseitigung des Einfl. der Bierfarbe bei der nephelometr. Trübungsmessung durch Adsorption von Licht wurde mit dem Instrument *Diffuso-Absorptiomètre „Dognon“* ein Korrektur-Koeff. abgeleitet. Eine Formazinsuspension wurde als Standard verwendet. Es kann für jedes beliebige Instrument eine Trübungs-Vgl.-Kurve aufgestellt werden. Die Grenzen der Anwendbarkeit von Werten, die nach verschiedenen Meth. ermittelt wurden, werden angedeutet. Eine Standardisierung von Formazin-Präpp. mit Hilfe einer allg. vereinbarten Vgl.-Kurve wird empfohlen. K.-U. RIEDEL. 7600□

Jean Marie Félix Daniel Florentin, Seine, Frankreich, **Herstellung von Kondensationsprodukten aliphatischer Hydroxysäuren** zur *Verhinderung von Weintrübung.* Man erhitzt die Säuren (Citronen-, Äpfel-, Wein-, Glykol- u. a.) einzeln oder im Gemisch, bis etwas oberhalb ihres Schmelzpunktes. — Ein Gemisch von 1,5 (kg) Weinsäure u. 2,1 krist. Citronensäure wird 45 Min. auf 140—155° erhitzt. Die abgekühlte Masse wird gemahlen. Zur Verhinderung der Ausscheidung von unlösl. Tartraten setzt man dem Wein oder Apfelwein 50—150 mg je Liter zu. (**F. P. 1 165 112** vom 7/11. 1956, ausg. 20/10. 1958.) W. HEYNE. 7555

Armour & Co., übert. von: **William M. Thompson, Leonard A. Graham**, Chicago, und **Roland J. Seidel**, Des Plaines, Ill., V.St.A., *Extraktion und Reinigung von Acylase.* (**Can. P. 553 292** vom 3/2. 1954, ausg. 18/2. 1958. A. Prior. 24/2. 1953. — C. **1957.** 1310 [E. P. 750 960].)

XVI. Nahrungs-, Genuß- und Futtermittel

Untersuchungen zur Wirkung von Konservierungsmittelkombinationen. 4. Mitt. **Wirkung einfacher Kombinationen von Konservierungsmitteln mit einigen Antibiotica auf Escherichia coli.** Hans-Jürgen Rehm. (Z. Lebensmittel-Unters. u. -Forsch. **113.** 144—52. 1960.) (Dt.) — 3. vgl. C. **1962.** 4015.

Bei der Unters. der binären Kombinations-Wrkg. von 7 chem. Konservierungsmitteln (*Benzoesäure, p-Hydroxybenzoesäureäthylester, p-Hydroxybenzoesäurepropylester Sorbinsäure, Na-Formiat, Na-Sulfit, Borsäure*) mit *Tetracyclin* (**I**), *Chlortetracyclin* (**II**), *Chloramphenicol* (**III**) u. *Streptomycin* (**IV**) auf Escherichia coli wurden im wesentlichen folgende Ergebnisse erzielt: **I, II** u. **III** wiesen in vielen Kombinationen additive oder antagonist. Wrkg. auf, während Synergismen (bes. bei **I** u. **II**) nur selten konstatiert wurden. **IV** hatte in Kombination mit den Konservierungsmitteln relativ häufig eine synergist. Wirkung. M. WINIKER. 7634□

Gewichtsabnahme des Fruchtfleisches in Kompotten nach Sterilisation. Karel Kopec. (Průmysl Potravin **9.** 39—43. Jan. 1958. Lednice n. M., Úst. technol. ovoce a zeleniny.) (Tschech.)

Die Gew.-Änderungen bei der Sterilisation von Obstfleisch u. kurz nachher sind um so größer, je stärker der osmot. Druck wirkt. Die Gesetzmäßigkeiten, die bei Kirschen, Aprikosen, Johannis- u. Stachelbeeren gefunden werden, stimmen mit den Feststellungen von Ross (C. **1958.** 8498) für andere Früchte überein. E. ROTTER. 7688□

Der Nährwert von Gemüsekonserven. Giorgio Ambanelli. (Ind. Conserve **34.** 4—16. Jan./März 1959. Parma, Staz. sperim. per l'Ind. delle Conserve aliment.) (Ital.)

Übersicht über den Einfl. der Verff. zur Konservierung u. Lagerung auf den Nährwert von Gemüse, die Vorteile von Konservengemüse für die Ernährung u. das Verh. der wichtigsten Bestandteile (Proteine, Zucker, Vitamine u. Mineralsalze) der konservierten Prodd. nach der therm. Sterilisation (Tabellen). G. PLATZER. 7690□

Vergleich der Mikroflora von mit Chlortetracyclin behandeltem und nichtbehandeltem Geflügel unter besonderer Berücksichtigung hygienischer Aspekte. F. S. Thatcher und A. Loit. (Appl. Microbiol. **9.** 39–45. Jan. 1961. Ottawa, Ontario, Dep. of Nat. Health and Welfare.) (Engl.)

Vff. untersuchten die Möglichkeit eines häufigeren Auftretens von Salmonellen, Staphylococcen oder pathogenen Hefen bei Verw. von *Chlortetracyclin* (I) als Konservierungsmittel für Geflügelfleisch. Außerdem untersuchten sie saprophyt. Mikroorganismen, einschließlich Escherichia coli u. enterococci. Eine anwachsende Gesundheitsgefährdung als Ergebnis der Verw. von I konnte nicht festgestellt werden. Das Auftreten von Salmonellen wurde durch I merklich vermindert. Salmonellen, die resistent waren gegenüber mehr als 7 ppm I, wurden nicht gefunden unter 15 Kulturen, die aus 170 Proben isoliert worden waren. D. PÖHLAND. 7750□

Weitere Beobachtungen über den Milch-Penicillinspiegel nach intramuskulärer und intrauteriner Penicillinanwendung. C. C. Prouty. (J. Milk Food Technol. **24.** 356–57. Nov. 1961. Pullman, Wash. State Univ., Dep. of Dairy Sci.) (Engl.)

Vf. bestimmte bis zu 72 Std. nach intramuskulärer Injektion von 4000 Einheiten *Penicillin* (gleiche Teile *Benzathin Penicillin G* u. *Procain Penicillin G* in wss. Suspension) pro lb. Körper-Gew. sowie nach intrauteriner Infusion von 5000 Einheiten *Procain Penicillin G* auf Ölbasis u. 5,5 mg *Dihydrostreptomycin*/lb. oder aber 1000000 Einheiten *Penicillin* u. 1,0 mg *Dihydrostreptomycin* pro Kuh den *Penicillin*-Geh. der Milch im Zylindertest mit *Sarcina lutea.* 12 Std. nach i. m. Applikation wurden im Mittel 0,038 Einheiten/ml nachgewiesen. Nach intrauteriner Infusion wurden mit einer Ausnahme zu keiner Zeit mehr als 0,05 Einheiten/ml nachgewiesen. Nach den höheren Dosen wurde *Penicillin* 36–48 Std., nach der geringeren Dosis zunächst nicht, dann aber auch 36–48 Std. gefunden. Nach der offiziellen Meth. der FOOD AND DRUG-ADMINISTRATION (2½ Std.) wäre der *Penicillin*-Nachw. überhaupt nicht möglich gewesen. Danach erscheint eine Rückhaltung der Milch nach intrauteriner Infusion von 1000000 Einheiten *Penicillin* nicht erforderlich. HANS THIELE. 7756□

Gehalt an Vitamin A und Karotin in Milch von Kühen aus einzelnen Gemelken bei drei- und viermaligem Melken am Tag. Mikuláš Gažo und Ladislav Landau. (Pol'nohospodárstvo **5.** 1194–2103. 1958. Ivanka pri Dunaji, SAV, Labor. fyziol. hosp. zvierat.) (Slowak.)

Die Best. von *Vitamin A* (I), *Carotin* (II) u. *Fett* in der Milch von 2 Gruppen von Kühen, die am Tag 3- bzw. 4mal gemolken werden, zeigt folgendes Bild: Der I-Geh. bleibt ohne bemerkenswerte Schwankungen in der Tagesverteilung, ausgenommen die Morgenmilch der 3mal gemolkenen Kühe, die bedeutend mehr I als die Mittagsmilch enthält. Der II-Geh. schwankt bes. bei den 4mal gemolkenen Kühen stark: Er ist um 8 Uhr mit 19,4 μg/100 g = 112,7% (des Tagesdurchschnittes) am höchstens um 12 u. 18 Uhr 95,3%. Bei 3mal gemolkenen Kühen ist II zu Mittag am höchsten. Der Fett-Geh. ist bei beiden Gruppen in der Milch vom zweiten Melken am höchsten. Der I- u. II-Geh. steht nicht immer mit dem Fett-Geh. in Übereinstimmung. E. ROTTER. 7756□

Eiweißgehalt und Acidität der Milch. Friedrich Kiermeier und Edmund Renner. (Z. Lebensmittel-Unters. u. -Forsch. **113.** 118–23. 1960. Weihenstephan, Milchwirtschaftl. Inst. der TH München.) (Dt.)

Es konnte nachgewiesen werden, daß der Eiweiß-Geh. der Milch einen Einfl. auf die Acidität derselben hat: Milch mit hohem Eiweiß-Geh. weist auch einen hohen Aciditätsgrad auf. Bei Milch von Kühen in fortgeschrittenem Lactationsstadium scheint diese Regel jedoch nicht zuzutreffen. M. WINIKER. 7756□

Untersuchung der Löslichkeit von Milchproteinen in Lactoselösungen. Vladimír Sova und Jiří Husar. (Průmysl Potravin **9.** 35–38. Jan. 1958. Výzk. úst. potrav. technol.) (Tschech.)

Bei 95° wird der Einfl. des I. P. auf die Löslichkeit von Eiweiß in Milchzucker-Lsgg., in süßer u. saurer Molke u. bei Zugabe von Neutralsalzen verfolgt. Die durch Dialyse u. Gefriertrocknung isolierten Resteiweißstoffe werden durch Best. der endständigen Aminosäuren u. freien Carboxylgruppen identifiziert u. die Ursache für die unterschiedlichen Resteiweißmengen untersucht. E. ROTTER. 7756□

Lipolyse durch ein B-Esterasepräparat aus Milch. R. G. Jensen, G. W. Gander, J. Sampugna und T. L. Forster. (J. Dairy Sci. **44.** 943—44. Mai 1961. Storrs, Conn., Storrs Agric. Exp. Stat., Dep. of Animal Industries.) (Engl.)

Vff. führten Verss. über den Einfl. von 1—3%ig. *B-Esterase*-Konzentraten (**a**) auf Emulsionen von *2-Oleyldipalmitin* in Magermilch sowie über die Wrkg. von 1 g **a** in 60 ml pasteurisierter homogenisierter Milch durch (Rk.-Zeit 30 Min. bei 38°). Die freien Fettsäuren wurden als Methylester durch Gas–Flüssig-Chromatographie bestimmt. Nach den Ergebnissen enthält **a** ein oder mehrere Enzyme mit den Eigg. der Milchlipase, da bevorzugt die in 1-Stellung stehenden Fettsäuren synthet. Triglyceride wie auch der Milchglyceride abgespalten werden. Abspaltung von Fettsäuren aus der 2-Stellung wird möglicherweise infolge der Ggw. von Spuren anderer *1-Oleyltriglyceride* oder durch Abspaltung aus der 1-Stellung nach Acylaustausch von der 2- in die 1-Stellung vorgetäuscht. HANS THIELE. 7756□

Die Pasteurisierung von Sahne, Schokoladenmilch und Eiscremegemischen, die Q-Fieber-Erreger enthalten. John B. Enright. (J. Milk Food Technol. **24.** 351—55. Nov. 1961. Davis, Calif., Univ. of California, School of Veterinary Med., Dep. of Public Health.) (Engl.)

Vf. zeigt, daß die für Milch empfohlene Erhitzungszeit von 30 Min. bei 63° oder 15 Sek. bei 72° nicht ausreicht, um den Erreger des Q-Fiebers, *Coxiella burnetii,* in Sahne u. Schokoladenmilch abzutöten. Dagegen reichen die für diese Prodd. empfohlenen Erhitzungs-Verff. von 30 Min. bei 65,5° oder 15 Sek. bei 73,3° für diesen Zweck aus. Milch–Sahne-Gemische, Sahne u. Milchgetränke mit Zucker- u. Geschmackszusatz sollten daher entsprechend erhitzt werden. Die minimalen Anforderungen für die Sterilisierung von Eiscremegemischen reichen in der festgesetzten Höhe von 30 Min. bei 68,3° u. 25 Sek. bei 78,9° zur Abtötung von C. burnetii aus. HANS THIELE. 7756□

Herstellung und Behandlung von Schlagsahne. Karl Koenen. (Dtsch. Molkerei-Ztg. **82.** 907—09. 22. Juni 1961. Krefeld, Milchw. Lehr- u. Untersuchungsanst.) (Dt.) M. WINIKER. 7756□

Über einige indische Milcherzeugnisse. Heinrich Mair-Waldburg. (Milchwissenschaft **16.** 239—44. Mai 1961. Kempten, Allgäu, Milchwirtschaftl. Unters.- u. Vers.-Anstalt.) (Dt.)

Behandelt werden: *Kuh-, Büffel-, Ziegen-* u. *Schafmilch, „toned milk"* (hergestellt aus Sprühmilchpulver, W. u. Büffelmilch), *Dahi* (aus Kuh- oder Büffelmilch durch Säuerung gewonnen), *Chhanna* (eine Art Sauermilchquark), *Khoa* (durch Erhitzen von Kuh- oder Büffelmilch oder einem Gemisch beider erhaltenes eingedicktes Milch-Prod.), *Malai* (= während der Milcherhitzung dauernd abgeschöpfte Haut, die als Brotaufstrich Verw. findet), *Kheer* (partiell eingedickte, bisweilen mit Reis u. a. versezte Milch), *Ghee.* — 10 Literaturangaben. M. WINIKER. 7756□

Faktoren, die die Aktivität von Käse-Säureweckern beeinflussen. Die Rolle der Milch-Peroxydase. R. C. Wright und J. Tramer. (J. Dairy Res. **25.** 104—18. Febr. 1958. London, United. Dairies Res. Labor.) (Engl.)

Einige Säurewecker werden in Ggw. von Milch durch Milchperoxydase gehemmt. Die Hemmung kann durch Cystein, $NaHSO_3$ u. andere Red.-Mittel aufgehoben werden. Es wird angenommen, daß die Hemmung letztlich durch ein in der Milch gebildetes Oxydations-Prod. von wahrscheinlich chinoider Struktur verursacht wird. Zusätze von 1—2% pasteurisierter Milch zu einer im Autoklaven sterilisierten Milch bewirkte vollständige Hemmung, nicht aber auf 190° F erhitzte Milch. Dies wird auf die in letzterer vorhandenen SH-Gruppen zurückgeführt, die das (hemmende) Oxydations-Prod. reduzieren. Möglicherweise ist das fermenthemmende Chinon mit früher beschriebenem *Lactenin 2* identisch. E. LÜCK. 7760□

Brushitkörner und Wasserstoffaufblähungen in verdorbenen Schmelzkäsekonserven. D. F. Nelson. (Analyst **83.** 539—60. Sept. 1958. Dunedin, New Zealand, Dominion Labor.) (Engl.)

In drei beanstandeten Konservendosen mit Schmelzkäse, dessen Fett-, Wasser- u. Asche-Geh. dem geforderten Mindestgeh. von 75% Käse entsprach, wurden Körner von bis zu 1,5 mm Ø bzw. bis zu 5 mm Ø gefunden, die auf Grund des Brechungsindex u. von Röntgenbeugungs-Unterss. zu 82% aus *Brushit,* $CaHPO_4 \cdot 2\,H_2O$, sowie Käsepaste u. W. bestanden. Weniger als 1% der Körner bestand vermutlich aus Calcit. Wahrscheinlich waren die Körner aus dem als Emulgator zugesetzten lösl. Phosphat durch Rk. mit dem im Käse enthaltenn Ca^{2+} entstanden. Die Dosen enthielten außerdem 18—40 ml Gas, das 93,5% H_2 u. 6,5% CO_2 enthielt u. durch Korrosion der Verzinnung der Dosen entstanden war. Das Dosenblech war innen stark angefressen, der pH des Käses betrug 5,6. Die mit dem Blech in Berührung stehende Oberfläche des Käses war grau gefärbt u. enthielt in einem Falle 1880 ppm Sn u. 800 ppm Fe. H.-J. KOCH/Berlin. 7760□

Untersuchungen über die chemische Zusammensetzung der mit verschiedenen Typen von Trocknungsanlagen erhaltenen Entwässerungsprodukte. A. Polesello und A. Bernardi. (Agrochimica [Pisa] **3.** 351—75. Sept. **1959.** Lodi, Staz. sperim. di Praticoltura.) (Span.)

An Futterheu, das durch künstliche Trocknung erhalten wird, wird die Abhängigkeit des Geh. u. der Verluste an Rohprotein, Rohfett, Rohfaser, Nicht-N-Extraktstoffen, Asche u. Carotin vom Typ der verwendeten Trocknungsanlage geprüft. Eine wesentliche Rolle spielt die Sorgfalt in der Bedienung der Anlagen. Die besten Ergebnisse werden beim Trocknen ohne Vorwelkung u. ohne vorausgehendes Häckseln gefunden.
R. K. MÜLLER. 7782 □

Untersuchungen über Silierung. 1. Mitt. Vergleichende Laboratoriumsuntersuchung über Melasse und Natriummetabisulfit als Hilfsstoffe für die Luzernenkonservierung. G. W. Lanigan. (Austral. J. agric. Res. **12.** 1023—38. Nov. 1961. Melbourne, C.S.I.R.O., Fodder Conservation Section.) (Engl.)

Beide untersuchten Hilfsstoffe können unter gewissen Bedingungen für die Silierung von *Luzerne* (**a**) brauchbar sein. *Melasse* (**b**) fördert die Milchsäuregärung. Die günstigste **b**-Menge ist vom Reifegrad des **a** abhängig. $Na_2S_2O_5$ unterdrückt unerwünschte Gärungen. E. LÜCK. 7782 □

Vergleich von Trockenmagermilch und weißem Fischmehl als Protein-Beifutter in der Schweinemast. R. S. Barber, R. Braude und K. G. Mitchell. (J. Dairy Res. **25.** 119—24. Febr. 1958. Reading, Univ., Nat. Inst. for Res. in Dairying.) (Engl.)

Zusätze von 10% weißem Fischmehl oder 10% Trockenmagermilch führten im wesentlichen zu gleich guten Resultaten. E. LÜCK. 7786 □

Analytik der Lebensmittel-Zusatzstoffe. O. Högl. (XVII. int. Kongr. reine angew. Chem., München **2.** 358—73. **1959,** herausgeg. 1960. Bern, Eidg. Gesundheitsamt.) (Dt.)

Vortrag über den Nachw. von Zusatzstoffen in Lebensmitteln u. die Reinheitsprüfung der Zusatzstoffe. — 13 Literaturhinweise. P. GOLINSKE. 7788 □

Analytischer Nachweis der Reste pesticider Chemikalien in Nahrungsmitteln und Futterstoffen. F. A. Gunther. (XVII. int. Kongr. reine angew. Chem., München **2.** 387—426. **1959,** herausgeg. 1960. Riverside, Calif., Univ. of California, Citrus Exp. Stat.) (Engl.)

Vortrag. — 45 Literaturangaben. P. GOLINSKE. 7788 □

Zum Nachweis der Sorbinsäure. Horst Böhme und Ludwig Bertling. (Ind. Conserve **34.** 221. Juli/Sept. 1959.) (Ital.)

Übersetzung der C. **1962.** 5138 referierten Arbeit. M. WINIKER. 7790 □

Histochemische Untersuchungen am Weizenkorn. J. A. Shellenberger und Y. Pomeranz. (Getreide u. Mehl **11.** 121—23. Nov. 1961. Manhattan, Kansas State Univ., Dep. of Flour and Feed Milling Ind.) (Dt.)

Zusammenfassender Überblick über die C. **1961.** 18542. 18543. 18906 u. C. **1962.** 1067 referierten Arbeiten. M. W. ROTHE. 7798 □

Rückstände von Schädlingsbekämpfungsmitteln auf Früchten. 1. Mitt. **Mikrobiologische Bestimmung von Rückständen von Schädlingsbekämpfungsmitteln unter Verwendung der Essigfliege, Drosophila melanogaster.** R. P. Tew und J. M. Sillibourne. (J. Sci. Food Agric. **12.** 618—23. Sept. 1961. Maidstone, East Malling Res. Stat., Plant Prot. Chem. Sect.) (Engl.)

Zur Best. kleinster Mengen von Schädlingsbekämpfungsmitteln (SM) läßt man ein bekanntes Vol. des (gereinigten) Extraktes der zu prüfenden Früchte in einem Prüfrohr verdampfen u. auf Essigfliegen einwirken u. ermittelt an Hand von Eichlsgg. die DL_{50}, woraus sich die Menge des SM ergibt. Das Verf. wurde bei 14 SM angewandt.
W. WESLY. 7808 □

Rückstände von Schädlingsbekämpfungsmitteln auf Früchten. 2. Mitt. **Bestimmung von Aldrin-, Dieldrin- und Endrinrückständen mittels des organisch gebundenen Chlors und mit dem Phenylazidverfahren und durch mikrobiologische Bestimmung.** R. P. Tew und J. M. Sillibourne. (J. Sci. Food Agric. **12.** 623—28. Sept. 1961.) (Engl.) — 1. vgl. vorst. Referat.

Das Verf. zur Best. des organ. gebundenen Cl u. das Phenylazid-Verf. werden in ihrer Anwendung auf Aldrin-, Dieldrin- u. Endrinrückstände beschrieben u. ihre Ergebnisse mit denen der mikrobiolog. Best. mittels der Essigfliege verglichen (Zahlentafel). Im allg. ist die Übereinstimmung zwischen den Verff. gut. Das Cl-Verf. ist einfacher ausführbar, aber weniger spezif. u. empfindlich als das Azid-Verf., das allerdings an der Grenze der zulässigen Insekticidmengen ($\leqq 0,1$ ppm) nicht so genau ist wie das bei hohen Konzz. des Insekticids zu empfindliche, mikrobiolog. Verfahren. W. WESLY. 7808 □

Die Bräunung von schnellgefrorenem Obst. 1. Mitt. **Quantitative Bestimmung der Polyphenole.** Elemér Almási und Dávid Molnár. (Élelmiszervizsgálati Közlemények (Lebensmittelanalyt. Mitt.) 7. 179—88. Okt. 1961. Budapest, Zentralforsch.-Inst. Lebensmittelind.) (Ung.)

Besprechung der Ursachen der Bräunung mit bes. Rücksicht auf die Polyphenole als Substrate der enzymat. Bräunung. Sodann Überprüfung der zur Best. gebräuchlichen neueren Meth. bes. von ARNOW bzw. SWAIN u. HILLIS. Einige Angaben über den Polyphenol-Geh. einheimischer Früchte u. Obsterzeugnisse. — 16 Literaturangaben.

K. GÄRTNER. 7808

Mikroskopische Bewertung der mikrobiologischen Reinheit von Gemüsemark. Jan Arpai und Olga Janotková. (Průmysl Protavin 9. 30—34. Jan. 1958. Bratislava, Výsk. úst. potrav. priemyslu.) (Slowak.)

Zur Prüfung der mikrobiolog. Reinheit von Gemüse-, bes. Tomatenmark werden die HOWARD-Meth. u. ihre verschiedenen für die ungar. Industrie ausgearbeiteten Modifikationen beschrieben, krit. geprüft u. auf slowak. Verhältnisse angewandt.

E. ROTTER. 7810□

Flammenphotometrische Natriumbestimmung in diätetischen Produkten. H. Suter und H. Hadorn. (Mitt. Gebiete Lebensmittelunters. Hyg. [Bern] 51. 107—17. 1960. Basel, Labor. VSK.) (Dt.)

Vff. geben eine Arbeitsvorschrift für die flammenphotometr. Best. von *Na* in Lebensmitteln u. Gewürzen. M. WINIKER. 7826□

Die Gammaspektrometrie zur Bestimmung radioaktiver Verunreinigungen von Lebensmitteln. P. Gaglione, A. Malvicini und L. Vido. (Minerva nucleare [Torino] 4. 262—67. Okt. 1960. Ispra, Centro di Studi Nucl., Gruppo Fis. Sanit.) (Ital.)

Beschreibung eines Scintillationszählers, der bes. geeignet ist für die Gammaspektrometrie von Proben mit geringer Aktivität. Einige aus Proben von Milch, Trockenmilch u. anderen Nahrungsmiteln direkt erhaltene Spektren sind dargestellt.

K. ZINGRAF. 7856□

Lactobacillen in Cheddarkäse. 1. Mitt. **Die Verwendung von Selektiv-Nährböden zur Isolierung und zur serologischen Identifizierung.** Jill Naylor und M. Elisabeth Sharpe. (J. Dairy Res. 25. 92—103. Febr. 1958. Reading, Univ., Nat. Inst. for Res. in Dairying.) (Engl.)

Ein Vgl. von 3 verschiedenen Nährböden (**a**), Hefe-Dextrose-Agar, Tomaten-Dextrose-Agar u. Essigsäureagar (**b**), ergab, daß nur **b** gut zur Züchtung der Lactobacillen (**c**) von Cheddarkäse geeignet ist. Die **c** wurden auf den **a** zu Beginn der Käsereifung aufgeimpft, wobei die Starterstreptokokken noch weitgehend unterdrückt wurden. E. LÜCK. 7860□

Eine ausführliche summative Analyse der Rohfaser und N-freien Extraktanteile von Rauhfutter. 2. Mitt. **Die Analyse von Stroh, Heu, Gras und Mangold.** Blanche D. E. Gaillard. (J. Sci. Food Agric. 9. 346—53. Juni 1958.) (Engl.) — 1. vgl. C. **1959.** 1974.

Nach der l. c. beschriebenen Methodik wurden Weizenstroh (**a**, >11% Lignin), Heu (**b**, >11% Lignin) u. Mangold (**c**, >6% Lignin) untersucht. **a)** In A.- u. Wasser-Extrakt keine lösl. Kohlenhydrate. Rückstand der A.-Bzl.-Extraktion 94,68%; Protein-Geh. 2,0%. Lignin-Best. daher ohne Pepsinverdauung: 12,35%. Ohne Delignifikation daher vollständige Extraktion der Polysaccharide nicht möglich. Als bes. zweckmäßig erwies sich Delignifikation nach der Extraktion mit 0,5% Ammoniumoxalat. Die erhaltenen Werte stimmen mit denen nach der HARWOOD-Meth. (H_2SO_4-Hydrolyse) erhaltenen gut überein. Glucose wurde jedoch mehr gefunden. **b)** Lösl. Kohlenhydrate in A.- u. Wasser-Extrakt. Rückstand der A.-Bzl.-Extraktion 86,30%, Protein 9,20%. Lignin-Best. ohne Pepsinhydrolyse 9,89%. Als bes. geeignet erwies sich wie auch für frisches Gras Delignifikation nach der Extraktion mit 5% KOH. Gute Übereinstimmung mit Ergebnissen der HARWOOD-Methode. **c)** Hoher Geh. an lösl. Zuckern. Rückstand der A.-Bzl.-Extraktion 96,60%. Protein-Geh. 4,34%, Lignin-Geh. 1,26%. Delignifikation daher nicht unbedingt erforderlich. Delignifikation nach Extraktion mit 5% KOH ergibt stärker von den Ergebnissen der HARWOOD-Meth. abweichende Werte. Angabe der genauen Anlysendaten für **a, b, c**, Gersten-, Hafer- u. Bohnenstroh, frisches u. künstlich getrocknetes Gras. Best. der einzelnen Zucker aus den Extrakten mit 0,5% Ammoniumoxalat, 5% KOH u. 24% KOH u. aus dem Celluloserest durch Papierchromatographie.

HANS THIELE. 7866□

Die Bestimmung von Amprolium in Futtermitteln. C. R. Szalkowski und E. P. Schulz. (J. Assoc. off. agric. Chemists 44. 5—12. Febr. 1961. Rahway, N.J., Merck, and Co., Inc., Chem. Div.) (Engl.)

Zur Best. von *Amprolium* [*1-(4-Amino-2-n-propyl-5-pyrimidinylmethyl)-2-picoliniumchloridhydrochlorid* (**I**)] in Futtermitteln extrahiert man diese mit einem Methanol (**II**)-W.-Gemisch (2 : 1), reinigt den Extrakt über akt. Al_2O_3, entwickelt die Färbung mit einem aus 2.7-Naphthalindiol, $K_3[Fe(CN)_6]$, KCN u. NaOH in II bestehenden Reagens, mißt die Färbung bei 530 mμ u. vergleicht sie mit der einer reinen I-Lösung. Die zurückgewonnene Menge I beträgt 99,7%, die mittlere Abweichung 2,8%. W. WESLY. 7868□

Die colorimetrische Bestimmung von Nihydrazon (HC-064) in Futtermitteln. Loyal R. Stone. (J. Assoc. off. agric. Chemists **44.** 2—4. Febr. 1961. Ashland, Ohio, Hess and Clark.) (Engl.)

Zur Best. von *Nihydrazon* (*5-Nitro-2-furfuraldehydacetylhydrazon*) in Geflügelfutter versetzt man 10 g der Probe mit 50 ml 95% ig. Dimethylformamid, erhitzt 5 Min. auf dem sd. Wasserbad, schüttelt, filtriert, versetzt 25 ml Filtrat mit 25 ml W., läßt 30 Min. im Dunkeln stehen, gibt die Lsg. auf eine $Al_2O_3 + Mg(OH)_2$-Säule u. je 5 ml Eluat in 2 Prüfrohre, von denen das 1. vor Licht geschützt u. das 2. mit 3 Tropfen Na-Hydrogensulfit-Lsg. versetzt wird, versetzt beide Proben mit HCl–Phenylhydrazin-Lsg., erwärmt 20 Min. auf 40°, versetzt die abgekühlten Proben mit je 10 ml Toluol, schüttelt, zentrifugiert zwecks Klärung der Toluolschicht u. ermittelt die Adsorption bei 400 mμ.
W. WESLY. 7868□

Untersuchung über ein verbessertes Verfahren zur Bestimmung von Zoalene in Futtermitteln. M. E. Getzendaner und W. L. Garner. (J. Assoc. off. agric. Chemists **44.** 18—26. Febr. 1961. Midland, Mich., Dow. Chem. Co.) (Engl.)

Eine Nachprüfung des Verf. zur Best. von *Zoalene* (I) in Futtermitteln nach dem von MERWIN (C. **1957.** 11177) angegebenen u. von GETZENDAUER (C. **1961. 17787**) angewandten Verf. ergibt die Empfehlung, I aus dem Futter mit 85% ig. Acetonitril zu extrahieren, den Extrakt über Al_2O_3 zu filtrieren u. I im Filtrat colorimetr. zu bestimmen. Die Arbeitsweise ist zur Best. von 0,004—0,015% I geeignet. W. WESLY. 7868□

Erich Weitemeyer, Arbketal (Halberstadt-Land), **Vitaminschonende Herstellung von Konserven,** bes. Obst- u. Gemüsekonserven in Gläsern, dad. gek., daß zweimal evakuiert wird, u. zwar nach der Füllung mit blanchiertem Gut u. nach dem Durchlaufen der Vorwärmer. (**D. P. [DDR] 20 924** Kl. 53c vom 7/7. 1956, ausg. 22/2. 1961 [Ausschließungspatent].) T. OPPERMANN. 7635

Franz Gawlitza, Berlin-Johannisthal, **Backen von Brot und Frischgebäck mit Infrarotstrahlen,** dad. gek., daß das Backgut von oben u. seitlich direkt u. von unten über ein Blech einer regelbaren Hellstrahlung ausgesetzt wird, während der Dauer der Krumen-Bldg. von außen regelbar Wrasen zugeführt u. am Ende des Backvorganges zur Krusten-Bldg. die Wrasenzufuhr abgestellt wird. (**D. P. [DDR] 20 128** Kl. 2c vom 23/6. 1956, ausg. 20/10. 1960 [Wirtschaftspatent].) T. OPPERMANN. 7675

Foremost Dairies, Inc. (Erfinder: John Bickford Shields, Louis James Nova und Clayton Arford Kampf), **Herstellung von Trockenmilchprodukten.** Man versetzt ein Milchkonzentrat mit Lactose-Impfkristallen u. unterwirft das Ganze einer Sprühtrocknung. Das erhaltene Milchpulver wird angefeuchtet u. mit ca. 0,4% Lecithin vermischt. Anschließend trocknet man u. erhält ein Endprod. mit ca. 2% Wasser-Geh. das sich unter gelinden Erwärmen leicht in W. dispergieren läßt. (**Aust. P. 226 996** vom 8/7. 1958, ausg. 17/3. 1960. A. Prior. 19/7. 1957.) H. NEBELSIEK. 7757

Fritz Rumpf, Breitungen/Harz, **Milch- und Rahmsäuerungsverfahren** in einem Säureentwickler, dad. gek., daß gefilterte Frischluft durch eine Lsg. mit baktericiden Stoffen, bes. $CaCl_2$ u./oder aromat. Stoffen, z. B. Citronensäure, geleitet, aber wechselnd in einen Säurewecker hineingedrückt u. aus ihm herausgepumpt wird, währenddessen die Durchspülung des Rahms mit den angeregten Zellen durch einen sich in diesem auf- u. abbewegenden Teller gefördert wird. — Zeichnung der Anlage. (**D. P. [DDR] 21 051** Kl. 45g vom 3/12. 1955, ausg. 7/4. 1961 [Ausschließungspatent].)
T. OPPERMANN. 7757

Soc. An. des Manufactures des Glaces et Produits Chimiques de Saint-Gobain, Chauny & Cirey (Erfinder: Pascal Salvator Joseph Locuratolo), **Mineralisches Beifuttermittel,** enthaltend P u. Ca, dad. gek., daß mindestens ein Teil des P in Form eines Alkali- u./oder Ca-Polyphosphats vorliegt. — Beispiel: 550 (Teile) wasserfreies $CaHPO_4$, 245 NaCl, 120 $MgSO_4$, 95 $Na_5P_3O_{10}$. (**Aust. P. 229 665** vom 21/5. 1958, ausg. 25/8. 1960. F. Prior. 23/5. 1957.) C. LÜTTGEN. 7781

Peter Joseph Ferrara, *Trockenkleberpräparat.* (**Aust. P. 225 467** vom 2/7. 1958, ausg. 10/12. 1959. — C. **1960.** 4061 [A. P. 2 863 771].)

Olav Notevarp, Trondheim, und **Kare Bakken,** Bergen, Norwegen, *Konservieren von Fischen.* (**Norw. P. 92 373** vom 25/4. 1950, ausg. 1/9. 1958. — C. **1954.** 7768 [D. B. P. 898 539].)

Chas. Pfizer & Co., Inc., Brooklyn, N.Y., übert. von: **Herbert G. Luther** und **Warren M. Reynolds,** Terre Haute, Ind., V.St.A., *Antibiotisches, hormonhaltiges Futter.* (**Can. P. 551 355** vom 9/12. 1955, ausg. 7/1. 1958. A. Prior. 15/12. 1954 u. 3/2. 1955. — C. **1958.** 5247 [F. P. 1 140 501].)

J.-A. Gautier, J. Renault et F. Pellerin, Fiches techniques d'analyse bromatologique. Paris: Société d'Edition d'Enseignement Superieur. 1961. (394 S.) 52 NF.

I. F. Krjuk, Biochemie und Warenkunde der Leguminosensamen und ihrer Verarbeitungsprodukte. Minsk: Verl. des Minist. für höhere, mittlere, fachl. und Berufsausbildung der BelorussSSR. 1961. (275 S. m. Abb.) 66 Kop. [Russ.]

XVII. Fette. Seifen. Wasch- u. Reinigungsmittel. Wachse. Bohnermassen usw.

Einfluß des Antioxydans Propylgallat auf den Nährwert des Fettes. N. D. Buchman. (Вопросы Питания [Fragen d. Ernähr.] **21.** 68—72. Jan./Febr. 1962. Leningrad, Inst. für Strahlenhyg., Abt. für Ernährungshyg.) (Russ.; Auszug: Engl.)

Verss. an weißen Ratten bestätigen, daß eine Zugabe des Antioxydans *Propylgallat* (I) zum Fett (Rindertalg, „Kombifett" u. Sonnenblumenöl) den biolog. Wert der Fettstoffe bedeutend erniedrigt. Tiere, deren Ration Fette mit 0,02% I enthielt, zeigten eine erniedrigte Gew.-Zunahme u. entwickelten sich langsamer. Bei partieller Hungerdiät war die Lebensdauer der Vers.-Tiere geringer (13,6—14,5 Tage statt 25,0—28,5 bei einer Ernährung mit Fettstoffen ohne I). Demzufolge erscheint die Anwendung von I bei der industriellen Fettbehandlung nicht geeignet. S. BARYSCHNIKOW. 7878

Einfluß der γ-Strahlen und thermischen Behandlung auf die Zerstörung der Antioxydantien im Schweinefett. W. I. Paulskaja. (Вопросы Питания [Fragen d. Ernähr.] **21.** 65—68. Jan./Febr. 1962. Moskau, Allunions-Forsch.-Inst. für Fleischind., Labor. für Physik.-Chem. Unterss.) (Russ.; Auszug: Engl.)

Bestrahlungen mit 0,3—1,5 Mr bzw. 1—25std. Oxydation mit Luft-O_2 bei 110° von Schweinefett, dem äquimol. Mengen von *Butylhydroxyanisol* (I) bzw. *Butylhydroxytoluol* (II) zugefügt wurden, verursachen eine allmähliche Zerstörung von I u. II u. eine gleichzeitige Erhöhung der Peroxidzahl des Fettes. Als Oxydationsinhibitor des mit 1,0—1,5 Mr bestrahlten u. nachfolgend gelagerten Prod. war I bes. akt., II unwirksam. S. BARYSCHNIKOW. 7896

Analyse von Fetten und deren Oxydationsprodukten durch Verteilungschromatographie. Dimere und polymere Produkte. E. N. Frankel, C. D. Evans, Helen A. Moser, D. G. McConnell und J. C. Cowan. (J. Amer. Oil Chemist's Soc. **38.** 130 bis 134. März 1961. Peoria, Ill., North. Reg. Labor.) (Engl.)

Bei der Desodorierung oder Erhitzung von Ölen werden die vorher durch Oxydation entstandenen Fettsäureperoxide unter Polymerisation zu dimeren u. polymeren Verbb. zerstört, so daß der für die Einschätzung der Qualität u. Stabilität eines Öles verantwortliche Oxydationsgrad (Peroxidwert) nicht mehr bestimmbar ist. Durch Anwendung der Fl.-Verteilungschromatographie (Methanol/Bzl.) lassen sich die Fettsäuren mit einer Reproduzierbarkeit von ±0,26% in monomere, dimere u. polymere Säuren trennen. Der durch Titration feststellbare Dimeren-Geh. steht in linearem Zusammenhang mit dem Peroxidwert. N. TRZEBOWSKI. 7936□

Analyse von Fetten und deren Oxydationsprodukten durch Verteilungschromatographie. Fettsäurehydroperoxide. E. N. Frankel, C. D. Evans, D. G. McConnell und E. P. Jones. (J. Amer. Oil Chemists' Soc. **38.** 134—37. März 1961. Peoria, Ill., North Reg. Res. Labor.) (Engl.) — Vgl. vorst. Referat.

Der für die Aufklärung des Autoxydationsmechanismus von Fetten wichtige Geh. an Hydroperoxiden läßt sich durch Fl.-Verteilungschromatographie (Bzl./Methanol) u. anschließende jodometr. Titration bestimmen. Die Meth. ist für Routine-Unterss. geeignet. — 22 Literaturangaben. N. TRZEBOWSKI. 7936□

Studien auf dem Fettgebiet. 248. Mitt. **Die Dünnschicht-Chromatographie auf dem Fettgebiet.** 1. Mitt. **Trennung von Modell-Mischungen.** H. P. Kaufmann und Z. Makus. (Fette, Seifen, Anstrichmittel **62.** 1014—20. Nov. 1960. Münster, Westf.-Dt. Inst. für Fettforsch.) (Dt.) — 247. vgl. Fette, Seifen, Anstrichmittel **62.** [1960.] **944.**

Verschiedene Lipoidmodellmischungen wurden auf nichtimprägnierten bzw. mit Undecan imprägnierten Platten in ein- oder zweidimensionaler Arbeitsweise dünnschichtchromatograph. getrennt. Es kann gezeigt werden, daß dieses Verf. für die Trennung der in Lipoiden enthaltenen Stoffgruppen aussichtsreich erscheint, wobei zu berücksichtigen ist, daß die Analyse in 1—2 Std. abgeschlossen ist u. nur ca. 20 μg Substanz für die Analyse erforderlich sind. Untersucht wurden Gemische von Mono-, Di- u. Triglyceriden, Hydroxy-, Epoxy- u. Episulfidofettsäuren, Aldehyden u. Aminen. Hierdurch wird eine Möglichkeit gegeben, verschiedene chem. Prozesse, wie z. B. Oxydations-, Verseifungsvorgänge usw., zu kontrollieren. Auf hydrophobierten Platten wurden getrennt Fettsäuren, Diglyceride, Epoxy- u. Episulfidofettsäuren, Fettalkohole u. Triglyceride. H. P. FIEDLER. 7936□

Studien auf dem Fettgebiet. 249. Mitt. **Die Papier-Chromatographie auf dem Fettgebiet.** 42. Mitt. **Beitrag zur Analyse der Phosphatide.** 3. Mitt. **Die Verseifung und**

Hydrierung des Lecithins auf dem Papier zum Zweck der pc-Analyse der Fettsäuren. H. P. Kaufmann und H. Wessels. (Fette, Seifen, Anstrichmittel **62.** 1020—24. Nov. 1960. Münster, Westf., Dtsch. Inst. für Fettforsch.) (Dt.) — 248. vgl. vorst. Ref.; 41. vgl. C. **1961.** 7075.

Unter Hinweis auf das vorliegende Schrifttum über die Papierchromatographie der Phosphatide sowie auf eigene Verss. wird eine neue Arbeitsweise beschrieben, die darin besteht, die Verseifung dieser Verbb. direkt auf dem Papier vorzunehmen u. anschließend die in Freiheit gesetzten Fettsäuren auf dem gleichen, mit Undecan hydrophobierten Papier chromatograph. zu differenzieren. Das in A. gelöste Lecithin wird in üblicher Weise auf das Papier aufgebracht; man besprüht bzw. bestreicht (mit Wattebausch) beiderseitig mit KOH [20%ig. Lsg. von KOH in Glycerin–W.-Gemisch (2 : 1), mit KCl gesätt.], verseift durch Erwärmen zwischen 2 Glasplatten, setzt dann mit starker HCl die Fettsäuren in Freiheit u. chromatographiert in N_2-Atmosphäre (Ausschluß der Oxydation der ungesätt. Fettsäuren); genaue Arbeitsvorschrift s. Original. Nach den tabellar. u. chromatograph. mitgeteilten Ergebnissen [Lecithin aus Soja (I), aus Hühnerei (II)] ist die beschriebene Meth. mit ca. 400 μg Phosphatid durchführbar u. sehr gut reproduzierbar; I enthält Palmitin- (20,8%), Stearin- (3,5), Öl- (13,8), Linol- (58,0), Linolensäure (3,9); bei II liegen vor Myristin- (1%), Palmitin- (30,1), Stearin- (19,4), Palmitolein- (9,7), Öl- (26,0), Linolsäure (9,8), ungesätt. C_{20}-Säuren (3,9). — 37 Literaturangaben. K. TÄUFEL. 7936□

Studien auf dem Fettgebiet. 200. Mitt. **Die Papier-Chromatographie auf dem Fettgebiet.** 24. Mitt. **Weitere Untersuchungen über die Papier-Chromatographie der Fettsäuren.** H. P. Kaufmann und E. Mohr. (Fette, Seifen, Anstrichmittel **60.** 165—77. März. Lab. sci. [Milano] **6.** 73—87. Mai/Juni. 106—16. Juli/Aug. 140—45. Sept./Okt. 1958. Münster, Univ., Inst. für Pharm. u. Lebensmittelchem. u. Dtsch. Inst. für Fettforsch.) (Dt.) — 22. vgl. Fette, Seifen, Anstrichmittel **59.** [1957.] 815.

Das Lsgm.-Syst. Undecan(UN)–Essigsäure(ES)–W. von KAUFMANN u. NITSCH wurde hinsichtlich einer verbesserten Anwendung u. einer möglichen Standardisierung bei der Fettsäureanalyse untersucht. Die durchgeführten Verss. ergaben, daß die Papierimprägnierung für die Trennungsgüte wesentlich ist u. sowohl Entw.-Dauer (ED) wie auch die R_F-Werte der Fettsäuren erheblich beeinflußt. Deshalb sollte stets der Imprägnierungsgrad (= Menge des unpolaren Imprägnierungsmittels in g/g Papier) angegeben werden. Der Anwendungsbereich des Syst. kann durch Zusätze polarer Stoffe zur Steig-Fl. erweitert werden, am besten durch Aceton bzw. Acetonitril, die die ED erheblich verringern u. ein Arbeiten bis zu $+40^0$ gestatten. Aceton vergrößert darüber hinaus die R_F-Werte u. ihre Differenzen für die getrennten Fettsäuren. Folgende Meth. werden empfohlen: A) Trennung der geradzahligen Fettsäuren von C_{10}—C_{20}. 1. Standard-Meth. nach KAUFMANN u. NITSCH 2. Aceton-Meth. nach KAUFMANN u. MOHR (qual. Schnellmeth.). 3. Acetonitril-Meth. nach KAUFMANN u. SCHNURBUSCH. B) Trennung der geradzahligen Fettsäuren von C_{14}—C_{26} mit der Aceton-Meth. nach KAUFMANN u. MOHR. C) Trennung der geradzahligen Fettsäuren von C_{16}—C_{32} mittels der Allylester-Meth. nach KAUFMANN u. POLLERBERG. D) Trennung der „krit." Fettsäurepartner von C_{14}—C_{20} mit der Tieftemp.-Aceton-Meth. nach KAUFMANN u. MOHR, die bisher nur an Gemischen aus vorwiegend ungesätt. Fettsäuren erprobt wurde. Beschreibung sämtlicher Meth. im Original. Ungesätt. Fettsäuren können nach KAUFMANN u. SCHNURBUSCH qual. mit erhöhter Empfindlichkeit (z. B. 1 μg Linolensäure) durch Umsatz mit 3%ig. Hg-Acetat-Lsg. u. Blauanfärbung mittels 0,1%ig alkohol. Diphenylcarbazon-Lsg. nachgewiesen werden. Die Anwendung der Meth. auf natürliche Fettsäuregemische (Kakaoersatzbutter, Illipibutter, Kakaopreßbutter, Pfirsichkern- u. ein raffiniertes Sojaöl sowie ein Palmitoölsäuremuster) mit den zugehörigen Ergebnissen wird beschrieben.
H. P. RETTIG. 7936□

Studien auf dem Fettgebiet. 209. Mitt. **Die Papier-Chromatographie auf dem Fettgebiet.** 28. Mitt. **Die Trennung rhodanierter Fettsäuren.** H. P. Kaufmann und M. Arens. (Fette, Seifen, Anstrichmittel **60.** 803—06. Sept. 1958. Münster, Inst. für Pharm. u. Lebensm.-Chem. u. Dtsch. Inst. für Fettforsch.) (Dt.) — 208. vgl. C. **1960.** 5454.

Am Beispiel von *Leinöl-* u. *Rüböl*-Mustern wird gezeigt, daß mit Hilfe der rhodanierten Fettsäuren die papierchromatograph. Trennung „krit." Fettsäurepartner möglich ist, wofür das Syst. 70%ig. Essigsäure/Undecan bes. geeignet erscheint.
H. SPOHN. 7936□

Studien auf dem Fettgebiet. 226. Mitt. **Die Papier-Chromatographie auf dem Fettgebiet.** 34. Mitt. **Zur Kenntnis der Fettaldehyde.** 5. Mitt. **Qualitative und quantitative papierchromatographische Analyse der Fettaldehyde.** H. P. Kaufmann und H. Kirschnek. (Fette, Seifen, Anstrichmittel **61.** 750—59. Sept. 1959. Münster, Westf., Dtsch. Inst. für Fettforsch.) (Dt.) — 225. vgl. C. **1961.** 12656; 33. vgl. C. **1960.** 16629.

Vff. berichten ausführlich über die papierchromatograph. Trennung der Fettaldehyde nach Überführung in die 2.4-Dinitrophenylhydrazone sowie über die Auftrennung der krit. Paare u. Ermittlung der ungesätt. Aldehyde durch Behandlung mit Hg-Acetat. L. KEMPF. 7936

Studien auf dem Fettgebiet. 228. Mitt. **Die Papier-Chromatographie auf dem Fettgebiet.** 36. Mitt. **Der papierchromatographische Nachweis von grenzflächenaktiven Stoffen mit Hilfe der Transparenz-Methode.** H. P. Kaufmann und G. Walther. (Fette, Seifen, Anstrichmittel **61.** 782—84. Sept. 1959. Münster, Westf., Dtsch. Inst. für Fettforsch.) (Dt.) — 227. bzw. 35. vgl. Fette, Seifen, Anstrichmittel **61.** [1959.] 768; 226. bzw. 34. vgl. vorst. Referat.

Vff. beschreiben den Nachw. nichtionogener Emulgatoren u. Waschmittel, wobei die Trennung auf mit Paraffin imprägniertem Papier durchgeführt wird. L. KEMPF. 7942

Laboratorium für Adsorptionstechnik G.m.b.H. (Erfinder: Walter Aehnelt und Hans Hitzel), Frankfurt/M., **Entfärben von pflanzlichen und tierischen Ölen** mit wasserhaltiger, pulverförmiger Aktivkohle, die außerdem noch Alkalihydroxide oder Säuren enthält oder mit deren Gemischen mit anderen Adsorptionsmitteln, dad. gek., daß man die Öle mit einer Kohle behandelt, die neben 15—60 (%) W. noch $\geq$5 Säure, berechnet als H_2SO_4, oder $>$3 Alkali, berechnet als NaOH, enthält. (**D. A. S. 1 103 490** Kl. 23a vom 8/9. 1954, ausg. 30/3. 1961.) C. LÜTTGEN. 7875

Waclav Silbermann, Küsnacht/Zürich, Schweiz, **Flüssiges, schwach schäumendes Reinigungsmittel,** hauptsächlich bestehend aus Na-Orthosilicat (I), -Metasilicat (II) u. $K_5P_3O_{10}$ im Verhältnis $Na_2O:SiO_2:P_2O_5$ wie 2,6—3,6:1,7—2,3:2,4—3,3, z. B. 5,2 (%) I, 3 II, 16 Na-Xylolsulfonat, 5 nichtionogenen Netzmitteln, 6,1 $K_5P_3O_{10}$, Rest Wasser. (**E. P. 849 711** vom 20/10. 1958, ausg. 28/9. 1960. Schwz. Prior. 10/5. 1958.) C. LÜTTGEN. 7917

Carmelo Vaccarino und **Giuseppe Vaccarino**, Italien, *Raffination von pflanzlichen und tierischen Ölen und Fetten mit Alkalien.* (**F. P. 1 154 489** vom 28/5. 1956, ausg. 10/4. 1958. It. Prior. 7/6. 1955. — C. **1961.** 18915 [A. P. 2 944 072].)

Georgia Tech Research Institute, V.St.A., *Gleichzeitige Extraktion von Öl und Protein aus ölhaltigen Substanzen.* (**F. P. 1 157 902** vom 5/9. 1956, ausg. 5/6. 1958. — C. **1958.** 13131 [A. P. 2 762 820].)

Zschimmer & Schwarz Chemische Fabrik und Gerbstoffwerk Oberlahnstein Akt.-Ges., Deutschland, *Körperwaschmittel.* (**F. P. 1 160 742** vom 12/9. 1956, ausg. 29/7. 1958. **Belg. P. 551 050** vom 14/9. 1956, ausg. 18/12. 1959. D. Prior. 7/1. 1954. — C. **1961.** 5648 [Schwz. P. 348 763].)

Unilever N. V., Holland, *Waschmittelkompositionen.* (**F. P. 1 158 387** vom 13/10. 1956, ausg. 13/6. 1958. E. Prior. 14/10. 1955. — C. **1959.** 2998 [Oe. P. 196 040].)

Unilever N. V., Holland, *Waschmitteltabletten.* (**F. P. 1 158 383** vom 12/10. 1956, ausg. 13/6. 1958. E. Prior. 14/10. 1955. — C. **1960.** 13228 [E. P. 799 075].)

Unilever N. V., Holland, bzw. **Unilever Ltd.**, Port Sunlight, England (Erfinder: **Robert Elsworth Dukeshire**), *Reinigungsmittelgemische.* (**F. P. 1 149 864** vom 23/5. 1956, ausg. 2/1. 1958. **E. P. 788 705** vom 23/5. 1956, ausg. 8/1. 1958. Beide A. Prior. 24/5. 1955. — C. **1960.** 3413 [D. A. S. 1 060 538].)

Unilever N. V., Holland, *Waschmittelgemische.* (**F. P. 1 158 384** vom 12/10. 1956, ausg. 13/6. 1958. E. Prior. 14/10. 1955. — C. **1959.** 10761 [E. P. 789 032].)

Unilever N. V., Holland (Erfinder: **Frank Emery Carroll**), *Flüssige Reinigungsmittelgemische.* (**F. P. 1 162 652** vom 4/10. 1956, ausg. 16/9. 1958. A. Prior. 5/10. 1955. — C. **1960.** 3413 [D. A. S. 1 038 695].)

Aktiebolaget Henkel-Helios, Schweden, *Reinigungsmittelgemisch.* (**F. P. 1 158 070** vom 28/9. 1956, ausg. 6/6. 1958. Schwed. Prior. 3/10. 1955. — C. **1960.** 4708 [E. P. 810 151].)

Henkel & Cie. G. m. b. H., Deutschland, *Wasch- und Bleichmittel.* (**F. P. 1 154 344** vom 29/6. 1956, ausg. 4/4. 1958. D. Prior. 13/7., 3/12. u. 15/12. 1955. — C. **1960.** 17653 [Belg. P. 548 015].)

Henkel & Cie. G. m. b. H., Deutschland, *Herstellung von gekörnten, Perborate enthaltenden Salzgemischen.* (**F. P. 1 153 767** vom 8/6. 1956, ausg. 21/3. 1958. D. Prior. 11/6. u. 8/9. 1955. — C. **1960.** 8048 [E. P. 811 658].)

Zschimmer & Schwarz Chemische Fabrik und Gerbstoffwerk Oberlahnstein Akt.-Ges., Deutschland, *Herstellung von Netz-, Reinigungs-, Dispergier- und Emulgierungsmitteln.* (**F. P. 1 160 741** vom 11/9. 1956, ausg. 29/7. 1958. — C. **1961.** 12684 [Schwz. P. 347 825].)

Röhm & Haas G. m. b. H., Deutschland, *Enzymatisches Waschverfahren.* (**F. P. 1 168 187** vom 17/12. 1956, ausg. 4/12. 1958. D. Prior. 24/12. 1955. — C. **1960.** 4709 [D. A. S. 1 058 465].)

Colgate-Palmolive Co., V.St.A. (Erfinder: **Harold Eugene Wixon** und **Ralph Spencer Leonard**), *Reinigungsmittel.* (**F. P. 1 162 851** vom 18/12. 1956, ausg. 18/9. 1958. A. Prior. 23/12. 1955. — C. **1960.** 4386 [Aust. P. 212 478].)

Unilever N.V., Holland (Erfinder: **Charles Henry Schramm**), *Reinigungsmittelgemische.* (**F. P. 1 165 745** vom 30/1. 1957, ausg. 28/10. 1958. A. Prior. 31/1. 1956. — C. **1959.** 14911 [D. A. S. 1 033 827].)

Unilever N. V., Holland (Erfinder: **Vincent Lamberti** und **Mark D. Konort**), *Reinigungsmittelgemische.* (**F. P. 1 167 305** vom 27/2. 1957, ausg. 24/11. 1958. A. Prior. 29/2. 1956. — C. **1959.** 11762 [D. A. S. 1 033 828].)

Berta's Wachswarenfabrik Robert Berta, Deutschland, *Leuchtkerze.* (**F. P. 1 164 478** vom 16/1. 1957, ausg. 9/10. 1958. D. Prior. 16/1. 1956. — C. **1958.** 7629 [D. A. S. 1 016 395].)

Farbwerke Hoechst Akt.-Ges., vormals Meister Lucius & Brüning, Deutschland, *Herstellung von Estern mit den Eigenschaften von Hartwachsen.* (**F. P. 1 212 824** vom 22/8. 1958, ausg. 25/3. 1960. D. Prior. 22/8. u. 28/12. 1957. — C. **1959.** 15216 [D. A. S. 1 050 754] u. C. **1961.** 12684 [D. A. S. 1 102 717].)

XVIIIa. Holz. Cellulose. Zellstoff. Papier. Papierdruck. Celluloid. Linoleum

Untersuchung über das im Innenteil der Rinde der Weißbirke (Betula papyrifera Marsh.) anwesende Pektin. T. E. Timell und A. Jabbar Mian. (Tappi **44.** 788—93. Nov. 1961. Montreal, Quebec, Pulp and Paper Res. Inst. of Canada and McGill Univ.) (Engl.)

Aus der Innenrinde (Phloeoterma) von B. papyrifera Marsh. mit 3—4% (Ausbeute) isoliertes Pektin enthält α-Galakturonsäure-, Galaktose- u. *l*-Arabinosereste im Verhältnis 66:7:27, daneben Spuren von Glucose-, Xylose- u. Rhamnoseeinheiten. Das Pektin ist nicht mehr löslich. Veresterung, Red., Methylierung u. Hydrolyse führen zu 2.3.6-Tri-O-methyl-α-galaktose u. zu 2.3.5-Tri-O-methyl-*l*-arabinose. Elektrophoret. wird die Anwesenheit von drei Polysacchariden (I) festgestellt: eine α-(1 → 4) verknüpfte Polygalakturonsäure von geringerem Molgew., wahrscheinlich verzweigt u. fast ganz oder ganz frei von neutralen Zuckerresten; ein vermutlich aus Galakturonsäure- u. Neutralzuckerresten bestehendes I; ein neutrales Polymeres. Die Arabinosereste liegen als nichtreduzierende Endgruppen in Furanoseform vor. Die Natur der Galaktose u. der drei anderen Zuckerreste ist unbekannt. Bemerkungen zu kürzlichen Mitt. über andere Pektine u. zur wahrscheinlichen Biogenese der Pektintriade d-Galakturonsäure, d-Galaktose, *l*-Arabinose in Landpflanzen. M. HAGEDORN. 7952 □

Pilze und zusammengesetzte Holzprodukte. 1. Mitt. **Vorläufige Untersuchungen an Sperrholz.** D. Narayanamurti, Joseph George und H. C. Pant. (Holzforsch. u. Holzverwert. [Wien] **13.** 61—62. Aug. 1961.) (Engl.)

Mit Holzschutzmitteln behandelte Sperrholzproben wurden in Kollo-Schalen dem Angriff von Testpilzen ausgesetzt. Nach drei Monaten wurde bei den Proben die Gew.-Abnahme, der Elastizitätsmodul u. der Bruchmodul bestimmt. Von den untersuchten Schutzbehandlungs-Meth. zeigte die beste Wrkg. gegen den Angriff durch die Testpilze 2% Pentachlorphenol im Leim, gefolgt von einer Kalt-Trog-Tränkung der direkt aus der Presse kommenden heißen Sperrholzplatten in Celcure. P. ECKERT. 7952 □

Holzschutz auf dem Wege über Lösungen. W. P. K. Findlay. (Pest Technol. [London] **3.** 190—92. Mai 1961.) (Engl.)

Allg. Ausführungen mit Erwähnung von Pentachlorphenol u. Cu-Verb., Metallnaphthenaten, Benzolhexachlorid, chlorierten Naphthalinen u. Dieldrin. M. HAGEDORN. 7952 □

Der Einfluß des Tauchens von Cellulose in Säure auf die Zugänglichkeit ihrer funktionellen Gruppen. Olli Ant-Wuorinen und Asko Visapää. (Valtion tekn. Tutkimuslaitos, Sarja IV [State Inst. techn. Res., Ser. IV] **1957.** Nr. 8. 1—21.) (Engl.) — C. **1958.** 886. P. ECKERT. 7954 □

Über das Wirkungsprinzip von Entstippern und die mit ihnen bei der Stoffaufbereitung in der Zellstoff-Fabrik erzielten chemischen und kolloidchemischen Effekte. Georg Jayme und Wolfgang Matzke. (Papier **16.** 45—52. 5/2. 1962. Darmstadt, TH, Inst. für Cellulosechem. mit Holzforschungsstelle.) (Dt.)

Unters. über die Einsatzmöglichkeiten eines Entstippers in der Zellstoffindustrie mit Hilfe eines Labor.-Modells, bes. vom chem. u. koll.-chem. Standpunkt aus. Die Vorteile einer entstippenden Behandlung des Stoffes hinsichtlich der Güte u. den Eigg. werden beschrieben. P. ECKERT. 7956 □

Untersuchungen über die (Vor-) Hydrolyse von Schilf. 1. Mitt. Cristofor Simionescu und Dorel Feldman. (Bul. Inst. polytehn. Iasi [N. S.] [7] **3.** 91—100. 2 Tafeln. 1957.) (Rum). — Vgl. C. **1958.** 13133.

Die zwischen den Knoten befindlichen Stengelteile von Schilf werden vor dem eigentlichen Kochen einer Vorhydrolyse in Leitungswasser unterworfen. Dabei wird bei Badverhältnissen 1:20, 1:15, 1:10, 1:7,5, 1:5 u. 1:2 u. einem Druck von 5—9 at in 65—80% Ausbeute ein Prod. mit 59—68% Cellulose u. 9—2,5% Pentosanen erhalten. — 150 Literaturhinweise. R. K. MÜLLER. 7956 □

Untersuchung der physikalisch-kolloiden Eigenschaften der Zellstoffblätter. 2. Mitt. Ludovít Kuniak und Ivan Slávik. (Papír a Celulosa **16.** 99—104. Mai 1961. Bratislava, Ust. dreva, celulózy a chemických vláken Slov. akad. vied.) (Slovak.) — 1. vgl. C. **1962.** 2211.

Vff. berechnen vor dem Tauchen das Luft-Vol. V = (1/G — 1/1, 56 — f/1,2)·1000 in Liter/t Zellstoff (Z), G = scheinbare Dichte des lufttrockenen Z (aus Fläche, Dicke, Gew. mit 1 g trocknem Z), 1,56 (1,2) = Dichte der Cellulose (des sorbierten W. im Z), f = % Feuchtigkeit/100. Best. von V nach dem Tauchen: 6—7 g lufttrockner Z in Streifen 10 × 2,5 cm werden in ein trockenes Pyknometer (**P**) gegeben: Zylinder [120 (mm) hoch, 30 ∅] mit Schliffansatz 30 hoch, darin Verschluß in Röhrchen (6 ∅ mit Marke) übergehend. Man läßt auf den Boden des **P** Lauge zufließen, so daß sie 5 cm/Min. bis zum

Hals steigt; 45 Min. bei 20° temperieren, bis zur Marke füllen u. wägen (Gew. A). Dann Lauge bis 1 cm über die Z-Streifen absaugen, wägen; 2 mal bei 10 mm Hg 2 Min. evakuieren, zu Beginn das Entweichen der Luft mit einem Hahn regeln; wägen u. verdampftes W. ergänzen. **P** bei 20° mit Lauge bis zur Marke füllen u. wägen (Gew. B). $V = (B - A) \cdot 1000/1{,}2\,g$; A = (B) **P** + Z + Lauge mit (ohne) Luft in g, 1,2 = Dichte der Lauge, g = g trockner Z. Blindwert: 0,03—0,06 ml Luft/100 ml Lauge. Den Einfl. verschiedener Feuchtigkeit durch Klimatisierung des Z ausschalten. Ergebnisse, Liter Luft/t Z: bei 6% Feuchtigkeit 3 inländ. Z u. Tenacell 234—130, 4 ausländ. 116—62; bei 0/6/14% Feuchtigkeit, maximal Fichten-Z. Hencovská nicht extrahiert (extrahiert) 190 (85)/234 (112)/256 (120), minimal Modokord 50 (11)/62 (23)/70 (24); hierbei enthielten feuchte Z vor dem Tauchen weniger Luft, nachher abs. mehr als trockne Z (W. u. Harz in den Capillaren erschweren den Zutritt der Lauge u. das Entweichen der Luft). Die Luft entweicht optimal bei 5 cm/Min. Steig-Geschw. der Lauge, oberflächenakt. Zusätze haben meist geringe Wirkung. Einfl. der Viscosität-erhöhenden Hemicellulose 0 (6,5) g/Liter Lauge: Enquist 89 (100), Rauma 90 (132), Žilinská: frisch 110 (115), 1 Jahr gelagert 80 (114). Hencovska-Z. mit 5,5% (ohne) kurze Fasern 246 (206), Žilinská mit 9,3% (ohne) 130 (101). H. DEMUS. 7956□

Der Einfluß der Beschädigung der Hackspäne auf die Qualität der in saurem Bisulfit löslichen Zellstoffe. Nils Hartler. (Svensk Papperstidn. **65.** 6—11. 15/1. 1962. Stockholm, Sweden, The Central Labor. of Swedish Cellulose Industry.) (Engl.)

Beim sauren Bisulfitaufschluß zur Herst. von Kunstseidenzellstoffen erhält man infolge von Stauchschäden bei gleicher Ausbeute Zellstoffe niederer Viscosität. Die Alkalität dieser Zellstoffe in 18%ig. NaOH ist nur wenig erhöht, jedoch ist die Alkalilöslichkeit in 10%ig. NaOH infolge der Stauchschäden merklich höher. Der aus der Alkalilöslichkeit berechnete α-Cellulose-Geh. ist wesentlich niedriger. Weiterhin ist auch die Kettenlängenverteilung im gebleichten Zellstoff etwas breiter. Stauchschäden verursachen auch einen höheren Kurzfaser-Geh. im Zellstoff. Ein derartig kurzfaseriger Zellstoff führt bei der kontinuierlichen Alkalisierung beim Abpressen der Maische zu einer Leistungsverminderung der Presse. Der Kurzfaser-Geh. eines Kunstseidenzellstoffs wird jedoch noch von einer Reihe weiterer Faktoren bestimmt. So nimmt dieser z. B. mit abnehmender Hackspanlänge bei der Kochung von im Labor. hergestellten Schnitzeln variierender Länge zu. Diese Zunahme ist bes. augenfällig bei einer Spanlänge unter 12 mm. — 9 Literaturnachweise. P. ECKERT. 7962□

Über das Verhalten von Holz bei Aufschlüssen mit verschiedenem pH-Wert. H. Sadler. (Holzforsch. u. Holzverwert. [Wien] **13.** 63—70. Aug. 1961.) (Dt.)

Mit Hilfe der Scherfestigkeits-Best. wurde versucht, den Zusammenhang zwischen Faserstoffausbeute u. Papierblattfestigkeit festzustellen, wenn die Aufschlüsse bei verschiedenen pH-Werten durchgeführt wurden. Bei gleicher Ausbeute zeigen die Sulfitzellstoffe die geringste Scherfestigkeit gegenüber den mit Neutralsulfit oder Alkali erkochten Stoffen. Wenn man nach verschiedenen Verff. zu den gleichen Ausbeuten gelangt, dann lassen sich die Sulfitzellstoffe mit dem geringsten Aufwand an mechan. Energie auffasern. Die chem. Zus. von Faserstoffen aus Laubholz ist von dem pH-Wert der Aufschluß-Fl. abhängig. Der Lignin-Geh. beim Neutralsulfitaufschluß ist gegenüber anderen Verff. am höchsten, die sauren u. alkal. aufgeschlossenen Stoffe erreichen sehr niedere Werte. Der Furfurolwert bleibt im alkal. Bereich innerhalb weiter Grenzen der Aufschlußzeit nahezu unverändert. Er liegt bei den sauer erkochten Stoffen wesentlich tiefer. Beim alkal. Aufschluß nähern sich Ausbeute u. Aufschlußgrad beim Laubholz, selbst bei einem weiten Bereich der Aufschluß-Temp., einem Grenzwert. Sulfatzellstoffe von Buche fallen — unter gleichen Bedingungen wie Kiefer aufgeschlossen — in besserer Ausbeute u. niederem Aufschlußgrad an. Aufschlüsse von Birkenholz nach dem Neutralsulfit-Verf. zeigen bei niederer Konz. des Aufschlußmittels schlechte Ausbeuten, da hier eine Art Hydrolyse eintritt. Die Ausbeute kann jedoch durch Verringerung der Kochzeit verbessert werden. P. ECKERT. 7962□

Isolierte Sojaproteine für die Papierbeschichtung vom Standpunkt des Herstellers. W. M. Bain, S. J. Circle und R. A. Olson. (Tappi Monogr. Ser. Nr. **22.** 206—41. 1961. Chicago, Ill.; Central Soya Co.) (Engl.)

Aufzählung der handelsüblichen Typen der isolierten Sojaproteine (I). Beschreibung der chem. u. physikal. Eigg. der **I** u. des techn. Einsatzes, bes. des Herstellens der Lsgg., für die Beschichtung von Papier u. Pappe, für farbig beschichtete Versandbehälter aus braunem Kraftpapier u. für Tapeten. — 70 Literaturangaben. M. HAGEDORN. 7982□

Hochnaßfeste Papiere durch Zugabe von Dialdehyd-Stärke in der Naßpartie. B. T. Hofreiter, G. E. Hamerstrand, C. L. Mehltretter, W. E. Schulze und A. J. Ernst. (Tappi **43.** 639—43. Juli 1960. Peoria, Ill., Northern Utilization Res. Div.) (Engl.)

Durch Oxydation mit Perjodsäure aus Maisstärke erzeugte Dialdehydstärke gibt Papieren eine erhöhte Naßfestigkeit bei Zugabe in der Naßpartie. Ausgezeichnete Naßfestigkeit u. verbesserte Reißlängen werden durch Zugabe von 0,5—10% Dialdehydstärke, bezogen auf atro Fasern, erzielt, wobei die Art der Aufbereitung der Stärke-Lsg., die Menge der Al-Ionen u. der pH-Wert die Retention der Stärke bedingen. Die genauen Bedingungen zur Erzielung optimaler Effekte werden angegeben. Die Hauptvorteile des neuen Mittels liegen darin, daß bei Zusatz in der Naßpartie keinerlei Nachbehandlungen der Papiere notwendig sind. H. MEYER. 7984□

Das Verpressen von phenolharzhaltigen Papierblättern bei hohem Druck unter Verwendung von reaktionsfähigen Ligninabkömmlingen. C. F. Schulerud und J. B. Doughty. (Tappi **44.** 823—30. Nov. 1961. Charleston, S.C.; West Virginia Pulp and Paper.) (Engl.)

Verw. von Reax 23 u. 31 in Laminaten u. Lacken auf Phenolharzbasis. Die Reaxharze, ein Phenolpolymerengemisch aus Holzlignin, sollen ein Molgew. von 800—2000 haben u. reaktive, vernetzend wirkende Gruppen enthalten: bis zu 7 OH-Gruppen je 1000 Molgew., davon 3—4 phenol.; mehrere Carbonylgruppen; aktivierten H in 5-Stellung im Phenolkern. Harz-Bldg. erfolgt entweder mit niedrigkondensierten Phenol-Formaldehyd-Harzen (von hohem H_2CO/Phenol-Verhältnis) oder mit H_2CO allein oder mit methylolgruppenhaltigen Phenolen. M. HAGEDORN. 7992□

Die Bestimmung der Aufschlagbarkeit von getrocknetem Zellstoff. Av Ants Teder. (Svensk Papperstidn. **65.** 34—39. 31/1. 1962. Stockholm, Celluloseindustriens Centrallabor.) (Schwed.)

Es wurde eine Meth. entwickelt, wie leicht u. mit welchem Energieaufwand trockener Zellstoff in eine wss. Suspension übergeführt werden kann. Die Werte liegen für die meisten handelsüblichen Zellstoffe zwischen ca. 1 u. 100%/min, der Analysenfehler liegt bei 5%. Die Meth. beruht auf der Best. der Zerfasungs-Geschw. in einem Wasserstrahldefibrator. P. ECKERT. 8006□

Freies Hydroxid als Kontrolle beim Sulfataufschluß. E. T. O'Brien, H. D. Bauman und R. F. Cashen. (Tappi **44.** 315—18. Mai 1961. Spring Grove, Pa., P. H. Glatfelter Co.) (Engl.)

Vff. entwickelten ein einfaches u. schnell durchführbares Verf. zur Best. des Hydroxid- u. Sulfid-Geh. von Schwarzlaugen. Für eine Best., die potentiometr. erfolgt, sind weniger als 15 Min. erforderlich. Bei Laubholz-Vers.-Kochungen wurde festgestellt, daß ein beträchtlicher Ausbeuteverlust dann eintritt, wenn die Kochung weitergeführt wird, nachdem alles Hydroxid aufgebraucht ist. Es wurden Ausbeuteverluste bis 9% festgestellt, ohne daß dabei die Permanganatzahl in entsprechender Weise abgenommen hätte. F. LANG. 8006□

Spektrophotometrische Bestimmung des Peroxids in Cellulosematerial. L. M. Marraccini und T. N. Kleinert. (Svensk Papperstidn. **65.** 78—80. 15/2. 1962. Montreal, Canada, Pulp and Paper Res. Inst. of Canada.) (Engl.)

Es wird eine Meth. zur Best. von geringen Mengen von Peroxid in Cellulosematerial beschrieben. Die Lichtabsorption (Wellenlänge 550 mμ) von Phenolphthalein wird bestimmt, in deren farblose alkal. Lsg. die zu untersuchende Celluloseprobe zur Einw. gebracht wurde. Die Methodik der Prüfung wird eingehend besprochen.

P. ECKERT. 8006□

Elektrolytische Bestimmung von Mikrogramm-Mengen Wasser in Papier. R. G. Armstrong, K. W. Gardiner und F. W. Adams. (Analytic. Chem. **32.** 752—55. Juni 1960. Chicago, Ill., Continental Can Co., Central Res. and Engng. Div.) (Engl.)

Ein analyt. Verf. zur raschen u. genauen Best. von 11—200 γ W. in Papierproben von 0,6 mg Gesamt-Gew. wird beschrieben, das darin besteht, daß die Papierprobe in einem Mikroofen auf 136° erwärmt, das abgegebene W. im N_2-Strom mit einem elektrolyt. Feuchtigkeitsmesser bestimmt u. registriert wird. Eichmeth. u. Angaben über die Genauigkeit bei der prakt. Anwendung werden mitgeteilt. W. LUCHSINGER. 8010□

Bestimmung von Wachs in Papier. William L. Morrow. (Tappi **44.** 120—22. Febr. 1961.) (Engl.)

Die Best. von *Wachs* in paraffinierten Papieren nach der Meth. des TAPPI-Standard (T 405 m-45) sowie nach der Interim Federal Specifikation Method (UU-B-0050) liefert gut übereinstimmende Werte bei relativ langen Extraktionszeiten, die aber ohne wesentliche Beeinträchtigung der Genauigkeit abgekürzt werden können, wie vergleichende Verss. zeigten. Bei Verw. von Trichloräthan an Stelle von Tetrachlorkohlenstoff zur Extraktion wird die Dauer der Best. weiter erheblich verkürzt. H. MEYER. 8010□

Einige Anwendungen des Kathodenstrahloscillographen in der Zellstoff- und Papierindustrie. A. J. Walters. (APPITA — J. Austral. Pulp Paper Ind. **14.** XVII bis XXIV. März 1961.) (Engl.)

Die Vielseitigkeit des Oscillographen beim Messen u. Aufzeichnen von Vorgängen, die häufig in der Industrie auftreten u. die anderweitig nicht registriert werden können, wird besprochen. Das Gerät wird beschrieben u. eine Anzahl von Anwendungsbeispielen wird angegeben. R. BAMBERGER. 8010□

Arne Johan Arthur Asplund, Schweden, **Kochen von Zellstoff** aus Holz in mehreren Stufen, wobei wenigstens in einer Dampfphase u. danach oder vorher wenigstens in einer fl. Phase gearbeitet wird. Das Lignocellulosematerial wird dabei ununterbrochen in Bewegung gehalten u. mit der Koch-Fl. im Gleichstrom von oben nach unten u. in einem anderen Kocher im Gleichstrom von unten nach oben geleitet. — Zeichnung. — Vgl. F. P. 1 061 813; C. **1955.** 5212 u. E. P. 741 980; C. **1956.** 11310. (**F. P. 1 222 196** vom 22/4. 1959, ausg. 8/6. 1960. Schwed. Prior. 24/4. 1958.) M. F. MÜLLER. 7957

Tor Fjalar Holmberg, Imatrankoski, Finnland, **Oxydieren von Sulfatablaugen bei der Celluloseherstellung.** Die Lauge wird in feinstverteilter Tropfenform in das oxydierende Gas eingespritzt. Hierbei wird das Gas durch ein Venturirohr geleitet u. die Lauge an der engsten Stelle des Rohres in den Gasstrom eingeführt. Dadurch wird eine Schaum-Bldg. der Lauge verhindert. — Vorrichtung. (**Finn. P. 29 554** vom 6/7. 1955, ausg. 31/7. 1958.) K. H. KÄHLER. 7963

Willy Spangenberg & Co., Hamburg, **Kontinuierliche Abtrennung der Harzsäuren (I) von den Fettsäuren des Tallöls (II).** Man befreit das **II** von den niedriger sd. Anteilen durch Fraktionieren mit übersätt. feuchtem Wasserdampf bei 20—30 mm Hg u. 160—180°, führt es bei 1—3 mm Hg u. 230—240° in die 1. Trennstufe bei 160—180° in der Fraktionierkolonne. Der Rückstand dieser Stufe wird bei 1—3 mm Hg, 300—330° in der Blase u. 230—250° in der Kolonne mit Wasserdampf dest. u. das Destillat in der 3. Stufe bei 1—3 mm Hg, 250—280° in der Blase u. 200—220° in der Kolonne fraktioniert, wobei die gereinigten I im Rückstand bleiben. — Zeichnung. (**It. P. 516 187** vom 7/5. 1954.) K. KOEBKE. 7967

Dow Chemical Co., Midland, Mich., V.St.A. (Erfinder: Francis Eugene Windover, Arthur William Anderson und George King Greminger jun.), **Wasserlösliche, thermoplastische Celluloseäthermischungen** bestehen aus 2—90% eines wasserlösl., thermoplast. Hydroxyalkylalkylcelluloseäthers (Hydroxyalkyl mit 2—3 u. Alkyl mit 1—3 C-Atomen, F. des Äthers liegt wenigstens 10° unter der Zers.-Temp.) u. 98—10% Glycerinmono-, -bis- u. -tris-(2-hydroxyalkyl)-äther u. dienen zur Herst. von in der Hitze härtbaren Filmen. — Na-Cellulose wird mit Methylchlorid u. Propylenoxid zuerst bei höchstens 40 u. dann bei 60° zu Hydroxypropylmethylcellulose umgesetzt. Glycerin gibt mit Propylenoxid in Ggw. von wss. 50%ig. NaOH bei 100° Tris-(2-hydroxypropyl)-glycerin; beide werden im gewünschten Verhältnis gemischt. (**E. P. 804 749** vom 7/8. 1957, ausg. 19/11. 1958.) G. KRAUSS. 7971

Imperial Chemical Industries Ltd., London, England (Erfinder: Anthony John Hinton und Victor Grayson Morgan), **Herstellung von mit Pigmenten gefärbtem Papier,** dad. gek., daß die Pigmente während der Herst. des Prod. gemeinsam mit einem wasser- oder säurelösl. Kondens.-Prod. zugesetzt werden, das aus einer organ. N-Verb., deren N-Atom mindestens an 1 H-Atom gebunden ist, einem aliphat. Aldehyd, einem NH_4-Salz u. einem Aminsalz, ggf. in Ggw. von modifizierenden Mitteln, erhalten wurde. Als N-Verbb. dienen Guanidin, Dicyandiamid, Guanylharnstoff, Guanylguanidin, Anilin, 4.4-Diaminodiphenylharnstoff usw. — Mengenbeispiele. (**Aust. P. 227 707** vom 3/9. 1958, ausg. 5/5. 1960.) G. VOGEL. 7981

Resart-Ges., Kalkhof & Rose (Erfinder: Heinz Schmalz), Mainz, **Herstellen von Klischees aus thermoplastischen Kunststoffen** durch Polymerisieren eines Gemisches aus einer monomeren Verb., bes. aus Estern der Methacrylsäure u. Vinyl-Verbb., wie Acrylnitril, Vinylacetat u. Styrol, u. einem perl- oder pulverförmigen Polymerisat, das in dem Monomeren quellbar oder lösl. ist, in Ggw. von Verbb., die ein Redox-Syst. zu bilden vermögen. Das Gemisch wird in einer Form nach Zusatz von 9—12% Weichmacher unter Druck, z. B. eines inerten Gases, von 3—7 atü polymerisiert. Als Trennmittel dient Graphitpulver auf einem Film aus Paragummi. (**D. A. S. 1 114 826** Kl. 15b vom 28/7. 1959, ausg. 12/10. 1961.) C. KITTLER. 7989

Michle-Goss-Dexter, Inc., V.St.A., **Nichtwäßeriges Trockenmittel,** bes. für die *Schnelltrocknung von Druckerschwärze,* welches ein trocknendes Öl mit einem Syst. konjugierter Doppelbindungen enthält, z. B. geblasenes u. eingedicktes Tungöl, ferner einen öllösl. Katalysator für die Photopolymerisation unter der Einw. von UV-Strahlen. Der Katalysator enthält einen Farbstoff u. dient dazu, eine schnelle Polymerisation des Bindemittels zu bewirken. — Tabelle mit zahlreichen Beispielen für bas. u. u. saure Farbstoffe, z. B. Phthaleine, Triphenylmethan-, Azo- u. Azinfarbstoffe. (**F. P. 1 220 225** vom 9/2. 1959, ausg. 23/5. 1960.) M. F. MÜLLER. 7991

Miehle-Goss-Dexter, Inc., V.St.A., **Nichtwäßriges Trockenmittel,** bes. für die *Schnelltrocknung von Druckerschwärze,* aus einem polymerisierbaren trocknenden Öl, welches ein Syst. von konjugierten Doppelbindungen enthält, u. einem öllösl. Katalysator für die Photopolymerisation, z. B. ein organ. Titanat oder ein Diisocyanat. Die Schnelltrocknung findet unter der Einw. von UV-Strahlen statt. Als trocknendes Öl ist bes. geblasenes Tungöl genannt. Katalysatoren sind z. B. Isopropyl-, Isobutyl-, Isopropoxytitanat, Diphenylmethan- oder Toluoldiisocyanat. (**F. P. 1 221 265** vom 9/3. 1959, ausg. 1/6. 1960.) M. F. MÜLLER. 7991

Scott Paper Co., Chester, Pa. (Erfinder: William R. Powers, Pennsgrove, N.J., und Robert Andrew Volz, Philadelphia, Pa.), V.St.A., **Verbesserung von porösen Polymeren,** die in der Kette die Gruppen ≡C–O–CO–O–, –O–CO–N<, ≡C·CO·N< u./oder =N·CO·N< enthalten, wie Alkydharze, Polyesteramide, Polyamide, Harnstoff-CH_2O-Harze, mit Isocyanaten modifizierte Polymere, wie Polyester-polyurethane oder Polyätherpolyurethane. Zur Verbesserung ihrer Weichheit, Benetzbarkeit u. Verringerung ihrer Dichte verseift man sie (Behandlung mit Wasserdampf, Enzymen, Alkali) bis zu den gewünschten Eigenschaften. — Man bringt z. B. einen Schwamm aus Polyester–Polyurethan 20 Min. bei 50° in ein Bad aus 100 (Gew.-Teilen) NaOH u. 900 W., wonach seine Saugfähigkeit für W. um das 7fache gestiegen ist. (**F. P. 1 176 044** vom 14/6. 1957, ausg. 3/4. 1959. **Jap. A. S. 8137/1959** vom 14/6. 1957, ausg. 11/9. 1959. **E. P. 858 127** vom 7/6. 1957, ausg. 4/1. 1961. Alle A. Prior. 15/6. 1956 u. 26/4. 1957. **A. P. 2 900 278** vom 15/6. 1956, ausg. 18/8. 1959.)
M. PANKOW. 8001

Pulp & Paper Research Institute of Canada, Montreal, Canada, *Herstellung von Papierbrei.* (**Holl. P. 98 149** vom 29/1. 1953, ausg. 15/6. 1961. — C. **1957.** 3692 [A. P. 2 749 240].)

British Paper & Board Industry Research Association, England, *Aufschluß von Zellstoff-Rohstoffen.* (**F. P. 1 175 629** vom 22/5. 1957, ausg. 31/3. 1959. E. Prior. 24/5. u. 13/9. 1956. — C. **1961.** 701 [Belg. P. 557 608].)

Sonoco Products Co., übert. von: **James E. Copenhaver, William A. Biggs jun., William H. Baxley** und **John T. Wise,** Hartsville, S.C., V.St.A., *Gewinnung von Essig- und Ameisensäure aus Schwarzlauge.* (**Can. P. 551 736** vom 15/12. 1953, ausg. 14/1. 1958. A. Prior. 22/7. 1953. — C. **1956.** 6833 [A. P. 2 714 118].)

Dominion Tar & Chemical Co. Ltd., Montreal, Canada, *Behandlung wasserlöslicher Celluloseäther.* (**Holl. P. 98 412** vom 18/12. 1954, ausg. 17/7. 1961. E. Prior. 18/12. 1953. — C. **1957.** 293 [F. P. 1 116 053].)

Massimiliano Noberasco, Italien, *Papierähnliches Material.* (**F. P. 1 173 936** vom 29/1. 1957, ausg. 4/3. 1959. It. Prior. 31/1. 1956. — C. **1960.** 9420 [Aust. P. 214 844].)

XVIIIb. Textilfasern

Die Viscosereife. 3. Mitt. **Kinetik.** Arnold Lyselius und Olof Samuelson. (Svensk Papperstidn. **64.** 815—18. 30/11. 1961. Göteborg, Sweden, Dep. of Engng. Chemistry, Chalmers Tekniska Högskola.) (Engl.) — 2. vgl. C. **1962.** 7014.
Die wirkliche Geschw. des Zerfalls des Cellulosexanthogenats wurde an Hand der Viscosereife in Ggw. eines Anionenaustauschers, der eine Umxanthogenierung verhindert, untersucht. Der tatsächliche Zerfall des Xanthogenats kann als Summe von 2 Rkk. erster Ordnung, die gleichzeitig stattfinden, angesehen werden. Die eine Rk. geht schnell vor sich u. kann auf den Zerfall von 2.3-Xanthogenat zurückgeführt werden, wogegen die andere Rk. wesentlich langsamer verläuft u. dem Zerfall von 6-Xanthogenat zugeschrieben wird. Der Einfl. der NaOH-Konz. wie der der Temp. wurden untersucht. — 14 Literaturnachweise. P. ECKERT. 8074 □

Neue Charakterisierung des Reyon und dessen Herstellungsverfahren. Harry L. Vosters. (Svensk Papperstidn. **65.** 65—77. 15/2. 1962. Nijmegen, Holland.) (Engl.)
Besprochen wird die Weiter-Entw. der Herst.-Verff. des Reyon, ferner wird auf die Modellvorstellungen der Feinstruktur des Reyon sowie auf die Herst. einiger neuer Reyontypen eingegangen. — 14 Literaturnachweise. P. ECKERT. 8074 □

Die Eigenschaften von nach Cuoxam-Verfahren hergestelltem Zellglas im Vergleich zur Viscosefolie. Werner Bandel. (Svensk Papperstidn. **64.** 893—97. 31/12. 1961. Wuppertal, J. P. Bemberg AG.) (Dt.)
Es wird das Verf. der Herst. von Zellglas nach dem Cuoxam-Verf. in Vgl. zu den bekannten Viscose-Verff. geschildert. Die Vorteile des neuen Verf., bes. hinsichtlich der Eigg. des Zellglases, werden besprochen. P. ECKERT. 8074 □

Faktoren, welche die Filtration der Maische betreffen. J. W. More. (Svensk Papperstidn. **65.** 1—5. 15/1. 1962. Coventry, England, Courtaulds Ltd., Viscose Res. Labor.) (Engl.)

Um die Abfluß-Geschw. der Natronlauge bei der Kontinuepresse (Maischealkalisierungs-Verf.) im Fabrikationsgang laboratoriumsmäßig zu ermitteln, wird eine einfache App. u. eine Meth. entwickelt u. beschrieben. Die auf diese Weise bestimmten Werte stimmen mit den betriebsmäßig gewonnenen gut überein. Die Ergebnisse sowie der Einfl. verschiedener Faktoren werden sowohl auf Basis eines einfachen „Kuchen"-Filtrationsgesetzes sowie im Hinblick auf die Betriebserfahrungen diskutiert.

P. ECKERT. 8112 □

Deutsche Gold- und Silber-Scheideanstalt vormals Roessler (Erfinder: Karl Dithmar und Elfriede Naujoks), Frankfurt/M., **Behandeln von Textilien.** Man setzt peroxidhaltigen Bleich- u. Waschflotten je Mol peroxid. O 0,1 bis 1 Mol eines Umsetzungs-Prod. eines H_3PO_4-Esters mit einem Acylierungsmittel als Aktivator zu. Eine Bleichflotte für Zellwollgewebe enthält z. B. neben 0,6 (g/Liter) Na-Perborat 0,98 Diäthylmonoacetylphosphat der Formel $(C_2H_5O)_2PO-O-CO-CH_3$. (**D. A. S. 1 107 632** Kl. 8i vom 27/5. 1960, ausg. 31/5. 1961.) F. BÖHM. 8033

E. I. du Pont de Nemours & Co., Wilmington, Del., V.St.A., **Behandlung von synthetischen endlosen Garnen** zwecks Herst. voluminöser Garne. Die nach dem Schmelzspinn-Verf. erhaltenen Garne, wie Nylon oder Dacron, werden mit W. befeuchtet, so daß jeder Faden einen dünnen Wasserfilm besitzt. Anschließend setzt man das Bündel von Einzelfäden einem Luftstrom unter einem Druck von 20—40 lbs./sq.in. aus, so daß die Fäden von einander getrennt u. durch den Luftstrom umhergewirbelt werden. — Die Stabilität des gewebten Garnes betrug z. B. bei einem „Dacron" Polyestergarn 0,1%. (**Ind. P. 61 736** vom 14/9. 1957, ausg. 27/11. 1958.) H. NEBELSIEK. 8033

Badische Anilin- & Soda-Fabrik Akt.-Ges. (Erfinder: Robert Gehm, Oswald Schmidt, Heinrich Mertens, Wolfgang Grunwald und Manfred Hehl), Ludwigshafen/Rh., **Optische Aufheller** für Gebilde aller Art sind Derivv. des

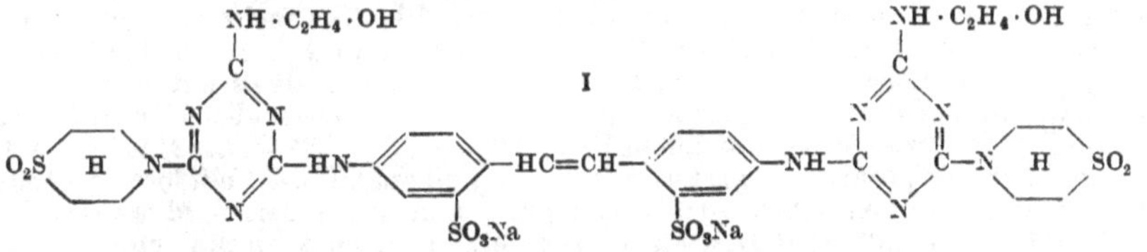

I

Aminostilbens, die mindestens einmal über einen 1.3.5-Triazinring gebunden den Rest eines ggf. substituierten 1-Aza-4-thiacyclohexan-4.4-dioxids tragen. Zum Beispiel wird Baumwollgarn mit einem H_2O_2-Bleichbad behandelt, das 0,01—0,05 g/Liter der Verb. der Formel I enthält. (**D. A. S. 1 105 375** Kl. 8i vom 24/1. 1959, ausg. 27/4. 1961.)

F. BÖHM. 8033

Badische Anilin- & Soda-Fabrik Akt.-Ges. (Erfinder: Josef Thewis und Klaus Bühl), Ludwigshafen/Rh., **Avivieren und optisches Aufhellen von Textilien** aus Cellulose-, Celluloseester-, Polyamid-, Polyester- oder Polyacrylnitrilfasern. Man behandelt das Material in neutralem bis schwach saurem Bad erst in Ggw. von nichtionogenen oder kationakt. Dispergiermitteln (I) mit kationakt. Weichmachern (II) u. nach deren überwiegendem Verbrauch, ggf. unter Zusatz von Elektrolyten, in demselben Bad mit anion. opt. Aufhellern (III). Als I verwendet man bes. Rk.-Prodd. von Rizinusöl mit Äthylenoxid, als II Rk.-Prodd. mindestens 10 C-Atome enthaltender aliphat. Carbonsäuren mit Polyalkylenpolyaminen im Gemisch mit an sich wasserunlösl. fettartigen Körpern, wie Neutralfetten, Fettsäuren u. Fettalkoholen, u. als III Alkalisalze von substituierten Diaminostilbensulfonsäuren. (**D. A. S. 1 106 286** Kl. 8i vom 26/7. 1958, ausg. 10/5. 1961.) F. BÖHM. 8033

Arnold, Hoffmann & Co., Inc., V.St.A. (Erfinder: Bertram J. Garceau und Charles A. Robinson), **Herstellung von Dicarbonsäuremonoamiden, dad.** gek., daß man ein Dialkylentriamin mit 2—3 C-Atomen in der Alkylengruppe mit 2 Mol einer Fettsäure mit ≧ 6 C-Atomen zu einem Diamid umsetzt u. dieses mit einer Alkylendicarbonsäure mit 4—8 C-Atomen in der Alkylengruppe behandelt. — *N.N-Di-[stearoylamidoäthyl]-adipinsäuremonoamid*, F. 76—79°. *-azelainsäuremonoamid*, F. 74—77°, *-sebacinsäuremonoamid*, F. 74—79°, *N.N-Di-[caproylamidoäthyl]-sebacinsäuremonoamid*, *N.N-Di-[stearoylamidopropyl]-adipinsäuremonoamid*, F. 64—68°, *N-[Stearoylamidoäthyl]-N-[caproylamidoäthyl]-adipinsäuremonoamid* u. *N.N-Di-[stearoylamidoisopropyl]-sebacinsäuremonoamid*, aus N.N'-[Iminodiäthylen]-bis-[stearoylamid], hergestellt aus Diäthylentriamin u. Stearinsäure, u. Adipin-, Azelain- bzw. Sebacinsäure, Caprylsäure, 3.3'-Imino-bis-[propylamin], Capronsäure bzw. Diisopropylentriamindistearoylamid. —

Mit wss. Dispersionen der Prodd. werden Cellulose-, Polyester-, Polyamidfasern imprägniert u. machen sie widerstandsfähiger. (**F. P. 1 216 561** vom 5/12. 1958, ausg. 26/4. 1960. A. Prior. 5/12. 1957.) S. BÖTTCHER. 8037

Commercial Solvents Corp., V.St.A., **Imprägnieren von Textilien** zum Schutz gegen Schädlinge aller Art, bes. gegen Insekten, Pilze u. Bakterien, mit 5-Aminohexahydropyrimidinen, bes. *5-Amino-1.3-bis-[2-äthylhexyl]-5-methylhexahydropyrimidin.* (**F. P. 1 220 317** vom 17/2. 1959, ausg. 24/5. 1960.) M. F. MÜLLER. 8037

Magyar Állam (Erfinder: Johann Mikes), Budapest, Ungarn, **Imprägniermittel auf Kunststoffbasis.** Man stellt ein Grundkondensat her, welches geringere Mengen an Aldehyden enthält als zur vollständigen Kondens. notwendig sind u. löst das Vorkondensat in einer Fl., die zur vollständigen Kondens. erforderlich ist, u. imprägniert damit z. B. *Textilien, Holz, Papiermassen, Stoffe aus Glas*, die anschließend gehärtet werden. In das Vorkondensat kann man solche Stoffe einbauen, welche mit den als Lsgm. dienenden Verbb. Copolymerisate bilden. Als Katalysator kommen UV-Strahlen, organ. Perverbb., saure, alkal. oder halogenhaltige Katalysatoren, auch FRIEDEL-CRAFTS-Katalysatoren, in Betracht. Furfurol ist der bevorzugte Aldehyd u./oder auch Lsgm.-Komponente. Die Kondens.-Temp. werden entsprechend den eingesetzten Aldehyden angewendet, z. B. für Paraldehyd $< 100^0$, für Furfurol $120-130^0$, für Salicylaldehyd u. Zimtaldehyd 180^0. (**Ung. P. 143 930** vom 19/10. 1953, ausg. 1/7. 1958.) G. KÖNIG. 8037

Aldo Pronzato, Asti, Italien, **Mottenschutzmittel,** bestehend aus kleinen Cellophanstückchen, die mit einer Lsg. von p-Dichlorbenzol u. einer kleinen Menge Polyvinylacetat imprägniert wurden. (**It. P. 524 001** vom 28/3. 1952.) K. KOEBKE. 8063

Bruno Gohlke, Teltwo-Seehof, **Gewinnung von Viscose durch aufeinanderfolgende Einwirkung von Alkali und CS_2 auf normalen Kunstseidenzellstoff,** dad. gek., daß $< 40^0$, bes. bei $35-38^0$, mit 17,5—22%ig. Mercerisierlauge nur kurz vorgereift u. der weitere Vorreifeprozeß in den folgenden Arbeitsgängen durchgeführt wird, indem die Sulfidierung bei fallender Temp. ausgeführt u. das Rk.-Gut mehr oder weniger stark geknetet wird, wobei der Prozeß als Eintopf-Verf. oder in 2 Geräten durchgeführt u. wobei ggf. mit weniger als der erforderlichen Menge Lauge alkalisiert u. das restliche Alkali später in den Prozeß eingebracht wird. — 15 (kg) Kunstseidenzellstoff in 5·5 cm-Stücken (DP 700—800, Viscosität 200 mP) werden bei $35-38^0$ zu 62 21%ig. NaOH im Xanthogenatkneter gegeben, die Masse wird bis zu einem DP der Cellulose von 460—510 geknetet, darauf werden sofort 40% CS_2 zugesetzt u. kurze Zeit wird weitergeknetet. Nach Abkühlen auf 10^0 wird Lösewasser zugesetzt u. nach 4—5 Std. eine Rohviscose mit 7,5% Cellluose erhalten; Alkaliverhältnis 1, Durchschnittspolymerisationsgrad 300, Filterwert 100—150 (Kw), Kugelfallviscosität 50—60 Sekunden. (**D. P. [DDR] 21 786** Kl. 12o vom 16/12. 1957, ausg. 15/8. 1961 [Wirtschaftspatent].) L. GROSSNER. 8075

Rottweiler Kunstseidefabrik Akt.-Ges., übert. von: Hans Binder, Rottweil/Neckar, **Herstellung spinnbarer Lösungen von Acrylnitrilpolymerisaten und -mischpolymerisaten,** dad. gek., daß man das gepulverte Polymerisat bei 20^0 in 50%ig. $HClO_4$ einrührt. (**A. P. 2 826 558** vom 2/11. 1955, ausg. 11/3. 1958.) C. LÜTTGEN. 8081

Chemstrand Corp. (Erfinder: William A. H. Huffmann), Decatur, Ala., V.St.A., **Herstellung modifizierter Polyester** (Nachtrag zu A. P. 2 895 946; C. **1961.** 10415). Man erhitzt eine Mischung aus wenigstens einem Polymethylenglykol mit 2—10 C-Atomen u. wenigstens einer Verb., wie Terephthal-, Isophthalsäure u. ihren Dialkylestern, sowie Monohydroxypolyalkylenoxiden der Formel $RO-[(CH_2)_mO]_x(CH_2)_n \cdot OH$ (R = Alkyl mit 1—18 C-Atomen oder Aryl mit 6—10 C-Atomen; m u. n = 1—22; x = ganze Zahl, die den Polymerisationsgrad kennzeichnet) oder Polyalkylvinyläthern mit Alkylgruppen mit 1—4 C-Atomen u. einer endständigen OH-Gruppe in Ggw. geeigneter Katalysatoren, bis das Rk.-Prod. die gewünschte Mol.-Größe erreicht hat. Die monofunktionellen OH-Verbb. wirken dabei als Kettenabbrecher u. verhindern eine Vernetzung des Polyesters, der leichter anfärbbar wird. — Man erhitzt eine Mischung aus 38,4 (g) Dimethylterephthalat, 49 Äthylenglykol, 3,04 Methoxypolyäthylenglykol (Molgew. 1520), 20 mg Manganoformiat u. 10 mg Sb_2O_3 bis zur Lsg. auf 177^0, hält 90 Min., steigert auf 285^0 u. hält 3 Std. bei 1 mm (Äthylenglykolentfernung): F. des *Polyesters* 245^0; die Schmelze kann zu kalt reckbaren *Fäden* versponnen werden. Das Polymere läßt sich mit Acetatfarbstoffen gut anfärben. (**Jap. A. S. 10 794/1959** vom 15/12. 1956, ausg. 18/12. 1959. A. Prior. 16/12. 1955.) M. PANKOW. 8081

Vereinigte Glanzstoff-Fabriken Akt.-Ges. (Erfinder: Georg Früh und Karl Gruber), Wuppertal, **Herstellung von samtähnlichen Textilprodukten** durch Beflockung mit Faserflocken im elektr. Hochspannungsfeld. Um Flocken aus vollsynthet. Material zu erhalten, die sich einwandfrei verarbeiten lassen, tränkt man ein

Kabel, z. B. aus Polyamidfäden, mit einer Fettemulsion, zerschneidet es in nassem Zustand zur Flocke, öffnet die Flocken durch Rühren bei mindestens 65° in einer Lsg., die Na- u. K-Salze (z. B. je 25 g/Liter Na_2SO_4 u. KCl) sowie ein antielektrostat. Mittel (z. B. 5 g/Liter eines H_3PO_4-Esters) enthält, u. trocknet sie. (**D. A. S. 1 098 913** Kl. 8n vom 14/7. 1959, ausg. 9/2. 1961.) F. BÖHM. 8081

Imperial Glass Corp., übert. von: Richard R. Bastian, Wheeling, W.Va., und Axel C. Ottoson, Shadyside, Ohio, V.St.A., **Glas für die Faserherstellung.** Zur Herst. sehr dünner Fasern wird ein Glas verwendet, daß im wesentlichen aus 12—24 (Gew.-%) CaO u./oder MgO, 2—6 Li_2O, 5—12 BeO, Rest LiO_2 besteht. Zusätze von TiO_2, ZrO_2 u. Co_2O_3 zur Verbesserung der Eigg. sind möglich; in diesem Falle enthält das Glas 1—8 Li_2O, 10—20 CaO, 6—14 MgO, 3—10 TiO_2, 1—6 ZrO_2, 4—12 BeO, 1—5 Co_2O_3 u. 42—78 SiO_2. Beispiel für eine Glas-Zus.: 53,0 SiO_2, 3,0 Li_2O, 16,0 CaO, 11,0 MgO, 8,0 BeO, 4,0 TiO_2 u. 5,0 ZrO_2. (**A. P. 2 978 341** vom 6/4. 1959, ausg. 4/4. 1961.) HANS HOFFMANN. 8083

Vereinigte Glanzstoff-Fabriken Akt.-Ges., Deutschland, *Bleichen von Textilien.* (**F. P. 1 158 803** vom 9/8. 1956, ausg. 19/6. 1958. D. Prior. 10/10. 1955. — **C. 1961.** 3523 [Belg. P. 549 948].)

Badische Anilin- & Soda-Fabrik Akt.-Ges., Ludwigshafen/Rh., *Hydroxyäthylierte Phenole aus Phenolen und Äthylenoxid.* (**E. P. 810 069** vom 22/1. 1957, ausg. 11/3. 1959. D. Prior. 25/1. 1956. — **C. 1960.** 11863 [D. A. S. 1 073 503].)

Minnesota Mining & Mfg. Co., V.St.A. (Erfinder: **Arthur H. Ahlbrecht, Harvey A. Brown** und **Samuel Smith**), *Appretiermittel für Textilien.* (**F. P. 1 172 081** vom 22/1. 1957, ausg. 5/2. 1959. A. Prior. 23/1. 1956. — **C. 1960.** 1687 [A. P. 2 803 615].)

Hickson & Welch Ltd., England, *Herstellung optischer Aufhellmittel.* (**F. P. 1 173 309** vom 21/3. 1957, ausg. 24/2. 1959. E. Prior. 21/3. 1956. — **C. 1961.** 9645 [E. P. 796 524].)

Farbwerke Hoechst Akt.-Ges., vormals Meister Lucius & Brüning, Deutschland, *Behandlung von chemisch gereinigtem Textilgut.* (**F. P. 1 164 652** vom 13/12. 1956, ausg. 13/10. 1958. D. Prior. 17/12. 1955. — **C. 1958.** 4966 [D. A. S. 1 010 492].)

Badische Anilin- & Soda-Fabrik Akt.-Ges., Deutschland, *Verhinderung der elektrostatischen Aufladung von Textilien.* (**F. P. 1 158 775** vom 18/7. 1956, ausg. 19/6. 1958. D. Prior. 19/7. 1955. — **C. 1960.** 2389 [E. P. 810 352].)

Shri Ram Institute for Industrial Research, Delhi, Indien, *Textilausrüstungsverfahren.* (**Belg. P. 568 081** vom 28/5. 1958, ausg. 12/8. 1960. Ind. Prior. 3/11. 1956. — **C. 1961.** 13046 [F. P. 1 195 724].)

J. R. Geigy Soc. An., Schweiz, *Chloren von Wolle.* (**F. P. 1 165 882** vom 17/7. 1956, ausg. 30/10. 1958. Schwz. Prior. 18/7. 1955. — **C. 1958.** 6131 [D. A. S. 1 010 944].)

J. R. Geigy Soc. An., Schweiz, *Insekticide.* (**F. P. 1 175 365** vom 17/5. 1957, ausg. 24/3. 1959. Schwz. Prior. 18/5. 1956 u. 24/4. 1957. — **C. 1959.** 16512 [D. A. S. 1 048 736].)

Quaker Chemical Products Corp., Conshohocken, übert. von: **Bernard H. Kress**, Ambler, Pa., V.St.A., *Behandlung von Cellulosetextilien.* (**Can. P. 551 708** vom 29/12. 1954, ausg. 14/1. 1958. A. Prior. 8/1. 1954. — **C. 1958.** 5545 [A. P. 2 785 949].)

Quaker Chemical Products Corp., Conshohocken, übert. von: **Ellis Abrams**, Philadelphia, Pa., V.St.A., *Behandlung von Cellulosetextilien.* (**Can. P. 551 709** vom 29/12. 1954, ausg. 14/1. 1958. A. Prior. 8/1. 1954. — **C. 1958.** 5545 [A. P. 2 785 948].)

Quaker Chemical Products Corp., Conshohocken, übert. von: **Bernard H. Kress** und **Ellis Abrams**, Philadelphia, Pa., V.St.A., *Oberflächenbehandlung von Cellulosetextilien.* (**Can. P. 551 710** vom 29/12. 1954, ausg. 14/1. 1958. A. Prior. 19/2. 1954. — **C. 1958.** 5545 [A. P. 2 785 947].)

XIX. Brennstoffe. Erdöl. Mineralöle

Einfluß der chemischen Stoffe auf das Trocknen und die physikalisch-mechanischen Eigenschaften des Torfes. G. Ja. Woronkow. (Торфяная Промышленность [Torf-Ind.] **38.** Nr. 3. 12—14. 1961. Kalininer Torf-Inst.) (Russ.)

Anwendung von Kochsalz bei Niederungstorf (NT) erhöht die Festigkeit der getrockneten Torfstücke. Die Zugabe von NaOH fördert den Trocknungsprozeß sowohl von Hochmoortorf (HT) wie NT. Na-Oelat verschlechtert die Trocknung von HT u. NT nur gering. Salzsäure verschlechtert die Trocknung von HT, Kochsalz die von NT. Die Druckfestigkeit wird durch HCl um 50% u. durch NaOH um 25% erhöht. Die Zugabe von Na-Oleat vermindert die Festigkeit u. verstärkt die Wasseraufnahme des Torfes. W. HANTZSCH. 8122□

Einige Bemerkungen über die Methoden der Kohleuntersuchung mit Infrarotspektren. T. Urbański, W. Kuczyński, A. Andrzejak, W. Hofman und M. Witanowski. (Bull. Acad. polon., Sér. Sci. chim. **8.** 19—22. 1960. Poznań, A. Mickiewicz Univ., Dep. of Chem. Technol.; Pol. Acad. of Sci., Dep. of Org. Synth.) (Engl.)

Die Unterss. zeigen, daß eine Extraktion die Grundstruktur der Kohle bis auf geringe Veränderungen im „*fingerprint*"-Bereich (1300—100 cm^{-1}) prakt. nicht beeinflußt. Die Banden der extrahierten Proben sind jedoch stärker ausgeprägt als die der nichtextrahierten, so daß die Extraktion als geeignetes Mittel zur Unters. der Kohlestruktur angesehen werden kann. Eine Entsalzung mit H_2F_2 führt zu sichtbaren Veränderungen im Spektrum. Die OH-Absorptions-Intensität bei 3300 cm^{-1} wird verkleinert u. die Kurve bei 1690 cm^{-1} durch eine ziemlich starke Bande ersetzt. Die Zahl der freien Carbonyl-Gruppen scheint zuzunehmen, während die Zahl der OH-Gruppen im Verlauf der Entsalzung mit H_2F_2 abnimmt. Es tritt auch ein Wechsel im Bereich der aromat. Kristallschwingungen auf; eine 1600 cm^{-1}-Bande kann im Spektrum der entsalzten Proben an Stelle der 1560 cm^{-1}-Bande bei nichtentsalzten Proben beobachtet werden. Da die analyt. Ergebnisse zeigen, daß die Elementar-Zus. der Kohle bei der Rk. mit H_2F_2 nur wenig beeinflußt wird, sind für die Veränderungen der Spektren höchstwahrscheinlich irgendwelche innere Verschiebungen in der Kohlestruktur verantwortlich. H. Schöberl. 8126□

Zusammenhang zwischen der Raumstruktur und der Entwässerung von Schichten aus feingepulverter Kohle. Seiichi Tajima, Yoshio Yamagata und Shoichiro Tachikawa. (J. chem. Soc. Japan, ind. Chem. Sect. [Kōgyō Kagaku Zassi] **63.** 508–12. März 1960. Kawaguti, Sigen-Gizyutu-Kenkyûzyo.) (Jap., Auszug: Engl. S. A 25–26.)

Fein gepulverte Kohle wird in W. in einer Zelle möglichst dicht gepackt u. mit der Zentrifuge entwässert. Zwischen Struktur u. W.-Geh. wird dabei eine einfache Beziehung festgestellt. E. Maekawa. 8126□

Die Intensität der Röntgenstrahlenstreuung von Kohlen, die mit Lithium in Äthylendiamin behandelt wurden. S. Ergun und I. Wender. (J. appl. Chem. **10.** 189–92. Mai 1960. Pittsburgh, Pa., U.S. Bur. of Mines, Spec. Res. Coal Res. Sect.) (Engl.)

Von 7 *Vitriniten* verschiedenen Alters u. einem natürlichen Graphit wird die Intensität der Röntgenstrahlenstreuung vor u. nach der Behandlung mit Li in Äthylendiamin ermittelt u. dabei eine ausgedehnte Veränderung in der Anordnung der C-Atome festgestellt. Die stärkste Veränderung tritt bei kleinen u. mittleren Streuwinkeln auf. Die zu den parallel gelagerten aromat. Ebenen gehörigen Spitzen werden zu kleineren Winkeln verschoben entsprechend der Zunahme der d-Gitterabstände von ca. 3,6–4,6 Å. Dieses Ergebnis läßt eine Umwandlung der ebenen aromat. Schichten in gewellt angeordnete hydrierte Ringe vermuten. Graphit wird nur teilweise hydriert u. zeigt eine ausgeprägte neue Spitze bei einem d-Gitterabstand von 4,8 Å als Ergänzung der (002)-Spitze bei 3,35 Å. Die behandelten Vitrinite haben eine schwächere Kleinwinkelstreuung, die wahrscheinlich durch die Vermehrung der Schichten auf Kosten der kleinen Poren verursacht wird. Bei Kohlen mittleren u. hohen Alters zeigen die Streuungsintensitäten nur geringe Veränderungen der großen Winkel entsprechend der Umwandlung der aromat. in alicycl. Strukturen, aber nicht in offene Kettenstrukturen.

H. Schöberl. 8126□

Thermische Ausdehnung von Kohlenstoff. 10. Mitt. **Einfluß zerkleinerter Koksteilchen auf den thermischen Ausdehnungskoeffizienten geformter Kohlenstoffprodukte.** Tetsuo Yamaguchi. (J. chem. Soc. Japan, ind. Chem. Sect. [Kōgyō Kagaku Zassi] **63.** 467–70. März 1960. Nagoya-Syôwa, Tôkai-Denkyoku-Seizô-Kabusiki-Kaisya.) (Jap.; Auszug: Engl. S. A 24.) — 9. vgl. C. **1961.** 14150.

Kohlenstoff-Prodd., die aus zerkleinerten Koksteilchen durch Kneten mit Pech, Formen u. Erhitzen hergestellt werden, zeigen im Vgl. zum Ausgangskoks bei gleicher Backtemp. viel größere therm. Ausdehnungs-Koeffizienten. Der therm. Ausdehnungs-Koeff. des Prod. nimmt mit steigender Menge Kokspulver zu. Kokspulver zeigt offenbar einen größeren therm. Ausdehnungs-Koeff. als unzerkleinerter Koks. Mit abnehmender Korngröße des Kokses steigt der therm. Ausdehnungs-Koeff. der Produkte.

E. Maekawa. 8136

Ein kontinuierlich arbeitender Zweikolonnenapparat für Schwarzsäure. Je. N. Melkaja und Je. W. Ossipowa. (Гидролизная и Лесохимическая Промышленность [Hydrolysen- u. holzchem. Ind.] **12.** Nr. 6. 13–16. 1959.) (Russ.)

In Verss. zur Gewinnung von techn. CH_3COOH (I) aus Schwarzsäure nach Schulgin u. Mitarbeitern (C. **1957.** 11470) wurde bei Einkolonnen-Dest. durchschnittlich 75% techn. I erhalten. Um die Ausbeute zu erhöhen, unternahmen Vff. eine kontinuierliche Dest. im Zweikolonnenapparat. Sie erhielten eine Ausbeute von etwa 93%. Die Schwarzsäure enthält außer I noch Furfurol u. HCOOH in geringer Menge. Die Korrosion ist gering. Der einzige bis jetzt feststellbare Nachteil ist die schnelle Verkrustung des zweiten Heizrohres. K. Wekua. 8140□

Verkokung der primären Rückstände von rohem Schieferöl und schwerem Banatrohöl in der „delayed coking"-Versuchsanlage in Pančevu. Dimitrije Matić, Ivan Mijatović und Borisav Marković. (Nafta [Zagreb] **12.** 129–37. Mai 1961. Beograd, Rudarskiinst.) (Kroat.) G. Reisner. 8142□

Entschweflung von Petrolkoks während der Calcinierung. Franc Šef. (Ind. Engng. Chem., ind. Edit. **52.** 599–600. Juli 1960. Zagreb, Yugoslavia, Inst. of Petroleum.) (Engl.)

In einer Vers.-App. wird Petrolkoks (I) in ein kaltes Rohr eingefüllt. Unter Durchleiten von N_2 wird I langsam auf 450° erhitzt, N_2 durch H_2 ersetzt u. die Temp. langsam auf 850° gesteigert. Verweilzeit von I 160 Min. bei 1 at. Am Ende jeder Behandlung wird I im N_2-Strom abgekühlt u. aus dem Rohr entfernt. Bei 1 at wird S zu 50%, bei 7 at zu 80% entfernt. Eine höhere Entschwefelung kann nur dann erzielt werden, wenn zugleich auch eine leichte Vergasung von I durchgeführt wird (Entfernung von S bis zu 90%). F. ROSENDAHL. 8144□

Erzeugung eines Ersatzgases für Naturgas aus Erdöl durch kontinuierliche Druckhydrogenolyse. E. B. Shultz jun., N. Mechales und H. R. Linden. (Ind. Engng. Chem., ind. Edit. **52.** 580—83. Juli 1960. Chicago, Ill., Inst. of Gas Technol.) (Engl.)

Die Hochdruckvergasung unter Hydrierung spielt sich in der Gasphase ab, wodurch Erdöl-Podd. in guter Ausbeute in heizkräftige Gase mit hohem CH_4-Geh. übergeführt werden können. Naturgasähnliche Gase werden bei einem geringen Anfall an Nebenprodd. erhalten, wenn Destillatöle, vorbehandeltes Rohöl oder Rückstandsöl bei 30—100 at u. bei 800° mit H_2 behandelt werden. Unter Vorbehandlung wird die Krackhydrierung über einem Co–Mo-Beschleuniger bei 450° u. 100 at verstanden. Vorher müssen nicht umgesetzte Bestandteile entfernt werden. Die verwendete App. wird beschrieben, die Ergebnisse tabellar. zusammengestellt. Mit steigendem Druck steigt auch die Ausbeute an Gas, während die Ausbeute an fl. Prodd. fällt. Mit der CH_4-Ausbeute steigt auch der Bzl.-Geh. an. F. ROSENDAHL. 8156□

Erzeugung von Stadtgas durch Methanisierung von Synthesegas über Raney-Nickel-Beschleuniger. H. A. Dirksen und H. R. Linden. (Ind. Engng. Chem., int. Edit. **52.** 584—89. Juli 1960. Chicago, Ill., Inst. of Gas Technol.) (Engl.)

Fließbetten sind sehr gut geeignet, den Methanisierungsvorgang infolge des guten Wärmeüberganges zu fördern. Die Rk. unter Benutzung von RANEY-Ni-Beschleuniger kann dadurch verbessert werden, daß die Trägersubstanz des Beschleunigers, Al_2O_3, wesentlich verbessert wurde. Der Al-Träger muß mindestens 65% Trihydrat enthalten. Eine rasche mechan. Reinigung wird durch Vortrocknen u. langsames Aufheizen im H_2-Strom erreicht. Das Synth.-Gas muß frei von S sein, wenn eine gute Ausbeute erhalten werden soll. Gegenüber Labor-Verss. ist die Ausbeute in einer Pilotanlage von 6 inch Ø bedeutend schlechter, weil die Aktivität des Beschleunigers sehr schnell nachläßt, doch kann durch bes. Herrichtung des Beschleunigers das gleiche Ergebnis erzielt werden wie im Laboratorium. Herrichtung u. Verbesserung des Beschleunigers werden eingehend beschrieben. F. ROSENDAHL. 8156□

Erzeugung von Stadtgas durch Hochdruckvergasung unter Wasserstoff von Schwelkoks im Fließbett. E. J. Pyrcioch und H. R. Linden. (Ind. Engng. Chem., int. Edit. **52.** 590—94. Juli 1960. Chicago, Ill., Inst. of Gas Technol.) (Engl.)

Die Gewinnung eines Gases mit hohem CH_4-Geh. durch ununterbrochene Hydrierung von Schwelkoks einer bituminösen Kohle im Fließbett wird beschrieben. Es wird bei 30—130 atü u. 760—820° gearbeitet. Es fällt ein Gas mit einem durchschnittlichen Geh. an H_2 von 60% u. CH_4 von 35% an, bei fast vollkommener Rk. des Schwelkokses. Der H_2-Verbrauch liegt bei 95%. Ausführliche Tabellen u. Kurven. F. ROSENDAHL. 8156□

Vergasung von Kohlen unter Wasserstoff. C. G. von Fredersdloff. (Ind. Engng. Chem., int. Edit. **52.** 595—98. Juli 1960. Chicago, Ill., Inst. of Gas Technol.) (Engl.)

Um bei Anwendung der Vergasung unter H_2 zur Gewinnung von Stadtgas den Anteil des teuren H_2 zu senken, wird eine Abwandlung des Verf. vorgeschlagen. Entstehendes CH_4 wird durch Verflüssigung abgeschieden, zurückbleibender H_2 wird zurückgeführt u. um die zusätzliche Vergasung mit Wasserdampf zu vollenden, wird Dampf der Vergasungszone unter H_2 zugeführt. Wird O_2 vor der Vergasung unter H_2 zugeführt, so wird eine gute Wärmebilanz erzielt u. das Verf. unabhängig von einer Fremdzufuhr von H_2. Wird das Verf. in einem Festbettgenerator durchgeführt, so nähert es sich dem LURGI-Verf. der Druckvergasung, nur daß es auf H_2 abgestimmt ist; bei Anwendung eines Fließbettes unterscheidet es sich nicht von einer Hydrierung im Fließbett, doch ist die Anwendung eines einzigen Fließbettes, in das O_2 u. H_2 eingeführt werden, nicht von Vorteil. Es muß ein zweites Bett vorhanden sein, in dem die Hydrierung vollendet wird, bes. die der flüchtigen Anteile. F. ROSENDAHL. 8156□

Neuere Entwicklungen auf dem Gebiet der Petrochemie. C. A. C. Haley. (Kunststoffe **50.** 27—32. Jan. 1960. Abingdon, England, Esso Research Ltd.) (Dt.)

Nach einem histor. Überblick über die Entw. der Petrochemie in den USA u. in Europa, wird der Dampf-Crack-Prozeß beschrieben, der neben gasförmigen u. als Kunststoff-Vorprodd. dienenden Olefinen auch ungesätt. Fl.-Prodd. liefert, die zu thermoplast. KW-Stoff-Harzen vom Polydientyp polymerisiert werden können. M. WINIKER. 8196□

Pulverisierung von Kohle in Flüssigkeiten. — Darstellung von Kohlepaste für das Hydrierungsverfahren. Tsutomu Sakabe und Yoshiaki Ogo. (J. chem. Soc. Japan, ind. Chem. Sect. [Kōgyō Kagaku Zasshi] **63.** 830—34. Mai 1960. Kawaguti, Sigen-Gizyutu-Sikenzyo). (Jap.; Auszug: Engl. S. A 43.)

Die Pulverisierung von Kohle in verschiedenen Fll. wird durch die Viscosität der verwendeten Fl. kaum beeinflußt, obwohl die erreichbare maximale spezif. Oberfläche mit steigender Viscosität abnimmt. Die Verteilung der Teilchengröße stimmt mit der Rosin-Rammler-Gleichung [1933] gut überein. Die Verteilungs-Konst. n in der Gleichung ist nur von der Kohlensorte abhängig. E. Maekawa. 8198□

Gasförmige Kohlenwasserstoffe durch Hydrierung von Kohle und Schwelkoks. Raymond W. Hiteshue, Robert B. Anderson und Sam Friedeman. (Ind. Engng. Chem., int. Edit. **52.** 577—79. Juli 1960. Pittsburgh, Pa., U.S. Dep. of Interior, Bur. Mines.) (Engl.)

Im Anschluß an ältere Arbeiten wird die Hydrierung von Texas-Lignit, Wyoming- u. Pittsburgh-Kohle bzw. Schwelkoks u. Anthrazit bei hoher Temp. beschrieben: bituminöse Kohle u. Lignite werden leichter hydriert als Schwelkoks u. Anthrazit. Steigende Verweilzeiten fördern die Umwandlung. Der CH_4-Geh. des Gases nahm mit steigendem C-Geh. des Rohstoffes zu. F. Rosendahl. 8198□

Versuchsanlage zur Hydrierung von Kohle in flüssiger Phase. Tsutomu Sakabe, Yoshiaki Ogo, Yoshio Kambayashi, Rokuro Sussa, Morio Suzuki, Michio Horie, Tomisaburo Ohisa und Mitsugu Hunaki. (J. chem. Soc. Japan, ind. Chem. Sect. [Kōgyō Kagaku Zasshi] **63.** 545—55. April 1960. Saitama-Kawaguti, Sigen-Gizyutu-Skienzyo.) (Jap.; Auszug: Engl. S. A 29.)

Eine Vers.-Anlage, in der täglich 50 kg Kohlepulver bei 450—480° u. einem Maximaldruck von 700 at in mit Schweröl geknetetem Zustand kontinuierlich hydriert werden können, wird beschrieben. Die Ergebnisse der Verss. bei 200 at werden angegeben. E. Maekawa. 8198□

Synthetische flüssige Treibstoffe nach dem Fischer-Tropsch-Verfahren. J. H. Field, H. E. Benson und R. B. Anderson. (Chem. Engng. Progr. **56.** 44—48. April 1960.) (Engl.)

Bericht über die erste in den USA errichtete Fischer-Tropsch-Anlage auf Kohlenbasis. Kohlenvergasung, Gasreinigung, Synth., Ofenarten. F. Rosendahl. 8200□

Kobalt-Molybdän-Beschleuniger. E. M. Blue und B. Spurlock. (Chem. Engng. Progr. **56.** 54—59. April 1960.) (Engl.)

Da die in Reformierungsanlagen eingesetzten Pt-Beschleuniger leicht vergiftet werden, wird zur Vorreinigung der Prodd. eine Hydrierung angewendet, die durch Anwendung von Co-Mo-Beschleuniger gut katalyt. gefördert wird. Zus. des Beschleunigers (Gew.-%): CoO 3,5, MoO_3 10,10, Cl 0,04, Fe_2O_3 0,07, Na_2O 0,01, C (Graphit) 4,0, Rest Al_2O_3 (Angaben beziehen sich auf wasserfreies Prod.). Der Beschleuniger ist sehr widerstandsfähig gegen Gifte u. verdrängt alle Gifte, die Pt vergiften. Mit seiner Hilfe werden sehr reine Prodd. erhalten, die bei der anschließenden Reformierung das Pt nicht verunreinigen. F. Rosendahl. 8200□

Die elektrische Polarisation der plastischen Schmiermittel. Ju. F. Deinega und A. W. Lobasstowa. (Доповіді Академії Наук Української РСР [Ber. Akad. Wiss. UkrainSSR] **1962.** 73—75. Inst. für allg. u. anorgan. Chem. der Akad. der Wiss. der UkrainSSR.) (Ukrain.; Auszug: Engl.)

An den Schmiermitteln *Solidol* (**I**; Ca-Verb.), *Konstalin* (**II**; Na-Verb.) u. *Ziatim* (**III**; Li-Verb.) wurde die Abhängigkeit der dielektr. Permeabilität ε u. des tg δ (Verlustwinkel) von der Frequenz des elektr. Feldes untersucht. Die ausgeprägte Abhängigkeit der Werte ε u. tgδ von der Feldfrequenz zeigte sich bei **II**, weniger bei **I**; bei **III** fehlte sie ganz. Es zeigte sich, daß eine Dispersion der ε-Werte dort auftritt, wo elektrokinet. Erscheinungen beobachtet werden (**I** u. **II**). Hieraus ist zu schließen, daß bei **I** u. **II** eine Oberflächenpolarisation stattfindet. O. Lebtag. 8222□

Thermographische Untersuchung von Erdölbitumen. O. A. Gunder und W. M. Smirnow. (Известия Высших Учебных Заведений (Баку), Нефть и Газ [Hochschulnachr. (Baku), Erdöl Gas] **3.** Nr. 1. 79—84. 1960. Charkow, Inst. für Kraftwagenverkehr.) (Russ.)

Durch die thermograph. Analyse wurde der Einfl. der KW-Stoffe u. ihrer Derivv. auf die Eigg. der Bitumina (**I**) untersucht. Um den Einfl. der in den **I** enthaltenen KW-Stoffe auf die koll. Struktur von **I** auszuschließen, wurden deren verschiedene Oxydationsstadien ebenfalls untersucht. Wie aus den Thermogrammen ersichtlich ist, geht **I** bei Erhöhung der Temp. von amorph-glasartigem Zustand über den plast. in eine echte Newtonsche Fl. über, wobei die Temp.-Intervalle dieser Zustände von den Komponenten von **I** abhängen. Bei einer weiteren Temp.-Erhöhung wird bei einigen **I** eine bedeutende Wärmeaufnahme beobachtet, was wahrscheinlich auf die Dispergierung von Asphalthenen zurückzuführen ist. Der Vgl. der Thermogramme von I bestätigt den Einfl. der I-Komponenten u. gibt Aufschluß über den Ablauf des technolog. Prozesses. Die höchste therm. Beständigkeit weisen die Teere auf, was durch ihre hohe Oberflächenaktivität bedingt ist. Die Teere verbessern die plast. Eigg. von I.

E. HEINEMANN. 8224

Spektrographische Bestimmungen von Vanadin und Nickel in Erdölprodukten. K. M. Waissberg und W. G. Sisin. (Заводская Лаборатория [Betriebs-Lab.] **26.** 1123—24. 1960. Baschkir. Forschinst. für Erdölverarbeitung.) (Russ.)

Nach Veraschen der Erdölproben werden die metall. Verunreinigungen durch Abrauchen mit konz. HCl in Chloride überführt. Der Rückstand wird mit dest. W. aufgenommen u. die Lsg. mit einer Kapillarelektrode im Hochspannungsfunken angeregt. Zur Spektrenaufnahme dient der Quarzspektrograph ISsP-28. Als Bezugselement wird Ti (0,02 mg/ml) zugesetzt. Die Auswertung erfolgt durch Eichproben mit den Linienpaaren V 3093, 11—V 3102, 30-V 3110, 71/Ti 3088,02 Å für V-Geh. von 0,001 bis 0,1 mg/ml, V 2528,84/Ti 2535 Å für V-Geh. über 0,1 mg/ml u. Ni 2510,87/Ti 2535,87 Å für Ni-Geh. von 0,01—0,1 mg/ml. Der mittlere relative Fehler beträgt für V 3% u. für Ni etwa 7%, die Übereinstimmung mit den Ergebnissen chem. Analysen ist gut.

R. GERBATSCH. 8252□

Nachweis und Bestimmung von Kerosin- und Gasölverunreinigungen in M. T.-Benzin. M. Babitz, S. Bentur und A. Rocker. (Bull. Res. Council Israel, Sect. C **8C.** 137—150. Dez. 1960. Haifa, Chemical Testing Laboratory, Technion-Israel Inst. of Technol.) (Engl.)

Ein papierchromatograph. Verf. zur Best. geringer Anteile von Kerosin u. Gasöl in Bzn. wird vorgeschlagen, das in seiner Nachw.-Grenze der Halbmikrodest. überlegen ist: Nach Zugabe von zehn Tropfen einer benzol. Methylorange-Lsg. wird ein Papierstreifen in das zu untersuchende Bzn. getaucht. Durch künstliche Ventilation verdunsten die leichtsd. Bzn.-Anteile am Papier u. der Farbstoff wird nur durch die Verunreinigung mit nach oben genommen. Die Diffusionshöhe ist proportional dem Geh. an schwersd. Verunreinigung; auch qual. lassen sich Kerosin u. Gasöl unterscheiden.

H. NENTWIG. 8254□

Office Central de Chauffe Rationelle, Frankreich, **Verbrennung flüssiger Brennstoffe,** bes. Masut, durch Einspritzen in die Erhitzungszone eines Ofens, wo die KW-Stoffe bei $\geqq$ 1100° teilweise verdampft u. unter Rußabscheidung gespalten werden. Die gasförmigen Rk.-Prodd. werden in einer zweiten Vorr. in bekannter Weise verbrannt. — Vorrichtung. (**F. P. 1 164 151** vom 3/4. 1950, ausg. 7/10. 1958.)

P. KÜHN. 8129

Didier-Werke Akt.-Ges., Wiesbaden (Erfinder: Wilhelm Zankl, Franz Dzuba und Wolfgang Nübel, Essen), **Herstellung von Brenngas durch katalytische Spaltung von Kohlenwasserstoffen bei Normaldruck.** Das KW-Stoff-Gemisch wird durch katalysatorbeschickte Rk.-Kammern geleitet. Die Kammerwände, die die Rk.-Kammern u. die Heizzüge voneinander trennen, sind mit doppelten Nut- u. Federabdichtungen versehen. Die Verweilzeit der Rk.-Teilnehmer im Katalysatorbett beträgt wenige Sekunden. — Vorr., Zeichnungen. (**D. A. S. 1 090 813** Kl. 26a vom 9/2. 1959, ausg. 13/10. 1960.) E. KAHLES. 8157

Didier-Werke Akt.-Ges., Wiesbaden (Erfinder: Wilhelm Zankl, Essen), **Herstellung von Brenngas** durch katalyt. Spaltung von KW-Stoffen bei normalem Druck, dad. gek., daß die Katalysatorbeschickung aus einem oxyd. Material mit einer Mikroporosität von > 35% besteht. (**D. A. S. 1 098 148** Kl. 26a vom 9/2. 1959, ausg. 26/1. 1961. **Zusatz zu D. A. S. 1090813; s. vorst. Referat.**) E. KAHLES. 8157

Badische Anilin- & Soda-Fabrik Akt.-Ges., Deutschland, **Waschen von Kohlendioxid enthaltenden Gasmischungen.** Inhaltlich ident. mit D. A. S. 1 017 737; C. **1959.** 11774. (**F. P. 1081079** vom 10/7. 1953, ausg. 15/12. 1954. D. Prior. 12/7. 1952.) H.-J. NITZSCHKE. 8165

Badische Anilin- & Soda-Fabrik Akt.-Ges., Deutschland, **Waschen von CO_2-haltigen Gasgemischen,** bes von *Synthesegas,* mit Fll. unter Druck u. nachfolgender Entspannung der Waschlauge. Das Waschen erfolgt in mindestens 2 parallel geschalteten Türmen, das Entspannen der Waschlauge zweckmäßig in Niederdruckturbinen in mindestens 2 Stufen. — Schema der Anlage. — Vgl. D. B. P. 939 866; C. **1956.** 11265. (**F. P. 68 335** vom 2/11. 1955, ausg. 29/4. 1958. D. Prior. 6/11. 1954. **Zusatz zu F. P. 1081079; s. vorst. Referat.**) W. WITTHOLZ. 8163

Gottfried Bischoff G. m. b. H., Deutschland, **Entfernung von Schwefelwasserstoff aus Gasen,** bes. *Steinkohlen-Dest.-Gasen,* durch Waschen mit ammoniakal.

Waschfl. (I) u. Regenerierung von I durch Erhitzen bei verschiedenem Druck in mehreren Entsäurern, von denen die mit höherem Druck betriebenen Entsäurer (II) mit Frischdampf u. die mit niedrigerem Druck betriebenen mit dem Abdampf von II beheizt werden. Vor Eintritt in die Entsäurer wird beladene I in Wärmeaustauschern durch regenerierte I vorgeheizt. Freigesetztes H_2S, aus dem NH_3 mit einem Teil von beladener I ausgewaschen wird, kann zur *Synth. von H_2SO_4* verwendet werden. — 3 Verf.-Schemata. (**F. P. 1 163 151** vom 9/11. 1956, ausg. 23/9. 1958. D. Prior. 11/11. u. 1/12. 1955.) P. Kühn. 8173

Fa. August Klönne (Erfinder: Friedrich-Wilhelm Guttmann), Dortmund, **Entfernung von Schwefelwasserstoff aus Steinkohlengasen** mittels NH_3-haltigem W. unter Verw. eines Waschturmes u. eines mit diesem im Kreislauf geschalteten Entsäurers. In den Entsäurer wird ein NH_3-Wasserdampf-Gemisch eingeführt, das in einem NH_3-Abtreiber durch Aufarbeiten des Gaskondensats erzeugt wird. Die so zugeführte NH_3- u. Wassermenge wird mit gewaschenem Gas als überschüssiges Waschwasser abgeführt. — Zeichnung. (**D. A. S. 1 107 882** Kl. 26d vom 17/12. 1958, ausg. 31/5. 1961.) G. Fritsch. 8173

Pan American Petroleum Corp., übert. von: Arthur W. Garst, Tulsa, Okla., V.St.A., **Produktionssteigerung von Ölquellen.** In die ölführende Schicht werden öllösl., nichtion. u. kation. oberflächenakt. Verbb., in Propan oder Butan gelöst, eingeleitet. Als nichtion., oberflächenakt. Verbb. werden Ester aus hydroxyäthyliertem Sorbit u. der 2—4fachen mol. Menge Fettsäuren mit mindestens 12 C-Atomen verwendet, als kation. Netzmittel Verbb. der allg. Formel $RNHR'NH_2$ (R = KW-Stoff-Rest mit mindestens 12 C-Atomen; R' = KW-Stoff-Rest mit 2—4 C-Atomen). (**Can. P. 553 059** vom 16/6. 1954, ausg. 11/2. 1958. A. Prior. 10/5. 1954.) L. Grossner. 8191

Universal Oil Products Co., Des Plaines (Erfinder: Louis Schmerling, Riverside), Ill., V.St.A., **Erhöhung des Schmelzpunktes von Petrolatum,** dad. gek., daß Petrolatum u. C_2H_4 in an sich bekannter Weise einer Kondens.-Rk. in Ggw. eines organ. Peroxidkatalysators bei einer Temp. unterzogen werden, die mindestens so hoch wie die therm. Zers.-Temp. des Katalysators liegt. (**D. B. P. 975 166** Kl. 12o vom 10/5. 1952, ausg. 14/9. 1961. Anmeldung bekanntgemacht 5/8. 1954.) E. Kahles. H 8191

Houdry Process Corp., Wilmington, Del., übert. von: Jack C. Dart, Moylan, und Frederick R. Walser, Drexel Hill, Pa., V.St.A., **Fließbett-Umwandlung von Kohlenwasserstoffrückstandsölen,** wobei auf dem Katalysator metall. Verunreinigungen niedergeschlagen werden, die durch die Regenerierung (Abbrennen mit O_2) nicht beseitigt werden können. Zu dem Luftgas wird seitlich Gas eingeblasen u. dadurch der Katalysator örtlich stärker aufgewirbelt. — Vorr., Zeichnungen. (**A. P. 2 958 650** vom 28/7. 1955, aus. 1/11. 1960.) E. Kahles. 8197

Standard Oil Co., Cleveland, Ohio, V.St.A., **Zusatzmittel für Treibstoff,** bestehend aus einer Lsg. von H_3BO_3 in einem Gemisch aus CH_3OH oder Isopropylalkohol u. ω-Monobutyl-polyoxypropylenglykol mit einer Viscosität von 285 SSU bei 38°. (**Norw. P. 91 654** vom 4/2. 1957, ausg. 12/5. 1958.) K. H. Kähler. 8213

Magyar Állam (Erfinder: Andreas Hajdú), Budapest, Ungarn, **Zündwilliges Gemisch für kaltanzulassende Dieselmotoren** enthält neben feinverteiltem Zündstoff noch Schmierstoffe u./oder koll. Graphit. Das Gemisch kann freien O_2 oder bei höheren Temp. O_2-liefernde Verbb., sowie alkal. wirkende Stoffe enthalten. Ein bevorzugtes Gemisch besteht aus: Ae. 50%, Dimethyläther 5%, Dibutyläther 15%, „Quilokollag" 5%, furfurolhaltiges Motorenöl 20%, Pyridin 2%, Benzoldiperoxid 0,002%. (**Ung. P. 144 233** vom 26/1. 1955, ausg. 15/9. 1958.) G. König. 8213

Farbwerke Hoechst Akt.-Ges., vormals Meister Lucius & Brüning, Frankfurt/M. (Erfinder: Hermann Zorn und Michael Franz, Wien, Österreich), **Herstellung von Michpolymerisaten niederer Olefine** (I) nach dem Niederdruck-Verf., dad. gek., daß den I vor oder während der Polymerisation das Säurechlorid, ein Säureamid oder Ester von Vinylsulfonsäure beigemischt werden. Das Verf. kann in einem Lsgm. durchgeführt werden unter Verw. üblicher Ziegler-Katalysatoren. Mengenbeispiele mit C_2H_4, Propylen u. Buten-(1), die zu hochmol. festen oder fl. hochviscosen Prodd. polymerisiert werden. Sie sind bes. als *Schmieröle* geeignet, deren Viscosität, Stock- u. Flammpunkt, S- u. Cl-Geh. tabellar. angegeben sind. Der S-Geh. bewirkt oberflächenakt. u. Metallkorrosion verhindernde Eigenschaften. (**D. A. S. 1 093 991** Kl. 39c vom 30/4. 1958, ausg. 1/12. 1960.) H. Schindler. 8221

British Petroleum Co. Ltd., London (Erfinder: Edward John Blake und Walter Morrison, Sunbury-on-Thames, Middlesex), England, **Herstellung von Schmierölen und Schmierfetten,** die feinverteilte wasserlösl. Feststoffe enthalten, durch Emulgieren einer wss. Lsg. dieser Feststoffe in einem Schmieröl in Ggw. eines Emulgators zu einer W.-in-Öl-Emulsion u. anschließendes Entwässern sowie ggf. Vermischen mit einem Schmierfett oder einem Verdickungsmittel, dad. gek., daß der Emulgator Montanwachs oder Pflanzenwachs ist. (**D. A. SS. 1 115 871** u. **1 115 872** Kl. 23c vom 30/10. 1959, ausg. 26/10. 1961. Beide E. Prior. 31/10. 1958.) E. DREWS. 8221

California Research Corp., San Francisco, übert. von: Edward G. Foehr, San Rafael, und Neal W. Furby, Berkeley, Calif., V.St.A., **Mineralschmieröle** mit Zusätzen von Ca-Petroleumsulfonaten u. -Dodecylphenolaten, Zn-Didodecylphenyldithiophosphat u. Diparaffindisulfid, enthalten als Fließpunkterniedriger Gemische aus a) polymeren höheren Alkylesten (Molgew. ca. 2000) mit 8—24 C-Atomen je Alkylrest von aliphat. α.β-ungesätt. Monocarbonsäuren (C^{1-7}) u. b) Naphthalin/Paraffin-Kondensate, wobei die Menge a) 35—75 Gew.-% von a) + b) beträgt. — Diagramm. (**A. P. 2 960 468** vom 16/1. 1958, ausg. 15/11. 1960.) E. DREWS. 8221

Esso Research and Engineering Co., übert. von: John P. McDermott, Springfield, N.J., V.St.A., **Kondensationsprodukte aus einem dicyclischen Terpen mit einer aliphatischen oder aromatischen Sulfonsäure** bei 50—100°, ggf. in Ggw. eines Lsgm. (Alkohole, auch im Gemisch mit W., Mineralöle). — Aus 25 g α-Pinen u. 1000 cm^3 eines Petroleumsulfonsäureextraktes (hergestellt durch Rk. einer Schmierölfraktion mit Oleum u. Extraktion mit Isopropanol-W.) bei 83°, nach 3 Std. Entfernung von Alkohol u. W. → dunkles, *viscoses*, angenehm riechendes *Öl*, S-Geh. 4,4%. — Äthansulfonsäure + Camphen in Mineralschmieröl → *viscoses*, dunkelrotes *Öl*. — Ferner können umgesetzt werden: β-Pinen, Fenchen, Sabinen, Caren, Bornylen u. Terptentinöl mit Methan-, Äthan-, Butan-, n-Hexan-, Benzol-, m-Chlorbenzol-, p-Toluol-, 2.4-Xylol-, Phenol-, m-Benzoldi-, Toluol-2.4-di-, C_{10}—C_{18}-Alkylbenzolsulfonsäure u. Petroleumsulfonsäuren. — Rost- u. Korrosionsschutzmittel, bes. für Schmier- u. Spindelöle, u. Zusatzmittel für Treibstoffe um Verfärbung u. Ablagerung zu verhindern. (**A. P. 2 848 482** vom 14/9. 1953, ausg. 19/8. 1958.) G. KRAUSS. 8221

Lubrizol Great Britain Ltd., London, England, **Öllösliche Metallsulfonate** werden durch Rk. eines neutralen mineralöllösl. Metallsalzes eines Kondens.-Prod. aus einem Polyolefin u. P_2S_5 (hergestellt z. B. nach A. PP. 2 316 078 bis 2 316 091 u. 2 647 889; letzteres C. **1950/54.** 7200S) mit einem Sulfonierungsmittel (Oleum, konz. H_2SO_4, SO_3, $ClSO_3H$) bei 0—200, bes. 25—125°, u. Behandeln des entstandenen sauren Metallsalzes mit einem in Mineralöl unlösl. bas. Metallsalz, bes. nach A. PP. 2 501 731; C. **1954.** 6147, 2 616 924; C. **1954.** 8724 u. 2 619 460; C. **1954.** 6871, erhalten. — Sulfoniert wird das Kondens.-Prod. aus Polyisobutylen, Molgew. 750, u. P_2S_5, das vorher mit BaO neutralisiert wird, mit $ClSO_3H$; anschließend wird mit BaO in Mineralöl in Ggw. von W. auf 100—105, dann auf 150—160° erhitzt. Die neutralen Salze entstehen durch Behandeln der bas. Salze mit CO_2, SO_2 oder H_2S. — *Schmierölzusatzmittel.* (**E. P. 802 164** vom 2/8. 1955, ausg. 1/10. 1958. A. Prior. 1/11. 1954.) G. KRAUSS. 8221

Régie Nationale des Usines Renault, Billancourt, Seine, Frankreich, **Herstellung von α.γ.γ.γ-Tetrachlorbuttersäure (I)** (Kp.$_{0,05}$ 105—109°; n_D^{20} 1,4980), dad. gek., daß CCl_4 mit Essigsäureallylester (**IV**) in Ggw. eines radikalbildenden Katalysators zu Essigsäure-*2.4.4.4-Tetrachlorbutylester* (**II**) (Kp.$_1$ 93—95°; n_D^{20} 1,4830) u. dieser durch Alkoholyse in *2.4.4.4-Tetrachlorbutanol* (**III**) (Kp.$_{0,5}$ 74°; n_D^{20} 1,5068) übergeführt wird, das mit CrO_3 zu **I** oxydiert wird nach: 1. $CCl_4 + CH_2 = CH-CH_2-OOCCH_3 \rightarrow CCl_3-CH_2-CHCl-CH_2-OOCCH_3$ (**II**); 2. **II** + $CH_3OH \rightarrow CCl_3-CH_2-CHCl-CH_2OH$ (**III**) + CH_3COOH; 3. 3 **III** + 4 $CrO_3 \rightarrow$ 3 $CCl_3-CH_2-CHCl-COOH$ (**I**) + 2 Cr_2O_3 + $3H_2O$. In Stufe 1 wird z. B. als Katalysator auf 100 (Gew.-Teile) **IV** 1—10 eines organ. oder anorgan. Peroxids oder UV-Licht u. 1—10 (Mol) CCl_4 auf 1 **IV** verwendet. Stufe 2 wird bes. mit 5—20 Alkohol, bes. CH_3OH, A. oder Isopropanol je 1 **II**, u. in Ggw. von 0,001 bis 0,1 HCl, H_2SO_4 oder H_3PO_4 je 1 **II** durchgeführt. Die Oxydation in Stufe 3 erfolgt bes. mit einem Überschuß an 25—100% CrO_3 in Form einer Lsg. in 5—30%ig. wss. CH_3COOH. **I** dient als *Schmierölzusatz.* (**D. A. S. 1 109 662** Kl. 12o vom 10/4. 1958, ausg. 29/6. 1961. F. Prior. 11/4. 1957.) O. MÜLLER/MEININGEN. 8221

Shell Research Ltd. (Erfinder: Arthur Donald Shellard und Robert James Morris), **Herstellung von Schmierölzusätzen.** Eine Mineralölfraktion mit einem Anfangs-Kp. von > 300° u. einem S-Geh. von 1—20 Gew.-% wird mit einer organ. Persäure, z. B. mit Perameisensäure bzw. einem Gemisch von H_2O_2 u. HCOOH behandelt. Die so behandelte Fraktion wird dem Schmieröl in Mengen von 1 Gew.-% zugesetzt. (**Aust. P. 223 674** vom 30/4. 1958, ausg. 24/9. 1959. E. Prior. 2/5. 1957.) K. DEMMLER. 8221

Standard Oil Co., Cleveland, Ohio, übert. von: John D. Bartleson, Franklin, Mich., und Harvey E. Alford, Amherst, Ohio, V.St.A., **Behandlung von Schmierölen.** Um aus einem KW-Stoff-Schmieröl (Viscosität bei 100°F, 10—500 cSt.) ein Prod. mit höherem Aschen-Geh. u. größerer Reinigungskraft herzustellen, wird das Öl mit 0.5—3 Gew.-% (berechnet auf das Öl) einer starken Metallbase aus der 1. u. 2. Gruppe des Period. Syst. bei ca. 300° genügend lange, über 2 Std., versetzt u. gleichzeitig N_2 in Ggw. von O_2 eingeblasen. (**A. P. 2 955 084** vom 30/9. 1953, ausg. 4/10. 1960.) P. Unger. 8221

Standard Oil Co., Cleveland, übert. von: Ernest C. Milberger, Maple Heights, Ohio, V.St.A., **Wasserbeständige verdickte Mineralschmieröle** enthalten Silica-Aerogele als Verdicker u. zur Erhöhung der Wasserbeständigkeit Carboxyaminosilane $(RO)_nSi(NH_2)_{4-n}$, in denen R ein Carboxyrest u. n = 1—3 ist. — Beispiel: Di-tert.-butoxydiaminosilan. (**A. P. 2 961 402** vom 19/1. 1953, ausg. 22/11. 1960.) E. Drews. 8221

Minnesota Mining & Mfg. Co., St. Paul, Minn. (Erfinder: William S. Barnhart, Lafayette Hill, Pa., Joseph L. Zollinger, St. Paul, Minn., Charles W. Weber und Fred W. West, Jersey City, N.J.), V.St.A., **Dämpfungs- und Kreiselflüssigkeit** auf der Grundlage eines fluorierten Alkans, dad. gek., daß sie wenigstens ein chlorfluoriertes oder bromfluoriertes Alkanöl u. ein bei Zimmer-Temp. festes Mischpolymeres von $ClFC{=}CF_2$ mit $H_2C{=}CF_2$ oder ein elastomeres Silicon (Silicongummi) mit einem DSV-Wert zwischen ca. 0,2 u. ca. 3 gelöst enthält. Weiterer Zusatz von Esterschmiermitteln mit 10—30 C-Atomen je Mol. — Beispiel: Fl. aus 89,6 (Gew.-%) Polychlortrifluoräthylenöl vom Molgew. 780—1000, 6,2 Harz aus $ClFC{=}CF_2$ u. etwa 15—35 Mol.-% $H_2C{=}CF_2$, 4,2 *Phthalsäure-bis-[2-äthylhexylester]*. (**D. A. S. 1 115 873** Kl. 23c vom 20/3. 1958, ausg. 26/10. 1961. **E. P. 856 374** vom 6/3. 1958, ausg. 14/12. 1960. Beide A. Prior. 20/3. u. 26/3. 1957.) E. Drews. 8221

British Petroleum Co. Ltd., London (Erfinder: Edward John Blake und Walter Morrison, Sunbury-on-Thames), England, **Verfahren zur Herstellung von Schmierölen und Schmierfetten,** die feinverteilte wasserlösl. Feststoffe enthalten, durch Emulgieren einer wss. Lsg. dieser Feststoffe in einem Schmieröl in Ggw. eines Emulgators zu einer W.-in-Öl-Emulsion u. anschließendes Entwässern sowie ggf. Vermischen mit einem Schmierfett oder einem Verdickungsmittel., dad. gek., daß der Emulgator Bienenwachs ist. (**D. A. S. 1 116 333** Kl. 23c vom 30/10. 1959, ausg. 2/11. 1961. E. Prior. 31/10. 1958. **E. P. 866 441** vom 31/10. 1958, ausg. 26/4. 1961.) E. Drews. 8223

California Research Corp., San Francisco, übert. von: Bruce W. Hotten, Orinda, Calif., V.St.A., **Schmierfett.** Die Basis ist ein Schmieröl, der Verdicker eine Seife von 1- oder 2basigen Säuren. Als Inhibitoren werden Trialkylamide von Alkylendiamintetraessigsäure zugegeben, z. B. der allg. Formel I, in der R ein C_{2-3}-Alkylenrest, R_1—R_4 C_{1-2}-Alkylenreste u. R_{5-7} C_{12-22}-KW-Stoff-Reste sind. — Diagramm. (**A. P. 2 954 342** vom 13/6. 1956, ausg. 27/9. 1960.) E. Drews. 8223

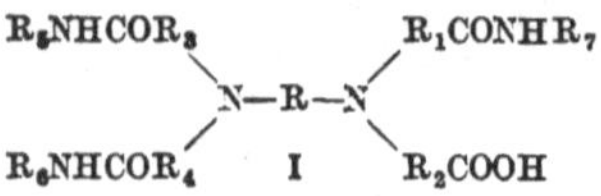

Esso Research and Engineering Co., Del., übert. von: Rosemary O'Halloran, Union, und Hans G. Vesterdal, Elizabeth, N.J., V.St.A., **Herstellung von Li-Ca-Seifenschmierfetten** aus Schmierölen (I) mit einem Geh. von 9—50 Gew.-% Li-Ca-Seifen von C_{12-22}-Fettsäuren (Mol.-Verhältnis Li- : Ca-Seife 2 : 1 bis 8 : 1). In I wird eine tier. C_{12-22}-Säure (JZ. 40—60) dispergiert, Li-Ca-Basen zugefügt, auf 260 bis 320°, jedoch unterhalb des F. der Seifen, erhitzt, entwässert, unter 200° F abgekühlt u. bei Scherkräften von 100000—600000 reziproken Sek. homogenisiert. (**A. P. 2 959 548** vom 25/11. 1955, ausg. 8/11. 1960.) E. Drews. 8223

Texas Co., New York, N.Y., übert. von: John P. Dilworth, Brinckerhoff, Terence B. Jordan, Fishkill, und Bill L. Benge, Clinton Hollow, N.Y., V.St.A., **Schmierfettherstellung.** Ein homogenes geschmolzenes Öl/Seifen-Gemisch wird oberhalb der Lsg.-, jedoch unterhalb der Zers.-Temp. der Seife erhitzt u. unter Rühren mit einer Kühlgeschw. $<25°$ F/min abgekühlt. Hierauf erfolgt eine Scherbehandlung, wobei gleichzeitig ein kleiner Teilstrom abgezweigt wird; dieser wird nach dem Durchpressen durch eine enge Öffnung (Druck 10—200 lbs./sq.in.) im Rückflußverhältnis von mindestens 0,13 zur Hauptmenge zurückgeführt, bis das Vol. des Rückflußstroms mindestens dem der Hauptmenge gleich ist. — Rk.-Schema, Diagramm u. Abbildungen. (**A. P. 2 886 525** vom 6/6. 1955, ausg. 12/5. 1959.) E. Drews. 8223

Universal Oil Products Co., Des Plaines (Erfinder: Ted Symon, Elmhurst), Ill., V.St.A., **Schmierfett** auf der Basis von mineral., tier. oder synthet. Ölen, gek. durch einen Geh. an einem ggf. am N-Atom alkylsubstituierten 2.4'-Diaminodiphenyläther oder 2.4'-Diaminodiphenylsulfid. — Beispiele: 2.4'-Diaminodiphenyläther, 2-Amino-4'-sek.-butylaminodiphenyläther. (**D. A. S. 1 113 785** Kl. 23c vom 7/3. 1957, ausg. 14/9. 1961. **E. P. 819 024** vom 5/3. 1957, ausg. 26/8. 1959. Beide A. Prior. 9/3. 1956.) E. Drews. 8223

Ethyl Corp., New York, N.Y., V.St.A., **Schmiermittel,** bestehend aus Glykoläthern der Formel $R_1O(C_2H_4O)_nR_2$, die 10—27 C-Atome im Mol. enthalten, wobei R_1 u. R_2 Alkyl-, Cycloalkyl- oder Aralkylgruppen mit unverzweigten Alkylresten u. n eine ganze Zahl von 1—4 bedeuten. — Beispiele: Decylpropylglykol-, Dodecylpropyltriglykoläther. (**D. A. S. 1 115 394** Kl. 23c vom 3/8. 1956, ausg. 19/10. 1961. **A. P. 2 973 388** vom 31/7. 1957, ausg. 28/2. 1961. **E. P. 868 936** vom 2/8. 1957, ausg. 25/5. 1961. D. Prior. 3/8. 1956.) E. DREWS. 8223

General Electric Co. (Erfinder: Curtis Stanley Oliver und Arthur John Haltner), Schenectady, N.Y., V.St.A., **Trockenschmiermittel** auf Sulfidbasis, bestehend aus einem Disulfid, wie MoS_2, WS_2, ZrS_2 oder TiS_2, u. einem Metallsulfidzusatz, wobei das Zusatzsulfid thermodynam. weniger stabil ist als das Disulfid. — Diagramme. (**D. A. S. 1 116 335** Kl. 23c vom 29/7. 1960, ausg. 2/11. 1961. A. Prior. 30/7. 1959 u. 23/3. 1960.) E. DREWS. 8223

Standard Oil Co., Chicago, übert. von: Herman E. Ries jun., Chicago, Ill., V.St.A., *Dampfturbinenschmiermittel* auf KW-Stoff-Basis enthalten als Rostschutzmittel Monoalkylester einer Phosphonsäure der allg. Formel I, in der R ein Alkylrest mit mindestens 10 C-Atomen u. R′ ein Alkylrest <10 C-Atome ist. — Beispiel: Monomethylester der Hexadecylphosphonsäure. (**A. P. 2 963 437** vom 17/2. 1955, ausg. 6/12. 1960.) E. DREWS. 8223

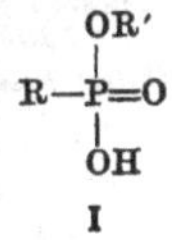

I

Esso Research and Engineering Co., Elizabeth, N.J., V.St.A. (Erfinder: Poul G. Jensen, Klampenborg, und Jørgen U. Simonsen, Lyngby, Dänemark), **Einarbeiten von Alkalinitriten in Schmierfette,** dad. gek., daß zunächst ein Konzentrat aus einem Li-Schmierfett von einer ASTM-Penetration oberhalb 430 u. mindestens 10 Gew.-% Alkalinitrit, bezogen auf die Gesamtgew.-Menge des Konzentrats, hergestellt, dieses bis zu einer Korngröße der Alkalinitritkristalle $< 30\ \mu$ vermahlen u. mit einem Schmierfett in solchen Mengenverhältnissen gemischt wird, daß das fertige Schmierfett zwischen 0,1 u. 4 Gew.-% Alkalinitrit enthält. (**D. A. S. 1 119 442** Kl. 23c vom 12/10. 1960, ausg. 14/12. 1961. Dän. Prior. 20/10. 1959.) E. DREWS. 8223

Johannes Teubel, Rehmsdorf, und Kurt Drescher, Zeitz, **Herstellung eines Zusatzstoffes für Hochdrucköle und Fette** zur *Schmierung von Maschinenteilen,* dad. gek., daß Xanthogenate aus Alkoholen mit einer Kettenlänge bis zu 7 C-Atomen mit bis zu 30—40% Cl_2-Geh. chlorierten Chlorparaffinen mit 8—18 C-Atomen zu chlorierten Xanthogensäureestern in bekannter Weise umgesetzt werden. (**D. P. [DDR] 21 779** Kl. 23c vom 28/8. 1958, ausg. 16/8. 1961 [Wirtschaftspatent].) T. OPPERMANN. 8223

Esso Research and Engineering Co., V.St.A. (Erfinder: Louis Valla), **Stabile saure Bitumenemulsionen** für den *Straßenbau* werden durch Zusatz von 0,1—10% der Kondens.-Prodd. von 1—3 (Mol) Alkylenoxiden mit 1 prim., sek. oder tert. Aminen, Polyaminen oder Aminsalzen, wie 2 Äthylenoxid mit 1 Octadecylamin oder 1 [N-Octadecyl]-3-aminopropylamin, erhalten. (**F. P. 1 199 646** vom 16/5. 1958, ausg. 15/12. 1959.) O. KAYSER. 8237

„Shell" Refining & Marketing Co. Ltd., England, **Bitumengemisch** für den *Straßenbau* u. zum Schutz asphaltierter Landebahnen gegen Hitze-Einw. von Düsentriebwerken aus 100 (Teilen) Kalkstein, Kaolin u. etwas W., 5—20 einer stabilen Bitumenemulsion, 5—15 Portlandzement u. 0,2—2 $CaCl_2$, $MgCl_2$ oder $Al_2(SO_4)_3$. (**F. P. 1 039 458** vom 7/7. 1951, ausg. 7/10. 1953. E. Prior. 7/7. 1950.) O. KAYSER. 8237

„Shell" Refining & Marketing Co. Ltd., England, **Bitumengemisch.** Deckschicht für *Straßen* u. *Landebahnen,* die gegen Hitze u. Ausstoß von Strahltriebwerken unempfindlich ist, bestehend aus 100 (Teilen) Kalkstein, Rhyolit, Quarzit, Flint, Schlacke oder Granit, 5—20 Bindemittel in Form einer Emulsion aus Steinkohlenteer u. Steinkohlenteerpech oder Bitumen, 5—15 Portlandzement u. 0,2—2 $CaCl_2$, $MgCl_2$ oder $Al_2(SO_4)_3$. (**F. P. 65 104** vom 29/12. 1953, ausg. 26/1. 1956. E. Prior. 31/12. 1952. **Zusatz zu F. P. 1 039 458; s. vorst. Referat.**) O. KAYSER. 8237

Texaco Development Corp., New York, N.Y., V.St.A., *Herstellung von Brenngas.* (**Belg. P. 554 960** vom 13/2. 1957, ausg. 12/2. 1960. Span. Prior. 18/6. 1956. — C. **1959.** 17576 [D. A. S. 1 055 742].)

M. W. Kellogg Co., Jersey City, N.J., übert. von: **Charles Bednars**, Port Washington, Long Island, N.Y., **George W. Stanford**, Linden, und **James L. Patton**, Ramsey, N.J., V.St.A., *Kohlenwasserstoff-Entschwefelung.* (**Can. P. 553 032** vom 20/10. 1954, ausg. 11/2. 1958. A. Prior. 18/11. 1953. — C. **1961.** 12321 [A. P. 2 890 165].)

Shell Development Co., New York, N.Y., übert. von: **Kenzie Nozaki**, El Cerrito, Calif., V.St.A., *Herstellung von Ni–Mo–Al_2O_3-Sulfid-Katalysatoren zur Hydrierung aromatischer und S-haltiger Kohlenwasserstofföle.* (**Can. P. 553 092** vom 12/11. 1955, ausg. 11/2. 1958. A. Prior. 25/2. 1955. — C. **1957.** 8688 [A. P. 2 758 957].)

Esso Research and Engineering Co., Elizabeth, übert. von: **Joseph Stewart**, Cranford, und **Graham G. Wanless**, Westfield, N.J., V.St.A., *Cracken von Gasölen zu Gasolin.* (**Can. P. 553 170** vom 3/8. 1954, ausg. 11/2. 1958. A. Prior 18/11. 1953. — C. **1957.** 6934 [E. P. 758 413].)

Esso Research and Engineering Co., Elizabeth, übert. von: **Homer Z. Martin**, Cranford, N.J., V.St.A., *Veredlung von Kohlenwasserstoffen durch Cracken mit hydrierenden Verdünnungsmitteln.* (**Can. P. 553 171** vom 28/9. 1954, ausg. 11/2. 1958. A. Prior. 8/12. 1953. — C. **1958.** 8230 [A. P. 2 772 218].)

Esso Research and Engineering Co., Elizabeth, übert. von: **Louis A. Mikeska, Chester L. Read**, Westfield, und **Walter M. Basch**, Rumson, N.J., V.St.A., *Herstellung hochraffinierter Petrolöle.* (**Can. P. 553 546** vom 28/10. 1954, ausg. 25/2. 1958. A. Prior. 24/12. 1953. — C. **1958.** 4668 [E. P. 767 428].)

Shell Development Co., New York, N.Y., übert. von: **John H. Raley**, Walnut Creek, Calif., V.St.A., *Dehydrocyclisierung von Kohlenwasserstoffen.* (**Can. P. 553 093** vom 29/11. 1955, ausg. 11/2. 1958. A. Prior. 18/2. 1955. — C. **1960.** 14923 [A. P. 2 901 518].)

Shell Internationale Research Mij. N. V., Den Haag (Erfinder: **Johannes Hermanus Choufoer**, Amsterdam), Holland, *Herstellung von hochwertigem Benzin.* (**D. A. S. 1 109 296** Kl. 23b vom 20/10. 1959, ausg. 22/6. 1961. Holl. Prior. 22/10. 1958. — C. **1962.** 4400 [E. P. 858 270].)

Koppers Co., Inc. (Erfinder: **Ellsworth Elmer Kimmel**), Pittsburgh, Pa., V.St.A., *Düsentreibstoff.* (**Jap. A. S. 2 938/1960** vom 30/5. 1957, ausg. 31/3. 1960. A. Prior. 7/6. 1956. — C. **1959.** 14606 [D. A. S. 1 049 160].)

Standard Oil Co., Cleveland, Ohio, V.St.A., *Zusatzgemisch für Motortreibstoffe.* (**Belg. P. 554 785** vom 6/2. 1957, ausg. 29/1. 1960. — C. **1959.** 7681 [D. A. S. 1 039 780].)

Union Rheinische Braunkohlen Kraftstoff Akt.-Ges., Wesseling, *Zusatzmittel für Kohlenwasserstoffbrennstoffe.* (**E. P. 838 929** vom 20/11. 1958, ausg. 22/6. 1960. D. Prior. 28/12. 1957. Zusatz zu E. P. 805 913; C. 1959. 16861. — C. **1958.** 7343 [D. A. S. 1 038 830].)

N. V. de Bataafsche Petroleum Mij., Den Haag, Holland, *Herstellung von Motortreibstoff mit einer Octanzahl über 95.* (**Belg. P. 556 761** vom 17/4. 1957, ausg. 26/2. 1960. Holl. Prior. 19/4. u. 30/5. 1956. — C. **1959.** 6682 [D. A. S. 1 040 312].)

Standard Oil Co., Cleveland, Ohio, V.St.A., *Antiklopfmittel.* (**Belg. P. 561 303** vom 2/10. 1957, ausg. 20/5. 1960. A. Prior. 4/10. 1956. — C. **1962.** 1088 [E. P. 821 986].)

C. C. Wakefield & Co. Ltd., London, England, *Schmieröle.* (**Belg. P. 557 839** vom 25/5. 1957, ausg. 11/3. 1960. E. Prior. 28/5. 1956 u. 16/5. 1957. Zusatz zu Belg. P. 542 726; C. 1961. 1071. — C. **1959.** 353 [D. A. S. 1 031 919].)

Esso Research and Engineering Co., Elizabeth, übert. von: **Clinton H. Holder**, Westfield, und **Walter M. Basch**, Rumson, N.J., V.St.A., *Schmieröl.* (**Can. P. 553 540** vom 7/9. 1954, ausg. 25/2. 1958. A. Prior. 7/10. 1953. — C. **1959.** 14606 [E. P. 762 329].)

Gulf Research & Development Co., Pittsburgh, Pa., V.St.A., *Herstellung von Gemischt-Schmierölen.* (**Belg. P. 569 980** vom 1/8. 1958, ausg. 14/7. 1961. A. Prior. 2/8. 1957. — C. **1961.** 15978 [E. P. 846 634].)

„Shell" Research Ltd., London, England, *Schmieröl.* (**Belg. P. 555 097** vom 18/2. 1957, ausg. 12/2. 1960. E. Prior. 20/2. 1956. — C. **1961.** 3534 [D. A. S. 1 080 249].)

Günther Gedecke und **Horst Riedel**, Dresden, *Herstellung eines Förderseilschmiermittels.* (**D. A. S. 1 120 051** Kl. 23c vom 13/10. 1958, ausg. 21/12. 1961. Zusatz zu D. A. S. 1 104 647; C. 1962. 2601. — C. **1961.** 4572 [D. P. [DDR] 19 212].)

Thomas C. Frick, ed., Petroleum production handbook. 2 vols. New York: McGraw-Hill. 1962. set $ 39.50.

XX. Schieß- und Sprengstoffe. Zündmittel

Wärmeübergang und chemische Kinetik beim Abbrand von Festtreibstoffen. James F. Roth und George P. Wachtell. (Ind. Engng. Chem., Fundamentals **1.** 62—67. Febr. 1962. Philadelphia, Pa., Franklin Inst., Res. Labor.) (Engl.)

Durch Einführung von Festtreibstoffproben (US-Pulvertypen M 2, M 9 u. M 10) in einen mit verschiedenen Gasen (N_2, He, Luft) gefüllten Ofen bei verschiedenen Drücken wird die Entzündung der Proben untersucht, wobei die Wärme durch Konvektion u. Strahlung auf das Pulver übertragen wird. Der Einfl. von Gas-Zus., Temp. u. Druck auf die Entzündungsdauer wird untersucht, verschiedene Abbrandarten (mit u. ohne Flamme) beobachtet u. die Verzögerungszeiten zwischen Primär- u. Sekundärzündung gemessen. Die experimentellen u. berechneten Werte zeigen, daß die Primärzündung mit einer exothermen Rk. in der festen Phase u. die Sekundärzündung mit einer exothermen Rk. in der Gasphase begleitet ist. O_2 hat keinen Einfl. auf die Kinetik der Primärzündung. Bei den meisten Verss. wurde die Gesamtkinetik des Abbrandes durch die Primärzündung bestimmt, tiefe Pulveranfangs-Temp. u. geringe Gasfluß-Geschw. steigern den Einfl. der Sekundärzündung. G. KRIEN. 8310□

Über einige charakteristische Daten der Vaseline. Marco Civera und Antonio Giuliano. (Ann. Chimica **48.** 251—54. März 1958. Torino, Univ., Ist. di Chim. organ. ind.) (Ital.)

Als Mittel zur Best. der Stabilität von Vaseline (I) als Komponente in rauchlosem Pulver gilt die Bromzahl. Verss., diese Best. durch refraktometr. Messung durchzuführen, zeigt deren Grenzen. Einige I-Sorten werden durch viscosimetr. u. Molgew.-Best. verglichen. Best. der Bromzahl: 0,5 g I werden in 15 cm^3 abs. Chlf. gelöst, 20 cm^3 ROSENMUND-Lsg. zugegeben, 2 Std. lang im geschlossenen Gefäß gekocht, KJ zugegeben u. freigewordenes J_2 titriert. Das Molgew. wird nach STAUDINGER bestimmt.

K.-F. SCHNEIDER. 8322□

Reine Stoßumgebungsuntersuchung von in kondensierter Phase instabilen Stoffen. T. A. Erikson. (ARS Journal **30.** 190—91. Febr. 1960. Chicago, Ill., Illinois Inst. of Technol., Armour Res. Found.) (Engl.)

Die in einem Stoßrohr erzeugten Stoßwellen stellen eine Energiequelle dar, die gut zu übersehen u. stark genug ist, um viele instabile, kondensierte Syst. zur Detonation zu bringen. Das Treibgas (normalerweise He) ist vom getriebenen Gas (O_2 oder N_2) durch eine Zerreißmembran getrennt. Am Ende des Stoßrohres befindet sich ein Glasröhrchen mit 1—5 g der zu untersuchenden Substanz. Die zu bestimmende Detonationsempfindlichkeit läßt sich in Termen des Treib-/getriebenen Gas-Druckverhältnisses (P_4/P_1) u. des getriebenen Gasdrucks P_1 angeben, wenn z. B. 50% der Verss. positiv verlaufen. Positives Ansprechen zeigt sich durch Lichtemission, Lautstärke u. Bruch des die Substanz enthaltenden Glasröhrchens. Die App. kann bei Temp. zwischen —196 u. +130° u. bei Anfangsdrücken von 0,0014—6,8 at verwendet werden. Eine Reihe von Ergebnisse ist tabelliert u. wird diskutiert. H. PFÖRTNER. 8294□

Messung von kurzfristigen hohen Drücken mit Hilfe des Druckeffektes auf photographische Emulsionen. Karel Klíma und Ludvík Waniek. (Czechoslov. J. Physics **7.** 367—69. 1957. Praha, Geofys. ústav Českoslov. akad. věd.) (Russ.) — C. **1958.** 2028; vgl. auch C. **1958. 13941.** J. TŮMOVÁ. 8324□

Magyar Állam (Erfinder: Ladislaus Szóbel, Adalbert Juhász-Nagy und Eugen Halmay), Budapest, Ungarn, **Sicherheitssprengstoffe** werden durch Zugabe von nitrierten aromat. Verbb., bes. Mono-, Di- oder Trinitrotoluol, u./oder für Kollodiumwolle geeigneten Weichmachern, wie Dibutyl-, Diamylphthalat, Dikresylphosphat, zu einer feuchten Kollodiumwolle mit folgender Gelatinierung erhalten. Anschließend wird getrocknet u. mit Nitroglycerin oder einem anderen Sprengöl vermischt. Ferner können die bei der Herst. von Gelatinedynamit üblichen Sprengstoffe beigemischt werden. (**Ung. P. 144 083** vom 19/6. 1956, ausg. 1/8. 1958.) G. KÖNIG. 8305

Union Carbide Corp., New York, N.Y. (Erfinder: Donald Joseph Foster und Erich Tobler, Charleston, W.Va.), V.St.A., **Herstellung von Divinylmagnesium** (I), dad. gek., daß Mg mit Divinyl-Hg (II) umgesetzt wird. — Durch Rk. von 0,1 g-Atom Mg mit 0,1 Mol II in 200 cm³ Ae. während 2 Std. wird unter Hg-Abscheidung nach Abdestillieren von Ae. bei Unterdruck I als unschmelzbarer, fester, hochpyrophorer Stoff, der in Ae. lösl. ist, erhalten. *Zusatz* zu *Treibstoffen* für *Düsenmaschinen* u. zu *Raketentreibstoffen*. (**D. A. S. 1 122 523** Kl. 12o vom 9/8. 1960, ausg. 25/1. 1962. A. Prior. 10/8. 1959.) J. MÜHLEISEN. 8311

Nitroglycerin Aktiebolaget (Erfinder: **Gustav A. Wetterholm**), Gyttorp, Schweden, *Sprengstoff*. (**Can. P. 552 763** vom 4/12. 1952, ausg. 4/2. 1958. Schwed. Prior. 6/12. 1951. — C. **1955.** 10174 [Schwed. P. 140 989].)

Nitroglycerin Aktiebolaget (Erfinder: **Bertil P. Enoksson**), Gyttorp, Schweden, *Neutralisation der Salpetersäure in nitrierten Produkten*. (**Can. P. 552 764** vom 6/7. 1954, ausg. 4/2. 1958. Schwed. Prior. 7/7. 1953. — C. **1956.** 11102 [F. P. 1 103 385].)

XXIV. Photographie

Die Reaktion von Silberionen mit Gelatine. D. R. Nellist und J. W. Janus. (J. photogr. Sci. **9.** 269—72. Sept./Okt. 1961. Wealdstone, Harrow, Middlesex, Kodak Ltd., Res. Labor.) (Engl.)

Vff. überprüften die von TITOV u. RATNER u. von KARPOVA angegebenen Meth. zur Beurteilung photograph. *Gelatinen* durch Silbertitration. Ag-Jonen reagieren mit Gelatine unter Bldg. von metall. Ag durch in der Gelatine vorhandene Red.-Mittel, unter Bldg. von Ag_2S durch in der Gelatine vorhandene Verbb. mit labilem Schwefel. Gelatine u. $AgNO_3$ reagieren zu einem stabilen Komplex „A", der sich durch KJ nicht zerstören läßt, u. zu einem Komplex „B", der durch KJ zersetzt wird. Vff. gelingt der Nachw. des Komplexes „A", dem besondere sensibilisierende Eigg. zuzuschreiben sind. Akt. Gelatinen neigen in höherem Grade zur Komplex-„A"-Bldg. als inerte Gelatinen. — 9 Literaturhinweise. W. GÜNTHER. 8590□

Thiosulfatreaktionen an der Oberfläche von entwickeltem Silber. P. A. Block und G. W. W. Stevens. (J. photogr. Sci. **9.** 330—34. Sept./Okt. 1961. Wealdstone, Harrow, Middlesex, Kodak Ltd., Res. Labor.) (Engl.)

Silber kann eine bestimmte Menge Thiosulfat irreversibel adsorbieren. Auch entwickelte photograph. Bilder absorbieren Thiosulfat in einer monomol. Schicht. Dieses Thiosulfat wird in Ag_2S umgesetzt, wenn das Silberbild mit Bichromat-Lsgg. gebleicht wird, wie nachgewiesen werden konnte. Vff. versuchten, durch Markierung des inneren

S-Atoms im Thiosulfat mit ^{35}S den Adsorptionsvorgang aufzuklären. Es zeigte sich hierbei, daß bei dem größten Teil des von dem Silberbild adsorbierten Thiosulfats die S—S-Bindung bereits vor der Bleichung mit Bichromat aufgebrochen ist. Durch Behandlung des Silberbildes mit einer Cyanid-Lsg. konnte der adsorbierte S nicht entfernt werden, so daß bezweifelt wird, ob er als Ag_2S vorliegt. W. GÜNTHER. 8590□

Die Wirkung von komplexen Körnigkeitsproben auf die Bestimmung der Quantenwirksamkeit. H. J. Zweig, K. F. Stultz und D. L. MacAdam. (J. photogr. Sci. **9.** 273—74. Sept./Okt. 1961. Rochester, N.Y., Eastman Kodak Co., Res. Labor.) (Engl.)

Für gleichmäßig belichtete u. unter gleichen Bedingungen entwickelte Schwarz-Weiß-Negativmaterialien gilt die SELWYN-Beziehung: $\sigma\sqrt{a}$ = const, in der a die Fläche der abtastenden Blendenöffnung bedeutet, mit der die Dichteabweichung σ gemessen wird. Wird von einem Negativ eine Kopie hergestellt, so muß die Negativkörnigkeit zu der Körnigkeit des Positivmaterials hinzuaddiert werden. Es kann gezeigt werden, daß die kombinierte Körnigkeit der Kopie von der Fläche der Abtastöffnung abhängig ist. Für die Quantenausbeute folgt daraus, daß sie unabhängig von der belichteten u. gemessenen Fläche ist, wenn sie richtig definiert ist u. wenn die SELWYN-Beziehung Gültigkeit besitzt. Ist die SELWYN-Beziehung jedoch nicht erfüllt, muß die Quantenausbeute durch Messungen bestimmt werden, bei denen die Abtastöffnung so dimensioniert werden muß, daß keine größere Öffnung einen größeren $\sigma\sqrt{a}$-Wert liefert. Unter dieser Voraussetzung wurde in der Photographie keine größere Quantenausbeute als 2% gefunden. W. GÜNTHER. 8590□

Die Beziehung zwischen Punktmustern mit zufälliger Verteilung und der photographischen Emulsion. J. C. Marchant und P. L. P. Dillon. (J. opt. Soc. America **51.** 641—44. Juni 1961. Rochester, N.Y., Eastman Kodak Co., Res. Labor.) (Engl.)

Vff. beschreiben eine Meth. zur Herst. von Testmustern für ein „Idealmodell" des entwickelten photograph. Bildes. Die Muster werden von einer Kathodenröhre durch Scintillationen erzeugt u. photograph. aufgenommen. Sie erscheinen als runde dunkle Punkte auf hellem Grund. Ausgehend von dem Modell werden Definitionen für die Dichte u. die SELWYN-Körnigkeit abgeleitet. Es kann gezeigt werden, daß die Vers.-Ergebnisse mit den theoret. Überlegungen in guten Einklang zu bringen sind. W. GÜNTHER. 8590□

Luxsekunden und Lichtquanten je (mμ)^2. Hermann Eckhard. (Bild u. Ton **15.** 71—73. März 1962. Leuna.) (Dt.)

Übersicht. — 9 Literaturangaben. H. CZECH. 8590□

Weitere Versuche zur Bildung von Silberkeimen an photographischen Emulsionskörnern im elektrischen Feld. R. Matejec. (Naturwissenschaften **48.** 619—20. 1. Okt.-H. 1961. Leverkusen, Agfa AG., Wiss.-photograph. Labor.) (Dt.)

Durch starke elektr. Felder (Feldstärke $\approx$10 kV/cm) lassen sich die Zwischengitterionen in den Silberhalogenidkörnern photograph. Emulsionen an die Kathodenseite dieser Körner verlagern. Bei einer darauffolgenden Dauerbelichtung im elektr. Dauerfeld entstehen dann die Ag-Keime des latenten Bildes an den einzelnen Körnern prakt. nur in einer an der Kathodenseite gelegenen Zone. Durch physikal. oder chem. Entw. können diese Zonen in jedem Korn sichtbar gemacht werden. Die Breite dieser Zonen nimmt zu mit abnehmender Feldstärke u. steigender Lichtintensität. Die Einfl. der Lichtintensität u. der Feldstärke auf die Breite der Zonen werden diskutiert. G. GATTOW. 8594□

Natur und Entstehung des latenten photographischen Bildes. J. W. Mitchell. (J. photogr. Sci. **9.** 328—29. Sept./Okt. 1961. Bristol, Univ., H. H. Wills Phys. Labor.) (Engl.)

Vf. gibt einen kurzen Überblick über den derzeitigen Stand der Kenntnisse vom latenten Bild. — Literaturangaben. W. GÜNTHER. 8594□

Das ausschließlich innere latente Bild. G. W. W. Stevens. (J. photogr. Sci. **9.** 322—27. Sept./Okt. 1961. Wealdstone, Harrow, Middlesex, Kodak Ltd., Res. Labor.) (Engl.)

Der Nachw. eines latenten Bildes, das ausschließlich im Korninnern liegt, läßt sich auf folgende Weise erbringen. Man entwickelt zuerst mit einem Oberflächenentwickler, bleicht dann das Innenkornbild u. entwickelt anschließend mit einem Innenkornentwickler (Rezeptangaben vgl. Original). Oder man prüft, ob die Dichte der mit einem Oberflächenentwickler entwickelten Probe bei anschließender Innenkorn-Entw. weiter zunimmt. Beide Meth. geben gleiche Resultate. Es wurde festgestellt, daß Emulsionen, die dem Nachreifeprozeß unterworfen wurden, nur in solchen Körnern ein Innenkornbild bilden, die auch ein Oberflächenbild besitzen. Eine ungereifte Emulsion bildet ausschließlich ein Innenkornbild. — Zur Erklärung der Solarisation wurde angenommen, daß diese dadurch zustande kommt, daß das Oberflächenbild zerstört u. das innere latente Bild weiter aufgebaut wird. Diese Vorstellung findet insofern eine Bestätigung, als zwischen dem Dichteverlust der Solarisation durch die Oberflächen-Entw. u. der Dichtezunahme durch die Entw. des ausschließlich inneren latenten Bildes eine gute Übereinstimmung besteht. — 6 Literaturhinweise. W. Günther. 8594□

Der Einfluß des Gegenlichtes auf die Negativgradation. Hans-Georg Pauli. (Bild u. Ton **15.** 18—24. Jan. 1962. Berlin.) (Dt.)

Behandelt werden Abhängigkeit der Gradation vom Gegenlichtwinkel, von der Gegenlichtintensität u. Verh. von zwei verschiedenen Objektiven. H. Czech. 8598□

Betrachtungen über die Möglichkeit, den Durchhang der Schwärzungskurve von Schwarz-Weiß-Negativmaterial zu begradigen. L. Franchi. (J. photogr. Sci. **9.** 277—79. Sept./Okt. 1961. Ferrania, Res. Labor.) (Engl.)

Vf. kann zeigen, daß es theoret. u. prakt. möglich ist, den Durchhang der Schwärzungskurve von Negativmaterialien zu verbessern. Es wird die Herst. eines Materials beschrieben, dessen Schwärzungskurve im Gebiet der Unterbelichtung, im sog. Durchhang, sofort mit einem gradlinigen Teil beginnt. Der Effekt wird dadurch erreicht, daß der Schutzschicht des Films ein Farbbildner zugefügt wird. Durch Rehalogenierung des Bildes, Farb-Entw. u. Bildübertragung in die Hilfsschicht kann fast eine Verdopplung der ursprünglichen Empfindlichkeit erreicht werden. Die Rehalogenierungs-Lsg. hat folgende Zus.: 30 g $K_3[Fe(CN)_6]$, 20 g KBr, W. auf 1000 ml. Als Farbentwickler eignet sich u. a. z. B. der Ferrania-Farbentwickler RC 125. W. Günther. 8604□

Der Unterteilungseffekt von Körnern und seine Auswirkung auf die Empfindlichkeit. A. Marriage. (J. photogr. Sci. **9.** 319—21. Sept./Okt. 1961. Wealdstone, Harrow, Middlesex, Kodak Ltd., Res. Labor.) (Engl.)

Es ist bekannt, daß Körner grobkörniger Emulsionen gewöhnlich mehr Licht absorbieren müssen, um entwickelbar zu werden, als solche einer mittleren Kornklasse. Es wird angenommen, daß die geringere Quantenausbeute großer Körner darauf zurückzuführen ist, daß sie in Einzelgebilde unterteilt sind, die bei der Belichtung unabhängig u. unterschiedlich reagieren, obwohl das ganze Korn entwickelbar ist, wenn irgendein Einzelteil dieses Korns genügend belichtet wurde. Man kann eine Vorstellung von der Größe des Effekts erhalten, wenn man aus der Schwärzungskurve einer Emulsion mit nur einer einzigen Korngrößenklasse die Wahrscheinlichkeit der Entwickelbarkeit von mindestens einem Aggregat von n zufällig erfaßten Körnern berechnet. Der Effekt ist abhängig von der Verteilung der Empfindlichkeit der Körner u. der Unterteilung der Körner. Der Empfindlichkeitsrückgang ist etwas geringer als der Unterteilungsgrad, auch bei geringen Dichten. Parallel dazu läuft eine Kontrasterhöhung.
W. Günther. 8604□

Untersuchungen über die Reaktion zwischen Gelatine und Edelmetallen und über den Sensibilisierungseffekt durch Edelmetalle. A. Narath und A. Tiilikka. (J. photogr. Sci. **9.** 303—11. Sept./Okt. 1961. Berlin, TU, Inst. für angew. Photochem. u. Filmtechn.) (Engl.)

Mit Hilfe potentiometr. Titrationen untersuchten Vff. das Rk.-Vermögen von photograph. Gelatinen mit Edelmetallsalzen, z. B. *Goldrhodanid* (0,17 mg Au u. 1,6 mg NH_4CNS in 1 ml), K_2PtCl_4 u. K_2PdCl_4. Es wird gezeigt, daß zwischen Edelmetallsalzen u. Gelatine zwei verschiedene Rkk. möglich sind. Die Edelmetallsalze reagieren einerseits mit in der Gelatine vorhandenen Aktivstoffen, z. B. mit Schwefelsensibilisatoren, reduzierenden Substanzen u. Hemmstoffen. Die Edelmetallsalze werden andererseits von Polypeptidketten der Gelatine zu Komplexen gebunden. Pt u. Pd werden von der Gelatine stärker gebunden als Au, eine Feststellung, die die Beobachtung erklärt, daß man bei Emulsionen von hohen Gelatine-Konzz. mit Pt oder Pd einen geringeren Empfindlichkeitsgewinn erzielen kann als durch Au-Sensibilisierung. Es ist möglich, Handelsgelatinen mit Hilfe der Potentialtitration in ihrem Reifvermögen zu unterscheiden. Die erhaltenen Ergebnisse werden mit Emulsionstest-Verss. verglichen. Hierzu diente eine Bromjodsilberemulsion, die bei pAg 9 digeriert wurde. Sie enthielt 0,088 Mol Ag u. ca. 25 g Gelatine in 250 ml Emulsion. Die Potentialtitrationen u. die Digestions-Verss. wurden bei pH 6 durchgeführt. Es wird abschließend auf die theoret. u. prakt. Bedeutung der Edelmetallsalze für die Emulsionstechnik hingewiesen. — 12 Literaturhinweise.
W. Günther. 8604□

Untersuchungen über die Temperaturabhängigkeit der spektralen Sensibilisierung, der Übersensibilisierung und Desensibilisierung photographischer Schichten. Helmut Frieser, Albin Graf und Dieter Eschrich. (Z. Elektrochem., Ber. Bunsenges. physik. Chem. **65.** 870—81. Dez. 1961. München, TH, Inst. für wiss. Photograph.) (Dt.)

Die Temp.-Abhängigkeit von opt. Sensibilisierung, Desensibilisierung u. Übersensibilisierung wurde je an einer Ammoniak- u. einer Siedeemulsion untersucht. Die durch den Sensibilisator verursachte Empfindlichkeit u. die Eigenempfindlichkeit wachsen zunächst mit abnehmender Temp. bis zu einem für den zugesetzten Farbstoff wahrscheinlich charakterist. Temp.-Punkt, dann laufen beide Empfindlichkeitskurven auseinander: Während die Eigenempfindlichkeit bei -170^0 etwa wieder den gleichen Wert wie bei $+20^0$ erreicht, fällt die sensibilisierte Empfindlichkeit im Mittel um 1 Zehnerpotenz je 90^0 weiterer Temp.-Senkung. — Farbstoffe mit sensibilisierender u. desensibilisierender Wrkg. verlieren beide Eigg. bei -170^0 fast vollständig. Die Temp.-Abhängigkeit der durch Kombination eines Sensibilisators mit einem Übersensibilisator erzielten Empfindlichkeit ist vielfach ähnlich der der Eigenempfindlichkeit. Allerdings verliert auch die Übersensibilisierung unter -190^0 an Wirksamkeit. Der Vgl. der Ergebnisse mit den bestehenden Theorien zeigt, daß die beobachtete Temp.-Abhängigkeit der Sensibilisierung nach der Theorie der Energieübertragung von Frank u. Teller plausibel ist, wenn eine unterschiedliche Lebensdauer der für die Lichtabsorption bestimmenden Anregungszustände der Farbstoffe angenommen wird. Die Theorie der Elektronenübertragung läßt auch eine Deutung der Temp.-Abhängigkeit zu, aber die gefundene Temp.-Abhängigkeit ist größer als hiernach theoret. zu erwarten wäre. G. Pankow. 8604□

Über die Existenzbedingungen polymerer I- und H-Aggregate photographischer Sensibilisatoren. Siegfried Dähne. (Naturwissenschaften **48.** 715. 1. Dez.-H. 1961. Berlin, Humboldt-Univ., II. Chem. Inst.; Dt. Akad. der Wiss., Inst. für Optik u. Spektroskop.) (Dt.)

Die auf gelatinefreiem *AgBr* adsorbierten I- u. H-Aggregate sind auch ohne W. existenzfähig, wie durch Vgl. ihrer Spektren im sichtbaren u. IR-Gebiet gezeigt werden kann. Sichtbare I- u. H-Banden sind auch beim Fehlen von IR-OH-Schwingungen in den Adsorbaten vorhanden. — Außer dem Pseudoisocyanin führten folgende Farbstoffe zum gleichen Ergebnis: *Pinacyanol, 3.3'-Dimethylthiacarbocyaninchlorid, 3.3'-Diäthylthiacarbocyaninjodid, 5.5'-Dimethyl-3.3'.9-triäthylthiacarbocyaninjodid, Carboxybetain* nach Meyer, *3.3'-Diäthylthiadicarbocyaninchlorid.* — Für den Zusammenhalt der polymeren I- u. H-Aggregate auf AgBr sind anscheinend die an den Kristalloberflächen wirkenden Gitterkräfte ausreichend, wodurch auch die bekannte Abhängigkeit der I-Banden-Bldg. vom Gitterzeilenabstand erklärt wird. Bei der Herst. von Halogensilberpreßlingen zur IR-Spektroskopie konnte festgestellt werden, daß die I-Banden beim Pressen zugunsten von H-Banden verschwinden. Im Gegensatz dazu bleiben die polymeren H-Banden beim Pressen erhalten. — 6 Literaturhinweise. W. Günther. 8604□

Die Entwicklung eines Solarisationsbildes in einem nichtlösenden physikalischen Entwickler. P. J. Hillson und E. A. Sutherns. (J. photogr. Sci. **9.** 335—37. Sept. Okt. 1961. Wealdstone, Harrow, Middlesex, Kodak Ltd., Res. Labor.) (Engl.)

Es wird gezeigt, daß sich im Solarisationsgebiet ein physikal. Entwickler besser eignet, indem er zu höheren Schwärzungen führt als ein chem. Entwickler. Er hat folgende Zus.: 20 g Citronensäure, 4 g Metol, W. auf 100 ml; kurz vor dem Gebrauch sind 8 ml einer 10%ig. $AgNO_3$-Lsg. zuzusetzen. Als Vgl. diente ein Glycinentwickler folgender Zus.: 1 g Glycin, 5 g Na_2CO_3, W. auf 100 ml. — Es wird angenommen, daß im Solarisationsbereich sich latente Bildkeime an der Kornoberfläche befinden, die der Zerstörung durch Überbelichtung in besonderem Maße widerstehen u. sich durch physikal. Entwickler leicht entwickeln lassen. W. Günther. 8618□

Über den Einfluß von Kalkschutzmitteln auf die photographische Wirksamkeit von Entwicklerlösungen. Günter Hübner. (Bild u. Ton **14.** 377—78. Dez. 1961. Wolfen.) (Dt.)

Bei Verw. harten W. zum Ansatz von Entwickler-Lsgg. empfiehlt sich der Zusatz von Kalkschutzmitteln, z. B. *Natriumkaliumhexametaphosphat* (**I**), das *Dinatriumsalz der Äthlylendiamintetraessigsäure* (**II**) oder *Natriumtripolyphosphat* (**III**). Hierbei rechnet man bei W. von 10^0 d.H. mit einem Kalkschutzmittelzusatz von 1—2 g je Liter Entwicklerlösung. Die Zusätze beeinflussen in unterschiedlicher Weise die Entw.-Geschw., da sie den pH-Wert des Entwicklers ändern. **I** u. **II** reagieren sauer (pH einer 1%ig. Lsg.: 6,15 u. 4,45), **III** reagiert alkal. (pH 9,20). Ein Zusatz von 8 g **II** auf 1 Liter D 76-Entwickler drückt das pH von 8,60 auf 7,90, wobei die Empfindlichkeit um eine Blende u. das γ um 0,15 zurückgehen. Zur Neutralisation von **I** u. **II** werden Alkalien, wie Borax oder Soda, benötigt, für 8 g **II** je Liter Entwickler-Lsg. sind 8 g Borax oder 4 g Soda notwendig, um eine optimale Entw. zu gewährleisten. W. Günther. 8618□

Die Kontrastwiedergabe von photographischen Reproduktionen in Gegenwart und in Abwesenheit von Diffusionseffekten während der Entwicklung. P. G. Powell.

(J. photogr. Sci. **9.** 312—15. Sept./Okt. 1961. Wealdstone, Harrow, Middlesex, Kodak Ltd., Res. Labor.) (Engl.)

Beobachtungen über die photograph. Reproduktion von feinen Linien, Kanten u. Sinuswellentestbildern zeigen, daß die Sinuswellen-Kontrastwiedergabe-Funktion des Prozesses in Abwesenheit chem. Diffusionseffekte von der Form des Bildes unabhängig ist, während bei Vorhandensein von Diffusionseffekten dies nicht immer der Fall ist. Die Kontrastwiedergabe von Anteilen höherer Frequenz ist bei der Reproduktion von Kantenbildern u. feinen Linien höher als bei der von Sinuswellenbildern. Es wird versucht, dieses Ergebnis zu deuten u. daraus Folgerungen zu ziehen. W. GÜNTHER. 8618□

Die Photographie nach Land in ihrer Beziehung zur Farbtheorie und zur Farbenphotographie. C. E. M. Hansel. (J. photogr. Sci. **9.** 290—98. Sept./Okt. 1961. Manchester, Univ., Dep. of Psychol.) (Engl.)

Das LAND-Syst. verwendet bekanntlich einen Zweifarbenprozeß. Es wird versucht, ihn psycholog. zu erklären. Die bei den Photographien nach LAND beobachteten Farbeffekte beruhen auf wohlbekannten Wahrnehmungsphänomenen. Ihre Erklärung muß auf diese Phänomene, mit denen sie in Zusammenhang stehen, zurückgeführt werden. Die Dreifarbentheorie setzt die Natur des Anfangsstadiums im Moment der Farbaufnahme voraus, kann jedoch kaum qual. auf das Phänomen des Farbsehens angewandt werden. Dagegen ist nach Vf. möglich, die Gegentheorie von HERING zur Erklärung u. als Grundlage für die späteren Stadien des Sehprozesses heranzuziehen. Es ist notwendig, hierfür Zwischenstadien anzunehmen, die Empfindlichkeitsänderungen der Rezeptoren zur Voraussetzung haben. Diese Änderungen können auf die unterschiedliche Leistungsfähigkeit von größeren oder kleineren Teilflächen der Retina zurückgeführt werden, die mit der chromat. Aberration in Verbindung gebracht werden. — 8 Literaturhinweise. W. GÜNTHER. 8630□

Die künstliche Alterung des latenten Bildes von Ektacolor-Papier. Ted H. Horn. (J. SMPTE [Soc. Motion Picture Televis. Engr.] **70.** 39—41. Jan. 1961. Charlotte, N.C., B. & H. Photo, Div. of Perfect Photo, Inc.) (Engl.)

Für die Verarbeitung von Ektacolor-Papier wird gefordert, daß das latente Bild von belichteten Kopien sich bis zu 3 Wochen, bis zum Zeitpunkt der Entw., unverändert hält. Um dies zu erreichen, wird empfohlen, das Papier 180 Min. bei 55° künstlich zu altern, bevor es zur Verarbeitung kommt. W. GÜNTHER. 8630□

Das Kalvar-Verfahren. W. A. Seifert und W. F. Elbrecht. (Photogr. Sci. Engng. **5.** 235—38. Juli/Aug. 1961. New Orleans, La., Kalvar Corp.) (Engl.)

Vff. beschreiben das neue Kalvarverfahren. Das hierzu verwendete Material besteht aus einer Unterlage, z. B. Mylar oder Papier, das mit einem thermoplast. Harz beschichtet ist, welches ein dispers verteiltes Diazoniumsalz enthält. Durch Belichten zersetzt sich das Salz, durch Erwärmen der Schicht läßt sich das N_2-Gas austreiben, während in der Schicht eine Bläschenstruktur zurückbleibt. Da die Bläschen in der thermoplast. Schicht einen anderen Brechungsexponenten aufweisen als ihre Umgebung, entsteht durch die Lichtzerstreuung ein Bild. Die das Licht zerstreuenden Elemente können in ihrem Durchmesser von 0,5—5 μ variiert werden. Das Kalvarmaterial kann ohne Vorsichtsmaßnahmen bis 110° F gelagert werden. Es ist ein relativ unempfindliches Material. Die maximale Spektralempfindlichkeit liegt bei 385 μ. Für die Belichtung eignen sich Hg-Lampen. Das Reziprozitätsgesetz gilt für Belichtungszeiten von 0,05—60 Sekunden. Die Entw. erfolgt durch Hitze-Einw., z. B. durch eine heiße Walze (Einw.-Dauer ½ Sek. bei 235° F). Fixieren ist nicht notwendig, wenn das entwickelte Material später vor Hitze u. Belichtung mit UV-Strahlung geschützt werden kann. Es kann fixiert werden, indem man nach der Entw. das Material einer nochmaligen Belichtung mit UV-Strahlung aussetzt, um den nicht umgesetzten Sensibilisator zu zersetzen. Wegen der Stabilität des latenten Bildes empfiehlt es sich, das Kalvarmaterial 3 Min. nach der Belichtung zu entwickeln. Die Schwärzungskurve hängt von den Betrachtungsbedingungen ab. Bei Betrachtung mit diffusem Licht liegt das γ bei 0,35, die maximale Dichte bei 0,6. Das Verhältnis zwischen Projektionsdichte u. diffuser Dichte ist hoch. Man kann in einem Diapositiv eine Bildumkehr vom Positiv zum Negativ beobachten, wenn der Einfallswinkel der Lichtquelle geändert wird. Für Kalvarmaterialien wird ein Auflösungsvermögen von 500 Linien/mm angegeben. Abschließend werden Anwendungsmöglichkeiten des neuen Materials besprochen. W. GÜNTHER. 8652□

Neuer elektrophotographischer Prozeß mit Hilfe kombinierter Elektretschichten. B. M. Golowin, I. Ss. Sheludew, N. T. Kaschukejew, I. N. Orlow, W. M. Fridkin, L. Ja. Mogilewskaja und A. Ss. Antonow. (Доклады Академии Наук СССР [Ber. Akad. Wiss. UdSSR] **129.** 1008—11. 11/12. 1959. Inst. für Kristallogr. der Akad. der Wiss. der UdSSR, Physik. Inst. der Bulg. Akad. der Wiss.) (Russ.) — Vgl. C. **1961.** 6391; C. **1960.** 10836.

Der neue elektrophotograph. Prozeß beruht auf der Verw. kombinierter Photo-Elektretschichten: Auf eine halbdurchsichtige Elektrode ist eine Schicht (A) eines Photoleiters mit relativ hoher Lichtempfindlichkeit u. geringer Trägheit aufgetragen, dann ein Dielektrikum (B) mit stabiler Dunkelpolarisation u. schließlich die andere Elektrode, die undurchsichtig sein kann. In Verss. wird als Schicht A CdS, als Schicht B ZnS, beide mit Cu u. Cl aktiviert, als Bindemittel für CdS Polystyrol oder Epoxidharz, für ZnS Polystyrol verwendet; Schichtdicke: A 150, B 50 μ. In Diagrammen wird die Abhängigkeit der Ladung des ZnS u. der Kombination ZnS–CdS von der Anfangsentladungsspannung bzw. von log Et (Et = W/cm^2; Energie/Fläche von A) dargestellt.
R. K. MÜLLER. 8652□

Die Wirkung der Papieroberfläche auf die Tonwiedergabe. G. A. Mitchener und L. E. Lawson. (J. photogr. Sci. **9.** 298—302. Sept./Okt. 1961. Leatherhead, Surrey, Printing, Packaging and Allied Trades Res. Assoc.) (Engl.)

Vff. können zeigen, daß die Oberfläche von Papieren für Raster-Verff. einen wesentlichen Einfl. auf die Tonwertwiedergabe ausübt. Gleiche Mengen Druckfarbe (in g pro Flächeneinheit) erzeugen bei Papieren unterschiedlicher Oberfläche verschiedene Farbdichten. Daraus ergibt sich die Notwendigkeit, Tonwertwiedergabekurven von Materialien für Halbton-Verff. nur in Verbindung mit der zur Anwendung kommenden Papiersorte zu diskutieren. W. GÜNTHER. 8654□

Über den Einfluß von Temperatur und relativer Feuchtigkeit auf die photographische Wiedergabe von ^{60}Co-γ-Strahlung. Margarete Ehrlich. (J. Res. Bur. Standards, C. **65.** 203—205. Juli/Sept. 1961.) (Engl.)

Vf. untersuchte Dosimeterfilme auf ihr Verh. gegenüber ^{60}Co-γ-Strahlung bei verschiedenen Temp. u. relativen Feuchtigkeiten. Die ^{60}Co-Quelle hatte eine Aktivität von 50 μc. Untersucht wurde der Temp.-Bereich von 5—33^0 bei Feuchtigkeiten zwischen 11 u. 98%. — Es zeigte sich, daß die Dosimeterfilme, die bei hohen Feuchtigkeiten der γ-Strahlung ausgesetzt wurden, für die Dosimetrie unbrauchbar sind, da sie eine erhebliche Schleier-Bldg. zeigen. Die Schleier-Bldg. läßt sich vermeiden, wenn man die Dosimeterfilme in Polyäthylenschutzpackungen einschweißt. — 7 Literaturhinweise.
W. GÜNTHER. 8654□

Ermittlung der kristallographischen Kornoberfläche von Emulsionskörnern in photographischen Schichten. W. Waidelich. (Z. wiss. Photogr., Photophysik Photochem. **55.** 97—102. Okt. 1961. München, TH, Physikal. Inst.) (Dt.)

Es wird ein einfaches, mit Röntgendiffraktometern durchzuführendes Verf. angegeben, das die rasche Ermittlung einer bevorzugten Parallelstellung von bestimmten kristallograph. Ebenen der Emulsionskörner zur Schichtoberfläche einer photograph. Emulsion gestattet. Als Standard-Präp. wurde ein in einer Schwingmühle zerkleinertes *AgBr*-Pulver-Präp. verwendet, von dem man eine weitgehende Gleichverteilung aller möglichen Netzebenenanlagen annehmen darf, was durch Übereinstimmung mit theoret. Intensitätswerten geprüft werden kann (Registrierdiagramm vgl. Original). Im gleichen Strahlengang wie das Vgl.-Präp. wurden „Pulveraufnahmen" von photograph. Emulsionen hergestellt. Hierzu wurden zwei charakterist., von FRIESER für seine Sensibilisierungs-Verss. verwendete Emulsionen herangezogen. Vf. kann zeigen, daß sich im ersten Fall Würfelflächen, im zweiten Fall Oktaederflächen vorzugsweise parallel zur Schichtoberfläche orientieren. Eine Ammoniakemulsion bildet nicht nur würfelförmige Kristalle, wie aus mkr. Beobachtungen zu entnehmen ist, sondern die Körner orientieren sich auch in der angegebenen Weise; kub. (1 0 0)-Flächen der Emulsionskristalle sind also vorzugsweise parallel zur Schichtoberfläche orientiert. Das Interferenzdiagramm einer Siedeemulsion mit sechseckigen Plättchen unterscheidet sich grundlegend von dem der Ammoniakemulsion. — Die angegebene Unters.-Meth. eignet sich für Unterss. von Kornorientierungeffekten an fertigen Emulsionen. Sie läßt sich auch zur Unters. von Erstarrungs- u. Trocknungsvorgängen der Schicht verwenden. Bei Wasseraufnahme der Ammoniakemulsion vermindert sich die beschriebene Vorzugsorientierung. W. GÜNTHER. 8658□

Zur Zeichnungstreue der Äquidensiten. 1. Mitt. **Wiedergabe von Äquibestrahlungskurven durch photographische Äquidensiten.** W. Heinz. (Optik **18.** 130—46. 1961. Berlin, FU, 1. Physikal. Inst.) (Dt.)

Photograph. Äquidensiten, Kurven gleicher Schwärzung, schwanken statist. um vorgegebene Äquibestrahlungskurven. Den Ortsschwankungen Δr können Schwärzungsschwankungen ΔS nach der Beziehung: $\Delta S = \text{grad } S \cdot \Delta r$ zugeordnet werden. ΔS ist im wesentlichen von der Schwärzung abhängig: $\Delta S = c\sqrt{S}$ oder $\Delta S = c\sqrt{S + 0{,}3\,S^2}$, wobei c sich nur schwach mit den Parametern des photograph. u. des Äquidensitenprozesses ändert u. für die untersuchten Photomaterialien steiler Gradation zwischen

0,02 u. 0,06 liegt. Die auf gleiche Gradation red. mittleren Schwärzungsschwankungen u. damit vielfach die mittleren Ortsschwankungen haben als Funktion der Schwärzung Minima in der Nähe des Optimums der Detailwiedergabe ($S \approx 0,8$). — Die beobachteten Schwankungen lassen sich als Unregelmäßigkeiten des photograph. Materials u. des Entw.-Prozesses deuten. Das Auflösungsvermögen photograph. Äquidensiten wird daher nicht durch die Körnigkeit, sondern durch Wolkigkeit, zufällige Plattenfehler u. Dickenschwankungen der lichtempfindlichen Schicht begrenzt. — 6 Literaturhinweise.
W. GÜNTHER. 8660□

Farbmaßzahlentransformation. Friedrich Lachner. (Photogr. Korresp. **97.** 139—43. Sept. 1961. Wien.) (Dt.)

Vf. behandelt von einem allg. mathemat. Standpunkt aus die Umwandlung der einen Art von Farbmaßzahlen in eine andere. Dabei finden die Regeln der Matrizenrechnung eine nützliche Anwendung. Vf. schlägt hierzu eine eindeutige allg. Formelschreibweise vor, die den Vorteil hat, daß sie bei Schreib- u. Setzmaschinen angewendet werden kann. W. GÜNTHER. 8660□

Eine vollständige sensitometrische Methode für Umkehrfarbfilme. 1. Mitt. Teil 1. Karl Dietzel. (Photogr. Korresp. **97.** 131—39. Sept. 1961. Paris, Inst. d'Optique; Neu-Isenburg, Adox-Fotowerke.) (Franz.)

Vf. hat sich die Aufgabe gestellt, eine Prüfmeth. festzulegen, mit der man die für die Kontrolle u. Herst. eines Farbumkehrmaterials wesentlichen sensitometr. Eigg. bestimmen kann: Empfindlichkeit, Gradation, Farbstich, das Kippen der Teilgradationen, Restfärbung der Unterlage, Farbstich in Unter- u. Überbelichtung, Farbsättigung. — Die Lsg. des gestellten Problems konnte unter Verw. der Farbmetrik erreicht werden. Die Meth. wurde an handelsüblichen Farbmaterialien nachgeprüft. Die Ergebnisse ergaben gute Übereinstimmung mit der Praxis. W. GÜNTHER. 8660□

Eine vollständige sensitometrische Methode für Umkehrfarbfilme. 1. Mitt. Teil. 2. Karl Dietzel. (Photogr. Korresp. **97.** 147—54. Okt. 1961. Paris, Inst. d'Optique; Neu-Isenburg, Adox-Fotowerke.) (Franz.)

Vf. gibt eine Tabellenzusammenstellung zur Berechnung der CIE-Koordinaten eines Punktes im Farbdreieck für den Spektralbereich von 400—700 nm, in Abständen von 25 zu 25 nm, u. für Transmissionswerte von 1—100%. — 19 Literaturhinweise.
W. GÜNTHER. 8660□

Eine vollständige sensitometrische Methode für Umkehrfarbfilme. 2. Mitt. Karl Dietzel. (Photogr. Korresp. **97.** 163—71. Nov. 1961. Paris, Inst. d'Optique; Neu-Isenburg, Adox-Fotowerke.) — Vgl. vorst. Referat.

Die vollständige Sensitometrie eines Films schließt die Kenntnise der Emulsions-Konst., wie Körnigkeit, Schichtdicke, Lichthofschutz, Einfl. des Entwicklers u. anderer Faktoren ein. Nach der Informationstheorie betrachtet man eine Emulsion als einen Multipol. Das Originalsignal erleidet durch das Syst. Objektiv/Film eine Veränderung, die sich berechnen läßt. Das Originalsignal ist gegeben durch eine Mire von verschiedenen Frequenzen. Sie wird deformiert beim Durchgang durch Objektiv, Film, Projektionsobjektiv u. Auge. Die Funktion wird als Kontrastübertragungsfunktion bezeichnet. Der Kontrast ist definiert durch: $K = I_{max} - I_{min}/I_{max} + I_{min}$, wobei I_{max} u. I_{min} die maximale u. minimale Intensität bedeuten, die durch die Mire übertragen werden u. wobei gilt: $K_{total} = K_{Original} \cdot K_{Objektiv} \cdot K_{Film} \cdot K_{Projektor} \cdot K_{Auge}$. Die Funktion wird einer FOURIER-Analyse unterworfen, die Koeff. der FOURIER-Reihe werden nach der Näherungs-Meth. von THOMSON bestimmt. Die so erhaltenen Werte werden mit der Meth. von ZIPPERER verglichen. Die theoret. Überlegungen werden an prakt. Beispielen überprüft. — 33 Literaturhinweise. W. GÜNTHER. 8660□

Die Verwendbarkeit des Farbfilmes für quantitative mehrdimensionale Farbschlierenverfahren. Gerhard Heyl. (Ann. Physik [7] **7.** 312—25. 1961. Marburg, Univ., Inst. für angew. Phys.) (Dt.)

Es wird gezeigt, wie mit Hilfe des Farbfilms die quant. Auswertung mehrdimensionaler Farbschlieren-Verf. nach dem Testplatten- u. Komponenten-Verf. vorgenommen werden kann. Die Möglichkeiten für den Bau von Normalfarbentestplatten u. das Komponenten-Verf. werden beschrieben. Für das Komponenten-Verf. wird ein Beispiel angeführt. H. SCHIBILLA. 8660□

Die Bestimmung von Phenidon in Entwicklern auf spektrophotometrischem Weg. Helen M. Rosenberger. (Photogr. Sci. Engng. **5.** 193—94.. Juli/Aug. 1961. Chicago, Ill., A. B. Dick Co.) (Engl.)

Nach einem kurzen Überblick über die in der Literatur (5 Hinweise) bekanntgewordenen Best.-Meth. beschreibt Vf. ein Schnell-Verf. von hoher Genauigkeit. Es beruht darauf, daß *Phenidon* mit seinem C=O-Chromophor in Chlf. eine scharfe Absorptionsbande bei 250 mμ zeigt u. im Konz.-Gebiet von 0,1—3,5 mg *Phenidon*/100 ml Chlf. dem BEERschen Gesetzt folgt. Die Konz. von *Phenidon* in konz. Entwickler-Lsgg. liegt bei 1—3 g/Liter. Phenidonoxydations-Prodd. stören bei der quant. Analyse nicht. W. GÜNTHER. 8660 □

Über die Einwirkung von Kaliumjodid auf photographische Bromsilberschichten. Eduard Röll. (Z. wiss. Photogr., Photophysik Photochem. **55.** 114—20. Okt. 1961. München-Obermenzing.) (Dt.)

Verd. KJ-Lsgg. setzen das *AgBr* in photograph. Schichten in *AgJ* um u. machen es damit unentwickelbar für photograph. Entwickler. Es kann gezeigt werden, daß die in AgJ umgewandelte u. die ursprüngliche AgBr-Schicht scharf gegeneinander abgegrenzt sind u. daß die Dicke der umgewandelten Schicht bei gegebener KJ-Konz. proportional der Einw.-Zeit ist. Es ist damit die Möglichkeit gegeben, einen Schichtquerschnitt in einer bestimmten Dicke u. in einer im voraus bestimmbaren Schichttiefe topograph. angeordnet aus dem Entw.-Prozeß auszuschalten. Die Anwendungsmöglichkeiten der beschriebenen Meth. werden an eindrucksvollen Mikrotomschnitten demonstriert. Das Verf. eignet sich z. B. dazu, die Selektivität einzelner Schichten von Mehrschichtfarbfilmen zu untersuchen. Es eignet sich für Unterss. des Auflösungsvermögens, sowie für Unterss. von Diffusionsvorgängen beim Entwickeln mit verschiedenen Entwicklertypen. — 7 Literaturhinweise. W. GÜNTHER. 8662 □

Perutz Photowerke G. m. b. H., München (Erfinder: Rudolf Schmidt, Gröbenzell), **Herstellung photographischer Halogensilberemulsionen.** Zur Kornverfeinerung werden der zur Emulsions-Herst. dienenden $AgNO_3$-Lsg. 2—50 g NH_4-Fluoride $[NR_4]F$ pro 1 $AgNO_3$ zugesetzt, worin R = H oder ein aliphat. Rest ist. Man kann auf diese Weise Emulsionen von 23° Din herstellen, die ein Korn einer 21° Din-Emulsion besitzen. (**D. A. S. 1 115 579** Kl. 57b vom 2/5. 1959, ausg. 19/10. 1961.) E. FUCHS. 8601

E. I. du Pont de Nemours & Co., Wilmington, Del. (Erfinder: Heman Dowd Hunt, Metuchen, N.J.), V.St.A., **Lichtentwickelbares oscillographisches photographisches Material.** Die lichtempfindliche Halogensilbergelatineemulsionsschicht enthält pro Mol. Ag mindestens 0,5 Mol-% Sn(II)-Salz u. mindestens 0,1 Mol-% Pb(II)-Salz sowie einen Überschuß an Halogenionen über das Ag-Äquivalent. Die Emulsion kann $MgBr_2$ u. $CaBr_2$ enthalten. (**D. A. S. 1 123 557** Kl. 57b vom 10/12. 1959, ausg. 8/2. 1962. A. Prior. 22/5. 1959.) E. FUCHS. 8601

International Polaroid Corp., Jersey City, N.J. (Erfinder: William Howard Ryan, Carlisle, und Elizabeth Laura Yankowski, Watertown, Mass.), V.St.A., **Bildempfangsmaterial für das Diffusionsübertragungsverfahren.** Die Bildempfangsschicht, die sich auf einem Träger, wie Celluloseacetat, befindet, besteht ggf. neben regenerierter Cellulose, Polyvinylalkohol, Celluloseäther, Proteinen (Gelatine) aus *desacetyliertem Chitin,* in der Ag ausfällende Keime (koll. Au, Ag) enthalten sind. Hierdurch wird die Bildübertragung verbessert. (**D. A. S. 1 116 969** Kl. 57b vom 22/4. 1960, ausg. 9/11. 1961. A. Prior. 22/4. 1959.) E. FUCHS. 8601

Kodak Ltd., London, England (Erfinder: Robert Sutherland Bryce und William Harris Griggs), **Photographisches Papier.** Der Papierträger wird mit einem WERNER-Komplexsalz überzogen, in dem Zentralatom 3wertiges Cr ist, umgeben von einer Carbonsäuregruppe mit mindestens 10 C-Atomen. Die Halogensilberemulsionsschicht wird hierauf unmittelbar aufgetragen u. haftet gut. Man verwendet z. B. Stearinsäure-$CrCl_3$-Komplexe. Der Papierträger kann aus Papierbrei hergestellt werden, der Al-Stearat, Gelatine u. Stärke zur Verleimung enthält. Das Cr-Komplexsalz wird in wss. Lsg. in einer Konz. von ca. 0,5—1% aufgetragen. (**E. P. 859 016** vom 6/1. 1958, ausg. 18/1. 1961. A. Prior. 7/1. 1957.) E. FUCHS. 8603

Oskar Holbe, Dresden, und Willy Schmidt, Radebeul, **Barytieren von Photorohpapier** unter Verw. von Alkalisalzen der Celluloseglykolsäure als hochmol. Quellsubstanzen, ggf. im Gemisch mit Gelatine, als Bindemittel. — Barytageansatz: **3000** (g) Blanc-fixe (72%ig), 160 Gelatine, 9 Na-Celluloseglykolat u. 2000 Wasser. Netz- u. Härtungsmittel werden nach Bedarf hinzugefügt. (**D. P. [DDR] 20 996** Kl. 55f vom 7/11. 1958, ausg. 7/3. 1961 [Wirtschaftspatent].) M. F. MÜLLER. 8603

Eastman Kodak Co., übert. von: Dorothy J. Beavers, Charles V. Wilson und James L. Graham, Rochester, N.Y., V.St.A., **Allgemeinsensibilisatoren** bilden bisquatern. Verbb. der allg. Formeln $QRCONH(A)_{n-1}$—NHCOR′Q u. QRCONHAQ′. Hierin sind Q u. Q′ (gleiche oder verschiedene) organ. Reste, die quatern. N-Atome enthalten, z. B. Trialkylammonium-, Cyclammonium-, Pyridinium- u. Chinoliniumreste. R u. R′ sind (gleiche oder verschiedene) zweiwertige organ. Reste mit n = 1—10 C-

Atomen, die auch durch O-, S- oder N-Atome voneinander getrennt sein können, z. B. $-(CH_2)_n$, $-(CH_2)_n-O-(CH_2)_n$ oder $-(CH_2)_n-S-(CH_2)_n$. A ist eine gerade C-Kette, die auch O-, S- oder N-Atome enthalten kann. Die Gesamtzahl der linear zwischen Q u. Q′ in R, R′ u. A enthaltenen Atome muß zwischen 14 u. 30 liegen. — Beispiele für A: $(CH_2)_n$, $[(CH_2)_n \cdot O \cdot (CH_2)_n]_{n'}$, $(CH_2)_n \cdot CONH \cdot (CH_2)_{n'}$, $(CH_2)_n-COO-(CH_2)_{n'}$, $(CH_2)_n \cdot S-(CH_2)_{n'}$, $(CH_2)_n \cdot C_6H_4 \cdot (CH_2)_{n'}$, (n′ = 1—10), Diphenyl u. Naphthyl. — Beipiele (pyridiniumperchlorat = I): *7.14-Diaza-6.15-dioxoeicosan-1.20-bis*-I, $C_{28}H_{44}Cl_2N_4O_{10}$, F. 60—63°; *7.18-Diaza-6.19-dioxotetracosan-1.24-bis*-I, $C_{24}H_{54}Cl_2N_4O_{10}$, F. 67—70°; *10.15-Diaza-9.16-dioxotetracosan-1.24-bis*-I, $C_{32}H_{52}Cl_2N_4O_{10}$, F. 76—78°; *7.10.17.20-Tetraza-6.9.18.21-tetraoxohexacosan-1.26-bis*-I, $C_{32}H_{50}Cl_2N_6O_{12}$, F. 90—100° (Zers.); *7.18-Diaza-6.19-dioxotetracosan-1.24-bis-[dimethylamin·HBr]*, $C_{26}H_{54}N_4O_2$, F. 110—111,5°; *3-Aza-4-oxotetradecan-1.14-bis*-I, blaßgelbes Öl, *4.11-Diaza-3.12-dioxotetradecan-1.14-bis*-I; *4.11-Diaza-3.12-dioxotetradecan-1.14-bis-[5-äthyl-2-methylpyridiniumperchlorat]*, *3.14-Diaza-2.15-dioxohexadecan-1.16-bis*-I; *7.14-Diaza-6.15-dioxoeicosan-1.20-bis-[pyridiniumjodid]*; *12.19-Diaza-11.20-dioxotriacontan-1.30-bis-[isochinoliniumperchlorat]*; *7.13-Diaza-6.14-dioxo-10-thianonadecan-1.19-bis*-I, *p-Phenylen-bis-[2-aza-3-oxotridecan*-I]. — 10 weitere Beispiele; Darst. einiger Verbb. u. Zwischenprodd. im Original. — Die Verbb. werden den Halogensilberemulsionen vor dem Gießen in Mengen von 0,75—3,0 g auf 1 Mol Halogensilber zugesetzt. Sie können nur insofern als „Sensibilisatoren" bezeichnet werden, als sie die *Empfindlichkeitsverluste* während der Lagerung verhindern u. die *Empfindlichkeitsausnutzung* bei der Entw. verbessern. (**A. P. 2 940 851** vom 27/11. 1957, ausg. 14/6. 1960.) A. KALIX. 8605

E. I. du Pont de Nemours & Co., Wilmington, Del., übert. von: Raymond Normand Huot, Middletown, N.J., V.St.A., **Sensibilisierung.** Einer Halogensilberemulsion für Reprozwecke wird ein Gemisch von 3 verschiedenen Typen von Sensibilisierungsfarbstoffen zugesetzt: Ein Thiacyanin-, ein Oxacarbocyanin- u. ein Thiacarbocyaninfarbstoff, der an mindestens einem Benzolkern der Benzthiazolringe eine cycl. substituierte Dioxy-Ringstruktur enthält. Bei Zugabe jedes Farbstoffes in Mengen von 10—40 mg auf 1 kg gießfertige Emulsion, die ca. 6% des Gelatine-Gew. an Halogensilber enthält, erreicht man eine prakt. gleichmäßige Sensibilisierung über einen Spektralbereich von 400—700 mμ. — Beispiele: 150 (mg) 1.1′-Diäthylthiacyaninjodid, 300 3.3′.9-Triäthyl-5.6.5′.6′-dicyclohexylidendioxybenzothiacarbocyaninjodid, 200 3.3′-Diäthyl-5.6.5′.6′-tetramethylbenzoxacarbocyaninjodid auf 4,5 Mol. Halogensilber. (**A. P. 2 920 962** vom 10/1. 1958, ausg. 12/1. 1960.) A. KALIX. 8605

General Aniline & Film Corp., New York, übert. von: Henry G. Derbyshire, Johnson City, N.Y., V.St.A., **Herstellung von tricyclischen Cyaninfarbstoffen** durch Umsetzung von Verbb. der Formel I mit Verbb. der Formel $R_2(X) \cdot$ $N{=}(CH{-}CH)_{m-1}{=}C{-}Y$ (Z u. Z′ = heterocycl., N-haltige Reste; m = 1 oder 2;
└——Z——┘
R u. R_2 = Alkyl-, Hydroxyalkyl-, Alkoxyalkyl-, Aryl- oder Aralkylgruppen; R_1 = Alkyl-, Allyl-, Aryl- oder Aralkylrest; X = Anion; Y = Alkylmercapto-, Arylmercapto-β-Alkylmercapto-β-arylmercaptovinyl-, β-Alkylmercapto-β-alkylvinyl-, β-Alkylmercapto-

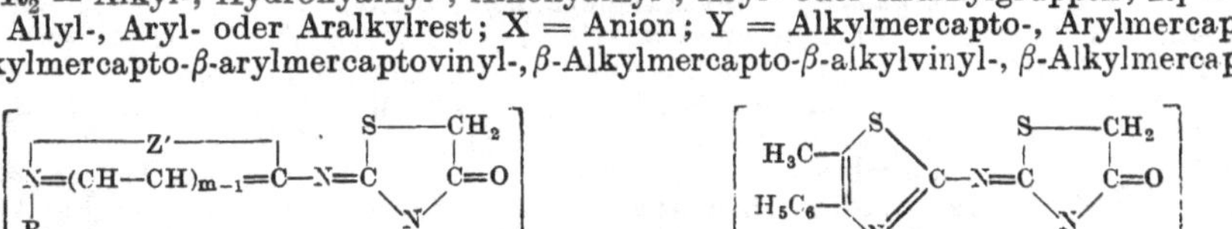

I II

β-arylvinyl-, β-Anilinovinyl-, β-Acetanilidovinyl-, β-Piperidinovinyl-, β-Morpholinovinyl-, 4-Acetanilido-, 4-Anilino-, 4-Piperidino-, 4-Morpholinobutadien-(1.3)-yl-, 6-Acetanilido-, 6-Anilino-, 6-Piperidino- oder 6-Morpholinohexatrien-(1.3.5)-yl-Rest). — **II** wird in einem aliphat. Alkohol in Ggw. bas. Kondens.-Mittel mit 2-[β-Acetanilidovinyl]-benzoxazoläthojodid oder 2-Methylmercapto-5-methoxybenzoselenazolmethosulfat oder 2-[β-Äthyl-β-methylmercaptovinyl]-benzthiazoläthojodid umgesetzt. — Vgl. A. PP. 2 535 982; C. **1953.** 9701 u. 2 578 178; C. **1955. 4983.** (**Can. P. 551 608** vom 27/12. 1950, ausg. 14/1. 1958.) EBERHARD RIEDEL. 8605

Oskar Holbe und Hanna Franck, Dresden, und Willy Schmidt, Radebeul, **Mattierung photographischer Schichten.** Der lichtempfindlichen Halogensilberemulsion oder der Schutzschicht wird eine Stärke–Wachs-Dispersion zugesetzt. — Zum Beispiel wird eine wss. Mischung aus 450 ml Wachsdispersion, bestehend aus Montanwachs, Montansäure u. Emulgator, u. 120 ml einer Stärke-Lsg. unter Rühren in 2 kg einer Halogensilberporträtemulsion eingetragen. Danach werden die üblichen Gießzusätze zugegeben. (**D. P. [DDR] 21 178** Kl. 57b vom 24/3. 1958, ausg. 11/4. 1961 [Wirtschaftspatent].) M. F. Müller. 8611

General Aniline & Film Corp., New York, übert. von: Fritz H. Dersch, Binghamton, N.Y., V.St.A., **Stabilisatoren für Halogensilberschichten** sind Bis-[symm.-triazolopyrimidyl]-disulfide der allg. Formeln **I** u. **II** (R = H-Atom, Alkyl-, Cycloalkyl-,

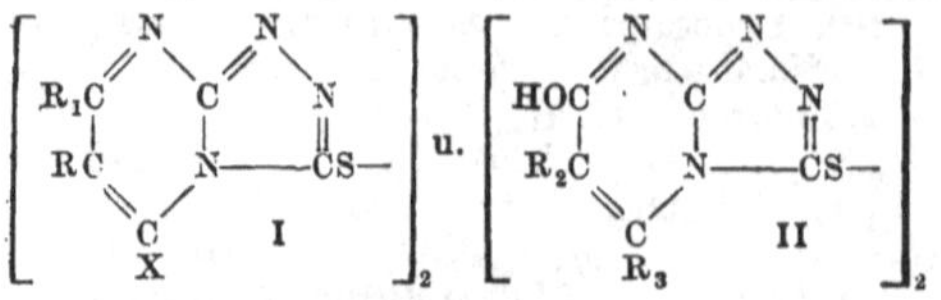

Aryl- oder heterocycl. Gruppe; R_2 = NH_2-, O H-,Carbalkoxy-, Alkyl-, Cycloalkyl-, Aryl- oder heterocycl. Gruppe; R + R_1 können zusammen auch einen alicycl. oder heterocycl. Ring bilden; R_2 = H-Atom oder Carbalkoxygruppe; R_3 = H-Atom-, Methyl- oder Phenylrest u. X = NH_2 oder OH). — Herst. nach Birr u. Walther, Ber. **86.** [1953.] 1401—03. — Dosierung: Auf 1 Mol Halogensilber 0,4—6,5 mg **I** oder **II** als *Reifungszusatz* u. 6—50 mg **I** oder **II** als *Gießzusatz.* Die Verbb. können mit gleicher Wrkg. als Zusätze zu Behandlungs-Lsgg. nach der Belichtung u. zu Hilfsschichten angewandt werden, die den lichtempfindlichen Schichten unmittelbar benachbart sind. Bevorzugt verwendet werden folgende Bis-(symm.-triazolo-[4.3a]-pyrimidyl)-disulfide: *4.4'-Dihydroxy-6.6'-dimethyl-, 4.4'.6.6'-Tetrahydroxy-, 4.4'-Dihydroxy-6.6'-carbäthoxy-, 4.4'-Dihydroxy-6.6'-(β-pyridyl)-, 4.4'-Dihydroxy-5.5'-(α-furyl)-6.6'-dimethyl-, 4.4'-Dihydroxy-6.6'-dibenzyl-, 4.4'-Diamino-5.5'-dimethyl-6.6'-diphenyl-, 4.4'-Diamino-6.6'-dicyclohexyl-, 4.4'-Diamino-5.5'.6.6'-tetracyclopentano-.* — Weitere Beispiele. (**A. P. 2 935 404** vom 27/3. 1958, ausg. 3/5. 1960.) A. Kalix. 8611

General Aniline & Film Corp., New York, übert. von: Fritz Dersch und Millet R. de Angelus, Binghamton, N.Y., V.St.A., **Stabilisatoren für Halogensilberschichten** sind 2.3-Bis-[carboxyalkylmercapto]-chinoxalin-Derivv. (**I**; R = H, Alkyl-, Hydroxyalkyl-, Carboxyalkyl-, Aryl-, Aralkylrest oder ein einwertiges Kation,

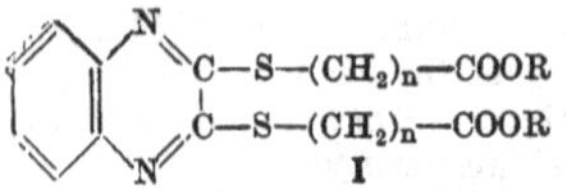

I

wie Na, K, Ag oder NH_4; n = 1, 2 oder 3). — Beispiele für **I**: *2.3-Bis-[carboxymethylmercapto]-chinoxalin,* deren *Methyl-, Äthyl-* u. *Phenylester; 2.3-Bis-[β-carboxyäthylmercapto]-,* deren *Na-* u. *Ag-Salze; 2.3-Bis-[carboxypropylmercapto]-,* deren *Methyl-* u. *Phenylester.* — Die **I** werden hergestellt durch Erhitzen von 2.3-Chinoxalindithiol mit halogenierten Carbonsäuren in Ggw. eines säurebindenden Mittels, wie NaOH oder Pyridin, u. Ansäuern des Rk.-Gemisches. Die so erhaltenen Säuren werden ggf. nach üblichen Verff. in die Ester oder Salze übergeführt. Dosierung: Als Reifungszusatz 1—25 mg auf 1 Mol Halogensilber, als Gießzusatz 10—300 mg auf 0,6 Mol Halogensilber. Die **I** stabilisieren die Halogensilberschichten gegen die Bldg. von *Lagerschleier.* (**A. P. 2 919 985** vom 15/8. 1958, ausg. 5/1. 1960.) A. Kalix. 8611

Eastman Kodak Co., Rochester, N.Y., V.St.A., übert. von: Jean Barbier, Paris, Frankreich, **Stabilisierung von Halogensilberschichten.** Den Schichten wird ein Gemisch aus 4-Methyl-7-diäthylaminocumarin (**I**) u. einem Chinolino-[1'.2':4.5]-1.2.4-triazolthiol-(3) (**II**) oder einem Alkali-, Ammonium- oder Pyridiniumsalz von **II** zugesetzt. — Dosierung: Auf 1 Mol Halogensilber 2—6 (g) **I** u. 0,1—1,0 **II**,

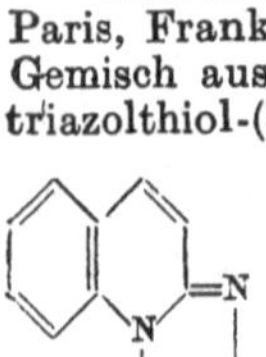

II

wobei das Mengenverhältnis von **I**:**II** = 1:5—10 sein soll. Die Verbb. werden den schichtbildenden Emulsionen in Form von wss. Lsgg. in einem beliebigen Stadium ihrer Herst. zugesetzt. Sie können mit gleicher Wrkg. einer der Emulsionsschicht unmittelbar benachbarten Schicht zugesetzt werden, wobei etwas größere Mengen anzuwenden sind. Das Gemisch stabilisiert die Schichten gegen *Schleier, Empfindlichkeits- u. Kontrastverlust* bei der Lagerung, sowie gegen Bronzierung bei der Hochglanzheißtrocknung. (**A. P. 2 928 735** vom 5/11. 1958, ausg. 15/3. 1960.) A. Kalix. 8611

Agfa Akt.-Ges. (Erfinder: Armin Ossenbrunner und Walter Schulte), Leverkusen, **Unsichtbare Kennzeichnung photographischer Materialien.** Dem Schichtträger, der lichtempfindlichen Schicht oder einer Hilfsschicht werden fluorescierende Benz- oder Naphthimidazole der Formel **I** zugesetzt, worin A einen ankondensierten

I

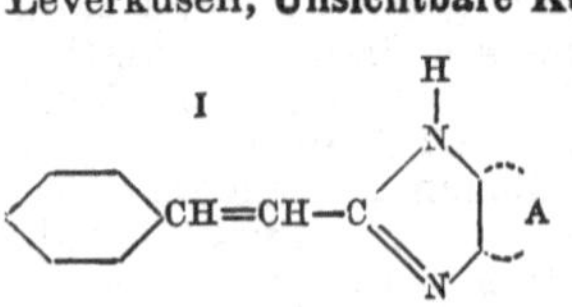

Benzol- oder Naphthalinring bedeutet, der ggf. substituiert ist, z. B. durch einen diffusionsfestmachenden Substituenten. Unter Einw. kurzwelliger Strahlung leuchten die Zeichen oder Flächen auf. (**Schwz. P. 353 983** vom 20/7. 1956, ausg. 15/6. 1961. D. Prior. 23/7. 1955.) E. Fuchs. 8613

Consolidated Electrodynamics Corp., Pasadena (Erfinder: John H. Jacobs, Altadena), Calif., V.St.A., **Verfahren und Material zur Schnellentwicklung.**

Auf der Emulsionsschicht des Photomaterials befindet sich ein dünner Film einer alkal. Entwickler-Lsg., die als Alkali eine in der Wärme verdampfende Base, wie NH_4OH, $(C_2H_5)_4N{-}OH$, $(C_6H_5CH_2)(CH_3)_3N{-}OH$, $(C_4H_9)(CH_3)_3N{-}OH$ u. dgl. quatern. Ammoniumbasen enthielt. Die Entw. erfolgt durch Erhitzen des belichteten Photomaterials, ggf. auf ca. 100°. Der Entwickler kann auch noch $Zn(SO_3)_2$ zur Abspaltung von SO_2 bei ca. 200° enthalten. Solche in der Hitze saure Gase abgebenden Verbb., wie Sulfite u. Carbonate von Zn, Sn, Pb oder Hg, können auch im Schichtträger enthalten sein, wie Hydrochloride einer organ. Base, z. B. Cyclohexylaminhydrochlorid, das bis ca. 100° stabil bleibt. Durch nachträglich höheres Erhitzen kann das Material dann neutralisiert werden. (**D. A. S. 1 112 404** Kl. 57b vom 4/2. 1960, ausg. 3/8. 1961. A. Prior. 17/2. 1959.) E. FUCHS. 8619

Edgar Gretener Akt.-Ges. (Erfinder: Edgar Gretener), Zürich, Schweiz, **Herstellung eines subtraktiven Farbfilms.** Man stellt ein Schwarz-Weiß-Bild her, dessen Transparenz der Verteilung der größten Farbkomponente über die Bildfläche entspricht, in Kombination mit einem subtraktiven Farbstoffbild, das je Bildpunkt nur 2 subtraktive Grundfarben enthält, wodurch eine lineare Aufzeichnung der Farbkomponenten erzielt wird. Schwarz-Weiß- u. Farbstoffbild können sich auf verschiedenen Seiten des Filmträgers befinden. (**Schwz. P. 330 517** vom 16/8. 1954, ausg. 31/7. 1958.) E. FUCHS. 8631

Gretag Akt.-Ges. (Erfinder: Edgar Gretener), Zürich, Schweiz, **Herstellung von Farbfilmkopien.** Bei der Herst. einer subtraktiven, kinematograph. Farbfilmkopie mit einem neutralgrauen u. 3 farbigen Bildern im Sinne des Verf. des Schwz. P. 330 517; s. vorst. Referat, wobei die Farbauszüge unter Verw. von Zwischenfilmen umkopiert werden, soll mindestens einer der verwendeten Zwischenfilme ein nicht lichtstreuendes Bild besitzen. Solche kornlosen Bilder werden auf dem Zwischenfilm, z. B. nach Chromat-Verf. (z. B. Pinatypie), dem Silberfarbbleich-Verf. u. dem Farb-Entw.-Verf. erhalten. (**Schwz. P. 353 626** vom 14/6. 1956, ausg. 31/5. 1961.) E. FUCHS. 8631

Imperial Chemical Industries Ltd., London (Erfinder: Norman Greenhalgh, Manchester), England, **Farbkuppler enthaltende photographische Schicht.** Die neuen Kuppler enthalten die Gruppe $-NH-CO-CHR_1-CHR_2-COOY$, worin Y = H, Alkyl, Cycloalkyl oder Aralkyl ist u. R_1 oder R_2 = H u. der andere dieser beiden Reste $-N\cdot R_3\cdot$Aryl oder $N\langle{}^{CO}_{CO}\rangle Z$, wobei R_3 = Y oder Aryl, Z = Äthylen, Phenylen oder Tetrahydrophenylen ist, worin eine wasserlösl. machende Gruppe u. ein Substituent enthalten sein können, der den Kuppler in der Emulsionsschicht diffusionsfest macht: *K-Salz des 1-Phenyl-3-(α- u./oder β-stearoylamino-β-carboxy-n-propionylamino)-5-pyrazolons; 5-(α- u./oder β-Stearoylamino-β-carboxy-n-propionylamino)-1-naphthol.* Die hiermit erhaltenen Farbbilder sollen bes. lichtecht sein. (**D. A. S. 1 115 129** Kl. 57b vom 20/3. 1958, ausg. 12/10. 1961. E. Prior. 20/3. 1957 u. 19/2. 1958.) E. FUCHS. 8631

General Aniline & Film Corp., New York, N.Y. (Erfinder: Aaron Ben-Ezra, Binghampton, N.Y., und Chester Eugene Rose, Montrose, Pa.), V.St.A., **Einverleiben von Farbkupplern in photographische Emulsionen.** Diffusionsfeste, eine in W. lösl. machende Gruppe enthaltende Kuppler, bes. der allg. Formel I (R = ein mit den Entwickleroxydations-Prodd. kuppelnder Rest, der eine reaktionsfähige Methylen-, Äthanol- oder phenol. OH-Gruppe enthält, R_2 = Alkyl mit wenigstens 10 C-Atomen u. R_3 = in W. lösl. machender Rest) z. B. 1-Octadecyl-2-[1'-hydroxynaphthyl-(2')]-benzimidazol-5-sulfonsäure, werden in Dimethylsulfoxyd gelöst. Diese Lsg. wird mit W. verd. u. einer fl. Halogensilberemulsion vor dem Auftrag zugesetzt. (**D. A. S. 1 116 533** Kl. 57b vom 28/9. 1960, ausg. 2/11. 1961. A. Prior. 30/9. 1959.) E. FUCHS. 8631

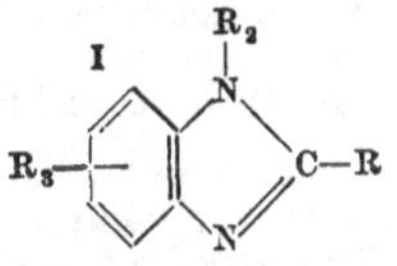

Kodak Ltd., London, England (Erfinder: George Feniak, Anthony Loria und Warren Addison Reckhow), **Farbkuppler für die farbige Entwicklung.** Man verwendet Kuppler der allg. Formel I u. II (R = H oder eine Acylgruppe; R_1 u. R_2 = Acylgruppe u. R_3 = Alkylrest mit 1—4 C-Atomen oder ggf. substituierter Phenylrest), z. B. 1-[β-(2.4-Di-n-amylphenoxyacetoxy)-äthyl]-3-(2.4-di-n-amylphenoxyacetamido-5-(2.4-di-n-amylphenoxyacetoxy)-pyrazol; 1-(β-Phenylacetoxyäthyl)-3-(2.4-di-n-amylphenoxyacetamido)-5-(phenylacetoxy)-pyrazol; 1-(β-Phenoxyacetoxyäthyl)-3-(2.4-di-n-amylphenoxyacetamido)-5-(phenoxyacetoxy)-pyr-

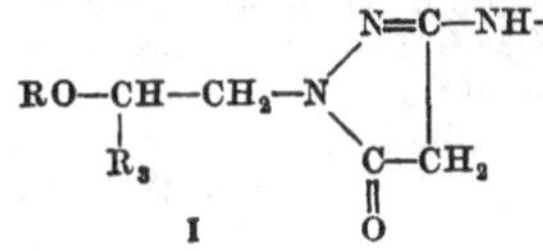

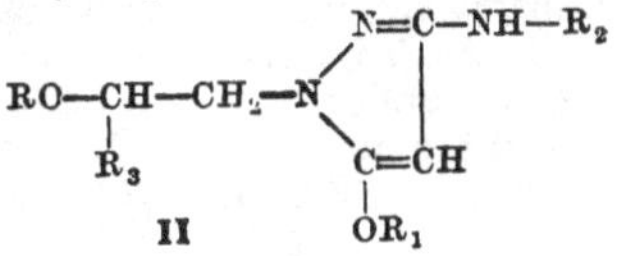

azol; 1-(β-Hydroxäthyl)-3-(2.4-di-tert.-amylphenoxy)-acetamido-5-pyrazolon; 1-(β-Hydroxyäthyl)-3-(p-nitrophenoxyacetamido)-5-pyrazolon. — Diese Kuppler geben bei der farbigen Entw. Farbstoffe mit einem breiteren Absorptionsgebiet. (**E. P. 865 721** vom 17/10. 1957, ausg. 19/4. 1961. A. Prior. 30/10. 1956.) E. FUCHS. 8631

Kodak-Pathé, Frankreich (Erfinder: Judith Alecia Schwan und Catherine Marilyn Spath), **Aktivierungsmittel für Farbentwickler** sind ionogene oder nichtionogene Polyäthylenglykole mit einem Molgew. von >6000. — Beispiele: $HO \cdot (CH_2 \cdot CH_2O)_7CH_2CH_2OH$ mit Molgew. ca. 600, $HO(CH_2CH_2O)_{35}CH_2 \cdot CH_2 \cdot OH$ mit Molgew. ca. 1500, Tetra-Na-Salz von Polyäthoxyäthyl-bis-[3.5-disulfobenzoat] $[O(CH_2CH_2O)_{35}-](SO_3H)_2$, $HO(CH_2 \cdot CH_2O)_{85} \cdot CH_2CH_2OH$ mit Molgew. ca. 4000, Methansulfonat von Polyäthoxyäthyl-bis-(pyridinium) mit Molgew. 1540, Methansulfonat von Polyäthoxyäthyl-bis-(tri-β-hydroxyäthyl)-ammonium, Polyäthoxyäthyl-bis-(di-Na-Glutamat). Herst. nach ELLIS, Chemistry of Synthetic Resins [1935]. Bevorzugt verwendet wird das Handels-Prod. Carbowax. — Dosierung: ca. 1 g auf 1 Liter Entwickler. Diese Verbb. verkürzen die Entw.-Zeit u. erhöhen die Farbdichte, bes. im Blaugrün-Teilbild. (**F. P. 1 205 205** vom 7/3. 1958, ausg. 1/2. 1960. A. Prior. 8/3. 1957.) A. KALIX. 8631

International Polaroid Corp., Jersey, N.J. (Erfinder: Arthur Ben Goulston, Roxbury, Mass., und Myron Sydney Simon, Newton Centre, Mass.), V.St.A., **Farbphotographisches Diffusionsübertragungsverfahren.** Eine belichtete Halogensilberemulsion wird in Ggw. eines Mono- oder Disazofarbstoffes, der OH- oder COOH-Gruppen in o- oder o'-Stellung zu einer Azogruppe enthält, entwickelt, der Farbstoff in den belichteten Stellen diffusionsfest gemacht, worauf im Kontakt mit einer Bildempfangsschicht der Farbstoff der unbelichteten Stellen hierauf übertragen wird. Die Bildempfangsschicht oder eine hierauf angebrachte Schicht enthält ein Chelat der allg. Formel I. Hierin ist R = H, eine aliphat. oder aromat. Gruppe, R^1 = aliphat. oder aromat. Rest, X u. Y = —O— oder =N—OH u. Z = Cu oder Ni. Hierdurch wird der übertragene Farbstoff komplex gebunden. Als Chelat verwendet man z. B. Bis-(äthylacetoacetat)-kupfer(II), Bis-(trifluoracetylaceton)-kupfer(II). Bis-(salicylaldoxim)-kupfer(II), Bis-(äthylacetoacetatnickel(II). (**D. A. S. 1 116 532** Kl. 57b vom 22/1. 1960, ausg. 2/11. 1961. A. Prior. 26/1. 1959.) E. FUCHS. 8631

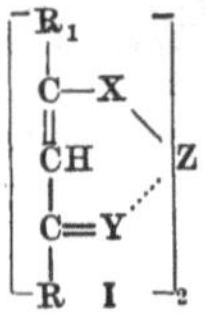

Agfa Akt.-Ges., Leverkusen (Erfinder: Wilhelm Schneider, Dessau), **Herstellung positiver, subtraktiver Mehrfarbenbilder.** Mehrfarbennegative, die auf Mehrschichtenmaterialien mit Hilfe der farbigen Entw. erhalten wurden, werden auf ein mehrschichtiges, gelbfilterfreies Kopiermaterial kopiert, bei welchem die hoch- u. blauempfindliche, auf dem Träger befindliche Halogensilberschicht eine Farbkomponente für die Herst. des gelben Teilfarbenbildes, die darüber befindliche grünempfindliche Halogensilberschicht mit geringer Eigenempfindlichkeit eine Farbkomponente für die Herst. des Purpurteilfarbenbildes u. die oberste rotempfindliche Halogensilberschicht mit geringer Eigenempfindlichkeit eine Farbkomponente für die Herst. des blaugrünen Teilfarbenbildes enthält. Hierbei können die grün- u. rotempfindliche Schicht miteinander vertauscht sein. Durch das Fehlen einer Gelbfilterschicht, die die Empfindlichkeit drückt, können die Vorteile der Mehrschichtenanordnung mit unterster blauempfindlicher Schicht besser ausgenutzt werden. (**D. B. P. 974 792** Kl. 57b vom 25/1. 1938, ausg. 27/4. 1961. Anmeldung bekanntgemacht 20/8. 1953.) E. FUCHS. 8631

Gevaert Photo-Producten N.V., Mortsel, Belgien, **Herstellung farbkorrigierter Teilbilder.** Die Korrektur erfolgt mit einer Maske, die nach dem Silbersalzdiffusions-Verf. erhalten wird. Man verwendet hierbei ein Photomaterial, dessen Träger auf der einen Seite mit der Emulsionsschicht für das Teilbild u. auf der anderen Seite mit der die Maske bildenden Schicht überzogen ist. Letztere besteht aus einer Ag-Halogenidemulsionsschicht u. einer damit verbundenen, Entw.-Keime enthaltenden Bildempfangsschicht. Nach der Belichtung durch ein Grün- u. danach durch ein Rotfilter bzw. Blau- u. Rotfilter oder Blau-, Grün- u. Rotfilter wird zunächst in einem $N_2S_2O_3$ enthaltenden Entwickler entwickelt. Dann erfolgt ohne Zwischenwässerung die Entw. in einem normalen Metol–Hydrochinon-Entwickler. Durch entsprechend angeordnete Rot- oder Gelbfilterschichten mit auswässerbaren Farbstoffen u. durch entsprechende Sensibilisierung der Emulsionsschichten u. Wahl der Emulsionsart, z. B. unempfindliche AgBr–AgCl-Emulsion, wird die Empfindlichkeit der beiden Emulsionsschichten so gegeneinander abgestimmt, daß bei der Belichtung durch die entsprechend gewählten Farbfilter das latente Teilfarben- u. Maskenbild in den Emulsionsschichten entsteht. (**E. P. 854 693** vom 26/11. 1956, ausg. 23/11. 1960. D. Prior. 26/11. 1955.) E. FUCHS. 8631

Gevaert Photo-Producten N.V., Mortsel, Belgien, **Herstellung farbkorrigierter Teilbilder.** Die Korrektur erfolgt mit einer Maske, die durch das Silbersalzdiffusions-Verf. aus einer zusätzlichen Halogensilberemulsion in einer Entw.-Keime enthaltenden Bildempfangsschicht hergestellt wird, wobei das maskenbildende Teilnegativ mit Hilfe von 2 Halogensilberemulsionen erhalten wird, die für dasselbe Spektralgebiet empfindlich sind u. auf einer der beiden Seiten der Bildempfangsschicht liegen: Ein transparenter Träger enthält auf der Frontseite eine grünempfindliche Emulsion. Auf der Rückseite befinden sich: 1. eine Gelatineschicht mit einem roten oder purpurnen, in W. entfernbaren Filterfarbstoff, wie Fuchsin, 2. eine rotempfindliche AgBr-Emulsionsschicht mit niedrigem Ag-Geh., 3. eine Entw.-Keime enthaltende Schicht, 4. eine rotempfindliche AgBr–AgJ-Emulsion mit niedrigem Ag-Gehalt. Nach hintereinander erfolgender Belichtung durch ein Grün- u. ein Rotfilter wird das Material 4 Min. in folgendem Bad entwickelt: W. 1000 cm^3, Na_2SO_3 (Anhydrid) 40 (g), Hydrochinon 17, $Na_2S_2O_3$ 10, KBr 10 u. KOH 10. Hierbei wird nur die Emulsion auf der Rückseite entwickelt u. das zurückbleibende Ag-Halogenid übertragen. Ohne Zwischenwässerung wird dann 4 Min. in folgendem Bad entwickelt: W. 1000 cm^3, Metol 1,5 (g), Na_2SO_3 (Anhydrid) 50, Hydrochinon 6, Na_2CO_3 krist. 80 u. KBr 2, bis auf der Frontseite ein Bild des gewünschten γ-Werts entsteht. Hierbei wird ein Grünteilnegativ erhalten, das durch ein schwaches Rotteilpositiv maskiert ist. (**E. P. 854 694** vom 26/11. 1956, ausg. 23/11. 1960. D. Prior. 26/11. 1955.) E. FUCHS. 8631

General Aniline & Film Corp., New York, übert. von: Douglas Straw, Johnson City, N.Y., V.St.A., **Photomechanische Herstellung von Farbrastern für Mehrfarben-Fernsehleuchtschirme.** Eine Glasplatte wird zunächst mit einer Schicht eines lichtempfindlichen u. wasserunlösl. Sulfonamids eines Naphthalindiazooxyds (I) versehen u. auf diese der gewünschte Raster aufkopiert, dann werden die Licht-Zers.-Prodd. von **I** ausgewaschen. Anschließend wird eine Suspension von Leuchtstoff (**II**) in Na-Silicat-Lsg. aufgetragen u. getrocknet. Schließlich werden die Flächenteile aus unzersetztem **I** mit dem darauf befindlichen **II** ausgewaschen, z. B. durch sd. Methyläthylketon. Das Verf. wird dann mit anderen **II** wiederholt, die in verschiedenen Spektralgebieten luminescieren. Als **I** werden bes. solche Sulfonamide verwendet, deren N-Atom durch einen Rest mit mindestens 10 C-Atomen, bes. durch einen Terpenrest substituiert ist. — Beispiele sind folgende: (Naphthalinsulfonamid = **III**) N-Dehydroabietyl-6-diazo-5(6)-oxo-1-**III**; N.N'-4.4'-Diphenylketonyl-bis-[6(5)-diazo-5(6)-oxo-1-**III**]; N.N'.4.4'-Diphenylpiperazyl-bis-[6(5)-diazo-5(6)-oxo-1-**III**]; N-Dodecyl-6-diazo-5(6)-oxo-1-**III**; N-Fluorenyl-6-diazo-5(6)-oxo-1-**III**; N.N'.4.4'-Stilbenylen-bis-[6-diazo-5(6)-oxo-1-**III**] u. N-Dextropimaryl-6-diazo-5(6)-oxo-1-**III**. — 12 weitere Beispiele, z. T. mit Strukturformeln. (**A. P. 2 929 708** vom 26/10. 1954, ausg. 22/3. 1960.) A. KALIX. 8645

Eastman Kodak Co., übert. von: **Burt H. Carroll**, Rochester, N.Y., V.St.A., *Mehrfachkontrast-Halogensilberschichten.* (**A. P. 2 947 631** vom 18/1. 1957, ausg. 2/8. 1960. — C. **1960.** 17671 [D. A. S. 1 075 944].)

Kodak-Pathé, Frankreich (Erfinder: **John Frank Tinker**), *Stabilisatoren für Halogensilberschichten.* (**F. P. 1 206 641** vom 25/9. 1957, ausg. 10/2. 1960. A. Prior. 28/9. 1956. — C. **1961.** 9661 [A. P. 2 852 375].)

Agfa Akt.-Ges., Leverkusen (Erfinder: **Lothar Burgardt**, München, und **Ottmar Wahl**, Baden-Baden), *Lichthofschutzschichten.* (**Schwz. P. 352 567** vom 28/11. 1956, ausg. 14/4. 1961. D. Prior. 23/12. 1955. — C. **1958.** 5264 [D. A. S. 1 014 430].)

Farbwerke Hoechst Akt.-Ges., vormals Meister Lucius & Brüning, Frankfurt/M., und **Agfa Akt.-Ges.** (Erfinder: **Armin Ossenbrunner, Helfried Klockgether**, Leverkusen, **Werner Starck**, Hofheim/Taunus, und **Werner Langbein**, Lorsbach/Taunus), *Lichthofschutzschichten.* (**Schwz. P. 353 250** vom 9/11. 1956, ausg. 15/5. 1961. D. Prior. 26/11. 1955. — C. **1959.** 2339 [D. A. S. 1 028 881].)

Agfa Akt.-Ges., Leverkusen, *Antistatischer Film.* (**E. P. 867 539** vom 30/9. 1958, ausg. 10/5. 1961. D. Prior. 1/10. 1957. — C. **1961.** 2857 [D. A. S. 1 081 754].)

Horizons, Inc., Cleveland (Erfinder: **Lloyd Owens**, Cleveland Heights), Ohio, V.St.A., *Schutzschichten für photoleitfähiges Material.* (**D. A. S. 1 109 031** Kl. 57b vom 7/4. 1959, ausg. 15/6. 1961. — C. **1960.** 13904 [A. P. 2 886 434].)

E. I. du Pont de Nemours & Co., Wilmington, Del., V.St.A., *Abziehbare lichtempfindliche Schichten.* (**E. P. 835 170** vom 21/1. 1958, ausg. 18/5. 1960. A. Prior. 28/1. 1957. — C. **1961.** 12332 [F. P. 1 198606].)

Canadian Kodak Co. Ltd., Toronto, Ontario, Canada, übert. von: **Arthur A. Rasch, John I. Crabtree** und **Richard W. Henn**, Rochester, N.Y., V.St.A., *Pulverförmiger photographischer Entwickler.* (**Can. P. 552 960** vom 7/9. 1954, ausg. 11/2. 1958. A. Prior. 1/4. 1954. — C. **1959.** 359 [E. P. 766 101].)

Gevaert Photo-Producten N. V., Mortsel, Belgien, *Härtender Entwickler.* (**E. P. 862 615** vom 4/9. 1958, ausg. 15/3. 1961. Holl. Prior. 5/9. 1957. — C. **1959.** 16834 [D. A. S. 1 060 715].)

Agfa Akt.-Ges., Leverkusen (Erfinder: **G. Schaum, H. Seibert, W. Gesierich** und **H. Haydn**), *Elektrophotographische Bilderzeugung.* (**Belg. P. 568 659** vom 17/6. 1958, ausg. 18/11. 1960. D. Prior. 18/6. 1957. — C. **1960.** 6383 [D. A. S. 1 072 094].)

Radio Corp. of America, New York, N.Y., V.St.A., *Entwicklung von elektrostatischen Bildern.* (**Schwz. P. 344 088** vom 21/3. 1956, ausg. 15/3. 1960. A. Prior. 23/3. 1955. — C. **1961.** 1770 [D. A. S. 1 024 988].)

Kodak-Pathé, Frankreich (Erfinder: **Ransford Becker Wilson** und **William Franklin Kneckel**), *Herstellung von Halogensilberemulsionen.* (**F. P. 1 206 626** vom 28/7. 1956, ausg. 10/2. 1960. A. Prior. 29/7. 1955. — C. **1962.** 3698 [A. P. 2 843 489].)

Kodak Ltd., London, England (Erfinder: **Keith Elden Whitmore** und **Edward Thomas Pesch**), *Halogensilberemulsionen mit Farbkupplern und Farbkorrekturverfahren mit Farbmasken.* (**E. P. 850 610** vom 26/8. 1957, ausg. 5/10. 1960. A. Prior. 28/9. 1956. — C. **1961.** 1440 [A. P. 2 860 975].)

Hans von Fraunhofer und **Harry Edward Coote**, London, England, *Herstellung von Teilnegativen mittels eines Mehrschichtennegativmaterials.* (**D. A. S. 1 108 565** Kl. 57b vom 27/7. 1954, ausg. 8/8.1961. E. Prior. 29/7. 1953. — C. **1958.** 10548 [F. P. 1 105 793].)

Agfa Akt.-Ges., Leverkusen (Erfinder: **Ottmar Wahl** und **Erich Böckly**), *Mehrfarbige Duplikatkopien.* (**F. P. 1 201 940** vom 2/9. 1958, ausg. 6/1. 1960. D. Prior. 2/9. 1957. — C. **1959.** 10953 [D. A. S. 1 038 915].)

J. R. Geigy Soc. An., übert. von: **Werner Bossard** und **Paul Dussy**, Basel, Schweiz, *Herstellung gelber Farbstoff-Teilbilder.* (**A. P. 2 899 305** vom 14/4. 1958, ausg. 11/8. 1959. E. Prior. 9/5. 1957. — C. **1960.** 13251 [D. A. S. 1 051 635].)

General Aniline & Film Corp., New York, übert. von: **Benjamin R. Harriman**, Binghamton, N.Y., V.St.A., *Photomaterial mit Farbkuppler und Netzmittel in Emulsionsschicht.* (**Can. P. 553 010** vom 17/2. 1955, ausg. 11/2. 1958. A. Prior. 30/4. 1954. — C. **1960.** 2067 [A. P. 2 768 894].)

Imperial Chemical Industries Ltd., London, England (Erfinder: **Colin William Greenhalgh**), *Farbkuppler.* (**E. P. 858 482** vom 14/4. 1958, ausg. 11/1. 1961. — C. **1961.** 6023 [D. A. S. 1 087 450].)

Canadian Kodak Co. Ltd., Toronto, Ontario, Canada, übert. von: **Henry C. Yutzky** und **Edward C. Yackel**, Rochester, N.Y., V.St.A., *Photographische Reproduktion.* (**Can. P. 552 963** vom 30/7. 1956, ausg. 11/2. 1958. A. Prior. 21/1. 1952. — C. **1959.** 10453 [E. P. 725 667].)

General Aniline & Film Corp., New York, übert. von: **Clifford Ernest Herrick jun.**, Chenango Forks, **Peter Thomas Woitach jun.**, Johnson City, und **Edward John Trojnar**, Binghamton, N.Y., V.St.A., *Lichtempfindliches Material für die Herstellung von Offset-Druckplatten.* (**Schwz. P. 347 712** vom 17/8. 1955, ausg. 31/8. 1960. A. Prior. 20/8. 1954. — C. **1959.** 9452 [F. P. 1 134 857].)

Ludlow Typograph Co., Chicago (Erfinder: **George L. Morrison**, City of Evanston), Ill., V.St.A., *Herstellen von Kopiervorlagen nach Hochdruckformen.* (**D. A. S. 1 116 535** Kl. 57d vom 1/9. 1952, ausg. 2/11. 1961. — C. **1957.** 12648 [Schwz. P. 316 179 u. E. P. 750 218].)

Azoplate Corp., V.St.A., *Entwicklung von Diazoschichten für die Herstellung von Flachdruckplatten.* (**F. P. 1 187 808** vom 12/8. 1957, ausg. 16/9. 1959. **Oe. P. 207 249** vom 24/9. 1957, ausg. 25/1. 1960. Beide A. Prior. 25/9. 1956. — C. **1961.** 3878 [D. A. S. 1 086 555].)

Oskar Erik Gustav Thorslund, Bromsten, Schweden, *Farbbild-Reproduktionsverfahren.* (**It. P. 518 077** vom 7/7. 1954. — C. **1958.** 2616 [F. P. 1 108 839].)

Agfa Akt.-Ges. (Erfinder: **Wilhelm Bunge**, **Heinrich Seibert** und **Hildegard Haydn**), Leverkusen, *Photoleitfähige Schichten.* (**Oe. P. 210 264** vom 7/6. 1958, ausg. 25/7. 1960. D. Prior. 8/6. 1957. — C. **1960.** 17596 [D. A. S. 1 052 811].)

Chemische Fabriek L. van der Grinten N. V., Venlo, Holland, *Diazotypiematerial.* (**E. P. 867 630** vom 20/5. 1959, ausg. 10/5. 1961. Holl. Prior. 4/6. 1958. — C. **1962.** 1104 [Holl. P. 96 446].)

General Aniline & Film Corp., New York, N.Y., V.St.A., *Diazotypiematerial.* (**It. P. 516 535** vom 15/4. 1954. A. Prior. 10/2. 1954. — C. **1957.** 9264 [D. B. P. 954 215].)

Humphrey Desmond Murray, Chigwell, und **Eric Parry**, Barkingside, England, *Lichtempfindliches Material für die Diazotypie.* (**E. P. 832 910** vom 9/2. 1955, ausg. 21/4. 1960. — C. **1959.** 6688 [D. A. S. 1 045 799].)

General Aniline & Film Corp., New York, übert. von: **John Sulich jun.**, Endicott, und **Clifford E. Herrick jun.**, Chenango Forks, N.Y., V.St.A., *Erhöhung der Geschwindigkeit der Ammoniakentwicklung lichtempfindlichen Diazotypiematerials.* (**Can. P. 553 009** vom 17/11. 1954, ausg. 11/2. 1958. A. Prior. 23/11. 1953. — C. **1958.** 7012 [D. A. S. 1 004 918].)

Kalle & Co. Akt.-Ges., Wiesbaden, *Lichtempfindliche Schichten für photomechanische Reproduktion.* (**It. P. 516 963** vom 29/7. 1952. D. Prior. 8/8. 1951. — C. **1954.** 4996 [D. B. P. 901 500].)

Kalle & Co. Akt.-Ges., Wiesbaden, *Material für die elektrophotographische Bilderzeugung.* (**E. P. 836 151** vom 3/7. 1957, ausg. 1/6. 1960. D. Prior. 4/7. 1956. — C. **1960.** 1728 [D. A. S. 1 060 712].)

REDAKTIONSSCHLUSS: 4. Mai 1962

Herausgeber: Prof. Dr. Heinrich Bertsch, Berlin, u. Prof. Dr. Dr. h. c. Wilhelm Klemm, Münster. Chefredakteure und verantwortlich für den Inhalt: Dr. Eugen Klever, Berlin W 30, Geisbergstraße 39, Fernsprecher: 249541 u. Dr. Willi Barz, Berlin N 4, Schiffbauerdamm 19, Fernsprecher: 425571.

Verlag: Akademie-Verlag GmbH, Berlin W 8, Leipziger Str. 3—4 (Fernsprecher: 220441, Telex-Nr. 011773, Postscheckkonto Berlin 35021), und Verlag Chemie, GmbH, Weinheim/Bergstr. (Fernsprecher: Weinheim 3635 [Sammelnummer]; Fernschreiber: 0465516 chemieverlwnh; Postscheckkonten: Frankfurt/M. 145314 u. Berlin [West] 7430). Bestellnummer: 1007/133. Das Chemische Zentralblatt erscheint wöchentlich. Preis des Jahrganges einschl. Autoren-, Patent-, Sach- u. Formelregister: DM 1200,—; einseitig bedruckte Ausgabe: DM 1350,—. Abgabe der Zeitschrift nur mit sämtlichen Registern. Abbestellungen nur bis spätestens 6 Wochen vor Ablauf des Kalenderjahres.

Satz u. Druck: VEB Leipziger Druckhaus, Leipzig, III/18/203. VII. 62.
Veröffentlicht unter der Lizenznummer ZLN 5002 des Ministeriums für Kultur, Hauptverwaltung Verlagswesen.
Printed in Germany.

FSC
www.fsc.org
MIX
Papier | Fördert
gute Waldnutzung
FSC® C083411

Kolibri 360 GmbH
Ferdinand-Jühlke-Straße 7
99095 Erfurt, Deutschland
produktsicherheit@kolibri360.de